全国高等学校自动化专业系列教材

教育部高等学校自动化专业教学指导分委员会牵头规划

普通高等教育“十一五”国家级规划教材

Theory of System Identification with Applications

系统辨识理论及应用

萧德云 编著

Xiao Deyun

清华大学出版社

北京

内 容 简 介

系统辨识是研究建立系统数学模型的一种理论和方法。所谓辨识就是从含有噪声的输入和输出数据中提取被研究系统的数学模型。一般说来，辨识模型只是系统输入输出特性在某种准则意义下的一种近似，近似的程度取决于对系统先验知识的认识和对数据集性质的了解以及所选用的辨识方法。

本书主要内容包括系统描述和辨识模型，辨识方法及数值计算，辨识理论与性能分析，辨识应用与实践等相关知识。本书突出基础性、逻辑性和理论性，强调理论联系实际，在有明显应用背景和清晰物理概念的前提下，论述辨识的理论和方法，并从较高的层次揭示各种辨识方法的内在联系和应用考虑。

全书共17章，各章论述详尽，配有仿真验证例子或工程应用实例和适量的习题，书中还附有常用的辨识算法程序，书后给出若干辨识实验研究指示书。这些都是为了给读者提供学习、模仿的蓝本，以帮助读者深化对辨识知识的理解。

本书可供自动化类及相关专业高校师生和工程科技人员选用。

图书在版编目（CIP）数据

系统辨识理论及应用/萧德云编著. —北京：清华大学出版社，2014（2024.10重印）
（全国高等学校自动化专业系列教材）
ISBN 978-7-302-34853-5

Ⅰ. ①系…　Ⅱ. ①萧…　Ⅲ. ①系统辨识－高等学校－教材　Ⅳ. ①N945.14

中国版本图书馆CIP数据核字(2013)第310957号

责任编辑：王一玲
封面设计：常雪影
责任校对：时翠兰
责任印制：丛怀宇

出版发行：清华大学出版社
　　网　　址：https://www.tup.com.cn，https://www.wqxuetang.com
　　地　　址：北京清华大学学研大厦A座　　**邮　　编**：100084
　　社 总 机：010-83470000　　**邮　　购**：010-62786544
　　投稿与读者服务：010-62776969，c-service@tup.tsinghua.edu.cn
　　质量反馈：010-62772015，zhiliang@tup.tsinghua.edu.cn
　　课件下载：https://www.tup.com.cn，010-83470236
印 装 者：三河市龙大印装有限公司
经　　销：全国新华书店
开　　本：175mm×245mm　　**印　张**：38.5　　**字　　数**：818千字
版　　次：2014年7月第1版　　**印　　次**：2024年10月第11次印刷
定　　价：99.00元

产品编号：020858-03

《全国高等学校自动化专业系列教材》编审委员会

出版说明

《全国高等学校自动化专业系列教材》

为适应我国对高等学校自动化专业人才培养的需要，配合各高校教学改革的进程，创建一套符合自动化专业培养目标和教学改革要求的新型自动化专业系列教材，"教育部高等学校自动化专业教学指导分委员会"（简称"教指委"）联合了"中国自动化学会教育工作委员会"、"中国电工技术学会高校工业自动化教育专业委员会"、"中国系统仿真学会教育工作委员会"和"中国机械工业教育协会电气工程及自动化学科委员会"四个委员会，以教学创新为指导思想，以教材带动教学改革为方针，设立专项资助基金，采用全国公开招标方式，组织编写出版了一套自动化专业系列教材——《全国高等学校自动化专业系列教材》。

本系列教材主要面向本科生，同时兼顾研究生；覆盖面包括专业基础课、专业核心课、专业选修课、实践环节课和专业综合训练课；重点突出自动化专业基础理论和前沿技术；以文字教材为主，适当包括多媒体教材；以主教材为主，适当包括习题集、实验指导书、教师参考书、多媒体课件、网络课程脚本等辅助教材；力求做到符合自动化专业培养目标、反映自动化专业教育改革方向、满足自动化专业教学需要；努力创造使之成为具有先进性、创新性、适用性和系统性的特色品牌教材。

本系列教材在"教指委"的领导下，从2004年起，通过招标机制，计划用3～4年时间出版50本左右教材，2006年开始陆续出版问世。为满足多层面、多类型的教学需求，同类教材可能出版多种版本。

本系列教材的主要读者群是自动化专业及相关专业的大学生和研究生，以及相关领域和部门的科学工作者和工程技术人员。我们希望本系列教材既能为在校大学生和研究生的学习提供内容先进、论述系统和适于教学的教材或参考书，也能为广大科学工作者和工程技术人员的知识更新与继续学习提供适合的参考资料。感谢使用本系列教材的广大教师、学生和科技工作者的热情支持，并欢迎提出批评和意见。

《全国高等学校自动化专业系列教材》编审委员会

2005年10月于北京

序

PREFACE

自动化学科有着光荣的历史和重要的地位，20 世纪 50 年代我国政府就十分重视自动化学科的发展和自动化专业人才的培养。五十多年来，自动化科学技术在众多领域发挥了重大作用，如航空、航天等，"两弹一星"的伟大工程就包含了许多自动化科学技术的成果。自动化科学技术也改变了我国工业整体的面貌，不论是石油化工、电力、钢铁，还是轻工、建材、医药等领域都要用到自动化手段，在国防工业中自动化的作用更是巨大的。现在，世界上有很多非常活跃的领域都离不开自动化技术，比如机器人、月球车等。另外，自动化学科对一些交叉学科的发展同样起到了积极的促进作用，例如网络控制、量子控制、流媒体控制、生物信息学、系统生物学等学科就是在系统论、控制论、信息论的影响下得到不断的发展。在整个世界已经进入信息时代的背景下，中国要完成工业化的任务还很重，或者说我们正处在后工业化的阶段。因此，国家提出走新型工业化的道路和"信息化带动工业化，工业化促进信息化"的科学发展观，这对自动化科学技术的发展是一个前所未有的战略机遇。

机遇难得，人才更难得。要发展自动化学科，人才是基础、是关键。高等学校是人才培养的基地，或者说人才培养是高等学校的根本。作为高等学校的领导和教师始终要把人才培养放在第一位，具体对自动化系或自动化学院的领导和教师来说，要时刻想着为国家关键行业和战线培养和输送优秀的自动化技术人才。

影响人才培养的因素很多，涉及教学改革的方方面面，包括如何拓宽专业口径、优化教学计划、增强教学柔性、强化通识教育、提高知识起点、降低专业重心、加强基础知识、强调专业实践等，其中构建融会贯通、紧密配合、有机联系的课程体系，编写有利于促进学生个性发展、培养学生创新能力的教材尤为重要。清华大学吴澄院士领导的《全国高等学校自动化专业系列教材》编审委员会，根据自动化学科对自动化技术人才素质与能力的需求，充分吸取国外自动化教材的优势与特点，在全国范围内，以招标方式，组织编写了这套自动化专业系列教材，这对推动高等学校自动化专业发展与人才培养具有重要的意义。这套系列教材的建设有新思路、新机制，适应了高等学校教学改革与发展的新形势，立足创建精品教材，重视实践性环节在人才培养中的作用，采用了竞争机制，以激励和推动教材建设。在此，我谨向参与本系列教材规划、组织、编写的老师致以诚挚的感谢，并希望该系列教材在全国高等学校自动化专业人才培养中发挥应有的作用。

吴启迪 教授

2005年10月于教育部

序

PREFACE

《全国高等学校自动化专业系列教材》编审委员会在对国内外部分大学有关自动化专业的教材做深入调研的基础上，广泛听取了各方面的意见，以招标方式，组织编写了一套面向全国本科生（兼顾研究生）、体现自动化专业教材整体规划和课程体系、强调专业基础和理论联系实际的系列教材，自2006年起将陆续面世。全套系列教材共50多本，涵盖了自动化学科的主要知识领域，大部分教材都配置了包括电子教案、多媒体课件、习题辅导、课程实验指导书等立体化教材配件。此外，为强调落实"加强实践教育，培养创新人才"的教学改革思想，还特别规划了一组专业实验教程，包括《自动控制原理实验教程》、《运动控制实验教程》、《过程控制实验教程》、《检测技术实验教程》和《计算机控制系统实验教程》等。

自动化科学技术是一门应用性很强的学科，面对的是各种各样错综复杂的系统，控制对象可能是确定性的，也可能是随机性的；控制方法可能是常规控制，也可能需要优化控制。这样的学科专业人才应该具有什么样的知识结构，又应该如何通过专业教材来体现，这正是"系列教材编审委员会"规划系列教材时所面临的问题。为此，设立了《自动化专业课程体系结构研究》专项研究课题，成立了由清华大学萧德云教授负责，包括清华大学、上海交通大学、西安交通大学和东北大学等多所院校参与的联合研究小组，对自动化专业课程体系结构进行深入的研究，提出了按"控制理论与工程、控制系统与技术、系统理论与工程、信息处理与分析、计算机与网络、软件基础与工程、专业课程实验"等知识板块构建的课程体系结构。以此为基础，组织规划了一套涵盖几十门自动化专业基础课程和专业课程的系列教材。从基础理论到控制技术，从系统理论到工程实践，从计算机技术到信号处理，从设计分析到课程实验，涉及的知识单元多达数百个、知识点几千个，介入的学校50多所，参与的教授120多人，是一项庞大的系统工程。从编制招标要求、公布招标公告，到组织投标和评审，最后商定教材大纲，凝聚着全国百余名教授的心血，为的是编写出版一套具有一定规模、富有特色的、既考虑研究型大学又考虑应用型大学的自动化专业创新型系列教材。

然而，如何进一步构建完善的自动化专业教材体系结构？如何建设基础知识与最新知识有机融合的教材？如何充分利用现代技术，适应现代大学生的接受习惯，改变教材单一形态，建设数字化、电子化、网络化等多元形态、开放性的“广义教材”？等等，这些都还有待我们进行更深入的研究。

本套系列教材的出版，对更新自动化专业的知识体系、改善教学条件、创造个性化的教学环境，一定会起到积极的作用。但是由于受各方面条件所限，本套教材从整体结构到每本书的知识组成都可能存在许多不当甚至谬误之处，还望使用本套教材的广大教师、学生及各界人士不吝批评指正。

吴澄 院士

2005年10月于清华大学

前言

FOREWORD

问世于20世纪80年代后期的《过程辨识》是本书的初版，初版书一直在清华大学及国内多所高等学校自动化专业教学中使用。许多现已成为国内自动化界知名的学者也都读过本书的初版，有些学生出国留学也不忘将本书的初版带在身边，以备翻阅。20世纪90年代初，我国台湾格致圖書公司还将本书的初版翻印成繁体书发行。二十多年过去了，明知初版书存在许多问题，但一直没有动笔修订，只因觉得对辨识的认识仿佛越来越粗浅，不敢贸然提笔。

现今，辨识领域的研究和教学都发生了很大的变化，辨识的知识不断丰富和完善，作者从1982年至2011年一直为大学高年级学生和研究生讲授辨识课程，在教学活动中与学生和同事相互共勉，对辨识有了进一步的理解，加上作者的老师方崇智先生生前的敦促，而且商定好修订方案和改写细节，作者本人也到了致事之年，修订初版书该是时候了，并按"全国高等学校自动化专业系列教材"的整体规划，再版书更名为《系统辨识理论及应用》。

系统辨识的应用领域非常广泛，而且具有科学与技术的双重属性和鲜明的工程应用特色，吸引着各类专业技术人才很有激情地在探索辨识的理论及其应用。因此，修订初版书也是读者的一种渴望，更是自动化专业高年级学生和研究生的学习需要，或许也是相应专业工程技术人员和面临设计各种控制系统工程师潜在的需求，但愿再版书能再次燃起各种层次读者的兴趣。

再版书与初版书一样，依然采用多层次的结构。低层次从概念性和基础性出发，论述辨识的基础知识、系统描述与辨识模型、经典与现代的辨识方法、模型结构辨识及辨识问题的实践考虑等；高层次从系统性、逻辑性和完整性出发，论述辨识信息实验设计、闭环系统辨识、多变量系统辨识、EIV模型辨识、非均匀采样系统辨识、辨识算法的一般结构及递推辨识算法的性能分析等。全书始终突出理论和实践相结合的原则，论述方法始于物理概念，导出理论结果的同时用仿真例子或工程实例予以验证。各章给出的例证同时附有关键的MATLAB程序段，以便读者模仿再现，体会辨识的内在真谛。各章配有适量的习题，习题多源于教学实践的累积，许多习题都是在课堂讨论过程中形成的，习题有难有易，对巩固所学知识非常有益。

再版书仍由17章组成，与初版书比较，删去了原来的第3、9、10、12和17章，增加了第2、3、11、13、14和16章，初版书的第2章被改编成附录C和附录D。再版书的各章内容与初版书大不相同，除了继承一些经典的知识外，各章都重新编写。

第1章讨论辨识的一些基本概念，包括系统、模型和辨识的定义与表达形式、辨识算法的原理、辨识的误差准则及辨识的内容和步骤等。作为全书的起点，初学者应该认真细读，并在学习过程中经常加以回顾，对理解全书的内容会有意想不到的效果。

第2章讨论系统描述和辨识模型，包括线性时不变集中参数系统的数学描述及辨识模型形式，对时变系统和非线性系统也有相应的讨论。这章内容是从辨识需要的角度论述的，读起来会有特别的适应感。

第3章讨论辨识信息实验设计，包括辨识输入信号设计、采样时间和数据长度的选择等。这章内容有点抽象，是学习系统辨识必须迈越的门槛。

第4章讨论经典的辨识方法，包括相关分析法和谱分析法。这章内容难度不大，然而所讨论的辨识方法具有很强的实用性。

第5章～第6章讨论最小二乘类辨识方法，包括最小二乘法及其变形、增广最小二乘法、广义最小二乘法、辅助变量法、相关二步法和偏差补偿最小二乘法等。最小二乘类辨识方法的基本思想是通过极小化某准则函数来确定模型参数的，其中最小二乘法是最基本、应用最广泛的一种方法，其他方法都是以最小二乘法为基础的。

第7章讨论梯度校正辨识方法，包括梯度搜索原理、确定性与随机性梯度校正法和随机逼近与随机牛顿法等，后者是解决辨识问题一种有效的方法。梯度校正辨识方法的基本思想是沿着某准则函数的负梯度方向逐步修正模型参数的。

第8章讨论极大似然法及与之密切相关的预报误差法，其基本思想是使系统输出在模型参数条件下概率密度函数最大限度地逼近真实参数模型下的条件概率密度。

第5章～第8章内容涉及三种不同思想的辨识方法，是对众多辨识方法的分类概括，以便对辨识方法有一个完整的认识。

第9章讨论各种辨识算法之间的统一性，包括模型预报值及其关于参数的一阶梯度、辨识算法的一般结构、单变量一般模型与状态空间模型辨识及一般结构辨识算法的实现等问题。这章内容揭示了各种辨识方法之间的内在联系，引入统一的模型结构后，构成辨识算法的一般形式，显现了辨识算法的统一性。

第10章讨论模型结构辨识问题，包括单变量系统的模型阶次辨识，如Hankel矩阵判秩法、F检验法、AIC法与最终预报误差准则法等以及多变量系统的模型结构辨识，如Guidorzi方法。这章内容难度也不大，和第4章一样具有很强的实用性。

第11章讨论利用Bierman的UD分解原理，构造一种基于增广UD分解的辨识算法，用于同时辨识模型参数和模型阶次。这章内容是全新的，思想新、方法新，给人眼前一亮的感觉。

第 12 章讨论多变量系统辨识方法，包括脉冲传递函数矩阵模型辨识、Markov 参数模型辨识和输入输出差分方程模型辨识及增广 UD 分解辨识方法等。就某种意义上说，多变量系统辨识可以看作单变量系统的扩展。

第 13 章讨论系统输入输出受到噪声污染的 EIV 模型辨识方法，包括最大似然法及偏差补偿最小二乘法的应用和 L_2 最优辨识方法。这章内容可能会碰到数学麻烦，然而需要的是要有耐心。

第 14 章讨论非均匀采样系统辨识方法，包括通过构造积分滤波器，建立连续状态模型下的变型子空间辨识方法和非均匀步长及数据不完备情况下的高斯-牛顿辨识方法。这章内容源于工程实际问题，值得好好学习。

第 15 章讨论闭环系统辨识方法，包括闭环系统的可辨识性和开环系统辨识方法在闭环系统中的应用。这章内容的要害是可辨识性问题，抓住关键，其他问题会迎刃而解。

第 16 章讨论递推辨识算法的收敛性及性能分析问题，包括基于 ODE 法的辨识算法收敛性分析和最小二乘类辨识算法误差界与收敛性分析。这章内容纯属理论问题，对深入理解辨识算法非常有益。

第 17 章讨论辨识的一些实际考虑及应用问题，包括系统分析、辨识实验设计、数据预处理、准则函数的选择、模型结构的选择、算法初始值的选择、遗忘因子的选择、噪声特性分析、可辨识性、模型检验、模型转换及辨识的应用等。这章内容工程实践性强，最好能结合第 1 章阅读，或许会有新的启迪。

附录包括随机变量与随机过程、伪随机码（M 序列）及其性质、矩阵运算和估计理论等，是阅读本书的一些数学基础。所附的辨识仿真实验指示书，如能认真完成的话，对巩固所学的知识会有意外的收获。

作者为了对全书内容的正确性树立信心，除了对理论推导和论述不敢怠慢外，书中所有的验证程序都亲自编写，使理论内容与程序验证相互支撑、浑为一体。的确，作者已过了编程年龄，往往会因某个低级的错误得不到正确结果而抓耳挠腮。不过作者总是尽心尽力，不敢轻易放弃亲自验证理论结果的信念。

再版书的修订得到清华大学自动化系许多老师的支持和勉励，尤其与叶昊教授的合作与交流，每每是“山重水复疑无路，柳暗花明又一村”。杨帆和刘敏华博士孜孜不倦地通解了本书的大部分习题，对一些有深度的习题以提示的方式给出了解题思路。耿立辉和倪博溢博士独立编写了第 13 章和第 14 章，作者做了必要的统稿。责任编辑王一玲老师为本书的再版呕心沥血、鞠躬尽力。郭晓华老师对全书进行了认真仔细的校对和勘误，夕阳下伏案校稿的倩影是那么一丝不苟。在此，向所有的合作者和勉励者及家人的默默支持表示衷心的感谢。

方崇智先生是作者学习和研究系统辨识的引路人，先生在世时为修订版制定好了方案，也详细阅读过各章的初稿，初稿上落有先生的圈圈点点，并嘱咐不再做第一作者，想站在更高处，当主审人。再版书出版之日，“无忘告乃翁”——先生的夙愿实现了。

限于作者的水平和学识，再版书的错误和不足依然难免，欢迎读者及同仁不吝批评指正。

编者　萧德云
于清华大学
2014 年初夏

又，再版书出版一载有余，感谢读者给出许多热诚的指正，趁重印之机，修改了一些错误。但书中恐怕仍然舛讹百出，还望读者继续不吝指出，以便再印之时，及时勘正。

作者　萧德云
于清华园
2015 年仲夏

目录

CONTENTS

第1章 绪 论

1.1 引言

系统辨识(system identification)已成为控制科学与工程学科一门备受关注的分支,它的应用也已遍及包括工业系统、农林系统、生物系统、医药系统和经济系统,甚至社会系统等许多领域。

为了分析系统的行为特性、理解系统的运动规律、设计系统的控制策略或估计系统的状态,通常需要知道系统的数学模型。但是,在多数情况下系统的数学模型是不知道的,或者数学模型的参数会随着系统运行环境的变化而变化。系统辨识正是研究建立系统数学模型的一种理论和方法,帮助人们在研究表征系统复杂因果关系时尽可能准确地确立系统特性的定量依存关系。

系统辨识是一种实验统计的方法,通过测取系统在输入作用下的输出响应,或正常运行的输入和输出数据记录,经过必要的数据处理和数学计算,估计出系统的数学模型。之所以能这么做的理由是基于系统的动态特性被认为必然表现在变化着的输入和输出数据之中,辨识只不过是利用数学的方法从数据序列中提炼出系统的数学模型而已。利用辨识方法建立的数学模型一般是系统输入输出特性在某种准则意义下的一种近似,近似的程度取决于人们对系统先验知识的认识和对数据集合性质的了解以及所选用的辨识方法。

本章主要论述辨识的一些基本概念,包括系统、模型与辨识概念、建模方法、辨识定义、辨识表达形式(或称最小二乘格式)、辨识算法原理和辨识内容与步骤以及数据集、模型类、等价准则、新息、残差和模型质量等基本知识。

1.2 系统

系统(system)是对象、现象、事物、过程或某种因果关系的一种表征,其属性必须具有对应的输入输出关系和不同类型、相互作用、并能产生可观测信号的变量(包括输出变量、输入变量、可观测干扰变量)和不可观测的干扰变量等基本要素。图 1.1 是一般系统的示意图,图 1.2 是单变量系统的表示框图,它们描述了系统输入和输出变量、干扰变量及信号流向之间的关系。

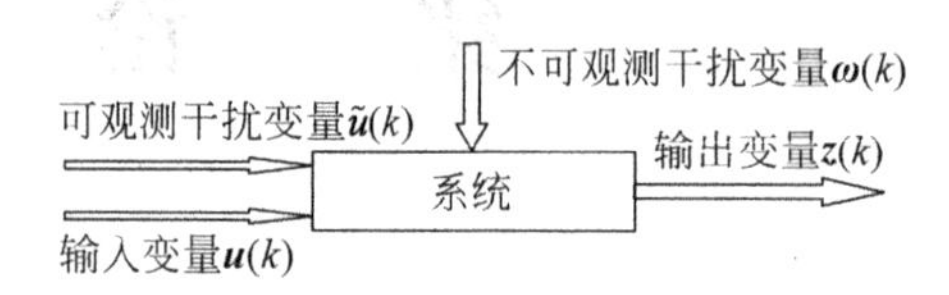

图 1.1 系统示意图

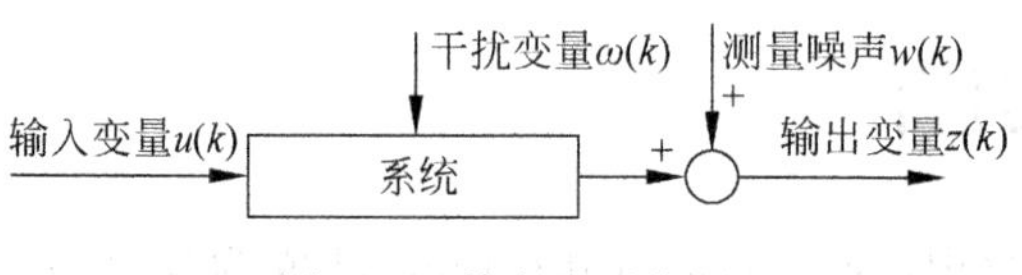

图 1.2 单变量系统图

系统是由若干相互作用和相互依存的要素组成的一个整体,且受环境因素影响和干扰。一般情况下,系统可分为三种类型:开环系统(具有因果关系)、闭环系统(具有反馈作用)和序列系统(无输入作用),它们都是辨识研究的对象。

例 1.1 开环系统——太阳能暖房。图 1.3 是太阳能双循环采暖系统[37],热源是太阳能,蓄热池是系统热缓冲器,空气是热载体。太阳板将太阳辐射能转换成热能,利用蓄热池入口鼓风泵,将热空气传送给蓄热池,在蓄热池内进行热交换,再利用蓄热池出口鼓风泵,将热空气传送给暖房,通过调节两个循环鼓风泵的输出流量,可以控制暖房的室内温度。

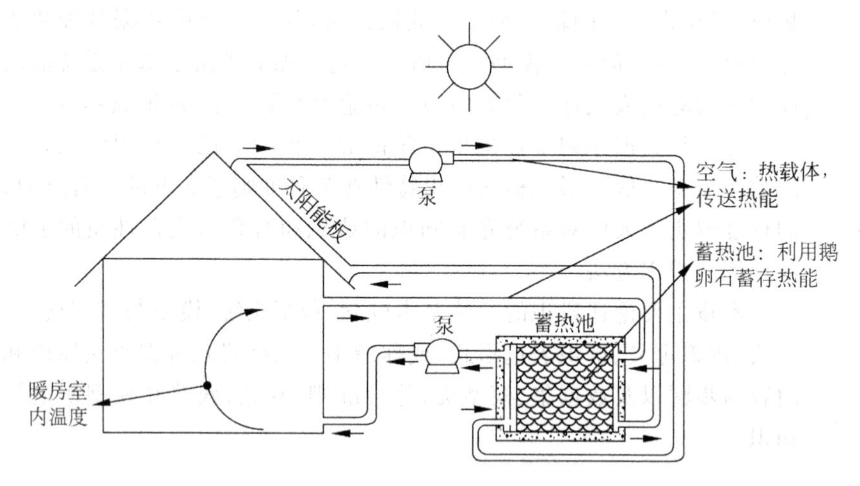

图 1.3 太阳能暖房系统

这种太阳能暖房可以看作一种开环系统(因果关系系统),蓄热池入口鼓风泵的流量和蓄热池温度是太阳板—蓄热池通道的输入和输出变量,蓄热池出口鼓风泵的流量和暖房室温是蓄热池—暖房通道的输入和输出变量,太阳辐射是系统可观测干扰变量,室外环境是系统不可观测干扰变量。

图1.4是太阳能暖房系统的方框图表示形式，图中蓄热池温度既是太阳板—蓄热池通道的输出变量，又是蓄热池—暖房通道的可观测干扰变量，太阳辐射和室外环境是系统干扰，系统的输入变量 $u_1(k)$ 和 $u_2(k)$（蓄热池入口鼓风泵流量、蓄热池出口鼓风泵流量）及输出变量 $z_1(k)$ 和 $z_2(k)$（蓄热池温度、暖房室温）是可测的。通过每10分钟采集一组数据，利用辨识技术可以建立太阳板—蓄热池通道和蓄热池—暖房通道的数学模型。

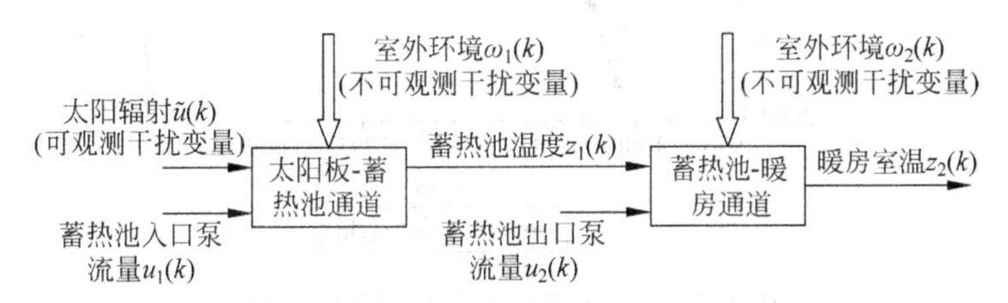

图1.4　太阳能暖房系统辨识通道

例1.2　闭环系统——三轴微小卫星。图1.5是一颗实际的三轴微小卫星，姿态检测传感器由三轴光纤陀螺和三轴加速度器组成，用于检测卫星的三轴姿态，姿态控制执行机构由16支喷气推力器和三轴正交反作用飞轮组成，用于控制卫星的三轴姿态。由此构成的卫星三轴姿态控制系统，可实现 z 轴全角度姿态机动和 x/y 轴 $\pm 12^\circ$ 姿态机动。

图1.5　三轴微小卫星系统

三轴微小卫星姿态控制系统是典型的反馈闭环系统，图1.6是卫星三轴姿态控制系统的辨识通道图，三轴姿态信息是系统的输出变量，三轴姿态控制作用力是系统的输入变量，空间环境是系统不可观测的干扰变量。通过采集卫星三轴姿态信息和姿态控制作用力，利用辨识技术可以建立卫星三轴姿态系统的数学模型[77]。

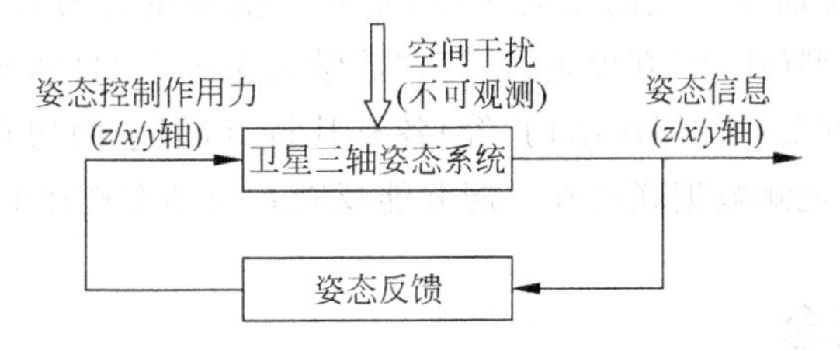

图1.6　三轴微小卫星系统辨识通道

例1.3　序列系统——能源需求序列。图1.7是1975—2007年台湾地区能源需求一阶差分序列（数据来源于文献[69,70,78,79]，数据单位为“千公秉油当量”），这是典型的无输入作用的序列系统。

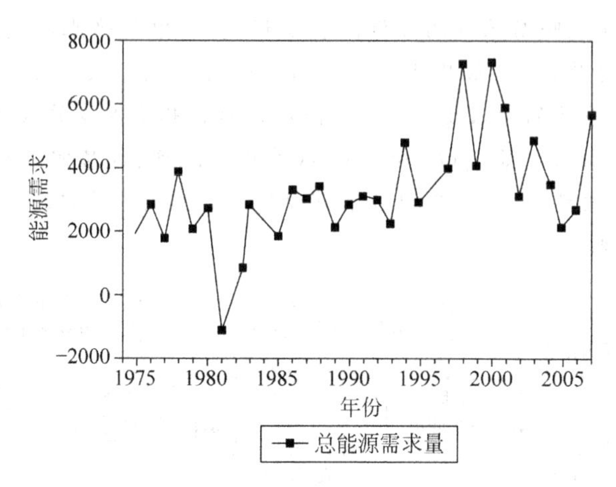

图 1.7 台湾地区能源需求一阶差分序列

根据图 1.7 所给的台湾地区能源需求一阶差分序列数据，利用辨识技术可以建立台湾地区能源需求的数学模型，如图 1.8 所示。

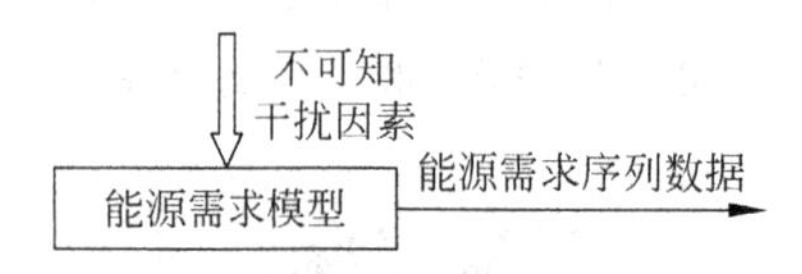

图 1.8 台湾地区能源需求模型辨识

总而言之，系统是现代科学领域中一个广泛的概念，具有很强的普遍性，自然界各种不同的对象、事物都是可以用系统来表达的。这种以系统来表达自然界的思想，使得辨识有着宽广的应用领域。但是，许多系统的机理是非常复杂的，建立它们的数学模型不是一件容易的事。如果只关心系统外特性或称系统的输入输出关系，只要系统的行为特性表现在系统的输入和输出数据之中，则根据系统表现出来的输入和输出信息就可建立与系统外特性等价的模型，不去过多地关心系统内部的机理。这种处理问题的思想是系统辨识的基本观点和基本出发点。

1.3 模型

模型(model)是描述系统的主要手段，是对系统特定行为规律的一种假设性抽象。不同类型的模型(比如“方程表达式”、“数学关系式”、“自然规律”、“物理定律”、“假设”、“范例”、“方案”或“层次结构”等)各有其特点，但它们均有一个基本的属性，即它们是与系统的观测数据联系在一起并能反映系统动态规律的一种模式。

1.3.1 模型概念

1. 模型的含义

所谓模型就是把系统的本质部分信息简缩成有用的描述形式[18]，用来描述系统的变化规律，是系统行为特性的一种客观写照或缩影，是分析系统和预报、控制系统的有力工具。但是,实际系统到底哪些部分是本质的,哪些部分是非本质的,这要取决于所研究的问题。比如,大型企业生产管理计划模型就不必包括生产工艺过程的动态信息,但必须包括反映产品产量、产品质量、营销、财务、库存原料量等的变化信息。也就是说,生产工艺过程的动态信息对这种模型来说是非本质的。相反,为了实现生产工艺过程的优化操作,模型就必须包括反映生产工艺过程的状态信息,这时生产工艺过程的动态信息就变成本质的。

对实际系统来说,模型就是按照使用的目的对系统所作的一种近似描述。研究者必须承认,如果模型的输出$\hat{z}(k)$和实际系统的输出$z(k)$"几乎必然"处处相等,记作$\hat{z}(k)\xrightarrow{\text{a.s.}}z(k)$(a.s. = almost surely,含义见附录F.1),那么应该说所建立的模型就是满意的。如果要求模型越精确,模型就会变得越复杂。相反,如果适当降低模型的精度要求,模型就可以简单点。也就是说,系统模型的精确性和复杂性是一对矛盾,找出两者的折中解决办法往往是建立实际系统模型的关键。

2. 模型的表现形式

(1)"直觉"模型

系统的行为特性以非解析的形式储存在人脑中,靠人的直觉控制系统的行为,比如司机控制方向盘靠的就是"直觉模型"。

(2) 物理模型

根据相似原理把实际系统加以缩小复制,也就是系统的物理模拟,比如风洞、水力学模型、传热学模型和电力系统动态模拟等。

(3) 非参数模型

以图形(曲线)或表格形式表现系统的行为特性,如阶跃响应、脉冲响应和频率响应等。

(4) 参数模型

参数模型也就是数学模型,用数学结构的形式来反映系统的行为特性,常用的有代数方程模型、微分方程模型、差分方程模型和状态空间模型等。

① 代数方程模型,Cobb-Douglas生产关系模型$Y=AL^{\alpha_1}K^{\alpha_2}$,$\alpha_1>0,\alpha_2>1$就是一种典型的代数方程模型,其中$Y$为产值、$L$为劳动力、$K$为资本。

② 微分方程模型

$$z^{(n)}(t)+a_1z^{(n-1)}(t)+\cdots+a_nz(t)=b_1u^{(m-1)}(t)+\cdots+b_mu(t)+e(t) \tag{1.3.1}$$

其中,$u(t)$、$z(t)$为模型的输入和输出变量;$e(t)$为模型噪声。

③ 差分方程模型

$$A(z^{-1})z(k)=B(z^{-1})u(k)+e(k) \tag{1.3.2}$$

式中

$$\begin{cases}A(z^{-1})=1+a_1z^{-1}+a_2z^{-2}+\cdots+a_{n_a}z^{-n_a}\\B(z^{-1})=b_1z^{-1}+b_2z^{-2}+\cdots+b_{n_b}z^{-n_b}\end{cases} \tag{1.3.3}$$

或写成

$$z(k)+a_1z(k-1)+\cdots+a_{n_a}z(k-n_a)=b_1u(k-1)+\cdots+b_{n_b}u(k-n_b)+e(k) \tag{1.3.4}$$

其中，$u(k)$、$z(k)$为模型的输入和输出变量；$e(k)$为模型噪声；z^{-1}表示迟延算子，即有 $z^{-1}x(k)=x(k-1)$。

④ 状态空间模型(连续型)

$$\begin{cases}\dot{\boldsymbol{x}}(t)=\boldsymbol{A}\boldsymbol{x}(t)+\boldsymbol{B}\boldsymbol{u}(t)+\boldsymbol{\Gamma}_1\boldsymbol{\omega}(t)\\ z(t)=\boldsymbol{C}\boldsymbol{x}(t)+\boldsymbol{\Gamma}_2 w(t)\end{cases} \tag{1.3.5}$$

或(离散型)

$$\begin{cases}\boldsymbol{x}(k+1)=\boldsymbol{A}\boldsymbol{x}(k)+\boldsymbol{B}\boldsymbol{u}(k)+\boldsymbol{\Gamma}_1\boldsymbol{\omega}(k)\\ \boldsymbol{z}(k)=\boldsymbol{C}\boldsymbol{x}(k)+\boldsymbol{\Gamma}_2\boldsymbol{w}(k)\end{cases} \tag{1.3.6}$$

其中，$\boldsymbol{u}(\cdot)$、$\boldsymbol{z}(\cdot)$和 $\boldsymbol{x}(\cdot)$为模型的输入、输出和状态向量；$\boldsymbol{\omega}(\cdot)$和 $w(\cdot)$为模型噪声向量；$\boldsymbol{A}$、$\boldsymbol{B}$、$\boldsymbol{C}$、$\boldsymbol{\Gamma}_1$ 和$\boldsymbol{\Gamma}_2$ 为适当维的参数矩阵。

3. 模型的分类

一般说来，系统的行为特性有线性与非线性、动态与静态、确定性与随机性、宏观与微观之分，所以系统模型必然也有这几种类型的区别。

(1) 线性模型与非线性模型

线性模型必定满足叠加原理和均匀性，即如果 $y_1(k)$和 $y_2(k)$分别是激励信号 $u_1(k)$和 $u_2(k)$的输出响应，记作

$$\begin{cases}u_1(k)\xrightarrow{\text{map}}y_1(k)\\ u_2(k)\xrightarrow{\text{map}}y_2(k)\end{cases} \tag{1.3.7}$$

则有

$$u_1(k)+u_2(k)\xrightarrow{\text{map}}y_1(k)+y_2(k) \tag{1.3.8}$$

一般说来，线性模型满足下列算子运算

$$\begin{cases}(\mathbb{L}_1+\mathbb{L}_2)x=\mathbb{L}_1x+\mathbb{L}_2x\\ \mathbb{L}_1\mathbb{L}_2x=\mathbb{L}_2\mathbb{L}_1x\\ \mathbb{L}(x+y)=\mathbb{L}x+\mathbb{L}y\end{cases} \tag{1.3.9}$$

其中，x 和 y 为状态变量；$\mathbb{L}_1$、$\mathbb{L}_2$ 和$\mathbb{L}$ 是作用于 x 和 y 的运算算子。

非线性模型一般不满足叠加原理。比如，化学反应速度系数 k 与绝对温度 T 之间的关系 $k=\alpha e^{-E/RT}$就是一种非线性模型，其中 R 是通用气体常数，α 和 E 为特定系数。

如果模型的输出关于输入线性，称为系统线性；如果模型的输出关于参数空间线性，称为关于参数空间线性。比如，模型 $y(k)=a+bu(k)+cu^2(k)$的输出 $y(k)$关于输入 $u(k)$是非线性的，但关于模型参数 a、b 和 c 是线性的，则该模型是系统非线

性的,而关于参数空间是线性的。

如果模型经过适当的数学变换或处理,可将本来是非线性的模型转变成线性模型,那么原来的模型就是本质线性的,否则是本质非线性的。比如,Cobb-Douglas 生产关系模型 $Y=AL^{\alpha_1}K^{\alpha_2}$,$\alpha_1>0$,$\alpha_2>1$,模型输出 Y(产值)关于输入 L(劳动力)和 K(资本)或关于参数 α_1 和 α_2 都是非线性的。如果令 $y=\log Y$,$u_1=\log L$,$u_2=\log K$ 和 $\alpha_0=\log A$,则 Cobb-Douglas 模型可以写成 $y=\alpha_0+\alpha_1u_1+\alpha_2u_2$,这时模型输出 y 关于输入 u_1、u_2 和参数 α_0、α_1、α_2 都是线性的。因此,Cobb-Douglas 生产关系模型是本质线性模型。

(2) 动态模型与静态模型

动态模型是用来描述系统处于过渡过程时各状态变量之间的关系,一般是时间的函数。静态模型是动态模型处于稳态时的表现,或者说静态模型是用来描述系统处于稳态时各状态变量之间的关系(状态变量的各阶导数均为 0),不再是时间的函数。

(3) 确定性模型与随机性模型

确定性模型所描述的系统,当系统的状态确定后,系统的输出响应是唯一确定的。随机性模型所描述的系统,即使系统的状态确定了,系统的输出响应仍然是不确定的。

(4) 微观模型与宏观模型

微观模型和宏观模型的差别在于前者是研究系统内部微小单元的运动规律,一般用微分方程或差分方程描述;后者是研究系统的宏观现象,一般用联立方程或积分方程描述。

总之,模型的分类是多种多样的,常见的还有连续与离散、定常与时变、集中参数与分布参数之分。本书研究的模型侧重于集中参数、离散、定常、线性动态随机模型,尤其是式(1.3.2)和式(1.3.3)所示的差分方程模型。

1.3.2 建模方法

一般说来,建立系统的模型有“白箱”建模、“黑箱”建模和“灰箱”建模三种方法。

1.“白箱”建模

“白箱”建模是一种理论建模的方法,也称机理建模。通常需要通过分析系统的运动规律,在一定的假设条件下,运用一些已知的定律、定理和原理,如化学动力学原理、生物学定律、牛顿定理、物料平衡方程、能量平衡方程和传热传质原理等来建立系统的模型。

一般情况下,“白箱”建模只能用于机理明确的系统,对于机理复杂的系统,这种建模方法有它的局限性。另外,“白箱”建模需要对所研究的系统提出合理的简化假定,否则会使问题过于复杂化,而且系统的机理必须是确定的、可推导的。然而,对一个实际的系统来说,甭说系统的机理并非完全能知道,所提的假定也往往不一定能符合实际情况,况且影响系统的因素会在不断变化。因此,“白箱”建模方法不一定适用于所有系统。

2.“黑箱”建模

“黑箱”建模是建立在“黑箱”理论基础上的一种实验建模方法,也称测试建模。“黑箱”理论是一种独特的认识论,图 1.9 描述“黑箱”理论的认识过程,它属于科学认识论范畴,通过实践比较,根据差异修改模型。模型只是一种假设,它不一定表示“黑箱”内部的实际结构。当然,把系统看作“黑箱”进行建模是要有条件的:①“黑箱”表现出来的特性是可观测的,同时通过操作可改变“黑箱”的特性;②“黑箱”模型要具有清晰性,即模型输出信息是可获取的,以便用于反馈比较;③“黑箱”模型要具有跟踪客体的速度,也就是对客体的数据采集速度是有限的;④如果反馈过度,会引起认识上的振荡,因此需要控制好反馈深度;⑤反馈比较要具有可操作的评定标准。

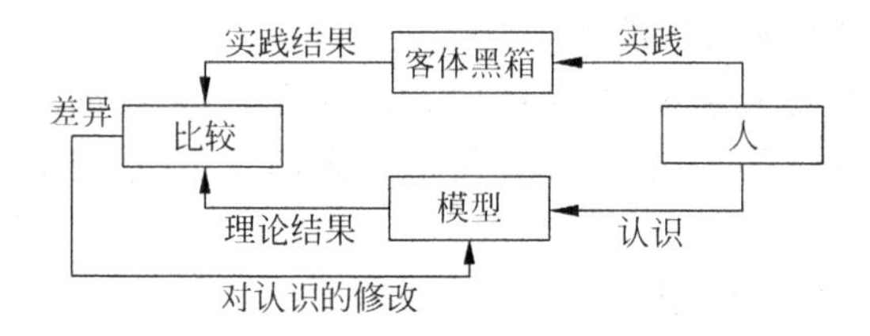

图 1.9 “黑箱”理论的认识过程

基于“黑箱”理论的建模方法,要求系统的输入和输出数据是可观测或可估计的。由于系统的动态特性必然表现在系统输入和输出数据之中,因此可以利用输入和输出数据所提供的信息来建立系统的模型,这种建模方法也就是系统辨识。

就某种意义上来说,“黑箱”建模较“白箱”建模有它的优越性,无须深入了解系统的内部机理,但这也不是绝对的。“黑箱”建模的关键必须设计出合理的系统实验,以便获得系统所含的最大信息,这点往往又是非常困难的。因此,“黑箱”建模和“白箱”建模在不同的应用场合可能各有千秋。实际应用时,两种方法应该是相互补充,而不是互相代替。本书的重点是讨论“黑箱”建模问题,也就是系统辨识问题。

3.“灰箱”建模

Åström 还提出一种“灰箱”建模方法,即把“黑箱”和“白箱”两种建模方法结合起来使用,机理已知的部分采用“白箱”建模,机理未知的部分采用“黑箱”建模,以充分发挥两种建模方法各自的优点。

不管采用哪种建模方法,都必须首先弄清待辨识系统的层次及其周围的环境条件,明确模型应包含的变量。一个系统的变量可能很多,包括输入变量(如控制变量或干扰变量)和输出变量(如观测变量或状态变量)。模型中应该包括哪些变量完全取决于建模的目的,它只应包括对建模目的影响比较显著的变量,影响不大的变量不应该包括在内，以免模型过于复杂，失去实用价值。

建模应该遵循的基本原则：

(1) 目的性(objectivity) 建模目的是明确的。

(2) 实在性(physicality) 模型的物理概念是清晰的。

(3) 可辨识性(identifiability) 模型结构是合理的，输入是持续激励的，数据是信息充足的。

(4) 悭吝性(parsimony) 根据节省原理，模型的参数应该尽可能少。

1.4 辨识

辨识(identification)是根据含有噪声的测量数据推断出系统数学模型的一种实验统计方法，辨识模型是系统输入输出特性在某种准则意义下的一种近似，其主题具有科学方法论的基本属性。

1.4.1 辨识的定义

Zadeh L A 给辨识的定义[66]："辨识就是在输入和输出数据的基础上，从一组给定的模型类中，确定一个与所测系统等价的模型"。

Eykhoff P 对辨识的解释[18]："辨识问题可以归结为用一个模型来表示客观系统(或将要构造的系统)本质特征的一种演算，并用这个模型把对客观系统的理解表示成有用的形式"。

Strejc V 对辨识的解释："辨识强调了一个非常重要的概念，最终模型只应表示动态系统的本质特征，并且把它表示成适当的形式。这就意味着，并不期望获得一个物理实际的确切的数学描述，所要的只是一个适合于应用的模型"。

Ljung L 对辨识的解释："辨识有三个要素——数据、模型类和准则。辨识就是按照一个准则在一组模型类中选择一个与数据拟合得最好的模型"。

辨识的定义及其解释可以是多角度的，但它们都明确指出了辨识具有三大要素：①输入和输出数据；②模型类；③等价准则。其中，数据是辨识的基础，准则是辨识的优化目标，模型类是寻找模型的范围。辨识的实质就是确定一组模型类，从中选择一个模型，依据观测到的数据，按照某种准则，使所选择的模型最好地拟合所关心的系统动态特性。

当然还需要指出，由于观测到的数据一般都含有噪声，因此辨识建模实际上是一种实验统计的方法，获得的辨识模型也只不过是与系统外特性等价的一种近似描述。

1.4.2 辨识的表达形式

本书重点讨论线性离散模型的辨识问题。所谓线性离散模型是指一个或几个变量可以表示成另外一些变量在时间或空间离散点上的线性组合，如图 1.10 所示。图中，$z(k)$是模型输出，$\boldsymbol{h}(k)$是模型输入（或称作数据向量）；$n(k)$是不可观测的模型噪声；$\boldsymbol{\theta}$是未知模型参数向量。记

$$\begin{cases}\boldsymbol{h}(k)=[h_1(k),h_2(k),\cdots,h_N(k)]^{\mathrm{T}}\\ \boldsymbol{\theta}=[\theta_1,\theta_2,\cdots,\theta_N]^{\mathrm{T}}\end{cases} \tag{1.4.1}$$

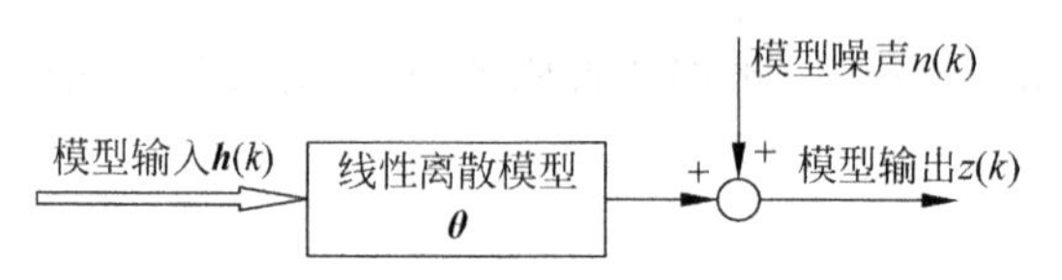

图 1.10 线性离散模型的表达形式

则线性离散模型的输出可表示成

$$z(k)=\sum_{i=1}^{N}\theta_i h_i(k)+n(k)=\boldsymbol{h}^{\mathrm{T}}(k)\boldsymbol{\theta}+n(k) \tag{1.4.2}$$

上式表明，模型的输出被表达成观测数据与模型参数的线性组合关系。这种线性组合关系是辨识的基本表达形式，称作最小二乘格式。其中，数据向量$\boldsymbol{h}(k)$的各元素必须是线性不相关的；输出$z(k)$及数据向量$\boldsymbol{h}(k)$的元素要求是可观测或可估计的；参数向量$\boldsymbol{\theta}$应该包括模型所有的独立参数；$n(k)$称作方程误差或模型误差。

例 1.4 将差分方程化成最小二乘格式。考虑如下差分方程

$$z(k)+a_1z(k-1)+\cdots+a_nz(k-n)=b_1u(k-1)+\cdots+b_nu(k-n)+n(k) \tag{1.4.3}$$

其中，模型输入和输出变量$u(\cdot)$、$z(\cdot)$在离散点上都是可观测的；$n(k)$是模型噪声。置

$$\begin{cases}\boldsymbol{h}(k)=[-z(k-1),\cdots,-z(k-n),u(k-1),\cdots,u(k-n)]^{\mathrm{T}}\\ \boldsymbol{\theta}=[a_1,\cdots,a_n,b_1,\cdots,b_n]^{\mathrm{T}}\end{cases} \tag{1.4.4}$$

则$\boldsymbol{h}(k)$是可观测的数据向量，那么差分方程对应的最小二乘格式为

$$z(k)=\boldsymbol{h}^{\mathrm{T}}(k)\boldsymbol{\theta}+n(k) \tag{1.4.5}$$

例 1.5 对给定质量的气体，不同的体积V对应着不同的压力P。根据热力学原理，压力和体积之间存在如下关系

$$PV^r=c \tag{1.4.6}$$

其中，r和c为待定常数，P和V在各采样点上是可观测的。如果式(1.4.6)两边同时取对数，则在k时刻有

$$\log P(k)+r\log V(k)=\log c \tag{1.4.7}$$

令

$$\begin{cases} z(k) = \log P(k) \\ h(k) = \log V(k) \\ \theta_1 = r \\ \theta_2 = \log c \end{cases} \tag{1.4.8}$$

又置

$$\begin{cases} \boldsymbol{h}(k) = [-h(k), 1]^{\mathrm{T}} \\ \boldsymbol{\theta} = [\theta_1, \theta_2]^{\mathrm{T}} \end{cases} \tag{1.4.9}$$

则 $z(k)$和 $\boldsymbol{h}(k)$都是可观测的变量，那么模型式(1.4.6)对应的最小二乘格式为

$$z(k) = \boldsymbol{h}^{\mathrm{T}}(k)\boldsymbol{\theta} + e(k) \tag{1.4.10}$$

其中，$e(k)$为测量误差。模型式(1.4.6)原本是非线性模型，经适当的数学处理之后化成线性表达形式，说明模型式(1.4.6)是本质线性的。

例 1.6　将下列模型化成最小二乘格式

$$y(t) = \theta_1 + \theta_2 \sin t + \theta_3 \mathrm{e}^{-t} \tag{1.4.11}$$

其中，$y(t)$在 t 时刻是可观测变量；θ_1、θ_2 和 θ_3 是模型未知参数。置

$$\begin{cases} \boldsymbol{h}(t) = [1, \sin t, \mathrm{e}^{-t}]^{\mathrm{T}} \\ \boldsymbol{\theta} = [\theta_1, \theta_2, \theta_3]^{\mathrm{T}} \end{cases} \tag{1.4.12}$$

此时数据向量 $\boldsymbol{h}(t)$是可知的。当取 $t=kT_0$ 时，对应的最小二乘格式为

$$z(k) = \boldsymbol{h}^{\mathrm{T}}(k)\boldsymbol{\theta} + e(k) \tag{1.4.13}$$

式中，$z(k)$代表含有误差 $e(k)$的 $y(k)$值，并省略了采样间隔 T_0。

总之，系统辨识问题首先必须将对应的模型化成最小二乘格式。一般说来，线性模型或本质线性模型总可以化成最小二乘格式。

如果图 1.11 是待辨识的系统，那么描述它的模型必须能化成图 1.12 所示的辨识表达式，也就是式(1.4.2)和式(1.4.1)所示的最小二乘格式。

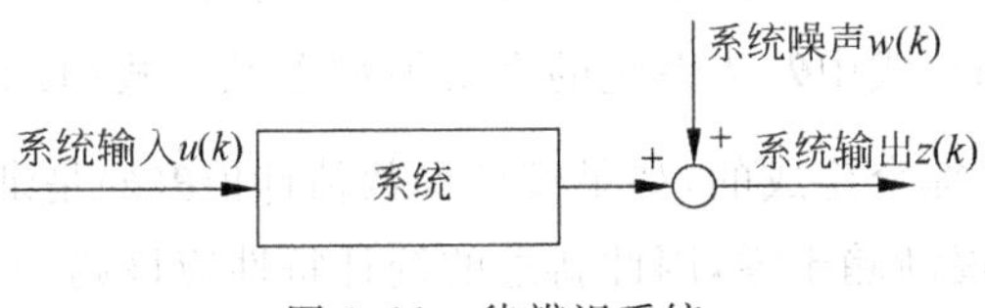

图 1.11　待辨识系统

注意，图 1.12 中的模型输入 $\boldsymbol{h}(k)$不再只是图 1.11 中的系统输入 $u(k)$，它可能包括输入 $u(k)$以外的其他数据。比如，图 1.12 中的 $\boldsymbol{h}(k)$不但包含系统的输入$u(k)$，$k=k-1,\cdots,k-n$，还包含系统的输出 $z(k)$，$k=k-1,\cdots,k-n$，模型噪声 $n(k)$也不再是原来的系统噪声 $w(k)$。

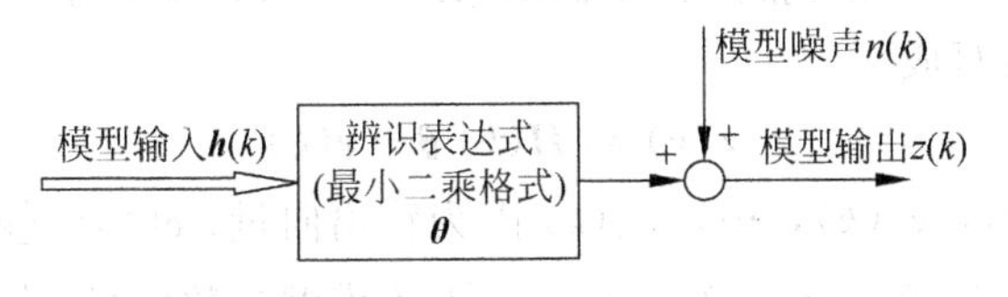

图 1.12　辨识表达形式

1.4.3 辨识的基本原理

辨识的目的就是根据系统所提供的输入和输出数据，在某种准则意义下，估计出系统模型的未知参数，其基本原理如图 1.13 所示。

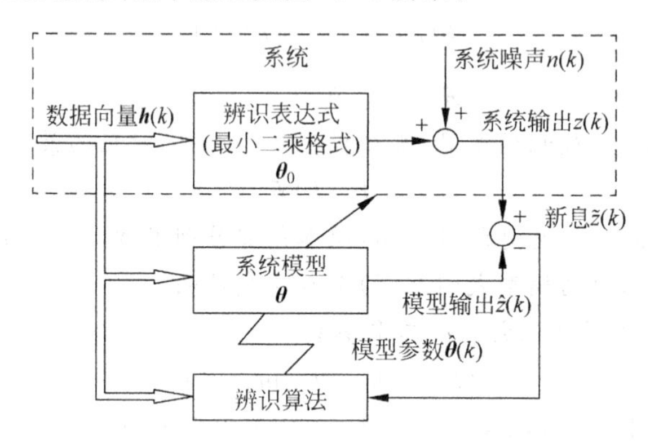

图 1.13 辨识的基本原理

为了估计得到系统模型参数$\boldsymbol{\theta}$，通常采用逐步逼近的方法。在 k 时刻，根据前一时刻的模型参数估计值$\hat{\boldsymbol{\theta}}(k-1)$，计算出该时刻的模型输出$\hat{z}(k)=\boldsymbol{h}^{\mathrm{T}}(k)\hat{\boldsymbol{\theta}}(k-1)$，也就是系统输出的预报值，其中 $\boldsymbol{h}(k)$是可观测或可估计的数据向量。通过比较系统输出 $z(k)$与模型输出$\hat{z}(k)$，得到输出预报误差

$$
\begin{aligned}
\tilde{z}(k) &= z(k)-\hat{z}(k) = z(k)-\boldsymbol{h}^{\mathrm{T}}(k)\,\hat{\boldsymbol{\theta}}(k-1) \\
&= \boldsymbol{h}^{\mathrm{T}}(k)\,\boldsymbol{\theta}_0+n(k)-\boldsymbol{h}^{\mathrm{T}}(k)\,\hat{\boldsymbol{\theta}}(k-1) \\
&= \boldsymbol{h}^{\mathrm{T}}(k)[\boldsymbol{\theta}_0-\hat{\boldsymbol{\theta}}(k-1)]+n(k)
\end{aligned} \tag{1.4.14}
$$

或称新息(innovation)，式中$\boldsymbol{\theta}_0$ 为系统的真实模型参数。式(1.4.14)表明，新息是由模型误差和系统噪声综合生成的，如果模型参数估计值$\hat{\boldsymbol{\theta}}(k)$是渐近无偏的，随着时间的推移，模型误差将逐渐趋于零，因此新息的统计特性应该趋于系统的噪声特性。

然后，将新息$\tilde{z}(k)$反馈给辨识算法，在某种准则条件下，计算出 k 时刻的模型参数估计值$\hat{\boldsymbol{\theta}}(k)$，以此更新系统模型。这样不断反馈迭代下去，直至对应的准则函数达到最小值。这时，模型输出$\hat{z}(k)$在该准则意义下最好地逼近系统输出 $z(k)$，便获得所需的系统模型。

上述辨识的基本原理可推广到多输出系统。如果系统的输出是 m 维的，那么辨识问题的表达形式写成

$$
\boldsymbol{z}(k)=\boldsymbol{H}(k)\,\boldsymbol{\theta}+\boldsymbol{e}(k) \tag{1.4.15}
$$

其中，$\boldsymbol{z}(k)=[z_1(k),\ z_2(k),\ \cdots,\ z_m(k)]^{\mathrm{T}}$ 为输出向量；$\boldsymbol{e}(k)=[e_1(k),\ e_2(k),\ \cdots,\ e_m(k)]^{\mathrm{T}}$ 为噪声向量；$\boldsymbol{\theta}=[\theta_1,\ \theta_2,\ \cdots,\ \theta_N]^{\mathrm{T}}$ 为模型参数向量；输入数据阵为

$$\boldsymbol{H}(k)=\begin{bmatrix} h_{11}(k) & h_{12}(k) & \cdots & h_{1N}(k) \\ h_{21}(k) & h_{22}(k) & \cdots & h_{2N}(k) \\ \vdots & \vdots & \ddots & \vdots \\ h_{m1}(k) & h_{m2}(k) & \cdots & h_{mN}(k) \end{bmatrix} \tag{1.4.16}$$

与单变量系统辨识原理一样，通过计算新息

$$\begin{aligned} \tilde{z}(k) &= z(k)-\hat{z}(k) \\ &= z(k)-\boldsymbol{H}(k)\,\hat{\boldsymbol{\theta}}(k-1) \\ &= \boldsymbol{H}(k)\,\boldsymbol{\theta}_0+\boldsymbol{n}(k)-\boldsymbol{H}(k)\,\hat{\boldsymbol{\theta}}(k-1) \\ &= \boldsymbol{H}(k)[\boldsymbol{\theta}_0-\hat{\boldsymbol{\theta}}(k-1)]+\boldsymbol{e}(k) \end{aligned} \tag{1.4.17}$$

不断反馈迭代，在某种准则意义下，可获得所需的系统模型。

概括而言，辨识的基本原理就是以系统为参考，利用新息反馈和辨识算法，不断修改更新系统模型，使模型输出逐渐逼近系统输出，直至获得在某种准则意义下认为满意的模型。

1.5 辨识的三要素

根据辨识的定义，辨识包含有三个要素：数据集——辨识的基础、模型类——模型的选择范围、等价准则——建模的优化目标。

1.5.1 数据集

数据集是辨识的第一要素，数据集的性质将直接影响辨识的结果，包括可辨识性和辨识模型的质量。

1. 数据集的生成

如果辨识所用的数据集定义为 $\mathrm{D}^L=\{u(1),z(1),\cdots,u(L),z(L)\}$，其中 $u(\cdot)$、$z(\cdot)$分别为输入和输出数据，L 为数据长度，则不失一般性可以将产生该数据集的机构表示成如图 1.14 所示。

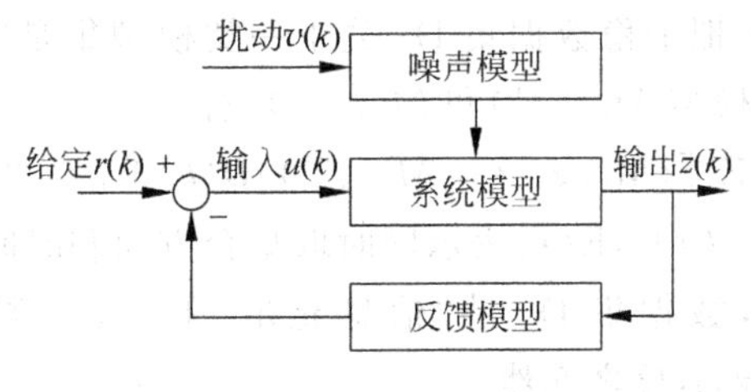

图 1.14　数据生成机构

2. 数据集的条件

当数据长度 L 取无穷大，用滤波器 $\{d_i^{(j)}, j=1,2,3,4\}$ 来描述数据集 D^∞ 时，即

$$\begin{cases} z(k) = \sum_{i=0}^{\infty} d_i^{(1)} r(k-i) + \sum_{i=0}^{\infty} d_i^{(2)} v(k-i) \\ u(k) = \sum_{i=0}^{\infty} d_i^{(3)} r(k-i) + \sum_{i=0}^{\infty} d_i^{(4)} v(k-i) \end{cases} \tag{1.5.1}$$

如果 $\{r(k)\}$ 是有界确定性给定序列，$\{v(k)\}$ 是零均值、存在 $\Delta+\delta(\delta>0)$ 阶有界矩的独立扰动序列，那么数据集的条件是：存在四个一致稳定的滤波器 $\{d_i^{(j)}, j=1,2,3,4\}\big|_{i=0}^{\infty}$，使输入和输出数据 $\{u(k)\}$、$\{z(k)\}$ 是联合拟平稳的[37]。也就是说，辨识所用的数据集是可以用式(1.5.1)表示的拟平稳序列①。

3. 数据集的条件判定定理

对图 1.14 所示的数据集生成机构而言，输入和输出数据序列 $\{u(k)\}$、$\{z(k)\}$ 满足式(1.5.1)的条件，下面的定理必须成立。

定理 1.1(数据集的条件判定定理)[37]　如图 1.14 所示，设系统模型为 $G(z^{-1})$、反馈模型为 $F(z^{-1})$、噪声模型为 $H(z^{-1})$，当选择输入

$$u(k) = -F(z^{-1})z(k) + r(k) \tag{1.5.2}$$

使得

$$\begin{cases} [1+G(z^{-1})F(z^{-1})]^{-1}G(z^{-1}) \\ [1+G(z^{-1})F(z^{-1})]^{-1}H(z^{-1}) \\ [1+G(z^{-1})F(z^{-1})]^{-1} \\ F(z^{-1})[1+G(z^{-1})F(z^{-1})]^{-1}H(z^{-1}) \end{cases} \tag{1.5.3}$$

是稳定的滤波器，且 $\{r(k)\}$ 是拟平稳的，那么数据集的条件式(1.5.1)成立。

若将给定 $r(k)$ 和扰动 $v(k)$ 看作数据集生成机构的输入，将 $u(k)$ 和 $z(k)$ 看作数据集生成机构的输出，则它们之间的传递关系可写成式(1.5.3)。对照式(1.5.1)所示的条件，显然式(1.5.3)必须是稳定的滤波器。

4. 数据集信息含量

定义 1.1[37]　一个拟平稳数据集 D^∞ 关于一类模型集是"信息充足"的，如果这个数据集，对任意两个模型 $M_1(z^{-1})$ 和 $M_2(z^{-1})$，有

$$\bar{E}\{[(M_1(z^{-1}) - M_2(z^{-1}))\boldsymbol{D}(k)]^2\} = 0 \tag{1.5.4}$$

其中，$\boldsymbol{D}(k)=[u(k) \quad z(k)]^{\mathrm{T}}$，$\bar{E}\{\cdot\}$ 表示同时取集合方向和时间方向的数学期望。

定义 1.1 意味着，数据集 D^∞ 是"信息充足"的，对一类模型集来说，必然有 $M_1(e^{-j\omega})=M_2(e^{-j\omega})$，$\forall\omega$，反之亦然。

---

① 拟平稳概念见附录 C.2.3。

定义 1.2[37] 一个拟平稳数据集 D^{∞} 是“提供信息”的，如果这个数据集关于由线性时不变模型组成的模型集是“信息充足”的。

定理 1.2(“提供信息”判定定理)[37] 如果 $\boldsymbol{D}(k)=[u(k)\quad z(k)]^{\mathrm{T}}$ 的谱矩阵

$$\boldsymbol{S}_D(\mathrm{j}\omega)=\begin{bmatrix} S_u(\omega) & S_{uz}(\mathrm{j}\omega) \\ S_{zu}(\mathrm{j}\omega) & S_z(\omega) \end{bmatrix} \tag{1.5.5}$$

对所有的 ω 是严格正定的，那么拟平稳数据集 D^{∞} 是“提供信息”的。

根据“提供信息”的定义，式(1.5.4)可以写成

$$\begin{cases} \overline{\mathrm{E}}\{[\Delta M_u(z^{-1})u(k)+\Delta M_z(z^{-1})z(k)]^2\}=0 \\ \overline{\mathrm{E}}\left\{\left([\Delta M_u(z^{-1})\quad \Delta M_z(z^{-1})]\begin{bmatrix} u(k) \\ z(k) \end{bmatrix}\right)^2\right\}=0 \\ \overline{\mathrm{E}}\{(\Delta \boldsymbol{M}(z^{-1})\boldsymbol{D}(k))^2\}=0 \\ \overline{\mathrm{E}}\{\Delta \boldsymbol{M}(\mathrm{e}^{\mathrm{j}\omega})\boldsymbol{S}_D(\mathrm{j}\omega)\Delta \boldsymbol{M}(\mathrm{e}^{-\mathrm{j}\omega})\}=0 \end{cases} \tag{1.5.6}$$

显然，只有$\boldsymbol{S}_D(\mathrm{j}\omega)$是正定的，才能使 $\Delta \boldsymbol{M}(\mathrm{e}^{-\mathrm{j}\omega})=0$，这时数据集是“提供信息”的。

综上所述，辨识所用的输入和输出数据序列必须是能用式(1.5.1)表示的、“信息充足”或“提供信息”的数据集。

1.5.2 模型类

模型类是辨识的第二要素，一般需要考虑以下几个问题：

(1) 可辨识性　不可控和不可观的系统是不可辨识的，因为这时可控性矩阵和可观性矩阵不满秩，使系统的外部描述仅依存于那些可控和可观的状态，那些属于不可控和不可观状态的未知参数利用系统的外部观测信号是无法确定的。如果系统模型采用非规范型结构，即使是可控可观的系统，也可能是不可辨识的。

(2) 灵活性　通常模型的参数个数及其在模型中的出现形式会影响模型的灵活性，模型参数越多，模型越灵活。

(3) 悭吝性　本着节省原理，要尽可能用较少参数的模型来描述待辨识的系统。一般情况下，模型的损失函数与模型的参数个数存在如下关系

$$\mathrm{E}\{J(\hat{\boldsymbol{\theta}})\}=\mathrm{E}\{J(\boldsymbol{\theta}_0)\}+\frac{\dim \boldsymbol{\theta}}{L} \tag{1.5.7}$$

其中，$J(\hat{\boldsymbol{\theta}})$、$J(\boldsymbol{\theta}_0)$分别为模型参数估计值$\hat{\boldsymbol{\theta}}$ 和模型参数真值$\boldsymbol{\theta}_0$ 情况下的损失函数、$\dim\boldsymbol{\theta}$ 为模型参数个数、L 为数据长度。该式说明，过多的模型参数个数会导致增加模型的损失函数，因此辨识模型的参数要尽可能少。

(4) 算法的复杂性　模型的参数个数和模型的结构会影响辨识算法的复杂性，为了降低算法的复杂性要尽可能用少的模型参数和尽可能简单的模型结构。

(5) 准则函数的性质　辨识算法的收敛性与准则函数性质有关，某些准则函数可能导致辨识算法非全局收敛，而准则函数的性质又与模型参数个数和模型的结构形式有关。

(6) 模型类选择　模型类的选择没有规则可循，一般情况下要根据不同的实际应用选择一种适用的模型，实践检验不合适就更换模型，先简单后复杂，直至满意为止。首先考虑选择的是 LS(least square)模型

$$A(z^{-1})z(k)=B(z^{-1})u(k)+v(k) \tag{1.5.8}$$

其次可选择的是输出误差模型

$$z(k)=\frac{B(z^{-1})}{F(z^{-1})}u(k)+v(k) \tag{1.5.9}$$

通常选择的模型是

$$A(z^{-1})z(k)=B(z^{-1})u(k)+D(z^{-1})v(k) \tag{1.5.10}$$

1.5.3 等价准则

等价准则是辨识的第三要素。一般都是利用等价准则（或称准则函数，也称损失函数）来评价不同模型对“描述”输入和输出数据的能力，而且由于强调模型的本质是它的预报能力，所以等价准则也是用来评价模型预报能力的。

1. 模型误差

模型误差（或称残差 residual）应该广义地理解为系统与模型之间的“误差”，它可以是输出误差，也可以是输入误差或广义误差。

(1) 输出误差

如图 1.15(a)所示，当系统和模型的输出分别记作 $z(k)$和$\hat{z}(k)$时，则

$$\varepsilon(k,\boldsymbol{\theta})=z(k)-\hat{z}(k)=z(k)-\mathbb{M}(u(k)) \tag{1.5.11}$$

称作输出误差，其中$\mathbb{M}(u(k))$是当输入为 $u(k)$时的模型输出。如果扰动是作用在系统输出端的白噪声，那么选用这种误差准则是理所当然的。但是，这时输出误差 $\varepsilon(k,\boldsymbol{\theta})$通常是模型参数$\boldsymbol{\theta}$的非线性函数，因此利用输出误差可能使辨识问题变成复杂的非线性优化问题。比如，如果模型$\mathbb{M}$取脉冲传递函数形式

$$\begin{cases}\mathbb{M}: G(z^{-1})=\dfrac{B(z^{-1})}{A(z^{-1})}\\ A(z^{-1})=1+a_1z^{-1}+a_2z^{-2}+\cdots+a_{n_a}z^{-n_a}\\ B(z^{-1})=b_1z^{-1}+b_2z^{-2}+\cdots+b_{n_b}z^{-n_b}\end{cases} \tag{1.5.12}$$

则输出误差为

$$\varepsilon(k,\boldsymbol{\theta})=z(k)-\frac{B(z^{-1})}{A(z^{-1})}u(k) \tag{1.5.13}$$

如果准则函数取 $k=1$ to L 之间的误差平方和

$$J(\boldsymbol{\theta})=\sum_{k=1}^{L}\left[z(k)-\frac{B(z^{-1})}{A(z^{-1})}u(k)\right]^2 \tag{1.5.14}$$

这时准则函数 $J(\boldsymbol{\theta})$关于模型参数是非线性的，确定 $J(\boldsymbol{\theta})$的最优解通常需要用到梯度法、牛顿法或共轭梯度法等迭代算法，可能会使辨识算法变得比较复杂。在实际

应用中,是否使用这种误差要视具体情况而定。

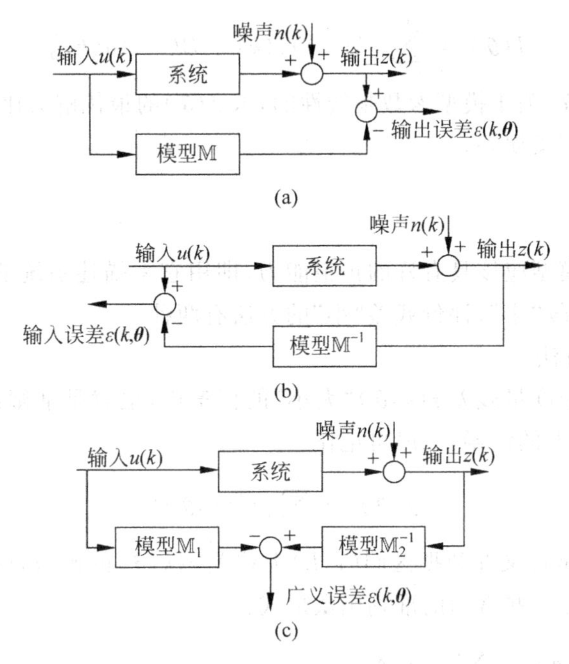

图 1.15 模型误差分类

(2) 输入误差

如图 1.15(b)所示,当系统和模型的输入分别记作 $u(k)$ 和 $\hat{u}(k)$ 时,则

$$\varepsilon(k,\boldsymbol{\theta}) = u(k) - \hat{u}(k) = u(k) - \mathbb{M}^{-1}(z(k)) \tag{1.5.15}$$

称作输入误差,其中 $\mathbb{M}^{-1}(z(k))$ 表示产生输出 $z(k)$ 的模型输入,符号 $\mathbb{M}^{-1}$ 意味着假定模型是可逆的。也就是说,总可以找到一个产生给定输出的唯一输入。如果扰动是作用在系统输入端的白噪声,那么选用这种误差准则也是自然的。但是,这时输入误差 $\varepsilon(k,\boldsymbol{\theta})$ 也是模型参数 $\boldsymbol{\theta}$ 的非线性函数,辨识算法也可能变得比较复杂。实际应用中,一般不采用这种误差,然而其概念还是很重要的。

(3) 广义误差

如图 1.15(c)所示,误差可以更一般地定义为

$$\varepsilon(k,\boldsymbol{\theta}) = \mathbb{M}_2^{-1}(z(k)) - \mathbb{M}_1(u(k)) \tag{1.5.16}$$

其中,$\mathbb{M}_1$ 和 $\mathbb{M}_2^{-1}$ 为广义模型,且模型 $\mathbb{M}_2$ 是可逆的,这种误差称作广义误差,通常也称作方程误差。例如,当模型结构采用差分方程时,式(1.5.16)中的 $\mathbb{M}_1$ 和 $\mathbb{M}_2^{-1}$ 分别成为

$$\begin{cases} \mathbb{M}_1: B(z^{-1}) = b_1 z^{-1} + b_2 z^{-2} + \cdots + b_{n_b} z^{-n_b} \\ \mathbb{M}_2^{-1}: A(z^{-1}) = 1 + a_1 z^{-1} + a_2 z^{-2} + \cdots + a_{n_a} z^{-n_a} \end{cases} \tag{1.5.17}$$

则广义误差可写成

$$\varepsilon(k,\boldsymbol{\theta}) = A(z^{-1})z(k) - B(z^{-1})u(k) \tag{1.5.18}$$

如果准则函数取 $k=1$ to L 之间的误差平方和

$$J(\boldsymbol{\theta}) = \sum_{k=1}^{L}[A(z^{-1})z(k) - B(z^{-1})u(k)]^2 \tag{1.5.19}$$

这时准则函数 $J(\boldsymbol{\theta})$关于模型参数是线性的，求 $J(\boldsymbol{\theta})$的最优解会比较简单，因此许多辨识算法都使用广义误差。

2. 准则函数

一个“好”的模型应该具有好的预报能力，即用它来描述系统的输入和输出数据时，产生的残差比较“小”，评价残差“小”的方法有两种。

(1) 第一种方法

构造一个用于度量残差 $\varepsilon(k,\boldsymbol{\theta})$“大小”的标量模，也就是准则函数，或称损失函数，通常它们是残差的泛函，一般可记作

$$J(\boldsymbol{\theta}) = \sum_{k=1}^{L} f(\varepsilon(k,\boldsymbol{\theta})) \tag{1.5.20}$$

其中，$f(\varepsilon(k,\boldsymbol{\theta}))$是定义在数据区间$(1,L)$上残差 $\varepsilon(k,\boldsymbol{\theta})$的函数，通常可以有多种不同的选择。下面是一些常用的准则函数形式：

① 二次模 $J(\boldsymbol{\theta}) = \sum_{k=1}^{L}\varepsilon^2(k,\boldsymbol{\theta})$；

② 时变模 $J(\boldsymbol{\theta}) = \sum_{k=1}^{L}\Lambda(k)f(\varepsilon(k,\boldsymbol{\theta}))$，$\Lambda(k)$ 为加权因子；

③ 多变量二次模 $J(\boldsymbol{\theta}) = \frac{1}{2}\sum_{k=1}^{L}\boldsymbol{\varepsilon}^{\mathrm{T}}(k,\boldsymbol{\theta})\boldsymbol{\Lambda}(k)\boldsymbol{\varepsilon}(k,\boldsymbol{\theta})$，$\boldsymbol{\Lambda}(k)$ 为加权矩阵；

④ 最小二乘模 $J(\boldsymbol{\theta}) = \frac{1}{L}\sum_{k=1}^{L}\varepsilon^2(k,\boldsymbol{\theta})$；

⑤ 加权最小二乘模 $J(\boldsymbol{\theta}) = \frac{1}{L}\sum_{k=1}^{L}\Lambda(k)\varepsilon^2(k,\boldsymbol{\theta})$，$\Lambda(k)$ 为加权因子；

⑥ 遗忘最小二乘模 $J(\boldsymbol{\theta}) = \frac{1}{L}\sum_{k=1}^{L}\mu(k)\varepsilon^2(k,\boldsymbol{\theta})$，$\mu(k)$ 为遗忘因子；

⑦ 二次期望模 $J(\boldsymbol{\theta}) = \frac{1}{2}\mathrm{E}\{\varepsilon^2(k,\boldsymbol{\theta})\}$；

⑧ 多变量加权最小二乘模 $J(\theta) = \frac{1}{L}\sum_{k=1}^{L}\boldsymbol{\varepsilon}^{\mathrm{T}}(k,\boldsymbol{\theta})\boldsymbol{\Lambda}(k)\boldsymbol{\varepsilon}(k,\boldsymbol{\theta})$，$\boldsymbol{\Lambda}(k)$ 为加权矩阵。

准则函数的选择要考虑到鲁棒性问题，鲁棒性越高模型参数的辨识会越稳定，反之波动会加大。准则函数的鲁棒性与准则函数 $J(\boldsymbol{\theta})$关于模型参数$\boldsymbol{\theta}$ 的灵敏度有关，为了提高准则函数的鲁棒性，可以通过控制不同偏差范围内准则函数 $J(\boldsymbol{\theta})$关于模型参数$\boldsymbol{\theta}$ 的灵敏度来实现(详见第 17 章 17.6 节)。

最常用的准则函数是二次模，在频域中可近似表示为

$$
\begin{aligned}
J(\boldsymbol{\theta}) &= \sum_{k=1}^{L} \varepsilon^2(k,\boldsymbol{\theta}) \\
&\cong \frac{1}{L} \sum_{i=1}^{L} \| \hat{G}_L(\mathrm{j}\omega_i) - G(\mathrm{j}\omega_i) \|^2 \Lambda_L(\mathrm{j}\omega_i), \quad \omega_i = \frac{2\pi i}{L}
\end{aligned} \tag{1.5.21}
$$

式中，$G(\mathrm{j}\omega_i)$是系统频域模型，$\hat{G}_L(\mathrm{j}\omega_i)$是数据区间$(1,L)$上系统频域模型的估计。如果将$\Lambda_L(\mathrm{j}\omega_i)$视作加权因子，则时域二次模准则可以看作数据区间$(1,L)$上频率响应的一种逼近。

考虑如下模型

$$
z(k) = G(z^{-1})u(k) + H(z^{-1})v(k) \tag{1.5.22}
$$

其中，$u(k)$、$z(k)$是输入和输出变量；$G(z^{-1})$、$H(z^{-1})$是系统和噪声模型；$v(k)$是噪声变量。模型残差可表示为$\varepsilon(k,\boldsymbol{\theta}) = H^{-1}(z^{-1})[z(k) - G(z^{-1})u(k)]$，在数据区间$(1,L)$上，对模型残差$\varepsilon(k,\boldsymbol{\theta})$进行离散傅里叶变换（DFT：discrete Fourier transform），并利用本章习题 18 的结果，有

$$
\begin{cases}
E_L(\mathrm{j}\omega_i,\boldsymbol{\theta}) = [\hat{G}_L(\mathrm{j}\omega_i) - G(\mathrm{j}\omega_i)]\Lambda_L(\mathrm{j}\omega_i) + R_L(\mathrm{j}\omega_i) \\
\hat{G}_L(\mathrm{j}\omega_i) = \dfrac{Z_L(\mathrm{j}\omega_i)}{U_L(\mathrm{j}\omega_i)}, \quad \Lambda_L(\mathrm{j}\omega_i) = \dfrac{U_L(\mathrm{j}\omega_i)}{H(\mathrm{j}\omega_i)}, \quad \omega_i = \dfrac{2\pi i}{L}
\end{cases} \tag{1.5.23}
$$

式中，$H(\mathrm{j}\omega_i)$是噪声频域模型，$U_L(\mathrm{j}\omega_i)$、$Z_L(\mathrm{j}\omega_i)$是输入和输出变量$u(k)$和$z(k)$在数据区间$(1,L)$上的离散傅里叶变换（DFT）；$R_L(\mathrm{j}\omega_i)$为残余项，当数据长度L很大时，$R_L(\mathrm{j}\omega_i)$将趋于零。利用 Parseval 定理（见附录 C. 2. 5），有

$$
\begin{cases}
\begin{aligned}
J(\boldsymbol{\theta}) &= \sum_{k=1}^{L} \varepsilon^2(k,\boldsymbol{\theta}) = \frac{1}{L}\sum_{i=1}^{L} \| E_L(\mathrm{j}\omega_i,\boldsymbol{\theta}) \|^2 \\
&\cong \frac{1}{L}\sum_{i=1}^{L} \| \hat{G}_L(\mathrm{j}\omega_i) - G(\mathrm{j}\omega_i) \|^2 \frac{\| U_L(\mathrm{j}\omega_i) \|^2}{\| H(\mathrm{j}\omega_i) \|^2} \\
&= \frac{1}{L}\sum_{i=1}^{L} \| \hat{G}_L(\mathrm{j}\omega_i) - G(\mathrm{j}\omega_i) \|^2 \Lambda_L(\mathrm{j}\omega_i)
\end{aligned} \\
\omega_i = \dfrac{2\pi i}{L}
\end{cases} \tag{1.5.24}
$$

(2) 第二种方法

设法使残差$\varepsilon(k,\boldsymbol{\theta})$与给定的数据序列不相关，相当于设法使残差$\varepsilon(k,\boldsymbol{\theta})$在数据所张成的空间上的投影为“零”。

对于“好”的模型，残差$\varepsilon(k,\boldsymbol{\theta})$应该与过去的数据集$\mathrm{D}^{k-1}$不相关，也就是说垂直于过去的数据空间。设法使残差$\varepsilon(k,\boldsymbol{\theta})$与给定的数据序列不相关，相当于设法使残差$\varepsilon(k,\boldsymbol{\theta})$在数据所张成的空间上的投影为“零”。选择从过去数据集D^{k-1}引申出来的某个有限维向量序列$\{\boldsymbol{\eta}(k)\}$，使它与残差$\varepsilon(k,\boldsymbol{\theta})$不相关。这种不相关性可以写成如下的关系式

$$
\frac{1}{L}\sum_{k=1}^{L} \boldsymbol{\eta}(k)\alpha(\varepsilon(k,\boldsymbol{\theta})) = 0 \tag{1.5.25}
$$

其中，$\alpha(\varepsilon(k,\boldsymbol{\theta}))$是事先选定的关于残差$\varepsilon(k,\boldsymbol{\theta})$的变换函数。通过求解式(1.5.25)，可求得模型参数$\boldsymbol{\theta}$的估计值

$$\hat{\boldsymbol{\theta}} = \underset{\theta \in D^{k-1}}{\mathrm{Sol}} \left[\frac{1}{L} \sum_{k=1}^{L} \boldsymbol{\eta}(k) \alpha(\varepsilon(k,\boldsymbol{\theta})) = 0 \right] \tag{1.5.26}$$

然而，式(1.5.26)是一种超定方程组，一般很难求解。不过，可将式(1.5.26)等价成式(1.5.27)，再进行求解

$$\begin{cases} \hat{\boldsymbol{\theta}} = \underset{\boldsymbol{\theta} \in D^{k-1}}{\mathrm{argmin}} \, \| f(\boldsymbol{\theta}) \|^2 \\ f(\boldsymbol{\theta}) = \dfrac{1}{L} \displaystyle\sum_{k=1}^{L} \boldsymbol{\eta}(k) \alpha(\varepsilon(k,\boldsymbol{\theta})) \end{cases} \tag{1.5.27}$$

式中，可取$\alpha(\varepsilon(k,\boldsymbol{\theta}))=\varepsilon(k,\boldsymbol{\theta})$，$\boldsymbol{\eta}(k)$通常称作辅助向量。

1.6 辨识的内容与步骤

简单地说，辨识就是一种从观测到的含有噪声的输入和输出数据中提取数学模型的方法。根据现场情况，辨识可以离线进行，也可以在线进行。离线辨识就是集中采集现场数据，然后回到实验室再进行辨识建模；在线辨识一般是实时进行的，一边采集一边进行辨识建模。

辨识的内容主要包括四个方面：①辨识实验设计；②模型结构辨识；③模型参数辨识；④模型检验。图 1.16 是辨识的一般步骤。

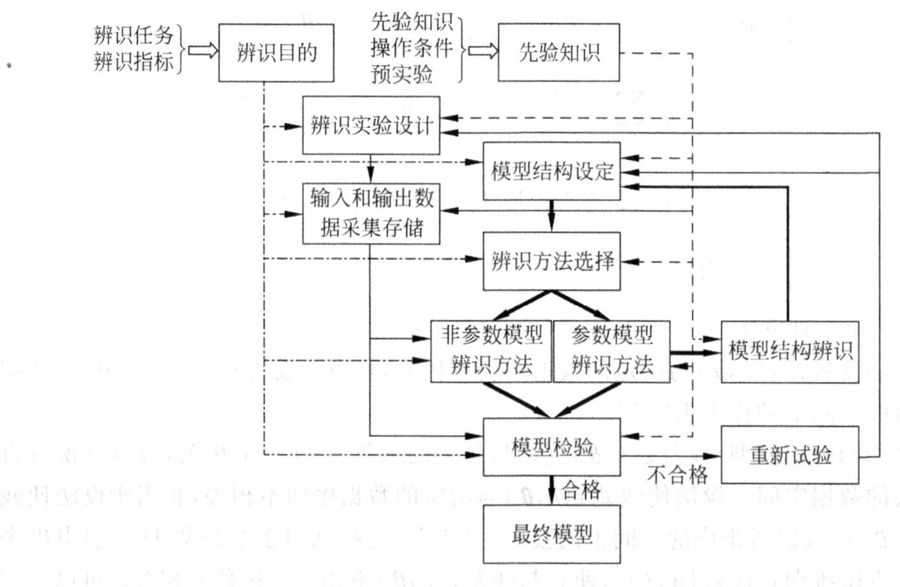

图 1.16 辨识的步骤

图 1.16 表明，对给定的一种辨识方法，从辨识实验设计到获得最终模型，一般要经历如下一些步骤：根据辨识的目的，利用先验知识，初步确定模型结构，采集数据，

然后进行模型参数和结构辨识，最后经过验证获得最终模型。这些步骤是密切关联而不是孤立的。下面扼要介绍各步骤所要做的工作。

(1) 明确辨识目的

辨识模型的应用目的是很重要的，因为它将决定模型的类型、精度要求及采用什么辨识方法等。比如，如果模型是用于定值控制，那么模型精度要求可以低一点；如果模型是用于随动系统或预测预报，那么精度要求就要高一点。

(2) 获得先验知识

对给定的系统进行辨识之前，要通过一些手段取得对系统的一般了解，粗略地掌握系统的一些先验知识，如系统的非线性程度、时变或非时变、比例或积分特性、时间常数、过渡过程时间、截止频率、纯迟延、静态放大倍数以及噪声特性和操作条件等，这些先验知识对实施辨识实验设计将起指导性的作用。

(3) 辨识实验设计

目的是为了使采集到的数据序列尽可能多地包含系统特性的内在信息，主要包括选择和确定：①辨识输入信号(幅度、频带等)；②辨识采样时间；③辨识时间(数据长度)；④开环或闭环辨识；⑤离线或在线辨识等。

辨识输入信号的选择 为了使系统是可辨识的，辨识输入信号必须能充分激励系统的所有模态，也就是说在辨识时间内系统的动态必须能被辨识输入信号持续激励。从谱分析角度看，就意味着辨识输入信号的频谱带宽必须足以覆盖系统的频带，或者说辨识输入信号必须是持续激励的。持续激励是辨识输入信号的基本要求，更高的要求是辨识输入信号要具有较好的"优良性"，即辨识输入信号的选择应能使给定系统的辨识模型精度最高，也就是辨识最优输入信号的设计问题。如果辨识方法(如极大似然法)使得模型参数估计值是渐近有效的，那么模型参数误差的协方差阵(用于度量模型精度)将近似等于 Fisher 信息矩阵(见附录 F.2)的逆，即达到 Cramér-Rao 不等式(见附录 F.1)下界。本质上说，辨识最优输入信号的设计就是使 Fisher 信息矩阵逆的标量函数达到最小。这个标量函数是可以用来评价模型精度的，记作

$$J=\phi(\boldsymbol{M}^{-1}) \tag{1.6.1}$$

其中，$\boldsymbol{M}$ 是 Fisher 信息矩阵

$$\boldsymbol{M}=\mathrm{E}\left\{\left[\frac{\partial \log p(\boldsymbol{z}_L|\boldsymbol{\theta})}{\partial \boldsymbol{\theta}}\right]^{\mathrm{T}}\left[\frac{\partial \log p(\boldsymbol{z}_L|\boldsymbol{\theta})}{\partial \boldsymbol{\theta}}\right]\right\} \tag{1.6.2}$$

式中，$\boldsymbol{z}_L=[z(1),z(2),\cdots,z(L)]^{\mathrm{T}}$ 为系统输出数据向量；$p(\boldsymbol{z}_L|\boldsymbol{\theta})$是在模型参数$\boldsymbol{\theta}$条件下 $\boldsymbol{z}_L$ 的条件概率密度。ϕ 是某种标量函数，如可取 Fisher 信息矩阵逆的迹 $\mathrm{Trace}(\boldsymbol{M}^{-1})$(称 A-最优准则)或行列式 $\det(\boldsymbol{M}^{-1})$(称 D-最优准则)。

如果模型结构是正确的，且模型参数$\boldsymbol{\theta}$是无偏最小方差估计，那么参数估计值$\hat{\boldsymbol{\theta}}$的精度通过 Fisher 信息矩阵 $\boldsymbol{M}$ 依赖于辨识输入信号 $u(k)$。

如果系统的输出数据是独立同分布的高斯随机序列，那么根据 D-最优准则设计的辨识输入信号 $u(k)$是具有脉冲式自相关函数的信号[26]，即

$$\frac{1}{L}\sum_{k=1}^{L}u(k-i)u(k-j)=\begin{cases}1, & i=j\\ 0, & i\neq j\end{cases} \tag{1.6.3}$$

当数据长度 L 足够大时,白噪声或伪随机码(也就是 M 序列,见附录 D)可近似满足这一要求。当数据长度 L 非足够大时,并非对所有的 L 都可以找到满足式(1.6.3)的辨识输入信号。

就工程意义上说,辨识输入信号的选择还需要考虑如下一些要求:

① 辨识输入信号的功率或幅度不宜过大,以免使工况进入非线性区;也不能太小,否则数据所含的信息量下降,直接影响辨识的精度。

② 辨识输入信号对系统的"净扰动"要小,即正、负向扰动机会几乎均等。

③ 工程上容易实现,成本低。

采样时间的选择 对连续时间系统进行辨识时,输入和输出信号需要经过采样处理。采样时间的选择将直接影响辨识模型的精度。原则上可以通过极小化 D-最优准则求得最优采样时间,但是计算相当复杂,工程上一般从实际情况出发适当选择一个合理的采样时间。不过必须统筹考虑如下一些因素:

① 需要满足采样定理,即采样速度不低于信号截止频率的两倍。

② 与模型最终应用时的采样时间尽可能保持一致,并且尽量顾及辨识算法、控制算法的计算速度和执行机构、检测元件的响应速度等问题。

③ 如果采样时间太长,数据信息量损失太大,会直接影响辨识的精度,有些高阶的系统会自动退化成低阶的模型,大大降低模型的性能。如果采样时间太小,除了可能会碰到硬件速度和数值计算出现病态等麻烦外,还会显著影响对模型静态增益的估计。

一般说来,采样时间的范围是很宽的。工程上可以采用下面的经验公式

$$T_0=T_{95}/(5\sim 15) \tag{1.6.4}$$

其中,T_0 为采样时间,T_{95} 是系统阶跃响应达到稳态值 95%时的过渡过程时间。

(4) 数据预处理

输入和输出数据可能含有直流或低频成分,它们对辨识的精度会有影响,数据的高频成分对辨识也是不利的。因此,对输入和输出数据一般要进行零均值化和剔除高频成分的预处理,处理得好能显著改善辨识的效果。

零均值化 设观测到的输入和输出数据 $u^*(k)$ 和 $z^*(k)$ 含有直流成分,零均值化后的数据记作

$$\begin{cases}u(k)=u^*(k)-u_0\\ z(k)=z^*(k)-z_0\end{cases} \tag{1.6.5}$$

其中,数据的直流分量 u_0 和 z_0 在数据采集过程中不能预先知道,可采用如下递推估计的方法

$$\begin{cases}\hat{u}_0(k)=\hat{u}_0(k-1)+\dfrac{1}{k}[u^*(k)-\hat{u}_0(k-1)]\\ \hat{z}_0(k)=\hat{z}_0(k-1)+\dfrac{1}{k}[z^*(k)-\hat{z}_0(k-1)]\end{cases} \tag{1.6.6}$$

其中，$\hat{u}_0(k-1)$和$\hat{z}_0(k-1)$表示上一时刻直流分量的估计值，由此可以实时对数据进行零均值化处理

$$\begin{cases} u(k) = u^*(k) - \hat{u}_0(k) \\ z(k) = z^*(k) - \hat{z}_0(k) \end{cases} \tag{1.6.7}$$

另一种数据零均值化处理的方法称差分法[31]。对于采用差分方程形式描述的辨识模型

$$A(z^{-1})z(k) = B(z^{-1})u(k) + v(k) \tag{1.6.8}$$

如果输入和输出数据 $u(k)$、$z(k)$含有直流成分，模型两边同乘以算子$(1-z^{-1})$，则可将式(1.6.8)写成

$$A(z^{-1})\Delta z(k) = B(z^{-1})\Delta u(k-1) + \Delta v(k) \tag{1.6.9}$$

其中，差分量 $\Delta z(k)$和 $\Delta u(k-1)$为

$$\begin{cases} \Delta z(k) = (1-z^{-1})z(k) = z(k) - z(k-1) \\ \qquad = z^*(k) - z^*(k-1) \\ \Delta u(k-1) = (1-z^{-1})u(k-1) = u(k-1) - u(k-2) \\ \qquad = u^*(k-1) - u^*(k-2) \end{cases} \tag{1.6.10}$$

那么可直接利用式(1.6.9)进行辨识，使用的数据 $\Delta z(\cdot)$和 $\Delta u(\cdot)$已去除了直流成分。不过，模型的噪声性质也相应发生了变化，需要注意噪声性质变化对辨识的影响。

剔除高频 通常可以利用如下的低通滤波器剔除数据中的高频成分

$$\begin{cases} u(k) = au(k-1) + u^*(k) - u^*(k-1) \\ z(k) = az(k-1) + z^*(k) - z^*(k-1) \end{cases} \tag{1.6.11}$$

其中，滤波系数 $a=\mathrm{e}^{-T_0/T}$，T_0 为采样时间，T 为系统的主时间常数。

(5) 模型结构辨识

模型结构辨识包括模型验前结构的假定和模型结构参数辨识。模型结构假定就是根据辨识的目的，利用已有的知识，包括机理分析、实验研究和近似技巧等手段，选择一个合适的验前假定模型。在选择验前假定模型之前，必须明确所要建立的模型是静态的还是动态的，是连续的还是离散的，是线性的还是非线性的，是参数模型还是非参数模型，最终还要经过模型检验确认。模型结构参数辨识就是在假定模型结构的前提下，利用辨识的方法确定模型结构参数。

(6) 模型参数辨识

确定模型结构之后，就要进行模型参数辨识，辨识的方法很多，其中最小二乘法是最基本、应用最广泛的一种方法，多数工程问题都可以用最小二乘法得到满意的辨识结果。但是，最小二乘法也有一些重大的缺陷，比如系统是时变的或受到有色噪声污染时，它几乎不能适应。

(7) 模型检验

这是系统辨识不可缺少的步骤之一，然而应该如何进行模型检验，一般没有统

一的方法可循，而且与模型结构密切相关。如果模型结构不合理，模型是很难通过检验的。必须承认辨识得到的模型只是近似的，不能期望找到一个与系统特性完全吻合的模型。如果模型特性和实际系统基本一致，那么就应该认为模型是满意的。模型是否可靠或可用？通常要经过多方面的检验，尤其是实际应用的检验。模型检验的方法通常有：

① 利用在不同时间区段内采集的数据，分别建立模型。如果两个模型的特性（如零极点分布等）基本相符，则模型是可靠的。

② 利用两组不同的数据，独立辨识出模型，并分别计算它们的损失函数，然后将两组数据交叉使用，再计算各自的损失函数。如果对应的损失函数没有明显变化，则模型是可靠的。

③ 增加辨识的数据长度，如果损失函数不再显著下降，则模型是可靠的。

④ 通过检验残差序列$\{\varepsilon(k)\}$的白色性，以判断模型是否可靠。如果残差序列$\{\varepsilon(k)\}$可视为零均值的白噪声序列，则模型是可靠的。

1.7 辨识模型的质量

基于输入和输出数据辨识获得的模型通常都会有误差，这是因为：①所假定的模型结构只是实际系统的一种近似；②数据可能受随机噪声污染；③数据长度有限等原因，所以需要对辨识模型的质量进行客观的评价。一般说来，同一个辨识结果，在一种评价标准下质量可能很好，而在另一种评价标准下却未必是好的。比如：

假设对象的传递函数为

$$G(s)=\frac{1}{1+13s+32s^2+20s^3} \tag{1.7.1}$$

辨识得到对应的模型为

$$\hat{G}(s)=\frac{1}{1+12.6s+32.4s^2} \tag{1.7.2}$$

记$h(t)$、$\hat{h}(t)$为$G(s)$和$\hat{G}(s)$的阶跃响应，通过计算，阶跃响应的相对误差为

$$\delta(t)=\frac{|\hat{h}(t)-h(t)|}{h(\infty)}<2\%,\quad \forall t \tag{1.7.3}$$

从这个角度看，辨识模型的质量是比较好的。但是，模型幅频特性的相对误差

$$\delta(\omega)=\frac{|\,\|\hat{G}(\mathrm{j}\omega)\|-\|G(\mathrm{j}\omega)\|\,|}{\|G(\mathrm{j}\omega)\|} \tag{1.7.4}$$

随着ω的增加急剧增大，因此高频段内$\hat{G}(s)$不是$G(s)$好的模型。然而，当$\omega<0.1$时，$\hat{G}(s)$是$G(s)$相当好的模型。

从统计角度看，辨识模型的质量通常可以用模型参数估计值偏差的协方差阵来评价。比如对模型$z(k)=\boldsymbol{h}^{\mathrm{T}}(k)\boldsymbol{\theta}+v(k)$的最小二乘参数估计值来说，因为有

$$\hat{\boldsymbol{\theta}} = \left[\sum_{k=1}^{L}\boldsymbol{h}(k)\,\boldsymbol{h}^{\mathrm{T}}(k)\right]^{-1}\left[\sum_{k=1}^{L}\boldsymbol{h}(k)\,\boldsymbol{h}^{\mathrm{T}}(k)\,\boldsymbol{\theta}_0 + \sum_{k=1}^{L}\boldsymbol{h}(k)v(k)\right] \tag{1.7.5}$$ [①]

式中，$\hat{\boldsymbol{\theta}}$ 是模型参数估计值，$\boldsymbol{h}(k)$ 为数据向量，$\boldsymbol{\theta}_0$ 为模型参数真值，L 是数据长度，$v(k)$ 是零均值、方差为 $\boldsymbol{\sigma}_v^2$ 的白噪声，那么模型参数估计值的偏差可以表示成

$$\tilde{\boldsymbol{\theta}} = \boldsymbol{\theta}_0 - \hat{\boldsymbol{\theta}} = -\left[\sum_{k=1}^{L}\boldsymbol{h}(k)\,\boldsymbol{h}^{\mathrm{T}}(k)\right]^{-1}\left[\sum_{k=1}^{L}\boldsymbol{h}(k)v(k)\right] \tag{1.7.6}$$

模型参数估计值偏差的数学期望为

$$\begin{aligned}\mathrm{E}\{\tilde{\boldsymbol{\theta}}\} &= -\mathrm{E}\left\{\left[\frac{1}{L}\sum_{k=1}^{L}\boldsymbol{h}(k)\,\boldsymbol{h}^{\mathrm{T}}(k)\right]^{-1}\left[\frac{1}{L}\sum_{k=1}^{L}\boldsymbol{h}(k)v(k)\right]\right\}\\ &\underset{L\to\infty}{=} -\mathrm{E}\{[\mathrm{E}\{\boldsymbol{h}(k)\,\boldsymbol{h}^{\mathrm{T}}(k)\}]^{-1}\mathrm{E}\{\boldsymbol{h}(k)v(k)\}\} = 0\end{aligned} \tag{1.7.7}$$

模型参数估计值偏差的协方差矩阵为

$$\begin{aligned}\mathrm{E}\{\tilde{\boldsymbol{\theta}}\,\tilde{\boldsymbol{\theta}}^{\mathrm{T}}\} &= \mathrm{E}\{(\boldsymbol{\theta}_0 - \hat{\boldsymbol{\theta}})\,(\boldsymbol{\theta}_0 - \hat{\boldsymbol{\theta}})^{\mathrm{T}}\}\\ &= \frac{\sigma_v^2}{L}\mathrm{E}\{[\mathrm{E}\{\boldsymbol{h}(k)\,\boldsymbol{h}^{\mathrm{T}}(k)\}]^{-1}\mathrm{E}\{\boldsymbol{h}(k)\,\boldsymbol{h}^{\mathrm{T}}(k)\}[\mathrm{E}\{\boldsymbol{h}(k)\,\boldsymbol{h}^{\mathrm{T}}(k)\}]^{-1}\}\\ &= \frac{\sigma_v^2}{L}[\mathrm{E}\{\boldsymbol{h}(k)\,\boldsymbol{h}^{\mathrm{T}}(k)\}]^{-1}\end{aligned} \tag{1.7.8}$$

由式(1.7.7)和式(1.7.8)知，模型参数的最小二乘估计值是渐近无偏的；模型参数估计值偏差的协方差依 $\frac{1}{L}$ 衰减，按 $\frac{1}{\sqrt{L}}$ 的速率趋近极限值，且模型参数估计值偏差的协方差与噪声方差 $\boldsymbol{\sigma}_v^2$ 成正比，反比于数据信息含量 $\mathrm{E}\{\boldsymbol{h}(k)\boldsymbol{h}^{\mathrm{T}}(k)\}$。以上分析表明，模型参数最小二乘估计值的质量不依赖于数据和噪声信号的形态，仅取决于它们的统计性质。因此，可以通过辨识实验设计，尽量选择所谓“好”的辨识输入信号，使数据信息含量矩阵的逆 $[\mathrm{E}\{\boldsymbol{h}(k)\boldsymbol{h}^{\mathrm{T}}(k)\}]^{-1}$“尽可能小”，以提高辨识模型的质量。

1.8　辨识的应用

辨识在许多领域有着广泛的应用：

(1) 用于控制系统的设计和分析。利用辨识方法获得被控系统的数学模型，以此模型为基础设计相对合理的控制系统或用于分析原有控制系统的性能，以便提出改进。

(2) 用于难控系统的在线辨识和控制，其原理结构图如图 1.17 所示。利用系统的输入和输出数据，通过“辨识器”获得估计模型，以此自适应地修改“前馈控制器”或“反馈控制器”的参数，以改善控制品质。

例如，大型油轮的航向靠船舵来控制，由于船的惰性很大，其动态特性又与航行

---

① 具体推导见第 5 章。

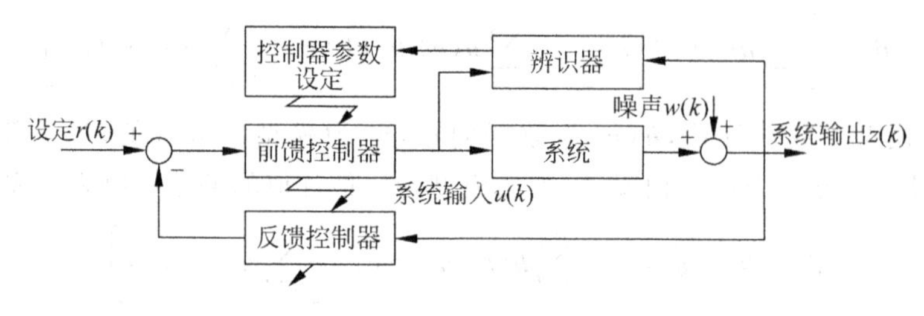

图 1.17 在线辨识与控制

中的负荷和吃水深度等因素有关，而且风浪对船的驾驶影响也很大，所以大型油轮的航向控制是比较难的。这种难于控制的系统可以采用图 1.17 在线辨识与控制综合的方法，通过在线建立被控对象的数学模型，不断调整控制器的参数，以便获得较好的控制效果。

(3) 用于天气、水文、人口、能源、客流量等问题的预测、预报。辨识用于预报的基本思想是，在模型结构确定的条件下，建立时变模型，并预测时变模型的参数，然后以此为基础对系统的状态进行预报。

(4) 用于监测系统的状态，实现故障诊断。许多生产系统都希望通过技术监测，推断系统动态特性的变化，判断是否有故障发生、何时发生、故障大小、故障位置等，以便及时排除故障，比如飞机、核反应堆、石油化工和热能动力以及大型转动机械等生产装置。

1.9 小结

本章旨在建立起系统辨识的一些基本概念，包括系统、模型和辨识的概念，重点分析了辨识的三要素和辨识的内容与步骤。

这章是全书的起点，在学习过程中可以经常加以回顾，对理解全书的内容有着重要的作用。

习题

(1) 简述系统的概念及其分类，并给出判别因果关系和非因果关系系统的方法。

(2) 利用辨识技术获得的模型总是某种意义下的一种近似，应该如何理解这种"模型近似"的说法？并给出辨识模型的满意度描述。

(3) 简述辨识的概念及其定义，并论述辨识定义的直观意义、辨识建模的基本出发点和辨识建模外特性等价的含义。

(4) 设 y 和 $x_1, x_2, \cdots, x_N$ 之间满足下列关系

$$y = \exp(a_1 x_1 + a_2 x_2 + \cdots + a_N x_N)$$

试图利用 y 和 $x_1, x_2, \cdots, x_N$ 的观测数据来估计参数 $a_1, a_2, \cdots, a_N$，请将该模型化成

最小二乘格式。

(5) 热电偶输出电势 E 可用下列模型描述

$$E = \alpha t + \frac{1}{2}\beta t^2$$

其中,t 为热电偶冷热端之间的温差,α 和 β 为模型参数。试将热电偶输出电势模型化成最小二乘格式。

(6) 考虑如下模型

$$A(z^{-1})z(k) = B(z^{-1})u(k) + \frac{D(z^{-1})}{C(z^{-1})}v(k)$$

其中

$$\begin{cases} A(z^{-1}) = 1 + a_1 z^{-1} + a_2 z^{-2} + \cdots + a_{n_a} z^{-n_a} \\ B(z^{-1}) = b_1 z^{-1} + b_2 z^{-2} + \cdots + b_{n_b} z^{-n_b} \\ C(z^{-1}) = 1 + c_1 z^{-1} + c_2 z^{-2} + \cdots + c_{n_c} z^{-n_c} \\ D(z^{-1}) = d_0 + d_1 z^{-1} + d_2 z^{-2} + \cdots + d_{n_d} z^{-n_d} \end{cases}$$

式中,$u(k)$、$z(k)$为模型的输入和输出变量,它们是可测的,$v(k)$是均值零、方差为1的白噪声,它是不可测的,试将该模型化成最小二乘格式。

(7) 考虑如下的最小二乘格式

$$z(k) = \boldsymbol{h}^{\mathrm{T}}(k)\boldsymbol{\theta} + n(k)$$

式中,$z(k)$是模型输出,$\boldsymbol{h}(k)$是模型输入(也称作数据向量),$n(k)$是不可观测的模型噪声,或称方程误差;$\boldsymbol{\theta}$是模型参数向量。试给出化最小二乘格式需要遵循的基本原则,并说明为什么数据向量 $\boldsymbol{h}(k)$的元素必须满足线性不相关要求。

(8) 设一个系统的动态特性为

$$\frac{\mathrm{d}y(t)}{\mathrm{d}t} = ay(t) + bu(t)$$

请写出输出误差和方程误差表达式。

(9) 假设系统的脉冲传递函数为

$$G(z^{-1}) = \frac{bz^{-1}}{1 + az^{-1}}$$

输出测量噪声 $w(k)$是白噪声。试写出方程误差表达式,这个方程误差是白噪声吗?为什么?

(10) 图1.11和图1.12分别用于描述待辨识的系统和辨识问题的表达形式,试说明这两个图各自对问题的描述含义和区别。

(11) 新息$\tilde{z}(k)$和残差 $\varepsilon(k)$分别定义为

$$\begin{cases} \tilde{z}(k) = z(k) - \boldsymbol{h}^{\mathrm{T}}(k)\hat{\boldsymbol{\theta}}(k-1) \\ \varepsilon(k) = z(k) - \boldsymbol{h}^{\mathrm{T}}(k)\hat{\boldsymbol{\theta}}(k) \end{cases}$$

式中,$z(k)$是模型输出;$\boldsymbol{h}(k)$是数据向量;$\hat{\boldsymbol{\theta}}$是模型参数估计值。试论述两者的区别及它们在辨识问题中的不同用途。

(12) 阐述辨识的三要素及对辨识的影响，并结合辨识的基本原理，说明为什么辨识的基本要素包含且仅包含这三个要素。

(13) 证明定理1.1(数据集的条件判定定理)。

(14) 解释式(1.5.4)数据集信息充足定义的物理概念。

(15) 证明定理1.2("提供信息"判定定理)。

(16) 为什么说"不可控和不可观的系统是不可辨识的"?

(17) 差分方程模型 $A(z^{-1})z(k)=B(z^{-1})u(k)+v(k)$，其中 $u(k)$、$z(k)$分别是模型的输入和输出变量，$v(k)$是均值为零、方差为 σ_v^2 的白噪声，问该模型是结构可辨识的吗?

(18) 设 $y(k)$是由 $u(k)$通过一个严格稳定的系统 $G(z^{-1})$得到的，即 $y(k)=G(z^{-1})u(k)$，式中$|u(k)|\leqslant c_u$，$\forall k$，c_u 为常数。记 $y(k)$和 $u(k)$的离散傅里叶变换为

$$\begin{cases} Y_L(\mathrm{j}\omega_i)=\sum_{k=1}^{L}y(k)\mathrm{e}^{-\mathrm{j}\omega_i k} \\ U_L(\mathrm{j}\omega_i)=\sum_{k=1}^{L}u(k)\mathrm{e}^{-\mathrm{j}\omega_i k}, \quad \omega_i=\dfrac{2\pi i}{L} \end{cases}$$

式中，L 为数据长度。证明在频域内存在如下关系

$$Y_L(\mathrm{j}\omega_i)=G(\mathrm{j}\omega_i)U_L(\mathrm{j}\omega_i)+R_L(\mathrm{j}\omega_i), \quad \omega_i=\frac{2\pi i}{L}$$

其中，$\| R_L(\mathrm{j}\omega_i)\| \leqslant 2c_u c_G$，$c_G=\sum_{l=1}^{\infty}l\,|\,g(l)\,|$，$g(k)$ 为 $G(z^{-1})$ 的脉冲响应(引自文献[37])。

提示： ①
$$\begin{aligned} Y_L(\mathrm{j}\omega_i) &= \sum_{k=1}^{L}y(k)\mathrm{e}^{-\mathrm{j}\omega_i k}=\sum_{k=1}^{L}\sum_{l=1}^{\infty}g(l)u(k-l)\mathrm{e}^{-\mathrm{j}\omega_i k} \\ &= \sum_{l=1}^{\infty}g(l)\mathrm{e}^{-\mathrm{j}\omega_i l}\sum_{\tau=1-l}^{L-l}u(\tau)\mathrm{e}^{-\mathrm{j}\omega_i \tau},(\tau=k-l) \end{aligned}$$

②
$$\begin{aligned} \left\|\sum_{\tau=1-l}^{L-l}u(\tau)\mathrm{e}^{-\mathrm{j}\omega_i\tau}-U_L(\omega_i)\right\| &= \left\|\sum_{\tau=1-l}^{L-l}u(\tau)\mathrm{e}^{-\mathrm{j}\omega_i\tau}-\sum_{\tau=1}^{L}u(\tau)\mathrm{e}^{-\mathrm{j}\omega_i\tau}\right\| \\ &= \left\|\sum_{\tau=1-l}^{0}u(\tau)\mathrm{e}^{-\mathrm{j}\omega_i\tau}\right\|+\left\|\sum_{\tau=L-l+1}^{L}u(\tau)\mathrm{e}^{-\mathrm{j}\omega_i\tau}\right\| \\ &\leqslant 2lc_u \end{aligned}$$

③
$$\begin{aligned} \| R_L(\mathrm{j}\omega_i)\| &= \| Y_L(\mathrm{j}\omega_i)-G(\mathrm{j}\omega_i)U_L(\mathrm{j}\omega_i)\| \\ &= \left\|\sum_{l=1}^{\infty}g(l)\mathrm{e}^{-\mathrm{j}\omega_i l}\left[\sum_{\tau=1-l}^{L-l}u(\tau)\mathrm{e}^{-\mathrm{j}\omega_i\tau}-U_L(\mathrm{j}\omega_i)\right]\right\| \\ &\leqslant 2lc_u\sum_{l=1}^{\infty}\| g(l)\mathrm{e}^{-\mathrm{j}\omega_i l}\| \leqslant 2c_u c_G \end{aligned}$$

(19) 考虑如下模型

$$z(k) = G(z^{-1})u(k) + H(z^{-1})v(k)$$

试解释下面定义的二次模准则函数在频域内的物理意义。

$$\begin{cases} J(\boldsymbol{\theta}) = \sum_{k=1}^{L} \varepsilon^2(k,\boldsymbol{\theta}) \\ \varepsilon(k,\boldsymbol{\theta}) = H^{-1}(z^{-1})[z(k) - G(z^{-1})u(k)] \end{cases}$$

(20) 研究辨识问题时,为什么需要了解辨识系统的一些先验知识,如非线性程度、时变或时不变、比例积分特性、时间常数、过渡过程时间、最高截止频率、滞后、静态增益、噪声特性、操作条件等?请举例说明。

(21) 设计辨识方案时,选择模型类要考虑到哪些问题?选择输入信号又要考虑到哪些问题?在工程实际中选择辨识输入信号又应考虑哪些因素?

(22) 一个线性系统的脉冲响应序列$\{g(l), l=1,2,\cdots,N\}$与系统的输入输出关系可近似写成

$$z(k) = \sum_{l=1}^{N} g(l)u(k-l) + w(k)$$

其中,$u(k)$、$z(k)$是系统的输入和输出变量,$w(k)$是均值为零、方差为σ_w^2的高斯不相关随机噪声变量,输入信号$u(k)$具有如下统计特性

$$\sum_{k=1}^{L} u(k-i)u(k+j) = \begin{cases} L, & i=j \\ -1, & i \neq j \end{cases}$$

试写出关于系统脉冲响应序列$\{g(l), l=1,2,\cdots,N\}$参数的Fisher信息矩阵。

提示:① 概率密度

$$p(\boldsymbol{z}_L \mid \boldsymbol{\theta}) = (2\pi\sigma_w^2)^{-\frac{L}{2}} \exp\left[-\frac{1}{2\sigma_w^2}(\boldsymbol{z}_L - \boldsymbol{H}_L\boldsymbol{\theta})^{\mathrm{T}}(\boldsymbol{z}_L - \boldsymbol{H}_L\boldsymbol{\theta})\right]$$

其中,$\boldsymbol{\theta} = [g(1), g(2), \cdots, g(N)]^{\mathrm{T}}$,$\boldsymbol{z}_L$为输出向量,$\boldsymbol{H}_L$为数据矩阵。

② Fisher 矩阵

$$\begin{aligned} \boldsymbol{M} &= \mathrm{E}\left\{\left[\frac{\partial \log p(\boldsymbol{z}_L \mid \boldsymbol{\theta})}{\partial \boldsymbol{\theta}}\right]^{\mathrm{T}}\left[\frac{\partial \log p(\boldsymbol{z}_L \mid \boldsymbol{\theta})}{\partial \boldsymbol{\theta}}\right]\right\} \\ &= \mathrm{E}\left\{\left[\frac{1}{\sigma_w^2}\boldsymbol{H}_L^{\mathrm{T}}\boldsymbol{w}_L\right]\left[\frac{1}{\sigma_w^2}\boldsymbol{H}_L^{\mathrm{T}}\boldsymbol{w}_L\right]^{\mathrm{T}}\right\} = \mathrm{E}\left\{\frac{1}{\sigma_w^2}\boldsymbol{H}_L^{\mathrm{T}}\boldsymbol{H}_L\right\} \end{aligned}$$

其中,$\boldsymbol{w}_L$为噪声向量。

(23)考虑如下模型

$$z(k) = b_1u(k-1) + b_2u(k-2) + \cdots + b_nu(k-n) + v(k)$$

其中,$z(k)$和$u(k)$是系统的输出输入变量,$v(k)$是均值为零、方差为σ_v^2的高斯不相关随机噪声,输入信号$u(k)$具有如下统计特性

$$\sum_{k=1}^{L} u(k-i)u(k-j) = \begin{cases} L, & i=j \\ -1, & i \neq j \end{cases}$$

试写出关于模型参数$\boldsymbol{\beta} = [b_1, b_2, \cdots, b_n, \sigma_v^2]^{\mathrm{T}} = [\boldsymbol{\theta}^{\mathrm{T}}, \sigma_v^2]^{\mathrm{T}}$的Fisher信息矩阵。

提示：解题思路同习题(22)，并需利用到白噪声三阶矩和四阶矩的统计性质：$\mathrm{E}\{\boldsymbol{v}_L \boldsymbol{v}_L^{\mathrm{T}} \boldsymbol{v}_L\}=0$，$\mathrm{E}\{v^2(i)v^2(j)\}=\begin{cases}3\sigma_v^4, i=j\\ \sigma_v^4, i\neq j\end{cases}$，其中 $\boldsymbol{v}_L=[v(1),v(2),\cdots,v(L)]^{\mathrm{T}}$。

(24) 论述有效估计的物理含义，同时描述 Fisher 信息矩阵$\boldsymbol{M}_{\boldsymbol{\theta}_0}$ 的物理意义，其中 Fisher 信息矩阵$\boldsymbol{M}_{\boldsymbol{\theta}_0}$ 定义为

$$\boldsymbol{M}_{\boldsymbol{\theta}_0}=\mathrm{E}\left\{\left(\frac{\partial \log p(\boldsymbol{z}_L \mid \boldsymbol{\theta})}{\partial \boldsymbol{\theta}}\right)^{\mathrm{T}}\left(\frac{\partial \log p(\boldsymbol{z}_L \mid \boldsymbol{\theta})}{\partial \boldsymbol{\theta}}\right)\right\}\Bigg|_{\boldsymbol{\theta}=\boldsymbol{\theta}_0}$$

式中，$\boldsymbol{z}_L$ 为输出向量，$\boldsymbol{\theta}$ 为模型参数向量，$p(\boldsymbol{z}_L|\boldsymbol{\theta})$为条件概率密度函数。

(25) 如果随机序列$\boldsymbol{z}_L=[z(1),z(2),\cdots,z(L)]^{\mathrm{T}}$ 的概率密度函数为 $p(\boldsymbol{z}_L|\boldsymbol{\theta})$，参数估计$\hat{\boldsymbol{\theta}}$是真实参数$\boldsymbol{\theta}_0$ 的无偏估计，即有 $\mathrm{E}\{\hat{\boldsymbol{\theta}}\}=\boldsymbol{\theta}_0$，证明

$$\mathrm{E}\left\{\hat{\boldsymbol{\theta}}\frac{\partial \log p(\boldsymbol{z}_L \mid \boldsymbol{\theta})}{\partial \boldsymbol{\theta}}\right\}\Bigg|_{\boldsymbol{\theta}_0}=\boldsymbol{I} \quad 和 \quad \mathrm{E}\left\{\frac{\partial \log p(\boldsymbol{z}_L \mid \boldsymbol{\theta})}{\partial \boldsymbol{\theta}}\right\}\Bigg|_{\boldsymbol{\theta}_0}=0$$

(26) 请阐述 Cramér-Rao 不等式 $\mathrm{Cov}\{\tilde{\boldsymbol{\theta}}\}\geqslant \boldsymbol{M}^{-1}$ 的物理意义及该不等式在辨识中的用途，其中$\tilde{\boldsymbol{\theta}}$ 为模型参数估计值偏差，$\boldsymbol{M}$ 为 Fisher 信息矩阵。

(27) 证明有效估计存在定理：在正则条件下，当且仅当把$\left.\frac{\partial p(\boldsymbol{z}_L|\boldsymbol{\theta}_0)}{\partial \boldsymbol{\theta}}\right|_{\boldsymbol{\theta}_0}$表示成

$$\left(\frac{\partial \log p(\boldsymbol{z}_L \mid \boldsymbol{\theta})}{\partial \boldsymbol{\theta}}\right)^{\mathrm{T}}\Bigg|_{\boldsymbol{\theta}_0}=\boldsymbol{A}(\boldsymbol{\theta}_0)(\hat{\boldsymbol{\theta}}-\boldsymbol{\theta}_0)$$

式中，$\boldsymbol{A}(\boldsymbol{\theta}_0)$是与数据向量$\boldsymbol{z}_L$ 无关的矩阵，$p(\boldsymbol{z}_L|\boldsymbol{\theta})$是数据向量$\boldsymbol{z}_L$ 在模型参数$\boldsymbol{\theta}$ 条件下的概率密度函数，则模型参数的有效估计值存在。

(28) 证明 Fisher 信息矩阵等于负 Hessian 矩阵的数学期望

$$\begin{aligned}\boldsymbol{M}(\boldsymbol{\theta})&=\mathrm{E}\left\{\left(\frac{\partial \log p(\boldsymbol{z}_L \mid \boldsymbol{\theta})}{\partial \boldsymbol{\theta}}\right)^{\mathrm{T}}\left(\frac{\partial \log p(\boldsymbol{z}_L \mid \boldsymbol{\theta})}{\partial \boldsymbol{\theta}}\right)\right\}\\&=-\mathrm{E}\left\{\frac{\partial^2 \log p(\boldsymbol{z}_L \mid \boldsymbol{\theta})}{\partial \boldsymbol{\theta}^2}\right\}\end{aligned}$$

式中，$p(\boldsymbol{z}_L|\boldsymbol{\theta})$是数据向量$\boldsymbol{z}_L$ 在模型参数$\boldsymbol{\theta}$ 条件下的概率密度函数。

(29) 设 $M_1(\theta)$和 $M_2(\theta)$分别是两个独立随机向量$\boldsymbol{x}_1$ 和$\boldsymbol{x}_2$ 关于模型参数 θ 的 Fisher 信息，$M(\theta)$是联合随机向量$(\boldsymbol{x}_1,\boldsymbol{x}_2)$关于模型参数 θ 的 Fisher 信息，证明

$$M(\theta)=M_1(\theta)+M_2(\theta)$$

(30) 试解释以下几种关于 Fisher 信息提法的含义：

① Fisher 信息是对模型参数精确度的一种测度；

② Fisher 信息是指随机变量(或它的分布)中含有未知参数 θ 的信息；

③ Fisher 信息是描述由于有了随机变量的观测值，而使未知参数 θ 的不确定性减少的程度。

(31) 证明利用实际测量数据估计其直流成分的递推公式可以写成

$$\hat{z}_0(k)=\hat{z}_0(k-1)+\frac{1}{k}[z(k)-\hat{z}_0(k-1)]$$

其中，$\hat{z}_0(k)$为直流成分的估计值，$z(k)$为实际测量值。

(32) 简单论述辨识模型检验的步骤和方法。

第2章 系统描述与辨识模型

2.1 引言

辨识是一种基于数据的统计建模方法，该建模方法的应用首先需要确定合适的模型结构，也就是说系统的数学描述必须明确。本章所要讨论的系统描述与辨识模型是全书的基础。

系统精确的数学描述是极为复杂的，多数可能是分布参数的，也可能随时间变化，且具有非线性。但是，建立系统数学模型时，人们总是尽可能采用简单的方式，多数情况下系统的数学描述可以简化为定常集中参数模型。

系统描述可分为连续和离散两种类型，离散描述是出于某种需要将连续模型加以离散化的结果，为的是方便计算机应用。系统的数学描述有用输入输出模型的，也有用状态空间模型的。输入输出模型只描述系统的外部特性，不描述系统的内部状态，是一种广为采用的数学描述形式。状态空间模型可描述系统的内部状态，包含更多的系统行为特性信息。

本章重点讨论线性时不变集中参数系统的数学描述及辨识模型形式，对时变系统和非线性系统也有相应的讨论。

2.2 系统描述

2.2.1 系统时域描述

1. 脉冲响应

考虑如图2.1所示的系统，其中$u(t)$为系统输入变量，$y(t)$为系统输出变量。如果系统的响应只依赖于输入信号，不依赖于绝对时间，则系统称作时不变系统。如果系统对于输入信号线性组合的响应等于各输入信号响应的线性组合，则系统称为线性系统。如果系统每一时刻的输出响应只依赖于到此时刻为止的输入，则系统称作因果系统。

图2.1 系统示意图

线性时不变因果系统可以用脉冲响应来描述

$$y(t)=\int_0^{\infty} g(\tau)u(t-\tau)\mathrm{d}\tau \tag{2.2.1}$$

当脉冲响应$\{g(\tau),\tau\in(0,\infty)\}$和输入信号$u(s),s\leqslant t$已知时,系统完全可由脉冲响应表征。如果系统采样时间T_0足够小,输入信号在采样时间内可视为保持常值$u(t)=u(kT_0)\stackrel{\text{def}}{=}u(k),kT_0\leqslant t<(k+1)T_0$,则系统可用脉冲响应的离散形式来近似描述

$$y(k)=\sum_{l=0}^{\infty} g_l u(k-l) \tag{2.2.2}$$

式中,$g_l=\int_{lT_0}^{(l+1)T_0} g(\tau)\mathrm{d}\tau$,$\{g_l,l=0,1,\cdots\}$称作系统的脉冲响应序列。只要输入信号在采样时间内变化不大,脉冲响应序列就可以很好地描述系统。

实际上,常用的微分方程或传递函数、差分方程或脉冲传递函数等模型描述形式都是脉冲响应的某种近似,脉冲响应才是系统的本质描述。

2. 噪声描述

辨识所用的数据通常都含有噪声,从工程实际出发,这种噪声可以视作具有有理谱密度函数的平稳随机过程。根据表示定理(定理2.1),它可以看作是由白噪声驱动的成形滤波器的输出。如果噪声的相关性很弱或强度较小,也可以直接把它近似看成白噪声。白噪声是一类非常特殊的随机过程,它的基本概念在辨识中具有重要意义,是用于描述系统扰动的重要变量。

(1) 白噪声过程

白噪声过程是一种最简单的随机过程,严格地说它是一种均值为零、谱密度函数为非零常数的平稳随机过程,或者说它是由一系列不相关随机变量组成的一种理想化随机过程。白噪声过程没有"记忆性",也就是说t时刻的数值与t时刻以前的过去值无关,也不影响t时刻以后的将来值。

如果随机过程$\{v(t)\}$的自相关函数可以表示为

$$R_v(\tau)=\sigma_v^2\delta(\tau) \tag{2.2.3}$$

其中,$\delta(\tau)$为Dirac函数,即

$$\delta(\tau)=\begin{cases}\infty, & \tau=0\\ 0, & \tau\neq 0\end{cases},\quad 且\quad \int_{-\infty}^{\infty}\delta(\tau)\mathrm{d}\tau=1 \tag{2.2.4}$$

则称$\{v(t)\}$为白噪声过程,上述定义默认白噪声过程的均值为零。如果白噪声过程服从正态分布,则称为正态(高斯)分布白噪声过程。

由于$\delta(\tau)$的傅里叶变换为1,根据Wiener-Khintchine关系式(见附录C.2.5)可知,白噪声过程$\{v(t)\}$的谱密度函数为常数σ_v^2,即$S_v(\omega)=\sigma_v^2$,表明白噪声过程的功率在$-\infty$到$+\infty$全频段内是均匀分布的。鉴于此,借用光学中的"白色光"概念,称这种噪声为"白"噪声。

严格符合上述定义的白噪声过程，意味着它的方差和功率等于∞，其谱密度 σ_v^2 代表白噪声过程在 $0^- \sim 0^+$ 时间区间内所含的能量大小，而且在两个任意瞬间的取值，不管瞬间相距多么近，都是互不相关的。符合这个定义的白噪声只是一种理论上的抽象，在物理上是不能实现的。在实际应用中，如果 $R_v(\tau)$ 接近 δ 函数，则可近似认为$\{v(t)\}$是白噪声过程，且认为在系统的有用频带范围内，$\{v(t)\}$的功率接近均匀分布。

上述标量白噪声过程的概念可以推广到向量情况。如果 n 维随机过程$\{\boldsymbol{v}(t)\}$满足

$$\begin{cases} \mathrm{E}\{\boldsymbol{v}(t)\} = 0 \\ \mathrm{Cov}\{\boldsymbol{v}(t), \boldsymbol{v}(t+\tau)\} = \mathrm{E}\{\boldsymbol{v}(t)\ \boldsymbol{v}^{\mathrm{T}}(t+\tau)\} = \boldsymbol{\Sigma}_v \delta(\tau) \end{cases} \tag{2.2.5}$$

其中，$\boldsymbol{\Sigma}_v$ 是正定的常数阵，$\delta(\tau)$为 Dirac 函数，那么称$\{\boldsymbol{v}(t)\}$为向量白噪声过程。

(2) 白噪声序列

白噪声序列是白噪声过程的一种离散形式。与白噪声过程类似，如果随机序列$\{v(k)\}$是两两不相关的，对应的自相关函数可表示为

$$R_v(l) = \sigma_v^2 \delta_l, \quad l = 0, \pm 1, \pm 2, \cdots \tag{2.2.6}$$

其中，δ_l 为 Kronecker 符号，即 $\delta_l = \begin{cases} 1, & l=0 \\ 0, & l \neq 0 \end{cases}$，则称$\{v(k)\}$为白噪声序列。根据离散傅里叶变换(DFT)可知，$\{v(k)\}$的谱密度函数为常数 σ_v^2，故有

$$S_v(\omega) = \sum_{l=-\infty}^{\infty} R_v(l) \mathrm{e}^{-\mathrm{j}\omega l} = \sigma_v^2 \tag{2.2.7}$$

同样，如果 n 维随机序列$\{\boldsymbol{v}(k)\}$满足

$$\begin{cases} \mathrm{E}\{\boldsymbol{v}(k)\} = 0 \\ \mathrm{Cov}\{\boldsymbol{v}(k), \boldsymbol{v}(k+l)\} = \mathrm{E}\{\boldsymbol{v}(k)\ \boldsymbol{v}^{\mathrm{T}}(k+l)\} = \boldsymbol{\Sigma}_v \delta_l \end{cases} \tag{2.2.8}$$

其中，$\boldsymbol{\Sigma}_v$ 是正定的常数阵，δ_l 为 Kronecker 符号，那么称$\{\boldsymbol{v}(k)\}$为向量白噪声序列。

(3) 表示定理

如果数据所含的噪声是白噪声，那么采用比较简单的辨识方法即可得到比较满意的辨识结果。但是，工程实际中数据所含的噪声往往是有色噪声，所谓有色噪声(或相关噪声)指的是噪声序列中每一时刻的噪声和另一时刻的噪声是相关的。对含有有色噪声的数据需要采用较为复杂的辨识方法才能得到满意的辨识结果。在特定情况下，有色噪声总可以通过白噪声来描述，这就是表示定理所要阐述的问题。

定理 2.1(表示定理)　设平稳噪声序列$\{e(k)\}$的谱密度 $S_e(\omega)$是 ω 的实函数，或是 $\cos\omega$ 的有理函数，那么必定存在一个渐近稳定的线性环节，使得环节的输入是白噪声序列，环节的输出是谱密度函数为 $S_e(\omega)$的平稳噪声序列$\{e(k)\}$。

定理 2.1 表明，有色噪声序列可以看成由白噪声序列驱动的线性环节的输出，如图 2.2 所示，这个线性环节称作成形滤波器。

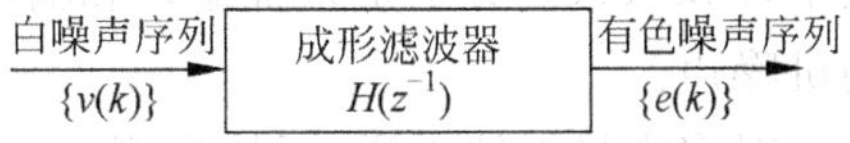

白噪声序列 $\{v(k)\}$ → 成形滤波器 $H(z^{-1})$ → 有色噪声序列 $\{e(k)\}$

图 2.2　成形滤波器

图中,$\{v(k)\}$是均值为零、方差为 σ_v^2 的白噪声序列。这时$\{e(k)\}$可以用$\{v(k)\}$表示成

$$e(k) = H(z^{-1})v(k) \tag{2.2.9}$$

或写成

$$\begin{cases} e(k) = \sum_{l=0}^{\infty} h_l v(k-l) \\ H(z^{-1}) = h_0 + h_1 z^{-1} + h_2 z^{-2} + \cdots, \quad h_0 = 1 \end{cases} \tag{2.2.10}$$

容易证明$\{e(k)\}$具有如下统计性质：

① 均值 $\mathrm{E}\{e(k)\} = \sum_{l=0}^{\infty} h_l \mathrm{E}\{v(k-l)\} = 0$

② 相关函数 $\begin{cases} \mathrm{E}\{e(k)e(k+l)\} = \sigma_v^2 \sum_{r=0}^{\infty} h_r h_{r+l} \\ h_r = 0, \quad \forall r < 0 \end{cases}$

3. 时域模型

如果图 2.1 所示的系统受噪声污染,则可表示成图 2.3。图中,$v(k)$是均值为零、方差为 σ_v^2 的白噪声。根据式(2.2.2),系统的输出响应可描述成

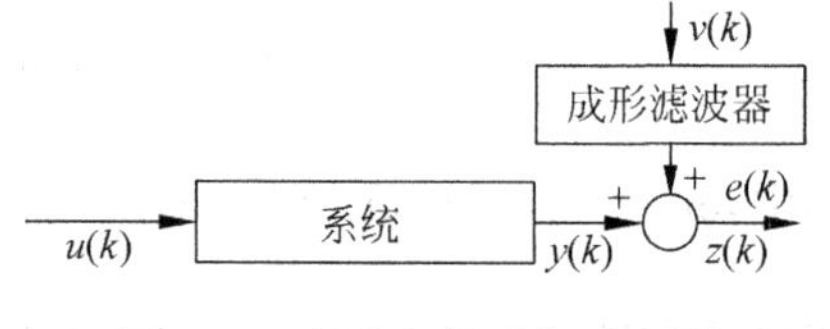

图 2.3 含噪声的系统示意图

$$\begin{cases} y(k) = \sum_{l=0}^{\infty} g_l u(k-l) \\ \quad = \left[\sum_{l=0}^{\infty} g_l z^{-l}\right] u(k) = G(z^{-1})u(k) \end{cases} \tag{2.2.11}$$

其中,$G(z^{-1}) = \sum_{l=0}^{\infty} g_l z^{-l}$ 称作系统脉冲传递函数,也就是系统模型。

类似地,噪声的响应可写成

$$\begin{cases} e(k) = \sum_{l=0}^{\infty} h_l v(k-l) \\ \quad = \left[\sum_{l=0}^{\infty} h_l z^{-l}\right] v(k) = H(z^{-1})v(k) \end{cases} \tag{2.2.12}$$

其中,$H(z^{-1}) = \sum_{l=0}^{\infty} h_l z^{-l}$ 称作噪声脉冲传递函数,也就是噪声模型。

于是,线性时不变系统的时域描述可写成

$$z(k) = G(z^{-1})u(k) + H(z^{-1})v(k) \tag{2.2.13}$$

其中,$u(k)$、$z(k)$分别是系统输入和输出变量；$v(k)$是均值为零、方差为 σ_v^2 的不相关随机噪声。

对多变量系统来说,系统模型式(2.2.13)写成

$$\boldsymbol{z}(k)=\boldsymbol{G}(z^{-1})\boldsymbol{u}(k)+\boldsymbol{H}(z^{-1})\boldsymbol{v}(k) \tag{2.2.14}$$

其中，$\boldsymbol{u}(k)\in \mathrm{R}^{r\times 1}$与$\boldsymbol{z}(k)\in \mathrm{R}^{m\times 1}$分别是系统输入和输出向量；$\boldsymbol{v}(k)$是均值为零不相关随机噪声向量；$\boldsymbol{G}(z^{-1})$、$\boldsymbol{H}(z^{-1})$为适当维的系统和噪声传递函数矩阵。

如果系统脉冲传递函数$G(z^{-1})$满足$\sum_{l=0}^{\infty}|g_l|<\infty$，则系统是稳定的；如果满足$\sum_{l=0}^{\infty}l|g_l|<\infty$，则系统是严格稳定的；如果$G(z^{-1})$是$z^{-1}$的有理函数，则系统的稳定性隐含着严格稳定。同理，噪声脉冲传递函数$H(z^{-1})$也具有相同的稳定性条件。如果噪声脉冲传递函数$H(z^{-1})$是稳定的，则有

$$\lim_{L\to\infty}\frac{1}{L}\sum_{l=0}^{L}e(k)e(k+l)\xrightarrow{\text{W.P.1}}\bar{\mathrm{E}}\{e(k)e(k+l)\}=R_e(l) \tag{2.2.15}$$

噪声模型式(2.2.12)具有可逆性，即如果$H(z^{-1})$是稳定的，则有

$$v(k)=H^{-1}(z^{-1})e(k)=\sum_{l=0}^{\infty}\bar{h}_l e(k-l) \tag{2.2.16}$$

其中，$H^{-1}(z^{-1})=\sum_{s=0}^{\infty}\bar{h}_s z^{-s}$，称作$H(z^{-1})$的逆模型。因为有

$$\begin{aligned}1=H(z^{-1})H^{-1}(z^{-1})&=\sum_{l=0}^{\infty}h_l z^{-l}\sum_{s=0}^{\infty}\bar{h}_s z^{-s}\\&=\sum_{l=0}^{\infty}\sum_{s=0}^{\infty}h_l\bar{h}_s z^{-(l+s)}=\sum_{l=0}^{\infty}\sum_{r=0}^{\infty}h_l\bar{h}_{r-l}z^{-r}\end{aligned} \tag{2.2.17}$$

其中，$r=l+s$，且隐含着

$$\sum_{l=0}^{\infty}h_l\bar{h}_{r-l}=\begin{cases}1, & r=0\\0, & r\neq 0\end{cases} \tag{2.2.18}$$

那么

$$\begin{aligned}\sum_{l=0}^{\infty}\bar{h}_l e(k-l)&=\sum_{l=0}^{\infty}\bar{h}_l\sum_{r=0}^{\infty}h_{r-l}v(k-r)\\&=\sum_{l=0}^{\infty}\sum_{r=0}^{\infty}\bar{h}_l h_{r-l}v(k-r)=v(k)\end{aligned} \tag{2.2.19}$$

可见$H(z^{-1})$逆模型一定存在。

定理2.2(谱分解定理)　设平稳随机序列$\{e(k)\}$均值为零，谱密度$S_e(\omega)$是$\cos\omega$的有理函数，则必定存在两个稳定的迟延算子多项式

$$\begin{cases}C(z^{-1})=1+c_1z^{-1}+c_2z^{-2}+\cdots+c_{n_c}z^{-n_c}\\D(z^{-1})=1+d_1z^{-1}+d_2z^{-2}+\cdots+d_{n_d}z^{-n_d}\end{cases} \tag{2.2.20}$$

使得

$$S_e(\omega)=\sigma_v^2\frac{D(\mathrm{j}\omega)D^*(\mathrm{j}\omega)}{C(\mathrm{j}\omega)C^*(\mathrm{j}\omega)} \tag{2.2.21}$$

其中，$C^*(\mathrm{j}\omega)$和$D^*(\mathrm{j}\omega)$是对应的共轭多项式。

根据定理 2.2，噪声模型式(2.2.12)可进一步写成

$$e(k)=H(z^{-1})v(k)=\frac{D(z^{-1})}{C(z^{-1})}v(k) \tag{2.2.22}$$

式中，成形滤波器 $H(z^{-1})$取成了特定形式。

根据式(2.2.13)和式(2.2.22)，线性时不变系统的时域描述进一步写成

$$z(k)=G(z^{-1})u(k)+\frac{D(z^{-1})}{C(z^{-1})}v(k) \tag{2.2.23}$$

其中，$u(k)$、$z(k)$分别是系统输入和输出变量；$v(k)$是均值为零、方差为 σ_v^2 的白噪声。

注记 2.1 噪声模型式(2.2.22)通常有以下几种选择：

(1) 自回归(autoregressive，简记 AR)模型 $C(z^{-1})e(k)=v(k)$。

(2) 滑动平均(moving average，简记 MA)模型 $e(k)=D(z^{-1})v(k)$。

(3) 自回归滑动平均(autoregressive moving average，简记 ARMA)模型 $C(z^{-1})e(k)=D(z^{-1})v(k)$。

注记 2.2 如果成形滤波器 $H(z^{-1})$是 z^{-1}的有理函数，则 $e(k)$的谱密度是 $\mathrm{e}^{-\mathrm{j}\omega}$ 的实有理函数。

2.2.2 系统频域描述

1. 频率响应

考虑图 2.1 所示的线性时不变系统，在平稳信号 $u(t)$的输入作用下，经过一段过渡过程后系统的输出 $y(t)$也是稳定信号。设 $U(\mathrm{j}\omega)$、$Y(\mathrm{j}\omega)$分别是系统输入 $u(t)$和输出 $y(t)$的傅里叶变换，则系统的频率响应 $G(\mathrm{j}\omega)$定义为

$$G(\mathrm{j}\omega)=\frac{Y(\mathrm{j}\omega)}{U(\mathrm{j}\omega)} \tag{2.2.24}$$

系统频率响应 $G(\mathrm{j}\omega)$与式(2.2.1)所表示的系统脉冲响应$\{g(\tau),\tau\in(0,\infty)\}$构成一对傅里叶变换

$$\begin{cases} G(\mathrm{j}\omega)=\int_{-\infty}^{\infty}g(t)\mathrm{e}^{-\mathrm{j}\omega t}\mathrm{d}t, \quad \text{其中 } g(t)=0,\forall t<0 \\ g(t)=\dfrac{1}{2\pi}\int_{-\infty}^{\infty}G(\mathrm{j}\omega)\mathrm{e}^{\mathrm{j}\omega t}\mathrm{d}\omega \end{cases} \tag{2.2.25}$$

2. 频域模型

如果系统输出和输入变量的自谱密度函数分别记作 $S_y(\omega)$和 $S_u(\omega)$，互谱密度函数记作 $S_{uy}(\mathrm{j}\omega)$，则图 2.3 所示的系统频域描述可写成

$$\begin{cases} S_y(\omega)=\|G(\mathrm{j}\omega)\|^2S_u(\omega) \\ S_{uy}(\mathrm{j}\omega)=G(\mathrm{j}\omega)S_u(\omega) \end{cases} \tag{2.2.26}$$

证明 根据式(2.2.1)和自相关函数的定义，有

$$R_y(\tau)=\mathrm{E}\left\{\left[\int_0^{\infty}g(\tau_1)u(t-\tau_1)\mathrm{d}\tau_1\right]\left[\int_0^{\infty}g(\tau_2)u(t+\tau-\tau_2)\mathrm{d}\tau_2\right]\right\}$$

$$=\int_0^{\infty}\int_0^{\infty}g(\tau_1)g(\tau_2)R_u(\tau+\tau_1-\tau_2)\mathrm{d}\tau_1\mathrm{d}\tau_2 \tag{2.2.27}$$

其中，$R_u(\tau+\tau_1-\tau_2)=\mathrm{E}\{u(t-\tau_1)u(t+\tau-\tau_2)\}=\dfrac{1}{2\pi}\int_{-\infty}^{\infty}S_u(\omega)\mathrm{e}^{\mathrm{j}\omega(\tau+\tau_1-\tau_2)}\mathrm{d}\omega$，则

$$R_y(\tau)=\frac{1}{2\pi}\int_{-\infty}^{\infty}\left\{\int_0^{\infty}g(\tau_1)\mathrm{e}^{\mathrm{j}\omega\tau_1}\mathrm{d}\tau_1\right\}\left\{\int_0^{\infty}g(\tau_2)\mathrm{e}^{-\mathrm{j}\omega\tau_2}\mathrm{d}\tau_2\right\}S_u(\omega)\mathrm{e}^{\mathrm{j}\omega\tau}\mathrm{d}\omega$$

$$=\frac{1}{2\pi}\int_{-\infty}^{\infty}G(\mathrm{j}\omega)G(-\mathrm{j}\omega)S_u(\omega)\mathrm{e}^{\mathrm{j}\omega\tau}\mathrm{d}\omega \tag{2.2.28}$$

所以有 $S_y(\omega)=\|G(\mathrm{j}\omega)\|^2S_u(\omega)$，证得式(2.2.26)第 1 式，同理可证第 2 式。

证毕。■

式(2.2.26)第 1 式表明，对于给定的输入 $u(t)$，系统的输出谱密度函数只反映系统的幅频特性，不能完整地反映系统的动态特性，只有 $S_{uy}(\mathrm{j}\omega)$才有可能完整地反映系统的动态特性。

当均值为零、方差为 σ_v^2 的白噪声经过成形滤波器 $H(z^{-1})$后作用于系统时，系统的频域描述可写成

$$S_z(\omega)=\|G(\mathrm{j}\omega)\|^2S_u(\omega)+\|H(\mathrm{j}\omega)\|^2\sigma_v^2 \tag{2.2.29}$$

对多变量系统来说，系统的频域描述为

$$\boldsymbol{S}_z(\omega)=\boldsymbol{G}(-\mathrm{j}\omega)\boldsymbol{S}_u(\omega)\boldsymbol{G}^{\mathrm{T}}(\mathrm{j}\omega)+\boldsymbol{H}(-\mathrm{j}\omega)\boldsymbol{\Sigma}_v(\omega)\boldsymbol{H}^{\mathrm{T}}(\mathrm{j}\omega) \tag{2.2.30}$$

式中，$\boldsymbol{\Sigma}_v$为系统噪声的协方差阵。

当以式(2.2.26)描述系统时，谱密度函数由下面的式(2.2.31)定义，它需要无限长的输入和输出数据序列$\{u(k),y(k),k=1,2,\cdots\}$做支持，这在工程实际中是不现实的。

$$\begin{cases}S_y(\omega)=\sum\limits_{l=-\infty}^{\infty}R_y(l)\mathrm{e}^{-\mathrm{j}\omega l}\\ S_u(\omega)=\sum\limits_{l=-\infty}^{\infty}R_u(l)\mathrm{e}^{-\mathrm{j}\omega l}\\ S_{uy}(\mathrm{j}\omega)=\sum\limits_{l=-\infty}^{\infty}R_{uy}(l)\mathrm{e}^{-\mathrm{j}\omega l}\end{cases} \tag{2.2.31}$$

为此，有必要引入周期图对谱密度函数进行估计(见附录 C. 2. 6)。

考虑有限长度的数据序列$\{x(k),k=1,2,\cdots,L\}$，其周期图定义(见附录 C. 2. 6)为

$$\begin{cases}I_x(\omega_i)=S_{x,L}(\omega_i)=\sum\limits_{l=1}^{L}R_{x,L}(l)\mathrm{e}^{-\mathrm{j}\omega_i l}=\dfrac{1}{L}\|X_L(\mathrm{j}\omega_i)\|^2\\ X_L(\mathrm{j}\omega_i)=\sum\limits_{k=1}^{L}x(k)\mathrm{e}^{-\mathrm{j}\omega_i k},\quad \omega_i=\dfrac{2\pi i}{L},\quad i=1,2,\cdots,L\end{cases} \tag{2.2.32}$$

根据 Parseval 定理(见附录 C. 2. 5)，有$\sum\limits_{i=1}^{L}I_x(\omega_i)=\sum\limits_{k=1}^{L}x^2(k)$，说明信号 $x(k)$周

期图的代数和等于信号能量的代数和，或者说信号的能量可以分解成不同频率下能量贡献的代数和。

周期图与谱密度函数一样，都是用来描述随机数据序列的平均功率分布的，所不同的是谱密度函数需要使用无限长的数据，而周期图用的是有限长度的数据。周期图不像谱密度函数那样，在线性系统中不能以式(2.2.26)的形式线性传递，但有如下的近似关系

$$\begin{cases} I_z(\omega_i) \cong \| G(\mathrm{j}\omega_i) \|^2 I_u(\omega_i) + \| H(\mathrm{j}\omega_i) \|^2 \sigma_v^2 \\ I_{uy}(\mathrm{j}\omega_i) \cong G(\mathrm{j}\omega_i) I_u(\omega_i) \end{cases} \tag{2.2.33}$$

该式是频域中用于描述系统的主要关系式。

定理 2.3 设$\{x(k)\}$是拟平稳随机序列，谱密度函数 $S_x(\omega)$与周期图 $I_x(\omega_i)$存在如下关系

$$\lim_{L\to\infty} \mathrm{E}\{I_x(\omega_i)\} = S_x(\omega) \tag{2.2.34}$$

式中

$$\begin{cases} I_x(\omega_i) = \dfrac{1}{L} \| X_L(\mathrm{j}\omega_i) \|^2 \\ X_L(\mathrm{j}\omega_i) = \displaystyle\sum_{k=1}^{L} x(k) \mathrm{e}^{-\mathrm{j}\omega_i k}, \quad \omega_i = 2\pi i/L, \quad i = 1,2,\cdots,L \\ S_x(\omega) = \displaystyle\sum_{l=-\infty}^{\infty} R_x(l) \mathrm{e}^{-\mathrm{j}\omega l} \\ R_x(l) = \bar{\mathrm{E}}\{x(k)x(k+l)\} \end{cases} \tag{2.2.35}$$

定理 2.3 给出了周期图与谱密度函数之间的关系，极限情况下周期图的数学期望值收敛于谱密度函数。因此，当数据长度很大时，式(2.2.33)给出的系统描述接近式(2.2.26)。

2.3 辨识模型

辨识模型是为了辨识的需要而构造或选择用于描述系统的一类模型，线性时不变模型是最常用的辨识模型。辨识模型的构造或选择不仅需要明确模型的形式，而且还需要能推导出相应的系统输出预报值或预报方程，包括一步预报或 d 步预报。

(1) 一步预报

考虑式(2.2.13)模型，假设系统输出 $z(k)$的一步预报值为$\hat{z}(k|k-1)$，极小化 $\mathrm{E}\{[z(k)-\hat{z}(k|k-1)]^2\}=\min$，可得

$$\begin{aligned} \hat{z}(k \mid k-1) &= G(z^{-1})u(k) + [H(z^{-1}) - 1]v(k) \\ &= G(z^{-1})u(k) + [H(z^{-1}) - 1]H^{-1}(z^{-1})e(k) \\ &= H^{-1}(z^{-1})G(z^{-1})u(k) + [1 - H^{-1}(z^{-1})]z(k) \end{aligned} \tag{2.3.1}$$

设 $H^{-1}(z^{-1})G(z^{-1})=\sum_{r=0}^{\infty}\tilde{g}_r z^{-r}$，$[1-H^{-1}(z^{-1})]=\sum_{s=0}^{\infty}\tilde{h}_s z^{-s}$，并考虑当 $k<0$ 时系统输入和输出趋于零，且当 r 和 s 充分大时，有 $\tilde{g}_r\to 0$ 和 $\tilde{h}_s\to 0$，那么对充分的 k，一步预报值可写成

$$\hat{z}(k\mid k-1)=\sum_{r=0}^{k}\tilde{g}_r u(k-r)+\sum_{s=0}^{k}\tilde{h}_s z(k-s) \tag{2.3.2}$$

上式的预报误差的方差等于 σ_v^2。

(2) d 步预报

考虑式(2.2.13)模型，假设系统的输出 $z(k)$ 的 d 步预报值为 $\hat{z}(k+d|k)$，根据式(2.2.12)，有

$$e(k+d)=\sum_{l=0}^{d-1}h_l v(k+d-l)+\sum_{l=d}^{\infty}h_l v(k+d-l) \tag{2.3.3}$$

上式右边第 1 项在 k 时刻是无法预知的，第 2 项因为都是 k 时刻以前的，是可以预估的，那么 $e(k+d)$ 的估计值可以写成

$$\begin{aligned}\hat{e}(k+d)&=\sum_{l=d}^{\infty}h_l v(k+d-l)\\&=H_d(z^{-1})v(k)=H_d(z^{-1})H^{-1}(z^{-1})\hat{e}(k)\end{aligned} \tag{2.3.4}$$

式中，$H_d(z^{-1})=\sum_{l=d}^{\infty}h_l z^{-l+d}$。于是，$d$ 步预报值可写成

$$\begin{aligned}\hat{z}(k+d\mid k)&=G(z^{-1})u(k+d)+\hat{e}(k+d)\\&=[1-z^{-d}H_d(z^{-1})H^{-1}(z^{-1})]G(z^{-1})u(k+d)\\&\quad+H_d(z^{-1})H^{-1}(z^{-1})z(k)\end{aligned} \tag{2.3.5}$$

上式给出的 d 步预报，其误差的方差等于 $(1+h_1^2+\cdots+h_{d-1}^2)\sigma_v^2$。一步预报式(2.3.1)是 d 步预报式(2.3.5)中 d 等于 1 的特例。

下面介绍系统时域描述式(2.2.13)的系统模型 $G(z^{-1})$ 和噪声模型 $H(z^{-1})$ 取不同形式时辨识模型的具体表现，包括模型结构、模型参数向量、模型阶次、预报器或预报方程等基本组成要素。

2.3.1　线性时不变模型

1. 方程误差模型

(1) ARX 模型

模型结构　$A(z^{-1})z(k)=B(z^{-1})u(k)+v(k)$

模型参数向量　$\boldsymbol{\theta}=[a_1,\cdots,a_{n_a},b_1,\cdots,b_{n_b}]^{\mathrm{T}}$

模型阶次　n_a,n_b

预报器　$\hat{z}(k|k-1)=z(k)-A(z^{-1})z(k)+B(z^{-1})u(k)$

注记：若 $n_a=0$，ARX 模型退化为 FIR(finite impluse response)模型。

(2) ARMAX 模型

模型结构　$A(z^{-1})z(k)=B(z^{-1})u(k)+D(z^{-1})v(k)$

模型参数向量　$\boldsymbol{\theta}=[a_1,\cdots,a_{n_a},b_1,\cdots,b_{n_b},d_1,\cdots,d_{n_d}]^{\mathrm{T}}$

模型阶次　n_a,n_b,n_d

预报器　$\hat{z}(k|k-1)=z(k)-\dfrac{A(z^{-1})}{D(z^{-1})}z(k)+\dfrac{B(z^{-1})}{D(z^{-1})}u(k)$

或预报方程　$D(z^{-1})\hat{z}(k|k-1)=[D(z^{-1})-A(z^{-1})]z(k)+B(z^{-1})u(k)$

注记：若以 $\Delta z(k)=z(k)-z(k-1)$代替模型中的 $z(k)$，则 ARMAX 模型称 ARIMAX 模型。

(3) DA(dynamic adjustment)模型

模型结构　$A(z^{-1})z(k)=B(z^{-1})u(k)+\dfrac{1}{C(z^{-1})}v(k)$

模型参数向量　$\boldsymbol{\theta}=[a_1,\cdots,a_{n_a},b_1,\cdots,b_{n_b},c_1,\cdots,c_{n_c}]^{\mathrm{T}}$

模型阶次　n_a,n_b,n_c

预报器　$\hat{z}(k|k-1)=z(k)-A(z^{-1})C(z^{-1})z(k)+B(z^{-1})C(z^{-1})u(k)$

(4) ARARMAX 模型

模型结构　$A(z^{-1})z(k)=B(z^{-1})u(k)+\dfrac{D(z^{-1})}{C(z^{-1})}v(k)$

模型参数向量　$\boldsymbol{\theta}=[a_1,\cdots,a_{n_a},b_1,\cdots,b_{n_b},c_1,\cdots,c_{n_c},d_1,\cdots,d_{n_d}]^{\mathrm{T}}$

模型阶次　n_a,n_b,n_c,n_d

预报器　$\hat{z}(k|k-1)=z(k)-\dfrac{A(z^{-1})C(z^{-1})}{D(z^{-1})}z(k)+\dfrac{B(z^{-1})C(z^{-1})}{D(z^{-1})}u(k)$

或预报方程　$D(z^{-1})\hat{z}(k|k-1)=[D(z^{-1})-A(z^{-1})C(z^{-1})]z(k)+B(z^{-1})C(z^{-1})u(k)$

2. 输出误差模型

(1) 测量误差模型

模型结构　$z(k)=\dfrac{B(z^{-1})}{A(z^{-1})}u(k)+v(k)$

模型参数向量　$\boldsymbol{\theta}=[a_1,\cdots,a_{n_a},b_1,\cdots,b_{n_b}]^{\mathrm{T}}$

模型阶次　n_a,n_b

预报器　$\hat{z}(k|k-1)=\dfrac{B(z^{-1})}{A(z^{-1})}u(k)$

或预报方程　$A(z^{-1})\hat{z}(k|k-1)=B(z^{-1})u(k)$

(2) Box-Jenkins 模型

模型结构　$z(k)=\dfrac{B(z^{-1})}{A(z^{-1})}u(k)+\dfrac{D(z^{-1})}{C(z^{-1})}v(k)$

模型参数向量　$\boldsymbol{\theta}=[a_1,\cdots,a_{n_a},b_1,\cdots,b_{n_b},c_1,\cdots,c_{n_c},d_1,\cdots,d_{n_d}]^{\mathrm{T}}$

模型阶次　n_a,n_b,n_c,n_d

预报器　$\hat{z}(k|k-1)=z(k)-\dfrac{C(z^{-1})}{D(z^{-1})}z(k)+\dfrac{B(z^{-1})C(z^{-1})}{A(z^{-1})D(z^{-1})}u(k)$

3. 一般结构模型

模型结构　$A(z^{-1})z(k)=\dfrac{B(z^{-1})}{F(z^{-1})}u(k)+\dfrac{D(z^{-1})}{C(z^{-1})}v(k)$

模型参数向量　$\boldsymbol{\theta}=[a_1,\cdots,a_{n_a},b_1,\cdots,b_{n_b},c_1,\cdots,c_{n_c},d_1,\cdots,d_{n_d},f_1,\cdots,f_{n_f}]^{\mathrm{T}}$

模型阶次　n_a,n_b,n_c,n_d,n_f

预报器　$\hat{z}(k|k-1)=z(k)-\dfrac{A(z^{-1})C(z^{-1})}{D(z^{-1})}z(k)+\dfrac{B(z^{-1})C(z^{-1})}{F(z^{-1})D(z^{-1})}u(k)$

以上各类模型的预报器都是根据式(2.3.1)导出的，通过变换可写成统一的框架$\hat{z}(k|k-1)=\boldsymbol{h}^{\mathrm{T}}(k)\boldsymbol{\theta}$，其中$\boldsymbol{h}(k)$的元素可以是输入和输出数据或数据的某种变换。各类模型相应的迟延算子多项式取下述形式

$$\begin{cases}A(z^{-1})=1+a_1z^{-1}+a_2z^{-2}+\cdots+a_{n_a}z^{-n_a}\\B(z^{-1})=b_1z^{-1}+b_2z^{-2}+\cdots+b_{n_b}z^{-n_b}\\C(z^{-1})=1+c_1z^{-1}+c_2z^{-2}+\cdots+c_{n_c}z^{-n_c}\\D(z^{-1})=1+d_1z^{-1}+d_2z^{-2}+\cdots+d_{n_d}z^{-n_d}\\F(z^{-1})=1+f_1z^{-1}+f_2z^{-2}+\cdots+f_{n_f}z^{-n_f}\end{cases}\tag{2.3.6}$$

预报器的表达是辨识算法求新息所必需的，无论是SISO系统，还是MIMO系统，它们均可转化成如下的状态空间预报模型[38]

$$\begin{cases}\boldsymbol{\varphi}(k,\boldsymbol{\theta})=\boldsymbol{F}(\boldsymbol{\theta})\boldsymbol{\varphi}(k-1,\boldsymbol{\theta})+\boldsymbol{G}(\boldsymbol{\theta})\bar{\boldsymbol{u}}(k)\\\hat{z}(k\mid\boldsymbol{\theta})=\boldsymbol{H}(\boldsymbol{\theta})\boldsymbol{\varphi}(k,\boldsymbol{\theta})\end{cases}\tag{2.3.7}$$

上式是MIMO系统输出预报器的一般表达式，预报模型输入$\bar{\boldsymbol{u}}(k)\in\mathrm{R}^{(m+r)\times1}$由系统输入$\boldsymbol{u}(k)\in\mathrm{R}^{r\times1}$和输出$\boldsymbol{z}(k)\in\mathrm{R}^{m\times1}$组成；$\hat{\boldsymbol{z}}(k|\boldsymbol{\theta})\in\mathrm{R}^{m\times1}$为输出预报值；$\boldsymbol{\varphi}(k,\boldsymbol{\theta})\in\mathrm{R}^{N\times1}$为预报模型的状态变量；$\boldsymbol{F}(\boldsymbol{\theta})\in\mathrm{R}^{N\times N}$、$\boldsymbol{G}(\boldsymbol{\theta})\in\mathrm{R}^{N\times(m+r)}$和$\boldsymbol{H}(\boldsymbol{\theta})\in\mathrm{R}^{m\times N}$是预报模型参数$\boldsymbol{\theta}$的矩阵函数；$m$、$r$分别为系统输入和输出维数，$N$为模型参数个数。

辨识算法很大程度上依赖于模型输出预报值及其关于参数$\boldsymbol{\theta}$的一阶梯度。下面的模型描述了预报值及其关于参数梯度的动态关系（推导见第9章9.2节）

$$\begin{cases}\boldsymbol{x}(k,\boldsymbol{\theta})=\boldsymbol{A}(\boldsymbol{\theta})\boldsymbol{x}(k-1,\boldsymbol{\theta})+\boldsymbol{B}(\boldsymbol{\theta})\bar{\boldsymbol{u}}(k)\\\begin{bmatrix}\hat{z}(k\mid\boldsymbol{\theta})\\\mathrm{col}\,\boldsymbol{\Psi}^{\mathrm{T}}(k,\boldsymbol{\theta})\end{bmatrix}=\boldsymbol{C}(\boldsymbol{\theta})\boldsymbol{x}(k,\boldsymbol{\theta})\end{cases}\tag{2.3.8}$$

式中，col符号表示将矩阵排成列向量，且

$$
\begin{cases}
\boldsymbol{x}(k,\boldsymbol{\theta}) = \begin{bmatrix} \boldsymbol{\varphi}(k,\boldsymbol{\theta}) \\ \mathrm{col}\,\boldsymbol{\Phi}(k,\boldsymbol{\theta}) \end{bmatrix} \in \mathrm{R}^{N(N+1)\times 1}, \quad \boldsymbol{\Phi}(k,\boldsymbol{\theta}) = \dfrac{\partial \boldsymbol{\varphi}(k,\boldsymbol{\theta})}{\partial \boldsymbol{\theta}} \in \mathrm{R}^{N\times N} \\
\boldsymbol{\Psi}^{\mathrm{T}}(k,\boldsymbol{\theta}) = \dfrac{\partial \hat{z}(k,\boldsymbol{\theta})}{\partial \boldsymbol{\theta}} \in \mathrm{R}^{m\times N} \\
\boldsymbol{A}(\boldsymbol{\theta}) = \begin{bmatrix} \boldsymbol{F}(\boldsymbol{\theta}) & 0 & \cdots & 0 \\ \dfrac{\partial \boldsymbol{F}(\boldsymbol{\theta})}{\partial \theta_1} & \boldsymbol{F}(\boldsymbol{\theta}) & \cdots & 0 \\ \vdots & \vdots & \ddots & \vdots \\ \dfrac{\partial \boldsymbol{F}(\boldsymbol{\theta})}{\partial \theta_N} & 0 & \cdots & \boldsymbol{F}(\boldsymbol{\theta}) \end{bmatrix} \in \mathrm{R}^{N(N+1)\times N(N+1)} \\
\boldsymbol{B}(\boldsymbol{\theta}) = \begin{bmatrix} \boldsymbol{G}(\boldsymbol{\theta}) \\ \dfrac{\partial \boldsymbol{G}(\boldsymbol{\theta})}{\partial \theta_1} \\ \vdots \\ \dfrac{\partial \boldsymbol{G}(\boldsymbol{\theta})}{\partial \theta_N} \end{bmatrix} \in \mathrm{R}^{N(N+1)\times (m+r)} \\
\boldsymbol{C}(\boldsymbol{\theta}) = \begin{bmatrix} \boldsymbol{H}(\boldsymbol{\theta}) & 0 & \cdots & 0 \\ \dfrac{\partial \boldsymbol{H}(\boldsymbol{\theta})}{\partial \theta_1} & \boldsymbol{H}(\boldsymbol{\theta}) & \cdots & 0 \\ \vdots & \vdots & \ddots & \vdots \\ \dfrac{\partial \boldsymbol{H}(\boldsymbol{\theta})}{\partial \theta_N} & 0 & \cdots & \boldsymbol{H}(\boldsymbol{\theta}) \end{bmatrix} \in \mathrm{R}^{m(N+1)\times N(N+1)}
\end{cases}
\tag{2.3.9}
$$

上述列举的各类线性时不变模型是辨识模型常用的形式，但具体选择哪种模型作为辨识模型要视具体的应用而定。

2.3.2 线性时变模型

线性时不变模型是辨识模型选择的主要模型类，然而线性时变系统模型也是辨识常见的模型。如果系统模型和噪声模型与时间有关，与式(2.2.13)类似，线性时变系统的时域描述可写成

$$
z(k) = G(k,z^{-1})u(k) + H(k,z^{-1})v(k) \tag{2.3.10}
$$

线性时变模型仅仅引入了时变传递函数，其他讨论及预报器的结构与线性时不变模型基本一样，所用的辨识方法也类似。

2.3.3 非线性模型

非线性系统辨识的困难在于系统的模型描述，也就是说非线性系统的模型结构是难以确定的。下面介绍几种非线性系统可能选择的模型结构，实际应用时要视具体情况而定，而且还需要做必要的近似处理。

1. Volterra 级数模型

Volterra 级数模型是描述非线性系统的一种手段,但是因待辨识的模型参数较多,可能会给辨识算法带来复杂性。考虑单变量非线性系统,其泛函表达形式为

$$y(t) = f[u(\tau), \tau \leqslant t] \tag{2.3.11}$$

其中,$f[\cdot]$为非线性函数。该泛函的 Volterra 级数展开写成

$$\begin{aligned} y(t) = &\int_{-\infty}^{t} g_1(\tau_1)u(t-\tau_1)\mathrm{d}\tau_1 \\ &+\int_{-\infty}^{t}\int_{-\infty}^{t} g_2(\tau_1,\tau_2)u(t-\tau_1)u(t-\tau_2)\mathrm{d}\tau_1\mathrm{d}\tau_2 + \cdots \\ &+\int_{-\infty}^{t}\cdots\int_{-\infty}^{t} g_n(\tau_1,\cdots,\tau_n)u(t-\tau_1)\cdots u(t-\tau_n)\mathrm{d}\tau_1\cdots\mathrm{d}\tau_n + \cdots \end{aligned} \tag{2.3.12}$$

其中,$g_n(\tau_1,\cdots,\tau_n)$ 为 n 阶权函数,或称 Volterra 核,它对每个 τ_i 都是连续有界的,且是自变量的对称函数。如果权函数 $g_n(\tau_1,\tau_2),\cdots,g_n(\tau_1,\cdots,\tau_n),\cdots$ 均为 0,则 Volterra 级数只剩下 $y(t)=\int_{-\infty}^{t} g_1(\tau_1)u(t-\tau_1)\mathrm{d}\tau_1$,这时系统就成为线性的。线性系统的卷积关系式(2.2.1) 是 Volterra 级数的特例。

Volterra 级数的离散形式可写成

$$\begin{aligned} y(k) = &\sum_{i=0}^{\infty} g_1(i)u(k-i) \\ &+\sum_{i=0}^{\infty}\sum_{j=0}^{\infty} g_2(i,j)u(k-i)u(k-j) + \cdots \\ &+\sum_{i=0}^{\infty}\sum_{j=0}^{\infty}\cdots\sum_{n=0}^{\infty} g_n(i,j,\cdots,n)u(k-i)u(k-j)\cdots u(k-n) + \cdots \end{aligned} \tag{2.3.13}$$

如果非线性系统是稳定的,则当 $i,j,\cdots,n\to\infty$ 时,Volterra 核趋于 0,且当 Volterra 级数取 p 项、Volterra 核截取 n 阶时,Volterra 级数的近似形式为

$$\begin{aligned} y(k) = &\sum_{i=0}^{p} g_1(i)u(k-i) \\ &+\sum_{i=0}^{p}\sum_{j=0}^{p} g_2(i,j)u(k-i)u(k-j) + \cdots \\ &+\sum_{i=0}^{p}\sum_{j=0}^{p}\cdots\sum_{n=0}^{p} g_n(i,j,\cdots,n)u(k-i)u(k-j)\cdots u(k-n) \end{aligned} \tag{2.3.14}$$

写成最小二乘格式

$$z(k) = \boldsymbol{h}^{\mathrm{T}}(k)\boldsymbol{\theta} + v(k) \tag{2.3.15}$$

其中,数据向量和参数向量定义为

$$\begin{aligned} \boldsymbol{h}^{\mathrm{T}}(k) = [&u(k),u(k-1),\cdots,u(k-p), \\ &u(k)u(k),u(k)u(k-1),\cdots,u(k)u(k-p), \\ &u(k-1)u(k),u(k-1)u(k-1),\cdots,u(k-1)u(k-p), \\ &\vdots \end{aligned}$$

$$
\begin{aligned}
&u(k-p)u(k),u(k-p)u(k-1),\cdots,u(k-p)u(k-p),\\
&\quad\vdots\\
&\Big(\prod_{n-1}u(k)\Big)u(k),\Big(\prod_{n-1}u(k)\Big)u(k-1),\cdots,\Big(\prod_{n-1}u(k)\Big)u(k-p),\\
&\quad\vdots\\
&\Big(\prod_{n-1}u(k-p)\Big)u(k),\Big(\prod_{n-1}u(k-p)\Big)u(k-1),\cdots,\Big(\prod_{n-1}u(k-p)\Big)u(k-p)\Big]
\end{aligned}
\tag{2.3.16}
$$

$$
\begin{aligned}
\boldsymbol{\theta}^{\mathrm{T}}=\big[&g_1(0),g_1(1),\cdots,g_1(p),\\
&g_2(0,0),g_2(0,1),\cdots,g_2(0,p),\\
&g_2(1,0),g_2(1,1),\cdots,g_2(1,p),\\
&\quad\vdots\\
&g_2(p,0),g_2(p,1),\cdots,g_2(p,p),\\
&\quad\vdots\\
&g_n(0,0,\cdots,0),g_n(0,0,\cdots,1),\cdots,g_n(0,0,\cdots,p),\\
&\quad\vdots\\
&g_n(p,p,\cdots,0),g_n(p,p,\cdots,1),\cdots,g_n(p,p,\cdots,p)\big]
\end{aligned}
\tag{2.3.17}
$$

式(2.3.15)就是采用 Volterra 级数描述非线性系统时所用的辨识模型,它仅仅是一种可能的选择。因为 Volterra 级项数和核阶次的选择决定了模型辨识参数个数的多少,太多会使辨识算法过于复杂,太少影响对系统的描述。

2. 非线性差分方程模型

非线性差分方程模型比较复杂,下面只能用例子来阐述如何处理这类系统的辨识问题。

(1) 关于参数线性、输出输入变量非线性

例 2.1 考虑如下非线性系统模型

$$
\begin{aligned}
z(k)=&\theta_1 z^{\frac{1}{2}}(k-1)+\theta_2 z^{\frac{1}{3}}(k-2)+\theta_3 u^{\frac{1}{2}}(k-1)\\
&+\theta_4 u^{\frac{1}{3}}(k-2)+v(k)
\end{aligned}
\tag{2.3.18}
$$

写成最小二乘格式

$$
z(k)=\boldsymbol{h}^{\mathrm{T}}(k)\boldsymbol{\theta}+v(k)
\tag{2.3.19}
$$

其中

$$
\begin{cases}
\boldsymbol{\theta}=[\theta_1,\theta_2,\theta_3,\theta_4]^{\mathrm{T}}\\
\boldsymbol{h}(k)=[z^{\frac{1}{2}}(k-1),z^{\frac{1}{3}}(k-1),u^{\frac{1}{2}}(k-1),u^{\frac{1}{3}}(k-1)]^{\mathrm{T}}
\end{cases}
\tag{2.3.20}
$$

显然,关于参数线性、输出输入变量非线性的情况是比较容易处理的问题。

(2) 关于参数非线性、输出输入变量线性

考虑如下非线性系统模型

$$
z(k)=f(\boldsymbol{z},\boldsymbol{u},\theta)+v(k)
\tag{2.3.21}
$$

当准则函数取

$$J(\theta) = \sum_{k=1}^{L}[z(k) - f(\boldsymbol{z},\boldsymbol{u},\theta)]^2 \tag{2.3.22}$$

准则函数关于模型参数$\boldsymbol{\theta}$的一阶导数$\dfrac{\partial J(\boldsymbol{\theta})}{\partial \boldsymbol{\theta}}$是非线性的,难以直接求得参数$\boldsymbol{\theta}$的估计值,使得 $J(\boldsymbol{\theta})=\min$。设$\hat{\boldsymbol{\theta}}(i+1)=\hat{\boldsymbol{\theta}}(i)+\Delta\boldsymbol{\theta}(i)$,$i$ 为迭代次数,如果能求得 $\Delta\boldsymbol{\theta}(i)$,则参数$\boldsymbol{\theta}$估计值可以迭代进行。这时准则函数可以写成

$$J(\Delta\boldsymbol{\theta}(i)) = \sum_{k=1}^{L}[z(k) - f(\boldsymbol{z},\boldsymbol{u},\hat{\boldsymbol{\theta}}(i) + \Delta\boldsymbol{\theta}(i))]^2 \tag{2.3.23}$$

对式(2.3.23)进行台劳近似展开,准则函数变成

$$J(\Delta\boldsymbol{\theta}(i)) = \sum_{k=1}^{L}\left[z(k) - f(\boldsymbol{z},\boldsymbol{u},\hat{\boldsymbol{\theta}}(i)) - \frac{\partial}{\partial \boldsymbol{\theta}}f(\boldsymbol{z},\boldsymbol{u},\boldsymbol{\theta})\bigg|_{\hat{\boldsymbol{\theta}}(i)}\Delta\boldsymbol{\theta}(i)\right]^2 \tag{2.3.24}$$

因为 $\Delta\boldsymbol{\theta}(i)$是需要估计的参数,那么通过对 $\Delta\boldsymbol{\theta}(i)$求导,即令$\dfrac{\partial J(\Delta\boldsymbol{\theta})}{\partial \Delta\boldsymbol{\theta}}\bigg|_{\Delta\boldsymbol{\theta}(i)}=0$,使辨识问题成为线性的。

例 2.2[38] 考虑如下非线性模型

$$z(k) = \theta_1 \sin(\theta_2 k + \theta_3) z(k-1) + v(k) \tag{2.3.25}$$

如果 θ_2 是需要估计的参数,通过构造如下准则函数

$$\begin{aligned} J(\Delta\theta_2(i)) = \sum_{k=1}^{L}[&z(k) - \theta_1 \sin(\hat{\theta}_2(i)k + \theta_3) z(k-1) \\ &- k\theta_1 \cos(\hat{\theta}_2(i)k + \theta_3) z(k-1)\Delta\theta_2(i)]^2 \end{aligned}$$

则可把辨识问题写成最小二乘格式

$$z'(k) = h(k)\theta + v(k) \tag{2.3.26}$$

其中

$$\begin{cases} z'(k) = z(k) - \theta_1 \sin(\hat{\theta}_2(i)k + \theta_3) z(k-1) \\ h(k) = k\theta_1 \cos(\hat{\theta}_2(i)k + \theta_3) z(k-1) \\ \theta = \Delta\theta_2(i) \end{cases} \tag{2.3.27}$$

通过辨识 $\Delta\hat{\theta}_2(i)$,再利用迭代关系 $\hat{\theta}_2(i+1)=\hat{\theta}_2(i)+\Delta\hat{\theta}_2(i)$求得 θ_2 的估计值。可见,关于参数非线性、输出输入变量线性的情况是可以处理的。

(3) 关于参数非线性、输出输入变量非线性

这种情况问题变得更为困难,是上述两种情况的综合。

3. 非线性组合模型

把非线性系统看成线性环节和简单非线性环节(如多项式关系)的组合,不失为一种可采用的非线性系统描述方法。下面介绍四种组合模型,包括 Wiener 组合模型、准 Wiener 组合模型、Hammerstein 组合模型和三明治组合模型。

(1) Wiener 组合模型

Wiener 组合模型是把非线性系统分解成线性环节与多项式模型的串联组合,如

图 2.4 所示。式(2.3.28)是系统的分段描述,式(2.3.29)是系统的输入输出关系描述

$$\begin{cases} y(k) = \sum_{l=1}^{\infty} g_l u(k-l) \\ z(k) = a_1 y(k) + a_2 y^2(k) + \cdots + a_n y^n(k) \end{cases} \tag{2.3.28}$$

$$z(k) = \sum_{i=1}^{n} a_i \left(\sum_{l=1}^{\infty} g_l u(k-l) \right)^i \tag{2.3.29}$$

式中,$u(k)$、$y(k)$是线性环节的输入和输出,$y(k)$、$z(k)$是多项式模型的输入和输出。

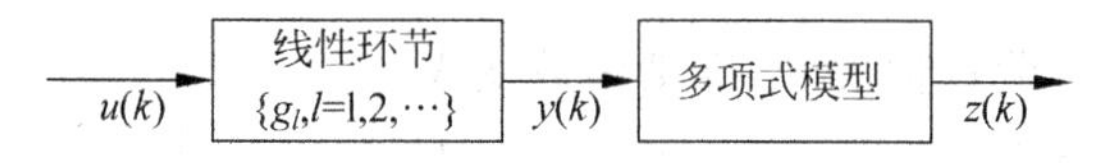

图 2.4 Wiener 组合模型

(2) 准 Wiener 组合模型

准 Wiener 组合模型是把非线性系统分解成两个线性环节与多项式模型的串并联组合,如图 2.5 所示。式(2.3.30)是系统的分段描述,式(2.3.31)是系统的输入输出关系描述

$$\begin{cases} y_1(k) = \sum_{l=1}^{\infty} g_l^{(1)} u(k-l) \\ y_2(k) = \sum_{l=1}^{\infty} g_l^{(2)} u(k-l) \\ z(k) = y_2(k) + a_1 y_1(k) + a_2 y_1^2(k) + \cdots + a_n y_1^n(k) \end{cases} \tag{2.3.30}$$

$$z(k) = \sum_{l=1}^{\infty} g_l^{(2)} u(k-l) + \sum_{i=1}^{n} a_i \left(\sum_{l=1}^{\infty} g_l^{(1)} u(k-l) \right)^i \tag{2.3.31}$$

式中,$u(k)$与$y_1(k)$、$y_2(k)$是线性环节的输入和输出,$y_1(k)$与$z(k)$是多项式模型的输入和输出。

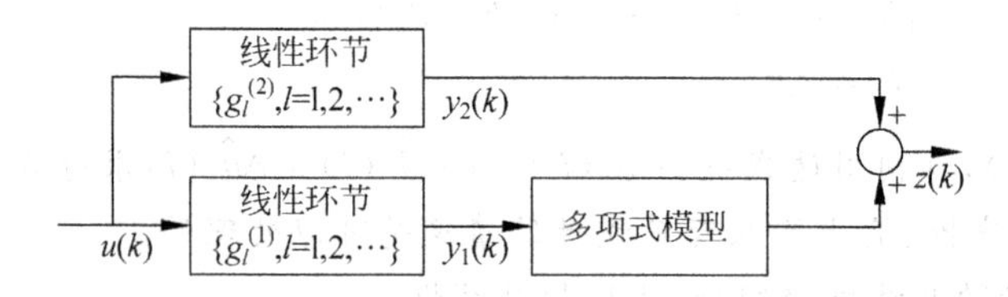

图 2.5 准 Wiener 组合模型

(3) Hammerstein 组合模型

Hammerstein 组合模型是把非线性系统分解成多项式模型与线性环节的串联组合,如图 2.6 所示。式(2.3.32)是系统的分段描述,式(2.3.33)是系统的输入输出关系描述

$$\begin{cases} y(k) = a_1 u(k) + a_2 u^2(k) + \cdots + a_n u^n(k) \\ z(k) = \sum_{l=1}^{\infty} g_l y(k-l) \end{cases} \tag{2.3.32}$$

$$z(k) = \sum_{l=1}^{\infty} g_l \sum_{i=1}^{n} a_i u^i(k-l) \tag{2.3.33}$$

式中，$u(k)$、$y(k)$是多项式模型的输入和输出，$y(k)$、$z(k)$是线性环节的输入和输出。

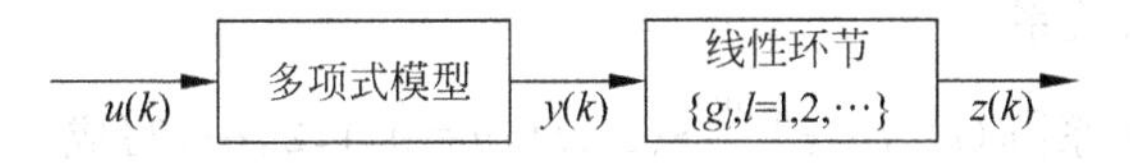

图 2.6 Hammerstein 组合模型

(4) 三明治组合模型

三明治组合模型是把非线性系统分解成多项式模型与两个线性环节的串联组合，如图2.7所示。式(2.3.34)是系统的分段描述，式(2.3.35)是系统的输入输出关系描述

$$\begin{cases} y_1(k) = \sum_{l=1}^{\infty} g_l^{(1)} u(k-l) \\ y_2(k) = a_1 y_1(k) + a_2 y_1^2(k) + \cdots + a_n y_1^n(k) \\ z(k) = \sum_{l=1}^{\infty} g_l^{(2)} y_2(k-l) \end{cases} \tag{2.3.34}$$

$$z(k) = \sum_{l=1}^{\infty} g_l^{(2)} \sum_{i=1}^{n} a_i \left[\sum_{j=1}^{\infty} g_j^{(1)} u(k-l-j) \right]^i \tag{2.3.35}$$

式中，$u(k)$与$y_1(k)$及$y_2(k)$与$z(k)$是线性环节的输入和输出，$y_1(k)$与$y_2(k)$又是多项式模型的输入和输出。

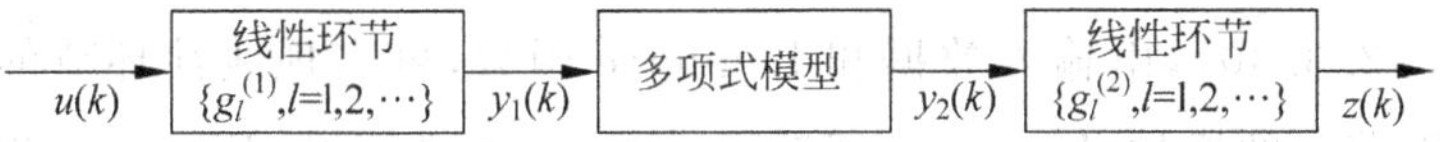

图 2.7 三明治组合模型

无论是 Wiener 组合模型，还是准 Wiener 组合模型、Hammerstein 组合模型或三明治组合模型，如果分段节点的数据不能测量，都会导致辨识的复杂化。当线性环节脉冲响应取有限项时，问题可转化成关于一组新模型参数线性、输入变量非线性的辨识。

4. Wiener 非线性映射模型

使用组合模型来描述非线性系统，分段节点数据又不可测量时，能否估计出分段节点的数据？这正是 Wiener 非线性映射模型想要解决的问题。Wiener 非线性映射模型把非线性系统分解成线性环节与无记忆非线性增益环节的串联组合，如图2.8

所示。图中包含两个映射关系：$[u(t),t\leqslant\tau]\xrightarrow{\text{map}}\{c_n(t),n=0,1,2,\cdots\}$和$\{c_n(t),n=0,1,2,\cdots\}\xrightarrow{\text{map}}[y(t)]$。

线性环节 $\{c_i(t),i=0,1,2\cdots\}$ ；无记忆非线性增益环节；$u(k)$；$\{c_n(t)\}$；$z(k)$

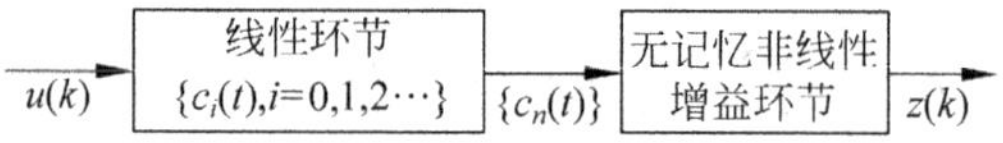

图 2.8 Wiener 非线性映射模型

(1) 线性映射关系

将线性映射关系$[u(t),t\leqslant\tau]\xrightarrow{\text{map}}\{c_n(t),n=0,1,2,\cdots\}$写成

$$u(t-\tau)=\sum_{i=0}^{\infty}c_i(t)\phi_i(\tau),\quad t\leqslant\tau \tag{2.3.36}$$

其中，$\{\phi_i(\tau)\}$是一组 Laguerre 正交函数族，定义为

$$\phi_i(\tau)=\frac{e^{\frac{\tau}{2}}}{i!}\frac{d^i\tau^i e^{-\tau}}{d\tau^i},\quad \tau\geqslant 0,i=0,1,2,\cdots \tag{2.3.37}$$

Laguerre 正交函数族在$(0,\infty)$区间内是一个完备的正交系

$$\int_0^{\infty}\phi_i(\tau)\phi_j(\tau)d\tau=\begin{cases}0, & i\neq j\\ 1, & i=j\end{cases} \tag{2.3.38}$$

当式(2.3.36)两边同乘$\phi_n(\tau)$，可得

$$\int_0^{\infty}u(t-\tau)\phi_n(\tau)d\tau=\sum_{i=0}^{\infty}c_i(t)\int_0^{\infty}\phi_i(\tau)\phi_n(\tau)d\tau \tag{2.3.39}$$

因$\{\phi_i(\tau)\}$是一组正交函数族，只有当$i=n$时，式(2.3.39)右边不为零，其他的均为零，故有

$$c_n(t)=\int_0^{\infty}u(t-\tau)\phi_n(\tau)d\tau \tag{2.3.40}$$

根据式(2.3.40)，由输入数据和 Laguerre 函数，可实现线性环节的映射计算。然而，因为随着n的增加，Laguerre 函数$\phi_n(\tau)$将按指数衰减，所以n可以是有限的。可以证明，式(2.3.40)的$\{c_n(t),n=0,1,2,\cdots\}$是下列线性微分方程组的解

$$\begin{cases}\dfrac{dr_0(t)}{dt}+\dfrac{1}{2}r_0(t)=u(t)\\ \dfrac{dr_n(t)}{dt}+\dfrac{1}{2}r_n(t)=u(t)-\sum\limits_{i=0}^{n-1}r_i(t), & n=1,2,\cdots\end{cases} \tag{2.3.41}$$

即有$c_n(t)=r_n(t),n=0,1,2,\cdots$，这就完成了$[u(t),t\leqslant\tau]\xrightarrow{\text{map}}\{c_n(t),n=0,1,2,\cdots\}$的线性映射。

(2) 非线性映射关系

Wiener 采用 Hermite 函数来描述非线性映射关系$\{c_n(t),n=0,1,2,\cdots\}\xrightarrow{\text{map}}[y(t)]$。Hermite 函数在$(-\infty,\infty)$区间上构成一组正交系，即

$$\int_{-\infty}^{\infty} \varphi_n(\omega)\varphi_m(\omega)\mathrm{d}\omega = \begin{cases} 0, & n \neq m \\ 1, & n = m \end{cases} \tag{2.3.42}$$

式中，$\varphi_n(\omega)=\mathrm{e}^{-\frac{\omega^2}{2}}H_n(\omega)$，$H_n(\omega)=(-1)^n\ (2^n n!\ \pi^{\frac{1}{2}})^{-\frac{1}{2}}\mathrm{e}^{\omega^2}\dfrac{\mathrm{d}^n\mathrm{e}^{-\omega^2}}{\mathrm{d}\omega^n}$，$n=0,1,2,\cdots$，$H_n(\omega)$称第 n 个规格化 Hermite 多项式。由此。可以导出无记忆非线性增益环节的输出为

$$\begin{aligned} y(t) &= \lim_{n\to\infty}\left\{\sum_{i=0}^{\infty}\sum_{j=0}^{\infty}\cdots\sum_{k=0}^{\infty}a_{i,j,\cdots,k}\varphi_i(c_0(t))\varphi_j(c_1(t))\cdots\varphi_k(c_n(t))\right\} \\ &= \lim_{n\to\infty}\left\{\sum_{i=0}^{\infty}\sum_{j=0}^{\infty}\cdots\sum_{k=0}^{\infty}a_{i,j,\cdots,k}H_i(c_0(t))H_j(c_1(t))\cdots H_k(c_n(t))\right. \\ &\quad \left.\exp\left\{-\frac{1}{2}(c_0^2(t)+c_1^2(t)+\cdots+c_n^2(t))\right\}\right\} \end{aligned} \tag{2.3.43}$$

上式各求和取有限项时，可以是非线性系统辨识模型的一种选择，其中线性和非线性映射关系所选用的正交函数族对模型的复杂度有较大的影响。

通过对非线性模型的讨论，可以看到非线性系统辨识是复杂的，关键在于模型结构的确定以及近似程度的认可。

2.4　小结

本章讨论了系统的时域描述和频域描述，引入噪声模型，建立了系统时域模型式(2.2.13)和频域模型式(2.2.33)，它们是进一步讨论系统辨识的基础。本章还讨论了常用的各类辨识模型，对非线性模型重点讨论其中几种模型的结构，它们相对都比较复杂。各类模型的选择都要视具体应用情况而定，应该说没有什么明确的规则可循。

习题

(1) 式(2.2.1)和式(2.2.2)描述的脉冲响应$\{g(\tau),\tau\in(0,\infty)\}$和脉冲响应序列$\{g_l,l=0,1,\cdots\}$各时刻对应的数值不一定相等，它们的曲线形态一样吗？为什么？

(2) 根据式(2.2.10)，证明噪声序列$\{e(k)\}$的相关函数等于$\mathrm{E}\{e(k)e(k+l)\}=\sigma_v^2\sum_{r=0}^{\infty}h_r h_{r+l}$，$h_r=0,\forall r<0$。

(3) 设$\{x(k)\}$是随机序列，它满足$x(k)=x(k-1)+v(k)$，其中$v(k)$是零均值、方差为σ_v^2的白噪声，求$\mathrm{E}\{x^2(k)\}$和$\mathrm{E}\{x(i)x(j)\}$(注意区别$i>j$和$i<j$的情况)。

(4) 设$v(k)$是零均值、方差为σ_v^2的白噪声，$e(k)$是由$v(k)$驱动的成形滤波器的输出，成形滤波器的脉冲传递函数为$H(z^{-1})=1+h_1z^{-1}+h_2z^{-2}+\cdots+h_nz^{-n}$，求$e(k)$的自相关函数。

(5) 阐述定理2.1(表示定理)的含义及它对辨识问题的作用。

(6) 利用定理2.1(表示定理),设计一个成形滤波器,使成形滤波器在方差为1的白噪声驱动下,其输出噪声的相关函数为 $R_e(l)=\dfrac{\sigma^2 a^{|l|}}{1-a^2}, l=0,\pm1,\pm2,\cdots,|a|<1$。

提示:先求得成形滤波器输出噪声的谱密度 $S_e(\omega)=\sum_{l=-\infty}^{\infty}R_e(l)\mathrm{e}^{-\mathrm{j}\omega l}=\dfrac{\sigma^2}{1-2a\cos\omega+a^2}, \omega\in(-\pi,\pi), |a|<1$,再利用定理2.2(谱分解定理),即可设计出需要的成形滤波器。

(7) 根据定理2.2,证明式(2.2.22)。

(8) 设 $G(z^{-1})$ 是一个稳定的系统,证明 $\lim_{L\to\infty}\dfrac{1}{L}\sum_{l=1}^{L}l|g_l|=0$,式中 $\{g_l, l=0,1,\cdots,L\}$ 为系统脉冲响应序列(引自文献[37]第2章习题)。

提示:运用Kronecker定理:设 a_k,b_k 是两个序列,a_k 是正数且依次减少至0。则 $\sum_{k=1}^{\infty}a_k b_k<\infty$,即 $\lim_{L\to\infty}a_k\sum_{k=1}^{L}b_k=0$。

(9) 证明如果系统脉冲传递函数 $G(z^{-1})$ 满足 $\sum_{l=0}^{\infty}|g_l|<\infty$,则系统是稳定的;如果满足 $\sum_{l=0}^{\infty}l|g_l|<\infty$,则系统是严格稳定的。

(10) 如果系统的频率响应记作 $G(\mathrm{j}\omega)$,系统的输入自谱密度函数和输入输出互谱密度函数分别记作 $S_u(\omega)$、$S_{uy}(\mathrm{j}\omega)$,证明 $S_{uy}(\mathrm{j}\omega)=G(\mathrm{j}\omega)S_u(\omega)$。

(11) 设一个平稳随机过程 $\{e(t)\}$ 的谱密度函数为

$$S_e(\omega)=\frac{1.36+1.2\cos\omega}{1.81+1.8\cos\omega}$$

请把这个随机过程 $\{e(t)\}$ 写成ARMA过程。

提示:因有 $S_e(\omega)=\dfrac{1.36+1.2\cos\omega}{1.81+1.8\cos\omega}=\dfrac{1+0.6\mathrm{e}^{\mathrm{j}\omega}+0.6\mathrm{e}^{-\mathrm{j}\omega}+0.36}{1+0.9\mathrm{e}^{\mathrm{j}\omega}+0.9\mathrm{e}^{-\mathrm{j}\omega}+0.81}=\dfrac{(1+0.6\mathrm{e}^{\mathrm{j}\omega})(1+0.6\mathrm{e}^{-\mathrm{j}\omega})}{(1+0.9\mathrm{e}^{\mathrm{j}\omega})(1+0.9\mathrm{e}^{-\mathrm{j}\omega})}$,根据定理2.2(谱分解定理),可将 $e(t)$ 写成ARMA过程:$e(k)=\dfrac{1+0.6z^{-1}}{1+0.9z^{-1}}v(k)$,其中 $v(k)$ 为零均值、方差等于1的白噪声。

(12) 设 $\{\eta(k)\}$ 和 $\{\xi(k)\}$ 是两个独立、互不相关的随机序列,并且 $\mathrm{E}\{\eta(k)\}=0$,$\mathrm{E}\{\xi(k)\}=0$,$\mathrm{E}\{\eta^2(k)\}=\sigma_\eta^2$,$\mathrm{E}\{\xi^2(k)\}=\sigma_\xi^2$,令 $\zeta(k)=\eta(k)+\xi(k)+\gamma\xi(k-1)$,试构造一个MA(1)过程 $e(k)=v(k)+c_1 v(k-1)$,其中 $v(k)$ 是均值为零、方差为 σ_v^2 的白噪声,使 $\zeta(k)$ 和 $e(k)$ 具有相同的谱。也就是说,确定 c_1 和 σ_v^2,使得 $S_\zeta(\omega)=S_e(\omega)$。

(13) 考虑一维状态空间模型

$$\begin{cases}x(k+1)=fx(k)+\omega(k)\\ z(k)=hx(k)+v(k)\end{cases}$$

其中，$\{\omega(k)\}$ 和 $\{v(k)\}$ 是相互独立的高斯白噪声序列，方差分别是 σ_ω^2 和 σ_v^2。证明 $z(k)$ 可描述成如下的 ARMA 过程

$$z(k)+a_1 z(k-1)+\cdots+a_n z(k-n)=e(k)+c_1 e(k-1)+\cdots+c_n e(k-n)$$

并用 f,h,σ_ω^2 和 σ_v^2 来表示 $n,a_i(i=1,2,\cdots,n),c_i(i=1,2,\cdots,n)$ 和 $e(k)$ 的方差，说明 $\{e(k)\}$ 与 $\{\omega(k)\}$ 和 $\{v(k)\}$ 之间存在什么关系？

(14) 考虑如下模型

$$z(k)+az(k-1)=bu(k-1)+v(k)+cv(k-1)$$

其中 $u(k)$ 和 $v(k)$ 是互为独立的白噪声，它们的方差分别为 σ_u^2 和 σ_v^2。证明

$$\begin{cases} R_{vz}(0)=\sigma_v^2, R_{vz}(1)=(c-a)\sigma_v^2 \\ R_{uz}(0)=0, \quad R_{uz}(1)=b\sigma_u^2 \\ R_z(0)=\dfrac{b^2\sigma_u^2+(1+c^2)\sigma_v^2-2ac\sigma_v^2}{1-a^2} \\ R_z(1)=\dfrac{(a-c)(ac-1)\sigma_v^2-ab^2\sigma_u^2}{1-a^2} \end{cases}$$

(引自文献[37]第 2 章习题)

提示：模型两边分别乘以 $v(k),v(k-1),u(k),u(k-1),z(k)$ 和 $z(k-1)$，利用相关函数的概念，可证。

(15) 证明数据序列 $\{x(k)\}$ 周期图的代数和等于数据序列 $\{x(k)\}$ 能量的代数和，即有 $\sum_{i=1}^{L} I_x(\omega_i)=\sum_{k=1}^{L} x^2(k)$。

提示：将数据序列 $\{x(k)\}$ 的傅里叶变换对 $x(k)=\frac{1}{L}\sum_{i=1}^{L} X_L(\mathrm{j}\omega_i)\mathrm{e}^{\mathrm{j}\omega_i k}, X_L(-\mathrm{j}\omega_i)=\sum_{k=1}^{L} x(k)\mathrm{e}^{\mathrm{j}\omega_i k}$ 代入等式右边，可证。

(16) 假设系统的输入和输出数据序列为 $\{u(k),y(k),k=1,2,\cdots,L\}$，证明 $I_y(\omega_i)\neq \| G(\mathrm{j}\omega_i)\|^2 I_u(\omega_i), \omega_i=\frac{2\pi i}{L}$，式中 $I_u(\omega_i)$、$I_y(\omega_i)$ 分别为输入和输出数据的周期图，$G(\mathrm{j}\omega_i)$ 为系统的频率模型。

提示：利用第 1 章习题 18 的结果，输入和输出变量的傅里叶变换传递存在误差项。

(17) 假设系统的输入和输出数据序列为 $\{u(k),y(k),k=1,2,\cdots,L\}$，证明当输入数据序列 $\{u(k)\}$ 是周期为 L 的周期函数时，有 $I_y(\omega_i)=\| G(\mathrm{j}\omega_i)\|^2 I_u(\omega_i), \omega_i=\frac{2\pi i}{L}$，式中 $I_u(\omega_i)$、$I_y(\omega_i)$ 分别为输入和输出数据的周期图，$G(\mathrm{j}\omega_i)$ 为系统的频率模型。

提示：利用第 1 章习题 18 的结果，当输入数据序列 $\{u(k)\}$ 是周期为 L 的周期函数时，输入和输出变量的傅里叶变换传递误差等于零。

(18) 证明定理 2.3。

提示：根据定理 2.3 所给的条件，将周期图

$$I_x(\omega_i) = \frac{1}{L} \| X_L(\mathrm{j}\omega_i) \|^2 = \frac{1}{L} \sum_{k=1}^{L} \sum_{s=1}^{L} x(k)x(s)\mathrm{e}^{-\mathrm{j}\omega_i(s-k)}$$

代入定理 2.3 等式左边，令 $l = s - k$，并利用 $\lim\limits_{L\to\infty} \frac{1}{L}\sum_{k=1}^{L} \mathrm{E}\{x(s-l)x(s)\} = \overline{\mathrm{E}}\{x(s-l)x(s)\} = R_x(l)$，可证。

(19) 考虑如下模型 $z(k)=\frac{1+d_1 z^{-1}}{1-c_1 z^{-1}}v(k)$，其中 $v(k)$ 为零均值、方差等于 σ_v^2 的白噪声，求模型的 3 步预报值 $\hat{z}(k+3|k)$ 及预报误差的方差。

(20) 利用式(2.3.1)，推导 ARMAX 模型的一步预报器可写成

$$\hat{z}(k \mid k-1) = z(k) - \frac{A(z^{-1})}{D(z^{-1})}z(k) + \frac{B(z^{-1})}{D(z^{-1})}u(k)$$

(21) 考虑如下模型

$$A(z^{-1})z(k) = B(z^{-1})u(k) + \frac{D(z^{-1})}{C(z^{-1})}v(k)$$

写出最小方差意义下该模型的预报器表达式，并化成 $\hat{z}(k|\boldsymbol{\theta})=\boldsymbol{h}^{\mathrm{T}}(k|\boldsymbol{\theta})\boldsymbol{\theta}$ 形式。

(22) 将 ARX 模型一步预报器 $\hat{z}(k|k-1)=z(k)-A(z^{-1})z(k)+B(z^{-1})u(k)$ 化成式(2.3.7)所示的状态空间预报模型。

(23) 考虑如下非线性模型

$$z(k) = \theta_1 \sin(\theta_2 k + \theta_3) z(k-1) + v(k)$$

其中，$v(k)$ 为零均值白噪声。请给出一种辨识模型参数 θ_3 的解决方案。

第3章 辨识信息实验设计

3.1 引言

辨识信息实验设计的目的是为了使实验数据尽可能多地包含系统特性的行为信息,或者说使实验数据尽可能提供充分的信息。辨识信息实验设计的内容:①确定系统辨识涉及的变量,包括输出变量、可测输入变量、不可测输入变量、可测干扰变量、不可测干扰变量、噪声变量等;②设计辨识输入信号,通常需要考虑的问题有输入信号的二阶矩性质及信号的"形态"等;③选择采样时间,除了满足香农采样定理外,还要兼顾辨识模型的使用要求;④确定辨识所用的数据长度,为了保证数据的信息含量,需要有足够长度的实验数据;⑤实验数据的预处理,包括零值化、滤波、去野值等。

本章主要讨论辨识信息实验、辨识输入信号设计、采样时间和数据长度的选择等问题。至于应该如何确定系统辨识所涉及的变量,一般与具体的辨识问题有关,而且与系统的工艺相关,本章不做深入讨论,实验数据的预处理也不是本章讨论的重点。

3.2 辨识信息实验

以辨识为目的设计的实验称之为辨识信息实验。如果辨识信息实验所产生的数据集是"信息充足"的,则称该实验是"信息充足"的。

3.2.1 开环辨识信息实验

开环辨识信息实验所生成的数据集$\{\boldsymbol{D}(k)=[u(k),z(k)]^{\mathrm{T}}\}$必须是"信息充足"或"提供信息"的,或者说同一模型类中任意两个模型作用于实验数据集的偏差为零,否则开环系统是不可辨识的。

考虑单输入单输出线性模型

$$z(k)=G(z^{-1},\boldsymbol{\theta})u(k)+H(z^{-1},\boldsymbol{\theta})v(k) \tag{3.2.1}$$

其中,$u(k)$、$z(k)$为模型输入和输出变量;$v(k)$是均值为零、方差为1的白噪声；$G(z^{-1},\boldsymbol{\theta})$为系统模型，$H(z^{-1},\boldsymbol{\theta})$为噪声模型，$\boldsymbol{\theta}$为模型参数。

定义残差$\varepsilon_i(k)=\varepsilon(k,\boldsymbol{\theta}_i)$，其中$\boldsymbol{\theta}_i$，$i=1,2$是模型$G_1(z^{-1})=G(z^{-1},\boldsymbol{\theta}_1)$和$H_1(z^{-1})=H(z^{-1},\boldsymbol{\theta}_1)$及$G_2(z^{-1})=G(z^{-1},\boldsymbol{\theta}_2)$和$H_2(z^{-1})=H(z^{-1},\boldsymbol{\theta}_2)$的参数，又定义模型偏差$\Delta G(z^{-1})=G_1(z^{-1})-G_2(z^{-1})$和$\Delta H(z^{-1})=H_1(z^{-1})-H_2(z^{-1})$，则模型残差之差可写成

$$\begin{aligned}\Delta\varepsilon(k)&=\varepsilon_2(k)-\varepsilon_1(k)\\&=\frac{1}{H_1(z^{-1})}[\Delta G(z^{-1})u(k)+\Delta H(z^{-1})\varepsilon_2(k)]\end{aligned}\tag{3.2.2}$$

其中，模型残差分别为

$$\begin{cases}\varepsilon_1(k)=\dfrac{1}{H_1(z^{-1})}[(G_0(z^{-1})-G_1(z^{-1}))u(k)+H_0(z^{-1})v(k)]\\ \varepsilon_2(k)=\dfrac{1}{H_2(z^{-1})}[(G_0(z^{-1})-G_2(z^{-1}))u(k)+H_0(z^{-1})v(k)]\end{cases}\tag{3.2.3}$$

式中，$G_0(z^{-1})$和$H_0(z^{-1})$为系统真实模型。利用公式$\bar{\mathrm{E}}\{x^2(k)\}=R_x(0)=\dfrac{1}{2\pi}\displaystyle\int_{-\infty}^{\infty}S_x(\omega)\mathrm{d}\omega$，其中$R_x(0)$、$S_x(\omega)$为信号$x(k)$的相关函数和谱密度函数，由式(3.2.2)可得

$$\begin{aligned}\bar{\mathrm{E}}\{\Delta\varepsilon^2(k)\}&=R_{\Delta\varepsilon}(0)\\&=\frac{1}{2\pi}\int_{-\infty}^{\infty}\frac{1}{\|H_1(\mathrm{e}^{-\mathrm{j}\omega})\|^2}\Bigg[\Bigg\|\Delta G(\mathrm{e}^{-\mathrm{j}\omega})\\&\quad+\frac{G_0(\mathrm{e}^{-\mathrm{j}\omega})-G_2(\mathrm{e}^{-\mathrm{j}\omega})}{H_2(\mathrm{e}^{-\mathrm{j}\omega})}\Delta H(\mathrm{e}^{-\mathrm{j}\omega})\Bigg\|^2S_u(\omega)\\&\quad+\|\Delta H(\mathrm{e}^{-\mathrm{j}\omega})\|^2\left\|\frac{H_0(\mathrm{e}^{-\mathrm{j}\omega})}{H_2(\mathrm{e}^{-\mathrm{j}\omega})}\right\|^2\Bigg]\mathrm{d}\omega\end{aligned}\tag{3.2.4}$$

由上式知，为使$\bar{\mathrm{E}}\{\Delta\varepsilon^2(k)\}=0$，必须$\Delta H(\mathrm{e}^{-\mathrm{j}\omega})=0$及$\|\Delta G(\mathrm{e}^{-\mathrm{j}\omega})\|^2S_u(\omega)=0$。可见，$\|\Delta G(\mathrm{e}^{-\mathrm{j}\omega})\|^2S_u(\omega)=0$是辨识输入信号必须满足的条件。该条件说明，辨识输入信号的谱密度函数$S_u(\omega)$不能为零，否则$\Delta G(\mathrm{e}^{-\mathrm{j}\omega})$就可不为零。根据第1章中数据集“信息充足”定义式(1.5.4)，谱密度函数$S_u(\omega)$为零的辨识信息实验，由于$\Delta G(\mathrm{e}^{-\mathrm{j}\omega})\neq0$，所以数据集不可能是“信息充足”的。换句话说，当$\Delta H(\mathrm{e}^{-\mathrm{j}\omega})=0$及$\|\Delta G(\mathrm{e}^{-\mathrm{j}\omega})\|^2S_u(\omega)=0$时，辨识信息实验的数据集是“信息充足”的。以上分析表明，$\|\Delta G(\mathrm{e}^{-\mathrm{j}\omega})\|^2S_u(\omega)=0$是开环辨识信息实验“信息充足”的必要条件[37]。

3.2.2 持续激励信号

定义 3.1 设信号$u(k)$是拟平稳的随机信号，如果它的谱密度函数$S_u(\omega)>0$，$\forall\omega$，则称$u(k)$是持续激励信号(persistently exciting signal)。

从频谱分析的角度看，$u(k)$的谱密度函数可写成

$$S_u(\omega)=\sum_{l=-\infty}^{\infty}R_u(l)\mathrm{e}^{-\mathrm{j}\omega l}=R_u(0)+2\sum_{l=1}^{\infty}R_u(l)\cos\omega l \tag{3.2.5}$$

对白噪声来说,因为 $R_u(0)>0, R_u(1)=R_u(2)=\cdots=R_u(l)\cdots=0$,所以 $S_u(\omega)>0$, $\forall\omega$,因此白噪声是一种任意阶的持续激励信号。如果只有某些频率使 $S_u(\omega)>0$,这种信号称有限阶的持续激励信号。

定义 3.2[37]　一个具有谱密度函数为 $S_u(\omega)$的拟平稳信号 $u(k)$称作 n 阶持续激励信号,若对一切形如 $F_n(z^{-1})=f_1z^{-1}+f_2z^{-2}+\cdots+f_nz^{-n}$ 的滤波器,关系式 $\|F_n(\mathrm{e}^{-\mathrm{j}\omega})\|^2S_u(\omega)\equiv0$ 成立,意味着 $F_n(\mathrm{e}^{-\mathrm{j}\omega})\equiv0$。

定义 3.2 表达了这么一层意思: $\|F_n(\mathrm{e}^{-\mathrm{j}\omega})\|^2S_u(\omega)\equiv0$,意味着 $F_n(\mathrm{e}^{-\mathrm{j}\omega})\equiv0$。也就是说,要让 $\|F_n(\mathrm{e}^{-\mathrm{j}\omega})\|^2S_u(\omega)=0$,必须是 $F_n(\mathrm{e}^{-\mathrm{j}\omega})=0$,而不能让 $S_u(\omega)=0$。

定义 3.2 也可以理解为:如果 $S_u(\omega)$具有 n 个非零点,则当且仅当 $\|F_n(\mathrm{e}^{-\mathrm{j}\omega})\|^2S_u(\omega)\equiv0$,必须是 $F_n(\mathrm{e}^{-\mathrm{j}\omega})=0$。或者说,只要 $S_u(\omega)$具有 n 个非零点,且 $F_n(\mathrm{e}^{-\mathrm{j}\omega})\neq0$,那是不可能使 $\|F_n(\mathrm{e}^{-\mathrm{j}\omega})\|^2S_u(\omega)=0$ 的。若将 $\|F_n(\mathrm{e}^{-\mathrm{j}\omega})\|^2S_u(\omega)$写成

$$\|F_n(\mathrm{e}^{-\mathrm{j}\omega})\|^2S_u(\omega)=F_n(\mathrm{e}^{-\mathrm{j}\omega})F_n(\mathrm{e}^{\mathrm{j}\omega})S_u(\omega)=X_n(\mathrm{e}^{-\mathrm{j}\omega})X_n(\mathrm{e}^{\mathrm{j}\omega})S_u(\omega) \tag{3.2.6}$$

其中

$$X_n(\mathrm{e}^{-\mathrm{j}\omega})=x_1+x_2\mathrm{e}^{-\mathrm{j}\omega}+\cdots+x_n\mathrm{e}^{-\mathrm{j}\omega(n-1)} \tag{3.2.7}$$

这表明 $X_n(\mathrm{e}^{-\mathrm{j}\omega})$最多只有$(n-1)$个零点,所以当 $S_u(\omega)$具有 n 个非零点时, $\|F_n(\mathrm{e}^{-\mathrm{j}\omega})\|^2S_u(\omega)=0$ 是不可能的。

定义 3.2 也可直观解释成:若 $u(k)$ 是 n 阶持续激励信号,意味着其谱密度函数 $S_u(\omega)$ 至少有 n 个非零点。比如,频率不为整数倍的 n 个正弦信号组合 $u(k)=\sum_{i=1}^{n}a\sin(\omega_ik)$ 就是一种 $2n$ 阶持续激励信号,因为其双边谱密度函数具有 $2n$ 个非零点[25]。不过,这种正弦组合信号通常只能用于激励具有 n 个实模态的系统。

对多变量系统来说,若对一切形如

$$\boldsymbol{F}_n(z^{-1})=\boldsymbol{F}_1z^{-1}+\boldsymbol{F}_2z^{-2}+\cdots+\boldsymbol{F}_nz^{-n},\quad \boldsymbol{F}_i\in\mathrm{R}^{m\times m},\quad i=1,2,\cdots,n \tag{3.2.8}$$

的多项式矩阵,关系式 $\boldsymbol{F}_n(\mathrm{e}^{-\mathrm{j}\omega})\boldsymbol{S}_u(\omega)\boldsymbol{F}_n^{\mathrm{T}}(\mathrm{e}^{-\mathrm{j}\omega})\equiv0$ 成立,意味着 $\boldsymbol{F}_n(\mathrm{e}^{-\mathrm{j}\omega})\equiv0$,其中 $\boldsymbol{S}_u(\omega)$为信号 $\boldsymbol{u}(k)$的谱矩阵,则称信号 $\boldsymbol{u}(k)$是 n 阶持续激励信号。

定理 3.1[37]　设信号 $u(k)$是拟平稳随机信号,如果自相关函数矩阵

$$\boldsymbol{R}_u^n=\begin{bmatrix}R_u(0) & R_u(1) & \cdots & R_u(n-1)\\ R_u(1) & R_u(0) & \cdots & R_u(n-2)\\ \vdots & \vdots & \ddots & \vdots\\ R_u(n-1) & R_u(n-2) & \cdots & R_u(0)\end{bmatrix} \tag{3.2.9}$$

是非奇异的,则信号 $u(k)$是 n 阶持续激励信号。

证明　利用自相关函数与自谱密度函数的关系 $R(l)=\dfrac{1}{2\pi}\int_{-\infty}^{\infty}S(\omega)\mathrm{e}^{-\mathrm{j}\omega l}\mathrm{d}\omega$,将信号 $u(k)$ 的自相关函数矩阵写成

$$
\boldsymbol{R}_u^n=\begin{bmatrix}
\frac{1}{2\pi}\int_{-\infty}^{\infty}S_u(\omega)\mathrm{e}^{-\mathrm{j}\omega(0)}\mathrm{d}\omega & \frac{1}{2\pi}\int_{-\infty}^{\infty}S_u(\omega)\mathrm{e}^{-\mathrm{j}\omega(1)}\mathrm{d}\omega & \cdots & \frac{1}{2\pi}\int_{-\infty}^{\infty}S_u(\omega)\mathrm{e}^{-\mathrm{j}\omega(n-1)}\mathrm{d}\omega \\
\frac{1}{2\pi}\int_{-\infty}^{\infty}S_u(\omega)\mathrm{e}^{-\mathrm{j}\omega(-1)}\mathrm{d}\omega & \frac{1}{2\pi}\int_{-\infty}^{\infty}S_u(\omega)\mathrm{e}^{-\mathrm{j}\omega(0)}\mathrm{d}\omega & \cdots & \frac{1}{2\pi}\int_{-\infty}^{\infty}S_u(\omega)\mathrm{e}^{-\mathrm{j}\omega(n-2)}\mathrm{d}\omega \\
\vdots & \vdots & \ddots & \vdots \\
\frac{1}{2\pi}\int_{-\infty}^{\infty}S_u(\omega)\mathrm{e}^{-\mathrm{j}\omega(1-n)}\mathrm{d}\omega & \frac{1}{2\pi}\int_{-\infty}^{\infty}S_u(\omega)\mathrm{e}^{-\mathrm{j}\omega(2-n)}\mathrm{d}\omega & \cdots & \frac{1}{2\pi}\int_{-\infty}^{\infty}S_u(\omega)\mathrm{e}^{-\mathrm{j}\omega(0)}\mathrm{d}\omega
\end{bmatrix}
$$

$$
=\frac{1}{2\pi}\int_{-\infty}^{\infty}\begin{bmatrix}1\\ \mathrm{e}^{-\mathrm{j}\omega}\\ \vdots \\ \mathrm{e}^{-\mathrm{j}\omega(n-1)}\end{bmatrix}\begin{bmatrix}1 & \mathrm{e}^{\mathrm{j}\omega} & \cdots & \mathrm{e}^{\mathrm{j}\omega(n-1)}\end{bmatrix}S_u(\omega)\mathrm{d}\omega
$$

$$
=\frac{1}{2\pi}\int_{-\infty}^{\infty}X^*(\mathrm{e}^{\mathrm{j}\omega})X^{\mathrm{T}}(\mathrm{e}^{\mathrm{j}\omega})S_u(\omega)\mathrm{d}\omega \tag{3.2.10}
$$

其中，$X(\mathrm{e}^{\mathrm{j}\omega})=[1,\quad \mathrm{e}^{\mathrm{j}\omega},\quad \cdots,\quad \mathrm{e}^{\mathrm{j}\omega(n-1)}]^{\mathrm{T}}$，$X^*(\mathrm{e}^{\mathrm{j}\omega})$是$X(\mathrm{e}^{\mathrm{j}\omega})$共轭函数。又设

$$
\begin{cases}\boldsymbol{f}=[f_1,f_2,\cdots,f_n]^{\mathrm{T}}\\ F_n(\mathrm{e}^{\mathrm{j}\omega})=f_1\mathrm{e}^{\mathrm{j}\omega(1)}+f_2\mathrm{e}^{\mathrm{j}\omega(2)}+\cdots+f_n\mathrm{e}^{\mathrm{j}\omega(n)}\end{cases} \tag{3.2.11}
$$

则有 $X^{\mathrm{T}}(\mathrm{e}^{\mathrm{j}\omega})\boldsymbol{f}=\mathrm{e}^{-\mathrm{j}\omega}F_n(\mathrm{e}^{\mathrm{j}\omega})$，那么

$$
\begin{aligned}
\boldsymbol{f}^{\mathrm{T}}\boldsymbol{R}_u^n\boldsymbol{f}&=\frac{1}{2\pi}\int_{-\infty}^{\infty}\boldsymbol{f}^{\mathrm{T}}X^*(\mathrm{e}^{\mathrm{j}\omega})X^{\mathrm{T}}(\mathrm{e}^{\mathrm{j}\omega})\boldsymbol{f}S_u(\omega)\mathrm{d}\omega\\
&=\frac{1}{2\pi}\int_{-\infty}^{\infty}[\mathrm{e}^{-\mathrm{j}\omega}F_n^*(\mathrm{e}^{-\mathrm{j}\omega})][\mathrm{e}^{\mathrm{j}\omega}F_n(\mathrm{e}^{\mathrm{j}\omega})]S_u(\omega)\mathrm{d}\omega\\
&=\frac{1}{2\pi}\int_{-\infty}^{\infty}\|F_n(\mathrm{e}^{-\mathrm{j}\omega})\|^2S_u(\omega)\mathrm{d}\omega
\end{aligned} \tag{3.2.12}
$$

式中，$F_n^*(\mathrm{e}^{\mathrm{j}\omega})$是$F_n(\mathrm{e}^{\mathrm{j}\omega})$的共轭函数。当且仅当$\boldsymbol{f}^{\mathrm{T}}\boldsymbol{R}_u^n\boldsymbol{f}=0$，要使$\boldsymbol{f}=0$，$\boldsymbol{R}_u^n$必须是非奇异的。相当于当且仅当$\|F_n(\mathrm{e}^{-\mathrm{j}\omega})\|^2S_u(\omega)=0$，为使$F_n(\mathrm{e}^{-\mathrm{j}\omega})=0$，$\boldsymbol{R}_u^n$必须是非奇异的。

证毕。■

根据开环辨识信息实验“信息充足”的必要条件$\|\Delta G(\mathrm{e}^{-\mathrm{j}\omega})\|^2S_u(\omega)=0$和$n$阶持续激励信号的定义知，若$\Delta G(\mathrm{e}^{-\mathrm{j}\omega})$的阶次为$n$，则辨识开环信息实验“信息充足”的条件是输入信号$u(k)$必须是$n$阶持续激励的。

如果输入信号$u(k)$是平稳各态遍历的，则式(3.2.9)可近似写成

$$
\frac{1}{L}\sum_{k=1}^{L}\begin{bmatrix}u(k)\\ u(k+1)\\ \vdots\\ u(k+n-1)\end{bmatrix}[u(k),u(k+1),\cdots,u(k+n+1)] \tag{3.2.13}
$$

若上式矩阵行列式不为零，则工程上称$u(k)$为n阶持续激励信号。

如果输入信号$u(k)$对所有的k_1满足下式关系

$$\rho_1 \boldsymbol{I} > \sum_{k=k_1}^{k_1+L} \begin{bmatrix} u(k) \\ u(k+1) \\ \vdots \\ u(k+n-1) \end{bmatrix} [u(k), u(k+1), \cdots, u(k+n+1)] > \rho_2 \boldsymbol{I} \tag{3.2.14}$$

式中，$\rho_1 > \rho_2 > 0$，则称 $u(k)$ 为 n 阶强持续激励信号[25]。

如果输入信号 $u(k)$ 满足下式关系

$$\rho_1 \boldsymbol{I} \geqslant \lim_{L \to \infty} \frac{1}{L} \sum_{k=1}^{L} \begin{bmatrix} u(k) \\ u(k+1) \\ \vdots \\ u(k+n-1) \end{bmatrix} [u(k), u(k+1), \cdots, u(k+n+1)] \geqslant \rho_2 \boldsymbol{I} \tag{3.2.15}$$

式中，$\rho_1 > \rho_2 > 0$，则称 $u(k)$ 为 n 阶弱持续激励信号[25]。

定理 3.2[37]　当系统模型 $G(z^{-1})$ 为有理函数时，即

$$G(z^{-1}) = \frac{B(z^{-1})}{A(z^{-1})} = \frac{z^{-d}(b_0 + b_1 z^{-1} + b_2 z^{-2} + \cdots + b_{n_b} z^{-n_b})}{1 + a_1 z^{-1} + a_2 z^{-2} + \cdots + a_{n_a} z^{-n_a}} \tag{3.2.16}$$

则输入信号 $u(k)$ 为 $(n_a + n_b + 1)$ 阶持续激励信号，辨识开环信息实验是“信息充足”的。

证明　对两个不同的模型，有

$$\Delta G(z^{-1}) = \frac{A_2(z^{-1})B_1(z^{-1}) - A_1(z^{-1})B_2(z^{-1})}{A_2(z^{-1})A_1(z^{-1})} \tag{3.2.17}$$

根据 n 阶持续激励信号定义，意味着必须

$$\| A_2(z^{-1})B_1(z^{-1}) - A_1(z^{-1})B_2(z^{-1}) \|^2 S_u(\omega) = 0 \tag{3.2.18}$$

定义

$$\begin{cases} A_2(z^{-1})B_1(z^{-1}) - A_1(z^{-1})B_2(z^{-1}) \overset{\text{def}}{=} z^{-(d-1)} F_{n_a+n_b+1}(z^{-1}) \\ F_{n_a+n_b+1}(z^{-1}) = f_1 z^{-1} + f_2 z^{-2} + \cdots + f_{n_a+n_b+1} z^{-(n_a+n_b+1)} \end{cases} \tag{3.2.19}$$

也就是 $\| F_{n_a+n_b+1}(\mathrm{e}^{-\mathrm{j}\omega}) \|^2 S_u(\omega) = 0$，意味着 $F_{n_a+n_b+1}(\mathrm{e}^{-\mathrm{j}\omega}) = 0$，即 $\Delta G(\mathrm{e}^{-\mathrm{j}\omega}) = 0$。因为多项式 $F_{n_a+n_b+1}(z^{-1})$ 是 $(n_a + n_b + 1)$ 阶的，故输入信号 $u(k)$ 必须是 $(n_a + n_b + 1)$ 阶持续激励信号，辨识开环信息实验才是“信息充足”的。　证毕。■

如果系统模型 $G(z^{-1})$ 中 $b_0 = 1$，则滤波器是 $(n_a + n_b)$ 阶迟延多项式，这时输入信号 $u(k)$ 为 $(n_a + n_b)$ 阶持续激励信号，辨识开环信息实验就是“信息充足”的。如果系统模型阶次 $n_a = n_b = n$，则辨识输入信号必须是 $2n$ 阶持续激励信号。

对最小二乘辨识算法(见第 5 章)来说，为保证数据矩阵 $\boldsymbol{H}_L^{\mathrm{T}} \boldsymbol{\Lambda}_L \boldsymbol{H}_L$ 是非奇异的，或者说最小二乘估计是开环可辨识的，其充分必要条件是输入信号 $u(k)$ 必须为 $2n$ 阶 $(n = \max(n_a, n_b))$ 持续激励信号。

第 5 章给出的最小二乘辨识算法可辨识性条件是

$$\det(\overline{\boldsymbol{U}}_L^{\mathrm{T}} \overline{\boldsymbol{U}}_L) \neq 0 \tag{3.2.20}$$

式中

$$\begin{cases}\bar{\boldsymbol{U}}_L = [z^{-1}\boldsymbol{u}_L \quad z^{-2}\boldsymbol{u}_L \quad \cdots \quad z^{-2n}\boldsymbol{u}_L] \\ \boldsymbol{u}_L = [u(1) \quad u(2) \quad \cdots \quad u(L)]^{\mathrm{T}} \\ n = \max(n_a, n_b)\end{cases} \tag{3.2.21}$$

其元素构成见第5章式(5.2.27)说明。当数据长度 $L\to\infty$ 时，式(3.2.20)的非奇异性可表示成下式的非奇异性

$$\lim_{L\to\infty}\left(\frac{1}{L}\bar{\boldsymbol{U}}_L^{\mathrm{T}}\bar{\boldsymbol{U}}_L\right) = \begin{bmatrix} R_u(0) & R_u(1) & \cdots & R_u(2n-1) \\ R_u(1) & R_u(0) & \cdots & R_u(2n-2) \\ \vdots & \vdots & \ddots & \vdots \\ R_u(2n-1) & R_u(2n-2) & \cdots & R_u(0)\end{bmatrix} = \boldsymbol{R}_u^{2n} \tag{3.2.22}$$

式中，$\boldsymbol{R}_u^{2n}$ 为输入信号 $u(k)$ 的自相关函数矩阵。由定理3.1知，使 $\boldsymbol{R}_u^{2n}$ 非奇异的信号就是 $2n$ 阶持续激励信号。

推论 3.1 开环辨识信息实验是"提供信息"①的，如果输入信号是持续激励的。

3.2.3 闭环辨识信息实验

闭环辨识信息实验所生成的数据集 $\{\boldsymbol{D}(k)=[u(k), z(k)]^{\mathrm{T}}\}$ 必须是"信息充足"或"提供信息"的，或者说实验数据集的谱密度矩阵对所有的频率 ω 是严格正定的，否则闭环系统是不可辨识的。

考虑如下的闭环系统。

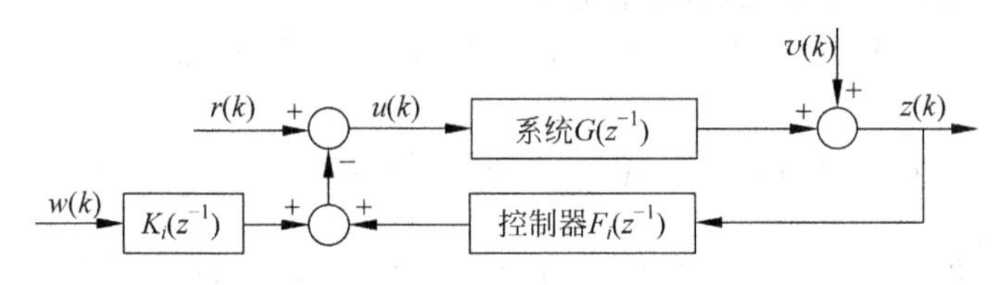

图 3.1 闭环系统

定理 3.3[37] 考虑图3.1所示的闭环系统，设前向通道模型为

$$z(k) = G(z^{-1})u(k) + v(k) \tag{3.2.23}$$

反馈通道模型(多控制器模型切换)为

$$u(k) = F_i(z^{-1})z(k) + K_i(z^{-1})w(k), \quad i = 1,2,\cdots,m \tag{3.2.24}$$

记 $\boldsymbol{\eta}(k) = \begin{bmatrix} v(k) \\ w(k)\end{bmatrix}$，若 $\boldsymbol{\eta}(k)$ 的谱密度矩阵对所有频率是正定的，且由不同控制器构成的闭环系统都是稳定的，那么闭环辨识信息实验是"提供信息"的，当且仅当

$$m\sum_{i=1}^{m}[\|K_i(\mathrm{e}^{-\mathrm{j}\omega})\|^2 + \|F_i(\mathrm{e}^{-\mathrm{j}\omega})\|^2] - \left\|\sum_{i=1}^{m}F_i(\mathrm{e}^{-\mathrm{j}\omega})\right\|^2 > 0, \quad \forall\omega \tag{3.2.25}$$

① "提供信息"见第1章定义1.2。

证明　对闭环系统来说，系统的输入和输出不再存在因果关系，因此要把图 3.1 所示的系统写成

$$\begin{cases}\begin{bmatrix}z(k)\\u(k)\end{bmatrix}=\begin{bmatrix}1 & 0\\F_i(z^{-1}) & K_i(z^{-1})\end{bmatrix}\boldsymbol{x}_i(k)\\\boldsymbol{x}_i(k)=\dfrac{1}{1-G(z^{-1})F_i(z^{-1})}\begin{bmatrix}1 & G(z^{-1})K_i(z^{-1})\\0 & 1-G(z^{-1})F_i(z^{-1})\end{bmatrix}\begin{bmatrix}v(k)\\w(k)\end{bmatrix}\end{cases}\tag{3.2.26}$$

那么闭环系统就可视作以$\begin{bmatrix}v(k)\\w(k)\end{bmatrix}$为输入，以$\begin{bmatrix}z(k)\\u(k)\end{bmatrix}$为输出的开环系统。

因为模型 $\dfrac{1}{1-G(z^{-1})F_i(z^{-1})}\begin{bmatrix}1 & G(z^{-1})K_i(z^{-1})\\0 & 1-G(z^{-1})F_i(z^{-1})\end{bmatrix}$是稳定的，矩阵 $\begin{bmatrix}1 & G(z^{-1})K_i(z^{-1})\\0 & 1-G(z^{-1})F_i(z^{-1})\end{bmatrix}$又是非奇异的，且$\boldsymbol{\eta}(k)$的谱密度矩阵对所有频率是正定的，所以$\boldsymbol{x}_i(k)$的谱密度矩阵满足

$$\boldsymbol{S}_{x_i}(\omega)\geqslant\delta_i\boldsymbol{I},\delta_i>0,\forall\omega,i=1,2,\cdots,m\tag{3.2.27}$$

设第 i 个控制器作用时间为 T_i，与系统控制总时间 T 的比值为 α_i，即 $\alpha_i=\dfrac{T_i}{T}$，那么系统输入输出的谱密度矩阵可写成

$$\begin{aligned}&\det\begin{bmatrix}S_u(\omega) & S_{uz}(\mathrm{j}\omega)\\S_{zu}(\mathrm{j}\omega) & S_z(\omega)\end{bmatrix}\\&=\det\sum_{i=1}^{m}\left\{\alpha_i\begin{bmatrix}1 & 0\\F_i(\mathrm{e}^{-\mathrm{j}\omega}) & K_i(\mathrm{e}^{-\mathrm{j}\omega})\end{bmatrix}S_{x_i}(\omega)\begin{bmatrix}1 & 0\\F_i(\mathrm{e}^{\mathrm{j}\omega}) & K_i(\mathrm{e}^{\mathrm{j}\omega})\end{bmatrix}^{\mathrm{T}}\right\}\end{aligned}\tag{3.2.28}$$

利用不等式：$\boldsymbol{BSB}^{*\mathrm{T}}\geqslant\delta\boldsymbol{B}\,\boldsymbol{B}^{*\mathrm{T}}$，当 $\boldsymbol{S}\geqslant\delta\boldsymbol{I}$（$\boldsymbol{B}^*$ 是 $\boldsymbol{B}$ 的共轭矩阵），可将式(3.2.28)写成

$$\begin{aligned}&\det\begin{bmatrix}S_u(\omega) & S_{uz}(\mathrm{j}\omega)\\S_{zu}(\mathrm{j}\omega) & S_z(\omega)\end{bmatrix}\\&\geqslant\det\sum_{i=1}^{m}\left\{\alpha_i\delta_i\begin{bmatrix}1 & 0\\F_i(\mathrm{e}^{-\mathrm{j}\omega}) & K_i(\mathrm{e}^{-\mathrm{j}\omega})\end{bmatrix}\begin{bmatrix}1 & 0\\F_i(\mathrm{e}^{\mathrm{j}\omega}) & K_i(\mathrm{e}^{\mathrm{j}\omega})\end{bmatrix}^{\mathrm{T}}\right\}\end{aligned}\tag{3.2.29}$$

令 $\delta_0=\min(\alpha_i\delta_i)$，且利用不等式 $\det\boldsymbol{A}\geqslant\det\boldsymbol{B}$，当 $\boldsymbol{A}\geqslant\boldsymbol{B}$，则式(3.2.29)又可写成

$$\begin{aligned}&\det\begin{bmatrix}S_u(\omega) & S_{uz}(\mathrm{j}\omega)\\S_{zu}(\mathrm{j}\omega) & S_z(\omega)\end{bmatrix}\\&\geqslant\delta_0\det\sum_{i=1}^{m}\left\{\begin{bmatrix}1 & 0\\F_i(\mathrm{e}^{-\mathrm{j}\omega}) & K_i(\mathrm{e}^{-\mathrm{j}\omega})\end{bmatrix}\begin{bmatrix}1 & 0\\F_i(\mathrm{e}^{\mathrm{j}\omega}) & K_i(\mathrm{e}^{\mathrm{j}\omega})\end{bmatrix}^{\mathrm{T}}\right\}\\&=\delta_0\left\{m\sum_{i=1}^{m}\left[\|F_i(\mathrm{e}^{-\mathrm{j}\omega})\|^2+\|K_i(\mathrm{e}^{-\mathrm{j}\omega})\|^2\right]-\left\|\sum_{i=1}^{m}F_i(\mathrm{e}^{-\mathrm{j}\omega})\right\|^2\right\}\end{aligned}\tag{3.2.30}$$

根据第 1 章定理 1.2，如果输入和输出数据集是“提供信息”的，数据集的谱密度矩阵必须是正定的，即式(3.2.30)左边谱密度矩阵必须是正定的，所以有

$$m\sum_{i=1}^{m}\left[\|F_i(\mathrm{e}^{-\mathrm{j}\omega})\|^2+\|K_i(\mathrm{e}^{-\mathrm{j}\omega})\|^2\right]-\left\|\sum_{i=1}^{m}F_i(\mathrm{e}^{-\mathrm{j}\omega})\right\|^2>0,\quad\forall\omega\tag{3.2.31}$$

证毕。■

事实上，根据 Schwarz 不等式 $n\sum_{i=1}^{n}\|x_i\|^2>\left\|\sum_{i=1}^{n}x_i\right\|^2>0$，当 $m\geqslant 2$ 时，无论 $K_i(\mathrm{e}^{-\mathrm{j}\omega})=0$ 或 $K_i(\mathrm{e}^{-\mathrm{j}\omega})\neq 0$，式(3.2.25)一定成立。但当 $m=1$ 时，必须 $K_i(\mathrm{e}^{-\mathrm{j}\omega})\neq 0$，否则式(3.2.25)是不能成立的。这说明定理 3.3 所要表明的问题是：闭环辨识信息实验是“信息充足”或“提供信息”的，反馈通道必须有两个或两个以上的控制器在切换工作，或反馈通道存在噪声干扰，否则闭环辨识实验数据集将是信息不充足或不提供信息的，系统也就不可辨识。

考虑多变量闭环系统，闭环辨识信息实验“提供信息”的条件为

$$m\sum_{i=1}^{m}[\boldsymbol{K}_i(\mathrm{e}^{-\mathrm{j}\omega})\boldsymbol{K}_i^{\mathrm{T}}(\mathrm{e}^{\mathrm{j}\omega})+\boldsymbol{F}_i(\mathrm{e}^{-\mathrm{j}\omega})\boldsymbol{F}_i^{\mathrm{T}}(\mathrm{e}^{\mathrm{j}\omega})]-\left[\sum_{i=1}^{m}\boldsymbol{F}_i(\mathrm{e}^{-\mathrm{j}\omega})\right]\left[\sum_{i=1}^{m}\boldsymbol{F}_i^{\mathrm{T}}(\mathrm{e}^{\mathrm{j}\omega})\right]>0,\ \forall\omega \tag{3.2.32}$$

3.3 辨识输入信号设计

辨识输入信号设计的目的是为了获得尽可能多的系统行为信息，设计的辨识输入信号至少必须是持续激励的，信号的谱密度函数能覆盖系统的所有模态，信号的功率或幅度要加以限制，对系统造成的“净扰动”要小，工程上容易实现。

上节讨论的辨识开环信息实验和闭环信息实验条件主要是保证系统可辨识性的。本节将讨论辨识输入信号的最优设计，所谓最优输入信号就是使 Fisher 信息矩阵逆的某标量函数达到最小，如 1.5 节中提到的 D-最优准则 $J_{\mathrm{D}}=\det(\boldsymbol{M}^{-1})$。D-最优准则也可以写成

$$J_{\mathrm{D}}=-\log\det\boldsymbol{M} \tag{3.3.1}$$

其中，$\boldsymbol{M}$ 为 Fisher 信息矩阵

$$\boldsymbol{M}=\mathrm{E}\left\{\left(\frac{\partial\log p(z_L\mid\boldsymbol{\theta})}{\partial\boldsymbol{\theta}}\right)^{\mathrm{T}}\left(\frac{\partial\log p(z_L\mid\boldsymbol{\theta})}{\partial\boldsymbol{\theta}}\right)\right\} \tag{3.3.2}$$

如果模型结构正确，且模型参数估计 $\hat{\boldsymbol{\theta}}$ 是最小方差估计，那么参数估计值 $\hat{\boldsymbol{\theta}}$ 的精度将通过 Fisher 信息矩阵 $\boldsymbol{M}$ 依赖于输入信号。如果系统的输出是独立同分布的高斯随机序列，输入信号的功率满足如下约束[26]

$$\frac{1}{L}\sum_{k=1}^{L}u^2(k-i)=1,\quad i=1,2,\cdots,n \tag{3.3.3}$$

其中，n 为模型阶次，L 为数据长度，那么使 D-最优准则 $J_{\mathrm{D}}=\min$ 的输入信号称 D-最优输入信号，它的自相关函数具有脉冲响应特性

$$\frac{1}{L}\sum_{k=1}^{L}u(k-i)u(k-j)=\begin{cases}1, & i=j\\ 0, & i\neq j\end{cases} \tag{3.3.4}$$

当数据长度 L 很大时，白噪声和 M 序列可近似满足这一要求。当数据长度 L 不大时，并非对所有的 L 都可以找到这种输入信号。

为说明问题起见，下面以一个简单的例子，论证使 $J_{\mathrm{D}}=\min$ 的最优输入信号确

实需要具备式(3.3.4)特性。

考虑如下模型

$$z(k)=b_1u(k-1)+b_2u(k-2)+\cdots+b_nu(k-n)+v(k) \tag{3.3.5}$$

其中,$v(k)$是独立同分布、均值为零、方差为 σ_v^2 的高斯白噪声；输入信号受式(3.3.3)约束。当数据长度 L 有限时,D-最优输入信号应满足式(3.3.4)。

证明　因为 D-最优输入信号设计是通过 $J_D=\min$ 来实现的,所以必须先推演出关于模型参数的 Fisher 矩阵。

定义模型参数向量和数据向量

$$\begin{cases}\boldsymbol{\theta}=[b_1,b_2,\cdots,b_n]^{\mathrm{T}}\\ \boldsymbol{h}(k)=[u(k-1),u(k-2),\cdots,u(k-n)]^{\mathrm{T}}\end{cases} \tag{3.3.6}$$

模型式(3.3.5)写成

$$\boldsymbol{z}=\boldsymbol{H\theta}+\boldsymbol{v} \tag{3.3.7}$$

其中

$$\begin{cases}\boldsymbol{z}=[z(1),z(2),\cdots,z(L)]^{\mathrm{T}},\boldsymbol{v}=[v(1),v(2),\cdots,v(L)]^{\mathrm{T}}\\ \boldsymbol{H}=\begin{bmatrix}u(0) & u(1) & \cdots & u(1-n)\\ u(1) & u(2) & \cdots & u(2-n)\\ \vdots & \vdots & \ddots & \vdots\\ u(L-1) & u(L-2) & \cdots & u(L-n)\end{bmatrix}\end{cases} \tag{3.3.8}$$

因为模型噪声 $v(k)$服从正态分布,那么根据附录 C 定理 C.2,有

$$\begin{cases}p(\boldsymbol{z}\mid\boldsymbol{\theta})=(2\pi\sigma_v^2)^{-\frac{L}{2}}\exp\left\{-\dfrac{1}{2\sigma_v^2}(\boldsymbol{z}-\boldsymbol{H\theta})^{\mathrm{T}}(\boldsymbol{z}-\boldsymbol{H\theta})\right\}\\ \log p(\boldsymbol{z}\mid\boldsymbol{\theta})=-\dfrac{L}{2}\log(2\pi)-\dfrac{L}{2}\log\sigma_v^2-\dfrac{1}{2\sigma_v^2}(\boldsymbol{z}-\boldsymbol{H\theta})^{\mathrm{T}}(\boldsymbol{z}-\boldsymbol{H\theta})\end{cases} \tag{3.3.9}$$

则关于模型参数$\boldsymbol{\theta}$的 Fisher 信息矩阵可以写成

$$\boldsymbol{M}=\mathrm{E}\left\{\left(\frac{\partial\log p(\boldsymbol{z}\mid\theta)}{\partial\boldsymbol{\theta}}\right)^{\mathrm{T}}\left(\frac{\partial\log p(\boldsymbol{z}\mid\boldsymbol{\theta})}{\partial\boldsymbol{\theta}}\right)\right\}=\frac{1}{\sigma_v^2}\boldsymbol{H}^{\mathrm{T}}\boldsymbol{H} \tag{3.3.10}$$

平均 Fisher 信息矩阵为

$$\begin{aligned}\overline{\boldsymbol{M}}&=\frac{1}{L}\boldsymbol{M}=\frac{1}{L\sigma_v^2}\boldsymbol{H}^{\mathrm{T}}\boldsymbol{H}\\ &=\frac{1}{\sigma_v^2}\begin{bmatrix}\frac{1}{L}\sum_{k=1}^{L}u^2(k-1) & \frac{1}{L}\sum_{k=1}^{L}u(k-1)u(k-2) & \cdots & \frac{1}{L}\sum_{k=1}^{L}u(k-1)u(k-n)\\ \frac{1}{L}\sum_{k=1}^{L}u(k-2)u(k-1) & \frac{1}{L}\sum_{k=1}^{L}u^2(k-2) & \cdots & \frac{1}{L}\sum_{k=1}^{L}u(k-2)u(k-n)\\ \vdots & \vdots & \ddots & \vdots\\ \frac{1}{L}\sum_{k=1}^{L}u(k-n)u(k-1) & \frac{1}{L}\sum_{k=1}^{L}u(k-n)u(k-2) & \cdots & \frac{1}{L}\sum_{k=1}^{L}u^2(k-n)\end{bmatrix}\\ &\stackrel{\mathrm{def}}{=}\frac{1}{\sigma_v^2}\boldsymbol{\Gamma}\end{aligned} \tag{3.3.11}$$

式中，由于输入信号受式(3.3.3)约束，所以对角线元素均为1，且 $\mathrm{Trace}\boldsymbol{\Gamma}=n$。

极小化 $J_{\mathrm{D}}=-\mathrm{logdet}\boldsymbol{M}$ 等价于极小化 $\bar{J}_{\mathrm{D}}=-\mathrm{logdet}\bar{\boldsymbol{M}}=-\mathrm{logdet}\boldsymbol{\Gamma}+\log\sigma_v^2$，这也就是等价于极大化 $\mathrm{logdet}\boldsymbol{\Gamma}$。

设 $\boldsymbol{\Lambda}$、$\lambda_i=1,(i=1,2,\cdots,n)$ 分别为 $\boldsymbol{\Gamma}$ 的特征值矩阵和特征值，通过变换可得 $\mathrm{logdet}\boldsymbol{\Gamma}=\sum\limits_{i=1}^{n}\log\lambda_i$，再利用简单不等式 $\log x\leqslant x-1$，当 $x>0$ 及 $\mathrm{Trace}\boldsymbol{\Gamma}=\sum\limits_{i=1}^{n}\lambda_i$，可求得

$$\begin{aligned}\mathrm{logdet}\boldsymbol{\Gamma}&=\sum_{i=1}^{n}\log\lambda_i\leqslant\sum_{i=1}^{n}(\lambda_i-1)=\sum_{i=1}^{n}\lambda_i-n\\&=\mathrm{Trace}\boldsymbol{\Gamma}-n=0\end{aligned}\tag{3.3.12}$$

上式意味着 $\lambda_i=1,(i=1,2,\cdots,n)$ 是 $\mathrm{logdet}\boldsymbol{\Gamma}$ 取最大值的一组解。特征值均为1，对角线元素又全为1的矩阵一定是单位阵，所以 $\boldsymbol{\Gamma}=\boldsymbol{I}$。故有

$$\frac{1}{L}\sum_{k=1}^{L}u(k-i)u(k-j)=\begin{cases}1, & i=j\\0, & i\neq j\end{cases}\tag{3.3.13}$$

证毕。■

以上论述表明，选用相关函数具有脉冲响应特性的信号作为辨识输入信号是一种很好的选择，如白噪声或M序列(或称伪随机码)。因为白噪声的相关函数具有理想的脉冲响应特性，但工程上不易实现，M序列的相关函数具有近似的脉冲响应特性，而且工程上容易操作。

3.4 采样时间的选择

采样时间选择的基本原则：在保证满足数据性能和辨识模型应用要求的前提下，尽可能增大采样时间。基于这个原则，选择采样时间需要兼顾考虑以下4个问题。

(1) 采集数据性能的考虑

如果采样时间选择不合适，可能会直接影响采集数据的性能。根据香农采样定理，采样速率至少不能低于信号截止频率的两倍。但是，复现信号时因为只有当前时刻以前的数据可以利用，为了确保复现信号的性能，通常采样速率要远大于信号截止频率的两倍。当信号有突变发生时，突变又刚好发生在采样间隔之后，采集数据就不能及时反映信号的突变，造成突变数据的延迟，延迟时间在 $0\sim T_0$ 之间，平均约为 $\frac{T_0}{2}$，T_0 为采样间隔。为了减小这种延迟对采集数据性能的影响，有必要适当减小采样时间。离散系统可能包含一个零阶保持器，它使信号变成不连续的阶梯形信号，为了使信号尽可能光滑，也需要适当提高采样速率。就工程经验而言，采样时间一般可选择在 $\frac{T_{95}}{5\sim15}$ 范围内，T_{95} 为系统阶跃响应达到稳态值95%的过渡过程

时间。也就是说，在系统响应的自然振荡周期内至少要采样 6～10 次，系统响应的上升阶段采样不要少于 2～4 次。如果系统的主导时间常数为 T_M，那么采样时间需要满足不等式 $T_0 \leqslant \frac{T_M}{10}$。如果系统包含多个谐振点，则采样速率通常选择最高谐振频率的 6～10 倍。

(2) 抗干扰的考虑

对低频干扰，采样时间的大小对开环系统抗干扰性能的影响不大。对高频干扰，采样时间的大小取决于开环系统的频带。由于有限的开环系统频带对干扰本身就有抑制作用，因此采样时间的大小对开环系统抗干扰性能的影响也是有限的。对闭环系统来说，如果采样时间小，由于采样数据包含了干扰的全部信息，这时对系统抗干扰性能没什么影响；如果采样时间大，由于采样数据不包含干扰的全部信息，反馈信息中也缺乏干扰信息，对系统抗干扰性能也不会有大的变化。当干扰信号的频带在系统频带范围之内时，采样时间的大小对系统抗干扰性能会有影响。这时采样时间的选择原则是：在输出方差无显著增加的情况下，尽可能选择较大的采样时间。

(3) 抗假频采样的考虑[37]

如果信号含有正弦成分，会因为存在混叠效应而影响对信号谱密度函数的估计。设信号 $x(t)$ 的采样序列为 $\{x(k)=x(kT_0), k=1,2,\cdots\}$，其中 T_0 为采样时间，则采样频率为 $\omega_0=\frac{2\pi}{T_0}$，Nyquist 频率为 $\omega_N=\frac{\omega_0}{2}$。如果对 $x(t)$ 进行数据采样，对正弦信号成分来说，Nyquist 频率 ω_N 之外与频率在 $[-\omega_N, \omega_N]$ 之间存在两个无法区别的信号，即对任一个 $|\omega|>\omega_N$，总存在一个 $\bar{\omega}$，$|\bar{\omega}|\leqslant\omega_N$，使得

$$\begin{aligned}\sin(\omega k T_0) &= \sin(n\omega_N+\bar{\omega})kT_0 = \sin\left(\frac{n\pi}{T_0}+\bar{\omega}\right)kT_0 \\ &= \sin(nk\pi+\bar{\omega}kT_0) = \sin(\bar{\omega}kT_0), \quad k=0,1,2,\cdots \end{aligned} \tag{3.4.1}$$

可见，在 Nyquist 频率 ω_N 内外可能采集到两个相同的信号，称之为假频现象。这使得采样序列 $\{x(k)\}$ 的谱密度函数 $S_x(\omega, T_0)$ 与原信号的谱密度函数 $S_x(\omega)$ 存在如下的混叠效应

$$S_x(\omega, T_0) = S_x(\omega) + \sum_{n=1}^{\infty}[S_x(\omega+n\omega_0)+S_x(\omega-n\omega_0)] \tag{3.4.2}$$

这种混叠效应对信号谱密度函数的估计会产生影响，可能的情况下通过选择采样时间，以回避这种影响，或采用抗假频滤波器来抑制这种混叠效应，也就是通过设置一个抗假频滤波器

$$x_F(t) = F(s)x(t) \tag{3.4.3}$$

其中，抗假频滤波器 $F(s)$ 的特性为

$$\begin{cases} \| F(j\omega) \|^2 = 1, & \omega < |\omega_N| \\ \| F(j\omega) \|^2 = 0, & \omega \geqslant |\omega_N| \end{cases} \tag{3.4.4}$$

抗假频滤波器 $F(s)$ 输出信号谱密度函数 $S_{x,F}(\omega)$ 与原信号谱密度函数 $S_x(\omega)$ 的关系为

$$S_{x,F}(\omega)=\begin{cases}S_x(\omega) & \omega<|\omega_N| \\ 0, & \omega\geqslant|\omega_N|\end{cases} \tag{3.4.5}$$

这样 Nyquist 频率 ω_N 以外的信号谱密度函数就不会再叠加到 Nyquist 频率 ω_N 以内的信号谱密度函数上。

(4) 辨识精度的考虑

经验与分析表明，如果系统的主导时间常数为 T_M，当采样时间 $T_0=10T_M$ 时，与理想的最佳采样时间相比，辨识精度下降 10^5 倍。当采样时间 $T_0=0.1T_M$，与理想的最佳采样时间相比，辨识精度下降 10 倍。当然，理想的最佳采样时间并不一定能知道，这只能是为选择采样时间提供一种参考。

3.5 数据长度的选择

辨识数据长度的选择也是一个难以决断的问题。数据长度太短，影响数据的信息含量，会降低辨识精度；数据长度太长，可能出现数据饱和现象，也会影响辨识精度。

以下面系统模型为例

$$z(k)=G(z^{-1},\boldsymbol{\theta})u(k)+H(z^{-1},\boldsymbol{\theta})v(k) \tag{3.5.1}$$

其中，$v(k)$ 是均值为零、方差为 σ_v^2 的白噪声，辨识数据长度 L 与辨识精度的关系可以写成

$$\mathrm{Cov}\begin{Bmatrix}\hat{G}(\mathrm{e}^{-\mathrm{j}\omega}) \\ \hat{H}(\mathrm{e}^{-\mathrm{j}\omega})\end{Bmatrix}\sim\frac{N}{L}\sigma_v^2\begin{bmatrix}S_u(\omega) & S_{uv}(\mathrm{j}\omega) \\ S_{uv}(-\mathrm{j}\omega) & \sigma_v^2\end{bmatrix}^{-1} \tag{3.5.2}$$

其中，$S_u(\omega)$、$S_{uv}(\mathrm{j}\omega)$ 分别为输入信号的自谱密度函数及与噪声的互谱密度函数。该式意味着，需要通过配搭模型参数个数 N 和辨识数据长度 L，以期获得需要的辨识精度。

3.6 小结

本章讨论给出了三个重要的结论：①开环辨识信息实验或实验数据集是"信息充足"或"提供信息"的，辨识输入信号必须是 $2n$ 阶持续激励信号，或者说 $2n$ 阶持续激励是开环系统辨识的可辨识条件；②开环辨识信息实验最优输入信号可以选择能量受限、自相关函数具有脉冲响应特性的信号；③闭环辨识信息实验或实验数据集是"信息充足"或"提供信息"的，反馈通道必须有多个控制器在切换工作或反馈通道含有噪声干扰。本章还讨论了采样时间和辨识数据长度的选择，但无法给出明确的可循规则，通常需要根据具体的问题及工程需要而定。

习题

(1) 考虑如下模型

$$z(k) = G(z^{-1}, \boldsymbol{\theta})u(k) + H(z^{-1}, \boldsymbol{\theta})v(k)$$

证明式(3.2.2)，并论证开环辨识信息实验是“信息充足”的必要条件为

$$\| \Delta G(\mathrm{e}^{-\mathrm{j}\omega}) \|^2 S_u(\omega) = 0$$

其中，$S_u(\omega)$是输入 $u(k)$信号的谱密度函数，$\Delta G(\mathrm{e}^{-\mathrm{j}\omega})$是任意两个模型的偏差，定义为 $\Delta G(z^{-1})=G_2(z^{-1})-G_1(z^{-1})$。

(2) 根据 n 阶持续激励信号的定义，论证只要 $S_u(\omega)$有 n 个非零点，当且仅当 $\| F_n(\mathrm{e}^{-\mathrm{j}\omega}) \|^2 S_u(\omega)\equiv 0$，必须是 $F_n(\mathrm{e}^{-\mathrm{j}\omega})\equiv 0$。

(3) 根据持续激励信号的定义，阐述持续激励信号的物理意义。为什么白噪声是无限阶的持续激励信号？由 P 阶特征多项式生成的 M 序列信号应该是几阶的持续激励信号？

提示：M 序列的带宽为$\dfrac{2\pi}{3\Delta t}$，基频$\dfrac{2\pi}{N_P\Delta t}$(M 序列的谱密度函数推导见附录 D)。

(4) 试解释 n 阶持续激励信号、n 阶强持续激励信号和 n 阶弱持续激励信号的区别。

(5) 利用开环辨识信息实验“信息充足”或“提供信息”的条件和持续激励信号的定义，试论证第 5 章给出的最小二乘辨识算法，其可辨识性条件可以表示为 $\det(\bar{\boldsymbol{U}}_L^{\mathrm{T}}\bar{\boldsymbol{U}}_L)\neq 0$，其中矩阵 $\bar{\boldsymbol{U}}_L$ 由输入信号组成，如式(3.2.21)所示。

(6) 使 D-最优准则 $J_{\mathrm{D}}=\min$ 的输入信号，其自相关函数满足式(3.3.4)，满足该条件的信号称 D-最优输入信号。试解释选用满足式(3.3.4)的信号作为辨识输入信号的物理意义。

(7) 证明式(3.3.11)。

(8) 式(3.2.25)是闭环辨识信息实验“信息充足”或“提供信息”的条件，试说明该条件实际上可以说成反馈通道必须有两个或两个以上的控制器在切换工作。

(9) 论述应该如何考虑辨识采样时间的选择问题。

第4章 经典的辨识方法

4.1 引言

本章起将讨论各种辨识方法。一般来说,辨识方法分两类:一类是非参数模型辨识方法,另一类是参数模型辨识方法。非参数模型辨识方法(亦称经典的辨识方法)获得的模型是非参数模型,在假定系统是线性的前提下,不必事先确定模型的结构,因而这类方法可适用于任意复杂的系统。参数模型辨识方法(亦称现代的辨识方法)必须假定模型结构,通过极小化模型与系统之间的误差准则函数来估计模型的参数。如果模型结构无法事先确定,需要先辨识模型结构参数(比如阶次、迟延、Kronecker不变量等),然后再估计模型的参数。现代的辨识方法就其基本原理来说,又可分成三种类型:一类是最小二乘类辨识方法,另一类是梯度校正辨识方法,第三类是概率密度逼近辨识方法。无论是哪种辨识方法都有离线辨识和在线辨识之分。

本章着重讨论经典的辨识方法,包括相关分析法和谱分析法。在经典的控制理论中,线性系统的动态特性通常采用传递函数、频率响应、脉冲响应和阶跃响应来表达。后三种都是非参数模型,其表现形式是以时间或频率为自变量的响应曲线。对系统施加实验信号,并测量系统的输入和输出数据,利用辨识算法求得系统的非参数模型,再经过适当的数学处理又可转化成参数模型。经典的辨识方法在工程上有广泛的应用,至今仍受到普遍重视。

4.2 相关分析法

4.2.1 频率响应辨识

1. 基本原理

考虑图4.1所示的系统,图中$u(t)$、$z(t)$为系统的输入和输出变量,测量噪声$w(t)$为零均值、自相关函数为$R_w(\tau)=\sigma_w^2\delta(\tau)$、服从正态分布的白

噪声。当系统输入为正弦信号$u(t)=A\sin(\omega t)$时，系统输出稳态响应可以表示为

$$z(t)=B\sin(\omega t+\theta)+w(t) \tag{4.2.1}$$

式中，B 为输出信号幅度，θ 为相位移。频率响应辨识就是利用含有噪声的输出 $z(t)$ 估计系统的频率响应。

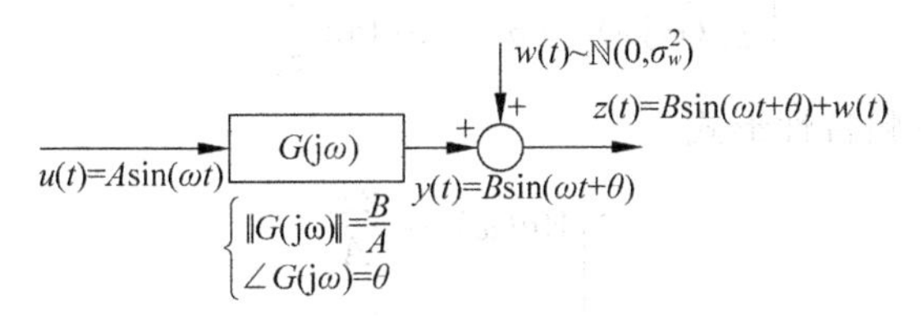

图 4.1 系统输出含有噪声

在 $T=2n\pi/\omega$（n 为整数）时间区间上，$z(t)$ 与 $\sin(\omega t)$ 在 $\tau=0$ 时的互相关函数可表示为

$$\begin{aligned}z_s&=R_{z(t),\sin\omega t}(0)=\frac{1}{T}\int_0^T z(t)\sin\omega t\,\mathrm{d}t\\&=\frac{B}{T}\int_0^T\sin(\omega t+\theta)\sin\omega t\,\mathrm{d}t+\frac{1}{T}\int_0^T w(t)\sin\omega t\,\mathrm{d}t\\&=I_{s1}+I_{s2}\end{aligned} \tag{4.2.2}$$

其中，$I_{s1}=\frac{1}{2}B\cos\theta$（只要 T 充分大，即使不是 $2\pi/\omega$ 的整数倍，该关系式也成立）。又因 $\mathrm{E}\{w(t)\}=0$，则 $\mathrm{E}\{I_{s2}\}=0$，且

$$\begin{aligned}R_{I_{s2}}(t_2-t_1)&=\mathrm{E}\left\{\left[\frac{1}{T}\int_0^T w(t_1)\sin\omega t_1\,\mathrm{d}t_1\right]\left[\frac{1}{T}\int_0^T w(t_2)\sin\omega t_2\,\mathrm{d}t_2\right]\right\}\\&=\frac{1}{T^2}\int_0^T\sin\omega t_1\int_0^T\sin\omega t_2\sigma_w^2\delta(t_2-t_1)\,\mathrm{d}t_1\,\mathrm{d}t_2\\&=\frac{\sigma_w^2}{T^2}\int_0^T\sin^2\omega t_1\,\mathrm{d}t_1\int_0^T\delta(t_2)\,\mathrm{d}t_2=\frac{\sigma_w^2}{T^2}\int_0^T\sin^2\omega t_1\,\mathrm{d}t_1\\&=\frac{\sigma_w^2}{2T}\left(1-\frac{\sin 2\omega T}{2\omega T}\right)\end{aligned} \tag{4.2.3}$$

式中，利用了 $\lim\limits_{T\to\infty}\int_0^T\delta(t_2)\,\mathrm{d}t_2=1$，且因 $T=2n\pi/\omega$，$\sin 2\omega T=0$，故 $R_{I_{s3}}(t_2-t_1)=\frac{\sigma_w^2}{2T}\xrightarrow{T\text{ 充分大}}0$，因此有 $z_s=I_{s1}+I_{s2}=\frac{1}{2}B\cos\theta$。

同理，在 $T=2n\pi/\omega$（n 为整数）时间区间上，$z(t)$ 与 $\cos(\omega t)$ 在 $\tau=0$ 时的互相关函数可表示为

$$\begin{aligned}z_c&=R_{z(t),\cos t}(0)=\frac{1}{T}\int_0^T z(t)\cos\omega t\,\mathrm{d}t\\&=\frac{B}{T}\int_0^T\sin(\omega t+\theta)\cos\omega t\,\mathrm{d}t+\frac{1}{T}\int_0^T w(t)\cos\omega t\,\mathrm{d}t\\&=I_{c1}+I_{c2}\xrightarrow{T\text{ 充分大}}\frac{1}{2}B\sin\theta\end{aligned} \tag{4.2.4}$$

因为有 $\mathrm{E}\{I_{c2}\}=0$ 及 $R_{I_{c2}}(t_2-t_1)=\dfrac{\sigma_w^2}{2T}\left(1+\dfrac{\sin 2\omega T}{2\omega T}\right)$。于是，频率响应估计为

$$
\begin{cases}
\|\hat{G}(\mathrm{j}\omega)\| = \dfrac{B}{A} = \dfrac{2}{A}\sqrt{z_s^2+z_c^2} \\
\angle \hat{G}(\mathrm{j}\omega) = \theta = \arctan \dfrac{z_c}{z_s}
\end{cases}
\tag{4.2.5}
$$

或表示成实频和虚频特性形式

$$
\begin{cases}
\mathrm{Re}(\omega) = \dfrac{2z_s}{A} \\
\mathrm{Im}(\omega) = \dfrac{2z_c}{A}
\end{cases}
\tag{4.2.6}
$$

其矢量关系如图 4.2 所示。

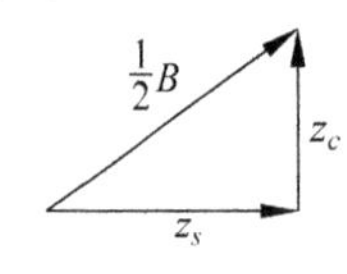

图 4.2　矢量关系

图 4.3 是利用式(4.2.6)计算频率响应实部和虚部的原理图，正余弦发生器产生正弦波和余弦波信号分别作用于系统和两个互相关函数积分器，由积分器计算积分值 z_s 和 z_c，除以输入信号幅度后即可求得频率响应的实部和虚部。连续改变输入信号的测量频率，获得不同频率下的 $\mathrm{Re}(\omega)$ 和 $\mathrm{Im}(\omega)$，由此构成 Nyquist 图，即为频率响应非参数模型。

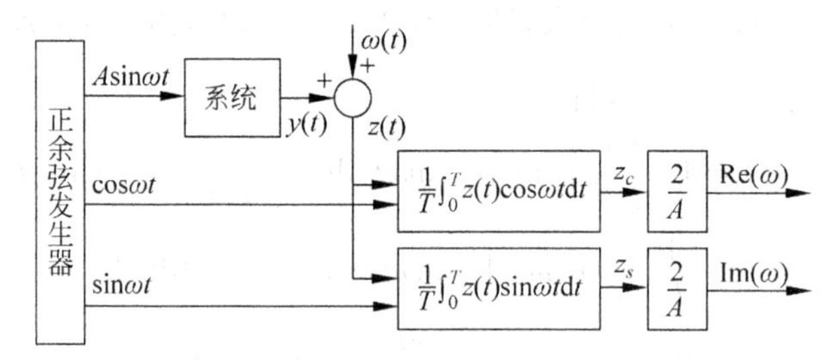

图 4.3　频率响应辨识原理图

例 4.1　考虑图 4.4 所示仿真模型，图中 $u(t)$、$z(t)$ 为系统的输入和输出变量，测量噪声 $w(t)$ 为零均值、方差 $\sigma_w^2=0.3$、服从正态分布的白噪声，输入信号采用幅度 $A=1.0$ 的正弦波 $u(t)=A\sin(\omega t)$。测量频率取 $\omega_i=0.0005\times 2\pi i, i=1,2,\cdots,200$ 和 $0.001\times 2\pi i, i=201,202,\cdots,499$，输入信号离散化为 $u(k)=A\sin(\omega_i k), k=1,2,\cdots,L$，$L$ 为数据长度。将式(4.2.2)和式(4.2.4)写成离散形式

$$
\begin{cases}
z_s(\omega_i) = \dfrac{1}{L}\displaystyle\sum_{k=1}^{L} z(k)\sin(\omega_i k) \\
z_c(\omega_i) = \dfrac{1}{L}\displaystyle\sum_{k=1}^{L} z(k)\cos(\omega_i k)
\end{cases}
\tag{4.2.7}
$$

其中，积分时间 $L=1000$，$\{z(k), k=1,2,\cdots,L\}$ 为输出数据序列。在不同测量频率 ω_i 下，利用式(4.2.7)计算 $z_s(\omega_i)$ 和 $z_c(\omega_i)$，再根据式(4.2.6)计算频率响应实部

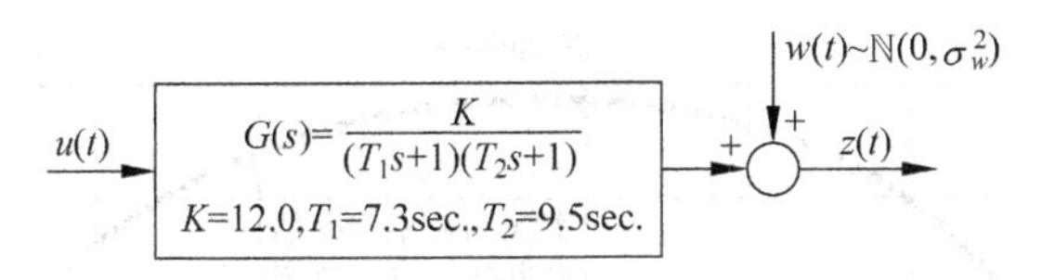

图 4.4　仿真模型

Re(ω_i)和虚部 Im(ω_i)。图 4.5 为频率响应辨识结果，图 4.5(a)为 Nyquist 图，图 4.5(b)为 Bode 图，图中实线为估计值，点划线为真实值。真实的 Nyquist 图和 Bode 图是利用下面的 MATLAB 语句计算的。

Nyquist 图语句

```
num = [K];
den = conv([T1  1],[T2  1]);
w = logspace( - 2.5,0.2,499);
[re, im, w] = nyquist(num, den, w);
```
(4.2.8)

Bode 图语句

```
num = [K];
den = conv([T1  1],[T2  1]);
w = logspace( - 2.5,0.2,499);
[mag, phase, w] = bode(num, den, w);
```
(4.2.9)

其中，*num*、*den* 为传递函数的分子和分母系数，w 为频率范围，*re*、*im* 为 Nyquist 图的实部和虚部值，*mag*、*phase* 为 Bode 图的幅值和相角。

从图 4.5(b)可以看到，在低频段和中频段，频率响应辨识结果比较好，说明相关分析法辨识频率响应有较强的抗干扰能力。但在高频段，由于噪信比超过 100%(噪信比随测量频率增加而增大)，频率响应估计波动比较大，尤其是相频特性。

2. 误差分析

利用相关分析法辨识频率响应的精度取决于积分值 z_s 和 z_c 的计算。由式(4.2.2)和式(4.2.4)知，积分值 $z_s=I_{s1}+I_{s2}$ 和 $z_c=I_{c1}+I_{c2}$，其中干扰项 I_{s2} 和 I_{c2} 与测量噪声 $w(t)$ 有关，可能是正的，也可能是负的。下面分别分析干扰项对幅频特性和相频特性的影响。

(1) 对幅频特性的影响

干扰项 I_{s2} 和 I_{c2} 的变化方向不同，对幅频特性的影响也不同，如图 4.6(a)和(b)所示，图中实线小方框为干扰项域，实线上角形为幅频特性的变化关系。根据三角形两边和大于第 3 边的道理，由图 4.6(a)和(b)可得

$$\frac{A^2}{4}(\|G(\mathrm{j}\omega)\|^2+\|\Delta G(\mathrm{j}\omega)\|^2)=z_s^2+z_c^2<(I_{s1}^2+I_{c1}^2)+(I_{s2}^2+I_{c2}^2) \tag{4.2.10}$$

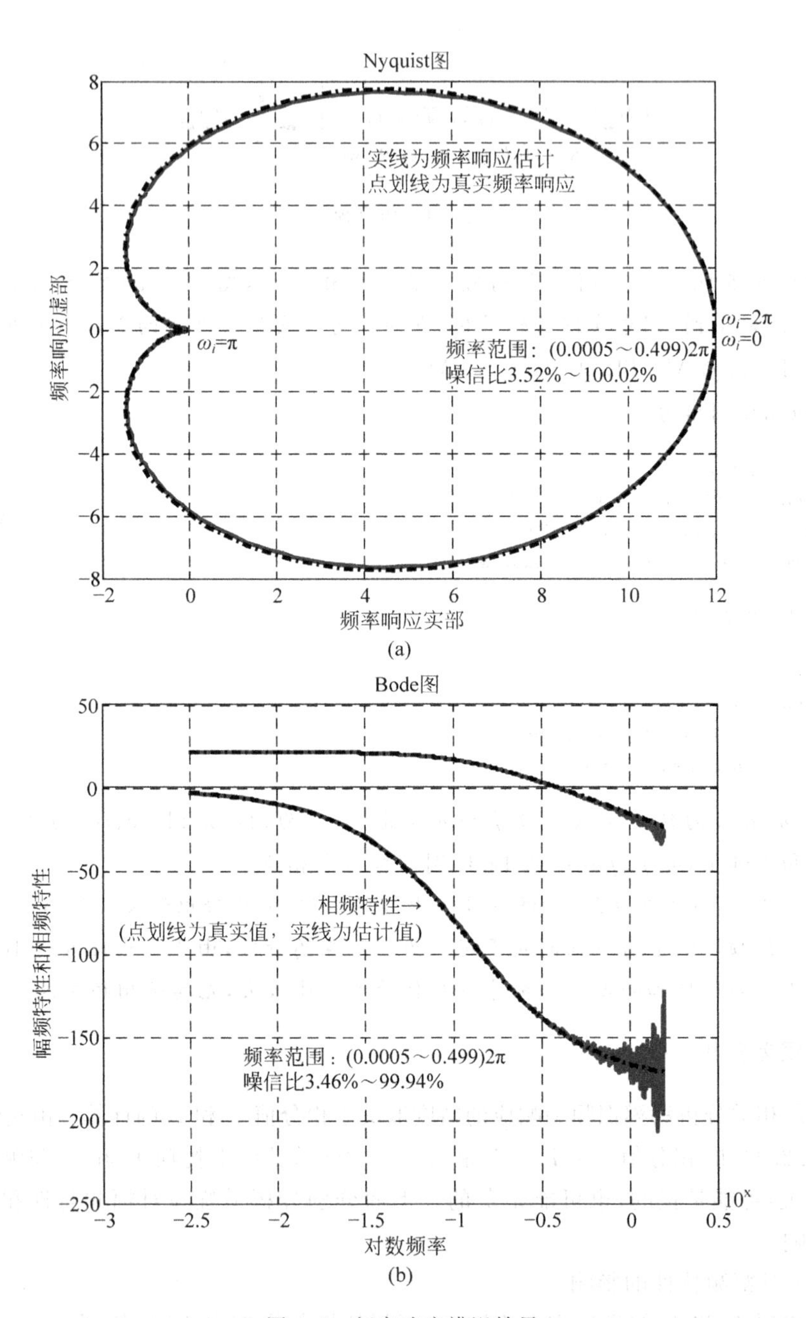

图 4.5　频率响应辨识结果

或

$$\frac{A^2}{4}(\|G(\mathrm{j}\omega)\|^2-\|\Delta G(\mathrm{j}\omega)\|^2)$$
$$=(z_s^2+z_c^2)+(I_{s2}^2+I_{c2}^2)>(I_{s1}^2+I_{c1}^2) \tag{4.2.11}$$

式中，$\|\Delta G(\mathrm{j}\omega)\|^2$ 为幅频特性估计误差。由式(4.2.10)和式(4.2.11)，显然

$$\| \Delta G(\mathrm{j}\omega) \|^2 < \frac{4}{A^2}(I_{s2}^2 + I_{c2}^2) \tag{4.2.12}$$

上式表明，幅频特性的估计误差小于干扰项的平方和。

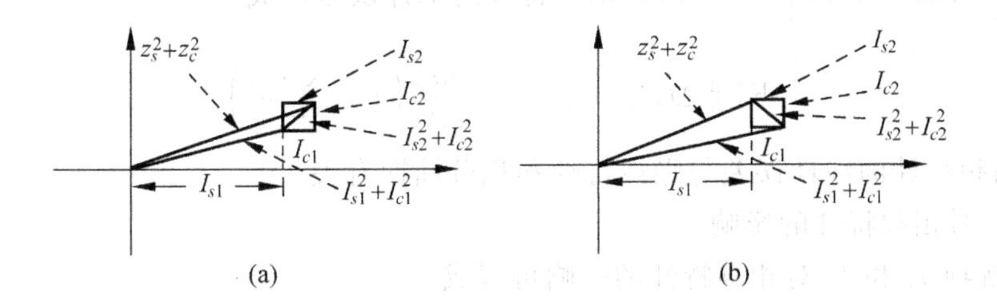

图 4.6　幅度误差分析

根据干扰项 I_{s2} 和 I_{c2} 的定义，有

$$\begin{cases} \mathrm{E}\{I_{s2}^2\} = \dfrac{1}{T^2}\displaystyle\int_0^T\int_0^T R_w(\tau)\sin\omega t\sin\omega(t+\tau)\mathrm{d}t\mathrm{d}\tau\Big|_{\tau=0} \\ \mathrm{E}\{I_{c2}^2\} = \dfrac{1}{T^2}\displaystyle\int_0^T\int_0^T R_w(\tau)\cos\omega t\cos\omega(t+\tau)\mathrm{d}t\mathrm{d}\tau\Big|_{\tau=0} \end{cases} \tag{4.2.13}$$

在 MATLAB 环境下，利用下面求定积分语句

```
syms Rw omega t tao T;
EsquareIs2 = simple(int(Rw * sin(omega * t) * sin(omega * (t + tao)),t,0,T)/T²);
EsquareIc2 = simple(int(Rw * cos(omega * t) * cos(omega * (t + tao)),t,0,T)/T²);
```

(4.2.14)

求得到积分结果为

```
EsquareIs2 =
1/4 * Rw * (2 * cos(omega * tao) * T * omega - sin(omega * (2 * T + tao)) + sin(omega *
tao))/omega/T²
EsquareIc2 =
1/4 * Rw * (2 * cos(omega * tao) * T * omega + sin(omega * (2 * T + tao)) - sin(omega *
tao))/omega/T²
```

(4.2.15)

考虑到积分周期 $T=2n\pi/\omega$，上式简化为

$$\mathrm{E}\{I_{s2}^2\} = \mathrm{E}\{I_{c2}^2\} = \frac{1}{2T}\int_0^T R_w(\tau)\cos\omega\tau\mathrm{d}\tau\Big|_{\tau=0} \tag{4.2.16}$$

当测量噪声 $w(t)$ 为白噪声时，$R_w(\tau)=\sigma_w^2\delta(\tau)$，利用 $\lim\limits_{T\to\infty}\int_0^T\cos\omega\tau\delta(\tau)\mathrm{d}\tau\Big|_{\tau=0}=1$，幅频特性的估计误差写成

$$\mathrm{E}\{\| \Delta G(\mathrm{j}\omega) \|^2\} < \frac{4\sigma_w^2}{TA^2} \tag{4.2.17}$$

当测量噪声 $w(t)$ 为有色噪声时，设 $w(t)=v(k)+h_1v(k-1)+\cdots+h_{n_h}v(k-n_h)$，其中 $v(k)$ 是零均值、方差为 σ_v^2 白噪声，根据第 2 章定理 2.1 所描述的噪声特性，有

$$R_w(0)=\sigma_v^2\left(1+\sum_{r=1}^{n_h}h_r^2\right)\delta(0) \tag{4.2.18}$$

因 $\lim\limits_{T\to\infty}\int_0^T \cos\omega\tau\delta(\tau)\mathrm{d}\tau\Big|_{\tau=0}=1$，则幅频特性的估计误差写成

$$\mathrm{E}\{\|\Delta G(\mathrm{j}\omega)\|^2\}<\frac{4\sigma_w^2}{TA^2}\left(1+\sum_{r=1}^{n_h}h_r^2\right) \tag{4.2.19}$$

可见，幅频特性的估计误差与噪声特性和积分周期有关。

(2) 对相频特性的影响

干扰项 I_{s2} 和 I_{c2} 对相频特性的影响可写成

$$\angle G(\mathrm{j}\omega)=\theta+\Delta\theta=\arctan\frac{I_{c1}+I_{c2}}{I_{s1}+I_{s2}} \tag{4.2.20}$$

式中，$\Delta\theta$ 为相频特性估计误差。经演算，得

$$\tan\Delta\theta=\frac{\dfrac{I_{c2}}{I_{c1}}-\dfrac{I_{s2}}{I_{s1}}}{\dfrac{I_{s1}}{I_{c1}}+\dfrac{I_{c1}}{I_{s1}}+\dfrac{I_{s2}}{I_{c1}}+\dfrac{I_{c2}}{I_{s1}}} \tag{4.2.21}$$

式中，分子的大小与噪信比有关。在低频段和中频段，噪信比相对小点，因此低频段和中频段相频特性的估计误差会小些。但在高频段，由于噪信比相对较高，因此高频段相频特性的估计误差会大些。

4.2.2 脉冲响应辨识

1. 基本原理

利用相关分析法辨识系统脉冲响应的原理如图 4.7 所示。

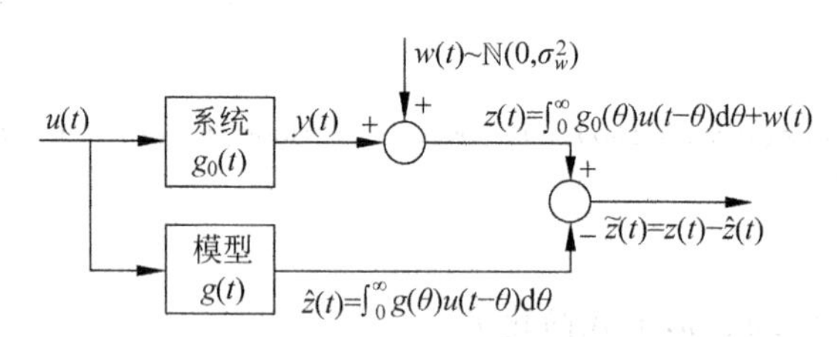

图 4.7　利用相关分析法辨识脉冲响应原理图

图中，$u(t)$、$z(t)$ 为系统的输入和输出变量，测量噪声 $w(t)$ 为零均值、自相关函数为 $R_w(\tau)=\sigma_w^2\delta(\tau)$、服从正态分布的白噪声，$\hat{z}(t)$ 为模型输出，$\tilde{z}(t)$ 为系统输出与模型输出的偏差。在考虑如下准则函数意义下

$$\begin{aligned}J&=\lim_{T\to\infty}\frac{1}{T}\int_0^T\tilde{z}^2(t)\mathrm{d}t=\lim_{T\to\infty}\frac{1}{T}\int_0^T[z(t)-\hat{z}(t)]^2\mathrm{d}t\\&=\lim_{T\to\infty}\frac{1}{T}\int_0^T\left[z(t)-\int_0^T g(\theta)u(t-\theta)\mathrm{d}t\right]^2\mathrm{d}t\end{aligned} \tag{4.2.22}$$

式中，T 为积分周期。根据系统的输入和输出数据，求脉冲响应 $g(\theta)$，使准则函数 J 达到极小值，这是一个典型的变分问题。设 $g(\theta)=\hat{g}(\theta)$ 时，准则函数 J 达到极小值，其必要条件为

$$\lim_{\alpha\to 0}\frac{\partial J[\hat{g}(\theta)+\alpha g_{\alpha}(\theta)]}{\partial\alpha}=0 \tag{4.2.23}$$

其中，$g_{\alpha}(\theta)$ 是不为零的任意小变动函数，α 为任意小的实变量。利用准则函数式(4.2.22)，由式(4.2.23)可求得

$$\begin{aligned}&\lim_{\alpha\to 0}\frac{\partial J[\hat{g}(\theta)+\alpha g_{\alpha}(\theta)]}{\partial\alpha}\\&=\lim_{T\to\infty}\left(-\frac{2}{T}\right)\int_0^T\left[\left(z(t)-\int_0^{\infty}\hat{g}(\theta)u(t-\theta)\mathrm{d}\theta\right)\int_0^{\infty}g_{\alpha}(\theta)u(t-\theta)\mathrm{d}\theta\right]\mathrm{d}t\\&=0\end{aligned} \tag{4.2.24}$$

经交换积分次序和积分变量置换，上式写成

$$\int_0^{\infty}g_{\alpha}(\tau)\left[\lim_{T\to\infty}\frac{1}{T}\int_0^T\left(z(t)-\int_0^{\infty}\hat{g}(\theta)u(t-\theta)\mathrm{d}\theta\right)u(t-\tau)\mathrm{d}t\right]\mathrm{d}\tau=0 \tag{4.2.25}$$

因 $g_{\alpha}(\theta)$ 是不为零的任意函数，所以有

$$\lim_{T\to\infty}\frac{1}{T}\int_0^T\left[z(t)-\int_0^{\infty}\hat{g}(\theta)u(t-\theta)\mathrm{d}\theta\right]u(t-\tau)\mathrm{d}t=0 \tag{4.2.26}$$

或写成

$$\lim_{T\to\infty}\frac{1}{T}\int_0^T u(t-\tau)z(t)\mathrm{d}t=\int_0^{\infty}\hat{g}(\theta)\lim_{T\to\infty}\frac{1}{T}\int_0^T u(t-\theta)u(t-\tau)\mathrm{d}t \tag{4.2.27}$$

根据相关函数的定义

$$\begin{cases}\lim\limits_{T\to\infty}\dfrac{1}{T}\displaystyle\int_0^T u(t-\tau)z(t)\mathrm{d}t=R_{uz}(\tau)\\\lim\limits_{T\to\infty}\dfrac{1}{T}\displaystyle\int_0^T u(t-\theta)u(t-\tau)\mathrm{d}t=R_u(\theta-\tau)\end{cases} \tag{4.2.28}$$

则式(4.2.27)写成

$$R_{uz}(\tau)=\int_0^{\infty}\hat{g}(\theta)R_u(\theta-\tau)\mathrm{d}\theta \tag{4.2.29}$$

变量 θ 置换成 t，上式写成

$$R_{uz}(\tau)=\int_0^{\infty}\hat{g}(t)R_u(t-\tau)\mathrm{d}t \tag{4.2.30}$$

式中，$R_{uz}(\tau)$、$R_u(t-\tau)$ 为输入输出互相关函数和输入自相关函数。式(4.2.30)便是著名的 Wiener-Hopf 方程，该方程是辨识脉冲响应的基本理论依据。

Wiener-Hopf 方程是一个积分方程，求 $\hat{g}(t)$ 的解析解是困难的。如果输入自相关函数具有特殊形式，则有可能求得 $\hat{g}(t)$ 显式解。比如，输入信号是零均值白噪声，自相关函数为 $R_u(\tau)=\sigma_u^2\delta(\tau)$，可得 $\hat{g}(\tau)=\frac{1}{\sigma_u^2}R_{uz}(\tau)$，其计算流程如图 4.8 所示。

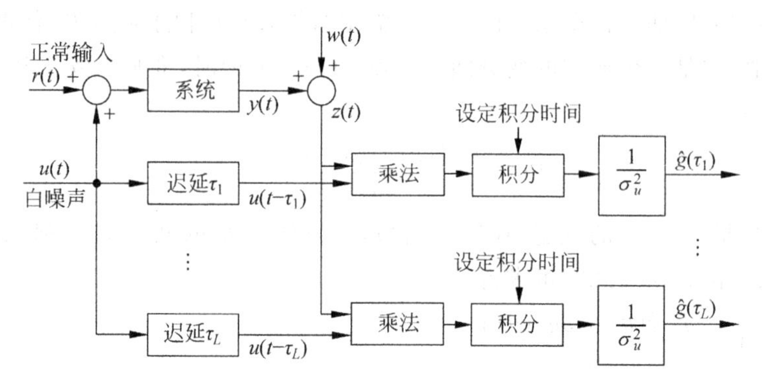

图 4.8 脉冲响应辨识(输入为白噪声)

例 4.2 考虑图 4.9 所示的仿真模型,图中 $u(t)$、$z(t)$ 为系统的输入和输出,测量噪声 $w(t)$ 为零均值、方差 $\sigma_w^2=0.5$、服从正态分布的白噪声。输入信号采用标准差为 1.2 的白噪声驱动,依据图 4.8 的框架流程辨识系统脉冲响应,结果如图 4.10 所示。

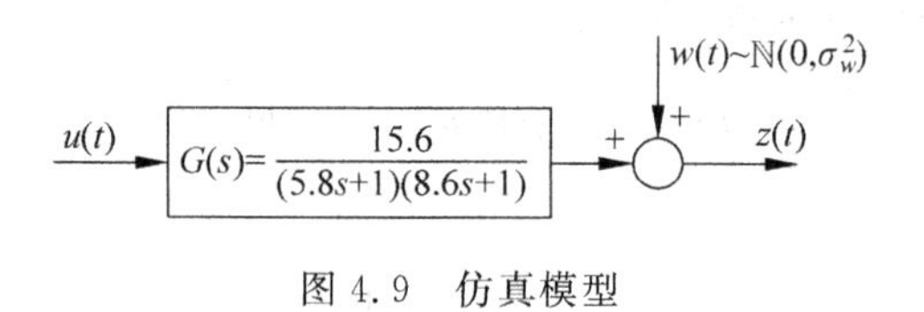

图 4.9 仿真模型

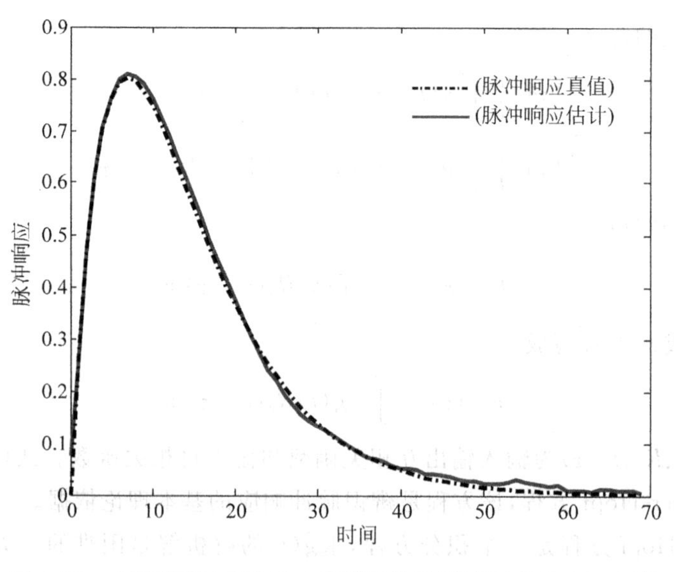

图 4.10 白噪声驱动下脉冲响应辨识结果(噪信比约为 11.47%)

仿真实验表明,利用白噪声驱动辨识脉冲响应时,计算互相关函数 $R_{uz}(\tau)$ 所用的数据没有足够的长度,辨识精度会较差。

2. 离散算法

当输入信号采用白噪声时，为了保证脉冲响应估计的精度，计算互相关函数 $R_{uz}(\tau)$需要使用很长的数据，这会给实际应用带来问题。如果输入信号改用 M 序列(见附录 D)，则可以克服这类问题。当采用 M 序列作为辨识输入信号时，Wiener-Hopf 方程近似写成

$$R_{Mz}(\tau)=\int_0^{N_P\Delta t}\hat{g}(t)R_M(t-\tau)\mathrm{d}t \tag{4.2.31}$$

其中，$R_M(t-\tau)$为 M 序列的自相关函数，N_P 为 M 序列的循环周期，Δt 为 M 序列的移位节拍，其离散形式写成

$$R_{Mz}(k)=\sum_{j=0}^{N_P-1}\hat{g}(j)R_M(k-j)\Delta t \tag{4.2.32}$$

根据附录 D 的式(D.3.3)，M 序列的自相关函数可表示成

$$R_M(k)=\begin{cases}a^2, & k=0,N_P,2N_P,\cdots\\ -\dfrac{a^2}{N_P}, & k\neq 0,N_P,2N_P,\cdots\end{cases} \tag{4.2.33}$$

代入式(4.2.32)，得

$$R_{Mz}(k)=\frac{(N_P+1)a^2\Delta t}{N_P}\hat{g}(k)-\frac{a^2\Delta t}{N_P}\sum_{j=0}^{N_P-1}\hat{g}(j) \tag{4.2.34}$$

令 $c=\dfrac{a^2\Delta t}{N_P}\sum_{j=0}^{N_P-1}\hat{g}(j)$，则脉冲响应估计的离散算法为

$$\hat{g}(k)=\frac{N_P}{(N_P+1)a^2\Delta t}[R_{Mz}(k)+c] \tag{4.2.35}$$

其中，c 为补偿量，Δt 为 M 序列移位节拍，通常 $\Delta t=1$。对稳定的系统来说，c 是有界的常数。当 N_P 充分大时，c 为很小值。当 $N_P\to\infty$时，因$\hat{g}(k)\to 0$，所以有 $c=-R_{Mz}(\infty)$。在工程上，可取 $c=-R_{Mz}(N_P-1)$就可满足要求。c 的取值不会影响脉冲响应估计的形态，只会造成脉冲响应估计在纵坐标方向平移，如图 4.11 所示，图中描述了 $R_{Mz}(k)$、$R_{Mz}(k)+c$ 和$\hat{g}(k)$三者的相对平移关系。

为了提高互相关函数 $R_{Mz}(k)$的计算精度，一般需要采用多周期数据来计算互相关函数，即

$$R_{Mz}(k)=\frac{1}{rN_P}\sum_{i=1}^{rN_P}M(i-k)z(i) \tag{4.2.36}$$

式中，r 为数据周期数。

例 4.3　考虑图 4.12 所示的仿真模型，图中 $u(t)$、$z(t)$为系统的输入和输出变量，测量噪声 $w(t)$为零均值、方差 $\sigma_w^2=2.0$、服从正态分布的白噪声。输入信号采用特征多项式为 $F(s)=s^7\oplus s^6\oplus 1$ 的 7 阶 M 序列，循环周期 $N_P=2^P-1=127$，移位节拍 $\Delta t=1\mathrm{s}$，幅度为 1。系统运行进入平稳后，采集输入和输出数据，采样时间 1s，利用离散

算法式(4.2.35)辨识系统脉冲响应，补偿量 $c=-R_{Mz}(N_P-1)$，采用式(4.2.36)计算互相关函数 $R_{Mz}(k)$(数据周期数 $r=10$)，辨识结果如图 4.13 所示。

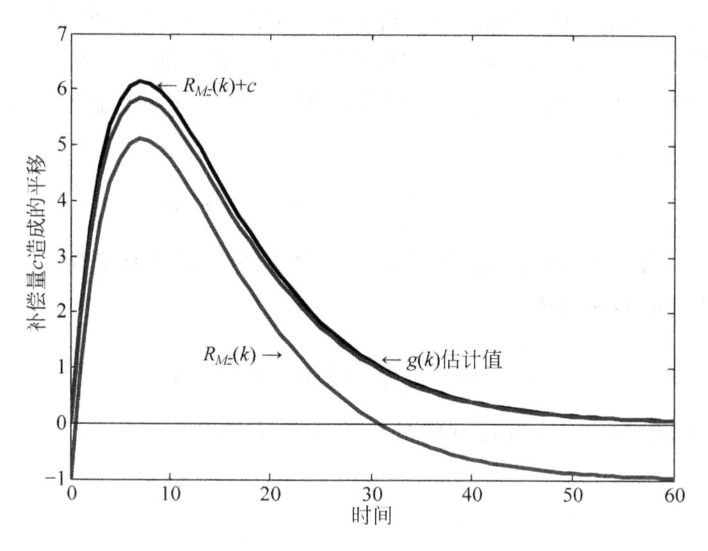

图 4.11 补偿量 c 的作用

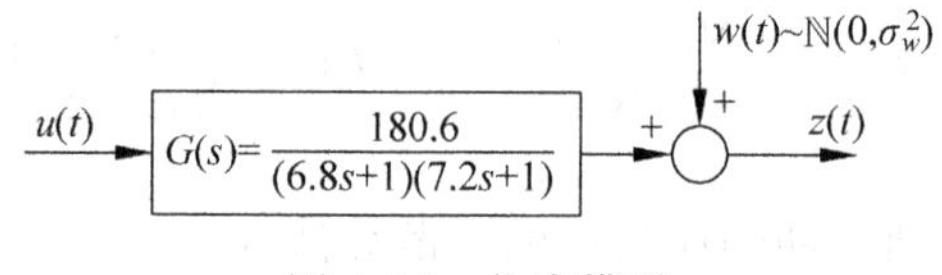

图 4.12 仿真模型

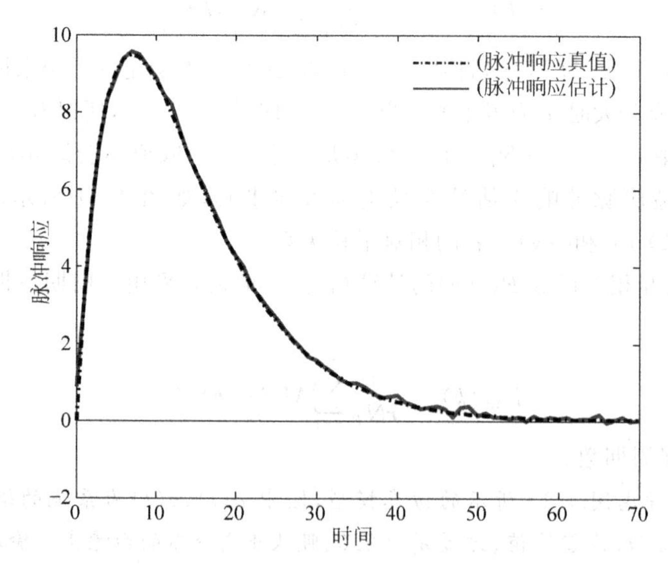

图 4.13 利用离散算法式(4.2.35)的辨识结果(噪信比约为 6.8%)

3. 一次性完成算法

若取 $k=0,1,2,\cdots,N_P-1$，离散 Wiener-Hopf 方程式(4.2.32)写成如下的线性联立方程

$$\begin{cases} R_M(0)\hat{g}(0)+R_M(-1)\hat{g}(1)+\cdots+R_M(-N_P+1)\hat{g}(N_P-1)=\dfrac{R_{Mz}(0)}{\Delta t} \\ R_M(1)\hat{g}(0)+R_M(0)\hat{g}(1)+\cdots+R_M(-N_P+2)\hat{g}(N_P-1)=\dfrac{R_{Mz}(1)}{\Delta t} \\ \vdots \\ R_M(N_P-1)\hat{g}(0)+R_M(N_P-2)\hat{g}(1)+\cdots+R_M(0)\hat{g}(N_P-1)=\dfrac{R_{Mz}(N_P-1)}{\Delta t} \end{cases} \tag{4.2.37}$$

上式的矩阵形式为

$$\boldsymbol{R}_M\hat{\boldsymbol{g}}=\frac{\boldsymbol{r}_{Mz}}{\Delta t} \tag{4.2.38}$$

其中

$$\begin{cases} \hat{\boldsymbol{g}}=[\hat{g}(0),\hat{g}(1),\cdots,\hat{g}(N_P-1)]^{\mathrm{T}} \\ \boldsymbol{r}_{Mz}=[R_{Mz}(0),R_{Mz}(1),\cdots,R_{Mz}(N_P-1)]^{\mathrm{T}} \\ \boldsymbol{R}_M=\begin{bmatrix} R_M(0) & R_M(-1) & \cdots & R_M(-N_P+1) \\ R_M(1) & R_M(0) & \cdots & R_M(-N_P+2) \\ \vdots & \vdots & \ddots & \vdots \\ R_M(N_P-1) & R_M(N_P-2) & \cdots & R_M(0) \end{bmatrix} \end{cases} \tag{4.2.39}$$

根据 M 序列自相关函数的性质，有

$$\boldsymbol{R}_M^{-1}=\frac{N_P}{(N_P+1)a^2}\begin{bmatrix} 2 & 1 & \cdots & 1 \\ 1 & 2 & \cdots & 1 \\ \vdots & \vdots & \ddots & \vdots \\ 1 & 1 & \cdots & 2 \end{bmatrix} \tag{4.2.40}$$

互相关函数向量$\boldsymbol{r}_{Mz}$又可写成

$$\boldsymbol{r}_{Mz}=\frac{1}{N_P}\boldsymbol{M}\boldsymbol{z} \tag{4.2.41}$$

式中

$$\begin{cases} \boldsymbol{z}=[z(N_P),z(N_P+1),\cdots,z(2N_P-1)]^{\mathrm{T}} \\ \boldsymbol{M}=\begin{bmatrix} M(N_P) & M(N_P+1) & \cdots & M(2N_P-1) \\ M(N_P-1) & M(N_P) & \cdots & M(2N_P-2) \\ \vdots & \vdots & \ddots & \vdots \\ M(1) & M(2) & \cdots & M(N_P) \end{bmatrix} \end{cases} \tag{4.2.42}$$

将式(4.2.40)和式(4.2.41)代入式(4.2.38)，得

$$\hat{\boldsymbol{g}}=\frac{1}{N_P\Delta t}\boldsymbol{R}_M^{-1}\boldsymbol{M}\boldsymbol{z}=\frac{1}{(N_P+1)a^2\Delta t}\begin{bmatrix}2 & 1 & \cdots & 1\\ 1 & 2 & \cdots & 1\\ \vdots & \vdots & \ddots & \vdots\\ 1 & 1 & \cdots & 2\end{bmatrix}\boldsymbol{M}\boldsymbol{z} \tag{4.2.43}$$

上式即为一次性完成算法。当确定输入信号 M 序列之后，脉冲响应估计取决于系统的输出数据，利用式(4.2.43)可一次性完成脉冲响应估计。

例 4.4 本例仿真模型和实验条件与例 4.3 相同，利用一次性完成算法式(4.2.43)辨识系统脉冲响应，辨识结果如图 4.14 所示。

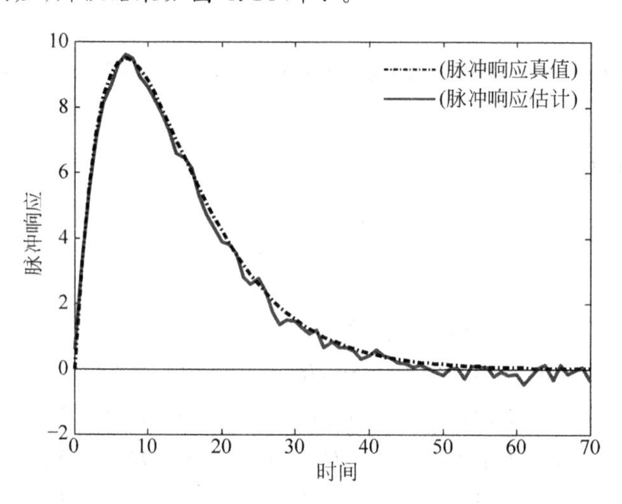

图 4.14 利用一次性完成算法式(4.2.43)的辨识结果(噪信比约为 6.7%)

4. 递推算法

如果将互相关函数 $R_{Mz}(k)$ 写成

$$R_{Mz}^{(i)}(k)=\frac{i}{i+1}R_{Mz}^{(i-1)}(k)+\frac{i}{i+1}M(i-k)z(i) \tag{4.2.44}$$

其中，上角标 i 表示迭代步数，则一次性完成算法式(4.2.43)可写成递推形式

$$\hat{\boldsymbol{g}}^{(i)}=\frac{i}{i+1}\hat{\boldsymbol{g}}^{(i-1)}+\frac{i}{(i+1)\Delta t}\boldsymbol{R}_M^{-1}\boldsymbol{m}(i)z(i) \tag{4.2.45}$$

式中，第 i 步的 M 序列向量定义为

$$\boldsymbol{m}(i)=[M(i),M(i-1),\cdots,M(i-N_P+1)]^{\mathrm{T}} \tag{4.2.46}$$

利用式(4.2.45)，取初始值 $\hat{\boldsymbol{g}}^{(0)}=0$，每采样一次输出数据可递推计算一次脉冲响应估计值。

例 4.5 本例仿真模型和实验条件与例 4.3 相同，利用递推算法式(4.2.45)辨识系统脉冲响应，辨识结果如图 4.15 所示。

5. 统计性质

(1) 无偏性　在测量噪声序列 $\{w(k)\}$ 是零均值的条件下，输入信号选用 M 序

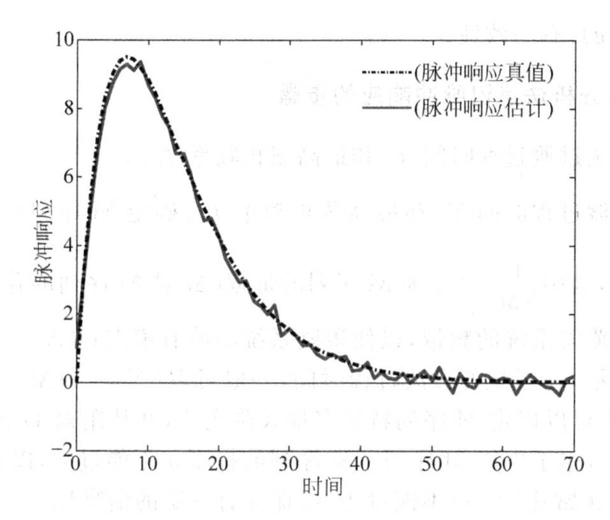

图4.15 利用递推算法式(4.2.45)的辨识结果(噪信比约为6.7%)

列,脉冲响应估计$\hat{\boldsymbol{g}}$是无偏估计量,即有 $\mathrm{E}\{\hat{\boldsymbol{g}}\}=\boldsymbol{g}_0$,其中$\boldsymbol{g}_0$为系统真实脉冲响应。

当式(4.2.43)两边取数学期望,并考虑$\boldsymbol{R}_M^{-1}$、$\boldsymbol{M}$为常数阵及输出测量向量$\boldsymbol{z}$可表示为输出向量$\boldsymbol{y}$与噪声向量$\boldsymbol{w}$之和,即$\boldsymbol{z}=\boldsymbol{y}+\boldsymbol{w}$,且噪声向量均值$\mathrm{E}\{\boldsymbol{w}\}=0$,则有

$$\boldsymbol{E}\{\hat{\boldsymbol{g}}\}=\frac{1}{N_P\Delta t}\boldsymbol{R}_M^{-1}\boldsymbol{M}\mathrm{E}\{\boldsymbol{z}\}=\frac{1}{N_P\Delta t}\boldsymbol{R}_M^{-1}\boldsymbol{M}\mathrm{E}\{\boldsymbol{y}\}=\boldsymbol{g}_0 \tag{4.2.47}$$

故脉冲响应估计是无偏的。

(2) 一致性 当测量噪声$w(k)$是零均值白噪声,输入信号选用M序列时,脉冲响应估计$\hat{\boldsymbol{g}}$是一致估计量,也就是

$$\begin{cases}\lim\limits_{N_p\to\infty}\mathrm{E}\{\hat{\boldsymbol{g}}\}=\boldsymbol{g}_0\\ \lim\limits_{N_p\to\infty}\mathrm{Var}\{\hat{\boldsymbol{g}}\}=0\end{cases} \tag{4.2.48}$$

利用$\hat{\boldsymbol{g}}=\dfrac{1}{N_P\Delta t}\boldsymbol{R}_M^{-1}\boldsymbol{M}\boldsymbol{z}$和$\boldsymbol{g}_0=\dfrac{1}{N_P\Delta t}\boldsymbol{R}_M^{-1}\boldsymbol{M}\boldsymbol{y}$,有

$$\begin{aligned}\mathrm{E}\{(\boldsymbol{g}_0-\hat{\boldsymbol{g}})(\boldsymbol{g}_0-\hat{\boldsymbol{g}})^{\mathrm{T}}\}&=\mathrm{E}\left\{\frac{1}{N_P\Delta t}\boldsymbol{R}_M^{-1}\boldsymbol{M}\boldsymbol{w}\left(\frac{1}{N_P\Delta t}\boldsymbol{R}_M^{-1}\boldsymbol{M}\boldsymbol{w}\right)^{\mathrm{T}}\right\}\\&=\left(\frac{1}{N_P\Delta t}\boldsymbol{R}_M^{-1}\boldsymbol{M}\right)\mathrm{E}\{\boldsymbol{w}\boldsymbol{w}^{\mathrm{T}}\}\left(\frac{1}{N_P\Delta t}\boldsymbol{R}_M^{-1}\boldsymbol{M}\right)^{\mathrm{T}}\end{aligned} \tag{4.2.49}$$

考虑到$\boldsymbol{R}_M^{-1}$为对称阵,且$\dfrac{1}{N_P}\boldsymbol{M}\boldsymbol{M}^{\mathrm{T}}=\boldsymbol{R}_M$,则有

$$\begin{aligned}\lim_{N_p\to\infty}\mathrm{E}\{(\boldsymbol{g}_0-\hat{\boldsymbol{g}})(\boldsymbol{g}_0-\hat{\boldsymbol{g}})^{\mathrm{T}}\}&=\lim_{N_p\to\infty}\frac{\sigma_w^2}{N_P\Delta t^2}\boldsymbol{R}_M^{-1}\\&=\lim_{N_p\to\infty}\frac{\sigma_w^2}{(N_P+1)a^2\Delta t^2}\begin{bmatrix}2&1&\cdots&1\\1&2&\cdots&1\\\vdots&\vdots&\ddots&\vdots\\1&1&\cdots&2\end{bmatrix}\\&=0\end{aligned} \tag{4.2.50}$$

故脉冲响应估计$\hat{\boldsymbol{g}}$具有一致性。

6. 利用相关分析法辨识脉冲响应的步骤

(1) 预估系统过渡过程时间 T_s 和最高截止频率 $f_{\max}$。

(2) 利用过渡过程时间 T_s 和最高截止频率 $f_{\max}$ 确定 M 序列参数：$\frac{1}{3\Delta t} \geqslant f_{\max}$，$(N_P-1)\Delta t > T_s$，其中$\frac{1}{3\Delta t}=B_M$ 为 M 序列的带宽(Δt 是 M 序列的移位节拍)。M 序列带宽 B_M 必须覆盖系统的频带，以便激励系统的所有模态；$(N_P-1)\Delta t$ 为 M 序列的循环周期，必须大于系统的过渡过程时间，一般可取$(N_P-1)\Delta t=(1.2\sim1.5)T_s$。根据 $N_P=2^P-1$ 可以确定 M 序列特征多项式阶次 P，并从附录 D 表 D.1 选择一个特征多项式 $F(s)$，用于生成 M 序列。M 序列的幅度 a 不能过大，以免系统进入非线性区或影响系统正常运行；也不能过小，以保证有一定的信噪比。

(3) 启动辨识实验，并采集数据，通常需要避开非平稳时段，采集 $r=2\sim4$ 周期的数据。

(4) 保存数据，并进行数据预处理，然后按式(4.2.36)计算互相关函数 $R_{Mz}(k)$，或按式(4.2.42)构造输出向量 $\boldsymbol{z}$ 和 M 序列矩阵 $\boldsymbol{M}$。

(5) 取补偿量 $c=-R_{Mz}(N_P-1)$，并按式(4.2.35)计算脉冲响应估计值$\hat{g}(k)$，或按式(4.2.43)计算脉冲响应估计向量$\hat{\boldsymbol{g}}$。

(6) 或者按式(4.2.40)构造$\boldsymbol{R}_M^{-1}$，再按式(4.2.45)递推计算脉冲响应估计向量$\hat{\boldsymbol{g}}^{(i)}$。

(7) 辨识结果处理和显示。

例 4.6 某炼油厂常压加热炉(如图 4.16)炉膛温度由气动燃料调节阀膜头压力控制，采用相关分析法辨识气动调节阀头压力-炉膛温度通道的脉冲响应。

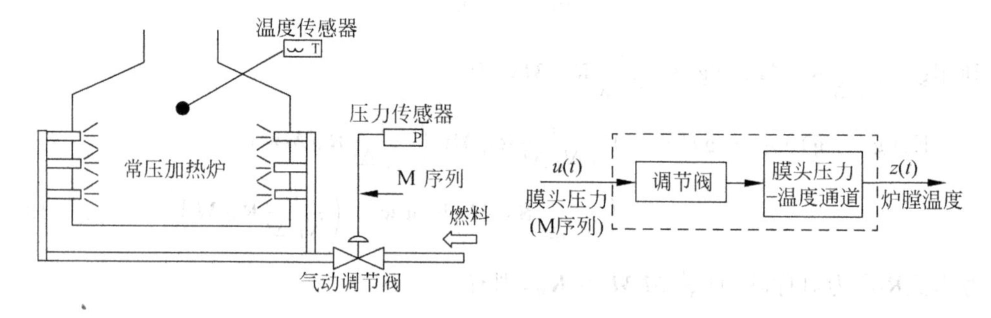

图 4.16 加热炉

(1) 预估加热炉的过渡过程时间 T_s 不大于 50 分钟，最高截止频率 $f_{\max}$ 低于 0.0012Hz。

(2) 根据 $\Delta t \leqslant \frac{1}{3f_{\max}}$ 和$(N_P-1)\Delta t > T_s$，选择 M 序列参数：移位节拍 $\Delta t=4$ 分钟，带宽 $B_M=0.0014\text{Hz}$；循环周期$(N_P-1)\Delta t=56$ 分钟，特征多项式取 $F(s)=s^4\oplus$

$s\oplus 1$，$N_P=15$；幅度取 $a=0.03\ \mathrm{kg/cm^2}$（气动调节阀膜头压力变化量），以保证系统不会进入非线性区，且有明显的输出响应。

(3) 启动辨识实验，并采集数据（采样时间等于 Δt），一个周期内的输入和输出数据序列为

$$\begin{cases} u(k)=\{0.03,-0.03,-0.03,-0.03,-0.03,0.03,0.03,0.03,\\ \qquad -0.03,0.03,0.03,-0.03,-0.03,0.03,-0.03\} \\ z(k)=\{831.82,831.82,832.03,832.03,831.03,830.68,830.52,\\ \qquad 830.86,831.78,832.50,832.50,832.32,833.28,832.82,832.04\} \end{cases}$$

(4) 保存数据，并进行数据预处理（输出数据减去恒定值 830 度），然后按式(4.2.36)计算互相关函数 $R_{Mz}(k)$（取 $r=1$）。

(5) 取补偿量 $c=-R_{Mz}(14)$，并按式(4.2.35)计算脉冲响应估计值

$$\hat{g}(k)=\frac{15}{16\times 0.03^2\times 4}(R_{Mz}(k)+c)=260.4167(R_{Mz}(k)+c)$$

(6) 加热炉气动调节阀膜头压力-炉膛温度通道脉冲响应估计结果如表 4.1 和图 4.17 所示，点划线为脉冲响应估计值，实线为脉冲响应估计的拟合曲线，它反映脉冲响应的变化规律。

表 4.1　加热炉气动调节阀膜头压力-炉膛温度通道脉冲响应估计值

k	0	1	2	3	4	5	6	7
$\hat{g}(k)$	−0.1354	0.0104	2.8750	5.1042	3.5521	2.9583	1.8542	1.7708
k	8	9	10	11	12	13	14	
$\hat{g}(k)$	1.2604	0.2813	−0.1771	0.0729	0.4375	−0.3229	0	

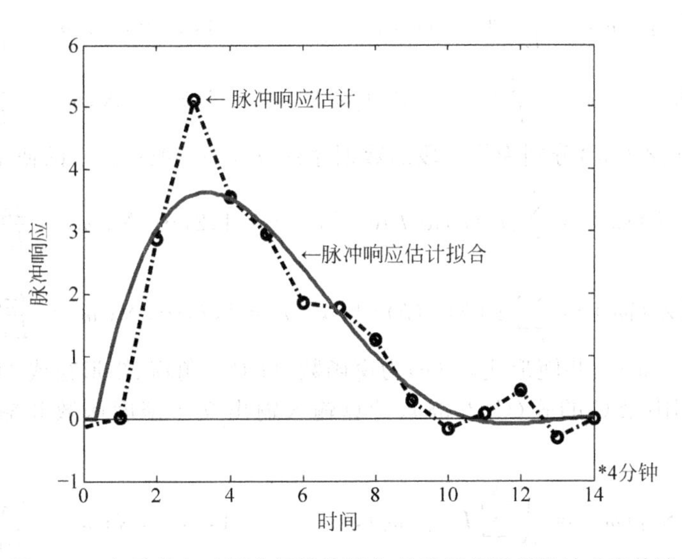

图 4.17　加热炉气动调节阀膜头压力-炉膛温度通道脉冲响应估计

4.3 谱分析法

下面讨论利用谱分析法辨识系统的频率响应，其基本理论依据是系统频率特性 $G(\mathrm{j}\omega)$与输入输出互谱密度函数 $S_{zu}(\mathrm{j}\omega)$和输入自谱密度函数 $S_u(\omega)$存在如下关系

$$G(\mathrm{j}\omega)=\frac{S_{uz}(\mathrm{j}\omega)}{S_u(\omega)} \tag{4.3.1}$$

这种非参数模型辨识方法只需利用正常运行工况下的输入输出数据，无须施加特殊的试验信号，应用起来比较方便，而且具有较强的噪声抑制能力。

4.3.1 周期图法

谱分析法的关键是估计输入输出互谱密度函数 $S_{zu}(\mathrm{j}\omega)$和输入自谱密度函数 $S_u(\omega)$，对有限的数据序列来说，周期图法是估计谱密度函数的有效方法，其步骤为：

(1) 把数据长度为 L 的输入和输出数据序列$\{u(k),z(k),k=1,2,\cdots,L\}$分成 N 段长度各为 L_1 的不交叠段，记第 r 段的数据为

$$\begin{cases}u_r(k)=u(k+(r-1)L_1)\\ z_r(k)=z(k+(r-1)L_1)\\ r=1,2,\cdots,N;\ k=1,2,\cdots,L_1\end{cases} \tag{4.3.2}$$

(2) 根据附录 C 周期图的定义式(C.2.32)和式(C.2.33)，求各数据段输入自相关周期图和输入输出互相关周期图

$$\begin{cases}I_{u_r,L_1}(\omega_i)=\dfrac{1}{L_1}\parallel U_r(\mathrm{j}\omega_i)\parallel^2, & r=1,2,\cdots,N;\ \omega_i=\dfrac{2\pi i}{L_1}\\ I_{u_rz_r,L_1}(\omega_i)=\dfrac{1}{L_1}U_r(\mathrm{j}\omega_i)Z_r^*(\mathrm{j}\omega_i), & r=1,2,\cdots,N;\ \omega_i=\dfrac{2\pi i}{L_1}\end{cases} \tag{4.3.3}$$

式中，$U_r(\mathrm{j}\omega_i)$、$Z_r(\mathrm{j}\omega_i)$分别为第 r 段的数据序列$\{u_r(k)\}$和$\{z_r(k)\}$的傅里叶变换

$$\begin{cases}U_r(\mathrm{j}\omega_i)=\sum\limits_{k=1}^{L_1}u_r(k)w(k)\mathrm{e}^{-\mathrm{j}\omega_ik}, & r=1,2,\cdots,N;\ \omega_i=\dfrac{2\pi i}{L_1}\\ Z_r(\mathrm{j}\omega_i)=\sum\limits_{k=1}^{L_1}z_r(k)w(k)\mathrm{e}^{-\mathrm{j}\omega_ik}, & r=1,2,\cdots,N;\ \omega_i=\dfrac{2\pi i}{L_1}\end{cases} \tag{4.3.4}$$

$Z_r^*(\mathrm{j}\omega_i)$是 $Z_r(\mathrm{j}\omega_i)$的共轭形式，$w(k)$为窗函数，可取三角窗、矩形窗或 Hamming 窗。

(3) 根据附录 C 的式(C.2.38)，计算输入输出互谱密度函数和输入自谱密度函数

$$\begin{cases}S_{u,L}(\omega_i)=\dfrac{1}{N}\sum\limits_{r=1}^{N}I_{u_r,L_1}(\omega_i), & r=1,2,\cdots,N;\ \omega_i=\dfrac{2\pi i}{L_1}\\ S_{uz,L}(\mathrm{j}\omega_i)=\dfrac{1}{N}\sum\limits_{r=1}^{N}I_{u_rz_r,L_1}(\mathrm{j}\omega_i), & r=1,2,\cdots,N;\ \omega_i=\dfrac{2\pi i}{L_1}\end{cases} \tag{4.3.5}$$

(4) 根据式(4.3.1),频率响应估计为

$$\begin{cases} G(\mathrm{j}\omega_i) = S_{uz,L}(\mathrm{j}\omega_i)/S_{u,L}(\omega_i) \\ \omega_i = \dfrac{2\pi i}{L_1} \end{cases} \tag{4.3.6}$$

4.3.2 平滑法

平滑法是利用数据窗对样本谱密度进行平滑处理,以期获得谱密度函数的一致估计,从而提高频率响应的估计精度。具体步骤为:

(1) 设经采样获得有限长度的输入和输出数据序列$\{u(k),z(k),k=1,2,\cdots,L\}$,$L$ 为数据长度,采样时间为 T_0。

(2) 对数据进行适当的预处理,以去掉直流成分和低频漂移。

(3) 计算数据样本相关函数

$$\begin{cases} R_{u,L}(l) = \dfrac{1}{L}\displaystyle\sum_{k=1}^{L-l} u(k)u(k+l) \\ R_{uz,L}(l) = \hat{R}_{zu,L}(-l) = \dfrac{1}{L}\displaystyle\sum_{k=1}^{L-l} u(k)z(k+l) \\ l = 1,2,\cdots,M = \dfrac{L}{10} \end{cases} \tag{4.3.7}$$

(4) 计算数据样本谱密度函数函数

$$\begin{cases} S_{u,L}(\omega_r) = R_{u,L}(0) + 2\displaystyle\sum_{l=1}^{M-l} \hat{R}_{u,L}(l)\cos\left(\dfrac{rl\pi}{M}\right) \\ S_{uz,L}(\mathrm{j}\omega_r) = L_{uz,L}(\omega_r) - \mathrm{j}Q_{uz,L}(\omega_r) \\ \omega_r = \dfrac{r\pi}{MT_0}, \quad r = 0,1,2,\cdots,M \end{cases} \tag{4.3.8}$$

其中

$$\begin{cases} L_{uz,L}(\omega_r) = A_{uz,L}(0) + 2\displaystyle\sum_{l=1}^{M-1} A_{uz,L}(l)\cos\left(\dfrac{rl\pi}{M}\right) \\ Q_{uz,L}(\omega_r) = 2\displaystyle\sum_{l=1}^{M-1} B_{uz,L}(l)\sin\left(\dfrac{rl\pi}{M}\right) \end{cases} \tag{4.3.9}$$

式中

$$\begin{cases} A_{uz,L}(l) = \dfrac{1}{2}[R_{uz,L}(l+l_0) + R_{uz,L}(l-l_0)], \quad l_0 \in \{l \,\big|\, |R_{uz,L}(l)| = \max\} \\ B_{uz,L}(l) = \dfrac{1}{2}[R_{uz,L}(l+l_0) + R_{uz,L}(l-l_0)], \quad l_0 \in \{l \,\big|\, |R_{uz,L}(l)| = \max\} \end{cases} \tag{4.3.10}$$

(5) 利用式(4.3.8)计算的样本谱密度函数不一定是一致估计量,为了获得谱密度函数的一致估计,Blackman-Tukey 提出采用数据窗技术,对样本谱密度函数进行平滑处理。定义平滑谱密度函数为

$$\bar{S}_x(\omega)=\int_{-\infty}^{\infty} w(\tau)R_{x,L}(\tau)\mathrm{e}^{-\mathrm{j}\omega\tau}\mathrm{d}\tau \tag{4.3.11}$$

其中，窗函数取

$$w(\tau)=\begin{cases}\sum\limits_{n=-1}^{1} a_n \mathrm{e}^{\frac{\mathrm{j}n\pi\tau}{M}}, & |\tau|\leqslant M\\ 0, & |\tau|>M\end{cases} \tag{4.3.12}$$

式中，当 $a_{-1}=a_1=0.25, a_0=0.5$ 时，$w(\tau)$为 Hanning 窗；当 $a_{-1}=a_1=0.23, a_0=0.54$ 时，$w(\tau)$为 Hamming 窗；M 为样本相关函数 $R_{x,L}(\tau)$的最大时间相隔。

(6) 利用式(4.3.11)和式(4.3.12)，平滑谱密度函数与样本谱密度函数的关系可写成

$$\begin{aligned}\bar{S}_x(\omega)&=\int_{-\infty}^{\infty}\sum_{n=-1}^{1} a_n \mathrm{e}^{\frac{\mathrm{j}n\pi\tau}{M}} R_{x,L}(\tau)\mathrm{e}^{-\mathrm{j}\omega\tau}\mathrm{d}\tau\\ &=\sum_{n=-1}^{1} a_n\int_{-\infty}^{\infty} R_{x,L}(\tau)\mathrm{e}^{-\mathrm{j}\left(\omega-\frac{n\pi}{M}\right)\tau}\mathrm{d}\tau=\sum_{n=-1}^{1} a_n S_{x,L}\left(\omega-\frac{n\pi}{M}\right)\end{aligned} \tag{4.3.13}$$

(7) 依据式(4.3.13)，式(4.3.8)和式(4.3.9)的样本谱密度函数写成

$$\begin{cases}\bar{S}_{u,L}(\omega_r)=\sum\limits_{n=-1}^{1} a_n S_{u,L}(\omega_{r-n}), & r=0,1,2,\cdots,M\\ \bar{L}_{uz,L}(\omega_r)=\sum\limits_{n=-1}^{1} a_n L_{uz,L}(\omega_{r-n}), & r=0,1,2,\cdots,M\\ \bar{Q}_{uz,L}(\omega_r)=\sum\limits_{n=-1}^{1} a_n Q_{uz,L}(\omega_{r-n}), & r=0,1,2,\cdots,M\\ \bar{S}_{uz,L}(\mathrm{j}\omega_r)=\bar{L}_{uz,L}(\omega_r)-\mathrm{j}\bar{Q}_{uz,L}(\omega_r), & r=0,1,2,\cdots,M\end{cases} \tag{4.3.14}$$

式中，带"—"为平滑后的谱密度函数。

(8) 根据式(4.3.14)，频率响应估计可表示为

$$\hat{G}(\mathrm{j}\omega_r)=\frac{\bar{S}_{uz,L}(\mathrm{j}\omega_r)}{\bar{S}_{u,L}(\omega_r)}, \quad r=0,1,2,\cdots,M \tag{4.3.15}$$

或

$$\begin{cases}\|\hat{G}(\mathrm{j}\omega_r)\|=\dfrac{\sqrt{\bar{L}_{uz,L}^2(\omega_r)+\bar{Q}_{uz,L}^2(\omega_r)}}{\bar{S}_{u,L}(\omega_r)}, & r=0,1,2,\cdots,M\\ \angle\hat{G}(\mathrm{j}\omega_r)=-\arctan\left[\dfrac{\bar{Q}_{uz,L}(\omega_r)}{\bar{L}_{uz,L}(\omega_r)}\right], & r=0,1,2,\cdots,M\end{cases} \tag{4.3.16}$$

例 4.7[81] 考虑图 4.18 所示的辨识对象，图中 $v(k)$和 $w(k)$均为零均值、服从正态分布的白噪声。利用上述平滑法，也就是式(4.3.15)或式(4.3.16)，估计系统的频率特性。采样时间 $T_0=0.4\mathrm{s}$，数据长度 $L=1000$，样本相关函数最大时间相隔 $M=10$，数据窗采用 Hanning 窗，辨识结果如图 4.19 所示。当 $r\leqslant 40$ 时，幅频特性和相频特性吻合比较好；当 $r>40$ 后，频率响应估计波动比较大，这可能与高频段的噪信比较高及数据窗的带宽有关。

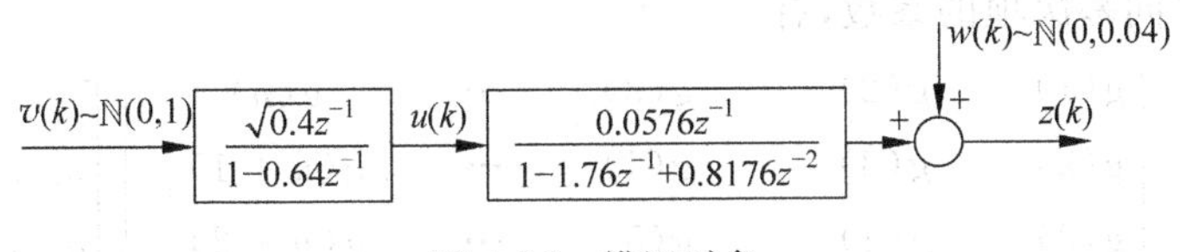

图 4.18　辨识对象

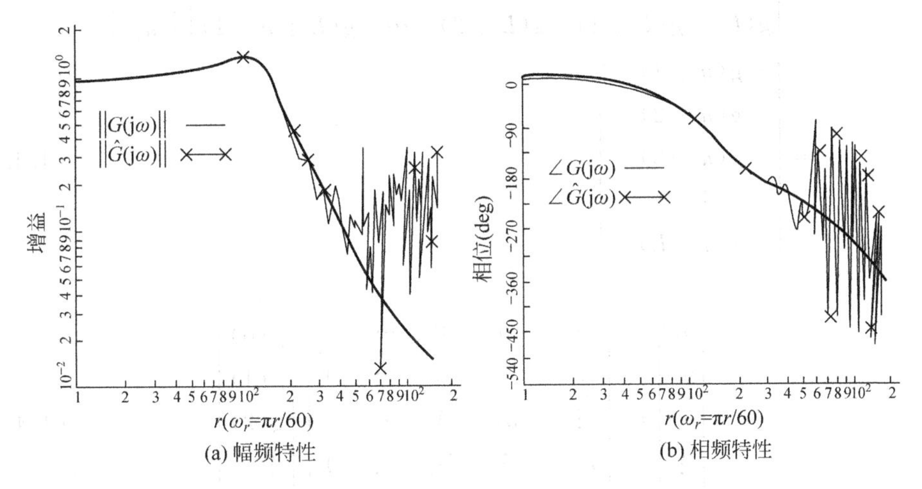

(a) 幅频特性　　(b) 相频特性

图 4.19　辨识结果

4.4　由非参数模型求传递函数

4.4.1　Hankel 矩阵法

考虑 n 阶的脉冲传递函数及其与脉冲响应序列 $\{g(k), k=0,2,3,\cdots\}$ 的关系如下

$$G(z^{-1})=\frac{b_0+b_1z^{-1}+b_2z^{-2}+\cdots+b_nz^{-n}}{1+a_1z^{-1}+a_2z^{-2}+\cdots+a_nz^{-n}}$$
$$=g(0)+g(1)z^{-1}+g(2)z^{-2}+g(3)z^{-3}+\cdots \tag{4.4.1}$$

将上式写成

$$\begin{aligned}&b_0+b_1z^{-1}+b_2z^{-2}+\cdots+b_nz^{-n}\\=\ &g(0)+(g(1)+a_1g(0))z^{-1}+(g(2)+a_1g(1)+a_2g(0))z^{-2}+\cdots\\&+\left(g(n)+\sum_{i=0}^{n-1}a_{n-i}g(i)\right)z^{-n}+\left(g(n+1)+\sum_{i=1}^{n}a_{(n+1)-i}g(i)\right)z^{-(n+1)}+\cdots\\&+\left(g(2n)+\sum_{i=n}^{2n-1}a_{2n-i}g(i)\right)z^{-2n}+\left(g(2n+1)+\sum_{i=n+1}^{2n}a_{(2n+1)-i}g(i)\right)z^{-(2n+1)}+\cdots\\&+\left(g(3n)+\sum_{i=2n}^{3n-1}a_{3n-i}g(i)\right)z^{-3n}+\cdots\end{aligned} \tag{4.4.2}$$

比较两边 z^{-1} 同幂次项的系数，有

$$\begin{bmatrix} g(1) & g(2) & g(3) & \cdots & g(n) \\ g(2) & g(3) & g(4) & \cdots & g(n+1) \\ g(3) & g(4) & g(5) & \cdots & g(n+2) \\ \vdots & \vdots & \vdots & \vdots & \vdots \\ g(L) & g(L+1) & g(L+2) & \cdots & g(L+n-1) \end{bmatrix} \begin{bmatrix} a_n \\ a_{n-1} \\ a_{n-2} \\ \vdots \\ a_1 \end{bmatrix}$$

$$= \begin{bmatrix} -g(n+1) \\ -g(n+2) \\ -g(n+3) \\ \vdots \\ -g(n+L) \end{bmatrix} \tag{4.4.3}$$

和

$$\begin{bmatrix} b_0 \\ b_1 \\ b_2 \\ \vdots \\ b_n \end{bmatrix} = \begin{bmatrix} 1 & 0 & 0 & \cdots & 0 \\ a_1 & 1 & 0 & \cdots & 0 \\ \vdots & a_1 & 1 & \ddots & \vdots \\ a_{n-1} & \vdots & \ddots & \ddots & 0 \\ a_n & a_{n-1} & \cdots & a_1 & 1 \end{bmatrix} \begin{bmatrix} g(0) \\ g(1) \\ g(2) \\ \vdots \\ g(n) \end{bmatrix} \tag{4.4.4}$$

式中，L 为脉冲响应序列长度。式(4.4.3)左边由脉冲响应序列组成的矩阵称 Hankel 矩阵，它是列满秩的，故有

$$\begin{cases} \boldsymbol{a} = (\boldsymbol{H}_g^{\mathrm{T}} \boldsymbol{H}_g)^{-1} \boldsymbol{H}_g^{\mathrm{T}} \boldsymbol{g} \\ \boldsymbol{a} = [a_1, a_2, a_3, \cdots, a_n]^{\mathrm{T}} \\ \boldsymbol{g} = [-g(n+1), -g(n+2), -g(n+3), \cdots, -g(L+n)]^{\mathrm{T}} \\ \boldsymbol{H}_g = \begin{bmatrix} g(1) & g(2) & g(3) & \cdots & g(n) \\ g(2) & g(3) & g(4) & \cdots & g(n+1) \\ g(3) & g(4) & g(5) & \cdots & g(n+2) \\ \vdots & \vdots & \vdots & \vdots & \vdots \\ g(L) & g(L+1) & g(L+2) & \cdots & g(L+n-1) \end{bmatrix} \end{cases} \tag{4.4.5}$$

利用式(4.4.5)和式(4.4.4)，在模型阶次已知的情况下，根据辨识获得的脉冲响应估计序列$\{\hat{g}(k), k=0,1,2,\cdots,L+n\}$，即可求得脉冲传递函数估计式$\hat{G}(z^{-1})$。

例 4.8　例 4.3 中，仿真模型的传递函数为

$$G_0(s) = \frac{180.60}{48.96s^2 + 14.00s + 1.00} \tag{4.4.6}$$

采样时间取 1s，脉冲传递函数为

$$G_0(z^{-1}) = \frac{0.8033 + 1.6065z^{-1} + 0.8033z^{-2}}{1 - 1.7332z^{-1} + 0.7510z^{-2}} \tag{4.4.7}$$

在 M 序列驱动、噪信比约为 6.8%的情况下，采用相关分析法辨识脉冲响应，获得

的脉冲响应序列记作$\{\hat{g}(k), k=0,1,2,\cdots,127\}$。基于辨识获得的脉冲响应估计序列$\{\hat{g}(k)\}$，利用Hankel矩阵法，也就是式(4.4.5)和式(4.4.4)，求得脉冲传递函数为

$$\hat{G}(z^{-1}) = \frac{0.7908 + 1.6513z^{-1} + 0.6637z^{-2}}{1 - 1.7375z^{-1} + 0.7552\boxed{z}^{-2}} \tag{4.4.8}$$

转换成连续的传递函数

$$\hat{G}(s) = \frac{-2.7734s^2 + 7.1724s + 175.2167}{49.2611s^2 + 13.8128s + 1} \tag{4.4.9}$$

与式(4.4.7)和式(4.4.6)比较，求得的传递函数还是可靠的。图4.20是利用Hankel矩阵法求得的传递函数脉冲响应与利用相关分析法辨识的脉冲响应比较，其特性十分接近。

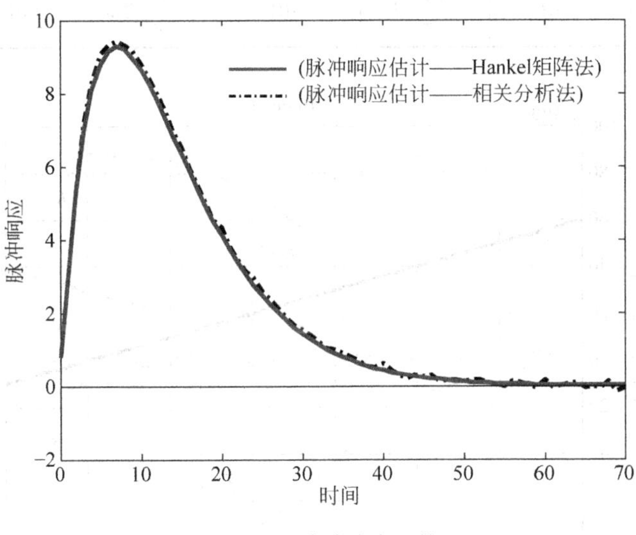

图4.20 脉冲响应比较

4.4.2 Bode图法

最小相位系统的传递函数通常由一阶惯性环节和二阶振荡环节组成

$$G(s) = \frac{K\prod_{i=1}^{n_1}(T_{1i}s+1)\prod_{i=1}^{n_2}(T_{2i}s^2+2T_{2i}\xi_{2i}s+1)}{K\prod_{i=1}^{n_3}(T_{3i}s+1)\prod_{i=1}^{n_4}(T_{4i}s^2+2T_{4i}\xi_{4i}s+1)}\mathrm{e}^{-\tau s} \tag{4.4.10}$$

式中，各种基本环节频率响应的渐近特性如表4.2所示，对应的Bode图(表中前4种)如图4.21所示。当辨识获得频率响应后，利用表4.2和图4.21可以求得相应的传递函数。具体做法是：用一些斜率为0、±20dB/dec、±40dB/dec…的线段来逼近幅频特性，并找到转折频率，即可写出传递函数。

表 4.2 基本环节频率响应的渐近特性

基本环节	$\omega \ll \frac{1}{T}$		$\omega = \frac{1}{T}$		$\omega \gg \frac{1}{T}$	
	幅频	相频	幅频	相频	幅频	相频
K	$20\log_{10}K$	0°	$20\log_{10}K$	0°	$20\log_{10}K$	0°
s^n(n 可正,可负)	n20dB/dec	n90°	n20dB/dec	n90°	n20dB/dec	n90°
$Ts+1$	0dB	0°	3dB	0°	20dB/dec	90°
$\frac{1}{Ts+1}$	0dB	0°	−3dB	0°	−20dB/dec	−90°
$T^2s^2+2T\xi s+1$	0dB	0°	随 ξ 而异	0°	40dB/dec	180°
$\frac{1}{T^2s^2+2T\xi s+1}$	0dB	0°	随 ξ 而异	0°	−40dB/dec	−180°
$e^{-\tau s}$	0dB	$-\frac{180°}{\pi}T\omega$	0dB	$-\frac{180°}{\pi}T\omega$	0dB	$-\frac{180°}{\pi}T\omega$

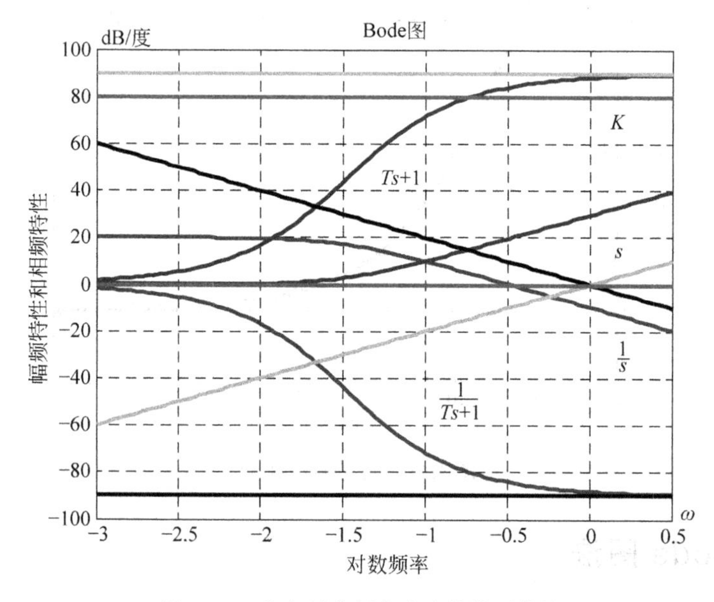

图 4.21 基本环节频率响应的渐近特性

例 4.9 图 4.22 是实验获得的频率响应,在低频段 $0.001 \leqslant \omega \leqslant 0.0066$,存在一个$\frac{K}{s}$环节,因 $20\log\left\|\frac{K}{s}\right\|_{\omega=0.001}=68.9595$,故 $K=2.8053$;在 $0.0066 \leqslant \omega \leqslant 0.1520$ 频段上,斜率从 −20dB/dec 变成 −40dB/dec,存在一个$\frac{1}{T_1s+1}$环节,因转折频率为 $\omega_1=0.0066$,故 $T_1=\frac{1}{\omega_1}=151.5152$;在 $0.1520 \leqslant \omega \leqslant 2.5650$ 频段上,斜率变回 −20dB/dec,存在一个 T_2s+1 环节,因转折频率为 $\omega_2=0.1520$,故 $T_2=\frac{1}{\omega_2}=6.5789$;在高频

段 2.5650≤ω≤31.6228，斜率又变成$-$40dB/dec，存在一个$\frac{1}{T_3 s+1}$环节，因转折频率为 $\omega_3=2.5650$，故 $T_3=\frac{1}{\omega_3}=0.3899$；组合起来传递函数应为 $G(s)=\frac{2.8053(6.5789s+1)}{s(151.5152s+1)(0.3899s+1)}$。

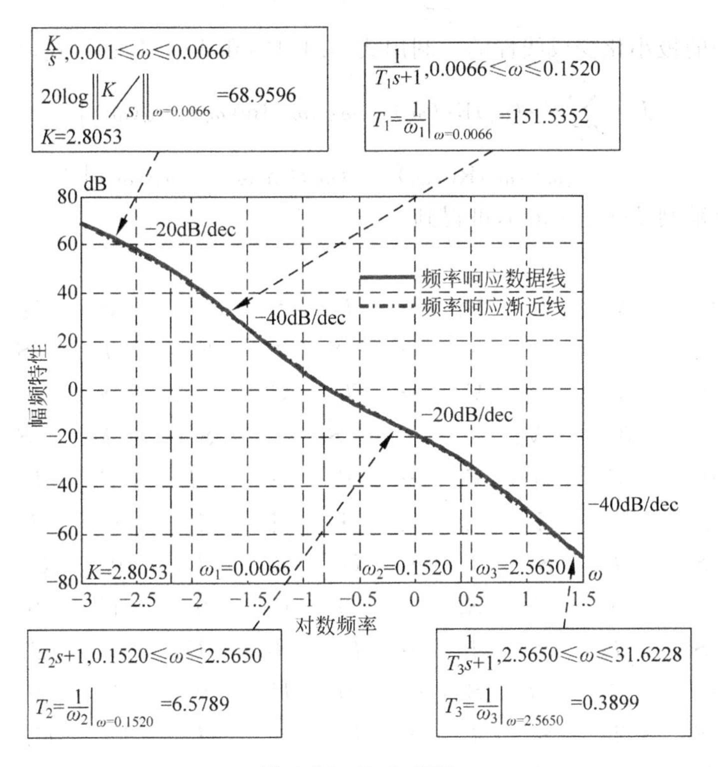

图 4.22　Bode 图法

4.4.3　Levy 法[17]

假设系统的传递函数可写成

$$G(s)=\frac{b_0+b_1 s+b_2 s^2+\cdots+b_m s^m}{1+a_1 s+a_2 s^2+\cdots+a_n s^n},\quad n>m \tag{4.4.11}$$

对应的频率响应为

$$\begin{aligned}G(\mathrm{j}\omega)&=\frac{(b_0-b_2\omega^2+b_4\omega^4-\cdots)+\mathrm{j}\omega(b_1-b_3\omega^2+b_5\omega^4-\cdots)}{(1-a_2\omega^2+a_4\omega^4-\cdots)+\mathrm{j}\omega(a_1-a_3\omega^2+a_5\omega^4-\cdots)}\\&=\frac{\alpha(\omega)+\mathrm{j}\omega\beta(\omega)}{\sigma(\omega)+\mathrm{j}\omega\tau(\omega)}=\frac{N(\mathrm{j}\omega)}{D(\mathrm{j}\omega)}\end{aligned} \tag{4.4.12}$$

在频率点 ω_i 上，频率估计偏差记作

$$\varepsilon(\mathrm{j}\omega_i)=[\mathrm{Re}(\omega_i)+\mathrm{j}\mathrm{Im}(\omega_i)]-\frac{N(\mathrm{j}\omega_i)}{D(\mathrm{j}\omega_i)} \tag{4.4.13}$$

其中，$\mathrm{Re}(\omega_i)$、$\mathrm{Im}(\omega_i)$为实频特性和虚频特性。定义误差准则

$$J=\sum_{i=1}^{L}\|\varepsilon(\mathrm{j}\omega_i)\|^2 \tag{4.4.14}$$

因上式误差准则关于参数空间是非线性的，Levy 提出如下修正的误差准则

$$J=\sum_{i=1}^{L}\|D(\mathrm{j}\omega_i)\varepsilon(\mathrm{j}\omega_i)\|^2 \tag{4.4.15}$$

使误差准则的极小化变成线性的。利用式(4.4.13)和式(4.4.12)，式(4.4.15)写成

$$\begin{aligned}J=\sum_{i=1}^{L}\{&[\sigma(\omega_i)\mathrm{Re}(\omega_i)-\omega_i\sigma(\omega_i)\mathrm{Im}(\omega_i)-\alpha(\omega_i)]^2\\&+[\omega_i\tau(\omega_i)\mathrm{Re}(\omega_i)+\sigma(\omega_i)\mathrm{Im}(\omega_i)-\omega_i\beta(\omega_i)]^2\}\end{aligned} \tag{4.4.16}$$

极小化误差准则 $J|_{\hat{a}_i,\hat{b}_i}=\min$，可得到

$$\begin{bmatrix}V_0 & 0 & -V_2 & 0 & V_4 & \cdots & T_1 & S_2 & -T_3 & -S_4 & T_5 & \cdots\\ 0 & V_2 & 0 & -V_4 & 0 & \cdots & -S_2 & T_3 & S_4 & -T_5 & -S_6 & \cdots\\ V_2 & 0 & -V_4 & 0 & V_6 & \cdots & T_3 & S_4 & -T_5 & -S_6 & T_7 & \cdots\\ 0 & V_4 & 0 & -V_6 & 0 & \cdots & -S_4 & T_5 & S_6 & -T_7 & -S_8 & \cdots\\ V_4 & 0 & -V_6 & 0 & V_8 & \cdots & T_5 & S_6 & -T_7 & -S_8 & T_9 & \cdots\\ \vdots & \vdots & \vdots & \vdots & \vdots & \ddots & \vdots & \vdots & \vdots & \vdots & \vdots & \cdots\\ T_1 & -S_2 & -T_3 & S_4 & T_5 & \cdots & U_2 & 0 & -U_4 & 0 & U_6 & \cdots\\ S_2 & T_3 & -S_4 & -T_5 & S_6 & \cdots & 0 & U_4 & 0 & -U_6 & 0 & \cdots\\ T_3 & -S_4 & -T_5 & S_6 & T_7 & \cdots & U_4 & 0 & -U_6 & 0 & U_8 & \cdots\\ S_4 & T_5 & -S_6 & -T_7 & S_8 & \cdots & 0 & U_6 & 0 & -U_8 & 0 & \cdots\\ T_5 & -S_6 & -T_7 & S_8 & T_9 & \cdots & U_6 & 0 & -U_8 & 0 & U_{10} & \cdots\\ \vdots & \vdots & \vdots & \vdots & \vdots & \vdots & \vdots & \vdots & \vdots & \vdots & \vdots & \vdots\end{bmatrix}\begin{bmatrix}\hat{b}_0\\ \hat{b}_1\\ \hat{b}_2\\ \hat{b}_3\\ \hat{b}_4\\ \vdots\\ \hat{a}_1\\ \hat{a}_2\\ \hat{a}_3\\ \hat{a}_4\\ \hat{a}_5\\ \vdots\end{bmatrix}$$

$$=\begin{bmatrix}S_0\\ T_1\\ S_2\\ T_3\\ S_4\\ \vdots\\ 0\\ U_2\\ 0\\ U_4\\ 0\\ \vdots\end{bmatrix} \tag{4.4.17}$$

其中

$$
\begin{cases}
V_j = \sum_{i=0}^{L} \omega_i^j, \quad S_j = \sum_{i=0}^{L} \omega_i^j \mathrm{Re}(\omega_i) \\
T_j = \sum_{i=0}^{L} \omega_i^j \mathrm{Im}(\omega_i), \quad U_j = \sum_{i=0}^{L} \omega_i^j [\mathrm{Re}^2(\omega_i) + \mathrm{Im}^2(\omega_i)]
\end{cases}
\tag{4.4.18}
$$

求解式(4.4.17)，便可获得传递函数 $G(s)$ 的系数 $b_i, i=1,2,\cdots,m$ 和 $a_i, i=1,2,\cdots,n$。

例 4.10　在例 4.1 中，仿真模型的传递函数为

$$
G_0(s) = \frac{12.00}{(7.3s+1)(9.5s+1)} \tag{4.4.19}
$$

在正弦波信号驱动、测量噪声 $w(t)$ 方差为 0.5 的状况下，采用相关分析法辨识频率响应，获得的频率响应实部和虚部分别记作 $\{\mathrm{Re}(\omega_i)\}$ 和 $\{\mathrm{Im}(\omega_i)\}$，$\omega_i = 0.0005\times 2\pi i$，$i=1,2,\cdots,200$ 和 $0.001\times 2\pi i, i=201,202,\cdots,499$。利用辨识获得的频率响应估计序列 $\{\mathrm{Re}(\omega_i), i=1,2,\cdots,160\}$ 和 $\{\mathrm{Im}(\omega_i), i=1,2,\cdots,160\}$（注：之所以只用 160 个频率点数据，是因为高频段噪信比高，数据波动较大，会影响传递函数系数的估计）和 Levy 法，也就是式(4.4.17)，求得传递函数估计为

$$
\hat{G}(s) = \frac{11.7929}{(7.2701\mathrm{s}+1)(9.4121\mathrm{s}+1)} \tag{4.4.20}
$$

与式(4.4.19)比较，所求得的传递函数还是可靠的。图 4.23 是利用 Levy 法求得的传递函数频率响应与利用相关分析法辨识的频率响应比较，其特性十分接近。

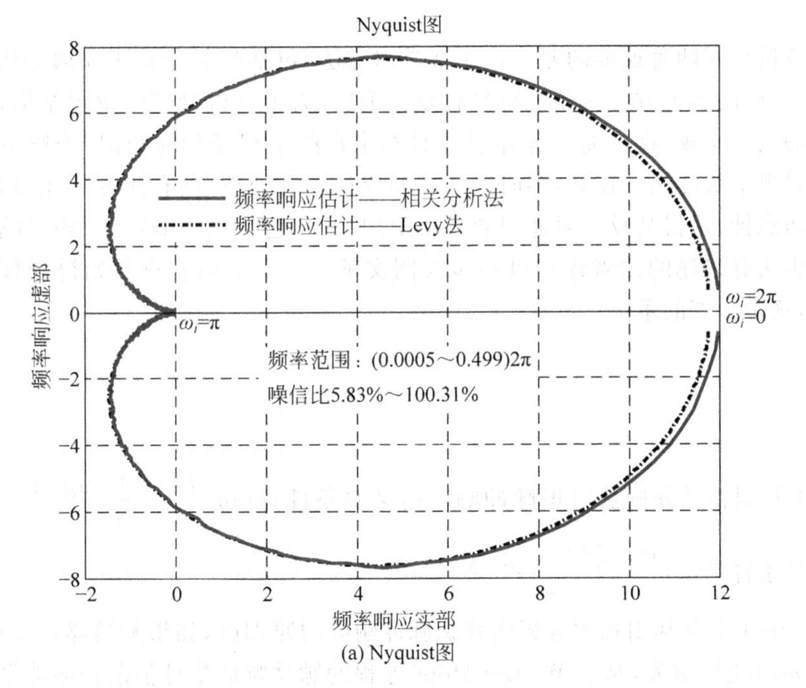

(a) Nyquist图

图 4.23　频率响应比较

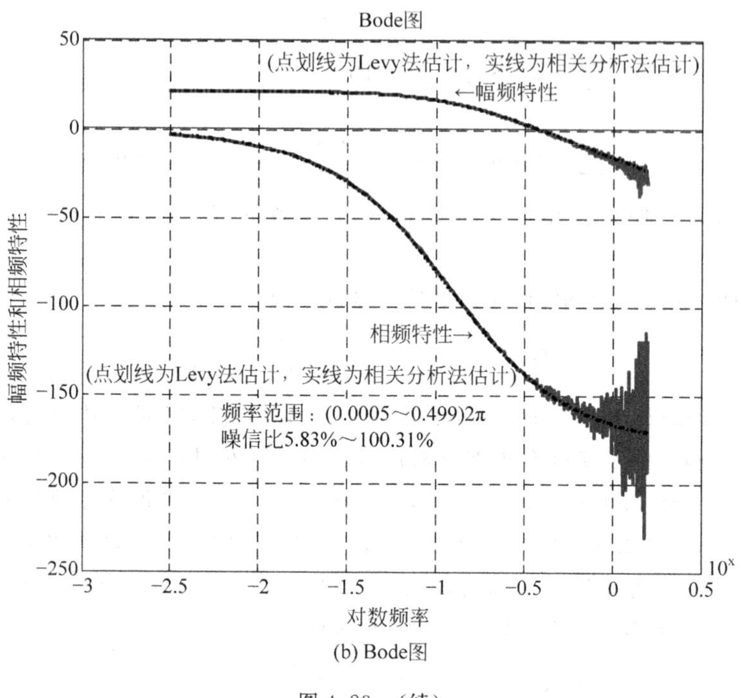

(b) Bode图

图 4.23 (续)

4.5 小结

本章讨论了两种典型的非参数模型辨识方法，包括相关分析法和谱分析法。一般说来，经典的辨识方法比较简单且有效。不过，为了获得"好"的辨识结果，往往需要适当的人工干预，这就要求操作者要具有丰富的工程经验和知识，否则不容易针对问题提出解决办法。比如，零时刻脉冲响应估计的处理，没有充分的先验知识，可能会弄巧成拙、适得其反。对非参数模型辨识方法，包括系统响应法、频率响应法和相关分析法有兴趣的读者还可进一步参阅文献[35]。下面各章开始讨论现代的辨识方法，这是全书的重点。

习题

(1) 利用相关分析法辨识脉冲响应的必要条件是$\lim\limits_{\alpha\to 0}\dfrac{\partial J[\hat{g}(\theta)+\alpha g_{\alpha}(\theta)]}{\partial \alpha}=0$，证明其充分条件为$\lim\limits_{\alpha\to 0}\dfrac{\partial^2 J[\hat{g}(\theta)+\alpha g_{\alpha}(\theta)]}{\partial \alpha^2}>0$。

(2) 图 4.7 是利用相关分析法辨识脉冲响应的原理图，如果测量噪声 $w(t)$ 与输入信号 $u(t)$ 统计相关，基于 Wiener-Hopf 方程的脉冲响应估计值$\hat{g}(t)$还能是一致估计吗？为什么？

(3) 如果线性系统的脉冲响应记作 $g_0(t)$，则系统的输出总可以表示为 $z(t)=\int_0^{\infty} g_0(t)u(t-\tau)\mathrm{d}\tau$，由此可以推导出 $R_{uz}(\tau)=\int_0^{\infty} g_0(t)R_u(t-\tau)\mathrm{d}t$，该关系式与 Wiener-Hopf 方程 $R_{uz}(\tau)=\int_0^{\infty}\hat{g}(t)R_u(t-\tau)\mathrm{d}t$ 有什么区别？

(4) 如果输入信号为 M 序列，Wiener-Hopf 方程可近似写成

$$R_{Mz}(\tau)=\int_0^{N_P\Delta t}\hat{g}(t)R_M(t-\tau)\mathrm{d}t$$

证明当 M 序列的循环周期 N_P 充分大时，脉冲响应估计可表达成 $\hat{g}(\tau)=\frac{1}{a^2}R_{Mz}(\tau)$，其中 a 为 M 序列幅度。

(5) 证明式(4.2.34)。

(6) 试解释脉冲响应估计式(4.2.35)中补偿量 c 的物理意义，而且通常取 $c=-R_{Mz}(N_P-1)$。

(7) 利用式(4.2.35)辨识系统脉冲响应时，测量噪声 $w(t)$ 会造成互相关函数 $R_{Mz}(k)$ 的计算误差，由此使脉冲响应估计出现偏差，记作 $\Delta\hat{g}(k)$。试证明：

① 当补偿量取 $c=0$ 时，脉冲响应估计偏差 $\Delta\hat{g}(k)$ 的标准差为

$$\sigma_{\Delta\hat{g}}=\frac{N_P}{(N_P+1)a\Delta t}\frac{\sigma_w}{\sqrt{rN_P}}$$

式中，N_P 为 M 序列的循环周期，a 为 M 序列的幅度，Δt 为 M 序列的移位节拍，r 为利用式(4.2.36)计算互相关函数 $R_{Mz}(k)$ 的数据周期数，σ_w 为测量噪声 $w(t)$ 的标准差。

② 当补偿量取 $c=-R_{Mz}(N_P-1)$ 时，脉冲响应估计偏差 $\Delta\hat{g}(k)$ 的标准差为

$$\sigma_{\Delta\hat{g}}=\frac{N_P}{(N_P+1)a\Delta t}\frac{2\sigma_w}{\sqrt{rN_P}}$$

提示：① 当采用式(4.2.36)计算互相关函数 $R_{Mz}(k)$ 时，噪声 $w(t)$ 造成互相关函数的计算偏差为

$$\Delta R_{Mz}(k)=\frac{1}{rN_P}\sum_{i=1}^{rN_P}M(i-k)w(i)$$

② 由此容易证明

$$\begin{cases}\mathrm{E}\{\Delta R_{Mz}(k)\}=0\\ \mathrm{E}\{(\Delta R_{Mz}(k))^2\}=\mathrm{E}\left\{\frac{1}{rN_P}\frac{1}{rN_P}\sum_{i_1=1}^{rN_P}\sum_{i_2=1}^{rN_P}M(i_1-k)w(i_1)M(i_2-k)w(i_2)\right\}\\ \qquad=\frac{1}{rN_P}\frac{1}{rN_P}\sum_{i_1=1}^{rN_P}\sum_{i_2=1}^{rN_P}R_M(i_2-i_1)R_w(i_2-i_1)=\frac{1}{rN_P}R_M(0)R_w(0)\end{cases}$$

③ 再利用 $R_M(0)=a^2$，$R_w(0)=\sigma_w^2\delta(0)$，即可证得结论。

(8) 如果测量噪声 $w(t)$ 是有色噪声，设 $w(t)=v(k)+h_1v(k-1)+\cdots+h_{n_h}v(k-n_h)$，其中 $v(k)$ 是零均值、方差为 σ_v^2 白噪声，仍然利用式(4.2.35)辨识系统的脉冲响

应，则测量噪声 $w(t)$ 造成脉冲响应估计偏差的标准差应该不同于习题(7)的情况。试给出这种情况下，补偿量取 $c=-R_{Mz}(N_P-1)$ 时，脉冲响应估计偏差 $\Delta\hat{g}(k)$ 的标准差 $\sigma_{\Delta\hat{g}}$ 表达式。

(9) 根据 M 序列自相关函数的性质，证明式(4.2.40)。

(10) 证明式(4.2.45)。

(11) 利用相关分析法得到的脉冲响应估计 $\hat{\boldsymbol{g}}$ 具有均方收敛性吗？即 $\lim\limits_{N_P\to\infty}\mathrm{E}\{(\boldsymbol{g}_0-\hat{\boldsymbol{g}})^{\mathrm{T}}(\boldsymbol{g}_0-\hat{\boldsymbol{g}})\}=0$？

(12) 定性阐述利用相关分析法辨识脉冲响应的步骤和应注意的问题。若采用 M 序列作为辨识的输入信号，应如何选择 M 序列的参数？

(13) SISO 系统用脉冲传递函数描述

$$G(z^{-1})=\frac{b_0+b_1z^{-1}+b_2z^{-2}+\cdots+b_nz^{-n}}{1+a_1z^{-1}+a_2z^{-2}+\cdots+a_nz^{-n}}$$

式中，n 为模型阶次，证明系统脉冲响应序列 $\{g(k),k=0,1,2,\cdots\}$ 可表示为

$$\begin{cases}\begin{bmatrix}g(0)\\g(1)\\g(2)\\\vdots\\g(n)\end{bmatrix}=\begin{bmatrix}1 & & & & \\ a_1 & 1 & & 0 & \\ \vdots & \ddots & 1 & & \\ a_{n-1} & \cdots & a_1 & & \\ a_n & a_{n-1} & \cdots & a_1 & 1\end{bmatrix}^{-1}\begin{bmatrix}b_0\\b_1\\b_2\\\vdots\\b_n\end{bmatrix}\\ g(k+n)=\sum\limits_{i=0}^{n-1}-g(k+i)a_{n-i},\quad k=1,2,\cdots\end{cases}$$

(14) SISO 系统用状态方程模型描述

$$\begin{cases}\boldsymbol{x}(k+1)=\boldsymbol{A}\boldsymbol{x}(k+1)+\boldsymbol{b}u(k)\\ y(k)=\boldsymbol{c}\boldsymbol{x}(k)\end{cases}$$

式中，$\boldsymbol{A}$、$\boldsymbol{b}$ 和 $\boldsymbol{c}$ 为适当维的系数矩阵，证明系统脉冲响应序列 $\{g(k),k=1,2,\cdots\}$ 可表示为

$$\begin{aligned}G(z^{-1})&=g(1)z^{-1}+g(2)z^{-2}+g(3)z^{-3}+\cdots+g(k)z^{-k}+\cdots\\&=\boldsymbol{c}\boldsymbol{A}^0\boldsymbol{b}z^{-1}+\boldsymbol{c}\boldsymbol{A}^1\boldsymbol{b}z^{-2}+\boldsymbol{c}\boldsymbol{A}^2\boldsymbol{b}z^{-3}+\boldsymbol{c}\boldsymbol{A}^3\boldsymbol{b}z^{-4}+\cdots+\boldsymbol{c}\boldsymbol{A}^{k-1}\boldsymbol{b}z^{-k}+\cdots\end{aligned}$$

即 $g(k)=\boldsymbol{c}\boldsymbol{A}^{k-1}\boldsymbol{b}$。

提示：因 $G(z^{-1})=\boldsymbol{c}(z\boldsymbol{I}-\boldsymbol{A})^{-1}\boldsymbol{b}$，且 $\left(\boldsymbol{I}-\dfrac{\boldsymbol{A}}{z}\right)\sum\limits_{i=0}^{\infty}\left(\dfrac{\boldsymbol{A}}{z}\right)^i=\boldsymbol{I}$，则 $z(z\boldsymbol{I}-\boldsymbol{A})^{-1}=\sum\limits_{i=0}^{\infty}\left(\dfrac{\boldsymbol{A}}{z}\right)^i$，故有 $(z\boldsymbol{I}-\boldsymbol{A})^{-1}=\boldsymbol{A}^0z^{-1}+\boldsymbol{A}^1z^{-2}+\boldsymbol{A}^2z^{-3}+\cdots$。

(15) Levy 法选择 $J=\sum\limits_{i=1}^{L}\|D(\mathrm{j}\omega_i)\varepsilon(\mathrm{j}\omega_i)\|^2$ 作为准则函数，其中 $\varepsilon(\mathrm{j}\omega_i)=[\mathrm{Re}(\omega_i)+\mathrm{jIm}(\omega_i)]-\dfrac{N(\mathrm{j}\omega_i)}{D(\mathrm{j}\omega_i)}$，试论述之所以选择这种准则函数的理由及准则函数中 $D(\mathrm{j}\omega_i)$ 的作用，并证明式(4.4.17)和式(4.4.18)。

第5章 最小二乘辨识方法

5.1 引言

根据第2章的讨论，线性时不变系统的时域描述可以表示成

$$z(k) = G(z^{-1})u(k) + H(z^{-1})v(k) \tag{5.1.1}$$

其中，$G(z^{-1})$为系统模型，$H(z^{-1})$为噪声模型；z^{-1}为迟延算子，即$z^{-1}z(k)=z(k-1)$；$u(k)$、$z(k)$是系统的输入和输出变量；$v(k)$是均值为零、方差为σ_v^2的不相关随机噪声；一般情况下还假设系统处于零初始状态，即$z(k)=0, u(k)=0, \forall k \leqslant 0$。

本书把待辨识的系统式(5.1.1)看作"黑箱"，如图5.1所示，只考虑系统的输入输出特性，不关注系统的内部机理。

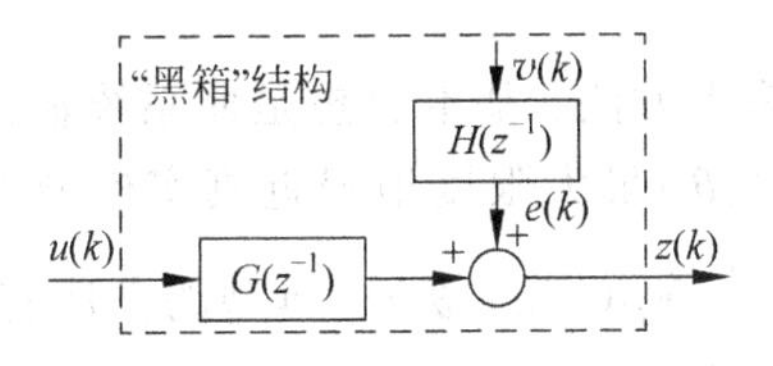

图5.1 辨识系统的"黑箱"结构

图5.1中，输入$u(k)$和输出$z(k)$是可以观测的，$G(z^{-1})$用于描述系统的输入输出特性，称系统模型，通常表示成

$$G(z^{-1}) = \frac{B(z^{-1})}{A(z^{-1})} \tag{5.1.2}$$

式中

$$\begin{cases} A(z^{-1}) = 1 + a_1 z^{-1} + a_2 z^{-2} + \cdots + a_{n_a} z^{-n_a} \\ B(z^{-1}) = b_1 z^{-1} + b_2 z^{-2} + \cdots + b_{n_b} z^{-n_b} \end{cases} \tag{5.1.3}$$

系统的输出除了受输入$u(k)$作用之外，往往还受其他一些不确定因素的影响。这些不确定因素的影响归结成附加噪声$e(k)$。当$e(k)$是平稳的随机变量，且均值为零、谱密度是$\cos\omega$的有理函数时，根据表示定理(第2章定理2.1)，可表示成

$$e(k) = H(z^{-1})v(k) \tag{5.1.4}$$

其中，$v(k)$为零均值白噪声，称 $H(z^{-1})$为噪声模型，根据谱分解定理(第 2 章定理 2.2)通常可表示成

$$H(z^{-1}) = \frac{D(z^{-1})}{C(z^{-1})} \tag{5.1.5}$$

式中

$$\begin{cases} D(z^{-1}) = 1 + d_1 z^{-1} + d_2 z^{-2} + \cdots + d_{n_d} z^{-n_d} \\ C(z^{-1}) = 1 + c_1 z^{-1} + c_2 z^{-2} + \cdots + c_{n_c} z^{-n_c} \end{cases} \tag{5.1.6}$$

第 4 章讨论了两种非参数模型辨识方法，第 5 章～第 8 章将讨论图 5.1 所示的系统参数模型辨识方法。根据不同的辨识原理，参数模型辨识方法可分成如下三大类。

第一，方程误差辨识方法：基本思想是通过极小化下面的准则函数来估计模型参数

$$J(\hat{\boldsymbol{\theta}}) = \sum_{k=1}^{L} \varepsilon^2(k) \big|_{\hat{\boldsymbol{\theta}}} = \min \tag{5.1.7}$$

其中，$\varepsilon(k)$是模型输出与系统输出的偏差，也就是模型残差。这类辨识方法也称作最小二乘类辨识方法。典型的有最小二乘法、增广最小二乘法、辅助变量法、广义最小二乘法等，本章和第 6 章将讨论这类辨识方法。

第二，梯度校正辨识方法：基本思想是沿着某准则函数的负梯度方向逐步修正模型参数，使准则函数达到最小。比如有随机逼近法等，第 7 章将讨论这类辨识方法。

第三，概率密度逼近辨识方法：基本思想是使系统输出 $z(k)$在模型参数$\boldsymbol{\theta}$条件下的概率密度函数 $p(z(k)|\boldsymbol{\theta})$最大限度地逼近真实模型参数$\boldsymbol{\theta}_0$ 条件下的概率密度 $p(z(k)|\boldsymbol{\theta}_0)$，即 $p(z(k)|\hat{\boldsymbol{\theta}}) \xrightarrow{\max} p(z(k)|\boldsymbol{\theta}_0)$。典型的方法有极大似然法、预报误差法等，第 8 章将讨论这类辨识方法。

本章首先讨论方程误差辨识方法或称最小二乘类辨识方法中最基本、应用最广泛的最小二乘法，其他方法都是以最小二乘法为基础的。方程误差辨识方法或称最小二乘类辨识方法就其基本原理来说是相同的，但适用的模型结构各不相同，比如最小二乘法适用的模型结构是

$$A(z^{-1})z(k) = B(z^{-1})u(k) + v(k) \tag{5.1.8}$$

增广最小二乘法适用的模型结构是

$$A(z^{-1})z(k) = B(z^{-1})u(k) + D(z^{-1})v(k) \tag{5.1.9}$$

广义最小二乘法适用的模型结构是

$$A(z^{-1})z(k) = B(z^{-1})u(k) + \frac{1}{C(z^{-1})}v(k) \tag{5.1.10}$$

辅助变量法适用的模型结构是

$$A(z^{-1})z(k) = B(z^{-1})u(k) + e(k) \tag{5.1.11}$$

由于所用的模型结构不一样(主要是噪声模型不同)，因此就演化出各种不同的辨识方法。对实际辨识问题来说，应该选用什么样的模型结构，没有一般原则可循，

通常应该先采用简单的模型(如式(5.1.8)),获得辨识结果,检验模型的可信度,或者看实际使用效果,如果不能满足要求,再更换其他的模型结构,所用的辨识方法自然也就不同。也就是说,解决实际辨识问题,到底应该采用哪种辨识方法取决于模型类的选择。

5.2 最小二乘批处理算法

5.2.1 最小二乘原理

最小二乘法大约是 1795 年高斯在他那著名的星体运动轨道预报研究工作中提出的,后来最小二乘法就成了估计理论的奠基石。由于最小乘法原理简单,编制程序不困难,所以颇受人们重视,应用相当广泛。

设一个随机序列$\{z(k),k\in(1,2,\cdots,L)\}$的均值是参数$\boldsymbol{\theta}$的线性函数

$$\mathrm{E}\{z(k)\}=\boldsymbol{h}^{\mathrm{T}}(k)\boldsymbol{\theta} \tag{5.2.1}$$

其中,$\boldsymbol{h}(k)$是可观测的数据向量,利用随机序列的一个实现,使准则函数

$$J(\boldsymbol{\theta})=\sum_{k=1}^{L}[z(k)-\boldsymbol{h}^{\mathrm{T}}(k)\boldsymbol{\theta}]^2 \tag{5.2.2}$$

达到极小的参数估计值$\hat{\boldsymbol{\theta}}$称作模型参数$\boldsymbol{\theta}$的方程误差估计,或称最小二乘估计。

上述最小二乘原理表明,未知模型参数估计问题,就是求参数估计值$\hat{\boldsymbol{\theta}}$,使序列的估计值尽可能地接近实际序列,两者的接近程度用实际序列与序列估计值之差的平方和来度量。

假设系统的输入输出关系可以描述成如下的最小二乘格式

$$z(k)=\boldsymbol{h}^{\mathrm{T}}(k)\boldsymbol{\theta}+n(k) \tag{5.2.3}$$

其中,$z(k)$是系统的输出,$\boldsymbol{h}(k)$是可观测的数据向量,$n(k)$是均值为零的随机噪声。利用数据序列$\{z(k)\}$和$\{\boldsymbol{h}(k)\}$,极小化下列准则函数

$$J(\boldsymbol{\theta})=\sum_{k=1}^{L}[z(k)-\boldsymbol{h}^{\mathrm{T}}(k)\boldsymbol{\theta}]^2 \tag{5.2.4}$$

即可求得模型参数$\boldsymbol{\theta}$的最小二乘估计值$\hat{\boldsymbol{\theta}}$。

极小化式(5.2.4)意味着,未知模型参数$\boldsymbol{\theta}$最可能的值是在观测值与估计值之累次误差的平方和达到最小值处,所得到的辨识模型输出能最好地逼近实际系统的输出。

例 5.1 考虑一个离散时间 SISO 系统,设作用于系统的输入序列为$\{u(1),u(2),\cdots,u(L)\}$,$L$为数据长度,相应观测到的输出序列为$\{z(1),z(2),\cdots,z(L)\}$,选择下列模型

$$z(k)+az(k-1)=bu(k-1)+n(k) \tag{5.2.5}$$

其中,a和b为待辨识模型参数。将上式写成

$$z(k)=[-z(k-1)\quad u(k-1)]\begin{bmatrix}a\\b\end{bmatrix}+n(k)\tag{5.2.6}$$

采用如下准则函数

$$J(a,b)=\sum_{k=1}^{L}\left[z(k)-[-z(k-1)\quad u(k-1)]\begin{bmatrix}a\\b\end{bmatrix}\right]^2\tag{5.2.7}$$

求解式(5.2.7)，使准则函数 $J(\hat{a},\hat{b})=\min$，这就是所谓的最小二乘辨识问题。

5.2.2 最小二乘辨识问题的假设条件

设时不变 SISO 动态系统的数学模型为

$$A(z^{-1})z(k)=B(z^{-1})u(k)+n(k)\tag{5.2.8}$$

其中，$u(k)$、$z(k)$为模型的输入和输出变量；$n(k)$是模型噪声；迟延因子 z^{-1} 多项式 $A(z^{-1})$和 $B(z^{-1})$如式(5.1.3)所示。所谓最小二乘辨识问题就是利用输入和输出数据序列$\{u(k)\}$、$\{z(k)\}$来确定多项式 $A(z^{-1})$、$B(z^{-1})$的系数 $a_i, i=1,2,\cdots,n_a$ 和 $b_i, i=1,2,\cdots,n_b$。

在叙述解决这类模型的辨识问题之前，需要明确一些基本假设。

(1) 假定式(5.2.8)的模型阶次 n_a 和 n_b 已经设定，且一般有 $n_a\geqslant n_b$，为方便起见也可取 $n_a=n_b=n$(本章重点讨论模型参数辨识，第 10 章将讨论模型阶次辨识问题)。

(2) 将模型式(5.2.8)写成最小二乘格式

$$z(k)=\boldsymbol{h}^{\mathrm{T}}(k)\boldsymbol{\theta}+n(k)\tag{5.2.9}$$

式中

$$\begin{cases}\boldsymbol{h}(k)=[-z(k-1),-z(k-2),\cdots,-z(k-n_a),u(k-1),u(k-2),\cdots,u(k-n_b)]^{\mathrm{T}}\\ \boldsymbol{\theta}=[a_1,a_2,\cdots,a_{n_a},b_1,b_2,\cdots,b_{n_b}]^{\mathrm{T}}\end{cases}\tag{5.2.10}$$

取 $k=1,2,\cdots,L$(L 为数据长度)，由式(5.2.9)可构成如下线性方程组

$$\boldsymbol{z}_L=\boldsymbol{H}_L\boldsymbol{\theta}+\boldsymbol{n}_L\tag{5.2.11}$$

其中

$$\begin{cases}\boldsymbol{z}_L=[z(1),z(2),\cdots,z(L)]^{\mathrm{T}}\\ \boldsymbol{n}_L=[n(1),n(1),\cdots,n(L)]^{\mathrm{T}}\\ \boldsymbol{H}_L=\begin{bmatrix}\boldsymbol{h}^{\mathrm{T}}(1)\\ \boldsymbol{h}^{\mathrm{T}}(2)\\ \vdots\\ \boldsymbol{h}^{\mathrm{T}}(L)\end{bmatrix}=\begin{bmatrix}-z(0)&\cdots&-z(1-n_a)&u(0)&\cdots&u(1-n_b)\\ -z(1)&\cdots&-z(2-n_a)&u(1)&\cdots&u(2-n_b)\\ \vdots&&\vdots&\vdots&&\vdots\\ -z(L-1)&\cdots&-z(L-n_a)&u(L-1)&\cdots&u(L-n_b)\end{bmatrix}\end{cases}\tag{5.2.12}$$

(3) 设式(5.2.8)的模型噪声 $n(k)$可用一阶和二阶统计矩描述，其均值和协方差阵表示成

$$\begin{cases} \mathrm{E}\{\boldsymbol{n}_L\} = 0 \\ \mathrm{Cov}\{\boldsymbol{n}_L \boldsymbol{n}_L^{\mathrm{T}}\} = \boldsymbol{\Sigma}_n \end{cases} \tag{5.2.13}$$

必须指出，推导最小二乘辨识算法并不需要知道噪声 $n(k)$ 的统计特性，但要评价最小二乘辨识算法的性质就必须知道噪声 $n(k)$ 的统计特性。如果噪声 $n(k)$ 是不相关的，而且是同分布的随机变量，也就是说 $\{n(k)\}$ 是白噪声序列，即

$$\begin{cases} \mathrm{E}\{\boldsymbol{n}_L\} = 0 \\ \mathrm{Cov}\{\boldsymbol{n}_L \boldsymbol{n}_L^{\mathrm{T}}\} = \sigma_n^2 \boldsymbol{I}_n \end{cases} \tag{5.2.14}$$

其中，σ_n^2 是噪声 $n(k)$ 的方差，必要时还假设噪声 $n(k)$ 服从正态分布，这时对应的最小二乘辨识算法才会具有良好的统计性质。

(4) 设噪声 $n(k)$ 与输入 $u(k)$ 是平稳各态遍历随机变量，且互不相关，即

$$\mathrm{E}\{n(k)u(k-l)\} = 0, \quad \forall k, l \tag{5.2.15}$$

上式也意味待辨识系统是开环系统。

(5) 方程组式(5.2.11)具有 L 个方程，包含 (n_a+n_b) 个未知数。如果 $L<(n_a+n_b)$，方程个数少于未知数个数，模型参数 $\boldsymbol{\theta}$ 无确定解；如果 $L=(n_a+n_b)$，只有当 $\boldsymbol{n}_L=0$ 时，$\boldsymbol{\theta}$ 才有唯一解，这两种情况不是辨识所要研究的问题。当 $\boldsymbol{n}_L\neq 0$ 时，只有取 $L>(n_a+n_b)$，才有可能确定一个“最优”的模型参数 $\boldsymbol{\theta}$ 的辨识解。如果要获得较好的辨识精度，数据长度 L 必须充分大。

以上基本假设对以后各章原则上也是适用的，无特别情况不再重复。

5.2.3 最小二乘辨识问题的解

考虑模型式(5.2.9)的辨识问题，其中模型输出 $z(k)$ 和数据向量 $\boldsymbol{h}(k)$ 都是可观测的，$\boldsymbol{\theta}$ 是需要估计的模型参数向量，准则函数取

$$J(\boldsymbol{\theta}) = \sum_{k=1}^{L} \Lambda(k)[z(k) - \boldsymbol{h}^{\mathrm{T}}(k)\boldsymbol{\theta}]^2 \tag{5.2.16}$$

其中，$\Lambda(k)$ 为加权因子，对所有的 k，$\Lambda(k)$ 都是正数。引进加权因子的目的是为了对不同可信度的数据进行加权，加权因子的选择取决人的主观因素，并无一般规律可循。如果有理由认为现在时刻数据比过去时刻的数据可靠，那么现在时刻数据的加权值就要比过去时刻数据的加权值大。比如，选 $\Lambda(k)=\mu^{L-k}$，$0<\mu<1$，就体现了对不同时刻的数据给予不同的信任度。如果是线性时不变系统或者数据可信度难以肯定，那就简单地选择 $\Lambda(k)=1$，$\forall k$。在一定条件下也可以依据噪声的方差来决定加权因子的大小，对应的估计就是下面讨论的 Markov 估计。

根据式(5.2.12)的定义，准则函数式(5.2.16)可以写成二次型

$$J(\boldsymbol{\theta}) = (\boldsymbol{z}_L - \boldsymbol{H}_L\boldsymbol{\theta})^{\mathrm{T}}\boldsymbol{\Lambda}_L(\boldsymbol{z}_L - \boldsymbol{H}_L\boldsymbol{\theta}) \tag{5.2.17}$$

式中

$$\boldsymbol{\Lambda}_L = \begin{bmatrix} \Lambda(1) & & & 0 \\ & \Lambda(2) & & \\ & & \ddots & \\ 0 & & & \Lambda(L) \end{bmatrix} \tag{5.2.18}$$

为加权矩阵，是正定的对角矩阵；$\boldsymbol{H}_L\boldsymbol{\theta}$ 代表模型的输出，或者说是系统输出的预报；$J(\boldsymbol{\theta})$可以看作是用来衡量模型输出与系统输出的接近情况。通过极小化 $J(\boldsymbol{\theta})$，求得的模型参数估计值$\hat{\boldsymbol{\theta}}$ 将使模型的输出最好地预报系统的输出。

设$\hat{\boldsymbol{\theta}}_{\mathrm{WLS}}$使得$J(\boldsymbol{\theta})|_{\hat{\boldsymbol{\theta}}_{\mathrm{WLS}}}=\min$，则有

$$\left.\frac{\partial J(\boldsymbol{\theta})}{\partial \boldsymbol{\theta}}\right|_{\hat{\boldsymbol{\theta}}_{\mathrm{WLS}}} = \left.\frac{\partial}{\partial \boldsymbol{\theta}}(\boldsymbol{z}_L - \boldsymbol{H}_L\boldsymbol{\theta})^{\mathrm{T}}\boldsymbol{\Lambda}_L(\boldsymbol{z}_L - \boldsymbol{H}_L\boldsymbol{\theta})\right|_{\hat{\boldsymbol{\theta}}_{\mathrm{WLS}}} = 0 \tag{5.2.19}$$

展开之，并运用以下两个向量微分公式(见附录 E.12)

$$\begin{cases} \dfrac{\partial}{\partial \boldsymbol{x}}(\boldsymbol{a}^{\mathrm{T}}\boldsymbol{x}) = \boldsymbol{a}^{\mathrm{T}} \\ \dfrac{\partial}{\partial \boldsymbol{x}}(\boldsymbol{x}^{\mathrm{T}}\boldsymbol{A}\boldsymbol{x}) = 2\boldsymbol{x}^{\mathrm{T}}\boldsymbol{A} \end{cases} \tag{5.2.20}$$

可得

$$(\boldsymbol{H}_L^{\mathrm{T}}\boldsymbol{\Lambda}_L\boldsymbol{H}_L)\hat{\boldsymbol{\theta}}_{\mathrm{WLS}} = \boldsymbol{H}_L^{\mathrm{T}}\boldsymbol{\Lambda}_L\boldsymbol{z}_L \tag{5.2.21}$$

上式称作正则方程。当$\boldsymbol{H}_L^{\mathrm{T}}\boldsymbol{\Lambda}_L\boldsymbol{H}_L$ 是正则矩阵时，有

$$\hat{\boldsymbol{\theta}}_{\mathrm{WLS}} = (\boldsymbol{H}_L^{\mathrm{T}}\boldsymbol{\Lambda}_L\boldsymbol{H}_L)^{-1}\boldsymbol{H}_L^{\mathrm{T}}\boldsymbol{\Lambda}_L\boldsymbol{z}_L \tag{5.2.22}$$

因$\boldsymbol{\Lambda}_L$ 是正定矩阵，故$\boldsymbol{H}_L^{\mathrm{T}}\boldsymbol{\Lambda}_L\boldsymbol{H}_L$ 也是正定矩阵，则

$$\left.\frac{\partial^2 J(\boldsymbol{\theta})}{\partial^2 \boldsymbol{\theta}}\right|_{\hat{\boldsymbol{\theta}}_{\mathrm{WLS}}} = 2\boldsymbol{H}_L^{\mathrm{T}}\boldsymbol{\Lambda}_L\boldsymbol{H}_L \tag{5.2.23}$$

为正定矩阵。为此，满足式(5.2.21)的$\hat{\boldsymbol{\theta}}_{\mathrm{WLS}}$使得$J(\boldsymbol{\theta})|_{\hat{\boldsymbol{\theta}}_{\mathrm{WLS}}}=\min$，且$\hat{\boldsymbol{\theta}}_{\mathrm{WLS}}$是唯一的。

通过极小化式(5.2.17)求得$\hat{\boldsymbol{\theta}}_{\mathrm{WLS}}$的方法称作加权最小二乘法，$\hat{\boldsymbol{\theta}}_{\mathrm{WLS}}$为加权最小二乘估计值。如果加权矩阵$\boldsymbol{\Lambda}_L=\boldsymbol{I}$，则式(5.2.22)简化成

$$\hat{\boldsymbol{\theta}}_{\mathrm{LS}} = (\boldsymbol{H}_L^{\mathrm{T}}\boldsymbol{H}_L)^{-1}\boldsymbol{H}_L^{\mathrm{T}}\boldsymbol{z}_L \tag{5.2.24}$$

式中，$\hat{\boldsymbol{\theta}}_{\mathrm{LS}}$称作最小二乘估计值，对应的方法为最小二乘法，它是加权最小二乘法的一种特例。

显然，由算法式(5.2.22)或式(5.2.24)知，只有获得一批数据之后才可求得相应的参数估计值，这种处理问题的方法称作一次完成算法，或称批处理算法。另外，根据算法式(5.2.22)或式(5.2.24)，要求$\boldsymbol{H}_L^{\mathrm{T}}\boldsymbol{\Lambda}_L\boldsymbol{H}_L$ 或$\boldsymbol{H}_L^{\mathrm{T}}\boldsymbol{H}_L$ 必须是正则矩阵(可逆矩阵)。依据第 3 章定理 3.2，输入信号 $u(k)$必须是 $2n$ 阶($n=\max(n_a,n_b)$)持续激励信号[5]。又由第 3 章定理 3.1 知，输入信号 $u(k)$的自相关函数矩阵$\boldsymbol{R}_u^{2n}$ 必须是非奇异的，即要求

$$
\boldsymbol{R}_u^{2n} = \begin{bmatrix} R_u(0) & R_u(1) & \cdots & R_u(2n-1) \\ R_u(1) & R_u(0) & \cdots & R_u(2n-2) \\ \vdots & \vdots & \ddots & \vdots \\ R_u(2n-1) & R_u(2n-2) & \cdots & R_u(0) \end{bmatrix}
$$

$$
= \lim_{L\to\infty}\left(\frac{1}{L}\bar{\boldsymbol{U}}_L^{\mathrm{T}}\bar{\boldsymbol{U}}_L\right) \tag{5.2.25}
$$

是非奇异的，也可近似表示为

$$
\det(\bar{\boldsymbol{U}}_L^{\mathrm{T}}\bar{\boldsymbol{U}}_L) \neq 0 \tag{5.2.26}
$$

式中

$$
\begin{cases} \bar{\boldsymbol{U}}_L = [z^{-1}\boldsymbol{u}_L, \quad z^{-2}\boldsymbol{u}_L, \quad \cdots, \quad z^{-2n}\boldsymbol{u}_L] \\ \boldsymbol{u}_L = [u(1), \quad u(2), \quad \cdots, \quad u(L)]^{\mathrm{T}} \\ z^{-i}\boldsymbol{u}_L = [u(1-i), \quad \cdots \quad u(0), \quad u(1), \quad \cdots, \quad u(L-i)]^{\mathrm{T}}, \quad i = 1,2,\cdots,2n \\ n = \max(n_a, n_b) \end{cases} \tag{5.2.27}
$$

因移位关系，使矩阵 $\bar{\boldsymbol{U}}_L$ 的元素会出现零时刻及其之前的变量值 $u(0), u(-1), \cdots, u(-2n+1)$。不过由于零时刻是相对的，这些变量值不为零，应为零时刻及其之前相应时刻的采样值。

式(5.2.26)就是模型式(5.2.8)的开环可辨识性条件，意味着辨识所用的输入信号不能随意选择，否则可能造成不可辨识。满足式(5.2.26)的信号通常可选：①随机序列(如白噪声)；②伪随机序列(如 M 序列)；③离散序列(如含有 $2n$ 种非整倍数频率的正弦组合信号经采样获得的序列)。

例 5.2　设线性系统的输出 $z(k)$ 用输入序列 $\{u(k)\}$ 与脉冲响应序列 $\{g_i, i=1, 2, \cdots, N\}$ 的卷积和表示

$$
z(k) = \sum_{i=1}^{N} g_i u(k-i) + v(k) \tag{5.2.28}
$$

其中，$v(k)$ 是系统输出噪声，是均值为零的白噪声。将式(5.2.28)写成最小二乘格式

$$
\boldsymbol{z}_L = \boldsymbol{H}_L \boldsymbol{g} + \boldsymbol{v}_L \tag{5.2.29}
$$

式中

$$
\begin{cases} \boldsymbol{g} = [g_1, g_2, \cdots, g_N]^{\mathrm{T}} \\ \boldsymbol{z}_L = [z(1), z(2), \cdots, z(L)]^{\mathrm{T}} \\ \boldsymbol{v}_L = [n(1), n(1), \cdots, n(L)]^{\mathrm{T}} \\ \boldsymbol{H}_L = \begin{bmatrix} u(1) & u(0) & \cdots & u(1-N) \\ u(2) & u(1) & \cdots & u(2-N) \\ \vdots & \vdots & \ddots & \vdots \\ u(L) & u(L-1) & \cdots & u(L-N) \end{bmatrix} \end{cases} \tag{5.2.30}
$$

且 $\boldsymbol{z}_L$ 和 $\boldsymbol{H}_L$ 均由可测数据组成，L 为数据长度。根据式(5.2.24)，脉冲响应序列 $\{g_i, i=$

1,2,⋯,N}的最小二乘估计可写成

$$\hat{\boldsymbol{g}}_{\mathrm{LS}} = (\boldsymbol{H}_L^{\mathrm{T}} \boldsymbol{H}_L)^{-1} \boldsymbol{H}_L^{\mathrm{T}} \boldsymbol{z}_L \tag{5.2.31}$$

基于下面仿真模型生成的输入和输出数据，记作$\{u(k),z(k),k=1,2,\cdots,L\}$

$$G(s) = \frac{120}{(8.3s+1)(6.2s+1)} \tag{5.2.32}$$

其中，模型输出受均值为零、标准差为1.0(噪信比约为4.6%)、服从正态分布的白噪声污染；输入$u(k)$采用特征多项式为$F(s)=1\oplus s^6 \oplus s^7$，幅度为1的M序列；数据长度$L=400$；利用算法式(5.2.31)，得到的脉冲响应估计如图5.2所示，与真实的脉冲响应非常吻合。

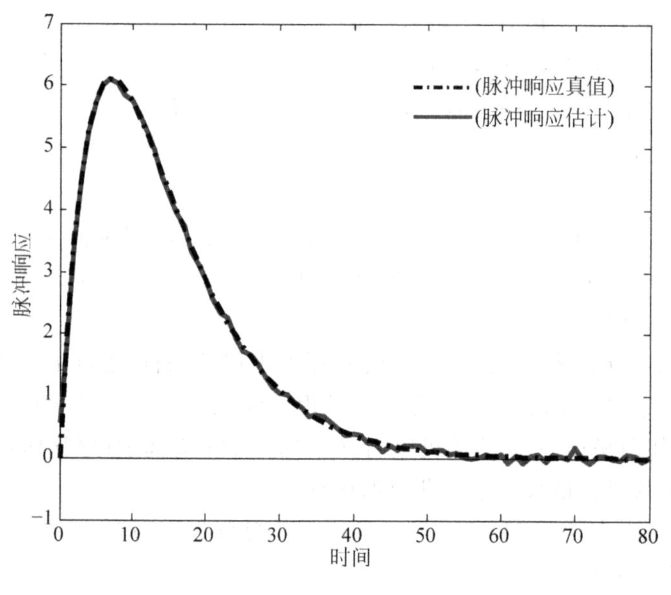

图5.2　脉冲响应辨识

批处理算法式(5.2.22)或式(5.2.24)对理论研究有许多方便之处，但计算方面需要矩阵求逆，计算量会比较大，尤其是矩阵$\boldsymbol{H}_L$的维数较大时。因此，有时也可用高斯消元法直接对式(5.2.21)进行求解，然而更有效的方法是把批处理算法演绎成为递推算法，便于在线辨识，而且能减少计算量。

5.2.4　最小二乘估计的几何意义

记

$$\begin{cases} \boldsymbol{H}_L = [\boldsymbol{h}_1 \quad \boldsymbol{h}_2 \quad \cdots \quad \boldsymbol{h}_N], & N = n_a + n_b \\ \hat{\boldsymbol{z}}_L = \boldsymbol{H}_L \hat{\boldsymbol{\theta}}_{\mathrm{LS}}, & \boldsymbol{\varepsilon}_L = \boldsymbol{z}_L - \hat{\boldsymbol{z}}_L \end{cases} \tag{5.2.33}$$

式中，$\hat{\boldsymbol{\theta}}_{\mathrm{LS}}$为最小二乘估计值，其几何意义可解释为[3]：输出向量$\boldsymbol{z}_L$在由$\boldsymbol{h}_1,\boldsymbol{h}_1,\cdots,\boldsymbol{h}_N$张成的空间中可分解成输出估计向量$\hat{\boldsymbol{z}}_L$和输出残差向量$\boldsymbol{\varepsilon}_L$的矢量和。如果$\boldsymbol{n}_L$是零

均值白噪声向量，则输出估计向量$\hat{\boldsymbol{z}}_L$是输出向量$\boldsymbol{z}_L$在由$\boldsymbol{h}_1,\boldsymbol{h}_1,\cdots,\boldsymbol{h}_N$张成的空间的正交投影，或者说输出残差向量$\boldsymbol{\varepsilon}_L$垂直于由$\boldsymbol{h}_1,\boldsymbol{h}_1,\cdots,\boldsymbol{h}_N$张成的空间，如图 5.3 所示，阴影部分表示由$\boldsymbol{h}_1,\boldsymbol{h}_1,\cdots,\boldsymbol{h}_N$张成的空间。

证明　① 根据式(5.2.33)，输出估计向量$\hat{\boldsymbol{z}}_L$可由$\boldsymbol{h}_1,\boldsymbol{h}_1,\cdots,\boldsymbol{h}_N$线性表示，即

$$\hat{\boldsymbol{z}}_L=\boldsymbol{H}_L\hat{\boldsymbol{\theta}}_{\mathrm{LS}}=\boldsymbol{h}_1\hat{\theta}_1+\boldsymbol{h}_2\hat{\theta}_2+\cdots+\boldsymbol{h}_N\hat{\theta}_N \tag{5.2.34}$$

式中，$\hat{\theta}_i,i=1,2,\cdots,N$是模型参数估计量$\hat{\boldsymbol{\theta}}_{\mathrm{LS}}$的元素。

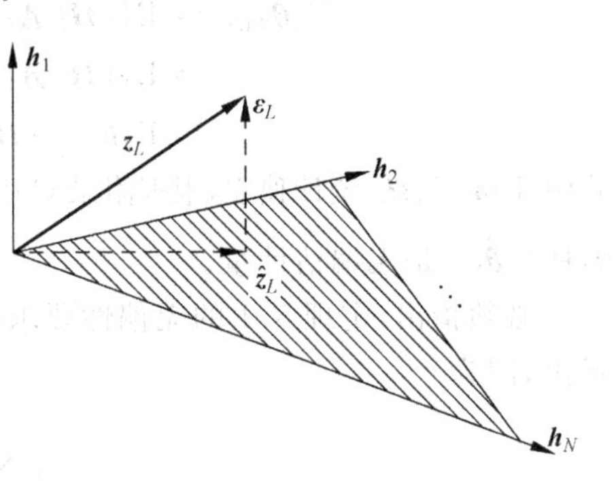

图 5.3　最小二乘估计的几何意义

② 对式(5.2.11)来说，如果$\boldsymbol{n}_L$是零均值白噪声，$\boldsymbol{n}_L$与$(\boldsymbol{H}_L^{\mathrm{T}}\boldsymbol{H}_L)^{-1}\boldsymbol{H}_L^{\mathrm{T}}$统计不相关，则由式(5.2.24)及$\mathrm{E}\{\boldsymbol{n}_L\}=0$，有

$$\begin{aligned}\mathrm{E}\{\hat{\boldsymbol{\theta}}_{\mathrm{LS}}\}&=\mathrm{E}\{(\boldsymbol{H}_L^{\mathrm{T}}\boldsymbol{H}_L)^{-1}\boldsymbol{H}_L^{\mathrm{T}}\boldsymbol{z}_L\}\\&=\mathrm{E}\{\boldsymbol{\theta}_0+(\boldsymbol{H}_L^{\mathrm{T}}\boldsymbol{H}_L)^{-1}\boldsymbol{H}_L^{\mathrm{T}}\boldsymbol{n}_L\}=\boldsymbol{\theta}_0\end{aligned} \tag{5.2.35}$$

其中，$\boldsymbol{\theta}_0$为模型参数真值，所以

$$\mathrm{E}\{\hat{\boldsymbol{z}}_L\}=\mathrm{E}\{\boldsymbol{H}_L\hat{\boldsymbol{\theta}}_{\mathrm{LS}}\}=\mathrm{E}\{\boldsymbol{H}_L\boldsymbol{\theta}_0\}=\mathrm{E}\{\boldsymbol{z}_L\} \tag{5.2.36}$$

因此输出估计向量$\hat{\boldsymbol{z}}_L$是输出向量$\boldsymbol{z}_L$的无偏估计。

③ 根据式(5.2.24)和式(5.2.33)，$\mathrm{E}\{(\boldsymbol{z}_L-\hat{\boldsymbol{z}}_L)^{\mathrm{T}}[\boldsymbol{h}_1,\boldsymbol{h}_1,\cdots,\boldsymbol{h}_N]\}=0$，因此$\boldsymbol{z}_L-\hat{\boldsymbol{z}}_L=\boldsymbol{\varepsilon}_L$正交于$\boldsymbol{h}_1,\boldsymbol{h}_1,\cdots,\boldsymbol{h}_N$。

上面论述表明，输出估计向量$\hat{\boldsymbol{z}}_L$满足线性、无偏和正交的条件，因此它是输出向量$\boldsymbol{z}_L$在由$\boldsymbol{h}_1,\boldsymbol{h}_1,\cdots,\boldsymbol{h}_N$张成的空间的正交投影，或者说$\boldsymbol{z}_L$与$\hat{\boldsymbol{z}}_L$的向量差垂直于由$\boldsymbol{h}_1,\boldsymbol{h}_1,\cdots,\boldsymbol{h}_N$张成的空间。　证毕。■

5.2.5　最小二乘估计的统计性质

算法式(5.2.22)或式(5.2.24)给出了式(5.2.11)模型参数$\boldsymbol{\theta}$的最小二乘估计，由于数据矩阵$\boldsymbol{H}_L$和输出向量$\boldsymbol{z}_L$均具有随机性，故$\hat{\boldsymbol{\theta}}_{\mathrm{WLS}}$或$\hat{\boldsymbol{\theta}}_{\mathrm{LS}}$亦为随机向量。它们的"优良度"或"可信度"需要通过分析包括无偏性、一致性和有效性等在内的统计性质来确定，以此帮助确认辨识方法是否具有实用价值。

1. 无偏性

无偏性是估计量的一个重要统计性质，用以衡量估计量是否围绕真值波动。

定理 5.1　如果模型式(5.2.11)噪声向量$\boldsymbol{n}_L$的均值为零，且与数据矩阵$\boldsymbol{H}_L$统计独立，则加权最小二乘参数估计值$\hat{\boldsymbol{\theta}}_{\mathrm{WLS}}$是无偏估计量，即

$$\mathrm{E}\{\hat{\boldsymbol{\theta}}_{\mathrm{WLS}}\}=\boldsymbol{\theta}_0 \tag{5.2.37}$$

其中，$\boldsymbol{\theta}_0$ 为模型参数真值。

证明　根据式(5.2.22)及定理5.1所给的条件，参数估计值$\hat{\boldsymbol{\theta}}_{\mathrm{WLS}}$的数学期望为

$$\begin{aligned}\mathrm{E}\{\hat{\boldsymbol{\theta}}_{\mathrm{WLS}}\} &= \mathrm{E}\{(\boldsymbol{H}_L^{\mathrm{T}}\boldsymbol{\Lambda}_L\boldsymbol{H}_L)^{-1}\boldsymbol{H}_L^{\mathrm{T}}\boldsymbol{\Lambda}_L\boldsymbol{z}_L\} \\ &= \mathrm{E}\{(\boldsymbol{H}_L^{\mathrm{T}}\boldsymbol{\Lambda}_L\boldsymbol{H}_L)^{-1}\boldsymbol{H}_L^{\mathrm{T}}\boldsymbol{\Lambda}_L(\boldsymbol{H}_L\boldsymbol{\theta}_0+\boldsymbol{n}_L)\} \\ &= \mathrm{E}\{\boldsymbol{\theta}_0+(\boldsymbol{H}_L^{\mathrm{T}}\boldsymbol{\Lambda}_L\boldsymbol{H}_L)^{-1}\boldsymbol{H}_L^{\mathrm{T}}\boldsymbol{\Lambda}_L\boldsymbol{n}_L\} = \boldsymbol{\theta}_0\end{aligned} \tag{5.2.38}$$

式中，因$\boldsymbol{n}_L$与$\boldsymbol{H}_L$统计独立，根据附录C中的式(C.1.9)，则$\mathrm{E}\{(\boldsymbol{H}_L^{\mathrm{T}}\boldsymbol{\Lambda}_L\boldsymbol{H}_L)^{-1}\boldsymbol{H}_L^{\mathrm{T}}\boldsymbol{\Lambda}_L\boldsymbol{n}_L\}=0$，所以$\hat{\boldsymbol{\theta}}_{\mathrm{WLS}}$是无偏估计量。　　证毕。■

必须指出，定理5.1的无偏性要求$\boldsymbol{n}_L$与$\boldsymbol{H}_L$必须统计独立。如果$\boldsymbol{n}_L$是零均值白噪声，因为

$$\mathrm{E}\{\boldsymbol{H}_L^{\mathrm{T}}\boldsymbol{n}_L\} = \mathrm{E}\left\{\begin{array}{c}\sum\limits_{k=1}^{L}-z(k-1)n(k) \\ \vdots \\ \sum\limits_{k=1}^{L}-z(k-n_a)n(k) \\ \sum\limits_{k=1}^{L}u(k-1)n(k) \\ \vdots \\ \sum\limits_{k=1}^{L}u(k-n_b)n(k)\end{array}\right\} = 0 \tag{5.2.39}$$

显然，$\boldsymbol{n}_L$与$\boldsymbol{H}_L$是统计不相关的，它可使$\mathrm{E}\{(\boldsymbol{H}_L^{\mathrm{T}}\boldsymbol{\Lambda}_L\boldsymbol{H}_L)^{-1}\boldsymbol{H}_L^{\mathrm{T}}\boldsymbol{\Lambda}_L\boldsymbol{n}_L\}=0$，所以当$\boldsymbol{n}_L$是零均值白噪声时，$\hat{\boldsymbol{\theta}}_{\mathrm{WLS}}$也是无偏估计量。如果$\boldsymbol{n}_L$是零均值正态分布白噪声，则$\boldsymbol{n}_L$与$\boldsymbol{H}_L$是统计独立的，$\hat{\boldsymbol{\theta}}_{\mathrm{WLS}}$一定是无偏估计量。

实际上，定理5.1所给的条件可以改成

$$\mathrm{E}\{(\boldsymbol{H}_L^{\mathrm{T}}\boldsymbol{\Lambda}_L\boldsymbol{H}_L)^{-1}\boldsymbol{H}_L^{\mathrm{T}}\boldsymbol{\Lambda}_L\boldsymbol{n}_L\} = 0 \tag{5.2.40}$$

也就是要求$(\boldsymbol{H}_L^{\mathrm{T}}\boldsymbol{\Lambda}_L\boldsymbol{H}_L)^{-1}\boldsymbol{H}_L^{\mathrm{T}}\boldsymbol{\Lambda}_L$与噪声$\boldsymbol{n}_L$不相关或正交，显然式(5.2.40)比定理5.1所给的条件宽松。当定理5.1所给的条件不能得到满足时，通过选择加权矩阵$\boldsymbol{\Lambda}_L$，只要满足式(5.2.40)条件，便可获得无偏估计，后面讨论的辅助变量法就是利用这种思想。加权矩阵$\boldsymbol{\Lambda}_L$的选择也就成为解决辨识问题的另一个自由度。

2. 参数估计偏差的协方差

估计量偏差的统计特性可以用来评价估计的精度，协方差阵的对角线元素是各分量的方差，用以描述估计量的散度。

定理5.2　如果模型式(5.2.11)的$\boldsymbol{n}_L$是均值为零，协方差阵为$\mathrm{Cov}\{\boldsymbol{n}_L\}=\boldsymbol{\Sigma}_n$，并且与数据矩阵$\boldsymbol{H}_L$是统计独立的噪声向量，则加权最小二乘参数估计值偏差$\tilde{\boldsymbol{\theta}}_{\mathrm{WLS}}=\boldsymbol{\theta}_0-\hat{\boldsymbol{\theta}}_{\mathrm{WLS}}$的协方差阵为

$$\mathrm{Cov}\{\tilde{\boldsymbol{\theta}}_{\mathrm{WLS}}\}=\mathrm{E}\{(\boldsymbol{H}_L^{\mathrm{T}}\boldsymbol{\Lambda}_L\boldsymbol{H}_L)^{-1}\boldsymbol{H}_L^{\mathrm{T}}\boldsymbol{\Lambda}_L\boldsymbol{\Sigma}_n\boldsymbol{\Lambda}_L\boldsymbol{H}_L(\boldsymbol{H}_L^{\mathrm{T}}\boldsymbol{\Lambda}_L\boldsymbol{H}_L)^{-1}\}\tag{5.2.41}$$

证明 根据式(5.2.22)和定理 5.1，有

$$\begin{aligned}\mathrm{Cov}\{\tilde{\boldsymbol{\theta}}_{\mathrm{WLS}}\}&=\mathrm{E}\{(\boldsymbol{\theta}_0-\hat{\boldsymbol{\theta}}_{\mathrm{WLS}})(\boldsymbol{\theta}_0-\hat{\boldsymbol{\theta}}_{\mathrm{WLS}})^{\mathrm{T}}\}=\mathrm{E}\{\hat{\boldsymbol{\theta}}_{\mathrm{WLS}}\hat{\boldsymbol{\theta}}_{\mathrm{WLS}}^{\mathrm{T}}-\boldsymbol{\theta}_0\boldsymbol{\theta}_0^{\mathrm{T}}\}\\&=\mathrm{E}\{(\boldsymbol{H}_L^{\mathrm{T}}\boldsymbol{\Lambda}_L\boldsymbol{H}_L)^{-1}\boldsymbol{H}_L^{\mathrm{T}}\boldsymbol{\Lambda}_L\boldsymbol{z}_L\boldsymbol{z}_L^{\mathrm{T}}\boldsymbol{\Lambda}_L\boldsymbol{H}_L(\boldsymbol{H}_L^{\mathrm{T}}\boldsymbol{\Lambda}_L\boldsymbol{H}_L)^{-1}-\boldsymbol{\theta}_0\boldsymbol{\theta}_0^{\mathrm{T}}\}\\&=\mathrm{E}\{(\boldsymbol{H}_L^{\mathrm{T}}\boldsymbol{\Lambda}_L H_L)^{-1}\boldsymbol{H}_L^{\mathrm{T}}\boldsymbol{\Lambda}_L\boldsymbol{n}_L\boldsymbol{n}_L^{\mathrm{T}}\boldsymbol{\Lambda}_L\boldsymbol{H}_L(\boldsymbol{H}_L^{\mathrm{T}}\boldsymbol{\Lambda}_L\boldsymbol{H}_L)^{-1}\}\\&=\mathrm{E}\{(\boldsymbol{H}_L^{\mathrm{T}}\boldsymbol{\Lambda}_L\boldsymbol{H}_L)^{-1}\boldsymbol{H}_L^{\mathrm{T}}\boldsymbol{\Lambda}_L\boldsymbol{\Sigma}_n\boldsymbol{\Lambda}_L\boldsymbol{H}_L(\boldsymbol{H}_L^{\mathrm{T}}\boldsymbol{\Lambda}_L\boldsymbol{H}_L)^{-1}\}\end{aligned}\tag{5.2.42}$$

证毕。■

系 5.1 在定理 5.2 条件下，取加权矩阵$\boldsymbol{\Lambda}_L=\boldsymbol{\Sigma}_n^{-1}$，模型式(5.2.11)的参数估计值为

$$\hat{\boldsymbol{\theta}}_{\mathrm{MV}}=(\boldsymbol{H}_L^{\mathrm{T}}\boldsymbol{\Sigma}_n^{-1}\boldsymbol{H}_L)^{-1}\boldsymbol{H}_L^{\mathrm{T}}\boldsymbol{\Sigma}_n^{-1}\boldsymbol{z}_L\tag{5.2.43}$$

式中，$\boldsymbol{\Sigma}_n$ 为噪声$\boldsymbol{n}_L$ 的协方差阵。$\hat{\boldsymbol{\theta}}_{\mathrm{MV}}$称作 Markov 估计，是加权最小二乘估计的一种特例。相应的参数估计值偏差的协方阵可写成

$$\mathrm{Cov}\{\tilde{\boldsymbol{\theta}}_{\mathrm{MV}}\}=\mathrm{E}\{(\boldsymbol{H}_L^{\mathrm{T}}\boldsymbol{\Sigma}_n^{-1}\boldsymbol{H}_L)^{-1}\}\tag{5.2.44}$$

式中，$\tilde{\boldsymbol{\theta}}_{\mathrm{MV}}=\boldsymbol{\theta}_0-\hat{\boldsymbol{\theta}}_{\mathrm{MV}}$。

系 5.2 如果模型式(5.2.11)的$\boldsymbol{n}_L$ 是均值为零，协方差阵为 $\sigma_n^2\boldsymbol{I}$ 的白噪声向量，且取加权矩阵$\boldsymbol{\Lambda}_L=\boldsymbol{I}$，则最小二乘参数估计值偏差的协方差阵为

$$\mathrm{Cov}\{\tilde{\boldsymbol{\theta}}_{\mathrm{LS}}\}=\sigma_n^2\mathrm{E}\{(\boldsymbol{H}_L^{\mathrm{T}}\boldsymbol{H}_L)^{-1}\}\tag{5.2.45}$$

式中，$\tilde{\boldsymbol{\theta}}_{\mathrm{LS}}=\boldsymbol{\theta}_0-\hat{\boldsymbol{\theta}}_{\mathrm{LS}}$。

系 5.1 和系 5.2 可直接由定理 5.2 导出，它们是评价最小二乘辨识精度的重要依据。

3. 一致性

一致性指的是估计量以概率 1 收敛至真值，它是人们最关心的一种统计性质。

定理 5.3 在系 5.2 条件下，最小二乘参数估计是一致收敛的，即

$$\lim_{L\to\infty}\hat{\boldsymbol{\theta}}_{\mathrm{LS}}=\boldsymbol{\theta}_0,\mathrm{W.P.1}\tag{5.2.46}$$

证明 根据式(5.2.45)，有

$$\begin{aligned}\lim_{L\to\infty}\mathrm{Cov}\{\tilde{\boldsymbol{\theta}}_{\mathrm{LS}}\}&=\lim_{L\to\infty}\sigma_n^2\mathrm{E}\{(\boldsymbol{H}_L^{\mathrm{T}}\boldsymbol{H}_L)^{-1}\}\\&=\lim_{L\to\infty}\frac{\sigma_n^2}{L}\mathrm{E}\left\{\left(\frac{1}{L}\sum_{k=1}^{L}\boldsymbol{h}(k)\boldsymbol{h}^{\mathrm{T}}(k)\right)^{-1}\right\}\end{aligned}\tag{5.2.47}$$

式中，$\lim\limits_{L\to\infty}\frac{1}{L}\sum\limits_{k=1}^{L}\boldsymbol{h}(k)\boldsymbol{h}^{\mathrm{T}}(k)=C$，W.P.1，$\boldsymbol{C}$为正定常数阵，$\sigma_n^2$ 有界，且$\mathrm{E}\{\hat{\boldsymbol{\theta}}_{\mathrm{LS}}\}=\boldsymbol{\theta}_0$，因而$\lim\limits_{L\to\infty}\hat{\boldsymbol{\theta}}_{\mathrm{LS}}=\boldsymbol{\theta}_0$，W.P.1。

证毕。■

特别需要指出，只有当噪声$\boldsymbol{n}_L$ 是白噪声时，最小二乘参数估计值才是一致收敛的。

4. 有效性

有效性指的是估计量偏差的协方差阵达到了最小值，也可以说辨识精度最高。

定理 5.4 在系 5.2 条件下，设噪声$\boldsymbol{n}_L$服从正态分布，则最小二乘参数估计值$\hat{\boldsymbol{\theta}}_{\mathrm{LS}}$是有效估计，即参数估计值偏差$\tilde{\boldsymbol{\theta}}_{\mathrm{LS}}=\boldsymbol{\theta}_0-\hat{\boldsymbol{\theta}}_{\mathrm{LS}}$的协方差阵达到 Cramér-Rao 不等式的下界

$$\mathrm{Cov}\{\tilde{\boldsymbol{\theta}}_{\mathrm{LS}}\}=\sigma_n^2\mathrm{E}\{(\boldsymbol{H}_L^{\mathrm{T}}\boldsymbol{H}_L)^{-1}\}=\boldsymbol{M}^{-1} \tag{5.2.48}$$

其中，$\boldsymbol{M}$为 Fisher 信息矩阵

$$\boldsymbol{M}=\mathrm{E}\left\{\left[\frac{\partial\log p(\boldsymbol{z}\mid\boldsymbol{\theta})}{\partial\boldsymbol{\theta}}\right]^{\mathrm{T}}\left[\frac{\partial\log p(\boldsymbol{z}\mid\boldsymbol{\theta})}{\partial\boldsymbol{\theta}}\right]\Bigg|_{\hat{\boldsymbol{\theta}}_{\mathrm{LS}}}\right\} \tag{5.2.49}$$

证明 根据式(5.2.11)和式(5.2.33)，有$\boldsymbol{n}_L=\boldsymbol{z}_L-\boldsymbol{H}_L\boldsymbol{\theta}_0$和$\boldsymbol{\varepsilon}_L=\boldsymbol{z}_L-\boldsymbol{H}_L\hat{\boldsymbol{\theta}}_{\mathrm{LS}}$，在定理 5.4 条件下，有$\boldsymbol{n}_L\sim\mathbb{N}(0,\sigma_n^2\boldsymbol{I})$，又由定理 5.3 知，$\hat{\boldsymbol{\theta}}_{\mathrm{LS}}\xrightarrow[L\to\infty]{\mathrm{W.P.1}}\boldsymbol{\theta}_0$，因此$\boldsymbol{\varepsilon}_L\xrightarrow{\mathrm{a.s.}}\boldsymbol{n}_L$，所以$\boldsymbol{\varepsilon}_L\sim\mathbb{N}(0,\sigma_n^2\boldsymbol{I})$和$\boldsymbol{z}_L\sim\mathbb{N}(\mathrm{E}\{\boldsymbol{H}_L\hat{\boldsymbol{\theta}}_{\mathrm{LS}}\},\sigma_n^2\boldsymbol{I})$，那么输出向量$\boldsymbol{z}_L$的概率密度函数可写成

$$p(\boldsymbol{z}_L\mid\hat{\boldsymbol{\theta}}_{\mathrm{LS}})=(2\pi\sigma_n^2)^{-L/2}\exp\left\{-\frac{1}{2\sigma_n^2}(\boldsymbol{z}_L-\mathrm{E}\{\boldsymbol{H}_L\boldsymbol{\theta}\})^{\mathrm{T}}(\boldsymbol{z}_L-\mathrm{E}\{\boldsymbol{H}_L\boldsymbol{\theta}\})\Bigg|_{\hat{\boldsymbol{\theta}}_{\mathrm{LS}}}\right\} \tag{5.2.50}$$

上式两边同时对$\boldsymbol{\theta}$求导数，得

$$\frac{\partial p(\boldsymbol{z}_L\mid\boldsymbol{\theta})}{\partial\boldsymbol{\theta}}\Bigg|_{\hat{\boldsymbol{\theta}}_{\mathrm{LS}}}=\frac{1}{\sigma_n^2}\mathrm{E}\{\boldsymbol{H}_L\}(\boldsymbol{z}_L-\mathrm{E}\{\boldsymbol{H}_L\hat{\boldsymbol{\theta}}_{\mathrm{LS}}\})^{\mathrm{T}} \tag{5.2.51}$$

为此，Fisher 信息矩阵可写成

$$\boldsymbol{M}=\mathrm{E}\left\{\frac{1}{\sigma_n^4}\mathrm{E}\{\boldsymbol{H}_L^{\mathrm{T}}\}(\boldsymbol{z}_L-\mathrm{E}\{\boldsymbol{H}_L\hat{\boldsymbol{\theta}}_{\mathrm{LS}}\})(\boldsymbol{z}_L-\mathrm{E}\{\boldsymbol{H}_L\hat{\boldsymbol{\theta}}_{\mathrm{LS}}\})^{\mathrm{T}}\mathrm{E}\{\boldsymbol{H}_L\}\Bigg|_{\hat{\boldsymbol{\theta}}_{\mathrm{LS}}}\right\} \tag{5.2.52}$$

其中，因$\boldsymbol{z}_L-\mathrm{E}\{\boldsymbol{H}_L\hat{\boldsymbol{\theta}}_{\mathrm{LS}}\}\xrightarrow[L\to\infty]{\mathrm{a.s.}}\boldsymbol{n}_L$，故$\mathrm{E}\{(\boldsymbol{z}_L-\mathrm{E}\{\boldsymbol{H}_L\hat{\boldsymbol{\theta}}_{\mathrm{LS}}\})(\boldsymbol{z}_L-\mathrm{E}\{\boldsymbol{H}_L\hat{\theta}_{\mathrm{LS}}\})^{\mathrm{T}}\}\xrightarrow[L\to\infty]{\mathrm{W.P.1}}\sigma_n^2\boldsymbol{I}$，且根据数据矩阵$\boldsymbol{H}_L$的组成，可导出$\mathrm{E}\{\mathrm{E}\{\boldsymbol{H}_L^{\mathrm{T}}\}\mathrm{E}\{\boldsymbol{H}_L\}\}=\mathrm{E}\{\boldsymbol{H}_L^{\mathrm{T}}\boldsymbol{H}_L\}$，所以 Fisher 信息矩阵$M=\frac{1}{\sigma_n^2}\mathrm{E}\{\boldsymbol{H}_L^{\mathrm{T}}\boldsymbol{H}_L\}$，与式(5.2.45)比较，参数估计值偏差$\tilde{\boldsymbol{\theta}}_{\mathrm{LS}}$的协方差阵达到 Cramér-Rao 不等式的下界。

证毕。■

系 5.3 在系 5.1 条件下，设噪声$\boldsymbol{n}_L$服从正态分布，则 Markov 参数估计$\hat{\boldsymbol{\theta}}_{\mathrm{MV}}$是有效估计，即

$$\mathrm{Cov}\{\tilde{\boldsymbol{\theta}}_{\mathrm{MV}}\}=\mathrm{E}\{(\boldsymbol{H}_L^{\mathrm{T}}\boldsymbol{\Sigma}_n^{-1}\boldsymbol{H}_L)^{-1}\}=\boldsymbol{M}^{-1} \tag{5.2.53}$$

其中，$\boldsymbol{M}$为 Fisher 信息矩阵。

系 5.3 的证明与定理 5.4 类似。定理 5.4 和系 5.3 表明，在一定条件下，最小二乘参数估计值和 Markov 参数估计值都是有效估计，表明算法充分利用了数据信息。

5. 渐近正态性

定理 5.5 在系 5.2 条件下，设噪声$\boldsymbol{n}_L$服从正态分布，则最小二乘参数估计值

$\hat{\boldsymbol{\theta}}_{\mathrm{LS}}$服从正态分布，即有

$$\hat{\boldsymbol{\theta}}_{\mathrm{LS}} \sim \mathbb{N}(\boldsymbol{\theta}_0, \sigma_n^2 \mathrm{E}\{(\boldsymbol{H}_L^{\mathrm{T}} \boldsymbol{H}_L)^{-1}\}) \tag{5.2.54}$$

证明 根据式(5.2.11)及$\boldsymbol{n}_L \sim \mathbb{N}(0, \sigma_n^2 \boldsymbol{I})$，有$\boldsymbol{z}_L \sim \mathbb{N}(\mathrm{E}\{\boldsymbol{H}_L \boldsymbol{\theta}_0\}, \sigma_n^2 \boldsymbol{I})$，又由式(5.2.24)和附录 C 定理 C.2，可得式(5.2.54)。 证毕。■

系 5.4 在系 5.1 条件下，设噪声$\boldsymbol{n}_L$服从正态分布，则 Markov 参数估计$\hat{\boldsymbol{\theta}}_{\mathrm{MV}}$服从正态分布，即

$$\hat{\boldsymbol{\theta}}_{\mathrm{MV}} \sim \mathbb{N}(\boldsymbol{\theta}_0, \mathrm{E}\{(\boldsymbol{H}_L^{\mathrm{T}} \boldsymbol{\Sigma}_n^{-1} \boldsymbol{H}_L)^{-1}\}) \tag{5.2.55}$$

系 5.5 在系 5.1 条件下，设噪声$\boldsymbol{n}_L$服从正态分布，则有$\boldsymbol{\varepsilon}_L \sim \mathbb{N}(0, \sigma_n^2 \boldsymbol{I})$，且$\mathrm{E}\{\hat{\boldsymbol{\theta}}_{\mathrm{LS}} \boldsymbol{\varepsilon}_L^{\mathrm{T}}\} = 0$，$\dfrac{\boldsymbol{\varepsilon}_L^{\mathrm{T}} \boldsymbol{\varepsilon}_L}{\sigma_n^2} \xrightarrow{\text{a.s.}} \dfrac{\boldsymbol{n}_L^{\mathrm{T}} \boldsymbol{n}_L}{\sigma_n^2} \sim \chi^2(L - \dim \boldsymbol{\theta})$，式中$L$为数据长度。

综上所述，最小二乘参数估计、加权最小二乘参数估计和 Markov 估计的统计性质归纳于表 5.1 所示。

表 5.1 参数估计的统计性质

算法	条件 \ 统计性质	无偏性	一致性	有效性	渐近正态性
最小二乘算法	$\boldsymbol{n}_L$为白噪声，服从正态分布	√	√	√	√
加权最小二乘算法	$\boldsymbol{n}_L$与$\boldsymbol{H}_L$统计独立，服从正态分布	√	√		
Markov 估计算法	$\boldsymbol{n}_L$与$\boldsymbol{H}_L$统计独立，服从正态分布	√	√	√	√

表 5.1 表明，在一定条件下最小二乘法能给出较好的模型参数估计值，说明它是一种可用的辨识方法。

5.3 最小二乘递推辨识算法

辨识算法有两种基本结构，一种是一次完成或称批处理算法，另一种是递推算法，后者更适用于计算机在线实时辨识。

(1) 批处理算法：利用一批观测数据，一次计算或反复进行批处理，以获得模型参数估计值。

(2) 递推算法：在上次模型参数估计值$\hat{\boldsymbol{\theta}}(k-1)$的基础上，根据当前获得的数据对$\hat{\boldsymbol{\theta}}(k-1)$进行修正，以获得当前时刻的模型参数估计值$\hat{\boldsymbol{\theta}}(k)$，修正项由增益和新息组成。下面是广为采用的递推形式

$$\hat{\boldsymbol{\theta}}(k) = \hat{\boldsymbol{\theta}}(k-1) + \boldsymbol{K}(k)\boldsymbol{h}(k-d)\tilde{z}(k) \tag{5.3.1}$$

式中，$\hat{\boldsymbol{\theta}}(k)$为当前时刻的模型参数估计值，$\boldsymbol{K}(k)$为算法增益，$\boldsymbol{h}(k-d)$为数据向量，$d$为整数迟延，$\tilde{z}(k)$为模型新息。

5.3.1 递推算法

递推算法就是每获得一次新的观测数据就修正一次参数估计值，随着时间的推移，以便获得满意的辨识结果。

根据式(5.2.24)，k 时刻的参数估计值可以写成

$$\hat{\boldsymbol{\theta}}(k)=\left(\sum_{i=1}^{k}\boldsymbol{h}(i)\,\boldsymbol{h}^{\mathrm{T}}(i)\right)^{-1}\left(\sum_{i=1}^{k}\boldsymbol{h}(i)z(i)\right) \tag{5.3.2}$$

令 $\overline{\boldsymbol{R}}(k)=\sum_{i=1}^{k}\boldsymbol{h}(i)\,\boldsymbol{h}^{\mathrm{T}}(i)$，由上式可得

$$\overline{\boldsymbol{R}}(k)\,\hat{\boldsymbol{\theta}}(k)=\overline{\boldsymbol{R}}(k-1)\,\hat{\boldsymbol{\theta}}(k-1)+\boldsymbol{h}(k)z(k) \tag{5.3.3}$$

将 $\overline{\boldsymbol{R}}(k)=\overline{\boldsymbol{R}}(k-1)+\boldsymbol{h}(k)\boldsymbol{h}^{\mathrm{T}}(k)$代入上式，整理后

$$\hat{\boldsymbol{\theta}}(k)=\hat{\boldsymbol{\theta}}(k-1)+\overline{\boldsymbol{R}}^{-1}(k)\boldsymbol{h}(k)[z(k)-\boldsymbol{h}^{\mathrm{T}}(k)\,\hat{\boldsymbol{\theta}}(k-1)] \tag{5.3.4}$$

又设 $\boldsymbol{R}(k)=\frac{1}{k}\overline{\boldsymbol{R}}(k)$，可导出

$$\begin{cases}\hat{\boldsymbol{\theta}}(k)=\hat{\boldsymbol{\theta}}(k-1)+\dfrac{1}{k}\boldsymbol{R}^{-1}(k)\boldsymbol{h}(k)[z(k)-\boldsymbol{h}^{\mathrm{T}}(k)\,\hat{\boldsymbol{\theta}}(k-1)]\\ \boldsymbol{R}(k)=\boldsymbol{R}(k-1)+\dfrac{1}{k}[\boldsymbol{h}(k)\,\boldsymbol{h}^{\mathrm{T}}(k)-\boldsymbol{R}(k-1)]\end{cases} \tag{5.3.5}$$

再置 $\boldsymbol{P}(k)=\overline{\boldsymbol{R}}^{-1}(k)=\left[\sum_{i=1}^{k}\boldsymbol{h}(i)\,\boldsymbol{h}^{\mathrm{T}}(i)\right]^{-1}$，则有

$$\boldsymbol{P}(k)=[\boldsymbol{P}^{-1}(k-1)+\boldsymbol{h}(k)\,\boldsymbol{h}^{\mathrm{T}}(k)]^{-1} \tag{5.3.6}$$

利用矩阵反演公式(见附录 E.3)，并令 $\boldsymbol{K}(k)=\boldsymbol{P}(k)\boldsymbol{h}(k)$，式(5.3.5)即可演化成

RLS 辨识算法

$$\begin{aligned}&\hat{\boldsymbol{\theta}}(k)=\hat{\boldsymbol{\theta}}(k-1)+\boldsymbol{K}(k)[z(k)-\boldsymbol{h}^{\mathrm{T}}(k)\,\hat{\boldsymbol{\theta}}(k-1)]\\&\boldsymbol{K}(k)=\boldsymbol{P}(k-1)\boldsymbol{h}(k)[\boldsymbol{h}^{\mathrm{T}}(k)\boldsymbol{P}(k-1)\boldsymbol{h}(k)+1]^{-1}\\&\boldsymbol{P}(k)=[\boldsymbol{I}-\boldsymbol{K}(k)\,\boldsymbol{h}^{\mathrm{T}}(k)]\boldsymbol{P}(k-1)\end{aligned} \tag{5.3.7}$$

式中，参数向量和数据向量的定义见式(5.2.10)，k 时刻的参数估计值$\hat{\boldsymbol{\theta}}(k)$等于$(k-1)$时刻的参数估计值$\hat{\boldsymbol{\theta}}(k-1)$加上修正项，修正项正比于新息$\tilde{z}(k)=z(k)-\boldsymbol{h}^{\mathrm{T}}(k)\hat{\boldsymbol{\theta}}(k-1)$，其增益为$\boldsymbol{K}(k)$，$\boldsymbol{P}(k)$为数据协方差阵，是对称的正定阵。式(5.3.5)和式(5.3.7)是最小二乘递推辨识算法两种不同的形式，记作 RLS(recursive least squares)。式(5.3.7)适合于在线递推计算，式(5.3.5)更方便于理论研究。

为了保证$\boldsymbol{P}(k)$的对称性，通常把式(5.3.7)的第 3 式改写成

$$\begin{aligned}\boldsymbol{P}(k)&=\boldsymbol{P}(k-1)-\frac{\boldsymbol{P}(k-1)\boldsymbol{h}(k)\,\boldsymbol{h}^{\mathrm{T}}(k)\boldsymbol{P}(k-1)}{\boldsymbol{h}^{\mathrm{T}}(k)\boldsymbol{P}(k-1)\boldsymbol{h}(k)+1}\\&=\boldsymbol{P}(k-1)-\boldsymbol{K}(k)\,\boldsymbol{K}^{\mathrm{T}}(k)[\boldsymbol{h}^{\mathrm{T}}(k)\boldsymbol{P}(k-1)\boldsymbol{h}(k)+1]\end{aligned} \tag{5.3.8}$$

以保证 $\boldsymbol{P}(k)$ 的对称性。

依据

$$\begin{cases}\boldsymbol{P}^{-1}(k)=\sum_{i=1}^{k}\boldsymbol{h}(i)\,\boldsymbol{h}^{\mathrm{T}}(i)\\ \boldsymbol{P}^{-1}(k)\,\hat{\boldsymbol{\theta}}(k)=\sum_{i=1}^{k}\boldsymbol{h}(i)z(i)\end{cases}\tag{5.3.9}$$

可将式(5.3.2)写成

$$\hat{\boldsymbol{\theta}}(k)=\left(\boldsymbol{P}^{-1}(0)+\sum_{i=1}^{k}\boldsymbol{h}(i)\,\boldsymbol{h}^{\mathrm{T}}(i)\right)^{-1}\left(\boldsymbol{P}^{-1}(0)\,\hat{\boldsymbol{\theta}}(0)+\sum_{i=1}^{k}\boldsymbol{h}(i)z(i)\right)\tag{5.3.10}$$

显然，只有当 $\boldsymbol{P}^{-1}(0)\to 0$ 及 $\boldsymbol{P}^{-1}(0)\hat{\boldsymbol{\theta}}(0)\to 0$ 时，才能使式(5.3.10)逼近于式(5.3.2)，故算法初始值可取

$$\begin{cases}\boldsymbol{P}(0)=a^{2}\boldsymbol{I}\\ \hat{\boldsymbol{\theta}}(0)=\boldsymbol{\varepsilon}\end{cases}\tag{5.3.11}$$

式中，a 为充分大的实数，$\boldsymbol{\varepsilon}$ 为充分小的实向量。

5.3.2　损失函数的递推计算

根据新息和残差的定义

$$\begin{cases}\tilde{z}(k)=z(k)-\boldsymbol{h}^{\mathrm{T}}(k)\,\hat{\boldsymbol{\theta}}(k-1)\\ \varepsilon(k)=z(k)-\boldsymbol{h}^{\mathrm{T}}(k)\,\hat{\boldsymbol{\theta}}(k)\end{cases}\tag{5.3.12}$$

新息与残差存在如下关系

$$\varepsilon(k)=\frac{\tilde{z}(k)}{1+\boldsymbol{h}^{\mathrm{T}}(k)\boldsymbol{P}(k-1)\boldsymbol{h}(k)}\tag{5.3.13}$$

或写成

$$\varepsilon(k)=[1-\boldsymbol{h}^{\mathrm{T}}(k)\boldsymbol{P}(k)\boldsymbol{h}(k)]\,\tilde{z}(k)\tag{5.3.14}$$

利用残差和新息定义及式(5.3.7)和 $[1+\boldsymbol{h}^{\mathrm{T}}(k)\boldsymbol{P}(k-1)\boldsymbol{h}(k)]^{-1}=1-\boldsymbol{h}^{\mathrm{T}}(k)\boldsymbol{P}(k)\boldsymbol{h}(k)$，容易证明式(5.3.12)和式(5.3.13)。

式(5.2.16)定义的损失函数是利用 L 时刻的参数估计值 $\hat{\boldsymbol{\theta}}(L)$，根据残差的定义 $\varepsilon(k)=z(k)-\boldsymbol{h}^{\mathrm{T}}(k)\hat{\boldsymbol{\theta}}(L)$，先计算出不同时刻的残差 $\varepsilon(k)$，$k=1,2,\cdots,L$，然后再求残差平方和得到的。实际上，当加权因子 $\Lambda(k)=1$，$\forall k$ 时，式(5.2.16)损失函数可按下式递推计算

$$\begin{aligned}J(k)&=J(k-1)+\tilde{z}(k)\varepsilon(k)\\&=J(k-1)+\frac{\tilde{z}^{2}(k)}{1+\boldsymbol{h}^{\mathrm{T}}(k)\boldsymbol{P}(k-1)\boldsymbol{h}(k)}\end{aligned}\tag{5.3.15}$$

式中，$\tilde{z}(k)$ 为模型新息。

证明 利用 $\bar{\boldsymbol{R}}(k)=\sum_{i=1}^{k}\boldsymbol{h}(i)\boldsymbol{h}^{\mathrm{T}}(i)$ 和 $\hat{\boldsymbol{\theta}}^{\mathrm{T}}(k)\bar{\boldsymbol{R}}(k)=\sum_{i=1}^{k}\boldsymbol{h}^{\mathrm{T}}(i)z(i)$，损失函数式(5.2.16)可写成(取加权因子 $\Lambda(k)=1$)

$$
\begin{aligned}
J(k)=&\sum_{i=1}^{k}[z(i)-\boldsymbol{h}^{\mathrm{T}}(i)\hat{\boldsymbol{\theta}}(k)]^2\\
=&\sum_{i=1}^{k}(z(i)-\boldsymbol{h}^{\mathrm{T}}(i)\hat{\boldsymbol{\theta}}(k))z(i)-\sum_{i=1}^{k}\boldsymbol{h}^{\mathrm{T}}(i)z(i)\hat{\boldsymbol{\theta}}(k)\\
&+\sum_{i=1}^{k}\boldsymbol{h}^{\mathrm{T}}(i)\hat{\boldsymbol{\theta}}(k)\boldsymbol{h}^{\mathrm{T}}(i)\hat{\boldsymbol{\theta}}(k)\\
=&\sum_{i=1}^{k}(z(i)-\boldsymbol{h}^{\mathrm{T}}(i)\hat{\boldsymbol{\theta}}(k))z(i)-\hat{\boldsymbol{\theta}}^{\mathrm{T}}(k)\bar{\boldsymbol{R}}(k)\hat{\boldsymbol{\theta}}(k)\\
&+\hat{\boldsymbol{\theta}}^{\mathrm{T}}(k)\sum_{i=1}^{k}\boldsymbol{h}(i)\boldsymbol{h}^{\mathrm{T}}(i)\hat{\boldsymbol{\theta}}(k)\\
=&\sum_{i=1}^{k}(z(i)-\boldsymbol{h}^{\mathrm{T}}(i)\hat{\boldsymbol{\theta}}(k))z(i)
\end{aligned}
\tag{5.3.16}
$$

再利用式(5.3.3)和 $\hat{\boldsymbol{\theta}}^{\mathrm{T}}(k)=\sum_{i=1}^{k}\boldsymbol{h}^{\mathrm{T}}(i)z(i)\bar{\boldsymbol{R}}^{-1}(k)$，损失函数可写成如下的递推形式

$$
\begin{aligned}
J(k)=&\sum_{i=1}^{k}(z(i)-\boldsymbol{h}^{\mathrm{T}}(i)\hat{\boldsymbol{\theta}}(k))z(i)\\
=&\sum_{i=1}^{k}[z(i)-\boldsymbol{h}^{\mathrm{T}}(i)(\hat{\boldsymbol{\theta}}(k-1)+\bar{\boldsymbol{R}}^{-1}(k)\boldsymbol{h}(k)\tilde{z}(k))]z(i)\\
=&\sum_{i=1}^{k}(z(i)-\boldsymbol{h}^{\mathrm{T}}(i)\hat{\boldsymbol{\theta}}(k-1))z(i)-\tilde{z}(k)\sum_{i=1}^{k}\boldsymbol{h}^{\mathrm{T}}(i)z(i)\bar{\boldsymbol{R}}^{-1}(k)\boldsymbol{h}(k)\\
=&\sum_{i=1}^{k-1}(z(i)-\boldsymbol{h}^{\mathrm{T}}(i)\hat{\boldsymbol{\theta}}(k-1))z(i)+(z(k)-\boldsymbol{h}^{\mathrm{T}}(k)\hat{\boldsymbol{\theta}}(k-1))z(k)\\
&-\tilde{z}(k)\hat{\boldsymbol{\theta}}^{\mathrm{T}}(k)\boldsymbol{h}(k)\\
=&J(k-1)+\tilde{z}(k)(z(k)-\boldsymbol{h}(k)\hat{\boldsymbol{\theta}}^{\mathrm{T}}(k))\\
=&J(k-1)+\tilde{z}(k)\varepsilon(k)
\end{aligned}
\tag{5.3.17}
$$

证毕。■

利用式(5.3.15)计算的损失函数不仅可以用于判断模型的阶次，还可以用于估计噪声的方差。可以证明，利用下面公式来计算噪声标准差估计值是无偏的，即

$$\hat{\sigma}_n^2=\frac{J(L)}{L-\dim\boldsymbol{\theta}}\tag{5.3.18}$$

式中，$\hat{\sigma}_n^2$ 为噪声方差估计，$J(L)$为递推至 L 步的损失函数，$\dim\boldsymbol{\theta}$ 为模型参数个数。

5.3.3 递推算法分析

1. 递推算法的性质

(1) 根据定义 $\boldsymbol{P}(k)=\left[\sum_{i=1}^{k}\boldsymbol{h}(i)\boldsymbol{h}^{\mathrm{T}}(i)\right]^{-1}$ 知，$\boldsymbol{P}(k)$ 是对称矩阵；若辨识输入信号 $u(k)$ 是 $2n$ 阶持续激励的，则 $\boldsymbol{P}(k)$ 是非奇异矩阵；因 $\boldsymbol{P}^{-1}(k)=\boldsymbol{P}^{-1}(k-1)+\boldsymbol{h}(k)\boldsymbol{h}^{\mathrm{T}}(k)$，根据交织特征值定理（见附录 E.10），其最小特征值必定是递增的，即 $\lambda_{\min}(\boldsymbol{P}^{-1}(0))\leqslant\cdots\leqslant\lambda_{\min}(\boldsymbol{P}^{-1}(k-1))\leqslant\lambda_{\min}(\boldsymbol{P}^{-1}(k))$；设 $\boldsymbol{v}$ 为矩阵 $\boldsymbol{P}^{-1}(k)$ 的特征向量，λ 为矩阵 $\boldsymbol{P}^{-1}(k)$ 的特征值，有

$$\boldsymbol{P}^{-1}(k)\boldsymbol{v}=\lambda_{\min}\boldsymbol{v}\ 或\ \boldsymbol{v}^{\mathrm{T}}\boldsymbol{P}^{-1}(k)\boldsymbol{v}=\boldsymbol{v}^{\mathrm{T}}\lambda_{\min}\boldsymbol{v}=\alpha^2\lambda_{\min} \tag{5.3.19}$$

不失一般性，式中 $\boldsymbol{P}^{-1}(k)$ 特征值取最小特征值 $\lambda_{\min}$，上式可写成

$$\boldsymbol{v}^{\mathrm{T}}\boldsymbol{P}^{-1}(k)\boldsymbol{v}=\boldsymbol{v}^{\mathrm{T}}\left(\sum_{i=1}^{k}\boldsymbol{h}(i)\boldsymbol{h}^{\mathrm{T}}(i)\right)\boldsymbol{v}=\sum_{i=1}^{k}[\boldsymbol{v}^{\mathrm{T}}\boldsymbol{h}(i)]^2 \tag{5.3.20}$$

可见 $\lambda_{\min}=\alpha^{-2}\sum_{j=1}^{k}[\boldsymbol{v}^{\mathrm{T}}\boldsymbol{h}(j)]^2\xrightarrow{k\to\infty}\infty$，也就是 $\lim\limits_{k\to\infty}\lambda_{\min}(\boldsymbol{P}^{-1}(k))=\infty$，或者说

$$\|\boldsymbol{P}(k)\|=|\lambda_{\max}(\boldsymbol{P}(k))|=\frac{1}{|\lambda_{\min}(\boldsymbol{P}^{-1}(k))|}\xrightarrow{k\to\infty}0 \tag{5.3.21}$$

上式表明，$\lim\limits_{k\to\infty}\boldsymbol{P}(k)=0$，W. P. 1。以上论述说明，$\boldsymbol{P}(k)$ 是非增矩阵，当 $k\to\infty$ 时，$\boldsymbol{P}(k)$ 将趋于零矩阵。

(2) $\|\boldsymbol{\theta}_0-\hat{\boldsymbol{\theta}}(k)\|^2\leqslant\kappa\|\boldsymbol{\theta}_0-\hat{\boldsymbol{\theta}}(0)\|^2$，其中 $\kappa=\dfrac{\lambda_{\max}(\boldsymbol{P}^{-1}(0))}{\lambda_{\min}(\boldsymbol{P}^{-1}(0))}$ 为矩阵 $\boldsymbol{P}^{-1}(0)$ 的条件数，$\hat{\boldsymbol{\theta}}(k)$ 为模型参数估计值，$\boldsymbol{\theta}_0$ 为模型参数真值。

根据式(5.3.7)，可以分别导出

$$\begin{cases}\tilde{\boldsymbol{\theta}}(k)-\tilde{\boldsymbol{\theta}}(k-1)=-\dfrac{\boldsymbol{P}(k-1)\boldsymbol{h}(k)(\boldsymbol{h}^{\mathrm{T}}(k)\tilde{\boldsymbol{\theta}}(k-1)+n(k))}{1+\boldsymbol{h}^{\mathrm{T}}(k)\boldsymbol{P}(k-1)\boldsymbol{h}(k)}\\[2ex]\boldsymbol{P}^{-1}(k)\tilde{\boldsymbol{\theta}}(k)=\boldsymbol{P}^{-1}(k-1)\tilde{\boldsymbol{\theta}}(k-1)\end{cases} \tag{5.3.22}$$

定义 $V(k)=\tilde{\boldsymbol{\theta}}^{\mathrm{T}}(k)\boldsymbol{P}^{-1}(k)\tilde{\boldsymbol{\theta}}(k)=\tilde{\boldsymbol{\theta}}^{\mathrm{T}}(k)\boldsymbol{P}^{-1}(k-1)\tilde{\boldsymbol{\theta}}(k-1)$，则

$$\begin{aligned}V(k)-V(k-1)&=(\tilde{\boldsymbol{\theta}}(k)-\tilde{\boldsymbol{\theta}}(k-1))^{\mathrm{T}}\boldsymbol{P}^{-1}(k-1)\tilde{\boldsymbol{\theta}}(k-1)\\&=-\left[\frac{\tilde{\boldsymbol{\theta}}^{\mathrm{T}}(k-1)\boldsymbol{h}(k)\boldsymbol{h}^{\mathrm{T}}(k)\tilde{\boldsymbol{\theta}}(k-1)}{1+\boldsymbol{h}^{\mathrm{T}}(k)\boldsymbol{P}(k-1)\boldsymbol{h}(k)}\right.\\&\qquad\left.+\frac{\boldsymbol{h}^{\mathrm{T}}(k)\tilde{\boldsymbol{\theta}}(k-1)n(k)}{1+\boldsymbol{h}^{\mathrm{T}}(k)\boldsymbol{P}(k-1)\boldsymbol{h}(k)}\right]\end{aligned} \tag{5.3.23}$$

式中，当 $n(k)$ 是零均值白噪声时，第 2 项趋于零，故 $V(k)$ 是非负不增函数。又根据性质(1)知，矩阵 $\boldsymbol{P}(k)$ 的最小特征值是递增的，所以

$$\begin{aligned}&\lambda_{\min}(\boldsymbol{P}^{-1}(0))\|\tilde{\boldsymbol{\theta}}(k)\|^2\leqslant\lambda_{\min}(\boldsymbol{P}^{-1}(k))\|\tilde{\boldsymbol{\theta}}(k)\|^2\\&\leqslant\tilde{\boldsymbol{\theta}}^{\mathrm{T}}(k)\boldsymbol{P}^{-1}(k)\tilde{\boldsymbol{\theta}}(k)\leqslant\cdots\leqslant\tilde{\boldsymbol{\theta}}^{\mathrm{T}}(0)\boldsymbol{P}^{-1}(0)\tilde{\boldsymbol{\theta}}(0)\end{aligned}$$

$$\leqslant \lambda_{\max}(\boldsymbol{P}^{-1}(0))\ \|\ \tilde{\boldsymbol{\theta}}(k)\ \|^2 \tag{5.3.24}$$

也就是

$$\|\ \boldsymbol{\theta}_0 - \hat{\boldsymbol{\theta}}(k)\ \|^2 \leqslant \kappa \|\ \boldsymbol{\theta}_0 - \hat{\boldsymbol{\theta}}(0)\ \|^2 \tag{5.3.25}$$

该式表明参数估计值偏差的范数是递减的，且与 $\boldsymbol{P}^{-1}(0)$的条件数有关。

(3) $\lim\limits_{L\to\infty}\sum\limits_{k=1}^{L}\dfrac{\tilde{z}^2(k)}{1+\boldsymbol{h}^{\mathrm{T}}(k)\boldsymbol{P}(k-1)\boldsymbol{h}(k)}<\infty$，其中$\tilde{z}(k)$为模型新息。

根据式(5.3.15)，有$\sum\limits_{k=1}^{L}\dfrac{\tilde{z}^2(K)}{1+\boldsymbol{h}^{\mathrm{T}}(k)\boldsymbol{P}(k-1)\boldsymbol{h}(k)}=J(L)-J(0)$，其中损失函数 $J(L)$ 和 $J(0)$ 是有界的，故$\lim\limits_{L\to\infty}\sum\limits_{k=1}^{L}\dfrac{\tilde{z}^2(k)}{1+\boldsymbol{h}^{\mathrm{T}}(k)\boldsymbol{P}(k-1)\boldsymbol{h}(k)}<\infty$。

(4) $\lim\limits_{k\to\infty}\dfrac{\tilde{z}^2(k)}{1+\lambda_{\max}(\boldsymbol{P}(0))\boldsymbol{h}^{\mathrm{T}}(k)\boldsymbol{h}(k)}=0$，其中$\tilde{z}(k)$为模型新息，$\lambda_{\max}\{\boldsymbol{P}(0)\}$为矩阵$\boldsymbol{P}(0)$的最大特征值。

根据性质(3)，$\lim\limits_{k\to\infty}\dfrac{\tilde{z}(k)}{[1+\boldsymbol{h}^{\mathrm{T}}(k)\boldsymbol{P}(k-1)\boldsymbol{h}(k)]^{1/2}}=0$，也就是

$$\begin{aligned}&\lim_{k\to\infty}\frac{\tilde{z}(k)}{[1+\lambda_{\max}(\boldsymbol{P}(k-1))\boldsymbol{h}^{\mathrm{T}}(k)\boldsymbol{h}(k)]^{1/2}}\\ \geqslant&\lim_{k\to\infty}\frac{\tilde{z}(k)}{[1+\lambda_{\max}(\boldsymbol{P}(0))\boldsymbol{h}^{\mathrm{T}}(k)\boldsymbol{h}(k)]^{1/2}}\geqslant\lim_{k\to\infty}\frac{\tilde{z}^2(k)}{1+\lambda_{\max}(\boldsymbol{P}(0))\boldsymbol{h}^{\mathrm{T}}(k)\boldsymbol{h}(k)}=0\end{aligned} \tag{5.3.26}$$

(5) $\lim\limits_{L\to\infty}\sum\limits_{k=1}^{L}\dfrac{\boldsymbol{h}^{\mathrm{T}}(k)\boldsymbol{P}(k-1)\boldsymbol{h}(k)\ \tilde{z}^2(k)}{[1+\boldsymbol{h}^{\mathrm{T}}(k)\boldsymbol{P}(k-1)\boldsymbol{h}(k)]^2}<\infty$，其中$\tilde{z}(k)$为模型新息。

根据性质(3)，$\lim\limits_{L\to\infty}\sum\limits_{k=1}^{L}\dfrac{[1+\boldsymbol{h}^{\mathrm{T}}(k)\boldsymbol{P}(k-1)\boldsymbol{h}(k)]\ \tilde{z}^2(k)}{[1+\boldsymbol{h}^{\mathrm{T}}(k)\boldsymbol{P}(k-1)\boldsymbol{h}(k)]^2}<\infty$，也就是

$$\lim_{L\to\infty}\sum_{k=1}^{L}\frac{\boldsymbol{h}^{\mathrm{T}}(k)\boldsymbol{P}(k-1)\boldsymbol{h}(k)\ \tilde{z}^2(k)}{[1+\boldsymbol{h}^{\mathrm{T}}(k)\boldsymbol{P}(k-1)\boldsymbol{h}(k)]^2}<\infty-\lim_{L\to\infty}\frac{\tilde{z}^2(k)}{[1+\boldsymbol{h}^{\mathrm{T}}(k)\boldsymbol{P}(k-1)\boldsymbol{h}(k)]^2} \tag{5.3.27}$$

故只能$\lim\limits_{L\to\infty}\sum\limits_{k=1}^{L}\dfrac{\boldsymbol{h}^{\mathrm{T}}(k)\boldsymbol{P}(k-1)\boldsymbol{h}(k)\ \tilde{z}^2(k)}{[1+\boldsymbol{h}^{\mathrm{T}}(k)\boldsymbol{P}(k-1)\boldsymbol{h}(k)]^2}<\infty$。

(6) $\lim\limits_{L\to\infty}\sum\limits_{k=1}^{L}\|\ \hat{\boldsymbol{\theta}}(k)-\hat{\boldsymbol{\theta}}(k-1)\ \|^2<\infty$，其中$\hat{\boldsymbol{\theta}}(\cdot)$为相应时刻的参数估计值。

根据式(5.3.7)及性质(5)，有

$$\begin{aligned}&\lim_{L\to\infty}\sum_{k=1}^{L}\|\ \hat{\boldsymbol{\theta}}(k)-\hat{\boldsymbol{\theta}}(k-1)\ \|^2\\ =&\lim_{L\to\infty}\sum_{k=1}^{L}\frac{\boldsymbol{h}^{\mathrm{T}}(k)\ \boldsymbol{P}^2(k-1)\boldsymbol{h}(k)\ \tilde{z}^2(k)}{[1+\boldsymbol{h}^{\mathrm{T}}(k)\boldsymbol{P}(k-1)\boldsymbol{h}(k)]^2}\\ \leqslant&\lambda_{\max}(\boldsymbol{P}(k-1))\lim_{L\to\infty}\sum_{k=1}^{L}\frac{\boldsymbol{h}^{\mathrm{T}}(k)\boldsymbol{P}(k-1)\boldsymbol{h}(k)\ \tilde{z}^2(k)}{[1+\boldsymbol{h}^{\mathrm{T}}(k)\boldsymbol{P}(k-1)\boldsymbol{h}(k)]^2}<\infty\end{aligned} \tag{5.3.28}$$

(7) $\lim\limits_{L\to\infty}\sum\limits_{k=1}^{L}\|\hat{\boldsymbol{\theta}}(k)-\hat{\boldsymbol{\theta}}(k-l)\|^2<\infty$，其中$\hat{\boldsymbol{\theta}}(\cdot)$为相应时刻的参数估计值，$l$为正整数，由此可进一步推得$\lim\limits_{k\to\infty}\|\hat{\boldsymbol{\theta}}(k)-\hat{\boldsymbol{\theta}}(k-l)\|=0$，说明$k$很大时，参数估计值不会变化很大。

2. 递推算法的收敛性

由式(5.3.23)知，函数$V(k)=\tilde{\boldsymbol{\theta}}^{\mathrm{T}}(k)\boldsymbol{P}^{-1}(k)\tilde{\boldsymbol{\theta}}(k)$是非负不增函数，故$V(k)$是收敛的。然而，为了使$\lim\limits_{k\to\infty}\tilde{\boldsymbol{\theta}}(k)=0$，函数$V(k)$的结构要求$\lim\limits_{k\to\infty}\lambda_{\max}(\boldsymbol{P}^{-1}(k))=\infty$，才能保证$V(k)$是非负不增的。因此，$\lim\limits_{k\to\infty}\lambda_{\min}\left(\sum\limits_{i=1}^{k}\boldsymbol{h}(i)\boldsymbol{h}^{\mathrm{T}}(i)\right)=\infty$成了最小二乘辨识算法的收敛性条件。

定理 5.6　如果模型噪声$n(k)$是零均值白噪声，则最小二乘递推辨识算法式(5.3.7)给出的模型参数估计是一致收敛的，即

$$\lim_{k\to\infty}\hat{\boldsymbol{\theta}}(k)=\boldsymbol{\theta}_0,\quad \text{W. P. 1} \tag{5.3.29}$$

式中，$\boldsymbol{\theta}_0$为模型参数真值。

证明 1　根据式(5.3.7)、式(5.3.6)和式(5.2.9)，关于参数估计偏差$\tilde{\boldsymbol{\theta}}(k)=\boldsymbol{\theta}_0-\hat{\boldsymbol{\theta}}(k)$的差分方程为

$$\begin{aligned}\tilde{\boldsymbol{\theta}}(k)&=\boldsymbol{P}(k)\boldsymbol{P}^{-1}(k-1)\tilde{\boldsymbol{\theta}}(k-1)-\boldsymbol{K}(k)n(k)\\&=[\boldsymbol{I}+\boldsymbol{P}(k-1)\boldsymbol{h}(k)\boldsymbol{h}^{\mathrm{T}}(k)]^{-1}\tilde{\boldsymbol{\theta}}(k-1)-\boldsymbol{K}(k)n(k)\end{aligned} \tag{5.3.30}$$

设λ是矩阵$\boldsymbol{A}=[\boldsymbol{I}+\boldsymbol{P}(k-1)\boldsymbol{h}(k)\boldsymbol{h}^{\mathrm{T}}(k)]^{-1}$的特征值，对任意非零的特征向量$\boldsymbol{v}$，有

$$\boldsymbol{A}\boldsymbol{v}=\lambda\boldsymbol{v} \tag{5.3.31}$$

进一步有

$$(1-\lambda)\boldsymbol{v}^{\mathrm{T}}\boldsymbol{P}^{-1}(k-1)\boldsymbol{v}=\lambda\boldsymbol{v}^{\mathrm{T}}\boldsymbol{h}(k)\boldsymbol{h}^{\mathrm{T}}(k)\boldsymbol{v} \tag{5.3.32}$$

由于$\boldsymbol{P}^{-1}(k-1)$和$\boldsymbol{h}(k)\boldsymbol{h}^{\mathrm{T}}(k)$都是非负定矩阵，上式两边必定同号，也就是$\frac{1-\lambda}{\lambda}=\frac{1}{\lambda}-1>0$，这表明矩阵$\boldsymbol{A}$的特征值应为$0<\lambda<1$，所以式(5.2.30)差分方程是稳定的，也就是

$$\lim_{k\to\infty}\hat{\boldsymbol{\theta}}(k)=\boldsymbol{\theta}_0,\quad \text{W. P. 1。}$$

证毕。■

证明 2　利用$\boldsymbol{P}(k)$性质也可证明定理 5.6。根据式(5.3.7)、式(5.3.6)和式(5.2.9)，有

$$\begin{aligned}\boldsymbol{P}^{-1}(k)\tilde{\boldsymbol{\theta}}(k)&=\boldsymbol{P}^{-1}(k)\tilde{\boldsymbol{\theta}}(k-1)-\boldsymbol{h}(k)[z(k)-\boldsymbol{h}^{\mathrm{T}}(k)\tilde{\boldsymbol{\theta}}(k-1)]\\&=\boldsymbol{P}^{-1}(k)\tilde{\boldsymbol{\theta}}(k-1)+[\boldsymbol{P}^{-1}(k-1)-\boldsymbol{P}^{-1}(k)]\tilde{\boldsymbol{\theta}}(k-1)-\boldsymbol{h}(k)n(k)\\&=\boldsymbol{P}^{-1}(k)\tilde{\boldsymbol{\theta}}(k-1)-\boldsymbol{h}(k)n(k)\\&=\boldsymbol{P}^{-1}(0)\tilde{\boldsymbol{\theta}}(0)-\sum_{i=1}^{k}\boldsymbol{h}(i)n(i)\end{aligned} \tag{5.3.33}$$

取 $\boldsymbol{P}(0)=a^2\boldsymbol{I}$($a$ 为充分大的实数),上式写成

$$\tilde{\boldsymbol{\theta}}(k)=\frac{1}{a^2}\boldsymbol{P}(k)\tilde{\boldsymbol{\theta}}(0)+\boldsymbol{P}(k)\sum_{i=1}^{k}\boldsymbol{h}(i)n(i) \tag{5.3.34}$$

显然,由于 $\lim\limits_{k\to\infty}\boldsymbol{P}(k)=0$,W. P. 1,上式第 1 项趋于零。又因第 2 项可写成

$$\boldsymbol{P}(k)\sum_{i=1}^{k}\boldsymbol{h}(i)n(i)=\left(\frac{1}{k}\sum_{i=1}^{k}\boldsymbol{h}(i)\boldsymbol{h}^{\mathrm{T}}(i)\right)^{-1}\left(\frac{1}{k}\sum_{i=1}^{k}\boldsymbol{h}(i)n(i)\right)\xrightarrow{k\to\infty}\boldsymbol{C}^{-1}\mathrm{E}\{\boldsymbol{h}(k)n(k)\} \tag{5.3.35}$$

式中,$\boldsymbol{C}$ 为常数阵,当 $n(k)$ 是零均值白噪声时,第 2 项也为零,所以

$$\lim_{k\to\infty}\hat{\boldsymbol{\theta}}(k)=\boldsymbol{\theta}_0,\quad \text{W. P. 1}$$

证毕。■

3. 递推算法的误差传递

如果算法式(5.3.7)的增益 $\boldsymbol{K}(k)$ 在递推计算过程中出现误差 $\delta\boldsymbol{K}(k)$,则通过式(5.3.7)第 3 式将影响 $\boldsymbol{P}(k)$,再通过式(5.3.7)第 2 式反过来又影响 $\boldsymbol{K}(k)$,如此循环,势必影响辨识结果。当模型参数个数大于 10 时,这种计算误差的传递、累积现象会更加严重。为了截断误差传递,$\boldsymbol{P}(k)$ 可以采用下式计算

$$\boldsymbol{P}(k)=[\boldsymbol{I}-\boldsymbol{K}(k)\boldsymbol{h}^{\mathrm{T}}(k)]\boldsymbol{P}(k-1)[\boldsymbol{I}-\boldsymbol{K}(k)\boldsymbol{h}^{\mathrm{T}}(k)]^{\mathrm{T}}+\boldsymbol{K}(k)\boldsymbol{K}^{\mathrm{T}}(k) \tag{5.3.36}$$

采用上式计算矩阵 $\boldsymbol{P}(k)$,使 $\delta\boldsymbol{K}(k)$ 对 $\boldsymbol{P}(k)$ 的传递误差为 $\delta\boldsymbol{P}(k)=\mathrm{O}(\delta\boldsymbol{K}(k))$,$\mathrm{O}(\delta\boldsymbol{K}(k))$ 为 $\delta\boldsymbol{K}(k)$ 的二次项误差,消去了 $\delta\boldsymbol{K}(k)$ 的一次项误差影响,减小了因 $\delta\boldsymbol{K}(k)$ 造成的误差传递。

5.3.4 递推算法的几何解析

最小二乘递推辨识算法式(5.3.7)的几何解析如图 5.4 所示。在参数空间 $\boldsymbol{\theta}=\{\theta_1\quad\theta_2\quad\cdots\theta_N\}$ 中,满足方程 $z(k-1)=\boldsymbol{h}^{\mathrm{T}}(k-1)\boldsymbol{\theta}+n(k-1)$,$z(k)=\boldsymbol{h}^{\mathrm{T}}(k)\boldsymbol{\theta}+n(k)$,$z(k+1)=\boldsymbol{h}^{\mathrm{T}}(k+1)\boldsymbol{\theta}+n(k+1)$,…的解 $\hat{\boldsymbol{\theta}}$ 应该分别落在超平面 H_1,H_2,H_3,…上。设 $(k-1)$ 时刻的解 $\hat{\boldsymbol{\theta}}$ 在超平面 H_1 的 $\hat{\boldsymbol{\theta}}(k-1)$ 点上,那么 k 时刻的解 $\hat{\boldsymbol{\theta}}$ 就应该落在超平面 H_2 上,且离超平面 H_1"最近",$(k+1)$ 时刻的解 $\hat{\boldsymbol{\theta}}$ 应该落在超平面 H_3 上,

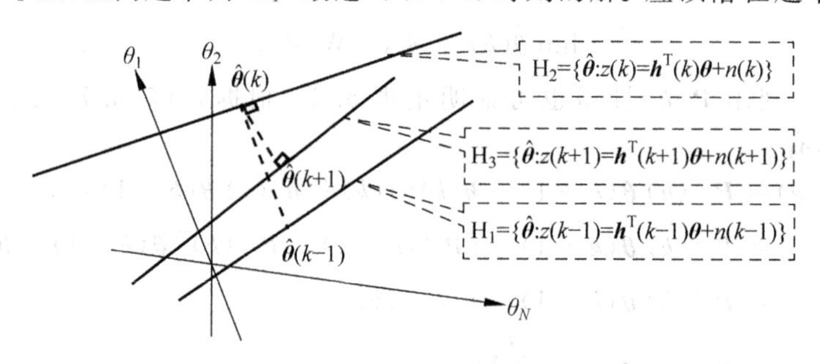

图 5.4 最小二乘递推算法的几何解析

且离超平面 H_2“最近”；……。这些所谓的“最近”点实际上就是从一个超平面到另一个超平面的投影，最后的投影点就是最小二乘递推辨识算法的结果，它不会落在某个超平面上，应该与所有的超平面距离都“最近”，这是一个不断渐进逼近的过程。

如果两个超平面的夹角很小，从一个超平面到另一个超平面的投影变化也可能很小，这会使辨识算法的速度变得缓慢。算法式(5.3.7)矩阵 $\boldsymbol{P}(k-1)$ 的作用是使数据向量 $\boldsymbol{h}(k)$ 在参数空间中旋转某个角度，增加两个相邻时刻超平面的夹角，以加快辨识算法的速度。

极端情况下，$\boldsymbol{P}(k-1)$ 作用于 $\boldsymbol{h}(k)$，使 $\boldsymbol{P}(k-1)\boldsymbol{h}(k)$ 与 $\boldsymbol{h}(1),\boldsymbol{h}(2),\cdots,\boldsymbol{h}(k-1)$ 正交，这时辨识算法的速度明显加快，但算法的鲁棒性变差，对噪声过于敏感。这种算法称作正交投影算法，写成

$$\begin{cases}\hat{\boldsymbol{\theta}}(k)=\hat{\boldsymbol{\theta}}(k-1)+\dfrac{\boldsymbol{P}(k-1)\boldsymbol{h}(k)}{\boldsymbol{h}^{\mathrm{T}}(k)\boldsymbol{P}(k-1)\boldsymbol{h}(k)}\left[z(k)-\boldsymbol{h}^{\mathrm{T}}(k)\hat{\boldsymbol{\theta}}(k-1)\right]\\ \boldsymbol{P}(k)=\boldsymbol{P}(k-1)-\dfrac{\boldsymbol{P}(k-1)\boldsymbol{h}(k)\boldsymbol{h}^{\mathrm{T}}(k)\boldsymbol{P}(k-1)}{\boldsymbol{h}^{\mathrm{T}}(k)\boldsymbol{P}(k-1)\boldsymbol{h}(k)}\end{cases} \tag{5.3.37}$$

式中，若 $\boldsymbol{h}^{\mathrm{T}}(k)\boldsymbol{P}(k-1)\boldsymbol{h}(k)=0$，令 $\hat{\boldsymbol{\theta}}(k)=\hat{\boldsymbol{\theta}}(k-1)$，$\boldsymbol{P}(k)=\boldsymbol{P}(k-1)$，初始值取 $\boldsymbol{P}(0)=\boldsymbol{I}$，$\hat{\boldsymbol{\theta}}(0)=0$。算法的 $\boldsymbol{P}(k-1)$ 相当于正交变换算子，作用于数据向量 $\boldsymbol{h}(k)$，使当前的数据向量与过去的数据向量正交。

可以证明[25]，算法式(5.3.37)的 $\boldsymbol{P}(k-1)\boldsymbol{h}(k)$ 是 $\boldsymbol{h}(1),\boldsymbol{h}(2),\cdots,\boldsymbol{h}(k-1)$ 的线性组合，说明变换后的数据向量仍然在原空间内，且 $\boldsymbol{P}(k-1)\boldsymbol{h}(k)$ 与 $\boldsymbol{h}(1),\boldsymbol{h}(2),\cdots,\boldsymbol{h}(k-1)$ 正交，表明正交点就是所要寻找的投影点。

因为正交投影算法的 $\boldsymbol{P}(k-1)$ 使数据向量 $\boldsymbol{h}(k)$ 旋转至与过去的数据向量正交，算法的鲁棒性变得很差，而没有实用价值。不过，借以解析最小二乘递推辨识算法的几何意义是很好的诠注。实际上，最小二乘递推辨识算法也正是利用矩阵 $\boldsymbol{P}(k-1)$，把数据向量 $\boldsymbol{h}(k)$ 旋转某个角度，只不过不像正交投影算法那样，将数据向量 $\boldsymbol{h}(k)$ 旋转至与过去数据向量正交的位置，而只旋转适当的角度。这样既能加快算法的速度，又兼顾算法的稳定性。

5.3.5 RLS 算法 MATLAB 程序实现

RLS 辨识算法式(5.3.7)的 MATLAB 程序见本章附 5.1，使用该程序需要正确构造数据向量 $\boldsymbol{h}(k)$。依据停机条件停止计算后，以最后 5 个时刻的参数估计值的平均值作为辨识结果。

例 5.3 考虑如图 5.5 所示的仿真模型，图中 $z(k)$ 和 $u(k)$ 是模型的输入和输出变量，$v(k)$ 是均值为零、方差为 1 的白噪声，λ 为模型噪声标准差。模型输入选用特征多项式为 $F(s)=s^6 \oplus s^5 \oplus 1$，幅度为 1 的 M 序列，模型噪声标准差

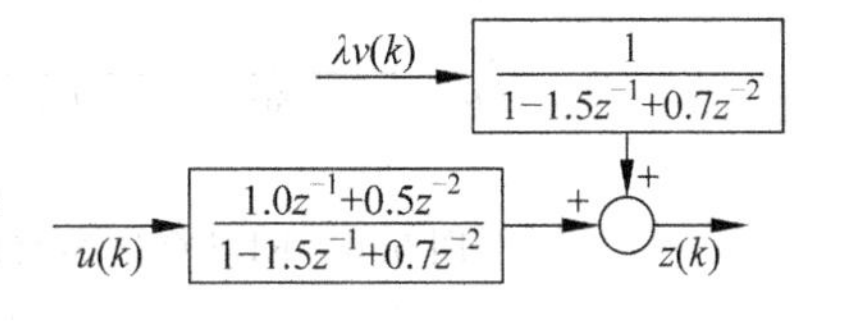

图 5.5 仿真模型

取 $\lambda=0.3$(噪信比约为 23.2%)。利用 RLS 辨识算法式(5.3.7)和本章附 5.1 的 MATLAB 程序,递推至 300 步的辨识结果如表 5.2 所示,模型参数估计值的变化过程如图 5.6 所示,最终获得的辨识模型为

$$z(k)=1.5121z(k-1)-0.7148z(k-2)+1.0123u(k-1)$$
$$+0.4932u(k-2)+0.3275v(k)$$

表 5.2　RLS 算法辨识结果(噪信比约为 23.2%)

模型参数	a_1	a_2	b_1	b_2	静态增益	噪声标准差
真值	−1.5	0.7	1.0	0.5	7.5	0.3
估计值	−1.5121	0.7148	1.0123	0.4932	7.4271	0.3275

表 5.2 中,噪声标准差是利用式(5.3.15)计算的,即噪声标准差估计值 $\hat{\lambda}=$ sqrt$(J(L)/L)$,其中 $J(L)$ 为递推至 L 步的损失函数值。

根据第 17 章讨论的模型检验方法,图 5.7 所示的残差相关系数 $\rho_\varepsilon(i)$ 分布都介于$[1.98/\sqrt{L},-1.98/\sqrt{L}]$之内,表 5.3 所给的残差均值和相关系数满足

$$\begin{cases}\mathrm{E}\{\varepsilon(k)\}\cong 0\\ L\sum_{i=1}^{m}\rho_\varepsilon^2(i)=23.9689<m+1.65\sqrt{2m}=42.7808\quad(\text{白色性阈值})\end{cases}\tag{5.3.38}$$

式中,数据长度 $L=300$,$m=30$ 置信度 $\alpha=0.05$,所以残差是白噪声序列,因此有 95% 的把握说辨识模型是可靠的。

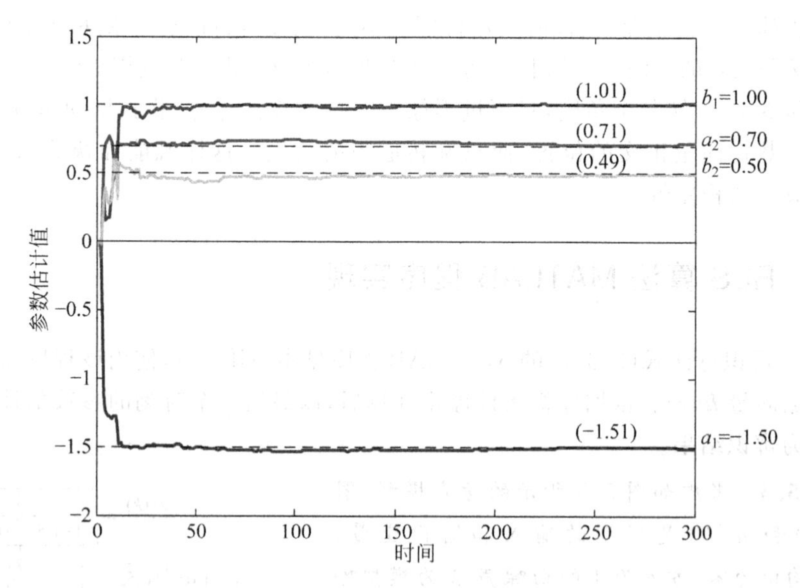

图 5.6　RLS 算法参数估计值变化过程(噪信比约为 23.2%)

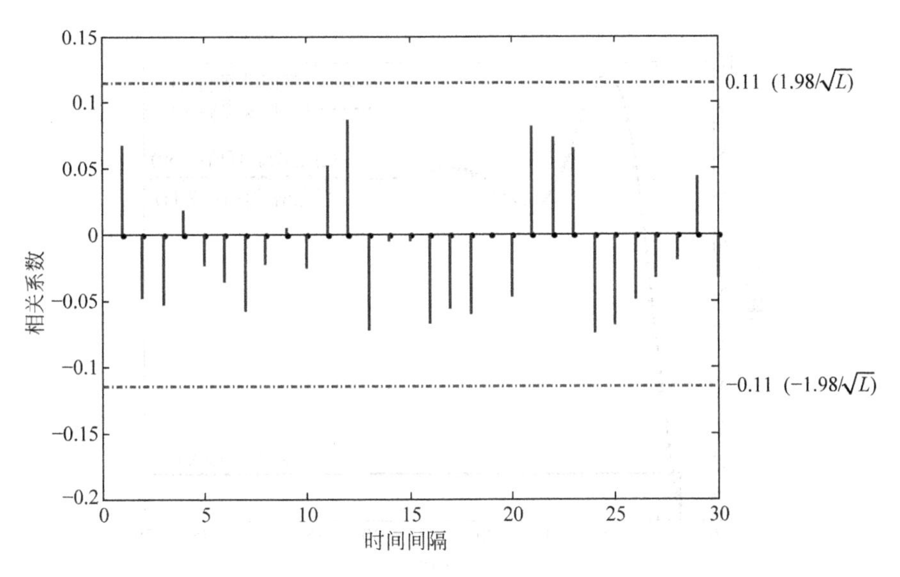

图 5.7　残差相关系数分布

表 5.3　残差均值和相关系数

残差均值：0.0132

残差相关系数：$\rho_\varepsilon(l)=\frac{R_\varepsilon(l)}{R_\varepsilon(0)}$

$\rho_\varepsilon(1)$	0.0689	$\rho_\varepsilon(7)$	−0.0578	$\rho_\varepsilon(13)$	−0.0725	$\rho_\varepsilon(19)$	−0.0013	$\rho_\varepsilon(25)$	−0.0683
$\rho_\varepsilon(2)$	−0.0478	$\rho_\varepsilon(8)$	−0.0229	$\rho_\varepsilon(14)$	−0.0053	$\rho_\varepsilon(20)$	−0.0475	$\rho_\varepsilon(26)$	−0.0491
$\rho_\varepsilon(3)$	−0.0535	$\rho_\varepsilon(9)$	0.0050	$\rho_\varepsilon(15)$	−0.0049	$\rho_\varepsilon(21)$	0.0829	$\rho_\varepsilon(27)$	−0.0330
$\rho_\varepsilon(4)$	0.0188	$\rho_\varepsilon(10)$	−0.0254	$\rho_\varepsilon(16)$	−0.0679	$\rho_\varepsilon(22)$	0.0747	$\rho_\varepsilon(28)$	−0.0196
$\rho_\varepsilon(5)$	−0.0231	$\rho_\varepsilon(11)$	0.0529	$\rho_\varepsilon(17)$	−0.0558	$\rho_\varepsilon(23)$	0.0662	$\rho_\varepsilon(29)$	0.0443
$\rho_\varepsilon(6)$	−0.0354	$\rho_\varepsilon(12)$	0.0873	$\rho_\varepsilon(18)$	−0.0603	$\rho_\varepsilon(24)$	−0.0744	$\rho_\varepsilon(30)$	−0.0331

图 5.8 是辨识模型和仿真模型阶跃响应的比较，从响应曲线的吻合程度也可以说辨识结果是满意的。

当模型噪声标准差取 $\lambda=1.0$，递推至 300 步的辨识结果如表 5.4 所示，模型参数估计值的变化过程如图 5.9 所示，最终获得的辨识模型为

$$\begin{aligned}z(k)=&1.5150z(k-1)-0.7230z(k-2)+1.1107u(k-1)\\&+0.4730u(k-2)+1.0342v(k)\end{aligned}$$

表 5.4　RLS 算法辨识结果（噪信比约为 70.0%）

模型参数	a_1	a_2	b_1	b_2	静态增益	噪声标准差
真值	−1.5	0.7	1.0	0.5	7.5	1.0
估计值	−1.5150	0.7230	1.1107	0.4730	7.6136	1.0342

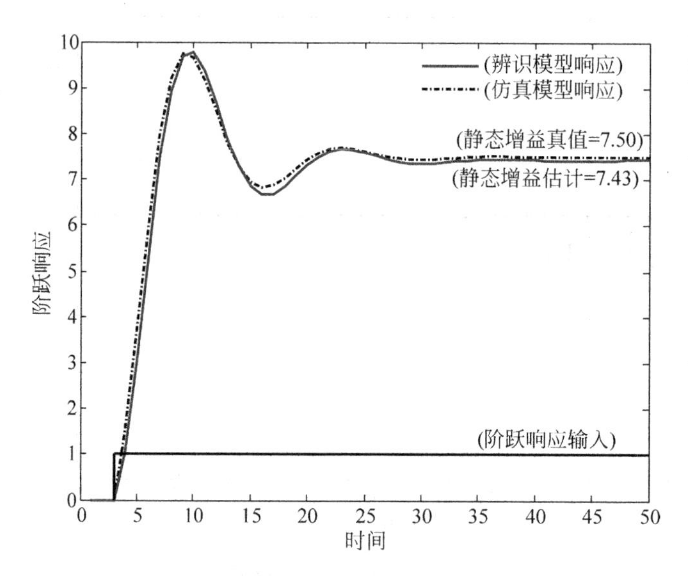

图 5.8　RLS 算法阶跃响应比较(噪信比约为 23.2%)

表 5.4 中,噪声标准差估计值也是利用式(5.3.15)计算的。

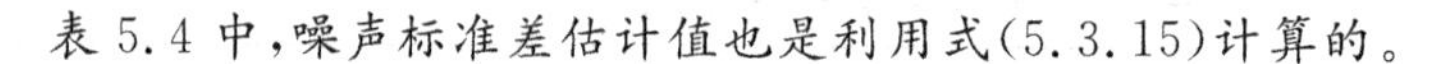

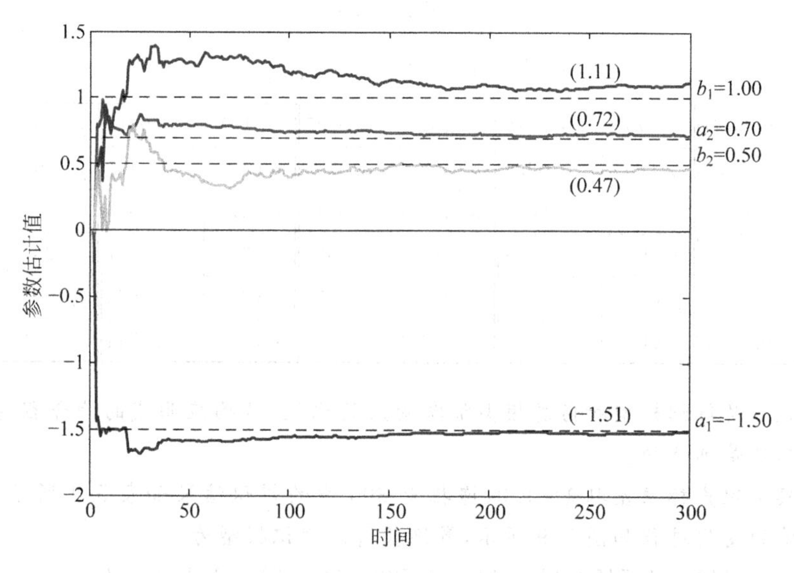

图 5.9　RLS 算法参数估计值变化过程(噪信比约为 70.0%)

通过分析残差相关系数分布,残差的均值等于 0.0211,相关系数介于区间 $[1.98/\sqrt{L}, -1.98/\sqrt{L}]$ 之内,且 $L\sum_{l=1}^{m}\hat{\rho}_{\varepsilon}^{2}(l)=30.8882$,小于白色性阈值,所以残差是白噪声序列,阶跃响应吻合很好,因此高噪信比下的辨识结果也是满意的。

5.4　最小二乘法的变形

上节讨论了最小二乘辨识方法，包括批处理算法、递推算法、算法性质、几何意义及 MATLAB 程序实现等问题，本节将扩展介绍几种最小二乘辨识方法的变形，主要有基于数据可信度选择性加权、遗忘过去数据的信息、调整协方差矩阵和带约束条件等类型的变形算法。这些变形算法没有改变最小二乘辨识方法的基本思想，只是对数据的权重做些处理而已。

5.4.1　加权最小二乘法

1. 递推算法

根据式(5.2.22)，k 时刻的模型参数加权估计值可写成

$$\hat{\boldsymbol{\theta}}(k)=\left(\sum_{i=1}^{k}\Lambda(i)\boldsymbol{h}(i)\boldsymbol{h}^{\mathrm{T}}(i)\right)^{-1}\left(\sum_{i=1}^{k}\Lambda(i)\boldsymbol{h}(i)z(i)\right)\tag{5.4.1}$$

定义

$$\begin{cases}\overline{\boldsymbol{R}}(k)=\sum_{i=1}^{k}\Lambda(i)\boldsymbol{h}(i)\boldsymbol{h}^{\mathrm{T}}(i)\\ \boldsymbol{P}(k)=\left[\sum_{i=1}^{k}\Lambda(i)\boldsymbol{h}(i)\boldsymbol{h}^{\mathrm{T}}(i)\right]^{-1}=\left[\boldsymbol{P}^{-1}(k-1)+\Lambda(k)\boldsymbol{h}(k)\boldsymbol{h}^{\mathrm{T}}(k)\right]^{-1}\end{cases}\tag{5.4.2}$$

类似式(5.3.5)的推导，有

$$\begin{cases}\hat{\boldsymbol{\theta}}(k)=\hat{\boldsymbol{\theta}}(k-1)+\Lambda(k)\overline{\boldsymbol{R}}^{-1}(k)\boldsymbol{h}(k)\left[z(k)-\boldsymbol{h}^{\mathrm{T}}(k)\hat{\boldsymbol{\theta}}(k-1)\right]\\ \overline{\boldsymbol{R}}(k)=\overline{\boldsymbol{R}}(k-1)+\Lambda(k)\boldsymbol{h}(k)\boldsymbol{h}^{\mathrm{T}}(k)\end{cases}\tag{5.4.3}$$

与式(5.3.7)推导类似，可得如下的最小二乘加权递推辨识算法，记作 RWLS (recursive weighted least squares)。

RWLS 辨识算法

$$\begin{aligned}&\hat{\boldsymbol{\theta}}(k)=\hat{\boldsymbol{\theta}}(k-1)+\boldsymbol{K}(k)\left[z(k)-\boldsymbol{h}^{\mathrm{T}}(k)\hat{\boldsymbol{\theta}}(k-1)\right]\\ &\boldsymbol{K}(k)=\boldsymbol{P}(k-1)\boldsymbol{h}(k)\left[\boldsymbol{h}^{\mathrm{T}}(k)\boldsymbol{P}(k-1)\boldsymbol{h}(k)+\frac{1}{\Lambda(k)}\right]^{-1},0<\Lambda(k)\leqslant 1\\ &\boldsymbol{P}(k)=\left[\boldsymbol{I}-\boldsymbol{K}(k)\boldsymbol{h}^{\mathrm{T}}(k)\right]\boldsymbol{P}(k-1)\end{aligned}\tag{5.4.4}$$

式中，参数向量和数据向量的定义见式(5.2.10)，$\boldsymbol{K}(k)=\Lambda(k)\boldsymbol{P}(k)\boldsymbol{h}(k)$，加权因子 $\Lambda(k)$ 由人工确定，其他变量及算法初始值的取值与 RLS 算法式(5.3.7)一样。

2. 算法的加权形式

通常情况下 RWLS 算法的加权是人为的、主观的，不过下面的几种加权形式是

带有客观取向的。

$$
① \ \Lambda(k)=\begin{cases}\kappa_1, \boldsymbol{h}^{\mathrm{T}}(k)\boldsymbol{P}(k-1)\boldsymbol{h}(k)\geqslant \varepsilon \\ \kappa_2, \boldsymbol{h}^{\mathrm{T}}(k)\boldsymbol{P}(k-1)\boldsymbol{h}(k)<\varepsilon\end{cases}, \quad \kappa_1>\kappa_2>0 \tag{5.4.5}
$$

式中，κ_1、κ_2 和 ε 需要人为选定，且以 $\boldsymbol{h}^{\mathrm{T}}(k)\boldsymbol{P}(k-1)\boldsymbol{h}(k)$为选择加权值的门限。

$$
② \ \Lambda(k)=\begin{cases}\dfrac{\boldsymbol{h}^{\mathrm{T}}(k)\boldsymbol{P}(k-1)\boldsymbol{h}(k)}{\boldsymbol{h}^{\mathrm{T}}(k)\boldsymbol{h}(k)}, & \boldsymbol{h}^{\mathrm{T}}(k)\boldsymbol{h}(k)\neq 0 \\ \text{任意值}, & \boldsymbol{h}^{\mathrm{T}}(k)\boldsymbol{h}(k)=0\end{cases} \tag{5.4.6}
$$

式中，$\Lambda(k)$可理解为是对数据信息的一种度量。

$$
③ \ \Lambda(k)=\begin{cases}1, & \dfrac{[z(k)-\boldsymbol{h}^{\mathrm{T}}(k)\hat{\boldsymbol{\theta}}(k-1)]^2}{1+\boldsymbol{h}^{\mathrm{T}}(k)\boldsymbol{P}(k-1)\boldsymbol{h}(k)}>\Delta^2>0 \\ 0, & \text{其他}\end{cases} \tag{5.4.7}
$$

$$
\text{或}\quad \Lambda(k)=\begin{cases}1, & |z(k)-\boldsymbol{h}^{\mathrm{T}}(k)\hat{\boldsymbol{\theta}}(k-1)|>2\Delta \\ 0, & \text{其他}\end{cases}
$$

式中，Δ 为模型误差界。当模型误差大于 Δ^2 时，算法正常进行；当模型误差小于 Δ^2 时，关闭算法。

④ $\Lambda(k)$取噪声方差的倒数，也就是 Markov 估计。

3. 损失函数的递推计算

根据新息和残差的定义，与式(5.3.13)、式(5.3.14)和式(5.3.15)推导类似，可得 RWLS 算法新息与残差的关系

$$
\varepsilon(k)=\frac{\tilde{z}(k)}{1+\Lambda(k)\boldsymbol{h}^{\mathrm{T}}(k)\boldsymbol{P}(k-1)\boldsymbol{h}(k)} \tag{5.4.8}
$$

或写成

$$
\varepsilon(k)=[1-\Lambda(k)\boldsymbol{h}^{\mathrm{T}}(k)\boldsymbol{P}(k)\boldsymbol{h}(k)]\tilde{z}(k) \tag{5.4.9}
$$

和损失函数的递推计算

$$
\begin{aligned} J(k) &= J(k-1)+\Lambda(k)\tilde{z}(k)\varepsilon(k) \\ &= J(k-1)+\frac{\tilde{z}^2(k)}{\Lambda^{-1}(k)+\boldsymbol{h}^{\mathrm{T}}(k)\boldsymbol{P}(k-1)\boldsymbol{h}(k)} \end{aligned} \tag{5.4.10}
$$

式中，$\tilde{z}(k)$ 为模型新息。上式损失函数定义为 $J(k)=\sum_{i=1}^{k}\Lambda(i)[z(i)-\boldsymbol{h}^{\mathrm{T}}(i)\hat{\boldsymbol{\theta}}(k)]^2$，因引入了加权因子，故不能用于估计噪声标准差，但可以用于模型阶次判断。

5.4.2 遗忘因子法

随着数据的增长，算法式(5.3.7)中的矩阵 $\boldsymbol{P}(k)$将逐渐趋于零，最小二乘辨识算法就会渐渐失去修正能力，这种现象称作数据饱和。因为 $\boldsymbol{P}(k)$矩阵是用来累积数据信息量的，随着时间的增长，旧数据的信息在矩阵 $\boldsymbol{P}(k)$中不断累积，到了一定程度新

数据的信息就无法再增添进去，以致算法会逐渐失去修正能力。对时变系统来说，由于旧数据信息的累积，同样的原因最小二乘辨识算法也会逐渐失去跟踪能力。不论是数据饱和问题，还是时变跟踪能力问题，都是因为数据信息量的不断累积，得不到衰减，从新数据中获取的信息量下降，影响算法的修正能力和跟踪能力。

遗忘因子法就是为克服数据饱和现象和解决时变跟踪问题而提出的一种辨识方法，其基本思想是对旧数据加遗忘因子，降低旧数据信息在矩阵 $\boldsymbol{P}(k)$ 中的占有量，增加新数据信息的含量。

1. 递推算法

考虑式(5.2.9)模型，准则函数取

$$J(\boldsymbol{\theta}) = \sum_{k=1}^{L} \mu^{L-k} [z(k) - \boldsymbol{h}^{\mathrm{T}}(k)\boldsymbol{\theta}]^2 \tag{5.4.11}$$

其中，$0<\mu<1$，称为遗忘因子。遗忘因子的作用是用于减衰旧数据的信息，增加新数据的信息。当 $k=1$ 时，衰减率为 μ^{L-1}；$k=L$ 时，衰减率等 1，也就是说对当前数据是不衰减的。

与式(5.2.22)推导类似，k 时刻的模型参数估计值可写成

$$\hat{\boldsymbol{\theta}}(k) = \left(\sum_{i=1}^{k} \mu^{k-i} \boldsymbol{h}(i)\boldsymbol{h}^{\mathrm{T}}(i)\right)^{-1} \left(\sum_{i=1}^{k} \mu^{k-i} \boldsymbol{h}(i) z(i)\right) \tag{5.4.12}$$

定义

$$\begin{cases} \bar{\boldsymbol{R}}(k) = \sum\limits_{i=1}^{k} \mu^{k-i} \boldsymbol{h}(i)\boldsymbol{h}^{\mathrm{T}}(i) \\ \boldsymbol{P}(k) = \left[\sum\limits_{i=1}^{k} \mu^{k-i} \boldsymbol{h}(i)\boldsymbol{h}^{\mathrm{T}}(i)\right]^{-1} = [\mu \boldsymbol{P}^{-1}(k-1) + \boldsymbol{h}(k)\boldsymbol{h}^{\mathrm{T}}(k)]^{-1} \end{cases} \tag{5.4.13}$$

类似于式(5.3.5)的推导，有

$$\begin{cases} \hat{\boldsymbol{\theta}}(k) = \hat{\boldsymbol{\theta}}(k-1) + \bar{\boldsymbol{R}}^{-1}(k)\boldsymbol{h}(k)[z(k) - \boldsymbol{h}^{\mathrm{T}}(k)\hat{\boldsymbol{\theta}}(k-1)] \\ \bar{\boldsymbol{R}}(k) = \bar{\boldsymbol{R}}(k-1) + \boldsymbol{h}(k)\boldsymbol{h}^{\mathrm{T}}(k) \end{cases} \tag{5.4.14}$$

与算法式(5.3.7)推导类似，可得如下的遗忘因子递推辨识算法，记作 RFF (recursive forgetting factor)。

RFF 辨识算法

$$\begin{aligned} &\hat{\boldsymbol{\theta}}(k) = \hat{\boldsymbol{\theta}}(k-1) + \boldsymbol{K}(k)[z(k) - \boldsymbol{h}^{\mathrm{T}}(k)\hat{\boldsymbol{\theta}}(k-1)] \\ &\boldsymbol{K}(k) = \boldsymbol{P}(k-1)\boldsymbol{h}(k)[\boldsymbol{h}^{\mathrm{T}}(k)\boldsymbol{P}(k-1)\boldsymbol{h}(k) + \mu]^{-1} \\ &\boldsymbol{P}(k) = \frac{1}{\mu}[\boldsymbol{I} - \boldsymbol{K}(k)\boldsymbol{h}^{\mathrm{T}}(k)]\boldsymbol{P}(k-1), 0 < \mu \leqslant 1 \end{aligned} \tag{5.4.15}$$

式中，算法增益 $\boldsymbol{K}(k)=\boldsymbol{P}(k)\boldsymbol{h}(k)$，遗忘因子 μ 由人工确定，其他变量及算法初始值的取值与 RLS 算法式(5.3.7)一样。

算法的遗忘因子可以选择 $\mu=1-\frac{1}{T_c}$，T_c 为数据衰减至 36% 所需的步数；遗忘因子也可以选择是时变的，$\mu(k)=\mu_0\mu(k-1)+(1-\mu_0)$，其中 $\mu_0=0.99$，$\mu(0)=0.95$。遗忘因子的取值对算法的性能会产生直接的影响。μ 值增大，算法的跟踪能力下降，鲁棒性增强；μ 值减小，算法的跟踪能力增强，鲁棒性下降，对噪声更为敏感。一般情况下，μ 的取值范围在 0.95～0.99 之间为宜。

2. 损失函数的递推计算

根据新息和残差的定义，与式(5.3.13)、式(5.3.14)和式(5.3.15)推导类似，可得 RFF 算法新息与残差的关系

$$\varepsilon(k)=\frac{\mu\tilde{z}(k)}{\mu+\boldsymbol{h}^{\mathrm{T}}(k)\boldsymbol{P}(k-1)\boldsymbol{h}(k)} \tag{5.4.16}$$

或写成

$$\varepsilon(k)=[1-\boldsymbol{h}^{\mathrm{T}}(k)\boldsymbol{P}(k)\boldsymbol{h}(k)]\tilde{z}(k) \tag{5.4.17}$$

和损失函数的递推计算

$$\begin{aligned}J(k)&=\mu J(k-1)+\tilde{z}(k)\varepsilon(k)\\&=\mu\left[J(k-1)+\frac{\tilde{z}^2(k)}{\mu+\boldsymbol{h}^{\mathrm{T}}(k)\boldsymbol{P}(k-1)\boldsymbol{h}(k)}\right]\end{aligned} \tag{5.4.18}$$

式中，μ 为遗忘因子，$\tilde{z}(k)$为模型新息。

3. 遗忘因子法与加权最小二乘法的区别

遗忘因子法和加权最小二乘法都是通过对数据给予不同信任度而形成的辨识算法，遗忘因子法利用遗忘因子，以期达到克服“数据饱和”现象；加权最小二乘法利用加权因子，以期获得系统的平均特性。对数据加权而言，两种算法处理问题的思路是相近的。但是，加权最小二乘法各时刻的数据权重是孤立选择的，相邻时刻的数据权重没有内在联系；遗忘因子法各时刻的数据权重是关联的，相邻时刻的数据权重相差 μ 倍。两种算法之间的主要区别：

(1) 加权方式不同。加权最小二乘法各时刻的数据权重是不相关的，也不随时间变化；遗忘因子法的数据权重满足 $\Lambda(k)=\frac{1}{\mu}\Lambda(k-1)$关系，各时刻数据权重是随时间变化的，离开当前时刻越远的数据权重越小，也就是说越老的数据衰减得越厉害，当前时刻的数据权重总为 1。

(2) 加权的效果不一样。加权最小二乘法通过选择加权因子，以获得系统的平均特性为目的；遗忘因子法通过对数据加权，以克服“数据饱和”现象为目的，算法具有时变跟踪能力。

(3) 数据协方差矩阵 $\boldsymbol{P}(k)$的定义不一样。两者的关系为$\boldsymbol{P}_{\mathrm{FF}}(k)=\Lambda(k)\boldsymbol{P}_{\mathrm{WLS}}(k)$，可见两种辨识算法的数据协方差矩阵 $\boldsymbol{P}(k)$的含义是不同的。

简而言之，遗忘因子法是数据权重取特殊形式的加权最小二乘法，就这个意义

上说，遗忘因子法可以看作加权最小二乘法的一种特例。

当然，数据的加权方式还有其他的形式，比如在时间区间 $(k+1,k+L)$，$k=1,2,\cdots$ 内的数据权重取1，区间外的数据权重取0。基于这种加权方式构成的辨识算法叫做限定记忆法。该辨识算法依赖于有限长度的数据，每增加一个新数据信息，就去掉一个老数据信息，数据长度保持不变，影响模型参数估计值的数据始终为最新的 L 个数据。

4. RFF 算法 MATLAB 程序实现

RFF 辨识算法式(5.4.15)的 MATLAB 程序见本章附 5.2，使用该程序需要正确构造数据向量 $\boldsymbol{h}(k)$，并合理选择遗忘因子。依据停机条件停止计算后，以最后5个时刻的参数估计值的平均值作为辨识结果。

例 5.4 本例所用的仿真模型、实验条件、辨识模型结构与例5.3一样，取遗忘因子 $\mu=0.96$，数据长度 $L=300$，初始值 $\hat{\boldsymbol{\theta}}(0)=0.001$，$\boldsymbol{P}(0)=10^6\boldsymbol{I}$，利用 RFF 辨识算法式(5.4.15)和本章附5.2的 MATLAB 程序，辨识结果如表5.5所示，模型参数估计值的变化过程如图5.10所示，最终获得的辨识模型为

$$\begin{aligned}z(k) &= 1.4965z(k-1)-0.7023z(k-2)+1.0181u(k-1)\\&\quad +0.5257u(k-2)+0.3290v(k)\end{aligned}$$

表 5.5 RFF 算法辨识结果(噪信比约为 23.2%)

模型参数	a_1	a_2	b_1	b_2	静态增益	噪声标准差
真值	−1.5	0.7	1.0	0.5	7.5	0.3
估计值	−1.4965	0.7023	1.0181	0.5257	7.5490	0.3290

表5.5中，噪声标准差是利用式(5.4.18)计算的，即噪声标准差估计值 $\hat{\lambda}=\mathrm{sqrt}(J(L)/L)$，其中 $J(L)$ 为递推至 L 步的损失函数值。

通过分析残差相关系数 $\hat{\rho}_\varepsilon(i)$ 的分布，残差的均值等于 -0.0133，相关系数介于区间 $[1.98/\sqrt{L},-1.98/\sqrt{L}]$ 之内，且 $L\sum_{l=1}^{m}\rho_\varepsilon^2(l)=4.0372$，小于白色性阈值，所以残差是白噪声序列，阶跃响应吻合很好，辨识结果是满意的。

若对图5.10和图5.6所示的模型参数估计变化过程进行一下比较，可以看到，$k>150$ 之后图5.6所示的模型参数估计值变化很小，说明 RLS 算法在 $k>150$ 之后基本上失去了修正能力，继续递推计算下去，不会进一步改善辨识结果，而图5.10所示的模型参数估计值始终在波动，说明 RFF 算法一直在利用新数据的信息，参数估计值不断在更新，避免出现数据饱和现象。

图5.11是时变系统的辨识结果，$k=200$ 时模型参数 a_1 发生突变(从 -1.5 突变为 -0.75)。显然，RLS 算法不能跟上模型参数的变化，RFF 算法能很好地跟踪时变参数，遗忘因子越小跟踪能力越强，但模型参数估计会波动得越厉害。

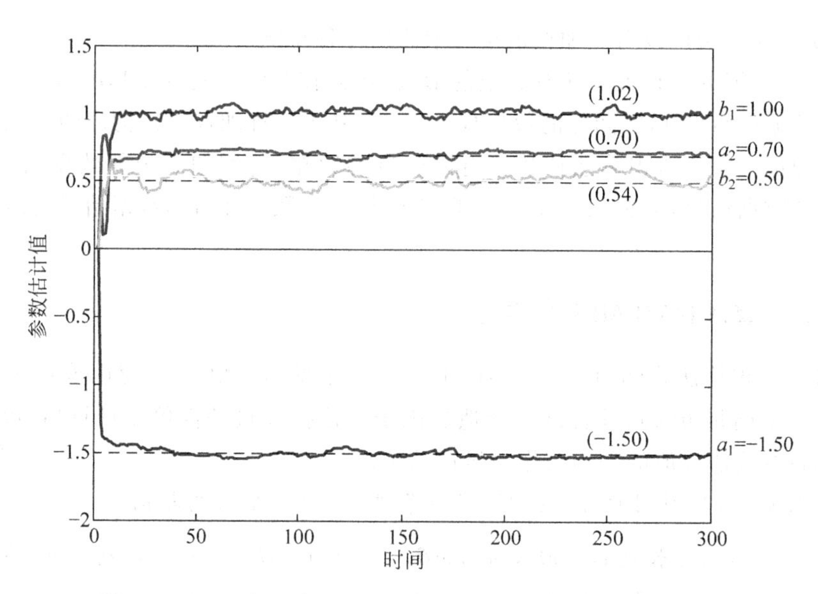

图 5.10 RFF 算法参数估计值变化过程(噪信比约为 23.2%)

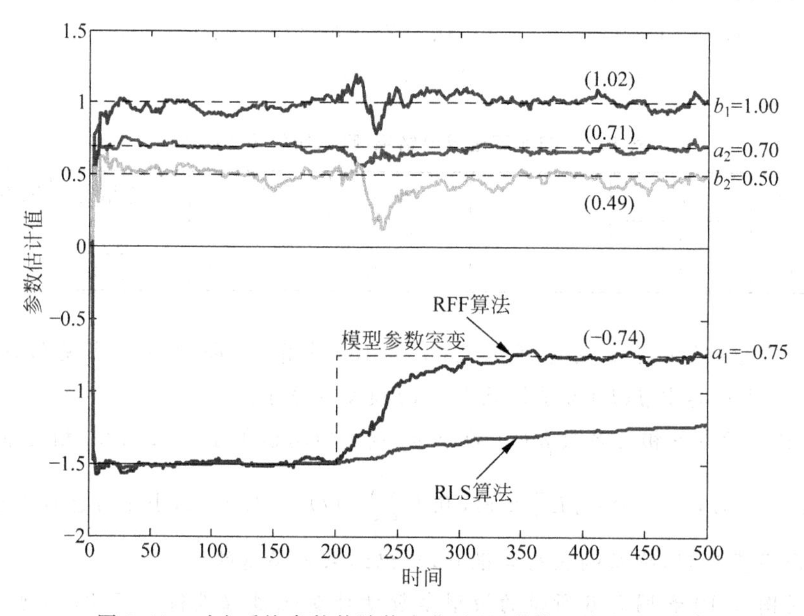

图 5.11 时变系统参数估计值变化过程(噪信比约为 23.2%)

5.4.3 折息法

加权最小二乘法引入了加权因子,由于各时刻的加权因子是孤立选择的,因此加权最小二乘法得到的辨识模型代表数据区间内系统的平均特性。遗忘因子法引入了遗忘因子,使算法具有时变跟踪能力,因此遗忘因子法得到的辨识模型能代表系统的动态特性。折息法同时考虑加权因子和遗忘因子的作用，将时间区间$[k,i]$内的加权因子和遗忘因子融合在一起，得到的辨识模型兼顾了平均特性和动态特性。折息因子$\Gamma(k,i)$与加权因子和遗忘因子的关系如下

$$\begin{cases}\Gamma(k,i)=\mu(k)\Gamma(k-1,i)\\ \Gamma(k,k)=\Lambda(k)\end{cases} \tag{5.4.19}$$

或写成

$$\Gamma(k,i)=\Lambda(i)\prod_{j=i+1}^{k}\mu(j) \tag{5.4.20}$$

式中，$\Lambda(i)$为加权因子，$\mu(j)$为遗忘因子。如果遗忘因子取常数，则式(5.4.20)可写成

$$\Gamma(k,i)=\Lambda(i)\mu^{k-i} \tag{5.4.21}$$

加权因子对折息因子的影响如图 5.12 所示，i 值越小，影响折息因子的加权因子离 k 时刻的距离越远。

考虑式(5.2.9)模型辨识问题，准则函数取

$$J(\boldsymbol{\theta})=\sum_{i=1}^{k}\Gamma(k,i)[z(i)-\boldsymbol{h}^{\mathrm{T}}(i)\boldsymbol{\theta}]^2 \tag{5.4.22}$$

$\Lambda(i)$　$\Gamma(k,i)$　i　k

图 5.12　加权因子对折息因子的影响

与式(5.2.22)推导类似，k 时刻的模型参数估计值可写成

$$\hat{\boldsymbol{\theta}}(k)=\left(\sum_{i=1}^{k}\Gamma(k,i)\boldsymbol{h}(i)\boldsymbol{h}^{\mathrm{T}}(i)\right)^{-1}\left(\sum_{i=1}^{k}\Gamma(k,i)\boldsymbol{h}(i)z(i)\right) \tag{5.4.23}$$

定义

$$\boldsymbol{P}(k)=\left[\sum_{i=1}^{k}\Gamma(k,i)\boldsymbol{h}(i)\boldsymbol{h}^{\mathrm{T}}(i)\right]^{-1}=[\mu(k)\boldsymbol{P}^{-1}(k-1)+\Lambda(k)\boldsymbol{h}(k)\boldsymbol{h}^{\mathrm{T}}(k)]^{-1} \tag{5.4.24}$$

类似于式(5.3.7)的推导，可得如下的折息递推辨识算法，记作 RDM(recursive method with discounted measurements)。

RDM 辨识算法

$$\begin{aligned}&\hat{\boldsymbol{\theta}}(k)=\hat{\boldsymbol{\theta}}(k-1)+\boldsymbol{K}(k)[z(k)-\boldsymbol{h}^{\mathrm{T}}(k)\hat{\boldsymbol{\theta}}(k-1)]\\&\boldsymbol{K}(k)=\boldsymbol{P}(k-1)\boldsymbol{h}(k)\left[\boldsymbol{h}^{\mathrm{T}}(k)\boldsymbol{P}(k-1)\boldsymbol{h}(k)+\frac{\mu(k)}{\Lambda(k)}\right]^{-1}\\&\boldsymbol{P}(k)=\frac{1}{\mu(k)}[\boldsymbol{I}-\boldsymbol{K}(k)\boldsymbol{h}^{\mathrm{T}}(k)]\boldsymbol{P}(k-1),\quad 0<\Lambda(k)\leqslant 1,0<\mu(k)\leqslant 1\end{aligned} \tag{5.4.25}$$

式中，参数向量和数据向量的定义见式(5.2.10)，$\boldsymbol{K}(k)=\Lambda(k)\boldsymbol{P}(k)\boldsymbol{h}(k)$，加权因子$\Lambda(k)$和遗忘因子 $\mu(k)$都需要由人工确定，其他变量及算法初始值的取值与 RLS 算法式(5.3.7)一样。

RDM 算法将 RWLS 算法和 RFF 算法综合成一体。当 $\mu(k)=1$ 时，RDM 算法

就是 RWLS 算法；当 $\Lambda(k)=1$ 时，RDM 算法就是 RFF 算法。合理选择 $\mu(k)$ 和 $\Lambda(k)$ 会使算法同时具有好的动态跟踪能力和均衡的静态特性平均功能。

5.4.4 协方差调整法

RLS 算法之所以会出现数据饱和现象，其原因是协方差矩阵 $\boldsymbol{P}(k)$ 随着时间的增长逐渐趋于零，造成算法没有了修正能力。为了避免出现这种现象，一种简单的做法可以定时重置 $\boldsymbol{P}(k)$ 矩阵，使算法恢复正常的修正能力，这就是所谓的协方差调整法，即

$$\begin{cases}\hat{\boldsymbol{\theta}}(k)=\hat{\boldsymbol{\theta}}(k-1)+\dfrac{\boldsymbol{P}(k-1)\boldsymbol{h}(k)}{1+\boldsymbol{h}^{\mathrm{T}}(k)\boldsymbol{P}(k-1)\boldsymbol{h}(k)}[z(k)-\boldsymbol{h}^{\mathrm{T}}(k)\hat{\boldsymbol{\theta}}(k-1)]\\ \boldsymbol{P}(k)=\begin{cases}\boldsymbol{P}(k-1)-\dfrac{\boldsymbol{P}(k-1)\boldsymbol{h}(k)\boldsymbol{h}^{\mathrm{T}}(k)\boldsymbol{P}(k-1)}{1+\boldsymbol{h}^{\mathrm{T}}(k)\boldsymbol{P}(k-1)\boldsymbol{h}(k)},\ k\notin\{k_1,k_2,\cdots\}\\ a_i\boldsymbol{I},\ 0<a_{\min}\leqslant a_i\leqslant a_{\max}<\infty,\ i=1,2,\cdots,\quad k\in\{k_1,k_2,\cdots\}\end{cases}\end{cases} \tag{5.4.26}$$

或

$$\begin{cases}\hat{\boldsymbol{\theta}}(k)=\hat{\boldsymbol{\theta}}(k-1)+\dfrac{\boldsymbol{P}(k-1)\boldsymbol{h}(k)}{1+\boldsymbol{h}^{\mathrm{T}}(k)\boldsymbol{P}(k-1)\boldsymbol{h}(k)}[z(k)-\boldsymbol{h}^{\mathrm{T}}(k)\hat{\boldsymbol{\theta}}(k-1)]\\ \bar{\boldsymbol{P}}(k)=\boldsymbol{P}(k-1)-\dfrac{\boldsymbol{P}(k-1)\boldsymbol{h}(k)\boldsymbol{h}^{\mathrm{T}}(k)\boldsymbol{P}(k-1)}{1+\boldsymbol{h}^{\mathrm{T}}(k)\boldsymbol{P}(k-1)\boldsymbol{h}(k)}\\ \boldsymbol{P}(k)=\bar{\boldsymbol{P}}(k)+\boldsymbol{Q}(k),\ 0\leqslant\boldsymbol{Q}(k)<\infty\end{cases} \tag{5.4.27}$$

式中，矩阵 $\boldsymbol{P}(k)$ 在给定的时刻点上被重置为对角线元素等于 a_i，其他元素为零的常数阵，或干脆叠加上常数阵 $\boldsymbol{Q}(k)$，以防止 $\boldsymbol{P}(k)$ 趋于零。

5.4.5 带约束条件的最小二乘法

如果模型参数估计值要求限制在给定域内（比如出于稳定性考虑），超越给定域的参数估计值，需要通过适当的方法将其映射回给定域，这种辨识方法称作带约束条件的辨识方法[25]。设模型参数估计值的给定域为空间 Θ，空间 R 是空间 Θ 在 $\boldsymbol{P}^{-\frac{1}{2}}(k-1)$ 变换下的像空间，Ω_θ 是空间 Θ 的边界，Ω_ρ 是空间 R 的边界。

当 $\hat{\boldsymbol{\theta}}(k)\in\Theta$ 时，按最小二乘递推辨识算法照常进行

$$\begin{cases}\hat{\boldsymbol{\theta}}(k)=\hat{\boldsymbol{\theta}}(k-1)+\dfrac{\boldsymbol{P}(k-1)\boldsymbol{h}(k)}{1+\boldsymbol{h}^{\mathrm{T}}(k)\boldsymbol{P}(k-1)\boldsymbol{h}(k)}[z(k)-\boldsymbol{h}^{\mathrm{T}}(k)\hat{\boldsymbol{\theta}}(k-1)]\\ \boldsymbol{P}(k)=\boldsymbol{P}(k-1)-\dfrac{\boldsymbol{P}(k-1)\boldsymbol{h}(k)\boldsymbol{h}^{\mathrm{T}}(k)\boldsymbol{P}(k-1)}{1+\boldsymbol{h}^{\mathrm{T}}(k)\boldsymbol{P}(k-1)\boldsymbol{h}(k)}\end{cases} \tag{5.4.28}$$

当 $\hat{\boldsymbol{\theta}}(k)\notin\Theta$ 时，在 $\boldsymbol{P}^{-\frac{1}{2}}(k-1)$ 变换下，将 $\hat{\boldsymbol{\theta}}(k)$ 映射到空间 R，即 $\hat{\boldsymbol{\rho}}(k)=\boldsymbol{P}^{-\frac{1}{2}}(k-1)\hat{\boldsymbol{\theta}}(k)$，其中 $\boldsymbol{P}^{-1}(k-1)=\left(\boldsymbol{P}^{-\frac{1}{2}}(k-1)\right)^{\mathrm{T}}\boldsymbol{P}^{-\frac{1}{2}}(k-1)$，$\hat{\boldsymbol{\rho}}(k)$ 是 $\hat{\boldsymbol{\theta}}(k)$ 在 $\boldsymbol{P}^{-\frac{1}{2}}(k-1)$ 变换

下的像；又将$\hat{\boldsymbol{\rho}}(k)$正交投影到空间 R 的边界 Ω_ρ，得到影像$\bar{\boldsymbol{\rho}}(k)$；再在 $\boldsymbol{P}^{\frac{1}{2}}(k-1)$变换下，将$\bar{\boldsymbol{\rho}}(k)$映射回空间 Θ 的边界 Ω_θ，即$\bar{\boldsymbol{\theta}}(k)=\boldsymbol{P}^{\frac{1}{2}}(k-1)\bar{\boldsymbol{\rho}}(k)$；最后令$\hat{\boldsymbol{\theta}}(k)=\bar{\boldsymbol{\theta}}(k)$，将参数估计值拉回给定域；图 5.13 描述了从空间 Θ 映射到空间 R，再映射回空间 Θ 的变换过程。

当$\hat{\boldsymbol{\theta}}(k)\notin\Theta$时，为什么先要将$\hat{\boldsymbol{\theta}}(k)$映射到空间 R，然后再映射回空间 Θ，通过两次变换才将越域的参数估计值拉回给定域？因为在 $\boldsymbol{P}^{-\frac{1}{2}}(k-1)$变换下，使得

$$(\boldsymbol{\theta}_0-\hat{\boldsymbol{\theta}}(k))^{\mathrm{T}}\boldsymbol{P}^{-1}(k-1)(\boldsymbol{\theta}_0-\hat{\boldsymbol{\theta}}(k))=(\boldsymbol{\rho}_0-\hat{\boldsymbol{\rho}}(k))^{\mathrm{T}}(\boldsymbol{\rho}_0-\hat{\boldsymbol{\rho}}(k)) \tag{5.4.29}$$

式中，$\boldsymbol{\rho}_0=\boldsymbol{P}^{-\frac{1}{2}}(k-1)\boldsymbol{\theta}_0\in\mathrm{R}$，因此在空间 R 内，辨识是以 $J(\boldsymbol{\theta})=\frac{1}{2}\|\hat{\boldsymbol{\theta}}(k)-\hat{\boldsymbol{\theta}}(k-1)\|^2$ 为准则的，$\hat{\boldsymbol{\rho}}(k)$可以正交投影到空间 R 的边界 Ω_ρ，而空间 Θ 内的辨识不以参数估计值的距离为准则，所以不能直接将$\hat{\boldsymbol{\theta}}(k)$正交投影到空间 Θ 的边界 Ω_θ。在空间 R 内，通过正交投影使得

$$\|\boldsymbol{\rho}_0-\bar{\boldsymbol{\rho}}(k)\|^2\leqslant\|\boldsymbol{\rho}_0-\hat{\boldsymbol{\rho}}(k)\|^2 \tag{5.4.30}$$

由此可得

$$(\boldsymbol{\theta}_0-\bar{\boldsymbol{\theta}}(k))^{\mathrm{T}}\boldsymbol{P}^{-1}(k-1)(\boldsymbol{\theta}_0-\bar{\boldsymbol{\theta}}(k))\leqslant(\boldsymbol{\theta}_0-\hat{\boldsymbol{\theta}}(k))^{\mathrm{T}}\boldsymbol{P}^{-1}(k-1)(\boldsymbol{\theta}_0-\hat{\boldsymbol{\theta}}(k)) \tag{5.4.31}$$

上面的论述是对带约束条件的辨识方法所采用的变换式及空间相互映射，将越域的参数估计值拉回给定域的解释。

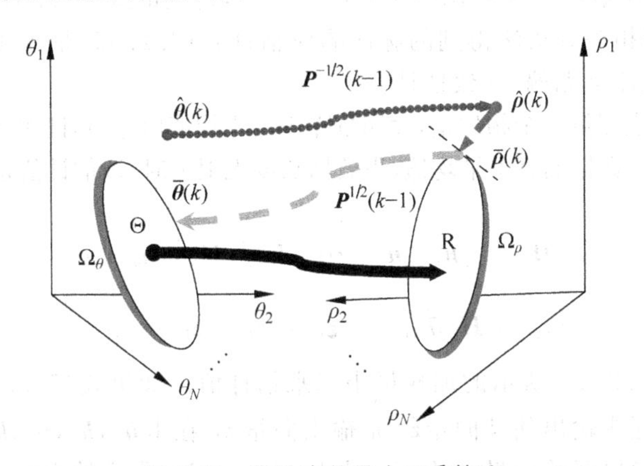

图 5.13　带约束的最小二乘算法

5.5　小结

本章讨论了方程误差辨识方法或称最小二乘类辨识方法中最基本、应用最广泛的最小二乘法，其主要知识点包括最小二乘原理、最小二乘辨识问题的假设条件、最小二乘批处理算法、最小二乘估计的几何意义、最小二乘估计的统计性质、最小二乘递推算法、损失函数的递推计算、递推算法的性质、递推算法的几何解析、加权最小

二乘法、遗忘因子法、折息法、协方差调整法和带约束条件的最小二乘法等，这些知识点是学习其他章节的基础。

习题

(1) 最小二乘辨识问题有解的充分必要条件是什么？并说明该条件的物理意义。

(2) 证明算法式(5.2.22)中 $\boldsymbol{H}_L^{\mathrm{T}}\boldsymbol{\Lambda}_L\boldsymbol{H}_L$ 为正则矩阵(可逆矩阵)的必要条件是输入信号 $u(k)$ 只须是 n 阶($n=\max(n_a,n_b)$)持续激励信号。

提示：设 $\boldsymbol{H}_L^* =\bar{\boldsymbol{\Lambda}}_L\boldsymbol{Z}_L=[\boldsymbol{Z}_L^* \quad \boldsymbol{U}_L^*]$，$\boldsymbol{Z}_L^* =\bar{\boldsymbol{\Lambda}}_L\boldsymbol{Z}_L$，$\boldsymbol{U}_L^* =\bar{\boldsymbol{\Lambda}}_L\boldsymbol{U}_L$，$\bar{\boldsymbol{\Lambda}}_L\bar{\boldsymbol{\Lambda}}_L=\boldsymbol{\Lambda}_L$，则有

$$\begin{aligned}\det(\boldsymbol{H}_L^{\mathrm{T}}\boldsymbol{\Lambda}_L\boldsymbol{H}_L) &= \det(\boldsymbol{H}_L^{*\mathrm{T}}\boldsymbol{H}_L^*)\\ &= \det(\boldsymbol{U}_L^{*\mathrm{T}}\boldsymbol{U}_L^*)\det[\boldsymbol{Z}_L^{*\mathrm{T}}\boldsymbol{Z}_L^* - \boldsymbol{Z}_L^{*\mathrm{T}}\boldsymbol{U}_L^*(\boldsymbol{U}_L^{*\mathrm{T}}\boldsymbol{U}_L^*)^{-1}\boldsymbol{U}_L^{*\mathrm{T}}\boldsymbol{Z}_L^*]\end{aligned}$$

式中

$$\begin{cases}\boldsymbol{U}_L^* = [z^{-1}\boldsymbol{u}_L, \quad z^{-2}\boldsymbol{u}_L, \quad \cdots, \quad z^{-n}\boldsymbol{u}_L]\\ \boldsymbol{u}_L = [u(1), \quad u(2), \quad \cdots, \quad u(L)]^{\mathrm{T}}\\ z^{-i}\boldsymbol{u}_L = [u(1-i), \quad \cdots \quad u(0), \quad u(1), \quad \cdots, \quad u(L-i)]^{\mathrm{T}}, \quad i=1,2,\cdots,n\\ n=\max(n_a,n_b)\end{cases}$$

其元素构成见式(5.2.27)说明。

(3) 论述为什么式(5.2.22)是式(5.2.11)最小二乘辨识问题的唯一解。

(4) 简单说明最小二乘参数辨识问题引入加权因子的作用。

(5) 证明利用最小二乘辨识算法式(5.2.24)，得到的式(5.2.31)脉冲响应估计，与第4章中利用相关分析法得到的脉冲响应估计式(4.2.35)是等价的，而且脉冲响应的最小二乘估计是无偏、一致估计。

(6) 利用仪表测量某个物理量，设测量噪声是零均值白噪声，证明该物理量的最小二乘估计值等于测量数据的算术平均值，当数据长度无限大时，该估计值是无偏、一致的。

(7) 记

$$\begin{cases}\boldsymbol{H}_L = [\boldsymbol{h}_1 \quad \boldsymbol{h}_2 \quad \cdots \quad \boldsymbol{h}_N], N = n_a + n_b\\ \hat{\boldsymbol{z}}_L = \boldsymbol{H}_L\hat{\boldsymbol{\theta}}_{\mathrm{WLS}}, \quad \boldsymbol{\varepsilon}_L = \boldsymbol{z}_L - \hat{\boldsymbol{z}}_L\end{cases}$$

式中，$\hat{\boldsymbol{\theta}}_{\mathrm{WLS}}$ 为式(5.2.22)所示的加权最小二乘估计值。如果式(5.2.11)的 $\boldsymbol{n}_L$ 是零均值白噪声向量，证明输出估计向量 $\hat{\boldsymbol{z}}_L$ 是输出向量 $\boldsymbol{z}_L$ 在由 $\boldsymbol{h}_1,\boldsymbol{h}_1,\cdots,\boldsymbol{h}_N$ 张成空间的正交投影，或者说输出残差向量 $\boldsymbol{\varepsilon}_L$ 垂直于由 $\boldsymbol{h}_1,\boldsymbol{h}_1,\cdots,\boldsymbol{h}_N$ 张成的空间。

提示：设 $\boldsymbol{H}_L^* =\bar{\boldsymbol{\Lambda}}_L\boldsymbol{H}_L$，$\bar{\boldsymbol{\Lambda}}_L\bar{\boldsymbol{\Lambda}}_L=\boldsymbol{\Lambda}_L$，仿5.2.4节证明。

(8) 当式(5.2.11)的 $\boldsymbol{n}_L$ 是零均值白噪声时，证明 $\boldsymbol{n}_L$ 与 $(\boldsymbol{H}_L^{\mathrm{T}}\boldsymbol{\Lambda}_L\boldsymbol{H}_L)^{-1}\boldsymbol{H}_L^{\mathrm{T}}\boldsymbol{\Lambda}_L$ 是统计不相关的，即 $\mathrm{E}\{(\boldsymbol{H}_L^{\mathrm{T}}\boldsymbol{\Lambda}_L\boldsymbol{H}_L)^{-1}\boldsymbol{H}_L^{\mathrm{T}}\boldsymbol{\Lambda}_L\boldsymbol{n}_L\}=0$。

提示：将 $(\boldsymbol{H}_L^{\mathrm{T}}\boldsymbol{\Lambda}_L\boldsymbol{H}_L)^{-1}\boldsymbol{H}_L^{\mathrm{T}}\boldsymbol{\Lambda}_L\boldsymbol{n}_L$ 写成 $\left(\frac{1}{L}\sum_{k=1}^{L}\boldsymbol{h}^*(k)\boldsymbol{h}^{*\mathrm{T}}(k)\right)^{-1}\frac{1}{L}\sum_{k=1}^{L}\boldsymbol{h}^{*\mathrm{T}}(k)n^*(k)$，$\boldsymbol{h}^*(k)=\bar{\Lambda}(k)\boldsymbol{h}(k)$，$n^*(k)=\bar{\Lambda}(k)n(k)$，$\bar{\Lambda}(k)\bar{\Lambda}(k)=\Lambda(k)$。

(9) 最小二乘参数估计值偏差 $\tilde{\boldsymbol{\theta}}_{\mathrm{LS}}$ 的协方差阵可表示为式(5.2.45)，试解释该式

说明了什么问题？

(10) 考虑如下模型

$$z(k)+az(k-1)=bu(k-1)+n(k)$$

其中，$u(k)$和 $z(k)$分别为模型输入和输出变量；$n(k)$是均值为零、且与输入变量 $u(k)$不相关的各态遍历平稳噪声。在最小二乘准则意义下，当 $R_n(l)=0, l\geqslant 2$ 时，可以推导出如下结果

$$\hat{\boldsymbol{\theta}}_{\mathrm{LS}}=\begin{bmatrix}\hat{a}\\ \hat{b}\end{bmatrix}\xrightarrow[L\to\infty]{\text{W. P. 1}}\begin{bmatrix}a_0-R_u(0)R_n(1)/\Delta\\ b_0-R_{uz}(0)R_n(1)/\Delta\end{bmatrix}$$

式中，$\Delta=R_z(0)R_u(0)-R_{uz}^2(0)$，$a_0$ 和 b_0 为模型参数真值。试以上述结果为例，论述模型噪声 $n(k)$的统计性质影响着辨识的性能。

(11) 式(5.2.43)和式(5.2.44)分别为 Markov 模型参数估计值和 Markov 模型参数估计值偏差的协方差阵，试根据 Markov 估计算法中加权矩阵的选择，定性说明该算法的基本立足点是什么？

(12) 当模型式(5.2.11)的 $\boldsymbol{n}_L$ 是零均值、服从正态分布的白噪声时，最小二乘参数估计值$\hat{\boldsymbol{\theta}}_{\mathrm{LS}}$是有效估计，即参数估计值偏差的协方差阵达到 Cramér-Rao 不等式的下界。试解释有效估计的物理含义？并说明对辨识有什么用途？

(13) 当模型式(5.2.11)的 $\boldsymbol{n}_L$ 是零均值、协方差阵为 $\sigma_n^2\boldsymbol{I}$ 的白噪声时，在最小二乘准则意义下，应该如何估计噪声的方差 σ_n^2？在加权最小二乘准则意义下，还能用同样的办法估计噪声方差吗？

(14) 证明利用式(5.3.18)来估计噪声的方差是一种无偏估计。

提示：$\mathrm{E}\{J(L)\}=\mathrm{E}\{\boldsymbol{\varepsilon}_L^{\mathrm{T}}\boldsymbol{\varepsilon}_L\}=\mathrm{E}\{\mathrm{Trace}(\boldsymbol{T}\boldsymbol{n}_L\boldsymbol{n}_L^{\mathrm{T}})\}=\boldsymbol{\sigma}_n^2\,\mathrm{Trace}(\mathrm{E}\{\boldsymbol{T}\})=(L-\dim\boldsymbol{\theta})\boldsymbol{\sigma}_n^2$，式中$\boldsymbol{\varepsilon}_L=z_L-\boldsymbol{H}_L\hat{\boldsymbol{\theta}}_{\mathrm{LS}}=\boldsymbol{T}\boldsymbol{n}_L$，$\boldsymbol{T}=\boldsymbol{I}_L-\boldsymbol{H}_L(\boldsymbol{H}_L^{\mathrm{T}}\boldsymbol{H}_L)^{-1}\boldsymbol{H}_L^{\mathrm{T}}$。

(15) 加权最小二乘估计值$\hat{\boldsymbol{\theta}}_{\mathrm{WLS}}$是正则方程式(5.2.21)的解，如果正则方程存在“病态”，会给求解$\hat{\boldsymbol{\theta}}_{\mathrm{WLS}}$带来问题。用$\hat{\boldsymbol{\theta}}_{\mathrm{WLS}}$的相对误差$\dfrac{\|\Delta\boldsymbol{\theta}\|}{\|\hat{\boldsymbol{\theta}}_{\mathrm{WLS}}\|}$来衡量正则方程的“病态”程度，其中 $\Delta\boldsymbol{\theta}$ 是矩阵$(\boldsymbol{H}_L^{\mathrm{T}}\boldsymbol{\Lambda}_L\boldsymbol{H}_L)$和$(\boldsymbol{H}_L^{\mathrm{T}}\boldsymbol{\Lambda}_L\boldsymbol{z}_L)$发生变化引起方程解$\hat{\boldsymbol{\theta}}_{\mathrm{WLS}}$的变化量。试论证$\dfrac{\|\Delta\boldsymbol{\theta}\|}{\|\hat{\boldsymbol{\theta}}_{\mathrm{WLS}}\|}$正比于矩阵$(\boldsymbol{H}_L^{\mathrm{T}}\boldsymbol{\Lambda}_L\boldsymbol{H}_L)$的条件数；也就是说，矩阵$(\boldsymbol{H}_L^{\mathrm{T}}\boldsymbol{\Lambda}_L\boldsymbol{H}_L)$的条件数决定了正则方程的“病态”程度。

提示：矩阵 $\boldsymbol{H}_L^{\mathrm{T}}\boldsymbol{\Lambda}_L\boldsymbol{H}_L$ 的条件数定义为

$$\mathrm{cond}(\boldsymbol{H}_L^{\mathrm{T}}\boldsymbol{\Lambda}_L\boldsymbol{H}_L)=\|(\boldsymbol{H}_L^{\mathrm{T}}\boldsymbol{\Lambda}_L\boldsymbol{H}_L)^{-1}\|\,\|\boldsymbol{H}_L^{\mathrm{T}}\boldsymbol{\Lambda}_L\boldsymbol{H}_L\|$$

① 设 $\boldsymbol{H}_L^{\mathrm{T}}\boldsymbol{\Lambda}_L\boldsymbol{H}_L$ 不变，$\boldsymbol{H}_L^{\mathrm{T}}\boldsymbol{\Lambda}_L\boldsymbol{z}_L$ 变化$\boldsymbol{\Delta}_1$，根据式(5.2.21)，$(\boldsymbol{H}_L^{\mathrm{T}}\boldsymbol{\Lambda}_L\boldsymbol{H}_L)(\hat{\boldsymbol{\theta}}_{\mathrm{WLS}}+\Delta\boldsymbol{\theta})=\boldsymbol{H}_L^{\mathrm{T}}\boldsymbol{\Lambda}_L\boldsymbol{z}_L+\boldsymbol{\Delta}_1$，则有 $\Delta\boldsymbol{\theta}=(\boldsymbol{H}_L^{\mathrm{T}}\boldsymbol{\Lambda}_L\boldsymbol{H}_L)^{-1}\boldsymbol{\Delta}_1$ 和 $\|\Delta\boldsymbol{\theta}\|\leqslant\|(\boldsymbol{H}_L^{\mathrm{T}}\boldsymbol{\Lambda}_L\boldsymbol{H}_L)^{-1}\|\,\|\boldsymbol{\Delta}_1\|$，又因 $\|\boldsymbol{H}_L^{\mathrm{T}}\boldsymbol{\Lambda}_L\boldsymbol{z}_L\|=\|\boldsymbol{H}_L^{\mathrm{T}}\boldsymbol{\Lambda}_L\boldsymbol{H}_L\hat{\boldsymbol{\theta}}_{\mathrm{WLS}}\|\leqslant\|\boldsymbol{H}_L^{\mathrm{T}}\boldsymbol{\Lambda}_L\boldsymbol{H}_L\|\,\|\hat{\boldsymbol{\theta}}_{\mathrm{WLS}}\|$，所以

$$\begin{aligned}\frac{\|\Delta\boldsymbol{\theta}\|}{\|\hat{\boldsymbol{\theta}}_{\mathrm{WLS}}\|}&\leqslant(\|(\boldsymbol{H}_L^{\mathrm{T}}\boldsymbol{\Lambda}_L\boldsymbol{H}_L)^{-1}\|\,\|\boldsymbol{H}_L^{\mathrm{T}}\boldsymbol{\Lambda}_L\boldsymbol{H}_L\|)\frac{\|\boldsymbol{\Delta}_1\|}{\|\boldsymbol{H}_L^{\mathrm{T}}\boldsymbol{\Lambda}_L\boldsymbol{z}_L\|}\\&=\mathrm{cond}(\boldsymbol{H}_L^{\mathrm{T}}\boldsymbol{\Lambda}_L\boldsymbol{H}_L)\frac{\|\boldsymbol{\Delta}_1\|}{\|\boldsymbol{H}_L^{\mathrm{T}}\boldsymbol{\Lambda}_L\boldsymbol{z}_L\|}\end{aligned}$$

② 设 $\boldsymbol{H}_L^{\mathrm{T}}\boldsymbol{\Lambda}_L\boldsymbol{z}_L$ 不变，$\boldsymbol{H}_L^{\mathrm{T}}\boldsymbol{\Lambda}_L\boldsymbol{H}_L$ 变化 $\boldsymbol{\Delta}_2$，根据式(5.2.21)，$(\boldsymbol{H}_L^{\mathrm{T}}\boldsymbol{\Lambda}_L\boldsymbol{H}_L+\boldsymbol{\Delta}_2)(\hat{\boldsymbol{\theta}}_{\mathrm{WLS}}+\Delta\boldsymbol{\theta})=\boldsymbol{H}_L^{\mathrm{T}}\boldsymbol{\Lambda}_L\boldsymbol{z}_L$，则有 $\Delta\boldsymbol{\theta}=-(\boldsymbol{H}_L^{\mathrm{T}}\boldsymbol{\Lambda}_L\boldsymbol{H}_L)^{-1}\boldsymbol{\Delta}_2(\hat{\boldsymbol{\theta}}_{\mathrm{WLS}}+\boldsymbol{\Delta}_2)$ 和 $\|\Delta\boldsymbol{\theta}\|\leqslant\|(\boldsymbol{H}_L^{\mathrm{T}}\boldsymbol{\Lambda}_L\boldsymbol{H}_L)^{-1}\|\ \|\boldsymbol{\Delta}_2\|\ \|\hat{\boldsymbol{\theta}}_{\mathrm{WLS}}+\boldsymbol{\Delta}_2\|$，所以

$$\frac{\|\Delta\boldsymbol{\theta}\|}{\|\hat{\boldsymbol{\theta}}_{\mathrm{WLS}}+\Delta\boldsymbol{\theta}\|}\leqslant(\|(\boldsymbol{H}_L^{\mathrm{T}}\boldsymbol{\Lambda}_L\boldsymbol{H}_L)^{-1}\|\ \|\boldsymbol{H}_L^{\mathrm{T}}\boldsymbol{\Lambda}_L\boldsymbol{H}_L\|)\frac{\|\boldsymbol{\Delta}_2\|}{\|\boldsymbol{H}_L^{\mathrm{T}}\boldsymbol{\Lambda}_L\boldsymbol{H}_L\|}$$

$$=\mathrm{cond}(\boldsymbol{H}_L^{\mathrm{T}}\boldsymbol{\Lambda}_L\boldsymbol{H}_L)\frac{\|\boldsymbol{\Delta}_2\|}{\|\boldsymbol{H}_L^{\mathrm{T}}\boldsymbol{\Lambda}_L\boldsymbol{H}_L\|}$$

综合①和②，$\hat{\boldsymbol{\theta}}_{\mathrm{WLS}}$的相对误差$\dfrac{\|\Delta\boldsymbol{\theta}\|}{\|\hat{\boldsymbol{\theta}}_{\mathrm{WLS}}\|}$与矩阵 $\boldsymbol{H}_L^{\mathrm{T}}\boldsymbol{\Lambda}_L\boldsymbol{H}_L$ 的条件数成正比。

(16) 考虑如下模型的辨识问题

$$\boldsymbol{z}_L=\boldsymbol{H}_L\boldsymbol{\theta}+\boldsymbol{n}_L$$

证明最小二乘参数估计值$\hat{\boldsymbol{\theta}}$满足下列方程

$$\boldsymbol{R}\hat{\boldsymbol{\theta}}=\boldsymbol{\varepsilon}_1$$

且损失函数为

$$J(\hat{\boldsymbol{\theta}})=(\boldsymbol{z}_L-\boldsymbol{H}_L\hat{\boldsymbol{\theta}})^{\mathrm{T}}(\boldsymbol{z}_L-\boldsymbol{H}_L\hat{\boldsymbol{\theta}})=\boldsymbol{\varepsilon}_2^{\mathrm{T}}\boldsymbol{\varepsilon}_2$$

其中

$$\begin{bmatrix}\boldsymbol{R}\\0\end{bmatrix}=\boldsymbol{Q}\boldsymbol{H}_L,\quad\begin{bmatrix}\boldsymbol{\varepsilon}_1\\\boldsymbol{\varepsilon}_2\end{bmatrix}=\boldsymbol{Q}\boldsymbol{z}_L,\quad N=\dim\boldsymbol{\theta}$$

式中，$\boldsymbol{Q}$ 是 Householder 变换矩阵，定义为 $\boldsymbol{Q}=\boldsymbol{I}-\boldsymbol{w}\boldsymbol{w}^{\mathrm{T}}$，$\boldsymbol{w}$ 是范数等于 1 的列向量。

提示：利用 Householder 变换矩阵性质，将损失函数写成

$$J(\boldsymbol{\theta})=(\boldsymbol{\varepsilon}_1-\boldsymbol{R}\boldsymbol{\theta})^{\mathrm{T}}(\boldsymbol{\varepsilon}_1-\boldsymbol{R}\boldsymbol{\theta})+\boldsymbol{\varepsilon}_2^{\mathrm{T}}\boldsymbol{\varepsilon}_2$$

(17) 对最小二乘辨识算法来说，收敛性条件可表示为$\lim\limits_{k\to\infty}\lambda_{\min}\left(\sum\limits_{i=1}^{k}\boldsymbol{h}(i)\boldsymbol{h}^{\mathrm{T}}(i)\right)=\infty$，式中 $\lambda_{\min}(\cdot)$ 为矩阵的最小特征值，试定性解释该收敛性条件的含义。

(18) 最小二乘批处理算法的准则函数通常取 $J(\boldsymbol{\theta})=\sum\limits_{k=1}^{L}[z(k)-\boldsymbol{h}^{\mathrm{T}}(k)\boldsymbol{\theta}]^2$，如果准则函数改用 $J(\boldsymbol{\theta})=\dfrac{1}{2}\sum\limits_{k=1}^{L}[z(k)-\boldsymbol{h}^{\mathrm{T}}(k)\boldsymbol{\theta}]^2+\dfrac{1}{2}(\boldsymbol{\theta}-\hat{\boldsymbol{\theta}}(0))^{\mathrm{T}}\boldsymbol{P}^{-1}(0)(\boldsymbol{\theta}-\hat{\boldsymbol{\theta}}(0))$，式中$\hat{\boldsymbol{\theta}}(0)$ 和 $\boldsymbol{P}^{-1}(0)$ 为初始值，试推导该准则意义下最小二乘辨识问题的解，并说明初始值$\hat{\boldsymbol{\theta}}(0)$ 和 $\boldsymbol{P}^{-1}(0)$ 对算法的影响。

提示：最小二乘辨识问题的解可表示为$\hat{\boldsymbol{\theta}}_{\mathrm{LS}}=(\boldsymbol{H}_L^{\mathrm{T}}\boldsymbol{H}_L+\boldsymbol{P}^{-1}(0))^{-1}(\boldsymbol{H}_L^{\mathrm{T}}\boldsymbol{z}_L+\boldsymbol{P}^{-1}(0)\hat{\boldsymbol{\theta}}(0))$。

(19) 试说明式(5.3.5)和式(5.3.7)两种递推算法形式中矩阵 $\boldsymbol{R}(k)$ 和 $\boldsymbol{P}(k)$ 的联系和区别。

提示：$\boldsymbol{R}(k)=\frac{1}{k}\sum_{i=1}^{k}\boldsymbol{h}(i)\boldsymbol{h}^{\mathrm{T}}(i)$，$\boldsymbol{P}(k)=\left[\sum_{i=1}^{k}\boldsymbol{h}(i)\boldsymbol{h}^{\mathrm{T}}(i)\right]^{-1}$，$\boldsymbol{P}(k)=\frac{1}{k}\boldsymbol{R}^{-1}(k)$，$\boldsymbol{P}(k)$ 可用于度量模型参数估计的精度。

(20) 为什么最小二乘递推辨识算法的初始值可取 $\boldsymbol{P}(0)=a^2\boldsymbol{I}$，$\hat{\boldsymbol{\theta}}(0)=\boldsymbol{\varepsilon}$？其中 a 为充分大的实数，$\boldsymbol{\varepsilon}$ 为充分小的实数向量，并解释最小二乘递推辨识算法的收敛性与模型参数估计初始值无关。

(21) 证明 $1-\boldsymbol{h}^{\mathrm{T}}(k)\boldsymbol{P}(k)\boldsymbol{h}(k)\Lambda(k)=(1+\boldsymbol{h}^{\mathrm{T}}(k)\boldsymbol{P}(k-1)\boldsymbol{h}(k)\Lambda(k))^{-1}$，再进一步证明

$$\boldsymbol{P}(k)\boldsymbol{h}(k)=\boldsymbol{P}(k)\boldsymbol{h}(k-1)(1+\boldsymbol{h}^{\mathrm{T}}(k)\boldsymbol{P}(k-1)\boldsymbol{h}(k)\Lambda(k))^{-1}$$

$$\boldsymbol{P}(k)\boldsymbol{h}(k-1)=\boldsymbol{P}(k)\boldsymbol{h}(k)(1-\boldsymbol{h}^{\mathrm{T}}(k)\boldsymbol{P}(k)\boldsymbol{h}(k)\Lambda(k))^{-1}$$

$$\boldsymbol{h}^{\mathrm{T}}(k)\boldsymbol{P}^2(k)\boldsymbol{h}(k)=\boldsymbol{h}^{\mathrm{T}}(k)\boldsymbol{P}^2(k)\boldsymbol{h}(k-1)(1+\boldsymbol{h}^{\mathrm{T}}(k)\boldsymbol{P}(k-1)\boldsymbol{h}(k)\Lambda(k))^{-2}$$

$$\boldsymbol{h}^{\mathrm{T}}(k)\boldsymbol{P}^2(k)\boldsymbol{h}(k-1)=\boldsymbol{h}^{\mathrm{T}}(k)\boldsymbol{P}^2(k)\boldsymbol{h}(k)(1-\boldsymbol{h}^{\mathrm{T}}(k)\boldsymbol{P}(k)\boldsymbol{h}(k)\Lambda(k))^{-2}$$

(22) 证明式(5.3.13)和式(5.3.14)。

(23) 最小二乘递推辨识算法协方差矩阵 $\boldsymbol{P}(k)$ 有哪些性质？并根据 $\boldsymbol{P}(k)$ 的性质分析最小二乘递推辨识算法的性能。

(24) $\boldsymbol{P}(k)=\left[\sum_{i=1}^{k}\boldsymbol{h}(i)\boldsymbol{h}^{\mathrm{T}}(i)\right]^{-1}$ 是最小二乘递推辨识算法的协方差矩阵，试论证 $\lambda_{\min}(\boldsymbol{P}^{-1}(k))\geqslant\lambda_{\min}(\boldsymbol{P}^{-1}(k-1))\geqslant\cdots\geqslant\lambda_{\min}(\boldsymbol{P}^{-1}(0))$，其中 $\lambda_{\min}(\cdot)$ 表示矩阵 $\boldsymbol{P}^{-1}(k)$ 的最小特征值。

(25) 对递推最小二乘辨识算法来说，可以证得

$$\tilde{\boldsymbol{\theta}}(k)=\boldsymbol{P}(k)\boldsymbol{P}^{-1}(0)\tilde{\boldsymbol{\theta}}(0)-\boldsymbol{P}(k)\sum_{i=1}^{k}\boldsymbol{h}(i)n(i)$$

式中，$\tilde{\boldsymbol{\theta}}(k)$ 为模型参数估计偏差，$\boldsymbol{h}(\cdot)$ 为数据向量，$\boldsymbol{P}(k)$ 为数据协方差阵，$n(\cdot)$ 为模型噪声，$\boldsymbol{P}(0)$ 和 $\tilde{\boldsymbol{\theta}}(0)$ 为初始值，试分析该式能说明什么问题？

(26) 当最小二乘递推辨识算法的初始值取 $\boldsymbol{P}(0)=a^2\boldsymbol{I}$（$a$ 为充分大的实数），$\hat{\boldsymbol{\theta}}(0)=\boldsymbol{\varepsilon}$（$\boldsymbol{\varepsilon}$ 为充分小实数向量）时，试证明

① $$\sum_{k=1}^{\infty}\frac{\|\boldsymbol{P}(k-1)\boldsymbol{h}(k)\|^2}{1+\boldsymbol{h}^{\mathrm{T}}(k)\boldsymbol{P}(k-1)\boldsymbol{h}(k)}=(n_a+n_b)a^2$$

② $$\sum_{k=1}^{\infty}\boldsymbol{h}^{\mathrm{T}}(k)\boldsymbol{P}^2(k)\boldsymbol{h}(k)\leqslant(n_a+n_b)a^2$$

③ $$\sum_{k=1}^{\infty}\boldsymbol{h}^{\mathrm{T}}(k)\boldsymbol{P}(k)\boldsymbol{h}(k)=\dim\boldsymbol{h}(k)$$

式中，$\boldsymbol{h}(k)$ 为数据向量，(n_a+n_b) 为模型参数个数。

提示：① 因 $\boldsymbol{P}(k)\boldsymbol{h}(k)=\frac{\boldsymbol{P}(k-1)\boldsymbol{h}(k)}{1+\boldsymbol{h}^{\mathrm{T}}(k)\boldsymbol{P}(k-1)\boldsymbol{h}(k)}$，则

$$\sum_{k=1}^{\infty}\frac{\|\boldsymbol{P}(k-1)\boldsymbol{h}(k)\|^2}{1+\boldsymbol{h}^{\mathrm{T}}(k)\boldsymbol{P}(k-1)\boldsymbol{h}(k)}=\sum_{k=1}^{\infty}\frac{\boldsymbol{h}^{\mathrm{T}}(k)\boldsymbol{P}^2(k-1)\boldsymbol{h}(k)}{1+\boldsymbol{h}^{\mathrm{T}}(k)\boldsymbol{P}(k-1)\boldsymbol{h}(k)}$$

$$= \sum_{k=1}^{\infty} \boldsymbol{h}^{\mathrm{T}}(k)\boldsymbol{P}(k-1)\boldsymbol{P}(k)\boldsymbol{h}(k)$$

$$= \sum_{k=1}^{\infty} \mathrm{Trace}(\boldsymbol{P}(k)\boldsymbol{h}(k)\boldsymbol{h}^{\mathrm{T}}(k)\boldsymbol{P}(k-1)) \quad (\because \boldsymbol{y}^{\mathrm{T}}\boldsymbol{A}\boldsymbol{x} = \mathrm{Trace}(\boldsymbol{A}\boldsymbol{x}\boldsymbol{y}^{\mathrm{T}}))$$

$$= \sum_{k=1}^{\infty} \mathrm{Trace}(\boldsymbol{P}(k-1) - \boldsymbol{P}(k)) \quad (\because \boldsymbol{h}(k)\boldsymbol{h}^{\mathrm{T}}(k) = \boldsymbol{P}^{-1}(k) - \boldsymbol{P}^{-1}(k-1))$$

$$= \mathrm{Trace}\boldsymbol{P}(0) - \mathrm{Trace}\boldsymbol{P}(\infty) = \mathrm{Trace}\boldsymbol{P}(0)$$

$$= (n_a + n_b)a^2$$

② $$\sum_{k=1}^{\infty} \boldsymbol{h}^{\mathrm{T}}(k)\boldsymbol{P}^2(k)\boldsymbol{h}(k) = \sum_{k=1}^{\infty} \| \boldsymbol{P}(k)\boldsymbol{h}(k) \|^2 \leqslant \sum_{k=1}^{\infty} \frac{\| \boldsymbol{P}(k-1)\boldsymbol{h}(k) \|^2}{1 + \boldsymbol{h}^{\mathrm{T}}(k)\boldsymbol{P}(k-1)\boldsymbol{h}(k)} = (n_a + n_b)a^2$$

③ $$\sum_{k=1}^{k} \boldsymbol{h}^{\mathrm{T}}(i)\boldsymbol{P}(k)\boldsymbol{h}(i) = \sum_{k=1}^{k} \mathrm{Trace}(\boldsymbol{h}(i)\boldsymbol{h}^{\mathrm{T}}(i)\boldsymbol{P}(k)) = \mathrm{Trace}\left(\sum_{k=1}^{k} \boldsymbol{h}(i)\boldsymbol{h}^{\mathrm{T}}(i)\boldsymbol{P}(k) \right)$$

(27) 证明式(5.3.36)，并论述利用式(5.3.36)计算 $\boldsymbol{P}(k)$，可以截断算法增益 $\boldsymbol{K}(k)$产生的一次项误差 $\delta\boldsymbol{K}(k)$对 $\boldsymbol{P}(k)$的影响。

提示：由式(5.3.7)，可得

$$\begin{aligned} \boldsymbol{P}(k) &= [\boldsymbol{I} - \boldsymbol{K}(k)\boldsymbol{h}^{\mathrm{T}}(k)]\boldsymbol{P}(k-1) \\ &= [\boldsymbol{I} - \boldsymbol{K}(k)\boldsymbol{h}^{\mathrm{T}}(k)]\boldsymbol{P}(k-1) - \boldsymbol{P}(k-1)\boldsymbol{h}(k)\boldsymbol{K}^{\mathrm{T}}(k) \\ &\quad + \boldsymbol{K}(k)[\boldsymbol{h}^{\mathrm{T}}(k)\boldsymbol{P}(k-1)\boldsymbol{h}(k) + 1]\boldsymbol{K}^{\mathrm{T}}(k) \\ &= [\boldsymbol{I} - \boldsymbol{K}(k)\boldsymbol{h}^{\mathrm{T}}(k)]\boldsymbol{P}(k-1) - [\boldsymbol{I} - \boldsymbol{K}(k)\boldsymbol{h}^{\mathrm{T}}(k)]\boldsymbol{P}(k-1)\boldsymbol{h}(k)\boldsymbol{K}^{\mathrm{T}}(k) \\ &\quad + \boldsymbol{K}(k)\boldsymbol{K}^{\mathrm{T}}(k) \end{aligned}$$

(28) 考虑如下的仿真辨识对象

$$z(k) - 1.5z(k-1) + 0.7z(k-2) = u(k-1) + 0.5u(k-2) + v(k)$$

其中，$v(k)$为零均值白噪声。当辨识模型阶次分别取 $n_a = n_b = 2$ 和 $n_a = n_b = 3$ 时，如果噪声 $v(k)$分别为零和不为零，其最小二乘递推辨识结果会是怎么样的？矩阵 $\boldsymbol{P}(k)$会如何变化？

(29) 考虑如下辨识系统

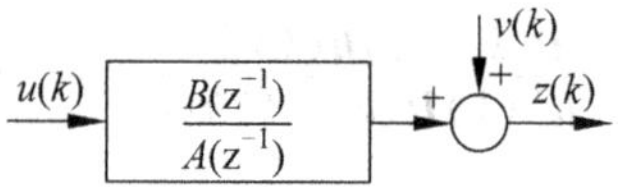

其中，$v(k)$为零均值白噪声；$A(z^{-1})$和 $B(z^{-1})$是迟延因子多项式；输入 $u(k)$和输出 $z(k)$数据是可以检测的。利用最小二乘递推辨识算法对模型 $A(z^{-1})$和 $B(z^{-1})$进行辨识，得到的辨识结果会是无偏、一致估计吗？

(30) 就式(5.3.37)正交投影算法，证明 ①$\boldsymbol{P}(k)\boldsymbol{h}(k)$是 $\boldsymbol{h}(1),\boldsymbol{h}(2),\cdots,\boldsymbol{h}(k-1)$的线性组合，②$\boldsymbol{P}(k-1)\boldsymbol{h}(k)$与 $\boldsymbol{h}(1),\boldsymbol{h}(2),\cdots,\boldsymbol{h}(k-1)$正交。

提示：① 数学归纳法

有 $\boldsymbol{P}(0)\boldsymbol{h}(1) = \boldsymbol{h}(1)$，可设 $\sum_{j=2}^{k}\boldsymbol{P}(k-j)\boldsymbol{h}(k-j+1) = \sum_{j=2}^{k-1} b_j\boldsymbol{h}(k-j+1)$，因

$$\boldsymbol{P}(k-1)\boldsymbol{h}(k)=\boldsymbol{P}(0)\boldsymbol{h}(k)-\sum_{j=2}^{k}\boldsymbol{P}(k-j)\boldsymbol{h}(k-j+1)\frac{\boldsymbol{h}^{\mathrm{T}}(k-j+1)\boldsymbol{P}(k-j)\boldsymbol{h}(k)}{\boldsymbol{h}^{\mathrm{T}}(k-j+1)\boldsymbol{P}(k-j)\boldsymbol{h}(k-j+1)},$$

则 $\boldsymbol{P}(k-1)\boldsymbol{h}(k)=\boldsymbol{P}(0)\boldsymbol{h}(k)-\sum_{j=2}^{k}a_j\boldsymbol{P}(k-j)\boldsymbol{h}(k-j+1)=\sum_{j=1}^{k}b_j\boldsymbol{h}(k-j+1)$。

② 根据式(5.3.37),可证 $\boldsymbol{P}(k-i)\boldsymbol{h}(k-i)=0$,$\boldsymbol{P}(k-1)=\boldsymbol{P}(k-i)\cdots\boldsymbol{P}(k-1)$ 和 $\boldsymbol{h}^{\mathrm{T}}(k-i)\boldsymbol{P}(k-i)\boldsymbol{h}(k)=0$,所以 $\boldsymbol{P}(k-1)\boldsymbol{h}(k)$ 与 $\boldsymbol{h}(1),\boldsymbol{h}(2),\cdots,\boldsymbol{h}(k-1)$ 正交。

(31) 证明式(5.4.8)、式(5.4.9)和式(5.4.10)。

提示:① 利用残差和新息定义及 RWLS 算法式(5.4.4)和 $[1+\Lambda(k)\boldsymbol{h}^{\mathrm{T}}(k)\boldsymbol{P}(k-1)\boldsymbol{h}(k)]^{-1}=1-\Lambda(k)\boldsymbol{h}^{\mathrm{T}}(k)\boldsymbol{P}(k)\boldsymbol{h}(k)$,可证式(5.4.8)和式(5.4.9)。

② 根据损失函数的定义 $J(k)=\sum_{i=1}^{k}\Lambda(k)[z(i)-\boldsymbol{h}^{\mathrm{T}}(i)\hat{\boldsymbol{\theta}}(k)]^2$,模仿式(5.3.16)和式(5.3.17),可证式(5.4.10)。

(32) 当式(5.4.4)RWLS 算法的加权形式取式(5.4.7)时,证明

$$\limsup_{k\to\infty}\frac{\tilde{z}^2(k)}{1+\boldsymbol{h}^{\mathrm{T}}(k)\boldsymbol{P}(k-1)\boldsymbol{h}(k)}\leqslant\Delta^2$$

式中,$\tilde{z}(k)$ 为新息,模型误差界 $\Delta\geqslant\sup|n(k)|$,$n(k)$ 为模型噪声。

提示:因为有

$$\|\tilde{\boldsymbol{\theta}}(k)\|^2=\|\tilde{\boldsymbol{\theta}}(k-1)\|^2+\frac{\boldsymbol{h}^{\mathrm{T}}(k)\boldsymbol{P}^2(k-1)\boldsymbol{h}(k)\,\tilde{z}^2(k)}{[\Lambda^{-1}(k)+\boldsymbol{h}^{\mathrm{T}}(k)\boldsymbol{P}(k-1)\boldsymbol{h}(k)]^2}+\frac{2\boldsymbol{h}^{\mathrm{T}}(k)\boldsymbol{P}(k-1)\tilde{\boldsymbol{\theta}}(k-1)\,\tilde{z}(k)}{\Lambda^{-1}(k)+\boldsymbol{h}^{\mathrm{T}}(k)\boldsymbol{P}(k-1)\boldsymbol{h}(k)}$$

且 $\|\tilde{\boldsymbol{\theta}}(k)\|\xrightarrow{k\to\infty}\|\tilde{\boldsymbol{\theta}}(k-1)\|$,故

$$\frac{\boldsymbol{h}^{\mathrm{T}}(k)\boldsymbol{P}^2(k-1)\boldsymbol{h}(k)\,\tilde{z}^2(k)}{[\Lambda^{-1}(k)+\boldsymbol{h}^{\mathrm{T}}(k)\boldsymbol{P}(k-1)\boldsymbol{h}(k)]^2}+\frac{2\boldsymbol{h}^{\mathrm{T}}(k)\boldsymbol{P}(k-1)\tilde{\boldsymbol{\theta}}(k-1)\,\tilde{z}(k)}{\Lambda^{-1}(k)+\boldsymbol{h}^{\mathrm{T}}(k)\boldsymbol{P}(k-1)\boldsymbol{h}(k)}\xrightarrow{k\to\infty}0$$

其中

$$\begin{aligned}
&\frac{\boldsymbol{h}^{\mathrm{T}}(k)\boldsymbol{P}(k-1)\boldsymbol{h}(k)\,\tilde{z}^2(k)}{\Lambda^{-1}(k)+\boldsymbol{h}^{\mathrm{T}}(k)\boldsymbol{P}(k-1)\boldsymbol{h}(k)}+2\boldsymbol{h}^{\mathrm{T}}(k)\tilde{\boldsymbol{\theta}}(k-1)\,\tilde{z}(k)\\
&=\frac{[\Lambda^{-1}(k)+\boldsymbol{h}^{\mathrm{T}}(k)\boldsymbol{P}(k-1)\boldsymbol{h}(k)]\,\tilde{z}^2(k)-\Lambda^{-1}(k)\,\tilde{z}^2(k)}{\Lambda^{-1}(k)+\boldsymbol{h}^{\mathrm{T}}(k)\boldsymbol{P}(k-1)\boldsymbol{h}(k)}+2[n(k)-\tilde{z}(k)]\,\tilde{z}(k)\\
&=2n(k)\,\tilde{z}(k)-\tilde{z}^2(k)-\frac{\Lambda^{-1}(k)\,\tilde{z}^2(k)}{\Lambda^{-1}(k)+\boldsymbol{h}^{\mathrm{T}}(k)\boldsymbol{P}(k-1)\boldsymbol{h}(k)}\\
&\leqslant n^2(k)-\frac{\tilde{z}^2(k)}{1+\boldsymbol{h}^{\mathrm{T}}(k)\boldsymbol{P}(k-1)\boldsymbol{h}(k)}\quad(\because\Lambda(k)\leqslant 1)\\
&\leqslant\Delta^2-\frac{\tilde{z}^2(k)}{1+\boldsymbol{h}^{\mathrm{T}}(k)\boldsymbol{P}(k-1)\boldsymbol{h}(k)}\quad(\because\sup|n(k)|\leqslant\Delta)
\end{aligned}$$

(33) 最小二乘递推辨识算法存在数据饱和现象,其原因是什么?应该如何克服数据饱和问题?

(34) 遗忘因子法中的遗忘因子起什么作用?应该如何选择?遗忘因子对辨识算法会有什么影响?

(35) 简单论述遗忘因子法与加权最小二乘法的区别？

(36) 证明式(5.4.16)、式(5.4.17)和式(5.4.18)。

提示：① 利用残差和新息定义及 RFF 算法式(5.4.15)和 $\mu[\mu+\boldsymbol{h}^{\mathrm{T}}(k)\boldsymbol{P}(k-1)\boldsymbol{h}(k)]^{-1}=1-\boldsymbol{h}^{\mathrm{T}}(k)\boldsymbol{P}(k)\boldsymbol{h}(k)$，可证式(5.4.16)和式(5.4.17)。

② 根据遗忘因子法损失函数的定义 $J(k)=\sum_{i=1}^{k}\mu^{k-i}[z(i)-\boldsymbol{h}^{\mathrm{T}}(i)\hat{\boldsymbol{\theta}}(k)]^2$，模仿式(5.3.16)和式(5.3.17)，可证式(5.4.18)。

(37) 当模型参数的约束条件为闭凸集时，如 $\boldsymbol{\theta}=[\theta_1,\theta_2,\cdots,\theta_N]^{\mathrm{T}}$ 的第一个元素限制必须大于零，对其他元素没有约束，记作 $\boldsymbol{\theta}\in\boldsymbol{\vartheta}=\{\boldsymbol{\theta}:\theta_1>0\}$。请给出这种约束条件下的最小二乘递推辨识算法形式。

附　辨识算法程序

附 5.1　RLS 辨识算法程序

行号	MATLAB 程序	注释
1	`for k = nMax + 1:L + nMax`	按时间递推
	`    for i = 1:na`	2～7 行：构造数据向量
	`        h(i,k) = - z(k - i);`	
	`    end`	
5	`    for i = 1:nb`	
	`        h(na + i,k) = u(k - i);`	
	`    end`	
	`    s(k) = h(:,k)' * P(:,:,k - 1) * h(:,k) + 1.0;`	8～13 行：辨识算法
	`    Inn(k) = z(k) - h(:,k)' * Theta(:,k - 1);`	
10	`    K(:,k) = P(:,:,k - 1) * h(:,k)/s(k);`	
	`    P(:,:,k) = P(:,:,k - 1) - K(:,k) * K(:,k)' * s(k);`	
	`    Theta(:,k) = Theta(:,k - 1) + K(:,k) * Inn(k);`	
	`    J(k) = J(k - 1) + Inn(k)^2/s(k);`	13 行：损失函数
14	`end`	
程序变量	na、nb：模型阶次 n_a 和 n_b；$nMax=\max(na,nb)$：模型阶次最大值；$z(k)$：系统输出；$u(k)$：系统输入；$h(:,k)$：数据向量 $\boldsymbol{h}(k)$；$Theta(:,k)$：模型参数估计向量 $\hat{\boldsymbol{\theta}}(k)$；$P(:,:,k)$：数据协方差阵 $\boldsymbol{P}(k)$；$K(:,k)$：算法增益 $\boldsymbol{K}(k)$；$Inn(k)$：模型新息 $\tilde{z}(k)$；$J(k)$：损失函数；L：数据长度；k：时间($1+nMax$ to $L+nMax$)。	
程序输入	系统输入和输出数据序列 $\{z(k),u(k),k=1,2,\cdots,L+nMax\}$。	
程序输出	(1) 模型参数估计值 $\hat{\boldsymbol{\theta}}(k)=Theta(i,L+nMax),i=1,2,\cdots,na+nb$； (2) 噪声标准差估计值 $\hat{\lambda}=\mathrm{sqrt}(J(L+nMax)/L)$。	

附 5.2　RFF 辨识算法程序

行号	MATLAB 程序	注释
1	`for k = nMax + 1:L + nMax`	按时间递推 2～7 行：构造数据向量
	`    for i = 1:na`	
	`        h(i,k) = - z(k - i);`	
	`    end`	
5	`    for i = 1:nb`	
	`        h(na + i,k) = u(k - i);`	
	`    end`	
	`    s(k) = h(:,k)' * P(:,:,k - 1) * h(:,k) + mu;`	8～13 行：辨识算法
	`    Inn(k) = z(k) - h(:,k)' * Theta(:,k - 1);`	
10	`    K(:,k) = P(:,:,k - 1) * h(:,k)/s(k);`	
	`    P(:,:,k) = (P(:,:,k - 1) - K(:,k) * K(:,k)' * s(k))/mu;`	
	`    Theta(:,k) = Theta(:,k - 1) + K(:,k) * Inn(k);`	
	`    J(k) = J(k - 1) + Inn(k)^2/s(k);`	13 行：损失函数
14	`end`	
程序变量	*na*、*nb*：模型阶次 n_a 和 n_b；$nMax = \max(na, nb)$：模型阶次最大值；$z(k)$：系统输出；$u(k)$：系统输入；$h(:,k)$：数据向量 $\boldsymbol{h}(k)$；$Theta(:,k)$：模型参数估计向量 $\hat{\boldsymbol{\theta}}(k)$；$P(:,:,k)$：数据协方差阵 $\boldsymbol{P}(k)$；$K(:,k)$：算法增益 $\boldsymbol{K}(k)$；$Inn(k)$：模型新息 $\tilde{z}(k)$；*mu*：遗忘因子；$J(k)$：损失函数；L：数据长度；k：时间($1+nMax$ to $L+nMax$)。	
程序输入	系统输入和输出数据序列 $\{z(k), u(k), k=1,2,\cdots,L+nMax\}$。	
程序输出	(1) 模型参数估计值 $\hat{\boldsymbol{\theta}}(k) = Theta(i, L+nMax), i=1,2,\cdots,na+nb$; (2) 噪声标准差估计值 $\hat{\lambda} = \mathrm{sqrt}(J(L+nMax)/L)$。	

第6章 最小二乘类辨识方法

6.1 引言

第5章讨论了最小二乘辨识方法及一些变形，其中变形算法主要是针对最小二乘法存在数据饱和问题而提出的辨识方法。另外，如果模型噪声不是白噪声，最小二乘法不能给出无偏、一致、有效估计，这是最小二乘法存在的另一个问题。本章针对这个问题，讨论几种最小二乘类辨识方法，包括增广最小二乘法、广义最小二乘法、辅助变量法、相关二步法和偏差补偿最小二乘法等。

6.2 增广最小二乘法

6.2.1 递推算法

考虑如下模型

$$A(z^{-1})z(k) = B(z^{-1})u(k) + H(z^{-1})v(k) \tag{6.2.1}$$

式中，$u(k)$、$z(k)$为模型输入和输出变量；$v(k)$是均值为零、方差为 σ_v^2 的不相关随机噪声或称白噪声；$H(z^{-1})$为噪声模型，$A(z^{-1})$和 $B(z^{-1})$为迟延算子多项式，记作

$$\begin{cases} A(z^{-1}) = 1 + a_1 z^{-1} + a_2 z^{-2} + \cdots + a_{n_a} z^{-n_a} \\ B(z^{-1}) = b_1 z^{-1} + b_2 z^{-2} + \cdots + b_{n_b} z^{-n_b} \end{cases} \tag{6.2.2}$$

式中，n_a 和 n_b 为模型阶次。为了运用最小二乘原理来解决模型式(6.2.1)的辨识问题，需要把式(6.2.1)写成最小二乘格式

$$z(k) = \boldsymbol{h}^{\mathrm{T}}(k)\boldsymbol{\theta} + v(k) \tag{6.2.3}$$

(1) 若 $H(z^{-1}) = D(z^{-1}) = 1 + d_1 z^{-1} + d_2 z^{-2} + \cdots + d_{n_d} z^{-n_d}$，则可置增广数据向量和参数向量为

$$\begin{cases} \boldsymbol{h}(k) = [-z(k-1), \cdots, -z(k-n_a), u(k-1), \cdots, \\ \qquad u(k-n_b), \hat{v}(k-1), \cdots, \hat{v}(k-n_d)]^{\mathrm{T}} \\ \boldsymbol{\theta} = [a_1, \cdots, a_{n_a}, b_1, \cdots, b_{n_b}, d_1, \cdots, d_{n_d}]^{\mathrm{T}} \end{cases} \tag{6.2.4}$$

式中，$\hat{v}(\cdot)$为相应时刻的噪声估计值，按下式计算

$$\hat{v}(k)=z(k)+\sum_{i=1}^{n_a}\hat{a}_i(k-1)z(k-i)-\sum_{i=1}^{n_b}\hat{b}_i(k-1)u(k-i)$$
$$-\sum_{i=1}^{n_d}\hat{d}_i(k-1)\hat{v}(k-i) \tag{6.2.5}$$

或写成$\hat{v}(k)=z(k)-\boldsymbol{h}^{\mathrm{T}}(k)\hat{\boldsymbol{\theta}}(k-1)$ or $\hat{v}(k)=z(k)-\boldsymbol{h}^{\mathrm{T}}(k)\hat{\boldsymbol{\theta}}(k)$。

（2）若 $H(z^{-1})=\dfrac{1}{C(z^{-1})}=\dfrac{1}{1+c_1z^{-1}+c_2z^{-2}+\cdots+c_{n_c}z^{-n_c}}$，则可置增广数据向量和参数向量为

$$\begin{cases}\boldsymbol{h}(k)=[-z(k-1),\cdots,-z(k-n_a),u(k-1),\cdots,\\ \qquad u(k-n_b),-\hat{e}(k-1),\cdots,-\hat{e}(k-n_c)]^{\mathrm{T}}\\ \boldsymbol{\theta}=[a_1,\cdots,a_{n_a},b_1,\cdots,b_{n_b},c_1,\cdots,c_{n_c}]^{\mathrm{T}}\end{cases} \tag{6.2.6}$$

式中，$\hat{e}(\cdot)$为相应时刻的噪声估计值，按下式计算

$$\hat{e}(k)=z(k)+\sum_{i=1}^{n_a}\hat{a}_i(k-1)z(k-i)-\sum_{i=1}^{n_b}\hat{b}_i(k-1)u(k-i) \tag{6.2.7}$$

（3）若 $H(z^{-1})=\dfrac{D(z^{-1})}{C(z^{-1})}=\dfrac{1+d_1z^{-1}+d_2z^{-2}+\cdots+d_{n_d}z^{-n_d}}{1+c_1z^{-1}+c_2z^{-2}+\cdots+c_{n_c}z^{-n_c}}$，则可置增广数据向量和参数向量为

$$\begin{cases}\boldsymbol{h}(k)=[-z(k-1),\cdots,-z(k-n_a),u(k-1),\cdots,u(k-n_b),\\ \qquad -\hat{e}(k-1),\cdots,-\hat{e}(k-n_c),\hat{v}(k-1),\cdots,\hat{v}(k-n_d)]^{\mathrm{T}}\\ \boldsymbol{\theta}=[a_1,\cdots,a_{n_a},b_1,\cdots,b_{n_b},c_1,\cdots,c_{n_c},d_1,\cdots,d_{n_d}]^{\mathrm{T}}\end{cases} \tag{6.2.8}$$

式中，$\hat{v}(\cdot)$和$\hat{e}(\cdot)$为相应时刻的噪声估计值，按下式计算

$$\begin{cases}\hat{v}(k)=\hat{e}(k)+\sum_{i=1}^{n_c}\hat{c}_i(k-1)\hat{e}(k-i)-\sum_{i=1}^{n_d}\hat{d}_i(k-1)\hat{v}(k-i)\\ \hat{e}(k)=z(k)+\sum_{i=1}^{n_a}\hat{a}_i(k-1)z(k-i)-\sum_{i=1}^{n_b}\hat{b}_i(k-1)u(k-i)\end{cases} \tag{6.2.9}$$

对式(6.2.3)运用最小二乘原理，可得如下的增广最小二乘批处理算法

$$\hat{\boldsymbol{\theta}}_{\mathrm{ELS}}=(\boldsymbol{H}_L^{\mathrm{T}}\boldsymbol{H}_L)^{-1}\boldsymbol{H}_L^{\mathrm{T}}\boldsymbol{z}_L \tag{6.2.10}$$

式中

$$\begin{cases}\boldsymbol{z}_L=[z(1),z(2),\cdots,z(L)]^{\mathrm{T}}\\ \boldsymbol{H}_L=\begin{bmatrix}\boldsymbol{h}^{\mathrm{T}}(1)\\ \boldsymbol{h}^{\mathrm{T}}(2)\\ \vdots\\ \boldsymbol{h}^{\mathrm{T}}(L)\end{bmatrix}\end{cases} \tag{6.2.11}$$

其中，L 为数据长度。

与第 5 章的 RLS 算法式(5.3.7)推导一样，由式(6.2.10)可以导出如下的增广最小二乘递推辨识算法，记作 RELS (recursive extended least squares)。

RELS 辨识算法

$$\begin{aligned}\hat{\boldsymbol{\theta}}(k) &= \hat{\boldsymbol{\theta}}(k-1) + \boldsymbol{K}(k)[z(k) - \boldsymbol{h}^{\mathrm{T}}(k)\hat{\boldsymbol{\theta}}(k-1)] \\ \boldsymbol{K}(k) &= \boldsymbol{P}(k-1)\boldsymbol{h}(k)[\boldsymbol{h}^{\mathrm{T}}(k)\boldsymbol{P}(k-1)\boldsymbol{h}(k) + 1]^{-1} \\ \boldsymbol{P}(k) &= [\boldsymbol{I} - \boldsymbol{K}(k)\boldsymbol{h}^{\mathrm{T}}(k)]\boldsymbol{P}(k-1)\end{aligned} \tag{6.2.12}$$

式中，增广数据向量 $\boldsymbol{h}(k)$ 的结构视不同的噪声模型取不同形式，具体见式(6.2.4)、式(6.2.6)和式(6.2.8)；噪声估计值依不同的增广结构也有所不同，具体见式(6.2.5)、式(6.2.7)和式(6.2.9)，其他变量及算法初始值的取值与第 5 章的 RLS 算法式(5.3.7)一样。

增广最小二乘法是最小二乘法的一种推广，同时考虑了噪声模型的辨识。一般情况下，最小二乘法只能获得系统模型的参数估计，增广最小二乘法还可以获得噪声模型的参数估计。就这个意义说，这种辨识方法称作增广最小二乘法。但是，由于忽略模型参数估计值对噪声估计的影响，因此噪声模型参数估计值可能是有偏的。最小二乘法的一些结论对增广最小二乘法也是适用的，包括第 5 章式(5.3.15)损失函数的递推计算。

6.2.2 RELS 算法 MATLAB 程序实现

RELS 辨识算法的 MATLAB 程序见本章附 6.1，使用该程序需要正确构造增广数据向量 $\boldsymbol{h}(k)$ 和计算噪声 $v(k)$ 估计值。依据停机条件停止计算后，以最后 5 个时刻的模型参数估计值的平均值作为辨识结果。

例 6.1 考虑图 6.1 所示的仿真模型，图中 $u(k)$、$z(k)$ 为模型输入和输出变量，$v(k)$ 是均值为零、方差为 1 的白噪声，λ 为噪声 $v(k)$ 的标准差。模型输入选用特征多项式为 $F(s)=s^6 \oplus s^6 \oplus 1$、幅度为 1 的 M 序列；噪声标准差取 $\lambda=0.6$(噪信比约为 15.3%)。利用 RELS 辨识算法式(6.2.12)和本章附 6.1 的 MATLAB 程序，算法初始值取 $\boldsymbol{P}(0)=10^{12}\boldsymbol{I}$，$\hat{\boldsymbol{\theta}}(0)=0.0$，递推至 300 步的辨识结果如表 6.1 所示，模型参数估计值变化过程如图 6.2 所示，最终获得的辨识模型为

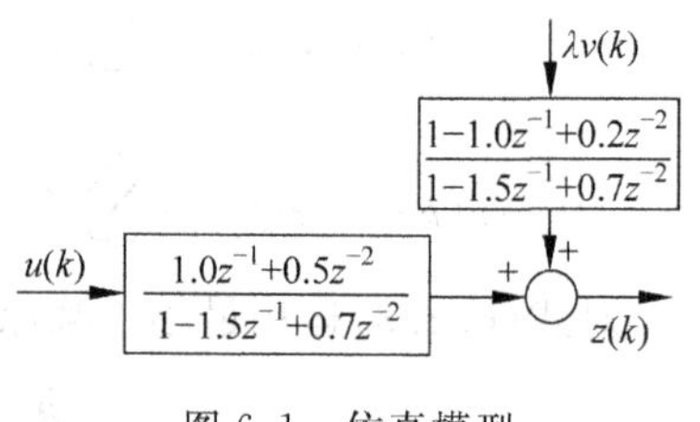

图 6.1 仿真模型

$$\begin{cases} z(k) = 1.5082z(k-1) - 0.7123z(k-2) + 1.0358u(k-1) \\ \qquad\quad + 0.4732u(k-2) + e(k) \\ e(k) = -1.0182v(k-1) + 0.2086v(k-2) + 0.6078v(k) \end{cases}$$

表 6.1 RELS 算法辨识结果(噪信比约为 15.3%)

模型参数	a_1	a_2	b_1	b_2	d_1	d_2	静态增益	噪声标准差
真值	−1.5	0.7	1.0	0.5	−1.0	0.2	7.5	0.6
估计值	−1.5082	0.7123	1.0358	0.4732	−1.0182	0.2086	7.3933	0.6078

表 6.1 中,噪声标准差估计值 $\hat{\lambda}=\text{sqrt}(J(L)/L)$,其中数据长度 $L=300$,损失函数 $J(L)$ 按下式递推计算

$$\begin{cases} J(k)=J(k-1)+\dfrac{\tilde{z}^2(k)}{\boldsymbol{h}^{\mathrm{T}}(k)\boldsymbol{P}(k-1)\boldsymbol{h}(k)+1} \\ \tilde{z}(k)=z(k)-\boldsymbol{h}^{\mathrm{T}}(k)\hat{\boldsymbol{\theta}}(k-1) \end{cases} \tag{6.2.13}$$

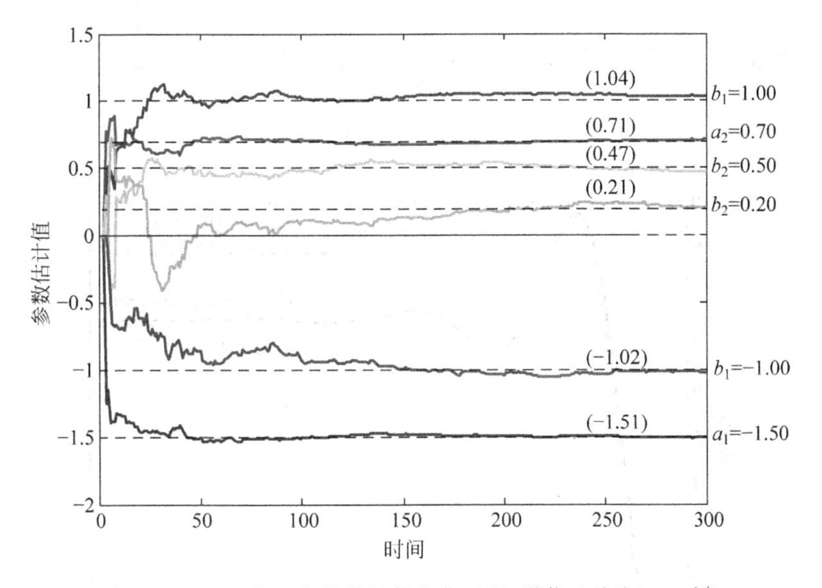

图 6.2 RELS 算法参数估计值变化过程(噪信比约为 15.3%)

图 6.3 是残差相关系数 $\rho_\varepsilon(i)$ 的分布图,它们都介于区间$[1.98/\sqrt{L},-1.98/\sqrt{L}]$之内,且

$$\begin{cases} \mathrm{E}\{\varepsilon(k)\}=-0.0011 \\ L\sum_{i=1}^{m}\rho_\varepsilon^2(i)=29.4291<m+1.65\sqrt{2m}=42.7808 \quad (\text{白色性阈值}) \end{cases} \tag{6.2.14}$$

式中,$m=30$,置信度 $\alpha=0.05$,模型残差定义为 $\varepsilon(k)=z(k)-\boldsymbol{h}(k)\hat{\boldsymbol{\theta}}(L)$,$k=1,2,\cdots,L$,数据长度 $L=300$。由此可判断模型残差是白噪声序列,因此有 95% 的把握说辨识模型是可靠的。

图 6.4 是辨识模型和仿真模型阶跃响应的比较,从响应曲线的吻合程度也可以说辨识结果是满意的。

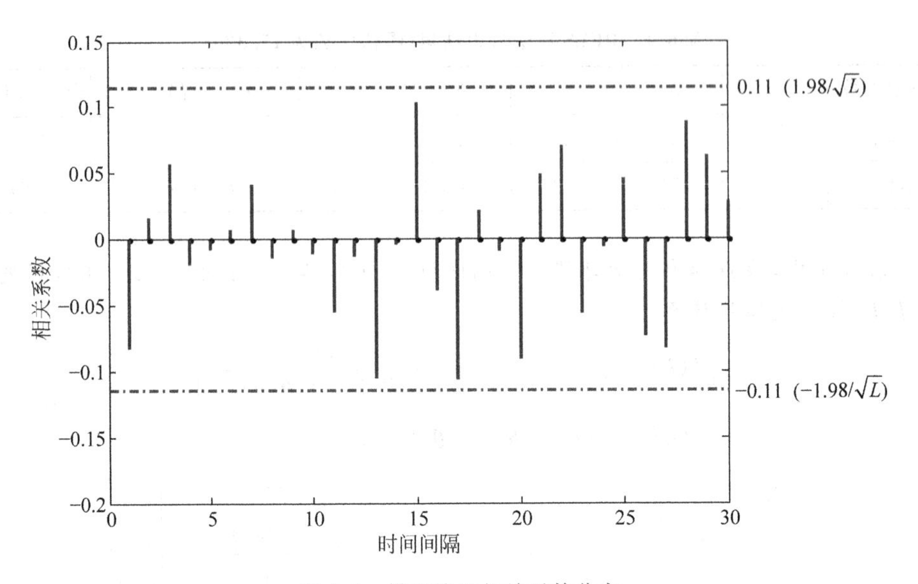

图 6.3 模型残差相关系数分布

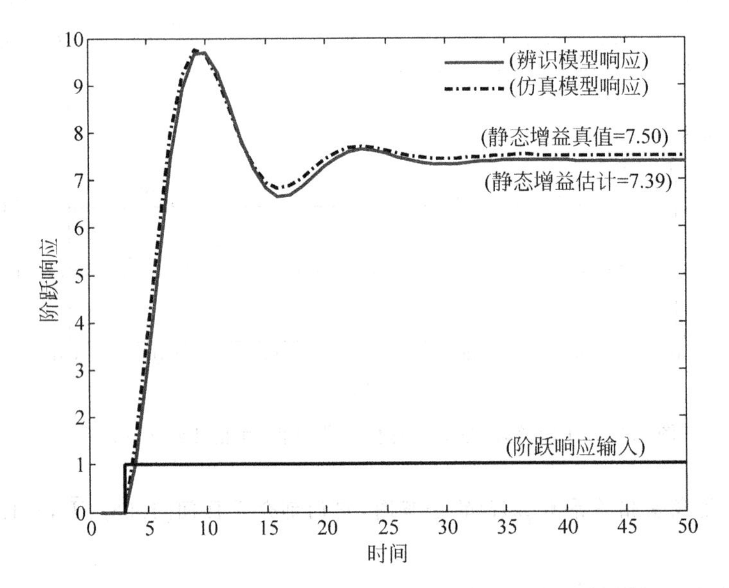

图 6.4 RELS 算法阶跃响应比较(噪信比约为 15.3%)

6.3 广义最小二乘法

6.3.1 批处理算法

考虑如下模型

$$A(z^{-1})z(k) = B(z^{-1})u(k) + \frac{1}{C(z^{-1})}v(k) \tag{6.3.1}$$

式中，$u(k)$、$z(k)$为模型输入和输出变量；$v(k)$是均值为零、方差为σ_v^2的白噪声；迟延算子多项式$A(z^{-1})$、$B(z^{-1})$和$C(z^{-1})$记作

$$\begin{cases} A(z^{-1}) = 1 + a_1 z^{-1} + a_2 z^{-2} + \cdots + a_{n_a} z^{-n_a} \\ B(z^{-1}) = b_1 z^{-1} + b_2 z^{-2} + \cdots + b_{n_b} z^{-n_b} \\ C(z^{-1}) = 1 + c_1 z^{-1} + c_2 z^{-2} + \cdots + c_{n_c} z^{-n_c} \end{cases} \tag{6.3.2}$$

其中，n_a、n_b和n_c为模型阶次。令$e(k)=\dfrac{1}{C(z^{-1})}v(k)$，且定义参数向量和数据向量为

$$\begin{cases} \boldsymbol{\theta} = [a_1, \cdots, a_{n_a}, b_1, \cdots, b_{n_b}]^{\mathrm{T}} \\ \boldsymbol{h}(k) = [-z(k-1), \cdots, -z(k-n_a), u(k-1), \cdots, u(k-n_b)]^{\mathrm{T}} \end{cases} \tag{6.3.3}$$

将模型式(6.3.1)写成最小二乘格式

$$\boldsymbol{z}_L = \boldsymbol{H}_L \boldsymbol{\theta} + \boldsymbol{e}_L \tag{6.3.4}$$

式中

$$\begin{cases} \boldsymbol{z}_L = [z(1), z(2), \cdots, z(L)]^{\mathrm{T}} \\ \boldsymbol{e}_L = [e(1), e(2), \cdots, e(L)]^{\mathrm{T}} \\ \boldsymbol{H}_L = \begin{bmatrix} \boldsymbol{h}^{\mathrm{T}}(1) \\ \boldsymbol{h}^{\mathrm{T}}(2) \\ \vdots \\ \boldsymbol{h}^{\mathrm{T}}(L) \end{bmatrix} \end{cases} \tag{6.3.5}$$

其中，L为数据长度。

为了获得模型参数的无偏、一致估计，对式(6.3.4)运用第5章的Markov算法式(5.2.43)，可得到如下的广义最小二乘批处理辨识算法

$$\hat{\boldsymbol{\theta}}_{\mathrm{GLS}} = (\boldsymbol{H}_L^{\mathrm{T}} \boldsymbol{\Sigma}_e^{-1} \boldsymbol{H}_L)^{-1} \boldsymbol{H}_L^{\mathrm{T}} \boldsymbol{\Sigma}_e^{-1} \boldsymbol{z}_L \tag{6.3.6}$$

其中，$\boldsymbol{\Sigma}_e$为噪声向量$\boldsymbol{e}_L$的协方差阵。

根据噪声$e(k)$和$v(k)$之间的关系，且假设噪声$e(k)$初始值$e(1-n_c), e(2-n_c), \cdots, e(0)$均为零，可求得

$$\boldsymbol{\Sigma}_e = \sigma_v^2 (\boldsymbol{C}^{\mathrm{T}} \boldsymbol{C})^{-1} \tag{6.3.7}$$

式中

$$\boldsymbol{C} = \begin{bmatrix} 1 & & & & & & \\ c_1 & 1 & & & 0 & & \\ \vdots & c_1 & 1 & & & & \\ c_{n_c} & \vdots & c_1 & 1 & & & \\ 0 & c_{n_c} & \vdots & c_1 & 1 & & \\ \vdots & \ddots & \ddots & \vdots & \ddots & \ddots & \\ 0 & \cdots & 0 & c_{n_c} & \cdots & c_1 & 1 \end{bmatrix} \tag{6.3.8}$$

令$\boldsymbol{H}_f = \boldsymbol{C}\boldsymbol{H}_L$，$\boldsymbol{z}_f = \boldsymbol{C}\boldsymbol{z}_f$，算法式(6.3.6)写成

$$\hat{\boldsymbol{\theta}}_{\mathrm{GLS}} = (\boldsymbol{H}_f^{\mathrm{T}} \boldsymbol{H}_f)^{-1} \boldsymbol{H}_f^{\mathrm{T}} \boldsymbol{z}_f \tag{6.3.9}$$

如果噪声模型已知，也就是噪声 $\boldsymbol{e}_L$ 协方差阵$\boldsymbol{\Sigma}_e$ 确定，则利用式(6.3.9)即可估计出模型参数。如果噪声模型未知，需要应用迭代的方法先求系统模型参数估计值，再求噪声模型参数$\boldsymbol{\theta}_e=[c_1,c_2,\cdots,c_{n_c}]^{\mathrm{T}}$ 估计值。若将噪声 $e(k)$和 $v(k)$的关系写成最小二乘格式

$$e(k)=\boldsymbol{h}_e^{\mathrm{T}}(k)\boldsymbol{\theta}_e+v(k) \tag{6.3.10}$$

其中，$\boldsymbol{h}_e(k)=[e(k-1),e(k-2),\cdots,e(k-n_c)]^{\mathrm{T}}$，则再次利用最小二乘原理，有

$$\hat{\boldsymbol{\theta}}_e=(\boldsymbol{H}_e^{\mathrm{T}}\boldsymbol{H}_e)^{-1}\boldsymbol{H}_e^{\mathrm{T}}\boldsymbol{z}_e \tag{6.3.11}$$

式中

$$\begin{cases}\boldsymbol{z}_e=[e(1),e(2),\cdots,e(L)]^{\mathrm{T}}\\ \boldsymbol{h}_e(k)=[-e(k-1),-e(k-2),\cdots,-e(k-n_c)]^{\mathrm{T}}\\ \boldsymbol{H}_e=\begin{bmatrix}\boldsymbol{h}_e^{\mathrm{T}}(1)\\ \boldsymbol{h}_e^{\mathrm{T}}(2)\\ \vdots\\ \boldsymbol{h}_e^{\mathrm{T}}(L)\end{bmatrix}\end{cases} \tag{6.3.12}$$

其中，L 为数据长度。

6.3.2 递推算法

与推导第 5 章 RLS 算法式(5.3.7)类似，由式(6.3.9)和式(6.3.11)可分别导出系统模型和噪声模型参数的递推辨识算法，称作广义最小二乘递推辨识算法，记作 RGLS(recursive generalized least squares)。

RGLS 辨识算法

$$\begin{aligned}&\hat{\boldsymbol{\theta}}(k)=\hat{\boldsymbol{\theta}}(k-1)+\boldsymbol{K}(k)[z_f(k)-\boldsymbol{h}_f^{\mathrm{T}}(k)\hat{\boldsymbol{\theta}}(k-1)]\\ &\boldsymbol{K}(k)=\boldsymbol{P}(k-1)\boldsymbol{h}_f(k)[\boldsymbol{h}_f^{\mathrm{T}}(k)\boldsymbol{P}(k-1)\boldsymbol{h}_f(k)+1]^{-1}\\ &\boldsymbol{P}(k)=[\boldsymbol{I}-\boldsymbol{K}(k)\boldsymbol{h}_f^{\mathrm{T}}(k)]\boldsymbol{P}(k-1)\\ &\hat{\boldsymbol{\theta}}_e(k)=\hat{\boldsymbol{\theta}}_e(k-1)+\boldsymbol{K}_e(k)[\hat{e}(k)-\boldsymbol{h}_e^{\mathrm{T}}(k)\hat{\boldsymbol{\theta}}_e(k-1)]\\ &\boldsymbol{K}_e(k)=\boldsymbol{P}_e(k-1)\boldsymbol{h}_e(k)[\boldsymbol{h}_e^{\mathrm{T}}(k)\boldsymbol{P}_e(k-1)\boldsymbol{h}_e(k)+1]^{-1}\\ &\boldsymbol{P}_e(k)=[\boldsymbol{I}-\boldsymbol{K}_e(k)\boldsymbol{h}_e^{\mathrm{T}}(k)]\boldsymbol{P}_e(k-1)\end{aligned} \tag{6.3.13}$$

算法中，滤波数据向量 $\boldsymbol{h}_f(k)$和噪声数据向量 $\boldsymbol{h}_e(k)$定义为

$$\begin{cases}\boldsymbol{h}_f(k)=[-z_f(k-1),\cdots,-z_f(k-n_a),u_f(k-1),\cdots,u_f(k-n_b)]^{\mathrm{T}}\\ z_f(k)=\hat{C}(z^{-1})z(k),u_f(k)=\hat{C}(z^{-1})u(k)\\ \boldsymbol{h}_e(k)=[-\hat{e}(k-1),\cdots,-\hat{e}(k-n_c)]^{\mathrm{T}}\\ \hat{e}(k)=z(k)-\boldsymbol{h}^{\mathrm{T}}(k)\hat{\boldsymbol{\theta}}(k)\end{cases} \tag{6.3.14}$$

式中，$\hat{C}(z^{-1})$为噪声模型估计；算法初始值一般取$\hat{\boldsymbol{\theta}}(0)=\boldsymbol{\varepsilon}$，$\boldsymbol{P}(0)=a^2\boldsymbol{I}$，$\hat{\boldsymbol{\theta}}_e(0)=0$，

$\boldsymbol{P}_e(0)=\boldsymbol{I}$,其中$\boldsymbol{\varepsilon}$为充分小实向量,$a$为充分大实数。

广义最小二乘法是一种迭代的递推辨识算法,其步骤:

① 利用式(6.3.14)计算$z_f(k)$和$u_f(k)$,并构造数据向量$\boldsymbol{h}_f(k)$;

② 利用式(6.3.13)前 3 个式子递推计算$\hat{\boldsymbol{\theta}}(k)$;

③ 利用式(6.3.14)计算$\hat{e}(k)$,并构造噪声数据向量$\boldsymbol{h}_e(k)$;

④ 利用式(6.3.13)后 3 个式子递推计算$\hat{\boldsymbol{\theta}}_e(k)$;

⑤ 返回至第①步,不断进行迭代计算,直至获得满意的辨识结果。

以上分析表明,广义最小二乘法的基本思想是:先对输入和输出数据进行滤波预处理,然后再利用最小二乘法对滤波后的数据进行辨识。如果滤波器选择合适,对输入和输出数据进行了较好的白色化处理,那么直接利用最小二乘法就能获得无偏、一致估计。但是,由于实际问题的复杂性,要事先选好滤波器一般是比较难的。广义最小二乘法所用的滤波器是动态的,在迭代过程中根据偏差信息不断调整滤波器参数,逐渐逼近于理想的滤波器,以便对输入和输出数据进行实时的白色化处理,使模型参数估计成为无偏、一致估计。从理论上说,广义最小二乘法经过几次迭代后是可以找到合适滤波器的。但是,如果系统噪声较大或模型参数较多,这种迭代的处理方法可能会导致出现多个局部收敛点,致使辨识结果不能收敛到全局极小点上,造成模型参数估计可能是有偏的。

6.3.3 RGLS 算法 MATLAB 程序实现

RGLS 辨识算法的 MATLAB 程序见本章附 6.2,使用该程序需要正确构造数据向量$\boldsymbol{h}_f(k)$、噪声数据向量$\boldsymbol{h}_e(k)$和计算噪声$e(k)$估计值。依据停机条件停止计算后,以最后 5 个时刻的模型参数估计值的平均值作为辨识结果。

例 6.2　考虑图 6.5 所示的仿真模型,图中$u(k)$、$z(k)$为模型输入和输出变量,$v(k)$是均值为零、方差为 1 的白噪声,λ为噪声$v(k)$的标准差。模型输入选用特征多项式为$F(s)=s^6\oplus s^5\oplus 1$、幅度为 1 的 M 序列;噪声标准差取$\lambda=0.3$(噪信比约为 65.7%)。利用 RGLS 辨识算法式(6.3.13)和本章附 6.2 的 MATLAB 程序,算法初始值取$\boldsymbol{P}(0)=10^{12}\boldsymbol{I}$,$\hat{\boldsymbol{\theta}}(0)=0.0$;$\boldsymbol{P}_e(0)=\boldsymbol{I}$,$\hat{\boldsymbol{\theta}}_e(0)=0.0$,递推推至 1200 步的辨识结果如表 6.2 所示,模型参数估计值的变化过程如图 6.6 所示,最终获得的辨识模型为

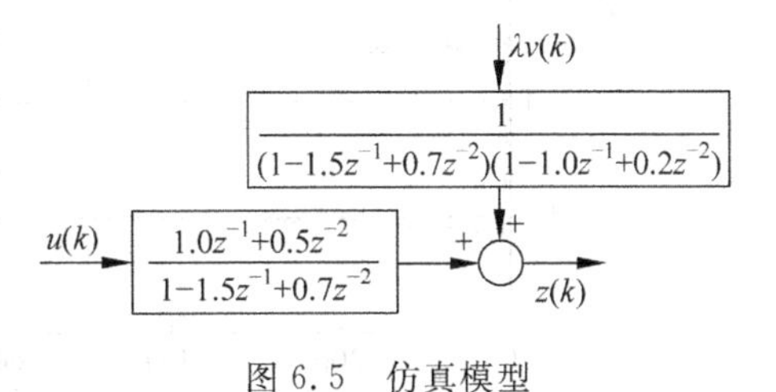

图 6.5　仿真模型

$$\begin{cases} z(k)=1.5068z(k-1)-0.7097z(k-2)+0.9946u(k-1) \\ \qquad +0.5121u(k-2)+e(k) \\ e(k)=\dfrac{0.3026v(k)}{1-0.9383z^{-1}+0.1628z^{-2}} \end{cases}$$

表 6.2 RGLS 算法辨识结果(噪信比约为 65.7%)

模型参数	a_1	a_2	b_1	b_2	d_1	d_2	静态增益	噪声标准差
真值	−1.5	0.7	1.0	0.5	−1.0	0.2	7.5	0.3
估计值	−1.5068	0.7097	0.9946	0.5121	−0.9383	0.1628	7.4261	0.3026

表 6.2 中,噪声标准估计值 $\hat{\lambda}_v=\text{sqrt}(J(L)/L)$ 或 $\hat{\lambda}_v=\text{sqrt}(J_e(L)/L)$,其中数据长度 $L=1200$,损失函数 $J(L)$ 和 $J_e(L)$ 按下式递推计算

$$\begin{cases} J(k)=J(k-1)+\dfrac{\tilde{z}^2(k)}{\boldsymbol{h}_f^{\mathrm{T}}(k)\boldsymbol{P}(k-1)\boldsymbol{h}_f(k)+1} \\ \tilde{z}_f(k)=z(k)-\boldsymbol{h}_f^{\mathrm{T}}(k)\hat{\boldsymbol{\theta}}(k-1) \\ J_e(k)=J_e(k-1)+\dfrac{\tilde{z}_e^2(k)}{\boldsymbol{h}_e^{\mathrm{T}}(k)\boldsymbol{P}(k-1)\boldsymbol{h}_e(k)+1} \\ \tilde{z}_e(k)=\hat{e}(k)-\boldsymbol{h}_e^{\mathrm{T}}(k)\hat{\boldsymbol{\theta}}_e(k-1) \end{cases} \tag{6.3.15}$$

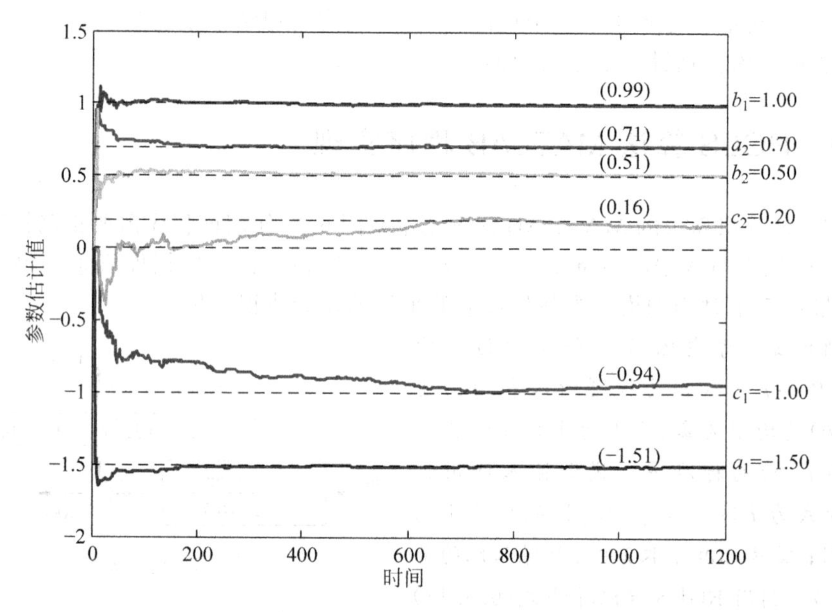

图 6.6 RGLS 算法参数估计值变化过程(噪信比约为 65.7%)

图 6.7 是残差相关系数 $\rho_\varepsilon(l)$ 的分布图,它们都介于区间$[1.98/\sqrt{L}, -1.98/\sqrt{L}]$之内,且

$$\begin{cases} \mathrm{E}\{\varepsilon(k)\}=-0.0189 \\ L\sum_{l=1}^{m}\rho_\varepsilon^2(l)=30.4217<m+1.65\sqrt{2m}=42.7808 \quad (\text{白色性阈值}) \end{cases} \tag{6.3.16}$$

式中，$m=30$，置信度 $\alpha=0.05$，模型残差定义为 $\varepsilon(k)=z_f(k)-\boldsymbol{h}_f(k)\hat{\boldsymbol{\theta}}(L)$，$k=1,2,\cdots,L$，数据长度 $L=1200$。由此可判断模型残差是白噪声序列，因此有 95% 的把握说辨识模型是可靠的。

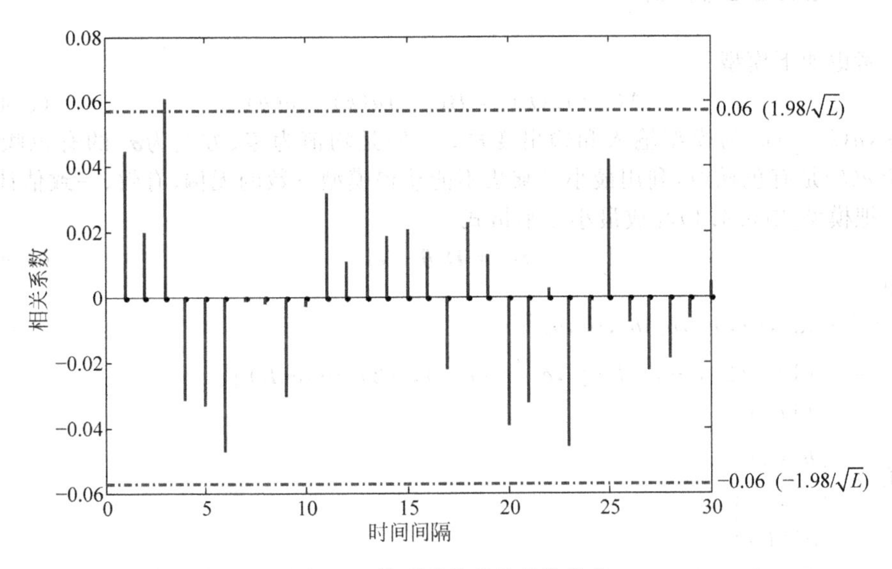

图 6.7　模型残差相关系数分布

图 6.8 是辨识模型和仿真模型阶跃响应的比较，从响应曲线的吻合程度也可以说辨识结果是满意的。

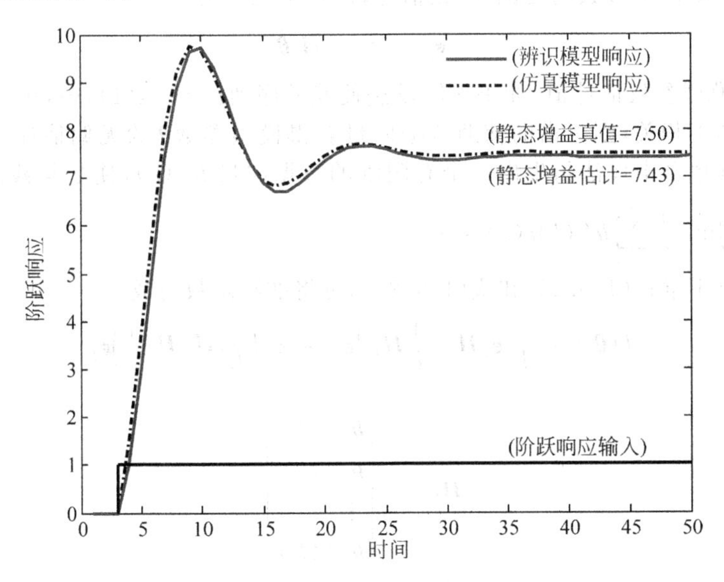

图 6.8　RGLS 算法阶跃响应比较(噪信比约为 65.7%)

6.4 辅助变量法

6.4.1 批处理理算法

考虑如下模型

$$A(z^{-1})z(k) = B(z^{-1})u(k) + e(k) \tag{6.4.1}$$

式中，$u(k)$、$z(k)$为模型输入和输出变量；$e(k)$是均值为零、方差为σ_e^2 的有色噪声。由于 $e(k)$是有色噪声，利用最小二乘法不能获得模型参数的无偏、有效、一致估计。

把模型式(6.4.1)写成最小二乘格式

$$\boldsymbol{z}_L = \boldsymbol{H}_L\boldsymbol{\theta} + \boldsymbol{e}_L \tag{6.4.2}$$

式中

$$\begin{cases} \boldsymbol{\theta} = [a_1, a_2, \cdots, a_{n_a}, b_1, b_2, \cdots, b_{n_b}]^{\mathrm{T}} \\ \boldsymbol{z}_L = [z(1), z(2), \cdots, z(L)]^{\mathrm{T}}, \boldsymbol{e}_L = [e(1), e(2), \cdots, e(L)]^{\mathrm{T}} \\ \boldsymbol{H}_L = \begin{bmatrix} \boldsymbol{h}^{\mathrm{T}}(1) \\ \boldsymbol{h}^{\mathrm{T}}(2) \\ \vdots \\ \boldsymbol{h}^{\mathrm{T}}(L) \end{bmatrix} \\ \boldsymbol{h}(k) = [-z(k-1), -z(k-2), \cdots, -z(k-n_a), u(k-1), u(k-2), \cdots, u(k-n_b)]^{\mathrm{T}} \end{cases} \tag{6.4.3}$$

其中，L 为数据长度。

为了获得模型参数的无偏、一致估计，设模型残差为

$$\boldsymbol{\varepsilon}_L = \boldsymbol{z}_L - \boldsymbol{H}_L\hat{\boldsymbol{\theta}} \tag{6.4.4}$$

式中，$\hat{\boldsymbol{\theta}}$ 为模型参数估计值。如果能够设法使残差序列$\boldsymbol{\varepsilon}_L = [\varepsilon(1), \cdots, \varepsilon(L)]^{\mathrm{T}}$ 与过去的数据序列不相关，则可借助辅助数据向量获得模型参数$\boldsymbol{\theta}$ 的无偏估计。为此，需从过去的数据集合中设法衍生出一个有限维的数据向量 $\boldsymbol{h}^*(k)$，使之与残差序列$\{\boldsymbol{\varepsilon}_L\}$不相关，即$\lim\limits_{L\to\infty}\dfrac{1}{L}\sum\limits_{k=1}^{L}\boldsymbol{h}^*(k)\varepsilon(k) = 0$。

根据第 1 章式(1.5.25)和式(1.5.26)，可将准则函数写成

$$J(\boldsymbol{\theta}) = \frac{1}{L}\boldsymbol{\varepsilon}_L^{\mathrm{T}}\boldsymbol{H}_L^* \ \frac{1}{L}\boldsymbol{H}_L^{*\mathrm{T}}\boldsymbol{\varepsilon}_L = \boldsymbol{\varepsilon}_L^{\mathrm{T}}\left(\frac{1}{L^2}\boldsymbol{H}_L^*\boldsymbol{H}_L^{*\mathrm{T}}\right)\boldsymbol{\varepsilon}_L \tag{6.4.5}$$

式中

$$\boldsymbol{H}_L^* = \begin{bmatrix} \boldsymbol{h}^{*\mathrm{T}}(1) \\ \boldsymbol{h}^{*\mathrm{T}}(2) \\ \vdots \\ \boldsymbol{h}^{*\mathrm{T}}(L) \end{bmatrix} \tag{6.4.6}$$

上式可以看作加权矩阵取$\boldsymbol{\Lambda}_L = \dfrac{1}{L^2}\boldsymbol{H}_L^*\boldsymbol{H}_L^{*\mathrm{T}}$ 的一种加权准则函数。极小化之，当$\dfrac{1}{L^2}\boldsymbol{H}_L^*\boldsymbol{H}_L^{*\mathrm{T}}$ 非奇异时，可得到如下的辅助变量批处理算法

$$\hat{\boldsymbol{\theta}}_{IV} = (\boldsymbol{H}_L^{*\mathrm{T}} \boldsymbol{H}_L)^{-1} \boldsymbol{H}_L^{*\mathrm{T}} \boldsymbol{z}_L \tag{6.4.7}$$

这种辨识思想称作辅助变量原理，对应的辨识方法称作辅助变量法。$\boldsymbol{h}^*(k)$是从过去数据集合中引申出来的向量，称作辅助向量，由此组成的 $\boldsymbol{H}_L^*$ 称作辅助矩阵。不难证明，如果下面两个条件能够满足，则算法式(6.4.7)是收敛的，即$\hat{\boldsymbol{\theta}}_{IV} \xrightarrow{L\to\infty} \boldsymbol{\theta}_0$，W.P.1。也就是说，算法式(6.4.7)收敛的充分必要条件是

① $\dfrac{1}{L}\boldsymbol{H}_L^{*\mathrm{T}}\boldsymbol{H}_L \xrightarrow{L\to\infty} \mathrm{E}\{\boldsymbol{h}^*(k)\boldsymbol{h}^{\mathrm{T}}(k)\}$ 是非奇异的　(6.4.8)

② $\dfrac{1}{L}\boldsymbol{H}_L^{*\mathrm{T}}\boldsymbol{e}_L \xrightarrow{L\to\infty} \mathrm{E}\{\boldsymbol{h}^*(k)e(k)\} = 0$，W.P.1　(6.4.9)

(即辅变向量 $\boldsymbol{h}^*(k)$与噪声 $e(k)$不相关)

6.4.2　辅助向量的选择

辅助向量一般的组成结构为

$$\begin{aligned}\boldsymbol{h}^*(k) = [&-x(k-1), -x(k-2), \cdots, -x(k-n_a),\\ &u(k-1), u(k-2), \cdots, u(k-n_b)]^{\mathrm{T}}\end{aligned} \tag{6.4.10}$$

式中，$x(\cdot)$为辅助变量，可利用图 6.9 生成。

如果输入 $u(k)$是持续激励信号，$\mathrm{E}\{\boldsymbol{h}^*(k)\boldsymbol{h}^{\mathrm{T}}(k)\}$必定是非奇异的，且因辅助变量 $x(k)$只与 $u(k)$有关，与噪声 $e(k)$不相关，所以 $\mathrm{E}\{\boldsymbol{h}^*(k)e(k)\}=0$，因此图 6.9 生成的辅助变量一定能满足式(6.4.7)收敛的两个条件。下面是 4 种常见的辅助向量的选择，不过要求噪声 $e(k)$与输入 $u(k)$必须是无关的，且输入 $u(k)$是持续激励的。

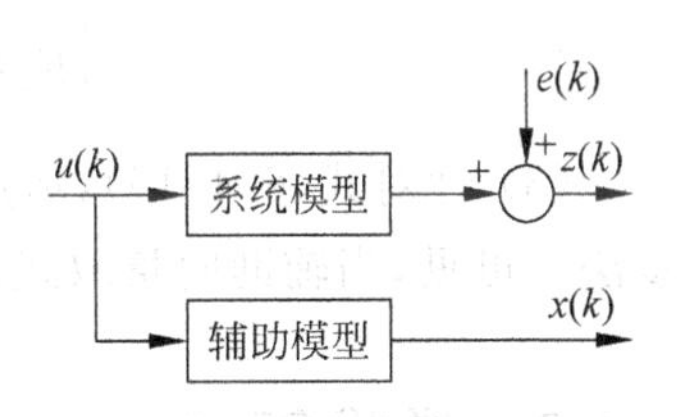

图 6.9　辅助变量的生成

$$① \begin{cases}\boldsymbol{h}^*(k) = [-x(k-1), \cdots, -x(k-n_a), u(k-1), \cdots, u(k-n_b)]^{\mathrm{T}}\\ x(k) = \boldsymbol{h}^{*\mathrm{T}}(k)\boldsymbol{\theta}^*(k)\\ \boldsymbol{\theta}^*(k) = (1-\alpha)\boldsymbol{\theta}^*(k-1) + \alpha\hat{\boldsymbol{\theta}}(k-l), \quad \alpha = 0.01 \sim 1.0;\quad l = 0 \sim 3\end{cases} \tag{6.4.11}$$

式中，以辅助模型输出 $x(k)$作为辅助变量，辅助模型参数$\bar{\boldsymbol{\theta}}(k)$经过平滑处理，平滑参数 α 和 l 要根据具体情况选定。

$$② \begin{aligned}\boldsymbol{h}^*(k) = [&-u(k-n_b-1), \cdots, -u(k-n_b-n_a),\\ &u(k-1), \cdots, u(k-n_b)]^{\mathrm{T}}\end{aligned} \tag{6.4.12}$$

式中，以滞后 n_b 步的输入 $u(k-n_b-i)$，$i=1,2,\cdots,n_a$ 作为辅助变量。

$$③ \begin{aligned}\boldsymbol{h}^*(k) = [&-z(k-n_d-1), \cdots, -z(k-n_d-n_a),\\ &u(k-1), \cdots, u(k-n_b)]^{\mathrm{T}}\end{aligned} \tag{6.4.13}$$

式中，以滞后 n_d 步的输出 $z(k-n_d-i)$，$i=1,2,\cdots,n_a$ 作为辅助变量，n_d 是噪声模型 $e(k)=D(z^{-1})v(k)$的阶次，$D(z^{-1})$的选择需要必要的先验知识支持。

④ $$\boldsymbol{h}^*(k)=[u(k-1),\cdots,u(k-n_a),u(k-n_a-1),\cdots,u(k-n_a-n_b)]^{\mathrm{T}} \tag{6.4.14}$$

式中，以输入 $u(k-i),i=1,2,\cdots,n_a$ 作为辅助变量。

特别应该指出，如果选第④种辅助向量，构成的辅助变量法与本章 6.5 节讨论的相关二步法是等价的，因为：

(1) 选式(6.4.14)作辅助向量时，辅助变量算法是下列正则方程的最小二乘解

$$\sum_{k=1}^{L}\boldsymbol{h}^*(k)z(k)=\left[\sum_{k=1}^{L}\boldsymbol{h}^*(k)\boldsymbol{h}^{\mathrm{T}}(k)\right]\boldsymbol{\theta}+\boldsymbol{v}_L \tag{6.4.15}$$

式中，$\boldsymbol{v}_L=[v(1),v(2),\cdots,v(L)]^{\mathrm{T}}$ 为模型噪声向量。

(2) 如果数据是平稳的，式(6.4.15)亦可写成

$$\begin{cases}R_{uz}(l\mid k)=\boldsymbol{h}^{\mathrm{T}}(l\mid k)\boldsymbol{\theta}+v(k)\\ \boldsymbol{h}(l\mid k)=[-R_{uz}(l-1\mid k),\cdots,-R_{uz}(l-n_a\mid k),\\ \qquad R_u(l-1\mid k),\cdots,R_u(l-n_b\mid k)]^{\mathrm{T}}\end{cases} \tag{6.4.16}$$

式中，相关函数定义为

$$\begin{cases}R_{uz}(l\mid k)=\dfrac{1}{L}\displaystyle\sum_{k=1}^{L}u(k-l)z(k)\\ R_u(l\mid k)=\dfrac{1}{L}\displaystyle\sum_{k=1}^{L}u(k-l)u(k)\end{cases} \tag{6.4.17}$$

(3) 针对式(6.4.16)，运用最小二乘原理，求模型参数估计值的方法称作相关二步法。可见，当辅助向量取式(6.4.14)时，辅助变量算法与相关二步法是等价的。

6.4.3 递推算法

与推导第 5 章的 RLS 算法式(5.3.7)类似，由式(6.4.7)可导出辅助变量递推辨识算法，记作 RIV(recursive instrumented variable)。

RIV 辨识算法

$$\begin{aligned}&\hat{\boldsymbol{\theta}}(k)=\hat{\boldsymbol{\theta}}(k-1)+\boldsymbol{K}(k)[z(k)-\boldsymbol{h}^{\mathrm{T}}(k)\hat{\boldsymbol{\theta}}(k-1)]\\&\boldsymbol{K}(k)=\boldsymbol{P}(k-1)\boldsymbol{h}^*(k)[\boldsymbol{h}^{\mathrm{T}}(k)\boldsymbol{P}(k-1)\boldsymbol{h}^*(k)+1]^{-1}\\&\boldsymbol{P}(k)=[1-\boldsymbol{K}(k)\boldsymbol{h}^{\mathrm{T}}(k)]\boldsymbol{P}(k-1)\end{aligned} \tag{6.4.18}$$

式中，辅助向量 $\boldsymbol{h}^*(k)$一般可选式(6.4.11)～式(6.4.14)，其他变量与第 5 章的 RLS 算法式(5.3.7)相同。

同理，也可推导出辅助变量法的残差 $\varepsilon(k)$与新息$\tilde{z}(k)$的关系

$$\varepsilon(k)=\frac{\tilde{z}(k)}{1+\boldsymbol{h}^{\mathrm{T}}(k)\boldsymbol{P}(k-1)\boldsymbol{h}^*(k)} \tag{6.4.19}$$

或

$$\varepsilon(k)=[1-\boldsymbol{h}^{\mathrm{T}}(k)\boldsymbol{P}(k)\boldsymbol{h}^{*}(k)]\tilde{z}(k) \tag{6.4.20}$$

和损失函数的递推计算

$$J(k)=J(k-1)+\frac{\tilde{z}^{2}(k)}{\boldsymbol{h}^{\mathrm{T}}(k)\boldsymbol{P}(k-1)\boldsymbol{h}^{*}(k)+1} \tag{6.4.21}$$

式中，$\tilde{z}(k)=z(k)-\boldsymbol{h}^{\mathrm{T}}(k)\hat{\boldsymbol{\theta}}(k-1)$为 k 时刻的模型新息。

6.4.4　RIV 算法 MATLAB 程序实现

RIV 辨识算法的 MATLAB 程序见本章附 6.3(辅助向量 $\boldsymbol{h}^{*}(k)$选式(6.4.11))，使用该程序需要正确构造数据向量 $\boldsymbol{h}(k)$和辅助数据向量$\boldsymbol{h}^{*}(k)$。依据停机条件停止计算后，以最后 5 个时刻的模型参数估计值的平均值作为辨识结果。

例 6.3　本例仿真模型和实验条件与例 6.1 相同，利用 RIV 辨识算法(6.4.18)式和本章附 6.3 的 MATLAB 程序，算法初始值 $\boldsymbol{P}(0)=\boldsymbol{I},\hat{\boldsymbol{\theta}}(0)=0.0$，辅助向量选择第①种形式，平滑系数 $\alpha=0.02$、$l=2$，递推至 1000 步的辨识结果如表 6.3 所示，模型参数估计值的变化过程如图 6.10 所示，最终获得的辨识模型为

$$\begin{aligned}z(k)=&1.4975z(k-1)-0.6961z(k-2)+1.0095u(k-1)\\&+0.4921u(k-2)+e(k)\end{aligned}$$

表 6.3　RIV 算法辨识结果(噪信比约为 18.1%，辅助向量选择第①种形式)

模型参数	a_1	a_2	b_1	b_2	静态增益	噪声标准差
真值	−1.5	0.7	1.0	0.5	7.5	1.02
估计值	−1.4975	0.6961	1.0095	0.4921	7.5627	0.9084

表 6.3 中，噪声标准差估计值是依据式(6.4.21)损失函数递推计算的。

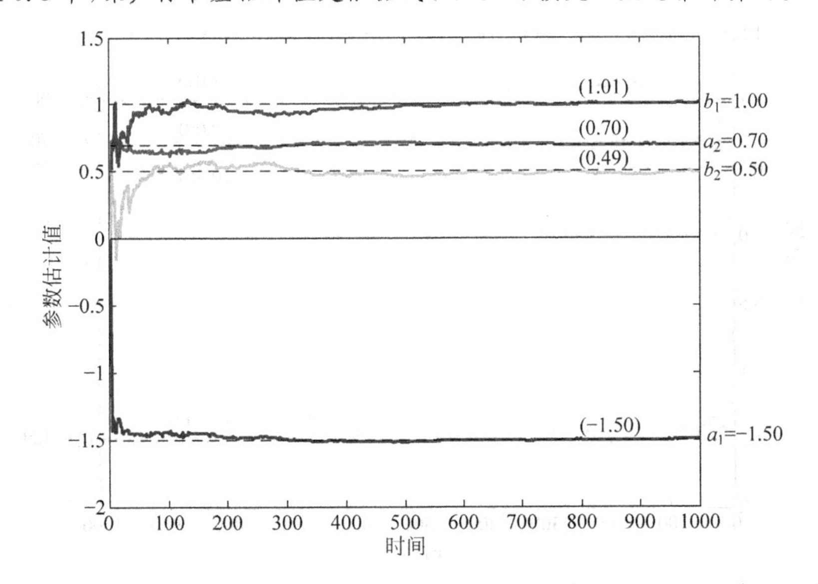

图 6.10　RIV 算法参数估计值变化过程(噪信比约为 18.1%，辅助向量选择第①种形式)

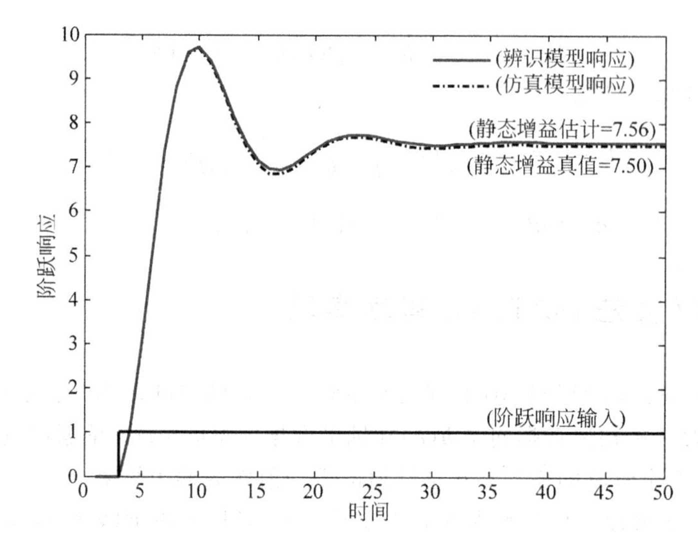

图 6.11 RIV 算法阶跃响应比较(噪信比约为 18.1%,辅助向量选择第①种形式)

如果辅助向量选择第④种形式,递推至 1000 步的辨识结果如表 6.4 所示,模型参数估计值的变化过程如图 6.12 所示,最终获得的辨识模型为

$$z(k)=1.4829z(k-1)-0.6907z(k-2)+1.0163u(k-1)$$
$$+0.5474u(k-2)+e(k)$$

表 6.4 RIV 算法辨识结果(噪信比约为 18.0%,辅助向量选择第④种形式)

模型参数	a_1	a_2	b_1	b_2	静态增益	噪声标准差
真值	−1.5	0.7	1.0	0.5	7.5	1.02
估计值	−1.4829	0.6907	1.0163	0.5474	7.5250	0.8999

表 6.4 中,噪声标准差估计值是依据式(6.4.21)损失函数递推计算的。

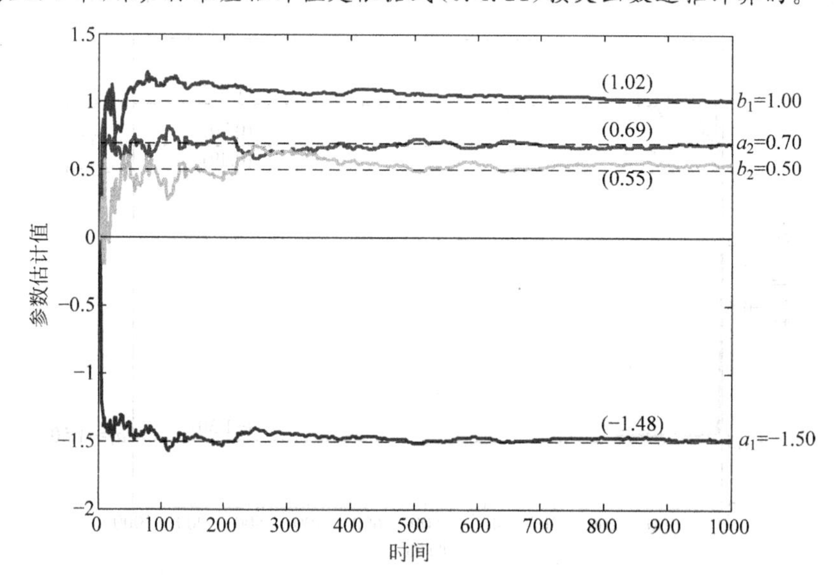

图 6.12 RIV 算法参数估计值变化过程(噪信比约为 18.0%,辅助向量选择第④种形式)

图 6.11 和图 6.13 是两种不同辅助向量情况下的辨识模型和仿真模型阶跃响应比较，从响应曲线的吻合程度来说，辨识结果都是满意的。不过辅助变量法对辨识的初始状态比较敏感，必要时可以利用 RLS 算法先递推几步后再转入辅助变量法，以保证辨识的稳定性。

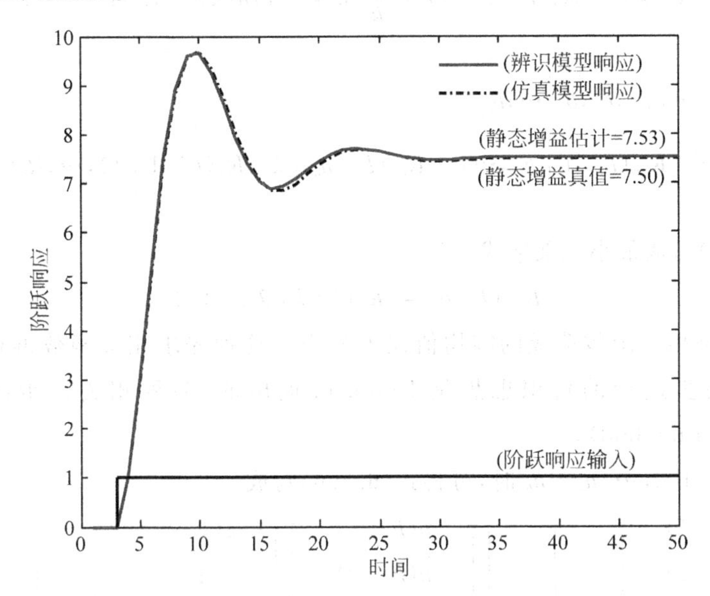

图 6.13　RIV 算法阶跃响应比较(噪信比约为 18.0%，辅助向量选择第④种形式)

6.5　相关二步法

6.5.1　RCOR-LS 算法

考虑如下模型

$$A(z^{-1})z(k) = B(z^{-1})u(k) + e(k) \tag{6.5.1}$$

式中，$u(k)$、$z(k)$为模型输入和输出变量；$e(k)$是均值为零、方差为σ_e^2、与输入$u(k)$无关的有色噪声；$A(z^{-1})$和$B(z^{-1})$是迟延算子多项式

$$\begin{cases} A(z^{-1}) = 1 + a_1 z^{-1} + a_2 z^{-2} + \cdots + a_{n_a} z^{-n_a} \\ B(z^{-1}) = b_1 z^{-1} + b_2 z^{-2} + \cdots + b_{n_b} z^{-n_b} \end{cases} \tag{6.5.2}$$

其中，n_a 和 n_b 为模型阶次。

如果系统的输入和输出数据是平稳随机序列，考虑到输入 $u(k)$与噪声 $e(k)$不相关，式(6.5.1)两边同乘 $u(k-l)$，并取数学期望，则有

$$\begin{aligned} & R_{uz}(l \mid k) + a_1 R_{uz}(l-1 \mid k) + \cdots + a_{n_a} R_{uz}(l-n_a \mid k) \\ & = b_1 R_u(l-1 \mid k) + \cdots + b_{n_b} R_u(l-n_b \mid k) \end{aligned} \tag{6.5.3}$$

式中，$R_{uz}(\cdot|k)$为 k 时刻输入和输出的互相关函数，$R_u(\cdot|k)$为 k 时刻输入的自相关

函数，相关函数可按下式递推计算

$$\begin{cases} R_{uz}(l \mid k) = R_{uz}(l \mid k-1) + \dfrac{1}{k}[u(k-l)z(k) - R_{uz}(l \mid k-1)] \\ R_u(l \mid k) = R_u(l \mid k-1) + \dfrac{1}{k}[u(k-l)u(k) - R_u(l \mid k-1)] \end{cases} \tag{6.5.4}$$

置

$$\begin{cases} \boldsymbol{\theta} = [a_1, a_2, \cdots, a_{n_a}, b_1, b_2, \cdots, b_{n_b}]^{\mathrm{T}} \\ \boldsymbol{h}(l \mid k) = [-R_{uz}(l-1 \mid k), \cdots, -R_{uz}(l-n_a \mid k), R_u(l-1 \mid k), \cdots, R_u(l-n_b \mid k)]^{\mathrm{T}} \end{cases} \tag{6.5.5}$$

将式(6.5.3)写成最小二乘格式

$$R_{uz}(l \mid k) = \boldsymbol{h}^{\mathrm{T}}(l \mid k)\boldsymbol{\theta} + v(k) \tag{6.5.6}$$

式中，$v(k)$是相关函数造成的零均值误差噪声。这种先求相关函数再利用最小二乘原理分两步进行的辨识思想是 Isermann 提出的，简称相关二步法（two-step identification method）。

当取 $l=1,2,\cdots,n_a+n_b$ 时，可将式(6.5.6)写成

$$\mathrm{E}\left\{\begin{bmatrix} u(k-1) \\ u(k-2) \\ \vdots \\ u(k-n_a) \\ \vdots \\ u(k-n_a-n_b) \end{bmatrix} z(k)\right\} = \mathrm{E}\left\{\begin{bmatrix} u(k-1) \\ u(k-2) \\ \vdots \\ u(k-n_a) \\ \vdots \\ u(k-n_a-n_b) \end{bmatrix}\begin{bmatrix} -z(k-1) \\ \vdots \\ -z(k-n_a) \\ u(k-1) \\ \vdots \\ u(k-n_b) \end{bmatrix}^{\mathrm{T}}\right\}\boldsymbol{\theta} + \begin{bmatrix} v(1,k) \\ v(2,k) \\ \vdots \\ v(n_a,k) \\ \vdots \\ v(n_a+n_b,k) \end{bmatrix} \tag{6.5.7}$$

式中，$v(l,k), l=1,2,\cdots,n_a,\cdots,n_a+n_b$ 是 k 时刻相关函数造成的误差噪声。若令

$$\begin{cases} \boldsymbol{h}^*(k) = [u(k-1) \quad \cdots \quad u(k-n_a) \quad u(k-n_a-1) \quad \cdots \quad u(k-n_a-n_b)]^{\mathrm{T}} \\ \boldsymbol{h}(k) = [-z(k-1) \quad \cdots \quad -z(k-n_a) \quad u(k-1) \quad \cdots u(k-n_b)]^{\mathrm{T}} \end{cases} \tag{6.5.8}$$

则式(6.5.7)可写成

$$\mathrm{E}\{\boldsymbol{h}^*(k)z(k)\} = \mathrm{E}\{\boldsymbol{h}^*(k)\boldsymbol{h}^{\mathrm{T}}(k)\}\boldsymbol{\theta} + v(k) \tag{6.5.9}$$

或近似写成

$$\frac{1}{L}\sum_{k=1}^{L}\boldsymbol{h}^*(k)z(k) = \frac{1}{L}\sum_{k=1}^{L}\boldsymbol{h}^*(k)\boldsymbol{h}^{\mathrm{T}}(k)\boldsymbol{\theta} + v(k) \tag{6.5.10}$$

也可写成

$$\boldsymbol{H}_L^{*\mathrm{T}}\boldsymbol{z}_L = \boldsymbol{H}_L^{*\mathrm{T}}\boldsymbol{H}_L\boldsymbol{\theta} + \boldsymbol{v}_L \tag{6.5.11}$$

式中，$\boldsymbol{H}_L^*$ 和 $\boldsymbol{H}_L$ 是由数据向量 $\boldsymbol{h}^*(k)$和 $\boldsymbol{h}(k)$组成的数据矩阵；$\boldsymbol{v}_L$ 是由误差噪声 $v(k)$组成的噪声向量。运用最小二乘原理，可得

$$\begin{aligned}\hat{\boldsymbol{\theta}} &= [(\boldsymbol{H}_L^{*\mathrm{T}}\boldsymbol{H}_L)^{\mathrm{T}}(\boldsymbol{H}_L^{*\mathrm{T}}\boldsymbol{H}_L)]^{-1}(\boldsymbol{H}_L^{*\mathrm{T}}\boldsymbol{H}_L)^{\mathrm{T}}\boldsymbol{H}_L^{*\mathrm{T}}\boldsymbol{z}_L \\ &= (\boldsymbol{H}_L^{*\mathrm{T}}\boldsymbol{H}_L)^{-1}\boldsymbol{H}_L^{*\mathrm{T}}\boldsymbol{z}_L \end{aligned} \tag{6.5.12}$$

这与辅助变量算法式(6.4.7)是一致的，可见相关二步法与辅助变量法是等价的。

根据式(6.5.6)，与推导第 5 章的 RLS 算法式(5.3.7)类似，可导出相关二步法的递推辨识算法，记作 RCOR-LS(recursive correlation-least squares)。

RCOR-LS 辨识算法

$$\begin{cases}\hat{\boldsymbol{\theta}}(l\mid k) = \hat{\boldsymbol{\theta}}(l-1\mid k) + \boldsymbol{K}(l\mid k)[R_{uz}(l\mid k) - \boldsymbol{h}^{\mathrm{T}}(l\mid k)\hat{\boldsymbol{\theta}}(l-1\mid k)] \\ \boldsymbol{K}(l\mid k) = \boldsymbol{P}(l-1\mid k)\boldsymbol{h}(l\mid k)[\boldsymbol{h}^{\mathrm{T}}(l\mid k)\boldsymbol{P}(l-1\mid k)\boldsymbol{h}(l\mid k)+1]^{-1} \\ \boldsymbol{P}(l\mid k) = [\boldsymbol{I} - \boldsymbol{K}(l\mid k)\boldsymbol{h}^{\mathrm{T}}(l)]\boldsymbol{P}(l-1\mid k)\end{cases} \tag{6.5.13}$$

该算法结构与第 5 章 RLS 算法式(5.3.7)雷同，不过需要先求得 k 时刻的相关函数，然后依相关函数时间间隔 l 实现递推计算。

6.5.2 RCOR-LS 算法 MATLAB 程序实现

RCOR-LS 辨识算法的 MATLAB 程序见本章附 6.4，使用该程序需要先利用式(6.5.4)递推计算互相关函数和自相关函数，并正确构造数据向量 $\boldsymbol{h}(l\mid k)$。依据停机条件停止计算后，以最后 5 个时刻的模型参数估计值的平均值作为辨识结果。

例 6.4　本例仿真模型和实验条件与例 6.1 相同，图 6.14 和图 6.15 是仿真数据和对应的相关函数序列(局部数据)。

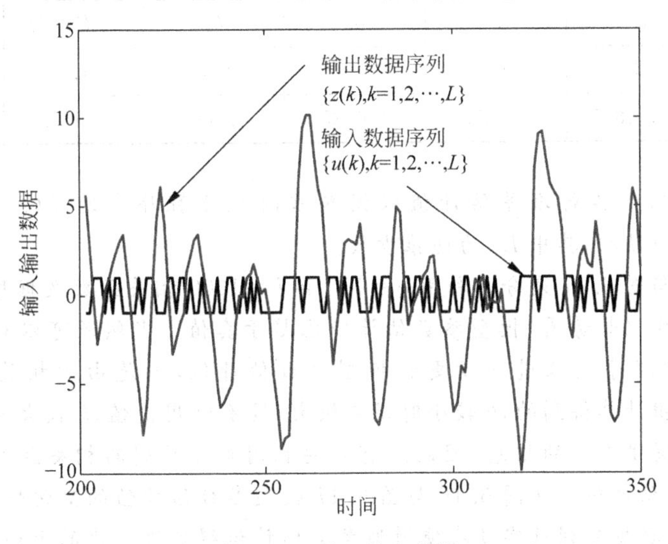

图 6.14　输入输出数据

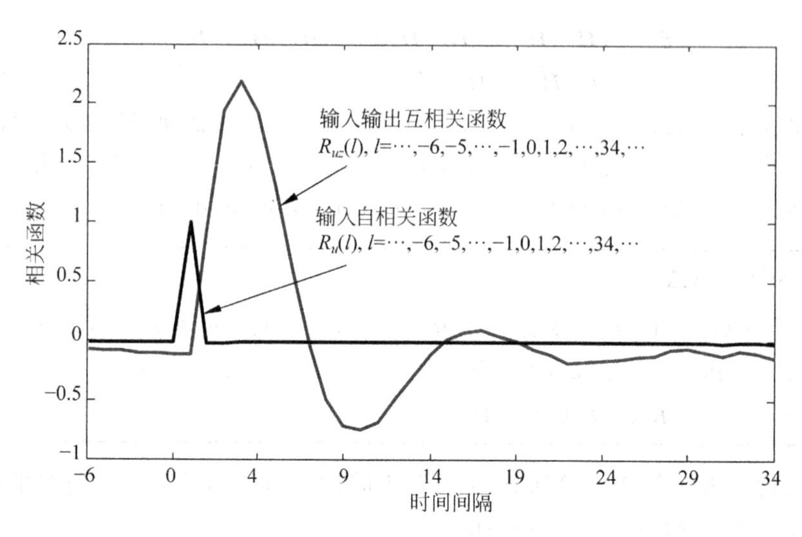

图 6.15 输入输出互相关函数和输入自相关函数

基于图 6.15 相关函数序列，利用 RCOR-LS 辨识算法式(6.5.13)和本章附 6.4 的 MATLAB 程序，算法初始值 $\boldsymbol{P}(0)=10^{12}\boldsymbol{I}$，$\hat{\boldsymbol{\theta}}(0)=0.0$，递推至 1000 步的辨识结果如表 6.5 所示，模型参数估计值的变化过程如图 6.16($k=900$)和图 6.17($k=1000$)所示，最终获得的辨识模型为

$$\begin{aligned} z(k) =& 1.4847z(k-1)-0.6853z(k-2)+1.0125u(k-1) \\ &+0.5005u(k-2)+e(k) \end{aligned}$$

表 6.5 RCOR-LS 算法辨识结果(噪信比约为 18.7%)

模型参数	a_1	a_2	b_1	b_2	静态增益	噪声标准差
真值	−1.5	0.7	1.0	0.5	7.5	≈0
估计值	−1.4847	0.6853	1.0125	0.5005	7.5392	0.0765

表 6.5 中，噪声标准差估计值根据本章附 6.4 程序中的 $J(l)$ 计算，即 $\hat{\lambda}=\text{sqrt}(J(Lr+1)/Lr)$，其中 Lr 为递推步数。

图 6.16 与图 6.17 是分别利用 $k=900$ 和 $k=1000$ 相关函数数据序列的辨识结果，从曲线的变化趋势看，模型参数估计值已趋于真值。当然还可以利用更多时刻的相关函数数据序列来进一步更新模型参数估计值，但是由于相关函数是利用式(6.5.4)递推计算得到的，k 较小时误差较大，没有利用价值，k 较大时相关函数趋于稳定，不再提供更多的信息，因此没有必要利用更多时刻的相关函数数据序列来更新模型参数估计值。从图 6.16 与图 6.17 模型参数估计值的变化情况看，不同时刻的相关函数数据序列确实没有使模型参数估计值得到进一步的更新。图 6.18 是辨识模型和仿真模型阶跃响应的比较，响应曲线吻合程度很好，说明 RCOR-LS 算法的辨识效果是满意的。

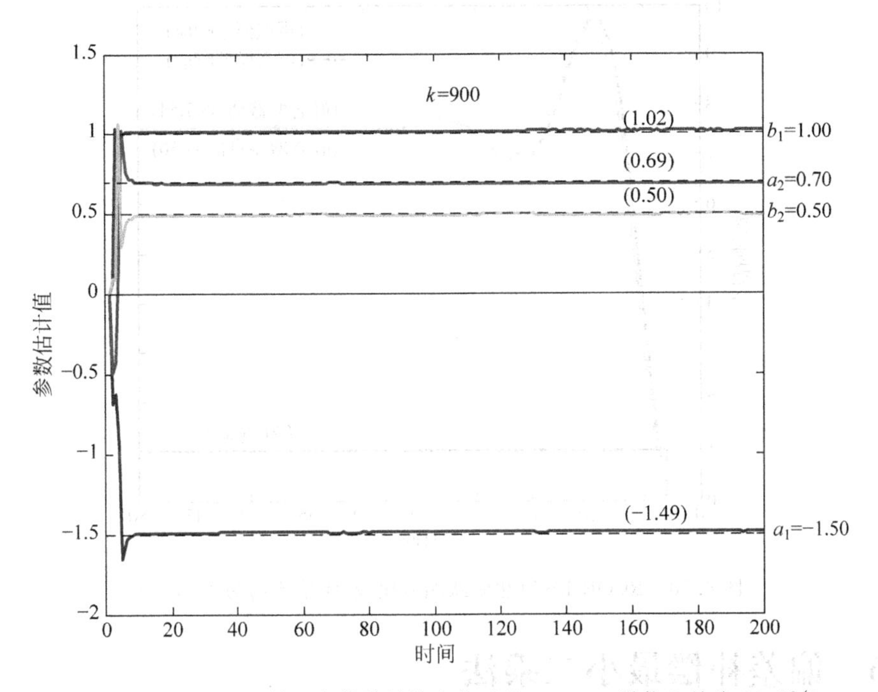

图 6.16　RCOR-LS 算法参数估计值变化过程($k=900$,噪信比约为 18.7%)

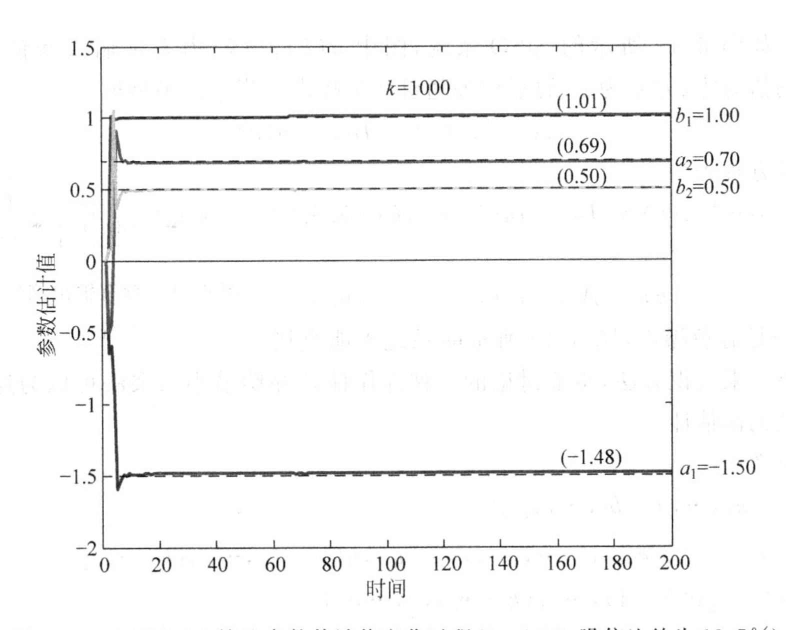

图 6.17　RCOR-LS 算法参数估计值变化过程($k=1000$,噪信比约为 18.7%)

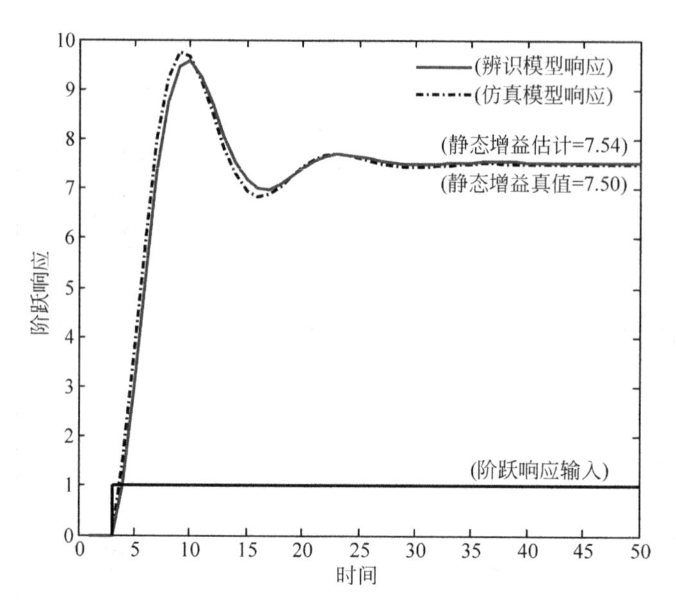

图 6.18 RCOR-LS 算法阶跃响应比较(噪信比约为 18.7%)

6.6 偏差补偿最小二乘法

6.6.1 偏差补偿递推算法

考虑如图 6.19 所示的 SISO 系统,图中 $u(k)$、$z(k)$ 为系统输入和输出变量,$v(k)$ 是均值为零、方差为 σ_v^2 的不相关随机测量噪声。当系统模型取

$$A(z^{-1})z(k) = B(z^{-1})u(k) \tag{6.6.1}$$

系统测量方程为

$$A(z^{-1})z(k) = B(z^{-1})u(k) + e(k) \tag{6.6.2}$$

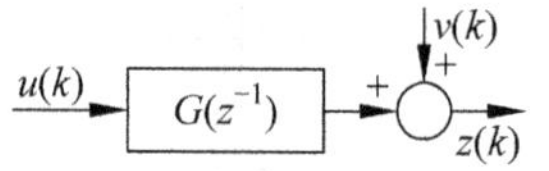

式中

$$e(k) = A(z^{-1})v(k) \tag{6.6.3}$$

图 6.19 含有输出测量噪声的系统

由于 $e(k)$ 是有色噪声,图 6.19 所示的系统不能直接采用最小二乘辨识方法,本节讨论的一种称作偏差补偿最小二乘法可以为这种辨识问题提供无偏估计。

若定义

$$\begin{cases}\boldsymbol{\theta} = [a_1, \cdots, a_{n_a}, b_1, \cdots, b_{n_b}]^{\mathrm{T}} \\ \boldsymbol{h}(k) = [-z(k-1), \cdots, -z(k-n_a), u(k-1), \cdots, u(k-n_b)]^{\mathrm{T}} \\ \boldsymbol{r}(k) = [v(k-1), \cdots, v(k-n_a), \underbrace{0, \cdots, 0}_{n_b}]^{\mathrm{T}}\end{cases} \tag{6.6.4}$$

则可将式(6.6.2)和式(6.6.3)写成

$$z(k) = \boldsymbol{h}^{\mathrm{T}}(k)\boldsymbol{\theta} + \boldsymbol{r}^{\mathrm{T}}(k)\boldsymbol{\theta} + v(k) \tag{6.6.5}$$

且式(6.6.2)k时刻的最小二乘解为

$$\hat{\boldsymbol{\theta}}_{\mathrm{LS}}(k)=\left(\sum_{i=1}^{k}\boldsymbol{h}(i)\boldsymbol{h}^{\mathrm{T}}(i)\right)^{-1}\left(\sum_{i=1}^{k}\boldsymbol{h}(i)z(i)\right) \tag{6.6.6}$$

由于$e(k)$是有色噪声，所以$\hat{\boldsymbol{\theta}}_{\mathrm{LS}}(k)$是有偏估计。把式(6.6.5)代入式(6.6.6)，整理后得

$$\left(\sum_{i=1}^{k}\boldsymbol{h}(i)\boldsymbol{h}^{\mathrm{T}}(i)\right)(\hat{\boldsymbol{\theta}}_{\mathrm{LS}}(k)-\boldsymbol{\theta}_0)=\sum_{i=1}^{k}\boldsymbol{h}(i)[\boldsymbol{r}^{\mathrm{T}}(i)\boldsymbol{\theta}_0+v(i)] \tag{6.6.7}$$

式中，$\boldsymbol{\theta}_0$为模型参数真值。考虑到$v(k)$是零均值、方差为σ_v^2的白噪声，当$k\to\infty$时

$$\begin{cases}\lim\limits_{k\to\infty}\dfrac{1}{k}\sum\limits_{i=1}^{k}\boldsymbol{h}(i)v(i)=0\\ \lim\limits_{k\to\infty}\dfrac{1}{k}\sum\limits_{i=1}^{k}\boldsymbol{h}(i)\boldsymbol{r}^{\mathrm{T}}(i)\boldsymbol{\theta}_0=-\sigma_v^2\boldsymbol{D}\boldsymbol{\theta}_0\end{cases} \tag{6.6.8}$$

其中，$\boldsymbol{D}=\begin{bmatrix}\boldsymbol{I}_{n_a} & 0\\ 0 & 0_{n_b}\end{bmatrix}$。为此，式(6.6.7)可写成

$$\begin{cases}\lim\limits_{k\to\infty}\hat{\boldsymbol{\theta}}_{\mathrm{LS}}(k)=\boldsymbol{\theta}_0-\sigma_v^2\boldsymbol{C}^{-1}\boldsymbol{D}\boldsymbol{\theta}_0\\ \boldsymbol{C}=\lim\limits_{k\to\infty}\dfrac{1}{k}\left(\sum\limits_{i=1}^{k}\boldsymbol{h}(i)\boldsymbol{h}^{\mathrm{T}}(i)\right)\end{cases} \tag{6.6.9}$$

上式表明，直接对式(6.6.2)运用最小二乘原理得到的模型参数估计是有偏的，若在最小二乘估计的基础上引入补偿项$\sigma_v^2\boldsymbol{C}^{-1}\boldsymbol{D}\boldsymbol{\theta}_0$，则可获得无偏估计。这种补偿思想可以写成如下的递推形式

$$\hat{\boldsymbol{\theta}}_{\mathrm{C}}(k)=\hat{\boldsymbol{\theta}}_{\mathrm{LS}}(k)+k\hat{\sigma}_v^2\boldsymbol{P}(k)\boldsymbol{D}\hat{\boldsymbol{\theta}}_{\mathrm{C}}(k-1) \tag{6.6.10}$$

式中，$\hat{\boldsymbol{\theta}}_{\mathrm{C}}(k)$为补偿后的模型参数估计值，$\hat{\sigma}_v^2$为噪声$v(k)$的方差估计，$\boldsymbol{P}(k)$定义为

$$\boldsymbol{P}(k)\triangleq\left(\sum_{i=1}^{k}\boldsymbol{h}(i)\boldsymbol{h}^{\mathrm{T}}(i)\right)^{-1} \tag{6.6.11}$$

对式(6.6.2)运用最小二乘原理得到的模型残差为

$$\varepsilon_{\mathrm{LS}}(k)=z(k)-\boldsymbol{h}^{\mathrm{T}}(k)\hat{\boldsymbol{\theta}}_{\mathrm{LS}}(L) \tag{6.6.12}$$

注意到式(6.6.5)，并利用$\sum_{k=1}^{L}\varepsilon_{\mathrm{LS}}(k)\boldsymbol{h}^{\mathrm{T}}(k)=0$，其中$L$为数据长度，则有

$$\sum_{k=1}^{L}\varepsilon_{\mathrm{LS}}^2(k)=\sum_{k=1}^{L}\boldsymbol{h}^{\mathrm{T}}(k)(\boldsymbol{\theta}_0-\hat{\boldsymbol{\theta}}_{\mathrm{LS}}(L))(\boldsymbol{r}^{\mathrm{T}}(k)\boldsymbol{\theta}_0+v(k))+(\boldsymbol{r}^{\mathrm{T}}(k)\boldsymbol{\theta}_0+v(k))^2 \tag{6.6.13}$$

又利用$v(k)$的白噪声性质，可得

$$\begin{aligned}\lim_{L\to\infty}\frac{1}{L}\sum_{k=1}^{L}\varepsilon_{\mathrm{LS}}^2(k)&=\lim_{L\to\infty}\frac{1}{L}\sum_{k=1}^{L}[\boldsymbol{h}^{\mathrm{T}}(k)(\boldsymbol{\theta}_0-\hat{\boldsymbol{\theta}}_{\mathrm{LS}}(L))(\boldsymbol{r}^{\mathrm{T}}(k)\boldsymbol{\theta}_0\\&\quad+v(k))+(\boldsymbol{r}^{\mathrm{T}}(k)\boldsymbol{\theta}_0+v(k))^2]=\sigma_v^2(1+\boldsymbol{\theta}_0^{\mathrm{T}}\boldsymbol{D}\lim_{L\to\infty}\hat{\boldsymbol{\theta}}_{\mathrm{LS}}(L))\end{aligned} \tag{6.6.14}$$

由此可得

$$\sigma_v^2 = \frac{\lim\limits_{L\to\infty} \frac{1}{L} \sum\limits_{k=1}^{L} \varepsilon_{\mathrm{LS}}^2(k)}{1 + \boldsymbol{\theta}_0^{\mathrm{T}} \boldsymbol{D} \lim\limits_{L\to\infty} \hat{\boldsymbol{\theta}}_{\mathrm{LS}}(L)} \tag{6.6.15}$$

那么 k 时刻噪声 $v(k)$的方差估计 $\hat{\sigma}_v^2(k)$可写成

$$\begin{cases} \hat{\sigma}_v^2(k) = \dfrac{J(k)}{k(1 + \boldsymbol{\theta}_{\mathrm{C}}^{\mathrm{T}}(k)\boldsymbol{D}\hat{\boldsymbol{\theta}}_{\mathrm{LS}}(k))} \\ J(k) = J(k-1) + \dfrac{\tilde{z}^2(k)}{\boldsymbol{h}^{\mathrm{T}}(k)\boldsymbol{P}(k-1)\boldsymbol{h}(k) + 1} \end{cases} \tag{6.6.16}$$

式中,$J(k) = \sum\limits_{i=1}^{k} \varepsilon_{\mathrm{LS}}^2(i)$ 为 k 时刻的损失函数,$\tilde{z}(k) = z(k) - \boldsymbol{h}^{\mathrm{T}}(k)\hat{\boldsymbol{\theta}}_{\mathrm{LS}}(k)$ 为 k 时刻的模型新息。

综上分析,偏差补偿最小二乘递推辨识算法可归纳为下式(记作 RCLS,recursive compensated least squares)。

RCLS 辨识算法

$$\begin{aligned} &\hat{\boldsymbol{\theta}}_{\mathrm{LS}}(k) = \hat{\boldsymbol{\theta}}_{\mathrm{LS}}(k-1) + \boldsymbol{K}(k)[z(k) - \boldsymbol{h}^{\mathrm{T}}(k)\hat{\boldsymbol{\theta}}_{\mathrm{LS}}(k-1)] \\ &\boldsymbol{K}(k) = \boldsymbol{P}(k-1)\boldsymbol{h}(k)[\boldsymbol{h}^{\mathrm{T}}(k)\boldsymbol{P}(k-1)\boldsymbol{h}(k) + 1]^{-1} \\ &\boldsymbol{P}(k) = [\boldsymbol{I} - \boldsymbol{K}(k)\boldsymbol{h}^{\mathrm{T}}(k)]\boldsymbol{P}(k-1) \\ &\hat{\boldsymbol{\theta}}_{\mathrm{C}}(k) = \hat{\boldsymbol{\theta}}_{\mathrm{LS}}(k) + k\hat{\sigma}_v^2(k)\boldsymbol{P}(k)\boldsymbol{D}\hat{\boldsymbol{\theta}}_{\mathrm{C}}(k-1) \\ &\hat{\sigma}_v^2(k) = \frac{J(k)}{k(1 + \boldsymbol{\theta}_{\mathrm{C}}^{\mathrm{T}}(k-1)\boldsymbol{D}\hat{\boldsymbol{\theta}}_{\mathrm{LS}}(k))} \\ &J(k) = J(k-1) + \frac{\tilde{z}^2(k)}{\boldsymbol{h}^{\mathrm{T}}(k)\boldsymbol{P}(k-1)\boldsymbol{h}(k) + 1} \\ &\tilde{z}(k) = z(k) - \boldsymbol{h}^{\mathrm{T}}(k)\hat{\boldsymbol{\theta}}_{\mathrm{LS}}(k-1) \\ &\boldsymbol{D} = \begin{bmatrix} \boldsymbol{I}_{n_a} & 0 \\ 0 & 0_{n_b} \end{bmatrix} \end{aligned} \tag{6.6.17}$$

式中,$\hat{\boldsymbol{\theta}}_{\mathrm{LS}}(k)$、$\hat{\boldsymbol{\theta}}_{\mathrm{C}}(k)$分别为最小二乘参数估计值和补偿最小二乘参数估计值;$J(k)$、$\tilde{z}(k)$为最小二乘意义下的损失函数和新息;$\hat{\sigma}_v^2(k)$为噪声 $v(k)$的方差估计;$\boldsymbol{D}$ 为常数阵。

6.6.2 RCLS 算法 MATLAB 程序实现

RCLS 辨识算法的 MATLAB 程序见本章附 6.5,使用该程序需要正确构造数据向量 $\boldsymbol{h}(k)$。依据停机条件停止计算后,以最后 5 个时刻的模型参数估计值的平均值作为辨识结果。

例 6.5　考虑图 6.20 所示的仿真模型，图中 $u(k)$、$z(k)$ 分别为模型输入和输出变量，$v(k)$ 是均值为零、方差为 1 的白噪声，λ 为噪声 $v(k)$ 的标准差。模型输入选用特征多项式为 $F(s)=s^6\oplus s^5\oplus 1$、幅度为 1 的 M 序列；噪声标准差取 $\lambda=0.6$(噪信比约为 14.1%)。利用 RCLS 辨识算法式(6.6.17)和本章附 6.5 的 MATLAB 程序，算法初始值取 $\boldsymbol{P}(0)=10^{12}\boldsymbol{I}$，$\hat{\boldsymbol{\theta}}(0)=0.0$，递推至 1000 步的辨识结果如表 6.6 所示，模型参数估计值的变化过程如图 6.21 所示，最终获得的辨识模型为

$\lambda v(k)$　$u(k)$　$\dfrac{1.0z^{-1}+0.5z^{-2}}{1-1.5z^{-1}+0.7z^{-2}}$　$z(k)$

图 6.20　仿真模型

$$z(k)=\frac{0.9965z^{-1}+0.4859z^{2}}{1-1.4988z^{-1}+0.6969z^{2}}u(k)+0.6191v(k)$$

表 6.6　RCLS 算法辨识结果(噪信比约为 14.1%)

模型参数	a_1	a_2	b_1	b_2	静态增益	噪声标准差
真值	−1.5	0.7	1.0	0.5	7.5	0.6
估计值	−1.4988	0.6969	0.9965	0.4859	7.4832	0.6191

表 6.6 中，噪声标准差估计值是根据式(6.6.16)计算的。

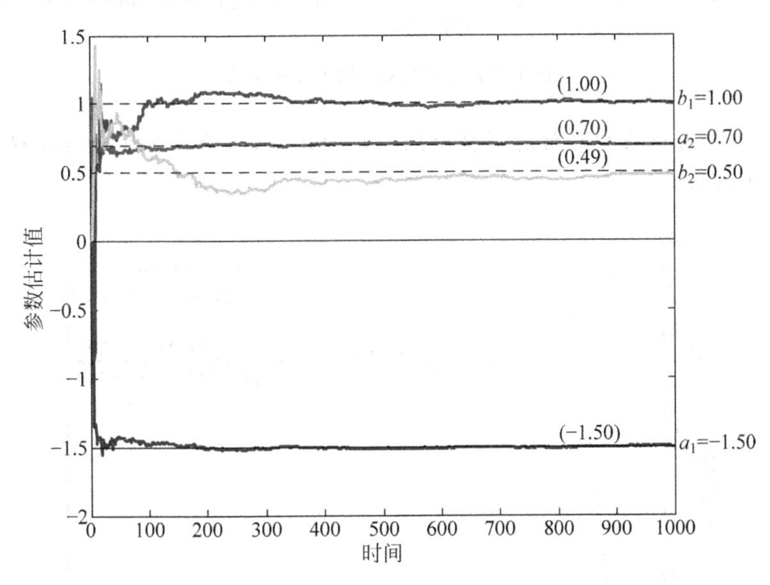

图 6.21　RCLS 算法参数估计值变化过程(噪信比约为 14.1%)

图 6.22 是残差相关系数 $\rho_\varepsilon(i)$ 的分布图，它们基本上都介于区间$[1.98/\sqrt{L},-1.98/\sqrt{L}]$之内，且

$$\begin{cases}\mathrm{E}\{\varepsilon(k)\}=-0.0014\\ L\sum_{i=1}^{m}\rho_\varepsilon^2(i)=32.5597<m+1.65\sqrt{2m}=42.7808\quad(\text{白色性阈值})\end{cases}\tag{6.6.18}$$

式中，$m=30$，置信度 $\alpha=0.05$，模型残差定义为 $\varepsilon(k)=z(k)-\left.\dfrac{\hat{B}(z^{-1})}{\hat{A}(z^{-1})}\right|_{\hat{\boldsymbol{\theta}}_{\mathrm{C}}}u(k)$，$k=1,2,\cdots,L$，数据长度 $L=1000$。由此可判断模型残差是白噪声序列，因此有 95%的把握说辨识模型是可靠的。

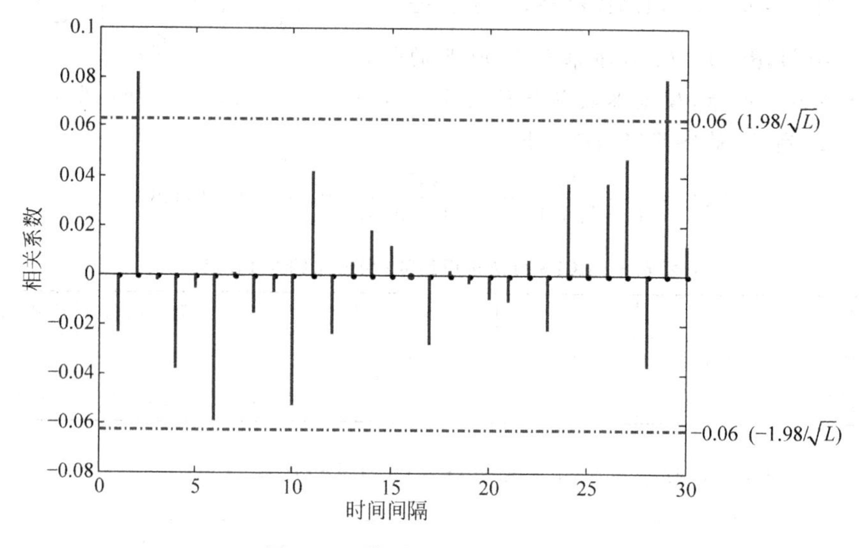

图 6.22　模型残差相关系数分布

图 6.23 是辨识模型和仿真模型阶跃响应的比较，从响应曲线的吻合程度上说辨识结果是满意的。

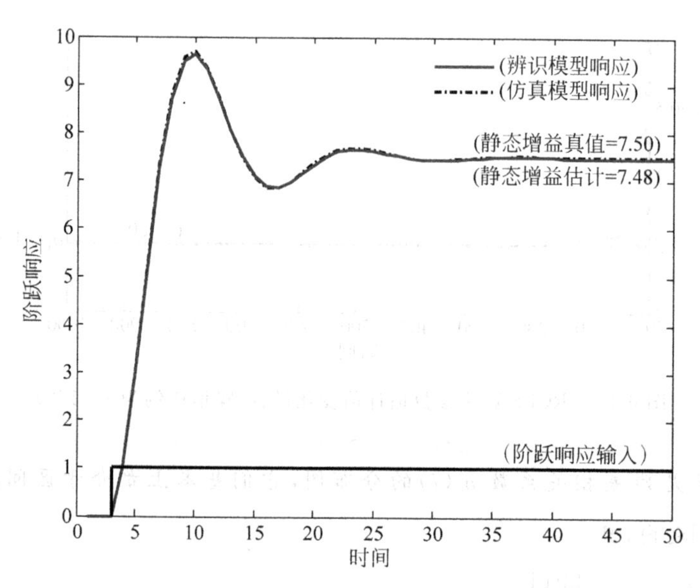

图 6.23　RCLS 算法阶跃响应比较(噪信比约为 14.1%)

6.7　不同噪声模型下辨识结果比较

本章讨论的最小二乘类辨识方法，包括 RELS、RGLS、RIV、RCOR-LS 和 RCLS 等算法，虽然它们都是针对有色噪声而提出的辨识方法，但每种辨识方法只能适用于给定的噪声模型，对不同噪声模型最小二乘类辨识方法有各自的优势和缺点。表 6.7 比较了 6 种辨识方法在 3 种不同噪声模型下的辨识结果，比较所用的仿真模型如图 6.24 所示。图中，$u(k)$、$z(k)$为模型输入和输出变量；$v(k)$是均值为零、方差为 1 的白噪声，λ 为噪声 $v(k)$的标准差；$e(k)$是噪声模型 $H(z^{-1})$的输出，是均值为零的有色噪声。

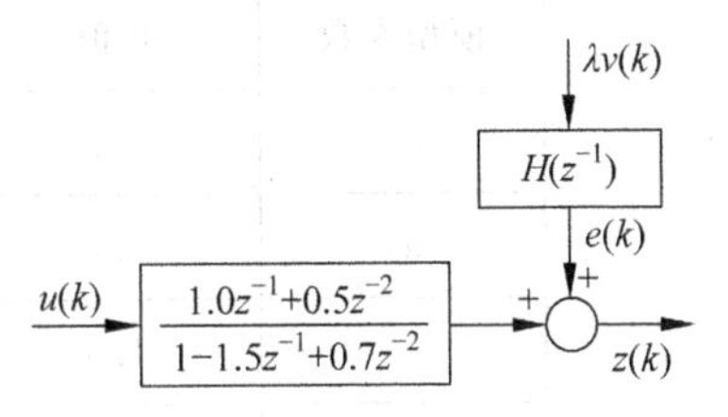

图 6.24　比较仿真模型

表 6.7　不同噪声模型下最小二乘类辨识方法比较

辨识方法	噪声模型 $H(z^{-1})$ / 辨识结果		$\frac{1}{1-1.5z^{-1}+0.7z^{-2}}$	$\frac{-1.0z^{-1}+0.2z^{-2}}{1-1.5z^{-1}+0.7z^{-2}}$	1
RLS	噪信比		43.6%	16.0%	13.8%
	模型参数	真值	估计值		
	a_1	−1.5	−1.5094	−1.3664	−1.2937
	a_2	0.7	0.7099	0.5782	0.5041
	b_1	1.0	1.0224	1.0235	1.0154
	b_2	0.5	0.4963	0.6187	0.6567
	静态增益	7.5	7.4748	7.7533	7.9476
	残差标准差	0.6	0.5973	无法估计	1.0655
	残差相关系数指标 $L\sum_{l=1}^{m}\rho_\varepsilon^2(l)$		31.7716	无法估计	1628.7365
	白色性阈值 $m+1.65\sqrt{2m}$		42.7808	42.7808	42.7808
	残差是否为白噪声？		是（本该是白噪声）	不是（本该不是白噪声）	不是（本该不是白噪声）
	辨识效果		模型参数估计是无偏的；阶跃响应吻合很好；残差序列满足白噪声特性。	模型参数估计是有偏的；阶跃响应吻合很差；残差序列不满足白噪声特性。	模型参数估计是有偏的；阶跃响应吻合很差；残差序列不满足白噪声特性。

续表

辨识方法	噪声模型 $H(z^{-1})$ / 辨识结果		$\frac{1}{1-1.5z^{-1}+0.7z^{-2}}$	$\frac{-1.0z^{-1}+0.2z^{-2}}{1-1.5z^{-1}+0.7z^{-2}}$	1
RELS	噪信比		39.8%	16.5%	14.4%
	模型参数	真值	估计值		
	a_1	−1.5	−1.5037	−1.5051	−1.4681
	a_2	0.7	0.7047	0.7073	0.6683
	b_1	1.0	0.9943	0.9973	0.9695
	b_2	0.5	0.4980	0.4908	0.6260
	d_1		−0.0299 (真值 0)	−0.9736 (真值−1.0)	−1.2672 (真值−1.5)
	d_2		0.0337 (真值 0)	0.2081 (真值 0.2)	0.3793 (真值 0.7)
	静态增益	7.5	7.4257	7.3581	7.9665
	残差标准差	0.6	0.5777	0.5842	0.7169
	残差相关系数指标 $L\sum_{l=1}^{m}\rho_\varepsilon^2(l)$		20.9801	41.3581	175.1845
	白色性阈值 $m+1.65\sqrt{2m}$		42.7808	42.7808	42.7808
	残差是否为白噪声?		是 (本该是白噪声)	是 (本该是白噪声)	不是 (本该不是白噪声)
	辨识效果		模型参数估计是无偏的;阶跃响应吻合很好;残差序列满足白噪声特性。	模型参数估计是无偏的;阶跃响应吻合很好;残差序列近似满足白噪声特性。	模型参数估计是有偏的;阶跃响应吻合不好;残差序列不满足白噪声特性。

续表

辨识方法	噪声模型 $H(z^{-1})$ / 辨识结果		$\frac{1}{1-1.5z^{-1}+0.7z^{-2}}$	$\frac{-1.0z^{-1}+0.2z^{-2}}{1-1.5z^{-1}+0.7z^{-2}}$	1
RGLS	噪信比		123.1%	38.3%	21.0%
	模型参数	真值	估计值		
	a_1	−1.5	−1.5874	−1.5089	−1.4914
	a_2	0.7	0.7745	0.7092	0.6674
	b_1	1.0	1.0368	0.9959	1.0125
	b_2	0.5	0.4984	0.4851	0.5260
	c_1	不能确定	−1.3328	0.4827	−0.0149
	c_2	不能确定	0.6170	0.0521	−0.0148
	静态增益	7.5	8.2058	7.3948	7.8490
	残差标准差	未知	0.3734	0.3192	0.2962
	残差相关系数指标 $L\sum_{l=1}^{m}\rho_\varepsilon^2(l)$		342.9654	92.0567	38.2659
	白色性阈值 $m+1.65\sqrt{2m}$		42.7808	42.7808	42.7808
	残差是否为白噪声？		不是（本该不是白噪声）	不是（本该不是白噪声）	不是（本该不是白噪声）
	辨识效果		模型参数估计是有偏的；阶跃响应吻合很差；残差序列不满足白噪声特性。	模型参数估计是有偏的；阶跃响应吻合差；残差序列不满足白噪声特性。	模型参数估计是有偏的；阶跃响应吻合不好；残差序列不满足白噪声特性。

续表

辨识方法	噪声模型 $H(z^{-1})$ / 辨识结果		$\frac{1}{1-1.5z^{-1}+0.7z^{-2}}$	$\frac{-1.0z^{-1}+0.2z^{-2}}{1-1.5z^{-1}+0.7z^{-2}}$	1
RIV	噪信比		40.0%	15.9%	14.2%
	模型参数	真值	估计值		
	a_1	−1.5	−1.5101	−1.4873	−1.5093
	a_2	0.7	0.7069	0.5875	0.7111
	b_1	1.0	0.9979	0.9679	1.0343
	b_2	0.5	0.4959	0.5402	0.4762
	静态增益	7.5	7.5913	7.5342	7.4858
	残差标准差		0.6079（真值 0.6）	0.8577（真值约为 0.84）	1.1955（真值约为 1.16）
	残差相关系数指标 $L\sum_{l=1}^{m}\rho_{\varepsilon}^{2}(l)$		11.8381	481.1988	618.1442
	白色性阈值 $m+1.65\sqrt{2m}$		42.7808	42.7808	42.7808
	残差是否为白噪声？		是（本该是白噪声）	不是（本该不是白噪声）	不是（本该不是白噪声）
	辨识效果		模型参数估计是无偏的；阶跃响应吻合很好；残差序列满足白噪声特性。	模型参数估计是无偏的；阶跃响应吻合良好；残差序列不满足白噪声特性。	模型参数估计是无偏的；阶跃响应吻合良好；残差序列不满足白噪声特性。

续表

辨识方法	噪声模型 $H(z^{-1})$ / 辨识结果		$\frac{1}{1-1.5z^{-1}+0.7z^{-2}}$	$\frac{-1.0z^{-1}+0.2z^{-2}}{1-1.5z^{-1}+0.7z^{-2}}$	1
RCOR-LS	噪信比		38.0%	17.9%	14.1%
	模型参数	真值	估计值		
	a_1	−1.5	−1.5101	−1.4893	−1.4893
	a_2	0.7	0.7066	0.6910	0.6998
	b_1	1.0	0.9977	1.0316	1.0105
	b_2	0.5	0.5096	0.4709	0.4782
	静态增益	7.5	7.6318	7.4507	7.4241
	残差标准差	近似为 0	0.0208	0.0229	0.0421
	残差相关系数指标 $L\sum_{l=1}^{m}\rho_{\varepsilon}^{2}(l)$		12.7797	6.2143	41.3087
	白色性阈值 $m+1.65\sqrt{2m}$		42.7808	42.7808	42.7808
	残差是否为白噪声？		是（不能确定）	是（不能确定）	是（不能确定）
	辨识效果		模型参数估计是无偏的；阶跃响应吻合很好；残差序列满足白噪声特性。	模型参数估计是无偏的；阶跃响应吻合良好；残差序列满足白噪声特性。	模型参数估计是无偏的；阶跃响应吻合良好；残差序列满足白噪声特性。
RCLS	噪信比		43.6%	16.3%	14.2%
	模型参数	真值	估计值		
	a_1	−1.5	−1.5816	−1.5126	−1.4934
	a_2	0.7	0.7764	0.7112	0.6946
	b_1	1.0	1.0062	0.9963	1.0239
	b_2	0.5	0.4095	0.4584	0.5089
	静态增益	7.5	7.2669	7.3267	7.6173
	残差标准差	0.6	0.6165	无法估计	0.6072
	残差相关系数指标 $L\sum_{l=1}^{m}\rho_{\varepsilon}^{2}(l)$		25.3086	无法估计	29.0588
	白色性阈值 $m+1.65\sqrt{2m}$		42.7808	42.7808	42.7808
	残差是否为白噪声？		近似是（本该是白噪声）	不是（本该不是白噪声）	是（本该是白噪声）
	辨识效果		模型参数估计是有偏的；阶跃响应吻合较差；残差序列近似白噪声特性。	模型参数估计是有偏的；阶跃响应吻合不好；残差序列不满足白噪声特性。	模型参数估计是无偏的；阶跃响应吻合良好；残差序列满足白噪声特性。

比较的结论是：RLS 算法只能适用于第 1 种噪声模型；RELS 算法可适用于第 1 种和第 2 种噪声模型；RGLS 算法对 3 种噪声模型都不适用；RIV 和 RCOR-LS 算法可适用于 3 种噪声模型；RCLS 算法只能适用于第 3 种噪声模型。

6.8 小结

第 6 章接着第 5 章讨论了一类应用非常广泛的最小二乘类辨识方法，或称方程误差辨识方法，包括最小二乘法、加权最小二乘法、遗忘因子法、增广最小二乘法、广义最小二乘法和辅助变量法等，其中最小二乘法是最基本、应用最广的辨识方法。但是，最小二乘法有两个致命的弱点：①要求模型噪声必须是零均值白噪声，否则不能获得无偏、一致、有效估计；②当数据长度很大时，由于 $\boldsymbol{P}(k)$ 是递减的正定矩阵，可能造成数据饱和现象，使算法失去修正能力。增广最小二乘法等是针对第 1 个弱点提出的辨识方法，一般用于解决有色噪声的辨识问题。遗忘因子法是针对第 2 个弱点提出的辨识方法，通过适当选择遗忘因子，可缓解数据饱和程度，它也是一种实用的时变系统辨识方法。最小二乘类辨识方法有各自的应用范围，也各具自己的优势和缺点。比如，最小二乘法简单、鲁棒性强，对高阶系统辨识有较可靠的稳健性，但对数据直流成分敏感；增广最小二乘法适用性广，辨识性能也很好，但噪声模型的辨识可能是有偏的；辅助变量法对模型噪声特性无特别要求，且收敛速度快，但初始值对算法的影响较敏感。因此，不同的辨识问题需要采用不同的辨识方法，其中有经验问题，也有技巧问题。

习题

(1) 考虑如下模型

$$A(z^{-1})z(k) = B(z^{-1})u(k) + \frac{D(z^{-1})}{C(z^{-1})}v(k)$$

式中

$$\begin{cases} A(z^{-1}) = 1 + a_1 z^{-1} + a_2 z^{-2} + \cdots + a_{n_a} z^{-n_a} \\ B(z^{-1}) = b_0 + b_1 z^{-1} + b_2 z^{-2} + \cdots + b_{n_b} z^{-n_b} \\ C(z^{-1}) = 1 + c_1 z^{-1} + c_2 z^{-2} + \cdots + c_{n_c} z^{-n_c} \\ D(z^{-1}) = d_0 + d_1 z^{-1} + d_2 z^{-2} + \cdots + d_{n_d} z^{-n_d} \end{cases}$$

其中，$u(k)$、$z(k)$ 为可测的输入和输出变量；$v(k)$ 是零均值、方差为 1 的白噪声。试根据增广最小二乘原理，给出模型参数辨识算法(待辨识的模型参数包括 a_i，$i=1$，

$2,\cdots,n_a$；$b_i,i=0,1,\cdots,n_b$；$c_i,i=1,\cdots,n_c$；$d_i,i=0,1,\cdots,n_d$）。

（2）证明式(6.2.13)。

（3）考虑模型式(6.3.1)辨识问题，证明广义最小二乘辨识算法是加权最小二乘法加权矩阵取$\boldsymbol{\Lambda}_L=\frac{1}{\sigma_v^2}(\boldsymbol{C}^{\mathrm{T}}\boldsymbol{C})$的一种特例，其中$\sigma_v^2$是噪声$v(k)$方差，矩阵$\boldsymbol{C}$如式(6.3.8)所示。

（4）证明式(6.3.7)$\boldsymbol{\Sigma}_e=\sigma_v^2(\boldsymbol{C}^{\mathrm{T}}\boldsymbol{C})^{-1}$，式中$\boldsymbol{\Sigma}_e$为噪声$e(k)$协方差阵，$\sigma_v^2$为$v(k)$方差，矩阵$\boldsymbol{C}$如式(6.3.8)所示，噪声$e(k)$和$v(k)$满足$e(k)=\frac{1}{C(z^{-1})}v(k)$，并假设噪声$e(k)$初始值$e(1-n_c),e(2-n_c),\cdots,e(0)$均为零。

（5）证明式(6.3.15)。

（6）对辅助变量法来说，需要满足如下两个条件：

① $\frac{1}{L}\boldsymbol{H}_L^{*\mathrm{T}}\boldsymbol{H}_L\xrightarrow{L\to\infty}\mathrm{E}\{\boldsymbol{h}^*(k)\boldsymbol{h}^{\mathrm{T}}(k)\}$是非奇异的，

② $\frac{1}{L}\boldsymbol{H}_L^{*\mathrm{T}}\boldsymbol{e}_L\xrightarrow{L\to\infty}\mathrm{E}\{\boldsymbol{h}^*(k)e(k)\}=0$，W. P. 1，

式中，$\boldsymbol{H}_L^*$、$\boldsymbol{h}^*(k)$分别为辅助矩阵和辅助向量。论述条件①是辅助变量法可辨识性的要求；条件②是模型参数为无偏、一致估计的要求。

提示：设$\boldsymbol{\Lambda}_L=\frac{1}{L^2}\boldsymbol{H}_L^*\boldsymbol{H}_L^{*\mathrm{T}}$，则$\hat{\boldsymbol{\theta}}_{\mathrm{IV}}=[\boldsymbol{H}_L^{\mathrm{T}}\boldsymbol{\Lambda}_L\boldsymbol{H}_L]^{-1}\boldsymbol{H}_L^{\mathrm{T}}\boldsymbol{\Lambda}_L\boldsymbol{z}_L=\left[\frac{1}{L}\boldsymbol{H}_L^{*\mathrm{T}}\boldsymbol{H}_L\right]^{-1}\left[\frac{1}{L}\boldsymbol{H}_L^{*\mathrm{T}}\boldsymbol{z}_L\right]$，可见只有满足条件①，辅助变量法的解才存在；又有$\hat{\boldsymbol{\theta}}_{\mathrm{IV}}=[\boldsymbol{H}_L^{*\mathrm{T}}\boldsymbol{H}_L]^{-1}\boldsymbol{H}_L^{*\mathrm{T}}\boldsymbol{z}_L=\boldsymbol{\theta}_0+\left[\frac{1}{L}\boldsymbol{H}_L^{*\mathrm{T}}\boldsymbol{H}_L\right]^{-1}\left[\frac{1}{L}\boldsymbol{H}_L^{*\mathrm{T}}\boldsymbol{e}_L\right]$，可见只有满足条件②，才有$\hat{\boldsymbol{\theta}}_{\mathrm{IV}}\to\boldsymbol{\theta}_0$，其中$\boldsymbol{\theta}_0$为模型参数真值。

（7）当辅助向量为$\boldsymbol{h}^*(k)=[-z(k-n_d-1),\cdots,-z(k-n_d-n_a),u(k-1),\cdots,u(k-n_b)]^{\mathrm{T}}$时，其中$n_d$为噪声模型$e(k)=D(z^{-1})v(k)$的阶次，$D(z^{-1})$为首1迟延多项式，$v(k)$是零均值白噪声。设噪声$e(k)$与输入$u(k)$无关，且输入$u(k)$是持续激励的，证明选择这种辅助向量能满足算法式(6.4.7)收敛的两个条件。

提示：①因输入$u(k)$是持续激励的，则$\mathrm{E}\{\boldsymbol{h}^*(k)\boldsymbol{h}^{\mathrm{T}}(k)\}$是非奇异的；②因$\mathrm{E}\{u(k-i)e(k)\}=0,i=1,2,\cdots,n_b$，且$\mathrm{E}\{z(k-n_d-i)e(k)\}=\mathrm{E}\{z(k-n_d-i)D(z^{-1})v(k)\}=0,i=1,2,\cdots,n_a$，所以$\mathrm{E}\{\boldsymbol{h}^*(k)e(k)\}=0$。

（8）试说明当辅助向量选择$\boldsymbol{h}^*(k)=[u(k-1),\cdots,u(k-n_a),u(k-n_a-1),\cdots,u(k-n_a-n_b)]^{\mathrm{T}}$时，辅助变量算法$\hat{\boldsymbol{\theta}}_{\mathrm{IV}}=(\boldsymbol{H}_L^{*\mathrm{T}}\boldsymbol{H}_L)^{-1}\boldsymbol{H}_L^{*\mathrm{T}}\boldsymbol{z}_L$（$\boldsymbol{H}_L^*$是由$\boldsymbol{h}^*(k)$构成的辅助矩阵）与相关二步法是等价的。

(9) 考虑如下模型

$$\begin{cases} A(z^{-1})z(k) = B(z^{-1})u(k) + e(k) \\ A(z^{-1}) = 1 + a_1 z^{-1} + \cdots + a_{n_a} z^{-n_a} \\ B(z^{-1}) = b_1 z^{-1} + \cdots + b_{n_b} z^{-n_b} \end{cases}$$

其中，$e(k)$为零均值有色噪声，利用普通最小二乘辨识方法，不能获得模型参数的无偏估计，但知道要获得该模型参数的无偏估计需要满足的条件：$\mathrm{E}\{(\boldsymbol{H}_L^{\mathrm{T}}\boldsymbol{\Lambda}_L\boldsymbol{H}_L)^{-1}\boldsymbol{H}_L^{\mathrm{T}}\boldsymbol{\Lambda}_L\boldsymbol{e}_L\}=0$，其中 $\boldsymbol{H}_L$ 为数据矩阵、$\boldsymbol{\Lambda}_L$ 为加权矩阵、$\boldsymbol{e}_L$ 为噪声向量。试说明辅助变量法是如何利用这个条件获得模型参数无偏估计的？

(10) 考虑如下模型

$$\boldsymbol{z}_L = \boldsymbol{H}_L\boldsymbol{\theta} + \boldsymbol{e}_L$$

其中，$\boldsymbol{z}_L$ 是输出数据向量，$\boldsymbol{H}_L$ 是数据矩阵，$\boldsymbol{\theta}$是模型参数向量，$\boldsymbol{e}_L$ 是均值为零的有色噪声向量。采用辅助变量法思想，可以得到如下的辅助变量一次完成辨识算法

$$\hat{\boldsymbol{\theta}}_{\mathrm{IV}} = (\boldsymbol{H}_L^{*\mathrm{T}}\boldsymbol{H}_L)^{-1}\boldsymbol{H}_L^{*\mathrm{T}}\boldsymbol{z}_L$$

式中，$\hat{\boldsymbol{\theta}}_{\mathrm{IV}}$是辅助变量参数估计值，$\boldsymbol{H}_L^*$ 是辅助数据矩阵。试论证辅助变量算法可以看成是加权矩阵取$\boldsymbol{\Lambda}_L=\dfrac{1}{L}(\boldsymbol{H}_L^*\boldsymbol{H}_L^{*\mathrm{T}})$的加权最小二乘法的一种特例，这时对应的准则函数可表达成什么形式？其值可能等于多少？

(11) 证明式(6.4.19)、式(6.4.20)和式(6.4.21)。

(12) 证明式(6.6.9)。

(13) 证明式(6.6.13)和式(6.6.14)。

(14) 考虑如下的最小二乘格式模型

$$z(k) = \boldsymbol{h}^{\mathrm{T}}(k)\boldsymbol{\theta} + n(k)$$

式中，数据向量 $\boldsymbol{h}(k)$，记作 $\boldsymbol{x}(k)=\boldsymbol{h}(k)+\boldsymbol{e}(k)$，噪声 $n(k)$和 $\boldsymbol{e}(k)$可以不是白噪声，而且是相关的。若可以找到一个已知的、与噪声 $n(k)$和 $\boldsymbol{e}(k)$不相关、与数据向量 $\boldsymbol{h}(k)$相关的辅助向量 $\boldsymbol{h}^*(k)$，问如何利用输出数据 $z(k)$、数据向量 $\boldsymbol{h}(k)$和辅助向量 $\boldsymbol{h}^*(k)$来估计模型参数$\boldsymbol{\theta}$？

(15) 有编程能力的，请重复表 6.7 不同噪声模型下最小二乘类辨识方法的实验比较，以加深对最小二乘类辨识方法的认识。

(16) 文献[19]提出一种消除偏差的最小二乘法，记作 BELS(bias-eliminated least squares)，实际上就是一种利用偏差补偿思想的辨识方法。

考虑如下模型

$$A(z^{-1})z(k) = B(z^{-1})u(k) + e(k)$$

式中，$u(k)$、$z(k)$分别为模型输入和输出变量；$e(k)$是均值为零的有色噪声；迟延多

项式定义为

$$\begin{cases}A(z^{-1}) = 1 + a_1 z^{-1} + \cdots + a_n z^{-n} \\ B(z^{-1}) = b_0 + b_1 z^{-1} + \cdots + b_m z^{-m}\end{cases}$$

由于 $e(k)$是有色噪声,利用最小二乘法不能获得模型参数的无偏估计。

若令$\bar{u}(k) = \dfrac{1}{F(z^{-1})}u(k)$,其中 $F(z^{-1}) = \sum\limits_{i=1}^{n}(1 - s_i z^{-1})$是稳定的 n 阶滤波器,即所有零点满足 $|s_i| < 1 \quad i = 1,\cdots,n$,那么原模型写成

$$A(z^{-1})y(k) = \bar{B}(z^{-1})\bar{u}(k) + e(k)$$

式中

$$\begin{aligned}\bar{B}(z^{-1}) &= F(z^{-1})B(z^{-1}) \\ &= \bar{b}_0 + \bar{b}_1 z^{-1} + \bar{b}_2 z^{-2} + \cdots + \bar{b}_{\bar{m}} z^{-\bar{m}}, \bar{m} = m + n\end{aligned}$$

置参数向量和数据向量

$$\begin{cases}\bar{\boldsymbol{\theta}} = [a_1, \cdots, a_n, \bar{b}_0, \bar{b}_1, \cdots, \bar{b}_{\bar{m}}]^{\mathrm{T}} \\ \bar{\boldsymbol{h}}(k) = [-z(k-1), \cdots, -z(k-n), \bar{u}(k), \bar{u}(k-1), \cdots, \bar{u}(k-\bar{m})]^{\mathrm{T}}\end{cases}$$

将新模型写成最小二乘格式

$$z(k) = \bar{\boldsymbol{h}}^{\mathrm{T}}(k)\bar{\boldsymbol{\theta}} + e(k)$$

由此可得最小二乘意义下的模型参数估计值

$$\hat{\bar{\boldsymbol{\theta}}}_{\mathrm{LS}} = \hat{\boldsymbol{R}}_{\bar{h}\bar{h}}^{-1}\hat{\boldsymbol{R}}_{\bar{h}z}$$

式中

$$\begin{cases}\hat{\boldsymbol{R}}_{\bar{h}\bar{h}} = \sum\limits_{k=1}^{L}\bar{\boldsymbol{h}}(k)\bar{\boldsymbol{h}}^{\mathrm{T}}(k) \\ \hat{\boldsymbol{R}}_{\bar{h}z} = \sum\limits_{k=1}^{L}\bar{\boldsymbol{h}}(k)z(k)\end{cases}$$

显然,$\hat{\bar{\boldsymbol{\theta}}}_{\mathrm{LS}}$是有偏估计,估计偏差可写成

$$\lim_{L\to\infty}(\hat{\bar{\boldsymbol{\theta}}}_{\mathrm{LS}} - \boldsymbol{\theta}_0) = \boldsymbol{R}_{\bar{h}\bar{h}}^{-1}\boldsymbol{R}_{\bar{h}e}$$

式中,$\boldsymbol{R}_{\bar{h}\bar{h}}$为数据向量$\bar{\boldsymbol{h}}(k)$的自相关函数阵,$\boldsymbol{R}_{\bar{h}e}$为数据向量$\bar{\boldsymbol{h}}(k)$和噪声 $e(k)$的互相关函数阵,即

$$\begin{cases}\boldsymbol{R}_{\bar{h}\bar{h}} = \lim\limits_{L\to\infty}\dfrac{1}{L}\sum\limits_{k=1}^{L}\bar{\boldsymbol{h}}(k)\bar{\boldsymbol{h}}^{\mathrm{T}}(k) = \mathrm{E}\{\bar{\boldsymbol{h}}(k)\bar{\boldsymbol{h}}^{\mathrm{T}}(k)\} \\ \boldsymbol{R}_{\bar{h}e} = \lim\limits_{L\to\infty}\dfrac{1}{L}\sum\limits_{k=1}^{L}\bar{\boldsymbol{h}}(k)e(k) = \mathrm{E}\{\bar{\boldsymbol{h}}(k)e(k)\} = -\begin{bmatrix}\boldsymbol{R}_{ze} \\ 0_{\bar{m}+1}\end{bmatrix} = -\boldsymbol{Q}\boldsymbol{R}_{ze} \\ \boldsymbol{Q} = \begin{bmatrix}\boldsymbol{I}_n \\ 0_{\bar{m}+1}\end{bmatrix} \in \mathrm{R}^{(n+\bar{m}+1)\times n}\end{cases}$$

其中，$\boldsymbol{R}_{ze}$是模型输出 $z(k)$和噪声 $e(k)$的互相关函数阵。

根据偏差补偿思想，无偏的模型参数估计应该写成

$$\hat{\bar{\boldsymbol{\theta}}}_{\mathrm{BELS}} = \hat{\bar{\boldsymbol{\theta}}}_{\mathrm{LS}} + \hat{\boldsymbol{R}}_{\bar{h}\bar{h}}^{-1} \hat{\boldsymbol{R}}_{\bar{h}e}$$

式中

$$\hat{\boldsymbol{R}}_{\bar{h}e} = \frac{1}{L}\sum_{k=1}^{L} \bar{\boldsymbol{h}}(k)e(k) = -\begin{bmatrix} \hat{\boldsymbol{R}}_{ze} \\ 0_{\bar{m}+1} \end{bmatrix} = -\boldsymbol{Q}\hat{\boldsymbol{R}}_{ze}$$

显然，$\hat{\boldsymbol{R}}_{\bar{h}\bar{h}}$是已知的，为求得$\hat{\bar{\boldsymbol{\theta}}}_{\mathrm{BELS}}$，需要估计出$\hat{\boldsymbol{R}}_{\bar{h}e}$。

由于 $s_i, i=1,\cdots,n$ 是滤波器 $F(z^{-1})$的零点，则有

$$\bar{b}_0 s_i^{\bar{m}} + \cdots + \bar{b}_{\bar{m}-1} s_i + \bar{b}_{\bar{m}} = 0, \quad i = 1,\cdots,n$$

记

$$\boldsymbol{S}^{\mathrm{T}} = \left[\begin{array}{c|cccc} & s_1^{\bar{m}} & \cdots & s_1 & 1 \\ 0 & \vdots & & \vdots & \vdots \\ & s_n^{\bar{m}} & \cdots & s_n & 1 \end{array}\right] \in \mathrm{R}^{n\times(n+\bar{m}+1)}$$

显然有 $\boldsymbol{S}^{\mathrm{T}}\bar{\boldsymbol{\theta}}_0=0$，其中$\bar{\boldsymbol{\theta}}_0$ 为模型参数真值。若以$\hat{\bar{\boldsymbol{\theta}}}_{\mathrm{LS}}$代替$\bar{\boldsymbol{\theta}}_0$，应有 $\boldsymbol{S}^{\mathrm{T}}\hat{\bar{\boldsymbol{\theta}}}_{\mathrm{LS}}=\boldsymbol{\delta}$，其中$\boldsymbol{\delta}$是$\bar{\boldsymbol{\theta}}_0$用$\hat{\bar{\boldsymbol{\theta}}}_{\mathrm{LS}}$代替后产生的误差，是可计算的；又将$\hat{\bar{\boldsymbol{\theta}}}_{\mathrm{LS}}=\hat{\boldsymbol{R}}_{\bar{h}\bar{h}}^{-1}\hat{\boldsymbol{R}}_{\bar{h}z}$代入，并利用 $z(k)=\bar{\boldsymbol{h}}^{\mathrm{T}}(k)\bar{\boldsymbol{\theta}}_0+e(k)$和 $\boldsymbol{S}^{\mathrm{T}}\bar{\boldsymbol{\theta}}_0=0$，可得$-\boldsymbol{S}^{\mathrm{T}}\hat{\boldsymbol{R}}_{\bar{h}\bar{h}}^{-1}\hat{\boldsymbol{R}}_{\bar{h}e}=\boldsymbol{\delta}$，再利用$\hat{\boldsymbol{R}}_{\bar{h}e}=\boldsymbol{Q}\hat{\boldsymbol{R}}_{ze}$，便有$\hat{\boldsymbol{R}}_{\bar{h}e}=\boldsymbol{Q}(\boldsymbol{S}^{\mathrm{T}}\hat{\boldsymbol{R}}_{\bar{h}\bar{h}}^{-1}\boldsymbol{Q})^{-1}\boldsymbol{\delta}$。

综上分析，BELS 批处理算法可写成

$$\begin{cases} \hat{\bar{\boldsymbol{\theta}}}_{\mathrm{BELS}} = \hat{\bar{\boldsymbol{\theta}}}_{\mathrm{LS}} + \hat{\boldsymbol{R}}_{\bar{h}\bar{h}}^{-1} \hat{\boldsymbol{R}}_{\bar{h}e} \\ \hat{\boldsymbol{R}}_{\bar{h}\bar{h}} = \dfrac{1}{L}\displaystyle\sum_{k=1}^{L} \bar{\boldsymbol{h}}(k)\bar{\boldsymbol{h}}^{\mathrm{T}}(k) \\ \hat{\boldsymbol{R}}_{\bar{h}e} = \boldsymbol{Q}(\boldsymbol{S}^{\mathrm{T}}\hat{\boldsymbol{R}}_{\bar{h}\bar{h}}^{-1}\boldsymbol{Q})^{-1}\boldsymbol{\delta}, \quad \boldsymbol{\delta} = \boldsymbol{S}^{\mathrm{T}}\hat{\bar{\boldsymbol{\theta}}}_{\mathrm{LS}} \\ \hat{\bar{\boldsymbol{\theta}}}_{\mathrm{LS}} = \left(\displaystyle\sum_{k=1}^{L}\bar{\boldsymbol{h}}(k)\bar{\boldsymbol{h}}^{\mathrm{T}}(k)\right)^{-1}\left(\displaystyle\sum_{k=1}^{L}\bar{\boldsymbol{h}}(k)z(k)\right) \end{cases}$$

BELS 递推算法可写成

$$\begin{cases} \hat{\bar{\boldsymbol{\theta}}}_{\mathrm{BELS}}(k) = \hat{\bar{\boldsymbol{\theta}}}_{\mathrm{LS}}(k) + \boldsymbol{P}(k)\hat{\boldsymbol{R}}_{\bar{h}e}(k) \\ \hat{\boldsymbol{R}}_{\bar{h}e}(k) = \boldsymbol{Q}(\boldsymbol{S}^{\mathrm{T}}\boldsymbol{P}(k)\boldsymbol{Q})^{-1}\boldsymbol{\delta}(k) \\ \boldsymbol{\delta}(k) = \boldsymbol{S}^{\mathrm{T}}\hat{\bar{\boldsymbol{\theta}}}_{\mathrm{LS}}(k) \\ \boldsymbol{P}(k) = \left(\displaystyle\sum_{i=1}^{k}\bar{\boldsymbol{h}}(i)\bar{\boldsymbol{h}}^{\mathrm{T}}(i)\right)^{-1} \end{cases}$$

其中，$\hat{\bar{\boldsymbol{\theta}}}_{\mathrm{LS}}(k)$由 RLS 算法递推计算。试证明 BELS 批处理算法和递推算法的收敛性，即证明$\lim\limits_{L\to\infty}\hat{\bar{\boldsymbol{\theta}}}_{\mathrm{BELS}}=\bar{\boldsymbol{\theta}}_0$，w. p. 1 和$\lim\limits_{k\to\infty}\hat{\bar{\boldsymbol{\theta}}}_{\mathrm{BELS}}(k)=\bar{\boldsymbol{\theta}}_0$，w. p. 1。

附　辨识算法程序

附 6.1　RELS 辨识算法程序

行号	MATLAB 程序	注释
1	`for k = nMax + 1:L + nMax`	按时间递推
	`    for i = 1:na`	2～10 行：构造数据向量
	`        h(i,k) = - z(k - i);`	
	`    end`	
5	`    for i = 1:nb`	
	`        h(na + i,k) = u(k - i);`	
	`    end`	
	`    for i = 1:nd`	
	`        h(na + nb + i,k) = v1(k - i);`	
10	`    end`	
	`    s(k) = h(:,k)' * P(:,:,k - 1) * h(:,k) + 1.0;`	11～17 行：辨识算法
	`    Inn(k) = z(k) - h(:,k)' * Theta(:,k - 1);`	
	`    K(:,k) = P(:,:,k - 1) * h(:,k)/s(k);`	
	`    P(:,:,k) = P(:,:,k - 1) - K(:,k) * K(:,k)' * s(k);`	
15	`    Theta(:,k) = Theta(:,k - 1) + K(:,k) * Inn(k);`	
	`    J(k) = J(k - 1) + Inn(k)^2/s(k);`	16 行：损失函数
	`    v1(k) = z(k) - h(:,k)' * Theta(:,k);`	
18	`end`	
程序变量	na、nb、nd：模型阶次 n_a、n_b 和 n_d；$nMax=\max(na,nb,nd)$：模型阶次最大值；$z(k)$：系统输出；$u(k)$：系统输入；$v1(k)$：噪声估计值 $\hat{v}(k)$；$h(:,k)$：数据向量 $\boldsymbol{h}(k)$；$Theta(:,k)$：模型参数估计向量 $\hat{\boldsymbol{\theta}}(k)$；$P(:,:,k)$：数据协方差阵 $\boldsymbol{P}(k)$；$K(:,k)$：算法增益 $\boldsymbol{K}(k)$；$Inn(k)$：模型新息 $\tilde{z}(k)$；$J(k)$：损失函数；L：数据长度；k：时间($1+nMax$ to $L+nMax$)。	
程序输入	系统输入和输出数据序列 $\{z(k),u(k),k=1,2,\cdots,L+nMax\}$。	
程序输出	(1) 模型参数估计值 $\hat{\boldsymbol{\theta}}(k)=Theta(i,L+nMax),i=1,2,\cdots,na+nb$； (2) 噪声标准差估计值 $\hat{\lambda}=\mathrm{sqrt}(J(L+nMax)/L)$。	

附 6.2　RGLS 辨识算法程序

行号	MATLAB 程序	注释
1	`for k = nMax + 1:L + nMax`	按时间递推
	`    zf(k) = z(k);uf(k) = u(k);`	2～6 行：输入、输出滤波值
	`    for i = 1:nc`	
	`        zf(k) = zf(k) + Thetae(i,k - 1) * z(k - i);`	
5	`        uf(k) = uf(k) + Thetae(i,k - 1) * u(k - i);`	
	`    end`	
	`    for i = 1:na`	7～17 行：构造数据向量和滤波数据向量
	`        hf(i,k) = - zf(k - i);`	
	`        h(i,k) = - z(k - i);`	
10	`    end`	
	`    for i = 1:nb`	
	`        hf(na + i,k) = uf(k - i);`	
	`        h(na + i,k) = u(k - i);`	
	`    end`	
15	`    for i = 1:nc`	
	`        he(i,k) = - e1(k - i);`	
	`    end`	
18	`    s(k) = hf(:,k)´ * P(:,:,k - 1) * hf(:,k) + 1.0;`	18～30 行：辨识算法
19	`    Inn(k) = zf(k) - hf(:,k)´ * Theta(:,k - 1);`	
20	`    K(:,k) = P(:,:,k - 1) * hf(:,k)/s(k);`	
	`    P(:,:,k) = P(:,:,k - 1) - K(:,k) * K(:,k)´ * s(k);`	
	`    Theta(:,k) = Theta(:,k - 1) + K(:,k) * Inn(k);`	
	`    se(k) = he(:,k)´* Pe(:,:,k - 1) * he(:,k) + 1.0;`	
	`    e1(k) = z(k) - h(:,k)´ * Theta(:,k);`	
25	`    Inne(k) = e1(k) - he(:,k)´ * Thetae(:,k - 1);`	
	`    Ke(:,k) = Pe(:,:,k - 1) * he(:,k)/se(k);`	
	`    Pe(:,:,k) = Pe(:,:,k - 1) - Ke(:,k) * Ke(:,k)´ * se(k);`	
	`    Thetae(:,k) = Thetae(:,k - 1) + Ke(:,k) * Inne(k);`	
	`    J(k) = J(k - 1) + Inn(k)^2/s(k);`	29～30 行：损失函数
30	`    Je(k) = Je(k - 1) + Inne(k)^2/se(k);`	
31	`end`	
程序变量	na、nb、nc：模型阶次 n_a、n_b 和 n_c；$nMax=\max(na,nb,nc)$：模型阶次最大值；$z(k)$：系统输出；$u(k)$：系统输入；$zf(k)$、$uf(k)$：输出和输入滤波值 $z_f(k)$ 和 $u_f(k)$；$e1(k)$：噪声估计值 $\hat{e}(k)$；$h(:,k)$：数据向量 $\boldsymbol{h}(k)$；$hf(:,k)$：滤波数据向量 $\boldsymbol{h}_f(k)$；$he(:,k)$：噪声数据向量 $\boldsymbol{h}_e(k)$；$Theta(:,k)$：模型参数估计向量 $\hat{\boldsymbol{\theta}}(k)$；$P(:,:,k)$：数据协方差阵 $\boldsymbol{P}(k)$；$K(:,k)$：算法增益 $\boldsymbol{K}(k)$；$Inn(k)$：模型新息 $\tilde{z}(k)$；$Thetae(:,k)$：噪声模型参数估计向量 $\hat{\boldsymbol{\theta}}_e(k)$；$Pe(:,:,k)$：噪声数据协方差阵 $\boldsymbol{P}_e(k)$；$Ke(:,k)$：噪声算法增益 $\boldsymbol{K}_e(k)$；$Inne(k)$：噪声模型新息 $\tilde{z}_e(k)$；$J(k)$，损失函数；$Je(k)$：噪声模型损失函数；L：数据长度；k：时间（$1+nMax$ to $L+nMax$）。	
程序输入	系统输入和输出数据序列 $\{z(k),u(k),k=1,2,\cdots,L+nMax\}$。	
程序输出	(1) 模型参数估计值 $\hat{\boldsymbol{\theta}}(k)=Theta(i,L+nMax),i=1,2,\cdots,na+nb$； (2) 噪声模型参数估计值 $\hat{\boldsymbol{\theta}}_e(k)=Thetae(i,L+nMax),i=1,2,\cdots,nc$； (3) 噪声标准差估计值 $\hat{\lambda}=\mathrm{sqrt}(J(L+nMax)/L)$ or $\mathrm{sqrt}(Je(L+nMax)/L)$。	

附 6.3　RIV 辨识算法程序

行号	MATLAB 程序	注释
1	`for k = nMax + 1:L + nMax`	按时间递推
	`    for i = 1:na`	2～9 行：构造数据向量和辅助数据向量
	`        h(i,k) = - z(k - i);`	
	`        h1(i,k) = - x(k - i);`	
5	`    end`	
	`    for i = 1:nb`	
	`        h(na + i,k) = u(k - i);`	
	`        h1(na + i,k) = u(k - i);`	
	`    end`	10～15 行：辨识算法
10	`    s(k) = h(:,k)' * P(:,:,k - 1) * h1(:,k) + 1.0;`	
	`    Inn(k) = z(k) - h(:,k)' * Theta(:,k - 1);`	
	`    K(:,k) = P(:,:,k - 1) * h1(:,k)/s(k);`	
	`    P(:,:,k) = P(:,:,k - 1) - K(:,k) * h(:,k)' * P(:,:,k - 1);`	
	`    Theta(:,k) = Theta(:,k - 1) + K(:,k) * Inn(k);`	
15	`    J(k) = J(k - 1) + Inn(k)^2/s(k);`	15 行：损失函数
	`    if k>dTime`	16～21 行：计算辅助变量
	`        ThetaIV(:,k) = (1 - alpha) * ThetaIV(:,k - 1) + alpha *`	
18	`        Theta(:,k - dTime);`	
	`    else`	
20	`        ThetaIV(:,k) = Theta(:,k);`	
21	`    end`	
	`    x(k) = h1(:,k)'* ThetaIV(:,k);`	
	`end`	
程序变量	na、nb、nd：模型阶次 n_a、n_b 和 n_d；nMax=max(na,nb,nd)：模型阶次最大值；$z(k)$：系统输出；$u(k)$：系统输入；$x(k)$：辅助变量；$h(:,k)$：数据向量 $\boldsymbol{h}(k)$；$h1(:,k)$：辅助向量 $\boldsymbol{h}^*(k)$；$Theta(:,k)$：模型参数估计向量 $\hat{\boldsymbol{\theta}}(k)$；$P(:,:,k)$：数据协方差阵 $\boldsymbol{P}(k)$；$K(:,k)$：算法增益 $\boldsymbol{K}(k)$；$Inn(k)$：模型新息 $\tilde{z}(k)$；$ThetaIV(:,k)$：辅助模型参数估计向量 $\boldsymbol{\theta}^*(k)$；alpha、dTime：辅助模型平滑参数（本程序取 alpha=0.02，dTime=2）；$J(k)$：损失函数；L：数据长度；k：时间（1+nMax to L+nMax）。	
程序输入	系统输入和输出数据序列 $\{z(k),u(k),k=1,2,\cdots,L+nMax\}$。	
程序输出	(1) 模型参数估计值 $\hat{\boldsymbol{\theta}}(k)=Theta(i,L+nMax),i=1,2,\cdots,na+nb$； (2) 噪声标准差估计值 $\hat{\lambda}=\mathrm{sqrt}(J(L+nMax)/L)$。	

附 6.4　RCOR-LS 辨识算法程序

行号	MATLAB 程序	注释
1	for k = k0:Inter:L	按时间递推
	if k = = k0	2~6 行：初始化
	for i = 1:N	
	P(i,i,1) = 1.0e + 12;	
5	end	
	end	7 行：按相关函数时间间隔递推
	for l = 2:Lr + 1	
	for i = 1:na	8~13 行：构造数据向量
	h(i,l) = - Ruz(k,l + Lr1 - Lr0 - 1 - i);	
10	end	
	for i = 1:nb	
	h(na + i,l) = Ru(k,l + Lr1 - Lr0 - 1 - i);	
	end	
	Ruz(k,l) = Ruz(k,l + Lr1 - Lr0 - 1);	14~20 行：辨识算法
15	s(l) = h(:,l)′ * P(:,:,l - 1) * h(:,l) + 1.0;	
	Inn(l) = Ruz(k,l) - h(:,l)′ * Theta(:,l - 1);	
	K(:,l) = P(:,:,l - 1) * h(:,l)/s(l);	
	P(:,:,l) = P(:,:,l - 1) - K(:,l) * K(:,l)′ * s(l);	
	Theta(:,l) = Theta(:,l - 1) + K(:,l) * Inn(l);	
20	J(l) = J(l - 1) + Inn(l)^2/s(l);	20 行：损失函数
	end	
22	end	
程序变量	na、nb：模型阶次 n_a 和 n_b；$N=na+nb$：模型参数个数；$Ruz(k,l)$：输入输出互相关函数 $R_{uz}(l\|k)$；$Ru(k,l)$：输入自相关函数 $R_u(l\|k)$；$h(:,k)$：数据向量 $\boldsymbol{h}(l\|k)$；$Theta(:,l)$：模型参数估计向量 $\hat{\boldsymbol{\theta}}(l\|k)$；$P(:,:,l)$：数据协方差阵 $\boldsymbol{P}(l\|k)$；$K(:,l)$：算法增益 $\boldsymbol{K}(l\|k)$，$Inn(l)$：模型新息 $\tilde{z}(l\|k)$；$J(l)$：损失函数；k：时间($k0$:$Inter$:L)；$k0$：起始时间；$Inter$：时间间隔；L：数据长度；$Lr1$、$Lr0$、$Lr2$：相关函数序列起点、中间点、终点，$Lr=Lr0+Lr2$：相关函数序列长度。	
程序输入	系统输入和输出互相关函数和自相关函数序列 $\{R_{uz}(l\|k),R_u(l\|k),k=k0,k0+Inter,\cdots,L;l=Lr1-Lr0-na+1,\cdots,Lr1-Lr0-na+Lr\}$；	
程序输出	(1) 模型参数估计值 $\hat{\boldsymbol{\theta}}(l\|k)=Theta(i,Lr+1),i=1,2,\cdots,N$； (2) 噪声标准差估计值 $\hat{\lambda}=\mathrm{sqrt}(J(Lr+1)/Lr)$。	

附 6.5　RCLS 辨识算法程序

行号	MATLAB 程序	注释
1	`for k = nMax + 1:L + nMax`	按时间递推
	`    for i = 1:na`	2～7 行：构造
	`        h(i,k) = -z(k-i);`	数据向量
	`    end`	
5	`    for i = 1:nb`	
	`        h(na + i,k) = u(k-i);`	
	`    end`	
	`    s(k) = h(:,k)' * P(:,:,k-1) * h(:,k) + 1.0;`	8～15 行：辨识
	`    Inn(k) = z(k) - h(:,k)' * Theta(:,k-1);`	算法
10	`    K(:,k) = P(:,:,k-1) * h(:,k)/s(k);`	
	`    P(:,:,k) = P(:,:,k-1) - K(:,k) * K(:,k)' * s(k);`	
	`    Theta(:,k) = Theta(:,k-1) + K(:,k) * Inn(k);`	
	`    J(k) = J(k-1) + Inn(k)^2/s(k);`	13 行：损失函数
	`    Sigma(k) = J(k)/(1 + ThetaC(:,k-1)'* D * Theta(:,k));`	14 行：噪声方差
15	`    ThetaC(:,k) = Theta(:,k) + Sigma(k) * P(:,:,k)`	15 行：参数补偿
	`      * D * ThetaC(:,k-1);`	
17	`end`	
程序变量	*na*、*nb*：模型阶次 n_a 和 n_b；*nMax*＝max(*na*,*nb*)：模型阶次最大值；$z(k)$：系统输出；$u(k)$：系统输入；*h*(:,*k*)：数据向量 $\boldsymbol{h}(k)$；*Theta*(:,*k*)：模型参数估计向量 $\hat{\boldsymbol{\theta}}(k)$；*P*(:,:,*k*)：数据协方差阵 $\boldsymbol{P}(k)$；*K*(:,*k*)：算法增益 $\boldsymbol{K}(k)$；*Inn*(*k*)：模型新息 $\tilde{z}(k)$；*J*(*k*)：损失函数；*Sigma*(*k*)：噪声方差估计；*ThetaC*(:,*k*)：模型参数补偿向量 $\hat{\boldsymbol{\theta}}_{\mathrm{C}}(k)$；*D*：常数矩阵；*L*：数据长度；*k*：时间(1＋*nMax* to *L*＋*nMax*)。	
程序输入	系统输入和输出数据序列{$z(k)$,$u(k)$,$k=1,2,\cdots,L+nMax$}。	
程序输出	(1) 模型参数估计值 $\hat{\boldsymbol{\theta}}_{\mathrm{C}}(k)=ThetaC(i,L+nMax)$，$i=1,2,\cdots,na+nb$； (2) 噪声标准差估计值 $\hat{\lambda}=\mathrm{sqrt}(Sigma(L+nMax)/L)$。	

第7章 梯度校正辨识方法

7.1 引言

第5章、第6章讨论了第一类辨识方法——方程误差法，即最小二乘类辨识方法，这些方法的递推算法都具有如下的共同结构

新参数估计值＝老参数估计值＋增益×新息

本章将讨论第二类辨识方法——梯度校正法，这类辨识方法也具有上面的递推结构，但其基本原理完全不同于最小二乘类方法。梯度校正法的做法是沿着准则函数的负梯度方向，逐步修正模型参数估计值，直至准则函数达到最小值。

本章重点讨论4个问题：①梯度搜索原理——本章的理论依据；②确定性梯度校正辨识方法——本章的算法基础；③随机性梯度校正辨识方法——解决本章问题的算法；④随机逼近和随机牛顿辨识算法——一般性结构算法。

7.2 梯度搜索原理

如果$\boldsymbol{\theta}$是模型的参数，什么样的$\boldsymbol{\theta}$可以使模型输出最好地近似系统的输出？近似程度通常用标量准则函数来度量。一般说来，准则函数可采用第1章式(1.5.20)，亦可写成

$$J(\boldsymbol{\theta})=\frac{1}{L}\sum_{k=1}^{L}f(\hat{z}(k,\boldsymbol{\theta}),z(k)) \tag{7.2.1}$$

其中，$\hat{z}(k,\boldsymbol{\theta})$是系统输出$z(k)$的预测值，$L$是数据长度。极小化式(7.2.1)准则函数，通常可以采用如下的迭代搜索方法

$$\hat{\boldsymbol{\theta}}(k)=\hat{\boldsymbol{\theta}}(k-1)+\bar{\alpha}(k)\boldsymbol{q}(k) \tag{7.2.2}$$

其中，$\hat{\boldsymbol{\theta}}(k)$是基于$L$组数据的第$k$次迭代估计值，$\bar{\alpha}(k)$是搜索方向项，$\boldsymbol{q}(k)$是关于$J(\boldsymbol{\theta})$的搜索梯度，最有代表性的是负梯度，即

$$\boldsymbol{q}(k)=-\left[\frac{\partial J(\boldsymbol{\theta})}{\partial\boldsymbol{\theta}}\right]^{\mathrm{T}}\Bigg|_{\hat{\boldsymbol{\theta}}(k-1)} \tag{7.2.3}$$

若在$\hat{\boldsymbol{\theta}}(k-1)$处对$J(\boldsymbol{\theta})$进行二阶台劳级数展开

$$J(\boldsymbol{\theta}) \cong J(\hat{\boldsymbol{\theta}}(k-1)) + \left.\frac{\partial J(\boldsymbol{\theta})}{\partial \boldsymbol{\theta}}\right|_{\hat{\boldsymbol{\theta}}(k-1)} (\boldsymbol{\theta}-\hat{\boldsymbol{\theta}}(k-1)) + \frac{1}{2}(\boldsymbol{\theta}-\hat{\boldsymbol{\theta}}(k-1))^{\mathrm{T}} \left.\frac{\partial^2 J(\boldsymbol{\theta})}{\partial \boldsymbol{\theta}^2}\right|_{\hat{\boldsymbol{\theta}}(k-1)} (\boldsymbol{\theta}-\hat{\boldsymbol{\theta}}(k-1)) \tag{7.2.4}$$

并就上式两边同时对$\boldsymbol{\theta}$求导，考虑到第一项对$\boldsymbol{\theta}$的导数为零，为此可得

$$\frac{\partial J(\boldsymbol{\theta})}{\partial \boldsymbol{\theta}} \cong \left.\frac{\partial J(\boldsymbol{\theta})}{\partial \boldsymbol{\theta}}\right|_{\hat{\boldsymbol{\theta}}(k-1)} + (\boldsymbol{\theta}-\hat{\boldsymbol{\theta}}(k-1))^{\mathrm{T}} \left.\frac{\partial^2 J(\boldsymbol{\theta})}{\partial \boldsymbol{\theta}^2}\right|_{\hat{\boldsymbol{\theta}}(k-1)} \tag{7.2.5}$$

因$J(\boldsymbol{\theta})$达到极小值时，$\frac{\partial J(\boldsymbol{\theta})}{\partial \boldsymbol{\theta}}=0$，故有

$$\boldsymbol{\theta} \simeq \hat{\boldsymbol{\theta}}(k-1) - \left[\left.\frac{\partial^2 J(\boldsymbol{\theta})}{\partial \boldsymbol{\theta}^2}\right|_{\hat{\boldsymbol{\theta}}(k-1)}\right]^{-1} \left[\frac{\partial J(\boldsymbol{\theta})}{\partial \boldsymbol{\theta}}\right]^{\mathrm{T}}_{\hat{\boldsymbol{\theta}}(k-1)} \tag{7.2.6}$$

对照式(7.2.2)，便构成一般意义下的牛顿迭代算法

$$\hat{\boldsymbol{\theta}}(k) = \hat{\boldsymbol{\theta}}(k-1) - \alpha(k)\left[\left.\frac{\partial^2 J(\boldsymbol{\theta})}{\partial \boldsymbol{\theta}^2}\right|_{\hat{\boldsymbol{\theta}}(k-1)}\right]^{-1} \left[\frac{\partial J(\boldsymbol{\theta})}{\partial \boldsymbol{\theta}}\right]^{\mathrm{T}}_{\hat{\boldsymbol{\theta}}(k-1)} \tag{7.2.7}$$

其中，$-\left[\left.\frac{\partial^2 J(\boldsymbol{\theta})}{\partial \boldsymbol{\theta}^2}\right|_{\hat{\boldsymbol{\theta}}(k-1)}\right]^{-1}$为搜索方向，$\alpha(k)$为搜索系数。同时，算法需要在搜索方向上对搜索系数$\alpha(k)$进行线性搜索，使准则函数$J(\boldsymbol{\theta})$在搜索方向上达到极小值，即

$$\underset{\alpha(k)}{\operatorname{argmin}}\, J\left(\hat{\boldsymbol{\theta}}(k-1) - \alpha(k)\left[\left.\frac{\partial^2 J(\boldsymbol{\theta})}{\partial \boldsymbol{\theta}^2}\right|_{\hat{\boldsymbol{\theta}}(k-1)}\right]^{-1} \left[\frac{\partial J(\boldsymbol{\theta})}{\partial \boldsymbol{\theta}}\right]^{\mathrm{T}}_{\hat{\boldsymbol{\theta}}(k-1)}\right) \tag{7.2.8}$$

如果准则函数式(7.2.1)具体化为

$$J(\boldsymbol{\theta}) = \frac{1}{2L}\sum_{k=1}^{L}[\hat{z}(k,\boldsymbol{\theta}) - z(k)]^2 \tag{7.2.9}$$

则$J(\boldsymbol{\theta})$关于$\boldsymbol{\theta}$的一阶导数和二阶导数可表示为

$$\begin{cases} \left.\dfrac{\partial J(\boldsymbol{\theta})}{\partial \boldsymbol{\theta}}\right|_{\hat{\boldsymbol{\theta}}(k-1)} = \dfrac{1}{L}\displaystyle\sum_{k=1}^{L}[\hat{z}(k,\boldsymbol{\theta}) - z(k)] \left.\dfrac{\partial \hat{z}(k,\boldsymbol{\theta})}{\partial \boldsymbol{\theta}}\right|_{\hat{\boldsymbol{\theta}}(k-1)} \\ \left.\dfrac{\partial^2 J(\boldsymbol{\theta})}{\partial \boldsymbol{\theta}^2}\right|_{\hat{\boldsymbol{\theta}}(k-1)} = \dfrac{1}{L}\displaystyle\sum_{k=1}^{L}\left.\left[\dfrac{\partial \hat{z}(k,\boldsymbol{\theta})}{\partial \boldsymbol{\theta}}\right]^{\mathrm{T}}\left[\dfrac{\partial \hat{z}(k,\boldsymbol{\theta})}{\partial \boldsymbol{\theta}}\right]\right|_{\hat{\boldsymbol{\theta}}(k-1)} \\ \qquad + \dfrac{1}{L}\displaystyle\sum_{k=1}^{L}[\hat{z}(k,\boldsymbol{\theta}) - z(k)] \left.\dfrac{\partial^2 \hat{z}(k,\boldsymbol{\theta})}{\partial \boldsymbol{\theta}^2}\right|_{\hat{\boldsymbol{\theta}}(k-1)} \end{cases} \tag{7.2.10}$$

上式所给的二阶导数不一定能保证正定，搜索方向$-\left[\left.\frac{\partial^2 J(\boldsymbol{\theta})}{\partial \boldsymbol{\theta}^2}\right|_{\hat{\boldsymbol{\theta}}(k-1)}\right]^{-1}$就不一定指向“下山”方向，也就是不一定指向$J(\boldsymbol{\theta})$的极小值方向。为了保证二阶导数是正定的，忽略二阶导数的第二项，取

$$\left.\frac{\partial^2 J(\boldsymbol{\theta})}{\partial \boldsymbol{\theta}^2}\right|_{\hat{\boldsymbol{\theta}}(k-1)} \cong \frac{1}{L}\sum_{k=1}^{L}\left.\left[\frac{\partial \hat{z}(k,\boldsymbol{\theta})}{\partial \boldsymbol{\theta}}\right]^{\mathrm{T}}\left[\frac{\partial \hat{z}(k,\boldsymbol{\theta})}{\partial \boldsymbol{\theta}}\right]\right|_{\hat{\boldsymbol{\theta}}(k-1)} \tag{7.2.11}$$

因为在极限意义下残差$[\hat{z}(k,\boldsymbol{\theta}) - z(k)]|_{\hat{\boldsymbol{\theta}}(k-1)}$具有独立性，二阶导数的第二项

$\frac{1}{L}\sum_{k=1}^{L}[\hat{z}(k,\boldsymbol{\theta})-z(k)]\frac{\partial^2\hat{z}(k,\boldsymbol{\theta})}{\partial\boldsymbol{\theta}^2}\bigg|_{\hat{\boldsymbol{\theta}}(k-1)}$ 会逐步趋于零。

这样，牛顿迭代算法式(7.2.7)就具体化成高斯-牛顿迭代算法

$$\hat{\boldsymbol{\theta}}(k)=\hat{\boldsymbol{\theta}}(k-1)-\alpha(k)\boldsymbol{P}(k)\left[\frac{\partial J(\boldsymbol{\theta})}{\partial\boldsymbol{\theta}}\right]^{\mathrm{T}}_{\hat{\boldsymbol{\theta}}(k-1)} \tag{7.2.12}$$

式中

$$\boldsymbol{P}^{-1}(k)=\frac{1}{L}\sum_{k=1}^{L}\left[\frac{\partial\hat{z}(k,\boldsymbol{\theta})}{\partial\boldsymbol{\theta}}\right]^{\mathrm{T}}\left[\frac{\partial\hat{z}(k,\boldsymbol{\theta})}{\partial\boldsymbol{\theta}}\right]\bigg|_{\hat{\boldsymbol{\theta}}(k-1)} \tag{7.2.13}$$

同样，算法需要在搜索方向上对搜索系数 $\alpha(k)$ 进行线性搜索，使准则函数 $J(\boldsymbol{\theta})$ 在搜索方向上达到极小值，即

$$\underset{\alpha(k)}{\operatorname{argmin}}\, J\left(\hat{\boldsymbol{\theta}}(k-1)-\alpha(k)\boldsymbol{P}(k)\left[\frac{\partial J(\boldsymbol{\theta})}{\partial\boldsymbol{\theta}}\right]^{\mathrm{T}}_{\hat{\boldsymbol{\theta}}(k-1)}\right) \tag{7.2.14}$$

高斯-牛顿迭代算法是梯度校正法的理论基础，算法在搜索迭代过程中一般要约束参数估计值 $\hat{\boldsymbol{\theta}}(k)$ 的范围，使其保持在某个预定的区域内，目的以保证模型的稳定性或其他的需要。在正则情况下，算法可使 $\lim\limits_{k\to\infty}\hat{\boldsymbol{\theta}}(k)=\boldsymbol{\theta}^*$，其中 $\boldsymbol{\theta}^*$ 是使 $J(\boldsymbol{\theta})$ 处于极小值或期望约束区域边界上的模型参数值。

定理 7.1[25] 如果 $\bar{J}(\boldsymbol{\theta})=\lim\limits_{L\to\infty}\mathrm{E}(J(\boldsymbol{\theta}))$ 几乎处处存在，待辨识系统是衰减稳定的，模型输出 $\hat{z}(k,\boldsymbol{\theta})$ 关于 $\boldsymbol{\theta}$ 是二次可微的，且生成 $\hat{z}(k,\boldsymbol{\theta})$ 的模型对限定的参数区域 $\mathrm{D}_{\boldsymbol{\theta}}$ 内所有的 $\boldsymbol{\theta}$ 都是稳定的，则准则函数 $J(\boldsymbol{\theta})$ 几乎处处收敛于 $\bar{J}(\boldsymbol{\theta})$，即有

$$\lim_{L\to\infty}\sup_{\boldsymbol{\theta}\in\mathrm{D}_{\boldsymbol{\theta}}}[J(\boldsymbol{\theta})-\bar{J}(\boldsymbol{\theta})]=0,\quad \text{a. s.} \tag{7.2.15}$$

定理 7.1 表明，$\lim\limits_{L\to\infty}\boldsymbol{\theta}^*=\bar{\boldsymbol{\theta}}^*$，a. s. ，其中 $\bar{\boldsymbol{\theta}}^*$ 是使 $\bar{J}(\boldsymbol{\theta})$ 处于极小值或期望参数区域 $\mathrm{D}_{\boldsymbol{\theta}}$ 边界上的模型参数值。也就是说，$\boldsymbol{\theta}^*$ 使 $J(\boldsymbol{\theta})$ 处于极小值或期望约束区域边界上。

定理 7.1 也可直观地解释为：使准则函数 $J(\boldsymbol{\theta})$ 达到极小值的 $\boldsymbol{\theta}^*$，当 L 趋于无穷时，收敛于 $\lim\limits_{L\to\infty}\boldsymbol{\theta}^*=\bar{\boldsymbol{\theta}}^*$，a. s. ，其中收敛点 $\bar{\boldsymbol{\theta}}^*$ 是使 $\bar{J}(\boldsymbol{\theta})$ 达到遍历性条件下与样本路径无关的极小值。

定理 7.2[25] 在定理 7.1 条件下，如果矩阵 $\frac{\partial^2\bar{J}(\boldsymbol{\theta})}{\partial\boldsymbol{\theta}^2}\bigg|_{\bar{\boldsymbol{\theta}}^*}\overset{\text{def}}{=}\bar{J}''(\bar{\boldsymbol{\theta}}^*)$ 是可逆的，则 $\sqrt{L}(\boldsymbol{\theta}^*-\bar{\boldsymbol{\theta}}^*)$ 收敛于正态分布，其均值为零、协方差阵为 $\boldsymbol{P}$

$$\boldsymbol{P}=[\bar{J}''(\bar{\boldsymbol{\theta}}^*)]^{-1}\left[\lim_{L\to\infty}L\mathrm{E}\left\{\left[\frac{\partial J(\boldsymbol{\theta})}{\partial\boldsymbol{\theta}}\right]^{\mathrm{T}}\left[\frac{\partial J(\boldsymbol{\theta})}{\partial\boldsymbol{\theta}}\right]\right\}\bigg|_{\bar{\boldsymbol{\theta}}^*}\right][\bar{J}''(\bar{\boldsymbol{\theta}}^*)]^{-1} \tag{7.2.16}$$

7.3 确定性梯度校正辨识方法

7.3.1 梯度校正算法

考虑如下模型(确定性模型)

$$z(k) = \boldsymbol{h}^{\mathrm{T}}(k)\boldsymbol{\theta} \tag{7.3.1}$$

其中，$z(k)\in \mathrm{R}^{1\times 1}$为模型输出变量；$\boldsymbol{\theta}\in \mathrm{R}^{N\times 1}$为模型参数向量；$\boldsymbol{h}(k)\in \mathrm{R}^{N\times 1}$为数据向量。

根据梯度搜索原理，模型参数估计值$\hat{\boldsymbol{\theta}}(k)$可沿着输出残差平方的负梯度方向逐步修正，即

$$\hat{\boldsymbol{\theta}}(k) = \hat{\boldsymbol{\theta}}(k-1) - \boldsymbol{R}(k)\underset{\boldsymbol{\theta}}{\mathrm{grad}}(J(\boldsymbol{\theta}))\big|_{\hat{\boldsymbol{\theta}}(k-1)} \tag{7.3.2}$$

其中，$\hat{\boldsymbol{\theta}}(k)$是第 k 次迭代估计值；$\boldsymbol{R}(k)$为权矩阵；$\underset{\boldsymbol{\theta}}{\mathrm{grad}}(J(\boldsymbol{\theta}))\big|_{\hat{\boldsymbol{\theta}}(k-1)}$为准则函数 $J(\boldsymbol{\theta})=\frac{1}{2}[z(k)-\boldsymbol{h}^{\mathrm{T}}(k)\boldsymbol{\theta}]^2$ 的梯度。式(7.3.2)可进一步写成

$$\hat{\boldsymbol{\theta}}(k) = \hat{\boldsymbol{\theta}}(k-1) + \boldsymbol{R}(k)\boldsymbol{h}(k)[z(k) - \boldsymbol{h}^{\mathrm{T}}(k)\hat{\boldsymbol{\theta}}(k-1)] \tag{7.3.3}$$

该式就是确定性梯度校正辨识算法，其中权矩阵 $\boldsymbol{R}(k)$的选择至关重要。

7.3.2 权矩阵的选择

确定性梯度校正辨识算法利用权矩阵 $\boldsymbol{R}(k)$来控制数据向量 $\boldsymbol{h}(k)$各分量 $h_i(k)$，$i=1,2,\cdots,N$ 对模型参数估计值的影响，通常权矩阵选择如下形式

$$\boldsymbol{R}(k) = c(k)\mathrm{diag}[\Lambda_1(k),\Lambda_2(k),\cdots,\Lambda_N(k)] \tag{7.3.4}$$

通过选择权值 $\Lambda_i(k)$，$i=1,2,\cdots,N$ 来控制数据分量对算法的影响程度。

定理 7.3[39] 如果

(1) $0<\Lambda_i(k)<\infty$，$i=1,2,\cdots,N$，$\forall k>0$，

(2) $\Lambda_i(k)$，$i=1,2,\cdots,N$ 中至少存在一个 $\Lambda_m(k)$，使得

$$\frac{\Lambda_m(k)-\Lambda_m(k+1)}{\Lambda_m(k)} \geqslant \frac{\Lambda_i(k)-\Lambda_i(k+1)}{\Lambda_i(k)},\quad i=1,2,\cdots,N,i\neq m,\forall k>0$$

或者

$$\frac{\Lambda_m(k+1)}{\Lambda_m(k)} \leqslant \frac{\Lambda_i(k+1)}{\Lambda_i(k)},\quad i=1,2,\cdots,N,i\neq m,\forall k>0$$

(3) $0<c(k)<\dfrac{2}{\sum\limits_{i=1}^{N}\Lambda_i(k)h_i^2(k)}$，

(4) $\tilde{\boldsymbol{\theta}}(k)=\boldsymbol{\theta}_0-\hat{\boldsymbol{\theta}}(k)$与数据向量 $\boldsymbol{h}(k)$不正交，其中$\boldsymbol{\theta}_0$ 为模型参数真值，

则确定性梯度校正辨识算法式(7.3.3)是大范围一致渐近收敛的，即有$\lim\limits_{k\to\infty}\hat{\boldsymbol{\theta}}(k)=\boldsymbol{\theta}_0$，且与初始值$\hat{\boldsymbol{\theta}}(0)$无关。

定理 7.3 的条件(1)规定了权值 $\Lambda_i(k)$，$i=1,2,\cdots,N$ 的取值范围；条件(3)和(4)是保证一致渐近收敛的条件；条件(2)是条件(3)的前提。为简单起见，下面只阐述证明定理 7.3 的思路。

(1) 将梯度校正辨识算法式(7.3.3)写成参数估计偏差的方程形式

$$\tilde{\boldsymbol{\theta}}(k) = [\boldsymbol{I}-\boldsymbol{R}(k)\boldsymbol{h}(k)\boldsymbol{h}^{\mathrm{T}}(k)]\tilde{\boldsymbol{\theta}}(k-1) \tag{7.3.5}$$

显然，式(7.3.5)是关于$\tilde{\boldsymbol{\theta}}(k)$的自由运动方程。

(2) 取 Lyapunov 函数$V(k)=\Lambda_m(k)\sum_{i=1}^{N}\frac{\tilde{\theta}_i^2(k)}{\Lambda_i(k)}$，其中$\tilde{\theta}_i(k)$是模型参数估计偏差向量$\tilde{\boldsymbol{\theta}}(k)$的第$i$个元素，显然有

① $V(k)>0,\quad \forall\tilde{\boldsymbol{\theta}}(k)\neq 0$；

② $V(k)=0,\quad \tilde{\boldsymbol{\theta}}(k)=0$；

③ $V(k)\to\infty$，当$\|\tilde{\boldsymbol{\theta}}(k)\|^2\to\infty$；

④ $\Delta V(k)=V(k+1)-V(k)<0,\forall\tilde{\boldsymbol{\theta}}(k)\neq 0$。

(3) 由 Lyapunov 主稳定性定理知，方程式(7.3.5)在平衡点$\tilde{\boldsymbol{\theta}}(k)=0$上是大范围一致渐近稳定的，即$\lim\limits_{k\to\infty}\tilde{\boldsymbol{\theta}}(k)=0$。

(4) 因为$\Delta V(k)\leqslant Q\Lambda_m(k)$，其中$Q=c(k)\varepsilon^2(k)\left[c(k)\sum_{i=1}^{N}\Lambda_i(k)h_i^2(k)-2\right]$，而$\varepsilon(k)=\boldsymbol{h}^{\mathrm{T}}(k)\tilde{\boldsymbol{\theta}}(k)$，为了保证使$\Delta V(k)<0$，必须$Q<0$，即

$$Q=c(k)\varepsilon^2(k)\left[c(k)\sum_{i=1}^{N}\Lambda_i(k)h_i^2(k)-2\right]<0 \tag{7.3.6}$$

也就是$0<c(k)<\dfrac{2}{\sum_{i=1}^{N}\Lambda_i(k)h_i^2(k)}$。

(5) 权矩阵取

$$\boldsymbol{R}(k)=\frac{c}{\sum_{i=1}^{N}\Lambda_i(k)h_i^2(k)}\operatorname{diag}[\Lambda_1(k),\Lambda_2(k),\cdots,\Lambda_N(k)],\quad 0<c<2 \tag{7.3.7}$$

以保证$\lim\limits_{k\to\infty}\tilde{\boldsymbol{\theta}}(k)=0$。

(6) 上式给出的权矩阵有个取值范围，即$0<c<2$。根据 Lyapunov 主稳定性定理，$\Delta V(k)$越负，$\tilde{\boldsymbol{\theta}}(k)$收敛到零的速度就越快。由

$$\frac{\partial Q}{\partial c(k)}=\frac{\partial}{\partial c(k)}c(k)\varepsilon^2(k)\left[c(k)\sum_{i=1}^{N}\Lambda_i(k)h_i^2(k)-2\right]=0 \tag{7.3.8}$$

可求得

$$c^*(k)=\frac{1}{\sum_{i=1}^{N}\Lambda_i(k)h_i^2(k)} \tag{7.3.9}$$

(7) 权矩阵$\boldsymbol{R}(k)$的最佳选择为

$$\boldsymbol{R}(k)=\frac{1}{\sum_{i=1}^{N}\Lambda_i(k)h_i^2(k)}\operatorname{diag}[\Lambda_1(k),\Lambda_2(k),\cdots,\Lambda_N(k)] \tag{7.3.10}$$

(8) 如果$\tilde{\boldsymbol{\theta}}(k)$与数据向量$\boldsymbol{h}(k)$正交或大于某$k$值后正交，方程式(7.3.5)就不再是大范围一致渐近稳定的了。

7.3.3　算法性质

(1) 在一定条件下，$\|\boldsymbol{\theta}_0-\hat{\boldsymbol{\theta}}(k)\|^2\leqslant\|\boldsymbol{\theta}_0-\hat{\boldsymbol{\theta}}(k-1)\|^2\leqslant\|\boldsymbol{\theta}_0-\hat{\boldsymbol{\theta}}(0)\|^2$，或 $\|\tilde{\boldsymbol{\theta}}(k)\|^2-\|\tilde{\boldsymbol{\theta}}(k-1)\|^2\leqslant 0,\quad k\geqslant 1$。

该性质说明，在一定条件下，$\|\tilde{\boldsymbol{\theta}}(k)\|$ 可以是非负、有界、不增的，也就是说 $\hat{\boldsymbol{\theta}}(k)$ 不会比 $\hat{\boldsymbol{\theta}}(k-1)$ 离 $\boldsymbol{\theta}_0$ 更远。根据梯度校正辨识算法式(7.3.3)，有

$$\begin{aligned}\|\tilde{\boldsymbol{\theta}}(k)\|^2&=\|\tilde{\boldsymbol{\theta}}(k-1)-\boldsymbol{R}(k)\boldsymbol{h}(k)\tilde{z}(k)\|^2\\&=\|\tilde{\boldsymbol{\theta}}(k-1)\|^2-2\boldsymbol{h}^{\mathrm{T}}(k)\boldsymbol{R}(k)\tilde{\boldsymbol{\theta}}(k-1)\tilde{z}(k)\\&\quad+\boldsymbol{h}^{\mathrm{T}}(k)\boldsymbol{R}(k)\boldsymbol{R}(k)\boldsymbol{h}(k)\tilde{z}^2(k)\end{aligned}\tag{7.3.11}$$

又由式(7.3.10)，并利用 $\tilde{z}(k)=z(k)-\boldsymbol{h}^{\mathrm{T}}(k)\hat{\boldsymbol{\theta}}(k-1)=\boldsymbol{h}^{\mathrm{T}}(k)\tilde{\boldsymbol{\theta}}(k-1)$，可得

$$\begin{aligned}&\|\tilde{\boldsymbol{\theta}}(k)\|^2-\|\tilde{\boldsymbol{\theta}}(k-1)\|^2\\&\leqslant-\frac{2\lambda_{\min}}{\Lambda_{\max}}\frac{\boldsymbol{h}^{\mathrm{T}}(k)\tilde{\boldsymbol{\theta}}(k-1)\hat{z}(k)}{\boldsymbol{h}^{\mathrm{T}}(k)\boldsymbol{h}(k)}+\left(\frac{\lambda_{\max}}{\Lambda_{\min}}\right)^2\frac{\boldsymbol{h}^{\mathrm{T}}(k)\boldsymbol{h}(k)\tilde{z}^2(k)}{(\boldsymbol{h}^{\mathrm{T}}(k)\boldsymbol{h}(k))^2}\\&=\frac{\Lambda_{\min}}{\Lambda_{\max}}\left[\left(\frac{\Lambda_{\max}}{\Lambda_{\min}}\right)^3-2\right]\frac{\tilde{z}^2(k)}{\boldsymbol{h}^{\mathrm{T}}(k)\boldsymbol{h}(k)}\end{aligned}\tag{7.3.12}$$

其中，$\lambda_{\max}$、$\lambda_{\min}$ 为对角矩阵 $\mathrm{diag}[\Lambda_1(k),\Lambda_2(k),\cdots,\Lambda_N(k)]$ 的最大和最小的特征值，$\Lambda_{\max}$、$\Lambda_{\min}$ 为最大和最小的权值，即

$$\begin{cases}\lambda_{\min}=\lambda_{\min}(\mathrm{diag}[\Lambda_1(k),\Lambda_2(k),\cdots,\Lambda_N(k)])=\Lambda_{\min}\\\lambda_{\max}=\lambda_{\max}(\mathrm{diag}[\Lambda_1(k),\Lambda_2(k),\cdots,\Lambda_N(k)])=\Lambda_{\max}\\\Lambda_{\min}=\min[\Lambda_1(k),\Lambda_2(k),\cdots,\Lambda_N(k)]\\\Lambda_{\max}=\max[\Lambda_1(k),\Lambda_2(k),\cdots,\Lambda_N(k)]\end{cases}\tag{7.3.13}$$

由式(7.3.12)知，只有当 $\Lambda_{\max}\leqslant\sqrt[3]{2}\Lambda_{\min}$ 时，才有 $\|\tilde{\boldsymbol{\theta}}(k)\|^2-\|\tilde{\boldsymbol{\theta}}(k-1)\|^2\leqslant 0$。

(2) 在一定条件下，$\lim\limits_{L\to\infty}\sum\limits_{k=1}^{L}\dfrac{\tilde{z}^2(k)}{\boldsymbol{h}^{\mathrm{T}}(k)\boldsymbol{h}(k)}<\infty$。

该性质说明，新息平方和是有界的。由式(7.3.12)，可得 $\|\tilde{\boldsymbol{\theta}}(L)\|^2\leqslant\|\tilde{\boldsymbol{\theta}}(0)\|^2+\dfrac{\Lambda_{\min}}{\Lambda_{\max}}\left[\left(\dfrac{\Lambda_{\max}}{\Lambda_{\min}}\right)^3-2\right]\sum\limits_{k=1}^{L}\dfrac{\tilde{z}^2(k)}{\boldsymbol{h}^{\mathrm{T}}(k)\boldsymbol{h}(k)}$；因 $\|\tilde{\boldsymbol{\theta}}(L)\|^2$ 是非负、有界、不增的，且当 $\Lambda_{\max}\leqslant\sqrt[3]{2}\Lambda_{\min}$ 时，上式右边第 2 项小于 0；若 $\lim\limits_{L\to\infty}\sum\limits_{k=1}^{L}\dfrac{\tilde{z}^2(k)}{\boldsymbol{h}^{\mathrm{T}}(k)\boldsymbol{h}(k)}$ 无界，意味 $\|\tilde{\boldsymbol{\theta}}(L)\|^2\to-\infty$，这与 $\|\tilde{\boldsymbol{\theta}}(L)\|^2$ 非负、有界、不增是矛盾的。

(3) 在一定条件下，$\lim\limits_{k\to\infty}\dfrac{\tilde{z}(k)}{[\boldsymbol{h}^{\mathrm{T}}(k)\boldsymbol{h}(k)]^{\frac{1}{2}}}=0$　(该性质可由性质(2)直接导出)。

(4) $\lim\limits_{L\to\infty}\sum\limits_{k=1}^{L}\|\hat{\boldsymbol{\theta}}(k)-\hat{\boldsymbol{\theta}}(k-1)\|^2<\infty$。

与性质(1)推导类似，有

$$\| \hat{\boldsymbol{\theta}}(k) - \hat{\boldsymbol{\theta}}(k-1) \|^2 = \| \boldsymbol{R}(k)\boldsymbol{h}(k)\tilde{z}(k) \|^2 = \boldsymbol{h}^{\mathrm{T}}(k)\boldsymbol{R}(k)\boldsymbol{R}(k)\boldsymbol{h}(k)\tilde{z}^2(k)$$
$$\leqslant \left(\frac{\Lambda_{\max}}{\Lambda_{\min}}\right)^2 \frac{\tilde{z}^2(k)}{\boldsymbol{h}^{\mathrm{T}}(k)\boldsymbol{h}(k)} \tag{7.3.14}$$

则由性质(2)可导出该性质。

(5) $\lim\limits_{L\to\infty}\sum\limits_{k=1}^{L} \| \hat{\boldsymbol{\theta}}(k) - \hat{\boldsymbol{\theta}}(k-d) \|^2 < \infty$ 。

根据 Schwarz 不等式，有

$$\begin{aligned}\| \hat{\boldsymbol{\theta}}(k) - \hat{\boldsymbol{\theta}}(k-d) \|^2 = & \| [\hat{\boldsymbol{\theta}}(k) - \hat{\boldsymbol{\theta}}(k-1)] + [\hat{\boldsymbol{\theta}}(k-1) - \hat{\boldsymbol{\theta}}(k-2)] + \cdots \\ & + [\hat{\boldsymbol{\theta}}(k-d+1) - \hat{\boldsymbol{\theta}}(k-d)] \|^2 \\ \leqslant & d[\| \hat{\boldsymbol{\theta}}(k) - \hat{\boldsymbol{\theta}}(k-1) \|^2 + \| \hat{\boldsymbol{\theta}}(k-1) - \hat{\boldsymbol{\theta}}(k-2) \|^2 + \cdots \\ & + \| \hat{\boldsymbol{\theta}}(k-d+1) - \hat{\boldsymbol{\theta}}(k-d) \|^2]\end{aligned} \tag{7.3.15}$$

由性质(4)知，式(7.3.15)右边每项都是有界的，所以有限项的平方和是有界的。

(6) $\lim\limits_{k\to\infty} \| \hat{\boldsymbol{\theta}}(k) - \hat{\boldsymbol{\theta}}(k-d) \| = 0$ 。

该性质可由性质(5)导出，说明模型参数估计值靠得越来越紧，但不说明参数一定是收敛的。

(7) 如果 $\sum\limits_{i=1}^{l} \dfrac{\boldsymbol{h}(k+i)\boldsymbol{h}^{\mathrm{T}}(k+i)}{\boldsymbol{h}^{\mathrm{T}}(k+i)\boldsymbol{h}(k+i)} \geqslant c\boldsymbol{I}, c>0, l>0, \forall k$，则 c 和 l 可能影响梯度校正辨识算法式(7.3.3)的收敛速度。

根据式(7.3.5)，有

$$\begin{cases}\tilde{\boldsymbol{\theta}}(k+i) = \boldsymbol{F}(k+i)\tilde{\boldsymbol{\theta}}(k) \\ \boldsymbol{F}(k+i) = \prod\limits_{i=1}^{i} [\boldsymbol{I} - \boldsymbol{R}(k+i)\boldsymbol{h}(k+i)\boldsymbol{h}^{\mathrm{T}}(k+i)]\end{cases} \tag{7.3.16}$$

定义 $V(k)=\tilde{\boldsymbol{\theta}}^{\mathrm{T}}(k)\tilde{\boldsymbol{\theta}}(k)$，并由式(7.3.16)，与推导性质(1)类似，可得

$$\begin{aligned}V(k+1) = & \tilde{\boldsymbol{\theta}}^{\mathrm{T}}(k)[\boldsymbol{I} - \boldsymbol{R}(k+1)\boldsymbol{h}(k+1)\boldsymbol{h}^{\mathrm{T}}(k+1)]^{\mathrm{T}} \\ & [\boldsymbol{I} - \boldsymbol{R}(k+1)\boldsymbol{h}(k+1)\boldsymbol{h}^{\mathrm{T}}(k+1)]\tilde{\boldsymbol{\theta}}(k) \\ \leqslant & \tilde{\boldsymbol{\theta}}^{\mathrm{T}}(k)\left[\boldsymbol{I} - \bar{\Lambda}(k+1)\frac{\boldsymbol{h}(k+1)\boldsymbol{h}^{\mathrm{T}}(k+1)}{\boldsymbol{h}^{\mathrm{T}}(k+1)\boldsymbol{h}(k+1)}\right]\tilde{\boldsymbol{\theta}}(k) \\ = & V(k) - \bar{\Lambda}(k+1)\frac{\tilde{\boldsymbol{\theta}}^{\mathrm{T}}(k)\boldsymbol{h}(k+1)\boldsymbol{h}^{\mathrm{T}}(k+1)\tilde{\boldsymbol{\theta}}(k)}{\boldsymbol{h}^{\mathrm{T}}(k+1)\boldsymbol{h}(k+1)}\end{aligned} \tag{7.3.17}$$

式中

$$\begin{cases}\bar{\Lambda}(k+1) = \dfrac{2\Lambda_{\min}(k+1) - \Lambda_{\max}^3(k+1)}{\Lambda_{\min}(k+1)\Lambda_{\max}(k+1)} > 0 \\ (\text{要求 } \Lambda_{\max}(k+1) \leqslant \sqrt[3]{2}\Lambda_{\min}(k+1)) \\ \Lambda_{\min}(k+1) = \min[\Lambda_1(k+1), \Lambda_2(k+1), \cdots, \Lambda_N(k+1)] \\ \Lambda_{\max}(k+1) = \max[\Lambda_1(k+1), \Lambda_2(k+1), \cdots, \Lambda_N(k+1)]\end{cases} \tag{7.3.18}$$

依此类推

$$\begin{aligned}V(k+l) &\leqslant V(k)-\bar{\Lambda}(k+i)\sum_{i=1}^{l}\frac{\tilde{\boldsymbol{\theta}}^{\mathrm{T}}(k+i-1)\boldsymbol{h}(k+i)\boldsymbol{h}^{\mathrm{T}}(k+i)\tilde{\boldsymbol{\theta}}(k+i-1)}{\boldsymbol{h}^{\mathrm{T}}(k+i)\boldsymbol{h}(k+i)}\\ &\leqslant V(k)-\bar{\Lambda}_{\min}\tilde{\boldsymbol{\theta}}^{\mathrm{T}}(k)\sum_{i=1}^{l}\frac{\boldsymbol{F}^{\mathrm{T}}(k+i-1)\boldsymbol{h}(k+i)\boldsymbol{h}^{\mathrm{T}}(k+i)\boldsymbol{F}(k+i-1)}{\boldsymbol{h}^{\mathrm{T}}(k+i)\boldsymbol{h}(k+i)}\tilde{\boldsymbol{\theta}}(k)\\ &=V(k)-\bar{\Lambda}_{\min}\tilde{\boldsymbol{\theta}}^{\mathrm{T}}(k)\bar{\boldsymbol{Q}}(k,l)\tilde{\boldsymbol{\theta}}(k)\end{aligned} \tag{7.3.19}$$

式中

$$\begin{cases}\bar{\boldsymbol{Q}}(k,l)=\sum_{i=1}^{l}\frac{\boldsymbol{F}^{\mathrm{T}}(k+i-1)\boldsymbol{h}(k+i)\boldsymbol{h}^{\mathrm{T}}(k+i)\boldsymbol{F}(k+i-1)}{\boldsymbol{h}^{\mathrm{T}}(k+i)\boldsymbol{h}(k+i)}\stackrel{\mathrm{def}}{=}\bar{\boldsymbol{Q}}^{*}(k,l)\bar{\boldsymbol{Q}}^{*\mathrm{T}}(k,l)\\ \bar{\boldsymbol{Q}}^{*}(k,l)=[\boldsymbol{F}^{\mathrm{T}}(k)\boldsymbol{h}_{n}(k+1),\boldsymbol{F}^{\mathrm{T}}(k+1)\boldsymbol{h}_{n}(k+2),\cdots,\boldsymbol{F}^{\mathrm{T}}(k+l-1)\boldsymbol{h}_{n}(k+l)]\\ \boldsymbol{h}_{n}(k+i)=\frac{\boldsymbol{h}(k+i)}{\|\boldsymbol{h}(k+i)\|}\\ \bar{\Lambda}(k+i)=\frac{2\Lambda_{\min}(k+i)-\Lambda_{\max}^{3}(k+i)}{\Lambda_{\min}(k+i)\Lambda_{\max}(k+i)}>0,(\text{要求 }\Lambda_{\max}(k+i)\leqslant\sqrt[3]{2}\Lambda_{\min}(k+i))\\ \Lambda_{\min}(k+i)=\min[\Lambda_{1}(k+i),\Lambda_{2}(k+i),\cdots,\Lambda_{N}(k+i)]\\ \Lambda_{\max}(k+i)=\max[\Lambda_{1}(k+i),\Lambda_{2}(k+i),\cdots,\Lambda_{N}(k+i)]\\ \bar{\Lambda}_{\min}=\min[\bar{\Lambda}(k+1),\bar{\Lambda}(k+2),\cdots,\bar{\Lambda}(k+l)]\end{cases} \tag{7.3.20}$$

若令

$$\sum_{i=1}^{l}\frac{\boldsymbol{h}(k+i)\boldsymbol{h}^{\mathrm{T}}(k+i)}{\boldsymbol{h}^{\mathrm{T}}(k+i)\boldsymbol{h}(k+i)}\stackrel{\mathrm{def}}{=}\boldsymbol{Q}(k,l)\stackrel{\mathrm{def}}{=}\boldsymbol{Q}^{*}(k,l)\boldsymbol{Q}^{*\mathrm{T}}(k,l) \tag{7.3.21}$$

总能找到一个非奇异、元素有界的上三角矩阵$\boldsymbol{U}(k,l)$，使得$\boldsymbol{Q}^{*}(k,l)=\bar{\boldsymbol{Q}}^{*}(k,l)\boldsymbol{U}(k,l)$，且$\boldsymbol{U}(k,l)$满足$\alpha\boldsymbol{I}\leqslant\boldsymbol{U}(k,l)\boldsymbol{U}^{\mathrm{T}}(k,l)\leqslant\beta\boldsymbol{I}$，$\alpha>0$，$\beta>0$，则有

$$\begin{aligned}\alpha\bar{\boldsymbol{Q}}(k,l)\leqslant\boldsymbol{Q}(k,l)&=\bar{\boldsymbol{Q}}^{*}(k,l)\bar{\boldsymbol{Q}}^{*\mathrm{T}}(k,l)\\ &=\bar{\boldsymbol{Q}}(k,l)\boldsymbol{U}(k,l)\boldsymbol{U}^{\mathrm{T}}(k,l)\bar{\boldsymbol{Q}}^{*\mathrm{T}}(k,l)\\ &\leqslant\beta\bar{\boldsymbol{Q}}^{*}(k,l)\bar{\boldsymbol{Q}}^{*\mathrm{T}}(k,l)=\beta\bar{\boldsymbol{Q}}(k,l)\end{aligned} \tag{7.3.22}$$

如果$\sum_{i=1}^{l}\frac{\boldsymbol{h}(k+i)\boldsymbol{h}^{\mathrm{T}}(k+i)}{\boldsymbol{h}^{\mathrm{T}}(k+i)\boldsymbol{h}(k+i)}\geqslant c\boldsymbol{I}$，也就是$\boldsymbol{Q}(k,l)\geqslant c\boldsymbol{I}$，则$\bar{\boldsymbol{Q}}(k,l)\geqslant\frac{c}{\beta}\boldsymbol{I}$。代入式(7.3.17)，有$V(k+l)\leqslant(1-\bar{\Lambda}_{\min}c/\beta)V(k)$。又因$V(k+l)>0$，故$\bar{\Lambda}_{\min}c/\beta$必须小于1，则$V(k+l)\leqslant\mathrm{e}^{-k\bar{\Lambda}_{\min}c/\beta}V(0)$。可见$V(k)$将按指数衰减趋于零，根据$V(k)$的定义，模型参数估计偏差$\tilde{\boldsymbol{\theta}}(k)$也将按指数衰减于零，衰减的速度与$c$和$l$有关。因此，$c$和$l$可能影响算法的收敛速度。

算法性质(1)～(7)用到条件$\Lambda_{\max}\leqslant\sqrt[3]{2}\Lambda_{\min}$，然而可能存在更宽松的条件，作者没有做进一步的探索。

例 7.1 考虑如图7.1所示的仿真系统，其输入和输出关系可表示成

$$z(k)=\sum_{i=0}^{N-1}g(i)u(k-i) \tag{7.3.23}$$

式中，$\{g(i),i=0,1,2,\cdots,N-1\}$为系统脉冲响应序列。输入$u(k)$采用特征多项式

为 $F(s)=1\oplus s^6\oplus s^7$、幅度为 1 的 M 序列，数据长度 $L=400$，置参数向量和数据向量为

$$\begin{cases}\boldsymbol{\theta}=[g(0),g(1),\cdots,g(N-1)]^{\mathrm{T}}\\ \boldsymbol{h}(k)=[u(k),u(k-1),\cdots,u(k-N+1)]^{\mathrm{T}}\end{cases} \tag{7.3.24}$$

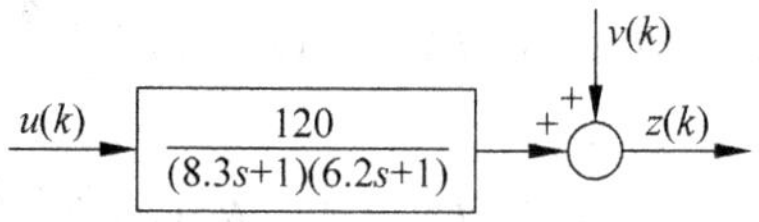

$u(k)$ → $\dfrac{120}{(8.3s+1)(6.2s+1)}$ → + ← $v(k)$ → $z(k)$

图 7.1 仿真系统

当系统噪声 $v(k)$ 为零时，利用梯度校正辨识算法式(7.3.3)，权矩阵取

$$\boldsymbol{R}(k)=\frac{1}{\|\boldsymbol{h}(k)\|^2}\boldsymbol{I} \tag{7.3.25}$$

或

$$\begin{cases}\boldsymbol{R}(k)=\dfrac{1}{\sum\limits_{i=1}^{N}\Lambda_i(k)h_i^2(k)}\mathrm{diag}[\Lambda_1(k),\Lambda_2(k),\cdots,\Lambda_N(k)]\\ \Lambda_i(k)=\mu^{N_1-i},\quad i=1,2,\cdots,N_1;\\ \Lambda_i(k)=\mu^{i-N_1-1},\quad i=N_1+1,N_1+2,\cdots,N\\ (\text{本例取 } N=70,N_1=10,\mu=0.98)\end{cases} \tag{7.3.26}$$

两种权矩阵选择的脉冲响应估计变化都很稳健，与真实的脉冲响应也都非常吻合，如图 7.2～图 7.4 所示。

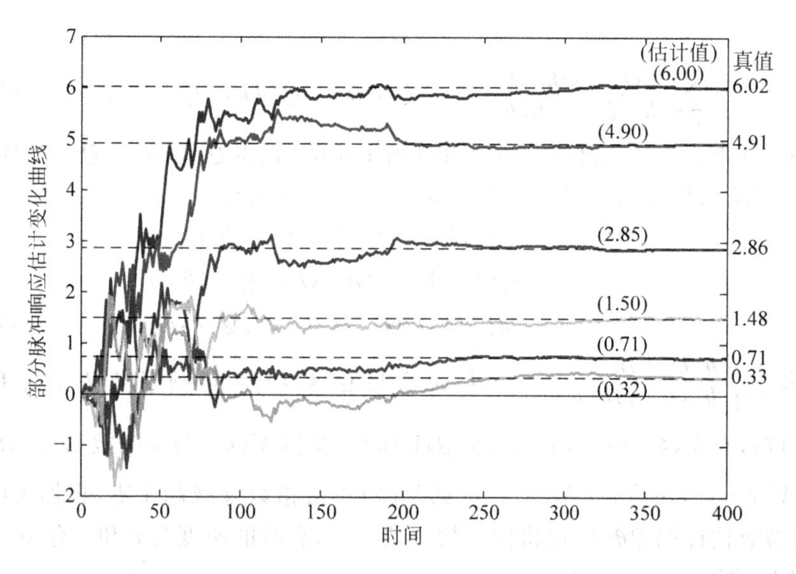

图 7.2 权矩阵取式(7.3.25)，脉冲响应估计变化过程

梯度校正辨识算法式(7.3.3)是针对确定性系统的，但是如果系统受到的噪声污染较小，如例 7.1 噪声 $v(k)$ 标准差取 0.8(噪信比约为 3.9%)，权矩阵取式(7.3.25)或式(7.3.26)，仿真实验表明辨识效果也不错。当然更重要的是，梯度校正辨识算法式(7.3.3)是研究随机性梯度校正辨识方法的基础。

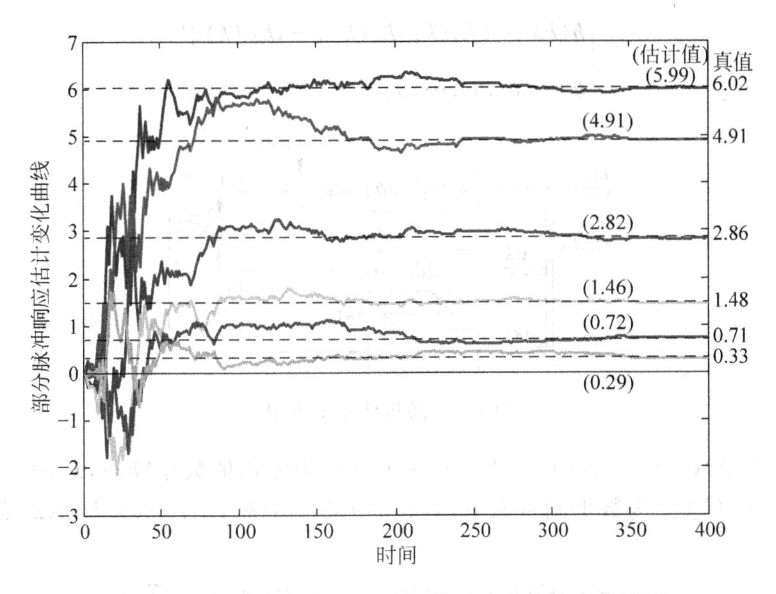

图 7.3　权矩阵取式(7.3.26),脉冲响应估计变化过程

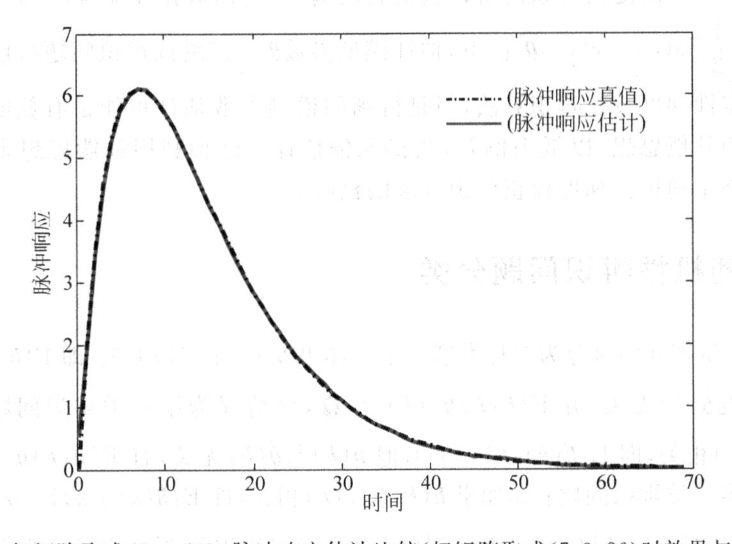

图 7.4　权矩阵取式(7.3.25),脉冲响应估计比较(权矩阵取式(7.3.26)时效果与此相近)

7.4　随机性梯度校正辨识方法

下面讨论图 7.5 所示的随机性系统辨识问题,将系统模型写成最小二乘格式

$$z(k) = \boldsymbol{h}^{\mathrm{T}}(k)\,\boldsymbol{\theta} + v(k) \tag{7.4.1}$$

式中,$z(k)$为模型输出,$\boldsymbol{h}(k)$为模型数据向量,$\boldsymbol{\theta}$为模型参数向量,$v(k)$为零均值模型噪声。置

$$\begin{cases} \boldsymbol{h}(k) = [h_1(k), h_2(k), \cdots, h_N(k)]^{\mathrm{T}} \\ \boldsymbol{\theta} = [\theta_1, \theta_2, \cdots, \theta_N]^{\mathrm{T}} \end{cases} \tag{7.4.2}$$

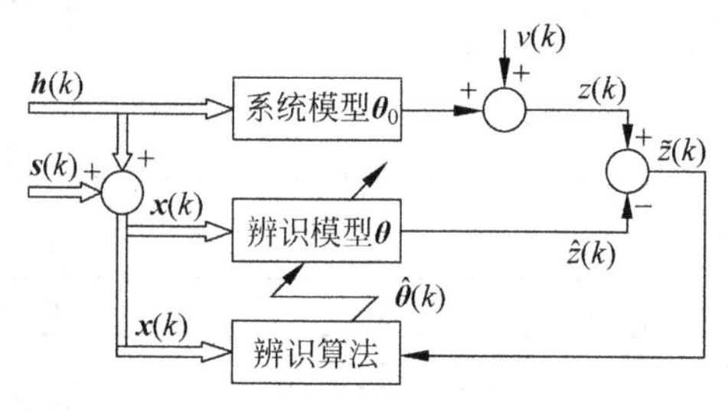

图 7.5 随机性系统辨识

图 7.5 中，$\boldsymbol{s}(k)=[s_1(k),s_2(k),\cdots,s_N(k)]^{\mathrm{T}}$ 为零均值数据噪声，$\boldsymbol{x}(k)=[x_1(k),x_2(k),\cdots,x_N(k)]^{\mathrm{T}}$ 为数据测量向量，$\boldsymbol{x}(k)=\boldsymbol{h}(k)+\boldsymbol{s}(k)$，噪声 $\boldsymbol{s}(k)$ 与 $\boldsymbol{h}(k)$ 和 $v(k)$ 不相关，且

$$\mathrm{E}\{\boldsymbol{s}(k)\boldsymbol{s}^{\mathrm{T}}(k)\} = \mathrm{diag}\{\sigma_{s_1}^2, \sigma_{s_2}^2, \cdots, \sigma_{s_N}^2\} = \boldsymbol{\Sigma}_s \tag{7.4.3}$$

图 7.5 所示的随机性系统辨识就是利用输入、输出数据 $\boldsymbol{x}(k)$ 和 $z(k)$，在准则函数 $J(\boldsymbol{\theta})=\frac{1}{2}[z(k)-\boldsymbol{x}^{\mathrm{T}}(k)\boldsymbol{\theta}]^2$ 下，估计模型参数$\boldsymbol{\theta}$。解决该辨识问题可以基于上节讨论的确定性梯度校正辨识算法，但是得到的模型参数估计可能是有偏的。本节讨论如何利用补偿思想，以抵去偏差，获得无偏估计。这种利用补偿思想来解决辨识问题的思路是随机性梯度校正辨识方法的核心。

7.4.1 随机性辨识问题分类

图 7.5 辨识问题可分为三种类型[39]：①如果 $\boldsymbol{h}(k)$ 与 $v(k)$ 无关，即 $\mathrm{E}\{\boldsymbol{h}(k)v(k)\}=0$，且 $\boldsymbol{h}(k)$ 与 $\hat{\boldsymbol{\theta}}(k)$ 无关，并 $\mathrm{E}\{\boldsymbol{h}(k)\boldsymbol{h}^{\mathrm{T}}(k)\}=\boldsymbol{\Omega}$，该情况为第一类辨识问题；②如果 $\boldsymbol{h}(k)$ 与 $v(k)$ 相关，即 $\mathrm{E}\{\boldsymbol{h}(k)v(k)\}\neq 0$，但 $\boldsymbol{h}(k)$ 与 $\hat{\boldsymbol{\theta}}(k)$ 无关，且 $\mathrm{E}\{\boldsymbol{h}(k)\boldsymbol{h}^{\mathrm{T}}(k)\}=\boldsymbol{\Omega}$，该情况为第二类辨识问题；③如果 $\boldsymbol{h}(k)$ 与 $v(k)$ 相关，即 $\mathrm{E}\{\boldsymbol{h}(k)v(k)\}\neq 0$，且 $\boldsymbol{h}(k)$ 与 $\hat{\boldsymbol{\theta}}(k)$ 相关，并 $\mathrm{E}\{\boldsymbol{h}(k)\boldsymbol{h}^{\mathrm{T}}(k)\}=\boldsymbol{\Omega}$，该情况为第三类辨识问题。这三类辨识问题通常都要求数据噪声 $\boldsymbol{s}(k)$ 的协方差阵$\boldsymbol{\Sigma}_s$ 必须先知，而数据向量$\boldsymbol{h}(k)$ 的协方差阵$\boldsymbol{\Omega}$ 不需要预先知道；$\boldsymbol{h}(k)$ 与 $v(k)$ 无关，意味着系统是开环的；$\boldsymbol{h}(k)$ 与$\hat{\boldsymbol{\theta}}(k)$ 无关，意味着数据向量 $\boldsymbol{h}(k)$ 的元素都是可独立检测的，不含与$\hat{\boldsymbol{\theta}}(k)$ 有关的估计值。

7.4.2 梯度校正补偿算法

1. 算法的有偏性

随机性梯度校正辨识算法的基本思想与确定性问题一样，也是沿着准则函数

$J(\boldsymbol{\theta})$的负梯度方向修正模型参数估计值$\hat{\boldsymbol{\theta}}(k)$，直至准则函数 $J(\boldsymbol{\theta})$达到最小。为了削弱$\hat{\boldsymbol{\theta}}(k)$之间的关联性，梯度校正辨识算法式(7.3.3)改写成

$$\hat{\boldsymbol{\theta}}(k+l) = \hat{\boldsymbol{\theta}}(k) + \boldsymbol{R}(k)\boldsymbol{x}(k)[z(k) - \boldsymbol{x}^{\mathrm{T}}(k)\hat{\boldsymbol{\theta}}(k)] \tag{7.4.4}$$

式中，$\boldsymbol{R}(k)$为权矩阵，算法步跨 l 的选择为的是使数据向量 $\boldsymbol{x}(k)$与 $\boldsymbol{x}(k-l)$不相关。不过，式(7.4.4)所给的算法是渐近有偏的[39]，即

$$\lim_{k\to\infty}\mathrm{E}\{\hat{\boldsymbol{\theta}}(k)\} = (\boldsymbol{\Omega} + \boldsymbol{\Sigma}_s)^{-1}(\boldsymbol{T}_2 + \boldsymbol{\Omega}\boldsymbol{\theta}_0) \tag{7.4.5}$$

其中，$\boldsymbol{T}_2 = \mathrm{E}\{\boldsymbol{h}(k)v(k)\}$，$\boldsymbol{\Omega} = \mathrm{E}\{\boldsymbol{h}(k)\boldsymbol{h}^{\mathrm{T}}(k)\}$，$\boldsymbol{\Sigma}_s = \mathrm{E}\{\boldsymbol{s}(k)\boldsymbol{s}^{\mathrm{T}}(k)\}$。显然，只有当 $\boldsymbol{T}_2 = \mathrm{E}\{\boldsymbol{h}(k)v(k)\} = 0$ 及$\boldsymbol{\Sigma}_s = \mathrm{E}\{\boldsymbol{s}(k)\boldsymbol{s}^{\mathrm{T}}(k)\} = 0$ 时，算法才是无偏的。

根据式(7.4.4)和式(7.4.1)，有

$$\begin{aligned}\mathrm{E}\{\hat{\boldsymbol{\theta}}(k+l)\} &= \mathrm{E}\{\hat{\boldsymbol{\theta}}(k)\} + \boldsymbol{R}(k)\mathrm{E}\{\boldsymbol{x}(k)\boldsymbol{h}^{\mathrm{T}}(k)\boldsymbol{\theta}_0\} \\ &\quad + \boldsymbol{R}(k)\mathrm{E}\{\boldsymbol{x}(k)v(k)\} - \boldsymbol{R}(k)\mathrm{E}\{\boldsymbol{x}(k)\boldsymbol{x}^{\mathrm{T}}(k)\hat{\boldsymbol{\theta}}(k)\}\end{aligned} \tag{7.4.6}$$

式中

$$\begin{cases}\mathrm{E}\{\boldsymbol{x}(k)\boldsymbol{h}^{\mathrm{T}}(k)\boldsymbol{\theta}_0\} = \mathrm{E}\{[\boldsymbol{h}(k) + \boldsymbol{s}(k)]\boldsymbol{h}^{\mathrm{T}}(k)\boldsymbol{\theta}_0\} = \boldsymbol{\Omega}\boldsymbol{\theta}_0 \\ \mathrm{E}\{\boldsymbol{x}(k)v(k)\} = \mathrm{E}\{[\boldsymbol{h}(k) + \boldsymbol{s}(k)]v(k)\} = \boldsymbol{T}_2 \\ \mathrm{E}\{\boldsymbol{x}(k)\boldsymbol{x}^{\mathrm{T}}(k)\hat{\boldsymbol{\theta}}(k)\} = (\boldsymbol{\Omega} + \boldsymbol{\Sigma}_s)\mathrm{E}\{\hat{\boldsymbol{\theta}}(k)\}\end{cases} \tag{7.4.7}$$

考虑到$\lim\limits_{k\to\infty}\mathrm{E}\{\hat{\boldsymbol{\theta}}(k+l)\} = \lim\limits_{k\to\infty}\mathrm{E}\{\hat{\boldsymbol{\theta}}(k)\}$，便有式(7.4.5)。

2. 第一类辨识问题的渐近无偏算法

对第一类辨识问题来说，因 $\boldsymbol{T}_2 = 0$，根据式(7.4.6)和式(7.4.7)，有

$$\mathrm{E}\{\hat{\boldsymbol{\theta}}(k+l)\} - \mathrm{E}\{\hat{\boldsymbol{\theta}}(k)\} = \boldsymbol{R}(k)\boldsymbol{\Omega}\boldsymbol{\theta}_0 - \boldsymbol{R}(k)\boldsymbol{\Omega}\mathrm{E}\{\hat{\boldsymbol{\theta}}(k)\} - \boldsymbol{R}(k)\boldsymbol{\Sigma}_s\mathrm{E}\{\hat{\boldsymbol{\theta}}(k)\} \tag{7.4.8}$$

显然，模型参数估计存在偏差，偏差等于$-\boldsymbol{R}(k)\boldsymbol{\Sigma}_s\mathrm{E}\{\hat{\boldsymbol{\theta}}(k)\}$，只要补偿之，即可得到无偏估计。因此第一类辨识问题的渐近无偏算法可写成[39]

$$\hat{\boldsymbol{\theta}}(k+l) = [\boldsymbol{I} + \boldsymbol{R}(k)\boldsymbol{\Sigma}_s]\hat{\boldsymbol{\theta}}(k) + \boldsymbol{R}(k)\boldsymbol{x}(k)[z(k) - \boldsymbol{x}^{\mathrm{T}}(k)\hat{\boldsymbol{\theta}}(k)] \tag{7.4.9}$$

算法要求输入噪声 $\boldsymbol{s}(k)$的协方差阵$\boldsymbol{\Sigma}_s$ 是已知的或可估计的。

3. 第二类辨识问题的渐近无偏算法

对第二类辨识问题来说，因 $\boldsymbol{T}_2 \neq 0$，根据式(7.4.6)和式(7.4.7)式，有

$$\mathrm{E}\{\hat{\boldsymbol{\theta}}(k+l)\} - \mathrm{E}\{\hat{\boldsymbol{\theta}}(k)\} = \boldsymbol{R}(k)\boldsymbol{\Omega}\boldsymbol{\theta}_0 - \boldsymbol{R}(k)\boldsymbol{\Omega}\mathrm{E}\{\hat{\boldsymbol{\theta}}(k)\} + \boldsymbol{R}(k)\boldsymbol{T}_2 - \boldsymbol{R}(k)\boldsymbol{\Sigma}_s\mathrm{E}\{\hat{\boldsymbol{\theta}}(k)\} \tag{7.4.10}$$

显然，模型参数估计是存在偏差的，偏差为 $\boldsymbol{R}(k)\boldsymbol{T}_2 - \boldsymbol{R}(k)\boldsymbol{\Sigma}_s\mathrm{E}\{\hat{\boldsymbol{\theta}}(k)\}$。与第一类辨识问题不同，不仅需要补偿由输入噪声产生的偏差$-\boldsymbol{R}(k)\boldsymbol{\Sigma}_s\mathrm{E}\{\hat{\boldsymbol{\theta}}(k)\}$，还要补偿由输出噪声产生的偏差 $\boldsymbol{R}(k)\boldsymbol{T}_2$。因此，第二类辨识问题需要进行两项补偿，才可得到无偏估计。由此可将第二类辨识问题的渐近无偏算法写成[39]

$$\hat{\boldsymbol{\theta}}(k+l)=\hat{\boldsymbol{\theta}}(k)+\boldsymbol{R}(k)\boldsymbol{\Sigma}_s\hat{\boldsymbol{\theta}}(k)-\boldsymbol{R}(k)\boldsymbol{T}_2+\boldsymbol{R}(k)\boldsymbol{x}(k)[z(k)-\boldsymbol{x}^{\mathrm{T}}(k)\hat{\boldsymbol{\theta}}(k)] \tag{7.4.11}$$

算法不仅要求输入噪声 $\boldsymbol{s}(k)$的协方差阵$\boldsymbol{\Sigma}_s$ 是已知的或可估计的，还要求 $\boldsymbol{T}_2$ 是可计算的。通常需将 $\boldsymbol{T}_2$ 近似为模型参数$\boldsymbol{\theta}$的线性函数

$$\boldsymbol{T}_2=\mathrm{E}\{\boldsymbol{h}(k)v(k)\}=\boldsymbol{\phi}+\boldsymbol{\Psi}\boldsymbol{\theta} \tag{7.4.12}$$

其中，$\boldsymbol{\phi}$ 和$\boldsymbol{\Psi}$ 在某些特定情况下有可能设法事先确定，则式(7.4.11)进一步写成

$$\hat{\boldsymbol{\theta}}(k+l)=[\boldsymbol{I}+\boldsymbol{R}(k)(\boldsymbol{\Sigma}_s-\boldsymbol{\Psi})]\hat{\boldsymbol{\theta}}(k)-\boldsymbol{R}(k)\boldsymbol{\phi}+\boldsymbol{R}(k)\boldsymbol{x}(k)[z(k)-\boldsymbol{x}^{\mathrm{T}}(k)\hat{\boldsymbol{\theta}}(k)] \tag{7.4.13}$$

第三类辨识问题较为复杂，本书不准备讨论它。

4. 权矩阵 R(k)的选择

权矩阵 $\boldsymbol{R}(k)$一般采用如下形式

$$\boldsymbol{R}(k)=c(k)\mathrm{diag}[\Lambda_1(k),\Lambda_2(k),\cdots,\Lambda_N(k)] \tag{7.4.14}$$

式中，为了保证算法的收敛性，权矩阵 $\boldsymbol{R}(k)$的参数需要满足

① $0<\Lambda_{\min}\leqslant\Lambda_i(k)\leqslant\Lambda_{\max}<\infty, i=1,2,\cdots,N, \forall k>0$；

② $c(k)>0,\ \sum_{k=1}^{\infty}c(k)\to\infty,\ \sum_{k=1}^{\infty}c^2(k)<\infty,\ \lim_{k\to\infty}c(k)=0$ $\left(\text{如 } c(k)=\frac{1}{k^p}, \frac{1}{2}<p\leqslant 1, k\geqslant 1\right)$。

上面所给的权矩阵 $\boldsymbol{R}(k)$的参数选择是用于保证$\hat{\boldsymbol{\theta}}(k)$的收敛性，但$\hat{\boldsymbol{\theta}}(k)$不一定有最快的收敛速度。为了兼顾两者，算法递推的前期可采用式(7.3.10)所给的最佳权矩阵，以加快算法的收敛速度，递推的后期再采用式(7.4.14)，以保证算法的收敛性。

例 7.2 本例仿真模型和实验基本条件与例 7.1 相同，不同的条件如下：系统噪声 $v(k)$标准差取 1.0(噪信比约为 4.7%)；数据向量 $\boldsymbol{h}(k)$受标准差为 0.1 的噪声污染(噪信比约为 10.0%)；数据长度取 1000；权矩阵采用式(7.4.14)，且时间 k 小于等于 200 之前，权值取 $c(k)=\frac{1}{\|\boldsymbol{h}(k)\|^2}$，$\Lambda_i(k)=1, i=1,2,\cdots,N$，时间 k 大于 200 之后，权值取 $c(k)=\frac{1}{(k-100)^{0.95}}$；算法步跨 $l=2$。利用第一类渐近无偏辨识算法式(7.4.9)，获得的脉冲响应估计如图 7.6 所示，与真实的脉冲响应比较，吻合情况一般，数据向量 $\boldsymbol{h}(k)$所受的噪声对辨识结果影响较大。图 7.7 是部分脉冲响应估计的变化过程，包括$\hat{g}(i), i=10,20,30,40,50,60$，共 6 个点。从脉冲响应估计曲线的变化情况看，$k=200$ 之前，权值取 $c(k)=\frac{1}{\|\boldsymbol{h}(k)\|^2}$，估计值变化较为敏感，对加快辨识速度有利；$k=200$ 之后，权值取 $c(k)=\frac{1}{(k-100)^{0.95}}$，估计值变化较为平稳，有利于参数估计值趋于稳定。算法的各种参数(算法步跨、权值切换时间、权值选择等)对辨

识结果影响比较大，不易合理配置。另外实验证实，算法补偿项 $\boldsymbol{R}(k)\boldsymbol{\Sigma}_s\hat{\boldsymbol{\theta}}(k)$ 的作用并不明显，补偿后的脉冲响应估计值还是有偏的。

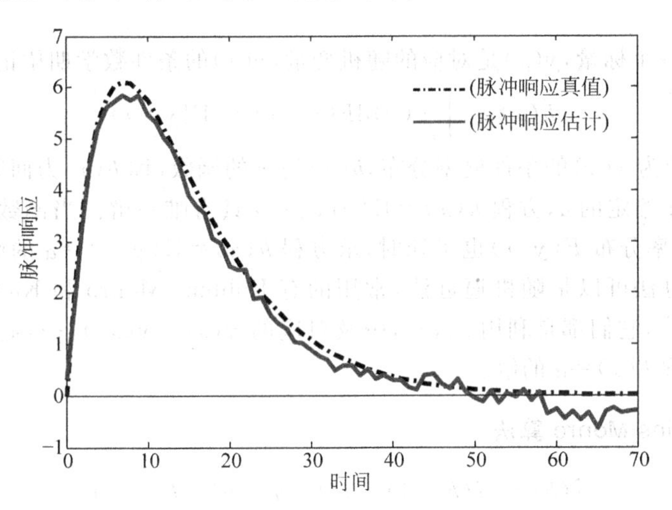

图 7.6　脉冲响应估计比较

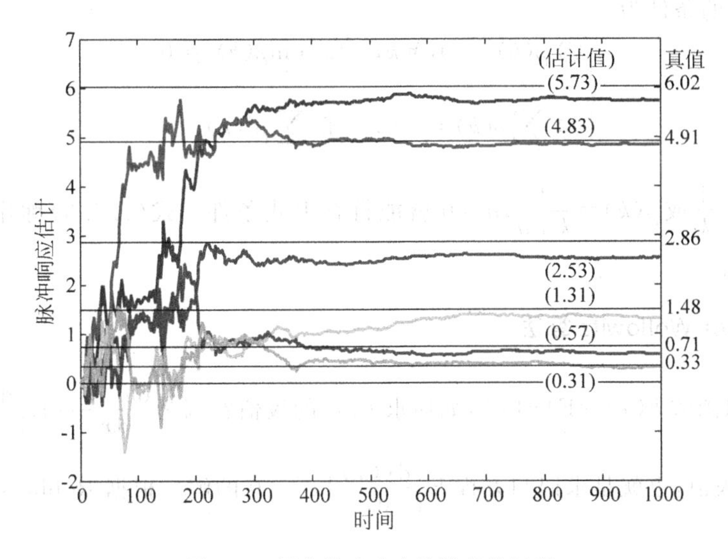

图 7.7　部分脉冲响应估计变化过程

7.5　随机逼近辨识方法

为了减少对样本的依赖，准则函数 $J(\boldsymbol{\theta})$ 通常需要选用数学期望的形式

$$\mathrm{E}\{J(\boldsymbol{\theta})\}=\frac{1}{L}\sum_{k=1}^{L}\mathrm{E}\{f(\hat{z}(k,\boldsymbol{\theta}),z(k))\} \tag{7.5.1}$$

这种准则函数形式会给 $J(\boldsymbol{\theta})$ 的极小化问题带来麻烦。下面讨论的基于随机逼近原理的辨识方法可以解决这类问题，是一种颇受重视的辨识方法。

7.5.1 随机逼近原理

设 x 是一个标量，$y(x)$是对应的随机变量，$y(x)$的条件数学期望记作

$$h(x)=\int_{\Omega} y(x)\mathrm{d}F(y \mid x)=\mathrm{E}\{y \mid x\} \tag{7.5.2}$$

其中，$F(y|x)$为 $y(x)$的条件概率分布，$h(x)$是 x 的函数，称 $h(x)$为回归函数。

假设对于给定的 α，方程 $h(x)=\mathrm{E}\{y|x\}=\alpha$ 具有唯一解。当函数 $h(x)$的形式未知、条件概率分布 $F(y|x)$也未知时，求方程 $h(x)=\mathrm{E}\{y|x\}=\alpha$ 的解析解是困难的。解决的办法可以是随机逼近法，常用的有 Robbins-Monro 和 Kiefer-Wolfowitz 两种算法[56,36]，它们都是利用 $x_1,x_2,\cdots$及对应的 $y(x_1),y(x_2),\cdots$，通过迭代计算，逐步逼近方程 $h(x)=\alpha$ 的解。

1. Robbins-Monro 算法

$$\hat{x}(k)=\hat{x}(k-1)+\rho(k)[\alpha-y(\hat{x}(k-1))] \tag{7.5.3}$$

其中，$\rho(k)$称收敛因子。在均方意义 $\mathrm{E}\{[\hat{x}(k)-x_0]^2\}=\min$ 下，$\hat{x}(k)$收敛于方程 $h(x)=\alpha$ 解的条件为

$$\begin{cases} ① \ \rho(k)>0, \forall k, & ② \ \lim\limits_{k\to\infty}\rho(k)=0 \\ ③ \ \sum\limits_{k=1}^{\infty}\rho(k)=\infty, & ④ \ \sum\limits_{k=1}^{\infty}\rho^2(k)<\infty \end{cases} \tag{7.5.4}$$

如选 $\rho(k)=\dfrac{1}{k}$或$\rho(k)=\dfrac{1}{k+a}$，$a>0$ 就能符合上式条件。式(7.5.3)称作 Robbins-Monro 算法。

2. Kiefer-Wolfowitz 算法

设回归函数 $h(x)=\mathrm{E}\{y|x\}$，如何求 $h(x)$的极值？因为$\dfrac{\mathrm{d}h(x)}{\mathrm{d}x}=\mathrm{E}\left\{\dfrac{\mathrm{d}y(x)}{\mathrm{d}x}\middle| x\right\}$，求 $h(x)$的极值，也就是求回归方程 $\mathrm{E}\left\{\dfrac{\mathrm{d}y(x)}{\mathrm{d}x}\middle| x\right\}=0$ 的解。根据 Robbins-Monro 算法，有

$$\hat{x}(k)=\hat{x}(k-1)-\rho(k)\left.\frac{\mathrm{d}y(x)}{\mathrm{d}x}\right|_{\hat{x}(k-1)} \tag{7.5.5}$$

式中，$\rho(k)$满足条件式(7.5.4)，该算法称作 Kiefer-Wolfowitz 算法，它是基于随机逼近原理辨识方法的基础。

考虑多维的情况，设在$\hat{\boldsymbol{\theta}}$ 点上准则函数 $J(\boldsymbol{\theta})$取得极小值，则求$\hat{\boldsymbol{\theta}}$ 的迭代算法为

$$\hat{\boldsymbol{\theta}}(k)=\hat{\boldsymbol{\theta}}(k-1)-\rho(k)\left.\left[\frac{\partial J(\boldsymbol{\theta})}{\partial \boldsymbol{\theta}}\right]^{\mathrm{T}}\right|_{\hat{\boldsymbol{\theta}}(k-1)} \tag{7.5.6}$$

当收敛因子 $\rho(k)$满足条件式(7.5.4)时，$\hat{\boldsymbol{\theta}}(k)$在均值意义下收敛于真值$\boldsymbol{\theta}_0$，即

$$\lim_{k\to\infty}\mathrm{E}\{(\hat{\boldsymbol{\theta}}(k)-\boldsymbol{\theta}_0)^{\mathrm{T}}(\hat{\boldsymbol{\theta}}(k)-\boldsymbol{\theta}_0)\}=0 \tag{7.5.7}$$

7.5.2 随机逼近算法

考虑如下模型的辨识问题

$$z(k)=\boldsymbol{h}^{\mathrm{T}}(k)\boldsymbol{\theta}+e(k) \tag{7.5.8}$$

其中，$e(k)$为零均值模型噪声。准则函数取

$$J(\boldsymbol{\theta})=\frac{1}{2}\mathrm{E}\{e^2(k)\}=\frac{1}{2}\mathrm{E}\{[z(k)-\boldsymbol{h}^{\mathrm{T}}(k)\boldsymbol{\theta}]^2\} \tag{7.5.9}$$

模型参数$\boldsymbol{\theta}$的辨识问题可归结为求如下回归方程的解

$$\frac{\partial J(\boldsymbol{\theta})}{\partial\boldsymbol{\theta}}=\frac{1}{2}\mathrm{E}\left\{\frac{\partial e^2(k)}{\partial\boldsymbol{\theta}}\right\}=\frac{1}{2}\mathrm{E}\left\{\frac{\partial}{\partial\boldsymbol{\theta}}[z(k)-\boldsymbol{h}^{\mathrm{T}}(k)\boldsymbol{\theta}]^2\right\}=0 \tag{7.5.10}$$

记

$$\left[\frac{\partial J(\boldsymbol{\theta})}{\partial\boldsymbol{\theta}}\right]^{\mathrm{T}}=\mathrm{E}\{\boldsymbol{q}(\boldsymbol{\theta},z^k)\} \tag{7.5.11}$$

利用随机逼近原理，模型参数$\boldsymbol{\theta}$的辨识算法为

$$\hat{\boldsymbol{\theta}}(k)=\hat{\boldsymbol{\theta}}(k-1)-\rho(k)\boldsymbol{q}(\hat{\boldsymbol{\theta}}(k-1),z^k) \tag{7.5.12}$$

其中，$\left[\frac{\partial J(\boldsymbol{\theta})}{\partial\boldsymbol{\theta}}\right]^{\mathrm{T}}=\mathrm{E}\{\boldsymbol{q}(\boldsymbol{\theta},z^k)\}=-\mathrm{E}\{\boldsymbol{h}(k)[z(k)-\boldsymbol{h}^{\mathrm{T}}(k)\boldsymbol{\theta}]\}$，收敛因子$\rho(k)$满足条件式(7.5.4)，那么模型参数$\boldsymbol{\theta}$的辨识算法写成

$$\hat{\boldsymbol{\theta}}(k)=\hat{\boldsymbol{\theta}}(k-1)+\rho(k)\boldsymbol{h}(k)[z(k)-\boldsymbol{h}^{\mathrm{T}}(k)\hat{\boldsymbol{\theta}}(k-1)] \tag{7.5.13}$$

该式即为随机逼近辨识算法(recursive stochastic approximation，RSA)。

例 7.3　考虑如下仿真模型

$$z(k)+1.18z(k-1)-0.784z(k-2)+0.456z(k-3)=\lambda v(k) \tag{7.5.14}$$

式中，$z(k)$为模型的输出，$v(k)$为零均值、方差等于 1 的白噪声，λ为噪声标准差(本例$\lambda=1.2$)。输入$u(k)$采用特征多项式为$F(s)=1\oplus s^6\oplus s^7$、幅度为 1 的 M 序列，数据长度取$L=3000$，置参数向量和数据向量为

$$\begin{cases}\boldsymbol{\theta}=[a_1,a_2,a_3]^{\mathrm{T}}\\ \boldsymbol{h}(k)=[-z(k-1),-z(k-2),-z(k-3)]^{\mathrm{T}}\end{cases} \tag{7.5.15}$$

利用随机逼近辨识算法式(7.5.13)，收敛因子取(如图 7.8 所示)

$$\rho(k)=\begin{cases}\dfrac{k}{a_1k_1}, & k\leqslant k_1\\ \dfrac{1}{a_1}, & k_1<k\leqslant k_2\\ \dfrac{1}{a_1+b_1(k-k_2)}, & k>k_2\end{cases} \tag{7.5.16}$$ [①]

本例中取$a_1=15,b_1=0.6,k_1=60,k_2=120$。图 7.9 是模型参数估计值变化过程，辨

① Isermann 推荐这种选择，但参数需要根据实际情况配置。

识结果还算理想，噪声 $v(k)$ 的标准差估计为 $\hat{\lambda}=1.2563$（真值 1.2），模型参数估计值 $\hat{a}_1=-1.1589(-1.18)$，$\hat{a}_2=0.7566(0.784)$，$\hat{a}_3=-0.4589(-0.456)$，括号内为真值。

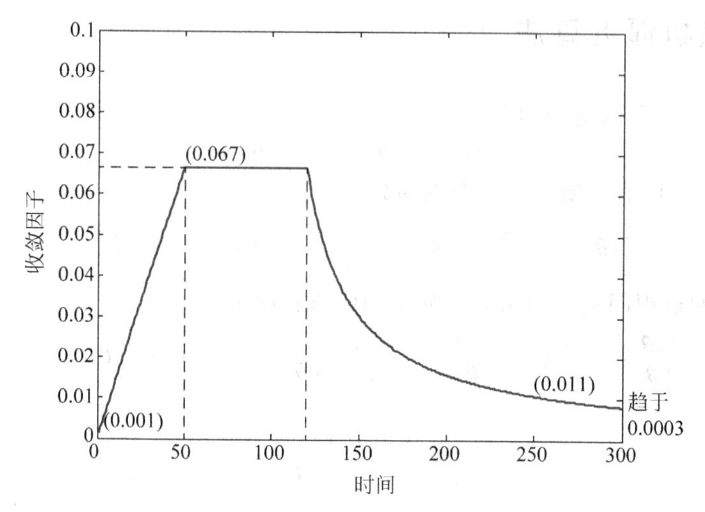

图 7.8 收敛因子 $\rho(k)$ 的选择

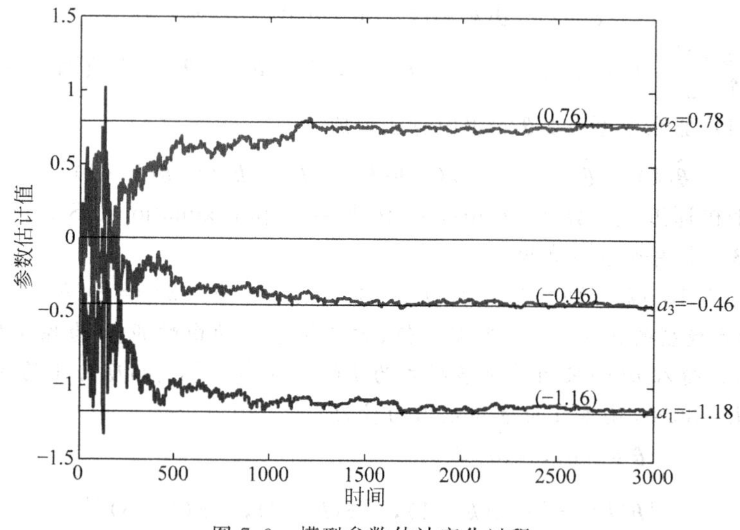

图 7.9 模型参数估计变化过程

7.6 随机牛顿辨识方法

7.6.1 牛顿算法

随机逼近辨识算法式(7.5.13)实质上是沿着负梯度方向搜索极小值，其作用与最速下降法(steepest descent method)是一样的，搜索梯度为 $-\left[\frac{\partial J(\boldsymbol{\theta})}{\partial \boldsymbol{\theta}}\right]^{\mathrm{T}}\Bigg|_{\hat{\boldsymbol{\theta}}(k-1)}$，当接近

极值点时，收敛速度会变得很慢，为加快算法的收敛速度，可改用牛顿搜索梯度

$$-\left[\frac{\partial^2 J(\boldsymbol{\theta})}{\partial \boldsymbol{\theta}^2}\right]^{-1}\left[\frac{\partial J(\boldsymbol{\theta})}{\partial \boldsymbol{\theta}}\right]^{\mathrm{T}}\Bigg|_{\hat{\boldsymbol{\theta}}(k-1)} \tag{7.6.1}$$

其中，$\frac{\partial^2 J(\boldsymbol{\theta})}{\partial \boldsymbol{\theta}^2}$是关于模型参数$\boldsymbol{\theta}$的二阶导数，或称 Hessian 矩阵。那么，由(7.2.7)式便构成牛顿算法

$$\hat{\boldsymbol{\theta}}(k)=\hat{\boldsymbol{\theta}}(k-1)-\rho(k)\left[\frac{\partial^2 J(\boldsymbol{\theta})}{\partial \boldsymbol{\theta}^2}\right]^{-1}\left[\frac{\partial J(\boldsymbol{\theta})}{\partial \boldsymbol{\theta}}\right]^{\mathrm{T}}\Bigg|_{\hat{\boldsymbol{\theta}}(k-1)} \tag{7.6.2}$$

其中，Hessian 矩阵必须是正定的，才能使搜索方向始终指向“下山(downhill)”方向。

7.6.2　随机牛顿算法

当准则函数 $J(\boldsymbol{\theta})$是确定性函数，而且模型参数估计值的初始值$\hat{\boldsymbol{\theta}}(0)$已接近极值点时，牛顿算法式(7.6.2)还是好用的。但当准则函数 $J(\boldsymbol{\theta})$是随机性函数时，牛顿算法式(7.6.2)就不好用了。对随机性准则函数 $J(\boldsymbol{\theta})$，需要借助随机逼近原理，将式(7.6.2)改成随机牛顿算法

$$\hat{\boldsymbol{\theta}}(k)=\hat{\boldsymbol{\theta}}(k-1)-\rho(k)\left[J''(\hat{\boldsymbol{\theta}}(k-1),z^k)\right]^{-1}\boldsymbol{q}(\hat{\boldsymbol{\theta}}(k-1),z^k) \tag{7.6.3}$$

其中，$\boldsymbol{q}(\hat{\boldsymbol{\theta}}(k-1),z^k)$满足 $\mathrm{E}\{\boldsymbol{q}(\boldsymbol{\theta},z^k)\}=\left[\frac{\partial J(\boldsymbol{\theta})}{\partial \boldsymbol{\theta}}\right]^{\mathrm{T}}$，$J''(\hat{\boldsymbol{\theta}}(k-1),z^k)$是 Hessian 矩阵$\frac{\partial^2 J(\boldsymbol{\theta})}{\partial \boldsymbol{\theta}^2}$的近似式。考虑式(7.5.8)和式(7.5.9)的辨识问题，因有

$$\begin{cases}\left[\frac{\partial J(\boldsymbol{\theta})}{\partial \boldsymbol{\theta}}\right]^{\mathrm{T}}=\mathrm{E}\{\boldsymbol{q}(\boldsymbol{\theta},z^k)\}=-\mathrm{E}\{\boldsymbol{h}(k)[z(k)-\boldsymbol{h}^{\mathrm{T}}(k)\boldsymbol{\theta}]\}\\ \frac{\partial^2 J(\boldsymbol{\theta})}{\partial \boldsymbol{\theta}^2}=\mathrm{E}\{\boldsymbol{h}(k)\boldsymbol{h}^{\mathrm{T}}(k)\}\end{cases} \tag{7.6.4}$$

令 Hessian 矩阵$\frac{\partial^2 J(\boldsymbol{\theta})}{\partial \boldsymbol{\theta}^2}$的近似值为式 $\boldsymbol{R}(k)$，则

$$J''(\boldsymbol{\theta},z^k)\overset{\mathrm{def}}{=}\boldsymbol{R}(k)=\frac{\partial^2 J(\boldsymbol{\theta})}{\partial \boldsymbol{\theta}^2}=\mathrm{E}\{\boldsymbol{h}(k)\boldsymbol{h}^{\mathrm{T}}(k)\} \tag{7.6.5}$$

或

$$\mathrm{E}\{\boldsymbol{R}(k)-\boldsymbol{h}(k)\boldsymbol{h}^{\mathrm{T}}(k)\}=0 \tag{7.6.6}$$

对式(7.6.6)，再次利用随机逼近原理

$$\boldsymbol{R}(k)=\boldsymbol{R}(k-1)+\rho(k)[\boldsymbol{h}(k)\boldsymbol{h}^{\mathrm{T}}(k)-\boldsymbol{R}(k-1)] \tag{7.6.7}$$

于是，便构成如下的递推随机牛顿辨识算法，记作 RSNA(recursive stochastic Newton algorithm)

RSNA 辨识算法

$$\begin{cases}\hat{\boldsymbol{\theta}}(k)=\hat{\boldsymbol{\theta}}(k-1)+\rho(k)\boldsymbol{R}^{-1}(k)\boldsymbol{h}(k)[z(k)-\boldsymbol{h}^{\mathrm{T}}(k)\hat{\boldsymbol{\theta}}(k-1)]\\ \boldsymbol{R}(k)=\boldsymbol{R}(k-1)+\rho(k)[\boldsymbol{h}(k)\boldsymbol{h}^{\mathrm{T}}(k)-\boldsymbol{R}(k-1)]\end{cases} \tag{7.6.8}$$

其中，$\hat{\boldsymbol{\theta}}(k)$为模型参数向量，$\boldsymbol{h}(k)$为数据向量，$z(k)$为输出变量，$\rho(k)$为满足条件式(7.5.4)的收敛因子。令$\boldsymbol{P}(k)=\rho(k)\boldsymbol{R}^{-1}(k)$，式(7.6.8)写成

$$\begin{cases}\hat{\boldsymbol{\theta}}(k)=\hat{\boldsymbol{\theta}}(k-1)+\boldsymbol{P}(k)\boldsymbol{h}(k)[z(k)-\boldsymbol{h}^{\mathrm{T}}(k)\hat{\boldsymbol{\theta}}(k-1)]\\ \boldsymbol{P}^{-1}(k)=\dfrac{\rho(k-1)}{\rho(k)}[1-\rho(k)]\boldsymbol{P}^{-1}(k-1)+\boldsymbol{h}(k)\boldsymbol{h}^{\mathrm{T}}(k)\end{cases}\tag{7.6.9}$$

定义$\mu(k)=\dfrac{\rho(k-1)}{\rho(k)}[1-\rho(k)]$，$\mu(k)$称遗忘因子，那么有

$$\begin{cases}\hat{\boldsymbol{\theta}}(k)=\hat{\boldsymbol{\theta}}(k-1)+\boldsymbol{K}(k)[z(k)-\boldsymbol{h}^{\mathrm{T}}(k)\hat{\boldsymbol{\theta}}(k-1)]\\ \boldsymbol{K}(k)=\boldsymbol{P}(k-1)\boldsymbol{h}(k)[\boldsymbol{h}^{\mathrm{T}}(k)\boldsymbol{P}(k-1)\boldsymbol{h}(k)+\mu(k)]^{-1}\\ \boldsymbol{P}(k)=\dfrac{1}{\mu(k)}[\boldsymbol{I}-\boldsymbol{K}(k)\boldsymbol{h}^{\mathrm{T}}(k)]\boldsymbol{P}(k-1)\end{cases}\tag{7.6.10}$$

当$\rho(k)=\dfrac{1}{k}$时，$\mu(k)=\dfrac{\rho(k-1)}{\rho(k)}[1-\rho(k)]=1$，这时式(7.6.10)就是普通的最小二乘递推辨识算法。

7.7 小结

本章主要讨论梯度校正辨识方法，包括随机逼近法和随机牛顿法，这类辨识方法的特点是计算简单，可用于在线实时辨识，但是在极小值点附近收敛速度变得较慢。随机牛顿法是一种很有用的算法形式，以它为基础可以揭示辨识算法的内在联系，从而导出递推辨识算法的一般结构(见第9章)。

习题

(1) 考虑式(7.3.5)的稳定性问题，定义其Lyapunov函数$V(k)=\Lambda_m(k)\sum_{i=1}^{N}\dfrac{\tilde{\theta}_i^2(k)}{\Lambda_i(k)}$式中$\tilde{\theta}_i(k)$是参数估计偏差$\tilde{\boldsymbol{\theta}}(k)$的第$i$个元素，$\Lambda_i(k)$，$i=1,2,\cdots,N$和$\Lambda_m(k)$满足定理7.3条件，证明$\Delta V(k)\leqslant Q\Lambda_m(k)$，使得$\Delta V(k)<0$，$\forall\ \tilde{\boldsymbol{\theta}}(k)\neq 0$其中$\Delta V(k)=V(k+1)-V(k)$，$Q=c(k)\varepsilon^2(k)\left[c(k)\sum_{i=1}^{N}\Lambda_i(k)h_i^2(k)-2\right]$，$0<c(k)<\dfrac{2}{\sum_{i=1}^{N}\Lambda_i(k)h_i^2(k)}$。

(2) 若权矩阵$\boldsymbol{R}(k)$采用式(7.3.25)，证明梯度校正辨识算法式(7.3.3)的参数估计值偏差满足下列关系

$$\mathrm{E}\{\|\tilde{\boldsymbol{\theta}}(k)\|^2\}=\left(1-\frac{1}{N}\right)^k\mathrm{E}\{\|\tilde{\boldsymbol{\theta}}(0)\|^2\}$$

式中，N为模型参数$\boldsymbol{\theta}$的维数，并证明如果参数估计初值取$\hat{\boldsymbol{\theta}}(0)=0$，要达到指标$\sqrt{\mathrm{E}\{\|\tilde{\boldsymbol{\theta}}(k)\|^2\}}/\|\boldsymbol{\theta}_0\|\leqslant\varepsilon$(ε为给定正小数)的递推步数不能小于$2\log\varepsilon/$

$\log\left(1-\frac{1}{N}\right)$，式中$\boldsymbol{\theta}_0$ 为模型参数真值。

(3) 式(7.3.3)是模型式(7.3.1)的梯度校正辨识算法，证明参数估计值偏差满足下列一阶差分方程

$$\|\tilde{\boldsymbol{\theta}}(k+1)\|^2=(1-r(k))\|\tilde{\boldsymbol{\theta}}(k)\|^2$$

式中

$$\begin{cases}r(k)=2\varepsilon(k)\tilde{\boldsymbol{\theta}}^{\mathrm{T}}(k)\boldsymbol{R}(k)\boldsymbol{h}(k)-\varepsilon^2(k)\|\boldsymbol{R}(k)\boldsymbol{h}(k)\|^2/\|\tilde{\boldsymbol{\theta}}(k)\|^2\\ \tilde{\boldsymbol{\theta}}(k)=\boldsymbol{\theta}_0-\hat{\boldsymbol{\theta}}(k)\\ \varepsilon(k)=z(k)-\boldsymbol{h}^{\mathrm{T}}(k)\hat{\boldsymbol{\theta}}(k)\end{cases}$$

并且$\lim\limits_{k\to\infty}\|\tilde{\boldsymbol{\theta}}(k)\|^2=0$ 的条件是 $0<r(k)<2$。若权矩阵 $\boldsymbol{R}(k)=\frac{c\boldsymbol{I}}{\|\boldsymbol{h}(k)\|^2}$，则模型参数估计值的收敛条件为 $0<c<2$。

(4) 对梯度校正辨识算法式(7.3.3)来说，如果数据向量 $\boldsymbol{h}(k)$ 满足关系 $\sum\limits_{i=1}^{l}\frac{\boldsymbol{h}(k+i)\boldsymbol{h}^{\mathrm{T}}(k+i)}{\boldsymbol{h}^{\mathrm{T}}(k+i)\boldsymbol{h}(k+i)}\geqslant c\boldsymbol{I},c>0,l>0,\forall k$，试分析 c 和 l 对算法收敛速度会有什么影响？

(5) 证明梯度校正辨识算法式(7.3.3)的最佳权矩阵为

$$\boldsymbol{R}(k)=\frac{1}{\sum\limits_{i=1}^{N}\Lambda_i(k)h_i^2(k)}\mathrm{diag}[\Lambda_1(k),\Lambda_2(k),\cdots,\Lambda_N(k)]$$

(6) 在 7.3.3 节中，论述了梯度校正辨识算法式(7.3.3)的性质(1)至(7)，其条件是 $\Lambda_{\max}\leqslant\sqrt[3]{2}\Lambda_{\min}$，试分析该条件对辨识算法的应用会有什么限制？

(7) 考虑如下的差分方程模型

$$\begin{cases}y(k)+a_1y(k-1)+\cdots+a_ny(k-n)=v(k-j)\\ z(k)=y(k)+w(k)\end{cases}$$

其中，$v(k)$和 $w(k)$为零均值白噪声。试论证当 $j<2$ 时该模型属于第一类随机性辨识问题；当 $j\geqslant2$ 时该模型属于第二类随机性辨识问题。

(8) 证明式(7.4.5)。

(9) 当收敛因子 $\rho(k)=\frac{1}{k^p},\frac{1}{2}<p\leqslant1,k\geqslant1$，证明

$$\sum_{k=1}^{\infty}\rho(k)=\infty,\quad\sum_{k=1}^{\infty}\rho^2(k)<\infty$$

(10) 对梯度校正辨识算法来说，权矩阵 $\boldsymbol{R}(k)$可以选择式(7.3.7)，也可以选择式(7.4.14)，其作用有什么不同？对辨识效果会产生怎么样的不同影响？如果权矩阵 $\boldsymbol{R}(k)$选择式(7.4.14)，且取 $c(k)=\frac{1}{k^p},\frac{1}{2}<p\leqslant1,k\geqslant1$，试分析 p 取值对辨识效果的影响。

(11) 考虑如下的回归函数 $h(x)=\frac{1}{2}\mathrm{E}\{[z(k)-x]^2\}$,其中 $z(k)$ 为观测变量,求 $h(x)$ 取极小值时的 x 值。

提示:利用 Kiefer-Wolfowitz 算法;若收敛因子取 $\rho(k)=\frac{1}{k}$,则 $\hat{x}=\frac{1}{k}\sum_{i=0}^{k}z(i)$ 。

(12) 试论述理论上和实际问题中应该如何选择递推随机牛顿算法式(7.6.8)中的收敛因子?它与遗忘因子有什么关系?

(13) 试用随机牛顿法推导数据序列直流成分估计的递推公式可以写成

$$\hat{z}_0(k)=\hat{z}_0(k-1)+\frac{1}{k}[z(k)-\hat{z}_0(k-1)]$$

式中,$z(k)$ 为 k 时刻数据观测值,$\hat{z}_0(k)$ 为 k 时刻数据序列直流成分估计值。

提示:估计数据序列直流成分的准则函数取 $J(z_0)=\frac{1}{2}\mathrm{E}\{[z(k)-z_0]^2\}$。

(14) 举例分析最小二乘类辨识算法与随机牛顿法之间的内在联系。

第8章 极大似然与预报误差辨识方法

8.1 引言

极大似然法是一种非常有用的估计方法，它由 Fisher 发展起来，其基本思想可追溯到高斯（1809 年），这种估计方法用于动态系统辨识可以获得具有良好统计性质的模型参数估计值。

第 5 章～第 7 章讨论了最小二乘类辨识方法和梯度校正辨识方法，本章主要讨论极大似然法及与之密切相关的预报误差方法。这类辨识方法的基本思想与前两类方法完全不同，就极大似然法来说，需要构造一个以数据和未知参数为自变量的似然函数，并通过极大化似然函数，以获得模型的参数估计值。这意味着模型输出的概率分布将最大可能地逼近实际系统输出的概率分布。为此，极大似然法通常要求预先知道系统输出的条件概率密度函数。在独立观测的条件下，也就是需要预先知道系统输出数据序列的概率分布。在序贯观测条件下，需要确定基于 k 时刻以前的数据在 $(k+1)$ 时刻输出变量的条件概率分布。对预报误差方法来说，需要事先确定预报误差准则函数，并利用预报误差的信息来确定模型的参数。从某种意义上说，极大似然法和预报误差方法是等价的，或者说预报误差方法是极大似然法的一种推广。这两种辨识方法都具有良好的参数估计渐近性质，但较前两类辨识方法计算量要大些。

8.2 极大似然辨识方法

8.2.1 极大似然原理

1. 基本思想

对确定的系统，找到模型参数估计值 $\hat{\boldsymbol{\theta}}$，使系统输出 z 在模型参数估计值 $\hat{\boldsymbol{\theta}}$ 条件下的概率密度函数最大可能地逼近系统输出 z 在模型参数真值 $\boldsymbol{\theta}_0$ 条件下的概率密度函数，即

$$p(z|\hat{\boldsymbol{\theta}}) \xrightarrow{\max} p(z|\boldsymbol{\theta}_0) \tag{8.2.1}$$

上式是极大似然原理的核心思想，也是基于极大似然原理进行模型参数估计的基本思想。

2. 实现方法

对确定的一批数据，构造以模型参数$\boldsymbol{\theta}$为自变量的系统输出z条件概率密度函数$\boldsymbol{L}(z|\boldsymbol{\theta})$，用作准则函数，极大化之，使得$p(z|\hat{\boldsymbol{\theta}})\xrightarrow{\max}p(z|\boldsymbol{\theta}_0)$。

(1) 假设系统的输出观测量z是随机变量，在模型参数$\boldsymbol{\theta}$条件下，其概率密度函数记作$p(z|\boldsymbol{\theta})$。或者设$\{z(1),z(2),\cdots,z(L)\}$是一组数据长度为$L$的相互独立样本，在独立观测条件下，输出随机变量的观测数据向量$\boldsymbol{z}_L=[z(1),z(2),\cdots,z(L)]^{\mathrm{T}}$的联合概率密度函数为$p(\boldsymbol{z}_L|\boldsymbol{\theta})$。显然，$p(\boldsymbol{z}_L|\boldsymbol{\theta})$是观测数据$\boldsymbol{z}_L$和模型参数$\boldsymbol{\theta}$的函数，称$p(\boldsymbol{z}_L|\boldsymbol{\theta})$为似然函数，记作$L(\boldsymbol{z}_L|\boldsymbol{\theta})$，且有

$$\begin{aligned}L(\boldsymbol{z}_L|\boldsymbol{\theta})&=p(z(1)|\boldsymbol{\theta})p(z(2)|\boldsymbol{\theta})\cdots p(z(L)|\boldsymbol{\theta})\\&=\prod_{k=1}^{L}p(z(k)|\boldsymbol{\theta})\end{aligned}\tag{8.2.2}$$

似然函数与概率密度函数具有相同的形式，但是似然函数是对一组确定的数据而言的，以模型参数$\boldsymbol{\theta}$为自变量，而概率密度函数是对确定的系统而言的，以数据$\boldsymbol{z}_L$为自变量。

(2) 似然函数的对数称作对数似然函数，记作

$$l(\boldsymbol{z}_L|\boldsymbol{\theta})=\log L(\boldsymbol{z}_L|\boldsymbol{\theta})=\sum_{k=1}^{L}\log p(z(k)|\boldsymbol{\theta})\tag{8.2.3}$$

(3) 对数似然函数的平均称作平均对数似然函数，记作

$$\begin{aligned}\bar{l}(\boldsymbol{z}_L|\boldsymbol{\theta})&=\frac{1}{L}\sum_{k=1}^{L}\log\,p(z(k)|\boldsymbol{\theta})\xrightarrow[L\to\infty]{\text{a.s.}}\mathrm{E}\{\log\,p(z|\boldsymbol{\theta})\}\\&=\int_{-\infty}^{\infty}p(z|\boldsymbol{\theta}_0)\log p(z|\boldsymbol{\theta})\mathrm{d}z\end{aligned}\tag{8.2.4}$$

同理，在模型参数$\boldsymbol{\theta}_0$条件下，平均对数似然函数为

$$\bar{l}(\boldsymbol{z}_L|\boldsymbol{\theta}_0)\xrightarrow[L\to\infty]{\text{a.s.}}\mathrm{E}\{\log p(z|\boldsymbol{\theta}_0)\}=\int_{-\infty}^{\infty}p(z|\boldsymbol{\theta}_0)\log p(z|\boldsymbol{\theta}_0)\mathrm{d}z\tag{8.2.5}$$

(4) 定义 Kullback-Leibler 信息测度

$$I(\boldsymbol{\theta}_0,\boldsymbol{\theta})=\mathrm{E}\{\log\,p(z|\boldsymbol{\theta}_0)\}-\mathrm{E}\{\log p(z|\boldsymbol{\theta})\}=\mathrm{E}\left\{\log\frac{p(z|\boldsymbol{\theta}_0)}{p(z|\boldsymbol{\theta})}\right\}\tag{8.2.6}$$

令$x=\dfrac{p(z|\boldsymbol{\theta})}{p(z|\boldsymbol{\theta}_0)}>0$，利用不等式$\log x\leqslant x-1$，有$\log\dfrac{p(z|\boldsymbol{\theta})}{p(z|\boldsymbol{\theta}_0)}\leqslant\dfrac{p(z|\boldsymbol{\theta})}{p(z|\boldsymbol{\theta}_0)}-1$，又因$p(z|\boldsymbol{\theta}_0)>0$，所以$p(z|\boldsymbol{\theta}_0)\log\dfrac{p(z|\boldsymbol{\theta})}{p(z|\boldsymbol{\theta}_0)}\leqslant p(z|\boldsymbol{\theta})-p(z|\boldsymbol{\theta}_0)$，那么

$$\int_{-\infty}^{\infty}p(z|\boldsymbol{\theta}_0)\log\frac{p(z|\boldsymbol{\theta})}{p(z|\boldsymbol{\theta}_0)}\mathrm{d}z\leqslant\int_{-\infty}^{\infty}p(z|\boldsymbol{\theta})\mathrm{d}z-\int_{-\infty}^{\infty}p(z|\boldsymbol{\theta}_0)\mathrm{d}z\tag{8.2.7}$$

故$-I(\boldsymbol{\theta}_0,\boldsymbol{\theta})\leqslant0$，即$I(\boldsymbol{\theta}_0,\boldsymbol{\theta})\geqslant0$，说明 Kullback-Leibler 信息测度存在极小值。

(5) 通过极大化似然函数,实现 $p(z_L|\hat{\boldsymbol{\theta}})\xrightarrow{\max}p(z_L|\boldsymbol{\theta}_0)$的过程:

$$p(z_L|\hat{\boldsymbol{\theta}})\xrightarrow{\max}p(z_L|\boldsymbol{\theta}_0)$$

$$\because I(\boldsymbol{\theta}_0,\boldsymbol{\theta})=\mathrm{E}\left\{\log\frac{p(z|\boldsymbol{\theta}_0)}{p(z|\boldsymbol{\theta})}\right\},\text{且 } I(\boldsymbol{\theta}_0,\boldsymbol{\theta})\geqslant 0$$

$$\downarrow$$

极小化 $I(\boldsymbol{\theta}_0,\boldsymbol{\theta})\geqslant 0$

$$\because I(\boldsymbol{\theta}_0,\boldsymbol{\theta})=\mathrm{E}\{\log p(z|\boldsymbol{\theta}_0)\}-\mathrm{E}\{\log p(z|\boldsymbol{\theta})\}$$

$$\downarrow$$

极大化 $\mathrm{E}\{\log p(z|\boldsymbol{\theta})\}$

$$\because \bar{l}(z_L|\boldsymbol{\theta})\xrightarrow[L\to\infty]{\text{a. s.}}\mathrm{E}\{\log p(z|\theta)\}$$

$$\downarrow$$

极大化$\bar{l}(z_L|\boldsymbol{\theta})$

∵单调关系

$$\downarrow$$

极大化 $l(z_L|\boldsymbol{\theta})$

∵单调关系

$$\downarrow$$

极大化 $L(z_L|\boldsymbol{\theta})$

可见,极大化 $L(z_L|\boldsymbol{\theta})$等价于 $p(z_L|\hat{\boldsymbol{\theta}})\xrightarrow{\max}p(z_L|\boldsymbol{\theta}_0)$,这种通过极大化似然函数达到实现 $p(z_L|\hat{\boldsymbol{\theta}})\xrightarrow{\max}p(z_L|\boldsymbol{\theta}_0)$的过程就是所谓的极大似然原理。

3. 极大似然估计

根据上述极大似然原理,其数学表现形式可写成

$$\left[\frac{\partial L(z_L|\boldsymbol{\theta})}{\partial\boldsymbol{\theta}}\right]^{\mathrm{T}}\Bigg|_{\hat{\boldsymbol{\theta}}_{\mathrm{ML}}}=0 \quad \text{或} \quad \left[\frac{\partial l(z_L|\boldsymbol{\theta})}{\partial\boldsymbol{\theta}}\right]^{\mathrm{T}}\Bigg|_{\hat{\boldsymbol{\theta}}_{\mathrm{ML}}}=0 \tag{8.2.8}$$

式中,$\hat{\boldsymbol{\theta}}_{\mathrm{ML}}$使似然函数 $L(z_L|\boldsymbol{\theta})$或对数似然函数 $l(z_L|\boldsymbol{\theta})$达到极大值,称$\hat{\boldsymbol{\theta}}_{\mathrm{ML}}$为极大似然估计值。式(8.2.8)是本章的理论依据,但其前提是概率密度函数 $p(z_L|\boldsymbol{\theta})$必须事先已知,否则极大似然估计得不到解析解。

8.2.2 极大似然模型参数估计

考虑如下模型

$$A(z^{-1})z(k)=B(z^{-1})u(k)+D(z^{-1})v(k) \tag{8.2.9}$$

其中,$u(k)$、$z(k)$为模型输入和输出变量;$v(k)$是零均值、方差为 σ_v^2、服从正态分布的白噪声;迟延算子多项式记作

$$\begin{cases} A(z^{-1}) = 1 + a_1 z^{-1} + a_2 z^{-2} + \cdots + a_{n_a} z^{-n_a} \\ B(z^{-1}) = b_1 z^{-1} + b_2 z^{-2} + \cdots + b_{n_b} z^{-n_b} \\ D(z^{-1}) = 1 + d_1 z^{-1} + d_2 z^{-2} + \cdots + d_{n_d} z^{-n_d} \end{cases} \tag{8.2.10}$$

将式(8.2.9)写成最小二乘格式

$$\boldsymbol{z}_L = \boldsymbol{H}_L \boldsymbol{\theta} + \boldsymbol{e}_L \tag{8.2.11}$$

式中

$$\begin{cases} \boldsymbol{z}_L = [z(1), z(2), \cdots, z(L)]^{\mathrm{T}} \\ \boldsymbol{e}_L = [e(1), e(2), \cdots, e(L)]^{\mathrm{T}}, e(k) = v(k) + d_1 v(k-1) + \cdots + d_{n_d} v(k-n) \\ \boldsymbol{H}_L = \begin{bmatrix} -z(0) & \cdots & -z(1-n) & u(0) & \cdots & u(1-n) \\ -z(1) & \cdots & -z(2-n) & u(1) & \cdots & u(2-n) \\ \vdots & \ddots & \vdots & \vdots & \ddots & \vdots \\ -z(L-1) & \cdots & -z(L-n) & u(L-1) & \cdots & u(L-n) \end{bmatrix} \\ \boldsymbol{\theta} = [a_1, \cdots, a_{n_a}, b_1, \cdots, b_{n_b}, d_1, \cdots, d_{n_d}]^{\mathrm{T}} \end{cases} \tag{8.2.12}$$

1. 极大似然估计与 Markov 估计

记$\boldsymbol{\Sigma}_e = \mathrm{E}\{\boldsymbol{e}_L \boldsymbol{e}_L^{\mathrm{T}}\}$，且 $\mathrm{E}\{\boldsymbol{e}_L\} = 0$，则 $\boldsymbol{e}_L \sim \mathbb{N}(0, \boldsymbol{\Sigma}_e)$，那么 $\boldsymbol{z}_L \sim \mathbb{N}(\boldsymbol{H}_L \boldsymbol{\theta}, \boldsymbol{\Sigma}_e)$，即有

$$p(\boldsymbol{z}_L | \boldsymbol{\theta}) = (2\pi)^{-\frac{L}{2}} (\det \boldsymbol{\Sigma}_e)^{-\frac{1}{2}} \exp\left\{ -\frac{1}{2} (\boldsymbol{z}_L - \boldsymbol{H}_L \boldsymbol{\theta})^{\mathrm{T}} \boldsymbol{\Sigma}_e^{-1} (\boldsymbol{z}_L - \boldsymbol{H}_L \boldsymbol{\theta}) \right\} \tag{8.2.13}$$

对应的对数似然函数为

$$l(\boldsymbol{z}_L | \boldsymbol{\theta}) = -\frac{L}{2} \log 2\pi - \frac{1}{2} \log\det \boldsymbol{\Sigma}_e - \frac{1}{2} (\boldsymbol{z}_L - \boldsymbol{H}_L \boldsymbol{\theta})^{\mathrm{T}} \boldsymbol{\Sigma}_e^{-1} (\boldsymbol{z}_L - \boldsymbol{H}_L \boldsymbol{\theta}) \tag{8.2.14}$$

根据极大似然原理$\left[\frac{\partial l(\boldsymbol{z}_L | \boldsymbol{\theta})}{\partial \boldsymbol{\theta}}\right]^{\mathrm{T}} \Bigg|_{\hat{\boldsymbol{\theta}}_{\mathrm{ML}}} = 0$，可得

$$\hat{\boldsymbol{\theta}}_{\mathrm{ML}} = (\boldsymbol{H}_L^{\mathrm{T}} \boldsymbol{\Sigma}_e^{-1} \boldsymbol{H}_L)^{-1} \boldsymbol{H}_L^{\mathrm{T}} \boldsymbol{\Sigma}_e^{-1} \boldsymbol{z}_L \tag{8.2.15}$$

且有$\frac{\partial^2 l(\boldsymbol{z}_L | \boldsymbol{\theta})}{\partial \boldsymbol{\theta}^2} \Bigg|_{\hat{\boldsymbol{\theta}}_{\mathrm{ML}}}$ 为负定阵，$\hat{\boldsymbol{\theta}}_{\mathrm{ML}}$使 $l(\boldsymbol{z}_L | \boldsymbol{\theta})$达到极大值。这时的极大似然估计相当于 Markov 估计。

2. 极大似然估计与最小二乘估计

如果 $\boldsymbol{e}_L$ 是白噪声，也就是 $\boldsymbol{\Sigma}_e = \mathrm{E}\{\boldsymbol{e}_L \boldsymbol{e}_L^{\mathrm{T}}\} = \boldsymbol{\sigma}_v^2 \boldsymbol{I}$，则根据极大似然原理 $\left[\frac{\partial l(\boldsymbol{z}_L | \boldsymbol{\theta})}{\partial \boldsymbol{\theta}}\right]^{\mathrm{T}} \Bigg|_{\hat{\boldsymbol{\theta}}_{\mathrm{ML}}} = 0$，可得

$$\hat{\boldsymbol{\theta}}_{\mathrm{ML}} = (\boldsymbol{H}_L^{\mathrm{T}} \boldsymbol{H}_L)^{-1} \boldsymbol{H}_L^{\mathrm{T}} \boldsymbol{z}_L \tag{8.2.16}$$

且由$\frac{\partial l(\boldsymbol{z}_L | \hat{\boldsymbol{\theta}}_{\mathrm{ML}})}{\partial \boldsymbol{\theta}} \Bigg|_{\hat{\sigma}_e^2} = 0$，可得噪声方差估计为

$$\hat{\sigma}_e^2 = \frac{1}{L}(\boldsymbol{z}_L - \boldsymbol{H}_L\hat{\boldsymbol{\theta}}_{\mathrm{ML}})^{\mathrm{T}}(\boldsymbol{z}_L - \boldsymbol{H}_L\hat{\boldsymbol{\theta}}_{\mathrm{ML}}) \tag{8.2.17}$$

这时的极大似然估计相当于最小二乘估计。

3. 有色噪声系统的极大似然估计

当 $e(k)$ 为有色噪声时，设 $e(k)=v(k)+d_1v(k-1)+\cdots+d_{n_d}v(k-n)$，其中 $v(k)$ 为白噪声，且 $v(k)\sim\mathbb{N}(0,\sigma_v^2)$。在独立观测条件下，获得一批输入和输出数据 $u(1)$，$u(2),\cdots,u(L)$ 和 $z(1),z(2),\cdots,z(L)$，对给定的模型参数 $\boldsymbol{\theta}$，根据 Chain Rule $p(x_N,\cdots,x_2,x_1|\boldsymbol{\theta})=p(x_N,\cdots,x_2|\boldsymbol{\theta})p(x_1|\boldsymbol{\theta})=\prod_{i=1}^{N}p(x_i|\boldsymbol{\theta})$，输出数据 $\boldsymbol{z}_L=[z(1),z(2),\cdots,z(L)]^{\mathrm{T}}$ 的联合概率密度函数可写成

$$\begin{aligned} L(\boldsymbol{z}_L|\boldsymbol{\theta}) &= p(z(L),\cdots,z(2),z(1)|\boldsymbol{\theta}) \\ &= p(z(L),\cdots,z(2)|\boldsymbol{\theta})p(z(1)|\boldsymbol{\theta}) \\ &= \cdots = \prod_{k=1}^{L}p(z(k)|\boldsymbol{\theta}) \end{aligned} \tag{8.2.18}$$

在 k 时刻，模型的输出可写成

$$z(k) = v(k) + \left[-\sum_{i=1}^{n}a_iz(k-i) + \sum_{i=1}^{n}b_iu(k-i) + \sum_{i=1}^{n}d_iv(k-i)\right] \tag{8.2.19}$$

因为 k 时刻以前的数据已确定，包括噪声 $v(1),v(2),\cdots,v(k-1)$，因此 k 时刻模型输出 $z(k)$ 的概率分布仅取决于 $v(k)$，而 k 时刻的噪声 $v(k)$ 与 k 时刻以前的数据 $u(1),u(2),\cdots,u(k-1)$ 和 $z(1),z(2),\cdots,z(k-1)$ 是无关的，所以有

$$p(z(k)|u(1),\cdots,u(k-1),z(1),\cdots,z(k-1),\boldsymbol{\theta}) = p(v(k)|\boldsymbol{\theta}) \tag{8.2.20}$$

则似然函数为

$$L(\boldsymbol{z}_L|\boldsymbol{\theta},\sigma_v^2) = \prod_{k=1}^{L}p(v(k)|\boldsymbol{\theta},\sigma_v^2) = (2\pi)^{-\frac{L}{2}}(\sigma_v^2)^{-\frac{L}{2}}\exp\left\{-\frac{1}{2\sigma_v^2}\sum_{k=1}^{L}v^2(k)\right\} \tag{8.2.21}$$

对数似然函数为

$$l(\boldsymbol{z}_L|\boldsymbol{\theta},\sigma_v^2) = -\frac{L}{2}\log 2\pi - \frac{L}{2}\log\sigma_v^2 - \frac{1}{2\sigma_v^2}\sum_{k=1}^{L}v^2(k) \tag{8.2.22}$$

式中

$$v(k) = z(k) + \sum_{i=1}^{n}a_iz(k-i) - \sum_{i=1}^{n}b_iu(k-i) - \sum_{i=1}^{n}d_iv(k-i) \tag{8.2.23}$$

显然，对数似然函数 $l(\boldsymbol{z}_L|\boldsymbol{\theta},\sigma_v^2)$ 是噪声方差 σ_v^2 和模型参数 $\boldsymbol{\theta}$ 的函数，根据极大似然原理，先由 $\left.\frac{\partial l(\boldsymbol{z}_L|\boldsymbol{\theta},\sigma_v^2)}{\partial\sigma_v^2}\right|_{\hat{\sigma}_v^2}=0$，可求得

$$\hat{\sigma}_v^2 = \frac{1}{L}\sum_{k=1}^{L}v^2(k)\Big|_{\boldsymbol{\theta}} \triangleq J(\boldsymbol{\theta})|_{\boldsymbol{\theta}} \tag{8.2.24}$$

再将上式代入式(8.2.22)，可得

$$l(z_L|\boldsymbol{\theta},\hat{\sigma}_v^2)=\text{const}-\frac{L}{2}\log J(\boldsymbol{\theta}) \tag{8.2.25}$$

又根据极大似然原理，求$\hat{\boldsymbol{\theta}}_{\text{ML}}$使$l(z_L|\boldsymbol{\theta},\sigma_v^2)|_{\hat{\boldsymbol{\theta}}_{\text{ML}},\hat{\sigma}_v^2}=\max$，也就是

$$J(\boldsymbol{\theta})|_{\hat{\boldsymbol{\theta}}_{\text{ML}}}=\frac{1}{L}\sum_{k=1}^{L}v^2(k)\Big|_{\hat{\boldsymbol{\theta}}_{\text{ML}}}=\min \tag{8.2.26}$$

上式的约束条件为式(8.2.23)。

因为$J(\boldsymbol{\theta})$是模型参数$a_i,i=1,2,\cdots,n_a$、$b_i,i=1,2,\cdots,n_b$和$d_i,i=1,2,\cdots,n_d$的函数，它关于$a_i,i=1,2,\cdots,n_a$和$b_i,i=1,2,\cdots,n_b$是线性的，而关于$d_i,i=1,2,\cdots,n_d$是非线性的，求其极小值的方法只能用迭代的方法，如 Lagrangian 乘子法[51]、Newton-Raphson 法[5]等。

8.2.3 极大似然递推辨识算法

对于模型式(8.2.9)，模型参数$\boldsymbol{\theta}$的极大似然估计就是在约束条件$v(k)=D^{-1}(z^{-1})[A(z^{-1})z(k)-B(z^{-1})u(k)]$下，求准则函数$J(\boldsymbol{\theta})$的极小值问题，也就是求模型参数向量$\boldsymbol{\theta}$，使式(8.2.26)函数值达到极小值。

根据式(8.2.9)，模型输出预报值可写成

$$\hat{z}(k)=\left[1-\frac{A(z^{-1})}{D(z^{-1})}\right]z(k)+\frac{B(z^{-1})}{D(z^{-1})}u(k) \tag{8.2.27}$$

也就是

$$D(z^{-1})\hat{z}(k)=[D(z^{-1})-A(z^{-1})]z(k)+B(z^{-1})u(k) \tag{8.2.28}$$

或写成

$$\hat{z}(k)=[1-A(z^{-1})]z(k)+B(z^{-1})u(k)-[1-D(z^{-1})]\tilde{z}(k) \tag{8.2.29}$$

其中，$\tilde{z}(k)=z(k)-\hat{z}(k)=v(k)|_{\hat{\boldsymbol{\theta}}(k-1)}$为预报误差，即模型新息，也是噪声$v(k)$的估计值。置相应的数据向量和参数向量为

$$\begin{cases}\boldsymbol{h}(k)=[-z(k-1),\cdots,-z(k-n_a),u(k-1),\cdots,\\ \qquad u(k-n_b),\hat{v}(k-1),\cdots,\hat{v}(k-n_d)]^{\mathrm{T}}\\ \boldsymbol{\theta}=[a_1,\cdots,a_{n_a},b_1,\cdots,b_{n_b},d_1,\cdots,d_{n_d}]^{\mathrm{T}}\end{cases} \tag{8.2.30}$$

则模型输出预报值可表示成

$$\hat{z}(k)=\boldsymbol{h}^{\mathrm{T}}(k)\boldsymbol{\theta}|_{\hat{\boldsymbol{\theta}}(k-1)} \tag{8.2.31}$$

预报值$\hat{z}(k)$关于参数$\boldsymbol{\theta}$的一阶导数写作

$$\boldsymbol{h}_f(k)=\left[\frac{\partial\hat{z}(k)}{\partial\boldsymbol{\theta}}\right]^{\mathrm{T}}=\left[\frac{\partial\hat{z}(k)}{\partial a_1},\cdots,\frac{\partial\hat{z}(k)}{\partial a_n},\frac{\partial\hat{z}(k)}{\partial b_1},\cdots,\frac{\partial\hat{z}(k)}{\partial b_n},\frac{\partial\hat{v}(k)}{\partial d_1},\cdots,\frac{\partial\hat{v}(k)}{\partial d_n}\right]^{\mathrm{T}} \tag{8.2.32}$$

式中

$$
\begin{cases}
\dfrac{\partial \hat{z}(k)}{\partial a_i} = -D^{-1}(z^{-1})z(k-i) \triangleq -z^{-i}z_f(k), \quad i=1,2,\cdots,n_a \\
z_f(k) = z(k) - d_1 z_f(k-1) - \cdots - d_{n_d} z_f(k-n_d) \\
\dfrac{\partial \hat{z}(k)}{\partial b_i} = D^{-1}(z^{-1})u(k-i) \triangleq z^{-i}u_f(k), \quad i=1,2,\cdots,n_b \\
u_f(k) = u(k) - d_1 u_f(k-1) - \cdots - d_{n_d} u_f(k-n_d) \\
\dfrac{\partial \hat{z}(k)}{\partial d_i} = D^{-1}(z^{-1})\hat{v}(k-i) \triangleq z^{-i}\hat{v}_f(k), \quad i=1,2,\cdots,n_d \\
\hat{v}_f(k) = \hat{v}(k) - d_1 \hat{v}_f(k-1) - \cdots - d_{n_d}\hat{v}_f(k-n_d)
\end{cases}
\tag{8.2.33}
$$

那么式(8.2.32)写成

$$
\begin{aligned}
\boldsymbol{h}_f(k) = [&-z_f(k-1),\cdots,-z_f(k-n_a),u_f(k-1),\cdots,u_f(k-n_b), \\
&\hat{v}_f(k-1),\cdots,\hat{v}_f(k-n_d)]^{\mathrm{T}}
\end{aligned}
\tag{8.2.34}
$$

根据式(8.2.26)，将准则函数写成递推形式，并在$\hat{\boldsymbol{\theta}}(k-1)$点上进行台劳展开

$$
\begin{aligned}
J(\boldsymbol{\theta},k) &= J(\boldsymbol{\theta},k-1) + \frac{1}{2}\hat{v}^2(k) \\
&\cong J(\hat{\boldsymbol{\theta}}(k-1),k-1) + \frac{\partial J(\boldsymbol{\theta},k-1)}{\partial \boldsymbol{\theta}}\bigg|_{\hat{\boldsymbol{\theta}}(k-1)}(\boldsymbol{\theta}-\hat{\boldsymbol{\theta}}(k-1)) \\
&\quad + \frac{1}{2}(\boldsymbol{\theta}-\hat{\boldsymbol{\theta}}(k-1))^{\mathrm{T}}\frac{\partial^2 J(\boldsymbol{\theta},k-1)}{\partial \boldsymbol{\theta}^2}\bigg|_{\hat{\boldsymbol{\theta}}(k-1)}(\boldsymbol{\theta}-\hat{\boldsymbol{\theta}}(k-1)) + \frac{1}{2}\hat{v}^2(k)
\end{aligned}
\tag{8.2.35}
$$

因$\dfrac{\partial J(\boldsymbol{\theta},k-1)}{\partial \boldsymbol{\theta}}\bigg|_{\hat{\boldsymbol{\theta}}(k-1)}=0$，记$\boldsymbol{P}^{-1}(k-1)=\dfrac{\partial^2 \boldsymbol{J}(\boldsymbol{\theta},k-1)}{\partial \boldsymbol{\theta}^2}\bigg|_{\hat{\boldsymbol{\theta}}(k-1)}$，又

$$
\begin{aligned}
\hat{v}(k) &\cong v(k)\big|_{\hat{\boldsymbol{\theta}}(k-1)} + \frac{\partial v(k)}{\partial \boldsymbol{\theta}}\bigg|_{\hat{\boldsymbol{\theta}}(k-1)}(\boldsymbol{\theta}-\hat{\boldsymbol{\theta}}(k-1)) \\
&= v(k)\bigg|_{\hat{\boldsymbol{\theta}}(k-1)} - \boldsymbol{h}_f^{\mathrm{T}}(k)(\boldsymbol{\theta}-\hat{\boldsymbol{\theta}}(k-1))
\end{aligned}
\tag{8.2.36}
$$

则

$$
\begin{aligned}
2J(\boldsymbol{\theta},k) &= 2J(\boldsymbol{\theta},k-1) + \hat{v}^2(k) \\
&\cong 2J(\hat{\boldsymbol{\theta}}(k-1),k-1) + (\boldsymbol{\theta}-\hat{\boldsymbol{\theta}}(k-1))^{\mathrm{T}}\boldsymbol{P}^{-1}(k-1)(\boldsymbol{\theta}-\hat{\boldsymbol{\theta}}(k-1)) \\
&\quad + [v(k)\big|_{\hat{\boldsymbol{\theta}}(k-1)} - \boldsymbol{h}_f^{\mathrm{T}}(k)(\boldsymbol{\theta}-\hat{\boldsymbol{\theta}}(k-1))]^2
\end{aligned}
\tag{8.2.37}
$$

经配方得

$$
\begin{aligned}
2J(\boldsymbol{\theta},k) &= 2J(\boldsymbol{\theta},k-1) + \hat{v}^2(k) \\
&\cong [(\boldsymbol{\theta}-\hat{\boldsymbol{\theta}}(k-1)) - r(k)]^{\mathrm{T}}\boldsymbol{P}^{-1}(k)[(\boldsymbol{\theta}-\hat{\boldsymbol{\theta}}(k-1)) - \boldsymbol{r}(k)] + \eta(k)
\end{aligned}
\tag{8.2.38}
$$

式中

$$\begin{cases} \boldsymbol{r}(k)=\boldsymbol{P}(k)\boldsymbol{h}_f(k)\hat{v}(k) \\ \boldsymbol{P}^{-1}(k)=\boldsymbol{P}^{-1}(k-1)+\boldsymbol{h}_f(k)\boldsymbol{h}_f^{\mathrm{T}}(k) \\ \eta(k)=-\boldsymbol{r}^{\mathrm{T}}(k)\boldsymbol{P}^{-1}(k)\boldsymbol{r}(k)+v^2(k)\big|_{\hat{\boldsymbol{\theta}}(k-1)}+2J(\hat{\boldsymbol{\theta}}(k-1),k-1)>0 \end{cases} \tag{8.2.39}$$

使准则函数 $J(\boldsymbol{\theta})$ 达到最小值的解为

$$(\boldsymbol{\theta}-\hat{\boldsymbol{\theta}}(k-1))-\boldsymbol{r}(k)=0 \tag{8.2.40}$$

根据式(8.2.40),并置$\tilde{z}(k)=\hat{v}(k)\big|_{\hat{\boldsymbol{\theta}}(k-1)}$,则极大似然递推辨识算法可写成如下形式,记作 RML(recursive maximum likelihood)。

RML 辨识算法

$$\begin{aligned} \hat{\boldsymbol{\theta}}(k) &= \hat{\boldsymbol{\theta}}(k-1)+\boldsymbol{K}(k)\tilde{z}(k) \\ \tilde{z}(k) &= z(k)-\boldsymbol{h}^{\mathrm{T}}(k)\hat{\boldsymbol{\theta}}(k-1) \\ \boldsymbol{K}(k) &= \boldsymbol{P}(k-1)\boldsymbol{h}_f(k)[\boldsymbol{h}_f^{\mathrm{T}}(k)\boldsymbol{P}(k-1)\boldsymbol{h}_f(k)+1]^{-1} \\ \boldsymbol{P}(k) &= [\boldsymbol{I}-\boldsymbol{K}(k)\boldsymbol{h}_f^{\mathrm{T}}(k)]\boldsymbol{P}(k-1) \\ \boldsymbol{h}(k) &= [-z(k-1),\cdots,-z(k-n_a),u(k-1),\cdots,u(k-n_b), \\ &\quad\ \hat{v}(k-1),\cdots,\hat{v}(k-n_d)]^{\mathrm{T}} \\ \boldsymbol{h}_f(k) &= [-z_f(k-1),\cdots,-z_f(k-n_a),u_f(k-1),\cdots, \\ &\quad\ u_f(k-n_b),\hat{v}_f(k-1),\cdots,\hat{v}_f(k-n_d)]^{\mathrm{T}} \\ z_f(k) &= z(k)-\hat{d}_1(k)z_f(k-1)-\cdots-\hat{d}_{n_d}(k)z_f(k-n_d) \\ u_f(k) &= u(k)-\hat{d}_1(k)u_f(k-1)-\cdots-\hat{d}_{n_d}(k)u_f(k-n_d) \\ \hat{v}(k) &= z(k)-\boldsymbol{h}^{\mathrm{T}}(k)\hat{\boldsymbol{\theta}}(k) \\ \hat{v}_f(k) &= \hat{v}(k)-\hat{d}_1(k)\hat{v}_f(k-1)-\cdots-\hat{d}_{n_d}(k)\hat{v}_f(k-n_d) \end{aligned} \tag{8.2.41}$$

式中,$\hat{\boldsymbol{\theta}}(k)$为模型参数估计;$\boldsymbol{h}(k)$、$\boldsymbol{h}_f(k)$分别为数据向量和滤波数据向量,元素由式(8.2.30)和式(8.2.34)模型参数向量为$\hat{\boldsymbol{\theta}}(k)$时的估计值组成;算法增益$\boldsymbol{K}(k)=\boldsymbol{P}(k)\boldsymbol{h}_f(k)$;$\boldsymbol{P}(k)$是准则函数 $J(\boldsymbol{\theta})$ 关于参数$\boldsymbol{\theta}$ 的二阶导数逆;$\tilde{z}(k)$为模型新息;$z_f(k)$、$u_f(k)$和$\hat{v}_f(k)$为对应的滤波值;算法初始值取$\hat{\boldsymbol{\theta}}(0)=\boldsymbol{\varepsilon}$(充分小的实向量),$\boldsymbol{P}(0)=\boldsymbol{I}$(单位阵)。

8.2.4 RML 算法 MATLAB 程序实现

RML 辨识算法式(8.2.41)的 MATLAB 程序见本章附 8.1,使用该程序需要正确构造数据向量 $\boldsymbol{h}(k)$、滤波数据向量 $\boldsymbol{h}_f(k)$和计算噪声 $v(k)$的估计值。依据停机条件停止计算后,以最后 5 个参数估计值的平均值作为辨识结果。

例 8.1 本例仿真模型和实验条件与第 6 章例 6.1 基本相同,利用 RML 辨识算法式(8.2.41)和本章附 8.1 的 Matlab 程序，算法初始值取 $\boldsymbol{P}(0)=\boldsymbol{I},\hat{\boldsymbol{\theta}}(0)=0.0$，递推至 1200 步的辨识结果如表 8.1 所示，模型参数估计值变化过程如图 8.1 所示，最终获得的辨识模型为

$$\begin{cases} z(k) = 1.5042z(k-1) - 0.7021z(k-2) + \\ \qquad 0.9927u(k-1) + 0.4778u(k-2) + e(k) \\ e(k) = -0.9927v(k-1) + 0.1861v(k-2) + 0.6296v(k) \end{cases}$$

表 8.1 RML 算法辨识结果(噪信比约为 17.6%)

模型参数	a_1	a_2	b_1	b_2	d_1	d_2	静态增益	噪声标准差
真值	−1.5	0.7	1.0	0.5	−1.0	0.2	7.5	0.6
估计值	−1.5042	0.7021	1.0085	0.4778	−0.9927	0.1861	7.5106	0.6296

表 8.1 中，噪声标准差估计值 $\hat{\lambda}=\text{sqrt}(J(L)/L)$，$J(L)$ 是下式递推至 L 步的损失函数值

$$\begin{cases} J(k) = J(k-1) + \dfrac{\tilde{z}^2(k)}{\boldsymbol{h}_f^{\mathrm{T}}(k)\boldsymbol{P}(k-1)\boldsymbol{h}_f(k)+1} \\ \tilde{z}(k) = z(k) - \boldsymbol{h}^{\mathrm{T}}(k)\hat{\boldsymbol{\theta}}(k-1) \end{cases} \tag{8.2.42}$$

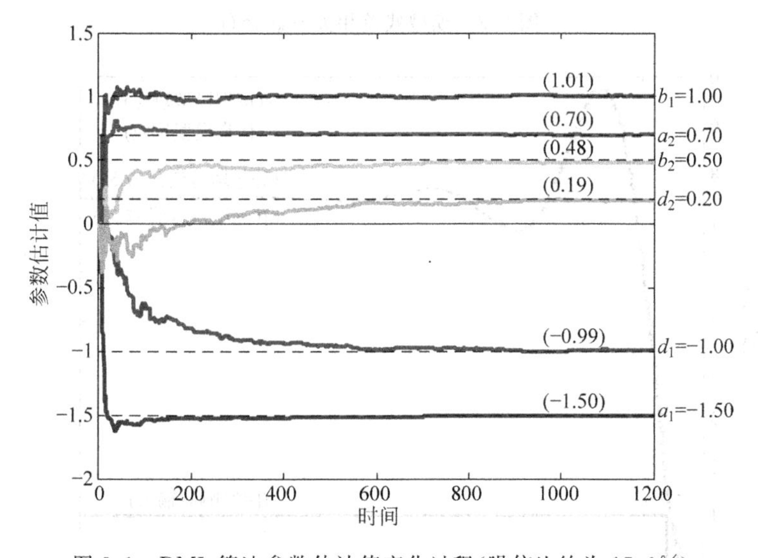

图 8.1 RML 算法参数估计值变化过程(噪信比约为 17.6%)

图 8.2 是残差相关系数 $\rho_\varepsilon(i)$ 分布图，它们几乎都介于区间$[1.98/\sqrt{L},-1.98/\sqrt{L}]$之内，且

$$\begin{cases} \mathrm{E}\{\varepsilon(k)\} = 0.0142 \\ L\sum_{i=1}^{m}\rho_\varepsilon^2(i) = 27.7388 < m + 1.65\sqrt{2m} = 42.7808(\text{白色性阈值}) \end{cases} \tag{8.2.43}$$

式中，$m=30$，置信度 $\alpha=0.05$，残差定义为 $\varepsilon(k)=z(k)-\boldsymbol{h}(k)\hat{\boldsymbol{\theta}}(L)$，$k=1,2,\cdots,L$，数

据长度 $L=1200$。由此可判断残差是白噪声序列，因此有95%的把握说辨识模型是可靠的。

图8.3是辨识模型和仿真模型阶跃响应的比较，从响应曲线的吻合程度也可以说辨识结果是满意的。

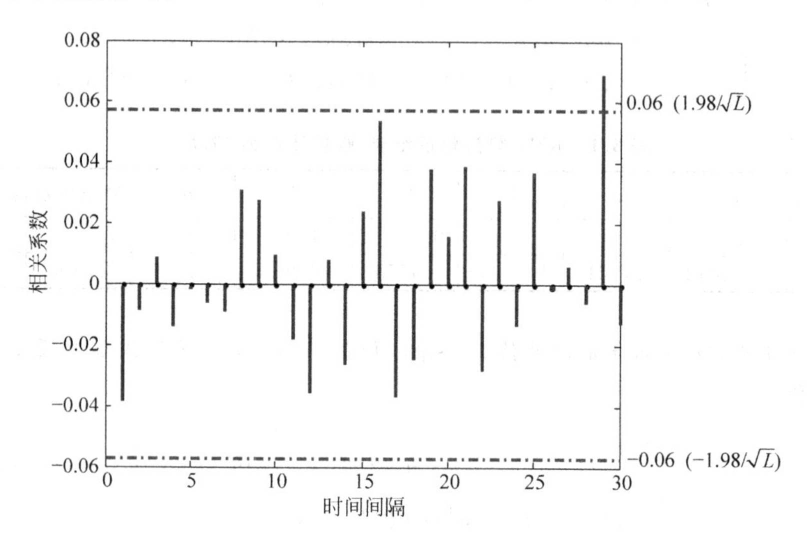

图8.2 模型残差相关系数分布

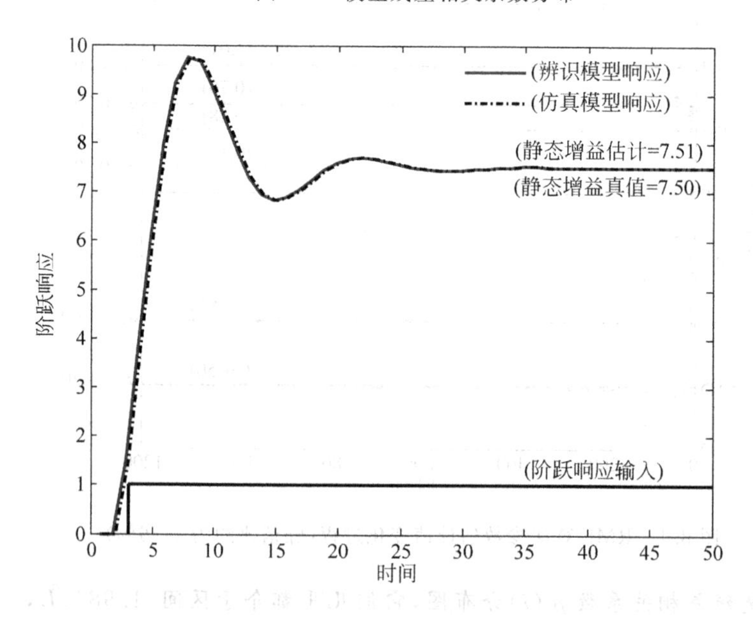

图8.3 RML算法阶跃响应比较(噪信比约为17.6%)

8.2.5 极大似然估计的统计性质

当输入信号 $u(k)$ 满足 $2n$ 阶持续激励条件时，模型式(8.2.9)的极大似然估计具有良好的统计性质[5,26]。

1. 相容性

定理 8.1　设$\hat{\boldsymbol{\theta}}_{\mathrm{ML}}$是由 L 个独立同分布随机样本$\{z(1),z(2),\cdots,z(L)\}$获得的模型参数极大似然估计值，当$L\to\infty$时，$\hat{\boldsymbol{\theta}}_{\mathrm{ML}}$几乎必然收敛于参数真值$\boldsymbol{\theta}_0$，即

$$\hat{\boldsymbol{\theta}}_{\mathrm{ML}} \xrightarrow[L\to\infty]{\text{a. s.}} \boldsymbol{\theta}_0 \tag{8.2.44}$$

证明　设$\boldsymbol{z}_L=[z(1),z(2),\cdots,z(L)]^{\mathrm{T}}$是由 L 个独立同分布的随机样本组成的数据向量，其联合条件概率密度函数为$p(\boldsymbol{z}_L|\boldsymbol{\theta})$，似然函数记作$L(\boldsymbol{z}_L|\boldsymbol{\theta})$，对数似然函数写成$l(\boldsymbol{z}_L|\boldsymbol{\theta})=\sum_{k=1}^{L}\log p(z(k)|\boldsymbol{\theta})$，其中$p(z(k)|\boldsymbol{\theta})$为随机变量$z(k)$在$\boldsymbol{\theta}$条件下的概率密度函数。根据极大似然原理$\left[\frac{\partial l(\boldsymbol{z}_L|\boldsymbol{\theta})}{\partial\boldsymbol{\theta}}\right]^{\mathrm{T}}\Big|_{\hat{\boldsymbol{\theta}}_{\mathrm{ML}}}=0$，在$\boldsymbol{\theta}_0$点上对其进行台劳展开

$$\left[\frac{\partial l(\boldsymbol{z}_L|\boldsymbol{\theta})}{\partial\boldsymbol{\theta}}\right]^{\mathrm{T}}\Big|_{\boldsymbol{\theta}_0}-\frac{\partial^2 l(\boldsymbol{z}_L|\boldsymbol{\theta})}{\partial\boldsymbol{\theta}^2}\Big|_{\boldsymbol{\theta}^*}(\boldsymbol{\theta}_0-\hat{\boldsymbol{\theta}}_{\mathrm{ML}})\cong 0 \tag{8.2.45}$$

式中，$\boldsymbol{\theta}^*$是$\hat{\boldsymbol{\theta}}_{\mathrm{ML}}$和$\boldsymbol{\theta}_0$连线上的一个点。将上式写成

$$\frac{1}{L}\left[\frac{\partial l(\boldsymbol{z}_L|\boldsymbol{\theta})}{\partial\boldsymbol{\theta}}\right]^{\mathrm{T}}\Big|_{\boldsymbol{\theta}_0}-\frac{1}{L}\frac{\partial^2 l(\boldsymbol{z}_L|\boldsymbol{\theta})}{\partial\boldsymbol{\theta}^2}\Big|_{\boldsymbol{\theta}^*}(\boldsymbol{\theta}_0-\hat{\boldsymbol{\theta}}_{\mathrm{ML}})=0 \tag{8.2.46}$$

也就是

$$\frac{1}{L}\sum_{k=1}^{L}\left[\frac{\partial\log p(z(k)|\boldsymbol{\theta})}{\partial\boldsymbol{\theta}}\right]^{\mathrm{T}}\Big|_{\boldsymbol{\theta}_0}-\frac{1}{L}\sum_{k=1}^{L}\frac{\partial^2\log p(z(k)|\boldsymbol{\theta})}{\partial\boldsymbol{\theta}^2}\Big|_{\boldsymbol{\theta}^*}(\boldsymbol{\theta}_0-\hat{\boldsymbol{\theta}}_{\mathrm{ML}})=0 \tag{8.2.47}$$

当$L\to\infty$时，有

$$\mathrm{E}\left\{\left[\frac{\partial\log p(z(k)|\boldsymbol{\theta})}{\partial\boldsymbol{\theta}}\right]^{\mathrm{T}}\Big|_{\boldsymbol{\theta}_0}\right\}-\mathrm{E}\left\{\frac{\partial^2\log p(z(k)|\boldsymbol{\theta})}{\partial\boldsymbol{\theta}^2}\Big|_{\boldsymbol{\theta}^*}\right\}(\boldsymbol{\theta}_0-\hat{\boldsymbol{\theta}}_{\mathrm{ML}})=0 \tag{8.2.48}$$

因$\mathrm{E}\left\{\left[\frac{\partial\log p(z(k)|\boldsymbol{\theta})}{\partial\boldsymbol{\theta}}\right]^{\mathrm{T}}\Big|_{\boldsymbol{\theta}_0}\right\}=0$，且$\mathrm{E}\left\{\frac{\partial^2\log p(z(k)|\boldsymbol{\theta})}{\partial\boldsymbol{\theta}^2}\Big|_{\boldsymbol{\theta}^*}\right\}=-\overline{\boldsymbol{M}}_{\boldsymbol{\theta}^*}$，其中$\overline{\boldsymbol{M}}_{\boldsymbol{\theta}^*}$为参数$\boldsymbol{\theta}^*$条件下的平均 Fisher 信息矩阵，故有$\hat{\boldsymbol{\theta}}_{\mathrm{ML}}\xrightarrow[L\to\infty]{\text{a. s.}}\boldsymbol{\theta}_0$。　证毕。■

定理 8.1 说明，极大似然估计量具有一致性或称相容性。

2. 渐近正态性

定理 8.2　设$\hat{\boldsymbol{\theta}}_{\mathrm{ML}}$是由 L 个独立同分布随机样本$\{z(1),z(2),\cdots,z(L)\}$获得的模型参数极大似然估计值，当$L\to\infty$时，$\hat{\boldsymbol{\theta}}_{\mathrm{ML}}$渐近收敛于正态分布，即

$$\sqrt{L}(\boldsymbol{\theta}_0-\hat{\boldsymbol{\theta}}_{\mathrm{ML}})\xrightarrow[L\to\infty]{\text{law}}\mathbb{N}(0,\overline{\boldsymbol{M}}_{\boldsymbol{\theta}_0}^{-1}) \tag{8.2.49}$$

其中，$\overline{\boldsymbol{M}}_{\boldsymbol{\theta}_0}^{-1}$为参数$\boldsymbol{\theta}_0$条件下的平均 Fisher 信息矩阵，定义为

$$\overline{\boldsymbol{M}}_{\boldsymbol{\theta}_0} \stackrel{\text{def}}{=} \mathrm{E}\left\{\left[\frac{\partial \log p(z(k)\,|\,\boldsymbol{\theta})}{\partial \boldsymbol{\theta}}\right]^{\mathrm{T}}\left[\frac{\partial \log p(z(k)\,|\,\boldsymbol{\theta})}{\partial \boldsymbol{\theta}}\right]\right\}\Bigg|_{\boldsymbol{\theta}_0}$$

$$= \frac{1}{L}\mathrm{E}\left\{\left[\frac{\partial \log p(\boldsymbol{z}_L\,|\,\boldsymbol{\theta})}{\partial \boldsymbol{\theta}}\right]^{\mathrm{T}}\left[\frac{\partial \log p(\boldsymbol{z}_L\,|\,\boldsymbol{\theta})}{\partial \boldsymbol{\theta}}\right]\right\}\Bigg|_{\boldsymbol{\theta}_0} = \frac{1}{L}\boldsymbol{M}_{\boldsymbol{\theta}_0} \tag{8.2.50}$$

式中，$p(z(k)\,|\,\boldsymbol{\theta})$为随机变量$z(k)$在$\boldsymbol{\theta}$条件下的概率密函数，$p(\boldsymbol{z}_L\,|\,\boldsymbol{\theta})$为随机向量$\boldsymbol{z}_L=[z(1),z(2),\cdots,z(L)]^{\mathrm{T}}$在$\boldsymbol{\theta}$条件下的联合概率密度函数。

证明 将式(8.2.46)写成

$$\sqrt{L}\left[\frac{1}{L}\frac{\partial^2 l(\boldsymbol{z}_L\,|\,\boldsymbol{\theta})}{\partial \boldsymbol{\theta}^2}\Bigg|_{\boldsymbol{\theta}_0}\right](\boldsymbol{\theta}_0-\hat{\boldsymbol{\theta}}_{\mathrm{ML}}) \cong \frac{1}{\sqrt{L}}\left[\frac{\partial l(\boldsymbol{z}_L\,|\,\boldsymbol{\theta})}{\partial \boldsymbol{\theta}}\right]^{\mathrm{T}}\Bigg|_{\boldsymbol{\theta}_0} \tag{8.2.51}$$

就等式$\displaystyle\int_{-\infty}^{\infty}\frac{\partial \log p(z\,|\,\boldsymbol{\theta})}{\partial \boldsymbol{\theta}}p(z\,|\,\boldsymbol{\theta})\mathrm{d}z\Bigg|_{\boldsymbol{\theta}_0}=\mathbf{0}$两边同时对$\boldsymbol{\theta}$求导，可得

$$\mathrm{E}\left\{\frac{\partial^2 \log p(z(k)\,|\,\boldsymbol{\theta})}{\partial \boldsymbol{\theta}^2}\right\}+\mathrm{E}\left\{\left[\frac{\partial \log p(z(k)\,|\,\boldsymbol{\theta})}{\partial \boldsymbol{\theta}}\right]^{\mathrm{T}}\left[\frac{\partial \log p(z(k)\,|\,\boldsymbol{\theta})}{\partial \boldsymbol{\theta}}\right]\right\}\Bigg|_{\boldsymbol{\theta}_0}=0 \tag{8.2.52}$$

则式(8.2.51)左边为

$$\sqrt{L}\left[\frac{1}{L}\frac{\partial^2 l(\boldsymbol{z}_L\,|\,\boldsymbol{\theta})}{\partial \boldsymbol{\theta}^2}\Bigg|_{\boldsymbol{\theta}_0}\right](\boldsymbol{\theta}_0-\hat{\boldsymbol{\theta}}_{\mathrm{ML}})$$

$$= \sqrt{L}\left[\frac{1}{L}\sum_{k=1}^{L}\frac{\partial^2 \log p(z(k)\,|\,\boldsymbol{\theta})}{\partial \boldsymbol{\theta}^2}\Bigg|_{\boldsymbol{\theta}_0}\right](\boldsymbol{\theta}_0-\hat{\boldsymbol{\theta}}_{\mathrm{ML}})$$

$$\xrightarrow[L\to\infty]{\text{a.s.}} \sqrt{L}\,\mathrm{E}\left\{\frac{\partial^2 \log p(z\,|\,\boldsymbol{\theta})}{\partial \boldsymbol{\theta}^2}\right\}\Bigg|_{\boldsymbol{\theta}_0}(\boldsymbol{\theta}_0-\hat{\boldsymbol{\theta}}_{\mathrm{ML}})$$

$$= \sqrt{L}\,\mathrm{E}\left\{\left[\frac{\partial \log p(z(k)\,|\,\boldsymbol{\theta})}{\partial \boldsymbol{\theta}}\right]^{\mathrm{T}}\left[\frac{\partial \log p(z(k)\,|\,\boldsymbol{\theta})}{\partial \boldsymbol{\theta}}\right]\right\}\Bigg|_{\boldsymbol{\theta}_0}(\boldsymbol{\theta}_0-\hat{\boldsymbol{\theta}}_{\mathrm{ML}})$$

$$= \sqrt{L}\boldsymbol{M}_{\boldsymbol{\theta}_0}(\boldsymbol{\theta}_0-\hat{\boldsymbol{\theta}}_{\mathrm{ML}}) \tag{8.2.53}$$

再根据$\mathrm{E}\left\{\left[\dfrac{\partial \log p(z(k)\,|\,\boldsymbol{\theta})}{\partial \boldsymbol{\theta}}\right]^{\mathrm{T}}\right\}\Bigg|_{\boldsymbol{\theta}_0}=0$和中心极限定理(见附录 C 定理 C.3)，式(8.2.51)右边为

$$\frac{1}{\sqrt{L}}\left[\frac{\partial l(\boldsymbol{z}_L\,|\,\boldsymbol{\theta})}{\partial \boldsymbol{\theta}}\right]^{\mathrm{T}}\Bigg|_{\boldsymbol{\theta}_0} = \frac{1}{\sqrt{L}}\sum_{k=1}^{L}\left[\frac{\partial \log p(z(k)\,|\,\boldsymbol{\theta})}{\partial \boldsymbol{\theta}}\right]^{\mathrm{T}}\Bigg|_{\boldsymbol{\theta}_0}$$

$$\xrightarrow[L\to\infty]{\text{law}} \mathbb{N}(0,\overline{\boldsymbol{M}}_{\boldsymbol{\theta}_0}) \tag{8.2.54}$$

式中，$\overline{\boldsymbol{M}}_{\boldsymbol{\theta}_0}$为参数$\boldsymbol{\theta}_0$条件下的平均 Fisher 信息矩阵，如式(8.2.50)所示。由此有$\sqrt{L}\overline{\boldsymbol{M}}_{\boldsymbol{\theta}_0}(\boldsymbol{\theta}_0-\hat{\boldsymbol{\theta}}_{\mathrm{ML}})\xrightarrow[L\to\infty]{\text{law}}\mathbb{N}(0,\overline{\boldsymbol{M}}_{\boldsymbol{\theta}_0})$，也就是$\sqrt{L}(\boldsymbol{\theta}_0-\hat{\boldsymbol{\theta}}_{\mathrm{ML}})\xrightarrow[L\to\infty]{\text{law}}\mathbb{N}(0,\overline{\boldsymbol{M}}_{\boldsymbol{\theta}_0}^{-1})$。

证毕。■

3. 有效性

定理 8.1 和定理 8.2 表明，极大似然估计具有优良的渐近性质，同时极大似然估

计量也是有效估计，其模型参数估计偏差$\tilde{\boldsymbol{\theta}}=\boldsymbol{\theta}_0-\hat{\boldsymbol{\theta}}_{\mathrm{ML}}$协方差阵达到 Cramèr-Rao 不等式下界。因为根据式(8.2.49)，有

$$\begin{aligned}\mathrm{E}\{(\boldsymbol{\theta}_0-\hat{\boldsymbol{\theta}}_{\mathrm{ML}})(\boldsymbol{\theta}_0-\hat{\boldsymbol{\theta}}_{\mathrm{ML}})^{\mathrm{T}}\}&=\frac{1}{L}\mathrm{E}\{[\sqrt{L}(\boldsymbol{\theta}_0-\hat{\boldsymbol{\theta}}_{\mathrm{ML}})][\sqrt{L}(\boldsymbol{\theta}_0-\hat{\boldsymbol{\theta}}_{\mathrm{ML}})^{\mathrm{T}}]\}\\&=\frac{1}{L}\overline{\boldsymbol{M}}_{\boldsymbol{\theta}_0}^{-1}=\boldsymbol{M}_{\boldsymbol{\theta}_0}^{-1}\end{aligned}\tag{8.2.55}$$

可见，$\hat{\boldsymbol{\theta}}_{\mathrm{ML}}$是有效估计值。也就是说，极大似然估计充分地利用了数据所提供的信息。

8.3 预报误差辨识方法

极大似然辨识方法要求数据序列的概率分布已知，通常还要假设服从高斯正态分布，然而实际问题并不一定都能满足这些要求。预报误差辨识方法作为极大似然法的一种推广，能解决更加一般的辨识问题，而且不要求知道数据序列的概率分布。

8.3.1 预报误差模型

考虑一般的模型类

$$\boldsymbol{z}(k)=\boldsymbol{f}(\boldsymbol{Z}^{k-1},\boldsymbol{U}^k,k,\boldsymbol{\theta})+\boldsymbol{v}(k)\tag{8.3.1}$$

式中，$\boldsymbol{z}(k)\in\mathrm{R}^{m\times1}$为模型输出变量，$\boldsymbol{Z}^{k-1}$表示 $k-1$ 时刻以前的输出数据集合$\{\boldsymbol{z}(k-1),\boldsymbol{z}(k-2),\cdots\}$；$\boldsymbol{U}^k$ 表示 k 时刻以前的输入数据集合$\{\boldsymbol{u}(k),\boldsymbol{u}(k-1),\cdots\}$，$\boldsymbol{u}(k)\in\mathrm{R}^{r\times1}$；$\boldsymbol{\theta}$为模型参数向量；$\boldsymbol{v}(k)$为模型新息，在给定的数据集合 $\boldsymbol{Z}^{k-1},\boldsymbol{U}^k$ 下，模型新息的条件均值等于零，即 $\mathrm{E}\{\boldsymbol{v}(k)\,|\,\boldsymbol{Z}^{k-1},\boldsymbol{U}^k\}=0$。这种模型称作预报误差模型(prediction error model)。

8.3.2 预报误差准则

在获得数据集合 $\boldsymbol{Z}^{k-1},\boldsymbol{U}^k$ 的条件下，对模型输出 $\boldsymbol{z}(k)$的“最好”预报可取它的条件数学期望，即$\hat{\boldsymbol{z}}(k|\boldsymbol{\theta})=\mathrm{E}\{\boldsymbol{z}(k)\,|_{\boldsymbol{Z}^{k-1},\boldsymbol{U}^k,\boldsymbol{\theta}}\}$，它使

$$\mathrm{E}\{\|\boldsymbol{z}(k)-\hat{\boldsymbol{z}}(k\mid\boldsymbol{\theta})\|^2\,|\,\boldsymbol{Z}^{k-1},\boldsymbol{U}^k,\boldsymbol{\theta}\}=\min\tag{8.3.2}$$

这种“最好”的输出预报应该就是“最好”模型的输出。对于特定的$\boldsymbol{\theta}$值，模型式(8.3.1)的预报误差可写成

$$\tilde{\boldsymbol{z}}(k,\boldsymbol{\theta})=\boldsymbol{z}(k)-\hat{\boldsymbol{z}}(k\mid\boldsymbol{\theta})=\boldsymbol{z}(k)-\boldsymbol{f}(\boldsymbol{Z}^{k-1},\boldsymbol{U}^k,k,\boldsymbol{\theta})\tag{8.3.3}$$

预报误差$\tilde{\boldsymbol{z}}(k,\boldsymbol{\theta})$的样本协方差阵为

$$\boldsymbol{D}(\boldsymbol{\theta})=\frac{1}{L}\sum_{k=1}^{L}\tilde{\boldsymbol{z}}(k,\boldsymbol{\theta})\,\tilde{\boldsymbol{z}}^{\mathrm{T}}(k,\boldsymbol{\theta})\tag{8.3.4}$$

“好”的模型应该具有“小”的预报误差，因此可用 $\boldsymbol{D}(\boldsymbol{\theta})$的正标量函数作为预报误差准则，常用的有下面两种：

(1) $J_1(\boldsymbol{\theta})=\text{Trace}(\boldsymbol{\Lambda}_L\boldsymbol{D}(\boldsymbol{\theta}))$，式中加权矩阵$\boldsymbol{\Lambda}_L$为事先选定的正定阵；

(2) $J_2(\boldsymbol{\theta})=\text{logdet}(\boldsymbol{D}(\boldsymbol{\theta}))$。

第一种预报误差准则的另一种写法

$$J_1(\boldsymbol{\theta})=\tilde{z}^{\mathrm{T}}(k,\boldsymbol{\theta})\boldsymbol{\Lambda}_L\tilde{z}(k,\boldsymbol{\theta}) \tag{8.3.5}$$

为了去掉对样本的依赖性，更一般的预报误差准则为

$$J_1(\boldsymbol{\theta})=\frac{1}{2}\mathrm{E}\{\tilde{z}^{\mathrm{T}}(k,\boldsymbol{\theta})\boldsymbol{\Lambda}_L\tilde{z}(k,\boldsymbol{\theta})\} \tag{8.3.6}$$

如果模型新息$\boldsymbol{v}(k)$服从正态分布，且均值为零，协方差阵为$\boldsymbol{\Sigma}_v$，加权矩阵取$\boldsymbol{\Lambda}_L=L\boldsymbol{\Sigma}_v^{-1}$，$L$为数据长度，则极小化$J_1(\boldsymbol{\theta})$的结果与极大似然估计是等价的。

设$\boldsymbol{Z}_L^{\mathrm{T}}=[\boldsymbol{z}^{\mathrm{T}}(1),\boldsymbol{z}^{\mathrm{T}}(2),\cdots,\boldsymbol{z}^{\mathrm{T}}(L)]^{\mathrm{T}}$，$\boldsymbol{U}_L^{\mathrm{T}}=[\boldsymbol{u}^{\mathrm{T}}(1),\boldsymbol{u}^{\mathrm{T}}(2),\cdots,\boldsymbol{u}^{\mathrm{T}}(L)]^{\mathrm{T}}$，在独立观测条件下，似然函数可写成

$$\begin{aligned}L(\boldsymbol{Z}_L|\boldsymbol{U}_L,\boldsymbol{\theta})&=\prod_{k=1}^{L}p(\boldsymbol{z}(k)|\boldsymbol{Z}^{k-1},\boldsymbol{U}^k,\boldsymbol{\theta})\\&=\prod_{k=1}^{L}p(\boldsymbol{v}(k))\\&=(2\pi)^{-\frac{nL}{2}}(\det\boldsymbol{\Sigma}_v)^{-\frac{L}{2}}\exp\left\{-\frac{1}{2}\sum_{k=1}^{L}\boldsymbol{v}^{\mathrm{T}}(k)\boldsymbol{\Sigma}_v^{-1}\boldsymbol{v}(k)\right\}\end{aligned} \tag{8.3.7}$$

则极大化$L(\boldsymbol{Z}_L|\boldsymbol{U}_L,\boldsymbol{\theta})$等价于极小化$\sum\limits_{k=1}^{L}\boldsymbol{v}^{\mathrm{T}}(k)\boldsymbol{\Sigma}_v^{-1}\boldsymbol{v}(k)$，也就是极小化$\sum\limits_{k=1}^{L}\tilde{z}(k,\boldsymbol{\theta})\boldsymbol{\Sigma}_v^{-1}\tilde{z}^{\mathrm{T}}(k,\boldsymbol{\theta})$，由于

$$\begin{aligned}\sum_{k=1}^{L}\tilde{z}^{\mathrm{T}}(k)\boldsymbol{\Sigma}_v^{-1}\tilde{z}(k)&=\text{Trace}\left(\sum_{k=1}^{L}\boldsymbol{\Sigma}_v^{-1}\tilde{z}(k)\tilde{z}^{\mathrm{T}}(k)\right)\\&=\text{Trace}(L\boldsymbol{\Sigma}_v^{-1}\boldsymbol{D}(\boldsymbol{\theta}))=\text{Trace}(\boldsymbol{\Lambda}_L\boldsymbol{D}(\boldsymbol{\theta}))\end{aligned} \tag{8.3.8}$$

所以极小化$J_1(\boldsymbol{\theta})$等价于极大化$L(\boldsymbol{Z}_L|\boldsymbol{U}_L,\boldsymbol{\theta})$。也就是说，在这种意义下极大似然法与预报误差法是等价的。

如果模型新息$\boldsymbol{v}(k)$服从正态分布，且均值为零，协方差阵$\boldsymbol{\Sigma}_v(k)$未知，则极小化$J_2(\boldsymbol{\theta})$的结果与极大似然估计是等价的。

由式(8.3.7)知，对数似然函数可写成

$$l(\boldsymbol{Z}_L|\boldsymbol{U}_L,\boldsymbol{\theta})=-\frac{nL}{2}\log 2\pi-\frac{L}{2}\text{logdet}\boldsymbol{\Sigma}_v-\frac{1}{2}\sum_{k=1}^{L}\boldsymbol{v}^{\mathrm{T}}(k)\boldsymbol{\Sigma}_v^{-1}\boldsymbol{v}(k) \tag{8.3.9}$$

那么极大化$l(\boldsymbol{Z}_L|\boldsymbol{U}_L,\boldsymbol{\theta})$等价于极小化$J(\boldsymbol{\theta},\boldsymbol{\Sigma}_v)=\frac{L}{2}\text{logdet}\boldsymbol{\Sigma}_v+\frac{1}{2}\sum\limits_{k=1}^{L}\boldsymbol{v}^{\mathrm{T}}(k)\boldsymbol{\Sigma}_v^{-1}\boldsymbol{v}(k)$，也就是极小化$J(\boldsymbol{\theta},\boldsymbol{\Sigma}_v)=\frac{L}{2}\text{logdet}\boldsymbol{\Sigma}_v+\frac{1}{2}\sum\limits_{k=1}^{L}\tilde{z}^{\mathrm{T}}(k)\boldsymbol{\Sigma}_v^{-1}\hat{z}(k)$，根据

$$\frac{\partial\boldsymbol{J}(\boldsymbol{\theta},\boldsymbol{\Sigma}_v)}{\partial\boldsymbol{\Sigma}_v}=\frac{L}{2}\boldsymbol{\Sigma}_v^{-1}-\frac{1}{2}\boldsymbol{\Sigma}_v^{-1}\left[\sum_{k=1}^{L}\tilde{z}^{\mathrm{T}}(k)\tilde{z}(k)\right]\boldsymbol{\Sigma}_v^{-1}=0 \tag{8.3.10}$$

可求得$\hat{\boldsymbol{\Sigma}}_v=\frac{1}{L}\sum\limits_{k=1}^{L}\tilde{z}(k)\tilde{z}^{\mathrm{T}}(k)=\boldsymbol{D}(\boldsymbol{\theta})$，于是有

$$J(\boldsymbol{\theta},\hat{\boldsymbol{\Sigma}}_v)=\frac{L}{2}\log\det\boldsymbol{D}(\boldsymbol{\theta})+\frac{1}{2}\sum_{k=1}^{L}\tilde{\boldsymbol{z}}^{\mathrm{T}}(k)\boldsymbol{D}^{-1}(\boldsymbol{\theta})\tilde{\boldsymbol{z}}(k)$$
$$=\frac{L}{2}\log\det\boldsymbol{D}(\boldsymbol{\theta})+\frac{1}{2}\mathrm{Trace}\left[\sum_{k=1}^{L}\boldsymbol{D}^{-1}(\boldsymbol{\theta})\tilde{\boldsymbol{z}}(k)\tilde{\boldsymbol{z}}^{\mathrm{T}}(k)\right]$$
$$=\frac{L}{2}\log\det\boldsymbol{D}(\boldsymbol{\theta})+\frac{mL}{2}=\frac{L}{2}J_2(\boldsymbol{\theta})+\text{const.}\tag{8.3.11}$$

所以极小化 $J_2(\boldsymbol{\theta})$ 等价于极大化 $L(\boldsymbol{Z}_L|\boldsymbol{U}_L,\boldsymbol{\theta})$。也就是说，在这种意义下极大似然法与预报误差法是等价的。

以上分析表明，如果模型新息 $\boldsymbol{v}(k)$ 是服从正态分布的不相关随机向量，极大似然辨识方法可以看作预报误差法的一种特例。

8.3.3 预报误差算法

通过极小化预报误差准则，使预报误差变得尽可能小，这样构成的辨识方法称作预报误差法，其递推形式称作递推预报误差算法，记作 RPEM(recursive prediction error method)，算法的复杂性与式(8.3.1)的模型结构有关。对给定的一种模型结构来说，通过极小化预报误差准则，可以估计出该模型结构下的模型参数，包括预报器的构成和预报值关于 $\boldsymbol{\theta}$ 的求导过程。

1. 预报误差算法结构

考虑模型式(8.3.1)的辨识问题，取预报误差准则为 $J(\boldsymbol{\theta})=\frac{1}{2}\mathrm{E}\{\tilde{\boldsymbol{z}}^{\mathrm{T}}(k,\boldsymbol{\theta})\tilde{\boldsymbol{z}}(k,\boldsymbol{\theta})\}$，利用第 7 章的随机牛顿算法式(7.6.3)，模型参数估计算法可写成

$$\hat{\boldsymbol{\theta}}(k)=\hat{\boldsymbol{\theta}}(k-1)-\rho(k)\boldsymbol{R}^{-1}(k)\left[\frac{\partial J(\boldsymbol{\theta})}{\partial\boldsymbol{\theta}}\right]^{\mathrm{T}}\bigg|_{\hat{\boldsymbol{\theta}}(k-1)}\tag{8.3.12}$$

式中，$\rho(k)$ 为收敛因子，$\boldsymbol{R}(k)$ 是 Hessian 矩阵 $\frac{\partial^2 J(\boldsymbol{\theta})}{\partial\boldsymbol{\theta}^2}$ 的近似表达式。定义 $\boldsymbol{\Psi}(k,\boldsymbol{\theta})=\left[\frac{\partial\tilde{\boldsymbol{z}}(k|\boldsymbol{\theta})}{\partial\boldsymbol{\theta}}\right]^{\mathrm{T}}$，则有

$$\begin{cases}\left[\dfrac{\partial J(\boldsymbol{\theta})}{\partial\boldsymbol{\theta}}\right]^{\mathrm{T}}=\mathrm{E}\{\boldsymbol{\Psi}(k,\boldsymbol{\theta})\tilde{\boldsymbol{z}}(k,\boldsymbol{\theta})\}\\ \boldsymbol{R}(k)=\dfrac{\partial^2 J(\boldsymbol{\theta})}{\partial\boldsymbol{\theta}^2}=\mathrm{E}\{\boldsymbol{\Psi}(k,\boldsymbol{\theta})\boldsymbol{\Psi}^{\mathrm{T}}(k,\boldsymbol{\theta})\}\end{cases}\tag{8.3.13}$$

对 $\frac{\partial J(\boldsymbol{\theta})}{\partial\boldsymbol{\theta}}$ 和 $\boldsymbol{R}(k)$，利用随机逼近原理，分别导出它们的递推计算形式，由此构成如下预报误差算法的一般结构

$$\begin{cases}\hat{\boldsymbol{\theta}}(k)=\hat{\boldsymbol{\theta}}(k-1)+\rho(k)\boldsymbol{R}^{-1}(k)\boldsymbol{\Psi}(k,\hat{\boldsymbol{\theta}}(k-1))\tilde{\boldsymbol{z}}(k,\hat{\boldsymbol{\theta}}(k-1))\\ \boldsymbol{R}(k)=\boldsymbol{R}(k-1)+\rho(k)[\boldsymbol{\Psi}(k,\hat{\boldsymbol{\theta}}(k-1))\boldsymbol{\Psi}^{\mathrm{T}}(k,\hat{\boldsymbol{\theta}}(k-1))-\boldsymbol{R}(k-1)]\\ \tilde{\boldsymbol{z}}(k,\hat{\boldsymbol{\theta}}(k-1))=\boldsymbol{z}(k)-\hat{\boldsymbol{z}}(k\mid\hat{\boldsymbol{\theta}}(k-1))\end{cases}\tag{8.3.14}$$

式中，$\rho(k)$为收敛因子，$\tilde{z}(k,\hat{\boldsymbol{\theta}}(k-1))$为模型新息。

从预报误差算法的结构看，算法的关键是需要导出模型输出预报值关于参数$\boldsymbol{\theta}$的一阶梯度$\boldsymbol{\Psi}(k,\boldsymbol{\theta})$，而且它与辨识模型的结构有关。下面讨论两种特定模型结构下的预报误差辨识算法。

2. ARMAX 模型辨识

考虑如下 ARMAX 模型

$$A(z^{-1})z(k)=B(z^{-1})u(k)+D(z^{-1})v(k) \tag{8.3.15}$$

其中，$u(k)$、$z(k)$为模型输入和输出变量；$v(k)$为零均值白噪声；$A(z^{-1})$、$B(z^{-1})$和$C(z^{-1})$为相应的迟延算子多项式。模型输出预报可写成

$$\hat{z}(k\mid\boldsymbol{\theta})=z(k)-\frac{A(z^{-1})}{D(z^{-1})}z(k)+\frac{B(z^{-1})}{D(z^{-1})}u(k) \tag{8.3.16}$$

置模型参数向量$\boldsymbol{\theta}=[a_1,\cdots,a_{n_a},b_1,\cdots,b_{n_b},d_1,\cdots,d_{n_d}]^{\mathrm{T}}$，套用式(8.3.14)预报误差算法结构，其中一阶梯度$\boldsymbol{\Psi}(k)$改用$\boldsymbol{\psi}(k)$表示，可得 ARMAX 模型预报误差辨识算法为

$$\begin{cases}\hat{\boldsymbol{\theta}}(k)=\hat{\boldsymbol{\theta}}(k-1)+\rho(k)\boldsymbol{R}^{-1}(k)\boldsymbol{\psi}(k)\,\tilde{z}(k)\\ \boldsymbol{R}(k)=\boldsymbol{R}(k-1)+\rho(k)[\boldsymbol{\psi}^{\mathrm{T}}(k)\boldsymbol{\psi}(k)-\boldsymbol{R}(k-1)]\\ \tilde{z}(k)=z(k)-\hat{z}(k)\\ D(z^{-1})\big|_{\hat{\boldsymbol{\theta}}(k-1)}\hat{z}(k)=[D(z^{-1})-A(z^{-1})]\big|_{\hat{\boldsymbol{\theta}}(k-1)}z(k)+B(z^{-1})\big|_{\hat{\boldsymbol{\theta}}(k-1)}u(k)\\ D(z^{-1})\big|_{\hat{\boldsymbol{\theta}}(k-1)}\boldsymbol{\psi}(k)=\boldsymbol{h}(k)\\ \boldsymbol{h}(k)=[-z(k-1),\cdots,-z(k-n_a),u(k-1),\cdots,u(k-n_b),\\ \qquad\tilde{z}(k-1),\cdots,\tilde{z}(k-n_d)]^{\mathrm{T}}\end{cases} \tag{8.3.17}$$

式中，$\rho(k)$为收敛因子，$\hat{z}(k)$为输出预报值，依据式(8.3.16)计算；$\tilde{z}(k)$为预报误差，或称模型新息；$\boldsymbol{\psi}(k)$为预报值关于参数$\boldsymbol{\theta}$的一阶梯度，即$\boldsymbol{\psi}(k)=\left[\dfrac{\partial\hat{z}(k|\boldsymbol{\theta})}{\partial\boldsymbol{\theta}}\right]^{\mathrm{T}}$。

3. 线性新息模型辨识

考虑如下线性状态空间模型

$$\begin{cases}\boldsymbol{x}(k+1)=\boldsymbol{A}(\boldsymbol{\theta})\boldsymbol{x}(k)+\boldsymbol{b}(\boldsymbol{\theta})u(k)+\boldsymbol{v}_1(k)\\ z(k)=\boldsymbol{c}^{\mathrm{T}}(\boldsymbol{\theta})\boldsymbol{x}(k)+v_2(k)\end{cases} \tag{8.3.18}$$

其中，$u(k)$、$z(k)$为模型输入和输出变量；$\boldsymbol{x}(k)$为模型状态变量；$\boldsymbol{\theta}$为模型参数；$\boldsymbol{v}_1(k)$、$v_2(k)$为不相关的零均值白噪声。

根据 Kalman 滤波器原理，模型输出预报值$\hat{z}(k)$可写成

$$\begin{cases}\hat{\boldsymbol{x}}(k+1)=\boldsymbol{A}(\boldsymbol{\theta})\big|_{\hat{\boldsymbol{\theta}}(k-1)}\hat{\boldsymbol{x}}(k)+\boldsymbol{b}(\boldsymbol{\theta})\big|_{\hat{\boldsymbol{\theta}}(k-1)}u(k)\\ \qquad\qquad+\boldsymbol{G}(k)[z(k)-\boldsymbol{c}^{\mathrm{T}}(\boldsymbol{\theta})\big|_{\hat{\boldsymbol{\theta}}(k-1)}\hat{\boldsymbol{x}}(k)]\\ \hat{z}(k)=\boldsymbol{c}^{\mathrm{T}}(\boldsymbol{\theta})\big|_{\hat{\boldsymbol{\theta}}(k-1)}\hat{\boldsymbol{x}}(k)\end{cases} \tag{8.3.19}$$

式中，$\boldsymbol{G}(k)$为 Kalman 增益；$\tilde{z}(k)=z(k)-\hat{z}(k)$为预报误差；预报值关于参数$\boldsymbol{\theta}$的一阶梯度$\boldsymbol{\psi}(k)$的第 i 个元素为

$$\psi_i(k)=\left[\frac{\partial \boldsymbol{c}(\boldsymbol{\theta})}{\partial\theta_i}\right]^{\mathrm{T}}_{\hat{\boldsymbol{\theta}}(k-1)}\hat{\boldsymbol{x}}(k)+\boldsymbol{c}^{\mathrm{T}}(\boldsymbol{\theta})\big|_{\hat{\boldsymbol{\theta}}(k-1)}\frac{\partial\,\hat{\boldsymbol{x}}(k)}{\partial\theta_i}\tag{8.3.20}$$

其中

$$\begin{aligned}\frac{\partial\,\hat{\boldsymbol{x}}(k)}{\partial\theta_i}=&\left.\frac{\partial \boldsymbol{A}(\boldsymbol{\theta})}{\partial\theta_i}\right|_{\hat{\boldsymbol{\theta}}(k-1)}\hat{\boldsymbol{x}}(k-1)+\boldsymbol{A}(\boldsymbol{\theta})\big|_{\hat{\boldsymbol{\theta}}(k-1)}\frac{\partial\,\hat{\boldsymbol{x}}(k-1)}{\partial\theta_i}+\left.\frac{\partial \boldsymbol{b}(\boldsymbol{\theta})}{\partial\theta_i}\right|_{\hat{\boldsymbol{\theta}}(k-1)}u(k)\\&+\frac{\partial \boldsymbol{G}(k)}{\partial\theta_i}\tilde{z}(k-1)-\boldsymbol{G}(k-1)\varphi_i(k-1)\end{aligned}\tag{8.3.21}$$

那么状态空间模型式(8.3.18)的预报误差辨识算法可写成

$$\begin{cases}\hat{\boldsymbol{\theta}}(k)=\hat{\boldsymbol{\theta}}(k-1)+\rho(k)\boldsymbol{R}^{-1}(k)\,\boldsymbol{\psi}(k)\,\tilde{z}(k)\\\boldsymbol{R}(k)=\boldsymbol{R}(k-1)+\rho(k)\left[\boldsymbol{\psi}^{\mathrm{T}}(k)\boldsymbol{\psi}(k)-\boldsymbol{R}(k-1)\right]\\\tilde{z}(k)=z(k)-\hat{z}(k)\end{cases}\tag{8.3.22}$$

式中，$\rho(k)$为收敛因子。

8.3.4 预报误差估计的统计性质

预报误差方法和极大似然法一样，模型参数估计值具有优良的渐近性质。

1. 一致性

定理 8.3　在弱正则条件下，极小化准则函数 $J_1(\boldsymbol{\theta})$或 $J_2(\boldsymbol{\theta})$得到的预报误差参数估计值$\hat{\boldsymbol{\theta}}_{\mathrm{PE}}$，当数据长度 $L\to\infty$时，其估计偏差$\tilde{\boldsymbol{\theta}}_{\mathrm{PE}}$一致收敛于零，即

$$\tilde{\boldsymbol{\theta}}_{\mathrm{PE}}=\boldsymbol{\theta}_0-\hat{\boldsymbol{\theta}}_{\mathrm{PE}}\xrightarrow[L\to\infty]{\text{a. s.}}0\tag{8.3.23}$$

式中，$\boldsymbol{\theta}_0$ 为模型参数真值。

2. 渐近正态性

定理 8.4　在弱正则条件下，极小化准则函数 $J_1(\boldsymbol{\theta})$或 $J_2(\boldsymbol{\theta})$得到的预报误差参数估计值$\hat{\boldsymbol{\theta}}_{\mathrm{PE}}$，当数据长度 $L\to\infty$时，其概率分布收敛于正态分布，即有

$$\begin{cases}\sqrt{L}\,(\hat{\boldsymbol{\theta}}_{\mathrm{PE}}-\boldsymbol{\theta}_0)\xrightarrow[L\to\infty]{\text{law}}\beta\sim\mathbb{N}(0,\boldsymbol{P})\\\boldsymbol{P}=\left[\mathrm{E}\{\boldsymbol{\Psi}^{\mathrm{T}}(k,\hat{\boldsymbol{\theta}}_{\mathrm{PE}})\,\boldsymbol{\Lambda}_L\,\boldsymbol{\Psi}(k,\hat{\boldsymbol{\theta}}_{\mathrm{PE}})\}\right]^{-1}\mathrm{E}\{\boldsymbol{\Psi}^{\mathrm{T}}(k,\hat{\boldsymbol{\theta}}_{\mathrm{PE}})\,\boldsymbol{\Lambda}_L\,\hat{\boldsymbol{\Sigma}}_v\,\boldsymbol{\Psi}(k,\hat{\boldsymbol{\theta}}_{\mathrm{PE}})\}\\\qquad\left[\mathrm{E}\{\boldsymbol{\Psi}^{\mathrm{T}}(k,\hat{\boldsymbol{\theta}}_{\mathrm{PE}})\,\boldsymbol{\Lambda}_L\,\boldsymbol{\Psi}(k,\hat{\boldsymbol{\theta}}_{\mathrm{PE}})\}\right]^{-1}\quad\text{for}\quad J_1(\boldsymbol{\theta})\\\quad\text{or}\\\boldsymbol{P}=\left[\mathrm{E}\{\boldsymbol{\Psi}^{\mathrm{T}}(k,\hat{\boldsymbol{\theta}}_{\mathrm{PE}})\,\boldsymbol{\Lambda}_L\,\boldsymbol{\Psi}(k,\hat{\boldsymbol{\theta}}_{\mathrm{PE}})\}\right]^{-1}\quad\text{for}\quad J_2(\boldsymbol{\theta})\end{cases}\tag{8.3.24}$$

式中，$\boldsymbol{\theta}_0$ 为模型参数真值，$\boldsymbol{\Lambda}_L$ 为加权矩阵，$\hat{\boldsymbol{\Sigma}}_v$ 是模型新息 $\boldsymbol{v}(k)$协方差阵估计值，

$\boldsymbol{\Psi}(k,\boldsymbol{\theta})=\left[\dfrac{\partial \hat{z}(k|\boldsymbol{\theta})}{\partial \boldsymbol{\theta}}\right]^{\mathrm{T}}$ 为模型输出预报值关于参数$\boldsymbol{\theta}$的一阶梯度。

定理 8.3 和定理 8.4 的证明参见文献[26]。

8.4 小结

本章讨论了极大似然和预报误差辨识方法，两种辨识方法获得的模型参数估计值都具有较好的渐近统计特性，极大似然辨识方法又可以看作预报误差法的一种特例。严格说来，最小二乘类辨识方法也是利用预报误差法的思想来实现模型参数辨识的，因此预报误差法孕育着有广泛应用价值的辨识思想。

习题

(1) 阐述似然函数与概率密度函数的区别。

(2) 阐述 Kullback-Leibler 信息测度的含义，并说明它与极大似然原理的关系。

(3) 考虑一个独立同分布(记作 i. i. d，independent and identically distributed)的随机过程$\{x(t)\}$，在参数θ条件下，随机变量x的概率密度函数为$p(x|\theta)=\theta^2 x\mathrm{e}^{-\theta x}$，$\theta>0$，求参数$\theta$的极大似然估计，并证明参数$\theta$的极大似然估计值$\hat{\theta}_{\mathrm{ML}}$是渐近无偏估计。

提示：设随机过程$\{x(t)\}$的观测数据向量$\boldsymbol{x}_L=[x(1),x(2),\cdots,x(L)]^{\mathrm{T}}$，对应的对数似然函数为$l(\boldsymbol{x}_L|\theta)=2L\log\theta+\sum\limits_{k=1}^{L}\log x(k)-\theta\sum\limits_{k=1}^{L}x(k)$，极大化$l(\boldsymbol{x}_L|\theta)$，可得$\hat{\theta}_{\mathrm{ML}}=\dfrac{2L}{\sum\limits_{k=1}^{L}x(k)}$，并可证明$\mathrm{E}\{\hat{\theta}_{\mathrm{ML}}\}=\dfrac{2L\theta_0}{2L-1}$，其中$\theta_0$为参数真值。

(4) 考虑一个独立同分布(i. i. d)的随机序列$\{x(k)\}$，在参数$\theta>0$条件下，随机变量x的概率密度函数为$p(x|\theta)=\begin{cases}\dfrac{4x^2}{\sqrt{\pi}\theta^3}\mathrm{e}^{-\left(\frac{x}{\theta}\right)^2}, & x>0\\ 0, & x\leqslant 0\end{cases}$，求参数$\theta$的极大似然估计，并证明参数$\theta$的极大似然估计值$\hat{\theta}_{\mathrm{ML}}$是渐近无偏、一致估计。

提示：设随机序列$\{x(k)\}$的观测数据向量$\boldsymbol{x}_L=[x(1),x(2),\cdots,x(L)]^{\mathrm{T}}$，对应的对数似然函数为$l(\boldsymbol{x}_L|\theta)=L\log\left(\dfrac{4}{\sqrt{\pi}}\right)-3L\log\theta+\log\prod\limits_{k=1}^{L}x^2(k)-\dfrac{1}{\theta^2}\sum\limits_{k=1}^{L}x^2(k)$，可得$\hat{\theta}_{\mathrm{ML}}=\sqrt{\dfrac{2}{3L}\sum\limits_{k=1}^{L}x^2(k)}$，并可证明$\lim\limits_{L\to\infty}\mathrm{E}\{\hat{\theta}_{\mathrm{ML}}\}=\sqrt{\dfrac{2}{3}\mathrm{E}\{x^2(k)\}}=\theta_0$和$\lim\limits_{L\to\infty}\hat{\theta}_{\mathrm{ML}}=\sqrt{\dfrac{2}{3}\mathrm{E}\{x^2(k)\}}=\theta_0$，其中$\theta_0$为参数真值。

(5) 证明式(8.2.24)，并计算数据长度 L 至少不能小于多少，噪声方差估计 $\hat{\sigma}_v^2$ 的标准差不超过方差真值 σ_v^2 的 4%。

(6) 证明式(8.2.38)。

提示：① 由式(8.2.37)和式(8.2.36)，可得

$$\begin{aligned}2J(\boldsymbol{\theta},k) \cong\, & 2J(\hat{\boldsymbol{\theta}}(k-1),k-1)+(\boldsymbol{\theta}-\hat{\boldsymbol{\theta}}(k-1))^{\mathrm{T}}\boldsymbol{P}^{-1}(k-1)(\boldsymbol{\theta}-\hat{\boldsymbol{\theta}}(k-1)) \\ & +\hat{v}^2(k)\big|_{\hat{\boldsymbol{\theta}}(k-1)}-2\hat{v}(k)\big|_{\hat{\boldsymbol{\theta}}(k-1)}\boldsymbol{h}_f^{\mathrm{T}}(k)(\boldsymbol{\theta}-\hat{\boldsymbol{\theta}}(k-1)) \\ & +(\boldsymbol{\theta}-\hat{\boldsymbol{\theta}}(k-1))^{\mathrm{T}}\boldsymbol{h}_f(k)\boldsymbol{h}_f^{\mathrm{T}}(k)(\boldsymbol{\theta}-\hat{\boldsymbol{\theta}}(k-1))\end{aligned}$$

② 令 $\boldsymbol{P}^{-1}(k)=\boldsymbol{P}^{-1}(k-1)+\boldsymbol{h}_f(k)\boldsymbol{h}_f^{\mathrm{T}}(k)$，上式进一步写成

$$\begin{aligned}2J(\boldsymbol{\theta},k) = \, & (\boldsymbol{\theta}-\hat{\boldsymbol{\theta}}(k-1))^{\mathrm{T}}\boldsymbol{P}^{-1}(k)(\boldsymbol{\theta}-\hat{\boldsymbol{\theta}}(k-1))+\hat{v}^2(k)\big|_{\hat{\boldsymbol{\theta}}(k-1)} \\ & -2\hat{v}(k)\big|_{\hat{\theta}(k-1)}\boldsymbol{h}_f^{\mathrm{T}}(k)(\boldsymbol{\theta}-\hat{\boldsymbol{\theta}}(k-1))+2J(\hat{\boldsymbol{\theta}}(k-1),k-1) \\ = \, & [(\boldsymbol{\theta}-\hat{\boldsymbol{\theta}}(k-1))-\boldsymbol{P}(k)\boldsymbol{h}_f(k)\hat{v}(k)]^{\mathrm{T}}\boldsymbol{P}^{-1}(k)[(\boldsymbol{\theta}-\hat{\boldsymbol{\theta}}(k-1)) \\ & -\boldsymbol{P}(k)\boldsymbol{h}_f(k)\hat{v}(k)]-[\boldsymbol{P}(k)\boldsymbol{h}_f(k)\hat{v}(k)]^{\mathrm{T}}\boldsymbol{P}^{-1}(k)[\boldsymbol{P}(k)\boldsymbol{h}_f(k)\hat{v}(k)] \\ & +\hat{v}^2(k)\big|_{\hat{\boldsymbol{\theta}}(k-1)}+2J(\hat{\boldsymbol{\theta}}(k-1),k-1)\end{aligned}$$

③ 置 $\boldsymbol{r}(k)=\boldsymbol{P}(k)\boldsymbol{h}_f(k)\hat{v}(k)$，$\eta(k)=-\boldsymbol{r}^{\mathrm{T}}(k)\boldsymbol{P}^{-1}(k)\boldsymbol{r}(k)+v^2(k)\big|_{\hat{\boldsymbol{\theta}}(k-1)}+2J(\hat{\boldsymbol{\theta}}(k-1),k-1)$，可得式(8.2.38)。

(7) 证明式(8.2.42)。

(8) 请将极大似然递推辨识算法写成随机牛顿算法形式。

(9) 证明 $\mathrm{E}\left\{\left[\dfrac{\partial \log p(z(k)\,|\,\boldsymbol{\theta})}{\partial \boldsymbol{\theta}}\right]^{\mathrm{T}}\bigg|_{\boldsymbol{\theta}_0}\right\}=0$，$p(z(k)\,|\,\boldsymbol{\theta})$ 是随机变量 $z(k)$ 在 $\boldsymbol{\theta}$ 条件下的概率密度函数。

(10) 证明 $\mathrm{E}\left\{\dfrac{\partial^2 \log p(z(k)\,|\,\boldsymbol{\theta})}{\partial \boldsymbol{\theta}^2}\bigg|_{\boldsymbol{\theta}^*}\right\}=-\overline{\boldsymbol{M}}_{\boldsymbol{\theta}^*}$，其中 $\overline{\boldsymbol{M}}_{\boldsymbol{\theta}^*}$ 为参数 $\boldsymbol{\theta}^*$ 条件下的平均 Fisher 信息矩阵，$p(z(k)\,|\,\boldsymbol{\theta})$ 是随机变量 $z(k)$ 在 $\boldsymbol{\theta}$ 条件下的概率密度函数。

(11) 证明模型式(8.3.15)的输出预报值可以写成式(8.3.16)，输出预报值关于参数 $\boldsymbol{\theta}$ 的一阶梯度 $\boldsymbol{\psi}(k,\boldsymbol{\theta})=\left[\dfrac{\partial \hat{z}(k\,|\,\boldsymbol{\theta})}{\partial \boldsymbol{\theta}}\right]^{\mathrm{T}}$ 可以表达为

$$\begin{cases}D(z^{-1})\big|_{\hat{\boldsymbol{\theta}}(k-1)}\boldsymbol{\psi}(k)=\boldsymbol{h}(k) \\ \boldsymbol{h}(k)=[-z(k-1),\cdots,-z(k-n_a),u(k-1),\cdots,u(k-n_b), \\ \qquad\qquad \tilde{z}(k-1),\cdots,\tilde{z}(k-n_d)]^{\mathrm{T}} \\ \tilde{z}(k)=z(k)-\hat{z}(k)\end{cases}$$

(12) 证明模型式(8.3.18)的输出预报值可以写成式(8.3.19)，输出预报值关于参数 $\boldsymbol{\theta}$ 的一阶梯度 $\boldsymbol{\psi}(k,\boldsymbol{\theta})=\left[\dfrac{\partial \hat{z}(k\,|\,\boldsymbol{\theta})}{\partial \boldsymbol{\theta}}\right]^{\mathrm{T}}$ 可以表达成式(8.3.20)。

附　辨识算法程序

附 8.1　RML 辨识算法程序

行号	MATLAB 程序	注　释
1	`for k = nMax + 1:L + nMax`	按时间递推
	`    for i = 1:na`	2～13 行：构造数据向量和滤波数据向量
	`        h(i,k) = - z(k - i);`	
	`        hf(i,k) = - zf(k - i);`	
5	`    end`	
	`    for i = 1:nb`	
	`        h(na + i,k) = u(k - i);`	
	`        hf(na + i,k) = uf(k - i);`	
	`    end`	
10	`    for i = 1:nd`	
	`        h(na + nb + i,k) = v1(k - i);`	
	`        hf(na + nb + i,k) = v1f(k - i);`	
	`    end`	
	`    s(k) = hf(:,k)' * P(:,:,k - 1) * hf(:,k) + 1.0;`	14～19 行：辨识算法
15	`    Inn(k) = z(k) - h(:,k)' * Theta(:,k - 1);`	
	`    K(:,k) = P(:,:,k - 1) * hf(:,k)/s(k);`	
	`    P(:,:,k) = P(:,:,k - 1) - K(:,k) * K(:,k)' * s(k);`	
	`    Theta(:,k) = Theta(:,k - 1) + K(:,k) * Inn(k);`	
	`    J(k) = J(k - 1) + Inn(k)^2/s(k);`	
20	`    v1(k) = z(k) - h(:,k)' * Theta(:,k);`	19 行：损失函数
	`    zf(k) = z(k);uf(k) = u(k);v1f(k) = v1(k);`	20 行：噪声估计
	`    for i = 1:nd`	21～26 行：输入、输出和噪声估计滤波值
	`        zf(k) = zf(k) - Theta(na + nb + i,k) * zf(k - i);`	
	`        uf(k) = uf(k) - Theta(na + nb + i,k) * uf(k - i);`	
25	`        v1f(k) = v1f(k) - Theta(na + nb + i,k) * v1f(k - i);`	
	`    end`	
27	`end`	
程序变量	na、nb、nd：模型阶次 n_a、n_b 和 n_d；$nMax=\max(na,nb,nd)$：模型阶次最大值；$z(k)$：系统输出；$u(k)$：系统输入；$zf(k)$、$uf(k)$：输出和输入滤波值 $z_f(k)$、$u_f(k)$；$v1(k)$：噪声估计值 $\hat{v}(k)$；$v1f(k)$：噪声估计滤波值 $\hat{v}_f(k)$；$h(:,k)$：数据向量 $\boldsymbol{h}(k)$；$hf(:,k)$：滤波数据向量 $\boldsymbol{h}_f(k)$；$Theta(:,k)$：模型参数估计向量 $\hat{\boldsymbol{\theta}}(k)$；$P(:,:,k)$：数据协方差阵 $\boldsymbol{P}(k)$；$K(:,k)$：算法增益 $\boldsymbol{K}(k)$；$Inn(k)$：模型新息 $\tilde{z}(k)$；$J(k)$：损失函数；L：数据长度，k：时间($1+nMax$ to $L+nMax$)。	
程序输入	系统输入和输出数据序列 $\{z(k),u(k),k=1,2,\cdots,L+nMax\}$。	
程序输出	(1) 模型参数估计值 $\hat{\boldsymbol{\theta}}(k)=Theta(i,L+nMax),i=1,2,\cdots,na+nb$； (2) 噪声标准差估计值 $\hat{\lambda}=\mathrm{sqrt}(J(L+nMax)/L)$。	

第9章 递推辨识算法的一般结构

9.1 引言

第5章～第8章讨论了三类辨识方法，包括方程误差法、梯度校正法和概率密度逼近法，各类辨识方法的递推算法形式之所以有所不同，其主要原因：①辨识的基本出发点不一样，或者说优化准则函数的方法不同。如方差误差法，也就是最小二乘类方法是通过极小化输出残差平方和来实现的；梯度校正法是沿着准则函数的负梯度方向来逐步修正的；概率密度逼近法是通过极大化似然函数来达到的。②辨识模型的结构不同，致使所构造的参数向量和数据向量不一样。

本章探讨各类辨识方法之间的关联性和统一性，主要包括四个方面的问题：①模型预报值及其关于参数的一阶梯度，②辨识算法的一般结构，③SISO一般模型和状态空间模型的辨识，④辨识算法的实现。本章相关内容的主要思想参考了文献[38]。

9.2 模型预报值及其关于参数$\boldsymbol{\theta}$的一阶梯度

系统模型是用来反映现时刻与过去时刻输入和输出数据之间的内在关系，或者说系统的未来输出特性通过模型可以用过去的数据来表征。模型输出预报值是构建辨识算法的关键要素，是生成模型新息所不能或缺的。输出预报值及其关于参数$\boldsymbol{\theta}$的一阶梯度决定辨识算法的具体结构与复杂性。

如果模型结构正确，输出预报值的表达形式是唯一可以确定的，一般可表征为模型参数$\boldsymbol{\theta}$、时间k以及过去数据集合的函数，记作$\hat{z}(k|\boldsymbol{\theta})=f(\boldsymbol{\theta},k,\mathrm{D}^{k-1})$。比如，ARMAX模型的输出预报值可表示成

$$\hat{z}(k \mid k-1)=z(k)-\frac{A(z^{-1})}{D(z^{-1})}z(k)+\frac{B(z^{-1})}{D(z^{-1})}u(k) \qquad (9.2.1)$$

上式表明，模型输出预报值可以用模型参数、时间和过去的数据集合来表达。不失一般性，可用第2章的式(2.3.7)来描述模型的输出预报值，式中的数据向量$\boldsymbol{h}(k,\boldsymbol{\theta})$及系数矩阵$\boldsymbol{F}(\boldsymbol{\theta})$、$\boldsymbol{G}(\boldsymbol{\theta})$和$\boldsymbol{H}(\boldsymbol{\theta})$会因模型类不同而不同[38]。下面的例9.1及第2章习题(21)是很好的例证。

例 9.1 考虑如下 ARMAX 模型

$$A(z^{-1})z(k)=B(z^{-1})u(k)+D(z^{-1})v(k) \tag{9.2.2}$$

式中，$z(k)$、$u(k)$为模型输出和输入变量；$v(k)$为零均值白噪声。置

$$\begin{cases}\boldsymbol{\theta}=[a_1,\cdots,a_{n_a},b_1,\cdots,b_{n_b},d_1,\cdots,d_{n_d}]^{\mathrm{T}}\\ \boldsymbol{h}(k,\boldsymbol{\theta})=[-z(k-1),\cdots,-z(k-n_a),u(k-1),\cdots,\\ \qquad u(k-n_b),\tilde{z}(k-1),\cdots,\tilde{z}(k-n_d)]^{\mathrm{T}}\end{cases} \tag{9.2.3}$$

式中，$\tilde{z}(\cdot)$为模型新息，则模型输出预报值可表示成

$$\hat{z}(k\mid\boldsymbol{\theta})=\boldsymbol{\theta}^{\mathrm{T}}\boldsymbol{h}(k,\boldsymbol{\theta}) \tag{9.2.4}$$

或写成第 2 章式(2.3.7)的形式

$$\begin{cases}\boldsymbol{\varphi}(k,\boldsymbol{\theta})=\boldsymbol{F}(\boldsymbol{\theta})\boldsymbol{\varphi}(k-1,\boldsymbol{\theta})+\boldsymbol{G}(\boldsymbol{\theta})\bar{\boldsymbol{u}}(k)\\ \hat{z}(k\mid\boldsymbol{\theta})=\boldsymbol{H}(\boldsymbol{\theta})\boldsymbol{\varphi}(k,\boldsymbol{\theta})\end{cases} \tag{9.2.5}$$

式中，$\boldsymbol{\varphi}(k,\boldsymbol{\theta})=\boldsymbol{h}(k,\boldsymbol{\theta})$，$\bar{\boldsymbol{u}}(k)=[z(k-1),u(k-1)]^{\mathrm{T}}$ 及

$$\begin{cases}\boldsymbol{F}(\boldsymbol{\theta})=\left[\begin{array}{cccc|cccc|cccc}0&0&\cdots&0&&&&&&&&\\1&0&\ddots&0&&0&&&&0&&\\\vdots&\ddots&\ddots&\vdots&&&&&&&&\\0&\cdots&1&0&&&&&&&&\\\hline&&&&0&0&\cdots&0&&&&\\&0&&&1&0&\ddots&0&&0&&\\&&&&\vdots&\ddots&\ddots&\vdots&&&&\\&&&&0&\cdots&1&0&&&&\\\hline-a_1&-a_2&\cdots&-a_{n_a}&-b_1&-b_2&\cdots&-b_{n_b}&-d_1&-d_2&\cdots&-d_{n_d}\\0&0&\cdots&0&0&0&\cdots&0&0&0&\cdots&0\\\vdots&\vdots&\cdots&\vdots&\vdots&\vdots&\cdots&\vdots&\vdots&\vdots&\cdots&\vdots\\0&0&\cdots&0&0&0&\cdots&0&0&0&\cdots&0\end{array}\right]\begin{matrix}\}n_a\\\}n_b\\\}n_d\end{matrix}\\ \qquad\qquad n_a\qquad\qquad n_b\qquad\qquad n_d\\ \boldsymbol{G}(\boldsymbol{\theta})=\begin{bmatrix}-1&0\\0&0\\\vdots&\vdots\\0&0\\0&1\\0&0\\\vdots&\vdots\\0&0\\1&0\\0&0\\\vdots&\vdots\\0&0\end{bmatrix}\begin{matrix}\}n_a\\\\\}n_b\\\\\}n_d\end{matrix}\in\mathrm{R}^{N\times2},\ \boldsymbol{H}(\boldsymbol{\theta})=\boldsymbol{\theta}^{\mathrm{T}}\in\mathrm{R}^{1\times N},\ N=n_a+n_b+n_d\end{cases} \tag{9.2.6}$$

如果第 2 章式(2.3.7)的两边同时对$\boldsymbol{\theta}$求导,则可导出模型输出预报值及其关于参数$\boldsymbol{\theta}$一阶梯度的一般表达式

$$\begin{cases}\dfrac{\partial \boldsymbol{\varphi}(k,\boldsymbol{\theta})}{\partial \boldsymbol{\theta}} = \boldsymbol{F}(\boldsymbol{\theta})\dfrac{\partial \boldsymbol{\varphi}(k-1,\boldsymbol{\theta})}{\partial \boldsymbol{\theta}} + \dfrac{\partial \boldsymbol{F}(\boldsymbol{\theta})}{\partial \boldsymbol{\theta}}\boldsymbol{\varphi}(k-1,\boldsymbol{\theta}) + \dfrac{\partial \boldsymbol{G}(\boldsymbol{\theta})}{\partial \boldsymbol{\theta}}\bar{\boldsymbol{u}}(k) \\ \dfrac{\partial \hat{z}(k,\boldsymbol{\theta})}{\partial \boldsymbol{\theta}} = \boldsymbol{H}(\boldsymbol{\theta})\dfrac{\partial \boldsymbol{\varphi}(k,\boldsymbol{\theta})}{\partial \boldsymbol{\theta}} + \dfrac{\partial \boldsymbol{H}(\boldsymbol{\theta})}{\partial \boldsymbol{\theta}}\boldsymbol{\varphi}(k,\boldsymbol{\theta})\end{cases} \tag{9.2.7}$$

其中

$$\begin{cases}\dfrac{\partial \boldsymbol{F}(\boldsymbol{\theta})}{\partial \boldsymbol{\theta}}\boldsymbol{\varphi}(k-1,\boldsymbol{\theta}) = \left[\dfrac{\partial \boldsymbol{F}(\boldsymbol{\theta})}{\partial \theta_1}\boldsymbol{\varphi}(k-1,\boldsymbol{\theta}),\cdots,\dfrac{\partial \boldsymbol{G}(\boldsymbol{\theta})}{\partial \theta_N}\boldsymbol{\varphi}(k-1,\boldsymbol{\theta})\right] \\ \dfrac{\partial \boldsymbol{G}(\boldsymbol{\theta})}{\partial \boldsymbol{\theta}}\bar{\boldsymbol{u}}(k) = \left[\dfrac{\partial \boldsymbol{G}(\boldsymbol{\theta})}{\partial \theta_1}\bar{\boldsymbol{u}}(k),\cdots,\dfrac{\partial \boldsymbol{G}(\boldsymbol{\theta})}{\partial \theta_N}\bar{\boldsymbol{u}}(k)\right] \\ \dfrac{\partial \boldsymbol{H}(\boldsymbol{\theta})}{\partial \boldsymbol{\theta}}\boldsymbol{\varphi}(k,\boldsymbol{\theta}) = \left[\dfrac{\partial \boldsymbol{H}(\boldsymbol{\theta})}{\partial \theta_1}\boldsymbol{\varphi}(k,\boldsymbol{\theta}),\cdots,\dfrac{\partial \boldsymbol{H}(\boldsymbol{\theta})}{\partial \theta_N}\boldsymbol{\varphi}(k,\boldsymbol{\theta})\right]\end{cases} \tag{9.2.8}$$

式中,N为模型参数个数。令

$$\begin{cases}\boldsymbol{\Phi}(k,\boldsymbol{\theta}) = \dfrac{\partial \boldsymbol{\varphi}(k,\boldsymbol{\theta})}{\partial \boldsymbol{\theta}} = \left[\dfrac{\partial \boldsymbol{\varphi}(k,\boldsymbol{\theta})}{\partial \theta_1},\cdots,\dfrac{\partial \boldsymbol{\varphi}(k,\boldsymbol{\theta})}{\partial \theta_N}\right] \\ \boldsymbol{\Psi}^{\mathrm{T}}(k,\boldsymbol{\theta}) = \dfrac{\partial \hat{z}(k\mid\boldsymbol{\theta})}{\partial \boldsymbol{\theta}} = \left[\dfrac{\partial \hat{z}(k\mid\boldsymbol{\theta})}{\partial \theta_1},\cdots,\dfrac{\partial \hat{z}(k\mid\boldsymbol{\theta})}{\partial \theta_N}\right]\end{cases} \tag{9.2.9}$$

式(9.2.7)写成

$$\begin{cases}\boldsymbol{\Phi}(k,\boldsymbol{\theta}) = \boldsymbol{F}(\boldsymbol{\theta})\boldsymbol{\Phi}(k-1,\boldsymbol{\theta}) + \boldsymbol{\Gamma}(k-1,\boldsymbol{\theta}) \\ \boldsymbol{\Psi}^{\mathrm{T}}(k,\boldsymbol{\theta}) = \boldsymbol{H}(\boldsymbol{\theta})\boldsymbol{\Phi}(k,\boldsymbol{\theta}) + \boldsymbol{X}(k,\boldsymbol{\theta})\end{cases} \tag{9.2.10}$$

式中

$$\begin{aligned}\boldsymbol{\Gamma}(k,\boldsymbol{\theta}) &= \dfrac{\partial \boldsymbol{F}(\boldsymbol{\theta})}{\partial \boldsymbol{\theta}}\boldsymbol{\varphi}(k-1,\boldsymbol{\theta}) + \dfrac{\partial \boldsymbol{G}(\boldsymbol{\theta})}{\partial \boldsymbol{\theta}}\bar{\boldsymbol{u}}(k) \\ \boldsymbol{X}(k,\boldsymbol{\theta}) &= \dfrac{\partial \boldsymbol{H}(\boldsymbol{\theta})}{\partial \boldsymbol{\theta}}\boldsymbol{\varphi}(k,\boldsymbol{\theta})\end{aligned} \tag{9.2.11}$$

引入

$$\boldsymbol{x}(k,\boldsymbol{\theta}) = \begin{bmatrix}\boldsymbol{\varphi}(k,\boldsymbol{\theta}) \\ \mathrm{col}\,\boldsymbol{\Phi}(k,\boldsymbol{\theta})\end{bmatrix} \tag{9.2.12}$$

其中,col 符号表示将矩阵排成列向量,那么模型输出预报值及其关于参数$\boldsymbol{\theta}$的一阶梯度模型可表示成[38]

$$\begin{cases}\boldsymbol{x}(k,\boldsymbol{\theta}) = \boldsymbol{A}(\boldsymbol{\theta})\boldsymbol{x}(k-1,\boldsymbol{\theta}) + \boldsymbol{B}(\boldsymbol{\theta})\bar{\boldsymbol{u}}(k) \\ \begin{bmatrix}\hat{z}(k\mid\boldsymbol{\theta}) \\ \mathrm{col}\,\boldsymbol{\Psi}^{\mathrm{T}}(k,\boldsymbol{\theta})\end{bmatrix} = \boldsymbol{C}(\boldsymbol{\theta})\boldsymbol{x}(k,\boldsymbol{\theta})\end{cases} \tag{9.2.13}$$

式中,参数矩阵$\boldsymbol{A}(\boldsymbol{\theta})$、$\boldsymbol{B}(\boldsymbol{\theta})$和$\boldsymbol{C}(\boldsymbol{\theta})$结构见第 2 章式(2.3.9)。式(9.2.13)与第 2 章式(2.3.8)是一样的,是对模型输出预报值及其关于参数梯度的动态描述。

原则上说,不同类型的模型均可化成式(9.2.13),它不仅描述了模型输出预报值,也描述了预报值关于参数$\boldsymbol{\theta}$的一阶梯度,是构建辨识算法必备的表达式。

9.3 辨识算法的一般结构

9.3.1 准则函数

模型输出残差定义为

$$\boldsymbol{\varepsilon}(k,\boldsymbol{\theta}) = z(k) - \hat{z}(k \mid \boldsymbol{\theta})\big|_{\hat{\boldsymbol{\theta}}(k)} \tag{9.3.1}$$

式中，$z(k) \in \mathrm{R}^{m\times 1}$为系统输出，$\hat{z}(k|\boldsymbol{\theta}) \in \mathrm{R}^{m\times 1}$为系统输出预报值。引进残差度量函数 $l(k,\boldsymbol{\theta},\boldsymbol{\varepsilon}(k,\boldsymbol{\theta}))$，准则函数写成

$$J(\boldsymbol{\theta}) = \frac{1}{L}\sum_{k=1}^{L} l(k,\boldsymbol{\theta},\boldsymbol{\varepsilon}(k,\boldsymbol{\theta})) \xrightarrow[L\to\infty]{\text{a. s.}} \mathrm{E}\{l(k,\boldsymbol{\theta},\boldsymbol{\varepsilon}(k,\boldsymbol{\theta}))\} \tag{9.3.2}$$

式中，L 为数据长度。通常情况下，残差度量函数取二次型函数

$$l(k,\boldsymbol{\theta},\boldsymbol{\varepsilon}(k,\boldsymbol{\theta})) = \frac{1}{2}\boldsymbol{\varepsilon}^{\mathrm{T}}(k,\boldsymbol{\theta})\boldsymbol{\Lambda}(k)\boldsymbol{\varepsilon}(k,\boldsymbol{\theta}) \tag{9.3.3}$$

其中，$\boldsymbol{\Lambda}(k)$为正定对称加权矩阵，那么准则函数的一般表达式可表示为

$$J(\boldsymbol{\theta}) = \frac{1}{2}\mathrm{E}\{\boldsymbol{\varepsilon}^{\mathrm{T}}(k,\boldsymbol{\theta})\boldsymbol{\Lambda}(k)\boldsymbol{\varepsilon}(k,\boldsymbol{\theta})\} \tag{9.3.4}$$

9.3.2 随机牛顿法的应用

根据随机牛顿法式(7.6.3)，模型参数向量$\boldsymbol{\theta}$的递推辨识算法可写成

$$\hat{\boldsymbol{\theta}}(k) = \hat{\boldsymbol{\theta}}(k-1) - \rho(k)\boldsymbol{R}^{-1}(k)\boldsymbol{q}(\hat{\boldsymbol{\theta}}(k-1), z^{k}) \tag{9.3.5}$$

其中，$\rho(k)$为收敛因子，满足条件式(7.5.4)。

下面讨论如何确定式(9.3.5)中准则函数 $J(\boldsymbol{\theta})$关于参数$\boldsymbol{\theta}$的一阶梯度 $\boldsymbol{q}(\boldsymbol{\theta},z^{k})$和二阶梯度 $\boldsymbol{R}(k)$。

1. 一阶梯度 $q(\theta,z^k)$的确定

根据式(7.5.11)准则函数 $J(\boldsymbol{\theta})$关于参数$\boldsymbol{\theta}$一阶梯度 $\boldsymbol{q}(\boldsymbol{\theta},z^{k})$的定义，有[38]

$$\begin{aligned}\left[\frac{\partial J(\boldsymbol{\theta})}{\partial \boldsymbol{\theta}}\right]^{\mathrm{T}} &= \mathrm{E}\{\boldsymbol{q}(\boldsymbol{\theta},z^{k})\} = \mathrm{E}\left\{\left[\frac{\partial \boldsymbol{\varepsilon}(k,\boldsymbol{\theta})}{\partial \boldsymbol{\theta}}\right]^{\mathrm{T}}\boldsymbol{\Lambda}(k)\boldsymbol{\varepsilon}(k,\boldsymbol{\theta})\right\} \\ &= -\mathrm{E}\left\{\left[\frac{\partial \hat{z}(k\mid\boldsymbol{\theta})}{\partial \boldsymbol{\theta}}\right]^{\mathrm{T}}\boldsymbol{\Lambda}(k)\boldsymbol{\varepsilon}(k,\boldsymbol{\theta})\right\} \\ &= -\mathrm{E}\{\boldsymbol{\Psi}(k,\boldsymbol{\theta})\boldsymbol{\Lambda}(k)\boldsymbol{\varepsilon}(k,\boldsymbol{\theta})\}\end{aligned} \tag{9.3.6}$$

那么

$$\boldsymbol{q}(\boldsymbol{\theta},z^{k})\big|_{\hat{\boldsymbol{\theta}}(k)} = -\boldsymbol{\Psi}(k,\boldsymbol{\theta})\boldsymbol{\Lambda}(k)\boldsymbol{\varepsilon}(k,\boldsymbol{\theta}) \tag{9.3.7}$$

实际上通常改用

$$\boldsymbol{q}(\boldsymbol{\theta},z^{k})\big|_{\hat{\boldsymbol{\theta}}(k-1)} = -\boldsymbol{\Psi}(k,\boldsymbol{\theta})\boldsymbol{\Lambda}(k)\tilde{z}(k,\boldsymbol{\theta}) \tag{9.3.8}$$

其中，$\tilde{z}(k,\boldsymbol{\theta})$为预报误差$\tilde{z}(k,\boldsymbol{\theta})=z(k)-\hat{z}(k|\boldsymbol{\theta})|_{\hat{\boldsymbol{\theta}}(k-1)}$，用于替代模型残差$\boldsymbol{\varepsilon}(k,\boldsymbol{\theta})$。

2. 二阶梯度 R(k)的确定

根据式(7.6.5)准则函数 $J(\boldsymbol{\theta})$关于参数$\boldsymbol{\theta}$二阶梯度$\boldsymbol{R}(k)$的定义，有[38]

$$\begin{aligned}\frac{\partial^2 J(\boldsymbol{\theta})}{\partial \boldsymbol{\theta}^2} &= \mathrm{E}\{\boldsymbol{\Psi}(k,\boldsymbol{\theta})\boldsymbol{\Lambda}(k)\boldsymbol{\Psi}^{\mathrm{T}}(k,\boldsymbol{\theta})\} - \mathrm{E}\left\{\frac{\partial \boldsymbol{\Psi}(k,\boldsymbol{\theta})}{\partial \boldsymbol{\theta}}\boldsymbol{\Lambda}(k)\boldsymbol{\varepsilon}(k,\boldsymbol{\theta})\right\} \\ &= \mathrm{E}\{\boldsymbol{\Psi}(k,\boldsymbol{\theta})\boldsymbol{\Lambda}(k)\boldsymbol{\Psi}^{\mathrm{T}}(k,\boldsymbol{\theta})\} + \mathrm{E}\left\{\frac{\partial^2 \boldsymbol{\varepsilon}^{\mathrm{T}}(k,\boldsymbol{\theta})}{\partial \boldsymbol{\theta}^2}\boldsymbol{\Lambda}(k)\boldsymbol{\varepsilon}(k,\boldsymbol{\theta})\right\}\end{aligned} \tag{9.3.9}$$

当参数向量$\boldsymbol{\theta}$的估计值逼近真值$\boldsymbol{\theta}_0$时，残差$\{\boldsymbol{\varepsilon}(k,\boldsymbol{\theta})\}$“几乎必然”是均值为零、互不相关的随机序列，且$\boldsymbol{\varepsilon}(k,\boldsymbol{\theta})$与$\frac{\partial^2 \boldsymbol{\varepsilon}^{\mathrm{T}}(k,\boldsymbol{\theta})}{\partial \boldsymbol{\theta}^2}$可近似看作两个互不相关的随机变量，为此有

$$\frac{\partial^2 J(\boldsymbol{\theta})}{\partial \boldsymbol{\theta}^2} \approx \mathrm{E}\{\boldsymbol{\Psi}(k,\boldsymbol{\theta})\boldsymbol{\Lambda}(k)\boldsymbol{\Psi}^{\mathrm{T}}(k,\boldsymbol{\theta})\} \tag{9.3.10}$$

令

$$\boldsymbol{R}(k) = \mathrm{E}\{\boldsymbol{\Psi}(k,\boldsymbol{\theta})\boldsymbol{\Lambda}(k)\boldsymbol{\Psi}^{\mathrm{T}}(k,\boldsymbol{\theta})\} \tag{9.3.11}$$

根据 Robbins-Monro 算法式(7.5.3)，可得

$$\boldsymbol{R}(k) = \boldsymbol{R}(k-1) + \rho(k)[\boldsymbol{\Psi}(k,\hat{\boldsymbol{\theta}}(k-1))\boldsymbol{\Lambda}(k)\boldsymbol{\Psi}^{\mathrm{T}}(k,\hat{\boldsymbol{\theta}}(k-1)) - \boldsymbol{R}(k-1)] \tag{9.3.12}$$

简化写成

$$\boldsymbol{R}(k) = \boldsymbol{R}(k-1) + \rho(k)[\boldsymbol{\Psi}(k)\boldsymbol{\Lambda}(k)\boldsymbol{\Psi}^{\mathrm{T}}(k) - \boldsymbol{R}(k-1)] \tag{9.3.13}$$

3. 加权矩阵$\boldsymbol{\Lambda}$(k)的确定

为使模型参数估计值是最小方差估计，加权矩阵可取

$$\boldsymbol{\Lambda}(k) = \boldsymbol{\Sigma}^{-1}(k) = [\mathrm{E}\{\boldsymbol{\varepsilon}(k,\boldsymbol{\theta})\boldsymbol{\varepsilon}^{\mathrm{T}}(k,\boldsymbol{\theta})\}]^{-1} \tag{9.3.14}$$

式中，$\boldsymbol{\Sigma}(k)$是残差$\boldsymbol{\varepsilon}(k,\boldsymbol{\theta})$的协方差阵。根据 Robbins-Monro 算法式(7.5.3)，可得

$$\hat{\boldsymbol{\Sigma}}(k) = \hat{\boldsymbol{\Sigma}}(k-1) + \rho(k)[\boldsymbol{\varepsilon}(k,\theta)\boldsymbol{\varepsilon}^{\mathrm{T}}(k,\theta) - \hat{\boldsymbol{\Sigma}}(k-1)] \tag{9.3.15}$$

实际上通常改用

$$\hat{\boldsymbol{\Sigma}}(k) = \hat{\boldsymbol{\Sigma}}(k-1) + \rho(k)[\tilde{z}(k)\tilde{z}^{\mathrm{T}}(k) - \hat{\boldsymbol{\Sigma}}(k-1)] \tag{9.3.16}$$

当然，利用模型预报误差(新息)$\tilde{z}(k,\boldsymbol{\theta})$(简写为$\tilde{z}(k)$)代替残差$\boldsymbol{\varepsilon}(k,\boldsymbol{\theta})$，可能会造成$\boldsymbol{\Sigma}(k)$的估计偏差。不过，这并不会影响全局，顶多就是模型参数估计不再是真正意义下的最小方差估计。

9.3.3 辨识算法的一般形式

综合以上讨论，归结成如下递推辨识算法的一般形式[38]，记作 RGIA(recursive general identification algorithm)。

RGIA 辨识算法

$$
\left.\begin{array}{l}
\hat{\boldsymbol{\theta}}(k)=\hat{\boldsymbol{\theta}}(k-1)+\boldsymbol{K}(k)\tilde{z}(k) \\
\tilde{z}(k)=z(k)-\hat{z}(k) \\
\boldsymbol{K}(k)=\rho(k)\boldsymbol{R}^{-1}(k)\boldsymbol{\Psi}(k)\hat{\boldsymbol{\Sigma}}^{-1}(k) \\
\hat{\boldsymbol{\Sigma}}(k)=\hat{\boldsymbol{\Sigma}}(k-1)+\rho(k)[\tilde{z}(k)\tilde{z}^{\mathrm{T}}(k)-\hat{\boldsymbol{\Sigma}}(k-1)] \\
\boldsymbol{R}(k)=\boldsymbol{R}(k-1)+\rho(k)[\boldsymbol{\Psi}(k)\hat{\boldsymbol{\Sigma}}^{-1}(k)\boldsymbol{\Psi}^{\mathrm{T}}(k)-\boldsymbol{R}(k-1)] \\
\begin{cases}
\boldsymbol{x}(k)=\boldsymbol{A}(\boldsymbol{\theta})\big|_{\hat{\boldsymbol{\theta}}(k-1)}\boldsymbol{x}(k-1)+\boldsymbol{B}(\boldsymbol{\theta})\big|_{\hat{\boldsymbol{\theta}}(k-1)}\bar{\boldsymbol{u}}(k) \\
\begin{bmatrix}\hat{z}(k) \\ \operatorname{col}\boldsymbol{\Psi}^{\mathrm{T}}(k)\end{bmatrix}=\boldsymbol{C}(\boldsymbol{\theta})\big|_{\hat{\boldsymbol{\theta}}(k-1)}\boldsymbol{x}(k)
\end{cases}
\end{array}\right. \tag{9.3.17}
$$

式中，$\hat{\boldsymbol{\theta}}(k)$是模型参数估计值，$\rho(k)$是收敛因子；$z(k)$是模型输出，$\hat{z}(k)$、$\tilde{z}(k)$、$\boldsymbol{\Psi}(k)$分别是输出预报值、新息和预报值关于参数一阶梯度在$\hat{\boldsymbol{\theta}}(k-1)$点上取值的省略写法；$\boldsymbol{R}(k)$是 Hessian 矩阵的近似式，$\boldsymbol{K}(k)$是算法增益；$\hat{\boldsymbol{\Sigma}}(k)$是残差协方差阵估计值，其逆用作加权矩阵，若无须对数据加权，加权矩阵取单位阵；$\boldsymbol{x}(k)$是输出预报模型的状态变量；$\boldsymbol{A}$、$\boldsymbol{B}$ 和 $\boldsymbol{C}$ 是与模型参数$\boldsymbol{\theta}$有关的输出预报模型的参数矩阵；$\bar{\boldsymbol{u}}(k)$是由输入和输出数据组成的输出预报模型的驱动；算法初始值$\hat{\boldsymbol{\theta}}(0)$、$\boldsymbol{R}(0)$和$\hat{\boldsymbol{\Sigma}}(0)$需要预先设置。

算法式(9.3.17)之所以称得上具有一般结构，因为它揭示了辨识算法的关联性和统一性，把辨识问题统一归结成输出预报值$\hat{z}(k)$及其关于参数$\boldsymbol{\theta}$梯度$\boldsymbol{\Psi}(k)$的推演问题。只要求得$\hat{z}(k)$和$\boldsymbol{\Psi}(k)$，也就是确定了辨识算法的形式，前面各章研究的辨识算法都可以看成它的特例。

算法式(9.3.17)是按 MIMO 模型推导的，对 SISO 模型来说，算法中的 $z(k)$、$\hat{z}(k)$、$\tilde{z}(k)$和$\hat{\boldsymbol{\Sigma}}(k)$变成标量，$\boldsymbol{\Psi}(k)$变为列向量，改用 $\boldsymbol{\psi}(k)$表示。

9.3.4 RLS 辨识算法的一般表示

考虑如下模型

$$
A(z^{-1})z(k)=B(z^{-1})u(k)+v(k) \tag{9.3.18}
$$

式中，$u(k)$、$z(k)$分别是模型输入和输出变量；$v(k)$是零均值白噪声；$A(z^{-1})$和$B(z^{-1})$是对应的迟延算子多项式。置参数向量和数据向量为

$$
\begin{cases}
\boldsymbol{\theta}=[a_1,\cdots,a_{n_a},b_1,\cdots,b_{n_b}]^{\mathrm{T}} \\
\boldsymbol{h}(k)=[-z(k-1),\cdots,-z(k-n_a),u(k-1),\cdots,u(k-n_b)]^{\mathrm{T}}
\end{cases} \tag{9.3.19}
$$

将模型式(9.3.18)转化成第 2 章式(2.3.7)所示的输出预报模型形式，由此可得 $\boldsymbol{\varphi}(k,\boldsymbol{\theta})=\boldsymbol{h}(k)\in\mathrm{R}^{N\times 1}$，$(N=n_a+n_b)$；$\bar{\boldsymbol{u}}(k)=[z(k-1),u(k-1)]^{\mathrm{T}}\in\mathrm{R}^{2\times 1}$，及

$$
\begin{cases}
\boldsymbol{F}(\boldsymbol{\theta}) = \begin{bmatrix} \begin{matrix} 0 & 0 & \cdots & 0 \\ 1 & 0 & \cdots & 0 \\ \vdots & \ddots & \ddots & \vdots \\ 0 & \cdots & 1 & 0 \end{matrix} & \boldsymbol{0} \\ \boldsymbol{0} & \begin{matrix} 0 & 0 & \cdots & 0 \\ 1 & 0 & \cdots & 0 \\ \vdots & \ddots & \ddots & \vdots \\ 0 & \cdots & 1 & 0 \end{matrix} \end{bmatrix} \in \mathrm{R}^{N \times N}, \quad N = n_a + n_b \\
\boldsymbol{G}(\boldsymbol{\theta}) = \begin{bmatrix} -1 & 0 \\ 0 & 0 \\ \vdots & \vdots \\ 0 & 0 \\ 0 & 1 \\ 0 & 0 \\ \vdots & \vdots \\ 0 & 0 \end{bmatrix} \in \mathrm{R}^{N \times 2}, \boldsymbol{H}(\boldsymbol{\theta}) = \boldsymbol{\theta}^{\mathrm{T}} \in \mathrm{R}^{1 \times N}, \quad N = n_a + n_b
\end{cases}
\tag{9.3.20}
$$

又进一步写出式(9.2.13)所示的输出预报值及其关于参数$\boldsymbol{\theta}$一阶梯度模型，因$\boldsymbol{\Phi}(k,\boldsymbol{\theta}) = \dfrac{\partial \boldsymbol{\varphi}(k,\boldsymbol{\theta})}{\partial \boldsymbol{\theta}} = 0$，所以有

$$
\boldsymbol{x}(k,\boldsymbol{\theta}) = \begin{bmatrix} \boldsymbol{\varphi}(k,\boldsymbol{\theta}) \\ \mathrm{col}\,\boldsymbol{\Phi}(k,\boldsymbol{\theta}) \end{bmatrix} = \begin{bmatrix} \boldsymbol{h}(k) \\ 0 \end{bmatrix}
\tag{9.3.21}
$$

且因 $\boldsymbol{H}(\boldsymbol{\theta}) = \boldsymbol{\theta}^{\mathrm{T}}$，故有

$$
\begin{bmatrix} \hat{z}(k \mid \boldsymbol{\theta}) \\ \mathrm{col}\,\boldsymbol{\Psi}^{\mathrm{T}}(k,\boldsymbol{\theta}) \end{bmatrix} = \boldsymbol{C}(\boldsymbol{\theta}) \boldsymbol{x}(k,\boldsymbol{\theta}) = \begin{bmatrix} \boldsymbol{\theta}^{\mathrm{T}} & 0 & \cdots & 0 \\ & \boldsymbol{\theta}^{\mathrm{T}} & \ddots & \vdots \\ \boldsymbol{L}_{N*N} & & \ddots & 0 \\ & & & \boldsymbol{\theta}^{\mathrm{T}} \end{bmatrix} \begin{bmatrix} \boldsymbol{h}(k) \\ 0 \end{bmatrix}
\tag{9.3.22}
$$

也就是

$$
\begin{cases}
\hat{z}(k \mid \boldsymbol{\theta}) = \boldsymbol{\theta}^{\mathrm{T}} \boldsymbol{h}(k) \\
\mathrm{col}\,\boldsymbol{\Psi}^{\mathrm{T}}(k,\boldsymbol{\theta}) = \mathrm{col}\,\dfrac{\partial \hat{z}(k,\boldsymbol{\theta})}{\partial \boldsymbol{\theta}} = \boldsymbol{h}(k)
\end{cases}
\tag{9.3.23}
$$

将上式的$\hat{z}(k \mid \boldsymbol{\theta})$和$\boldsymbol{\Psi}(k,\boldsymbol{\theta})$代入 RGIA 算法式(9.3.17)，并取 $\rho(k) = \dfrac{1}{k}$ 和 $\Lambda(k) = 1$，可得

$$
\begin{cases}
\hat{\boldsymbol{\theta}}(k) = \hat{\boldsymbol{\theta}}(k-1) + \dfrac{1}{k} \boldsymbol{R}^{-1}(k) \boldsymbol{h}(k) [z(k) - \boldsymbol{h}^{\mathrm{T}}(k) \hat{\boldsymbol{\theta}}(k-1)] \\
\boldsymbol{R}(k) = \boldsymbol{R}(k-1) + \dfrac{1}{k} [\boldsymbol{h}(k) \boldsymbol{h}^{\mathrm{T}}(k) - \boldsymbol{R}(k-1)]
\end{cases}
\tag{9.3.24}
$$

上式与第 5 章推导的 RLS 算法式(5.3.5)是一致的。就这种意义上说，RLS 算法可

以看作 RGIA 算法的一种特例。

9.4 RGIA 算法用于 SISO 模型辨识

考虑如下 SISO 一般模型

$$A(z^{-1})z(k)=\frac{B(z^{-1})}{F(z^{-1})}u(k)+\frac{D(z^{-1})}{C(z^{-1})}v(k) \tag{9.4.1}$$

其中，$u(k)$、$z(k)$分别为模型输入和输出变量；$v(k)$是均值为零的随机不相关噪声；且

$$\begin{cases}A(z^{-1})=1+a_1z^{-1}+a_2z^{-2}+\cdots+a_{n_a}z^{-n_a}\\ B(z^{-1})=b_1z^{-1}+b_2z^{-2}+\cdots+b_{n_b}z^{-n_b}\\ C(z^{-1})=1+c_1z^{-1}+c_2z^{-2}+\cdots+c_{n_c}z^{-n_c}\\ D(z^{-1})=1+d_1z^{-1}+d_2z^{-2}+\cdots+d_{n_d}z^{-n_d}\\ F(z^{-1})=1+f_1z^{-1}+f_2z^{-2}+\cdots+f_{n_f}z^{-n_f}\end{cases} \tag{9.4.2}$$

式中，模型阶次 n_a、n_b、n_c、n_d 和 n_f 假设已经给定。下面讨论如何利用 RGIA 算法，推导模型式(9.4.1)的辨识算法，该算法对 SISO 系统具有普遍性。

9.4.1 输出预报值

由于 $v(k)$是均值为零的随机不相关噪声，所以可将模型式(9.4.1)输出预报值表示成[38]

$$\hat{z}(k)=z(k)-\left.\frac{A(z^{-1})C(z^{-1})}{D(z^{-1})}\right|_{\hat{\boldsymbol{\theta}}(k-1)}z(k)+\left.\frac{B(z^{-1})C(z^{-1})}{F(z^{-1})D(z^{-1})}\right|_{\hat{\boldsymbol{\theta}}(k-1)}u(k) \tag{9.4.3}$$

记 $e(k)=\dfrac{D(z^{-1})}{C(z^{-1})}v(k)$，则 $e(k)$和 $v(k)$的估计值可表达为

$$\begin{cases}\hat{e}(k)=\left.\left[A(z^{-1})z(k)-\dfrac{B(z^{-1})}{F(z^{-1})}u(k)\right]\right|_{\hat{\boldsymbol{\theta}}(k-1)}\\ \hat{v}(k)=\left.\dfrac{C(z^{-1})}{D(z^{-1})}\right|_{\hat{\boldsymbol{\theta}}(k-1)}\hat{e}(k)\end{cases} \tag{9.4.4}$$

引入辅助变量 $x(k)=\left.\dfrac{B(z^{-1})}{F(z^{-1})}\right|_{\hat{\boldsymbol{\theta}}(k-1)}u(k)$，将式(9.4.4)第 2 式噪声 $v(k)$的估计值写成

$$\begin{aligned}\hat{v}(k)=&[z(k)+a_1z(k-1)+\cdots+a_{n_a}z(k-n_a)-b_1u(k-1)-\cdots-b_{n_b}u(k-n_b)\\&+f_1x(k-1)+\cdots+f_{n_f}x(k-n_f)+c_1\hat{e}(k-1)+\cdots+c_{n_c}\hat{e}(k-n_c)\\&\left.-d_1\hat{v}(k-1)-\cdots-d_{n_d}\hat{v}(k-n_d)]\right|_{\hat{\boldsymbol{\theta}}(k-1)}\end{aligned} \tag{9.4.5}$$

置

$$\begin{cases}\boldsymbol{\theta} = [a_1, \cdots, a_{n_a}, b_1, \cdots, b_{n_b}, f_1, \cdots, f_{n_f}, c_1, \cdots, c_{n_c}, d_1, \cdots, d_{n_d}]^{\mathrm{T}} \\ \boldsymbol{h}(k) = [-z(k-1), \cdots, -z(k-n_a), u(k-1), \cdots, u(k-n_b), \\ \qquad -x(k-1), \cdots, -x(k-n_f), -\hat{e}(k-1), \cdots, \\ \qquad -\hat{e}(k-n_c), \hat{v}(k-1), \cdots, \hat{v}(k-n_d)]^{\mathrm{T}}\end{cases} \tag{9.4.6}$$

则模型输出预报值写成

$$\hat{z}(k) = \boldsymbol{h}^{\mathrm{T}}(k)\boldsymbol{\theta}\Big|_{\hat{\boldsymbol{\theta}}(k-1)} \tag{9.4.7}$$

并定义模型新息为$\tilde{z}(k)=z(k)-\hat{z}(k)$。

9.4.2 输出预报值关于参数$\boldsymbol{\theta}$的梯度

就式(9.4.3)，分别对 $a_i, i=1,2,\cdots,n_a$、$b_i, i=1,2,\cdots,n_b$、$f_i, i=1,2,\cdots,n_f$、$c_i, i=1,2,\cdots,n_c$ 和 $d_i, i=1,2,\cdots,n_d$ 求导，可求得预报值关于参数$\boldsymbol{\theta}$的一阶梯度为[38]

$$\begin{cases}\dfrac{\partial \hat{z}(k)}{\partial a_i} = -\dfrac{C(z^{-1})}{D(z^{-1})}z(k-i), & i=1,2,\cdots,n_a \\ \dfrac{\partial \hat{z}(k)}{\partial b_i} = \dfrac{C(z^{-1})}{D(z^{-1})F(z^{-1})}u(k-i), & i=1,2,\cdots,n_b \\ \dfrac{\partial \hat{z}(k)}{\partial f_i} = -\dfrac{C(z^{-1})}{D(z^{-1})F(z^{-1})}x(k-i), & i=1,2,\cdots,n_f \\ \dfrac{\partial \hat{z}(k)}{\partial c_i} = -\dfrac{1}{D(z^{-1})}\hat{e}(k-i), & i=1,2,\cdots,n_c \\ \dfrac{\partial \hat{z}(k)}{\partial d_i} = \dfrac{1}{D(z^{-1})}\hat{v}(k-i), & i=1,2,\cdots,n_d\end{cases} \tag{9.4.8}$$

置

$$\begin{cases}z_f(k-i) = \dfrac{C(z^{-1})}{D(z^{-1})}z(k-i), & i=1,2,\cdots,n_a \\ u_f(k-i) = \dfrac{C(z^{-1})}{D(z^{-1})}u_1(k-i), u_1(k-i) = \dfrac{1}{F(z^{-1})}u(k-i), & i=1,2,\cdots,n_b \\ x_f(k-i) = \dfrac{C(z^{-1})}{D(z^{-1})}x_1(k-i), x_1(k-i) = \dfrac{1}{F(z^{-1})}x(k-i), & i=1,2,\cdots,n_f \\ \hat{e}_f(k-i) = \dfrac{1}{D(z^{-1})}\hat{e}(k-i), & i=1,2,\cdots,n_c \\ \hat{v}_f(k-i) = \dfrac{1}{D(z^{-1})}\hat{v}(k-i), & i=1,2,\cdots,n_d\end{cases} \tag{9.4.9}$$

式中，$\hat{e}(k-i), i=1,2,\cdots,n_c$ 和$\hat{v}(k-i), i=1,2,\cdots,n_d$ 的定义见式(9.4.4)；多项式系数取决于参数估计值$\hat{\boldsymbol{\theta}}(k-1)$，$u_1(k-i), i=1,2,\cdots,n_b$；$x_1(k-i), i=1,2,\cdots,n_f$ 为中间变量。根据上式定义，输出预报值关于参数$\boldsymbol{\theta}$的一阶梯度可写成

$$\begin{aligned}\boldsymbol{\psi}(k)=&[-z_f(k-1),\cdots,-z_f(k-n_a),u_f(k-1),\cdots,u_f(k-n_b),\\&-x_f(k-1),\cdots,-x_f(k-n_f),-\hat{e}_f(k-1),\cdots,\\&-\hat{e}_f(k-n_c),\hat{v}_f(k-1),\cdots,\hat{v}_f(k-n_d)]^{\mathrm{T}}\end{aligned}\tag{9.4.10}$$

9.4.3 SISO 模型辨识算法

将输出预报值式(9.4.7)和预报值关于参数$\boldsymbol{\theta}$的一阶梯度式(9.4.10)代入 RGIA 算法式(9.3.17)，且取加权矩阵为单位阵，并令 $\boldsymbol{P}(k)=\rho(k)\boldsymbol{R}^{-1}(k)$，再利用矩阵反演公式(见附录 E.3)，同时置 $\boldsymbol{K}(k)=\boldsymbol{P}(k)\boldsymbol{\psi}(k)$，便可推演出 SISO 模型辨识算法[38]，记作 RGIA-SS(recursive general identification algorithm for SISO)

RGIA-SS 辨识算法

$$\left\{\begin{aligned}
&\hat{\boldsymbol{\theta}}(k)=\hat{\boldsymbol{\theta}}(k-1)+\boldsymbol{K}(k)\tilde{z}(k)\\
&\tilde{z}(k)=z(k)-\boldsymbol{h}^{\mathrm{T}}(k)\hat{\boldsymbol{\theta}}(k-1)\\
&\boldsymbol{K}(k)=\boldsymbol{P}(k-1)\boldsymbol{\psi}(k)[\boldsymbol{\psi}^{\mathrm{T}}(k)\boldsymbol{P}(k-1)\boldsymbol{\psi}(k)+\mu(k)]^{-1}\\
&\boldsymbol{P}(k)=\frac{1}{\mu(k)}[\boldsymbol{I}-\boldsymbol{K}(k)\boldsymbol{\psi}^{\mathrm{T}}(k)]\boldsymbol{P}(k-1)\\
&\boldsymbol{h}(k)=[-z(k-1),\cdots,-z(k-n_a),u(k-1),\cdots,u(k-n_b),\\
&\qquad -x(k-1),\cdots,-x(k-n_f),-\hat{e}(k-1),\cdots,\\
&\qquad -\hat{e}(k-n_c),\hat{v}(k-1),\cdots,\hat{v}(k-n_d)]^{\mathrm{T}}\\
&\boldsymbol{\psi}(k)=[-z_f(k-1),\cdots,-z_f(k-n_a),u_f(k-1),\cdots,u_f(k-n_b),-x_f(k-1),\cdots,\\
&\qquad -x_f(k-n_f),-\hat{e}_f(k-1),\cdots,-\hat{e}_f(k-n_c),\hat{v}_f(k-1),\cdots,\hat{v}_f(k-n_d)]^{\mathrm{T}}\\
&x(k)=\hat{b}_1u(k-1)+\cdots+\hat{b}_{n_b}u(k-n_b)-\hat{f}_1x(k-1)-\cdots-\hat{f}_{n_f}x(k-n_f)\\
&z_f(k)=z(k)+\hat{c}_1z(k-1)+\cdots+\hat{c}_{n_c}z(k-n_c)-\hat{d}_1z_f(k-1)-\cdots-\hat{d}_{n_d}z_f(k-n_d)\\
&u_1(k)=-\hat{f}_1u_1(k-1)-\cdots-\hat{f}_{u_f}u_1(k-n_f)+u(k)\\
&u_f(k)=u_1(k)+\hat{c}_1u_1(k-1)+\cdots+\hat{c}_{n_c}u_1(k-n_c)-\hat{d}_1u_f(k-1)-\cdots-\hat{d}_{n_d}u_f(k-n_d)\\
&x_1(k)=-\hat{f}_1x_1(k-1)-\cdots-\hat{f}_{n_f}x_1(k-n_f)+x(k)\\
&x_f(k)=x_1(k)+\hat{c}_1x_1(k-1)+\cdots+\hat{c}_{n_c}x_1(k-n_c)-\hat{d}_1x_f(k-1)-\cdots-\hat{d}_{n_d}x_f(k-n_d)\\
&\hat{e}(k)=z(k)+\hat{a}_1z(k-1)+\cdots+\hat{a}_{n_a}z(k-n_a)-x(k)\\
&\hat{e}_f(k)=\hat{e}(k)-\hat{d}_1\hat{e}_f(k-1)-\cdots-\hat{d}_{n_d}\hat{e}_f(k-n_d)\\
&\hat{v}(k)=z(k)-\boldsymbol{h}^{\mathrm{T}}(k)\hat{\boldsymbol{\theta}}(k)\\
&\hat{v}_f(k)=\hat{v}(k)-\hat{d}_1\hat{v}_f(k-1)-\cdots-\hat{d}_{n_d}\hat{v}_f(k-n_d)\\
&\mu(k)=\frac{(1-\rho(k))\rho(k-1)}{\rho(k)}
\end{aligned}\right.\tag{9.4.11}$$

式中,主要变量与第 5 章式(5.3.7)相同,$\hat{\boldsymbol{\theta}}(k)$为模型参数估计值,$\boldsymbol{K}(k)$为算法增益,$\boldsymbol{P}(k)$为对称数据协方差矩阵,$\tilde{z}(k)$为模型新息;$\boldsymbol{h}(k)$、$\boldsymbol{\psi}(k)$分别为数据向量和梯度数据向量,其元素由式(9.4.4)和式(9.4.9)在$\hat{\boldsymbol{\theta}}(k)$意义下的估计值组成;$\mu(k)$为遗忘因子,当收敛因子取$\rho(k)=\dfrac{1}{k}$时,遗忘因子$\mu(k)=1$;算法初始值取$\boldsymbol{P}(0)=\boldsymbol{I}$(单位阵),$\hat{\boldsymbol{\theta}}(0)=\boldsymbol{\varepsilon}$(充分小的实向量)。

RGIA-SS 算法具有一定的普遍性,模型式(9.4.1)中 5 个迟延算子多项式取不同组合时,数据向量$\boldsymbol{h}(k)$和梯度数据向量$\boldsymbol{\psi}(k)$的构成各不相同,形成的辨识算法也就不同。比如,$F(z^{-1})=C(z^{-1})=D(z^{-1})=1$,该算法就与第 5 章讨论的最小二乘法是等价的。

RGIA-SS 算法的梯度数据向量$\boldsymbol{\psi}(k)$的构成相对复杂些,如果近似认为梯度数据向量$\boldsymbol{\psi}(k)$等于数据向量$\boldsymbol{h}(k)$,且收敛因子$\rho(k)=\dfrac{1}{k}$,那么 RGIA-SS 算法可近似为

$$\begin{cases}\hat{\boldsymbol{\theta}}(k)=\hat{\boldsymbol{\theta}}(k-1)+\boldsymbol{K}(k)[z(k)-\boldsymbol{h}^{\mathrm{T}}(k)\hat{\boldsymbol{\theta}}(k-1)]\\ \boldsymbol{K}(k)=\boldsymbol{P}(k-1)\boldsymbol{h}(k)[\boldsymbol{h}^{\mathrm{T}}(k)\boldsymbol{P}(k-1)\boldsymbol{h}(k)+1]^{-1}\\ \boldsymbol{P}(k)=[\boldsymbol{I}-\boldsymbol{K}(k)\boldsymbol{h}^{\mathrm{T}}(k)]\boldsymbol{P}(k-1)\end{cases}\tag{9.4.12}$$

式中,数据向量$\boldsymbol{h}(k)$由式(9.4.6)的相关变量组成。当$F(z^{-1})=C(z^{-1})=1$时,该近似算法等价于增广最小二乘递推辨识算法;若不做$\boldsymbol{\psi}(k)\simeq\boldsymbol{h}(k)$近似处理,该算法与极大似然递推辨识算法是等价的。因此,增广最小二乘法实际上是极大似然法的一种近似。

9.4.4 RGIA-SS 算法 MATLAB 程序实现

RGIA-SS 辨识算法的 MATLAB 程序见本章附 9.1,使用该程序需要按式(9.4.6)和式(9.4.10),正确构造数据向量$\boldsymbol{h}(k)$和梯度数据向量$\boldsymbol{\psi}(k)$。依据停机条件停止计算后,以最后 5 个参数估计值的平均值作为辨识结果。

例 9.2　考虑图 9.1 所示的仿真模型,图中$u(k)$、$z(k)$为模型输入和输出变量,$v(k)$是均值为零、方差为 1 的白噪声,λ为噪声$v(k)$的标准差。输入信号选用特征多项式为$F(s)=s^6\oplus s^5\oplus 1$、幅度为 1 的 M 序列;噪声标准差取$\lambda=0.3$(噪信比约为

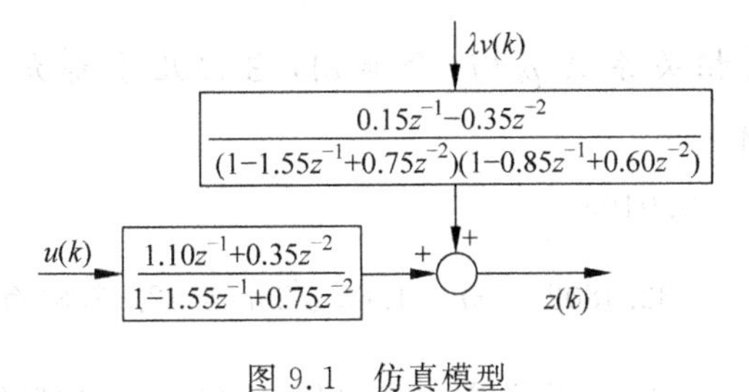

图 9.1　仿真模型

33.8%)。利用 RGIA-SS 算法式(9.4.11)和本章附 9.1 所给的 MATLAB 程序，算法初始值取 $\boldsymbol{P}(0)=\boldsymbol{I}, \hat{\boldsymbol{\theta}}(0)=0.0$，递推至 1200 步的辨识结果如表 9.1 所示，模型参数估计值变化过程如图 9.2 所示，最终获得的辨识模型为

$$\begin{cases} z(k)=1.5442z(k-1)-0.7477z(k-2) \\ \qquad +1.1145u(k-1)+0.3609u(k-2)+e(k) \\ e(k)=0.8514e(k-1)-0.9550e(k-2) \\ \qquad +0.1519v(k-1)-0.3389v(k-2)+0.3123v(k) \end{cases}$$

表 9.1 RGIA-SS 算法辨识结果(噪信比约为 33.8%)

模型参数	a_1	a_2	b_1	b_2	c_1	c_2	d_1	d_2
真值	−1.55	0.75	1.10	0.35	−0.85	0.60	0.15	−0.35
估计值	−1.5442	0.7477	1.1145	0.3609	−0.8514	0.5950	0.1519	−0.3389
							静态增益	噪声标准差
真值							7.25	0.3
估计值							7.2475	0.3123

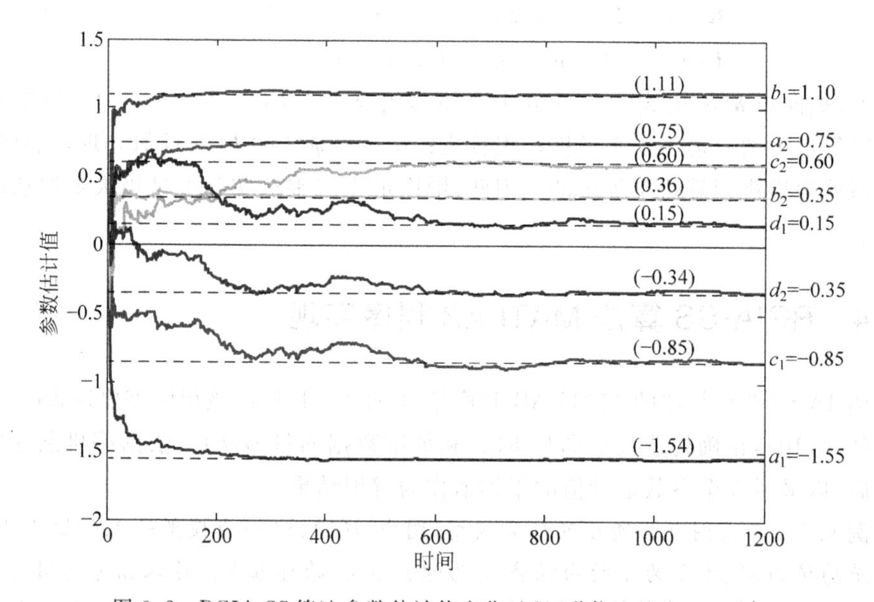

图 9.2 RGIA-SS 算法参数估计值变化过程(噪信比约为 33.8%)

图 9.3 是残差相关系数 $\rho_\varepsilon(i)$ 分布图，它们几乎都介于区间 $[1.98/\sqrt{L}, -1.98/\sqrt{L}]$ 之内，且

$$\begin{cases} \mathrm{E}\{\varepsilon(k)\}=0.0108 \\ L\sum_{i=1}^{m}\rho_\varepsilon^2(i)=32.4802<m+1.65\sqrt{2m}=42.7808\text{(白色性阈值)} \end{cases} \tag{9.4.13}$$

式中，$m=30$，置信度 $\alpha=0.05$，残差定义为 $\varepsilon(k)=z(k)-\boldsymbol{h}(k)\hat{\boldsymbol{\theta}}(L)$，$k=1,2,\cdots,L$，数

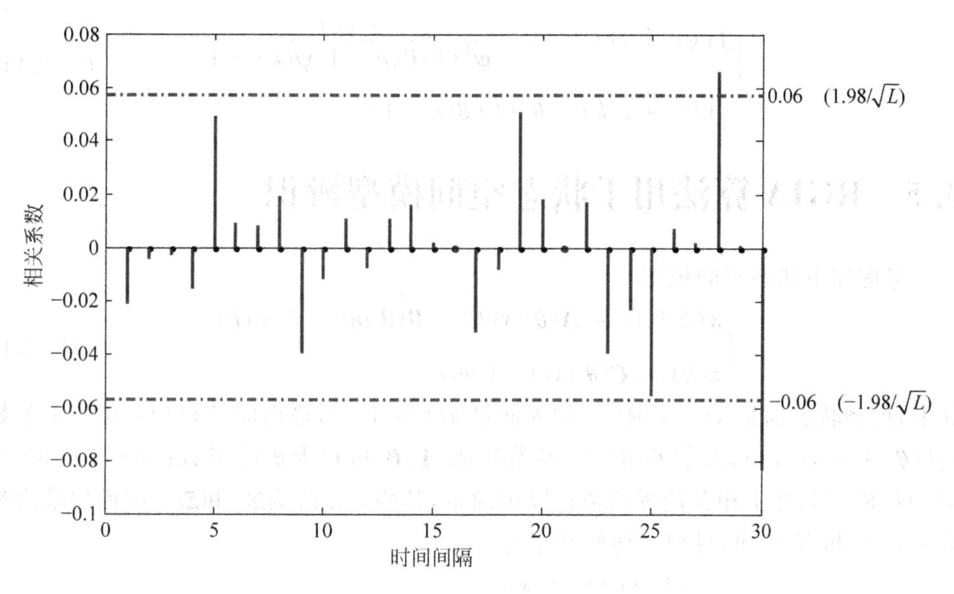

图 9.3 模型残差相关系数分布

据长度 $L=1200$。由此可判断残差是白噪声序列，因此有95%的把握说辨识模型是可靠的。

图9.4是辨识模型和仿真模型阶跃响应的比较，从响应曲线的吻合程度也可以说辨识结果是满意的。

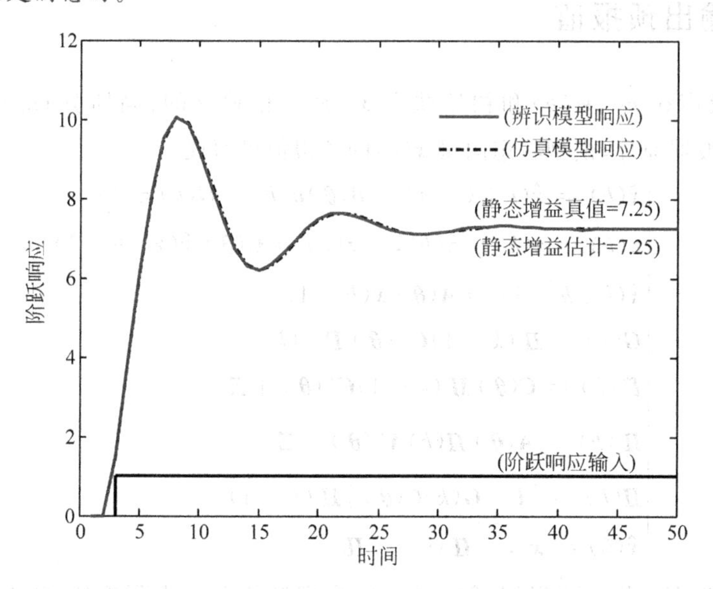

图 9.4 RGIA-SS 算法阶跃响应比较(噪信比约为 33.8%)

注 9.1 表9.1中的噪声标准差估计值 $\hat{\lambda}=\text{sqrt}(J(L)/L)$，式中 $J(L)$ 是下式递推至 L 步的损失函数值

$$\begin{cases} J(k) = J(k-1) + \dfrac{\tilde{z}^2(k)}{\boldsymbol{\psi}^{\mathrm{T}}(k)\boldsymbol{P}(k-1)\boldsymbol{\psi}(k)+1} \\ \tilde{z}(k) = z(k) - \boldsymbol{h}^{\mathrm{T}}(k)\hat{\boldsymbol{\theta}}(k-1) \end{cases} \tag{9.4.14}$$

9.5 RGIA 算法用于状态空间模型辨识

考虑如下状态空间模型

$$\begin{cases} \boldsymbol{x}(k+1) = \boldsymbol{A}(\boldsymbol{\theta})\boldsymbol{x}(k) + \boldsymbol{B}(\boldsymbol{\theta})\boldsymbol{u}(k) + \boldsymbol{v}(k) \\ \boldsymbol{z}(k) = \boldsymbol{C}(\boldsymbol{\theta})\boldsymbol{x}(k) + \boldsymbol{w}(k) \end{cases} \tag{9.5.1}$$

其中,模型状态向量 $\boldsymbol{x}(k)\in \mathrm{R}^{n\times 1}$,输入向量 $\boldsymbol{u}(k)\in \mathrm{R}^{r\times 1}$,输出向量 $\boldsymbol{z}(k)\in \mathrm{R}^{m\times 1}$;参数向量$\boldsymbol{\theta}=[\theta_1,\theta_2,\cdots,\theta_N]^{\mathrm{T}}\in \mathrm{R}^{N\times 1}$,参数矩阵 $\boldsymbol{A}$、$\boldsymbol{B}$ 和 $\boldsymbol{C}$ 是$\boldsymbol{\theta}$ 的函数;$\boldsymbol{v}(k)\in \mathrm{R}^{n\times 1}$、$\boldsymbol{w}(k)\in \mathrm{R}^{m\times 1}$是互不相关的零均值白噪声向量,其协方差阵为$\boldsymbol{\Sigma}_v$ 和$\boldsymbol{\Sigma}_w$;设模型结构参数 r、m、n 和 N 已知,且模型初始状态为

$$\begin{cases} \mathrm{E}\{\boldsymbol{x}(0)\} = \boldsymbol{x}_0 \\ \mathrm{E}\{[\boldsymbol{x}(0)-\boldsymbol{x}_0][\boldsymbol{x}(0)-\boldsymbol{x}_0]^{\mathrm{T}}\} = \boldsymbol{\Pi}_0 \end{cases} \tag{9.5.2}$$

本节主要讨论基于可测的模型输入、输出和状态变量数据,利用 RGIA 算法来确定模型参数向量$\boldsymbol{\theta}$的方法。

9.5.1 输出预报值

如果噪声 $\boldsymbol{v}(k)$、$\boldsymbol{w}(k)$和初始状态 $\boldsymbol{x}_0$ 是互相独立的、高斯分布的,那么根据 Kalman 滤波器原理,模型状态向量 $\boldsymbol{x}(k)$的预报值可写成

$$\begin{cases} \hat{\boldsymbol{x}}(k) = \hat{\boldsymbol{x}}(k \mid k-1) + \boldsymbol{B}(\boldsymbol{\theta})\boldsymbol{u}(k) + \boldsymbol{G}(k)\tilde{\boldsymbol{z}}(k) \\ \tilde{\boldsymbol{z}}(k) = \boldsymbol{z}(k) - \hat{\boldsymbol{z}}(k), \quad \hat{\boldsymbol{z}}(k) = \boldsymbol{C}(\boldsymbol{\theta})\hat{\boldsymbol{x}}(k \mid k-1) \\ \hat{\boldsymbol{x}}(k \mid k-1) = \boldsymbol{A}(\boldsymbol{\theta})\hat{\boldsymbol{x}}(k-1) \\ \boldsymbol{G}(k) = \boldsymbol{\Pi}(k-1)\boldsymbol{C}^{\mathrm{T}}(\boldsymbol{\theta})\boldsymbol{\Gamma}^{-1}(k) \\ \boldsymbol{\Gamma}(k) = \boldsymbol{C}(\boldsymbol{\theta})\boldsymbol{\Pi}(k-1)\boldsymbol{C}^{\mathrm{T}}(\boldsymbol{\theta}) + \boldsymbol{\Sigma}_w \\ \boldsymbol{\Pi}(k) = \boldsymbol{A}(\boldsymbol{\theta})\bar{\boldsymbol{\Pi}}(k)\boldsymbol{A}^{\mathrm{T}}(\boldsymbol{\theta}) + \boldsymbol{\Sigma}_v \\ \bar{\boldsymbol{\Pi}}(k) = [\boldsymbol{I} - \boldsymbol{G}(k)\boldsymbol{C}(\boldsymbol{\theta})]\boldsymbol{\Pi}(k-1) \\ \hat{\boldsymbol{x}}(0) = \boldsymbol{x}_0, \quad \boldsymbol{\Pi}(0) = \boldsymbol{\Pi}_0 \end{cases} \tag{9.5.3}$$

式中,$\hat{\boldsymbol{x}}(k)$为模型状态预报值,$\hat{\boldsymbol{x}}(k|k-1)$为模型状态一步预报值,$\boldsymbol{G}(k)$为 Kalman 滤波增益,$\boldsymbol{\Gamma}(k)$为输出预报误差$\tilde{\boldsymbol{z}}(k)=\boldsymbol{z}(k)-\hat{\boldsymbol{z}}(k)$的协方差阵,$\bar{\boldsymbol{\Pi}}(k)$为模型状态预报误差$\tilde{\boldsymbol{x}}(k)=\boldsymbol{x}(k)-\hat{\boldsymbol{x}}(k)$的协方差阵,$\boldsymbol{\Pi}(k-1)$为模型状态一步预报误差$\tilde{\boldsymbol{x}}(k|k-1)=\boldsymbol{x}(k)-\hat{\boldsymbol{x}}(k|k-1)$的协方差阵,分别定义为

$$\begin{cases} \boldsymbol{\Gamma}(k) = \mathrm{E}\{\tilde{z}(k)\,\tilde{z}^{\mathrm{T}}(k)\} = \mathrm{E}\{(z(k)-\hat{z}(k))(z(k)-\hat{z}(k))^{\mathrm{T}}\} \\ \bar{\boldsymbol{\Pi}}(k) = \mathrm{E}\{\tilde{\boldsymbol{x}}(k)\,\tilde{\boldsymbol{x}}^{\mathrm{T}}(k)\} = \mathrm{E}\{(\boldsymbol{x}(k)-\hat{\boldsymbol{x}}(k))(\boldsymbol{x}(k)-\hat{\boldsymbol{x}}(k))^{\mathrm{T}}\} \\ \boldsymbol{\Pi}(k-1) = \mathrm{E}\{\tilde{\boldsymbol{x}}(k\mid k-1)\,\tilde{\boldsymbol{x}}^{\mathrm{T}}(k\mid k-1)\} \\ \qquad\qquad = \mathrm{E}\{(\boldsymbol{x}(k)-\hat{\boldsymbol{x}}(k\mid k-1))(\boldsymbol{x}(k)-\hat{\boldsymbol{x}}(k\mid k-1))^{\mathrm{T}}\} \end{cases} \tag{9.5.4}$$

对上式第 1 和第 3 式，利用第 7 章式(7.6.8)随机牛顿法，可获得关于输出预报误差 $\tilde{z}(k)$ 和模型状态一步预报误差 $\tilde{\boldsymbol{x}}(k|k-1)$ 协方差阵的递推估计，那么式(9.5.3)可重写为

$$\begin{cases} \hat{z}(k) = \boldsymbol{C}(\boldsymbol{\theta})\,\hat{\boldsymbol{x}}(k\mid k-1), \quad \hat{\boldsymbol{x}}(k\mid k-1) = \boldsymbol{A}(\boldsymbol{\theta})\,\hat{\boldsymbol{x}}(k-1) \\ \hat{\boldsymbol{x}}(k) = \hat{\boldsymbol{x}}(k\mid k-1) + \boldsymbol{B}(\boldsymbol{\theta})\boldsymbol{u}(k) + \boldsymbol{G}(k)\,\tilde{z}(k) \\ \boldsymbol{G}(k) = \hat{\boldsymbol{\Pi}}(k-1)\boldsymbol{C}^{\mathrm{T}}(\boldsymbol{\theta})\,\hat{\boldsymbol{\Gamma}}^{-1}(k) \\ \hat{\boldsymbol{\Gamma}}(k) = \hat{\boldsymbol{\Gamma}}(k-1) + \rho(k)[\tilde{z}(k)\,\tilde{z}^{\mathrm{T}}(k) - \hat{\boldsymbol{\Gamma}}(k-1)] \\ \hat{\boldsymbol{\Pi}}(k) = \hat{\boldsymbol{\Pi}}(k-1) + \rho(k)[\tilde{\boldsymbol{x}}(k\mid k-1)\,\tilde{\boldsymbol{x}}^{\mathrm{T}}(k\mid k-1) - \hat{\boldsymbol{\Pi}}(k-1)] \\ \tilde{z}(k) = z(k) - \hat{z}(k), \quad \tilde{\boldsymbol{x}}(k\mid k-1) = \boldsymbol{x}(k) - \hat{\boldsymbol{x}}(k\mid k-1) \end{cases} \tag{9.5.5}$$

其中，$\rho(k)$ 为满足条件式(7.5.4)的收敛因子。式(9.5.5)即为模型输出预报值 $\hat{z}(k)$ 表达式，其值是对模型输出 $z(k)$ 在参数估计值 $\hat{\boldsymbol{\theta}}(k-1)$ 意义下的预报。

9.5.2　预报值关于参数 $\boldsymbol{\theta}$ 的梯度

式(9.5.5)给出了模型输出预报值，根据式(9.2.9)第 2 式定义，由式(9.5.5)第 1 式，可求得模型输出预报值关于参数 $\boldsymbol{\theta}$ 的一阶梯度为[38]

$$\begin{aligned} \boldsymbol{\Psi}^{\mathrm{T}}(k) &= \frac{\partial\,\hat{z}(k)}{\partial\,\boldsymbol{\theta}} = \left[\frac{\partial\,\hat{z}(k)}{\partial\theta_1},\cdots,\frac{\partial\,\hat{z}(k)}{\partial\theta_N}\right] = \left[\frac{\partial \boldsymbol{C}(\boldsymbol{\theta})\,\hat{\boldsymbol{x}}(k\mid k-1)}{\partial\theta_1},\cdots,\frac{\partial \boldsymbol{C}(\boldsymbol{\theta})\,\hat{\boldsymbol{x}}(k\mid k-1)}{\partial\theta_N}\right] \\ &= \left[\frac{\partial \boldsymbol{C}(\boldsymbol{\theta})}{\partial\theta_1}\hat{\boldsymbol{x}}(k\mid k-1),\cdots,\frac{\partial \boldsymbol{C}(\boldsymbol{\theta})}{\partial\theta_N}\hat{\boldsymbol{x}}(k\mid k-1)\right] \\ &\quad + \left[\boldsymbol{C}(\boldsymbol{\theta})\frac{\partial\,\hat{\boldsymbol{x}}(k\mid k-1)}{\partial\theta_1},\cdots,\boldsymbol{C}(\boldsymbol{\theta})\frac{\partial\,\hat{\boldsymbol{x}}(k\mid k-1)}{\partial\theta_N}\right] \\ &= \boldsymbol{Q}(k) + \boldsymbol{S}(k) \end{aligned} \tag{9.5.6}$$

其中

$$\begin{cases} \boldsymbol{Q}(k) = \left[\frac{\partial \boldsymbol{C}(\boldsymbol{\theta})}{\partial\theta_1}\hat{\boldsymbol{x}}(k\mid k-1),\cdots,\frac{\partial \boldsymbol{C}(\boldsymbol{\theta})}{\partial\theta_N}\hat{\boldsymbol{x}}(k\mid k-1)\right] \\ \qquad \stackrel{\text{def}}{=} [\boldsymbol{q}_1(k),\boldsymbol{q}_2(k),\cdots,\boldsymbol{q}_N(k)] \\ \boldsymbol{S}(k) = \left[\boldsymbol{C}(\boldsymbol{\theta})\frac{\partial\,\hat{\boldsymbol{x}}(k\mid k-1)}{\partial\theta_1},\cdots,\boldsymbol{C}(\boldsymbol{\theta})\frac{\partial\,\hat{\boldsymbol{x}}(k\mid k-1)}{\partial\theta_N}\right] \\ \qquad \stackrel{\text{def}}{=} [\boldsymbol{C}(\boldsymbol{\theta})\boldsymbol{s}_1(k),\boldsymbol{C}(\boldsymbol{\theta})\boldsymbol{s}_2(k),\cdots,\boldsymbol{C}(\boldsymbol{\theta})\boldsymbol{s}_N(k)] \end{cases} \tag{9.5.7}$$

为简洁明了起见,将式(9.5.6)写成

$$\begin{cases}\boldsymbol{\Psi}^{\mathrm{T}}(k)=\dfrac{\partial\,\hat{\boldsymbol{z}}(k)}{\partial\,\boldsymbol{\theta}}=[\boldsymbol{\psi}_1(k),\boldsymbol{\psi}_2(k),\cdots,\boldsymbol{\psi}_N(k)]\in\mathrm{R}^{m\times N}\\ \boldsymbol{\psi}_i(k)=\boldsymbol{q}_i(k)+\boldsymbol{C}(\boldsymbol{\theta})\boldsymbol{s}_i(k)\in\mathrm{R}^{m\times 1}\\ \boldsymbol{q}_i(k)=\dfrac{\partial\boldsymbol{C}(\boldsymbol{\theta})}{\partial\theta_i}\hat{\boldsymbol{x}}(k\mid k-1)\in\mathrm{R}^{m\times 1},\quad \boldsymbol{s}_i(k)=\dfrac{\partial\,\hat{\boldsymbol{x}}(k\mid k-1)}{\partial\theta_i}\in\mathrm{R}^{n\times 1}\\ i=1,2,\cdots,N\end{cases}\tag{9.5.8}$$

根据 $\boldsymbol{s}_i(k)$ 的定义,由式(9.5.5)可得

$$\begin{cases}\boldsymbol{s}_i(k)=\dfrac{\partial\,\hat{\boldsymbol{x}}(k\mid k-1)}{\partial\theta_i}\\ \qquad=\dfrac{\partial}{\partial\theta_i}[\boldsymbol{A}(\boldsymbol{\theta})\,\hat{\boldsymbol{x}}(k-1\mid k-2)+\boldsymbol{A}(\boldsymbol{\theta})\boldsymbol{B}(\boldsymbol{\theta})\boldsymbol{u}(k-1)\\ \qquad\quad+\boldsymbol{A}(\boldsymbol{\theta})\boldsymbol{G}(k-1)\,\tilde{\boldsymbol{z}}(k-1)]\\ \qquad=\dfrac{\partial\boldsymbol{A}(\boldsymbol{\theta})}{\partial\theta_i}\hat{\boldsymbol{x}}(k-1\mid k-2)+\boldsymbol{A}(\boldsymbol{\theta})\dfrac{\partial\,\hat{\boldsymbol{x}}(k-1\mid k-2)}{\partial\theta_i}\\ \qquad\quad+\dfrac{\partial\boldsymbol{A}(\boldsymbol{\theta})\boldsymbol{B}(\boldsymbol{\theta})}{\partial\theta_i}\boldsymbol{u}(k-1)+\dfrac{\partial\boldsymbol{A}(\boldsymbol{\theta})}{\partial\theta_i}\boldsymbol{G}(k-1)\,\tilde{\boldsymbol{z}}(k-1)\\ \qquad\quad+\boldsymbol{A}(\boldsymbol{\theta})\dfrac{\partial\boldsymbol{G}(k-1)}{\partial\theta_i}\tilde{\boldsymbol{z}}(k-1)+\boldsymbol{A}(\boldsymbol{\theta})\boldsymbol{G}(k-1)\dfrac{\partial\,\tilde{\boldsymbol{z}}(k-1)}{\partial\theta_i}\\ \qquad i=1,2,\cdots,N\end{cases}\tag{9.5.9}$$

定义

$$\begin{cases}\boldsymbol{d}_i(k)=\dfrac{\partial\boldsymbol{A}(\boldsymbol{\theta})}{\partial\theta_i}\hat{\boldsymbol{x}}(k-1\mid k-2)+\dfrac{\partial\boldsymbol{A}(\boldsymbol{\theta})}{\partial\theta_i}\boldsymbol{G}(k-1)\,\tilde{\boldsymbol{z}}(k-1)\\ \qquad\quad+\dfrac{\partial\boldsymbol{A}(\boldsymbol{\theta})\boldsymbol{B}(\boldsymbol{\theta})}{\partial\theta_i}\boldsymbol{u}(k-1)\\ \boldsymbol{G}_i^*(k-1)=\dfrac{\partial\boldsymbol{G}(k-1)}{\partial\theta_i}\in\mathrm{R}^{n\times m}\\ i=1,2,\cdots,N\end{cases}\tag{9.5.10}$$

因有

$$\begin{cases}\dfrac{\partial\,\hat{\boldsymbol{x}}(k-1\mid k-2)}{\partial\theta_i}=\boldsymbol{s}_i(k-1)\\ \dfrac{\partial\,\tilde{\boldsymbol{z}}(k-1)}{\partial\theta_i}=-\boldsymbol{\psi}_i(k-1)=-[\boldsymbol{q}_i(k-1)+\boldsymbol{C}(\boldsymbol{\theta})\boldsymbol{s}_i(k-1)]\\ i=1,2,\cdots,N\end{cases}\tag{9.5.11}$$

则由式(9.5.9)～式(9.5.11),可将 $\boldsymbol{s}_i(k)$ 表达为

$$\begin{cases}\boldsymbol{s}_i(k)=\boldsymbol{A}(\boldsymbol{\theta})[\boldsymbol{I}-\boldsymbol{G}(k-1)\boldsymbol{C}(\boldsymbol{\theta})]\boldsymbol{s}_i(k-1)+\boldsymbol{d}_i(k)\\ \qquad\quad-\boldsymbol{A}(\boldsymbol{\theta})\boldsymbol{G}(k-1)\boldsymbol{q}_i(k-1)+\boldsymbol{A}(\boldsymbol{\theta})\boldsymbol{G}_i^*(k-1)\,\tilde{\boldsymbol{z}}(k-1)\\ i=1,2,\cdots,N\end{cases}\tag{9.5.12}$$

根据式(9.5.5)第 3 式,上式中的 $\boldsymbol{G}_i^*(k-1)$ 可写成

$$\begin{cases}\boldsymbol{G}_i^*(k-1) \\ = \dfrac{\partial \boldsymbol{G}(k-1)}{\partial \theta_i} \\ = \left[\dfrac{\partial \hat{\boldsymbol{\Pi}}(k-2)}{\partial \theta_i}\boldsymbol{C}^{\mathrm{T}}(\boldsymbol{\theta}) + \hat{\boldsymbol{\Pi}}(k-2)\dfrac{\partial \boldsymbol{C}^{\mathrm{T}}(\boldsymbol{\theta})}{\partial \theta_i} - \boldsymbol{G}(k-1)\dfrac{\partial \hat{\boldsymbol{\Gamma}}(k-1)}{\partial \theta_i}\right]\hat{\boldsymbol{\Gamma}}^{-1}(k-1) \\ = \left[\hat{\boldsymbol{\Pi}}_i^*(k-2)\boldsymbol{C}^{\mathrm{T}}(\boldsymbol{\theta}) + \hat{\boldsymbol{\Pi}}(k-2)\dfrac{\partial \boldsymbol{C}^{\mathrm{T}}(\boldsymbol{\theta})}{\partial \theta_i} - \boldsymbol{G}(k-1)\hat{\boldsymbol{\Gamma}}_i^*(k-1)\right]\hat{\boldsymbol{\Gamma}}^{-1}(k-1) \\ i = 1,2,\cdots,N\end{cases} \tag{9.5.13}$$

根据式(9.5.3),式中$\hat{\boldsymbol{\Pi}}_i^*(k-2)$和$\hat{\boldsymbol{\Gamma}}_i^*(k-1)$又可表示为

$$\begin{cases}\hat{\boldsymbol{\Pi}}_i^*(k-2) = \dfrac{\partial \hat{\boldsymbol{\Pi}}(k-2)}{\partial \theta_i} \\ \qquad = \dfrac{\partial \boldsymbol{A}(\boldsymbol{\theta})}{\partial \theta_i}\bar{\boldsymbol{\Pi}}(k-2)\boldsymbol{A}^{\mathrm{T}}(\boldsymbol{\theta}) + \boldsymbol{A}(\boldsymbol{\theta})\dfrac{\partial \bar{\boldsymbol{\Pi}}(k-2)}{\partial \theta_i}\boldsymbol{A}^{\mathrm{T}}(\boldsymbol{\theta}) + \boldsymbol{A}(\boldsymbol{\theta})\bar{\boldsymbol{\Pi}}(k-2)\dfrac{\partial \boldsymbol{A}^{\mathrm{T}}(\boldsymbol{\theta})}{\partial \theta_i} \\ \qquad = \dfrac{\partial \boldsymbol{A}(\boldsymbol{\theta})}{\partial \theta_i}\bar{\boldsymbol{\Pi}}(k-2)\boldsymbol{A}^{\mathrm{T}}(\boldsymbol{\theta}) + \boldsymbol{A}(\boldsymbol{\theta})\bar{\boldsymbol{\Pi}}_i^*(k-2)\boldsymbol{A}^{\mathrm{T}}(\boldsymbol{\theta}) + \boldsymbol{A}(\boldsymbol{\theta})\bar{\boldsymbol{\Pi}}(k-2)\dfrac{\partial \boldsymbol{A}^{\mathrm{T}}(\boldsymbol{\theta})}{\partial \theta_i} \\ \hat{\boldsymbol{\Gamma}}_i^*(k-1) = \dfrac{\partial \hat{\boldsymbol{\Gamma}}(k-1)}{\partial \theta_i} \\ \qquad = \dfrac{\partial \boldsymbol{C}(\boldsymbol{\theta})}{\partial \theta_i}\boldsymbol{\Pi}(k-1)\boldsymbol{C}^{\mathrm{T}}(\boldsymbol{\theta}) + \boldsymbol{C}(\boldsymbol{\theta})\dfrac{\partial \boldsymbol{\Pi}(k-1)}{\partial \theta_i}\boldsymbol{C}^{\mathrm{T}}(\boldsymbol{\theta}) + \boldsymbol{C}(\boldsymbol{\theta})\boldsymbol{\Pi}(k-1)\dfrac{\partial \boldsymbol{C}^{\mathrm{T}}(\boldsymbol{\theta})}{\partial \theta_i} \\ \qquad = \dfrac{\partial \boldsymbol{C}(\boldsymbol{\theta})}{\partial \theta_i}\boldsymbol{\Pi}(k-1)\boldsymbol{C}^{\mathrm{T}}(\boldsymbol{\theta}) + \boldsymbol{C}(\boldsymbol{\theta})\hat{\boldsymbol{\Pi}}_i^*(k-1)\boldsymbol{C}^{\mathrm{T}}(\boldsymbol{\theta}) + \boldsymbol{C}(\boldsymbol{\theta})\boldsymbol{\Pi}(k-1)\dfrac{\partial \boldsymbol{C}^{\mathrm{T}}(\boldsymbol{\theta})}{\partial \theta_i} \\ i = 1,2,\cdots,N\end{cases} \tag{9.5.14}$$

根据式(9.5.3),式中$\bar{\boldsymbol{\Pi}}_i^*(k-2)$可写成

$$\begin{cases}\bar{\boldsymbol{\Pi}}_i^*(k-2) = \dfrac{\partial \bar{\boldsymbol{\Pi}}(k-2)}{\partial \theta_i} \\ = [\boldsymbol{I} - \boldsymbol{G}(k-2)\boldsymbol{C}(\boldsymbol{\theta})]\dfrac{\partial \boldsymbol{\Pi}(k-3)}{\partial \theta_i} + \dfrac{\partial \boldsymbol{G}(k-2)}{\partial \theta_i}\boldsymbol{C}(\boldsymbol{\theta})\boldsymbol{\Pi}(k-3) + \boldsymbol{G}(k-2)\dfrac{\partial \boldsymbol{C}(\boldsymbol{\theta})}{\partial \theta_i}\boldsymbol{\Pi}(k-3) \\ = [\boldsymbol{I} - \boldsymbol{G}(k-2)\boldsymbol{C}(\boldsymbol{\theta})]\boldsymbol{\Pi}_i^*(k-3) + \boldsymbol{G}_i^*(k-2)\boldsymbol{C}(\boldsymbol{\theta})\boldsymbol{\Pi}(k-3) + \boldsymbol{G}(k-2)\dfrac{\partial \boldsymbol{C}(\boldsymbol{\theta})}{\partial \theta_i}\boldsymbol{\Pi}(k-3) \\ i = 1,2,\cdots,N\end{cases} \tag{9.5.15}$$

综上分析,式(9.5.6)～式(9.5.15)描述了模型式(9.5.1)输出预报值$\hat{z}(k)$关于参数$\boldsymbol{\theta}$的一阶梯度。

9.5.3　状态空间模型辨识算法

将模型输出预报值式(9.5.5)和预报值关于参数$\boldsymbol{\theta}$的一阶梯度式(9.5.6)～式(9.5.15)代入 RGIA 算法式(9.3.17),可推演出状态空间模型辨识算法[38],记作

RGIA-SM(recursive general identification algorithm for state space model)

RGIA-SM 辨识算法

$$
\begin{aligned}
&\hat{\boldsymbol{\theta}}(k) = \hat{\boldsymbol{\theta}}(k-1) + \boldsymbol{K}(k)\,\tilde{z}(k)\\
&\tilde{z}(k) = z(k) - \hat{z}(k)\\
&\hat{z}(k) = \boldsymbol{C}(\boldsymbol{\theta})\,|_{\hat{\boldsymbol{\theta}}(k-1)}\,\hat{\boldsymbol{x}}(k\mid k-1)\\
&\tilde{\boldsymbol{x}}(k\mid k-1) = \boldsymbol{x}(k) - \hat{\boldsymbol{x}}(k\mid k-1)\\
&\hat{\boldsymbol{x}}(k\mid k-1) = \boldsymbol{A}(\boldsymbol{\theta})\,|_{\hat{\boldsymbol{\theta}}(k-1)}\,\hat{\boldsymbol{x}}(k-1)\\
&\hat{\boldsymbol{x}}(k) = \hat{\boldsymbol{x}}(k\mid k-1) + \boldsymbol{B}(\boldsymbol{\theta})\,|_{\hat{\boldsymbol{\theta}}(k-1)}\boldsymbol{u}(k) + \boldsymbol{G}(k)\,\tilde{z}(k)\\
&\boldsymbol{K}(k) = \rho(k)\boldsymbol{R}^{-1}(k)\,\boldsymbol{\Psi}(k)\,\hat{\boldsymbol{\Gamma}}^{-1}(k)\\
&\boldsymbol{R}(k) = \boldsymbol{R}(k-1) + \rho(k)[\boldsymbol{\Psi}(k)\,\hat{\boldsymbol{\Gamma}}^{-1}(k)\,\boldsymbol{\Psi}^{\mathrm{T}}(k) - \boldsymbol{R}(k-1)]\\
&\hat{\boldsymbol{\Gamma}}(k) = \hat{\boldsymbol{\Gamma}}(k-1) + \rho(k)[\tilde{z}(k)\,\tilde{z}^{\mathrm{T}}(k) - \hat{\boldsymbol{\Gamma}}(k-1)]\\
&\boldsymbol{G}(k) = \hat{\boldsymbol{\Pi}}(k)\boldsymbol{C}^{\mathrm{T}}(\boldsymbol{\theta})\,|_{\hat{\boldsymbol{\theta}}(k-1)}\,\hat{\boldsymbol{\Gamma}}^{-1}(k)\\
&\hat{\boldsymbol{\Pi}}(k) = \hat{\boldsymbol{\Pi}}(k-1) + \rho(k)[\tilde{\boldsymbol{x}}(k\mid k-1)\,\tilde{\boldsymbol{x}}^{\mathrm{T}}(k\mid k-1) - \hat{\boldsymbol{\Pi}}(k-1)]\\
&\boldsymbol{\Psi}^{\mathrm{T}}(k) = [\boldsymbol{\psi}_1(k),\boldsymbol{\psi}_2(k),\cdots,\boldsymbol{\psi}_N(k)]\\
&\boldsymbol{\psi}_i(k) = \boldsymbol{q}_i(k) + \boldsymbol{C}(\boldsymbol{\theta})\,|_{\hat{\boldsymbol{\theta}}(k-1)}\boldsymbol{s}_i(k),\quad i = 1,2,\cdots,N\\
&\boldsymbol{q}_i(k) = \left.\frac{\partial \boldsymbol{C}(\boldsymbol{\theta})}{\partial\theta_i}\right|_{\hat{\boldsymbol{\theta}}(k-1)}\hat{\boldsymbol{x}}(k\mid k-1)\\
&\boldsymbol{s}_i(k) = \boldsymbol{A}(\boldsymbol{\theta})\,|_{\hat{\boldsymbol{\theta}}(k-1)}[\boldsymbol{I} - \boldsymbol{G}(k-1)\boldsymbol{C}(\boldsymbol{\theta})\,|_{\hat{\boldsymbol{\theta}}(k-1)}]\boldsymbol{s}_i(k-1) + \boldsymbol{d}_i(k)\\
&\qquad - \boldsymbol{A}(\boldsymbol{\theta})\,|_{\hat{\boldsymbol{\theta}}(k-1)}\boldsymbol{G}(k-1)\boldsymbol{q}_i(k-1) + \boldsymbol{A}(\boldsymbol{\theta})\,|_{\hat{\boldsymbol{\theta}}(k-1)}\boldsymbol{G}^*(k-1)\,\tilde{z}(k-1)\\
&\boldsymbol{d}_i(k) = \left.\frac{\partial \boldsymbol{A}(\boldsymbol{\theta})}{\partial\theta_i}\right|_{\hat{\boldsymbol{\theta}}(k-1)}[\hat{\boldsymbol{x}}(k-1\mid k-2) + \boldsymbol{G}(k-1)\,\tilde{z}(k-1)]\\
&\qquad + \left.\frac{\partial \boldsymbol{A}(\boldsymbol{\theta})\boldsymbol{B}(\boldsymbol{\theta})}{\partial\theta_i}\right|_{\hat{\boldsymbol{\theta}}(k-1)}\boldsymbol{u}(k-1)\\
&\boldsymbol{G}_i^*(k) = \left[\hat{\boldsymbol{\Pi}}_i^*(k-1)\boldsymbol{C}^{\mathrm{T}}(\boldsymbol{\theta})\Big|_{\hat{\boldsymbol{\theta}}(k-1)} + \hat{\boldsymbol{\Pi}}(k-1)\,\frac{\partial \boldsymbol{C}^{\mathrm{T}}(\boldsymbol{\theta})}{\partial\theta_i}\,|_{\hat{\boldsymbol{\theta}}(k-1)}\right.\\
&\qquad \left. - \boldsymbol{G}(k)\,\hat{\boldsymbol{\Gamma}}_i^*(k)\right]\hat{\boldsymbol{\Gamma}}^{-1}(k)\\
&\hat{\boldsymbol{\Pi}}_i^*(k) = \left[\left.\frac{\partial \boldsymbol{A}(\boldsymbol{\theta})}{\partial\theta_i}\right|_{\hat{\boldsymbol{\theta}}(k-1)}\bar{\boldsymbol{\Pi}}(k) + \boldsymbol{A}(\boldsymbol{\theta})\,|_{\hat{\boldsymbol{\theta}}(k-1)}\,\bar{\boldsymbol{\Pi}}_i^*(k)\right]\boldsymbol{A}^{\mathrm{T}}(\boldsymbol{\theta})\,|_{\hat{\boldsymbol{\theta}}(k-1)}\\
&\qquad + \boldsymbol{A}(\boldsymbol{\theta})\,|_{\hat{\boldsymbol{\theta}}(k-1)}\,\bar{\boldsymbol{\Pi}}(k)\left.\frac{\partial \boldsymbol{A}^{\mathrm{T}}(\boldsymbol{\theta})}{\partial\theta_i}\right|_{\hat{\boldsymbol{\theta}}(k-1)}\\
&\hat{\boldsymbol{\Gamma}}^*(k) = \left.\frac{\partial \boldsymbol{C}(\boldsymbol{\theta})}{\partial\theta_i}\right|_{\hat{\boldsymbol{\theta}}(k-1)}\hat{\boldsymbol{\Pi}}(k)\boldsymbol{C}^{\mathrm{T}}(\boldsymbol{\theta})\,|_{\hat{\boldsymbol{\theta}}(k-1)} + \boldsymbol{C}(\boldsymbol{\theta})\,|_{\hat{\boldsymbol{\theta}}(k-1)}\,\hat{\boldsymbol{\Pi}}_i^*(k)\boldsymbol{C}^{\mathrm{T}}(\boldsymbol{\theta})\,|_{\hat{\boldsymbol{\theta}}(k-1)}\\
&\qquad + \boldsymbol{C}(\boldsymbol{\theta})\,|_{\hat{\boldsymbol{\theta}}(k-1)}\,\boldsymbol{\Pi}(k)\left.\frac{\partial \boldsymbol{C}^{\mathrm{T}}(\boldsymbol{\theta})}{\partial\theta_i}\right|_{\hat{\boldsymbol{\theta}}(k-1)}\\
&\bar{\boldsymbol{\Pi}}_i^*(k) = [\boldsymbol{I} - \boldsymbol{G}(k)\boldsymbol{C}(\boldsymbol{\theta})\,|_{\hat{\boldsymbol{\theta}}(k-1)}]\,\boldsymbol{\Pi}_i^*(k-1) + \boldsymbol{G}_i^*(k)\boldsymbol{C}(\boldsymbol{\theta})\,|_{\hat{\boldsymbol{\theta}}(k-1)}\,\boldsymbol{\Pi}(k-1)\\
&\qquad + \boldsymbol{G}(k)\left.\frac{\partial \boldsymbol{C}(\boldsymbol{\theta})}{\partial\theta_i}\right|_{\hat{\boldsymbol{\theta}}(k-1)}\boldsymbol{\Pi}(k-1)
\end{aligned}
\tag{9.5.16}
$$

式中，$\hat{\boldsymbol{\theta}}(k)$是模型参数估计值，$\rho(k)$是收敛因子；$\boldsymbol{z}(k)$、$\tilde{z}(k)$、$\hat{z}(k)$、$\tilde{\boldsymbol{x}}(k)$、$\hat{\boldsymbol{x}}(k)$、$\hat{\boldsymbol{x}}(k|k-1)$和$\boldsymbol{\Psi}(k)$分别是模型输出、新息、输出预报值、状态预报误差、状态预报值、一步状态预报值和输出预报值关于参数的一阶梯度，$\boldsymbol{\psi}_i(k)$，$i=1,2,\cdots,N$ 是$\boldsymbol{\Psi}(k)$的分量；$\boldsymbol{R}(k)$是 Hessian 矩阵的近似式，$\boldsymbol{K}(k)$是算法增益，$\boldsymbol{G}(k)$是 Kalman 滤波增益；$\hat{\boldsymbol{\Gamma}}(k)$是输出预报误差$\tilde{z}(k)$协方差阵估计值，其逆用作加权矩阵；$\hat{\boldsymbol{\Pi}}(k)$是模型状态一步预报误差$\tilde{\boldsymbol{x}}(k)$协方差阵估计值；$\boldsymbol{A}$、$\boldsymbol{B}$ 和 $\boldsymbol{C}$ 是与模型参数$\boldsymbol{\theta}$ 有关的系数矩阵；其余一些变量为中间变量，其物理意义并不重要，不一一介绍；算法初始值$\hat{\boldsymbol{\theta}}(0)$、$\boldsymbol{R}(0)$、$\hat{\boldsymbol{\Gamma}}(0)$、$\hat{\boldsymbol{\Pi}}(0)\boldsymbol{s}_i(0)$和$\hat{\boldsymbol{x}}(0|-1)$需要预先设置。

RGIA-SM 算法包括 Kalman 滤波和参数辨识两部分内容，同时进行状态估计和参数辨识，两者互为迭代关系。Kalman 滤波器为参数辨识提供输出预报值$\hat{z}(k)$及其关于参数$\boldsymbol{\theta}$ 的梯度$\boldsymbol{\Psi}(k)$；反之，参数辨识器为 Kalman 滤波器提供模型参数估计值$\hat{\boldsymbol{\theta}}(k)$。

RGIA-SM 算法看起来非常复杂，主要是输出预报值$\hat{z}(k)$关于参数$\boldsymbol{\theta}$ 梯度$\boldsymbol{\Psi}(k)$的计算十分烦琐。如果模型系数矩阵 $\boldsymbol{A}$、$\boldsymbol{B}$ 和 $\boldsymbol{C}$ 具有特殊的结构，算法就会变得简单。比如，若 $\boldsymbol{C}$ 为常数阵，算法中有关$\dfrac{\partial \boldsymbol{C}(\boldsymbol{\theta})}{\partial \theta_i}$的项皆为零，或无须对数据加权，加权矩阵取单位阵$\hat{\boldsymbol{\Gamma}}(k)=\boldsymbol{I}$，这时$\hat{\boldsymbol{\Gamma}}^*(k)=0$，输出预报值$\hat{z}(k)$关于模型参数$\boldsymbol{\theta}$ 梯度的计算就会简单得多。或者矩阵 $\boldsymbol{A}$、$\boldsymbol{B}$ 和 $\boldsymbol{C}$ 具有规范型结构，算法也会得到相应的简化。

9.4 节和 9.5 节讨论了两种一般模型的辨识算法，包括 RGIA-SS 和 RGIA-SM 算法。算法的关键是求模型输出预报值及其关于模型参数的一阶梯度，然后把它们代入 RGIA 算法式(9.3.17)，便可推演出相应的辨识算法。就这种意义上说，式(9.3.17)是一种具有普遍性的辨识算法结构。

9.6　RGIA 算法的实现

RGIA 算法式(9.3.17)具有普遍性意义，对算法理论研究有着特别的优势，但因涉及 Hessian 矩阵近似式 $\boldsymbol{R}(k)$逆的计算，不利于在线应用。为了便于算法的在线计算，需要回避 $\boldsymbol{R}(k)$的求逆运算，解决的办法就是利用矩阵反演公式，将算法化成不含矩阵 $\boldsymbol{R}(k)$逆运算的等价形式[38]。

定义

$$\boldsymbol{P}(k)=\rho(k)\boldsymbol{R}^{-1}(k) \tag{9.6.1}$$

根据式(9.3.13)，有

$$\begin{cases}\boldsymbol{P}(k)=[\boldsymbol{\Psi}(k)\hat{\boldsymbol{\Sigma}}^{-1}(k)\boldsymbol{\Psi}^{\mathrm{T}}(k)+\mu(k)\boldsymbol{P}^{-1}(k-1)]^{-1}\\ \mu(k)=\dfrac{\rho(k-1)(1-\rho(k))}{\rho(k)}\end{cases} \tag{9.6.2}$$

利用矩阵反演公式(见附录 E.3)，将式(9.6.2)写成

$$
\begin{cases}
\boldsymbol{P}(k)=\dfrac{1}{\mu(k)}[\boldsymbol{P}(k-1)-\boldsymbol{P}(k-1)\boldsymbol{\Psi}(k)\boldsymbol{S}^{-1}(k)\boldsymbol{\Psi}^{\mathrm{T}}(k)\boldsymbol{P}(k-1)] \\
\boldsymbol{S}(k)=\boldsymbol{\Psi}^{\mathrm{T}}(k)\boldsymbol{P}(k-1)\boldsymbol{\Psi}(k)+\mu(k)\hat{\boldsymbol{\Sigma}}(k) \\
\mu(k)=\dfrac{\rho(k-1)(1-\rho(k))}{\rho(k)}
\end{cases}
\tag{9.6.3}
$$

又由式(9.3.17)和式(9.6.1)知，算法增益可写成

$$
\boldsymbol{K}(k)=\rho(k)\boldsymbol{R}^{-1}(k)\boldsymbol{\Psi}(k)\hat{\boldsymbol{\Sigma}}^{-1}(k)=\boldsymbol{P}(k)\boldsymbol{\Psi}(k)\hat{\boldsymbol{\Sigma}}^{-1}(k) \tag{9.6.4}
$$

将式(9.6.3)代入，可得 $\boldsymbol{K}(k)=\boldsymbol{P}(k-1)\boldsymbol{\Psi}(k)\boldsymbol{S}^{-1}(k)$。

经上述处理后，RGIA 算法可演绎成另一种便于在线应用的等价形式，记作 RCKE(recursive conventional Kalman equation)。

RCKE 辨识算法

$$
\begin{aligned}
&\hat{\boldsymbol{\theta}}(k)=\hat{\boldsymbol{\theta}}(k-1)+\boldsymbol{K}(k)\tilde{z}(k)\\
&\tilde{z}(k)=z(k)-\hat{z}(k)\\
&\boldsymbol{K}(k)=\boldsymbol{P}(k-1)\boldsymbol{\Psi}(k)\boldsymbol{S}^{-1}(k)\\
&\boldsymbol{P}(k)=\frac{1}{\mu(k)}[\boldsymbol{P}(k-1)-\boldsymbol{K}(k)\boldsymbol{S}(k)\boldsymbol{K}^{\mathrm{T}}(k)]\\
&\boldsymbol{S}(k)=\boldsymbol{\Psi}^{\mathrm{T}}(k)\boldsymbol{P}(k-1)\boldsymbol{\Psi}(k)+\mu(k)\hat{\boldsymbol{\Sigma}}(k)\\
&\hat{\boldsymbol{\Sigma}}(k)=\hat{\boldsymbol{\Sigma}}(k-1)+\rho(k)[\tilde{z}(k)\tilde{z}^{\mathrm{T}}(k)-\hat{\boldsymbol{\Sigma}}(k-1)]\\
&\begin{cases}
\boldsymbol{x}(k)=\boldsymbol{A}(\boldsymbol{\theta})\big|_{\hat{\boldsymbol{\theta}}(k-1)}\boldsymbol{x}(k-1)+\boldsymbol{B}(\boldsymbol{\theta})\big|_{\hat{\boldsymbol{\theta}}(k-1)}\bar{\boldsymbol{u}}(k)\\
\begin{bmatrix}\hat{z}(k)\\ \mathrm{col}\,\boldsymbol{\Psi}^{\mathrm{T}}(k)\end{bmatrix}=\boldsymbol{C}(\boldsymbol{\theta})\big|_{\hat{\boldsymbol{\theta}}(k-1)}\boldsymbol{x}(k)
\end{cases}\\
&\mu(k)=\frac{\rho(k-1)(1-\rho(k))}{\rho(k)}
\end{aligned}
\tag{9.6.5}
$$

式中，$\hat{\boldsymbol{\theta}}(k)$是模型参数估计值；$z(k)$是模型输出，$\hat{z}(k)$、$\tilde{z}(k)$、$\boldsymbol{\Psi}(k)$分别是输出预报值、新息和输出预报值关于参数一阶梯度；$\boldsymbol{K}(k)$是算法增益，$\boldsymbol{P}(k)$是数据协方差阵；$\hat{\boldsymbol{\Sigma}}(k)$是残差协方差阵估计值，其逆用作加权矩阵，若无须对数据加权，可取$\hat{\boldsymbol{\Sigma}}(k)=\boldsymbol{I}$；$\rho(k)$、$\mu(k)$是收敛因子和遗忘因子，当 $\rho(k)=\dfrac{1}{k}$时，$\mu(k)=1$；对 SISO 系统，$\boldsymbol{S}(k)$退化为标量；其他变量与算法式(9.3.17)相同；算法的初始值$\hat{\boldsymbol{\theta}}(0)$、$\boldsymbol{P}(0)$和$\hat{\boldsymbol{\Sigma}}(0)$需要预先设置。

RCKE 算法与 RGIA 算法数学上是等价的，只不过是辨识算法一般形式的另一种表现而已。RCKE 算法较 RGIA 算法更为实用，避免了 $\boldsymbol{R}(k)$的求逆运算，更容易在计算机上实现。

如果模型参数维数较大，由于 $\boldsymbol{P}(k)$ 矩阵计算误差的累积和传递，可能会影响 RCKE 算法的辨识结果。为了改善 $\boldsymbol{P}(k)$ 矩阵的数值计算性能，可利用 UD 分解的办法来计算矩阵 $\boldsymbol{P}(k)$，以保证矩阵 $\boldsymbol{P}(k)$ 的正定性、对称性和稳定性[38]。下面讨论矩阵 $\boldsymbol{P}(k)$ 的 UD 分解算法。

由于 $\boldsymbol{P}(k)$ 是正定矩阵，根据 Bierman 的 UD 分解原理，总可以把矩阵 $\boldsymbol{P}(k)$ 分解成

$$\boldsymbol{P}(k) = \boldsymbol{U}(k)\boldsymbol{D}(k)\boldsymbol{U}^{\mathrm{T}}(k) \tag{9.6.6}$$

式中

$$\boldsymbol{U}(k) = \begin{bmatrix} 1 & u_{12}(k) & \cdots & u_{1N}(k) \\ 0 & 1 & \ddots & \vdots \cdots \\ \vdots & \ddots & \ddots & u_{(N-1)N}(k) \\ 0 & \cdots & 0 & 1 \end{bmatrix}, \quad \boldsymbol{D}(k) = \begin{bmatrix} d_1(k) & 0 & \cdots & 0 \\ 0 & d_2(k) & \ddots & \vdots \\ \vdots & \ddots & \ddots & 0 \\ 0 & \cdots & 0 & d_N(k) \end{bmatrix} \tag{9.6.7}$$

为简单起见，下面仅针对 SISO 系统、且加权矩阵取 $\boldsymbol{\Lambda}(k)=\hat{\boldsymbol{\Sigma}}^{-1}(k)=\boldsymbol{I}$ 的情况，给出 RCKE 算法的 UD 分解实现形式。

对 SISO 系统来说，RCKE 算法增益 $\boldsymbol{K}(k)$ 可写成

$$\begin{cases} \boldsymbol{K}(k) = \boldsymbol{P}(k-1)\boldsymbol{\psi}(k)s^{-1}(k) \\ \boldsymbol{P}(k) = \dfrac{1}{\mu(k)}\left[\boldsymbol{P}(k-1) - \boldsymbol{K}(k)\boldsymbol{K}^{\mathrm{T}}(k)s(k)\right] \\ s(k) = \boldsymbol{\psi}^{\mathrm{T}}(k)\boldsymbol{P}(k-1)\boldsymbol{\psi}(k) + \mu(k) \end{cases} \tag{9.6.8}$$

式中，$\boldsymbol{\psi}(k)$、$s(k)$ 是由 $\boldsymbol{\Psi}(k)$ 和 $\boldsymbol{S}(k)$ 退化而来的数据向量和标量。与后面的第 11 章 AUDI-RLS 算法推导类似，可得矩阵 $\boldsymbol{P}(k)$ 的 UD 分解递推算法为

$$\begin{cases} s_j(k) = \mu(k) + \sum\limits_{i=1}^{j} f_i(k)g_i(k) \\ \bar{u}_{ij}(k) = -\dfrac{f_j(k)g_i(k)}{s_{j-1}(k)}, \quad \bar{u}_{jj}(k) = 1 \\ u_{ij}(k) = u_{ij}(k-1) + \sum\limits_{l=i}^{j-1} u_{il}(k-1)\,\bar{u}_{lj}(k), \quad u_{ii}(k) = 1 \\ d_j(k) = \dfrac{d_j(k-1)s_{j-1}(k)}{s_j(k)\mu(k)} \\ i = 1,2,\cdots,N; \quad j = 1,2,\cdots,N \end{cases} \tag{9.6.9}$$

其中，$f_i(k)$、$g_i(k)$ 分别是向量 $\boldsymbol{f}(k)$ 和 $\boldsymbol{g}(k)$ 的元素。向量 $\boldsymbol{f}(k)$ 和 $\boldsymbol{g}(k)$ 定义为

$$\begin{cases} \boldsymbol{g}(k) = [g_1(k), g_2(k), \cdots, g_N(k)]^{\mathrm{T}} = \boldsymbol{D}(k-1)\boldsymbol{f}(k) \\ \boldsymbol{f}(k) = [f_1(k), f_2(k), \cdots, f_N(k)]^{\mathrm{T}} = \boldsymbol{U}^{\mathrm{T}}(k-1)\boldsymbol{\psi}(k) \end{cases} \tag{9.6.10}$$

由式(9.6.8)第 1 式和式(9.6.10)，可得 $\boldsymbol{K}(k)=\boldsymbol{U}(k-1)\boldsymbol{g}(k)s^{-1}(k)$，于是便可构建出基于 UD 分解的 RCKE 算法，记作 RCKE-UD(recursive conventional Kalman equation based on UD)。

RCKE-UD 辨识算法

$$
\begin{cases}
\hat{\boldsymbol{\theta}}(k) = \hat{\boldsymbol{\theta}}(k-1) + \boldsymbol{K}(k)\tilde{z}(k) \\
\tilde{z}(k) = z(k) - \boldsymbol{h}^{\mathrm{T}}(k)\hat{\boldsymbol{\theta}}(k-1) \\
\boldsymbol{K}(k) = \boldsymbol{U}(k-1)\boldsymbol{g}(k)s^{-1}(k) \\
\boldsymbol{g}(k) = \boldsymbol{D}(k-1)\boldsymbol{f}(k), \quad \boldsymbol{f}(k) = \boldsymbol{U}^{\mathrm{T}}(k-1)\boldsymbol{\psi}(k) \\
d_j(k) = \dfrac{d_j(k-1)s_{j-1}(k)}{s_j(k)\mu(k)} \\
u_{ij}(k) = u_{ij}(k-1) + \sum_{l=i}^{j-1} u_{il}(k-1)\bar{u}_{lj}(k), \quad u_{ii}(k) = 1 \\
\bar{u}_{ij}(k) = -\dfrac{f_j(k)g_i(k)}{s_{j-1}(k)}, \quad \bar{u}_{jj}(k) = 1 \\
s_j(k) = \mu(k) + \sum_{i=1}^{j} f_i(k)g_i(k), \quad s(k) = s_N(k) \\
i = 1,2,\cdots,N; \quad j = 1,2,\cdots,N
\end{cases}
\tag{9.6.11}
$$

式中，$\hat{\boldsymbol{\theta}}(k)$是模型参数估计向量，$N$为模型参数个数；$z(k)$是模型输出，其预报值可表达成线性回归关系$\hat{z}(k)=\boldsymbol{h}^{\mathrm{T}}(k)\hat{\boldsymbol{\theta}}(k-1)$，$\boldsymbol{h}(k)$为数据向量；$\tilde{z}(k)$是输出预报值误差(新息)；$\boldsymbol{\psi}(k)$是模型输出预报值关于参数的一阶梯度向量；$d_j(k)$、$u_{ij}(k)$是$\boldsymbol{P}(k)$经 UD 分解后矩阵$\boldsymbol{D}(k)$和$\boldsymbol{U}(k)$的元素；$\boldsymbol{K}(k)$是算法增益，$\mu(k)$是遗忘因子。

例 9.3 本例仿真模型和实验条件与例 6.1 相同，辨识模型结构取如下形式

$$
A(z^{-1})z(k) = B(z^{-1})u(k) + D(z^{-1})v(k) \tag{9.6.12}
$$

式中，迟延算子多项式$A(z^{-1})$、$B(z^{-1})$和$D(z^{-1})$如式(8.2.10)所示。置模型数据向量和参数向量为

$$
\begin{cases}
\boldsymbol{h}(k) = [-z(k-1),\cdots,-z(k-n_a),u(k-1),\cdots,u(k-n_b), \\
\qquad \hat{v}(k-1),\cdots,\hat{v}(k-n_d)]^{\mathrm{T}} \\
\boldsymbol{\theta} = [a_1,\cdots,a_{n_a},b_1,\cdots,b_{n_b},d_1,\cdots,d_{n_d}]
\end{cases}
\tag{9.6.13}
$$

根据第 8 章 8.2.3 节的分析，模型输出预报值关于参数的一阶梯度向量$\boldsymbol{\psi}(k)$为

$$
\boldsymbol{\psi}(k) = [-z_f(k-1),\cdots,-z_f(k-n_a),u_f(k-1),\cdots,u_f(k-n_b),
\hat{v}_f(k-1),\cdots,\hat{v}_f(k-n_d)]^{\mathrm{T}} \tag{9.6.14}
$$

式中，梯度向量$\boldsymbol{\psi}(k)$的元素如式(8.2.33)所示。

利用 RCKE-UD 算法式(9.6.11)和本章附 9.2 所给的 MATLAB 程序(使用该程序需要按式(9.6.13)正确构造数据向量$\boldsymbol{h}(k)$。依据停机条件停止计算后，以最后 5 个参数估计值的平均值作为辨识结果)，算法初始值取$\boldsymbol{P}(0)=\boldsymbol{I}$，$\hat{\boldsymbol{\theta}}(0)=0.0$，递推至 1200 步的辨识结果如表 9.2 所示，模型参数估计值变化过程如图 9.5 所示，最终获得的辨识模型为

$$\begin{cases} z(k) = 1.5028z(k-1) - 0.7010z(k-2) + \\ \qquad 1.0087u(k-1) + 0.4766u(k-2) + e(k) \\ e(k) = -0.9941v(k-1) + 0.2171v(k-2) + 0.5874v(k) \end{cases}$$

表 9.2　RCKE-UD 算法辨识结果(噪信比约为 16.7%)

模型参数	a_1	a_2	b_1	b_2	d_1	d_2	静态增益	噪声标准差
真值	−1.5	0.7	1.0	0.5	−1.0	0.2	7.5	0.6
估计值	−1.5028	0.7010	1.0087	0.4766	−0.9941	0.2171	7.4929	0.5874

表 9.2 中，噪声标准差估计值 $\hat{\lambda}=\text{sqrt}(J(L)/L)$，式中 $J(L)$是下式递推至 L 步的损失函数值

$$\begin{cases} J(k) = J(k-1) + \dfrac{\tilde{z}^2(k)}{\boldsymbol{h}^{\mathrm{T}}(k)\boldsymbol{P}(k-1)\boldsymbol{h}(k)+1} \\ \tilde{z}(k) = z(k) - \boldsymbol{h}^{\mathrm{T}}(k)\hat{\boldsymbol{\theta}}(k-1) \end{cases} \tag{9.6.15}$$

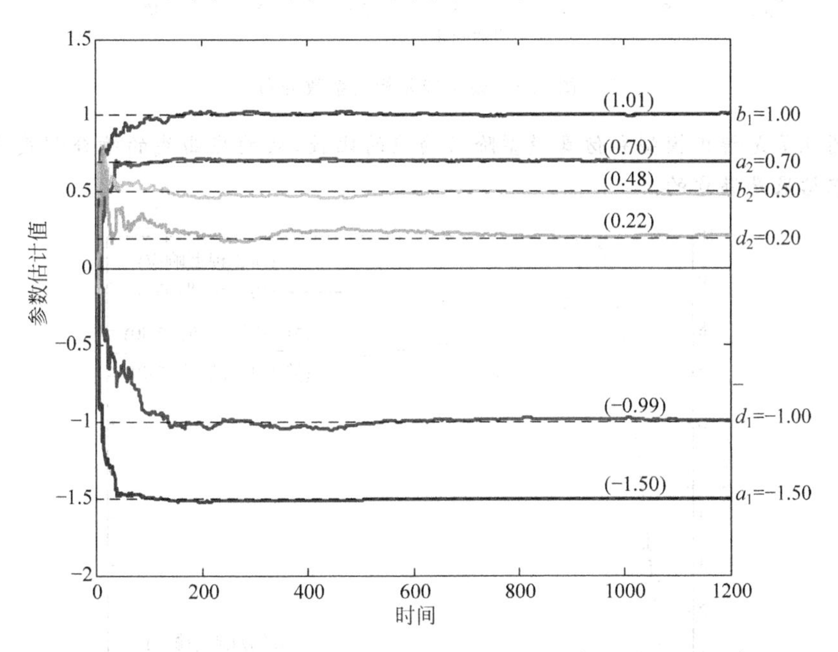

图 9.5　RCKE-UD 算法参数估计值变化过程(噪信比约为 16.7%)

图 9.6 是残差相关系数 $\rho_\varepsilon(i)$分布图，它们几乎都介于区间$[1.98/\sqrt{L}, -1.98/\sqrt{L}]$之内，且

$$\begin{cases} \mathrm{E}\{\varepsilon(k)\} = -0.0012 \\ L\sum_{i=1}^{m}\rho_\varepsilon^2(i) = 33.6177 < m + 1.65\sqrt{2m} = 42.7808(\text{白色性阈值}) \end{cases} \tag{9.6.16}$$

式中，$m=30$，置信度 $\alpha=0.05$，残差定义为 $\varepsilon(k)=z(k)-\boldsymbol{h}(k)\hat{\boldsymbol{\theta}}(L)$，$k=1,2,\cdots,L$，数据长度 $L=1200$。由此可判断残差是白噪声序列，因此有 95%的把握说辨识模型是

可靠的。

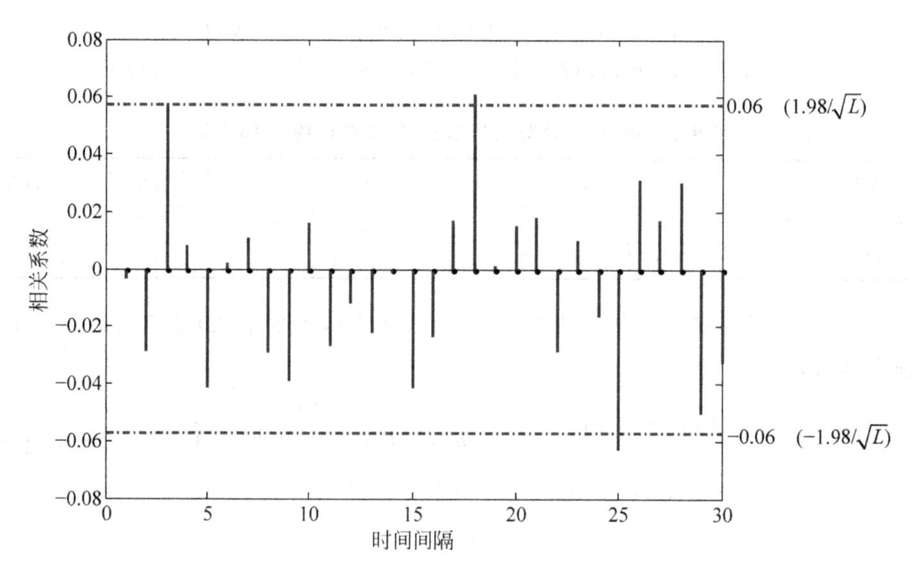

图 9.6 模型残差相关系数分布

图 9.7 是辨识模型和仿真模型阶跃响应的比较，从响应曲线的吻合程度也可以说辨识结果是满意的。

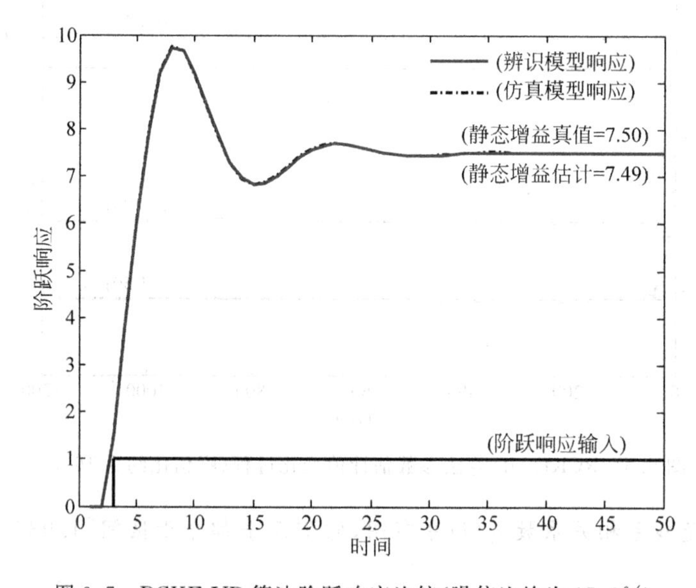

图 9.7 RCKE-UD 算法阶跃响应比较(噪信比约为 17.6%)

9.7 小结

本章讨论递推辨识算法的一般结构问题，导出了递推辨识算法的一般形式(9.3.17)，记作 RGIA，并将该算法用于 SISO 一般模型和状态空间模型辨识，分别导出 RGIA-SS 和 RGIA-SM 算法，它们是许多辨识算法的概括。更重要的是，RGIA 算法告诉人们，辨识算法的构造实际上就是在给定的模型结构下确定模型输出预报器及输出预报值关于模型参数的一阶梯度问题，揭示了构建辨识算法的一般方法。另外，RGIA 算法对探索各种辨识算法之间的内在联系也有着重要的理论意义。

习题

(1) 根据辨识递推算法的一般结构式(9.3.17)或式(9.4.11)，论述增广最小二乘递推辨识算法是极大似然递推辨识算法的一种近似形式。

提示：当 $F(z^{-1})=C(z^{-1})=1$ 时，按 $\boldsymbol{\psi}(k)\cong\boldsymbol{h}(k)$ 和 $\boldsymbol{\psi}(k)=\left[\frac{\partial\hat{z}(k)}{\partial\boldsymbol{\theta}}\right]^{\mathrm{T}}\neq\boldsymbol{h}(k)$ 两种情况，分别考察 RGIA-SS 算法式(9.4.11)的具体形式。

(2) 考虑如下模型

$$\begin{aligned}&z(k)-1.6z(k-1)+1.61z(k-2)-0.77z(k-3)\\&=1.2u(k-1)-0.95u(k-2)+0.2u(k-3)+v(k)\\&\quad+0.1v(k-1)+0.25v(k-2)+0.873v(k-3)\end{aligned}$$

其中，$u(k)$、$z(k)$分别为模型的输入和输出变量；$v(k)$是零均值、方差等于 σ_v^2 的不相关随机噪声。辨识模型结构取如下形式

$$\begin{aligned}&z(k)+a_1z(k-1)+a_2z(k-2)+a_3z(k-3)\\&=b_1u(k-1)+b_2u(k-2)+b_3u(k-3)\\&\quad+v(k)+d_1v(k-1)+d_2v(k-2)+d_3v(k-3)\end{aligned}$$

辨识输入信号采用幅度为 1 的 PRBS 码，控制适当的噪信比，分别利用增广递推最小二乘法和递推极大似然法辨识模型参数

$$\boldsymbol{\theta}=[a_1,a_2,a_3,b_1,b_2,b_3,d_1,d_2,d_3]^{\mathrm{T}}$$

试比较两种方法辨识结果的差异，同时解释存在差异的原因。

(3) 证明模型式(9.4.1)输出预报值及其关于模型参数$\boldsymbol{\theta}$的一阶梯度可以表达为式(9.4.3)和式(9.4.8)。

(4) 证明模型式(9.4.1)噪声 $v(k)$的估计值可表达成式(9.4.5)。

(5) 如果待辨识的状态空间模型为如下形式

$$\begin{cases}\begin{bmatrix}x_1(k+1)\\x_2(k+1)\\x_3(k+1)\end{bmatrix}=\begin{bmatrix}a_{11}&0&a_{13}\\0&a_{22}&a_{23}\\-1&1&a_{33}\end{bmatrix}\begin{bmatrix}x_1(k)\\x_2(k)\\x_3(k)\end{bmatrix}+\begin{bmatrix}b_1\\b_2\\b_3\end{bmatrix}u(k)+v(k)\\[2ex] z(k)=\begin{bmatrix}1&1&0\end{bmatrix}\begin{bmatrix}x_1(k)\\x_2(k)\\x_3(k)\end{bmatrix}+w(k)\end{cases}$$

式中，$x_i(k)$，$i=1,2,3$ 模型状态变量，$u(k)$为模型输入，$z(k)$为模型输出；模型系数

矩阵若干元素已知，待辨识的模型参数向量记作$\boldsymbol{\theta}=[a_{11},a_{13},a_{22},a_{23},a_{33},b_1,b_2,b_3]$；$v(k)$，$w(k)$是互不相关、零均值、高斯分布的白噪声，其方差$\sigma_v^2$和$\sigma_w^2$未知，且与模型初始状态$\mathrm{E}\{\boldsymbol{x}(0)\}=\boldsymbol{x}_0$不相关。利用 RGIA-SM 算法式(9.5.16)，将该状态空间模型的参数辨识算法具体化，即要求针对该模型写出输出预报值$\hat{z}(k)$及其关于参数$\boldsymbol{\theta}$一阶梯度$\boldsymbol{\Psi}(k)$的具体表达式。

(6) 证明矩阵$\boldsymbol{P}(k)$的 UD 分解结果为式(9.6.9)。

提示：模仿后面的第 11 章式(11.5.20)中有关$\boldsymbol{U}_n(k)$和$\boldsymbol{D}_n(k)$元素$u_{ij}(k)$和$d_j(k)$的推导。

(7) 证明式(9.6.15)。

(8) 考虑多变量线性/伪线性回归模型，且模型输出预报值关于参数向量$\boldsymbol{\theta}\in\mathrm{R}^{N\times 1}$的一阶梯度可近似表达为$\dfrac{\partial\hat{\boldsymbol{z}}(k)}{\partial\boldsymbol{\theta}}\cong\boldsymbol{H}^{\mathrm{T}}(k)\in\mathrm{R}^{m\times N}$，则多变量模型的递推辨识算法可写成

$$
\begin{cases}
\hat{\boldsymbol{\theta}}(k)=\hat{\boldsymbol{\theta}}(k-1)+\rho(k)\boldsymbol{R}^{-1}(k)\boldsymbol{H}(k)\boldsymbol{\Lambda}^{-1}(k)\tilde{\boldsymbol{z}}(k)\\
\tilde{\boldsymbol{z}}(k)=\boldsymbol{z}(k)-\hat{\boldsymbol{z}}(k)=\boldsymbol{z}(k)-\boldsymbol{H}^{\mathrm{T}}(k)\hat{\boldsymbol{\theta}}(k-1)\\
\boldsymbol{\Lambda}(k)=\boldsymbol{\Lambda}(k-1)+\rho(k)[\tilde{\boldsymbol{z}}(k)\tilde{\boldsymbol{z}}^{\mathrm{T}}(k)-\boldsymbol{\Lambda}(k-1)]\\
\boldsymbol{R}(k)=\boldsymbol{R}(k-1)+\rho(k)[\boldsymbol{H}(k)\boldsymbol{\Lambda}^{-1}(k)\boldsymbol{H}^{\mathrm{T}}(k)-\boldsymbol{R}(k-1)]
\end{cases}
$$

其中，$\boldsymbol{z}(k)\in\mathrm{R}^{m\times 1}$为模型输出向量，$\hat{\boldsymbol{z}}(k)\in\mathrm{R}^{m\times 1}$为模型输出预报值向量，$\tilde{\boldsymbol{z}}(k)\in\mathrm{R}^{m\times 1}$为模型新息向量；$\boldsymbol{\Lambda}^{-1}(k)$为加权矩阵，$\rho(k)$为收敛因子。

定义如下损失函数

$$
\begin{aligned}
J(k)=&\Gamma(k,0)\hat{\boldsymbol{\theta}}^{\mathrm{T}}(k)\bar{\boldsymbol{R}}(0)\hat{\boldsymbol{\theta}}(k)\\
&+\sum_{j=1}^{k}\Gamma(k,j)[\boldsymbol{z}(j)-\boldsymbol{H}^{\mathrm{T}}(j)\hat{\boldsymbol{\theta}}(k)]^{\mathrm{T}}\boldsymbol{\Lambda}^{-1}(j)[\boldsymbol{z}(j)-\boldsymbol{H}^{\mathrm{T}}(j)\hat{\boldsymbol{\theta}}(k)]\\
=&\Gamma(k,0)\hat{\boldsymbol{\theta}}^{\mathrm{T}}(k)\bar{\boldsymbol{R}}(0)\hat{\boldsymbol{\theta}}(k)+\sum_{j=1}^{k}\Gamma(k,j)\boldsymbol{\varepsilon}^{\mathrm{T}}(j)\boldsymbol{\Lambda}^{-1}(j)\boldsymbol{\varepsilon}(j)
\end{aligned}
$$

其中，$\bar{\boldsymbol{R}}(k)=\dfrac{1}{\rho(k)}\boldsymbol{R}(k)$，$\Gamma(k,j)=\prod\limits_{i=j+1}^{k}\mu(i)$，遗忘因子$\mu(i)=\dfrac{[1-\rho(i)]\rho(i-1)}{\rho(i)}$，$\Gamma(k,k)=1$，$\hat{\boldsymbol{\theta}}(0)=0$。

证明以下关系式：

① $\boldsymbol{I}-\boldsymbol{H}^{\mathrm{T}}(k)\boldsymbol{P}(k)\boldsymbol{H}(k)\boldsymbol{\Lambda}^{-1}(k)=\mu(k)[\mu(k)\boldsymbol{I}+\boldsymbol{H}^{\mathrm{T}}(k)\boldsymbol{P}(k-1)\boldsymbol{H}(k)\boldsymbol{\Lambda}^{-1}(k)]^{-1}$

② $\boldsymbol{\varepsilon}(k)=\mu(k)[\mu(k)\boldsymbol{I}+\boldsymbol{H}^{\mathrm{T}}(k)\boldsymbol{P}(k-1)\boldsymbol{H}(k)\boldsymbol{\Lambda}^{-1}(k)]^{-1}\tilde{\boldsymbol{z}}(k)$

③ $\bar{\boldsymbol{R}}(k)=\Gamma(k,0)\bar{\boldsymbol{R}}(0)+\sum\limits_{j=1}^{k}\Gamma(k,j)\boldsymbol{H}(j)\boldsymbol{\Lambda}^{-1}(j)\boldsymbol{H}^{\mathrm{T}}(j)$

④ $\bar{\boldsymbol{R}}(k)\hat{\boldsymbol{\theta}}(k)=\Gamma(k,0)\bar{\boldsymbol{R}}(0)\hat{\boldsymbol{\theta}}(0)+\sum\limits_{j=1}^{k}\Gamma(k,j)\boldsymbol{H}(j)\boldsymbol{\Lambda}^{-1}(j)\boldsymbol{z}(j)$

其中，$\boldsymbol{P}(k)=\rho(k)\boldsymbol{R}^{-1}(k)=\bar{\boldsymbol{R}}^{-1}(k)$，并进一步证明损失函数具有如下的递推关系

$$J(k)=\mu(k)J(k-1)+\boldsymbol{\varepsilon}^{\mathrm{T}}(k)\boldsymbol{\Lambda}^{-1}(k)\tilde{z}(k)$$

式中，新息向量$\tilde{z}(k)$和残差向量$\boldsymbol{\varepsilon}(k)$分别定义为

$$\begin{cases}\tilde{z}(k)=z(k)-\boldsymbol{H}^{\mathrm{T}}(k)\hat{\boldsymbol{\theta}}(k-1)\\ \boldsymbol{\varepsilon}(k)=z(k)-\boldsymbol{H}^{\mathrm{T}}(k)\hat{\boldsymbol{\theta}}(k)\end{cases}$$

提示：令 $\boldsymbol{K}(k)=\boldsymbol{P}(k)\boldsymbol{H}(k)\boldsymbol{\Lambda}^{-1}(k)$，将递推辨识算法改写成

$$\begin{cases}\hat{\boldsymbol{\theta}}(k)=\hat{\boldsymbol{\theta}}(k-1)+\boldsymbol{K}(k)[z(k)-\boldsymbol{H}^{\mathrm{T}}(k)\hat{\boldsymbol{\theta}}(k-1)]\\ \boldsymbol{K}(k)=\boldsymbol{P}(k-1)\boldsymbol{H}(k)\boldsymbol{\Lambda}^{-1}(k)[\mu(k)\boldsymbol{I}+\boldsymbol{H}^{\mathrm{T}}(k)\boldsymbol{P}(k-1)\boldsymbol{H}(k)\boldsymbol{\Lambda}^{-1}(k)]^{-1}\\ \boldsymbol{P}(k)=\dfrac{1}{\mu(k)}[\boldsymbol{I}-\boldsymbol{K}(k)\boldsymbol{H}^{\mathrm{T}}(k)]\boldsymbol{P}(k-1)\end{cases}$$

① 利用 $\boldsymbol{K}(k)=\boldsymbol{P}(k)\boldsymbol{H}(k)\boldsymbol{\Lambda}^{-1}(k)$和算法第 2 式，第①关系式左边可演化为

$$\begin{aligned}\boldsymbol{I}-\boldsymbol{H}^{\mathrm{T}}(k)\boldsymbol{P}(k)\boldsymbol{H}(k)\boldsymbol{\Lambda}^{-1}(k)&=\boldsymbol{I}-\boldsymbol{H}^{\mathrm{T}}(k)\boldsymbol{K}(k)\\ &=\boldsymbol{I}-\boldsymbol{H}^{\mathrm{T}}(k)\boldsymbol{P}(k-1)\boldsymbol{H}(k)\boldsymbol{\Lambda}^{-1}(k)[\mu(k)\boldsymbol{I}+\boldsymbol{H}^{\mathrm{T}}(k)\boldsymbol{P}(k-1)\boldsymbol{H}(k)\boldsymbol{\Lambda}^{-1}(k)]^{-1}\end{aligned}$$

两边同乘$[\mu(k)\boldsymbol{I}+\boldsymbol{H}^{\mathrm{T}}(k)\boldsymbol{P}(k-1)\boldsymbol{H}(k)\boldsymbol{\Lambda}^{-1}(k)]$，整理后即得第①关系式。

② 根据残差向量$\boldsymbol{\varepsilon}(k)$和新息向量$\tilde{z}(k)$的定义，利用算法第 1 和第 2 式，有

$$\begin{aligned}\boldsymbol{\varepsilon}(k)&=z(k)-\boldsymbol{H}^{\mathrm{T}}(k)[\hat{\boldsymbol{\theta}}(k-1)+\boldsymbol{K}(k)\tilde{z}(k)]\\ &=[1-\boldsymbol{H}^{\mathrm{T}}(k)\boldsymbol{K}(k)]\tilde{z}(k)\\ &=[1-\boldsymbol{H}^{\mathrm{T}}(k)\boldsymbol{P}(k-1)\boldsymbol{H}(k)\boldsymbol{\Lambda}^{-1}(k)\\ &\qquad[\mu(k)\boldsymbol{I}+\boldsymbol{H}^{\mathrm{T}}(k)\boldsymbol{P}(k-1)\boldsymbol{H}(k)\boldsymbol{\Lambda}^{-1}(k)]^{-1}]\tilde{z}(k)\end{aligned}$$

再由第①关系式，即可得第②关系式。

③ 根据 $\Gamma(k,j)=\prod_{i=j+1}^{k}\mu(i)$，有

$$\begin{cases}\mu(k)\Gamma(k-1,j)=\mu(k)\prod\limits_{i=j+1}^{k-1}\mu(i)=\prod\limits_{i=j+1}^{k}\mu(i)=\Gamma(k,j)\\ \mu(j)\Gamma(k,j)=\mu(j)\prod\limits_{i=j+1}^{k}\mu(i)=\prod\limits_{i=j}^{k}\mu(i)=\Gamma(k,j-1)\end{cases}$$

且利用 $\boldsymbol{P}^{-1}(k)=\mu(k)\boldsymbol{P}^{-1}(k-1)+\boldsymbol{H}(k)\boldsymbol{\Lambda}^{-1}(k)\boldsymbol{H}^{\mathrm{T}}(k)$，通过不断嵌套，可得

$$\begin{aligned}\boldsymbol{P}^{-1}(k)&=\mu(k)[\mu(k-1)\boldsymbol{P}^{-1}(k-2)+\boldsymbol{H}(k-1)\boldsymbol{\Lambda}^{-1}(k-1)\boldsymbol{H}^{\mathrm{T}}(k-1)]\\ &\quad+\boldsymbol{H}(k)\boldsymbol{\Lambda}^{-1}(k)\boldsymbol{H}^{\mathrm{T}}(k)\\ &=\Gamma(k,k-2)\boldsymbol{P}^{-1}(k-2)+\Gamma(k,k-1)\boldsymbol{H}(k-1)\boldsymbol{\Lambda}^{-1}(k-1)\boldsymbol{H}^{\mathrm{T}}(k-1)\\ &\quad+\Gamma(k,k)\boldsymbol{H}(k)\boldsymbol{\Lambda}^{-1}(k)\boldsymbol{H}^{\mathrm{T}}(k)\\ &=\cdots\\ &=\Gamma(k,0)\boldsymbol{P}^{-1}(0)+\sum_{j=1}^{k}\Gamma(k,j)\boldsymbol{H}(j)\boldsymbol{\Lambda}^{-1}(j)\boldsymbol{H}^{\mathrm{T}}(j)\end{aligned}$$

又因 $\boldsymbol{P}(k)=\rho(k)\boldsymbol{R}^{-1}(k)=\bar{\boldsymbol{R}}^{-1}(k)$，故有第③关系式。

④ 根据 $\boldsymbol{K}(k)=\boldsymbol{P}(k)\boldsymbol{H}(k)\boldsymbol{\Lambda}^{-1}(k)$，算法第①式两边同乘 $\boldsymbol{P}^{-1}(k)$，整理后

$$\begin{aligned}\boldsymbol{P}^{-1}(k)\hat{\boldsymbol{\theta}}(k)&=\boldsymbol{P}^{-1}(k)\hat{\boldsymbol{\theta}}(k-1)+\boldsymbol{H}(k)\boldsymbol{\Lambda}^{-1}(k)[z(k)-\boldsymbol{H}^{\mathrm{T}}(k)\hat{\boldsymbol{\theta}}(k-1)]\\&=[\boldsymbol{P}^{-1}(k)-\boldsymbol{H}(k)\boldsymbol{\Lambda}^{-1}(k)\boldsymbol{H}^{\mathrm{T}}(k)]\hat{\boldsymbol{\theta}}(k-1)+\boldsymbol{H}(k)\boldsymbol{\Lambda}^{-1}(k)z(k)\end{aligned}$$

又利用 $\boldsymbol{P}^{-1}(k)=\mu(k)\boldsymbol{P}^{-1}(k-1)+\boldsymbol{H}(k)\boldsymbol{\Lambda}^{-1}(k)\boldsymbol{H}^{\mathrm{T}}(k)$，且不断嵌套，可得

$$\begin{aligned}\boldsymbol{P}^{-1}(k)\hat{\boldsymbol{\theta}}(k)&=\Gamma(k,k-2)\boldsymbol{P}^{-1}(k-2)\hat{\boldsymbol{\theta}}(k-2)\\&\quad+\Gamma(k,k-1)\boldsymbol{H}(k-1)\boldsymbol{\Lambda}^{-1}(k-1)z(k-1)\\&\quad+\Gamma(k,k)\boldsymbol{H}(k)\boldsymbol{\Lambda}^{-1}(k)z(k)\\&=\cdots=\Gamma(k,0)\boldsymbol{P}^{-1}(0)\hat{\boldsymbol{\theta}}(0)+\sum_{j=1}^{k}\Gamma(k,j)\boldsymbol{H}(j)\boldsymbol{\Lambda}^{-1}(j)z(j)\end{aligned}$$

又因 $\boldsymbol{P}(k)=\rho(k)\boldsymbol{R}^{-1}(k)=\bar{\boldsymbol{R}}^{-1}(k)$，故有第④关系式。

⑤ 根据第④关系式和$\hat{\boldsymbol{\theta}}(0)=0$，有 $\bar{\boldsymbol{R}}(k)\hat{\boldsymbol{\theta}}(k)=\sum_{j=1}^{k}\Gamma(k,j)\boldsymbol{H}(j)\boldsymbol{\Lambda}^{-1}(j)z(j)$，再根据第③关系式，可得

$$\begin{aligned}\hat{\boldsymbol{\theta}}^{\mathrm{T}}(k)\Gamma(k,0)\bar{\boldsymbol{R}}(0)\hat{\boldsymbol{\theta}}(k)&=\hat{\boldsymbol{\theta}}^{\mathrm{T}}(k)\left[\bar{\boldsymbol{R}}(k)-\sum_{j=1}^{k}\Gamma(k,j)\boldsymbol{H}(j)\boldsymbol{\Lambda}^{-1}(j)\boldsymbol{H}^{\mathrm{T}}(j)\right]\hat{\boldsymbol{\theta}}(k)\\&=\hat{\boldsymbol{\theta}}^{\mathrm{T}}(k)\sum_{j=1}^{k}\Gamma(k,j)\boldsymbol{H}(j)\boldsymbol{\Lambda}^{-1}(j)[z(j)-\boldsymbol{H}^{\mathrm{T}}(j)\hat{\boldsymbol{\theta}}(k)]\end{aligned}$$

利用上式，损失函数 $J(k)$ 的第1项可演化成

$$\Gamma(k,0)\hat{\boldsymbol{\theta}}^{\mathrm{T}}(k)\bar{\boldsymbol{R}}(0)\hat{\boldsymbol{\theta}}(k)=\sum_{j=1}^{k}\Gamma(k,j)[\boldsymbol{H}^{\mathrm{T}}(j)\hat{\boldsymbol{\theta}}(k)]^{\mathrm{T}}\boldsymbol{\Lambda}^{-1}(j)[z(j)-\boldsymbol{H}^{\mathrm{T}}(j)\hat{\boldsymbol{\theta}}(k)]$$

加上损失函数 $J(k)$ 的第2项，可得

$$J(k)=\sum_{j=1}^{k}\Gamma(k,j)\boldsymbol{z}^{\mathrm{T}}(j)\boldsymbol{\Lambda}^{-1}(j)[z(j)-\boldsymbol{H}^{\mathrm{T}}(j)\hat{\boldsymbol{\theta}}(k)]$$

利用 $\mu(k)\Gamma(k-1,j)=\Gamma(k,j)$，上式亦可写成

$$\mu(k)J(k-1)=\sum_{j=1}^{k-1}\Gamma(k,j)\boldsymbol{z}^{\mathrm{T}}(j)\boldsymbol{\Lambda}^{-1}(j)[z(j)-\boldsymbol{H}^{\mathrm{T}}(j)\hat{\boldsymbol{\theta}}(k-1)]$$

上面两式相减，得

$$\begin{aligned}&J(k)-\mu(k)J(k-1)\\&=-\sum_{j=1}^{k}\Gamma(k,j)\boldsymbol{z}^{\mathrm{T}}(j)\boldsymbol{\Lambda}^{-1}(j)\boldsymbol{H}^{\mathrm{T}}(j)[\hat{\boldsymbol{\theta}}(k)-\hat{\boldsymbol{\theta}}(k-1)]+\boldsymbol{z}^{\mathrm{T}}(k)\boldsymbol{\Lambda}^{-1}(k)\tilde{z}(k)\\&=-\left[\sum_{j=1}^{k}\Gamma(k,j)\boldsymbol{z}^{\mathrm{T}}(j)\boldsymbol{\Lambda}^{-1}(j)\boldsymbol{H}^{\mathrm{T}}(j)\right]\bar{\boldsymbol{R}}^{-1}(k)\boldsymbol{H}(k)\boldsymbol{\Lambda}^{-1}(j)\tilde{z}(k)+\boldsymbol{z}^{\mathrm{T}}(k)\boldsymbol{\Lambda}^{-1}(k)\tilde{z}(k)\end{aligned}$$

并利用$\bar{\boldsymbol{R}}(k)\hat{\boldsymbol{\theta}}(k)=\sum_{j=1}^{k}\Gamma(k,j)\boldsymbol{H}(j)\boldsymbol{\Lambda}^{-1}(j)z(j)$，上式第1项演化为$-\hat{\boldsymbol{\theta}}^{\mathrm{T}}(k)\boldsymbol{H}(k)\boldsymbol{\Lambda}^{-1}(j)\tilde{z}(k)$，则有

$$J(k)-\mu(k)J(k-1)=[\boldsymbol{z}^{\mathrm{T}}(k)-\hat{\boldsymbol{\theta}}^{\mathrm{T}}(k)\boldsymbol{H}(k)]\boldsymbol{\Lambda}^{-1}(k)\tilde{z}(k)=\boldsymbol{\varepsilon}^{\mathrm{T}}(k)\boldsymbol{\Lambda}^{-1}(k)\tilde{z}(k)$$

于是可证得损失函数 $J(k)$ 的递推关系。实际上，损失函数 $J(k)$ 代表的是各子系统

损失函数的加权和。

⑥ 若定义损失函数矩阵

$$\boldsymbol{J}(k)=\Gamma(k,0)\,\hat{\boldsymbol{\theta}}(k)\overline{\boldsymbol{R}}(0)\,\hat{\boldsymbol{\theta}}^{\mathrm{T}}(k)+\sum_{j=1}^{k}\Gamma(k,j)\,\boldsymbol{\varepsilon}(j)\,\boldsymbol{\Lambda}^{-1}(j)\,\boldsymbol{\varepsilon}^{\mathrm{T}}(j)$$

同理可导出损失函数矩阵 $\boldsymbol{J}(k)$ 的递推关系

$$\boldsymbol{J}(k)=\mu(k)\boldsymbol{J}(k-1)+\boldsymbol{\varepsilon}(k)\,\boldsymbol{\Lambda}^{-1}(k)\,\tilde{z}^{\mathrm{T}}(k)$$

其对角线元素为各子系统的损失函数,非对角线元素理论上应该为零。

附　辨识算法程序

附 9.1　RGIA-SS 辨识算法程序

行号	MATLAB 程序	注　释
1	for k = nMax + 1 : l + nMax	按时间递推
	for i = 1 : na	2～21 行：构造数据向量和梯度数据
	n(i,k) = - z(k - i);	
	phi(i,k) = - zf(k - i);	
5	end	
	for i = 1 : nb	
	h(na + i,k) = u(k - i);	
	phi(na + i,k) = uf(k - i);	
	end	
10	for i = 1 : nf	
	h(na + nb + i,k) = - x(k - i);	
	phi(na + nb + i,k) = - xf(k - i);	
	end	
	for i = 1 : nc	
15	h(na + nb + nf + i,k) = - e1(k - i);	
	phi(na + nb + nf + i,k) = - e1(k - i);	
	end	
	for i = 1 : nd	
	h(na + nb + nf + nc + i,k) = v1(k - i);	
20	phi(na + nb + nf + nc + i,k) = v1f(k - i);	
	end	
	s(k) = phi(:,k)′ * {(;,;,k - 1) * phi(;,k) + 1.0;	22 ～ 27 行：辨识算法
	Inn(k) = z(k) - h(;,k)′ * Theta(;,k - 1);	
	K(;,k) = P(;,;,k - 1) * phi(;,k)/s(k);	
25	P(;,;,k) = P(;,;,k - 1) - K(;,k) * K(;,k)′ * s(k);	
	Theta(;,k) = Theta(;,k - 1) + K(;,k) * Inn(k);	

续表

行号	MATLAB程序	注　释
27～58	(见下方程序)	27行：损失函数 28～58行：数据向量和梯度数据向量元素

```
       J(k) = J(k-1) + Inn(k)^2/s(k);
       v1(k) = z(k) - h(;,k)′ * Theta(;,k);
       x(k) = 0.0;
30     for i = 1:nb
           x(k) = x(k) + Theta(na + i,k) * u(k - i);
       end
       for i = 1:nf
           x(k) = x(k) - Theta(na + nb + i,k) * x(k - i);
35     end
       e1(k) = z(k) - x(k);
       for i = 1:na
           e1(k) = e1(k) + Theta(i,k) * z(k - i);
       end
40     u1(k) = u(k);x1(k) = x(k);
       for i = 1:nf
           u1(k) = u1(k) - Theta(na + nb + i,k) * u1(k - i);
           x1(k) = x1(k) - Theta(na + nb + i,k) * x1(k - i);
       end
45     zf(k) = z(k);uf(k) = u1(k);xf(k) = x1(k);e1f(k) = e1(k);
v1f(k) = v1(k);
       for i = 1:nc
48         zf(k) = zf(k) + Theta(na + nb + nf + i,k) * z(k - i);
           uf(k) = uf(k) + Theta(na + nb + nf + i,k) * u1(k - i);
50         xf(k) = xf(k) + Theta(na + nb + nf + i,k) * x1(k - i);
51     end
       for i = 1;nd
           zf(k) = zf(k) - Theta(na + nb + nf + nc + i,k) * zf(k - i)
           uf(k) = uf(k) - Theta(na + nb + nf + nc + i,k) * uf(k - i)
55         xf(k) = xf(k) - Theta(na + nb + nf + nc + i,k) * xf(k - i)
           e1f(k) = e1f(k) - Theta(na + nb + nf + nc + i,k) * e1f(k - i)
          v1f(k) = v1f(k) - Theta(na + nb + nf + nc + i,k) * v1f(k - i)
58     end
   end
```

程序变量	na、nb、bc、nd 和 nf：模型阶次；$nMax = \max(na, nb, bc, nd, nf)$：模型阶次最大值；$z(k)$：系统输出；$u(k)$：系统输入；$zf(k)$、$uf(k)$、$xf(k)$：数据滤波值 $z_f(k)$、$u_f(k)$和 $x_f(k)$；$e1(k)$、$v1(k)$、$e1f(k)$、$v1f(k)$：噪声估计值$\hat{e}(k)$和$\hat{v}(k)$及其滤波值$\hat{e}_f(k)$和$\hat{v}(k)$；$h(:,k)$：数据向量 $\boldsymbol{h}(k)$；$phi(i,k)$：梯度数据向量 $\boldsymbol{\psi}(k)$；$Theta(:,k)$：模型参数估计向量$\hat{\boldsymbol{\theta}}(k)$；$P(:,:,k)$：数据协方差阵 $\boldsymbol{P}(k)$；$K(:,k)$：算法增益 $\boldsymbol{K}(k)$；$Inn(k)$：模型新息 $\tilde{z}(k)$；$J(k)$：损失函数；L：数据长度；k：时间($1+nMax$ to $L+nMax$)。
程序输入	系统输入和输出数据序列$\{z(k), u(k), k=1,2,\cdots,L+nMax\}$。
程序输出	(1) 模型参数估计值$\hat{\boldsymbol{\theta}}(k)=Theta(i, L+nMax), i=1,2,\cdots,na+nb+nc+nf+nd$； (2) 噪声标准差估计值 $\hat{\lambda}=\text{sqrt}(J(L+nMax)/L)$。

附 9.2　RCKE 辨识算法程序

行号	MATLAB程序	注　释
1	for k = nMax + 1:L + nMax	按时间递推 2～10行：构造数据向量
	for i = 1:na	
	h(i,k) = - z(k - i);hf(i,k) = - zf(k - i);	
	end	
5	for i = 1:nb	
	h(na + i,k) = u(k - i);hf(na + i,k) = uf(k - i);	
	end	
	for i = 1:nd	
	h(na + nb + i,k) = v1(k - i);hf(na + nb + i,k) = v1f(k - i);	
10	end	
	f(;,k) = U(;,;,k - 1) * hf(;,k),g(;,k) = D(;,;,k - 1) * f(;,k);	11～25行：辨识算法(UD分解)
	Beta(1) = 1.0;	
	for j = 1:N	
	Beta(j + 1) = Beta(j) + f(j,k) * g(j,k);	
15	D(j,j,k) = D(j,j,k - 1) * Beta(j)/Beta(j + 1);	
	E(j) = - f(j,k)/Beta(j);G(j) = g(j,k);	
	for i = 1:j - 1	
	U(i,j,k) = U(i,j,k - 1) + G(i) * E(j);	
	G(i) = G(i) + U(i,j,k - 1) * g(j,k);	
20	end	
	U(j,j,k) = 1.0;	
	end	
	K(:,k) = G(:)/Beta(N + 1);Inn(k) = z(k) - h(:,k)´ * Theta(:,k -));	23行：算法增益
	Theta(:,k) = Theta(:,k - 1) + K(:,k) * Inn(k);	
25	s(k) = Beta(N + 1);	
	J(k) = J(k - 1) + Inn(k)^2/s(k)	26行：损失函数
	v1(k) = z(k) - h(;,k)´ * Theta(;,k);	27～33行：数据滤波值
	zf(k) = z(k);uf(k) = u(k);v1f(k) = v1(k);	
	for i = 1:nd	
30	zf(k) = zf(k) - There(na + nb + i,k) * zf(k - i);	
	uf(k) = uf(k) - Theta(na + nb + i,k) * uf(k - i);	
	v1f(k) = v1f(k) - Theta(na + nb + i,k) * v1f(k - i);	
	end	
34	end	
程序变量	na、nb和nd：模型阶次；$nMax=\max(na,nb,bd)$：模型阶次最大值；$N=na+nb+nd$：模型参数个数；$z(k)$：系统输出；$u(k)$：系统输入；$v1(k)$：噪声估计值$\hat{v}(k)$；$zf(k)$、$uf(k)$和$v1f(k)$：数据滤波值$z_f(k)$、$u_f(k)$和$\hat{v}_f(k)$；$h(:,k)$：数据向量$\boldsymbol{h}(k)$；$hf(;,k)$：滤波数据向量$\boldsymbol{h}_f(k)$；$Theta(;,k)$：模型参数估计向量$\hat{\boldsymbol{\theta}}(k)$；$P(:,:,k)$：数据协方差阵$\boldsymbol{P}(k)$；$K(:,k)$：算法增益$\boldsymbol{K}(k)$；$Inn(k)$：模型新息$\tilde{z}(k)$；$J(k)$：损失函数；$L$：数据长度；$k$：时间($1+nMax$ to $L+nMax$)。	
程序输入	系统输入和输出数据序列$\{z(k),u(k),k=1,2,\cdots,L+nMax\}$。	
程序输出	(1) 模型参数估计值$\hat{\boldsymbol{\theta}}(k)=Theta(i,L+nMax),i=1,2,\cdots,N$； (2) 噪声标准差估计值$\hat{\lambda}=\mathrm{sqrt}(J(L+nMax)/L)$。	

第10章 模型结构辨识

10.1 引言

前面介绍的辨识方法都需要假定已知模型的结构，但实际上多数情况模型的结构是不可能预先知道的。当没有模型结构的先验知识时，如何利用输入输出数据确定模型的结构，这是系统辨识另一个重要的研究内容，即模型结构辨识。

模型结构包括模型验前结构的假定和模型结构参数的确定。对线性系统来说，模型的验前结构通常可直接采用差分方程或状态方程的表达形式，因此线性系统的模型结构辨识就是确定模型的阶次（单变量系统）或Kronecker不变量（多变量系统）。对非线性系统来说，模型的验前结构通常需要采用非线性差分方程、Volterra级数、Hammerstein模型或Wiener模型等表达形式（见第2章2.3.3节），因此非线性系统的模型结构辨识比较复杂，这里不准备论述。

本章首先讨论单输入单输出（SISO）系统的阶次辨识，包括Hankel矩阵判秩法、F检验法、AIC法和最终预报误差准则法等几种基本的阶次辨识方法；然后再论述多输入多输出（MIMO）系统的结构辨识，包括Guidorzi方法等。需要指出，无论哪一种方法都不是通用的方法，不可能适用于任何情况。实际应用时各种方法都可以试用，以便找到合理的模型阶次。另外，阶次辨识和模型参数估计两者往往是互相依赖的，估计模型参数需要已知阶次，确定模型阶次又要利用模型参数估计值，两者是不可分离的。

10.2 根据Hankel矩阵的秩估计模型的阶次

根据Hankel矩阵的秩估计模型的阶次是一种模型结构辨识的基本方法。对SISO系统来说，利用系统输入和输出数据，通过判定Hankel矩阵秩来估计模型阶次的步骤可以归纳为：

第一步，利用系统的输入、输出数据和相关分析法（第4章）或最小二乘法（第5章）估计系统的脉冲响应序列，记作$\{g(1),g(2),\cdots,g(N)\}$，$N$

为脉冲响应序列长度。

第二步，定义 Hankel 矩阵

$$\boldsymbol{H}_g(k,m)=\begin{bmatrix} g(k) & g(k+1) & \cdots & g(k+m-1) \\ g(k+1) & g(k+2) & \cdots & g(k+m) \\ \vdots & \vdots & \ddots & \vdots \\ g(k+m-1) & g(k+m) & \cdots & g(k+2m-2) \end{bmatrix}_{m\times m} \tag{10.2.1}$$

或

$$\boldsymbol{H}_{\rho_g}(l,m)=\begin{bmatrix} \rho_g(l) & \rho_g(l+1) & \cdots & \rho_g(l+m-1) \\ \rho_g(l+1) & \rho_g(l+2) & \cdots & \rho_g(l+m) \\ \vdots & \vdots & \ddots & \vdots \\ \rho_g(l+m-1) & \rho_g(l+m) & \cdots & \rho_g(l+2m-2) \end{bmatrix}_{m\times m} \tag{10.2.2}$$

式中，$g(\cdot)$为系统脉冲响应序列值$\{g(1),g(2),\cdots,g(N)\}$；$\rho_g(\cdot)$为脉冲响应序列的自相关系数$\rho_g(l)=\dfrac{R_g(l)}{R_g(0)}$，其中相关函数$R_g(l)=\dfrac{1}{N-l}\sum\limits_{i=1}^{N-l}g(i)g(i+l)$；$m$决定 Hankel 矩阵的维数；$k$可在1至$(N-2l+2)$之间任意选择。根据式(10.2.1)或式(10.2.2)定义，利用脉冲响应或脉冲响应自相关系数，构造 Hankel 矩阵。

第三步，根据 Hankel 矩阵的性质

$$\text{rank}\ \boldsymbol{H}_g(k,m)=n_0,\quad m\geqslant n_0,\forall k \tag{10.2.3}$$

式中，n_0为系统模型真实阶次。该性质说明，如果$m\geqslant n_0$，Hankel 矩阵将变成奇异阵。由于组成 Hankel 矩阵的元素可能含有噪声或误差，Hankel 矩阵$\boldsymbol{H}_g(k,m+1)$，$m\geqslant n_0$的行列式未必绝对为零，但其值会急剧下降，为此拟采用如下的 Hankel 矩阵行列式平均比值作为判别 Hankel 矩阵是否变成奇异阵的准则，即

$$D_g(m)=\frac{\dfrac{1}{N-2m+2}\sum\limits_{k=1}^{N-2m+2}\left|\det\boldsymbol{H}_g(k,m)\right|}{\dfrac{1}{N-2m}\sum\limits_{k=1}^{N-2m}\left|\det\boldsymbol{H}_g(k,m+1)\right|} \tag{10.2.4}$$

当m从1逐一增加到(n_0+1)时，式(10.2.4)的分母较其分子会有较大幅度的下降，使$D_g(m)$在$m=n_0$处取得最大值，为此可取$D_g(m)$出现最大值的m作为模型阶次的估计值。当数据含有噪声时，式中 Hankel 矩阵$\boldsymbol{H}_g(k,m)$用式(10.2.2)的$\boldsymbol{H}_{\rho_g}(l,m)$代替，这时 Hankel 矩阵行列式平均比值记作$D_{\rho_g}(m)$。

例 10.1　本例仿真模型和实验条件与第5章例5.2相同，噪声标准差$\lambda=0.2$(噪信比约为8.7%)，利用第5章的算法式(5.2.31)，获得系统脉冲响应序列$\{g(k)\}$及其自相关系数序列$\{\rho_g(l)\}$如图10.1和图10.2所示。

按照式(10.2.2)构造 Hankel 矩阵$\boldsymbol{H}_{\rho_g}(l,m)$，然后根据式(10.2.4)，计算 Hankel 矩阵行列式平均比值$D_{\rho_g}(m)$，如图10.3所示，具体数值见表10.1。

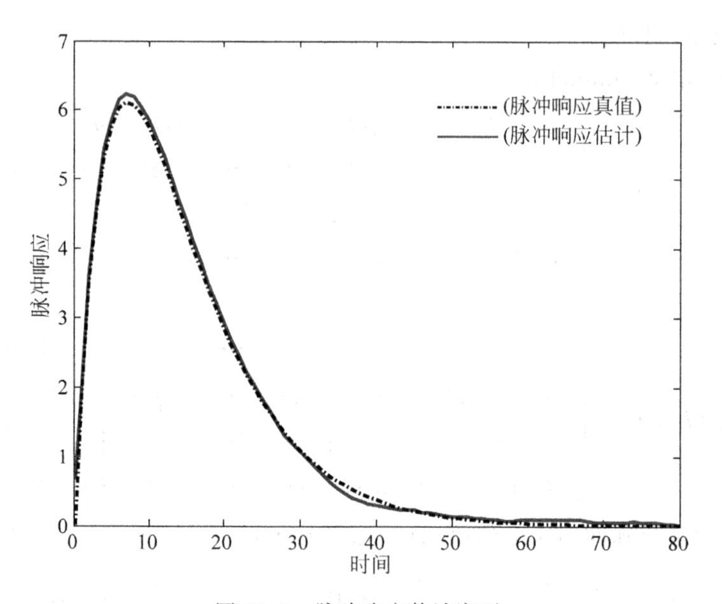

图 10.1　脉冲响应估计序列

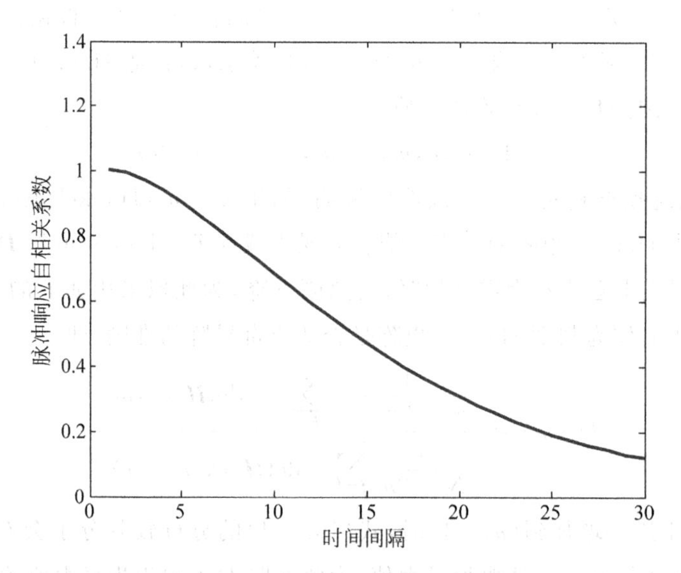

图 10.2　脉冲响应自相关系数序列

表 10.1　Hankel 矩阵行列式平均比值

m	1	2	3	4	5
$D_{\rho_g}(m)$	240.0271	1.1309e+005	7.1049e+004	4.4539e+004	8.2011

根据图 10.3 或表 10.1 知，$m=2$ 时，$D_{\rho_g}(m)=\max$，故可判定系统阶次估计值应为 2，与仿真模型阶次是一致的。

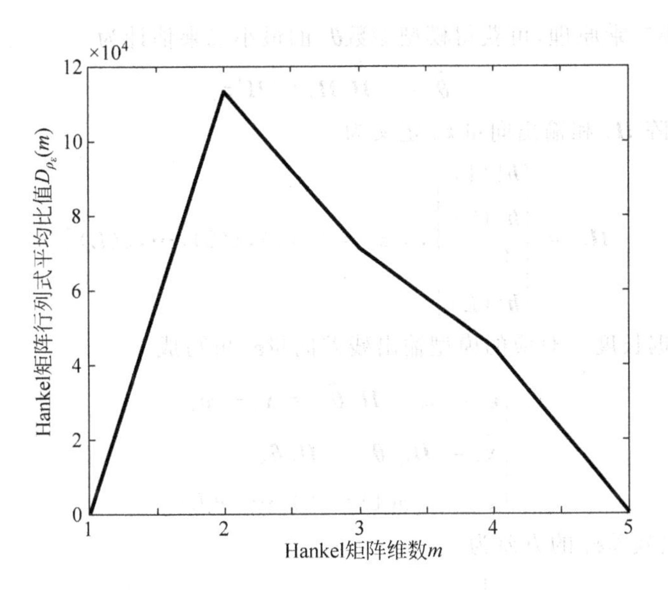

图 10.3　Hankel 矩阵行列式平均比值

10.3　利用残差的方差估计模型的阶次

上节讨论的根据 Hankel 矩阵秩估计模型阶次的方法与模型参数估计无关，本节讨论的利用残差方差估计模型阶次的方法是在模型参数估计的基础上，通过比较残差方差的变化来确定模型的阶次，与模型参数估计密切相关。

10.3.1　残差方差分析

考虑如下模型

$$A(z^{-1})z(k) = B(z^{-1})u(k) + v(k) \tag{10.3.1}$$

式中，$u(k)$、$z(k)$分别是模型输入和输出变量；$v(k)$是均值为零、方差为 σ_v^2 不相关随机噪声；$A(z^{-1})$和 $B(z^{-1})$为迟延算子多项式，记作

$$\begin{cases} A(z^{-1}) = 1 + a_1 z^{-1} + a_2 z^{-2} + \cdots + a_n z^{-n} \\ B(z^{-1}) = b_1 z^{-1} + b_2 z^{-2} + \cdots + b_n z^{-n} \end{cases} \tag{10.3.2}$$

其中，n 为模型阶次。

将模型式(10.3.1)写成最小二乘格式(下脚标 n 表示相应变量以阶次 n 为自变量)

$$z(k) = \boldsymbol{h}_n^{\mathrm{T}}(k)\boldsymbol{\theta}_n + v(k) \tag{10.3.3}$$

式中，数据向量 $\boldsymbol{h}_n(k)$和模型参数向量$\boldsymbol{\theta}_n$ 定义为

$$\begin{cases} \boldsymbol{h}_n(k) = [-z(k-1), u(k-1), \cdots, -z(k-n), u(k-n)]^{\mathrm{T}} \\ \boldsymbol{\theta}_n = [a_1, b_1, \cdots, a_n, b_n]^{\mathrm{T}} \end{cases} \tag{10.3.4}$$

运用最小二乘原理，可获得模型参数$\boldsymbol{\theta}_n$的最小二乘估计为

$$\hat{\boldsymbol{\theta}}_n=(\boldsymbol{H}_n^{\mathrm{T}}\boldsymbol{H}_n)^{-1}\boldsymbol{H}_n^{\mathrm{T}}\boldsymbol{z}_n \tag{10.3.5}$$

式中，数据矩阵$\boldsymbol{H}_n$和输出向量$\boldsymbol{z}_n$定义为

$$\boldsymbol{H}_n=\begin{bmatrix}\boldsymbol{h}_n^{\mathrm{T}}(1)\\ \boldsymbol{h}_n^{\mathrm{T}}(2)\\ \vdots\\ \boldsymbol{h}_n^{\mathrm{T}}(L)\end{bmatrix},\quad \boldsymbol{z}_n=[z(1),z(2),\cdots,z(L)]^{\mathrm{T}} \tag{10.3.6}$$

其中，L为数据长度。对应的模型输出残差向量$\boldsymbol{\varepsilon}_n$可写成

$$\begin{cases}\boldsymbol{\varepsilon}_n=\boldsymbol{z}_n-\boldsymbol{H}_n\hat{\boldsymbol{\theta}}_n=\tilde{\boldsymbol{x}}_n+\boldsymbol{v}_n\\ \tilde{\boldsymbol{x}}_n=\boldsymbol{H}_{n_0}\boldsymbol{\theta}_{n_0}-\boldsymbol{H}_n\hat{\boldsymbol{\theta}}_n\\ \boldsymbol{v}_n=[v(1),v(2),\cdots,v(L)]^{\mathrm{T}}\end{cases} \tag{10.3.7}$$

由此可推导出残差$\boldsymbol{\varepsilon}_n$的方差为

$$V_n=\frac{1}{L}\boldsymbol{\varepsilon}_n^{\mathrm{T}}\boldsymbol{\varepsilon}_n=\frac{1}{L}[\tilde{\boldsymbol{x}}_n^{\mathrm{T}}\tilde{\boldsymbol{x}}_n+2\boldsymbol{\theta}_{n_0}^{\mathrm{T}}\boldsymbol{H}_{n_0}^{\mathrm{T}}\boldsymbol{v}_n-2\hat{\boldsymbol{\theta}}_n^{\mathrm{T}}\boldsymbol{H}_{n_0}^{\mathrm{T}}\boldsymbol{v}_n+\boldsymbol{v}_n^{\mathrm{T}}\boldsymbol{v}_n] \tag{10.3.8}$$

运用定理F.4（见附录F.1），上式写成

$$\begin{aligned}\underset{L\to\infty}{\mathrm{Plim}}V_n&=\underset{L\to\infty}{\mathrm{Plim}}\left(\frac{1}{L}\boldsymbol{\varepsilon}_n^{\mathrm{T}}\boldsymbol{\varepsilon}_n\right)=\underset{L\to\infty}{\mathrm{Plim}}\left(\frac{1}{L}\tilde{\boldsymbol{x}}_n^{\mathrm{T}}\tilde{\boldsymbol{x}}_n\right)+\underset{L\to\infty}{\mathrm{Plim}}\left(\frac{1}{L}\boldsymbol{v}_n^{\mathrm{T}}\boldsymbol{v}_n\right)\\&\quad+2\boldsymbol{\theta}_{n_0}^{\mathrm{T}}\underset{L\to\infty}{\mathrm{Plim}}(\boldsymbol{H}_{n_0}^{\mathrm{T}}\boldsymbol{v}_n)-2\underset{L\to\infty}{\mathrm{Plim}}\hat{\boldsymbol{\theta}}_n^{\mathrm{T}}\underset{L\to\infty}{\mathrm{Plim}}(\boldsymbol{H}_{n_0}^{\mathrm{T}}\boldsymbol{v}_n)\end{aligned} \tag{10.3.9}$$

考虑到$v(k)$是均值为零的白噪声，当数据长度$L\to\infty$，上式第3和第4项为零，故有

$$\begin{aligned}\underset{L\to\infty}{\mathrm{Plim}}V_n&=\underset{L\to\infty}{\mathrm{Plim}}\left(\frac{1}{L}\boldsymbol{\varepsilon}_n^{\mathrm{T}}\boldsymbol{\varepsilon}_n\right)\\&=\underset{L\to\infty}{\mathrm{Plim}}\left(\frac{1}{L}\tilde{\boldsymbol{x}}_n^{\mathrm{T}}\tilde{\boldsymbol{x}}_n\right)+\underset{L\to\infty}{\mathrm{Plim}}\left(\frac{1}{L}\boldsymbol{v}_n^{\mathrm{T}}\boldsymbol{v}_n\right)\end{aligned} \tag{10.3.10}$$

如果采用的模型参数辨识算法是一致收敛的，则模型参数估计值$\hat{\boldsymbol{\theta}}_n$与阶次$n$具有如下关系

$$\underset{L\to\infty}{\mathrm{Plim}}\hat{\boldsymbol{\theta}}_n\begin{cases}\neq\boldsymbol{\theta}_0, & n<n_0\\ =\boldsymbol{\theta}_0, & n=n_0\\ =[\boldsymbol{\theta}_n^{\mathrm{T}},0]^{\mathrm{T}}, & n>n_0\end{cases} \tag{10.3.11}$$

由式(10.3.7)中$\tilde{\boldsymbol{x}}_n$的定义知

$$\underset{L\to\infty}{\mathrm{Plim}}\left(\frac{1}{L}\tilde{\boldsymbol{x}}_n^{\mathrm{T}}\tilde{\boldsymbol{x}}_n\right)\begin{cases}>0, & n<n_0\\ =0, & n\geqslant n_0\end{cases} \tag{10.3.12}$$

上述分析表明，残差方差V_n随阶次n将呈现如图10.4所示的下降趋势，最终趋于

$$\underset{L\to\infty}{\mathrm{Plim}}V_n=\underset{L\to\infty}{\mathrm{Plim}}\left(\frac{1}{L}\boldsymbol{\varepsilon}_n^{\mathrm{T}}\boldsymbol{\varepsilon}_n\right)$$

$$= \underset{L\to\infty}{\mathrm{Plim}}\left(\frac{1}{L}\boldsymbol{v}_n^{\mathrm{T}}\boldsymbol{v}_n\right) = \sigma_v^2,\quad n \geqslant n_0 \tag{10.3.13}$$

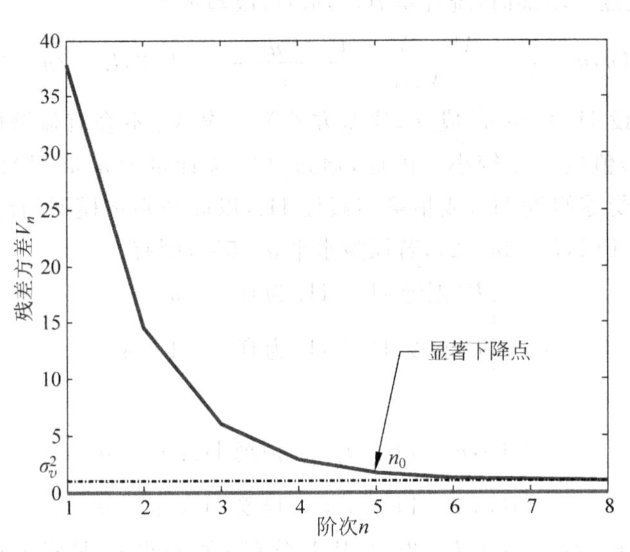

图 10.4　残差方差变化趋势

从理论上说，残差方差 V_n 随阶次 n 变化在真实阶次 n_0 处会出现拐点，找到这个拐点就找到了模型阶次。但是由于噪声的存在，这个拐点不会清晰出现，这就给确定模型阶次带来困难。为此，需要借助统计假设检验的方法，对残差方差 V_n 的变化进行显著性检验，找到残差方差 V_n 显著变化的对应阶次为模型的估计阶次。

10.3.2　F-Test 定阶法

通过对残差方差 V_n 的分析知道，判断模型阶次的问题可归结为：当模型阶次 n 从 n_1 增加到 n_2 时，残差方差 V_{n_1} 较 V_{n_2} 是否有显著下降。这是一种典型的显著性检验问题，可利用假设检验的方法来解决。Åström 提出用 F 检验的方法来判定模型的阶次，通过引进一个统计量

$$t(n_1, n_2) = \frac{V_{n_1} - V_{n_2}}{V_{n_2}} \frac{L - 2n_2}{2(n_2 - n_1)} \tag{10.3.14}$$

其中，$n_2 > n_1$，L 为数据长度，V_{n_i}，$i=1,2$ 是由式(10.3.8)定义的残差方差。

当噪声 $v(k)$ 服从正态分布时，即 $v(k) \sim \mathbb{N}(0, \sigma_v^2)$，可以证明，如果零假设 $\mathrm{H}_0: n_1 > n_2 \geqslant n_0$ 成立，则 V_{n_2} 和 $V_{n_1} - V_{n_2}$ 是互为独立的随机变量，且有

$$\begin{cases} \dfrac{LV_{n_2}}{\sigma_v^2} \sim \chi^2(L - 2n_2) \\ \dfrac{L(V_{n_1} - V_{n_2})}{\sigma_v^2} \sim \chi^2(2n_2 - 2n_1) \\ t(n_1, n_2) \sim \mathrm{F}(2(n_2 - n_1), L - 2n_2) \end{cases} \tag{10.3.15}$$

式中，统计量 $t \sim F(2(n_2-n_1), L-2n_2)$ 是 F-Test 定阶法的理论基础。对 SISO 系统来说，模型阶次逐一增加时，统计量 $t(n_1, n_2)$ 可改写成

$$t(n, n+1) = \frac{V_n - V_{n+1}}{V_{n+1}} \frac{L-2n-2}{2} \sim F(2, L-2n-2) \tag{10.3.16}$$

如果零假设 $H_0: n \geqslant n_0$ 成立，残差方差 V_{n+1} 较 V_n 不会有显著的下降，这时统计量 $t(n, n+1)$ 值应该比较小。因此，通过观察统计量 $t(n, n+1)$ 的变化情况，可以决定是否接受零假设 H_0，或拒绝零假设 H_0，以此来判定模型的阶次。由于统计量 $t(n, n+1) \sim F(2, L-2n-2)$，若风险水平 $\alpha = 5\%$，则有

$$\begin{cases} P\{\text{拒绝 } H_0 \mid H_0 \text{ 为真}\} = \alpha \\ P\{\text{接受 } H_0 \mid H_0 \text{ 为真}\} = 1-\alpha \end{cases} \tag{10.3.17}$$

也就是

$$\begin{cases} t(n, n+1) > t_\alpha, & \text{拒绝 } H_0: n \geqslant n_0 \\ t(n, n+1) \leqslant t_\alpha, & \text{接受 } H_0: n \geqslant n_0 \end{cases} \tag{10.3.18}$$

式中，阈值 $t_\alpha = F(2(n_2-n_1), L-2n_2)$（从 F 分布表可查得 t_α，见附录 G.1）。

式(10.3.18)表明，若统计量 $t(n, n+1) \leqslant t_\alpha$，则接受零假设 $H_0: n \geqslant n_0$ 的概率为 $(1-\alpha)$。由此，通过统计量 $t(n, n+1)$ 与阈值 t_α 的比较，可以确定模型的阶次，即若

$$\begin{cases} t(n-1, n) > t_\alpha, & \text{拒绝 } H_0: n-1 \geqslant n_0 \\ t(n, n+1) \leqslant t_\alpha, & \text{接受 } H_0: n \geqslant n_0 \end{cases} \tag{10.3.19}$$

则模型阶次估计值应为 n。

例 10.2 本例仿真模型和实验条件与第 5 章例 5.3 基本相同，噪声标准差取 $\lambda = 1.0$（噪信比约为 70.7%），辨识模型结构采用式(10.3.1)，在不同模型阶次 $n=1, 2, 3, 4$ 下，利用第 5 章的 RLS 辨识算法式(5.3.7)和对应的附 5.1 所给的 MATLAB 程序，获得损失函数 LV_n 及式(10.3.16)定义的统计量，如表 10.2 所示。

表 10.2 不同模型阶次的损失函数及统计量

n	1	2	3	4
LV_n	5997.6	1161.7	1161.6	1160.3
$t(n, n+1)$	2489.5	**0.0209**	0.6865	

本例中，数据长度 $L = 1200$，查附录 G 中的 F 分布值表，阈值 $t_\alpha = 3.00$。根据表中统计量 $t(n, n+1)$，利用式(10.3.19)可判断模型阶次估计值 $\hat{n} = 2$，与仿真模型阶次是一致的。最终辨识模型确定为

$$\begin{aligned} z(k) = & 1.5002z(k-1) - 0.6947z(k-2) + 1.0591u(k-1) \\ & + 0.5565u(k-2) + 0.9839v(k) \end{aligned}$$

如果辨识模型式(10.3.1)多项式 $A(z^{-1})$ 和 $B(z^{-1})$ 的阶次不相等，即 $n_a \neq n_b$，则 F-Test 定阶法需要分两步进行。第一步，按下面规则判定阶次 n_a

$$\begin{cases} t(n_a-1,n_a;\ n_b)<t_\alpha, & \text{拒绝 } H_0:n_a-1\geqslant n_{a_0} \\ t(n_a,n_a+1;\ n_b)<t_\alpha, & \text{接受 } H_0:n_a\geqslant n_{a_0} \end{cases} \tag{10.3.20}$$

式中，n_{a_0}为$A(z^{-1})$的真实阶次，n_b为$B(z^{-1})$阶次的某固定值；当$n_b=1$时，若上式成立，则$A(z^{-1})$的阶次估计值为n_a；否则取$n_b=2$，重新判断，以此类推，直至找到$A(z^{-1})$的阶次估计值。第二步，固定住$A(z^{-1})$的阶次，按下面规则判别阶次n_b

$$\begin{cases} t(n_b-1,n_a;\ n_a)<t_\alpha, & \text{拒绝 } H_0:n_b-1\geqslant n_{b_0} \\ t(n_b,n_b+1;\ n_a)<t_\alpha, & \text{接受 } H_0:n_b\geqslant n_{b_0} \end{cases} \tag{10.3.21}$$

式中，n_{b_0}为多项式$B(z^{-1})$的真实阶次。

当$n_b=1,n_a=1,2,3,4$时，利用第5章的RLS辨识算法式(5.3.7)和对应的附5.1所给的MATLAB程序，获得损失函数$LV_{n_a,n_b=1}$及对应的统计量，如表10.3所示。

表10.3 不同模型阶次的损失函数即统计量

n_a	1	2	3	4
$LV_{n_a,n_b=1}$	5997.6	1463.5	1353.5	1330.7
$t(n_a,n_a+1;\ n_b=1)$	3710.4	97.2771	20.4992	

根据表中的统计量$t(n_a,n_a+1;\ n_b=1)$，利用式(10.3.20)，无法判定阶次n_a。取$n_b=2,n_a=1,2,3,4$，再利用第5章的RLS辨识算法式(5.3.7)和对应的附5.1所给的MATLAB程序，获得损失函数$LV_{n_a,n_b=2}$及对应的统计量，如表10.4所示。

表10.4 不同模型阶次的损失函数及统计量

n_a	1	2	3	4
$LV_{n_a,n_b=2}$	4143.3	1161.7	1161.7	1160.3
$t(n_a,n_a+1;\ n_b=2)$	3074.9	**−0.0066**	1.3620	

根据表中的统计量$t(n_a,n_a+1;\ n_b=2)$，利用式(10.3.20)，可判断$A(z^{-1})$的阶次估计值$\hat{n}_a=2$。然后，固定住$A(z^{-1})$的阶次，取$n_a=2,n_b=1,2,3,4$，利用第5章的RLS辨识算法式(5.3.7)和对应的附5.1所给的MATLAB程序，获得损失函数$LV_{n_a=2,n_b}$及对应的统计量，如表10.5所示。

表10.5 不同模型阶次的损失函数及统计量

n_b	1	2	3	4
$LV_{n_a=2,n_b}$	1463.5	1161.7	1161.6	1160.5
$t(n_b,n_b+1;\ n_a=2)$	311.3344	**0.0839**	1.0772	

根据表中的统计量$t(n_b,n_b+1;\ n_a=2)$，利用式(10.3.21)，可判断$B(z^{-1})$的阶次估计值$\hat{n}_b=2$。这样确定的模型阶次n_a和n_b与仿真模型阶次是一致的。

以上论述的是有关式(10.3.1)模型阶次估计问题，下面讨论如下模型的阶次

估计

$$
\begin{cases}
z(k)+\sum\limits_{i=1}^{n}a_i z(k-i)=\sum\limits_{i=1}^{n}b_i u(k-i)+e(k)\\
e(k)+\sum\limits_{i=1}^{m}c_i e(k-i)=v(k)+\sum\limits_{i=1}^{m}d_i v(k-i)
\end{cases}
\tag{10.3.22}
$$

式中，$u(k)$、$z(k)$分别是模型输入和输出变量；$v(k)$是均值为零，不相关的随机噪声，n、m为系统模型和噪声模型阶次。与式(10.3.13)类似，残差方差 $V_{n,m}=\frac{1}{L}\boldsymbol{\varepsilon}_{n,m}^{\mathrm{T}}\boldsymbol{\varepsilon}_{n,m}$ 与 V_n 同样具有渐近递减的性质，其中$\boldsymbol{\varepsilon}_{n,m}$为模型阶次取 n 和 m 时的残差。同时引进两个统计量

$$
\begin{cases}
t(n,n+1;\ m)=\dfrac{V_{n,m}-V_{n+1,m}}{V_{n+1,m}}\dfrac{L-2n-2}{2}\sim \mathrm{F}(2,L-2n-2)\\
t(m,m+1;\ n)=\dfrac{V_{n,m}-V_{n,m+1}}{V_{n,m+1}}\dfrac{L-2m-2}{2}\sim \mathrm{F}(2,L-2m-2)
\end{cases}
\tag{10.3.23}
$$

可以证明，$t(n,n+1;\ m)\sim \mathrm{F}(2,L-2n-2)$和 $t(m,m+1;\ n)\sim \mathrm{F}(2,L-2m-2)$。

设零假设 $\mathrm{H}_{0(n)}:n\geqslant n_0$ 和 $\mathrm{H}_{0(m)}:m\geqslant m_0$，风险水平取 $\alpha=5\%$，对应的阈值 $t_\alpha=F(2,L)$。固定模型阶次 m，阶次 n 逐一增加，若 $t(n-1,n;\ m)>t_\alpha$，拒绝零假设 $\mathrm{H}_{0(n)}:n\geqslant n_0$；若 $t(n,n+1;\ m)\leqslant t_\alpha$，接受零假设 $\mathrm{H}_{0(n)}:n\geqslant n_0$，系统模型阶次估计值可取 n。反之，固定阶次 n，阶次 m 逐一增加，若 $t(m-1,m,n)>t_\alpha$，拒绝零假设 $\mathrm{H}_{0(m)}:m\geqslant m_0$；若 $t(m,m+1;\ n)\leqslant t_\alpha$，接受零假设 $\mathrm{H}_{0(m)}:m\geqslant m_0$，噪声模型阶次估计值可取 m。

例 10.3 本例仿真模型和实验条件与第 6 章例 6.1 基本相同，噪声标准差取 $\lambda=0.3$(噪信比约为 45.0%)，辨识模型结构采用第 8 章式(8.2.9)，利用第 8 章的 RML 辨识算法式(8.2.41)和对应的附 8.1 所给的 MATLAB 程序，算法初始值取 $\boldsymbol{P}(0)=\boldsymbol{I}$，$\hat{\boldsymbol{\theta}}(0)=0.0$，在不同模型阶次 $n_a=n_b$，$n_d=1,2,3,4$ 下，递推至 1200 步，获得损失函数 $LV_{n_a=n_b,n_d}$ 及对应的统计量，如表 10.6 所示。

表 10.6 不同模型阶次的损失函数及统计量

n_d	1				2			
$n_a=n_b$	1	2	3	4	1	2	3	4
$LV_{n_a=n_b,n_d}$	1792.6	107.2	104.1	104.3	1442.5	104.6	104.2	103.5
$t(n_a,n_a+1;\ n_d)$	9403.1	17.40	4.20		7650.5	**2.20**	3.80	

n_d	1	2	3	4
$n_a=n_b$	2			
$LV_{n_a=n_b,n_d}$	107.2	104.6	104.5	106.2
$t(n_d,n_d+1;\ n_a=n_b)$	29.8943	**0.4592**	−18.4969	

本例中，数据长度 $L=1200$，查附录 G 中的 F 分布值表，阈值 $t_\alpha=3.00$。根据表 10.6 中统计量 $t(n_a,n_a+1;\ n_d)$，利用式(10.3.23)第 1 式，可判断系统模型阶次

估计值$\hat{n}_a=\hat{n}_b=2$；又根据统计量$t(n_d,n_d+1;\ n_a=n_b)$，利用式(10.3.23)第 2 式，可判断噪声模型阶次估计值$\hat{n}_d=2$。由此获得的模型阶次估计值与仿真模型的阶次是一致的，最终辨识模型为

$$z(k)=1.5036z(k-1)-0.7021z(k-2)+1.0050u(k-1)+0.4917u(k-2)$$
$$+0.2952v(k)+0.9403v(k-1)+0.1566v(k-2)$$

10.4　利用 Akaike 准则估计模型的阶次

上节讨论的 F-Test 定阶法，由于需要人为选定风险水平 α，使 F-Test 定阶法带有主观性。也就是说，选取不同的风险水平 α，可能会得到不同的模型阶次估计结果。Akaike 提出一种 AIC(Akaike information criterion)标准，以此为客观水准，试图较为客观地判定系统的模型阶次。

考虑如下线性模型

$$z(k)=h_1(k)\theta_1+h_2(k)\theta_2+\cdots+h_N(k)\theta_N+e(k) \tag{10.4.1}$$

其中，$z(k)$为模型输出变量；$h_i(k)$，$i=1,2,\cdots,N$ 为独立的模型输入变量；$\theta_i(k)$，$i=1,2,\cdots,N$ 为模型参数；$e(k)$为模型噪声；N 为模型阶次或独立的模型参数个数。

为了确定式(10.4.1)模型阶次 N，Akaike 引进如下准则

$$\mathrm{AIC}(N)=-2\log L(\hat{\boldsymbol{\theta}}_{\mathrm{ML}})+2N \tag{10.4.2}$$

式中，AIC(N)称作 AIC 准则，$\hat{\boldsymbol{\theta}}_{\mathrm{ML}}$为模型参数$\boldsymbol{\theta}=[\theta_1,\theta_2,\cdots,\theta_N]^{\mathrm{T}}$ 的极大似然估计值，$L(\hat{\boldsymbol{\theta}}_{\mathrm{ML}})$为参数估计值$\hat{\boldsymbol{\theta}}_{\mathrm{ML}}$条件下的极大似然函数。

10.4.1　AIC 准则

式(10.4.2)是 Akaike 提出的判定模型阶次的准则，其物理意义可解释为：当模型阶次 N 低于真实阶次 N_0 时，AIC 准则中的似然函数 $L(\hat{\boldsymbol{\theta}}_{\mathrm{ML}})$随着 N 增加而增大，这时 AIC 准则呈现下降趋势；当模型阶次 N 超过真实阶次 N_0 时，因为模型已经接近真实系统，似然函数 $L(\hat{\boldsymbol{\theta}}_{\mathrm{ML}})$的增长速度放慢，不会有大的变化，$N$ 的增加速度会超过似然函数 $L(\hat{\boldsymbol{\theta}}_{\mathrm{ML}})$的增长速度，使 AIC 准则呈现上升趋势。为此，AIC 准则存在极小值，如图 10.5 所示。可以证明，当 AIC(N)=min 时，对应的 N 是相对合理的模型阶次估计值，但不一定是无偏估计，这种确定模型阶次的方法称作 AIC 定阶法。

AIC 定阶法是极大似然原理的另一种应用。第 8 章论述过的极大似然法是寻找一组模型参数，使模型输出的概率分布最大可能地逼近实际系统输出的概率分布，逼近程度用 Kullback-Leibler 信息测度(见第 8 章式(8.2.6))来度量。Kullback-Leibler 信息测度不仅是估计模型参数的度量函数，也可以用作估计模型阶次的度量函数，其表现形式就是式(10.4.2)所示的 AIC(N)准则。

就这个意义上说，AIC 定阶法的本质可以说是在一定的模型结构条件下，寻找

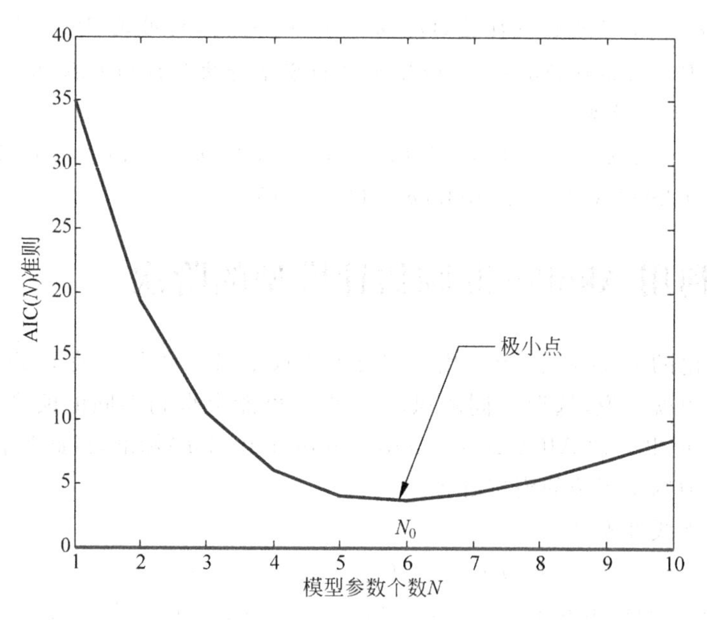

图 10.5 AIC 准则定性解释

模型阶次，使模型输出的概率分布最大可能地趋近实际系统输出的概率分布，趋近的程度也用 Kullback-Leibler 信息测度来度量。实际上，AIC 准则可以看作 Kullback-Leibler 信息测度的一种估计。

根据 Kullback-Leibler 信息测度的定义（见第 8 章式(8.2.6)），它具有如下性质：

(1) $I(\boldsymbol{\theta}_0,\boldsymbol{\theta})\geqslant 0$。该性质说明，Kullback-Leibler 信息测度 $I(\boldsymbol{\theta}_0,\boldsymbol{\theta})$ 相对于模型阶次存在极小值。

(2) $I(\boldsymbol{\theta}_0,\hat{\boldsymbol{\theta}}_{\mathrm{ML}})\cong\frac{1}{2}(\boldsymbol{\theta}_0-\hat{\boldsymbol{\theta}}_{\mathrm{ML}})^{\mathrm{T}}\overline{\boldsymbol{M}}_{\boldsymbol{\theta}_0}(\boldsymbol{\theta}_0-\hat{\boldsymbol{\theta}}_{\mathrm{ML}})$，其中 $\hat{\boldsymbol{\theta}}_{\mathrm{ML}}$ 为模型参数的极大似然估计值；$\overline{\boldsymbol{M}}_{\boldsymbol{\theta}_0}$ 为模型真实参数 $\boldsymbol{\theta}_0$ 条件下的平均 Fisher 信息矩阵（定义见第 8 章式(8.2.50)）。该性质说明，当参数估计值为极大似然估计时，Kullback-Leibler 信息测度可近似表示成 $(\boldsymbol{\theta}_0-\hat{\boldsymbol{\theta}}_{\mathrm{ML}})$ 的二次型。

(3) $2LI(\boldsymbol{\theta}_0,\hat{\boldsymbol{\theta}}_{\mathrm{ML}})\sim\chi^2(N)$，其中 $\hat{\boldsymbol{\theta}}_{\mathrm{ML}}$ 为模型参数的极大似然估计值，L 为数据长度，$N=\dim\boldsymbol{\theta}$。该性质说明，$2L$ 倍的 Kullback-Leibler 信息测度服从自由度为 N 的 χ^2 分布，这意味着 $\mathrm{E}\{2LI(\boldsymbol{\theta}_0,\hat{\boldsymbol{\theta}}_{\mathrm{ML}})\}=N$。

根据性质(3)，从统计的观点看，有

$$2L\mathrm{E}\{\log p(z\mid\boldsymbol{\theta}_0)\}-2L\mathrm{E}\{\log p(z\mid\hat{\boldsymbol{\theta}}_{\mathrm{ML}})\}\xrightarrow[L\to\infty]{\text{a. s.}}N \tag{10.4.3}$$

式中，$p(z|\boldsymbol{\theta})$ 为参数 $\boldsymbol{\theta}$ 条件下模型输出的概率密度函数，上式也可表示成

$$2L\mathrm{E}\{\log p(z\mid\hat{\boldsymbol{\theta}}_{\mathrm{ML}})\}\xrightarrow[L\to\infty]{\text{a. s.}}2\log L(\boldsymbol{\theta}_0)-N \tag{10.4.4}$$

文献[27]证明了

$$2(\log L(\hat{\boldsymbol{\theta}}_{\mathrm{ML}}) - \log L(\boldsymbol{\theta}_0)) \sim \chi^2(N) \tag{10.4.5}$$

也就是 $2\log L(\hat{\boldsymbol{\theta}}_{\mathrm{ML}}) \xrightarrow[L\to\infty]{\mathrm{a.s.}} 2\log L(\boldsymbol{\theta}_0) + N$，于是有

$$2LE\{\log p(z \mid \hat{\boldsymbol{\theta}}_{\mathrm{ML}})\} \xrightarrow[L\to\infty]{\mathrm{a.s.}} 2\log L(\hat{\boldsymbol{\theta}}_{\mathrm{ML}}) - 2N = -\mathrm{AIC}(N) \tag{10.4.6}$$

上式表明，$\mathrm{AIC}(N)$可以看作$-2LE\{\log p(z|\hat{\boldsymbol{\theta}}_{\mathrm{ML}})\}$或$I(\boldsymbol{\theta}_0,\hat{\boldsymbol{\theta}}_{\mathrm{ML}})$的一种估计，它是利用 AIC 准则确定模型阶次的理论根据。根据 AIC 定阶法的思想，寻找“好”的模型阶次，应使$I(\boldsymbol{\theta}_0,\hat{\boldsymbol{\theta}}_{\mathrm{ML}})=\min$，也就是$2LE\{\log p(z|\hat{\boldsymbol{\theta}}_{\mathrm{ML}})\}=\max$，因此可以通过极小化$\mathrm{AIC}(N)$来确定模型的阶次。

AIC 定阶法不同于 F-Test 定阶法，它构造了一个评价模型阶次估计的客观标准，不像 F-Test 定阶法那样，凭借主观因素来确定模型阶次。然而，两者之间又有密切联系，实际上 AIC 定阶法也可以看作风险水平约取$\alpha=0.15$时的 F-Test 定阶法。

当然，有必要指出，通过极小化 AIC 准则来确定模型的阶次，关键在于必须能写出对数似然函数$\log L(\hat{\boldsymbol{\theta}}_{\mathrm{ML}})$的表达式。但是，这往往又是困难的，成为 AIC 定阶法使用的瓶颈。因此，通常需要假设模型噪声服从正态分布，以便能写出相应的对数似然函数表达式。

10.4.2 AIC 定阶法

对于白噪声情况，考虑如下模型

$$A(z^{-1})z(k) = B(z^{-1})u(k) + v(k) \tag{10.4.7}$$

式中，$u(k)$、$z(k)$分别是模型的输入和输出变量；$v(k)$是均值为零、方差为σ_v^2、服从正态分布的不相关随机噪声；$A(z^{-1})$和$B(z^{-1})$为迟延算子多项式，记作

$$\begin{cases} A(z^{-1}) = 1 + a_1 z^{-1} + a_2 z^{-2} + \cdots + a_{n_a} z^{-n_a} \\ B(z^{-1}) = b_1 z^{-1} + b_2 z^{-2} + \cdots + b_{n_b} z^{-n_b} \end{cases} \tag{10.4.8}$$

其中，n_a和n_b为模型阶次。

依据所给的条件，在第 8 章 8.2.2 节中，导出了对数似然函数$\log L(\hat{\boldsymbol{\theta}}_{\mathrm{ML}})$、模型参数极大似然估计值$\hat{\boldsymbol{\theta}}_{\mathrm{ML}}$和噪声方差估计$\hat{\sigma}_v^2$，如第 8 章式(8.2.14)、式(8.2.16)和式(8.2.17)所示。由此可求得对数似然函数$\log L(\hat{\boldsymbol{\theta}}_{\mathrm{ML}})=\mathrm{const.}-\frac{L}{2}\log\hat{\sigma}_v^2$，那么 AIC 准则写成

$$\mathrm{AIC}(n_a, n_b) = L\log\hat{\sigma}_v^2 + 2(n_a + n_b) \tag{10.4.9}$$

式中，$\hat{\sigma}_v^2=J(L)/L$，$J(L)$是按第 5 章式(5.3.15)递推至L步的损失函数值，$n_a+n_b=N$为模型独立参数个数，也就是模型阶次。根据 AIC 定阶法的思想，可选择使$\mathrm{AIC}(n_a,n_b)$达到最小的n_a和n_b作为式(10.4.7)的模型阶次。

例 10.4 考虑如下的仿真模型

$$\begin{aligned} z(k) = & 1.8z(k-1) - 1.3z(k-2) + 0.4z(k-3) \\ & + 1.1u(k-1) + 0.2u(k-2) + \lambda v(k) \end{aligned}$$

式中，$z(k)$、$u(k)$是模型输入和输出变量；$v(k)$是均值为零、方差为 1 的白噪声，λ 为噪声标准差。模型输入选用特征多项式为 $F(s)=s^6 \oplus s^5 \oplus 1$、幅度为 1 的 M 序列，噪声标准差取 $\lambda=0.3$(噪信比约为 22.9%)。利用第 5 章的 RLS 辨识算法式(5.3.7)和对应的附 5.1 所给的 MATLAB 程序，递推至 1200 步，获得不同阶次的损失函数及式(10.4.9)定义的 AIC 准则，如表 10.7 所示。

表 10.7 不同模型阶次的 AIC 准则

$\text{AIC}(n_a,n_b)$ (n_a \ n_b)	1	2	3	4
1	1262.3	176.5	−923.2	−1285.8
2	−592.2	−1788.1	−2048.0	−2050.1
3	−2605.6	**−2926.5**	−2924.8	−2924.2
4	−2856.6	−2925.0	−2923.0	−2922.5

根据表中的 AIC 准则，$\text{AIC}(n_b,n_b)=\min$ 的模型阶次估计值为 $\hat{n}_a=3$，$\hat{n}_b=2$，与仿真模型阶次是一致的。最终获得的辨识模型为

$$\begin{aligned} z(k) = & 1.8004z(k-1) - 1.3005z(k-2) + 0.3994z(k-3) \\ & + 1.0881u(k-1) + 0.2838u(k-2) + 0.2942v(k) \end{aligned}$$

上面讨论的是白噪声情况，对于有色噪声，考虑如下模型

$$A(z^{-1})z(k) = B(z^{-1})u(k) + D(z^{-1})v(k) \tag{10.4.10}$$

式中，$u(k)$、$z(k)$分别是模型的输入和输出变量；$v(k)$是均值为零、方差为 σ_v^2、服从正态分布的不相关随机噪声；模型迟延算子多项式为

$$\begin{cases} A(z^{-1}) = 1 + a_1 z^{-1} + a_2 z^{-2} + \cdots + a_{n_a} z^{-n_a} \\ B(z^{-1}) = b_1 z^{-1} + b_2 z^{-2} + \cdots + b_{n_b} z^{-n_b} \\ D(z^{-1}) = 1 + d_1 z^{-1} + d_2 z^{-2} + \cdots + d_{n_d} z^{-n_d} \end{cases} \tag{10.4.11}$$

其中，n_a、n_b 和 n_d 为模型阶次。

依据所给的条件，在第 8 章 8.2.2 节中，导出了对数似然函数 $\log L(\hat{\boldsymbol{\theta}}_{\text{ML}})$、噪声方差估计 $\hat{\sigma}_v^2$，如第 8 章式(8.2.22)和式(8.2.24)所示。由此可求得对数似然函数 $\log L(\hat{\boldsymbol{\theta}}_{\text{ML}})=\text{const.}-\frac{L}{2}\log\hat{\sigma}_v^2$，那么 AIC 准则写成

$$\text{AIC}(n_a,n_b,n_d) = L\log\hat{\sigma}_v^2 + 2(n_a+n_b+n_d) \tag{10.4.12}$$

式中，噪声方差估计 $\hat{\sigma}_v^2=J(L)/L$，$J(L)$是按第 8 章式(8.2.42)递推至 L 步的损失函数值；$n_a+n_b+n_d=N$ 为模型独立参数个数，也就是模型阶次。根据 AIC 定阶法的思想，可选择使 $\text{AIC}(n_a,n_b,n_d)$达到最小的 n_a、n_b 和 n_d 作为式(10.4.10)的模型

阶次。

例 10.5　本例仿真模型和实验条件与第 6 章例 6.1 基本相同，噪声标准差取 $\lambda=0.3$(噪信比约为 45.0%)，辨识模型结构采用第 8 章式(8.2.9)，利用第 8 章的 RML 辨识算法式(8.2.41)和对应的附 8.1 所给的 MATLAB 程序，算法初始值取 $\boldsymbol{P}(0)=\boldsymbol{I},\hat{\boldsymbol{\theta}}(0)=0.0$，在不同模型阶次 $n_a,n_b,n_d=1,2,3,4$ 下，递推至 1200 步，获得式(10.4.12)定义的 AIC 准则，如表 10.8 所示。

根据表中的 AIC 准则，$\text{AIC}(n_a,n_b,n_d)=\min$ 的模型阶次估计值为 $\hat{n}_a=2,\hat{n}_b=2,\hat{n}_d=2$，与仿真模型阶次是一致的。最终获得的辨识模型为

$$
\begin{aligned}
z(k) =& 1.4910z(k-1)-0.6930z(k-2)+0.9913u(k-1)+0.4943u(k-2) \\
&+0.3125v(k)+0.9816v(k-1)+0.1538v(k-2)
\end{aligned}
$$

表 10.8　不同模型阶次的 AIC 准则

	n_d	1				2			
	n_a \ n_b	1	2	3	4	1	2	3	4
AIC (n_a,n_b,n_d)	1	299.0	−391.6	−819.3	−1082.4	−95.1	−983.7	−1526.9	−1343.3
	2	−1418.9	−2749.7	−2748.7	−2704.7	−1363.4	**<u>−2773.8</u>**	−2759.1	−2686.7
	3	−2091.6	−2706.7	−2548.9	−2704.2	−176.0	−2737.7	−2727.7	−2704.7
	4	−2498.3	−2638.6	−2573.7	−2288.4	−1639.4	−2637.2	−2626.2	−2677.1

	n_d	3				4			
	n_a \ n_b	1	2	3	4	1	2	3	4
AIC (n_a,n_b,n_d)	1	−334.1	−1275.6	−1731.9	−2028.0	−86.3	−1105.1	−1675.9	−1764.7
	2	−594.8	−2752.7	−2750.0	−2678.8	−1298.0	−2683.3	−2655.0	−2636.6
	3	−1493.1	−2708.3	−2718.5	−2703.3	−1310.4	−2629.3	−2701.7	−2693.3
	4	−2271.8	−2631.2	−2621.3	−2677.3	−2261.3	−2610.4	−2620.6	−2662.4

本例实验中，$\text{AIC}(n_a,n_b,n_d)=\min$ 的模型阶次有时可能确定为 $\hat{n}_a=2,\hat{n}_b=3,\hat{n}_d=2$ 或 $\hat{n}_a=3,\hat{n}_b=3,\hat{n}_d=2$ 等，这也是正常的，因为利用 AIC 准则估计模型阶次本来就是有偏的，而且可信度只有 85%。

10.5　利用最终预报误差准则估计模型的阶次

通常情况下，“好”的模型应该有“好”的输出预报。根据这一道理，可以利用预报误差作为准则函数，当预报误差准则达到最小时，相应的模型阶次可以当作模型阶次估计值。这种模型阶次辨识方法称作最终预报误差(FPE：final prediction error)定阶法。

对于白噪声情况，考虑式(10.4.7)模型，依据所给的条件，并按第5章式(5.2.10)定义的数据向量 $\boldsymbol{h}(k)$ 和模型参数向量 $\boldsymbol{\theta}$，一步预报误差(或称新息)可表示为

$$\tilde{z}(k)=\tilde{\boldsymbol{\theta}}^{\mathrm{T}}(k-1)\boldsymbol{h}(k)+v(k) \tag{10.5.1}$$

式中，$\tilde{\boldsymbol{\theta}}(k-1)$ 为模型参数真值与估计值之差，即 $\tilde{\boldsymbol{\theta}}(k-1)=\boldsymbol{\theta}_0-\hat{\boldsymbol{\theta}}(k-1)$。

设一步预报误差 $\tilde{z}(k)$ 的方差为 $\sigma_{\tilde{z}}^2$，那么有

$$\begin{aligned}\sigma_{\tilde{z}}^2&=\frac{1}{L}\sum_{k=1}^{L}\tilde{z}^2(k)=\frac{1}{L}\sum_{k=1}^{L}[\tilde{\boldsymbol{\theta}}^{\mathrm{T}}(k-1)\boldsymbol{h}(k)\boldsymbol{h}^{\mathrm{T}}(k)\tilde{\boldsymbol{\theta}}(k-1)\\&\quad+2\tilde{z}(k)v(k)-v^2(k)]\\&=\frac{1}{L}\sum_{k=1}^{L}[\tilde{\boldsymbol{\theta}}^{\mathrm{T}}(k-1)\boldsymbol{h}(k)\boldsymbol{h}^{\mathrm{T}}(k)\tilde{\boldsymbol{\theta}}(k-1)+v^2(k)]\\&=\frac{1}{L}\tilde{\boldsymbol{\theta}}^{\mathrm{T}}\boldsymbol{H}_L^{\mathrm{T}}\boldsymbol{H}_L\tilde{\boldsymbol{\theta}}+\frac{1}{L}\sum_{k=1}^{L}v^2(k)\end{aligned} \tag{10.5.2}$$

其中，L 为数据长度，并利用了 $\tilde{z}(k)\xrightarrow[L\to\infty]{\text{a. s.}}v(k)$ 和 $\tilde{\boldsymbol{\theta}}(k-1)\overset{\text{def}}{\underset{k\to\infty}{=\!=}}\tilde{\boldsymbol{\theta}}$，数据矩阵 $\boldsymbol{H}_L$ 的组成如第5章式(5.2.12)所示。上式两边取数学期望，得

$$\mathrm{E}\{\sigma_{\tilde{z}}^2\}=\frac{1}{L}\mathrm{E}\{\tilde{\boldsymbol{\theta}}^{\mathrm{T}}\boldsymbol{H}_L^{\mathrm{T}}\boldsymbol{H}_L\tilde{\boldsymbol{\theta}}\}+\sigma_v^2 \tag{10.5.3}$$

根据第5章定理5.5，有 $\boldsymbol{H}_L\tilde{\boldsymbol{\theta}}\sim\mathbb{N}(0,\sigma_v^2\boldsymbol{I})$，再运用附录C定理C.4，有

$$\left(\frac{\boldsymbol{H}_L\tilde{\boldsymbol{\theta}}}{\sigma_v}\right)^{\mathrm{T}}\left(\frac{\boldsymbol{H}_L\tilde{\boldsymbol{\theta}}}{\sigma_v}\right)\sim\chi^2(n_a+n_b) \tag{10.5.4}$$

也就是 $\mathrm{E}\left\{\left(\frac{\boldsymbol{H}_L\tilde{\boldsymbol{\theta}}}{\sigma_v}\right)^{\mathrm{T}}\left(\frac{\boldsymbol{H}_L\tilde{\boldsymbol{\theta}}}{\sigma_v}\right)\right\}=n_a+n_b$，那么式(10.5.3)可演化成

$$\mathrm{E}\{\sigma_{\tilde{z}}^2\}=\frac{\sigma_v^2}{L}(n_a+n_b)+\sigma_v^2 \tag{10.5.5}$$

又根据第5章习题(14)的证明提示和式(5.3.18)，有 $\sigma_v^2=\frac{L}{L-(n_a+n_b)}\mathrm{E}\{\sigma_\varepsilon^2\}$，式中 σ_ε^2 为模型残差方差，代入上式可得

$$\mathrm{E}\{\sigma_{\tilde{z}}^2\}=\frac{L+(n_a+n_b)}{L-(n_a+n_b)}\mathrm{E}\{\sigma_\varepsilon^2\} \tag{10.5.6}$$

当数据长度 L 充分大时，将 $\mathrm{E}\{\sigma_{\tilde{z}}^2\}$ 定义为最终预报误差准则，记作 $\mathrm{FPE}(n_a,n_b)$

$$\mathrm{FPE}(n_a,n_b)=\frac{L+(n_a+n_b)}{L-(n_a+n_b)}\hat{\sigma}_v^2 \tag{10.5.7}$$

式中，$\hat{\sigma}_v^2$ 是噪声 $v(k)$ 方差估计值，用它代替式(10.5.6)的 $\mathrm{E}\{\sigma_\varepsilon^2\}$，且用 $\hat{\sigma}_v^2=J(L)/L$ 来计算，$J(L)$ 是按第5章式(5.3.15)递推至 L 步的损失函数值，n_a 和 n_b 为模型阶次。根据FPE定阶法的思想，可选择使 $\mathrm{FPE}(n_a,n_b)$ 达到最小的 n_a 和 n_b 作为模型的阶次。

例10.6 本例仿真模型和实验条件与例10.4基本相同，利用第5章的RLS辨识算法式(5.3.7)和对应附5.1所给的MATLAB程序，递推至1200步，获得不同阶

次的损失函数及式(10.5.7)定义的 FPE 准则，如表 10.9 所示。

根据表中的 FPE 准则值，$\text{FPE}(n_a,n_b)=\min$ 的模型阶次估计值 $\hat{n}_a=3,\hat{n}_b=2$，与仿真模型阶次是一致的。

表 10.9 不同模型阶次的 FPE 准则

$\text{FPE}(n_a,n_b)$　n_a \ n_b	1	2	3	4
1	3.3449	1.6958	1.0670	0.9993
2	0.9475	0.5556	0.5325	0.5231
3	0.3853	**0.3476**	0.3481	0.3481
4	0.3672	0.3479	0.3487	0.3486

上面讨论的是白噪声情况，对于有色噪声，考虑式(10.4.10)模型，确定该模型阶次的方法与上面讨论的白噪声情况类似，同样需要导出一步预报误差方差表达式，并将一步预报误差方差的数学期望定义为预报误差准则。当该准则达到最小时，相应的模型阶次作为模型阶次的估计值，这种模型阶次辨识方法称作 MFPE (modified final prediction error)定阶法。

依据所给的条件，并按第 8 章式(8.2.30)定义的数据向量 $\boldsymbol{h}(k)$ 和模型参数向量 $\boldsymbol{\theta}$，模型残差、一步预报误差(新息)和噪声 $v(k)$ 估计值可分别写成

$$\begin{cases}\varepsilon(k)=z(k)-\boldsymbol{h}^{\mathrm{T}}(k)\hat{\boldsymbol{\theta}}(L)\\ \tilde{z}(k)=z(k)-\boldsymbol{h}^{\mathrm{T}}(k)\hat{\boldsymbol{\theta}}(k-1)\\ \hat{v}(k)=z(k)-\boldsymbol{h}^{\mathrm{T}}(k)\hat{\boldsymbol{\theta}}(k)\end{cases}\tag{10.5.8}$$

其中，$\hat{\boldsymbol{\theta}}(\cdot)$ 为对应时刻的模型参数估计值，L 为数据长度。

考虑到 $v(k)$ 是零均值白噪声，残差方差和一步预报误差方差的数学期望分别可表示为

$$\begin{cases}\mathrm{E}\{\sigma_\varepsilon^2\}=(1-\alpha+2\beta-\gamma+2\delta-\lambda)\sigma_v^2\\ \mathrm{E}\{\sigma_{\tilde{z}}^2\}=(1+\alpha-2\beta+\gamma-2\delta+\lambda)\sigma_v^2\end{cases}\tag{10.5.9}$$ ①

式中

$$\begin{cases}\alpha=\sum_{i=1}^{n_a}\sum_{j=1}^{n_a}\dfrac{\partial^2 J(\boldsymbol{\theta})}{\partial a_i\partial a_j}R_z(j-i),\quad \beta=\sum_{i=1}^{n_a}\sum_{j=1}^{n_b}\dfrac{\partial^2 J(\boldsymbol{\theta})}{\partial a_i\partial b_j}R_{uz}(j-i)\\ \gamma=\sum_{i=1}^{n_b}\sum_{j=1}^{n_b}\dfrac{\partial^2 J(\boldsymbol{\theta})}{\partial b_i\partial b_j}R_u(j-i),\quad \delta=\sum_{i=1}^{n_a}\sum_{j=1}^{n_d}\dfrac{\partial^2 J(\boldsymbol{\theta})}{\partial a_i\partial d_j}R_{z\hat{v}}(j-i)\\ \lambda=\sum_{i=1}^{n_d}\sum_{j=1}^{n_d}\dfrac{\partial^2 J(\boldsymbol{\theta})}{\partial d_i\partial d_j}R_{\hat{v}}(j-i)\end{cases}\tag{10.5.10}$$

① 式(10.5.9)推导参考文献[7]。

其中，$R_z(\cdot)$、$R_{uz}(\cdot)$、$R_u(\cdot)$、$R_{z\hat{v}}(\cdot)$和$R_{\hat{v}}(\cdot)$为相应的相关函数，$J(\boldsymbol{\theta})$为第8章式(8.2.26)定义的损失函数。

由式(10.5.9)可以得到

$$\mathrm{E}\{\sigma_{\tilde{z}}^2\}=\frac{1+\alpha-2\beta+\gamma-2\delta+\lambda}{1-\alpha+2\beta-\gamma+2\delta-\lambda}\mathrm{E}\{\sigma_\varepsilon^2\} \tag{10.5.11}$$

当数据长度L充分大时，将$\mathrm{E}\{\sigma_{\tilde{z}}^2\}$定义为最终预报误差准则，记$\mathrm{MFPE}(n_a,n_b,n_d)$

$$\mathrm{MFPE}(n_a,n_b,n_d)=\frac{1+\alpha-2\beta+\gamma-2\delta+\lambda}{1-\alpha+2\beta-\gamma+2\delta-\lambda}\hat{\sigma}_v^2 \tag{10.5.12}$$

式中，$\hat{\sigma}_v^2$是噪声$v(k)$方差估计值，用它代替式(10.5.11)的$\mathrm{E}\{\sigma_\varepsilon^2\}$，且用$\hat{\sigma}_v^2=J(L)/L$来计算，$J(L)$是按第8章式(8.2.42)递推至$L$步的损失函数值；$n_a$、$n_b$和$n_d$为模型阶次。根据FPE定阶法的思想，可选择使$\mathrm{MFPE}(n_a,n_b,n_d)$达到最小的$n_a$、$n_b$和$n_d$作为模型的阶次。

例10.7[8] 考虑如下仿真模型

$$\begin{aligned}z(k)-1.5z(k-1)+0.7z(k-2)=&1.2u(k-1)-0.5u(k-2)+v(k)\\&-v(k-1)+0.2(k-2)\end{aligned}$$

式中，$z(k)$和$u(k)$是输入和输出变量；$v(k)$是均值为零、方差为1的白噪声；输入采用幅度为1的M序列；数据长度$L=200$；辨识模型结构采用式(10.4.10)。对不同阶次n_a、n_b和n_d的组合，计算式(10.5.12)定义的$\mathrm{MFPE}(n_a,n_b,n_d)$值。使$\mathrm{MFPE}(n_a,n_b,n_d)=\min$的阶次估计值为$\hat{n}_a=2$、$\hat{n}_b=2$和$\hat{n}_d=2$，与仿真模型阶次是一致的。

10.6 MIMO系统模型结构辨识

SISO系统的模型结构辨识，仅限于模型的阶次估计，而MIMO系统的模型结构辨识需要确定一组Kronecker不变量，因此MIMO系统的结构辨识问题比较复杂。就方法而论，MIMO系统的模型结构辨识也类似于SISO系统的阶次辨识。下面主要讨论Guidorzi方法，它直接利用系统的输入和输出数据，构造数据乘积矩阵，通过判断该矩阵的奇异性来确定每个子系统的结构参数。

对输出为m维，输入为r维的MIMO系统来说，其第s子系统可以描述成

$$z_s(k)=\sum_{i=1}^{m}\sum_{l=1}^{n_{si}}a_{si}(l)z^{-l}z_i(k)+\sum_{j=1}^{r}\sum_{l=1}^{n_{sj}}b_{sj}(l)z^{-l}u_j(k)+v_s(k),\quad s=1,2,\cdots,m \tag{10.6.1}$$

式中，$z_s(k)$为第s子系统的输出，$z_i(k)$，$i=1,2,\cdots,m$为第i子系统的输出，$u_j(k)$，$j=1,2,\cdots,r$为系统的输入，$v_s(k)$为第s子系统的噪声，模型结构参数为

$$\begin{cases}n_{ij}, & i=1,2,\cdots,m,\quad j=1,2,\cdots,m\\ n_{ij}, & i=1,2,\cdots,m,\quad j=1,2,\cdots,r\end{cases} \tag{10.6.2}$$

其中，$n_{ij}\leqslant\begin{cases}n_{ii}+1, i>j\\ n_{ii}, i\leqslant j\end{cases}$。

式(10.6.1)表明，如果第 s 子系统的噪声 $v_s(k)=0$，其输出 $z_s(k)$ 是 $(k-1)$ 时刻至 $(k-\max(n_{ij}, i=1,2,\cdots,m, j=1,2,\cdots,m \text{ or } r))$ 时刻输入和输出数据的线性组合。

考虑如下利用输入和输出数据组成的数据矩阵，记作

$$
\begin{aligned}
\boldsymbol{H}=&\left[\begin{matrix}
z_1(k) & z_1(k+1) & \cdots & z_m(k) & z_m(k+1) & \cdots \\
z_1(k+1) & z_1(k+2) & \cdots & z_m(k+1) & z_m(k+2) & \cdots \\
\vdots & \vdots & \cdots & \vdots & \vdots & \cdots \\
z_1(k+L-1) & z_1(k+L) & \cdots & z_m(k+L-1) & z_m(k+L) & \cdots
\end{matrix}\right. \\
&\left.\begin{matrix}
u_1(k) & u_1(k+1) & \cdots & u_r(k) & u_r(k+1) & \cdots \\
u_1(k+1) & u_1(k+2) & \cdots & u_r(k+1) & u_r(k+2) & \cdots \\
\vdots & \vdots & \cdots & \vdots & \vdots & \cdots \\
u_1(k+L-1) & u_1(k+L) & \cdots & u_r(k+L-1) & u_r(k+L) & \cdots
\end{matrix}\right] \\
\stackrel{\text{def}}{=}&[\boldsymbol{z}_1(k) \quad \boldsymbol{z}_1(k+1) \quad \cdots \quad \cdots \quad \boldsymbol{z}_m(k) \quad \boldsymbol{z}_m(k+1) \quad \cdots \\
&\boldsymbol{u}_1(k) \quad \boldsymbol{u}_1(k+1) \quad \cdots \quad \cdots \quad \boldsymbol{u}_r(k) \quad \boldsymbol{u}_r(k+1) \quad \cdots]
\end{aligned}
\tag{10.6.3}
$$

式中，数据长度 L 必须充分大，至少 $L>r\max(n_{ii}, i=1,2,\cdots,m)+\sum_{i=1}^{m} n_{ii}$

上式意味着

$$
\boldsymbol{z}_s(k+n_{ss})=\begin{bmatrix}
z_s(k+n_{ss}) \\
z_s(k+n_{ss}+1) \\
\vdots \\
z_s(k+n_{ss}+L-1)
\end{bmatrix}
\tag{10.6.4}
$$

是向量 $\boldsymbol{z}_1(k), \boldsymbol{z}_1(k+1), \cdots, \boldsymbol{z}_1(k+n_{s1}-1), \cdots, \boldsymbol{z}_m(k), \boldsymbol{z}_m(k+1), \cdots, \boldsymbol{z}_m(k+n_{sm}-1)$ 和 $\boldsymbol{u}_1(k), \boldsymbol{u}_1(k+1), \cdots, \boldsymbol{u}_1(k+n_{s1}-1), \cdots, \boldsymbol{u}_r(k), \boldsymbol{u}_r(k+1), \boldsymbol{u}_r(k+n_{sr}-1)$ 的线性组合。依据这个事实，Guidorzi 提出一种确定模型结构参数的方法[28]，具体步骤如下：

(1) 按下面顺序选择数据向量

$$
\begin{aligned}
&\boldsymbol{z}_1(k), \boldsymbol{z}_2(k), \cdots, \boldsymbol{z}_m(k), \boldsymbol{u}_1(k), \boldsymbol{u}_2(k), \cdots, \boldsymbol{u}_r(k) \\
&\boldsymbol{z}_1(k+1), \boldsymbol{z}_2(k+1), \cdots, \boldsymbol{z}_m(k+1), \boldsymbol{u}_1(k+1), \boldsymbol{u}_2(k+1), \cdots, \boldsymbol{u}_r(k+1) \\
&\vdots \\
&\boldsymbol{z}_1(k+L), \boldsymbol{z}_2(k+L), \cdots, \boldsymbol{z}_m(k+L), \boldsymbol{u}_1(k+L), \boldsymbol{u}_2(k+L), \cdots, \boldsymbol{u}_r(k+L)
\end{aligned}
\tag{10.6.5}
$$

当找到某向量 $\boldsymbol{z}_s(k+n_{ss})$ 与前面所选出的向量线性相关时，对应的 n_{ss} 就是第 s 子系统的模型结构参数。同样，按这种方法可以寻得其他子系统的结构参数。

为了现实起见，采用下面的方法来确定模型的结构参数：从数据矩阵 $\boldsymbol{H}$ 第 1 个输出数据方块中取出前 δ_1 列向量；从第 2 个输出数据方块中取出前 δ_2 列向量，…，

从第 m 个输出数据方块中取出前 δ_m 列向量，从第 1 个输入数据方块中取出前 δ_{m+1} 列向量，…，从第 r 个输入数据方块中取出前 δ_{m+r} 列向量，构成如下矩阵

$$\begin{aligned}\boldsymbol{R}(\delta_1,\cdots,\delta_m,\delta_{m+1},\cdots,\delta_{m+r}) = [&\boldsymbol{z}_1(k),\boldsymbol{z}_1(k+1),\cdots,\boldsymbol{z}_1(k+\delta_1-1),\cdots,\\&\boldsymbol{z}_m(k),\boldsymbol{z}_m(k+1),\cdots,\boldsymbol{z}_m(k+\delta_m-1),\\&\boldsymbol{u}_1(k),\boldsymbol{u}_1(k+1),\cdots,\boldsymbol{u}_1(k+\delta_{m+1}-1),\cdots,\\&\boldsymbol{u}_r(k),\boldsymbol{u}_r(k+1),\cdots,\boldsymbol{u}_r(k+\delta_{m+r}-1)]\end{aligned}\tag{10.6.6}$$

由于 $\boldsymbol{z}_s(k+n_{ss})$ 是 k 时刻至 $(k+\min(n_{ij},i=1,2,\cdots,m,j=1,2,\cdots,m \text{ or } r)-1)$ 时刻输入和输出数据的线性组合，所以当 $\delta_1,\cdots,\delta_m$ 中有一个，记作 $\delta_s=n_{ss}+1$，使矩阵 $\boldsymbol{R}$ 出现列相关时，便可确定对应的结构参数。

(2) 由于矩阵 $\boldsymbol{R}$ 是长方阵，不容易判别它的列相关性，为此定义如下的数据乘积矩阵

$$\boldsymbol{S}(\delta_1,\cdots,\delta_m,\delta_{m+1},\cdots,\delta_{m+r}) \triangleq \boldsymbol{R}^{\mathrm{T}}(\delta_1,\cdots,\delta_m,\delta_{m+1},\cdots,\delta_{m+r})\boldsymbol{R}(\delta_1,\cdots,\delta_m,\delta_{m+1},\cdots,\delta_{m+r})\tag{10.6.7}$$

通过判别数据乘积矩阵 $\boldsymbol{S}$ 的奇异性来判别矩阵 $\boldsymbol{R}$ 的列相关性。

(3) 依次考察数据乘积矩阵 $\boldsymbol{S}(1,\cdots,1,1,\cdots,1)$，$\boldsymbol{S}(2,\cdots,1,1,\cdots,1)$，$\boldsymbol{S}(2,2,\cdots,1,1,\cdots,1)$，…，$\boldsymbol{S}(2,2,\cdots,2,2,\cdots,2)$，$\boldsymbol{S}(3,2,\cdots,2,2,\cdots,2)$，…是否满秩，也就是其行列式是否为零。当发现

$$\det\Big(\boldsymbol{S}(\underbrace{\delta+1}_{\delta_1},\cdots,\underbrace{\delta+1}_{\delta_{s-1}},\underbrace{\delta}_{\delta_s},\underbrace{\delta}_{\delta_{s+1}},\cdots,\underbrace{\delta}_{\delta_{m+r}})\Big)\neq 0\tag{10.6.8}$$

而

$$\det\Big(\boldsymbol{S}(\underbrace{\delta+1}_{\delta_1},\cdots,\underbrace{\delta+1}_{\delta_{s-1}},\underbrace{\delta+1}_{\delta_s},\underbrace{\delta}_{\delta_{s+1}},\cdots,\underbrace{\delta}_{\delta_{m+r}})\Big)= 0\tag{10.6.9}$$

则第 s 子系统的结构参数为

$$\begin{cases}n_{ss}=\delta\\ n_{s1}=\cdots=n_{s(s-1)}\leqslant\delta+1,\quad n_{s(s+1)}=\cdots=n_{sm}\leqslant\delta\end{cases}\tag{10.6.10}$$

(4) 固定 $\delta_s=n_{ss}$，继续按上述方法寻找其他子系统的结构参数。

上述分析表明，利用 Guidorzi 方法来确定模型结构参数的计算量可能比较大，而且当第 s 子系统的噪声 $v_s(k)=0$ 时，可能找不到 $\det\boldsymbol{S}=0$ 的 δ 值，这时可以通过比较式(10.6.8)和式(10.6.9)两个矩阵行列式的变化情况来确定模型结构参数。也就是说，如果式(10.6.9)行列式较式(10.6.8)行列式减小的幅度很大，这时就可按式(10.6.10)来确定第 s 子系统的结构参数。

例 10.8　考虑如下双输入双输出仿真系统

$$\boldsymbol{z}(k)=\boldsymbol{G}(z^{-1})\boldsymbol{u}(k)+\boldsymbol{v}(k)\tag{10.6.11}$$

其中，$\boldsymbol{u}(k)\in\mathrm{R}^{2\times1}$、$\boldsymbol{z}(k)\in\mathrm{R}^{2\times1}$ 是系统的输入和输出；$\boldsymbol{v}(k)\in\mathrm{R}^{2\times1}$ 是零均值、互为独立的白噪声向量，噪声标准差分别为 $\lambda_1=0.1$ 和 $\lambda_2=0.1$；脉冲传递函数矩阵具体见第 12 章例 12.3。输入信号选用特征多项式分别为 $F(s)=s^6\oplus s^5\oplus1$ 和 $F(s)=s^6\oplus$

$s\oplus1$，幅度为 1 的 M 序列，仿真获得系统的输入、输出数据序列 $\{\boldsymbol{u}(k),z(k),k=1,2,\cdots,L\}$，$L=100$ 为数据长度。按式(10.6.3)、式(10.6.6)、式(10.6.7)构造数据矩阵 $\boldsymbol{H}$、$\boldsymbol{R}(\delta_1,\delta_2,\delta_3,\delta_4)$ 和数据乘积矩矩阵 $\boldsymbol{S}(\delta_1,\delta_2,\delta_3,\delta_4)$，并根据式(10.6.8)和式(10.6.9)计算数据乘积矩矩阵 $\boldsymbol{S}(\delta_1,\delta_2,\delta_3,\delta_4)$ 的行列式，如表 10.10 和图 10.6 所示。根据数据乘积矩矩阵行列式的变化情况，显然模型结构参数可以确定为 $n_{ij}=2,i=1,2;\ j=1,2$，与仿真模型的结构参数是一致的。

表 10.10　数据乘积矩矩阵及其行列式

乘积矩矩阵	乘积矩矩阵行列式
$\boldsymbol{S}(1,1,1,1)$	des($\boldsymbol{S}$(1,1,1,1))＝2.7219e＋008
$\boldsymbol{S}(2,1,1,1)$	des($\boldsymbol{S}$(2,1,1,1))＝1.0664e＋011
$\boldsymbol{S}(2,2,1,1)$	des($\boldsymbol{S}$(2,2,1,1))＝3.4084e＋011
$\boldsymbol{S}(2,2,2,1)$	des($\boldsymbol{S}$(2,2,2,1))＝1.6695e＋011
$\boldsymbol{S}(2,2,2,2)$	des($\boldsymbol{S}$(2,2,2,2))＝2.6782e＋010
$\boldsymbol{S}(3,2,2,2)$	des($\boldsymbol{S}$(3,2,2,2))＝0.0389
$\boldsymbol{S}(3,3,2,2)$	des($\boldsymbol{S}$(3,3,2,2))＝－2.2842e－013
$\boldsymbol{S}(3,3,3,2)$	des($\boldsymbol{S}$(3,3,3,2))＝－4.8526e－024
$\boldsymbol{S}(3,3,3,3)$	des($\boldsymbol{S}$(3,3,3,3))＝－9.0012e－038
$\boldsymbol{S}(2,3,2,2)$	des($\boldsymbol{S}$(2,3,2,2))＝0.1153
$\boldsymbol{S}(2,3,3,2)$	des($\boldsymbol{S}$(2,3,3,2))＝2.0302e－012
$\boldsymbol{S}(2,3,3,3)$	des($\boldsymbol{S}$(2,3,3,3))＝－3.7681e－026

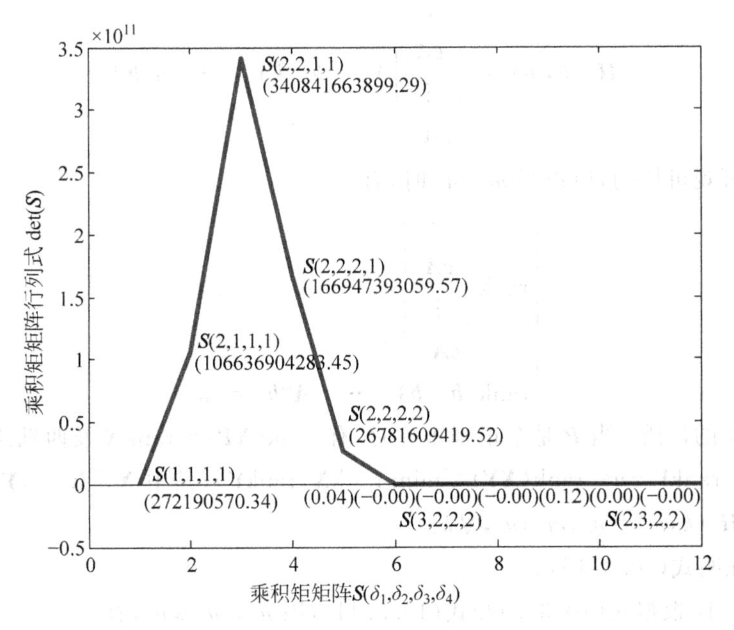

图 10.6　数据乘积矩矩阵 $\boldsymbol{S}(\delta_1,\delta_2,\delta_3,\delta_4)$ 行列式

10.7 小结

本章讨论了利用 Hankel 矩阵秩、F-Test 法、AIC 准则和最终预报误差准则等多种 SISO 系统的模型定阶方法，还讨论了利用 Guidorzi 方法确定 MIMO 系统的 Kronecker 不变量。就方法而论，大体可分成两种类型：①带有主观因素，需要人为指定具有概率测度的置信区间作为模型阶次检验的标准，如 F-Test 定阶法；②构造用于判别模型阶次的度量函数，通过极小化这个函数来确定模型的阶次，如 AIC 定阶法和 FPE 定阶法。无论是哪类定阶方法，所确定的模型阶次不一定都是无偏的。如果能有模型结构的先验知识，则对模型结构辨识会有很大的帮助。另外，如果得到的辨识模型通过零极点分解，发现有相近的零点或极点，应该将其消掉，以便得到更低阶、更合理的模型结构。对 MIMO 系统来说，目前的模型结构辨识方法是通过判断数据矩阵的秩来确定的，其难度和计算量都比较大。

习题

(1) 证明 Hankel 矩阵的性质 $\operatorname{rank} \boldsymbol{H}_g(k,m)=n_0, m\geqslant n_0, \forall k$。

提示：考虑可观可控 SISO 系统

$$\begin{cases} \boldsymbol{x}(k+1)=\boldsymbol{A}\boldsymbol{x}(k)+\boldsymbol{b}u(k) \\ z(k)=\boldsymbol{c}\boldsymbol{x}(k) \end{cases}$$

其脉冲响应可表示成 $g(k)=\boldsymbol{c}\boldsymbol{A}^{k-1}\boldsymbol{b}$，根据 Hankel 矩阵的定义，有

$$\boldsymbol{H}_g(k,m)=\begin{bmatrix} \boldsymbol{c} \\ \boldsymbol{c}\boldsymbol{A} \\ \vdots \\ \boldsymbol{c}\boldsymbol{A}^m \end{bmatrix}\boldsymbol{A}^{k-1}\begin{bmatrix} \boldsymbol{b} & \boldsymbol{b}\boldsymbol{A} & \cdots & \boldsymbol{A}^m\boldsymbol{b} \end{bmatrix}$$

因系统是可观可控的，所以当 $m\geqslant n_0$ 时，有

$$\begin{cases} \operatorname{rank}\begin{bmatrix} \boldsymbol{c} \\ \boldsymbol{c}\boldsymbol{A} \\ \vdots \\ \boldsymbol{c}\boldsymbol{A}^m \end{bmatrix}=n_0 \\ \operatorname{rank}\begin{bmatrix} \boldsymbol{b} & \boldsymbol{b}\boldsymbol{A} & \cdots & \boldsymbol{A}^m\boldsymbol{b} \end{bmatrix}=n_0 \end{cases}$$

利用矩阵秩的性质：当 $\boldsymbol{P}$ 是个正则矩阵时，有 $\operatorname{rank}(\boldsymbol{X}\boldsymbol{P})=\operatorname{rank}\boldsymbol{X}$ 及西勒维斯特不等式 $\operatorname{rank}\boldsymbol{X}+\operatorname{rank}\boldsymbol{Y}-n\leqslant\operatorname{rank}(\boldsymbol{X}\boldsymbol{Y})\leqslant\min[\operatorname{rank}\boldsymbol{X},\operatorname{rank}\boldsymbol{Y}]$，其中 $\boldsymbol{X}\in\mathrm{R}^{m\times n}$，$\boldsymbol{Y}\in\mathrm{R}^{n\times n}$，可证得 $\operatorname{rank}\boldsymbol{H}_g(k,m)=n_0, m\geqslant n_0, \forall k$。

(2) 证明式(10.3.15)。

提示：① 根据式(10.3.5)和式(10.3.11)，因 $n_1>n_1\geqslant n_0$，有

$$\hat{\boldsymbol{\theta}}_{n_i} = \begin{bmatrix} \boldsymbol{I}_{n_0} \\ 0 \end{bmatrix} \boldsymbol{\theta}_{n_0} + (\boldsymbol{H}_{n_i}^{\mathrm{T}} \boldsymbol{H}_{n_i})^{-1} \boldsymbol{H}_{n_i}^{\mathrm{T}} \boldsymbol{v}_{n_0}, \quad i = 1,2$$

② 根据残差方差的定义，有 $V_{n_i} = \frac{1}{L} \boldsymbol{v}_{n_0}^{\mathrm{T}} \boldsymbol{T}_i \boldsymbol{v}_{n_0}$，$\boldsymbol{T}_i = \boldsymbol{I} - \boldsymbol{H}_{n_i} (\boldsymbol{H}_{n_i}^{\mathrm{T}} \boldsymbol{H}_{n_i})^{-1} \boldsymbol{H}_{n_i}^{\mathrm{T}}$，$i=1,2$，其中 $\boldsymbol{T}_i$ 为同幂矩阵。

③ 将式(10.3.15)左边写成

$$\begin{cases} \dfrac{LV_{n_2}}{\sigma_v^2} = \left(\dfrac{\boldsymbol{v}_{n_0}}{\sigma_v}\right)^{\mathrm{T}} \boldsymbol{A}_1 \left(\dfrac{\boldsymbol{v}_{n_0}}{\sigma_v}\right), \quad \boldsymbol{A}_1 = \boldsymbol{I} - \boldsymbol{H}_{n_2} (\boldsymbol{H}_{n_2}^{\mathrm{T}} \boldsymbol{H}_{n_2})^{-1} \boldsymbol{H}_{n_2}^{\mathrm{T}} \\ \dfrac{L(V_{n_1} - V_{n_2})}{\sigma_v^2} = \left(\dfrac{\boldsymbol{v}_{n_0}}{\sigma_v}\right)^{\mathrm{T}} \boldsymbol{A}_2 \left(\dfrac{\boldsymbol{v}_{n_0}}{\sigma_v}\right), \\ \boldsymbol{A}_2 = \boldsymbol{H}_{n_2} (\boldsymbol{H}_{n_2}^{\mathrm{T}} \boldsymbol{H}_{n_2})^{-1} \boldsymbol{H}_{n_2}^{\mathrm{T}} - \boldsymbol{H}_{n_1} (\boldsymbol{H}_{n_1}^{\mathrm{T}} \boldsymbol{H}_{n_1})^{-1} \boldsymbol{H}_{n_1}^{\mathrm{T}} \\ \dfrac{\boldsymbol{v}_{n_0}^{\mathrm{T}} \boldsymbol{v}_{n_0} - LV_{n_1}}{\sigma_v^2} = \left(\dfrac{\boldsymbol{v}_{n_0}}{\sigma_v}\right)^{\mathrm{T}} \boldsymbol{A}_3 \left(\dfrac{\boldsymbol{v}_{n_0}}{\sigma_v}\right), \quad \boldsymbol{A}_3 = \boldsymbol{H}_{n_1} (\boldsymbol{H}_{n_1}^{\mathrm{T}} \boldsymbol{H}_{n_1})^{-1} \boldsymbol{H}_{n_1}^{\mathrm{T}} \end{cases}$$

式中，$\boldsymbol{A}_1$、$\boldsymbol{A}_2$ 和 $\boldsymbol{A}_3$ 均为非负定矩阵，且 $\boldsymbol{A}_1 + \boldsymbol{A}_2 + \boldsymbol{A}_3 = \boldsymbol{I}$，及 $\left(\dfrac{\boldsymbol{v}_{n_0}}{\sigma_v}\right) \sim \mathbb{N}(0, \boldsymbol{I})$。

④ 因 $\boldsymbol{A}_1$ 和 $\boldsymbol{H}_{n_i} (\boldsymbol{H}_{n_i}^{\mathrm{T}} \boldsymbol{H}_{n_i})^{-1} \boldsymbol{H}_{n_i}^{\mathrm{T}}$ 均为同幂矩阵，则有

$$\mathrm{rank}\boldsymbol{A}_1 = \mathrm{Trace}\boldsymbol{A}_1 = \mathrm{Trace}(\boldsymbol{I} - \boldsymbol{H}_{n_2} (\boldsymbol{H}_{n_2}^{\mathrm{T}} \boldsymbol{H}_{n_2})^{-1} \boldsymbol{H}_{n_2}^{\mathrm{T}}) = L - 2n_2$$

同理，$\mathrm{rank}\boldsymbol{A}_2 = 2(n_2 - n_1)$ 及 $\mathrm{rank}\boldsymbol{A}_3 = 2n_1$。

⑤ 根据定理 C.4(Fisher-Cochrane 定理，见附录 C.1.4)，有

$$\begin{cases} \dfrac{LV_{n_2}}{\sigma_v^2} \sim \chi^2(L - 2n_2) \\ \dfrac{L(V_{n_1} - V_{n_2})}{\sigma_v^2} \sim \chi^2(2n_2 - 2n_1) \\ \dfrac{\boldsymbol{v}_{n_0}^{\mathrm{T}} \boldsymbol{v}_{n_0} - LV_{n_1}}{\sigma_v^2} \sim\sim \chi^2(2n_1) \end{cases}$$

且三者互为独立。

⑥ 根据定理 C.5(见附录 C.1.4)，有 $t(n_1, n_2) \sim \mathrm{F}(2(n_2 - n_1), L - 2n_2)$。

(3) 根据一组输入输出数据，数据长度 $L=100$，辨识模型结构取

$$\begin{aligned} & z(k) + a_1 z(k-1) + \cdots + a_n z(k-n) \\ & = b_0 u(k) + b_2 u(k-1) + \cdots + b_n u(k-n) + v(k) \end{aligned}$$

在不同的模型阶次下，利用最小二乘辨识方法分别获得损失函数为

阶次 n	1	2	3	4	5
损失函数 $J(n)$	308.131	103.863	96.698	95.813	95.800

试用 F-Test 定阶法在风险水平 $\alpha=0.05$ 情况下确定模型的阶次。

(4) 对某锅炉蒸气过热器进行辨识实验获得一组输入输出数据，数据长度 $L=500$，辨识模型结构取

$$z(k)+a_1z(k-1)+\cdots+a_nz(k-n)=b_0u(k)+b_1u(k-1)+\cdots+b_nu(k-n)$$
$$+v(k)+d_1v(k-1)+\cdots+d_nv(k-n)$$

在不同的模型阶次下，利用增广最小二乘辨识方法分别获得损失函数为

阶次 n	1	2	3	4
损失函数 $J(n)$	51.8	14.63	12.46	12.41

试用 F-Test 定阶法在风险水平 $\alpha=0.05$ 情况下确定模型的阶次。

(5) 证明由第 8 章式(8.2.6)定义的 Kullback-Leibler 信息测度具有如下 3 个性质：

① $I(\boldsymbol{\theta}_0,\boldsymbol{\theta})\geqslant 0$。

② $I(\boldsymbol{\theta}_0,\hat{\boldsymbol{\theta}}_{\mathrm{ML}})\cong\frac{1}{2}(\boldsymbol{\theta}_0-\hat{\boldsymbol{\theta}}_{\mathrm{ML}})^{\mathrm{T}}\overline{\boldsymbol{M}}_{\theta_0}(\boldsymbol{\theta}_0-\hat{\boldsymbol{\theta}}_{\mathrm{ML}})$，其中$\hat{\boldsymbol{\theta}}_{\mathrm{ML}}$为模型参数的极大似然估计值；$\overline{\boldsymbol{M}}_{\boldsymbol{\theta}_0}$为模型真实参数$\boldsymbol{\theta}_0$条件下的平均 Fisher 信息矩阵(定义见第 8 章式(8.2.50))。

③ $2LI(\boldsymbol{\theta}_0,\hat{\boldsymbol{\theta}}_{\mathrm{ML}})\sim\chi^2(N)$，其中$\hat{\boldsymbol{\theta}}_{\mathrm{ML}}$为模型参数的极大似然估计值，$L$ 为数据长度，$N=\dim\boldsymbol{\theta}$。

提示：性质①的证明见第 8 章 8.2.1 节；性质②和③证明要点：

① 将 $I(\boldsymbol{\theta}_0,\hat{\boldsymbol{\theta}}_{\mathrm{ML}})$在$\boldsymbol{\theta}_0$点上进行台劳展开，略去高阶项，有

$$I(\boldsymbol{\theta}_0,\hat{\boldsymbol{\theta}}_{\mathrm{ML}})\cong\frac{\partial s(\boldsymbol{\theta}_0,\boldsymbol{\theta})}{\partial\boldsymbol{\theta}}\bigg|_{\boldsymbol{\theta}_0}(\boldsymbol{\theta}_0-\hat{\boldsymbol{\theta}}_{\mathrm{ML}})-\frac{1}{2}(\boldsymbol{\theta}_0-\hat{\boldsymbol{\theta}}_{\mathrm{ML}})^{\mathrm{T}}\frac{\partial^2 s(\boldsymbol{\theta}_0,\boldsymbol{\theta})}{\partial\boldsymbol{\theta}^2}\bigg|_{\boldsymbol{\theta}_0}(\boldsymbol{\theta}_0-\hat{\boldsymbol{\theta}}_{\mathrm{ML}})$$

其中，$\frac{\partial s(\boldsymbol{\theta}_0,\boldsymbol{\theta})}{\partial\boldsymbol{\theta}}\bigg|_{\boldsymbol{\theta}_0}=\frac{\partial}{\partial\boldsymbol{\theta}}\int_{-\infty}^{\infty}p(z\mid\boldsymbol{\theta})\log p(z\mid\boldsymbol{\theta})\mathrm{d}z\bigg|_{\boldsymbol{\theta}_0}=0$，$\frac{\partial^2 s(\boldsymbol{\theta}_0,\boldsymbol{\theta})}{\partial\boldsymbol{\theta}^2}\bigg|_{\boldsymbol{\theta}_0}=-\overline{\boldsymbol{M}}_{\boldsymbol{\theta}_0}$。

② 根据第 8 章定理 8.2，有$\sqrt{L}(\boldsymbol{\theta}_0-\hat{\boldsymbol{\theta}}_{\mathrm{ML}})\xrightarrow[L\to\infty]{\text{law}}\mathbb{N}(0,\overline{\boldsymbol{M}}_{\theta_0}^{-1})$，也就是$\sqrt{L}\boldsymbol{J}(\boldsymbol{\theta}_0-\hat{\boldsymbol{\theta}}_{\mathrm{ML}})\xrightarrow[L\to\infty]{\text{law}}\mathbb{N}(0,\boldsymbol{I}_N)$，其中 $\boldsymbol{J}^{\mathrm{T}}\boldsymbol{J}=\overline{\boldsymbol{M}}_{\boldsymbol{\theta}_0}$。又由性质②知，$2LI(\boldsymbol{\theta}_0,\hat{\boldsymbol{\theta}}_{\mathrm{ML}})\cong[\sqrt{L}\boldsymbol{J}(\boldsymbol{\theta}_0-\hat{\boldsymbol{\theta}}_{\mathrm{ML}})^{\mathrm{T}}][\sqrt{L}\boldsymbol{J}(\boldsymbol{\theta}_0-\hat{\boldsymbol{\theta}}_{\mathrm{ML}})]$，运用附录 C 定理 C.4，便有 $2LI(\boldsymbol{\theta}_0,\hat{\boldsymbol{\theta}}_{\mathrm{ML}})\sim\chi^2(N)$。

(6) AIC 定阶法不同于 F-Test 定阶法，但两者又有密切的联系。试证明 AIC 定阶法可以看作风险水平约取 $\alpha=0.15$ 时的 F-Test 定阶法。

提示：考虑模型式(10.4.7)的阶次辨识问题，根据 AIC 准则式(10.4.2)，当模型阶次取 n 和$(n+1)$时，比较两种阶次下的 AIC 准则，有 $\mathrm{AIC}(n)-\mathrm{AIC}(n+1)=L\log\frac{V(n)}{V(n+1)}-4$。若 $L\log\frac{V(n)}{V(n+1)}>4$，意味着 $\mathrm{AIC}(n)>\mathrm{AIC}(n+1)$，说明 n 还不是所要找的模型阶次。显然，不等式 $L\log\frac{V(n)}{V(n+1)}>4$ 又可写成

$$\frac{V(n)-V(n+1)}{V(n+1)}\frac{L-2n-2}{2}>\frac{L-2n-2}{2}\left(\exp\frac{4}{L}-1\right)$$

意味着 $t(n,n+1)>t_\alpha=\mathrm{F}_\alpha(2,L-2n-2)$，其中 $t_\alpha=1.9999$，$\alpha=0.15$。

(7) 论证 AIC 准则 $\mathrm{AIC}(n_a,n_b)=L\log\hat{\sigma}_v^2+2(n_a+n_b)$ 与最终预报误差准则 $\mathrm{FPE}(n_a,n_b)=\dfrac{L+(n_a+n_b)}{L-(n_a+n_b)}\hat{\sigma}_v$ 是等价的。

提示：因有 $L\log\mathrm{FPE}(n_a,n_b)=L\log\hat{\sigma}_v+L\log\dfrac{1+\dfrac{n_a+n_b}{L}}{1-\dfrac{n_a+n_b}{L}}=L\log\hat{\sigma}_v+2L\left(x+\dfrac{x^3}{3}+\dfrac{x^5}{5}+\cdots\right)$，式中 $0<x=\dfrac{n_a+n_b}{L}<1$，故 $L\log\mathrm{FPE}(n_a,n_b)=L\log\hat{\sigma}_v+2(n_a+n_b)=\mathrm{AIC}(n_a,n_b)$。

(8) 考虑如下图所示的 SISO 反馈系统，图中 $u(k)$、$z(k)$ 为系统输入和输出变量，$v_1(k)$、$v_2(k)$ 为零均值、方差为 σ_1^2 和 σ_2^2、服从正态分布且相互独立的白噪声；系统模型 $G_1(z^{-1})$、反馈模型 $G_2(z^{-1})$ 和噪声模型 $H_i(z^{-1})$，$i=1,2$ 分别定义为

$$\begin{cases}G_i(z^{-1})=g_{i1}z^{-1}+g_{i2}z^{-2}+\cdots+g_{in}z^{-n}\\H_i(z^{-1})=1+h_{i1}z^{-1}+h_{i2}z^{-2}+\cdots+h_{in}z^{-n}\\i=1,2\end{cases}$$

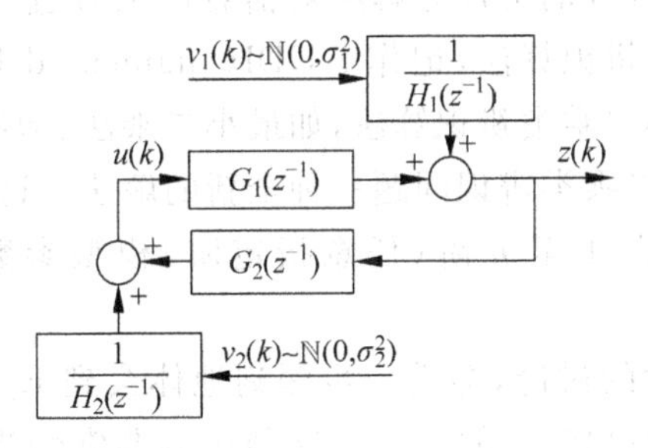

试证明判定该系统模型阶次的 AIC 准则可写成 $\mathrm{AIC}(n)=L\log(\hat{\sigma}_1^2\hat{\sigma}_2^2)+12n$，式中 $\hat{\sigma}_1^2$、$\hat{\sigma}_2^2$ 分别为噪声方差估计值，L 为数据长度。

(9) Guidorzi 提出，通过按下面顺序选择数据向量

$$\boldsymbol{z}_1(k),\boldsymbol{z}_2(k),\cdots,\boldsymbol{z}_m(k),\boldsymbol{u}_1(k),\boldsymbol{u}_2(k),\cdots,\boldsymbol{u}_r(k)$$
$$\boldsymbol{z}_1(k+1),\boldsymbol{z}_2(k+1),\cdots,\boldsymbol{z}_m(k+1),\boldsymbol{u}_1(k+1),\boldsymbol{u}_2(k+1),\cdots,\boldsymbol{u}_r(k+1)$$
$$\vdots$$
$$\boldsymbol{z}_1(k+L),\boldsymbol{z}_2(k+L),\cdots,\boldsymbol{z}_m(k+L),\boldsymbol{u}_1(k+L),\boldsymbol{u}_2(k+L),\cdots,\boldsymbol{u}_r(k+L)$$

当找到某向量 $\boldsymbol{z}_s(k+n_{ss})$ 与前面所选出的向量线性相关时，对应的 n_{ss} 就是第 s 子系统的模型结构参数。试论述按这种方法确定子系统结构参数的理由。

(10) 利用 Guidorzi 方法来确定 MIMO 系统模型结构参数时，需要计算式(10.6.7)定义的数据乘积矩阵行列式。设上次数据乘积矩阵为 $\boldsymbol{S}_i=\boldsymbol{R}_i^{\mathrm{T}}\boldsymbol{R}_i$，本次数据乘积矩阵为 $\boldsymbol{S}_{i+1}=\boldsymbol{R}_{i+1}^{\mathrm{T}}\boldsymbol{R}_{i+1}$，其中 $\boldsymbol{R}_{i+1}=[\boldsymbol{R}_i\quad\boldsymbol{h}_{i+1}]$，$\boldsymbol{h}_{i+1}$ 是从式(10.6.3)定义的数据矩阵 $\boldsymbol{H}$ 中新选出的一列数据向量。试证明数据乘积矩阵 $\boldsymbol{S}_{i+1}$ 行列式与 $\boldsymbol{S}_i$ 行列式满足下列关系

$$\det(\boldsymbol{S}_{i+1})=\det(\boldsymbol{S}_i)\det(\boldsymbol{h}_{i+1}^{\mathrm{T}}(\boldsymbol{I}-\boldsymbol{R}_i\boldsymbol{S}_i^{-1}\boldsymbol{R}_i^{\mathrm{T}})\boldsymbol{h}_{i+1})$$

第11章 增广UD分解辨识算法

11.1 引言

考虑如下模型的辨识问题

$$A(z^{-1})z(k) = B(z^{-1})u(k) + H(z^{-1})v(k) \tag{11.1.1}$$

当噪声模型 $H(z^{-1})$的结构不一样时,就会导致不同的最小二乘类辨识算法,在第5章和第6章中已经做过论述。本章在引进信息压缩阵的基础上,利用Bierman的UD分解法对信息压缩阵进行分解,构造一种基于增广UD分解的辨识算法,记作AUDI(augmented UD identification),并将它应用于最小二乘类辨识算法,如最小二乘法、增广最小二乘法、辅助变量法等,给最小二乘类辨识问题一种全新的解法。这种辨识算法借助UD分解,可一次获得1至 n 阶(任意指定阶)模型参数估计值和对应的损失函数。

通过本章的讨论,会进一步深刻地体会到Eykhoff所说的"辨识是一只装满技巧的口袋"[6]的含义。这种比喻非常恰当,信息压缩阵就如同从这只袋中掏出的一种技巧。

11.2 信息压缩阵

11.2.1 信息压缩阵的构成

考虑如下的SISO模型

$$\begin{cases} A(z^{-1})z(k) = B(z^{-1})u(k) + v(k) \\ A(z^{-1}) = 1 + a_1 z^{-1} + a_2 z^{-1} + \cdots + a_{n_a} z^{-n_a} \\ B(z^{-1}) = b_1 z^{-1} + b_2 z^{-1} + \cdots + b_{n_b} z^{-n_b} \end{cases} \tag{11.2.1}$$

其中,$u(k)$、$z(k)$分别是模型的输入和输出变量;$v(k)$是均值为零的不相关随机噪声。为了方便起见,令

$$\begin{cases} n = \max(n_a, n_b) \\ a_i = 0, i > n_a \quad 或 \quad b_i = 0, i > n_b \end{cases} \tag{11.2.2}$$

当k取n至$n+L-1$(L为数据长度)时,有如下方程组

$$\begin{bmatrix} z(n) \\ z(n+1) \\ \vdots \\ z(n+L-1) \end{bmatrix} = -a_1 \begin{bmatrix} z(n-1) \\ z(n) \\ \vdots \\ z(n+L-2) \end{bmatrix} + b_1 \begin{bmatrix} u(n-1) \\ u(n) \\ \vdots \\ u(n+L-2) \end{bmatrix} - \cdots$$

$$-a_n \begin{bmatrix} z(0) \\ z(1) \\ \vdots \\ z(L-1) \end{bmatrix} + b_n \begin{bmatrix} u(0) \\ u(1) \\ \vdots \\ u(L-1) \end{bmatrix} + \begin{bmatrix} v(n) \\ v(n+1) \\ \vdots \\ v(n+L-1) \end{bmatrix} \tag{11.2.3}$$

上式写成最小二乘格式

$$\boldsymbol{z}_n = \boldsymbol{H}_n \boldsymbol{\theta}_n + \boldsymbol{v}_n \tag{11.2.4}$$

其中

$$\begin{cases} \boldsymbol{\theta}_n = [a_n, b_n, a_{n-1}, b_{n-1}, \cdots, a_1, b_1]^{\mathrm{T}} \\ \boldsymbol{H}_n = [-\boldsymbol{z}_0, \boldsymbol{u}_0, -\boldsymbol{z}_1, \boldsymbol{u}_1, \cdots, -\boldsymbol{z}_{n-1}, \boldsymbol{u}_{n-1}] = [\boldsymbol{\Phi}_{n-1}, \boldsymbol{u}_{n-1}] \\ \boldsymbol{\Phi}_n = [-\boldsymbol{z}_0, \boldsymbol{u}_0, -\boldsymbol{z}_1, \boldsymbol{u}_1, \cdots, -\boldsymbol{z}_{n-1}, \boldsymbol{u}_{n-1}, -\boldsymbol{z}_n] = [\boldsymbol{H}_n, -\boldsymbol{z}_n] \\ \boldsymbol{z}_k = [z(k), z(k+1), \cdots, z(k+L-1)]^{\mathrm{T}}, \quad k = 0,1,2,\cdots,n \\ \boldsymbol{u}_k = [u(k), u(k+1), \cdots, u(k+L-1)]^{\mathrm{T}}, \quad k = 0,1,2,\cdots,n-1 \\ \boldsymbol{v}_n = [v(n), v(n+1), \cdots, v(n+L-1)]^{\mathrm{T}} \end{cases} \tag{11.2.5}$$

根据最小二乘原理,式(11.2.4)模型参数$\boldsymbol{\theta}_n$的最小二乘估计为

$$\hat{\boldsymbol{\theta}}_n = (\boldsymbol{H}_n^{\mathrm{T}} \boldsymbol{H}_n)^{-1} \boldsymbol{H}_n^{\mathrm{T}} \boldsymbol{z}_n \tag{11.2.6}$$

且以输出误差为准则的损失函数可写成

$$J_n = (\boldsymbol{z}_n - \boldsymbol{H}_n \hat{\boldsymbol{\theta}}_n)^{\mathrm{T}} (\boldsymbol{z}_n - \boldsymbol{H}_n \hat{\boldsymbol{\theta}}_n) = \boldsymbol{z}_n^{\mathrm{T}} \boldsymbol{z}_n - \boldsymbol{z}_n^{\mathrm{T}} \boldsymbol{H}_n (\boldsymbol{H}_n^{\mathrm{T}} \boldsymbol{H}_n)^{-1} \boldsymbol{H}_n^{\mathrm{T}} \boldsymbol{z}_n \tag{11.2.7}$$

另外,式(11.2.3)又可写成

$$\boldsymbol{u}_{n-1} = \boldsymbol{\Phi}_{n-1} \boldsymbol{\vartheta}_{n-1} + \boldsymbol{\xi}_{n-1} \tag{11.2.8}$$

其中

$$\begin{cases} \boldsymbol{\vartheta}_{n-1} = \left[-\dfrac{a_n}{b_1}, -\dfrac{b_n}{b_1}, \cdots, -\dfrac{a_2}{b_1}, -\dfrac{b_2}{b_1}, -\dfrac{a_1}{b_1}\right]^{\mathrm{T}} \\ \boldsymbol{\xi}_{n-1} = -\dfrac{1}{b_1}(\boldsymbol{v}_n - \boldsymbol{z}_n) \end{cases} \tag{11.2.9}$$

再次利用最小二乘原理,式(11.2.8)模型参数$\boldsymbol{\vartheta}_{n-1}$的最小二乘估计为

$$\hat{\boldsymbol{\vartheta}}_{n-1} = (\boldsymbol{\Phi}_{n-1}^{\mathrm{T}} \boldsymbol{\Phi}_{n-1})^{-1} \boldsymbol{\Phi}_{n-1}^{\mathrm{T}} \boldsymbol{u}_{n-1} \tag{11.2.10}$$

且以输入误差为准则的损失函数可写成

$$\begin{aligned} V_{n-1} &= (\boldsymbol{u}_{n-1} - \boldsymbol{\Phi}_{n-1} \hat{\boldsymbol{\vartheta}}_{n-1})^{\mathrm{T}} (\boldsymbol{u}_{n-1} - \boldsymbol{\Phi}_{n-1} \hat{\boldsymbol{\vartheta}}_{n-1}) \\ &= \boldsymbol{u}_{n-1}^{\mathrm{T}} \boldsymbol{u}_{n-1} - \boldsymbol{u}_{n-1}^{\mathrm{T}} \boldsymbol{\Phi}_{n-1} (\boldsymbol{\Phi}_{n-1}^{\mathrm{T}} \boldsymbol{\Phi}_{n-1})^{-1} \boldsymbol{\Phi}_{n-1}^{\mathrm{T}} \boldsymbol{u}_{n-1} \end{aligned} \tag{11.2.11}$$

由式(11.2.9)第1式知,式(11.2.8)模型参数$\boldsymbol{\vartheta}_{n-1}$的个数比式(11.2.4)模型参

数$\boldsymbol{\theta}_n$少一个。从理论上说，$\boldsymbol{\vartheta}_{n-1}$元素应是$\boldsymbol{\theta}_n$相应元素的$\left(-\frac{1}{b_1}\right)$倍，但因式(11.2.8)模型噪声$\boldsymbol{\xi}_{n-1}$不再是白噪声，式(11.2.10)给出的最小二乘估计$\hat{\boldsymbol{\vartheta}}_{n-1}$是有偏的，所以$\hat{\boldsymbol{\vartheta}}_{n-1}$元素不一定正好是$\hat{\boldsymbol{\theta}}_n$相应元素的$\left(-\frac{1}{b_1}\right)$倍。需要说明的是，模型式(11.2.8)及其最小二乘参数估计$\hat{\boldsymbol{\vartheta}}_{n-1}$和损失函数$V_{n-1}$只是构造信息压缩阵的需要，本身并无实用价值，因此不必过于深究。

定义

$$\begin{cases}\boldsymbol{S}_n = \boldsymbol{\Phi}_n^{\mathrm{T}} \boldsymbol{\Phi}_n \\ \boldsymbol{R}_n = \boldsymbol{H}_n^{\mathrm{T}} \boldsymbol{H}_n\end{cases} \tag{11.2.12}$$

依据式(11.2.5)数据矩阵$\boldsymbol{H}_n$和$\boldsymbol{\Phi}_n$的构造特点，上式可写成

$$\begin{cases}\boldsymbol{S}_n = \begin{bmatrix} \boldsymbol{R}_n & -\boldsymbol{H}_n^{\mathrm{T}}\boldsymbol{z}_n \\ -\boldsymbol{z}_n^{\mathrm{T}}\boldsymbol{H}_n & \boldsymbol{z}_n^{\mathrm{T}}\boldsymbol{z}_n \end{bmatrix} \\ \boldsymbol{R}_n = \begin{bmatrix} \boldsymbol{S}_{n-1} & \boldsymbol{\Phi}_{n-1}^{\mathrm{T}}\boldsymbol{u}_{n-1} \\ \boldsymbol{u}_{n-1}^{\mathrm{T}}\boldsymbol{\Phi}_{n-1} & \boldsymbol{u}_{n-1}^{\mathrm{T}}\boldsymbol{u}_{n-1} \end{bmatrix}\end{cases} \tag{11.2.13}$$

其中，n是模型的阶次，$\boldsymbol{R}_n$为数据协方差阵$\boldsymbol{P}$的逆，$\boldsymbol{S}_n$是由0至$(n+L-1)$时刻输入和输出数据组成的矩阵，把矩阵$\boldsymbol{S}_n$的逆称作信息压缩阵[71]，记作$\boldsymbol{C}_n=\boldsymbol{S}_n^{-1}$。

下面的讨论表明，给定模型阶次n，$\boldsymbol{C}_n$矩阵包含着1至n阶的模型辨识结果。也就是说，从1至n阶模型参数估计值$\hat{\boldsymbol{\theta}}_r$，$r=1,2,\cdots,n$和$\hat{\boldsymbol{\vartheta}}_r$，$r=0,1,2,\cdots,n-1$及损失函数$J_r$，$r=0,1,2,\cdots,n$和$V_r$，$r=0,1,2,\cdots,n-1$都浓缩在$\boldsymbol{C}_n$矩阵中，故把$\boldsymbol{C}_n$矩阵称作信息压缩阵。下面的讨论还表明，利用Bierman的UD分解法对$\boldsymbol{C}_n$矩阵进行分解，可以一次从信息压缩阵$\boldsymbol{C}_n$中获得1至n阶的模型参数估计值和损失函数。这也就是本章所要讨论的增广UD分解辨识算法，简称AUDI算法。

对模型阶次未知的辨识问题来说，AUDI算法具有较大的优势。只要事先选择一个合适的模型阶次n(当然n要大于模型真实阶次)，利用AUDI算法从信息压缩阵$\boldsymbol{C}_n$中可以提取到1至n阶模型的辨识结果，无须从1至n阶逐阶进行辨识，大大减少了辨识计算量。

11.2.2 信息压缩阵的等价变换

利用分块矩阵求逆公式(见附录E.3)，并注意到式(11.2.6)、式(11.2.7)和矩阵$\boldsymbol{R}_n$的定义，矩阵$\boldsymbol{S}_n$的逆，也就是信息压缩阵$\boldsymbol{C}_n$可写成

$$\begin{aligned}\boldsymbol{C}_n = \boldsymbol{S}_n^{-1} &= \begin{bmatrix} \boldsymbol{R}_n & -\boldsymbol{H}_n^{\mathrm{T}}\boldsymbol{z}_n \\ -\boldsymbol{z}_n^{\mathrm{T}}\boldsymbol{H}_n & \boldsymbol{z}_n^{\mathrm{T}}\boldsymbol{z}_n \end{bmatrix}^{-1} \\ &= \begin{bmatrix} \boldsymbol{R}_n^{-1} + \boldsymbol{R}_n^{-1}\boldsymbol{H}_n^{\mathrm{T}}\boldsymbol{z}_n J_n^{-1}\boldsymbol{z}_n^{\mathrm{T}}\boldsymbol{H}_n\boldsymbol{R}_n^{-1} & \boldsymbol{R}_n^{-1}\boldsymbol{H}_n^{\mathrm{T}}\boldsymbol{z}_n J_n^{-1} \\ J_n^{-1}\boldsymbol{z}_n^{\mathrm{T}}\boldsymbol{H}_n\boldsymbol{R}_n^{-1} & J_n^{-1} \end{bmatrix}\end{aligned}$$

$$= \begin{bmatrix} \boldsymbol{R}_n^{-1} + \hat{\boldsymbol{\theta}}_n J_n^{-1} \hat{\boldsymbol{\theta}}_n^{\mathrm{T}} & \hat{\boldsymbol{\theta}}_n J_n^{-1} \\ J_n^{-1} \hat{\boldsymbol{\theta}}_n^{\mathrm{T}} & J_n^{-1} \end{bmatrix} \tag{11.2.14}$$

上式第二行块左乘 $-\hat{\boldsymbol{\theta}}_n$ 后，加到第一行块上，$\boldsymbol{S}_n$ 的逆等价变换成

$$\boldsymbol{S}_n^{-1} \cong \begin{bmatrix} \boldsymbol{R}_n^{-1} & 0 \\ J_n^{-1} \hat{\boldsymbol{\theta}}_n^{\mathrm{T}} & J_n^{-1} \end{bmatrix} \tag{11.2.15}$$

同理，利用分块矩阵求逆公式，并注意到式(11.2.10)、式(11.2.11)和矩阵 $\boldsymbol{S}_n$ 的定义，矩阵 $\boldsymbol{R}_n$ 的逆也可等价变换成

$$\boldsymbol{R}_n^{-1} \cong \begin{bmatrix} \boldsymbol{S}_{n-1}^{-1} & 0 \\ -V_{n-1}^{-1} \hat{\boldsymbol{\vartheta}}_{n-1}^{\mathrm{T}} & V_{n-1}^{-1} \end{bmatrix} \tag{11.2.16}$$

式(11.2.15)和式(11.2.16)互相迭代$(2n+1)$次后，结果为

$$\boldsymbol{C}_n = \boldsymbol{S}_n^{-1} \cong \begin{bmatrix} \boldsymbol{S}_{n-1}^{-1} & 0 & \\ -V_{n-1}^{-1} \hat{\boldsymbol{\vartheta}}_{n-1}^{\mathrm{T}} & V_{n-1}^{-1} & 0 \\ J_n^{-1} \hat{\boldsymbol{\theta}}_n^{\mathrm{T}} & & J_n^{-1} \end{bmatrix} \cong \begin{bmatrix} \boldsymbol{R}_{n-1}^{-1} & 0 & & \\ J_{n-1}^{-1} \hat{\boldsymbol{\theta}}_{n-1}^{\mathrm{T}} & J_{n-1}^{-1} & 0 & 0 \\ -V_{n-1}^{-1} \hat{\boldsymbol{\vartheta}}_{n-1}^{\mathrm{T}} & & V_{n-1}^{-1} & \\ J_n^{-1} \hat{\boldsymbol{\theta}}_n^{\mathrm{T}} & & & J_n^{-1} \end{bmatrix}$$

$$\cong \cdots \cong \begin{bmatrix} J_0^{-1} & & & & & & \\ -V_0^{-1} \hat{\boldsymbol{\vartheta}}_0^{\mathrm{T}} & V_1^{-1} & & & & & \\ J_1^{-1} \hat{\boldsymbol{\theta}}_1^{\mathrm{T}} & & J_1^{-1} & & 0 & & \\ & \ddots & & \ddots & & & \\ & & J_{n-1}^{-1} \hat{\boldsymbol{\theta}}_{n-1}^{\mathrm{T}} & & J_{n-1}^{-1} & & \\ & & -V_{n-1}^{-1} \hat{\boldsymbol{\vartheta}}_{n-1}^{\mathrm{T}} & & & V_{n-1}^{-1} & \\ & & J_n^{-1} \hat{\boldsymbol{\theta}}_n^{\mathrm{T}} & & & & J_n^{-1} \end{bmatrix} \tag{11.2.17}$$

式中及式(11.2.15)和式(11.2.16)符号"$\cong$"表示等价变换；J_r 和$\hat{\boldsymbol{\theta}}_r$，$r=1,2,\cdots,n$ 为模型式(11.2.4)中 1 至 n 阶的损失函数和对应的模型参数估计值，$J_0 = \boldsymbol{z}_0^{\mathrm{T}} \boldsymbol{z}_0$ 为模型式(11.2.4)阶次为零时的损失函数；V_r 和$\hat{\boldsymbol{\vartheta}}_r$，$r=0,1,2,\cdots,n-1$ 为模型式(11.2.8)对应阶的损失函数和模型参数估计值。

式(11.2.17)是信息压缩阵 $\boldsymbol{C}_n$ 的下三角等价变换形式，显示了信息压缩阵 $\boldsymbol{C}_n$ 中确实包含着模型式(11.2.4)和式(11.2.8)1 至 n 阶所含的辨识信息。

11.2.3 信息压缩阵的作用

考虑模型式(11.2.1)的辨识问题，利用输入和输出数据，构造信息压缩阵 $\boldsymbol{C}_n$，将其等价变换成式(11.2.17)后，可以看到信息压缩阵 $\boldsymbol{C}_n$ 包含着 1 至 n 阶模型所含的辨识信息，包括模型式(11.2.4)中 1 至 n 阶的损失函数 J_r 和对应的模型参数估计值 $\hat{\boldsymbol{\theta}}_r$，$r=1,2,\cdots,n$ 及模型式(11.2.8)中 1 至$(n-1)$阶的损失函数 V_r 和对应的模型参数

估计值$\hat{\boldsymbol{\vartheta}}_r$，$r=1,2,\cdots,n-1$。如果能将信息压缩阵 $\boldsymbol{C}_n$ 所含的辨识信息分解出来，意味着构成一种能同时获得模型参数和阶次估计值的辨识方法，将会大大减小辨识的计算量。

11.3 UD 分解

定理 11.1（$\mathbf{UDU}^{\mathrm{T}}$ 分解定理）[24] 设 $\boldsymbol{C}_N\in\mathrm{R}^{N\times N}$ 是 $N\times N$ 维的对称矩阵，如果 $\det\boldsymbol{C}_i\neq 0$，$i=1,2,\cdots,N-1$，其中 $\boldsymbol{C}_i\in\mathrm{R}^{i\times i}$，由矩阵 $\boldsymbol{C}_N$ 的前 i 行和前 i 列构成，则矩阵 $\boldsymbol{C}_N$ 可以唯一被分解成 $\boldsymbol{C}_N=\boldsymbol{U}_N\boldsymbol{D}_N\boldsymbol{U}_N^{\mathrm{T}}$，其中 $\boldsymbol{U}_N$ 为 $N\times N$ 维的单位上三角矩阵，$\boldsymbol{D}_N$ 为 $N\times N$ 维的对角矩阵，即有

$$\boldsymbol{U}_N=\begin{bmatrix}1 & u_{12} & u_{13} & \cdots & u_{1N}\\ & 1 & u_{23} & \cdots & u_{2N}\\ & & \ddots & & \vdots\\ & 0 & & 1 & u_{(N-1)N}\\ & & & & 1\end{bmatrix},\boldsymbol{D}_N=\begin{bmatrix}d_{11} & & & & \\ & d_{22} & & 0 & \\ & & \ddots & & \\ & 0 & & d_{(N-1)(N-1)} & \\ & & & & d_{NN}\end{bmatrix} \tag{11.3.1}$$

定理 11.1 意味着，矩阵 $\boldsymbol{C}_N\in\mathrm{R}^{N\times N}$ 将被分解成 $[c_{ij}]=[u_{ij}][d_{ii}][u_{ij}]^{\mathrm{T}}$，其中 c_{ij}、d_{ii} 和 u_{ij} 分别为对应矩阵的第 i 行、第 j 列元素。经过简单的演算，矩阵元素的对应关系可以写成

$$c_{ij}=\sum_{l=i}^{N}d_{ll}u_{il}u_{jl},\quad i=1,2,\cdots,N;\ j=1,2,\cdots,N \tag{11.3.2}$$

将式(11.3.2)写成可编程形式

$$\begin{cases}c_{ij}=:c_{ij}-\displaystyle\sum_{l=0}^{N-i-1}d_{(N-l)(N-l)}u_{i(N-l)}u_{j(N-l)}=d_{ii}u_{ii}u_{ji}=d_{ii}u_{ji}\\ d_{ii}=c_{ii}\\ u_{ji}=c_{ij}/d_{ii}\\ i=N,N-1,\cdots,1;\ j=N,N-1,\cdots,1\end{cases} \tag{11.3.3}$$

对应的 $\mathrm{UDU}^{\mathrm{T}}$ 分解算法 MATLAB 程序如下。

$\mathbf{UDU}^{\mathrm{T}}$ 算法程序

```
for i = N: - 1:1
  for j = i: - 1:1
    for l = 0:N - i - 1
        C(i,j) = C(i,j) - D(N - l,N - l) * U(i,N - l) * U(j,N - l);
    end                                                          (11.3.4)
    U(j,i) = C(i,j)/C(i,i);
  end
  D(i,i) = C(i,i);
end
```

程序中，变量 $C(i,j)$、$U(i,j)$ 和 $D(i,i)$ 分别对应于定理 11.1 相应矩阵的元素 c_{ij}、u_{ij} 和 d_{ii}，N 是矩阵的维数。

例 11.1　给定满足定理 11.1 条件的矩阵 $\boldsymbol{C}_5 \in \mathrm{R}^{5\times 5}$，利用式(11.3.4)矩阵 $\mathrm{UDU}^{\mathrm{T}}$ 分解算法 MATLAB 程序，分解结果如下

$$\boldsymbol{C}_5 = \begin{bmatrix} 14.6977 & 10.4821 & -31.5144 & 21.0362 & 21.0232 \\ 10.4821 & 7.4942 & -22.4817 & 15.0101 & 15.0016 \\ -31.5144 & -22.4817 & 67.5778 & -45.1108 & -45.0836 \\ 21.0362 & 15.0101 & -45.1108 & 30.1232 & 30.0965 \\ 21.0232 & 15.0016 & -45.0836 & 30.0965 & 30.0785 \end{bmatrix},$$

$$\boldsymbol{U}_5 = \begin{bmatrix} 1.0000 & 0.0115 & -0.9041 & 0.0427 & 0.6989 \\ 0 & 1.0000 & 0.9415 & -0.0546 & 0.4987 \\ 0 & 0 & 1.0000 & -0.0353 & -1.4989 \\ 0 & 0 & 0 & 1.0000 & 1.0006 \\ 0 & 0 & 0 & 0 & 1.0000 \end{bmatrix}$$

$$\boldsymbol{D}_5 = \mathrm{diag}[0.0005 \quad 0.0088 \quad 0.0038 \quad 0.0087 \quad 30.0785]$$

定理 11.2($\mathbf{UDV}^{\mathrm{T}}$分解定理)[24]　设 $\boldsymbol{C}_N \in \mathrm{R}^{N\times N}$ 是 $N\times N$ 维的不对称矩阵，如果 $\det\boldsymbol{C}_i \neq 0, i=1,2,\cdots,N-1$，其中 $\boldsymbol{C}_i \in \mathrm{R}^{i\times i}$，由矩阵 $\boldsymbol{C}_N$ 的前 i 行和前 i 列构成，则矩阵 $\boldsymbol{C}_N$ 可以唯一地被分解成 $\boldsymbol{C}_N = \boldsymbol{U}_N \boldsymbol{D}_N \boldsymbol{V}_N^{\mathrm{T}}$，其中 $\boldsymbol{U}_N$ 和 $\boldsymbol{V}_N$ 分别为 $N\times N$ 维的单位上三角矩阵，$\boldsymbol{D}_N$ 为 $N\times N$ 维的对角矩阵，即有

$$\left\{\begin{aligned} \boldsymbol{U}_N &= \begin{bmatrix} 1 & u_{12} & u_{13} & \cdots & u_{1N} \\ & 1 & u_{23} & \cdots & u_{2N} \\ & & \ddots & & \vdots \\ & 0 & & 1 & u_{(N-1)N} \\ & & & & 1 \end{bmatrix} \\ \boldsymbol{D}_N &= \begin{bmatrix} d_{11} & & & & \\ & d_{22} & & 0 & \\ & & \vdots & & \\ & 0 & & d_{(N-1)(N-1)} & \\ & & & & d_{NN} \end{bmatrix} \\ \boldsymbol{V}_N &= \begin{bmatrix} 1 & v_{12} & v_{13} & \cdots & v_{1N} \\ & 1 & v_{23} & \cdots & v_{2N} \\ & & \ddots & & \vdots \\ & 0 & & 1 & v_{(N-1)N} \\ & & & & 1 \end{bmatrix} \end{aligned}\right. \tag{11.3.5}$$

定理 11.2 意味着，矩阵 $\boldsymbol{C}_N \in \mathrm{R}^{N\times N}$ 将被分解成 $[c_{ij}] = [u_{ij}][d_{ii}][v_{ij}]^{\mathrm{T}}$，其中 c_{ij}、d_{ii} 和 u_{ij}、v_{ij} 分别为对应矩阵的第 i 行、第 j 列元素。经过简单的演算，矩阵元素的对应关系可以写成

$$\begin{cases} c_{ij} = \sum_{l=i}^{N} d_{ll} u_{il} v_{jl}, & i \geqslant j, i = 1,2,\cdots,N;\ j = 1,2,\cdots,N \\ c_{ji} = \sum_{l=i}^{N} d_{ll} u_{jl} v_{il}, & i < j, i = 1,2,\cdots,N;\ j = 1,2,\cdots,N \end{cases} \tag{11.3.6}$$

将式(11.3.5)写成可编程形式

$$\begin{cases} c_{ij} =: c_{ij} - \sum_{l=0}^{N-i-1} d_{(N-l)(N-l)} u_{i(N-l)} v_{j(N-l)} = d_{ii} u_{ii} v_{ji} = d_{ii} v_{ji}, & i \geqslant j \\ c_{ji} =: c_{ji} - \sum_{l=0}^{N-i-1} d_{(N-l)(N-l)} u_{j(N-l)} v_{i(N-l)} = d_{ii} u_{ji} v_{ii} = d_{ii} u_{ji}, & i < j \\ d_{ii} = c_{ii} \\ v_{ji} = c_{ij} / d_{ii} \\ u_{ji} = c_{ji} / d_{ii} \\ i = N, N-1, \cdots, 1;\ J = N, N-1, \cdots, 1 \end{cases} \tag{11.3.7}$$

对应的 $\mathrm{UDV}^{\mathrm{T}}$ 分解算法 MATLAB 程序如下。

$\mathrm{UDV}^{\mathrm{T}}$ 算法程序

```
for i = N: - 1:1
  for j = i: - 1:1
    for l = 0: N - i - 1
        C(i,j) = C(i,j) - D(N - l,N - l) * U(i,N - l) * V(j,N - l);
        if i~ = j
          C(j,i) = C(j,i) - D(N - l,N - l) * U(j,N - l) * V(i,N - l);
        end
    end
    V(j,i) = C(i,j)/C(i,i);
    U(j,i) = C(j,i)/C(i,i);
  end
  D(i,i) = C(i,i);
end
```
(11.3.8)

程序中,变量 $C(i,j)$、$U(i,j)$、$V(i,j)$ 和 $D(i,i)$ 分别对应于定理 11.2 相应矩阵的元素 c_{ij}、u_{ij}、v_{ij} 和 d_{ii},N 是矩阵的维数。

例 11.2 给定满足定理 11.2 条件的矩阵 $\boldsymbol{C}_4 \in \mathrm{R}^{5\times5}$,利用式(11.3.8)矩阵 $\mathrm{UDV}^{\mathrm{T}}$ 分解算法 MATLAB 程序,分解结果如下

$$\boldsymbol{C}_5 = \begin{bmatrix} 18.1718 & 12.9132 & -38.8147 & 25.8637 & 25.8191 \\ 13.1434 & 9.3604 & -28.0809 & 18.7146 & 18.6832 \\ -38.7479 & -27.5416 & 82.7709 & -55.1553 & -55.0605 \\ 25.9944 & 18.4797 & -55.5295 & 37.0139 & 36.9405 \\ 25.7086 & 18.2774 & -54.9194 & 36.5976 & 36.5349 \end{bmatrix}$$

$$\boldsymbol{U}_5=\begin{bmatrix}1.0000 & -0.0072 & -0.9025 & 0.0326 & 0.7067\\ 0 & 1.0000 & 0.9906 & -0.0591 & 0.5114\\ 0 & 0 & 1.0000 & -0.0399 & -1.5071\\ 0 & 0 & 0 & 1.0000 & 1.0111\\ 0 & 0 & 0 & 0 & 1.0000\end{bmatrix}$$

$$\boldsymbol{V}_5=\begin{bmatrix}1.0000 & -0.0070 & -0.8967 & 0.0359 & 0.7037\\ 0 & 1.000 & 0.9878 & -0.0623 & 0.5003\\ 0 & 0 & 1.0000 & -0.0431 & -1.5032\\ 0 & 0 & 0 & 1.0000 & 1.0017\\ 0 & 0 & 0 & 0 & 1.0000\end{bmatrix}$$

$$\boldsymbol{D}_5=\mathrm{diag}[0.0006\quad 0.0100\quad 0.0038\quad 0.0101\quad 36.5349]$$

定理 11.3（方块矩阵 $\mathbf{LDL}^{\mathrm{T}}$ 分解定理）[24] 设 $\boldsymbol{S}\in\mathrm{R}^{N\times N}$ 是 $N\times N$ 维的正定对称方块矩阵，可将它分解成如下的 $\mathrm{LDL}^{\mathrm{T}}$ 方块矩阵形式

$$\boldsymbol{S}=\begin{bmatrix}\boldsymbol{A} & \boldsymbol{B}\\ \boldsymbol{B}^{\mathrm{T}} & \boldsymbol{D}\end{bmatrix}=\begin{bmatrix}\boldsymbol{I} & 0\\ \boldsymbol{B}^{\mathrm{T}}\boldsymbol{A}^{-1} & \boldsymbol{I}\end{bmatrix}\begin{bmatrix}\boldsymbol{A} & 0\\ 0 & \boldsymbol{\Delta}\end{bmatrix}\begin{bmatrix}\boldsymbol{I} & 0\\ \boldsymbol{B}^{\mathrm{T}}\boldsymbol{A}^{-1} & \boldsymbol{I}\end{bmatrix}^{\mathrm{T}} \tag{11.3.9}$$

其中，$\boldsymbol{\Delta}=\boldsymbol{D}-\boldsymbol{B}^{\mathrm{T}}\boldsymbol{A}^{-1}\boldsymbol{B}$。当 $\boldsymbol{S}\in\mathrm{R}^{N\times N}$ 是 $N\times N$ 维的正定不对称方块矩阵时，它可被分解成如下的 $\mathrm{LDL}^{\mathrm{T}}$ 方块矩阵形式

$$\boldsymbol{S}=\begin{bmatrix}\boldsymbol{A} & \boldsymbol{B}\\ \boldsymbol{C}^{\mathrm{T}} & \boldsymbol{D}\end{bmatrix}=\begin{bmatrix}\boldsymbol{I} & 0\\ \boldsymbol{C}^{\mathrm{T}}\boldsymbol{A}^{-1} & \boldsymbol{I}\end{bmatrix}\begin{bmatrix}\boldsymbol{A} & 0\\ 0 & \boldsymbol{\Delta}\end{bmatrix}\begin{bmatrix}\boldsymbol{I} & 0\\ \boldsymbol{B}^{\mathrm{T}}\boldsymbol{A}^{-\mathrm{T}} & \boldsymbol{I}\end{bmatrix}^{\mathrm{T}} \tag{11.3.10}$$

其中，$\boldsymbol{\Delta}=\boldsymbol{D}-\boldsymbol{C}^{\mathrm{T}}\boldsymbol{A}^{-1}\boldsymbol{B}$，$\boldsymbol{A}\in\mathrm{R}^{m\times m}$，$(0<m<N)$是 $\boldsymbol{S}$ 的子矩阵，$\boldsymbol{I}$ 是适当维的单位矩阵。

证明 因为 $\boldsymbol{S}$ 是正定矩阵，$\boldsymbol{A}$ 是 $\boldsymbol{S}$ 的子矩阵，也是正定的，所以 $\boldsymbol{A}^{-1}$ 总是存在的。只要验证定理等式的左边等于右边，定理即可得证。 证毕。■

上面给出的三个矩阵分解定理是本章讨论 AUDI 辨识算法的基础。下面将利用这几个矩阵分解定理来推导 AUDI 算法，并运用于最小二乘、增广最小二乘和辅助变量等辨识算法，构成 AUDI-RLS、AUDI-RELS 和 AUDI-RIV 算法。这些基于 $\mathrm{UDU}^{\mathrm{T}}$ 或 $\mathrm{UDV}^{\mathrm{T}}$ 分解的辨识算法能同时获得 1 至指定阶的模型参数估计值和对应的损失函数，较第 5 章、第 6 章讨论的辨识算法更方便于在线应用。

11.4 增广 UD 分解辨识算法（AUDI）

考虑如下 ARMA 模型

$$z(k)+a_1z(k-1)+\cdots+a_nz(k-n)=b_1u(k-1)+\cdots+b_nu(k-n)+v(k) \tag{11.4.1}$$

其中，$z(k)$、$u(k)$是模型的输入和输出变量；$v(k)$是均值为零的白噪声。下面以此为例，推导 AUDI 辨识算法的基本结构。

把模型式(11.4.1)写成最小二乘格式

$$z(k)=\boldsymbol{h}_n^{\mathrm{T}}(k)\,\boldsymbol{\theta}_n+v(k) \tag{11.4.2}$$

式中，$\boldsymbol{h}_n(k)$为数据向量，$\boldsymbol{\theta}_n$ 为模型参数向量，定义为

$$\begin{cases}\boldsymbol{\theta}_n = [a_n, b_n, \cdots, a_1, b_1]^{\mathrm{T}} \\ \boldsymbol{h}_n(k) = [-z(k-n), u(k-n), \cdots, -z(k-1), u(k-1)]^{\mathrm{T}}\end{cases} \tag{11.4.3}$$

再定义增广数据向量

$$\boldsymbol{\varphi}_n(k) = [-z(k-n), u(k-n), \cdots, -z(k-1), u(k-1), -z(k)]^{\mathrm{T}} \tag{11.4.4}$$

模型式(11.4.1)又可写成如下的最小二乘格式

$$u(k-1) = \boldsymbol{\varphi}_{n-1}^{\mathrm{T}}(k)\,\boldsymbol{\vartheta}_{n-1} + \xi(k) \tag{11.4.5}$$

式中

$$\begin{cases}\boldsymbol{\varphi}_{n-1}(k) = [-z(k-n), u(k-n), \cdots, -z(k-2), u(k-2), -z(k-1)]^{\mathrm{T}} \\ \boldsymbol{\vartheta}_{n-1} = \left[-\dfrac{a_n}{b_1}, -\dfrac{b_n}{b_1}, \cdots, -\dfrac{a_2}{b_1}, -\dfrac{b_2}{b_1}, -\dfrac{a_1}{b_1}\right]^{\mathrm{T}} \\ \xi(k) = -\dfrac{1}{b_1}[v(k) - z(k)]\end{cases} \tag{11.4.6}$$

模型式(11.4.5)的参数个数比模型式(11.4.2)的参数个数少一个，且模型误差 $\xi(k)$ 不再是白噪声。模型式(11.4.5)的辨识结果不具有实用价值，不必深究。

增广数据向量$\boldsymbol{\varphi}_n(k)$的元素是按输入和输出数据成对顺序排列的，且包含当前时刻模型的输出 $z(k)$，与第 5 章中讨论的最小二乘辨识算法所定义的数据向量

$$\boldsymbol{h}(k) = [-z(k-1), -z(k-2), \cdots, -z(k-n), u(k-1), u(k-2), \cdots, u(k-n)]^{\mathrm{T}} \tag{11.4.7}$$

比较，元素的排列顺序变了。$\boldsymbol{\varphi}_n(k)$的特殊排列顺序与 $\boldsymbol{h}_n(k)$形成如图 11.1 所示的

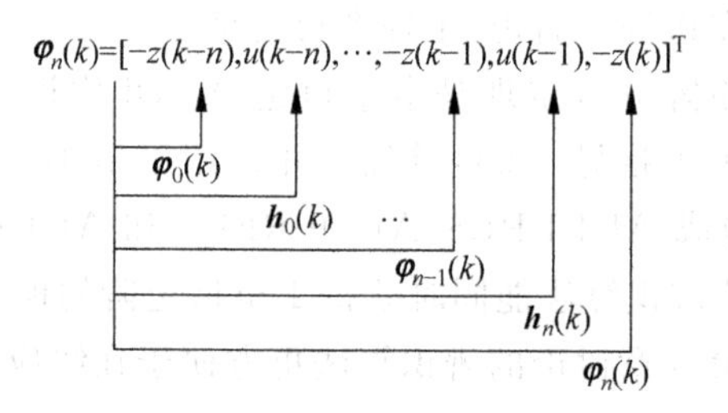

图 11.1 “移位结构”

“移位结构”(shift structure)。这种“移位结构”数学上可表示为

$$\boldsymbol{\varphi}_n(k) = \begin{bmatrix}\boldsymbol{h}_n(k) \\ -z(k)\end{bmatrix}, \quad \boldsymbol{h}_n(k) = \begin{bmatrix}\boldsymbol{\varphi}_{n-1}(k) \\ u(k-1)\end{bmatrix}, \quad \cdots \tag{11.4.8}$$

根据式(11.2.12)的定义，k 时刻的信息压缩阵写成

$$\boldsymbol{C}_n(k) = \boldsymbol{S}_n^{-1}(k) = \left[\sum_{i=1}^{k} \boldsymbol{\varphi}_n(i)\,\boldsymbol{\varphi}_n^{\mathrm{T}}(i)\right]^{-1} \tag{11.4.9}$$

式中，定义的信息压缩阵 $\boldsymbol{C}_n(k)$类似于最小二乘辨识算法的数据协方差阵 $\boldsymbol{P}(k)$，不过 $\boldsymbol{C}_n(k)$的维数增加了一维，其维数为$(2n+1)\times(2n+1)$。利用定理 11.1，对信息压

缩阵 $\boldsymbol{C}_n(k)$ 进行 $\mathrm{UDU^T}$ 分解，便可构成基于增广 UD 分解的 AUDI 辨识算法，记作 AUDI(augmented UD identification)。

AUDI 辨识算法

$$\boldsymbol{C}_n(k)=\boldsymbol{U}_n(k)\boldsymbol{D}_n(k)\boldsymbol{U}_n^{\mathrm{T}}(k)$$

$$\boldsymbol{U}_n(k)=\begin{bmatrix} 1 & -\hat{\vartheta}_0^{(1)}(k) & \hat{\theta}_1^{(1)}(k) & -\hat{\vartheta}_1^{(1)}(k) & \hat{\theta}_2^{(1)}(k) & \cdots & -\hat{\vartheta}_{n-1}^{(1)}(k) & \hat{\theta}_n^{(1)}(k) \\ & 1 & \hat{\theta}_1^{(2)}(k) & -\hat{\vartheta}_1^{(2)}(k) & \hat{\theta}_2^{(2)}(k) & \cdots & -\hat{\vartheta}_{n-1}^{(2)}(k) & \hat{\theta}_n^{(2)}(k) \\ & & 1 & -\hat{\vartheta}_1^{(3)}(k) & \hat{\theta}_2^{(3)}(k) & \cdots & -\hat{\vartheta}_{n-1}^{(3)}(k) & \hat{\theta}_n^{(3)}(k) \\ & & & 1 & \hat{\theta}_2^{(4)}(k) & \cdots & \vdots & \vdots \\ & & & & 1 & \ddots & -\hat{\vartheta}_{n-1}^{(2n-2)}(k) & \hat{\theta}_n^{(2n-2)}(k) \\ & & 0 & & & \ddots & -\hat{\vartheta}_{n-1}^{(2n-1)}(k) & \hat{\theta}_n^{(2n-1)}(k) \\ & & & & & & 1 & \hat{\theta}_n^{(2n)}(k) \\ & & & & & & & 1 \end{bmatrix}$$

$$\boldsymbol{D}_n(k)=\mathrm{diag}[J_0^{-1}(k),V_0^{-1}(k),J_1^{-1}(k),V_1^{-1}(k),\cdots,J_{n-1}^{-1}(k),V_{n-1}^{-1}(k),J_n^{-1}(k)] \tag{11.4.10}$$

算法中，$\boldsymbol{U}_n(k)$ 为 $(2n+1)\times(2n+1)$ 维的单位上三角矩阵，称参数辨识矩阵；$\boldsymbol{D}_n(k)$ 为 $(2n+1)\times(2n+1)$ 维的对角矩阵，称损失函数矩阵；矩阵 $\boldsymbol{U}_n(k)$ 元素的下脚标 $r=0,1,\cdots,n$ 表示模型阶次，上脚标 $(i)=(1),(2),\cdots,(2n)$ 表示模型参数向量的元素序号，如 $\hat{\boldsymbol{\theta}}_n(k)=[\hat{\theta}_n^{(1)}(k),\hat{\theta}_n^{(2)}(k),\cdots,\hat{\theta}_n^{(2n)}(k)]^{\mathrm{T}}=[\hat{a}_n,\hat{b}_n,\hat{a}_{n-1},\hat{b}_{n-1},\cdots,\hat{a}_1,\hat{b}_1]^{\mathrm{T}}$ 是模型式(11.4.2)的最小二乘参数估计值，$\hat{\boldsymbol{\vartheta}}_{n-1}(k)=[\hat{\vartheta}_{n-1}^{(1)}(k),\hat{\vartheta}_{n-1}^{(2)}(k),\cdots,\hat{\vartheta}_{n-1}^{(2n-1)}(k)]^{\mathrm{T}}$ 是模型式(11.4.5)的最小二乘参数估计值；矩阵 $\boldsymbol{D}_n(k)$ 元素 $J_r(k)$，$r=0,1,2,\cdots,n$ 是模型式(11.4.2)对应阶次的损失函数，$V_r(k)$，$r=0,1,2,\cdots,n-1$ 是模型式(11.4.5)对应的损失函数。下面推导上述 AUDI 辨识算法。

推导　当模型式(11.4.1)取不同阶次 $(0,1,2,\cdots,n)$ 时，定义如下矩阵

$$\begin{cases} \boldsymbol{S}_n(k)=\left[\sum_{i=1}^{k}\boldsymbol{\varphi}_n(i)\boldsymbol{\varphi}_n^{\mathrm{T}}(i)\right]_{(2n+1)\times(2n+1)}, & \boldsymbol{R}_n(k)=\left[\sum_{i=1}^{k}\boldsymbol{h}_n(i)\boldsymbol{h}_n^{\mathrm{T}}(i)\right]_{2n\times 2n} \\ \boldsymbol{S}_{n-1}(k)=\left[\sum_{i=1}^{k}\boldsymbol{\varphi}_{n-1}(i)\boldsymbol{\varphi}_{n-1}^{\mathrm{T}}(i)\right]_{(2n-1)\times(2n-1)}, & \boldsymbol{R}_{n-1}(k)=\left[\sum_{i=1}^{k}\boldsymbol{h}_{n-1}(i)\boldsymbol{h}_{n-1}^{\mathrm{T}}(i)\right]_{(2n-2)\times(2n-2)} \\ \vdots & \vdots \\ \boldsymbol{S}_1(k)=\left[\sum_{i=1}^{k}\boldsymbol{\varphi}_1(i)\boldsymbol{\varphi}_1^{\mathrm{T}}(i)\right]_{3\times 3}, & \boldsymbol{R}_1(k)=\left[\sum_{i=1}^{k}\boldsymbol{h}_1(i)\boldsymbol{h}_1^{\mathrm{T}}(i)\right]_{2\times 2} \\ \boldsymbol{S}_0(k)=\left[\sum_{i=1}^{k}\boldsymbol{\varphi}_0(i)\boldsymbol{\varphi}_0^{\mathrm{T}}(i)\right]_{1\times 1} \end{cases} \tag{11.4.11}$$

利用定理11.3的式(11.3.9)和式(11.4.8)的“移位结构”，矩阵$\boldsymbol{S}_n(k)$可写成如下的“嵌套结构”

$$\boldsymbol{S}_n(k)=\sum_{i=1}^{k}\boldsymbol{\varphi}_n(i)\boldsymbol{\varphi}_n^{\mathrm{T}}(i)=\begin{bmatrix}\sum_{i=1}^{k}\boldsymbol{h}_n(i)\boldsymbol{h}_n^{\mathrm{T}}(i) & -\sum_{i=1}^{k}\boldsymbol{h}_n(i)z(i)\\ -\sum_{i=1}^{k}\boldsymbol{h}_n^{\mathrm{T}}(i)z(i) & \sum_{i=1}^{k}z^2(i)\end{bmatrix}$$

$$=\begin{bmatrix}\boldsymbol{I}_{2n} & 0\\ -\left[\sum_{i=1}^{k}\boldsymbol{h}_n^{\mathrm{T}}(i)z(i)\right]\left[\sum_{i=1}^{k}\boldsymbol{h}_n(i)\boldsymbol{h}_n^{\mathrm{T}}(i)\right]^{-1} & 1\end{bmatrix}\begin{bmatrix}\sum_{i=1}^{k}\boldsymbol{h}_n(i)\boldsymbol{h}_n^{\mathrm{T}}(i) & 0\\ 0 & J_n(k)\end{bmatrix}$$

$$\begin{bmatrix}\boldsymbol{I}_{2n} & 0\\ -\left[\sum_{i=1}^{k}\boldsymbol{h}_n^{\mathrm{T}}(i)z(i)\right]\left[\sum_{i=1}^{k}\boldsymbol{h}_n(i)\boldsymbol{h}_n^{\mathrm{T}}(i)\right]^{-1} & 1\end{bmatrix}^{\mathrm{T}}$$

$$=\begin{bmatrix}\boldsymbol{I}_{2n} & 0\\ -\hat{\boldsymbol{\theta}}_n^{\mathrm{T}}(k) & 1\end{bmatrix}\begin{bmatrix}\boldsymbol{R}_n(k) & 0\\ 0 & J_n(k)\end{bmatrix}\begin{bmatrix}\boldsymbol{I}_{2n} & 0\\ -\hat{\boldsymbol{\theta}}_n^{\mathrm{T}}(k) & 1\end{bmatrix}^{\mathrm{T}} \tag{11.4.12}$$

式中，$\hat{\boldsymbol{\theta}}_n(k)$、$J_n(k)$分别为模型式(11.4.2)的最小二乘参数估计和损失函数，即

$$\hat{\boldsymbol{\theta}}_n(k)=\left[\sum_{i=1}^{k}\boldsymbol{h}_n(i)\boldsymbol{h}_n^{\mathrm{T}}(i)\right]^{-1}\left[\sum_{i=1}^{k}\boldsymbol{h}_n(i)\boldsymbol{z}(i)\right]$$

$$=\boldsymbol{R}_n^{-1}(k)\left[\sum_{i=1}^{k}\boldsymbol{h}_n(i)\boldsymbol{z}(i)\right] \tag{11.4.13}$$

与

$$J_n(k)=\sum_{i=1}^{k}z^2(i)-\left[\sum_{i=1}^{k}\boldsymbol{h}_n^{\mathrm{T}}(i)\boldsymbol{z}(i)\right]\left[\sum_{i=1}^{k}\boldsymbol{h}_n(i)\boldsymbol{h}_n^{\mathrm{T}}(i)\right]^{-1}\left[\sum_{i=1}^{k}\boldsymbol{h}_n(i)z(i)\right]$$

$$=\sum_{i=1}^{k}z^2(i)-\sum_{i=1}^{k}z(i)\hat{z}(i)=\sum_{i=1}^{k}[z(i)-\hat{z}(i)]^2$$

$$=\sum_{i=1}^{k}\varepsilon^2(i) \tag{11.4.14}$$

式中，$\varepsilon(i)$为模型式(11.4.2)的输出估计误差或称残差。推导式(11.4.14)时，利用了关系式$\lim_{k\to\infty}\frac{1}{k}\sum_{i=1}^{k}[z(i)-\hat{z}(i)]\hat{z}(i)=0$。

同样，矩阵$\boldsymbol{R}_n(k)$也可表示成如下的“嵌套结构”

$$\boldsymbol{R}_n(k)=\sum_{i=1}^{k}\boldsymbol{h}_n(i)\boldsymbol{h}_n^{\mathrm{T}}(i)=\begin{bmatrix}\sum_{i=1}^{k}\boldsymbol{\varphi}_{n-1}(i)\boldsymbol{\varphi}_{n-1}^{\mathrm{T}}(i) & \sum_{i=1}^{k}\boldsymbol{\varphi}_{n-1}(i)u(i-1)\\ \sum_{i=1}^{k}\boldsymbol{\varphi}_{n-1}^{\mathrm{T}}(i)u(i-1) & \sum_{i=1}^{k}u^2(i-1)\end{bmatrix}$$

$$
= \begin{bmatrix} \boldsymbol{I}_{2n-1} & 0 \\ \left[\sum_{i=1}^{k} \boldsymbol{\varphi}_{n-1}^{\mathrm{T}}(i)u(i-1)\right]\left[\sum_{i=1}^{k} \boldsymbol{\varphi}_{n-1}(i)\boldsymbol{\varphi}_{n-1}^{\mathrm{T}}(i)\right] & 1 \end{bmatrix}
$$

$$
\begin{bmatrix} \sum_{i=1}^{k} \boldsymbol{\varphi}_{n-1}(i)\boldsymbol{\varphi}_{n-1}^{\mathrm{T}}(i) & 0 \\ 0 & V_{n-1}(k) \end{bmatrix}
$$

$$
\begin{bmatrix} \boldsymbol{I}_{2n-1} & 0 \\ \left[\sum_{i=1}^{k} \boldsymbol{\varphi}_{n-1}^{\mathrm{T}}(i)u(i-1)\right]\sum_{i=1}^{k} \boldsymbol{\varphi}_{n-1}(i)\boldsymbol{\varphi}_{n-1}^{\mathrm{T}}(i)^{-1} & 1 \end{bmatrix}^{\mathrm{T}}
$$

$$
= \begin{bmatrix} \boldsymbol{I}_{2n-1} & 0 \\ \hat{\boldsymbol{\vartheta}}_{n-1}^{\mathrm{T}}(k) & 1 \end{bmatrix}\begin{bmatrix} \boldsymbol{S}_{n-1}(k) & 0 \\ 0 & V_{n-1}(k) \end{bmatrix}\begin{bmatrix} \boldsymbol{I}_{2n-1} & 0 \\ \hat{\boldsymbol{\vartheta}}_{n-1}^{\mathrm{T}}(k) & 1 \end{bmatrix}^{\mathrm{T}} \tag{11.4.15}
$$

式中，$\hat{\boldsymbol{\vartheta}}_{n-1}(k)$ 和 $V_{n-1}(k)$ 分别为模型式(11.4.5)的最小二乘参数估计和损失函数，即

$$
\begin{aligned}
\hat{\boldsymbol{\vartheta}}_{n-1}(k) &= \left[\sum_{i=1}^{k} \boldsymbol{\varphi}_{n-1}(i)\boldsymbol{\varphi}_{n-1}^{\mathrm{T}}(i)\right]^{-1}\left[\sum_{i=1}^{k} \boldsymbol{\varphi}_{n-1}(i)u(i-1)\right] \\
&= \boldsymbol{S}_{n-1}^{-1}(k)\left[\sum_{i=1}^{k} \boldsymbol{\varphi}_{n}(i)u(i-1)\right]
\end{aligned} \tag{11.4.16}
$$

与

$$
\begin{aligned}
V_{n-1}(k) &= \sum_{i=1}^{k} u^2(i-1) - \left[\sum_{i=1}^{k} \boldsymbol{\varphi}_{n-1}^{\mathrm{T}}(i)u(i-1)\right] \\
&\quad \left[\sum_{i=1}^{k} \boldsymbol{\varphi}_{n-1}(i)\boldsymbol{\varphi}_{n-1}^{\mathrm{T}}(i)\right]^{-1}\left[\sum_{i=1}^{k} \boldsymbol{\varphi}_{n-1}(i)u(i-1)\right] \\
&= \sum_{i=1}^{k} u^2(i-1) - \sum_{i=1}^{k} u(i-1)\,\hat{u}(i-1) \\
&= \sum_{i=1}^{k} [u(i-1) - \hat{u}(i-1)]^2 = \sum_{i=1}^{k} \eta^2(i)
\end{aligned} \tag{11.4.17}
$$

式中，$\eta(i)$ 为模型式(11.4.5) 的输入估计误差。推导式(11.4.17) 时，利用了关系式 $\lim\limits_{k\to\infty} \frac{1}{k}\sum_{i=1}^{k}[u(i-1)-\hat{u}(i-1)]\,\hat{u}(i-1)=0$。

利用式(11.4.12)和式(11.4.15)的嵌套关系，不断地相互迭代，可得

$$
\boldsymbol{S}_n(k) = \begin{bmatrix} \boldsymbol{I}_{2n} & 0 \\ -\hat{\boldsymbol{\theta}}_n^{\mathrm{T}}(k) & 1 \end{bmatrix}\begin{bmatrix} \boldsymbol{I}_{2n-1} & 0 & \\ & & 0 \\ \hat{\boldsymbol{\vartheta}}_{n-1}^{\mathrm{T}}(k) & 1 & \\ & 0 & 1 \end{bmatrix}\begin{bmatrix} \boldsymbol{S}_{n-1}(k) & 0 & \\ & & 0 \\ 0 & V_{n-1} & \\ 0 & & J_n(k) \end{bmatrix}
$$

$$
\begin{bmatrix} \boldsymbol{I}_{2n-1} & 0 & \\ & & 0 \\ \hat{\boldsymbol{\vartheta}}_{n-1}^{\mathrm{T}}(k) & 1 & \\ & 0 & 1 \end{bmatrix}^{\mathrm{T}}\begin{bmatrix} \boldsymbol{I}_{2n} & 0 \\ -\hat{\boldsymbol{\theta}}_n^{\mathrm{T}}(k) & 1 \end{bmatrix}^{\mathrm{T}}
$$

$$= \cdots = \boldsymbol{L}_n(k)\boldsymbol{D}_n^{-1}(k)\boldsymbol{L}_n^{\mathrm{T}}(k) \tag{11.4.18}$$

式中

$$\left\{\begin{aligned}
\boldsymbol{L}_n(k) &= \begin{bmatrix} \boldsymbol{I}_{2n} & 0 \\ -\hat{\boldsymbol{\theta}}_n^{\mathrm{T}}(k) & 1 \end{bmatrix}
\begin{bmatrix} \boldsymbol{I}_{2n-1} & 0 & \\ & & 0 \\ \hat{\boldsymbol{\vartheta}}_{n-1}^{\mathrm{T}}(k) & 1 & \\ 0 & & 1 \end{bmatrix}
\begin{bmatrix} \boldsymbol{I}_{2n-1} & 0 & & \\ & & 0 & \\ -\hat{\boldsymbol{\theta}}_{n-1}^{\mathrm{T}}(k) & 1 & & 0 \\ 0 & & 1 & \\ 0 & & & 1 \end{bmatrix} \cdots \\
\boldsymbol{D}_n^{-1}(k) &= \mathrm{diag}[J_0(k), V_0, J_1(k), \cdots, V_{n-1}(k), J_{n-1}(k)]
\end{aligned}\right. \tag{11.4.19}$$

那么,根据式(11.4.9),即有

$$\begin{aligned}
\boldsymbol{C}_n(k) = \boldsymbol{S}_n^{-1}(k) &= [\boldsymbol{L}_n(k)\boldsymbol{D}_n^{-1}(k)\boldsymbol{L}_n^{\mathrm{T}}(k)]^{-1} \\
&= \boldsymbol{U}_n(k)\boldsymbol{D}_n(k)\boldsymbol{U}_n^{\mathrm{T}}(k)
\end{aligned} \tag{11.4.20}$$

式中

$$\left\{\begin{aligned}
\boldsymbol{U}_n(k) &= \boldsymbol{L}_n^{-\mathrm{T}}(k) \\
&= \begin{bmatrix} \boldsymbol{I}_{2n} & -\hat{\boldsymbol{\theta}}_n^{\mathrm{T}}(k) \\ 0 & 1 \end{bmatrix}^{-1}
\begin{bmatrix} \boldsymbol{I}_{2n-1} & \hat{\boldsymbol{\vartheta}}_{n-1}^{\mathrm{T}}(k) & 0 \\ 0 & 1 & \\ & 0 & 1 \end{bmatrix}^{-1}
\begin{bmatrix} \boldsymbol{I}_{2n-2} & -\hat{\boldsymbol{\theta}}_{n-1}^{\mathrm{T}}(k) & 0 & \\ 0 & 1 & & 0 \\ & 0 & & 1 \\ & & 0 & 1 \end{bmatrix}^{-1} \cdots \\
&= \begin{bmatrix} \boldsymbol{I}_{2n} & \hat{\boldsymbol{\theta}}_n^{\mathrm{T}}(k) \\ 0 & 1 \end{bmatrix}
\begin{bmatrix} \boldsymbol{I}_{2n-1} & -\hat{\boldsymbol{\vartheta}}_{n-1}^{\mathrm{T}}(k) & 0 \\ 0 & 1 & \\ & 0 & 1 \end{bmatrix}
\begin{bmatrix} \boldsymbol{I}_{2n-2} & \hat{\boldsymbol{\theta}}_{n-1}^{\mathrm{T}}(k) & 0 & \\ 0 & 1 & & 0 \\ & 0 & & 1 \\ & & 0 & 1 \end{bmatrix} \cdots \\
&= \begin{bmatrix} 1 & -\hat{\boldsymbol{\vartheta}}_0^{\mathrm{T}}(k) & & & & & \\ & 1 & \hat{\boldsymbol{\theta}}_1^{\mathrm{T}}(k) & -\hat{\boldsymbol{\vartheta}}_1^{\mathrm{T}}(k) & & & \\ & & 1 & & -\hat{\boldsymbol{\vartheta}}_{n-1}^{\mathrm{T}}(k) & & \\ & & & 1 & & \hat{\boldsymbol{\theta}}_n^{\mathrm{T}}(k) & \\ & & & & \ddots & & \\ & & & & & 1 & \\ & & & & & & 1 \end{bmatrix} \\
\boldsymbol{D}_n(k) &= \mathrm{diag}[J_0^{-1}(k), V_0^{-1}(k), J_1^{-1}(k), \cdots, V_{n-1}^{-1}(k), J_n^{-1}(k)]
\end{aligned}\right. \tag{11.4.21}$$

推导完毕。■

上面推导表明,参数辨识矩阵 $\boldsymbol{U}_n(k)$包含式(11.4.2)和式(11.4.5)中 1 至 n 阶模型的最小二乘参数估计值向量$\hat{\boldsymbol{\theta}}_r(k)=[\hat{\theta}_r^{(1)}(k),\hat{\theta}_r^{(2)}(k),\cdots,\hat{\theta}_r^{(2r)}(k)]^{\mathrm{T}}$ 和$\hat{\boldsymbol{\vartheta}}_{r-1}(k)=[\hat{\vartheta}_{r-1}^{(1)}(k),\hat{\vartheta}_{r-1}^{(2)}(k),\cdots,\hat{\vartheta}_{r-1}^{(2r-1)}(k)]^{\mathrm{T}}$,$r=1,2,\cdots,n$。损失函数矩阵 $\boldsymbol{D}_n(k)$包含与

$\hat{\boldsymbol{\theta}}_r(k)$和$\hat{\boldsymbol{\vartheta}}_{r-1}(k)$对应的损失函数 $J_r(k), r=0,1,2,\cdots,n$ 和 $V_r(k), r=0,1,2,\cdots,n-1$。当选定可能的最高阶次 n 时,算法可同时获得 1 至 n 阶的模型辨识结果,包括 1 至 n 阶模型的损失函数和参数估计向量。模型式(11.4.2)的辨识结果是我们所关注的,模型式(11.4.5)的辨识结果没有什么实用价值,可以不予关注。

例 11.3　考虑如下 SISO 线性差分方程模型

$$z(k)=1.5z(k-1)-0.7z(k-2)+1.0u(k-1)+0.5u(k-2)+\lambda v(k) \tag{11.4.22}$$

其中,$z(k)$、$u(k)$是模型的输入和输出变量;$v(k)$是均值为零、方差为 1 的白噪声,λ 为噪声标准差。当模型输入选用特征多项式为 $F(s)=s^6 \oplus s^5 \oplus 1$、幅度为 1 的 M 序列,噪声标准差取 $\lambda=0.3$(噪信比约为 20.5%)时,可以仿真获得模型的输入和输出数据(数据长度 $L=300$)。假设模型可能的最高阶次 $n=4$,根据式(11.4.4)和式(11.4.9)定义,利用仿真数据构造如下的增广数据向量和信息压缩阵

$$\begin{cases}\boldsymbol{\varphi}_4(k)=[-z(k-4),u(k-4),-z(k-3),u(k-3),-z(k-2),u(k-2),-z(k-1),u(k-1),-z(k)]^{\mathrm{T}}\\ \boldsymbol{C}_4(300)=\left[\sum_{i=1}^{300}\varphi_4(i)\varphi_4^{\mathrm{T}}(i)\right]^{-1}\\ \quad=\begin{bmatrix} 0.0184 & 0.0118 & -0.0390 & 0.0253 & 0.0270 & -0.0002 & -0.0025 & 0.0012 & 0.0012\\ 0.0118 & 0.0144 & -0.0274 & 0.0190 & 0.0212 & 0.0002 & -0.0034 & 0.0019 & 0.0018\\ -0.0390 & -0.0274 & 0.1018 & -0.0428 & -0.0974 & 0.0256 & 0.0320 & -0.0038 & -0.0036\\ 0.0253 & 0.0190 & -0.0428 & 0.0502 & 0.0114 & 0.0188 & 0.0157 & 0.0014 & 0.0014\\ 0.0270 & 0.0212 & -0.0974 & 0.0114 & 0.1434 & -0.0427 & -0.0996 & 0.0299 & 0.0291\\ -0.0002 & 0.0002 & 0.0256 & 0.0188 & -0.0427 & 0.0501 & 0.0102 & 0.0181 & 0.0178\\ -0.0025 & -0.0034 & 0.0320 & 0.0157 & -0.0996 & 0.0102 & 0.1219 & -0.0574 & -0.0561\\ 0.0012 & 0.0019 & -0.0038 & 0.0014 & 0.0299 & 0.0181 & -0.0574 & 0.0418 & 0.0376\\ 0.0012 & 0.0018 & -0.0036 & 0.0014 & 0.0291 & 0.0178 & -0.0561 & 0.0376 & 0.0368 \end{bmatrix}\end{cases} \tag{11.4.23}$$

利用 AUDI 辨识算法式(11.4.10)和 $\mathrm{UDU^T}$ 分解 MATLAB 程序式(11.3.4),可以获得如下的参数辨识矩阵 $\boldsymbol{U}_4(300)$和损失函数矩阵 $\boldsymbol{D}_4(300)$

$$\boldsymbol{U}_4(300)=\begin{bmatrix} 1.0000 & -0.0056 & -0.9020 & 0.0041 & 0.6861 & -0.0202 & -0.0190 & 0.0039 & 0.0314\\ 0 & 1.0000 & 1.0072 & 0.0055 & 0.5153 & 0.0018 & -0.0172 & 0.0098 & 0.0489\\ 0 & 0 & 1.0000 & -0.0082 & -1.4898 & 0.0434 & 0.7271 & -0.0327 & -0.0974\\ 0 & 0 & 0 & 1.0000 & 1.0227 & -0.0212 & 0.4874 & 0.0144 & 0.0369\\ 0 & 0 & 0 & 0 & 1.0000 & -0.0309 & -1.5176 & 0.0535 & 0.7889\\ 0 & 0 & 0 & 0 & 0 & 1.0000 & 1.0232 & -0.0184 & 0.4831\\ 0 & 0 & 0 & 0 & 0 & 0 & 1.0000 & -0.0314 & -1.5224\\ 0 & 0 & 0 & 0 & 0 & 0 & 0 & 1.0000 & 1.0217\\ 0 & 0 & 0 & 0 & 0 & 0 & 0 & 0 & 1.0000 \end{bmatrix}$$

$$\boldsymbol{D}_4(300)=\mathrm{diag}[0.0002\quad 0.0034\quad 0.0012\quad 0.0033\quad 0.0365\quad 0.0033\quad 0.0365\quad 0.0033\quad 0.0368]$$

矩阵 $\boldsymbol{U}_4(300)$和 $\boldsymbol{D}_4(300)$第 9、7、5 和 3 列元素分别为 4、3、2 和 1 阶模型的参数估计向量和损失函数

$$
4\text{ 阶模型}\begin{cases}\hat{\boldsymbol{\theta}}_4(300)=[\hat{a}_4(300),\hat{b}_4(300),\hat{a}_3(300),\hat{b}_3(300),\hat{a}_2(300),\hat{b}_2(300)\ \hat{a}_1(300),\hat{b}_1(300)]^{\mathrm{T}}\\ \qquad\qquad=[0.0314,0.0489,-0.0974,0.0369,0.7889,0.4831,-1.5224,1.0217]^{\mathrm{T}}\\ J_4(300)=27.14\end{cases}
$$

(11.4.24)

$$
3\text{ 阶模型}\begin{cases}\hat{\boldsymbol{\theta}}_3(300)=[\hat{a}_3(300),\hat{b}_3(300),\hat{a}_2(300),\hat{b}_2(300)\ \hat{a}_1(300),\hat{b}_1(300)]^{\mathrm{T}}\\ \qquad\qquad=[-0.0190,-0.0172,0.7271,0.4874,-1.5176,1.0232]^{\mathrm{T}}\\ J_3(300)=27.41\end{cases}
$$

(11.4.25)

$$
2\text{ 阶模型}\begin{cases}\hat{\boldsymbol{\theta}}_2(300)=[\hat{a}_2(300),\hat{b}_2(300)\ \hat{a}_1(300),\hat{b}_1(300)]^{\mathrm{T}}\\ \qquad\qquad=[0.6861,0.5153,-1.4898,1.0227]^{\mathrm{T}}\\ J_2(300)=27.43\end{cases}\tag{11.4.26}
$$

$$
1\text{ 阶模型}\begin{cases}\hat{\boldsymbol{\theta}}_1(300)=[\hat{a}_1(300),\hat{b}_1(300)]^{\mathrm{T}}=[-0.9020,1.0072]^{\mathrm{T}}\\ J_1(300)=825.20\end{cases}\tag{11.4.27}
$$

损失函数随阶次变化的曲线如图 11.2 所示，显然模型阶次大于 2 后，损失函数变化不显著，所以模型阶次应该取 2。

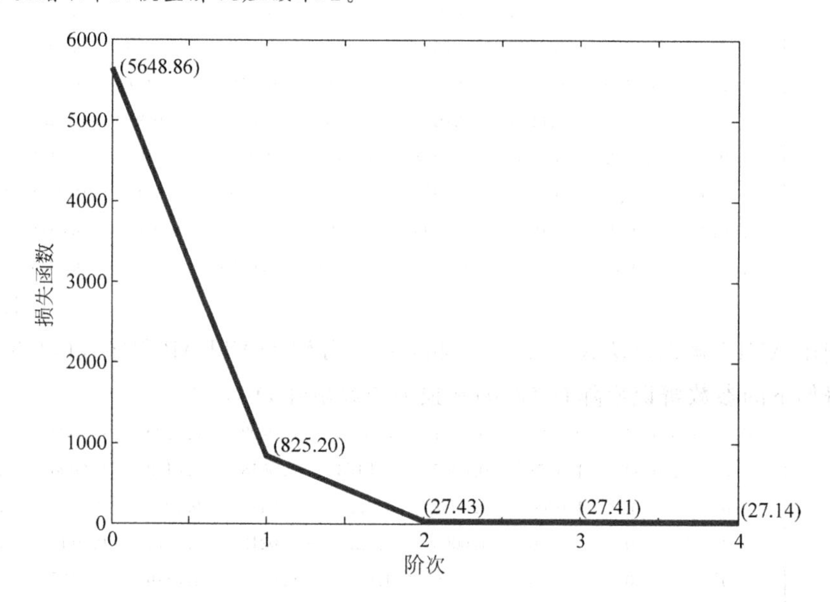

图 11.2　损失函数随模型阶次变化的曲线

最终获得的辨识模型为

$$
\begin{aligned}z(k)=&1.4898z(k-1)-0.6861z(k-2)+1.0227u(k-1)\\&+0.5153u(k-2)+0.3008v(k)\end{aligned}
$$

该辨识模型与仿真模型式(11.4.22)很接近，说明 AUDI 算法的辨识效果还是不错的。

仿真例表明，1～4 阶模型参数估计值都包含在矩阵 $\boldsymbol{U}_4(300)$ 中，模型过参数的估计值一般很小（理论上应趋于 0），如 $\hat{a}_4(300)=0.0314$，$\hat{b}_4(300)=0.0489$，$\hat{a}_3(300)=-0.0974$，$\hat{b}_3(300)=0.0369$。依据矩阵 $\boldsymbol{D}_4(300)$ 中的 $J_i(300)$，$i=1,2,3,4$，利用第 10 章讨论的 F-Test 定阶法，可以判定模型的阶次，本例确定为 2 阶，与仿真模型的阶次是一致的。

另外，如果模型式（11.4.1）输入和输出的参数个数不相等，即 $a_i, i=1,2,\cdots,n_a$，$b_i, i=1,2,\cdots,n_b$，$n_a\neq n_b$，则增广数据向量 $\boldsymbol{\varphi}_n(k)$，$n=\max(n_a,n_b)$ 中的一些数据将不以输入输出对成对出现。比如，$n_a=2$，$n_b=4$，这时 $n=\max(n_a,n_b)=4$，增广数据向量定义为 $\boldsymbol{\varphi}_4(k)=[u(k-4),u(k-3),-z(k-2),u(k-2),-z(k-1),u(k-1),-z(k)]^{\mathrm{T}}$，矩阵 $\boldsymbol{U}_4(k)$ 和 $\boldsymbol{D}_4(k)$ 的元素组成也会发生相应变化。

11.5　增广 UD 分解最小二乘辨识算法

考虑如下的 ARX 模型（最小二乘模型）

$$\begin{cases} A(z^{-1})z(k) = B(z^{-1})u(k) + v(k) \\ A(z^{-1}) = 1 + a_1 z^{-1} + a_2 z^{-1} + \cdots + a_{n_a} z^{-n_a} \\ B(z^{-1}) = b_1 z^{-1} + b_2 z^{-1} + \cdots + b_{n_b} z^{-n_b} \end{cases} \tag{11.5.1}$$

其中，$u(k)$、$z(k)$ 分别是模型的输入和输出变量；$v(k)$ 是均值为零的不相关随机噪声。若模型阶次取 $n_a=n_b=n$，利用 AUDI 算法式（11.4.10），完全可以解决该模型的辨识问题。不过，只能像例 11.3 那样处理过程是批处理的，不方便实时在线应用。下面讨论基于增广 UD 分解的最小二乘递推辨识算法，记作 AUDI-RLS（AUDI-recursive least squares）。

11.5.1　AUDI-RLS 算法

根据式（11.4.9）信息压缩阵的定义，ARX 模型的信息压缩阵 $\boldsymbol{C}_n(k)$ 可写成如下的递推形式

$$\boldsymbol{C}_n(k) = [\boldsymbol{S}_n(k-1) + \boldsymbol{\varphi}_n(k)\boldsymbol{\varphi}_n^{\mathrm{T}}(k)]^{-1} \tag{11.5.2}$$

利用矩阵反演公式（见附录 E.3），式（11.5.2）演算成

$$\boldsymbol{C}_n(k) = \boldsymbol{C}_n(k-1) - \frac{\boldsymbol{C}_n(k-1)\boldsymbol{\varphi}_n(k)\boldsymbol{\varphi}_n^{\mathrm{T}}(k)\boldsymbol{C}_n(k-1)}{1+\boldsymbol{\varphi}_n^{\mathrm{T}}(k)\boldsymbol{C}_n(k-1)\boldsymbol{\varphi}_n(k)} \tag{11.5.3}$$

根据定理 11.1，对 $\boldsymbol{C}_n(k)$ 和 $\boldsymbol{C}_n(k-1)$ 分别进行 $\mathrm{UDU}^{\mathrm{T}}$ 分解，式（11.5.3）写成

$$\begin{aligned} \boldsymbol{C}_n(k) &= \boldsymbol{U}_n(k)\boldsymbol{D}_n(k)\boldsymbol{U}_n^{\mathrm{T}}(k) \\ &= \boldsymbol{U}_n(k-1)\boldsymbol{D}_n(k-1)\boldsymbol{U}_n^{\mathrm{T}}(k-1) \\ &\quad - \frac{\boldsymbol{U}_n(k-1)\boldsymbol{D}_n(k-1)\boldsymbol{U}_n^{\mathrm{T}}(k-1)\boldsymbol{\varphi}_n(k)\boldsymbol{\varphi}_n^{\mathrm{T}}(k)\boldsymbol{U}_n(k-1)\boldsymbol{D}_n(k-1)\boldsymbol{U}_n^{\mathrm{T}}(k-1)}{1+\boldsymbol{\varphi}_n^{\mathrm{T}}(k)\boldsymbol{U}_n(k-1)\boldsymbol{D}_n(k-1)\boldsymbol{U}_n^{\mathrm{T}}(k-1)\boldsymbol{\varphi}_n(k)} \end{aligned}$$

$$
\begin{aligned}
&= \boldsymbol{U}_n(k-1)\boldsymbol{D}_n(k-1)\boldsymbol{U}_n^{\mathrm{T}}(k-1) - \frac{\boldsymbol{U}_n(k-1)\boldsymbol{g}_n(k)\boldsymbol{g}_n^{\mathrm{T}}(k)\boldsymbol{U}_n^{\mathrm{T}}(k-1)}{1+\boldsymbol{f}_n^{\mathrm{T}}(k)\boldsymbol{g}_n(k)} \\
&= \boldsymbol{U}_n(k-1)\left[\boldsymbol{D}_n(k-1) - \frac{\boldsymbol{g}_n(k)\boldsymbol{g}_n^{\mathrm{T}}(k)}{\beta_N(k)}\right]\boldsymbol{U}_n^{\mathrm{T}}(k-1)
\end{aligned} \tag{11.5.4}
$$

其中

$$
\begin{cases}
\boldsymbol{g}_n(k) = [g_1(k), g_2(k), \cdots, g_N(k)]^{\mathrm{T}} = \boldsymbol{D}_n(k-1)\boldsymbol{f}_n(k) \\
\boldsymbol{f}_n(k) = [f_1(k), f_2(k), \cdots, f_N(k)]^{\mathrm{T}} = \boldsymbol{U}_n^{\mathrm{T}}(k-1)\boldsymbol{\varphi}_n(k) \\
\beta_N(k) = 1 + \boldsymbol{f}_n^{\mathrm{T}}(k)\boldsymbol{g}_n(k)
\end{cases} \tag{11.5.5}
$$

式中，$N=2n+1$。再次根据定理 11.1，可令

$$
\boldsymbol{D}_n(k-1) - \frac{\boldsymbol{g}_n(k)\boldsymbol{g}_n^{\mathrm{T}}(k)}{\beta_N(k)} = \bar{\boldsymbol{U}}_n(k)\bar{\boldsymbol{D}}_n(k)\bar{\boldsymbol{U}}_n^{\mathrm{T}}(k) \tag{11.5.6}
$$

则式(11.5.4)写成

$$
\begin{aligned}
\boldsymbol{C}_n(k) &= \boldsymbol{U}_n(k)\boldsymbol{D}_n(k)\boldsymbol{U}_n^{\mathrm{T}}(k) \\
&= \boldsymbol{U}_n(k-1)\bar{\boldsymbol{U}}_n(k)\bar{\boldsymbol{D}}_n(k)\bar{\boldsymbol{U}}_n^{\mathrm{T}}(k)\boldsymbol{U}_n^{\mathrm{T}}(k-1)
\end{aligned} \tag{11.5.7}
$$

显然有

$$
\begin{cases}
\boldsymbol{D}_n(k) = \bar{\boldsymbol{D}}_n(k) \\
\boldsymbol{U}_n(k) = \boldsymbol{U}_n(k-1)\bar{\boldsymbol{U}}_n(k)
\end{cases} \tag{11.5.8}
$$

如果能由 $\boldsymbol{U}_n(k-1)$ 和 $\boldsymbol{D}_n(k-1)$ 求得 $\bar{\boldsymbol{U}}_n(k)$ 和 $\bar{\boldsymbol{D}}_n(k)$，则根据式(11.5.8)即可实现 $\boldsymbol{U}_n(k)$ 和 $\boldsymbol{D}_n(k)$ 的递推计算，由此也就构成了 AUDI-RLS 算法。

引入 N 维基向量

$$
\begin{cases}
\boldsymbol{e}_i = [0, \cdots, 1, \cdots, 0]^{\mathrm{T}} \\
\text{第 } i \text{ 元素为 } 1\text{，其他元素为 } 0
\end{cases} \tag{11.5.9}
$$

并记

$$
\begin{cases}
\boldsymbol{U}_n(k) = \begin{bmatrix} 1 & u_{12}(k) & u_{13}(k) & \cdots & u_{1N}(k) \\ & 1 & u_{23}(k) & \cdots & u_{1N}(k) \\ & & \ddots & & \vdots \\ & 0 & & 1 & u_{(N-1)N}(k) \\ & & & & 1 \end{bmatrix} \\
\bar{\boldsymbol{U}}_n(k) = \begin{bmatrix} 1 & \bar{u}_{12}(k) & \bar{u}_{13}(k) & \cdots & \bar{u}_{1N}(k) \\ & 1 & \bar{u}_{23}(k) & \cdots & \bar{u}_{1N}(k) \\ & & \ddots & & \vdots \\ & 0 & & 1 & \bar{u}_{(N-1)N}(k) \\ & & & & 1 \end{bmatrix} \\
\qquad = [\bar{\boldsymbol{u}}_1(k) \quad \bar{\boldsymbol{u}}_2(k) \quad \cdots \quad \bar{\boldsymbol{u}}_N(\boldsymbol{k})] \\
\boldsymbol{D}_n(k) = \mathrm{diag}[d_1(k) \quad d_2(k) \quad \cdots \quad d_{N-1}(k) \quad d_N(k)] \\
\bar{\boldsymbol{D}}_n(k) = \mathrm{diag}[\bar{d}_1(k) \quad \bar{d}_2(k) \quad \cdots \quad \bar{d}_{N-1}(k) \quad \bar{d}_N(k)]
\end{cases} \tag{11.5.10}
$$

那么式(11.5.6)可写成

$$\begin{cases}\sum_{i=1}^{N}\bar{\boldsymbol{u}}_i(k)\,\bar{\boldsymbol{u}}_i^{\mathrm{T}}(k)\,\bar{d}_i(k)=\sum_{i=1}^{N}d_i(k-1)\boldsymbol{e}_i\boldsymbol{e}_i^{\mathrm{T}}-\boldsymbol{M}_N \\ \boldsymbol{M}_N=\dfrac{\boldsymbol{g}_n(k)\boldsymbol{g}_n^{\mathrm{T}}(k)}{\beta_N(k)}\end{cases} \tag{11.5.11}$$

把上式写成更一般的形式

$$\sum_{i=1}^{N-j}\bar{\boldsymbol{u}}_i(k)\,\bar{\boldsymbol{u}}_i^{\mathrm{T}}(k)\,\bar{d}_i(k)=\sum_{i=1}^{N-j}d_i(k-1)\boldsymbol{e}_i\boldsymbol{e}_i^{\mathrm{T}}-\boldsymbol{M}_{N-j} \tag{11.5.12}$$

其中,$j=0,1,\cdots,N-1$,且

$$\begin{cases}\boldsymbol{M}_{N-j}=\dfrac{\bar{\boldsymbol{g}}_{N-j}(k)\,\bar{\boldsymbol{g}}_{N-j}^{\mathrm{T}}(k)}{\beta_{N-j}(k)} \\ \bar{\boldsymbol{g}}_{N-j}(k)=\begin{bmatrix}\boldsymbol{I}_{N-j} & 0\\ 0 & 0\end{bmatrix}\boldsymbol{g}_n(k),\quad \beta_{N-j}(k)=1+\sum_{i=1}^{N-j}f_i(k)g_i(k)\end{cases} \tag{11.5.13}$$

式中,当 $j=0$ 时,$\bar{\boldsymbol{g}}_N(k)=\boldsymbol{g}_n(k)$。显然,式(11.5.11)是式(11.5.12)取 $j=0$ 时的特例。当 $j=1$ 时,式(11.5.12)写成

$$\sum_{i=1}^{N-j}\bar{\boldsymbol{u}}_i(k)\,\bar{\boldsymbol{u}}_i^{\mathrm{T}}(k)\,\bar{d}_i(k)=\sum_{i=1}^{N-1}d_i(k-1)\boldsymbol{e}_i\boldsymbol{e}_i^{\mathrm{T}}-\boldsymbol{M}_{N-1} \tag{11.5.14}$$

式中

$$\boldsymbol{M}_{N-1}=\frac{\bar{\boldsymbol{g}}_{N-1}(k)\,\bar{\boldsymbol{g}}_{N-1}^{\mathrm{T}}(k)}{\beta_{N-1}(k)} \tag{11.5.15}$$

比较式(11.5.11)和式(11.5.14),可得

$$\boldsymbol{M}_{N-1}=\bar{\boldsymbol{u}}_N(k)\,\bar{\boldsymbol{u}}_N^{\mathrm{T}}(k)\,\bar{d}_N(k)-d_N(k-1)\boldsymbol{e}_N\boldsymbol{e}_N^{\mathrm{T}}+\frac{\boldsymbol{g}_n(k)\boldsymbol{g}_n^{\mathrm{T}}(k)}{\beta_N(k)} \tag{11.5.16}$$

根据式(11.5.13)中 $\bar{\boldsymbol{g}}_{N-j}(k)$ 的定义,矩阵 $\boldsymbol{M}_{N-1}$ 第 N 行和第 N 列的元素均为 0,由此可以导出

$$\begin{cases}\bar{d}_N(k)=d_N(k-1)-\dfrac{g_N^2(k)}{\beta_N(k)} \\ \bar{u}_{iN}(k)=-\dfrac{g_N(k)g_i(k)}{\bar{d}_N(k)\beta_N(k)},\quad i=1,2,\cdots,N-1 \\ \bar{u}_{NN}(k)=1\end{cases} \tag{11.5.17}$$

又根据式(11.5.5)和式(11.5.13),式(11.5.17)进一步演变成

$$\begin{cases}\bar{d}_N(k)=\dfrac{d_N(k-1)\beta_{N-1}(k)}{\beta_N(k)} \\ \bar{u}_{iN}(k)=-\dfrac{f_N(k)g_i(k)}{\beta_{N-1}(k)},\quad i=1,2,\cdots,N-1 \\ \bar{u}_{NN}(k)=1\end{cases} \tag{11.5.18}$$

同理,矩阵 $\boldsymbol{M}_{N-j+1}$ 第 $N-j$ 行和第 $N-j$ 列的元素均为 0,与推导式(11.5.17)和式(11.5.18)类似,$\bar{\boldsymbol{U}}_n(k)$ 和 $\bar{\boldsymbol{D}}_n(k)$ 第 $N-j$ 列元素可表示为

$$\begin{cases} \bar{d}_{N-j}(k) = \dfrac{d_{N-j}(k-1)\beta_{N-j-1}(k)}{\beta_{N-j}(k)} \\ \bar{u}_{i(N-j)}(k) = \dfrac{f_{N-j}(k)g_i(k)}{\beta_{N-j-1}(k)}, \quad i = 1,2,\cdots,N-1 \\ \bar{u}_{(N-j)(N-j)}(k) = 1 \\ j = 0,1,2,\cdots,N-1 \end{cases} \tag{11.5.19}$$

其中，$f_{N-j}(k)$和$g_i(k)$由式(11.5.5)确定，$\beta_{N-j}(k)$由式(11.5.13)定义。

式(11.5.19)是$\bar{\boldsymbol{U}}_n(k)$和$\bar{\boldsymbol{D}}_n(k)$的递推计算公式，注意到式(11.5.8)，即可实现$\boldsymbol{U}_n(k)$和$\boldsymbol{D}_n(k)$的递推计算。进一步利用式(11.5.8)，并对式(11.5.19)进行下脚标置换，也就是$N-j \Rightarrow j$，且$j=0,1,2,\cdots,N-1 \Rightarrow j=1,2,\cdots,N$，由此便可构成如下的AUDI-RLS辨识算法。

AUDI-RLS 辨识算法

$$\begin{aligned}
&\boldsymbol{\varphi}_n(k) = [-z(k-n),u(k-n),\cdots,-z(k-1),u(k-1),-z(k)]^{\mathrm{T}} \\
&\boldsymbol{f}_n(k) = \boldsymbol{U}_n^{\mathrm{T}}(k-1)\,\boldsymbol{\varphi}_n(k), \quad \boldsymbol{g}_n(k) = \boldsymbol{D}_n(k-1)\boldsymbol{f}_n(k) \\
&\beta_j(k) = 1 + \sum_{i=1}^{j} f_i(k)g_i(k) \\
&\bar{u}_{ij}(k) = -\frac{f_j(k)g_i(k)}{\beta_{j-1}(k)}, \quad \bar{u}_{jj}(k) = 1 \\
&u_{ij}(k) = u_{ij}(k-1) + \sum_{l=i}^{j-1} u_{il}(k-1)\,\bar{u}_{lj}(k), \quad u_{ii}(k) = 1 \\
&d_j(k) = \frac{d_j(k-1)\beta_{j-1}(k)}{\beta_j(k)} \\
&i = 1,2,\cdots,N;\ j = 1,2,\cdots,N;\ N = 2n+1
\end{aligned} \tag{11.5.20}$$

上述AUDI-RLS辨识算法是一种依时间k的递推计算结构，选定可能的最高模型阶次n，利用k时刻的增广数据向量$\boldsymbol{\varphi}_n(k)$和$k-1$时刻的$\boldsymbol{U}_n(k-1)$和$\boldsymbol{D}_n(k-1)$，便可递推计算$\boldsymbol{U}_n(k)$和$\boldsymbol{D}_n(k)$，获得1至$n$阶模型的辨识结果，包括损失函数和模型参数估计值。

11.5.2 AUDI-RLS 算法分析

通过对AUDI-RLS辨识算法式(11.5.20)的分析，可以得到以下几个重要的关系，它们对进一步认识AUDI-RLS辨识算法有益。

(1) 根据式(11.4.2)、式(11.4.4)和式(11.5.5)，$\boldsymbol{f}_n(k)$奇数行元素可以表示为

$$\begin{aligned} f_{2r+1}(k) &= -[z(k) - \boldsymbol{h}_r^{\mathrm{T}}(k)\,\hat{\boldsymbol{\theta}}_r(k-1)] \\ &= -\tilde{z}_r(k), \quad r = 0,1,2,\cdots,n \end{aligned} \tag{11.5.21}$$

式中，$\tilde{z}_r(k)$为式(11.4.2)第r阶模型新息。该式表明$\boldsymbol{f}_n(k)$奇数行元素等于模型新

息的负数。

(2)根据式(11.5.5)，$\boldsymbol{g}_n(k)$奇数行元素可以表示为

$$g_{2r+1}(k) = -\tilde{z}_r(k)/J_r(k-1), \quad r = 0,1,2,\cdots,n \tag{11.5.22}$$

该式表明 $\boldsymbol{g}_n(k)$奇数行元素与式(11.4.2)第 r 阶模型新息和损失函数有关。

(3) 根据式(11.5.13)，$\beta_j(k), j=1,2,\cdots,N$ 可以表示为

$$\begin{aligned}\beta_j(k) &= 1 + \sum_{l=1}^{j} f_l(k)g_l(k) \\ &= 1 + \frac{\tilde{z}_0^2(k)}{J_0(k-1)} + \frac{\tilde{u}_0^2(k)}{V_0(k-1)} + \frac{\tilde{z}_1^2(k)}{J_1(k-1)} + \frac{\tilde{u}_1^2(k)}{V_1(k-1)} + \cdots \\ &\quad + \begin{cases} \dfrac{\tilde{z}_{(j-1)/2}^2(k)}{J_{(j-1)/2}(k-1)}, & j\text{ 为奇数} \\ \dfrac{\tilde{u}_{(j-2)/2}^2(k)}{V_{(j-2)/2}(k-1)}, & j\text{ 为偶数} \end{cases}\end{aligned} \tag{11.5.23}$$

式中，$\tilde{z}_r(k)$为式(11.4.2)第 r 阶模型新息，$\tilde{u}_r(k-1)$为式(11.4.5)第 r 阶模型新息。该式表明 $\beta_j(k)$与低于$(j-2)/2$ or $(j-1)/2$ 阶模型新息和损失函数有关。

(4)矩阵 $\boldsymbol{D}_n(k)$奇数对角元素是式(11.4.2)模型损失函数的倒数，有如下递推计算形式

$$d_{2r+1}(k) = \frac{d_{2r+1}(k-1)\beta_{2r+1}(k)}{\beta_{2r}(k)}, \quad r = 0,1,2,\cdots,n \tag{11.5.24}$$

式中，$d_{2r+1}(k)$为式(11.4.2)第 r 阶模型 k 时刻损失函数的倒数。根据式(11.5.5)，上式可进一步写成

$$\begin{aligned}J_r(k) &= \frac{J_r(k-1)\beta_{2r+1}(k)}{\beta_{2r}(k)} \\ &= J_r(k-1)\left[1 + \frac{f_{2r+1}(k)g_{2r+1}(k)}{1+\sum_{i=1}^{2r} f_i(k)g_i(k)}\right] \\ &= J_r(k-1) + \frac{\tilde{z}_r^2(k)}{1+\sum_{i=1}^{2r} f_i(k)g_i(k)} \\ &= J_r(k-1) + \tilde{z}_r(k)\varepsilon_r(k)\end{aligned} \tag{11.5.25}$$

其中

$$\varepsilon_r(k) = \frac{\tilde{z}_r(k)}{1+\sum_{i=1}^{2r} f_i(k)g_i(k)}, \quad r = 0,1,2,\cdots,n \tag{11.5.26}$$

式中，$\varepsilon_r(k)$为式(11.4.2)第 r 阶模型残差。式(11.5.25)与第 5 章讨论的最小二乘损失函数递推计算

$$\begin{cases} J(k) = J(k-1) + \tilde{z}(k)\varepsilon(k) \\ \varepsilon(k) = \dfrac{\tilde{z}(k)}{1 + \boldsymbol{h}^{\mathrm{T}}(k)\boldsymbol{P}(k-1)\boldsymbol{h}(k)} \end{cases} \tag{11.5.27}$$

具有类似的结构，不过式(11.5.27)的残差 $\varepsilon(k)$ 是用 k 时刻以前的数据信息更新的，而式(11.5.25)的残差 $\varepsilon_r(k)$ 要用到低于 r 阶的模型信息进行修正。

(5) 矩阵 $\boldsymbol{U}_n(k)$ 奇数列元素是模型式(11.4.2)的参数估计值，第 r 阶第 i 个模型参数估计值具有如下的递推计算形式

$$u_{i(2r+1)}(k) = u_{i(2r+1)}(k-1) + \sum_{l=i}^{2r-1} u_{il}(k-1)\,\bar{u}_{l(2r+1)}(k), \quad r = 1,2,\cdots,n \tag{11.5.28}$$

根据式(11.5.5)和 $\bar{u}_{lj}(k)$ 的定义，上式可进一步写成

$$\begin{cases} u_{i(2r+1)}(k) = u_{i(2r+1)}(k-1) + K_{i(2r+1)}\,\tilde{z}_r(k) \\ K_{i(2r+1)} = \dfrac{-\sum\limits_{l=i}^{2r} u_{il}(k-1) g_l(l)}{\beta_{2r}(k)} \\ r = 1,2,\cdots,n \end{cases} \tag{11.5.29}$$

式中，$\tilde{z}_r(k)$ 为式(11.4.2)第 r 阶模型新息，$K_{i(2r+1)}$ 为第 r 阶第 i 个模型参数估计值增益。式(11.5.29)与第5章讨论的最小二乘参数递推估计

$$\hat{\boldsymbol{\theta}}(k) = \hat{\boldsymbol{\theta}}(k-1) + \boldsymbol{K}(k)\,\tilde{z}(k) \tag{11.5.30}$$

也具有类似的结构，不过式(11.5.30)中的增益矩阵 $\boldsymbol{K}(k)$ 要用 k 时刻以前的数据信息更新，而式(11.5.29)增益 $K_{i(2r+1)}$ 的更新与低于 r 阶的模型信息有关。

11.5.3 AUDI-RFF 算法

当 AUDI-RLS 辨识算法应用于时变系统时，为了跟踪模型参数的变化，需要引入遗忘因子 μk。这时式(11.5.2)写成

$$\boldsymbol{C}_n(k) = [\mu(k)\boldsymbol{S}_n(k-1) + \boldsymbol{\varphi}_n(k)\,\boldsymbol{\varphi}_n^{\mathrm{T}}(k)]^{-1} \tag{11.5.31}$$

利用矩阵反演公式(见附录 E.3)，式(11.5.31)演算成

$$\boldsymbol{C}_n(k) - \frac{1}{\mu(k)}\left[\boldsymbol{C}_n(k-1) - \frac{\boldsymbol{C}_n(k-1)\,\boldsymbol{\varphi}_n(k)\,\boldsymbol{\varphi}_n^{\mathrm{T}}(k)\boldsymbol{C}_n(k-1)}{\mu(k) + \boldsymbol{\varphi}_n^{\mathrm{T}}(k)\boldsymbol{C}_n(k-1)\,\boldsymbol{\varphi}_n(k)}\right] \tag{11.5.32}$$

与推导 AUDI-RLS 辨识算法式(11.5.20)一样，只要更换两个式子(见式(11.5.33)和式(11.5.34))，便可构成基于增广 UD 分解的遗忘因子递推辨识算法，记作 AUDI-RFF(AUDI-recursive forgetting factor)，如式(11.5.35)所示，相应的 MATLAB 程序也只要在 AUDI-RLS 算法程序的基础上稍作修改即可，即

$$\beta_j(k) = 1 + \sum_{i=1}^{j} f_i(k) g_i(k) \Rightarrow \beta_j(k) = \mu(k) + \sum_{i=1}^{j} f_i(k) g_i(k) \tag{11.5.33}$$

和

$$d_j(k)=\frac{d_j(k-1)\beta_{j-1}(k)}{\beta_j(k)}\Rightarrow d_j(k)=\frac{d_j(k-1)\beta_{j-1}(k)}{\mu(k)\beta_j(k)} \tag{11.5.34}$$

AUDI-RFF 辨识算法

$$\begin{cases}\boldsymbol{\varphi}_n(k)=[-z(k-n),u(k-n),\cdots,-z(k-1),u(k-1),-z(k)]^{\mathrm{T}}\\ \boldsymbol{f}_n(k)=\boldsymbol{U}_n^{\mathrm{T}}(k-1)\boldsymbol{\varphi}_n(k),\quad \boldsymbol{g}_n(k)=\boldsymbol{D}_n(k-1)\boldsymbol{f}_n(k)\\ \beta_j(k)=\mu(k)+\sum_{i=1}^{j}f_i(k)g_i(k)\\ \bar{u}_{ij}(k)=-\frac{f_j(k)g_i(k)}{\beta_{j-1}(k)},\quad \bar{u}_{jj}(k)=1\\ u_{ij}(k)=u_{ij}(k-1)+\sum_{l=i}^{j-1}u_{il}(k-1)\bar{u}_{lj}(k),\quad u_{ii}(k)=1\\ d_j(k)=\frac{d_j(k-1)\beta_{j-1}(k)}{\beta_j(k)\mu(k)}\\ i=1,2,\cdots,N;\ j=1,2,\cdots,N;\ N=2n+1\end{cases} \tag{11.5.35}$$

与 AUDI-RLS 算法式(11.5.20)类似，AUDI-RFF 算法式(11.5.35)中矩阵 $\boldsymbol{D}_n(k)$奇数对角元素是式(11.4.2)模型损失函数的倒数，可以写成

$$\begin{aligned}J_r(k)&=\frac{J_r(k-1)\beta_{2r+1}(k)\mu(k)}{\beta_{2r}(k)}\\ &=\mu(k)J_r(k-1)\left[1+\frac{f_{2r+1}(k)g_{2r+1}(k)}{\mu(k)+\sum_{i=1}^{2r}f_i(k)g_i(k)}\right]\\ &=\mu(k)\left[J_r(k-1)+\frac{\tilde{z}_r^2(k)}{\mu(k)+\sum_{i=1}^{2r}f_i(k)g_i(k)}\right]\\ &=\mu(k)[J_r(k-1)+\tilde{z}_r(k)\varepsilon_r(k)]\end{aligned} \tag{11.5.36}$$

其中

$$\varepsilon_r(k)\frac{\tilde{z}_r(k)}{\mu(k)+\sum_{i=1}^{2r}f_i(k)g_i(k)},\quad r=0,1,2,\cdots,n \tag{11.5.37}$$

式中，$\tilde{z}_r(k)$、$\varepsilon_r(k)$表示式(11.4.2)第 r 阶模型新息和残差。式(11.5.36)与第 5 章讨论的遗忘因子损失函数递推计算

$$J(k)=\mu(k)\left[J(k-1)+\frac{\tilde{z}^2(k)}{\mu(k)+\boldsymbol{h}^{\mathrm{T}}(k)\boldsymbol{P}(k-1)\boldsymbol{h}(k)}\right] \tag{11.5.38}$$

具有类似的结构，不过式(11.5.38)的残差 $\varepsilon(k)$是用 k 时刻以前的数据信息更新的，而式(11.5.36)的残差 $\varepsilon_r(k)$与低于 r 阶的模型信息有关。

11.5.4 AUDI-RLS 算法 MATLAB 程序实现

AUDI-RLS 辨识算法式(11.5.20)的 MATLAB 程序见本章附 11.1,程序使用的主要步骤:①设置信息压缩阵的维数 $N=2n+1$,n 为模型可能的最高阶次;②初始化:置损失函数矩阵 $D(:,:,1)=\boldsymbol{I}_N$($N$ 维单位矩阵),参数辨识矩阵 $U(:,:,1)=\boldsymbol{I}_N$;③根据式(11.4.4),构建增广数据向量$\boldsymbol{\varphi}_n(k)$;④依时间 k 计算 $f(:,k)$ 和 $g(:,k)$,并递推计算 $D(:,:,k)$ 和 $U(:,:,k)$;⑤根据式(11.4.10),从 $U(:,:,k)$ 和 $D(:,:,k)$ 中提取出相应的模型参数估计值和损失函数(依据停机条件停止计算后,以最后 5 个参数估计值的平均值作为辨识结果);⑥程序运行过程中要保持 $U(:,:,k)$ 的对角线元素始终为 1;⑦模型式(11.4.5)的辨识结果不必去顾及。此外,需要特别提醒,构建增广数据向量$\boldsymbol{\varphi}_n(k)$时,数据序列的时间不能错位。

例 11.4 本例仿真模型和实验条件与第 5 章例 5.3 基本相同,模型噪声标准差取 $\lambda=0.3$(噪信比约为 20.5%)。假设模型可能的最高阶次 $n=4$(模型阶次实为 2),根据式(11.4.4)的定义,构造增广数据向量

$$\begin{aligned}\boldsymbol{\varphi}_4(k) = [&-z(k-4), u(k-4), -z(k-3),\\ &u(k-3), -z(k-2), u(k-2), -z(k-1), u(k-1), -z(k)]^{\mathrm{T}}\end{aligned} \tag{11.5.39}$$

利用 AUDI-RLS 算法式(11.5.20)和本章附 11.1 的 MATLAB 程序,递推计算参数辨识矩阵 $\boldsymbol{U}_4(k)$ 和损失函数矩阵 $\boldsymbol{D}_4(k)$。当递推到 $k=300$ 时,观察损失函数随阶次变化的情况,如图 11.3 所示。显然,模型阶次大于 2 后,损失函数变化不显著,根据第 10 章的 F-Test 定阶法,模型阶次确定为 2。

当数据长度 $L=300$ 时,利用 AUDI-RLS 算法的辨识结果如表 11.1 所示,模型参数估计值的变化过程如图 11.4 所示。最终获得的辨识模型为

$$\begin{aligned}z(k) =& 1.4898z(k-1) - 0.6861z(k-2) + 1.0227u(k-1)\\ &+ 0.5153u(k-2) + 0.3041v(k)\end{aligned}$$

表 11.1 利用 AUDI-RLS 算法的辨识结果(噪信比约为 20.5%)

模型参数	a_1	a_2	b_1	b_2	静态增益	噪声标准差
真值	−1.5	0.7	1.0	0.5	7.5	0.3
估计值	−1.4898	0.6861	1.0227	0.5153	7.4614	0.3041

当噪声标准差取 $\lambda=1.0$,数据长度 $L=300$ 时,利用 AUDI-RLS 算法的辨识结果如表 11.2 所示,模型参数估计值的变化过程如图 11.5 所示。最终获得的辨识模型为

$$\begin{aligned}z(k) =& 1.4854z(k-1) - 0.6826z(k-2) + 1.0173u(k-1)\\ &+ 0.5281u(k-2) + 1.0021v(k)\end{aligned}$$

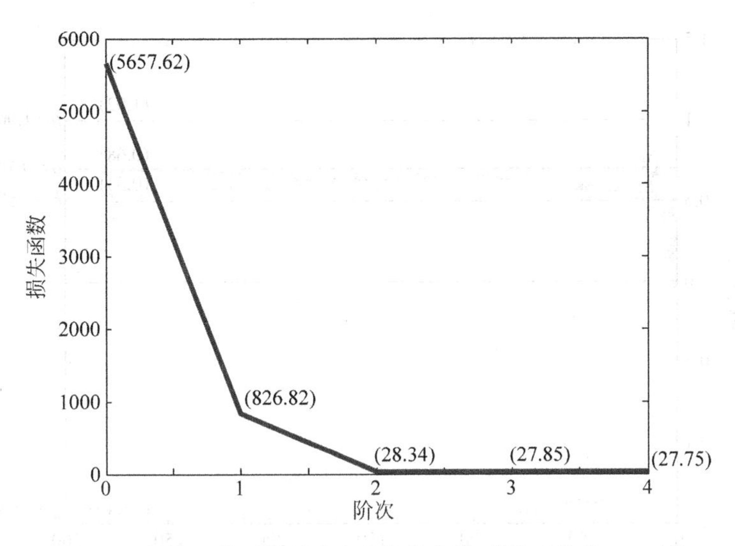

图 11.3 损失函数随模型阶次变化的曲线(噪信比约为 20.5%)

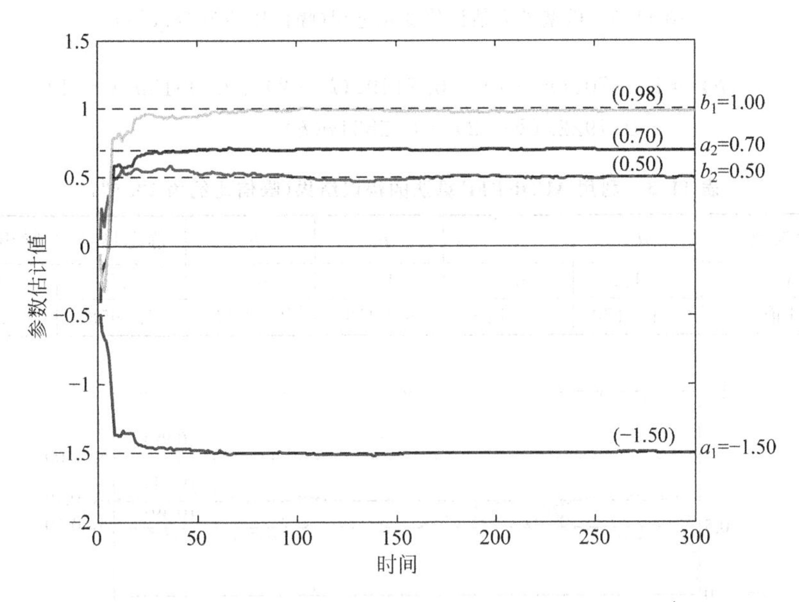

图 11.4 模型参数估计值变化过程(噪信比约为 20.5%)

表 11.2 利用 AUDI-RLS 算法的辨识结果(噪信比约为 68.5%)

模型参数	a_1	a_2	b_1	b_2	静态增益	噪声标准差
真值	−1.5	0.7	1.0	0.5	7.5	1.0
估计值	−1.4854	0.6826	1.0173	0.5281	7.8384	1.0021

当遗忘因子取 $\mu(k)=0.96$,噪声标准差 $\lambda=0.3$,数据长度 $L=300$ 时,利用 AUDI-RFF 算法的辨识结果如表 11.3 所示,模型参数估计值的变化过程如图 11.6 所示。最终获得的辨识模型为

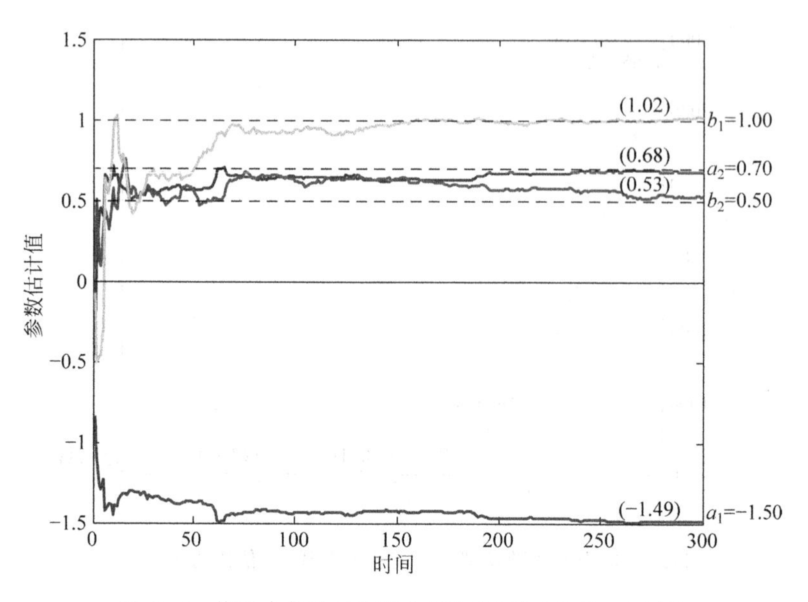

图 11.5 模型参数估计值变化过程(噪信比约为 68.5%)

$$
\begin{aligned}
z(k) = & 1.5170z(k-1) - 0.7149z(k-2) + 0.9913u(k-1) \\
& + 0.4922u(k-2) + 0.2831v(k)
\end{aligned}
$$

表 11.3 利用 AUDI-RFF 算法的辨识结果(噪信比约为 20.5%)

模型参数	a_1	a_2	b_1	b_2	静态增益	噪声标准差
真值	−1.5	0.7	1.0	0.5	7.5	0.3
估计值	−1.5170	0.7149	0.9913	0.4922	7.4958	0.2831

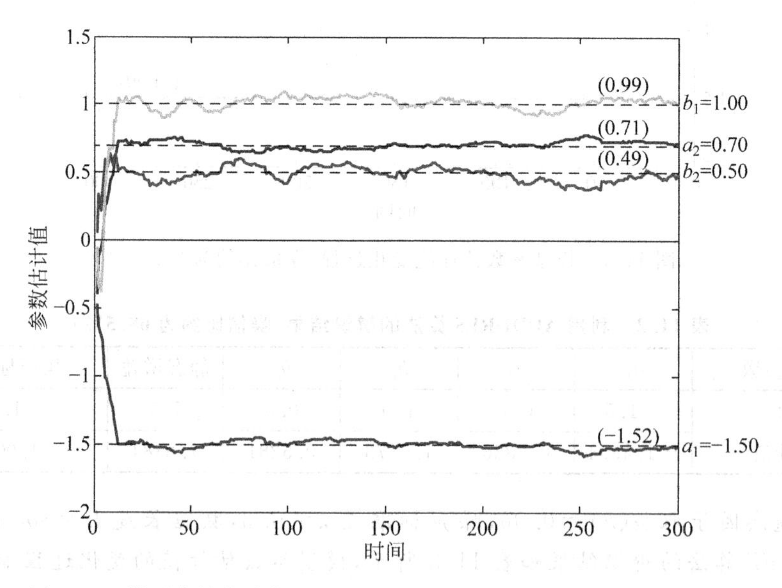

图 11.6 模型参数估计值变化过程(遗忘因子 0.96,噪信比约为 20.5%)

上面的仿真实验表明,AUDI-RLS 算法的辨识效果不错,即使模型噪声较大时,辨识效果也是很好的。引入遗忘因子后的 AUDI-RFF 算法,模型参数估计的波动变大了。遗忘因子越小,模型参数估计波动会越大。这正是遗忘因子起的作用,以使 AUDI-RFF 算法能适应时变系统的辨识。

11.6 增广 UD 分解增广最小二乘辨识算法

考虑如下的 ARMAX 模型

$$\begin{cases} A(z^{-1})z(k) = B(z^{-1})u(k) + D(z^{-1})v(k) \\ A(z^{-1}) = 1 + a_1 z^{-1} + a_2 z^{-1} + \cdots + a_{n_a} z^{-n_a} \\ B(z^{-1}) = b_1 z^{-1} + b_2 z^{-1} + \cdots + b_{n_b} z^{-n_b} \\ D(z^{-1}) = 1 + d_1 z^{-1} + d_2 z^{-1} + \cdots + d_{n_d} z^{-n_d} \end{cases} \tag{11.6.1}$$

其中,$u(k)$、$z(k)$分别是模型的输入和输出变量;$v(k)$是均值为零的不相关随机噪声。为方便起见,模型阶次取 $n_a = n_b = n_d = n$。下面讨论基于增广 UD 分解的增广最小二乘递推辨识算法,记作 AUDI-RELS(AUDI- recursive extended least squares)。

11.6.1 AUDI-RELS 算法

模型式(11.6.1)写成最小二乘格式

$$z(k) = \boldsymbol{h}_n^{\mathrm{T}}(k)\,\boldsymbol{\theta}_n + v(k) \tag{11.6.2}$$

式中,$\boldsymbol{h}_n(k)$为数据向量,$\boldsymbol{\theta}_n$ 为模型参数向量,定义为

$$\begin{cases} \boldsymbol{\theta}_n = [a_n, b_n, d_n, \cdots, a_1, b_1, d_1]^{\mathrm{T}} \\ \boldsymbol{h}_n(k) = [-z(k-n), u(k-n), \hat{v}(k-n), \cdots, -z(k-1), u(k-1), \hat{v}(k-1)]^{\mathrm{T}} \end{cases} \tag{11.6.3}$$

其中,$\hat{v}(\cdot)$为模型噪声估计值,可取对应时刻的残差或新息,即

$$\begin{cases} \hat{v}(k) = z(k) - \boldsymbol{h}_n^{\mathrm{T}}(k)\,\hat{\boldsymbol{\theta}}_n(k-1) = \tilde{z}(k) \ \text{or} \\ \hat{v}(k) = z(k) - \boldsymbol{h}_n^{\mathrm{T}}(k)\,\hat{\boldsymbol{\theta}}_n(k) = \varepsilon(k) \end{cases} \tag{11.6.4}$$

构建增广数据向量

$$\begin{cases} \boldsymbol{\varphi}_n(k) = [-z(k-n), u(k-n), \hat{v}(k-n), \\ \qquad \cdots, -z(k-1), u(k-1), \hat{v}(k-1), -z(k)]^{\mathrm{T}} \\ \boldsymbol{\phi}_n(k) = [-z(k-n), u(k-n), \hat{v}(k-n), \\ \qquad \cdots, -z(k-1), u(k-1), \hat{v}(k-1), -z(k), u(k)]^{\mathrm{T}} \end{cases} \tag{11.6.5}$$

模型式(11.6.1)又可写成如下的最小二乘格式

$$u(k-1) = \boldsymbol{\varphi}_{n-1}^{\mathrm{T}}(k)\,\boldsymbol{\vartheta}_{n-1} + \xi(k) \tag{11.6.6}$$

式中

$$\begin{cases}\boldsymbol{\varphi}_{n-1}(k)=[-z(k-n),u(k-n),\hat{v}(k-n),\\ \qquad \cdots,-z(k-2),u(k-2),\hat{v}(k-2),-z(k-1)]^{\mathrm{T}}\\ \boldsymbol{\vartheta}_{n-1}=\left[-\frac{a_n}{b_1},-\frac{b_n}{b_1},-\frac{d_n}{b_1},\cdots,-\frac{a_2}{b_1},-\frac{b_2}{b_1},-\frac{d_2}{b_1},-\frac{a_1}{b_1}\right]^{\mathrm{T}}\\ \xi(k)=-\frac{1}{b_1}[d_1v(k-1)+v(k)-z(k)]\end{cases} \tag{11.6.7}$$

模型式(11.6.6)的参数个数比模型式(11.6.2)的参数个数少了两个,模型误差 $\xi(k)$ 不再是白噪声。模型式(11.6.1)还可写成如下的最小二乘格式

$$\hat{v}(k-1)=\boldsymbol{\phi}_{n-1}^{\mathrm{T}}(k)\boldsymbol{\rho}_{n-1}+\zeta(k) \tag{11.6.8}$$

式中

$$\begin{cases}\boldsymbol{\phi}_{n-1}(k)=[-z(k-n),u(k-n),\hat{v}(k-n),\\ \qquad \cdots,-z(k-2),u(k-2),\hat{v}(k-2),-z(k-1),u(k-1)]^{\mathrm{T}}\\ \boldsymbol{\rho}_{n-1}=\left[-\frac{a_n}{d_1},-\frac{b_n}{d_1},-\frac{d_n}{d_1},\cdots,-\frac{a_2}{d_1},-\frac{b_2}{d_1},-\frac{d_2}{d_1},-\frac{a_1}{d_1},-\frac{b_1}{d_1}\right]^{\mathrm{T}}\\ \zeta(k)=-\frac{1}{d_1}[v(k)-z(k)]\end{cases} \tag{11.6.9}$$

模型式(11.6.8)的参数个数比模型式(11.6.2)的参数个数少了一个,模型误差 $\zeta(k)$ 也不再是白噪声。式(11.6.6)和式(11.6.8)模型的辨识结果没有什么实用价值,不必深究。

增广数据向量 $\boldsymbol{\varphi}_n(k)$ 和 $\boldsymbol{\phi}_n(k)$ 的特殊排列顺序与数据向量 $\boldsymbol{h}_n(k)$ 形成了类似于式(11.4.8)的"移位结构"(shift structure),即有

$$\begin{aligned}&\boldsymbol{\varphi}_n(k)=\begin{bmatrix}\boldsymbol{h}_n(k)\\ -z(k)\end{bmatrix},\quad \boldsymbol{\phi}_n(k)=\begin{bmatrix}\boldsymbol{\varphi}_n(k)\\ u(k)\end{bmatrix},\quad \boldsymbol{h}_n(k)=\begin{bmatrix}\boldsymbol{\phi}_{n-1}(k)\\ \hat{v}(k-1)\end{bmatrix}\\ &\boldsymbol{\varphi}_{n-1}(k)=\begin{bmatrix}\boldsymbol{h}_{n-1}(k)\\ -z(k-1)\end{bmatrix},\quad \boldsymbol{\phi}_{n-1}(k)=\begin{bmatrix}\boldsymbol{\varphi}_{n-1}(k)\\ u(k-1)\end{bmatrix},\quad \boldsymbol{h}_{n-1}(k)=\begin{bmatrix}\boldsymbol{\phi}_{n-2}(k)\\ \hat{v}(k-2)\end{bmatrix}\cdots\end{aligned} \tag{11.6.10}$$

根据式(11.2.12)的定义,k 时刻的信息压缩阵写成

$$\boldsymbol{C}_n(k)=\boldsymbol{S}_n^{-1}(k)=\left[\sum_{i=1}^{k}\boldsymbol{\varphi}_n(i)\boldsymbol{\varphi}_n^{\mathrm{T}}(i)\right]^{-1} \tag{11.6.11}$$

式中,信息压缩阵 $\boldsymbol{C}_n(k)$ 为 $(3n+1)\times(3n+1)$ 维矩阵。利用定理 11.1,对 $\boldsymbol{C}_n(k)$ 进行 $\mathrm{UDU}^{\mathrm{T}}$ 分解

$$\boldsymbol{C}_n(k)=\boldsymbol{U}_n(k)\boldsymbol{D}_n(k)\boldsymbol{U}_n^{\mathrm{T}}(k) \tag{11.6.12}$$

其中,$\boldsymbol{U}_n(k)$ 为 $(3n+1)\times(3n+1)$ 维的单位上三角矩阵,称参数辨识矩阵;$\boldsymbol{D}_n(k)$ 为 $(3n+1)\times(3n+1)$ 维的对角矩阵,称损失函数矩阵。矩阵 $\boldsymbol{U}_n(k)$ 和 $\boldsymbol{D}_n(k)$ 的形式类似于式(11.4.10),即

$$
\left\{
\begin{aligned}
\boldsymbol{U}_n(k) &= \begin{bmatrix}
1 & -\hat{\vartheta}_0^{(1)}(k) & -\hat{\rho}_0^{(1)}(k) & \hat{\theta}_1^{(1)}(k) & -\hat{\vartheta}_1^{(1)}(k) & -\hat{\rho}_1^{(1)}(k) & \cdots & -\hat{\vartheta}_{n-1}^{(1)}(k) & -\hat{\rho}_{n-1}^{(1)}(k) & \hat{\theta}_n^{(1)}(k) \\
 & 1 & -\hat{\rho}_0^{(2)}(k) & \hat{\theta}_1^{(2)}(k) & -\hat{\vartheta}_1^{(2)}(k) & -\hat{\rho}_1^{(2)}(k) & \cdots & -\hat{\vartheta}_{n-1}^{(2)}(k) & -\hat{\rho}_{n-1}^{(2)}(k) & \hat{\theta}_n^{(2)}(k) \\
 & & 1 & \hat{\theta}_1^{(3)}(k) & -\hat{\vartheta}_1^{(3)}(k) & -\hat{\rho}_1^{(3)}(k) & \cdots & -\hat{\vartheta}_{n-1}^{(3)}(k) & -\hat{\rho}_{n-1}^{(3)}(k) & \hat{\theta}_n^{(3)}(k) \\
 & & & 1 & -\hat{\vartheta}_1^{(4)}(k) & -\hat{\rho}_1^{(4)}(k) & \cdots & -\hat{\vartheta}_{n-1}^{(4)}(k) & -\hat{\rho}_{n-1}^{(4)}(k) & \hat{\theta}_n^{(4)}(k) \\
 & & & & 1 & -\hat{\rho}_1^{(5)}(k) & \cdots & -\hat{\vartheta}_{n-1}^{(5)}(k) & -\hat{\rho}_{n-1}^{(5)}(k) & \hat{\theta}_n^{(5)}(k) \\
 & & & & & 1 & \cdots & \vdots & -\hat{\rho}_{n-1}^{(6)}(k) & \hat{\theta}_n^{(6)}(k) \\
 & & 0 & & & & \ddots & -\hat{\vartheta}_{n-1}^{(3n-2)}(k) & \vdots & \hat{\theta}_n^{(7)}(k) \\
 & & & & & & & 1 & -\hat{\rho}_{n-1}^{(3n-1)}(k) & \vdots \\
 & & & & & & & & 1 & \hat{\theta}_n^{(3n)}(k) \\
 & & & & & & & & & 1
\end{bmatrix} \\
\boldsymbol{D}_n(k) &= \mathrm{diag}[J_0^{-1}(k), V_0^{-1}(k), E_0^{-1}(k), J_1^{-1}(k), \cdots, V_{n-1}^{-1}(k), E_{n-1}^{-1}(k), J_n^{-1}(k)]
\end{aligned}
\right.
\tag{11.6.13}
$$

式中，矩阵 $\boldsymbol{U}_n(k)$ 元素的下脚标 $r=0,1,\cdots,n$ 表示模型阶次，上脚标 $(i)=(1),(2),\cdots,(3n)$ 表示模型参数估计向量的元素序号，如 $\hat{\boldsymbol{\theta}}_n(k)=[\hat{\theta}_n^{(1)}(k),\hat{\theta}_n^{(2)}(k),\hat{\theta}_n^{(3)}(k),\cdots,\hat{\theta}_n^{(3n)}(k)]^{\mathrm{T}}=[\hat{a}_n,\hat{b}_n,\hat{d}_n,\cdots,\hat{a}_1,\hat{b}_1,\hat{d}_1]^{\mathrm{T}}$ 是模型式(11.6.2)的增广最小二乘参数估计值；$\hat{\boldsymbol{\rho}}_{n-1}(k)=[\hat{\rho}_{n-1}^{(1)}(k),\hat{\rho}_{n-1}^{(2)}(k),\cdots,\hat{\rho}_{n-1}^{(3n-1)}(k)]^{\mathrm{T}}$ 是模型式(11.6.8)的增广最小二乘参数估计值；$\hat{\boldsymbol{\vartheta}}_{n-1}(k)=[\hat{\vartheta}_{n-1}^{(1)}(k),\hat{\vartheta}_{n-1}^{(2)}(k),\cdots,\hat{\vartheta}_{n-1}^{(3n-2)}(k)]^{\mathrm{T}}$ 是模型式(11.6.6)的增广最小二乘参数估计值；矩阵 $\boldsymbol{D}_n(k)$ 元素 $J_r(k)$，$r=0,1,2,\cdots,n$ 是模型式(11.6.2)对应阶次的损失函数，$E_r(k)$，$r=0,1,2,\cdots,n-1$ 是模型式(11.6.8)对应阶次的损失函数，$V_r(k)$，$r=0,1,2,\cdots,n-1$ 是模型式(11.6.6)对应阶次的损失函数。

与 AUDI 辨识算法式(11.4.10)推导类似(参见式(11.4.11)～式(11.4.21))，不同的只是信息压缩阵的维数变成 $(3n+1)\times(3n+1)$。仿式(11.4.10)的推导，可以得到

$$\begin{cases}\hat{\boldsymbol{\theta}}_n(k)=\left[\sum_{i=1}^{k}\boldsymbol{h}_n(i)\boldsymbol{h}_n^{\mathrm{T}}(i)\right]^{-1}\left[\sum_{i=1}^{k}\boldsymbol{h}_n(i)z(i)\right]\\ \hat{\boldsymbol{\rho}}_{n-1}(k)=\left[\sum_{i=1}^{k}\boldsymbol{\phi}_{n-1}(i)\boldsymbol{\phi}_{n-1}^{\mathrm{T}}(i)\right]^{-1}\left[\sum_{i=1}^{k}\boldsymbol{\phi}_{n-1}(i)\hat{v}(i-1)\right]\\ \hat{\boldsymbol{\vartheta}}_{n-1}(k)=\left[\sum_{i=1}^{k}\boldsymbol{\varphi}_{n-1}(i)\boldsymbol{\varphi}_{n-1}^{\mathrm{T}}(i)\right]^{-1}\left[\sum_{i=1}^{k}\boldsymbol{\varphi}_{n-1}(i)u(i-1)\right]\end{cases}\tag{11.6.14}$$

及

$$\begin{cases}J_n(k)=\sum_{i=1}^{k}[z(i)-\hat{z}(i)]^2=\sum_{i=1}^{k}\varepsilon^2(i)\\ E_{n-1}(k)=\sum_{i=1}^{k}[\hat{v}(i-1)-\hat{\hat{v}}(i-1)]^2=\sum_{i=1}^{k}\zeta^2(k)\\ V_{n-1}(k)=\sum_{i=1}^{k}[u(i-1)-\hat{u}(i-1)]^2=\sum_{i=1}^{k}\xi^2(k)\end{cases}\tag{11.6.15}$$

其中，$\hat{z}(i)$、$\hat{u}(i-1)$ 和 $\hat{\hat{v}}(i-1)$ 分别为模型式(11.6.2)、式(11.6.6)和式(11.6.8)输出的估计值，即

$$\begin{cases}\hat{z}(i)=\boldsymbol{h}_n^{\mathrm{T}}(i)\hat{\boldsymbol{\theta}}_n(k)\\ \hat{\hat{v}}(i-1)=\boldsymbol{\phi}_{n-1}^{\mathrm{T}}(i)\hat{\boldsymbol{\rho}}_{n-1}(k)\\ \hat{u}(i-1)=\boldsymbol{\varphi}_{n-1}^{\mathrm{T}}(i)\hat{\boldsymbol{\vartheta}}_{n-1}(k)\end{cases}\tag{11.6.16}$$

式(11.6.13)表明，当选定可能的最高阶次 n 时，参数辨识矩阵 $\boldsymbol{U}_n(k)$ 包含了 1 至 n 阶模型的参数估计值 $\hat{\boldsymbol{\theta}}_r(k)$、$\hat{\boldsymbol{\rho}}_{r-1}(k)$ 和 $\hat{\boldsymbol{\vartheta}}_{r-1}(k)$，$r=1,2,\cdots,n$；损失函数矩阵 $\boldsymbol{D}_n(k)$ 包含了对应的损失函数 $J_r(k)$，$r=0,1,2,\cdots,n$ 及 $E_r(k)$ 和 $V_r(k)$，$r=0,1,\cdots,n-1$。

将式(11.6.11)信息压缩阵 $\boldsymbol{C}_n(k)$ 写成

$$\boldsymbol{C}_n(k)=[\boldsymbol{C}_n(k-1)+\boldsymbol{\varphi}_n(k)\boldsymbol{\varphi}_n^{\mathrm{T}}(k)]^{-1}\tag{11.6.17}$$

与 AUDI-RLS 辨识算法式(11.5.20)推导类似(参见式(11.5.2)～式(11.5.19))，可

构成如下的 AUDI-RELS 辨识算法。

AUDI-RELS 辨识算法

$$
\begin{aligned}
&\boldsymbol{\varphi}_n(k) = [-z(k-n), u(k-n), \hat{v}(k-n), \\
&\qquad \cdots, -z(k-1), u(k-1), \hat{v}(k-1), -z(k)]^{\mathrm{T}} \\
&\boldsymbol{f}_n(k) = \boldsymbol{U}_n^{\mathrm{T}}(k-1)\,\boldsymbol{\varphi}_n(k), \quad \boldsymbol{g}_n(k) = \boldsymbol{D}_n(k-1)\boldsymbol{f}_n(k) \\
&\beta_j(k) = 1 + \sum_{i=1}^{j} f_i(k) g_i(k) \\
&\bar{u}_{ij}(k) = -\frac{f_j(k) g_i(k)}{\beta_{j-1}(k)}, \quad \bar{u}_{jj}(k) = 1 \\
&u_{ij}(k) = u_{ij}(k-1) + \sum_{l=i}^{j-1} u_{il}(k-1)\,\bar{u}_{lj}(k), \quad u_{ii}(k) = 1 \\
&d_j(k) = \frac{d_j(k-1)\beta_{j-1}(k)}{\beta_j(k)} \\
&\hat{v}(k) = -f_N(k) \quad \text{or} \quad \hat{v}(k) = -\frac{f_N(k)}{\beta_{N-1}(k)} \\
&i = 1,2,\cdots,N; \quad j = 1,2,\cdots,N; \quad N = 3n+1
\end{aligned}
\tag{11.6.18}
$$

上述 AUDI-RELS 辨识算法是一种依时间 k 的递推计算结构，选定可能的最高模型阶次 n，利用 k 时刻的增广数据向量 $\boldsymbol{\varphi}_n(k)$ 和 $k-1$ 时刻的 $\boldsymbol{U}_n(k-1)$ 和 $\boldsymbol{D}_n(k-1)$，便可递推计算 $\boldsymbol{U}_n(k)$ 和 $\boldsymbol{D}_n(k)$，获得 1 至 n 阶模型的辨识结果，包括损失函数和参数估计值。

类似式(11.5.21)和式(11.5.26)的推导，同样有

$$
\begin{cases}
\tilde{z}_r(k) = -f_{3r+1}(k) \\
\varepsilon_r(k) = \dfrac{\tilde{z}_r(k)}{1 + \sum\limits_{i=1}^{3r} f_i(k) g_i(k)} = -\dfrac{f_{3r+1}(k)}{\beta_{3r}}, \quad r = 0,1,2,\cdots,n
\end{cases}
\tag{11.6.19}
$$

故由式(11.6.4)知，噪声估计 $\hat{v}(k)$ 可写成

$$
\hat{v}(k) = -f_{3r+1}(k) \ \text{or}\ \hat{v}(k) = -\frac{f_{3r+1}(k)}{\beta_{3r}(k)}, \quad r = 0,1,2,\cdots,n \tag{11.6.20}
$$

11.6.2 AUDI-RELS 算法 MATLAB 程序实现

AUDI-RELS 辨识算法式(11.6.18)的 MATLAB 程序见本章附 11.2，程序使用的步骤与 AUDI-RLS 算法一样，只是构建增广数据向量 $\boldsymbol{\varphi}_n(k)$ 有所不同。

例 11.5 本例仿真模型和实验条件与第 6 章例 6.1 基本相同，模型噪声标准差 $\lambda=0.3$。假设模型可能的最高阶次 $n=4$(模型阶次实为 2)，根据式(11.6.5)的定义，构造增广数据向量

$$\begin{aligned}\boldsymbol{\varphi}_4(k) = [&-z(k-4), u(k-4), \hat{v}(k-4), -z(k-3),\\ &u(k-3), \hat{v}(k-3), -z(k-2), u(k-2), \hat{v}(k-2),\\ &-z(k-1), u(k-1), \hat{v}(k-1), -z(k)]^{\mathrm{T}}\end{aligned} \tag{11.6.21}$$

利用 AUDI-RELS 辨识算法式(11.6.18)和本章附 11.2 的 MATLAB 程序，递推计算参数辨识矩阵 $\boldsymbol{U}_4(k)$和损失函数矩阵 $\boldsymbol{D}_4(k)$。当递推到 $k=300$ 时，观察损失函数随阶次变化的情况，如图 11.7 所示。显然模型阶次大于 2 后，损失函数变化不显著，根据第 11 章的 F-Test 定阶法，模型阶次确定为 2。

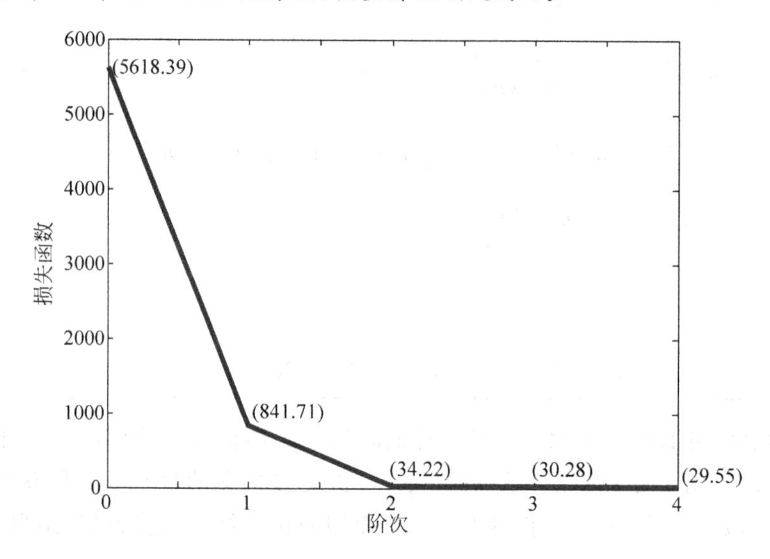

图 11.7 损失函数随模型阶次变化的曲线(噪信比约为 9.3%)

当数据长度 $L=300$ 时，利用 AUDI-RELS 算法的辨识结果如表 11.4 所示，模型参数估计值的变化过程如图 11.8 所示，最终获得的辨识模型为

$$\begin{aligned}z(k) = &1.4865z(k-1) - 0.6873z(k-2) + 1.0094u(k-1) + 0.5071u(k-2)\\ &- 0.9820v(k-1) + 0.1504v(k-2) + 0.3138v(k)\end{aligned}$$

表 11.4 利用 AUDI-RELS 算法的辨识结果(噪信比约为 9.3%)

模型参数	a_1	a_2	b_1	b_2	d_1	d_2	静态增益	噪声标准差
真值	−1.5	0.7	1.0	0.5	−1.0	0.2	7.5	0.3
估计值	−1.4865	0.6873	1.0094	0.5071	−0.9820	0.1504	7.5528	0.3138

当模型噪声标准差取 $\lambda=1.0$，数据长度 $L=300$ 时，利用 AUDI-RELS 算法的辨识结果如表 11.5 所示，模型参数估计值的变化过程如图 11.9 所示，最终获得的辨识模型为

$$\begin{aligned}z(k) = &1.4111z(k-1) - 0.6166z(k-2) + 0.9204u(k-1) + 0.6201u(k-2)\\ &- 0.8628v(k-1) + 0.1600v(k-2) + 1.0420v(k)\end{aligned}$$

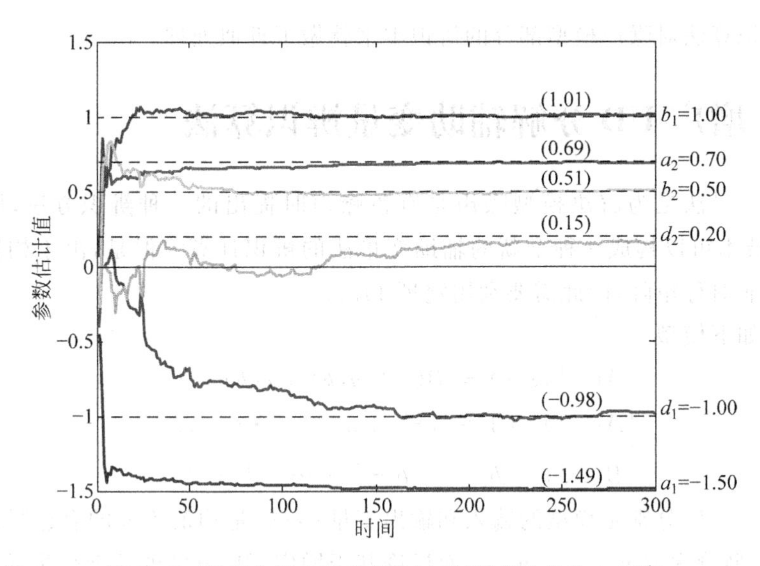

图 11.8　模型参数估计值变化过程(噪信比约为 9.3%)

表 11.5　利用 AUDI-RELS 算法的辨识结果(噪信比约为 30.8%)

模型参数	a_1	a_2	b_1	b_2	d_1	d_2	静态增益	噪声标准差
真值	−1.5	0.7	1.0	0.5	−1.0	0.2	7.5	1.0
估计值	−1.4111	0.6166	0.9204	0.6201	−0.8628	0.1600	7.4986	1.0420

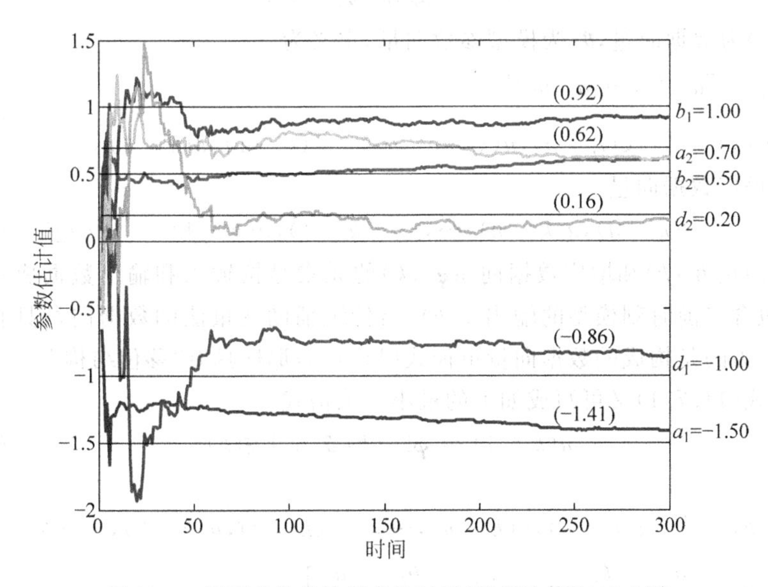

图 11.9　模型参数估计值变化过程(噪信比约为 30.8%)

上面的仿真实验表明，AUDI-RELS 算法的辨识效果还可以，即使模型噪声较大时，辨识模型也是可用的。不过，噪声模型部分的辨识总是有偏的，这是因为增广最小二乘辨识算法对噪声模型部分的辨识本来就做了近似处理。

11.7 增广 UD 分解辅助变量辨识算法

辅助变量法是为解决模型噪声是有色噪声时提出的一种辨识方法,同样利用 UD 分解技术可以构成一种全新的辅助变量法的辨识计算。但是,由于构造的信息压缩阵是非对称矩阵,因此需要利用定理 11.2。

考虑如下模型

$$\begin{cases} A(z^{-1})z(k) = B(z^{-1})u(k) + e(k) \\ A(z^{-1}) = 1 + a_1 z^{-1} + a_2 z^{-2} + \cdots + a_{n_a} z^{-n_a} \\ B(z^{-1}) = b_1 z^{-1} + b_2 z^{-2} + \cdots + b_{n_b} z^{-n_b} \end{cases} \tag{11.7.1}$$

其中,$u(k)$、$z(k)$分别是模型的输入和输出变量;$e(k)$是均值为零的有色噪声。为方便起见,模型阶次取 $n_a = n_b = n$。下面讨论基于增广 UD 分解的辅助变量递推辨识算法,记作 AUDI-RIV(AUDI-recursive instrumented variable)。

11.7.1 AUDI-RIV 算法

模型式(11.7.1)写成最小二乘格式

$$z(k) = \boldsymbol{h}_n^{\mathrm{T}}(k)\,\boldsymbol{\theta}_n + e(k) \tag{11.7.2}$$

式中,$\boldsymbol{h}_n(k)$为数据向量,$\boldsymbol{\theta}_n$ 为模型参数向量,定义为

$$\begin{cases} \boldsymbol{\theta}_n = [a_n, b_n, \cdots, a_1, b_1]^{\mathrm{T}} \\ \boldsymbol{h}_n(k) = [-z(k-n), u(k-n), \cdots, -z(k-1), u(k-1)]^{\mathrm{T}} \end{cases} \tag{11.7.3}$$

同时构建增广数据向量

$$\boldsymbol{\varphi}_n(k) = [-z(k-n), u(k-n), \cdots, -z(k-1), u(k-1), -z(k)]^{\mathrm{T}} \tag{11.7.4}$$

数据向量 $\boldsymbol{h}_n(k)$和增广数据向量$\boldsymbol{\varphi}_n(k)$的元素是按输入和输出数据成对顺序排列的,且包含当前时刻模型的输出 $z(k)$,与传统辅助变量法的数据向量具有不同的结构形式,为的是构成的数据向量也像式(11.4.8)那样具有“移位结构”。

模型式(11.7.1)又可写成如下的最小二乘格式

$$u(k-1) = \boldsymbol{\varphi}_{n-1}^{\mathrm{T}}(k)\,\boldsymbol{\vartheta}_{n-1} + \xi(k) \tag{11.7.5}$$

式中

$$\begin{cases} \boldsymbol{\varphi}_{n-1}(k) = [-z(k-n), u(k-n), \cdots, -z(k-2), u(k-2), -z(k-1)]^{\mathrm{T}} \\ \boldsymbol{\vartheta}_{n-1} = \left[-\dfrac{a_n}{b_1}, -\dfrac{b_n}{b_1}, \cdots, -\dfrac{a_2}{b_1}, -\dfrac{b_2}{b_1}, -\dfrac{a_1}{b_1}\right]^{\mathrm{T}} \\ \xi(k) = -\dfrac{1}{b_1}[e(k) - z(k)] \end{cases} \tag{11.7.6}$$

显然，模型式(11.7.5)的参数个数比模型式(11.7.2)的参数个数少一个。再构造辅助数据向量和辅助增广数据向量

$$\begin{cases}\boldsymbol{h}_n^*(k)=[-x(k-n),u(k-n),\cdots,-x(k-1),u(k-1)]^{\mathrm{T}}\\ \boldsymbol{\varphi}_n^*(k)=[-x(k-n),u(k-n),\cdots,-x(k-1),u(k-1),-x(k)]^{\mathrm{T}}\end{cases}\tag{11.7.7}$$

式中，$x(\cdot)$称辅助变量，它是构造辅助数据向量和辅助增广数据向量的基本元素，它的选择必须满足辅助变量法的两个基本条件，即

$$\begin{cases}\mathrm{E}\{\boldsymbol{h}_n^*(k)\boldsymbol{h}_n^{\mathrm{T}}(k)\}\text{ 是奇异矩阵}\\ \mathrm{E}\{\boldsymbol{h}_n^*(k)e(k)\}=0\end{cases}\tag{11.7.8}$$

通常辅助变量可以选择

$$x(k)=\boldsymbol{h}_n^{*\mathrm{T}}(k)\,\boldsymbol{\theta}_n^*\tag{11.7.9}$$

式中，可取$\boldsymbol{\theta}_n^*=\hat{\boldsymbol{\theta}}_n(k-1)$。式(11.7.9)称作辅助模型，它还可写成如下的最小二乘格式

$$u(k-1)=\boldsymbol{\varphi}_{n-1}^{*\mathrm{T}}(k)\,\boldsymbol{\vartheta}_{n-1}^*+\zeta(k)\tag{11.7.10}$$

式中，$\boldsymbol{\vartheta}_{n-1}^*=\boldsymbol{\vartheta}_{n-1}|_{\hat{\boldsymbol{\theta}}_n(k-1)}$，且

$$\begin{cases}\boldsymbol{\varphi}_{n-1}^*(k)=[-x(k-n),u(k-n),\cdots,-x(k-2),u(k-2),-x(k-1)]^{\mathrm{T}}\\ \zeta(k)=\dfrac{1}{b_1}x(k)\end{cases}\tag{11.7.11}$$

上面定义的 4 个数据向量 $\boldsymbol{h}_n(k)$、$\boldsymbol{\varphi}_n(k)$、$\boldsymbol{h}_n^*(k)$和$\boldsymbol{\varphi}_n^*(k)$构成了如下的“移位结构”(shift structure)，即

$$\begin{aligned}&\boldsymbol{\varphi}_n(k)=\begin{bmatrix}\boldsymbol{h}_n(k)\\-z(k)\end{bmatrix},\quad \boldsymbol{h}_n(k)=\begin{bmatrix}\boldsymbol{\varphi}_{n-1}(k)\\u(k-1)\end{bmatrix},\cdots\\ &\boldsymbol{\varphi}_n^*(k)=\begin{bmatrix}\boldsymbol{h}_n^*(k)\\-x(k)\end{bmatrix},\quad \boldsymbol{h}_n^*(k)=\begin{bmatrix}\boldsymbol{\varphi}_{n-1}^*(k)\\u(k-1)\end{bmatrix},\cdots\end{aligned}\tag{11.7.12}$$

根据式(11.2.12)的定义，k 时刻的信息压缩阵写成

$$\boldsymbol{C}_n(k)=\boldsymbol{S}_n^{-1}(k)=\left[\sum_{i=1}^{k}\boldsymbol{\varphi}_n^*(i)\,\boldsymbol{\varphi}_n^{\mathrm{T}}(i)\right]^{-1}\tag{11.7.13}$$

式中，信息压缩阵 $\boldsymbol{C}_n(k)$为$(2n+1)\times(2n+1)$维非对称矩阵。利用定理 11.2，对$\boldsymbol{C}_n(k)$进行 $\mathrm{UDV}^{\mathrm{T}}$分解

$$\boldsymbol{C}_n(k)=\boldsymbol{U}_n(k)\boldsymbol{D}_n(k)\boldsymbol{V}_n^{\mathrm{T}}(k)\tag{11.7.14}$$

其中，$\boldsymbol{U}_n(k)$为$(2n+1)\times(2n+1)$维的单位上三角矩阵，称参数辨识矩阵；$\boldsymbol{V}_n(k)$为$(2n+1)\times(2n+1)$维的单位上三角矩阵，称辅助参数辨识矩阵；$\boldsymbol{D}_n(k)$为$(2n+1)\times(2n+1)$维的对角矩阵，称损失函数矩阵。矩阵 $\boldsymbol{D}_n(k)$、$\boldsymbol{U}_n(k)$和 $\boldsymbol{V}_n(k)$的形式类似于

式(11.4.10),即

$$\boldsymbol{D}_n(k) = \mathrm{diag}[J_0^{-1}(k), V_0^{-1}(k), J_1^{-1}(k), \cdots, V_{n-1}^{-1}(k), J_n^{-1}(k)] \tag{11.7.15}$$

及

$$\boldsymbol{U}_n(k) = \begin{bmatrix} 1 & -\hat{\vartheta}_0^{(1)}(k) & \hat{\theta}_1^{(1)}(k) & -\hat{\vartheta}_1^{(1)}(k) & \hat{\theta}_2^{(1)}(k) & \cdots & -\hat{\vartheta}_{n-1}^{(1)}(k) & \hat{\theta}_n^{(1)}(k) \\ & 1 & \hat{\theta}_1^{(2)}(k) & -\hat{\vartheta}_1^{(2)}(k) & \hat{\theta}_2^{(2)}(k) & \cdots & -\hat{\vartheta}_{n-1}^{(2)}(k) & \hat{\theta}_n^{(2)}(k) \\ & & 1 & -\hat{\vartheta}_1^{(3)}(k) & \hat{\theta}_2^{(3)}(k) & \cdots & -\hat{\vartheta}_{n-1}^{(3)}(k) & \hat{\theta}_n^{(3)}(k) \\ & & & 1 & \hat{\theta}_2^{(4)}(k) & \cdots & -\hat{\vartheta}_{n-1}^{(4)}(k) & \hat{\theta}_n^{(4)}(k) \\ & & & & 1 & \ddots & \vdots & \vdots \\ & & 0 & & & \ddots & -\hat{\vartheta}_{n-1}^{(2n-1)}(k) & \hat{\theta}_n^{(2n-1)}(k) \\ & & & & & & 1 & \hat{\theta}_n^{(2n)}(k) \\ & & & & & & & 1 \end{bmatrix} \tag{11.7.16}$$

和

$$\boldsymbol{V}_n(k) = \begin{bmatrix} 1 & -\hat{\vartheta}_0^{*(1)}(k) & \hat{\theta}_1^{*(1)}(k) & -\hat{\vartheta}_1^{*(1)}(k) & \hat{\theta}_2^{*(1)}(k) & \cdots & -\hat{\vartheta}_{n-1}^{*(1)}(k) & \hat{\theta}_n^{*(1)}(k) \\ & 1 & \hat{\theta}_1^{*(2)}(k) & -\hat{\vartheta}_1^{*(2)}(k) & \hat{\theta}_2^{*(2)}(k) & \cdots & -\hat{\vartheta}_{n-1}^{*(2)}(k) & \hat{\theta}_n^{*(2)}(k) \\ & & 1 & -\hat{\vartheta}_1^{*(3)}(k) & \hat{\theta}_2^{*(3)}(k) & \cdots & -\hat{\vartheta}_{n-1}^{*(3)}(k) & \hat{\theta}_n^{*(3)}(k) \\ & & & 1 & \hat{\theta}_2^{*(4)}(k) & \cdots & -\hat{\vartheta}_{n-1}^{*(4)}(k) & \hat{\theta}_n^{*(4)}(k) \\ & & & & 1 & \ddots & \vdots & \vdots \\ & & 0 & & & \ddots & -\hat{\vartheta}_{n-1}^{*(2n-1)}(k) & \hat{\theta}_n^{*(2n-1)}(k) \\ & & & & & & 1 & \hat{\theta}_n^{*(2n)}(k) \\ & & & & & & & 1 \end{bmatrix} \tag{11.7.17}$$

其中,矩阵 $\boldsymbol{U}_n(k)$ 和 $\boldsymbol{V}_n(k)$ 元素的下脚标 $r=0,1,\cdots,n$ 表示模型阶次,上脚标 $(i)=(1),(2),\cdots,(2n)$ 表示模型的辅助变量参数估计向量的元素序号,如 $\hat{\boldsymbol{\theta}}_n(k)=[\hat{\theta}_n^{(1)}(k),\hat{\theta}_n^{(2)}(k),\cdots,\hat{\theta}_n^{(2n)}(k)]^{\mathrm{T}}=[\hat{a}_n,\hat{b}_n,\hat{a}_{n-1},\hat{b}_{n-1},\cdots,\hat{a}_1,\hat{b}_1]^{\mathrm{T}}$ 是模型式(11.7.2)的辅助变量参数估计值;$\hat{\boldsymbol{\theta}}_n^*(k)=[\hat{\theta}_n^{*(1)}(k),\hat{\theta}_n^{*(2)}(k),\cdots,\hat{\theta}_n^{*(2n)}(k)]^{\mathrm{T}}$ 是模型式(11.7.9)的辅助变量参数估计值;$\hat{\boldsymbol{\vartheta}}_{n-1}(k)=[\hat{\vartheta}_{n-1}^{(1)}(k),\hat{\vartheta}_{n-1}^{(2)}(k),\cdots,\hat{\vartheta}_{n-1}^{(2n-1)}(k)]^{\mathrm{T}}$ 是模型式(11.7.5)的辅助变量参数估计值;$\hat{\boldsymbol{\vartheta}}_{n-1}^*(k)=[\hat{\vartheta}_{n-1}^{*(1)}(k),\hat{\vartheta}_{n-1}^{*(2)}(k),\cdots,\hat{\vartheta}_{n-1}^{*(2n-1)}(k)]^{\mathrm{T}}$ 是模型式(11.7.10)的辅助变量参数估计值;矩阵 $\boldsymbol{D}_n(k)$ 的元素 $J_r(k),r=0,1,2,\cdots,n$ 是模型式(11.7.2)对应阶次的损失函数,$V_r(k),r=0,1,2,\cdots,n-1$ 是模型式(11.7.9)对

应阶次的损失函数。

式(11.7.15)～式(11.7.17)的推导与式(11.4.10)类似。定义如下矩阵

$$\begin{cases} \boldsymbol{S}_n(k) = \left[\sum_{i=1}^{k} \boldsymbol{\varphi}_n^*(i)\, \boldsymbol{\varphi}_n^{\mathrm{T}}(i) \right]_{(2n+1)\times(2n+1)} \\ \boldsymbol{R}_n(k) = \left[\sum_{i=1}^{k} \boldsymbol{h}_n^*(i) \boldsymbol{h}_n^{\mathrm{T}}(i) \right]_{2n\times 2n} \end{cases} \tag{11.7.18}$$

其中，$\boldsymbol{S}_n(k)$和$\boldsymbol{R}_n(k)$与式(11.4.11)不同，它们都是非对称矩阵。利用定理 11.3 的式(11.3.10)和式(11.7.12)的“移位结构”，矩阵$\boldsymbol{S}_n(k)$可写成如下“嵌套结构”

$$\boldsymbol{S}_n(k) = \sum_{i=1}^{k} \boldsymbol{\varphi}_n^*(i)\, \boldsymbol{\varphi}_n^{\mathrm{T}}(i) = \begin{bmatrix} \boldsymbol{I}_{2n} & 0 \\ -\hat{\boldsymbol{\theta}}_n^{*\mathrm{T}}(k) & 1 \end{bmatrix} \begin{bmatrix} \boldsymbol{R}_n(k) & 0 \\ 0 & J_n(k) \end{bmatrix} \begin{bmatrix} \boldsymbol{I}_{2n} & 0 \\ -\hat{\boldsymbol{\theta}}_n^{\mathrm{T}}(k) & 1 \end{bmatrix} \tag{11.7.19}$$

式中，$\hat{\boldsymbol{\theta}}_n(k)$、$\hat{\boldsymbol{\theta}}_n^*(k)$和$J_n(k)$分别为模型式(11.7.2)及式(11.7.9)的辅助变量参数估计与损失函数

$$\begin{cases} \hat{\boldsymbol{\theta}}_n(k) = \left[\sum_{i=1}^{k} \boldsymbol{h}_n^*(i) \boldsymbol{h}_n^{\mathrm{T}}(i) \right]^{-1} \left[\sum_{i=1}^{k} \boldsymbol{h}_n^*(i) z(i) \right] = \boldsymbol{R}_n^{-1}(k) \left[\sum_{i=1}^{k} \boldsymbol{h}_n^*(i) z(i) \right] \\ \hat{\boldsymbol{\theta}}_n^*(k) = \left[\sum_{i=1}^{k} \boldsymbol{h}_n(i) \boldsymbol{h}_n^{*\mathrm{T}}(i) \right]^{-1} \left[\sum_{i=1}^{k} \boldsymbol{h}_n(i) z(i) \right] = \boldsymbol{R}_n^{-\mathrm{T}}(k) \left[\sum_{i=1}^{k} \boldsymbol{h}_n(i) z(i) \right] \\ J_n(k) = \sum_{i=1}^{k} x(i) z(i) - \left[\sum_{i=1}^{k} \boldsymbol{h}_n^{\mathrm{T}}(i) z(i) \right] \left[\sum_{i=1}^{k} \boldsymbol{h}_n^*(i) \boldsymbol{h}_n^{\mathrm{T}}(i) \right]^{-1} \left[\sum_{i=1}^{k} \boldsymbol{h}_n^*(i) z(i) \right] \\ \qquad = \sum_{i=1}^{k} x(i) z(i) - \hat{\boldsymbol{\theta}}_n^{*\mathrm{T}}(k) \left[\sum_{i=1}^{k} \boldsymbol{h}_n^*(i) \boldsymbol{h}_n^{\mathrm{T}}(i) \right] \hat{\boldsymbol{\theta}}_n(k) \\ \qquad = \sum_{i=1}^{k} \left[x(i) z(i) - \hat{x}(i)\, \hat{z}(i) \right] \\ \qquad = \sum_{i=1}^{k} \left[x(i) - \hat{x}(i) \right] \left[z(i) - \hat{z}(i) \right] \end{cases} \tag{11.7.20}$$

式中，推导式(11.7.20) 时，利用了关系式$\lim\limits_{k\to\infty} \frac{1}{k} \sum_{i=1}^{k} [x(i) - \hat{x}(i)]\, \hat{z}(i) = 0$。

同样，矩阵$\boldsymbol{R}_n(k)$也可表示成如下的“嵌套结构”

$$\boldsymbol{R}_n(k) = \sum_{i=1}^{k} \boldsymbol{h}_n^*(i) \boldsymbol{h}_n^{\mathrm{T}}(i) = \begin{bmatrix} \boldsymbol{I}_{2n-1} & 0 \\ \hat{\boldsymbol{\vartheta}}_{n-1}^{*\mathrm{T}}(k) & 1 \end{bmatrix} \begin{bmatrix} \boldsymbol{S}_{n-1}(k) & 0 \\ 0 & V_{n-1}(k) \end{bmatrix} \begin{bmatrix} \boldsymbol{I}_{2n-1} & 0 \\ \hat{\boldsymbol{\vartheta}}_{n-1}^{\mathrm{T}}(k) & 1 \end{bmatrix}^{\mathrm{T}} \tag{11.7.21}$$

式中，$\hat{\boldsymbol{\vartheta}}_{n-1}(k)$、$\hat{\boldsymbol{\vartheta}}_{n-1}^*(k)$和$V_{n-1}(k)$分别为式(11.7.5)及式(11.7.10)模型的最小二乘参数估计与损失函数，即

$$
\begin{cases}
\hat{\boldsymbol{\vartheta}}_{n-1}(k) = \left[\sum_{i=1}^{k} \boldsymbol{\varphi}_{n-1}^{*}(i) \boldsymbol{\varphi}_{n-1}^{\mathrm{T}}(i) \right]^{-1} \left[\sum_{i=1}^{k} \boldsymbol{\varphi}_{n-1}^{*}(i) u(i-1) \right] \\
\qquad = \boldsymbol{S}_{n-1}^{-1}(k) \left[\sum_{i=1}^{k} \boldsymbol{\varphi}_{n-1}^{*}(i) z(i) \right] \\
\hat{\boldsymbol{\vartheta}}_{n-1}^{*}(k) = \left[\sum_{i=1}^{k} \boldsymbol{\varphi}_{n-1}(i) \boldsymbol{\varphi}_{n-1}^{*\mathrm{T}}(i) \right]^{-1} \left[\sum_{i=1}^{k} \boldsymbol{\varphi}_{n-1}(i) u(i-1) \right] \\
\qquad = \boldsymbol{S}_{n-1}^{-\mathrm{T}}(k) \left[\sum_{i=1}^{k} \boldsymbol{\varphi}_{n-1}(i) u(i-1) \right] \\
V_{n-1}(k) = \sum_{i=1}^{k} u^{2}(i-1) - \left[\sum_{i=1}^{k} \boldsymbol{\varphi}_{n-1}^{\mathrm{T}} u(i-1) \right] \\
\qquad \left[\sum_{i=1}^{k} \boldsymbol{\varphi}_{n-1}^{*}(i) \boldsymbol{\varphi}_{n-1}^{\mathrm{T}}(i) \right]^{-1} \left[\sum_{i=1}^{k} \boldsymbol{\varphi}_{n-1}^{*}(i) u(i-1) \right] \\
\qquad = \sum_{i=1}^{k} u^{2}(i-1) - \hat{\boldsymbol{\vartheta}}_{n-1}^{*\mathrm{T}}(k) \left[\sum_{i=1}^{k} \boldsymbol{\varphi}_{n-1}^{*}(i) \boldsymbol{\varphi}_{n-1}^{\mathrm{T}}(i) \right] \hat{\boldsymbol{\vartheta}}_{n-1}(k) \\
\qquad = \sum_{i=1}^{k} \left[u^{2}(i-1) - \hat{u}^{2}(i-1) \right] \\
\qquad = \sum_{i=1}^{k} \left[u(i-1) - \hat{u}(i-1) \right]^{2}
\end{cases} \tag{11.7.22}
$$

式中，推导式(11.7.22)时，利用了关系式$\lim_{k \to \infty} \frac{1}{k} \sum_{i=1}^{k} [u(i-1) - \hat{u}(i-1)] \hat{u}(i-1) = 0$。进一步模仿式(11.4.18)～式(11.4.21)，可以推导出式(11.7.15)～式(11.7.17)。

上面讨论表明，参数辨识矩阵$\boldsymbol{U}_n(k)$包含模型式(11.7.2)和式(11.7.5)的辅助变量参数估计值$\hat{\boldsymbol{\theta}}_r(k) = [\hat{\theta}_r^{(1)}(k), \hat{\theta}_r^{(2)}(k), \cdots, \hat{\theta}_r^{(2r)}(k)]^{\mathrm{T}}$及$\hat{\boldsymbol{\vartheta}}_r(k) = [\hat{\vartheta}_r^{(1)}(k), \hat{\vartheta}_r^{(2)}(k), \cdots, \hat{\vartheta}_r^{(2r-1)}(k)]^{\mathrm{T}}$，$r = 1, 2, \cdots, n$；辅助参数辨识矩阵$\boldsymbol{V}_n(k)$包含模型式(11.7.9)和式(11.7.10)的辅助变量参数估计值$\hat{\boldsymbol{\theta}}_r^{*}(k) = [\hat{\theta}_r^{*(1)}(k), \hat{\theta}_r^{*(2)}(k), \cdots, \hat{\theta}_r^{*(2r)}(k)]^{\mathrm{T}}$及$\hat{\boldsymbol{\vartheta}}_r^{*}(k) = [\hat{\vartheta}_r^{*(1)}(k), \hat{\vartheta}_r^{*(2)}(k), \cdots, \hat{\vartheta}_r^{*(2r-1)}(k)]^{\mathrm{T}}$，$r = 1, 2, \cdots, n$。损失函数矩阵$\boldsymbol{D}_n(k)$包含对应的损失函数$J_r(k)$，$r = 0, 1, 2, \cdots, n$和$V_{r-1}(k)$，$r = 0, 1, 2, \cdots, n-1$。当选定可能的最高阶次$n$时，算法可同时获得1至$n$阶的模型辨识结果，包括损失函数和参数估计向量。不过，需要关注的只是式(11.7.2)模型的辨识结果，式(11.7.5)、式(11.7.9)和式(11.7.10)模型的辨识结果没有什么实用价值。

式(11.7.15)～式(11.7.17)揭示了式(11.7.13)所示的信息压缩阵$\boldsymbol{C}_n(k)$，经$\mathrm{UDV}^{\mathrm{T}}$分解后所包含的辨识信息。下面将进一步讨论式(11.7.15)～式(11.7.17)的递推计算问题，以便构成AUDI-RIV算法。

将式(11.7.13)信息压缩阵$\boldsymbol{C}_n(k)$写成如下的递推形式

$$\boldsymbol{C}_n(k)=[\boldsymbol{S}_n(k-1)+\boldsymbol{\varphi}_n^*(k)\boldsymbol{\varphi}_n^{\mathrm{T}}(k)]^{-1} \tag{11.7.23}$$

利用矩阵反演公式(见附录E.3)，式(11.7.23)演算成

$$\boldsymbol{C}_n(k)=\boldsymbol{C}_n(k-1)-\frac{\boldsymbol{C}_n(k-1)\boldsymbol{\varphi}_n^*(k)\boldsymbol{\varphi}_n^{\mathrm{T}}(k)\boldsymbol{C}_n(k-1)}{1+\boldsymbol{\varphi}_n^{\mathrm{T}}(k)\boldsymbol{C}_n(k-1)\boldsymbol{\varphi}_n^*(k)} \tag{11.7.24}$$

根据定理11.2，对 $\boldsymbol{C}_n(k)$ 和 $\boldsymbol{C}_n(k-1)$ 分别进行 $\mathrm{UDV}^{\mathrm{T}}$ 分解，定义

$$\begin{cases}\boldsymbol{g}_n(k)=[g_1(k),g_2(k),\cdots,g_N(k)]^{\mathrm{T}}=\boldsymbol{D}_n(k-1)\boldsymbol{f}_n(k)\\ \boldsymbol{g}_n^*(k)=[g_1^*(k),g_2^*(k),\cdots,g_N^*(k)]^{\mathrm{T}}=\boldsymbol{D}_n(k-1)\boldsymbol{f}_n^*(k)\\ \boldsymbol{f}_n(k)=[f_1(k),f_2(k),\cdots,f_N(k)]^{\mathrm{T}}=\boldsymbol{U}_n^{\mathrm{T}}(k-1)\boldsymbol{\varphi}_n(k)\\ \boldsymbol{f}_n^*(k)=[f_1^*(k),f_2^*(k),\cdots,f_N^*(k)]^{\mathrm{T}}=\boldsymbol{V}_n^{\mathrm{T}}(k-1)\boldsymbol{\varphi}_n^*(k)\\ \boldsymbol{\beta}_N(k)=1+\boldsymbol{f}_n^{\mathrm{T}}(k)\boldsymbol{g}_n^*(k)=1+\boldsymbol{g}_n^{\mathrm{T}}(k)\boldsymbol{f}_n^*(k)\end{cases} \tag{11.7.25}$$

式中，$N=2n+1$。式(11.7.24)又可写成

$$\begin{aligned}\boldsymbol{C}_n(k)&=\boldsymbol{U}_n(k)\boldsymbol{D}_n(k)\boldsymbol{V}_n^{\mathrm{T}}(k)\\&=\boldsymbol{U}_n(k-1)\bar{\boldsymbol{U}}_n(k)\bar{\boldsymbol{D}}_n(k)\bar{\boldsymbol{V}}_n^{\mathrm{T}}(k)\boldsymbol{V}_n^{\mathrm{T}}(k-1)\end{aligned} \tag{11.7.26}$$

显然有

$$\begin{cases}\boldsymbol{D}_n(k)=\bar{\boldsymbol{D}}_n(k)\\ \boldsymbol{U}_n(k)=\boldsymbol{U}_n(k-1)\bar{\boldsymbol{U}}_n(k)\\ \boldsymbol{V}_n(k)=\boldsymbol{V}_n(k-1)\bar{\boldsymbol{V}}_n(k)\end{cases} \tag{11.7.27}$$

如果能由 $\boldsymbol{U}_n(k-1)$、$\boldsymbol{V}_n(k-1)$ 和 $\boldsymbol{D}_n(k-1)$ 求得 $\bar{\boldsymbol{U}}_n(k)$、$\bar{\boldsymbol{V}}_n(k)$ 和 $\bar{\boldsymbol{D}}_n(k)$，则根据式(11.7.27)，即可实现 $\boldsymbol{U}_n(k)$、$\boldsymbol{V}_n(k)$ 和 $\boldsymbol{D}_n(k)$ 的递推计算，由此也就构成了AUDI-RIV算法。

仿式(11.5.10)，定义

$$\begin{cases}\boldsymbol{V}_n(k)=\begin{bmatrix}1 & v_{12}(k) & v_{13}(k) & \cdots & v_{1N}(k)\\ & 1 & v_{23}(k) & \cdots & v_{1N}(k)\\ & & \ddots & & \vdots\\ & 0 & & 1 & v_{(N-1)N}(k)\\ & & & & 1\end{bmatrix}\\ \bar{\boldsymbol{V}}_n(k)=\begin{bmatrix}1 & \bar{v}_{12}(k) & \bar{v}_{13}(k) & \cdots & \bar{v}_{1N}(k)\\ & 1 & \bar{v}_{23}(k) & \cdots & \bar{v}_{1N}(k)\\ & & \ddots & & \vdots\\ & 0 & & 1 & \bar{v}_{(N-1)N}(k)\\ & & & & 1\end{bmatrix}\\ \qquad\;=[\bar{\boldsymbol{v}}_1(k)\quad \bar{\boldsymbol{v}}_2(k)\quad\cdots\quad \bar{\boldsymbol{v}}_N(k)]\end{cases} \tag{11.7.28}$$

并模仿式(11.5.9)～式(11.5.19)，可以得到

$$\begin{cases}\bar{d}_{N-j}(k)=\dfrac{d_{N-j}(k-1)\beta_{N-j-1}(k)}{\beta_{N-j}(k)}\\ \bar{u}_{i(N-j)}(k)=-\dfrac{f_{N-j}(k)g_i^*(k)}{\beta_{N-j-1}(k)},\quad \bar{v}_{i(N-j)}(k)=-\dfrac{f_{N-j}^*(k)g_i(k)}{\beta_{N-j-1}(k)},\quad i=1,2,\cdots,N-1\\ \bar{u}_{(N-j)(N-j)}(k)=1,\quad \bar{v}_{(N-j)(N-j)}(k)=1,\quad j=0,1,2,\cdots,N-1\end{cases}\tag{11.7.29}$$

其中，$f_{N-j}(k)$、$f_{N-j}^*(k)$、$g_i(k)$、$g_i^*(k)$和$\beta_{N-j}(k)$由式(11.7.25)定义。

式(11.7.29)是$\bar{\boldsymbol{U}}_n(k)$、$\bar{\boldsymbol{V}}_n(k)$和$\bar{\boldsymbol{D}}_n(k)$的递推计算公式，注意到式(11.7.27)，即可实现$\boldsymbol{U}_n(k)$、$\boldsymbol{V}_n(k)$和$\boldsymbol{D}_n(k)$的递推计算。进一步利用式(11.7.27)，并对式(11.7.29)进行下脚标置换，也就是$N-j\Rightarrow j$，且$j=0,1,2,\cdots,N-1\Rightarrow j=1,2,\cdots,N$，由此便可构成如下的 AUDI-RIV 辨识算法。

AUDI-RIV 辨识算法

$$\boldsymbol{\varphi}_n(k)=[-z(k-n),u(k-n),\cdots,-z(k-1),u(k-1),-z(k)]^{\mathrm{T}}$$

$$\boldsymbol{\varphi}_n^*(k)=[-x(k-n),u(k-n),\cdots,-x(k-1),u(k-1),-x(k)]^{\mathrm{T}}$$

$$\boldsymbol{f}_n(k)=\boldsymbol{U}_n^{\mathrm{T}}(k-1)\boldsymbol{\varphi}_n(k),\quad \boldsymbol{g}_n(k)=\boldsymbol{D}_n(k-1)\boldsymbol{f}_n(k)$$

$$\boldsymbol{f}_n^*(k)=\boldsymbol{V}_n^{\mathrm{T}}(k-1)\boldsymbol{\varphi}_n^*(k),\quad \boldsymbol{g}_n^*(k)=\boldsymbol{D}_n(k-1)\boldsymbol{f}_n^*(k)$$

$$\beta_j(k)=1+\sum_{i=1}^{j}f_i(k)g_i^*(k)$$

$$\bar{u}_{ij}(k)=-\frac{f_j(k)g_i^*(k)}{\beta_{j-1}(k)},\quad \bar{u}_{jj}(k)=1$$

$$\bar{v}_{ij}(k)=-\frac{f_j^*(k)g_i(k)}{\beta_{j-1}(k)},\quad \bar{v}_{jj}(k)=1$$

$$u_{ij}(k)=u_{ij}(k-1)+\sum_{l=i}^{j-1}u_{il}(k-1)\bar{u}_{lj}(k),\quad u_{ii}(k)=1$$

$$v_{ij}(k)=v_{ij}(k-1)+\sum_{l=i}^{j-1}v_{il}(k-1)\bar{v}_{lj}(k),\quad v_{ii}(k)=1$$

$$d_j(k)=\frac{d_j(k-1)\beta_{j-1}(k)}{\beta_j(k)}$$

$$i=1,2,\cdots,N;\ j=1,2,\cdots,N;\ N=2n+1\tag{11.7.30}$$

上述 AUDI-RIV 辨识算法是一种依时间 k 的递推计算结构，选定可能的最高模型阶次 n，利用增广数据向量$\boldsymbol{\varphi}_n(k)$、$\boldsymbol{\varphi}_n^*(k)$和$\boldsymbol{U}_n(k-1)$、$\boldsymbol{V}_n(k-1)$和$\boldsymbol{D}_n(k-1)$，便可递推计算$\boldsymbol{U}_n(k)$、$\boldsymbol{V}_n(k-1)$和$\boldsymbol{D}_n(k)$，获得 1 至 n 阶模型的辨识结果，包括损失函数和模型参数估计值。

11.7.2 AUDI-RIV 算法 MATLAB 程序实现

AUDI-RIV 辨识算法式(11.7.30)的 MATLAB 程序见本章附 11.3，程序使用的步骤与 AUDI-RLS 算法类似，只是构建增广数据向量 $\boldsymbol{\varphi}_n(k)$ 和辅助增广向量 $\boldsymbol{\varphi}_n^*(k)$ 比较复杂一些，且辅助变量 $x(k)$ 的计算非常关键，计算不当可能造成辨识不稳定。

例 11.6　本例仿真模型和实验条件与第 6 章例 6.1 基本相同，噪声 $v(k)$ 标准差取 $\lambda=0.3$，噪声 $e(k)$ 标准差为 0.52。假设模型可能的最高阶次 $n=4$(模型阶次实为 2)，根据式(11.7.4)和式(11.7.7)的定义，构造增广数据向量和辅助增广数据向量

$$\begin{cases}\boldsymbol{\varphi}_4(k)=[-z(k-4),u(k-4),-z(k-3),u(k-3),\\ \qquad -z(k-2),u(k-2),-z(k-1),u(k-1)-z(k)]^{\mathrm{T}}\\ \boldsymbol{\varphi}_4^*(k)=[-x(k-4),u(k-4),-x(k-3),u(k-3),\\ \qquad -x(k-2),u(k-2),-x(k-1),u(k-1)-x(k)]^{\mathrm{T}}\end{cases} \tag{11.7.31}$$

利用 AUDI-RIV 辨识算法式(11.7.30)和本章附 11.3 的 MATLAB 程序，递推计算参数辨识矩阵 $\boldsymbol{U}_4(k)$、$\boldsymbol{V}_4(k)$ 和损失函数矩阵 $\boldsymbol{D}_4(k)$。当递推到 $k=300$ 时，观察损失函数随阶次变化的情况，如图 11.10 所示。显然模型阶次大于 2 后，损失函数变化不显著，根据第 10 章的 F-Test 定阶法，模型阶次确定为 2。

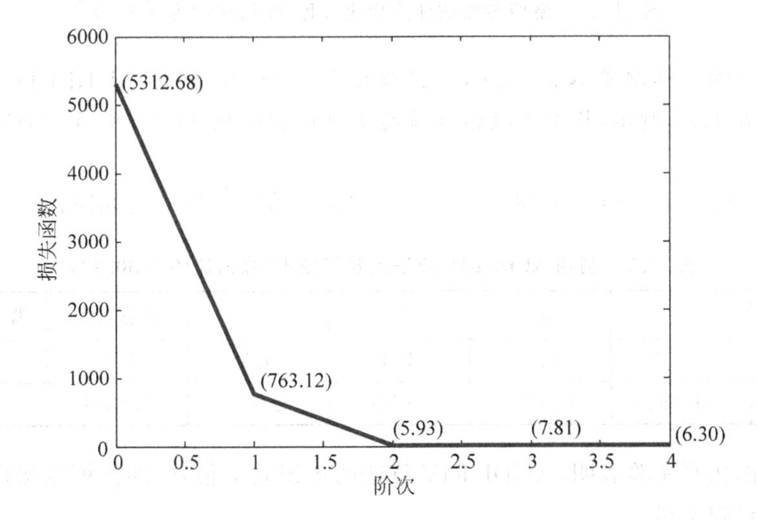

图 11.10　损失函数随模型阶次变化的曲线(噪信比约为 9.3%)

当数据长度 $L=300$ 时，利用 AUDI-RIV 算法的辨识结果如表 11.6 所示，模型参数估计值的变化过程如图 11.11 所示，最终获得的辨识模型为

$$\begin{aligned}z(k)=&1.4940z(k-1)-0.6916z(k-2)+1.0087u(k-1)\\&+0.4987u(k-2)+e(k)\end{aligned}$$

表 11.6 利用 AUDI-RIV 算法的辨识结果(噪信比约为 9.3%)

模型参数	a_1	a_2	b_1	b_2	静态增益	噪声标准差
真值	−1.5	0.7	1.0	0.5	7.5	0.52
估计值	−1.4940	0.6916	1.0087	0.4987	7.6282	0.4692

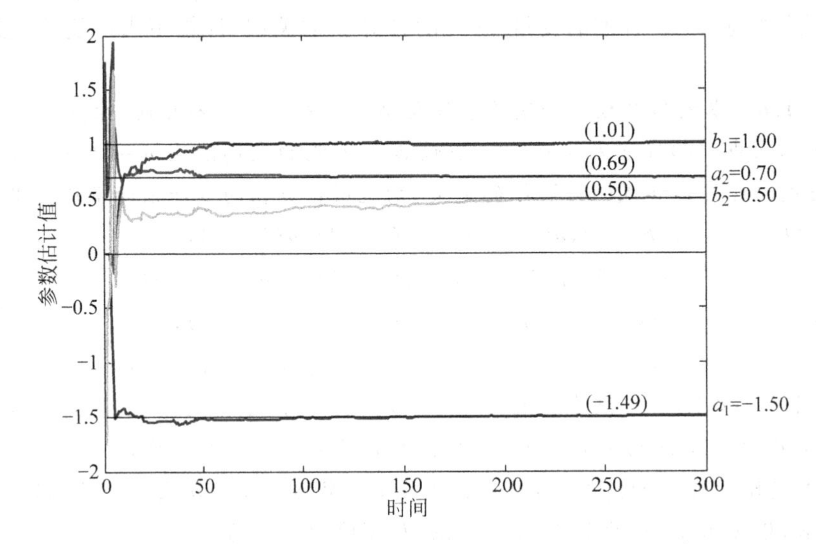

图 11.11 模型参数估计值变化过程(噪信比约为 9.3%)

当模型噪声标准差取 $\lambda=1.0$,数据长度 $L=300$ 时,利用 AUDI-RIV 算法的辨识结果如表 11.7 所示,模型参数估计值的变化过程如图 11.12 所示,最终获得的辨识模型为

$$z(k)=1.4820z(k-1)-0.6854z(k-2)+1.0546u(k-1)+0.4676u(k-2)+e(k)$$

表 11.7 利用 AUDI-RIV 算法的辨识结果(噪信比约为 30.8%)

模型参数	a_1	a_2	b_1	b_2	静态增益	噪声标准差
真值	−1.5	0.7	1.0	0.5	7.5	1.73
估计值	−1.4820	0.6854	1.0546	0.4676	7.4848	1.5941

上面的仿真实验表明,AUDI_RIV 算法的辨识效果很好,即使模型噪声较大时,辨识模型也很不错。

在仿真实验研究中,遇到几个有利用价值的问题:

(1) 根据式(11.7.25),$\boldsymbol{f}_n(k)$和$\boldsymbol{f}_n^*(k)$奇数行元素可以表示为

$$\begin{cases} f_{2r+1}(k)=-[z(k)-\boldsymbol{h}_r^{\mathrm{T}}(k)\hat{\boldsymbol{\theta}}_r(k-1)]=-\tilde{z}_r(k) \\ f_{2r+1}^*(k)=-[x(k)-\boldsymbol{h}_r^{*\mathrm{T}}(k)\hat{\boldsymbol{\theta}}_r^*(k-1)]=-\tilde{x}_r(k) \\ r=0,1,2,\cdots,n \end{cases} \tag{11.7.32}$$

式中,$\tilde{z}_r(k)$、$\tilde{x}_r(k)$分别为式(11.7.2)和式(11.7.9)第 r 阶模型新息。辨识实验研究

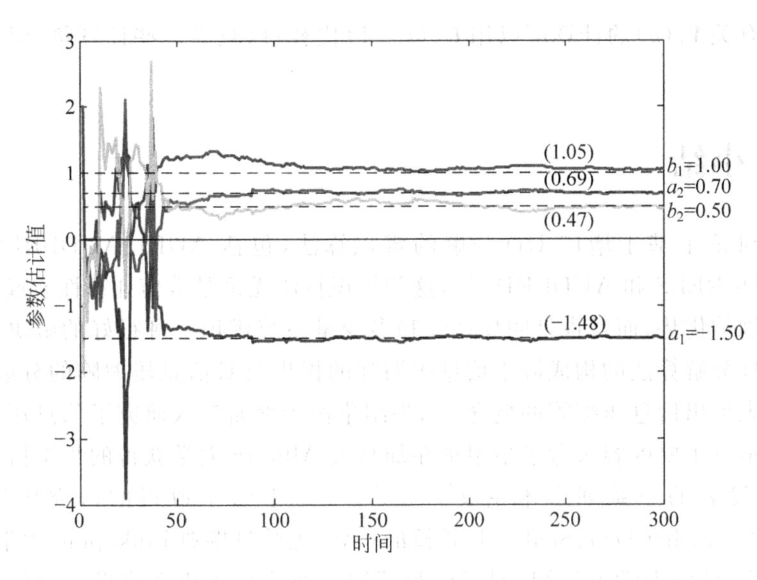

图 11.12　模型参数估计值变化过程(噪信比约为 30.8%)

时，通过观察这些模型新息的变化可以判别算法的运行情况。

(2) 根据式(11.7.20)，矩阵 $\boldsymbol{D}_n(k)$ 奇数对角元素所表示的损失函数实际含义为

$$J_r(k)=\sum_{i=1}^{k}[x(i)-\hat{x}_r(i)][z(i)-\hat{z}_r(i)],\quad r=0,1,2,\cdots,n \tag{11.7.33}$$

式中，$\hat{z}_r(k)$、$\hat{x}_r(k)$ 为模型式(11.7.2)和式(11.7.9)输出预报值。它与模型残差平方和并不完全等价，不能用来估计噪声标准差，不过还是可以用它来判断模型的阶次。噪声标准差可以用下面递推得到的损失函数来计算

$$J_r(k)=J_r(k-1)+\frac{\tilde{z}_r^2(k)}{1+\sum_{i=1}^{2r}f_i(k)g_i^*},\quad r=0,1,2,\cdots,n \tag{11.7.34}$$

上式的推导与式(11.5.25)类似。实际应用中，可以利用式(11.7.34)来估计噪声标准差。

(3) 当算法遇到干扰时，可能会影响辅助变量 $x(k)$ 的估计，并通过 $\boldsymbol{f}_n^*(k)$ 和 $\boldsymbol{g}_n^*(k)$ 影响模型的偏差 $\dfrac{f_j(k)}{\beta_{j-1}(k)}$ 和 $\dfrac{f_j^*(k)}{\beta_{j-1}(k)}$，$j=1,2,\cdots,N$，继而影响参数辨识矩阵 $\boldsymbol{U}_n(k)$ 和 $\boldsymbol{V}_n(k)$ 的更新，反过来又影响辅助变量 $x(k)$ 的估计，造成干扰的循环作用。由于计算辅助变量的模型具有一定的过渡过程时间，或在辨识过程中变成不稳定，这就会进一步加剧干扰的作用，甚至影响算法的稳定性。实际应用时，可以对辅助变量 $x(k)$ 进行限幅处理，以抑制干扰的循环作用。如图 11.12 所示，由于模型噪声较大，50 步之前算法存在不稳定的可能，对 $x(k)$ 进行限幅处理后，不稳定就被抑制住了。

(4) 参数辨识矩阵 $\boldsymbol{V}_n(k)$ 和 $\boldsymbol{U}_n(k)$ 中的参数估计向量 $\hat{\boldsymbol{\theta}}_r^*$、$\hat{\boldsymbol{\theta}}_r$ 和 $\hat{\boldsymbol{\vartheta}}_r^*$、$\hat{\boldsymbol{\vartheta}}_r$ 理论上满足 $\hat{\boldsymbol{\theta}}_r^*\xrightarrow{k\to\infty}\hat{\boldsymbol{\theta}}_r$ 和 $\hat{\boldsymbol{\vartheta}}_{r-1}^*\xrightarrow{k\to\infty}\hat{\boldsymbol{\vartheta}}_{r-1}$，$r=1,2,\cdots,n$，也就是 $\boldsymbol{V}_n(k)\xrightarrow{k\to\infty}\boldsymbol{U}_n(k-1)$，所以算

法程序中有关$\boldsymbol{V}_n(k)$的计算可以用$\boldsymbol{U}_n(k-1)$代替，以减少一些计算量，但辨识效果会差点。

11.8 小结

本章讨论了基于增广 UD 分解的辨识算法，包括 AUDI、AUDI-RLS、AUDI-RFF、AUDI-RELS 和 AUDI-RIV 等，这些辨识算法无论是数值计算性质或应用方面都具有特别的优势，而且也是闭环系统和多变量系统辨识一种很好的解决方案。基于增广 UD 分解算法的构成源于信息压缩阵的提出及对信息压缩阵的分解，研究生陈伯成首先提出信息压缩阵的概念[71]，牛绍华博士继而深入研究了信息压缩阵的分解方法。本章主要内容参考了牛绍华在加拿大 Alberta 大学获得的哲学博士学位论文[40]及其发表的一系列学术论文[42~52,63,64,82]。牛绍华取得的研究成果得到了 Alberta 大学 Fisher D G、Shah S L 教授的指导，也受过瑞典 Linköping 大学 Ljung L 教授的指点，清华大学方崇智、谢新民和萧德云教授是该研究成果的合作者。本书作者对该系列成果进行了有序的整理，同时补充了必要的推导和实验研究，主要算法都编写了 MATLAB 程序，并重新设计了基于 MATLAB 语言的仿真验证例子。

习题

(1) 把式(11.2.12)定义的矩阵$\boldsymbol{S}_n$的逆称作信息压缩阵，试论述信息压缩阵的作用。

(2) 证明式(11.3.2)和式(11.3.6)。

(3) 式(11.4.8)给出增广数据向量$\boldsymbol{\varphi}_n(k)$与数据向量$\boldsymbol{h}_n(k)$的“移位结构”性质，试阐述这种数据向量“移位结构”的作用。

(4) 式(11.4.10)为 AUDI 算法，试说明该算法的实质内容和应用。

(5) 证明式(11.4.13)和式(11.4.16)。

(6) 证明式(11.4.20)和式(11.4.21)。

(7) 若设增广数据向量为

$$\boldsymbol{\varphi}_4(k)=[u(k-4),u(k-3),-z(k-2),u(k-2),-z(k-1),u(k-1),z(k)]^{\mathrm{T}}$$

试构造信息压缩阵$\boldsymbol{C}_4(k)$，并将$\boldsymbol{C}_4(k)$矩阵 UD 分解成$\boldsymbol{U}_4(k)$和$\boldsymbol{D}_4(k)$。

(8) 首先证明式(11.5.17)，再证明式(11.5.19)

(9) 根据式(11.5.8)和$u_{ii}(k)=1$及$\bar{u}_{jj}(k)=1$，证明

$$\begin{cases}u_{ij}(k)=u_{ij}(k-1)+\sum_{l=i}^{j-1}u_{il}(k-1)\bar{u}_{lj}(k)\\ i=1,2,\cdots,N,j=1,2,\cdots,N\end{cases}$$

(10) 试说明式(11.5.25)和式(11.5.36)的用途。

(11) 证明式(11.7.19)和式(11.7.21)。

提示：利用定理 11.3 的式(11.3.10)和式(11.7.12)的"移位结构"，有

$$\boldsymbol{S}_n(k)=\sum_{i=1}^{k}\boldsymbol{\varphi}_n^*(i)\,\boldsymbol{\varphi}_n^{\mathrm{T}}(i)=\begin{bmatrix}\sum_{i=1}^{k}\boldsymbol{h}_n^*(i)\boldsymbol{h}_n^{\mathrm{T}}(i) & -\sum_{i=1}^{k}\boldsymbol{h}_n^*(i)z(i)\\ -\sum_{i=1}^{k}\boldsymbol{h}_n^{\mathrm{T}}(i)x(i) & \sum_{i=1}^{k}x(i)z(i)\end{bmatrix}$$

$$=\begin{bmatrix}\boldsymbol{I}_{2n} & 0\\ -\left[\sum_{i=1}^{k}\boldsymbol{h}_n^{\mathrm{T}}(i)z(i)\right]\left[\sum_{i=1}^{k}\boldsymbol{h}_n^*(i)\boldsymbol{h}_n^{\mathrm{T}}(i)\right]^{-1} & 1\end{bmatrix}$$

$$\begin{bmatrix}\sum_{i=1}^{k}\boldsymbol{h}_n^*(i)\boldsymbol{h}_n^{\mathrm{T}}(i) & 0\\ 0 & J_n(k)\end{bmatrix}$$

$$\begin{bmatrix}\boldsymbol{I}_{2n} & 0\\ -\left[\sum_{i=1}^{k}\boldsymbol{h}_n^{*\mathrm{T}}(i)z(i)\right]\left[\sum_{i=1}^{k}\boldsymbol{h}_n^*(i)\boldsymbol{h}_n^{\mathrm{T}}(i)\right]^{-\mathrm{T}} & 1\end{bmatrix}$$

(12) 证明式(11.7.18)的 $\boldsymbol{S}_n(k)$ 可分解成

$$\boldsymbol{S}_n(k)=\begin{bmatrix}\boldsymbol{I}_{2n} & 0\\ -\hat{\boldsymbol{\theta}}_n^{*\mathrm{T}}(k) & 1\end{bmatrix}\begin{bmatrix}\boldsymbol{I}_{2n-1} & 0 & \\ & & 0\\ \hat{\boldsymbol{\vartheta}}_{n-1}^{*\mathrm{T}}(k) & 1 & \\ 0 & & 1\end{bmatrix}\begin{bmatrix}\boldsymbol{S}_{n-1}(k) & 0 & \\ & & 0\\ 0 & V_{n-1} & \\ 0 & & J_n(k)\end{bmatrix}$$

$$\begin{bmatrix}\boldsymbol{I}_{2n-1} & 0 & \\ & & 0\\ \hat{\boldsymbol{\vartheta}}_{n-1}^{\mathrm{T}}(k) & 1 & \\ 0 & & 0\end{bmatrix}^{\mathrm{T}}\begin{bmatrix}\boldsymbol{I}_{2n} & 0\\ -\hat{\boldsymbol{\theta}}_n^{\mathrm{T}}(k) & 1\end{bmatrix}^{\mathrm{T}}$$

$$=\cdots=\boldsymbol{L}_n^*(k)\boldsymbol{D}_n^{-1}(k)\boldsymbol{L}_n^{\mathrm{T}}(k)$$

式中

$$\begin{cases}\boldsymbol{L}_n^*(k)=\begin{bmatrix}\boldsymbol{I}_{2n} & 0\\ -\hat{\boldsymbol{\theta}}_n^{*\mathrm{T}}(k) & 1\end{bmatrix}\begin{bmatrix}\boldsymbol{I}_{2n-1} & 0 & \\ & & 0\\ \hat{\boldsymbol{\vartheta}}_{n-1}^{*\mathrm{T}}(k) & 1 & \\ 0 & & 1\end{bmatrix}\begin{bmatrix}\boldsymbol{I}_{2n-1} & 0 & \\ & 0 & \\ -\hat{\boldsymbol{\theta}}_{n-1}^{*\mathrm{T}}(k) & 1 & 0\\ 0 & 1 & \\ & 0 & 1\end{bmatrix}\cdots\\ \boldsymbol{L}_n(k)=\begin{bmatrix}\boldsymbol{I}_{2n} & 0\\ -\hat{\boldsymbol{\theta}}_n^{\mathrm{T}}(k) & 1\end{bmatrix}\begin{bmatrix}\boldsymbol{I}_{2n-1} & 0 & \\ & & 0\\ \hat{\boldsymbol{\vartheta}}_{n-1}^{\mathrm{T}}(k) & 1 & \\ 0 & & 1\end{bmatrix}\begin{bmatrix}\boldsymbol{I}_{2n-1} & 0 & \\ & 0 & \\ -\hat{\boldsymbol{\theta}}_{n-1}^{\mathrm{T}}(k) & 1 & 0\\ 0 & 1 & \\ & 0 & 1\end{bmatrix}\cdots\\ \boldsymbol{D}_n^{-1}(k)=\mathrm{diag}[J_0(k),V_0,J_1(k),\cdots,V_{n-1}(k),J_n(k)]\end{cases}$$

提示：利用式(11.7.19)和式(11.7.21)的嵌套关系，不断地相互迭代可得。

(13) 证明式(11.7.13)的 $\boldsymbol{C}_n(k)$ 可分解成

$$\boldsymbol{C}_n(k)=\boldsymbol{S}_n^{-1}(k)=[\boldsymbol{L}_n^*(k)\boldsymbol{D}_n^{-1}(k)\boldsymbol{L}_n^{\mathrm{T}}(k)]^{-1}=\boldsymbol{U}_n(k)\boldsymbol{D}_n(k)\boldsymbol{V}_n^{\mathrm{T}}(k)$$

式中

$$
\boldsymbol{U}_n(k)=\boldsymbol{L}_n^{-\mathrm{T}}(k)
$$

$$
=\begin{bmatrix}\boldsymbol{I}_{2n} & \hat{\boldsymbol{\theta}}_n^{\mathrm{T}}(k)\\ 0 & 1\end{bmatrix}\begin{bmatrix}\boldsymbol{I}_{2n-1} & -\hat{\boldsymbol{\vartheta}}_{n-1}^{\mathrm{T}}(k) & 0\\ 0 & 1 & \\ & 0 & 1\end{bmatrix}\begin{bmatrix}\boldsymbol{I}_{2n-2} & \hat{\boldsymbol{\theta}}_{n-1}^{\mathrm{T}}(k) & 0\\ 0 & 1 & 0\\ & 0 & 1\\ & & 0 \quad 1\end{bmatrix}\cdots
$$

$$
=\begin{bmatrix}1 & -\hat{\boldsymbol{\vartheta}}_0^{\mathrm{T}}(k) & \hat{\boldsymbol{\theta}}_1^{\mathrm{T}}(k) & & & \\ & 1 & & -\hat{\boldsymbol{\vartheta}}_1^{\mathrm{T}}(k) & & \\ & & 1 & & -\hat{\boldsymbol{\vartheta}}_{n-1}^{\mathrm{T}}(k) & \\ & & & 1 & & \hat{\boldsymbol{\theta}}_n^{\mathrm{T}}(k)\\ & & & & \ddots & \\ & & & & 1 & \\ & & & & & 1\end{bmatrix}
$$

$$
\boldsymbol{V}_n(k)=\boldsymbol{L}_n^{*-1}(k)
$$

$$
=\begin{bmatrix}\boldsymbol{I}_{2n} & \hat{\boldsymbol{\theta}}_n^{*\mathrm{T}}(k)\\ 0 & 1\end{bmatrix}\begin{bmatrix}\boldsymbol{I}_{2n-1} & -\hat{\boldsymbol{\vartheta}}_{n-1}^{*\mathrm{T}}(k) & 0\\ 0 & 1 & \\ & 0 & 1\end{bmatrix}\begin{bmatrix}\boldsymbol{I}_{2n-2} & \hat{\boldsymbol{\theta}}_{n-1}^{*\mathrm{T}}(k) & 0\\ 0 & 1 & 0\\ & 0 & 1\\ & & 0 \quad 1\end{bmatrix}\cdots
$$

$$
=\begin{bmatrix}1 & -\hat{\boldsymbol{\vartheta}}_0^{*\mathrm{T}}(k) & \hat{\boldsymbol{\theta}}_1^{*\mathrm{T}}(k) & & & \\ & 1 & & -\hat{\boldsymbol{\vartheta}}_1^{*\mathrm{T}}(k) & & \\ & & 1 & & -\hat{\boldsymbol{\vartheta}}_{n-1}^{*\mathrm{T}}(k) & \\ & & & 1 & & \hat{\boldsymbol{\theta}}_n^{*\mathrm{T}}(k)\\ & & & & \ddots & \\ & & & & 1 & \\ & & & & & 1\end{bmatrix}
$$

$$
\boldsymbol{D}_n(k)=\mathrm{diag}[J_0^{-1}(k),V_0^{-1}(k),J_1^{-1}(k),\cdots,V_{n-1}^{-1}(k),J_n^{-1}(k)]
$$

提示：模仿式(11.4.18)和式(11.4.20)的证明。

(14) 证明式(11.7.27)。

提示：模仿式(11.5.3)和式(11.5.7)的证明。

(15) 证明式(11.7.29)。

提示：通过定义

$$
\begin{cases}\boldsymbol{M}_{N-j}=\dfrac{\bar{\boldsymbol{g}}_{N-j}^{*}(k)\,\bar{\boldsymbol{g}}_{N-j}^{\mathrm{T}}(k)}{\beta_{N-j}(k)}\\ \bar{\boldsymbol{g}}_{N-j}^{*}(k)=\begin{bmatrix}\boldsymbol{I}_{N-j} & 0\\ 0 & 0\end{bmatrix}\boldsymbol{g}_n^{*}(k)\\ \bar{\boldsymbol{g}}_{N-j}(k)=\begin{bmatrix}\boldsymbol{I}_{N-j} & 0\\ 0 & 0\end{bmatrix}\boldsymbol{g}_n(k)\\ \beta_{N-j}(k)=1+\sum\limits_{i=1}^{N-j}f_i(k)g_i^{*}(k)\end{cases}
$$

首先证明下面的式子，再证明式(11.7.29)。

$$\begin{cases} \bar{d}_N(k) = \dfrac{d_N(k-1)\beta_{N-1}(k)}{\beta_N(k)} \\ \bar{u}_{iN}(k) = -\dfrac{f_N(k)g_i^*(k)}{\beta_{N-1}(k)}, \quad \bar{v}_{iN}(k) = -\dfrac{f_N^*(k)g_i(k)}{\beta_{N-1}(k)}, \quad i=1,2,\cdots,N-1 \\ \bar{u}_{NN}(k)=1, \quad \bar{v}_{NN}(k)=1 \end{cases}$$

(16) 利用 MATLAB 语言，编写完整的 AUDI-RLS 辨识算法式(11.5.20)程序，通过仿真实验，研究噪声标准差和数据长度对辨识算法的影响，并与第 5 章的 RLS 辨识算法进行仿真实验比较。

(17) 利用 MATLAB 语言，编写完整的 AUDI-RFF 辨识算法式(11.5.35)程序，通过仿真实验，研究噪声标准差、数据长度和遗忘因子对辨识算法的影响，并与第 5 章的 RFF 辨识算法进行仿真实验比较。

(18) 利用 MATLAB 语言，编写完整的 AUDI-RELS 辨识算法式(11.6.18)程序，通过仿真实验，研究噪声模型、噪声标准差和数据长度对辨识算法的影响，并与第 6 章的 RELS 辨识算法进行仿真实验比较。

(19) 利用 MATLAB 语言，编写完整的 AUDI-RIV 辨识算法式(11.7.30)程序，通过仿真实验，研究噪声标准差和数据长度对辨识算法的影响，并与第 6 章的 RIV 辨识算法进行仿真实验比较。

附　辨识算法程序

附 11.1　AUDI-RLS 辨识算法程序

行号	MATLAB 程序	注释
1	`for k = 1 + n:L + n`	按时间递推
	`    for i = 0:n - 1`	2～6 行：构造增广数据向量
	`        Phi(2 * i + 1,k) = - z(k - n + i);`	
	`        Phi(2 * i + 2,k) = u(k - n + i);`	
5	`    end`	
	`    Phi(2 * n + 1,k) = - z(k);`	
	`    f(:,k) = U(:,:,k - 1)' * Phi(:,k);`	7～20 行：AUDI 辨识算法
	`    g(:,k) = D(:,:,k - 1) * f(:,k);`	
	`    Beta(1) = 1.0;`	
10	`    for j = 1:N`	
	`        Beat(j + 1) = Beta(j) + f(j,k) * g(j,k);`	
	`        D(j,j,k) = D(j,j,k - 1) * Beta(j)/Beta(j + 1);`	
	`        E(j) = - f(j,k)/Beta(j);`	
	`        K(j) = g(j,k);`	
15	`        for i = 1:j - 1`	
	`            U(i,j,k) = U(i,j,k - 1) + K(i) * E(j);`	
	`            K(i) = K(i) + U(i,j,k - 1) * g(j,k);`	
	`        end`	
	`        U(j,j,k) = 1.0;`	
20	`    end`	
21	`end`	

续表

行号	MATLAB 程序	注释
程序变量	n：可能的最高模型阶次；$N=2n+1$：信息压缩维数；$z(k)$：系统输出；$u(k)$：系统输入；$Phi(:,k)$：增广数据向量$\boldsymbol{\varphi}_n(k)$；$U(:,:,k)$：参数辨识矩阵$\boldsymbol{U}_n(k)$；$D(:,:,k)$：损失函数矩阵$\boldsymbol{D}_n(k)$；$L$：数据长度；$k$：时间($1+n$ to $L+n$)。	
程序输入	系统输入和输出数据序列$\{z(k),u(k),k=1,2,\cdots,L+n\}$。	
程序输出	(1) 参数辨识矩阵$U(:,:,L+n)$； (2) 模型损失函数矩阵$D(:,:,L+n)$。	

附 11.2 AUDI-RELS 辨识算法程序

行号	MATLAB 程序	注释
1	`for k = 1 + n:L + n`	按时间递推
	`    for i = 0:n - 1`	2～7 行：构造增广
	`        Phi(3 * i + 1,k) = - z(k - n + i);`	数据向量
	`        Phi(3 * i + 2,k) = u(k - n + i);`	
5	`        Phi(3 * i + 3,k) = v1(k - n + i);`	
	`    end`	
	`    Phi(3 * n + 1,k) = - z(k);`	
	`    f(:,k) = U(:,:,k - 1)′ * Phi(:,k);`	8～20 行：AUDI 辨
	`    g(:,k) = D(:,:,k - 1) * f(:,k);`	识算法
10	`    Beta(1) = 1.0;`	
	`    for j = 1:N`	
	`        Beta(j + 1) = Beta(j) + f(j,k) * g(j,k);`	
	`        D(j,j,k) = D(j,j,k - 1)* Beat(j)/Beat(j + 1);`	
	`        E(j) = - f(j,k)/Beta(j);`	
15	`        K(j) = g(j,k);`	
	`        for i = 1;j - 1`	
	`            U(i,j,k) = U(i,j,k - 1) + K(i) * E(j);`	
	`            K(i) = K(i) + U(i,j,k - 1) * g(j,k);`	
	`        end`	
20	`        U(j,j,k) = 1.0;`	
	`    end`	22 行：噪声估计
	`    vl(k) = - f(N,k)/Beta(N + 1);`	
23	`end`	
程序变量	n：可能的最高模型阶次；$N=3n+1$：信息压缩维数；$z(k)$：系统输出；$u(k)$：系统输入；$Phi(:,k)$：增广数据向量$\boldsymbol{\varphi}_n(k)$；$U(:,:,k)$：参数辨识矩阵$\boldsymbol{U}_n(k)$；$D(:,:,k)$：损失函数矩阵$\boldsymbol{D}_n(k)$；$L$：数据长度；$k$：时间($1+n$ to $L+n$)。	
程序输入	系统输入和输出数据序列$\{z(k),u(k),k=1,2,\cdots,L+n\}$。	
程序输出	(1) 参数辨识矩阵$U(:,:,L+n)$； (2) 模型损失函数矩阵$D(:,:,L+n)$。	

附 11.3　AUDI-RIV 辨识算法程序

行号	MATLAB 程序	注　释
1	`for k = 1 + n:L + n`	按时间递推
	`    for i = 0:n - 1`	2～10 行：构造增广数据向量和辅助增广数据向量
	`        Phi(2 * i + 1,k) = - z(k - n + i);`	
	`        Phi1(2 * i + 1,k) = - x(k - n + i);`	
5	`        hl(2 * i + 1,k) = - x(k - n + i);`	
	`        Phi(2 * i + 2,k) = u(k - n + i);`	
	`        Phi1(2 * i + 2,k) = - x(k - n + i);`	
	`        hi(2 * i + 2,k) = u(k - n + i);`	
	`    end`	
10	`    Phi(2 * n + 1,k) = - z(k);`	
	`    if k >= k0`	11～21 行：计算辅助变量
	`        for i = 1:N - 1`	
	`            x(k) = x(k) + (alpha * U(i, N, k - 1) + (1 -`	
	`                alpha) * U(i,N,k - 1)) * h1(i,k);`	
15	`        end`	
	`        if abs(x(k))>= 1.1 * abs(z(k))`	
	`          x(k) = z(k);`	
	`        end`	
	`    else`	
20	`        x(k) = z(k);`	
	`    end`	
	`    Phi1(2 * n + 1,k) = - x(k);`	
	`    f(:,k) = U(:,:,k - 1)' * Phi(:,k);`	22～42 行：AUDI 辨识算法
	`    g(:,k) = D(:,:,k - 1) * f(:,k);`	
25	`    f1(:,k) = V(:,:,k - 1)' * Phi1(:,k);`	
	`    g1(:,k) = D(:,:,k - 1) * f1(:,k);`	
	`    Beta(1) = 1.0;`	
	`    for j = 1:N`	
	`        Beta(j + 1) = Beta(j) + f(j,k) * gl(j,k);`	
30	`        D(j,j,k) = D(j,j,k - 1)* Beta(j)/Beta(j + 1);`	
	`        E(j) = - f(j,k)/Beta(j);`	
	`        E1(j) = - f1(j,k)/Beta(j);`	
	`        K(j) = g1(j,k);`	
	`        K1(j) = g(j,k);`	
35	`        for i = 1:j - 1`	
	`            U(i,j,k) = U(i,j,k - 1) + K(i) * E(j);`	
	`            K(i) = K(i) + U(i,j,k - 1)* gl(j,k);`	
	`            V(i,j,k) = V(i,j,k - 1) + K1(i) * E1(j);`	
	`            K1(i) = K1(i) + V(i,j,k - 1)* g(j,k);`	
40	`        end`	
	`        U(j,j,k) = 1.0;`	
	`        V(j,j,k) = 1.0;`	
	`    end`	
	`    for r = 1:n`	
45	`        J(r,k) = J(r,k - 1) + (f(2 * r + 1,k)^2)/Beta(2 * r + 1);`	44～46 行：各阶模型损失函数
	`    end`	
	`end`	
	`for r = 1:n`	47～50 行：各阶模型噪声标准差估计
	`    LambdaJ(r) = sqrt(J(r,L + n)/L);`	
50	`end`	

续表

程序变量	n：可能的最高模型阶次；$N=2n+1$：信息压缩维数；$z(k)$：系统输出；$u(k)$：系统输入；$Phi(:,k)$：增广数据向量$\boldsymbol{\varphi}_n(k)$；$Phi1(:,k)$：辅助增广数据向量$\boldsymbol{\varphi}_n^*(k)$；$h1(:,k)$：辅助数据向量 $\boldsymbol{h}_n^*(k)$；$U(:,:,k)$：参数辨识矩阵 $\boldsymbol{U}_n(k)$；$V(:,:,k)$：辅助参数辨识矩阵 $\boldsymbol{V}_n(k)$；$D(:,:,k)$：损失函数矩阵 $\boldsymbol{D}_n(k)$；$k0$、$alpha$、l：计算辅助变量参数(本程序取 $k0=6$，$alpha=0.92$，$l=5$)；L：数据长度；k：时间($1+n$ to $L+n$)。
程序输入	系统输入和输出数据序列$\{z(k),u(k),k=1,2,\cdots,L+n\}$。
程序输出	(1) 参数辨识矩阵 $U(:,:,L+n)$； (2) 模型损失函数矩阵 $D(:,:,L+n)$ (3) 噪声标准差估计 $\hat{\lambda}_r=LambdaJ(r),r=1,2,\cdots,n$。

第12章 多变量系统辨识

12.1 引言

本章准备讨论多变量系统的模型参数辨识问题，包括基于脉冲传递函数矩阵描述、Markov 参数描述和输入输出差分方程描述的多变量系统辨识方法以及利用增广 UD 分解的多变量系统辨识方法。就某种意义上说，多变量系统(MIMO)辨识可以看作单变量系统(SISO)的扩展。

顾名思义，多变量系统具有多个输入和输出变量，如图 12.1 所示。多变量系统辨识和单变量系统一样，也是利用系统的输入和输出数据，在某种准则意义下，寻找与系统外特性等价的数学模型，且以模型结构已知或可通过结构辨识获得为前提。

图 12.1　MIMO 系统

图 12.1 描述的是具有 r 维输入和 m 维输出的多变量系统，图中 $u_i(k), i=1,2,\cdots,r$ 与 $z_i(k), i=1,2,\cdots,m$ 为系统可测的输入和输出变量。

12.2 脉冲传递函数矩阵模型辨识方法

12.2.1 辨识算法

MIMO 系统的脉冲传递函数矩阵描述形式为

$$\boldsymbol{z}(k)=\boldsymbol{G}(z^{-1})\boldsymbol{u}(k)+\boldsymbol{v}(k) \tag{12.2.1}$$

其中，$\boldsymbol{u}(k)\in \mathrm{R}^{r\times 1}$、$\boldsymbol{z}(k)\in \mathrm{R}^{m\times 1}$是系统的输入和输出向量；$\boldsymbol{v}(k)\in \mathrm{R}^{m\times 1}$是零均值、互为独立的白噪声向量；脉冲传递函数矩阵 $\boldsymbol{G}(z^{-1})$定义为

$$\boldsymbol{G}(z^{-1})=\begin{bmatrix} G_{11}(z^{-1}) & G_{12}(z^{-1}) & \cdots & G_{1r}(z^{-1}) \\ G_{21}(z^{-1}) & G_{22}(z^{-1}) & \cdots & G_{2r}(z^{-1}) \\ \vdots & \vdots & \ddots & \vdots \\ G_{m1}(z^{-1}) & G_{m2}(z^{-1}) & \cdots & G_{mr}(z^{-1}) \end{bmatrix} \tag{12.2.2}$$

式中，脉冲传递函数 $G_{ij}(z^{-1}),i=1,2,\cdots,m;\ j=1,2,\cdots,r$ 均为有理真分式函数，其阶次即为 MIMO 系统的模型结构参数。

若脉冲传递函数 $G_{ij}(z^{-1}),i=1,2,\cdots,m;\ j=1,2,\cdots,r$ 分母最小公因子多项式可记作 $A(z^{-1})$，则式(12.2.2)写成

$$\boldsymbol{G}(z^{-1})=\frac{1}{A(z^{-1})}\begin{bmatrix} B_{11}(z^{-1}) & B_{12}(z^{-1}) & \cdots & B_{1r}(z^{-1}) \\ B_{21}(z^{-1}) & B_{22}(z^{-1}) & \cdots & B_{2r}(z^{-1}) \\ \vdots & \vdots & \ddots & \vdots \\ B_{m1}(z^{-1}) & B_{m2}(z^{-1}) & \cdots & B_{mr}(z^{-1}) \end{bmatrix} \tag{12.2.3}$$

且设

$$\begin{cases} A(z^{-1})=1+a(1)z^{-1}+a(2)z^{-2}+\cdots+a(n)z^{-n} \\ B_{ij}(z^{-1})=b_{ij}(1)z^{-1}+b_{ij}(2)z^{-2}+\cdots+b_{ij}(n)z^{-n} \\ i=1,2,\cdots,m;\ j=1,2,\cdots,r \end{cases} \tag{12.2.4}$$

那么，式(12.2.1)描述的 MIMO 系统可表示成

$$A(z^{-1})\boldsymbol{z}(k)=\boldsymbol{B}(z^{-1})\boldsymbol{u}(k)+A(z^{-1})\boldsymbol{v}(k) \tag{12.2.5}$$

式中

$$\begin{cases} \boldsymbol{B}(z^{-1})=\begin{bmatrix} B_{11}(z^{-1}) & B_{12}(z^{-1}) & \cdots & B_{1r}(z^{-1}) \\ B_{21}(z^{-1}) & B_{22}(z^{-1}) & \cdots & B_{2r}(z^{-1}) \\ \vdots & \vdots & \ddots & \vdots \\ B_{m1}(z^{-1}) & B_{m2}(z^{-1}) & \cdots & B_{mr}(z^{-1}) \end{bmatrix} \\ \boldsymbol{z}(k)=[z_1(k),z_2(k),\cdots,z_m(k)]^{\mathrm{T}} \\ \boldsymbol{u}(k)=[u_1(k),u_2(k),\cdots,u_r(k)]^{\mathrm{T}} \\ \boldsymbol{v}(k)=[v_1(k),v_2(k),\cdots,v_m(k)]^{\mathrm{T}} \\ \mathrm{E}\{\boldsymbol{v}(k)\}=0 \\ \mathrm{Var}\{v_i(k)\}=\sigma_i^2,i=1,2,\cdots,m \end{cases} \tag{12.2.6}$$

其系统框图如图 12.2 所示，图中 $u_j(k),j=1,2,\cdots,r$ 与 $z_i(k),i=1,2,\cdots,m$ 为第 i 子系统输入和输出变量，$v_i(k),i=1,2,\cdots,m$ 为第 i 子系统的噪声。

根据图 12.2 的结构，第 i 子系统可表示为

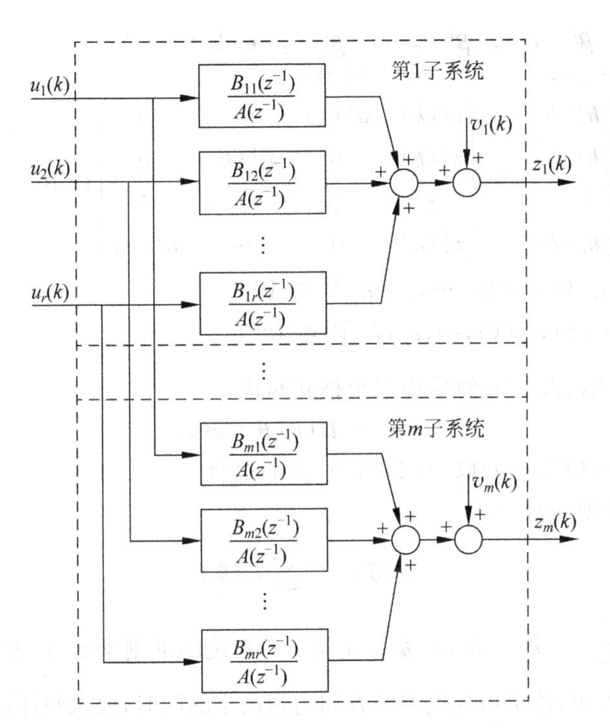

图 12.2　式(12.2.5)描述的 MIMO 系统

$$\begin{cases}A(z^{-1})z_i(k)=\sum_{j=1}^{r}B_{ij}(z^{-1})u_j(k)+e_i(k)\\ e_i(k)=A(z^{-1})v_i(k)\end{cases}\tag{12.2.7}$$

置

$$\begin{cases}\boldsymbol{\theta}_i=[\underbrace{\boldsymbol{\alpha}^{\mathrm{T}}}_{n},\underbrace{*}_{\text{第1子系统}},\cdots,\underbrace{\boldsymbol{\beta}_i^{\mathrm{T}}}_{\text{第}i\text{子系统}},\cdots,\underbrace{*}_{\text{第}m\text{子系统}}]^{\mathrm{T}}\in\mathrm{R}^{(n+mrn)\times 1}\\ \boldsymbol{\alpha}=[a(1),a(2),\cdots,a(n)]^{\mathrm{T}}\\ \boldsymbol{\beta}_i=[\boldsymbol{b}_{i1}^{\mathrm{T}},\boldsymbol{b}_{i2}^{\mathrm{T}},\cdots,\boldsymbol{b}_{ir}^{\mathrm{T}}]^{\mathrm{T}},\boldsymbol{b}_{ij}=[b_{ij}(1),b_{ij}(2),\cdots,b_{ij}(n)]^{\mathrm{T}}\\ \boldsymbol{h}_i(k)=[\underbrace{\boldsymbol{z}_i^{\mathrm{T}}(k)}_{n},\underbrace{0}_{\text{第1子系统}},\cdots,\underbrace{\boldsymbol{u}^{\mathrm{T}}(k)}_{\text{第}i\text{子系统}},\cdots,\underbrace{0}_{\text{第}m\text{子系统}},]^{\mathrm{T}}\in\mathrm{R}^{(n+mrn)\times 1}\\ \boldsymbol{z}_i(k)=[z_i(k-1),z_i(k-2),\cdots,z_i(k-n)]^{\mathrm{T}}\in\mathrm{R}^{n\times 1}\\ \boldsymbol{u}(k)=[\boldsymbol{u}_1^{\mathrm{T}}(k),\boldsymbol{u}_2^{\mathrm{T}}(k),\cdots,\boldsymbol{u}_r^{\mathrm{T}}(k)]^{\mathrm{T}}\in\mathrm{R}^{rn\times 1}\\ \boldsymbol{u}_j(k)=[u_j(k-1),u_j(k-2),\cdots,u_j(k-n)]^{\mathrm{T}}\in\mathrm{R}^{n\times 1}\\ i=1,2,\cdots,m;\ j=1,2,\cdots,r\end{cases}\tag{12.2.8}$$

第 i 子系统的最小二乘格式写成

$$z_i(k)=\boldsymbol{h}_i^{\mathrm{T}}(k)\,\boldsymbol{\theta}_i+e_i(k)\tag{12.2.9}$$

式中，$\boldsymbol{\theta}_i$ 中元素“$*$”对第 i 子系统不产生作用。若再置

$$\begin{cases}\boldsymbol{\theta}=[\underbrace{\boldsymbol{\alpha}^{\mathrm{T}}}_{n},\ \underbrace{\boldsymbol{\beta}_1^{\mathrm{T}}}_{\text{第1子系统}},\cdots,\underbrace{\boldsymbol{\beta}_i^{\mathrm{T}}}_{\text{第}i\text{子系统}},\cdots,\underbrace{\boldsymbol{\beta}_m^{\mathrm{T}}}_{\text{第}m\text{子系统}}]^{\mathrm{T}}\in\mathrm{R}^{(n+mrn)\times 1}\\ \boldsymbol{H}(k)=\begin{bmatrix}\boldsymbol{h}_1^{\mathrm{T}}(k)\\ \boldsymbol{h}_2^{\mathrm{T}}(k)\\ \vdots\\ \boldsymbol{h}_m^{\mathrm{T}}(k)\end{bmatrix}=\begin{bmatrix}\boldsymbol{z}_1^{\mathrm{T}}(k) & \boldsymbol{u}^{\mathrm{T}}(k) & 0 & 0\\ \boldsymbol{z}_2^{\mathrm{T}}(k) & 0 & \boldsymbol{u}^{\mathrm{T}}(k) & 0\\ \vdots & \vdots & \ddots & \vdots\\ \boldsymbol{z}_m^{\mathrm{T}}(k) & 0 & \cdots & \boldsymbol{u}^{\mathrm{T}}(k)\end{bmatrix}\in\mathrm{R}^{m\times(n+mrn)}\\ \boldsymbol{z}(k)=[z_1(k),z_2(k),\cdots,z_m(k)]^{\mathrm{T}}\in\mathrm{R}^{m\times 1}\\ \boldsymbol{e}(k)=[e_1(k),e_2(k),\cdots,e_m(k)]^{\mathrm{T}}\in\mathrm{R}^{m\times 1}\end{cases}\tag{12.2.10}$$

则 MIMO 系统式(12.2.5)的最小二乘格式写成

$$\boldsymbol{z}(k)=\boldsymbol{H}(k)\boldsymbol{\theta}+\boldsymbol{e}(k)\tag{12.2.11}$$

实际上，上式是式(12.2.9)取 $i=1,2,\cdots,m$ 的组合。

定义整体准则函数

$$J(\boldsymbol{\theta})=\sum_{i=1}^{m}J_i(\boldsymbol{\theta}_i)\tag{12.2.12}$$

式中，$J_i(\boldsymbol{\theta}_i)=\sum_{k=1}^{L}[z_i(k)-\boldsymbol{h}_i^{\mathrm{T}}(k)\boldsymbol{\theta}_i]^2$ 是第 i 子系统的准则函数，L 为数据长度。整体准则函数 $J(\boldsymbol{\theta})$ 表明，各子系统残差平方和达到最小的同时，要求整体损失也达到最小。

通过以上整合，对式(12.2.11)运用最小二乘原理，式(12.2.5)描述的 MIMO 系统模型参数辨识算法可写成

$$\begin{cases}\hat{\boldsymbol{\theta}}(k)=\hat{\boldsymbol{\theta}}(k-1)+\boldsymbol{K}(k)[\boldsymbol{z}(k)-\boldsymbol{H}(k)\hat{\boldsymbol{\theta}}(k-1)]\\ \boldsymbol{K}(k)=\boldsymbol{P}(k-1)\boldsymbol{H}^{\mathrm{T}}(k)[\boldsymbol{I}+\boldsymbol{H}(k)\boldsymbol{P}(k-1)\boldsymbol{H}^{\mathrm{T}}(k)]^{-1}\\ \boldsymbol{P}(k)=[\boldsymbol{I}-\boldsymbol{K}(k)\boldsymbol{H}(k)]\boldsymbol{P}(k-1)\end{cases}\tag{12.2.13}$$

上述整体辨识算法的递推过程中需要多次求逆运算 $[\boldsymbol{I}+\boldsymbol{H}(k)\boldsymbol{P}(k-1)\boldsymbol{H}^{\mathrm{T}}(k)]^{-1}$，且运算量随着输出和输入维数的增加而增加，给计算带来许多不便。

为了解决这个问题，下面讨论一种依子系统递推，且可降低运算维数、无需求逆运算的脉冲传递函数矩阵模型参数辨识算法。算法的辨识效果与式(12.2.13)等价，或者说各子系统准则函数 $J_i(\boldsymbol{\theta}_i)$ 达到最小的同时，整体损失函数 $J(\boldsymbol{\theta})$ 也可达到最小。

这种依子系统递推的脉冲传递函数矩阵模型参数辨识算法流程如图 12.3 所示，数学上可写成

$$\begin{cases}\hat{\boldsymbol{\theta}}_1(k)=\hat{\boldsymbol{\theta}}_m(k-1)+\boldsymbol{K}_1(k)\tilde{z}_1(k)\\ \boldsymbol{K}_1(k)=\boldsymbol{P}_m(k-1)\boldsymbol{h}_1(k)[\boldsymbol{h}_1^{\mathrm{T}}(k)\boldsymbol{P}_m(k-1)\boldsymbol{h}_1(k)+1]^{-1}\\ \boldsymbol{P}_1(k)=[\boldsymbol{I}-\boldsymbol{K}_1(k)\boldsymbol{h}_1^{\mathrm{T}}(k)]\boldsymbol{P}_m(k-1)\\ \hat{\sigma}_1^2(k)=\dfrac{J_1(k)}{k(1+\hat{\boldsymbol{\theta}}_{\mathrm{C}}^{\mathrm{T}}(k-1)\boldsymbol{D}\hat{\boldsymbol{\theta}}_1(k))}\\ J_1(k)=J_1(k-1)+\dfrac{\tilde{z}_1^2(k)}{1+\boldsymbol{h}_1^{\mathrm{T}}(k)\boldsymbol{P}_m(k-1)\boldsymbol{h}_1(k)}\\ \tilde{z}_1(k)=z_1(k)-\boldsymbol{h}_1^{\mathrm{T}}(k)\hat{\boldsymbol{\theta}}_m(k-1)\end{cases}\tag{12.2.14}$$

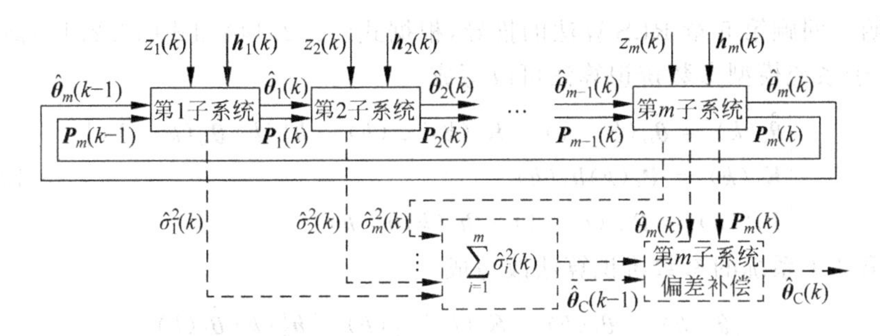

图 12.3　依子系统递推

及

$$\begin{cases}\hat{\boldsymbol{\theta}}_i(k)=\hat{\boldsymbol{\theta}}_{i-1}(k)+\boldsymbol{K}_i(k)\,\tilde{z}_i(k)\\ \boldsymbol{K}_i(k)=\boldsymbol{P}_{i-1}(k)\boldsymbol{h}_i(k)[\boldsymbol{h}_i^{\mathrm{T}}(k)\boldsymbol{P}_{i-1}(k)\boldsymbol{h}_i(k)+1]^{-1}\\ \boldsymbol{P}_i(k)=[\boldsymbol{I}-\boldsymbol{K}_i(k)\boldsymbol{h}_i^{\mathrm{T}}(k)]\boldsymbol{P}_{i-1}(k)\\ \hat{\sigma}_i^2(k)=\dfrac{J_i(k)}{k(1+\hat{\boldsymbol{\theta}}_{\mathrm{C}}^{\mathrm{T}}(k-1)\boldsymbol{D}\hat{\boldsymbol{\theta}}_i(k))}\\ J_i(k)=J_i(k-1)+\dfrac{\tilde{z}_i^2(k)}{1+\boldsymbol{h}_i^{\mathrm{T}}(k)\boldsymbol{P}_i(k-1)\boldsymbol{h}_i(k)}\\ \tilde{z}_i(k)=z_i(k)-\boldsymbol{h}_i^{\mathrm{T}}(k)\,\hat{\boldsymbol{\theta}}_{i-1}(k)\\ \hat{\boldsymbol{\theta}}_{\mathrm{C}}(k)=\hat{\boldsymbol{\theta}}_m(k)+k\hat{\sigma}^2(k)\boldsymbol{P}_m(k)\boldsymbol{D}\hat{\boldsymbol{\theta}}_{\mathrm{C}}(k-1)\\ \hat{\sigma}^2(k)=\sum\limits_{i=1}^{m}\hat{\sigma}_i^2(k)\\ i=2,3,\cdots,m\end{cases}\tag{12.2.15}$$

式中，$\boldsymbol{D}=\begin{bmatrix}\boldsymbol{I}_n & 0\\ 0 & 0\end{bmatrix}\in\mathrm{R}^{(n+mrn)\times(n+mm)}$；$z_i(k)$、$\boldsymbol{h}_i(k)$为第 i 子系统的输出和数据向量；$\hat{\boldsymbol{\theta}}_i(k)$、$\boldsymbol{K}_i(k)$、$\boldsymbol{P}_i(k)$为第 i 子系统的模型参数估计值、算法增益和数据协方差阵；$\tilde{z}_i(k)$、$J_i(k)$、$\hat{\sigma}_i^2(k)$为第 i 子系统的模型新息、损失函数和噪声方差估计值；$\hat{\boldsymbol{\theta}}_{\mathrm{C}}(k)$为补偿后的模型参数估计值，补偿操作只能发生在第 m 子系统，不能在各子系统分别进行补偿，否则会造成重复补偿，因为补偿信息始终储存在 $\boldsymbol{P}_i(k)$矩阵中，不能重复利用。

算法式(12.2.14)和式(12.2.15)表示，第 $i=2,3,\cdots,m$ 子系统的模型参数估计值是对同时刻第$(i-1)$子系统参数估计值进行修正得到的，而第 1 子系统的模型参数估计值是在第 m 子系统上一时刻参数估计值的基础上修正得到的，这种依子系统递推辨识的演算过程如图 12.3 实线所示。下面证明依子系统递推的辨识算法式(12.2.14)和式(12.2.15)与算法式(12.2.13)是等价的，即有

$$\begin{cases}\hat{\boldsymbol{\theta}}_m(k)=\hat{\boldsymbol{\theta}}(k)\\ \boldsymbol{P}_m(k)=\boldsymbol{P}(k)\end{cases}\tag{12.2.16}$$

证明 回顾第 5 章 RLS 算法的推导，根据式(12.2.14)和式(12.2.15)前三个式子，第 1 子系统模型参数辨识算法可改写成

$$\begin{cases}\hat{\boldsymbol{\theta}}_1(k)=\hat{\boldsymbol{\theta}}_m(k-1)+\boldsymbol{K}_1(k)[z_i(k)-\boldsymbol{h}_1^{\mathrm{T}}(k)\hat{\boldsymbol{\theta}}_m(k-1)]\\ \boldsymbol{K}_1(k)=\boldsymbol{P}_1(k)\boldsymbol{h}_1(k)\\ \boldsymbol{P}_1^{-1}(k)=\boldsymbol{P}_m^{-1}(k-1)+\boldsymbol{h}_1(k)\boldsymbol{h}_1^{\mathrm{T}}(k)\end{cases}\tag{12.2.17}$$

同理将第 2 子系统的参数辨识算法改写成

$$\begin{cases}\hat{\boldsymbol{\theta}}_2(k)=\hat{\boldsymbol{\theta}}_1(k)+\boldsymbol{K}_2(k)[z_2(k)-\boldsymbol{h}_2^{\mathrm{T}}(k)\hat{\boldsymbol{\theta}}_1(k)]\\ \boldsymbol{K}_2(k)=\boldsymbol{P}_2(k)\boldsymbol{h}_2(k)\\ \boldsymbol{P}_2^{-1}(k)=\boldsymbol{P}_1^{-1}(k)+\boldsymbol{h}_2(k)\boldsymbol{h}_2^{\mathrm{T}}(k)\end{cases}\tag{12.2.18}$$

把式(12.2.17)的$\hat{\boldsymbol{\theta}}_1(k)$和 $\boldsymbol{P}_1^{-1}(k)$代入式(12.2.18)，整理后可得

$$\begin{cases}\hat{\boldsymbol{\theta}}_2(k)=\hat{\boldsymbol{\theta}}_m(k-1)+[\boldsymbol{I}-\boldsymbol{K}_2(k)\boldsymbol{h}_2^{\mathrm{T}}(k)]\boldsymbol{K}_1(k)[z_1(k)-\boldsymbol{h}_1^{\mathrm{T}}(k)\hat{\boldsymbol{\theta}}_m(k-1)]\\ \qquad\qquad +\boldsymbol{K}_2(k)[z_2(k)-\boldsymbol{h}_2^{\mathrm{T}}(k)\hat{\boldsymbol{\theta}}_m(k-1)]\\ \boldsymbol{P}_2^{-1}(k)=\boldsymbol{P}_m^{-1}(k-1)+\sum_{i=1}^{2}\boldsymbol{h}_i(k)\boldsymbol{h}_i^{\mathrm{T}}(k)\end{cases}\tag{12.2.19}$$

以此类推，第 m 子系统的参数辨识算法可写成

$$\begin{cases}\hat{\boldsymbol{\theta}}_m(k)=\hat{\boldsymbol{\theta}}_m(k-1)+\prod_{i=2}^{m}[\boldsymbol{I}-\boldsymbol{K}_i(k)\boldsymbol{h}_i^{\mathrm{T}}(k)]\boldsymbol{K}_1(k)[z_1(k)-\boldsymbol{h}_1^{\mathrm{T}}(k)\hat{\boldsymbol{\theta}}_m(k-1)]\\ \qquad\qquad +\prod_{i=3}^{m}[\boldsymbol{I}-\boldsymbol{K}_i(k)\boldsymbol{h}_i^{\mathrm{T}}(k)]\boldsymbol{K}_2(k)[z_2(k)-\boldsymbol{h}_2^{\mathrm{T}}(k)\hat{\boldsymbol{\theta}}_m(k-1)]+\cdots\\ \qquad\qquad +\prod_{i=m}^{m}[\boldsymbol{I}-\boldsymbol{K}_i(k)\boldsymbol{h}_i^{\mathrm{T}}(k)]\boldsymbol{K}_{m-1}(k)[z_{m-1}(k)-\boldsymbol{h}_{m-1}^{\mathrm{T}}(k)\hat{\boldsymbol{\theta}}_m(k-1)]\\ \qquad\qquad +\boldsymbol{K}_m(k)[z_m(k)-\boldsymbol{h}_m^{\mathrm{T}}(k)\hat{\boldsymbol{\theta}}_m(k-1)]\\ \boldsymbol{K}_m(k)=\boldsymbol{P}_m(k)\boldsymbol{h}_m(k)\\ \boldsymbol{P}_m^{-1}(k)=\boldsymbol{P}_m^{-1}(k-1)+\sum_{i=1}^{m}\boldsymbol{h}_i(k)\boldsymbol{h}_i^{\mathrm{T}}(k)\end{cases}\tag{12.2.20}$$

又根据式(12.2.14)，容易推导出

$$\begin{cases}\prod_{i=2}^{m}[\boldsymbol{I}-\boldsymbol{K}_i(k)\boldsymbol{h}_i^{\mathrm{T}}(k)]\boldsymbol{K}_1(k)=\boldsymbol{P}_m(k)\boldsymbol{h}_1(k)\\ \prod_{i=3}^{m}[\boldsymbol{I}-\boldsymbol{K}_i(k)\boldsymbol{h}_i^{\mathrm{T}}(k)]\boldsymbol{K}_2(k)=\boldsymbol{P}_m(k)\boldsymbol{h}_2(k)\\ \vdots\\ \prod_{i=m}^{m}[\boldsymbol{I}-\boldsymbol{K}_i(k)\boldsymbol{h}_i^{\mathrm{T}}(k)]\boldsymbol{K}_{m-1}(k)=\boldsymbol{P}_m(k)\boldsymbol{h}_{m-1}(k)\\ \boldsymbol{K}_m(k)=\boldsymbol{P}_m(k)\boldsymbol{h}_m(k)\end{cases}\tag{12.2.21}$$

那么式(12.2.20)写成

$$\begin{cases}\hat{\boldsymbol{\theta}}_m(k)=\hat{\boldsymbol{\theta}}_m(k-1)+\boldsymbol{P}_m(k)\boldsymbol{H}^{\mathrm{T}}(k)[z_m(k)-\boldsymbol{h}_m^{\mathrm{T}}(k)\hat{\boldsymbol{\theta}}_m(k-1)]\\ \boldsymbol{K}_m(k)=\boldsymbol{P}_m(k)\boldsymbol{h}_m(k)\\ \boldsymbol{P}_m^{-1}(k)=\boldsymbol{P}_m^{-1}(k-1)+\sum_{i=1}^{m}\boldsymbol{h}_i(k)\boldsymbol{h}_i^{\mathrm{T}}(k)\end{cases} \tag{12.2.22}$$

对第 3 式运用矩阵反演公式(见附录 E.3)，式(12.2.22)就演化成式(12.2.13)，故式(12.2.16)成立。　　证毕。■

另外，由于式(12.2.9)模型噪声 $e_i(k)=A(z^{-1})v_i(k)$，仅靠式(12.2.14)和式(12.2.15)前三个式子是无法获得无偏估计的。为此需要借用第 6 章 6.6 节论述的偏差补偿原理，对参数估计值$\hat{\boldsymbol{\theta}}_m(k)$进行补偿，补偿操作如图 12.3 虚线部分所示。补偿后的模型参数估计值$\hat{\boldsymbol{\theta}}_{\mathrm{C}}(k)$是无偏估计，用它作为系统的最后辨识结果。

12.2.2　辨识算法 MATLAB 程序实现

本章附 12.1 是依子系统递推的脉冲传递函数矩阵模型参数辨识算法的 MATLAB 程序，使用该程序需要理清各子系统数据向量 $\boldsymbol{h}_i(k)$、参数估计向量$\hat{\boldsymbol{\theta}}_i(k)$和数据协方差阵 $\boldsymbol{P}_i(k)$的递推关系以及 $\boldsymbol{P}_i(k)$对补偿作用的影响。依据停机条件停止计算后，以最后 5 个参数估计值的平均值作为辨识结果。

例 12.1　考虑如下三输入三输出仿真系统

$$\boldsymbol{z}(k)=\boldsymbol{G}(z^{-1})\boldsymbol{u}(k)+\boldsymbol{v}(k) \tag{12.2.23}$$

其中，$\boldsymbol{u}(k)\in\mathrm{R}^{3\times1}$、$\boldsymbol{z}(k)\in\mathrm{R}^{3\times1}$是系统的输入和输出；$\boldsymbol{v}(k)\in\mathrm{R}^{3\times1}$是零均值、互为独立的白噪声向量，噪声标准差分别为 $\lambda_1=0.8$、$\lambda_2=0.6$ 和 $\lambda_3=0.4$；脉冲传递函数矩阵为

$$\boldsymbol{G}(z^{-1})=\frac{1}{\boldsymbol{A}(z^{-1})}\begin{bmatrix}B_{11}(z^{-1}) & B_{12}(z^{-1}) & B_{13}(z^{-1})\\ B_{21}(z^{-1}) & B_{22}(z^{-1}) & B_{23}(z^{-1})\\ B_{31}(z^{-1}) & B_{32}(z^{-1}) & B_{33}(z^{-1})\end{bmatrix} \tag{12.2.24}$$

其中

$$\begin{cases}A(z^{-1})=1+a(1)z^{-1}+a(2)z^{-2}+a(3)z^{-3}=1-1.80z^{-1}+1.10z^{-2}-0.25z^{-3}\\ B_{11}(z^{-1})=b_{11}(1)z^{-1}+b_{11}(2)z^{-2}+b_{11}(3)z^{-3}=0.90z^{-1}+1.40z^{-2}+0.40z^{-3}\\ B_{12}(z^{-1})=b_{12}(1)z^{-1}+b_{12}(2)z^{-2}+b_{12}(3)z^{-3}=-1.40z^{-1}-1.20z^{-1}-0.50z^{-3}\\ B_{13}(z^{-1})=b_{13}(1)z^{-1}+b_{13}(2)z^{-2}+b_{13}(3)z^{-3}=0.70z^{-1}+1.70z^{-2}-0.80z^{-3}\\ B_{21}(z^{-1})=b_{21}(1)z^{-1}+b_{21}(2)z^{-2}+b_{21}(3)z^{-3}=-2.25z^{-1}+2.10z^{-2}+1.80z^{-3}\\ B_{22}(z^{-1})=b_{22}(1)z^{-1}+b_{22}(2)z^{-2}+b_{22}(3)z^{-3}=-1.40z^{-1}+3.67z^{-2}+1.60z^{-3}\\ B_{23}(z^{-1})=b_{23}(1)z^{-1}+b_{23}(2)z^{-2}+b_{23}(3)z^{-3}=0.30z^{-1}-0.80z^{-2}-1.10z^{-3}\\ B_{31}(z^{-1})=b_{31}(1)z^{-1}+b_{31}(2)z^{-2}+b_{31}(3)z^{-3}=-1.20z^{-1}+1.30z^{-2}-2.00z^{-3}\\ B_{32}(z^{-1})=b_{32}(1)z^{-1}+b_{32}(2)z^{-2}+b_{32}(3)z^{-3}=0.30z^{-1}+0.80z^{-2}+0.60z^{-3}\\ B_{33}(z^{-1})=b_{33}(1)z^{-1}+b_{33}(2)z^{-2}+b_{33}(3)z^{-3}=-0.80z^{-1}-0.60z^{-2}-1.50z^{-3}\end{cases} \tag{12.2.25}$$

辨识输入信号选用特征多项式分别为 $F(s)=s^7\oplus s^6\oplus 1$、$F(s)=s^7\oplus s\oplus 1$ 和 $F(s)=s^7\oplus s^3\oplus 1$，幅度为 1 的 M 序列。利用依子系统递推辨识算法式(12.2.14)和式(12.2.15)和本章附 12.1 所给的 MATLAB 程序，算法初始值取 $\boldsymbol{P}(0)=10^{12}\boldsymbol{I}$，$\hat{\boldsymbol{\theta}}(0)=0.0$，递推至 300 步的辨识结果如表 12.1 所示，模型参数估计值的变化过程如图 12.4 所示。

表 12.1 辨识结果

模型参数	$a(1)$	$a(2)$	$a(3)$	第 1 子系统噪声标准差	第 2 子系统噪声标准差	第 3 子系统噪声标准差
真值	−1.80	1.10	−0.25	0.80	0.60	0.40
估计值	−1.8084	1.1159	−0.2569	0.7264	0.6157	0.4033

模型参数	$b_{11}(1)$	$b_{11}(2)$	$b_{11}(3)$	$b_{12}(1)$	$b_{12}(2)$	$b_{12}(3)$	$b_{13}(1)$	$b_{13}(2)$	$b_{13}(3)$
真值	0.90	1.40	0.40	−1.40	−1.20	−0.50	0.70	1.70	−0.80
估计值	0.8199	1.4796	0.4121	−1.3334	−1.1786	−0.4843	0.8616	1.6612	−0.8089
模型参数	$b_{21}(1)$	$b_{21}(2)$	$b_{21}(3)$	$b_{22}(1)$	$b_{22}(2)$	$b_{22}(3)$	$b_{23}(1)$	$b_{23}(2)$	$b_{23}(3)$
真值	−2.25	2.10	1.80	−1.40	3.67	1.60	0.30	−0.80	−1.10
估计值	−2.3064	2.2516	1.6097	−1.4406	3.7202	1.4305	0.3697	−0.8688	−1.1455
模型参数	$b_{31}(1)$	$b_{31}(2)$	$b_{31}(3)$	$b_{32}(1)$	$b_{32}(2)$	$b_{32}(3)$	$b_{33}(1)$	$b_{33}(2)$	$b_{33}(3)$
真值	−1.20	1.30	−2.00	0.30	0.80	0.60	−0.80	−0.60	−1.50
估计值	−1.2087	1.3433	−2.0556	0.3764	0.6969	0.6585	−0.8395	−0.5035	−1.6091

表 12.1 中给出的模型参数估计值是补偿后的 $\hat{\boldsymbol{\theta}}_{\mathrm{C}}(k)$，与未补偿的 $\hat{\boldsymbol{\theta}}_m(k)$ 比较，模型参数估计偏差明显小了；各子系统的噪声标准差是按算法式(12.2.14)和式(12.2.15)中的 $\hat{\sigma}_i^2(k)$，$i=1,2,3$ 估计的。

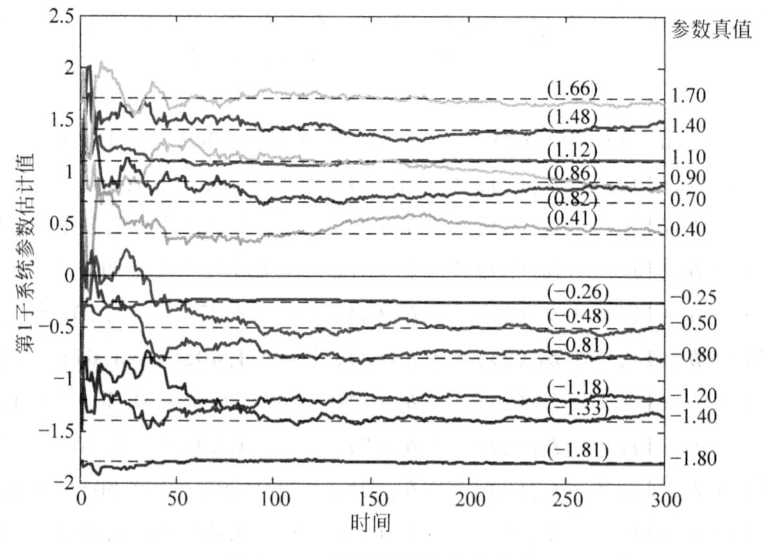

图 12.4 参数估计值变化过程

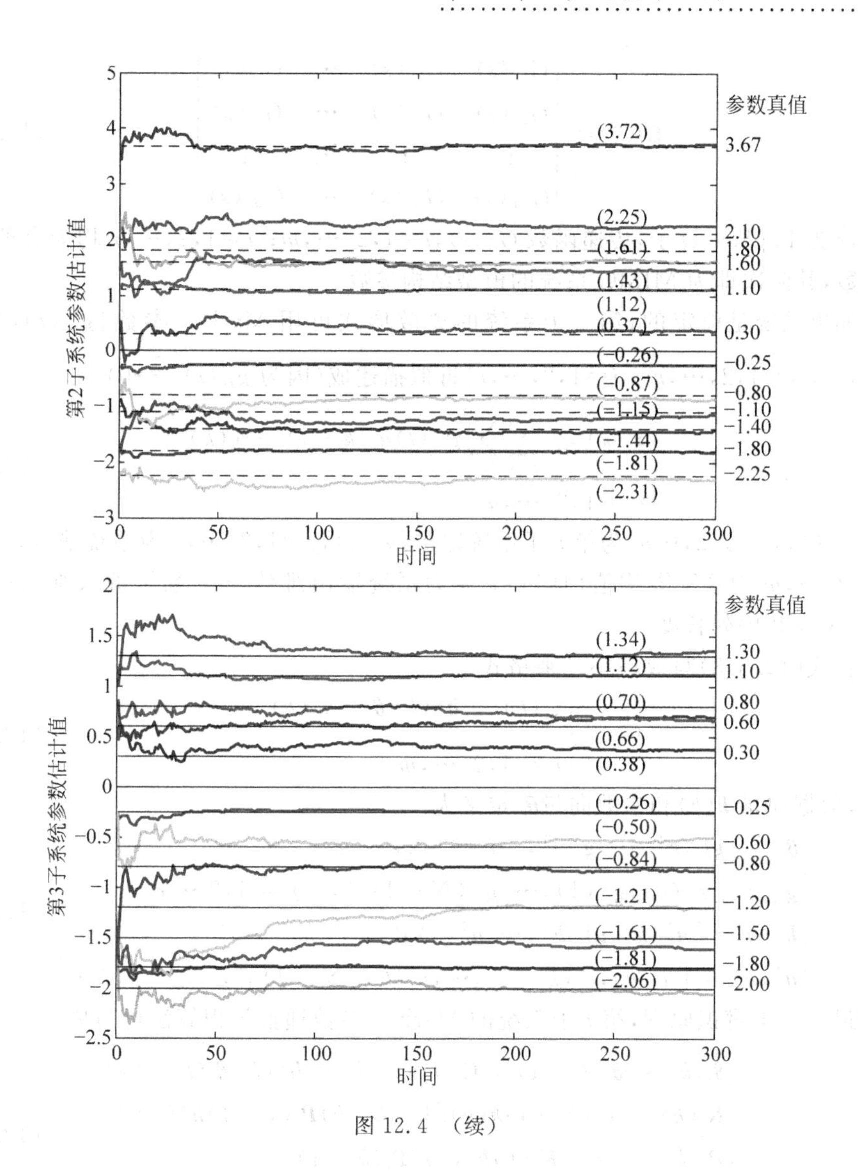

图 12.4 （续）

12.3　Markov 参数模型辨识方法

12.3.1　辨识算法

考虑如下 MIMO 系统

$$\boldsymbol{z}(t)=\boldsymbol{G}(s)\boldsymbol{u}(t)+\boldsymbol{v}(t) \tag{12.3.1}$$

其中，$\boldsymbol{u}(t)\in \mathrm{R}^{r\times 1}$、$\boldsymbol{z}(t)\in \mathrm{R}^{m\times 1}$ 是系统连续输入和输出变量；$\boldsymbol{v}(t)\in \mathrm{R}^{m\times 1}$ 是零均值、互为独立的白噪声向量；传递函数矩阵 $\boldsymbol{G}(s)$ 定义为

$$
\boldsymbol{G}(s)=\begin{bmatrix} G_{11}(s) & G_{12}(s) & \cdots & G_{1r}(s) \\ G_{21}(s) & G_{22}(s) & \cdots & G_{2r}(s) \\ \vdots & \vdots & \ddots & \vdots \\ G_{m1}(s) & G_{m2}(s) & \cdots & G_{mr}(s) \end{bmatrix} \tag{12.3.2}
$$

式中，s 为 Laplace 算子，传递函数 $G_{ij}(s), i=1,2,\cdots,m;\ j=1,2,\cdots,r$ 均为有理真分式函数，其阶次即为 MIMO 系统的模型结构参数。

如果系统是稳定的，第 i 子系统的离散形式可用 Markov 参数 $\{g_{ij}(l), l=1, 2,\cdots,\infty;\ i=1,2,\cdots,m;\ j=1,2,\cdots,r\}$ 近似描述成（因为 $g_{ij}(l)\xrightarrow{l\to\infty}0$）

$$
\begin{cases} z_i(k)\cong\sum_{j=1}^{r}\sum_{l=0}^{N-1}g_{ij}(l)u_j(k-l)+v_i(k) \\ i=1,2,\cdots,m \end{cases} \tag{12.3.3}
$$

式中，$z_i(k), i=1,2,\cdots m$ 为第 i 子系统输出，$u_j(k), j=1,2,\cdots,r$ 为系统输入，$v_i(k), i=1,2,\cdots,m$ 为系统零均值白噪声；m 为系统输出维数，r 为系统输入维数；N 为 Markov 参数序列长度。

将式(12.3.3)写成最小二乘格式

$$
\begin{cases} z_i(k)=\boldsymbol{h}^{\mathrm{T}}(k)\boldsymbol{\theta}_i+v_i(k) \\ i=1,2,\cdots,m \end{cases} \tag{12.3.4}
$$

式中，数据向量 $\boldsymbol{h}(k)$ 和参数向量 $\boldsymbol{\theta}_i$ 定义为

$$
\begin{cases} \boldsymbol{\theta}_i=[\boldsymbol{g}_{i1}^{\mathrm{T}},\boldsymbol{g}_{i2}^{\mathrm{T}},\cdots,\boldsymbol{g}_{ir}^{\mathrm{T}}]^{\mathrm{T}}, \quad i=1,2,\cdots,m \\ \boldsymbol{g}_{ij}=[g_{ij}(0),g_{ij}(1),\cdots,g_{ij}(N-1)]^{\mathrm{T}}, \quad j=1,2\cdots,r \\ \boldsymbol{h}(k)=[\boldsymbol{u}_1^{\mathrm{T}}(k),\boldsymbol{u}_2^{\mathrm{T}}(k),\cdots,\boldsymbol{u}_r^{\mathrm{T}}(k)]^{\mathrm{T}} \\ \boldsymbol{u}_j^{\mathrm{T}}(k)=[u_j(k),u_j(k-1),\cdots,u_j(k-N+1)]^{\mathrm{T}}, \quad j=1,2,\cdots,r \end{cases} \tag{12.3.5}
$$

利用最小二乘辨识原理，第 i 子系统的 Markov 参数递推辨识算法可写成

$$
\begin{cases} \hat{\boldsymbol{\theta}}_i(k)=\hat{\boldsymbol{\theta}}_i(k-1)+\boldsymbol{K}_i(k)[z_i(k)-\boldsymbol{h}^{\mathrm{T}}(k)\hat{\boldsymbol{\theta}}_i(k-1)] \\ \boldsymbol{K}_i(k)=\boldsymbol{P}_i(k-1)\boldsymbol{h}(k)[1+\boldsymbol{h}^{\mathrm{T}}(k)\boldsymbol{P}_i(k-1)\boldsymbol{h}(k)]^{-1} \\ \boldsymbol{P}_i(k)=[\boldsymbol{I}-\boldsymbol{K}_i(k)\boldsymbol{h}^{\mathrm{T}}(k)]\boldsymbol{P}_i(k-1) \\ i=1,2,\cdots,m \end{cases} \tag{12.3.6}
$$

式中，$\hat{\boldsymbol{\theta}}_i(k)$、$\boldsymbol{K}_i(k)$、$\boldsymbol{P}_i(k)$ 为第 i 子系统参数估计值、算法增益和数据协方差阵。

12.3.2　辨识算法 MATLAB 程序实现

本章附 12.2 是 Markov 参数辨识算法的 MATLAB 程序，使用该程序需要明确 Markov 参数序列长度及系统数据向量 $\boldsymbol{h}(k)$ 的时间关系。依据停机条件停止计算后，以最后 5 个参数估计值的平均值作为辨识结果。

例 12.2　考虑如下双输入双输出仿真系统

$$
\boldsymbol{z}(t)=\boldsymbol{G}(s)\boldsymbol{u}(t)+\boldsymbol{v}(t) \tag{12.3.7}
$$

其中，$\boldsymbol{u}(t)\in \mathrm{R}^{2\times 1}$、$\boldsymbol{z}(t)\in \mathrm{R}^{2\times 1}$是系统的输入和输出；$\boldsymbol{v}(t)\in \mathrm{R}^{2\times 1}$是零均值、互为独立的白噪声向量；传递函数矩阵为

$$G(s)=\begin{bmatrix} \dfrac{120.5}{(8.3s+1)(6.5s+1)} & \dfrac{100.6}{(5.3s+1)(4.2s+1)} \\ \dfrac{80.6}{(6.8s+1)(7.2s+1)} & \dfrac{110.8}{(9.3s+1)(6.2s+1)} \end{bmatrix} \tag{12.3.8}$$

辨识输入信号选用伪随机数(如 MATLAB 函数 randn())，模型噪声标准差分别取 $\lambda_1=\lambda_2=0.0$ 和 $\lambda_1=\lambda_2=0.3$ 两种情况。利用辨识算法式(12.3.6)和本章附 12.2 所给的 MATLAB 程序，算法初始值取 $\boldsymbol{P}(0)=10^{12}\boldsymbol{I}$，$\hat{\boldsymbol{\theta}}(0)=0.0$，递推推至 150 步的辨识结果如表 12.2 所示，Markov 参数估计值的变化过程如图 12.5 和图 12.6 所示。

表 12.2　辨识结果

系　统	Markov 参数	真　值	估计值 $\lambda_1=\lambda_2=0.0$, $\hat{\lambda}_1=0.0268$, $\hat{\lambda}_2=0.0893$	估计值 $\lambda_1=\lambda_2=0.3$, $\hat{\lambda}_1=0.1176$, $\hat{\lambda}_2=0.1410$
第 1 子系统	$g(1,0)$	0	1.4901	1.4562
	$g(1,1)$	5.5986	5.2823	5.3623
	$g(1,3)$	11.5965	11.4297	11.5131
	$g(1,5)$	13.4259	13.3374	13.2715
	$g(1,8)$	12.5825	12.5392	12.5675
	$g(1,11)$	10.2774	10.2549	10.2132
	$g(1,15)$	7.1505	7.1441	7.1102
	$g(1,20)$	4.2474	4.2573	4.1372
	$g(1,30)$	1.3864	1.3937	1.4047
	$g(1,40)$	0.4397	0.4489	0.4226
	$g(1,50)$	0.1381	0.1476	0.1625
第 2 子系统	$g(2.0)$	0	0.8073	0.6617
	$g(2.1)$	3.1071	2.9766	2.9644
	$g(2.3)$	7.0722	6.9828	8.5555
	$g(2.5)$	8.9487	8.8691	8.7399
	$g(2.8)$	9.4826	9.4651	9.2997
	$g(2.11)$	8.6480	8.6203	8.5555
	$g(2.15)$	6.8372	6.8307	6.8160
	$g(2.20)$	4.6300	4.6695	4.5655
	$g(2.30)$	1.8159	1.8455	1.7519
	$g(2.40)$	0.6452	0.6912	0.6644
	$g(2.50)$	0.2192	0.2181	0.2019

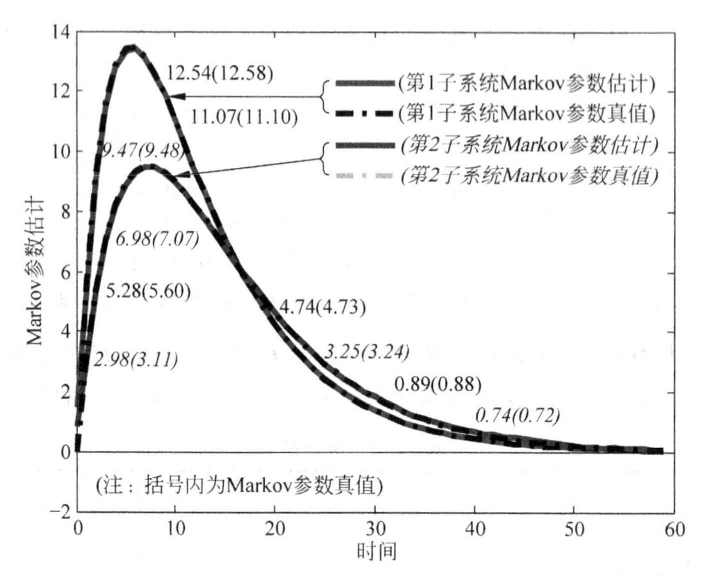

图 12.5 Markov 参数估计变化过程($\sigma_{v_1}=\sigma_{v_2}=0.0$)

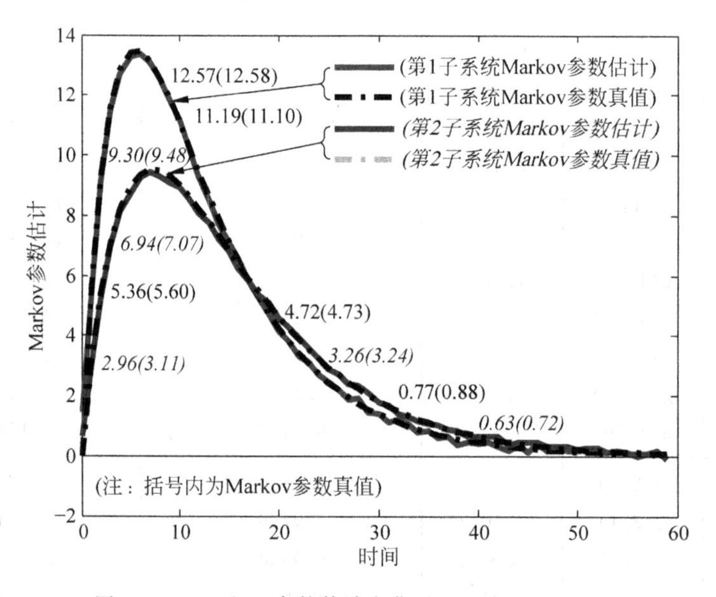

图 12.6 Markov 参数估计变化过程($\sigma_{v_1}=\sigma_{v_2}=0.3$)

12.4 输入输出差分方程模型辨识方法

12.4.1 辨识算法

考虑如下的 MIMO 系统输入输出差分方程模型

$$\boldsymbol{A}(z^{-1})\boldsymbol{z}(k)=\boldsymbol{B}(z^{-1})\boldsymbol{u}(k)+\boldsymbol{v}(k) \tag{12.4.1}$$

式中，$\boldsymbol{u}(k)\in \mathrm{R}^{r\times 1}$、$\boldsymbol{z}(k)\in \mathrm{R}^{m\times 1}$为系统输入和输出变量；$\boldsymbol{v}(k)\in \mathrm{R}^{m\times 1}$为零均值白噪声向量；脉冲传递函数矩阵$\boldsymbol{A}(z^{-1})$和$\boldsymbol{B}(z^{-1})$定义为

$$\begin{cases}\boldsymbol{A}(z^{-1})=\begin{bmatrix}A_{11}(z^{-1}) & A_{12}(z^{-1}) & \cdots & A_{1m}(z^{-1})\\ A_{21}(z^{-1}) & A_{22}(z^{-1}) & \cdots & A_{2m}(z^{-1})\\ \vdots & \vdots & \ddots & \vdots\\ A_{m1}(z^{-1}) & A_{m2}(z^{-1}) & \cdots & A_{mm}(z^{-1})\end{bmatrix}\\ A_{ii}(z^{-1})=1+a_{ii}(1)z^{-1}+a_{ii}(2)z^{-2}+\cdots+a_{ii}(n_{ii})z^{-n_{ii}}\\ A_{ij}(z^{-1})=a_{ij}(1)z^{-1}+a_{ij}(2)z^{-2}+\cdots+a_{ij}(n_{ij})z^{-n_{ij}}\\ i=1,2,\cdots m,\quad j=1,2,\cdots,m\\ \boldsymbol{B}(z^{-1})=\begin{bmatrix}B_{11}(z^{-1}) & B_{12}(z^{-1}) & \cdots & B_{1r}(z^{-1})\\ B_{21}(z^{-1}) & B_{22}(z^{-1}) & \cdots & B_{2r}(z^{-1})\\ \vdots & \vdots & \ddots & \vdots\\ B_{m1}(z^{-1}) & B_{m2}(z^{-1}) & \cdots & B_{mr}(z^{-1})\end{bmatrix}\\ B_{ij}(z^{-1})=b_{ij}(1)z^{-1}+b_{ij}(2)z^{-2}+\cdots+b_{ij}(n_{ij})z^{-n_{ij}}\\ i=1,2,\cdots,m,\quad j=1,2,\cdots,r\end{cases}\tag{12.4.2}$$

其中，n_{ij}为模型结构参数，一般有$n_{ij}\leqslant\begin{cases}n_{ii}+1, & i>j\\ n_{ii}, & i\leqslant j\end{cases}$。

如果MIMO系统是完全可观的，模型结构参数n_{ij}已知或可以确定，则第i子系统可表示为

$$\begin{cases}\sum_{s=1}^{m}A_{is}(z^{-1})z_s(k)=\sum_{j=1}^{r}B_{ij}(z^{-1})u_j(k)+v_i(k)\\ i=1,2,\cdots,m\end{cases}\tag{12.4.3}$$

其中，$z_s(k),s=1,2,\cdots,m$；$u_j(k),j=1,2,\cdots,r$为第s子系统的输出和输入，$v_i(k)$，$i=1,2,\cdots,m$为零均值白噪声。

将式(12.4.3)写成最小二乘格式

$$z_i(k)=\boldsymbol{h}_i^{\mathrm{T}}(k)\boldsymbol{\theta}_i+v_i(k)\tag{12.4.4}$$

式中，$z_i(k)$、$\boldsymbol{h}_i(k)$、$\boldsymbol{\theta}_i$和$v_i(k)$是第i子系统输出变量、数据向量、参数向量和噪声变量。参数向量$\boldsymbol{\theta}_i$和数据向量$\boldsymbol{h}_i(k)$分别定义为

$$\begin{cases}\boldsymbol{\theta}_i=[\boldsymbol{\alpha}_{i1}^{\mathrm{T}},\cdots,\boldsymbol{\alpha}_{im}^{\mathrm{T}},\boldsymbol{\beta}_{i1}^{\mathrm{T}},\cdots,\boldsymbol{\beta}_{ir}^{\mathrm{T}}]^{\mathrm{T}}\in \mathrm{R}^{\left(\sum_{s=1}^{m}n_{is}+\sum_{j=1}^{r}n_{ij}\right)\times 1}\\ \boldsymbol{\alpha}_{is}=[a_{is}(1),a_{is}(2),\cdots,a_{is}(n_{is})]^{\mathrm{T}}\in \mathrm{R}^{n_{is}\times 1},\quad s=1,2,\cdots,m\\ \boldsymbol{\beta}_{ij}=[b_{ij}(1),b_{ij}(2),\cdots,b_{ij}(n_{sj})]^{\mathrm{T}}\in \mathrm{R}^{n_{ij}\times 1},\quad j=1,2,\cdots,r\\ \boldsymbol{h}_i(k)=[\boldsymbol{z}_1^{\mathrm{T}}(k),\cdots,\boldsymbol{z}_m^{\mathrm{T}}(k),\boldsymbol{u}_1^{\mathrm{T}}(k),\cdots,\boldsymbol{u}_r^{\mathrm{T}}(k)]^{\mathrm{T}}\in \mathrm{R}^{\left(\sum_{s=1}^{m}n_{is}+\sum_{j=1}^{r}n_{ij}\right)\times 1}\\ \boldsymbol{z}_s(k)=[-z_s(k-1),-z_s(k-2),\cdots,-z_s(k-n_{is})]^{\mathrm{T}}\in \mathrm{R}^{n_{is}\times 1},\quad s=1,2,\cdots,m\\ \boldsymbol{u}_j(k)=[u_j(k-1),u_j(k-2),\cdots,u_j(k-n_{sj})]^{\mathrm{T}}\in \mathrm{R}^{n_{sj}\times 1},\quad j=1,2,\cdots,r\end{cases}\tag{12.4.5}$$

因为$v_i(k)$是零均值白噪声，所以根据最小二乘原理，第i子系统的模型参数辨识算法可写成

$$
\begin{cases}
\hat{\boldsymbol{\theta}}_i(k) = \hat{\boldsymbol{\theta}}_i(k-1) + \boldsymbol{K}_i(k)\,\tilde{z}_i(k) \\
\tilde{z}_i(k) = z_i(k) - \boldsymbol{h}_i^{\mathrm{T}}(k)\,\hat{\boldsymbol{\theta}}_i(k-1) \\
\boldsymbol{K}_i(k) = \boldsymbol{P}_i(k-1)\boldsymbol{h}_i(k)[1 + \boldsymbol{h}_i^{\mathrm{T}}(k)\boldsymbol{P}_i(k-1)\boldsymbol{h}_i(k)]^{-1} \\
\boldsymbol{P}_i(k) = [\boldsymbol{I} - \boldsymbol{K}_i(k)\boldsymbol{h}_i^{\mathrm{T}}(k)]\boldsymbol{P}_i(k-1) \\
i = 1,2,\cdots,m
\end{cases}
\tag{12.4.6}
$$

式中，$\tilde{z}_i(k)$、$\boldsymbol{K}_i(k)$、$\boldsymbol{P}_i(k)$为第 i 子系统的模型新息、算法增益和数据协方差阵。

算法式(12.4.6)可使各子系统的损失函数达到最小值，但不一定能使整体损失函数达到最小值。若以整体损失函数为目标，可将式(12.4.4)组合成如下的最小二乘格式

$$
\boldsymbol{z}(k) = \boldsymbol{H}(k)\,\boldsymbol{\theta} + \boldsymbol{v}(k) \tag{12.4.7}
$$

其中，输出向量 $\boldsymbol{z}(k)=[z_1(k),z_2(k),\cdots,z_m(k)]^{\mathrm{T}}$，噪声向量$\boldsymbol{v}(k)=[v_1(k),v_2(k),\cdots,v_m(k)]^{\mathrm{T}}$，参数向量$\boldsymbol{\theta}$和数据矩阵 $\boldsymbol{H}(k)$分别为

$$
\begin{cases}
\boldsymbol{\theta} = [\boldsymbol{\psi}_1^{\mathrm{T}},\boldsymbol{\psi}_2^{\mathrm{T}},\cdots,\boldsymbol{\psi}_m^{\mathrm{T}},\boldsymbol{\varphi}_1^{\mathrm{T}},\boldsymbol{\varphi}_2^{\mathrm{T}},\cdots,\boldsymbol{\varphi}_m^{\mathrm{T}}]^{\mathrm{T}} \\
\boldsymbol{\psi}_i = [\boldsymbol{\alpha}_{i1}^{\mathrm{T}},\boldsymbol{\alpha}_{i2}^{\mathrm{T}},\cdots,\boldsymbol{\alpha}_{im}^{\mathrm{T}}]^{\mathrm{T}},\boldsymbol{\varphi}_i = [\boldsymbol{\beta}_{i1}^{\mathrm{T}},\boldsymbol{\beta}_{i2}^{\mathrm{T}},\cdots,\boldsymbol{\beta}_{ir}^{\mathrm{T}}]^{\mathrm{T}}, \quad i = 1,2,\cdots,m \\
\boldsymbol{\alpha}_{is} = [a_{is}(1),a_{is}(2),\cdots,a_{is}(n_{is})]^{\mathrm{T}}, \quad i = 1,2,\cdots,m, \quad s = 1,2,\cdots,m \\
\boldsymbol{\beta}_{ij} = [b_{ij}(1),b_{ij}(2),\cdots,b_{ij}(n_{ij})]^{\mathrm{T}}, \quad i = 1,2,\cdots,m, \quad j = 1,2,\cdots,r \\
\boldsymbol{H}(k) = \begin{bmatrix}
\boldsymbol{z}^{\mathrm{T}}(k) & 0 & \cdots & 0 & \boldsymbol{u}^{\mathrm{T}}(k) & 0 & \cdots & 0 \\
0 & \boldsymbol{z}^{\mathrm{T}}(k) & \cdots & 0 & 0 & \boldsymbol{u}^{\mathrm{T}}(k) & \cdots & 0 \\
\vdots & \vdots & \ddots & \vdots & \vdots & \vdots & \ddots & \vdots \\
0 & \cdots & 0 & \boldsymbol{z}^{\mathrm{T}}(k) & 0 & \cdots & 0 & \boldsymbol{u}^{\mathrm{T}}(k)
\end{bmatrix}^{\mathrm{T}} \\
\boldsymbol{z}(k) = [\boldsymbol{z}_1^{\mathrm{T}}(k),\boldsymbol{z}_2^{\mathrm{T}}(k),\cdots,\boldsymbol{z}_m^{\mathrm{T}}(k)]^{\mathrm{T}}, \quad \boldsymbol{u}(k) = [\boldsymbol{u}_1^{\mathrm{T}}(k),\boldsymbol{u}_2^{\mathrm{T}}(k),\cdots,\boldsymbol{u}_r^{\mathrm{T}}(k)]^{\mathrm{T}} \\
\boldsymbol{z}_i(k) = [-z_i(k-1),-z_i(k-2),\cdots,-z_i(k-n_{is})]^{\mathrm{T}} \in \mathrm{R}^{n_{is}\times 1}, \quad i = 1,2,\cdots,m \\
\boldsymbol{u}_j(k) = [u_j(k-1),u_j(k-2),\cdots,u_j(k-n_{ij})]^{\mathrm{T}} \in \mathrm{R}^{n_{ij}\times 1}, \quad j = 1,2,\cdots,r
\end{cases}
\tag{12.4.8}
$$

因为噪声向量$\boldsymbol{v}(k)$为零均值白噪声，根据最小二乘原理，式(12.4.7)模型参数辨识算法可直接写成

$$
\begin{cases}
\hat{\boldsymbol{\theta}}(k) = \hat{\boldsymbol{\theta}}(k-1) + \boldsymbol{K}(k)\,\tilde{\boldsymbol{z}}(k) \\
\tilde{\boldsymbol{z}}(k) = \boldsymbol{z}(k) - \boldsymbol{H}^{\mathrm{T}}(k)\,\hat{\boldsymbol{\theta}}(k-1) \\
\boldsymbol{K}(k) = \boldsymbol{P}(k-1)\boldsymbol{H}(k)[\boldsymbol{H}^{\mathrm{T}}(k)\boldsymbol{P}(k-1)\boldsymbol{H}(k) + \boldsymbol{I}_m]^{-1} \\
\boldsymbol{P}(k) = [\boldsymbol{I} - \boldsymbol{K}(k)\boldsymbol{H}^{\mathrm{T}}(k)]\boldsymbol{P}(k-1)
\end{cases}
\tag{12.4.9}
$$

式中，$\tilde{\boldsymbol{z}}(k)$、$\boldsymbol{K}(k)$、$\boldsymbol{P}(k)$为模型新息、算法增益和数据协方差阵。不幸，该算法涉及求逆运算$[\boldsymbol{H}^{\mathrm{T}}(k)\boldsymbol{P}(k-1)\boldsymbol{H}(k)+\boldsymbol{I}_m]^{-1}$，如果系统输出维数过高，可能会给算法带来应用上的麻烦。

根据式(12.4.8)数据矩阵 $\boldsymbol{H}(k)$的结构特点，算法式(12.4.9)也可改成依子系

统递推的辨识算法

$$\begin{cases}\hat{\boldsymbol{\theta}}_1(k)=\hat{\boldsymbol{\theta}}_m(k-1)+\boldsymbol{K}_1(k)\,\tilde{z}_1(k)\\ \tilde{z}_1(k)=z_1(k)-\boldsymbol{h}_1^{\mathrm{T}}(k)\,\hat{\boldsymbol{\theta}}_m(k-1)\\ \boldsymbol{K}_1(k)=\boldsymbol{P}_m(k-1)\boldsymbol{h}_1(k)[\boldsymbol{h}_1^{\mathrm{T}}(k)\boldsymbol{P}_m(k-1)\boldsymbol{h}_1(k)+1]^{-1}\\ \boldsymbol{P}_1(k)=[\boldsymbol{I}-\boldsymbol{K}_1(k)\boldsymbol{h}_1^{\mathrm{T}}(k)]\boldsymbol{P}_m(k-1)\end{cases} \tag{12.4.10}$$

$$\begin{cases}\hat{\boldsymbol{\theta}}_i(k)=\hat{\boldsymbol{\theta}}_{i-1}(k)+\boldsymbol{K}_i(k)\,\tilde{z}_i(k)\\ \tilde{z}_i(k)=z_i(k)-\boldsymbol{h}_i^{\mathrm{T}}(k)\,\hat{\boldsymbol{\theta}}_{i-1}(k)\\ \boldsymbol{K}_i(k)=\boldsymbol{P}_{i-1}(k)\boldsymbol{h}_i(k)[\boldsymbol{h}_i^{\mathrm{T}}(k)\boldsymbol{P}_{i-1}(k)\boldsymbol{h}_i(k)+1]^{-1}\\ \boldsymbol{P}_i(k)=[\boldsymbol{I}-\boldsymbol{K}_i(k)\boldsymbol{h}_i^{\mathrm{T}}(k)]\boldsymbol{P}_{i-1}(k)\\ i=2,3,\cdots,m\end{cases} \tag{12.4.11}$$

式中，$z_i(k)$、$\boldsymbol{h}_i(k)$为第 i 子系统的输出和数据向量；$\tilde{z}_i(k)$、$\hat{\boldsymbol{\theta}}_i(k)$、$\boldsymbol{K}_i(k)$、$\boldsymbol{P}_i(k)$为第 i 子系统的模型新息、参数估计值、算法增益和数据协方差阵。

如果模型式(12.4.3)噪声 $v_i(k)$，$i=1,2,\cdots,m$ 不是白噪声，则算法式(12.4.6)、式(12.4.9)及式(12.4.10)～式(12.4.11)也要像 SISO 系统那样，改用包括增广最小二乘、辅助变量和极大似然等辨识算法。

12.4.2 辨识算法 MATLAB 程序实现

式(12.4.6)是按 $i=1,2,\cdots,m$ 逐一辨识子系统模型参数的递推算法，式(12.4.9)是同时辨识所有子系统模型参数的递推算法，式(12.4.10)和式(12.4.11)是依子系统辨识模型参数的递推算法，本章附 12.3、附 12.4 和附 12.5 是这三种辨识算法的 MATLAB 程序。使用这三个程序需要正确构造子系统的数据向量 $\boldsymbol{h}_i(k)$或数据矩阵 $\boldsymbol{H}(k)$，尤其注意程序变量不能造成时间错位。依据停机条件停止计算后，以最后 5 个参数估计值的平均值作为辨识结果。

例 12.3　考虑如下双输入双输出仿真系统

$$\boldsymbol{z}(k)=\boldsymbol{G}(z^{-1})\boldsymbol{u}(k)+\boldsymbol{v}(k) \tag{12.4.12}$$

其中，$\boldsymbol{u}(k)\in\mathrm{R}^{2\times1}$、$\boldsymbol{z}(k)\in\mathrm{R}^{2\times1}$是系统的输入和输出；$\boldsymbol{v}(k)\in\mathrm{R}^{2\times1}$是零均值、互为独立的白噪声向量，噪声标准差分别为 $\lambda_1=1.0$ 和 $\lambda_2=0.8$；脉冲传递函数矩阵为

$$\boldsymbol{G}(z^{-1})=\begin{bmatrix}\dfrac{B_{11}(z^{-1})}{A_{11}(z^{-1})} & \dfrac{B_{12}(z^{-1})}{A_{12}(z^{-1})}\\[2ex] \dfrac{B_{21}(z^{-1})}{A_{21}(z^{-1})} & \dfrac{B_{22}(z^{-1})}{A_{22}(z^{-1})}\end{bmatrix} \tag{12.4.13}$$

其中

$$\begin{cases} A_{11}(z^{-1}) = 1 + a_{11}(1)z^{-1} + a_{11}(2)z^{-2} = 1 - 1.25z^{-1} + 0.60z^{-2} \\ A_{12}(z^{-1}) = a_{12}(1)z^{-1} + a_{12}(2)z^{-2} = 0.25z^{-1} - 0.30z^{-2} \\ A_{21}(z^{-1}) = a_{21}(1)z^{-1} + a_{21}(2)z^{-2} = 0.63z^{-1} - 0.52z^{-2} \\ A_{22}(z^{-1}) = 1 + a_{22}(1)z^{-1} + a_{22}(2)z^{-2} = 1 - 1.20z^{-1} + 0.35z^{-2} \\ B_{11}(z^{-1}) = b_{11}(1)z^{-1} + b_{11}(2)z^{-2} = 2.50z^{-1} + 3.40z^{-2} \\ B_{12}(z^{-1}) = b_{12}(1)z^{-1} + b_{12}(2)z^{-2} = -1.60z^{-1} - 0.80z^{-2} \\ B_{21}(z^{-1}) = b_{21}(1)z^{-1} + b_{21}(2)z^{-2} = -3.25z^{-1} + 2.40z^{-2} \\ B_{22}(z^{-1}) = b_{22}(1)z^{-1} + b_{22}(2)z^{-2} = -1.85z^{-1} + 3.67z^{-2} \end{cases} \tag{12.4.14}$$

辨识输入信号选用特征多项式分别为 $F(s)=s^6 \oplus s^5 \oplus 1$ 和 $F(s)=s^6 \oplus s \oplus 1$，幅度为 1 的 M 序列。分别利用逐一子系统递推辨识算法式(12.4.6)、所有子系统同时递推辨识算法式(12.4.9)和依子系统递推辨识算法式(12.4.10)～式(12.4.11)及本章附 12.3、附 12.4 和附 12.5 所给的 MATLAB 程序，算法初始值均取 $\boldsymbol{P}(0)=10^{12}\boldsymbol{I}, \hat{\boldsymbol{\theta}}(0)=0.0$，各自递推推至 500 步的辨识结果如表 12.3 所示。利用所有子系统同时递推辨识算法式(12.4.9)，还可以估计出各子系统残差平方和(本例中，各子系统方差估计值之和为 1.5947，真值为 1.64)。利用 3 种不同算法的模型参数估计值变化过程具有相同特性，为节约篇幅只给出依子系统递推辨识算法的参数估计值变化曲线，如图 12.7 所示。

表 12.3　第 1 子系统辨识结果

模型参数		$a_{11}(1)$	$a_{11}(2)$	$a_{12}(1)$	$a_{12}(2)$	$b_{11}(1)$	$b_{11}(2)$	$b_{12}(1)$	$b_{11}(2)$	噪声标准差
真值		−1.25	0.60	0.25	−0.30	2.50	3.40	−1.60	−0.80	1.00
估计值	逐一子系统递推算法	−1.2453	0.6061	0.2686	−0.3091	2.4907	3.3798	−1.5673	−0.8665	1.0169
	依子系统递推算法	−1.2609	0.6028	0.2384	−0.2920	2.4320	3.4041	−1.6849	−0.7488	1.0039
	所有子系统递推算法	−1.2504	0.5897	0.2414	−0.3022	2.4725	3.4666	−1.5648	−0.7783	0.9899

模型参数		$a_{21}(1)$	$a_{21}(2)$	$a_{22}(1)$	$a_{22}(2)$	$b_{21}(1)$	$b_{21}(2)$	$b_{22}(1)$	$b_{21}(2)$	噪声标准差
真值		0.63	−0.52	−1.20	0.35	−3.25	2.40	−1.85	3.67	0.80
估计值	逐一子系统递推算法	0.6252	−0.5221	−1.2025	0.3505	−3.2287	2.4039	−1.8486	3.6653	0.7646
	依子系统递推算法	0.6317	−0.5139	−1.1900	0.3492	−3.2526	2.3464	−1.8448	3.6402	0.7899
	所有子系统递推算法	0.6373	−0.5320	−1.2009	0.3470	−3.2670	2.4390	−1.8110	3.6507	0.7841

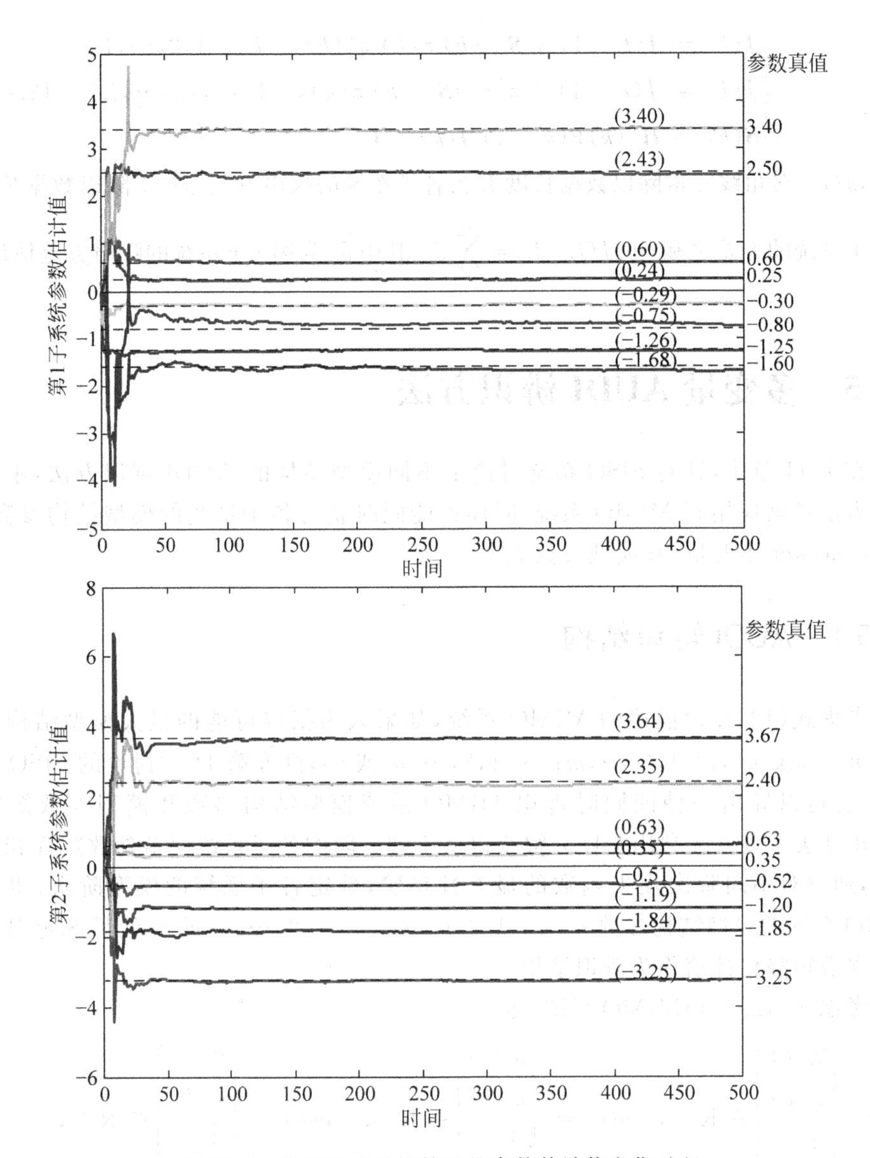

图 12.7　依子系统递推算法的参数估计值变化过程

表 12.3 中，“逐一子系统递推算法”和“依子系统递推算法”各子系统的噪声标准差估计采用下面公式计算

$$\begin{cases} J_i(k) = J_i(k-1) + \dfrac{\tilde{z}_i^2(k)}{1 + \boldsymbol{h}_i^{\mathrm{T}}(k)\boldsymbol{P}_i(k-1)\boldsymbol{h}_i(k)}, \quad k = 1,2,\cdots,L \\ \hat{\lambda}_i = \mathrm{sqrt}(J_i(L)/L) \end{cases} \tag{12.4.15}$$

式中，$\tilde{z}_i(k)$、$J_i(k)$、$\hat{\lambda}_i$，$i=1,2,\cdots,m$ 为第 i 子系统的模型新息、损失函数和噪声标准差估计值，L 为数据长度。“所有子系统同时递推算法”各子系统的噪声标准差估计及所有子系统方差之和采用下面公式计算

$$\begin{cases}\boldsymbol{J}(k)=\boldsymbol{J}(k-1)+\boldsymbol{S}^{-1}(k)\,\tilde{\boldsymbol{z}}(k)\,\tilde{\boldsymbol{z}}^{\mathrm{T}}(k), & k=1,2,\cdots,L\\ J(k)=J(k-1)+\tilde{\boldsymbol{z}}^{\mathrm{T}}(k)\boldsymbol{S}^{-1}(k)\,\tilde{\boldsymbol{z}}(k), & k=1,2,\cdots,L\\ \boldsymbol{S}(k)=\boldsymbol{H}^{\mathrm{T}}(k)\boldsymbol{P}(k-1)\boldsymbol{H}(k)+\boldsymbol{I}_m\end{cases}\tag{12.4.16}$$

式中，$\boldsymbol{J}(L)$ 对角线元素除以数据长度 L 为各子系统的噪声方差，$J(L)$ 除以数据长度 L 为各子系统的方差之和，即 $J(L)/L=\sum_{i=1}^{m}\hat{\sigma}_i^2$，其中 $\hat{\sigma}_i^2$ 为第 i 子系统的噪声方差估计值。

12.5 多变量 AUDI 辨识方法

在第 11 章中，针对 SISO 系统讨论了不同模型结构的 AUDI 辨识方法，本节将这种方法扩展应用到 MIMO 系统，同样也能同时获得各子系统的模型结构参数(或称 Kronecker 不变量)和模型参数矩阵。

12.5.1 AUDI 辨识结构

考虑式(12.4.1)描述的 MIMO 系统，如果人为指定可能的最大模型结构参数 n，使 $n>\max(n_{ij},i=1,2,\cdots,m;\ j=1,2,\cdots,m$ 或 $r)$，则像第 11 章讨论的 SISO 系统那样，也可以导出一种能同时辨识 MIMO 系统模型结构参数和模型参数矩阵的 AUDI 算法。该算法利用 UD 分解获得从 1 到 n 阶的各子系统模型参数矩阵和损失函数，通过对不同阶次损失函数的显著性检验，确定各子系统的模型阶次，也就是 MIMO 系统的模型结构参数 $n_{ij},i=1,2,\cdots,m;\ j=1,2,\cdots,m$ 或 r，然后选定对应阶次的参数矩阵估计值作为辨识结果。

考虑式(12.4.1)MIMO 系统，令

$$\begin{cases}\boldsymbol{z}(k)=\begin{bmatrix}z_1(k)\\ z_2(k)\\ \vdots\\ z_m(k)\end{bmatrix}\in\mathrm{R}^{m\times 1}, \quad \boldsymbol{u}(k)=\begin{bmatrix}u_1(k)\\ u_2(k)\\ \vdots\\ u_r(k)\end{bmatrix}\in\mathrm{R}^{r\times 1}, \quad \boldsymbol{v}(k)=\begin{bmatrix}v_1(k)\\ v_2(k)\\ \vdots\\ v_m(k)\end{bmatrix}\in\mathrm{R}^{m\times 1},\\ \boldsymbol{A}_l=\begin{bmatrix}a_{11}(l) & a_{12}(l) & \cdots & a_{1m}(l)\\ a_{21}(l) & a_{22}(l) & \cdots & a_{2m}(l)\\ \vdots & \vdots & \ddots & \vdots\\ a_{m1}(l) & a_{m2}(l) & \cdots & a_{mm}(l)\end{bmatrix}\in\mathrm{R}^{m\times m}, \quad \boldsymbol{B}_l=\begin{bmatrix}b_{11}(l) & b_{12}(l) & \cdots & b_{1r}(l)\\ b_{21}(l) & b_{22}(l) & \cdots & b_{2r}(l)\\ \vdots & \vdots & \ddots & \vdots\\ b_{m1}(l) & b_{m2}(l) & \cdots & b_{mr}(l)\end{bmatrix}\in\mathrm{R}^{m\times r}\end{cases}\tag{12.5.1}$$

其中，$l=1,2,\cdots,n$，式(12.4.1)可改写成

$$\begin{aligned}&\boldsymbol{z}(k)+\boldsymbol{A}_1\boldsymbol{z}(k-1)+\cdots+\boldsymbol{A}_n\boldsymbol{z}(k-n)\\ &=\boldsymbol{B}_1\boldsymbol{u}(k-1)+\boldsymbol{B}_2\boldsymbol{u}(k-2)+\cdots+\boldsymbol{B}_n\boldsymbol{u}(k-n)+\boldsymbol{v}(k)\end{aligned}\tag{12.5.2}$$

对应的最小二乘格式为

$$z(k)=\boldsymbol{\Theta}_n\boldsymbol{h}_n(k)+\boldsymbol{v}(k) \tag{12.5.3}$$

式中，$\boldsymbol{h}_n(k)$为数据向量，$\boldsymbol{\Theta}_n$ 为模型参数矩阵

$$\begin{cases}\boldsymbol{h}_n(k)=[\boldsymbol{z}^{\mathrm{T}}(k-n),\boldsymbol{u}^{\mathrm{T}}(k-n),\cdots,\boldsymbol{z}^{\mathrm{T}}(k-1),\boldsymbol{u}^{\mathrm{T}}(k-1)]^{\mathrm{T}}\in\mathrm{R}^{n(m+r)\times 1}\\ \boldsymbol{z}(k-l)=[-z_1(k-l),-z_2(k-l),\cdots,-z_m(k-l)]^{\mathrm{T}},\quad l=1,2,\cdots,n\\ \boldsymbol{u}(k-l)=[u_1(k-l),u_2(k-l),\cdots,u_r(k-l)]^{\mathrm{T}},\quad l=1,2,\cdots,n\\ \boldsymbol{\Theta}_n=[\boldsymbol{A}_n\quad\boldsymbol{B}_n\quad\cdots\quad\boldsymbol{A}_1\quad\boldsymbol{B}_1]=\begin{bmatrix}\boldsymbol{\theta}_1^{\mathrm{T}}\\ \boldsymbol{\theta}_2^{\mathrm{T}}\\ \vdots\\ \boldsymbol{\theta}_m^{\mathrm{T}}\end{bmatrix}\in\mathrm{R}^{m\times n(m+r)}\\ \boldsymbol{\theta}_i^{\mathrm{T}}=[a_{i1}(n),a_{i2}(n),\cdots,a_{im}(n),b_{i1}(n),b_{i2}(n),\cdots,b_{ir}(n),\\ \qquad\cdots,\\ \qquad a_{i1}(1),a_{i2}(1),\cdots,a_{im}(1),b_{i1}(1),b_{i2}(1),\cdots,b_{ir}(1)],\quad i=1,2,\cdots,m\end{cases} \tag{12.5.4}$$

与第 11 章讨论的 SISO 系统类似，定义如下的增广数据向量

$$\boldsymbol{\varphi}_n(k)=[\boldsymbol{z}^{\mathrm{T}}(k-n),\boldsymbol{u}^{\mathrm{T}}(k-n),\cdots,\boldsymbol{z}^{\mathrm{T}}(k-1),\boldsymbol{u}^{\mathrm{T}}(k-1),\boldsymbol{z}^{\mathrm{T}}(k)]^{\mathrm{T}} \tag{12.5.5}$$

增广数据向量$\boldsymbol{\varphi}_n(k)$和数据向量 $\boldsymbol{h}_n(k)$也具有“移位结构”性质。同时将模型式(12.5.2)写成如下的最小二乘格式

$$\boldsymbol{u}(k-1)=\boldsymbol{\Omega}_{n-1}\,\boldsymbol{h}_{n-1}(k)+\xi(k) \tag{12.5.6}$$

式中

$$\begin{cases}\boldsymbol{h}_{n-1}(k)=[\boldsymbol{z}^{\mathrm{T}}(k-n),\boldsymbol{u}^{\mathrm{T}}(k-n),\cdots,\boldsymbol{z}^{\mathrm{T}}(k-2),\boldsymbol{u}^{\mathrm{T}}(k-2)]^{\mathrm{T}}\in\mathrm{R}^{(n-1)(m+r)\times 1}\\ \boldsymbol{\Omega}_{n-1}=-\boldsymbol{B}_1^{-}[\boldsymbol{A}_n\quad\boldsymbol{B}_n\quad\cdots\quad\boldsymbol{B}_2\quad\boldsymbol{A}_1]\in\mathrm{R}^{r\times(n(m+r)-r)}\\ \boldsymbol{\xi}(k)=\boldsymbol{B}_1^{-}(\boldsymbol{z}(k)-\boldsymbol{v}(k))\in\mathrm{R}^{r\times 1}\end{cases} \tag{12.5.7}$$

其中，$\boldsymbol{B}_1^{-}$ 表示 $\boldsymbol{B}_1$ 的伪逆，式(12.5.6)模型参数个数总要比式(12.5.3)少，且模型误差$\boldsymbol{\xi}(k)$也不再是白噪声。幸好，模型式(12.5.6)是 AUDI 算法的中间借用模型，其具体表达形式无须深究。

也像第 11 章讨论的 SISO 系统那样，定义信息压缩阵

$$\boldsymbol{C}_n(k)=\left[\sum_{i=1}^{k}\boldsymbol{\varphi}_n(i)\,\boldsymbol{\varphi}_n^{\mathrm{T}}(i)\right]^{-1}\in\mathrm{R}^{(n(m+r)+m)\times(n(m+r)+m)} \tag{12.5.8}$$

并对其进行 $\mathrm{UDU}^{\mathrm{T}}$分解，有

$$\boldsymbol{C}_n(k)=\boldsymbol{U}_n(k)\boldsymbol{D}_n(k)\boldsymbol{U}_n^{\mathrm{T}}(k) \tag{12.5.9}$$

其中，$\boldsymbol{U}_n(k)$是$(n(m+r)+m)\times(n(m+r)+m)$维的单位上三角矩阵，称参数辨识矩阵，包含式(12.5.3)和式(12.5.6)从 1 到 n 阶的所有模型参数估计值$\hat{\boldsymbol{\Theta}}_l$、$\hat{\boldsymbol{\Omega}}_{l-1}$，$l=1,2,\cdots,n$；$\boldsymbol{D}_n(k)$是$(n(m+r)+m)\times(n(m+r)+m)$维的对角矩阵，称损失函数矩阵，包含式(12.5.3)和式(12.5.6)阶次从 1 到 n 阶所有模型的损失函数。

参数辨识矩阵 $\boldsymbol{U}_n(k)$ 的分解形式为

$$\underbrace{\boldsymbol{U}_n(k)}_{(n(m+r)+m)\times(n(m+r)+m)} = \begin{bmatrix} \boldsymbol{I}_m & \underbrace{-\hat{\boldsymbol{\Omega}}_0^{\mathrm{T}}}_{m\times r} & & & & & & & \\ & \boldsymbol{I}_r & \underbrace{\hat{\boldsymbol{\Theta}}_1^{\mathrm{T}}}_{(m+r)\times m} & & & & & & \\ & & \boldsymbol{I}_m & \underbrace{-\hat{\boldsymbol{\Omega}}_1^{\mathrm{T}}}_{2m+r\times r} & & & & & \\ & & & \boldsymbol{I}_r & \underbrace{\hat{\boldsymbol{\Theta}}_2^{\mathrm{T}}}_{2(m+r)\times m} & & & & \\ & & & & \boldsymbol{I}_m & \ddots & & & \\ & & 0 & & & \ddots & \underbrace{-\hat{\boldsymbol{\Omega}}_{n-1}^{\mathrm{T}}}_{(n(m+r)-r)\times r} & & \\ & & & & & & \boldsymbol{I}_r & \underbrace{\hat{\boldsymbol{\Theta}}_n^{\mathrm{T}}}_{n(m+r)\times m} & \\ & & & & & & & \boldsymbol{I}_m \end{bmatrix} \tag{12.5.10}$$

损失函数矩阵 $\boldsymbol{D}_n(k)$ 的分解形式为

$$\underbrace{\boldsymbol{D}_n(k)}_{(n(m+r)+m)\times(n(m+r)+m)} = \mathrm{diag}[\underbrace{\boldsymbol{J}_0^{-1}(k)}_{m\times m},\underbrace{\boldsymbol{V}_0^{-1}(k)}_{r\times r},\underbrace{\boldsymbol{J}_1^{-1}(k)}_{m\times m},\underbrace{\boldsymbol{V}_1^{-1}(k)}_{r\times r},\cdots,\underbrace{\boldsymbol{J}_{n-1}^{-1}(k)}_{m\times m},\underbrace{\boldsymbol{V}_{n-1}^{-1}(k)}_{r\times r},\underbrace{\boldsymbol{J}_n^{-1}(k)}_{m\times m}] \tag{12.5.11}$$

式中

$$\begin{cases} \boldsymbol{J}_l(k) = \mathrm{diag}[J_{1l}(k),J_{2l}(k),\cdots,J_{ml}(k)] \in \mathrm{R}^{m\times m}, & l=0,1,\cdots,n \\ \boldsymbol{V}_l(k) = \mathrm{diag}[V_{1l}(k),V_{2l}(k),\cdots V_{rl}(k)] \in \mathrm{R}^{r\times r}, & l=0,1,\cdots,n-1 \end{cases} \tag{12.5.12}$$

其中，下脚标 $l=0,1,\cdots,n$ 代表模型阶次，如 $J_{il}(k),i=1,2,\cdots,m$；$l=0,1,2,\cdots,n$ 表示第 i 子系统阶次为 l 时的 k 时刻损失函数。利用第 10 章的 F-test 定阶法，根据 $J_{il}(k),l=0,1,2,\cdots,n$ 的变化情况，可以确定出第 i 子系统的模型阶次。上面所给的式(12.5.9)～式(12.5.12)就是 MIMO 系统的 AUDI 辨识算法结构[41]。

12.5.2 AUDI 辨识算法

根据以上分析，对信息压缩阵 $\boldsymbol{C}_n(k)$ 进行 $\mathrm{UDU^T}$ 分解后，得到的参数辨识矩阵 $\boldsymbol{U}_n(k)$ 和损失函数矩阵 $\boldsymbol{D}_n(k)$，包含式(12.5.3)阶次从 1 到 n 阶的所有模型参数估计值 $\hat{\boldsymbol{\Theta}}_l,l=1,2,\cdots,n$ 和损失函数 $\boldsymbol{J}_l(k),l=0,1,2,\cdots,n$，如式(12.5.10)和式(12.5.11)

所示。

与第11章11.5节的推导一样,可得到MIMO系统的递推AUDI辨识算法,记作AUDI-MIMO。

AUDI-MIMO辨识算法

$$
\left\{
\begin{aligned}
&\boldsymbol{\varphi}_n(k) = [\boldsymbol{z}^{\mathrm{T}}(k-n), \boldsymbol{u}^{\mathrm{T}}(k-n), \cdots, \boldsymbol{z}^{\mathrm{T}}(k-1), \boldsymbol{u}^{\mathrm{T}}(k-1), \boldsymbol{z}^{\mathrm{T}}(k)]^{\mathrm{T}} \\
&\boldsymbol{z}(k-l) = [-z_1(k-l), -z_2(k-l), \cdots, -z_m(k-l)]^{\mathrm{T}}, l = 1,2,\cdots,n \\
&\boldsymbol{u}(k-l) = [u_1(k-l), u_2(k-l), \cdots, u_r(k-l)]^{\mathrm{T}}, l = 1,2,\cdots,n \\
&\boldsymbol{f}_n(k) = \boldsymbol{U}_n^{\mathrm{T}}(k-1)\boldsymbol{\varphi}_n(k), \quad \boldsymbol{g}_n(k) = \boldsymbol{D}_n(k-1)\boldsymbol{f}_n(k) \\
&\beta_j(k) = 1 + \sum_{i=1}^{j} f_i(k) g_i(k) \\
&\bar{u}_{ij}(k) = -\frac{f_j(k) g_i(k)}{\beta_{j-1}(k)}, \quad \bar{u}_{jj}(k) = 1 \\
&u_{ij}(k) = u_{ij}(k-1) + \sum_{l=i}^{j-1} u_{il}(k-1)\bar{u}_{lj}(k), \quad u_{ii}(k) = 1 \\
&d_j(k) = \frac{d_j(k-1)\beta_{j-1}(k)}{\beta_j(k)} \\
&i = 1,2,\cdots,N;\ j = 1,2,\cdots,N;\ N = 2n+1
\end{aligned}
\right.
\tag{12.5.13}
$$

上述AUDI-MIMO算法是一种依时间k的递推计算结构,与AUDI-RLS辨识算法是一样的,只是增广数据向量构造不同而已,不过构造增广数据向量$\boldsymbol{\varphi}_n(k)$要复杂得多。选定可能的最高模型阶次$n$,利用$k$时刻增广数据向量$\boldsymbol{\varphi}_n(k)$和$k-1$时刻$\boldsymbol{U}_n(k-1)$和$\boldsymbol{D}_n(k-1)$,可递推计算$\boldsymbol{U}_n(k)$和$\boldsymbol{D}_n(k)$,获得1至$n$阶模型的辨识结果,包括损失函数和参数估计值,递推初始值可取$\boldsymbol{C}_n(0)=\boldsymbol{U}_n(0)\boldsymbol{D}_n(0)\boldsymbol{U}_n^{\mathrm{T}}(0)=a^2\boldsymbol{I}$,$a$为充分大实数。

例12.4 考虑如下仿真模型

$$
\begin{aligned}
&\boldsymbol{z}(k) + \begin{bmatrix} -0.65 & 0.10 \\ -0.83 & -1.20 \end{bmatrix}\boldsymbol{z}(k-1) + \begin{bmatrix} 0.60 & -0.20 \\ -0.42 & 0.25 \end{bmatrix}\boldsymbol{z}(k-2) \\
&= \begin{bmatrix} 3.50 & 1.60 \\ 0.20 & -1.70 \end{bmatrix}\boldsymbol{u}(k-1) + \begin{bmatrix} 5.20 & 0.80 \\ -1.00 & 4.67 \end{bmatrix}\boldsymbol{u}(k-2) + \begin{bmatrix} \lambda_1 & 0 \\ 0 & \lambda_2 \end{bmatrix}\boldsymbol{v}(k)
\end{aligned}
\tag{12.5.14}
$$

式中,$\boldsymbol{u}(k)=[u_1(k),u_2(k)]^{\mathrm{T}}$、$\boldsymbol{z}(k)=[z_1(k),z_2(k)]^{\mathrm{T}}$为模型输入和输出,$\boldsymbol{v}(k)=[v_1(k),v_2(k)]^{\mathrm{T}}$为零均值、互不相关的白噪声向量,$\lambda_1$和$\lambda_2$为噪声分量$v_1(k)$和$v_2(k)$的标准差。

假设模型可能的最高阶次$n=4$,根据式(12.5.5)的定义,构造增广数据向量

$$
\begin{aligned}
\boldsymbol{\varphi}_n(k) = [&-z_1(k-4), -z_2(k-4), u_1(k-4), u_2(k-4), -z_1(k-3), \\
&-z_2(k-3), u_1(k-3), u_2(k-3), -z_1(k-2), -z_2(k-2),
\end{aligned}
$$

$$u_1(k-2),u_2(k-2),-z_1(k-1),-z_2(k-1),u_1(k-1),$$
$$u_2(k-1),-z_1(k),-z_2(k)]^{\mathrm{T}} \tag{12.5.15}$$

模型参数矩阵真实值为

$$\boldsymbol{\Theta}_0=\begin{bmatrix} 0.60 & -0.20 & 0.52 & 0.80 & -0.65 & 0.10 & 3.50 & 1.60 \\ -0.42 & 0.25 & -1.00 & 4.67 & 0.83 & -1.20 & 0.20 & -1.70 \end{bmatrix} \tag{12.5.16}$$

辨识输入信号$\boldsymbol{u}(k)$选用两组相互独立的,特征多项式分别为$F(s)=s^6\oplus s^5\oplus 1$和$F(s)=s^6\oplus s\oplus 1$,幅度为1的M序列;利用式(12.5.13)AUDI-MIMO辨识算法和本章附12.6所给的MATLAB程序(使用该程序需要按式(12.5.15),正确构造增广数据向量,依据停机条件停止计算后,以最后5个参数估计值的平均值作为辨识结果),递推计算参数辨识矩阵$\boldsymbol{U}_4(k)$和损失函数矩阵$\boldsymbol{D}_4(k)$。当递推到$k=1000$时,观察损失函数随阶次变化的情况(见图12.8),显然模型阶次大于2后,损失函数变化不显著。根据第10章的F-Test定阶法,模型阶次确定为2。模型参数矩阵估计值变化过程如图12.9和图12.10所示;最终获得的模型参数矩阵估计值为

$$\hat{\boldsymbol{\Theta}}=\begin{bmatrix} 0.6031 & -0.2110 & 5.2916 & 0.9057 & -0.6445 & 0.1160 & 3.4031 & 1.7072 \\ -0.432 & 0.2431 & -1.1467 & 4.7179 & 0.8394 & -1.1911 & 0.2172 & -1.6682 \end{bmatrix} \tag{12.5.17}$$

噪声标准差估计值为$\hat{\lambda}_1=1.9016$(真实值2.00)和$\hat{\lambda}_2=1.6548$(真实值1.60)。

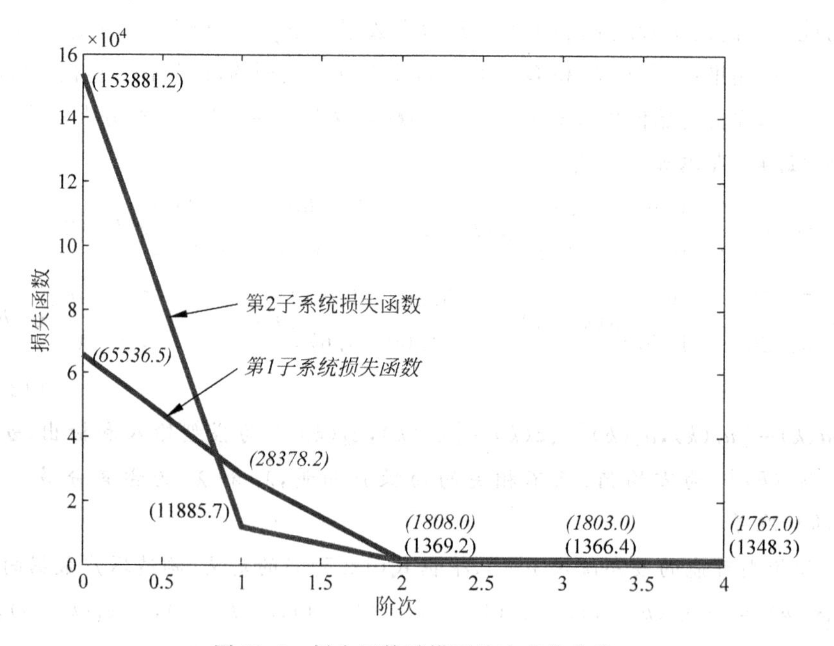

图12.8 损失函数随模型阶次变化曲线

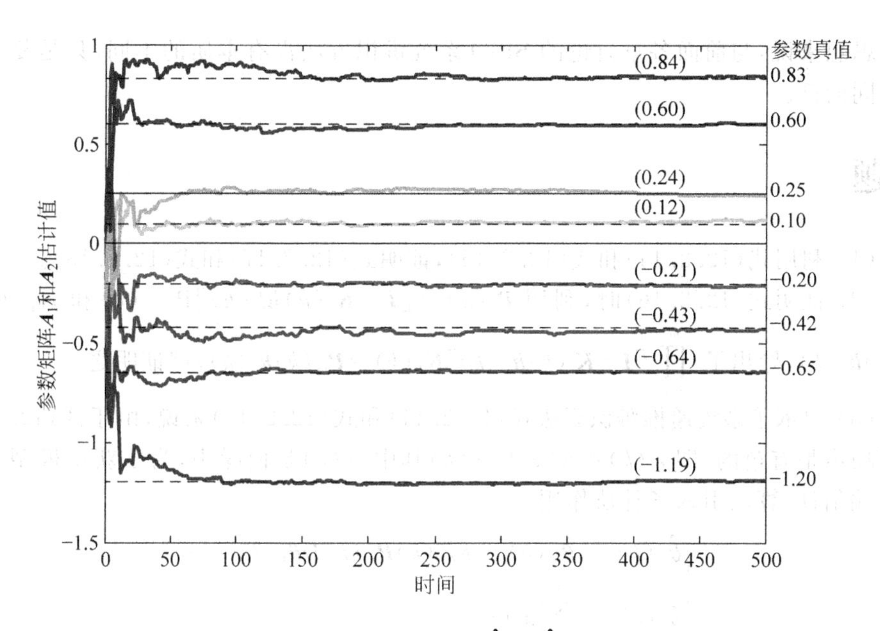

图 12.9　参数矩阵估计值$\hat{\boldsymbol{A}}_1$ 和$\hat{\boldsymbol{A}}_2$ 变化过程

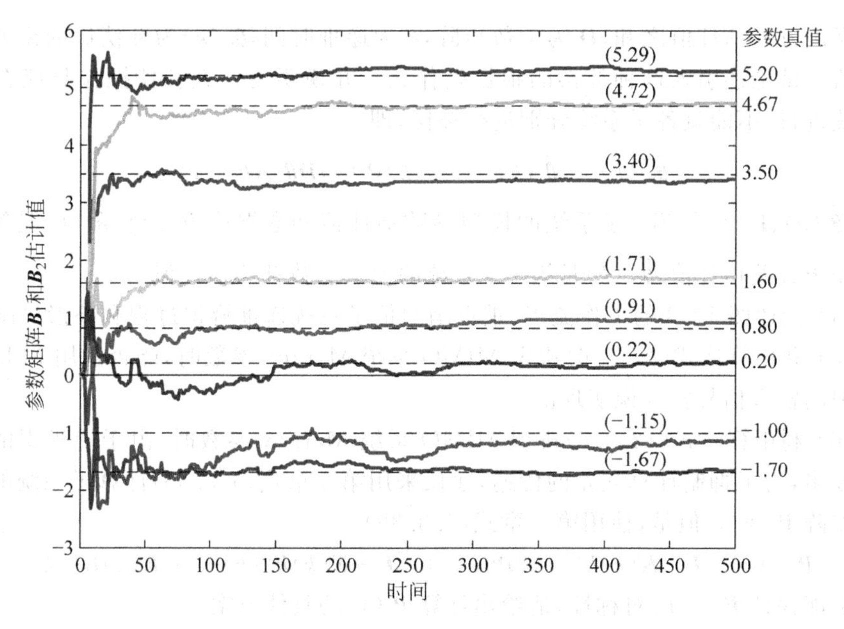

图 12.10　参数矩阵估计值$\hat{\boldsymbol{B}}_1$ 和$\hat{\boldsymbol{B}}_2$ 变化过程

12.6　小结

本章讨论了脉冲传递函数矩阵、Markov 参数模型和输入输出差分方程模型的 MIMO 系统辨识方法，同时还讨论了基于 AUDI 算法的多变量系统辨识方法。就辨识的思想来说，与前面各章讨论的 SISO 系统辨识方法没有本质的不同，只是复杂程度不同而已。

习题

(1) 利用式(12.2.14)和式(12.2.15)，证明式(12.2.17)和式(12.2.18)。

(2) 证明式(12.2.16)时，利用 $\boldsymbol{P}_i(k)=[\boldsymbol{I}-\boldsymbol{K}_i(k)\boldsymbol{h}_i^{\mathrm{T}}(k)]\boldsymbol{P}_{i-1}(k)$ 和 $K_1(k)=\boldsymbol{P}_1(k)\boldsymbol{h}_1(k)$，导出了 $\prod_{i=2}^{m}[\boldsymbol{I}-\boldsymbol{K}_i(k)\boldsymbol{h}_i^{\mathrm{T}}(k)]\boldsymbol{K}_1(k)=\boldsymbol{P}_m(k)\boldsymbol{h}_1(k)$，试证明之。

(3) 对依子系统递推辨识算法式(12.2.14)和式(12.2.15)来说，由于式(12.2.9)模型噪声是有色的，即 $e_i(k)=A(z^{-1})v_i(k)$ 其中 $v_i(k)$ 是白噪声，为了获得模型参数的无偏估计，算法引入了补偿作用

$$\begin{cases}\hat{\boldsymbol{\theta}}_{\mathrm{C}}(k)=\hat{\boldsymbol{\theta}}_m(k)+k\hat{\sigma}^2(k)\boldsymbol{P}_m(k)\boldsymbol{D}\hat{\boldsymbol{\theta}}_{\mathrm{C}}(k-1)\\ \hat{\sigma}^2(k)=\sum_{i=1}^{m}\hat{\sigma}_i^2(k)\end{cases}$$

式中，$\hat{\boldsymbol{\theta}}_m(k)$、$\boldsymbol{P}_m(k)$是第 m 子系统的模型参数估计值和数据协方差阵，$\hat{\sigma}^2(k)$为各子系统噪声方差估计值之和，$\boldsymbol{D}$ 为常数矩阵，k 为递推时间，$\hat{\boldsymbol{\theta}}_{\mathrm{C}}(k)$为补偿后的模型参数估计值。试论述引入这种补偿的根据是什么？并说明为什么补偿操作只能在第 m 子系统进行，不能就各子系统分别进行补偿，即

$$\hat{\boldsymbol{\theta}}_{\mathrm{C}i}(k)=\hat{\boldsymbol{\theta}}_i(k)+k\hat{\sigma}_i^2(k)\boldsymbol{P}_i(k)\boldsymbol{D}\hat{\boldsymbol{\theta}}_{\mathrm{C}i}(k-1)$$

式中，$\hat{\boldsymbol{\theta}}_i(k)$、$\boldsymbol{P}_i(k)$是第 i 子系统的模型参数估计值和数据协方差阵，$\hat{\sigma}_i^2(k)$是第 i 子系统噪声方差估计值，$\hat{\boldsymbol{\theta}}_{\mathrm{C}i}(k)$是第 i 子系统的模型参数补偿估计值。

(4) 论述图 12.3 的工作流程，重点阐明依子系统递推辨识过程和补偿机制。

(5) 利用算法式(12.3.6)辨识 MIMO 系统 Markov 参数时，能否选用 M 序列作为辨识的输入信号？并说明理由。

(6) 利用算法式(12.3.6)辨识 MIMO 系统 Markov 参数时，由于待辨识的参数个数较多，为了抑制计算误差的传递，建议采用第 5 章式(5.3.36)计算子系统的数据协方差阵 $\boldsymbol{P}_i(k)$。但是，使用第 5 章式(5.3.36)

$$\boldsymbol{P}(k)=[\boldsymbol{I}-\boldsymbol{K}(k)\boldsymbol{h}^{\mathrm{T}}(k)]\boldsymbol{P}(k-1)[\boldsymbol{I}-\boldsymbol{K}(k)\boldsymbol{h}^{\mathrm{T}}(k)]^{\mathrm{T}}+\boldsymbol{K}(k)\boldsymbol{K}^{\mathrm{T}}(k)$$

不一定能保证 $\boldsymbol{P}_i(k)$的对称性，请给出计算 $\boldsymbol{P}_i(k)$的具体方案。

(7) 利用算法式(12.3.6)辨识 MIMO 系统 Markov 参数时，采用下面的方法估计子系统的噪声标准差，即 $\hat{\lambda}_i=\mathrm{sqrt}(J(i,L)/L)$，$J(i,L)$是下式递推至 L 步的损失函数

$$\begin{cases}J(i,k)=J(i,k-1)+\dfrac{\tilde{z}_i^2(k)}{\boldsymbol{h}^{\mathrm{T}}(k)\boldsymbol{P}_i(k-1)\boldsymbol{h}(k)+1}\\ \tilde{z}_i(k)=z_i(k)-\boldsymbol{h}(k)\hat{\boldsymbol{\theta}}_i(k-1)\end{cases}$$

式中，$\boldsymbol{h}(k)$为式(12.3.5)所示的数据向量，$\tilde{z}_i(k)$、$\boldsymbol{P}_i(k-1)$是第 i 子系统的模型新息和数据协方差阵。试论述为什么可以利用这种方法来估计子系统的噪声标准差？

(8) 依子系统递推辨识算法式(12.4.10)和式(12.4.11)是根据式(12.4.8)数据矩阵 $\boldsymbol{H}(k)$的结构特点构造出来的，论述该算法的构造过程，并说明该算法是否与式(12.4.6)或式(12.4.9)算法等价？

(9) 仿真例 12.3 中，采用式(12.4.15)和式(12.4.16)来估计各子系统的噪声标准差与所有子系统方差之和。论述利用这种估计方法的理论依据或工程理由。

(10) 参阅文献[28]，对完全可观的 MIMO 系统，证明其输入输出差分方程模型描述与可观规范型状态空间模型描述之间存在下面所描述的唯一对应关系。如果通过辨识获得输入输出差分方程模型，则可利用两种模型之间的对应关系，将输入输出差分方程模型转换成可观规范型状态空间模型，反之亦然。

输入输出差分方程模型描述

$$\boldsymbol{A}(z)\boldsymbol{y}(k)=\boldsymbol{B}(z)\boldsymbol{u}(k)$$

其中，$\boldsymbol{y}(k)\in \mathrm{R}^{m\times 1}$为系统输出，$\boldsymbol{u}(k)\in \mathrm{R}^{r\times 1}$为系统输入；多项式矩阵为

$$\boldsymbol{A}(z)=\begin{bmatrix} A_{11}(z) & A_{12}(z) & \cdots & A_{1m}(z) \\ A_{21}(z) & A_{22}(z) & \cdots & A_{2m}(z) \\ \vdots & \vdots & \ddots & \vdots \\ A_{m1}(z) & A_{m2}(z) & \cdots & A_{mm}(z) \end{bmatrix},\boldsymbol{B}(z)=\begin{bmatrix} B_{11}(z) & B_{12}(z) & \cdots & B_{1r}(z) \\ B_{21}(z) & B_{22}(z) & \cdots & B_{2r}(z) \\ \vdots & \vdots & \ddots & \vdots \\ B_{m1}(z) & B_{m2}(z) & \cdots & B_{mr}(z) \end{bmatrix}$$

式中，z 为前移算子，即 $zx(k)=x(k+1)$；多项式 $A_{ii}(z)$，$i=1,2,\cdots,m$ 结构为

$$\begin{cases} A_{ii}(z)=z^{n_i}-a_{ii}(n_i)z^{n_i-1}-\cdots-a_{ii}(2)z-a_{ii}(1) \\ i=1,2,\cdots,m \end{cases}$$

多项式 $A_{ij}(z)$，$i,j=1,2,\cdots,m$ 结构为

$$\begin{cases} A_{ij}(z)=-a_{ij}(n_{ij})z^{n_{ij}-1}-\cdots-a_{ij}(2)z-a_{ij}(1) \\ i,j=1,2,\cdots,m \end{cases}$$

多项式 $B_{ij}(z)$，$i=1,2,\cdots,m$；$j=1,2,\cdots,r$ 结构为

$$\begin{cases} B_{ij}(z)=b_{(n_1+\cdots+n_{i-1}+n_i)j}z^{n_i-1}+b_{(n_1+\cdots+n_{i-1}+n_i-1)j}z^{n_i-2} \\ \qquad +\cdots+b_{(n_1+\cdots+n_{i-1}+2)j}z+b_{(n_1+\cdots+n_{i-1}+1)j} \\ i=1,2,\cdots,m;\ j=1,2,\cdots,r \end{cases}$$

式中，n_i，$i=1,2,\cdots,m$ 为系统模型 Kronecker 参数。因系统是完全可观的，故有 $\sum_{i=1}^{m}n_i=n$。

可观规范型状态空间模型描述

$$\begin{cases} \boldsymbol{x}(k+1)=\boldsymbol{A}_o\boldsymbol{x}(k)+\boldsymbol{B}_o\boldsymbol{u}(k) \\ \boldsymbol{z}(k)=\boldsymbol{C}_o\boldsymbol{x}(k) \end{cases}$$

其中

$$
\begin{cases}
\boldsymbol{A}_o = \begin{bmatrix} \boldsymbol{A}_{11} & \boldsymbol{A}_{12} & \cdots & \boldsymbol{A}_{1m} \\ \boldsymbol{A}_{21} & \boldsymbol{A}_{22} & \cdots & \boldsymbol{A}_{2m} \\ \vdots & \vdots & \ddots & \vdots \\ \boldsymbol{A}_{m1} & \boldsymbol{A}_{m2} & \cdots & \boldsymbol{A}_{mm} \end{bmatrix} \in \mathrm{R}^{n\times n} \\
\boldsymbol{A}_{ii} = \begin{bmatrix} 0 & & \boldsymbol{I}_{n_i-1} & \\ a_{ii}(1) & a_{ii}(2) & \cdots & a_{ii}(n_i) \end{bmatrix} \in \mathrm{R}^{n_i\times n_i} \\
\boldsymbol{A}_{ij} = \begin{bmatrix} & & & 0 & & & \\ a_{ij}(1) & a_{ij}(2) & \cdots & a_{ij}(n_{ij}) & 0 & \cdots & 0 \end{bmatrix} \in \mathrm{R}^{n_i\times n_j} \\
n_{ij} \leqslant \begin{cases} n_i+1, & i>j \\ n_i, & i \leqslant j \end{cases};\ i,j=1,2,\cdots,m
\end{cases}
$$

$$
\begin{cases}
\boldsymbol{B}_o = \boldsymbol{M}^{-1}\boldsymbol{B} \in \mathrm{R}^{n\times r} \\
\boldsymbol{C}_o = \begin{bmatrix} 1 & 0 & \cdots & 0 & 0 & 0 & \cdots & 0 & & 0 & 0 & \cdots & 0 \\ 0 & 0 & \cdots & 0 & 1 & 0 & \cdots & 0 & & 0 & 0 & \cdots & 0 \\ \vdots & \vdots & \ddots & \vdots & \vdots & \vdots & \ddots & \vdots & \cdots & \vdots & \vdots & \ddots & \vdots \\ \underbrace{0 \quad 0 \quad \cdots \quad 0}_{n_1} & & & & \underbrace{0 \quad 0 \quad \cdots \quad 0}_{n_2} & & & & & \underbrace{1 \quad 0 \quad \cdots \quad 0}_{n_m} & & & \end{bmatrix} \in \mathrm{R}^{m\times n}
\end{cases}
$$

式中，n 为系统状态维数；矩阵 $\boldsymbol{M}$ 由多项式 $A_{ij}(z)$，$i,j=1,2,\cdots,m$ 的系数组成

$$
\boldsymbol{M} = \begin{bmatrix}
-a_{11}(2) & \cdots & -a_{11}(n_1-1) & -a_{11}(n_1) & 1 & & -a_{1m}(2) & \cdots & -a_{1m}(n_{1m}-1) & -a_{1m}(n_{1m}) & 0 \\
-a_{11}(3) & \cdots & -a_{11}(n_1) & 1 & & & -a_{1m}(3) & \cdots & -a_{1m}(n_{1m}) & 0 & \\
\vdots & \vdots & \iddots & & & \cdots & \vdots & \vdots & \iddots & & \\
-a_{11}(n_1) & 1 & & 0 & & & -a_{1m}(n_{1m}) & 0 & & 0 & \\
1 & & & & & & 0 & & & & \\
 & & \cdots & & & \ddots & & & & & \\
-a_{m1}(2) & \cdots & -a_{m1}(n_{m1}-1) & -a_{m1}(n_{m1}) & 0 & & -a_{mm}(2) & \cdots & -a_{mm}(n_m-1) & -a_{mm}(n_m) & 1 \\
-a_{m1}(3) & \cdots & -a_{m1}(n_{m1}) & 0 & & & -a_{mm}(3) & \cdots & -a_{mm}(n_m) & 1 & \\
\vdots & \vdots & \iddots & & & \cdots & \vdots & \vdots & \iddots & & \\
-a_{m1}(n_{1m}) & 0 & & 0 & & & -a_{mm}(n_m) & 1 & & 0 & \\
0 & & & & & & 1 & & & &
\end{bmatrix} \in \mathrm{R}^{n\times n}
$$

且 $\det\boldsymbol{M}\neq 0$；矩阵 $\boldsymbol{B}$ 由多项式 $B_{ij}(z)$，$i=1,2,\cdots,m$；$j=1,2,\cdots,r$ 的系数组成

$$
\boldsymbol{B} = \begin{bmatrix} b_{11} & b_{12} & \cdots & b_{1r} \\ b_{21} & b_{22} & \cdots & b_{2r} \\ \vdots & \vdots & \ddots & \vdots \\ b_{m1} & b_{m2} & \cdots & b_{mr} \end{bmatrix}
$$

(11) 考虑如下的 MIMO 输入输出差分方程模型

$$
\boldsymbol{A}(z)\boldsymbol{z}(k) = \boldsymbol{B}(z)\boldsymbol{u}(k) + \boldsymbol{A}(z)\boldsymbol{v}(k)
$$

其中

$$
\boldsymbol{A}(z) = \begin{bmatrix} z^3+3z^2+3z+2 & z-2 \\ -z^2-2z+1 & z^2+2z+1 \end{bmatrix},\quad \boldsymbol{B}(z) = \begin{bmatrix} z^2+3z+2 & z+4 \\ -z-1 & z+2 \end{bmatrix}
$$

利用习题(10)给出的输入输出差分方程模型与可观规范型状态空间模型之间的转换关系，求与输入输出差分方程模型等价的可观规范型状态空间模型($\boldsymbol{A}_o$，$\boldsymbol{B}_o$，$\boldsymbol{C}_o$)。

(12) 对式(12.5.8)定义的信息压缩阵进行 UDU^T 分解，分解后的参数辨识矩阵 $\boldsymbol{U}_n(k)$ 具有式(12.5.10)的结构，其对角线元素块为单位阵 $\boldsymbol{I}_m$ 或 $\boldsymbol{I}_r$。例 12.4 的仿真结果表明，$\boldsymbol{U}_n(k)$ 矩阵对角线元素块不可能是单位阵，其上三角元素只能近似为零。试解释造成这种现象是否正常？其原因是什么？

附　辨识算法程序

附 12.1　脉冲传递函数矩阵模型参数辨识算法程序

行号	MATLAB 程序	注释
1	`for k = 1 + n:L + n`	按时间递推
	`    for i = 1: m`	按子系统递推
	`        for p = 1: N`	3~5 行：初始化
	`            h(p,k) = 0.0;`	
5	`        end`	
	`        for p = 1: n`	6～13 行：构造数据向量
	`            h(p,k) = - z(i,k - p);`	
	`        end`	
	`        for j = 1: r`	
10	`            for p = 1: n`	
	`                h(n + (i - 1) * r * n + (j - 1) * n + p,k) = u(j,k - p);`	
	`            end`	
	`        end`	
	`        if i == 1`	14 ～ 31 行：辨识算法
15	`            P(:,:,k) = P(:,:,k - 1);`	
	`            Theta(:,k) = Theta(:,k - 1);`	
	`        end`	
	`        s(k) = h(:,k)'* P(:,:,k) * h(:,k) + 1.0;`	
	`        Inn(k) = z(i,k) - h(:,k)'* Theta(:,k);`	
20	`        K(:,k) = P(:,:,k) * h(:,k)/s(k);`	
	`        P(:,:,k) = P(:,:,k) - K(:,k) * K(:,k)'* s(k);`	
	`        Theta(:,k) = Theta(:,k) + K(:,k) * Inn(k);`	
	`        J(i,k) = J(i,k - 1) + Inn(k)^2/s(k);`	23 ～ 31 行：第 i 子系统损失函数和噪声方差及各子系统噪声方差和
	`        sigma(i,k) = J(i,k)/(1 + ThetaC(:,k - 1)'* D * Theta(:,k));`	
25	`        if i == m`	
	`            Sigma = 0.0;`	
	`        for j = 1:m`	
	`            Sigma = Sigma + sigma(j,k);`	
	`        end`	
30	`            ThetaC(:,k) = Theta(:,k) + Sigma * P(:,:,k) * D *`	
	`            ThetaC(:,k - 1);`	
	`        end`	
	`    end`	
34	`end`	

续表

程序变量	m：系统输出维数；r：系统输入维数；n：模型阶次；$N=n(1+mr)$：模型参数个数；$z(i,k)$：系统输出 $z_i(k)$；$u(j,k)$：系统输入 $u_j(k)$；$h(:,k)$：数据向量 $\boldsymbol{h}_i(k)$；$Theta(:,k)$：模型参数估计向量 $\hat{\boldsymbol{\theta}}_i(k)$；$ThetaC(:,k)$：模型参数补偿估计向量 $\hat{\boldsymbol{\theta}}_C(k)$；$P(:,:,k)$：数据协方差阵 $\boldsymbol{P}_i(k)$；$K(:,k)$：算法增益 $\boldsymbol{K}_i(k)$；$Inn(k)$：模型新息 $\tilde{z}_i(k)$；$J(i,k)$：损失函数 $J_i(k)$；$sigma(i,k)$：噪声方差估计 $k\hat{\sigma}_i^2(k)$；$Sigma$：噪声方差估计值和 $k\sum_{i=1}^{m}\hat{\sigma}_i^2(k)$；$L$：数据长度；$k$：时间(1+$n$ to L+n)。
程序输入	系统输入和输出数据序列$\{z(i,k),i=1,2,\cdots,m;u(j,k),j=1,2,\cdots,r;k=1,2,\cdots,L+n\}$。
程序输出	(1) 系统模型参数估计值 $ThetaC(i,L+n),i=1,2,\cdots,m;i=1,2,\cdots,N$； (2) 子系统噪声标准差估计值 $\hat{\lambda}(i)=\mathrm{sqrt}(sigma(i,L+n)/L),i=1,2,\cdots,m$。

附 12.2 Markov 参数辨识算法程序

行号	MATLAB 程序	注释
1	for i = 1: m	第 1～m 子系统
	for j = 1: r * N	2～5 行：初始化
	P(j,j,N) = 1.0e + 12;	
	Theta(j,N) = 0.0;	
5	end	
	for k = 1 + N: L + N;	按时间递推
	for p = 1: N	7～11 行：构造数据向量
	for j = 1: r	
	h((j - 1) * N + p,k) = u(j,k - p + 1);	
10	end	
	end	
	s(k) = h(:,k)'* P(:,:,k - 1) * h(:,k) + 1.0;	12～18 行：辨识算法
	Inn(k) = z(i,k) - h(:,k)'* Theta(:,k - 1);	
	K(:,k) = P(:,:,k - 1) * h(:,k)/s(k);	
15	Kh(:,:,k) = eye(r * N) - h(:,k) * h(:,k)'* P(:,:,k - 1)/s(k);	
	P(:,:,k) = Kh(:,:,k)'* P(:,:,k - 1) * Kh(:,:,k) + K(:,k) * K(:,k)';	
	Theta(:,k) = Theta(:,k - 1) + K(:,k) * Inn(k);	
	J(i,k) = J(i,k - 1) + Inn(k)^2/s(k);	
	end	
20	for p = 1: N	20～26 行：Markov 参数估计向量
	for j = 1: r	
	for k = 0:4	
	g(i,p) = g(i,p) + Theta((j - 1) * N + p,L + N - k)/5	
	end	
25	end	
	end	
	Lambda(i) = sqrt(J(i,L + N)/L);	27 行：噪声标准差估计
28	end	

续表

程序变量	m：系统输出维数；r：系统输入维数；N：Markov 参数个数；$z(i,k)$：系统输出 $z_i(k)$；$u(j,k)$：系统输入 $u_j(k)$；$h(:,k)$：数据向量 $\boldsymbol{h}(k)$；$Theta(:,k)$：Markov 参数估计向量$\hat{\boldsymbol{\theta}}_i(k)$；$P(:,:,k)$：数据协方差阵 $\boldsymbol{P}_i(k)$；$K(:,k)$：算法增益 $\boldsymbol{K}_i(k)$；$Inn(k)$：模型新息$\tilde{z}_i(k)$；$J(i,k)$：损失函数；$g(i,:)$：脉冲响应估计值；L：数据长度；k：时间($1+N$ to $L+N$)。
程序输入	系统输入和输出数据序列$\{z(i,k),i=1,2,\cdots,m;\ u(j,k),j=1,2,\cdots,r;\ k=1,2,\cdots,L+n\}$。
程序输出	(1) 子系统 Markov 参数估计值 $g(i,j),i=1,2,\cdots,m;\ j=1,2,\cdots,N$； (2) 子系统噪声标准差估计值 $\hat{\lambda}(i)=\mathrm{sqrt}(J(i,L+N)/L),i=1,2,\cdots,m$。

附 12.3　逐一子系统递推辨识算法程序

行号	MATLAB 程序	注释
1	`for r = 1: m`	第 1 *to* *m* 子系统
	`    for j = 1: N`	2～5 行：初始化
	`        P(j,j,n) = 1.0e + 12;`	
	`        Theta(j,n) = 0.0;`	
5	`    end`	
	`    for k = 1 + n:L + n`	按时间递推
7	`        for p = 1: n`	7～16 行：构造数据向量
	`            for j = 1: m`	
	`                h((j - 1) * n + p,k) = - z(j,k - p);`	
10	`            end`	
	`        end`	
	`        for p = 1: n`	
	`            for j = 1: r`	
	`                h(n * m + (j - 1) * n + p,k) = u(j,k - p);`	
15	`            end`	
	`        end`	
	`        s(k) = h(:,k) '* P(:,:,k - 1) * h(:,k) + 1.0;`	17～22 行：辨识算法
	`        Inn(k) = z(i,k) - h(:,k) '* Theta(:,k - 1);`	
	`        K(:,k) = P(:,:,k - 1) * h(:,k)/s(k);`	
20	`        P(:,:,k) = P(:,:,k - 1) - K(:,k) * K(:,k) '* s(k);`	
	`        Theta(:,k) = Theta(:,k - 1) + K(:,k) * Inn(k);`	
	`        J(i,k) = J(i,k - 1) + Inn(k)^2/s(k);`	22 行：损失函数
	`        for p = 1: N`	23～25：取参数估计值
	`            THETA(i,p,k) = Theta(p,k);`	
25	`        end`	
	`    end`	
27	`end`	

续表

程序变量	m：系统输出维数；r：系统输入维数；n：模型阶次；$N=n(m+r)$：模型参数个数；$z(i,k)$：系统输出 $z_i(k)$；$u(j,k)$：系统输入 $u_j(k)$；$h(:,k)$：数据向量 $\boldsymbol{h}_i(k)$；$Theta(:,k)$：模型参数估计向量 $\hat{\boldsymbol{\theta}}_i(k)$；$P(:,:,k)$：数据协方差阵 $\boldsymbol{P}_i(k)$；$K(:,k)$：算法增益 $\mathbf{K}_i(k)$；$Inn(k)$：模型新息 $\tilde{z}_i(k)$；$J(i,k)$：损失函数；L：数据长度；k：时间($1+n$ to $L+n$)。
程序输入	系统输入和输出数据序列$\{z(i,k),i=1,2,\cdots,m;\ u(j,k),j=1,2,\cdots,r;\ k=1,2,\cdots,L+n\}$。
程序输出	(1) 模型参数估计值 $THETA\{i,j,L+n\},i=1,2,\cdots,m;\ j=1,2,\cdots,N$; (2) 子系统噪声标准差估计值 $\hat{\lambda}(i)=\mathrm{sqrt}(J(i,L+n)/L),i=1,2,\cdots,m$。

附 12.4 所有子系统同时递推辨识算法程序

行号	MATLAB程序	注释
1	`for k = 1 + n:L + n`	按时间递推 2～15 行：构造数据矩阵
	`    for i = 1: m`	
	`        for j = 1: m`	
	`            for p = 1: n`	
5	`                H(i,(i-1)*m*n+(j-1)*n+p,k) = -z(j,k-p);`	
	`            end`	
	`        end`	
	`    end`	
	`    for i = 1: m`	
10	`        for j = 1: r`	
	`            for p = 1: n`	
	`                H(i,n*m*m+(i-1)*m*n+(j-1)*n+p,k)`	
	`                 = u(j,k - p);`	
	`            end`	
15	`        end`	
	`    end`	
	`    S(:,:,k) = H(:,:,k) * P(:,:,k-1) * H(:,:,k) '+ eye(m);`	16～23 行：辨识算法
	`    Inn(:,k) = Z(:,k) - H(:,:,k) * Theta(:,k - 1);`	
	`    K(:,:,k) = P(:,:,k-1) * H(:,:,k) '* inv(S(:,:,k));`	
20	`    P(:,:,k) = P(:,:,k-1) - K(:,:,k) * H(:,:,k) * P(:,:,k-1);`	21～22 行：各子系统损失函数与子系统残差平方和
	`    Theta(:,k) = Theta(:,k - 1) + K(:,:,k) * Inn(:,k);`	
	`    Ji(:,:,k) = Ji(:,:,k-1) + inv(S(:,:,k)) * Inn(:,k) * Inn(:,k) ';`	
	`    J(k) = J(k-1) + Inn(:,k) '* inv(S(:,:,k)) * Inn(:,k);`	
24	`end`	
程序变量	m：系统输出维数；r：系统输入维数；n：模型阶次；$N=nm(m+r)$：模型参数个数；$z(i,k)$、$z(:,k)$：系统输出 $z_i(k)$ 和 $\boldsymbol{z}(k)$；$u(j,k)$：系统输入 $u_j(k)$；$H(:,:,k)$：数据矩阵 $\boldsymbol{H}(k)$；$Theta(:,k)$：模型参数估计向量 $\hat{\boldsymbol{\theta}}(k)$；$P(:,:,k)$：数据协方差阵 $\boldsymbol{P}(k)$；$K(:,k)$：算法增益 $\boldsymbol{K}(k)$；$Inn(:,k)$：模型新息 $\tilde{\boldsymbol{z}}(k)$；$Ji(:,:,k)$：子系统损失函数；$J(k)$：子系统噪声损失函数之和；$L$：数据长度；$k$：时间($1+n$ to $L+n$)。	
程序输入	系统输入和输出数据序列$\{z(i,k),i=1,2,\cdots,m;\ u(j,k),j=1,2,\cdots,r;\ k=1,2,\cdots,L+n\}$。	
程序输出	(1) 模型参数估计值 $Theta(i,L+n),i=1,2,\cdots,N$; (2) 子系统噪声标准差估计值 $\hat{\lambda}(i)=\mathrm{sqrt}(J(i,i,L+n)/L),i=1,2,\cdots,m$; (3) 子系统噪声方差估计值之和 $J(k)/L$。	

附 12.5　依子系统递推辨识算法程序

行号	MATLAB 程序	注释
1	`for k = 1 + n:L + n`	按时间递推
	`    for i = 1: m`	按子系统递推
	`        for p = 1: N`	3～5 行：初始化
	`            h(p,k) = 0.0;`	
5	`        end`	
	`        for j = 1: m`	6～15 行：构造数据向量
	`            for p = 1: n`	
	`                h((i-1)*m*n+(j-1)*n+p,k) = -z(j,k-p);`	
	`            end`	
10	`        end`	
	`        for i = 1: r`	
	`            for p = 1: n`	
	`                h(n*m*m+(i-1)*m*n+(j-1)*n+p,k) = u(j,k-p);`	
	`            end`	
15	`        end`	
	`        if i == 1`	16～25 行：辨识算法
	`            P(:,:,k) = P(:,:,k-1);`	
	`            Theta(:,k) = Theta(:,k-1);`	
	`        end`	
20	`        s(k) = h(:,k)'*P(:,:,k)*h(:,k)+1.0;`	
	`        Inn(k) = z(i,k) - h(:,k)'* Theta(:,k);`	
	`        K(:,k) = P(:,:,k)*h(:,k)/s(k);`	
	`        P(:,:,k) = P(:,:,k) - K(:,k)*K(:,k)'*s(k);`	
	`        Theta(:,k) = Theta(:,k) + K(:,k)*Inn(k);`	
25	`        J(i,k) = J(i,k-1) + Inn(k)^2/s(k);`	25 行：损失函数
	`    end`	
27	`end`	
程序变量	m：系统输出维数；r：系统输入维数；n：模型阶次；$N=nm(m+r)$：模型参数个数；$z(i,k)$：系统输出 $z_i(k)$；$u(j,k)$：系统输入 $u_j(k)$；$h(:,k)$：数据向量 $\boldsymbol{h}_i(k)$；$Theta(:,k)$：模型参数估计向量 $\hat{\boldsymbol{\theta}}_i(k)$；$P(:,:,k)$：数据协方差阵 $\boldsymbol{P}_i(k)$；$K(:,k)$：算法增益 $\boldsymbol{K}_i(k)$；$Inn(k)$：模型新息 $\tilde{z}_i(k)$；$J(i,k)$：损失函数；L：数据长度；k：时间 $(1+n$ to $L+n)$。	
程序输入	系统输入和输出数据序列 $\{z(i,k),i=1,2,\cdots,m;\ u(j,k),j=1,2,\cdots,r;\ k=1,2,\cdots,L+n\}$。	
程序输出	(1) 模型参数估计值 $Theta(i,L+n),i=1,2,\cdots,N$； (2) 子系统噪声标准差估计值 $\hat{\lambda}(i)=\text{sqrt}(J(i,L+n)/L),i=1,2,\cdots,m$。	

附表 12.6　AUDI 辨识算法程序

行号	MATLAB 程序	注释
1	`for k = 1 + n:L + n`	按时间递推
	`    for s = 0: n`	2～11 行：构造数据向量
	`        for i = 1: m`	
	`            Phi(s * (m + r) + i,k) = - z(i,k - n + s);`	
5	`        end`	
	`    end`	
	`    for s = 0: n - 1`	
	`        for i = 1: r`	
	`            Phi(s * (m + r) + m + i,k) = u(i,k - n + s);`	
10	`        end`	
	`    end`	
	`    f(:,k) = U(:,:,k - 1) '* Phi(:,k);`	12～24 行：AUDI 辨识算法
	`    g(:,k) = D(:,:,k - 1) * f(:,k);`	
	`    Beta(1) = 1.0;`	
15	`    for j = 1: N`	
	`        Beta(j + 1) = Beta(j) + f(j,k) * g(j,k);`	
	`        D(j,j,k) = D(j,j,k - 1) * Beta(j)/Beta(j + 1);`	
	`        E(j) = - f(j,k)/Beta(j);`	
	`        K(j) = g(j,k);`	
20	`        for i = 1: j - 1`	
	`            U(i,j,k) = U(i,j,k - 1) + K(i) * E(j);`	
	`            K(i) = K(i) + U(i,j,k - 1) * g(j,k);`	
23	`        end`	
	`        U(j,j,k) = 1.0;`	
	`    end`	
26	`end`	
程序变量	m：系统输出维数；r：系统输入维数；n：可能的最高模型阶次；$N=n(m+r)+m$：参数辨识矩阵维数；$z(i,k)$：系统输出 $z_i(k)$；$u(j,k)$：系统输入 $u_j(k)$；$Phi(:,k)$：增广数据向量$\boldsymbol{\varphi}_n(k)$；$U(:,:,k)$：参数辨识矩阵 $\boldsymbol{U}_n(k)$；$D(:,:,k)$：损失函数矩阵 $\boldsymbol{D}_n(k)$；L：数据长度；k：时间($1+n$ to $L+n$)。	
程序输入	系统输入和输出数据序列$\{z(i,k),i=1,2,\cdots,m;\ u(j,k),j=1,2,\cdots,r;\ k=1,2,\cdots,L+n\}$。	
程序输出	(1) 参数辨识矩阵 $U(:,:,L+n)$； (2) 模型损失函数矩阵 $D(:,:,L+n)$。	

第13章 EIV模型辨识①

13.1 引言

变量带误差(EIV：errors-in-variables)模型是认识客观世界需要的一种更接近工程应用的模型结构，其输入和输出数据都含有扰动噪声。这种模型结构在经济计量学、生物医学、化学工程、生态学、地球及地质科学、金融与管理科学和图像系统等领域有广泛的应用，近些年来 EIV 模型辨识成为控制学科的研究热点。

前面各章讨论的辨识方法原则上要求输入数据不含噪声，输出数据可以受到各种噪声的扰动。这些辨识方法用于 EIV 模型辨识时，一般情况下辨识结果会是有偏的。目前，众多学者提出了许多 EIV 模型辨识方法，但需要设定一些与模型结构和噪声特性有关的假设，以保证系统可辨识和模型辨识的唯一性。本章准备讨论三种 EIV 模型辨识方法：极大似然法、偏差消除最小二乘法和 L_2 最优辨识方法。前两种方法主要用于开环稳定系统，第三种方法可用于闭环状态下开环不稳定系统。极大似然法只适用于输入和输出扰动都是白噪声，偏差消除最小二乘法可以用于输出扰动是有色噪声，而 L_2 最优辨识方法可以处理输入和输出扰动都是有色噪声，但扰动是有界的。

13.2 极大似然法

文献[15]介绍了一种可用于辨识 EIV 模型的极大似然法。如果 EIV 模型的输入和输出数据受到的是不相关、高斯分布的白噪声污染，通过引入辅助模型，经过两步迭代，可以获得系统模型参数的极大似然估计。这种 EIV 模型辨识方法对输入信号无特定的假设，但需要假设模型输入和输出噪声方差比已知。

---

① 本章由耿立辉博士执笔。

13.2.1 基本假设

考虑如图13.1所示的开环EIV模型结构，图中$u(k)$、$y(k)$是没受噪声污染的模型输入和输出变量，$G(z^{-1})$是系统模型，存在如下的确定性关系$y(k)=G(z^{-1})u(k)$；$s(k)$、$w(k)$是系统输入和输出测量噪声，$x(k)$、$z(k)$是系统输入和输出测量变量，$\{x(k)\}$和$\{z(k)\}$是辨识EIV模型使用的数据序列。

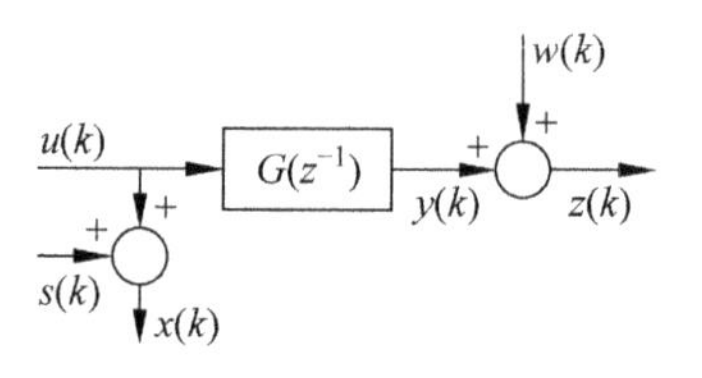

图13.1 EIV模型结构

假设系统模型可表示为

$$G(z^{-1})=\frac{B(z^{-1})}{A(z^{-1})} \tag{13.2.1}$$

不失一般性，式中多项式定义为

$$\begin{cases}A(z^{-1})=1+a_1z^{-1}+\cdots+a_nz^{-n}\\B(z^{-1})=b_0+b_1z^{-1}+\cdots+b_nz^{-n}\end{cases} \tag{13.2.2}$$

其中，n为模型阶次。基于模型式(13.2.1)，输入$u(k)$和输出$y(k)$的动态关系可具体写成

$$y(k)=-\sum_{i=1}^{n}a_iy(k-i)+\sum_{i=0}^{n}b_iu(k-i) \tag{13.2.3}$$

进一步假设[15]：

(1) 系统模型$G(z^{-1})$是渐近稳定的，即$A(z^{-1})$的所有零点都位于单位圆内。

(2) 系统所有模态都是可观和可达的，即$A(z^{-1})$和$B(z^{-1})$没有公共因子，且系统的模型阶次假设先验已知。

(3) 系统输入$u(k)$是宽平稳、有界的信号，即对于任意l，$u(k)$的自相关函数存在，记作

$$R_u(l)=\lim_{L\to\infty}\frac{1}{L}\sum_{k=1}^{L}u(k-l)u(k) \tag{13.2.4}$$

以此组成的自相关函数矩阵

$$\boldsymbol{R}_u(l)=\begin{bmatrix}R_u(0) & R_u(1) & \cdots & R_u(n)\\R_u(1) & R_u(0) & \cdots & R_u(n-1)\\\vdots & \vdots & \cdots & \vdots\\R_u(n) & R_u(n-1) & \cdots & R_u(0)\end{bmatrix} \tag{13.2.5}$$

是正定的。根据第3章定理3.1，式(13.2.5)意味$u(k)$是$(n+1)$阶持续激励信号。

(4) $s(k)$和$w(k)$是互不相关、零均值、高斯分布的白噪声，其方差分别为σ_s^2和σ_w^2。

(5) 噪声方差σ_s^2和σ_w^2未知，但其比值$\alpha=\sigma_w^2/\sigma_s^2$已知，其中$0<\alpha<\infty$。

由此，这类EIV模型的辨识问题可描述为：在(1)～(5)假设条件下，利用数据

序列$\{x(k),z(k),k=1,2,\cdots,L\}$，$L$ 为数据长度，估计系统模型 $A(z^{-1})$ 和 $B(z^{-1})$ 参数及噪声方差 σ_s^2 和 σ_w^2。

13.2.2 辨识算法

为了分析方便，引入辅助模型[15]

$$u^*(k)=\frac{u(k)}{A(z^{-1})} \tag{13.2.6}$$

式中，$u^*(k)$为辅助变量，显然有

$$\begin{cases} u(k)=A(z^{-1})u^*(k) \\ y(k)=B(z^{-1})u^*(k) \end{cases} \tag{13.2.7}$$

定义数据向量 $\boldsymbol{h}_L$ 和辅助数据向量 $\boldsymbol{u}_L^*$ 为

$$\begin{cases} \boldsymbol{h}_L=[\boldsymbol{y}_L^{\mathrm{T}} \quad \boldsymbol{u}_L^{\mathrm{T}}]^{\mathrm{T}}=[y(1),\cdots,y(L),u(1),\cdots,u(L)]^{\mathrm{T}} \\ \boldsymbol{u}_L^*=[u^*(1-n),\cdots,u^*(0),u^*(1),\cdots,u^*(L)]^{\mathrm{T}} \end{cases} \tag{13.2.8}$$

则有

$$\boldsymbol{h}_L=\boldsymbol{\Theta}\boldsymbol{u}_L^* \tag{13.2.9}$$

其中，$\boldsymbol{\Theta}$ 为 $2L\times(L+n)$维的 Sylvester 矩阵

$$\boldsymbol{\Theta}=\begin{bmatrix}\boldsymbol{B}\\ \boldsymbol{A}\end{bmatrix} \tag{13.2.10}$$

式中

$$\begin{cases} \boldsymbol{A}=\begin{bmatrix} a_n & \cdots & a_1 & 1 & 0 & \cdots & 0 \\ 0 & a_n & \cdots & a_1 & 1 & \ddots & \vdots \\ \vdots & \ddots & \ddots & \ddots & \ddots & \ddots & 0 \\ 0 & \cdots & 0 & a_n & \cdots & a_1 & 1 \end{bmatrix} \\ \boldsymbol{B}=\begin{bmatrix} b_n & \cdots & b_0 & 0 & \cdots & 0 \\ 0 & b_n & \cdots & b_0 & \ddots & \vdots \\ \vdots & \ddots & \ddots & \ddots & \ddots & 0 \\ 0 & \cdots & 0 & b_n & \cdots & b_0 \end{bmatrix} \end{cases} \tag{13.2.11}$$

根据假设(2)，模型参数矩阵$\boldsymbol{\Theta}$ 是满秩的，故有

$$\boldsymbol{u}_L^*=(\boldsymbol{\Theta}^{\mathrm{T}}\boldsymbol{\Theta})^{-1}\boldsymbol{\Theta}^{\mathrm{T}}\boldsymbol{h}_L \tag{13.2.12}$$

容易证明

$$\boldsymbol{\Theta}\boldsymbol{u}_L^*=\overline{\boldsymbol{H}}\overline{\boldsymbol{\theta}} \tag{13.2.13}$$

其中，$\overline{\boldsymbol{H}}$ 由辅助数据矩阵 $\boldsymbol{H}_{u^*}$ 组成，定义为[15]

$$\overline{\boldsymbol{H}}=\begin{bmatrix}\boldsymbol{H}_{u^*} & 0\\ 0 & \boldsymbol{H}_{u^*}\end{bmatrix} \tag{13.2.14}$$

式中

$$\begin{cases}\bar{\boldsymbol{\theta}} = [\boldsymbol{\theta}^{\mathrm{T}}, 1]^{\mathrm{T}} = [\boldsymbol{\theta}_b^{\mathrm{T}}, \boldsymbol{\theta}_a^{\mathrm{T}}, 1]^{\mathrm{T}} = [b_n, \cdots, b_0, a_n, \cdots, a_1, 1]^{\mathrm{T}} \\ \boldsymbol{H}_{u^*} = \begin{bmatrix} u^*(1-n) & u^*(2-n) & \cdots & u^*(1) \\ u^*(2-n) & u^*(3-n) & \cdots & u^*(2) \\ \vdots & \vdots & \ddots & \vdots \\ u^*(L-n) & u^*(L-n+1) & \cdots & u^*(L) \end{bmatrix}\end{cases} \tag{13.2.15}$$

为此，EIV 模型可以写成如下的紧致形式

$$\boldsymbol{\eta}_L = \boldsymbol{h}_L + \boldsymbol{n}_L = \boldsymbol{\Theta} \boldsymbol{u}_L^* + \boldsymbol{n}_L = \bar{\boldsymbol{H}}\bar{\boldsymbol{\theta}} + \boldsymbol{n}_L \tag{13.2.16}$$

式中，$\boldsymbol{\eta}_L$ 为观测数据向量，$\boldsymbol{n}_L$ 为噪声数据向量，定义为

$$\begin{cases}\boldsymbol{\eta}_L = [\boldsymbol{z}_L^{\mathrm{T}} \quad \boldsymbol{x}_L^{\mathrm{T}}]^{\mathrm{T}} = [z(1), \cdots, z(L), x(1), \cdots, x(L)]^{\mathrm{T}} \\ \boldsymbol{n}_L = [\boldsymbol{w}_L^{\mathrm{T}} \quad \boldsymbol{s}_L^{\mathrm{T}}]^{\mathrm{T}} = [w(1), \cdots, w(L), s(1), \cdots, s(L)]^{\mathrm{T}}\end{cases} \tag{13.2.17}$$

根据假设(4)和(5)，噪声 $\boldsymbol{n}_L$ 的协方差阵为

$$\boldsymbol{\Sigma}_n = \mathrm{E}\{\boldsymbol{n}_L \boldsymbol{n}_L^{\mathrm{T}}\} = \begin{bmatrix} \sigma_w^2 \boldsymbol{I}_L & 0 \\ 0 & \sigma_s^2 \boldsymbol{I}_L \end{bmatrix} = \sigma_s^2 \begin{bmatrix} \alpha \boldsymbol{I}_L & 0 \\ 0 & \boldsymbol{I}_L \end{bmatrix} = \sigma_s^2 \boldsymbol{W}_L \tag{13.2.18}$$

式中，$\boldsymbol{I}_L$ 为 $L \times L$ 维的单位阵。上式表明，噪声协方差阵 $\boldsymbol{\Sigma}_n$ 在乘以一常数的意义下是已知的。

由于测量噪声是高斯分布的，所以观测数据向量 $\boldsymbol{\eta}_L$ 的条件概率密度函数可表示为

$$p(\boldsymbol{\eta}_L | \boldsymbol{\theta}_a, \boldsymbol{\theta}_b, \boldsymbol{u}_L^*, \sigma_s^2) = \frac{1}{\sqrt{(2\pi)^{2L} \det \boldsymbol{\Sigma}_n}} \exp\left\{-\frac{1}{2}(\boldsymbol{\eta}_L - \boldsymbol{\Theta}\boldsymbol{u}_L^*)^{\mathrm{T}} \boldsymbol{\Sigma}_n^{-1} (\boldsymbol{\eta}_L - \boldsymbol{\Theta}\boldsymbol{u}_L^*)\right\} \tag{13.2.19}$$

对应的对数似然函数为

$$l(\boldsymbol{\eta}_L | \boldsymbol{\theta}_a, \boldsymbol{\theta}_b, \boldsymbol{u}_L^*, \sigma_s^2) = \mathrm{const} - L\log\sigma_s^2 - \frac{1}{2\sigma_s^2}(\boldsymbol{\eta}_L - \boldsymbol{\Theta}\boldsymbol{u}_L^*)^{\mathrm{T}} \boldsymbol{W}_L^{-1} (\boldsymbol{\eta}_L - \boldsymbol{\Theta}\boldsymbol{u}_L^*) \tag{13.2.20}$$

上式等价于

$$l(\boldsymbol{\eta}_L | \boldsymbol{\theta}_a, \boldsymbol{\theta}_b, \boldsymbol{u}_L^*, \sigma_s^2) = \mathrm{const} - L\log\sigma_s^2 - \frac{1}{2\sigma_s^2}(\boldsymbol{\eta}_L - \bar{\boldsymbol{H}}\bar{\boldsymbol{\theta}})^{\mathrm{T}} \boldsymbol{W}_L^{-1} (\boldsymbol{\eta}_L - \bar{\boldsymbol{H}}\bar{\boldsymbol{\theta}}) \tag{13.2.21}$$

现定义 $\bar{\boldsymbol{h}}_{u^*}$ 为 $\boldsymbol{H}_{u^*}$ 的最后一列[15]，使得

$$\boldsymbol{H}_{u^*} = [\bar{\boldsymbol{H}}_{u^*} \quad \bar{\boldsymbol{h}}_{u^*}] \tag{13.2.22}$$

因而

$$\bar{\boldsymbol{H}}\bar{\boldsymbol{\theta}} = \begin{bmatrix} \boldsymbol{H}_{u^*}\boldsymbol{\theta}_b \\ \bar{\boldsymbol{H}}_{u^*}\boldsymbol{\theta}_a + \bar{\boldsymbol{h}}_{u^*} \end{bmatrix} \tag{13.2.23}$$

鉴于 $\boldsymbol{H}_{u^*}$ 和 $\boldsymbol{W}_L$ 都为块对角矩阵，经简单运算，对数似然函数可表达为

$$l(\boldsymbol{\eta}_L \mid \boldsymbol{\theta}_a, \boldsymbol{\theta}_b, \boldsymbol{u}_L^*, \sigma_s^2) = \text{const} - L\log\sigma_s^2 - \frac{1}{2\sigma_s^2}(\boldsymbol{x}_L - \overline{\boldsymbol{H}}_{u^*}\boldsymbol{\theta}_a - \overline{\boldsymbol{h}}_{u^*})^{\mathrm{T}}$$
$$(\boldsymbol{x}_L - \overline{\boldsymbol{H}}_{u^*}\boldsymbol{\theta}_a - \overline{\boldsymbol{h}}_{u^*}) - \frac{1}{2\sigma_s^2\alpha}(\boldsymbol{z}_L - \boldsymbol{H}_{u^*}\boldsymbol{\theta}_b)^{\mathrm{T}}(\boldsymbol{z}_L - \boldsymbol{H}_{u^*}\boldsymbol{\theta}_b) \tag{13.2.24}$$

就式(13.2.20)和式(13.2.24)对 $\boldsymbol{u}_L^*$、$\boldsymbol{\theta}_a$ 和 $\boldsymbol{\theta}_b$ 求导，并分别置导数为零，很容易证明对数似然函数 $l(\boldsymbol{\eta}_L \mid \boldsymbol{\theta}_a, \boldsymbol{\theta}_b, \boldsymbol{u}_L^*, \sigma_s^2)$ 在如下估计值下取得最大值

$$\begin{cases} \hat{\boldsymbol{u}}_L^* = (\hat{\boldsymbol{\Theta}}^{\mathrm{T}} \mathrm{W}_L^{-1} \hat{\boldsymbol{\Theta}})^{-1} \hat{\boldsymbol{\Theta}}^{\mathrm{T}} \boldsymbol{W}_L^{-1} \boldsymbol{\eta}_L \\ \hat{\boldsymbol{\theta}}_a = (\overline{\boldsymbol{H}}_{\hat{u}^*}^{\mathrm{T}} \overline{\boldsymbol{H}}_{\hat{u}^*})^{-1} \overline{\boldsymbol{H}}_{\hat{u}^*}^{\mathrm{T}} (\boldsymbol{x}_L - \overline{\boldsymbol{h}}_{\hat{u}^*}) \\ \hat{\boldsymbol{\theta}}_b = (\boldsymbol{H}_{\hat{u}^*}^{\mathrm{T}} \boldsymbol{H}_{\hat{u}^*})^{-1} \boldsymbol{H}_{\hat{u}^*}^{\mathrm{T}} \boldsymbol{z}_L \end{cases} \tag{13.2.25}$$

式中，$\boldsymbol{H}_{\hat{u}^*}$ 和 $\overline{\boldsymbol{H}}_{\hat{u}^*}$ 是由式(13.2.15)和式(13.2.22)定义的辅助数据矩阵，矩阵元素由辅助变量 $u^*(k)$ 的估计序列 $\{\hat{u}^*(k), k=1-n,\cdots,L-1\}$ 组成，即

$$\begin{cases} \overline{\boldsymbol{h}}_{\hat{u}^*} = [\hat{u}^*(1), \hat{u}^*(2), \cdots, \hat{u}^*(L)]^{\mathrm{T}} \\ \hat{u}^*(k) = \dfrac{u(k)}{A(z^{-1})\big|_{\hat{\boldsymbol{\theta}}_a}} \end{cases} \tag{13.2.26}$$

根据式(13.2.6)及假设(1)和(3)，$u^*(k)$ 也是 $(n+1)$ 阶持续激励信号，因此由式(13.2.25)的第 2 式和第 3 式所获得的模型参数估计值 $\hat{\boldsymbol{\theta}}_a$ 和 $\hat{\boldsymbol{\theta}}_b$ 是一致估计的。

再就式(13.2.20)对 σ_s^2 求导，并置其导数为零，容易证明对数似然函数 $l(\boldsymbol{\eta}_L \mid \boldsymbol{\theta}_a, \boldsymbol{\theta}_b, \boldsymbol{u}_L^*, \sigma_s^2)$ 在如下噪声方差估计值下取得最大值

$$\hat{\sigma}_s^2 = \frac{1}{2L}(\boldsymbol{\eta}_L - \hat{\boldsymbol{\Theta}}\hat{\boldsymbol{u}}_L^*)^{\mathrm{T}} \boldsymbol{W}_L^{-1} (\boldsymbol{\eta}_L - \hat{\boldsymbol{\Theta}}\hat{\boldsymbol{u}}_L^*) \tag{13.2.27}$$

根据以上分析，求模型参数 $\boldsymbol{\theta}_a$、$\boldsymbol{\theta}_b$ 和辅助数据向量 $\boldsymbol{u}_L^*$ 及噪声方差 σ_s^2 的估计方法归纳成如下的极大似然辨识算法，记作 ML-EIV(maximum likelihood method for errors-in-variables model)。

ML-EIV 辨识算法[15]：

① 令 $i=1$，置 $\hat{\boldsymbol{\theta}}^{(i)} = \hat{\boldsymbol{\theta}}^{(0)}$，其中 $\hat{\boldsymbol{\theta}}^{(0)}$ 为模型参数向量 $\boldsymbol{\theta} = [\boldsymbol{\theta}_b^{\mathrm{T}}, \boldsymbol{\theta}_a^{\mathrm{T}}]^{\mathrm{T}}$ 的初始估计值。

② 根据式(13.2.10)和式(13.2.11)，利用 $\hat{\boldsymbol{\theta}}^{(i)}$ 构造 $\hat{\boldsymbol{\Theta}}^{(i)}$，并计算辅助数据向量 $\boldsymbol{u}_L^{*(i)}$ 的估计值

$$\hat{\boldsymbol{u}}_L^{*(i)} = [(\hat{\boldsymbol{\Theta}}^{(i)})^{\mathrm{T}} \boldsymbol{W}_L^{-1} \hat{\boldsymbol{\Theta}}^{(i)}]^{-1} (\hat{\boldsymbol{\Theta}}^{(i)})^{\mathrm{T}} \boldsymbol{W}_L^{-1} \boldsymbol{\eta}_L \tag{13.2.28}$$

再利用辅助数据向量估计值 $\hat{\boldsymbol{u}}_L^{*(i)}$ 构造式(13.2.15)定义的辅助数据矩阵 $\boldsymbol{H}_{\hat{u}^*}^{(i)}$，且按式(13.2.22)划分出 $\overline{\boldsymbol{H}}_{\hat{u}^*}^{(i)}$ 和 $\overline{\boldsymbol{h}}_{\hat{u}^*}^{(i)}$。

③ 利用 $\overline{\boldsymbol{H}}_{\hat{u}^*}^{(i)}$、$\boldsymbol{H}_{\hat{u}^*}^{(i)}$ 和 $\overline{\boldsymbol{h}}_{\hat{u}^*}^{(i)}$，计算模型参数估计值

$$\begin{cases} \hat{\boldsymbol{\theta}}_a^{(i+1)} = [(\overline{\boldsymbol{H}}_{\hat{u}^*}^{(i)})^{\mathrm{T}} \overline{\boldsymbol{H}}_{\hat{u}^*}^{(i)}]^{-1} (\overline{\boldsymbol{H}}_{\hat{u}^*}^{(i)})^{\mathrm{T}} (\boldsymbol{x}_L - \overline{\boldsymbol{h}}_{\hat{u}^*}^{(i)}) \\ \hat{\boldsymbol{\theta}}_b^{(i+1)} = [(\boldsymbol{H}_{\hat{u}^*}^{(i)})^{\mathrm{T}} \boldsymbol{H}_{\hat{u}^*}^{(i)}]^{-1} (\boldsymbol{H}_{\hat{u}^*}^{(i)})^{\mathrm{T}} \boldsymbol{z}_L \end{cases} \tag{13.2.29}$$

并置

$$\hat{\boldsymbol{\theta}}^{(i+1)} = [(\hat{\boldsymbol{\theta}}_b^{(i+1)})^{\mathrm{T}}, (\hat{\boldsymbol{\theta}}_a^{(i+1)})^{\mathrm{T}}]^{\mathrm{T}} \tag{13.2.30}$$

④ 置 $i=i+1$，继续迭代步骤②和步骤③，直至

$$\frac{\| \hat{\boldsymbol{\theta}}^{(i+1)} - \hat{\boldsymbol{\theta}}^{(i)} \|}{\| \hat{\boldsymbol{\theta}}^{(i+1)} \|} < \varepsilon \tag{13.2.31}$$

其中，ε 为给定的模型参数估计精度阈值。

⑤ 若满足条件式(13.2.31)，置$\hat{\boldsymbol{\theta}}=\hat{\boldsymbol{\theta}}^{(i+1)}$，$\hat{\boldsymbol{\Theta}}=\hat{\boldsymbol{\Theta}}^{(i+1)}$，$\hat{\boldsymbol{u}}_L^* = \hat{\boldsymbol{u}}_L^{*(i+1)}$，按式(13.2.27)，计算噪声方差估计值 $\hat{\sigma}_s^2$ 和$\hat{\sigma}_w^2=\alpha\hat{\sigma}_s^2$。

说明[15]：(1) 如果问题存在局部极小值，步骤①中初始估计值$\hat{\boldsymbol{\theta}}^{(0)}$的选择对算法迭代次数和模型参数估计值$\hat{\boldsymbol{\theta}}$会有较大的影响，因此选择适合的初始值$\hat{\boldsymbol{\theta}}^{(0)}$是很重要的。一般情况下，可以先利用 Koopmans-Levin 方法对模型参数进行估计[16]

$$\begin{cases} (\boldsymbol{\Sigma}_x - \lambda_{\min}\overline{\boldsymbol{W}}_{n+1})\hat{\bar{\boldsymbol{\theta}}}_{\mathrm{KL}} = 0 \\ \hat{\bar{\boldsymbol{\theta}}}_{\mathrm{KL}} = \begin{bmatrix}\hat{\boldsymbol{\theta}}_{\mathrm{KL}}^{\mathrm{T}} & 1\end{bmatrix}^{\mathrm{T}} \end{cases} \tag{13.2.32}$$

其中

$$\begin{cases} \lambda_{\min} = (\max \operatorname{eig}(\boldsymbol{\Sigma}_x^{-1}\overline{\boldsymbol{W}}_{n+1}))^{-1} \\ \overline{\boldsymbol{W}}_{n+1} = \begin{bmatrix}\boldsymbol{I}_{n+1} & 0 \\ 0 & \alpha\boldsymbol{I}_{n+1}\end{bmatrix} \\ \boldsymbol{\Sigma}_x = \dfrac{1}{L-n}\boldsymbol{H}_x^{\mathrm{T}}\boldsymbol{H}_x \end{cases} \tag{13.2.33}$$

且

$$\boldsymbol{H}_x = \begin{bmatrix} \boldsymbol{x}(1) & \cdots & \boldsymbol{x}(n+1) & -\boldsymbol{z}(1) & \cdots & -\boldsymbol{z}(n+1) \\ \boldsymbol{x}(2) & \cdots & \boldsymbol{x}(n+2) & -\boldsymbol{z}(2) & \cdots & -\boldsymbol{z}(n+2) \\ \vdots & \ddots & \vdots & \vdots & \ddots & \vdots \\ \boldsymbol{x}(L-n) & \cdots & \boldsymbol{x}(L) & -\boldsymbol{z}(L-n) & \cdots & -\boldsymbol{z}(L) \end{bmatrix} \tag{13.2.34}$$

并置$\hat{\boldsymbol{\theta}}^{(0)}=\hat{\boldsymbol{\theta}}_{\mathrm{KL}}^{\mathrm{T}}$。当 $u(k)$ 为 $2n$ 阶持续激励信号时，估计值$\hat{\boldsymbol{\theta}}_{\mathrm{KL}}^{\mathrm{T}}$是一致估计值。

(2) 如果第 i 次迭代得到的$\hat{\boldsymbol{\Theta}}^{(i)}$不满秩，可以置$\hat{\boldsymbol{\theta}}^{(i)}=(1-\delta)\hat{\boldsymbol{\theta}}^{(i-1)}+\delta\hat{\boldsymbol{\theta}}^{(i)}$，以恢复$\hat{\boldsymbol{\Theta}}^{(i)}$的列满秩性，其中 δ 为适宜的摄动值，满足 $0<\delta<1$。若 $\boldsymbol{H}_{u^*}^{(i)}$ 出现降秩，可对$\hat{\boldsymbol{u}}_L^{*(i)}$进行类似的操作。

(3) 利用式(13.2.28)计算 $\hat{\boldsymbol{u}}_L^{*(i)}$ 的复杂度为 $\mathrm{O}(L^3)$，计算量较大，直接按式(13.2.28)计算效率较低。注意到$(\hat{\boldsymbol{\Theta}}^{(i)})^{\mathrm{T}}\boldsymbol{W}_L^{-1}\hat{\boldsymbol{\Theta}}^{(i)}$是宽度为 n 对称带状矩阵，因而可以通过对其进行形如 $\boldsymbol{Q}\boldsymbol{Q}^{\mathrm{T}}$ 的 Cholesky 分解，以提高计算效率，其中 $\boldsymbol{Q}$ 是宽度为 n 的下三角矩阵。利用该分解，$\hat{\boldsymbol{u}}_L^{*(i)}$ 的计算复杂度可以下降为 $\mathrm{O}(L)$。

例13.1[15] 考虑图13.1所示的EIV模型，设系统模型多项式为

$$\begin{cases} A(z^{-1}) = 1 - 0.5z^{-1} + 0.3z^{-2} \\ B(z^{-1}) = 2 - 1.2z^{-1} - 0.6z^{-2} \end{cases} \tag{13.2.35}$$

系统输入 $u(k)$ 选择零均值、方差等于6.25的高斯分布白噪声；模型输入和输出侧扰动分别是零均值、方差为 $\sigma_s^2 = 0.01$ 和 $\sigma_w^2 = 0.01$ 的白噪声。先利用Koopmans-Levin方法，获得模型参数初始估计值 $\hat{\boldsymbol{\theta}}^{(0)} = [-0.6030, -1.2055, 1.9892, 0.2955, -0.5027]^{\mathrm{T}}$，且取模型参数估计精度阈值 $\varepsilon = 0.001$；再利用ML-EIV辨识算法，经过两次迭代，获得如表13.1所示的模型参数估计值，图13.2是系统模型和辨识模型的频率响应比较。从表13.1和图13.2看，利用极大似然法对EIV模型进行估计，辨识效果是满意的。

表13.1 模型参数辨识结果

模型参数	a_1	a_2	b_0	b_1	b_2	σ_{u0}^2	σ_{y0}^2
真值	−0.5	0.3	2	−1.2	−0.6	0.01	0.01
估计值	−0.5044	0.2951	1.9923	−1.2052	−0.6018	0.0064	0.0064

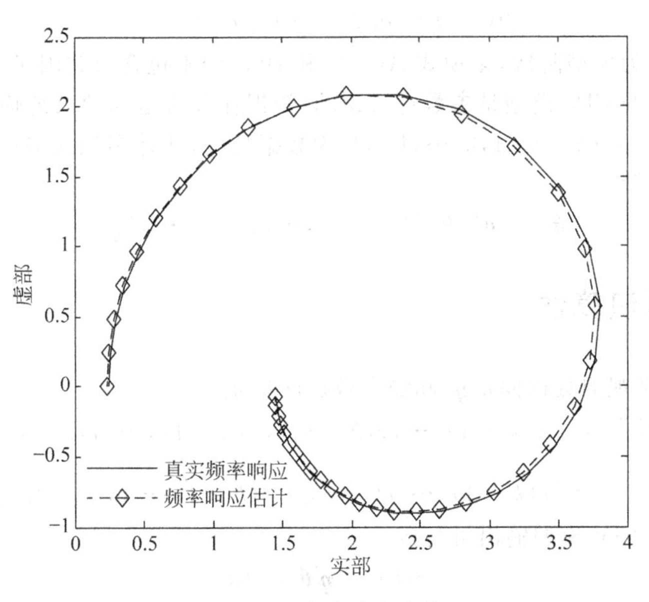

图13.2 频率响应比较

13.3 偏差消除最小二乘法

文献[67]介绍了一种偏差消除最小二乘法，可用于辨识EIV模型。当输入数据受白噪声污染，输出数据受有色噪声扰动时，该辨识方法直接利用采集到的测量数据，并通过求解噪声协方差向量，可获得模型参数无偏估计。

13.3.1 基本假设

考虑如图 13.1 所示的 EIV 模型，设输入 $u(k)$ 是具有有理谱密度的平稳随机序列，输入和输出观测数据表示为

$$\begin{cases} z(k) = y(k) + e(k) \\ x(k) = u(k) + s(k) \end{cases} \tag{13.3.1}$$

其中，输入扰动 $s(k)$ 是零均值、方差为 σ_s^2 的白噪声；输出扰动 $e(k)$ 是有色噪声，描述为

$$e(k) = H(z^{-1})v(k) \tag{13.3.2}$$

式中，$v(k)$ 是零均值、方差为 σ_v^2 的白噪声，$H(z^{-1})$ 为噪声模型。

另外，假设 $u(k)$、$s(k)$ 和 $e(k)$ 是互为独立的随机变量，意味着系统模型 $G(z^{-1})$ 在开环状态下工作，并设系统模型 $G(z^{-1})=\dfrac{B(z^{-1})}{A(z^{-1})}$ 是因果稳定模型，模型多项式 $A(z^{-1})$ 和 $B(z^{-1})$ 定义为

$$\begin{cases} A(z^{-1}) = 1 + a_1 z^{-1} + \cdots + a_{n_a} z^{-n_a} \\ B(z^{-1}) = b_1 z^{-1} + \cdots + b_{n_b} z^{-n_b} \end{cases} \tag{13.3.3}$$

式中，n_a 和 n_b 为模型阶次，多项式 $A(z^{-1})$ 和 $B(z^{-1})$ 不包含公共因子。

上述假设的 EIV 模型是参数可辨识的，辨识任务就是利用系统输入和输出观测数据序列 $\{x(k),z(k),k=1,2,\cdots,L\}$，$L$ 为数据长度，估计多项式 $A(z^{-1})$ 和 $B(z^{-1})$ 的模型参数向量

$$\boldsymbol{\theta} = [\boldsymbol{a}^{\mathrm{T}},\boldsymbol{b}^{\mathrm{T}}]^{\mathrm{T}} = [a_1,\cdots,a_{n_a},b_1,\cdots,b_{n_b}]^{\mathrm{T}} \tag{13.3.4}$$

13.3.2 辨识算法

首先，定义观测数据向量 $\boldsymbol{\eta}_k$ 和噪声数据向量 $\boldsymbol{n}_k$

$$\begin{cases} \boldsymbol{\eta}_k = [\boldsymbol{z}_k^{\mathrm{T}} \quad \boldsymbol{x}_k^{\mathrm{T}}]^{\mathrm{T}} = [z(k-1),\cdots,z(k-n_a),x(k-1),\cdots,x(k-n_b)]^{\mathrm{T}} \\ \boldsymbol{n}_k = [\boldsymbol{e}_k^{\mathrm{T}} \quad \boldsymbol{s}_k^{\mathrm{T}}]^{\mathrm{T}} = [e(k-1),\cdots,e(k-n_a),s(k-1),\cdots,s(k-n_b)]^{\mathrm{T}} \end{cases} \tag{13.3.5}$$

则上面假设的 EIV 模型输出可写成

$$z(k) = \boldsymbol{\eta}_k^{\mathrm{T}}\boldsymbol{\theta} + \varepsilon(k) \tag{13.3.6}$$

式中，$\varepsilon(k)=e(k)-\boldsymbol{n}_k^{\mathrm{T}}\boldsymbol{\theta}$。

模型参数向量 $\boldsymbol{\theta}$ 的最小二乘估计是在最小二乘准则 $J(\boldsymbol{\theta})=\mathrm{E}\{\varepsilon^2(k)\}$ 意义下，寻求使 $J(\boldsymbol{\theta})$ 达到最小的参数 $\hat{\boldsymbol{\theta}}_{\mathrm{LS}}$。模型式(13.3.6)参数向量 $\boldsymbol{\theta}$ 的最小二乘估计可表示为

$$\hat{\boldsymbol{\theta}}_{\mathrm{LS}} = \boldsymbol{R}_{\boldsymbol{\eta}}^{-1}\boldsymbol{r}_{\boldsymbol{\eta}z} \tag{13.3.7}$$

其中，$\boldsymbol{R}_\eta=\mathrm{E}\{\boldsymbol{\eta}_k\,\boldsymbol{\eta}_k^{\mathrm{T}}\}$，$\boldsymbol{r}_{\boldsymbol{\eta}z}=\mathrm{E}\{\boldsymbol{\eta}_k z(k)\}$。

根据 EIV 模型的假设，参数向量 $\boldsymbol{\theta}$ 的最小二乘估计值 $\hat{\boldsymbol{\theta}}_{\mathrm{LS}}$ 与参数真值 $\boldsymbol{\theta}_0$ 存在的偏差可表示成[67]

$$\hat{\boldsymbol{\theta}}_{\text{LS}} = \boldsymbol{\theta}_0 - \boldsymbol{R}_{\boldsymbol{\eta}}^{-1}(\boldsymbol{R}_D\boldsymbol{\theta}_0 - \boldsymbol{r}_d) \tag{13.3.8}$$

式中

$$\begin{cases} \boldsymbol{R}_D = \text{diag}[\boldsymbol{R}_e, \sigma_s^2 \boldsymbol{I}_{n_b}] \\ \boldsymbol{r}_d = [\boldsymbol{r}_e^{\text{T}}, 0^{\text{T}}]^{\text{T}} \in \mathbb{R}^{(n_a+n_b)\times 1} \end{cases} \tag{13.3.9}$$

其中，$\boldsymbol{I}_{n_b}$ 为 $n_b \times n_b$ 维的单位阵，$\boldsymbol{r}_e$、$\boldsymbol{R}_e$ 分别为噪声 $e(k)$ 的自相关函数向量和自相关函数矩阵，定义为

$$\begin{cases} \boldsymbol{r}_e = [R_e(1), \cdots, R_e(n_a)]^{\text{T}} \in \mathbb{R}^{n_a \times 1} \\ \boldsymbol{R}_e = \begin{bmatrix} R_e(0) & R_e(1) & \cdots & R_e(n_a-1) \\ R_e(1) & R_e(0) & \cdots & \vdots \\ \vdots & \vdots & \ddots & R_e(1) \\ R_e(n_a-1) & \cdots & R_e(1) & R_e(0) \end{bmatrix} \in \mathbb{R}^{n_a \times n_a} \end{cases} \tag{13.3.10}$$

式中，$\boldsymbol{R}_e$ 和 $\boldsymbol{r}_e$ 的元素由噪声 $e(k)$ 的自相关函数 $R_e(l)$ 组成，$R_e(l)$ 定义为

$$R_e(l) = \text{E}\{e(k-l)e(k)\}, \quad l = 0, \pm 1, \pm 2, \cdots;\ R_e(0) = \sigma_e^2 \tag{13.3.11}$$

实际上，$\boldsymbol{R}_e$ 是由 n_a 个自相关函数组成的 Toeplitz 矩阵。

由于输出噪声 $e(k)$ 和输入噪声 $s(k)$ 的影响，式(13.3.7)所给出的最小二乘估计值是有偏的，偏差为[67]

$$\tilde{\boldsymbol{\theta}} = -\boldsymbol{R}_{\boldsymbol{\eta}}^{-1}(\boldsymbol{R}_D\boldsymbol{\theta}_0 - \boldsymbol{r}_d) \tag{13.3.12}$$

上式表明，参数估计值偏差与输入噪声 $s(k)$ 的方差 σ_s^2、输出噪声 $e(k)$ 的自相关函数向量 $\boldsymbol{r}_e$ 和自相关函数矩阵 $\boldsymbol{R}_e$ 有关。要获得参数向量 $\boldsymbol{\theta}$ 的无偏估计，需要研究 $(\boldsymbol{R}_D\boldsymbol{\theta}_0 - \boldsymbol{r}_d)$ 的表达形式，然后设法消除它。

定理 13.1[67]　设噪声 $e(k)$ 和 $s(k)$ 的协方差向量为

$$\begin{aligned} \boldsymbol{r}_{es} &= [\sigma_e^2, \boldsymbol{r}_e^{\text{T}}, \sigma_s^2]^{\text{T}} \\ &= [R_e(0), R_e(1), \cdots, R_e(n_a), \sigma_s^2]^{\text{T}} \in \mathbb{R}^{(n_a+2)\times 1} \end{aligned} \tag{13.3.13}$$

则 $\boldsymbol{R}_D\boldsymbol{\theta}_0 - \boldsymbol{r}_d$ 可用 $\boldsymbol{r}_{es}$ 表征为

$$\boldsymbol{R}_D\boldsymbol{\theta}_0 - \boldsymbol{r}_d = \boldsymbol{Q}(\boldsymbol{\theta}_0)\boldsymbol{r}_{es} \tag{13.3.14}$$

式中

$$\begin{cases} \boldsymbol{Q}(\boldsymbol{\theta}_0) = \begin{bmatrix} \boldsymbol{Q}_1(\boldsymbol{a}_0) - \boldsymbol{Q}_2 \\ \boldsymbol{Q}_3(\boldsymbol{b}_0) \end{bmatrix} \in \mathbb{R}^{(n_a+n_b)\times(n_a+2)} \\ \boldsymbol{Q}_1(\boldsymbol{a}_0) = \boldsymbol{a}_0\boldsymbol{\tau}_1^{\text{T}} + \sum_{j=1}^{n_a-1}(\boldsymbol{T}_j + \boldsymbol{T}_j^{\text{T}})\boldsymbol{a}_0\boldsymbol{\tau}_{j+1}^{\text{T}} \in \mathbb{R}^{n_a\times(n_a+2)} \\ \boldsymbol{Q}_2 = \begin{bmatrix} 0 & I_{n_a} & 0 \end{bmatrix} \in \mathbb{R}^{n_a\times(n_a+2)}, \quad \boldsymbol{Q}_3(\boldsymbol{b}_0) = \boldsymbol{b}_0\boldsymbol{\tau}_{n_a+2}^{\text{T}} \\ \boldsymbol{T}_j = \begin{bmatrix} 0 & 0 \\ \boldsymbol{I}_{n_a-j} & 0 \end{bmatrix} \in \mathbb{R}^{n_a\times n_a}, \quad j = 1, \cdots, n_a - 1 \end{cases} \tag{13.3.15}$$

其中，$\boldsymbol{a}_0$、$\boldsymbol{b}_0$ 为多项式 $A(z^{-1})$ 和 $B(z^{-1})$ 参数向量真值，$\boldsymbol{\tau}_j, j=1,2,\cdots,n_a+2$ 为空间 $\mathbb{R}^{(n_a+2)\times 1}$ 中第 j 个元素为 1 的单位向量。

证明[67]　利用 $\boldsymbol{\tau}_j, j=1,2,\cdots,n_a+2$，根据式(13.3.13)，有

$$\begin{cases}\sigma_e^2 = \boldsymbol{\tau}_1^{\mathrm{T}}\boldsymbol{r}_{es} \\ \sigma_s^2 = \boldsymbol{\tau}_{n_a+2}^{\mathrm{T}}\boldsymbol{r}_{es} \\ R_e(j) = \boldsymbol{\tau}_{j+1}^{\mathrm{T}}\boldsymbol{r}_{es}, \quad j = 1,2,\cdots,n_a\end{cases} \tag{13.3.16}$$

由式(13.3.9)和式(13.3.10),可得

$$\boldsymbol{R}_D\boldsymbol{\theta}_0 - \boldsymbol{r}_d = \begin{bmatrix}\boldsymbol{R}_e\boldsymbol{a}_0 - \boldsymbol{r}_e \\ \sigma_s^2\boldsymbol{b}_0\end{bmatrix} \tag{13.3.17}$$

其中,Toeplitz 矩阵 $\boldsymbol{R}_e$ 可表征为

$$\boldsymbol{R}_e = \sigma_e^2\boldsymbol{I}_{n_a} + \sum_{j=1}^{n_a-1}(\boldsymbol{T}_j + \boldsymbol{T}_j^{\mathrm{T}})R_e(j) \tag{13.3.18}$$

由此直接有

$$\boldsymbol{R}_e\boldsymbol{a}_0 = \sigma_e^2\boldsymbol{a}_0 + \sum_{j=1}^{n_a-1}(\boldsymbol{T}_j + \boldsymbol{T}_j^{\mathrm{T}})\boldsymbol{a}_0 R_e(j) = \boldsymbol{Q}_1(\boldsymbol{a}_0)\boldsymbol{r}_{es} \tag{13.3.19}$$

类似地又有

$$\begin{cases}\boldsymbol{r}_e = \boldsymbol{Q}_2\boldsymbol{r}_{es} \\ \sigma_s^2\boldsymbol{b}_0 = \boldsymbol{Q}_3(\boldsymbol{b}_0)\boldsymbol{r}_{es}\end{cases} \tag{13.3.20}$$

将式(13.3.19)和式(13.3.20)代入式(13.3.17),可得

$$\boldsymbol{R}_D\boldsymbol{\theta}_0 - \boldsymbol{r}_d = \begin{bmatrix}\boldsymbol{Q}_1(\boldsymbol{a}_0)\boldsymbol{r}_{es} - \boldsymbol{Q}_2\boldsymbol{r}_{es} \\ \boldsymbol{Q}_3(\boldsymbol{b}_0)\boldsymbol{r}_{es}\end{bmatrix} \tag{13.3.21}$$

根据式(13.3.15)中 $\boldsymbol{Q}(\boldsymbol{\theta}_0)$ 的定义,显然式(13.3.21)与式(13.3.14)是等价的。 证毕。■

根据定理 13.1,式(13.3.8)可以重写成

$$\hat{\boldsymbol{\theta}}_{\mathrm{LS}} = \boldsymbol{\theta}_0 - \boldsymbol{R}_{\boldsymbol{\eta}}^{-1}\boldsymbol{Q}(\boldsymbol{\theta}_0)\boldsymbol{r}_{es} \tag{13.3.22}$$

记噪声 $e(k)$ 和 $s(k)$ 的协方差向量 $\boldsymbol{r}_{es}$ 的估计值为 $\hat{\boldsymbol{r}}_{es} = [\hat{\sigma}_e^2, \hat{\boldsymbol{r}}_e^{\mathrm{T}}, \hat{\sigma}_s^2]$,则参数向量 $\boldsymbol{\theta}$ 的无偏估计可写成

$$\hat{\boldsymbol{\theta}}_{\mathrm{BELS}}^{(i+1)} = \hat{\boldsymbol{\theta}}_{\mathrm{LS}} + \boldsymbol{R}_{\eta}^{-1}\boldsymbol{Q}(\hat{\boldsymbol{\theta}}_{\mathrm{BELS}}^{(i)})\hat{\boldsymbol{r}}_{es} \tag{13.3.23}$$

该式即为偏差消除最小二乘估计算法,$\hat{\boldsymbol{\theta}}_{\mathrm{BELS}}^{(i+1)}$ 与 $\hat{\boldsymbol{\theta}}_{\mathrm{BELS}}^{(i)}$ 形成迭代关系。无疑,估计值 $\hat{\boldsymbol{\theta}}_{\mathrm{BELS}}^{(i+1)}$ 取决于噪声 $e(k)$ 和 $s(k)$ 协方差向量 $\boldsymbol{r}_{es}$ 的估计。下面介绍一种估计 $\boldsymbol{r}_{es}$ 的方法[67]。

引入新参数向量 $\boldsymbol{\vartheta}$ 和新数据向量 $\boldsymbol{\psi}_k$

$$\begin{cases}\boldsymbol{\vartheta} = [\boldsymbol{\theta}^{\mathrm{T}}, \boldsymbol{\beta}^{\mathrm{T}}]^{\mathrm{T}}, \quad \boldsymbol{\beta} = [0,\cdots,0]^{\mathrm{T}} \in \mathrm{R}^{p\times 1} \\ \boldsymbol{\psi}_k = [\boldsymbol{\eta}_k^{\mathrm{T}}, \boldsymbol{x}_k^{\mathrm{T}}]^{\mathrm{T}}, \quad \boldsymbol{x}_k = [x(k-n_b-1),\cdots,x(k-n_b-p)]^{\mathrm{T}}\end{cases} \tag{13.3.24}$$

其中,$p \geqslant 1$。考虑到 $\boldsymbol{\psi}_k^{\mathrm{T}}\boldsymbol{\vartheta} = \eta_k^{\mathrm{T}}\boldsymbol{\theta}$,式(13.3.6)重写成

$$z(k) = \boldsymbol{\psi}_k^{\mathrm{T}}\boldsymbol{\vartheta} + \varepsilon(k) \tag{13.3.25}$$

上式模型包含了真值为零的临时参数向量 $\boldsymbol{\beta}$,也可以认为系统模型 $G(z^{-1})$ 分子多项式 $B(z^{-1})$ 增添了 p 个零参数,模型的阶次变成 (n_a, n_b+p)。

根据最小二乘原理,模型式(13.3.25)参数向量 $\boldsymbol{\vartheta}$ 的最小二乘估计可以写成

$$\hat{\boldsymbol{\vartheta}}_{\mathrm{LS}} = \boldsymbol{R}_{\psi}^{-1}\boldsymbol{r}_{\psi z} \tag{13.3.26}$$

其中，$\boldsymbol{R}_{\Psi}=\mathrm{E}\{\boldsymbol{\psi}_k\boldsymbol{\psi}_k^{\mathrm{T}}\}$，$\boldsymbol{r}_{\psi z}=\mathrm{E}\{\boldsymbol{\psi}_k z(k)\}$。类似于式(13.3.8)，有

$$\hat{\boldsymbol{\vartheta}}_{\mathrm{LS}}=\boldsymbol{\vartheta}_0-\boldsymbol{R}_{\psi}^{-1}(\bar{\boldsymbol{R}}_D\boldsymbol{\vartheta}_0-\bar{\boldsymbol{r}}_d)\tag{13.3.27}$$

式中

$$\begin{cases}\bar{\boldsymbol{R}}_D=\mathrm{diag}[\boldsymbol{R}_D,\sigma_s^2\boldsymbol{I}_p]\\ \bar{\boldsymbol{r}}_d=[\boldsymbol{r}_d^{\mathrm{T}},0^{\mathrm{T}}]^{\mathrm{T}}\in\mathrm{R}^{(n_a+n_b+p)\times 1}\end{cases}\tag{13.3.28}$$

其中，$\bar{\boldsymbol{R}}_D$、$\bar{\boldsymbol{r}}_d$ 是 $\boldsymbol{R}_D$ 和 $\boldsymbol{r}_d$ 的扩维形式，$\boldsymbol{\vartheta}_0=[\boldsymbol{\theta}_0^{\mathrm{T}},\boldsymbol{\beta}^{\mathrm{T}}]^{\mathrm{T}}$。

以上分析表明，为了获得噪声 $e(k)$ 和 $s(k)$ 协方差向量 $\boldsymbol{r}_{es}$ 的估计值，可以通过估计参数向量 $\boldsymbol{\vartheta}$，以获取临时参数向量 $\boldsymbol{\beta}$ 的估计来实现。

定理 13.2[67]　令

$$\boldsymbol{R}_x=\mathrm{E}\{\boldsymbol{x}_k\boldsymbol{x}_k^{\mathrm{T}}\},\quad \boldsymbol{R}_{\eta x}=\mathrm{E}\{\boldsymbol{\eta}_k\boldsymbol{x}_k^{\mathrm{T}}\},\quad \boldsymbol{r}_{xz}=\mathrm{E}\{\boldsymbol{x}_k z(k)\}\tag{13.3.29}$$

则噪声 $e(k)$ 和 $s(k)$ 协方差向量 $\boldsymbol{r}_{es}$ 满足下列方程

$$\boldsymbol{R}_{\eta x}^{\mathrm{T}}\boldsymbol{R}_{\eta}^{-1}\boldsymbol{Q}(\boldsymbol{\theta}_0)\boldsymbol{r}_{es}=\boldsymbol{r}_{xz}-\boldsymbol{R}_{\eta x}^{\mathrm{T}}\hat{\boldsymbol{\theta}}_{\mathrm{LS}}\tag{13.3.30}$$

证明[67]　根据式(13.3.29)，互相关函数矩阵 $\boldsymbol{R}_{\psi}$ 和互相关函数向量 $\boldsymbol{r}_{\psi z}$ 可表示为

$$\boldsymbol{R}_{\psi}=\begin{bmatrix}\boldsymbol{R}_{\eta} & \boldsymbol{R}_{\eta x}\\ \boldsymbol{R}_{\eta x}^{\mathrm{T}} & \boldsymbol{R}_x\end{bmatrix},\quad \boldsymbol{r}_{\psi z}=\begin{bmatrix}\boldsymbol{r}_{\eta z}\\ \boldsymbol{r}_{xz}\end{bmatrix}\tag{13.3.31}$$

对 $\boldsymbol{R}_{\psi}$ 应用分块矩阵求逆公式(见附录 E.3)，可得

$$\boldsymbol{R}_{\psi}^{-1}=\begin{bmatrix}\boldsymbol{R}_{\eta}^{-1}+\boldsymbol{R}_{\eta}^{-1}\boldsymbol{R}_{\eta x}\boldsymbol{\Delta}^{-1}\boldsymbol{R}_{\eta x}^{\mathrm{T}}\boldsymbol{R}_{\eta}^{-1} & -\boldsymbol{R}_{\eta}^{-1}\boldsymbol{R}_{\eta x}\boldsymbol{\Delta}^{-1}\\ -\boldsymbol{\Delta}^{-1}\boldsymbol{R}_{\eta x}^{\mathrm{T}}\boldsymbol{R}_{\eta}^{-1} & \boldsymbol{\Delta}^{-1}\end{bmatrix}\tag{13.3.32}$$

其中，$\boldsymbol{\Delta}=\boldsymbol{R}_x-\boldsymbol{R}_{\eta x}^{\mathrm{T}}\boldsymbol{R}_{\eta}^{-1}\boldsymbol{R}_{\eta x}$。令 $\hat{\boldsymbol{\theta}}_{\mathrm{LS}}$ 的最后 p 个参数为 $\hat{\boldsymbol{\beta}}_{\mathrm{LS}}$，并利用式(13.3.26)和式(13.3.31)，可得

$$\hat{\boldsymbol{\beta}}_{\mathrm{LS}}=-\boldsymbol{\Delta}^{-1}\boldsymbol{R}_{\eta x}^{\mathrm{T}}\boldsymbol{R}_{\eta}^{-1}\boldsymbol{r}_{\eta z}+\boldsymbol{\Delta}^{-1}\boldsymbol{r}_{xz}\tag{13.3.33}$$

联合利用式(13.3.27)、式(13.3.28)和式(13.3.31)，并注意到 $\boldsymbol{\beta}=\mathbf{0}$，则有

$$\hat{\boldsymbol{\beta}}_{\mathrm{LS}}=\boldsymbol{\Delta}^{-1}\boldsymbol{R}_{\eta x}^{\mathrm{T}}\boldsymbol{R}_{\eta}^{-1}(\boldsymbol{R}_D\boldsymbol{\theta}_0-\boldsymbol{r}_d)\tag{13.3.34}$$

由于式(13.3.33)和式(13.3.34)右边相等，同时左乘 $\boldsymbol{\Delta}$ 后，有

$$\boldsymbol{R}_{\eta x}^{\mathrm{T}}\boldsymbol{R}_{\eta}^{-1}(\boldsymbol{R}_D\boldsymbol{\theta}_0-\boldsymbol{r}_d)=\boldsymbol{r}_{xz}-\boldsymbol{R}_{\eta x}^{\mathrm{T}}\boldsymbol{R}_{\eta}^{-1}\boldsymbol{r}_{\eta z}\tag{13.3.35}$$

最后将式(13.3.7)和式(13.3.14)代入式(13.3.35)，即得式(13.3.30)。　证毕。■

另外，在上述 EIV 模型的假设下，最小二乘准则函数 $J(\boldsymbol{\theta})=\mathrm{E}\{(z(k)-\boldsymbol{\eta}_k^{\mathrm{T}}\boldsymbol{\theta})^2\}$ 可表达为[67]

$$J(\hat{\boldsymbol{\theta}}_{\mathrm{LS}})=\sigma_e^2+\hat{\boldsymbol{\theta}}_{\mathrm{LS}}^{\mathrm{T}}(\boldsymbol{R}_D\boldsymbol{\theta}_0-\boldsymbol{r}_d)-\boldsymbol{\theta}_0^{\mathrm{T}}\boldsymbol{r}_d\tag{13.3.36}$$

根据定理 13.1，上式又可表达成噪声 $e(k)$ 和 $s(k)$ 互相关函数向量 $\boldsymbol{r}_{es}$ 的显式形式

$$J(\hat{\boldsymbol{\theta}}_{\mathrm{LS}})=\boldsymbol{q}^{\mathrm{T}}(\hat{\boldsymbol{\theta}}_{\mathrm{LS}},\boldsymbol{\theta}_0)\boldsymbol{r}_{es}\tag{13.3.37}$$

其中，函数 $\boldsymbol{q}^{\mathrm{T}}(\hat{\boldsymbol{\theta}}_{\mathrm{LS}},\boldsymbol{\theta}_0)=\boldsymbol{\tau}_1^{\mathrm{T}}+\hat{\boldsymbol{\theta}}_{\mathrm{LS}}^{\mathrm{T}}\boldsymbol{Q}(\boldsymbol{\theta}_0)-\boldsymbol{a}_0^{\mathrm{T}}\boldsymbol{Q}_2\in\mathrm{R}^{1\times(n_a+2)}$。于是，可获得如下具有 $p+1$ 个方程的线性方程组[67]

$$\begin{bmatrix}\boldsymbol{R}_{\eta x}^{\mathrm{T}}\boldsymbol{R}_{\eta}^{-1}\boldsymbol{Q}(\boldsymbol{\theta}_0)\\ \boldsymbol{q}^{\mathrm{T}}(\hat{\boldsymbol{\theta}}_{\mathrm{LS}},\boldsymbol{\theta}_0)\end{bmatrix}\boldsymbol{r}_{es}=\begin{bmatrix}\boldsymbol{r}_{xz}-\boldsymbol{R}_{\eta x}^{\mathrm{T}}\hat{\boldsymbol{\theta}}_{\mathrm{LS}}\\ J(\hat{\boldsymbol{\theta}}_{\mathrm{LS}})\end{bmatrix}\tag{13.3.38}$$

上式是关于协方差向量 $\boldsymbol{r}_{es}$ 的方程组，由式(13.3.30)和式(13.3.37)联立生成。为了能获得唯一解，$\boldsymbol{\beta}$ 的维数需取 $p=n_a+1$，以使式(13.3.38)成为含有 n_a+2 个未知数和 n_a+2 个方程的方程组，由此很容易可解出 $\boldsymbol{r}_{es}$，其估计值记作 $\hat{\boldsymbol{r}}_{es}$。将 $\hat{\boldsymbol{r}}_{es}$ 代入式(13.3.23)，便可获得模型参数 $\boldsymbol{\theta}$ 的无偏估计值 $\hat{\boldsymbol{\theta}}_{\mathrm{BELS}}^{(i)}$。

根据以上分析，便可构成偏差消除最小二乘算法式(13.3.23)，记作 BELS-II (bias eliminated least squares method II)，其操作步骤归纳如下。

BELS-II 辨识算法[67]：

步骤一，求最小二乘估计。

① 采集系统输入和输出数据 $\{x(k),z(k),k=1,2,\cdots,L\}$，并构造数据向量

$$\boldsymbol{\eta}_k=[z(k-1),\cdots,z(k-n_a),x(k-1),\cdots,x(k-n_b)]^{\mathrm{T}} \tag{13.3.39}$$

利用最小二乘估计算法，获得

$$\hat{\boldsymbol{\theta}}_{\mathrm{LS}}=\hat{\boldsymbol{R}}_{\boldsymbol{\eta}}^{-1}\hat{\boldsymbol{r}}_{\boldsymbol{\eta}z} \tag{13.3.40}$$

式中，$\hat{\boldsymbol{R}}_{\boldsymbol{\eta}}=\frac{1}{L}\sum_{k=1}^{L}\boldsymbol{\eta}_k\boldsymbol{\eta}_k^{\mathrm{T}}$，$\hat{\boldsymbol{r}}_{\boldsymbol{\eta}z}=\frac{1}{L}\sum_{k=1}^{L}\boldsymbol{\eta}_k z(k)$。

② 计算最小二乘准则 $J(\hat{\boldsymbol{\theta}}_{\mathrm{LS}})=\frac{1}{L}\sum_{k=1}^{L}[z(k)-\boldsymbol{\eta}_k^{\mathrm{T}}\hat{\boldsymbol{\theta}}_{\mathrm{LS}}]^2$。

③ 令 $i=1$，并置 $\hat{\boldsymbol{\theta}}_{\mathrm{BELS}}^{(i)}=\hat{\boldsymbol{\theta}}_{\mathrm{LS}}$。

步骤二，解下面线性方程组，求得噪声 $e(k)$ 和 $s(k)$ 的协方差向量估计值 $\hat{\boldsymbol{r}}_{es}$

$$\begin{bmatrix}\hat{\boldsymbol{R}}_{\boldsymbol{\eta}x}^{\mathrm{T}}\hat{\boldsymbol{R}}_{\boldsymbol{\eta}}^{-1}\boldsymbol{Q}(\hat{\boldsymbol{\theta}}_{\mathrm{BELS}}^{(i)})\\ \boldsymbol{q}^{\mathrm{T}}(\hat{\boldsymbol{\theta}}_{\mathrm{LS}},\hat{\boldsymbol{\theta}}_{\mathrm{BELS}}^{(i)})\end{bmatrix}\hat{\boldsymbol{r}}_{es}=\begin{bmatrix}\boldsymbol{r}_{xz}-\hat{\boldsymbol{R}}_{\boldsymbol{\eta}x}^{\mathrm{T}}\hat{\boldsymbol{\theta}}_{\mathrm{LS}}\\ J(\hat{\boldsymbol{\theta}}_{\mathrm{LS}})\end{bmatrix} \tag{13.3.41}$$

其中

$$\begin{cases}\boldsymbol{q}^{\mathrm{T}}(\hat{\boldsymbol{\theta}}_{\mathrm{LS}},\hat{\boldsymbol{\theta}}_{\mathrm{BELS}}^{(i)})=\boldsymbol{\tau}_1^{\mathrm{T}}+\hat{\boldsymbol{\theta}}_{\mathrm{LS}}^{\mathrm{T}}\boldsymbol{Q}(\hat{\boldsymbol{\theta}}_{\mathrm{BELS}}^{(i)})-\hat{\boldsymbol{a}}^{\mathrm{T}}\big|_{\hat{\boldsymbol{\theta}}_{\mathrm{BELS}}^{(i)}}\boldsymbol{Q}_2\\ \boldsymbol{Q}(\hat{\boldsymbol{\theta}}_{\mathrm{BELS}}^{(i)})=\begin{bmatrix}\boldsymbol{Q}_1(\hat{\boldsymbol{a}}\big|_{\hat{\theta}_{\mathrm{BELS}}^{(i)}})-\boldsymbol{Q}_2\\ \boldsymbol{Q}_3(\hat{\boldsymbol{b}}\big|_{\hat{\theta}_{\mathrm{BELS}}^{(i)}})\end{bmatrix}\\ \boldsymbol{Q}_1(\hat{\boldsymbol{a}}\big|_{\hat{\theta}_{\mathrm{BELS}}^{(i)}})=\hat{\boldsymbol{a}}\big|_{\hat{\boldsymbol{\theta}}_{\mathrm{BELS}}^{(i)}}\boldsymbol{\tau}_1^{\mathrm{T}}+\sum_{j=1}^{n_a-1}(\boldsymbol{T}_j+\boldsymbol{T}_j^{\mathrm{T}})\hat{\boldsymbol{a}}\big|_{\hat{\boldsymbol{\theta}}_{\mathrm{BELS}}^{(i)}}\boldsymbol{\tau}_{j+1}^{\mathrm{T}}\\ \boldsymbol{Q}_2=\begin{bmatrix}0 & \boldsymbol{I}_{n_a} & 0\end{bmatrix}\in\mathrm{R}^{n_a\times(n_a+2)},\quad \boldsymbol{Q}_3(\hat{\boldsymbol{b}}\big|_{\hat{\theta}_{\mathrm{BELS}}^{(i)}})=\hat{\boldsymbol{b}}\big|_{\hat{\boldsymbol{\theta}}_{\mathrm{BELS}}^{(i)}}\boldsymbol{\tau}_{n_a+2}^{\mathrm{T}}\\ \boldsymbol{T}_j=\begin{bmatrix}0 & 0\\ \boldsymbol{I}_{n_a-j} & 0\end{bmatrix}\in\mathrm{R}^{n_a\times n_a},\quad j=1,\cdots,n_a-1\\ \hat{\boldsymbol{R}}_{\boldsymbol{\eta}x}=\frac{1}{L}\sum_{k=1}^{L}\boldsymbol{\eta}_k\boldsymbol{x}_k^{\mathrm{T}},\boldsymbol{x}_k=[x(k-n_b-1),\cdots,x(k-n_b-p)]^{\mathrm{T}},\quad p=n_a+1\end{cases} \tag{13.3.42}$$

步骤三，根据偏差校正原理，利用式(13.3.23)，求模型参数估计值

$$\hat{\boldsymbol{\theta}}_{\mathrm{BELS}}^{(i+1)}=\hat{\boldsymbol{\theta}}_{\mathrm{LS}}+\boldsymbol{R}_{\boldsymbol{\eta}}^{-1}\boldsymbol{Q}(\hat{\boldsymbol{\theta}}_{\mathrm{BELS}}^{(i)})\hat{\boldsymbol{r}}_{es} \tag{13.3.43}$$

步骤四，当$\hat{\boldsymbol{\theta}}_{\text{BELS}}^{(i+1)}$满足如下精度时，结束迭代

$$\frac{\|\hat{\boldsymbol{\theta}}_{\text{BELS}}^{(i+1)}-\hat{\boldsymbol{\theta}}_{\text{BELS}}^{(i)}\|}{\|\hat{\boldsymbol{\theta}}_{\text{BELS}}^{(i+1)}\|}<\varepsilon \tag{13.3.44}$$

其中，ε 为很小的正数。否则，令 $i=i+1$，返回步骤二。

注[67]：如果能获得输出有色噪声 $e(k)$ 的更多信息，BELS-Ⅱ算法可以进一步简化。比如，若 $e(k)$ 可以描述成 MA 过程，即 $e(k)=H(z^{-1})w(k)$，其中噪声模型 $H(z^{-1})$ 为 z^{-1} 的 n_h 阶多项式($n_h<n_a$)，则噪声 $e(k)$ 和 $s(k)$ 的协方差向量 $\boldsymbol{r}_{es}$ 可化简为$(n_h+2)\times 1$ 的非零向量。这时可选 $p=n_h+1$，以减小计算量。特别地，如果 $H(z^{-1})=1$，也就是 $e(k)$ 为白噪声，则式(13.3.10)简化为 $\boldsymbol{r}_e=0$ 和 $\boldsymbol{R}_e=\sigma_e^2\boldsymbol{I}_{n_a}$，由此相应的计算也得到简化。

例 13.2[67]　考虑图 13.1 所示的 EIV 模型，设系统模型为

$$G(z^{-1})=\frac{1.0z^{-1}}{1-0.8z^{-1}} \tag{13.3.45}$$

系统输入 $u(k)$ 由如下 MA 过程生成

$$u(k)=v(k)-0.4v(k-1)+0.8v(k-2) \tag{13.3.46}$$

式中，$v(k)$ 为零均值、方差等于 1 的白噪声。系统输出噪声为 $e(k)=H(z^{-1})w(k)$，$w(k)$ 为零均值、方差 $\sigma_w^2=2.5$ 的白噪声，噪声模型取

$$H(z^{-1})=\frac{1-0.87z^{-1}+0.57z^{-2}}{1-1.0z^{-1}+0.4z^{-2}} \tag{13.3.47}$$

系统输入噪声 $s(k)$ 为零均值、方差 $\sigma_s^2=1.0$ 的白噪声，且取模型参数估计精度阈值 $\varepsilon=0.001$。利用 BELS-Ⅱ辨识算法，经过两次迭代，辨识结果如图 13.3 和图 13.4 所示。图 13.3 是系统模型和辨识模型的频率响应比较，图 13.4 是 Bode 图比较。从图 13.3 和图 13.4 可以看到，利用 BELS-Ⅱ对 EIV 模型进行估计，能获得令人满意的辨识效果。

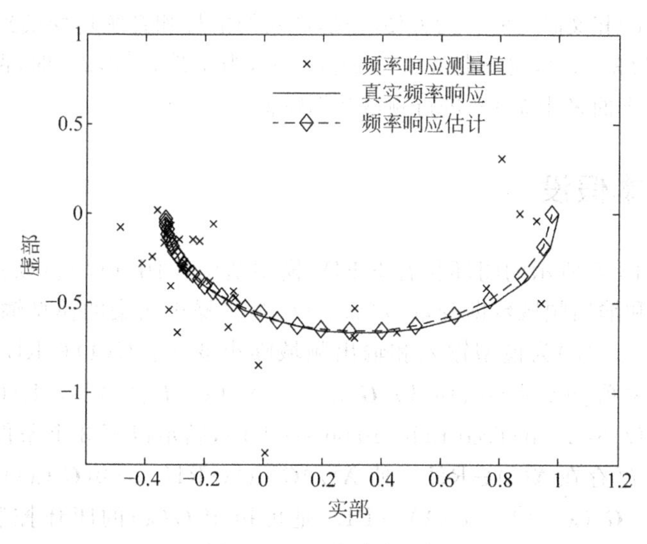

图 13.3　频率响应比较

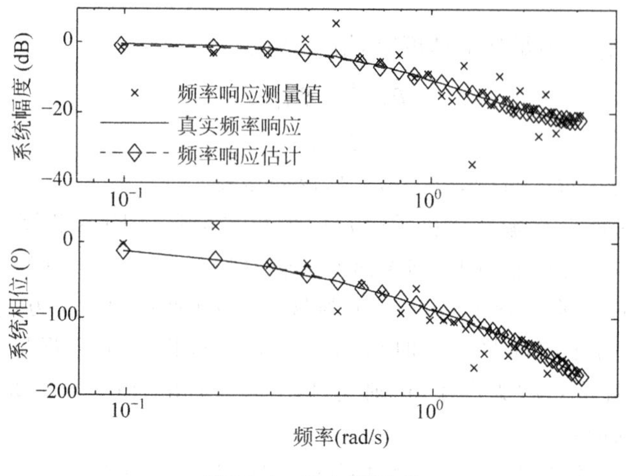

图 13.4 Bode 图比较

13.4 L_2 最优辨识方法

前面讨论的极大似然法和偏差消除最小二乘法对模型和噪声特性进行了多种假设,并且只能应用于开环稳定系统,从而限制了工程应用。本节将讨论一种针对闭环状态下的 EIV 模型辨识方法,称作 L_2 最优辨识方法(耿立辉博士学位论文[77]的部分成果)。该方法对模型的输入噪声和输出噪声统计特性不做任何假设,在 L_2 空间下对测量频域数据向量进行正交分解,使系统模型(表征为正规右图符号)的输出与噪声模型(表征为补内因子)的输出正交,并以 v-gap 度量为优化准则,通过求解广义特征值问题,获得系统模型的参数估计,再经简单的模型变换,获取相应的噪声模型。这种 EIV 模型辨识方法较前面讨论的两种方法更具有应用价值。

本节涉及 L_2、RL_∞、RH_2、RH_∞ 等函数空间均是 Hardy 空间下的函数子空间,其定义可参考文献[8]和文献[68]。为方便起见,涉及的信号和系统均变换到 λ 域,λ 域与 z 域的变换关系为 $\lambda=z^{-1}$,也就是 $\lambda=e^{-j\omega}$ 或 $\lambda=e^{j\omega}$,当 ω 取遍$[0,2\pi]$时,两者是等价的。为了简化符号,下面采用 $\lambda=e^{j\omega}$ 进行频域数据赋值。

13.4.1 基本假设

考虑如图 13.5 所示的闭环状态下 EIV 模型结构,图中 $u(k)$、$y(k)$是没受噪声污染的模型输入和输出频域数据变量,$x(k)$、$z(k)$是受噪声污染的模型输入和输出频域数据变量,$e_u(k)$、$e_y(k)$为模型输入和输出频域噪声变量。$G(\lambda)\in RL_\infty$ 是系统模型,存在如下确定关系 $y(k)=G(\lambda)u(k)$,$\boldsymbol{G}^r(\lambda)=[N_G(\lambda),D_G(\lambda)]^{\mathrm{T}}\in RH_\infty$ 是 $G(\lambda)$的正规右图符号(NLGS: normalized right graph symbol),满足以下 3 个条件[8]:①$G(\lambda)=N_G(\lambda)D_G^{-1}(\lambda)$;②存在 $\boldsymbol{X}(\lambda)\in RH_\infty$,使 $\boldsymbol{X}(\lambda)\boldsymbol{G}^r(\lambda)\in RH_\infty$;③$(\boldsymbol{G}^r(\lambda))^*\boldsymbol{G}^r(\lambda)=1$,其中$(\boldsymbol{G}^r(\lambda))^*=[\boldsymbol{G}^r(\lambda^{-1})]^{\mathrm{T}}$。$C(\lambda)\in RL_\infty$ 是可镇定 $G(\lambda)$的闭环控制器,$\boldsymbol{C}^l(\lambda)=[-N_C(\lambda),D_C(\lambda)]\in RH_\infty$ 是 $C(\lambda)$的正规左图符号(NRGS: normalized left graph symbol)，满足以下 3 个条件[8]：①$C(\lambda)=D_C^{-1}(\lambda)N_C(\lambda)$；②存在 $\boldsymbol{Y}(\lambda)\in \mathrm{RH}_\infty$，使 $\boldsymbol{C}^l(\lambda)\boldsymbol{Y}(\lambda)\in \mathrm{RH}_\infty$；③$\boldsymbol{C}^l(\lambda)(\boldsymbol{C}^l(\lambda))^*=1$，其中 $(\boldsymbol{C}^l(\lambda))^*=[\boldsymbol{C}^l(\lambda^{-1})]^{\mathrm{T}}$。

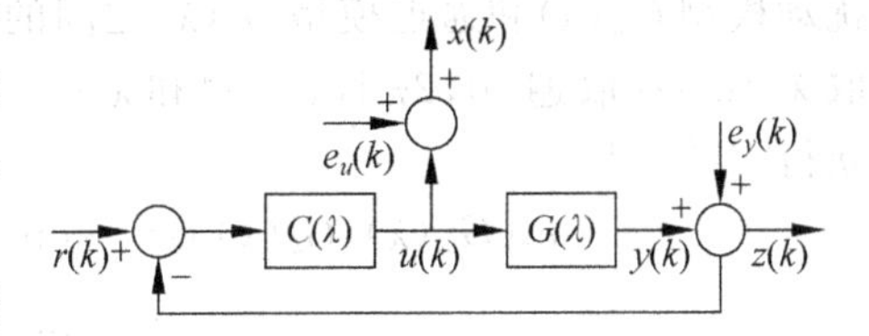

图 13.5 闭环状态下 EIV 模型结构

所谓闭环状态下 EIV 模型辨识问题就是利用输入和输出的频域数据，估计系统模型和相应的噪声模型，可用的数据只有系统输入和输出频域数据序列 $\{x(k),z(k),k=1,2,\cdots,L\}$，$L$ 为数据长度。为了方便叙述，定义如下信号函数

$$\boldsymbol{w}_m(\lambda)=\begin{bmatrix}z(\lambda)\\x(\lambda)\end{bmatrix},\quad \boldsymbol{w}_0(\lambda)=\begin{bmatrix}y(\lambda)\\u(\lambda)\end{bmatrix},\quad \tilde{\boldsymbol{w}}_0(\lambda)=\begin{bmatrix}e_y(\lambda)\\e_u(\lambda)\end{bmatrix}\tag{13.4.1}$$

显然，关系式 $\boldsymbol{w}_m(\lambda)=\boldsymbol{w}_0(\lambda)+\tilde{\boldsymbol{w}}_0(\lambda)$ 成立。式中 $z(\lambda)$ 与频域数据的关系为 $z(k)=z(\lambda)\Big|_{\lambda=\mathrm{e}^{\mathrm{j}\omega_k}}$ 或 $z(k)=z(\lambda)\Big|_{\lambda=\mathrm{e}^{-\mathrm{j}\omega_k}}$，$\omega_k=\dfrac{2\pi k}{L}$，$k=1,2,\cdots,L$，对 $\omega_k\in[0,2\pi]$，两种关系是等价的。$x(\lambda)$、$y(\lambda)$、$u(\lambda)$、$e_y(\lambda)$ 和 $e_u(\lambda)$ 与频域数据的关系与之相同。

不失一般性，针对系统输入和输出为连续频域数据的情况，也就是在 $\lambda=\mathrm{e}^{\mathrm{j}\omega}$，$\omega\in[0,2\pi]$ 变换关系下，引入一般性假设：

(1) $\boldsymbol{w}_m(\lambda)$ 和 $\tilde{\boldsymbol{w}}_0(\lambda)$ 均属于 L_2；模型 $G_m(\lambda)=z(\lambda)/x(\lambda)$ 属于 RL_∞。

(2) $\delta_v[G_m(\lambda),G(\lambda)]<\inf\limits_{\omega\in[0,2\pi]}\underline{\sigma}[\boldsymbol{C}^l(\mathrm{e}^{\mathrm{j}\omega})\boldsymbol{G}^r(\mathrm{e}^{\mathrm{j}\omega})]$，其中 $\delta_v[G_m(\lambda),G(\lambda)]$ 是 $G(\lambda)$ 和 $G_m(\lambda)$ 之间的 v-gap 度量；$\underline{\sigma}[\cdot]$ 表示取最小奇异值。

当模型 $G(\lambda)$ 存在扰动噪声时，若假设(2)成立，则存在一个可由控制器 $C(\lambda)$ 镇定的 $G_m(\lambda)$，且不影响 $C(\lambda)$ 镇定 $G(\lambda)$[62]。$\boldsymbol{G}_m(\lambda)$ 的正规右图符号为 $\boldsymbol{G}_m^r(\lambda)=[N_m(\lambda),D_m(\lambda)]^{\mathrm{T}}\in \mathrm{RH}_\infty$，与 $\boldsymbol{G}^r(\lambda)$ 相同，也需要满足类似的 3 个条件。该结论的推导与文献[62]引理 4.7 的证明类似。

由于模型扰动噪声的统计特性未知，因此可获得的、最好的可能逼近模型是 L_2 最优模型。设 $G_a(\lambda)=N_a(\lambda)D_a^{-1}(\lambda)\in \mathrm{RL}_\infty$ 是 $G(\lambda)$ 的逼近模型，阶次为 $(n-1)$，且 $\boldsymbol{G}_a^r(\lambda)=[N_a(\lambda),D_a(\lambda)]^{\mathrm{T}}\in \mathrm{RH}_\infty$ 和 $\boldsymbol{G}_a^l(\lambda)=[-D_a(\lambda),N_a(\lambda)]\in \mathrm{RH}_\infty$ 分别是 $G_a(\lambda)$ 的正规右图符号和正规左图符号，且需要满足与 $\boldsymbol{G}^r(\lambda)$ 类似的 3 个条件。这样，信号 $\boldsymbol{w}_m(\lambda)$ 可分解为[20~22]

$$\boldsymbol{w}_m(\lambda)=\boldsymbol{w}(\lambda)+\tilde{\boldsymbol{w}}(\lambda)\tag{13.4.2}$$

其中，$\boldsymbol{w}(\lambda)$ 是由 $\boldsymbol{G}_a^r(\lambda)$ 生成的逼近信号，也就是说存在一个辅助变量 $\xi(\lambda)\in \mathrm{L}_2$，使得 $\boldsymbol{G}_a^r(\lambda)\xi(\lambda)=\boldsymbol{w}(\lambda)$；$\tilde{\boldsymbol{w}}(\lambda)$ 是利用 $\boldsymbol{w}(\lambda)$ 逼近 $\boldsymbol{w}_m(\lambda)$ 产生的误差。该误差的像表征为 $\tilde{\boldsymbol{w}}(\lambda)=\boldsymbol{G}_a^\perp(\lambda)\tilde{\xi}(\lambda)$，其中 $\tilde{\xi}(\lambda)\in \mathrm{L}_2$，$\boldsymbol{G}_a^\perp(\lambda)\in \mathrm{RH}_\infty$ 是 $\boldsymbol{G}_a^r(\lambda)$ 的补内因子[68]。L_2 最优意味着 $\boldsymbol{w}(\lambda)$ 在 L_2 空间下正交于 $\tilde{\boldsymbol{w}}(\lambda)$。根据该正交性，噪声模型 $\boldsymbol{G}_a^\perp(\lambda)$ 容易通过对系统模型 $\boldsymbol{G}_a^r(\lambda)$ 进行简单变换得到。

13.4.2 辨识算法

为了使辨识模型 $\boldsymbol{G}_a^r(\lambda)$ 具有更少的保守性，以 v-gap 度量为优化准则，用于衡量扰动模型$G_m(\lambda)$和逼近模型$G_a(\lambda)$之间的距离。当相应的Nyquist缠绕条件满足时，取$\lambda=e^{j\omega}$（ω取遍$[0,2\pi]$，$\lambda=e^{j\omega}$和$\lambda=e^{-j\omega}$是等价的），v-gap度量可以由如下计算获得[20~21,8,61]

$$\begin{aligned}\delta_v[G_m(\lambda),G_a(\lambda)]&=\sup_{\omega\in[0,2\pi]}\boldsymbol{\kappa}[G_m(e^{j\omega}),G_a(e^{j\omega})]\\&=\sup_{\omega\in[0,2\pi]}\inf_{q_g^\omega\in C}\bar{\sigma}[\boldsymbol{G}_m^r(e^{j\omega})-\boldsymbol{G}_a^r(e^{j\omega})q_g^\omega]\\&=\sup_{\omega\in[0,2\pi]}\inf_{q_f^\omega\in C}\bar{\sigma}[\boldsymbol{G}_m^r(e^{j\omega})-\boldsymbol{F}(e^{j\omega})q_f^\omega]\end{aligned}\tag{13.4.3}$$

式中，$\boldsymbol{\kappa}[G_m(e^{j\omega}),G_a(e^{j\omega})]$代表$G_m(\lambda)$和$G_a(\lambda)$之间的逐点弦距离；$\bar{\sigma}[\cdot]$表示取最大奇异值；$\boldsymbol{G}_m^r(e^{j\omega})$和$\boldsymbol{G}_a^r(e^{j\omega})$分别是$\boldsymbol{G}_m^r(\lambda)$和$\boldsymbol{G}_a^r(\lambda)$的频率响应；$\boldsymbol{F}(e^{j\omega})$是$\boldsymbol{F}(\lambda)=[N_F(\lambda),D_F(\lambda)]^T\in RH_\infty$的频率响应，其中$N_F(\lambda)$和$D_F(\lambda)$是$G_a(\lambda)$的$(n-1)$阶互质因子；$q_g^\omega$和$q_f^\omega$分别是待优化的复变量，C是复变量取值空间。当Nyquist缠绕条件满足时，q_g^ω和q_f^ω的最优解分别为$q_g^\omega=(\boldsymbol{G}_a^r(e^{j\omega}))^*\boldsymbol{G}_m^r(e^{j\omega})$和$q_f^\omega=\dfrac{\boldsymbol{F}^*(e^{j\omega})\boldsymbol{G}_m^r(e^{j\omega})}{\boldsymbol{F}^*(e^{j\omega})\boldsymbol{F}(e^{j\omega})}$，其中Nyquist缠绕条件描述为$\mathrm{wno}[(\boldsymbol{G}_a^r(\lambda))^*\boldsymbol{G}_m^r(\lambda)]=0$。$\mathrm{wno}[f(\lambda)]$表示，当$\lambda$取遍复平面上以原点为圆心的单位圆周时，$f(\lambda)$的Nyquist曲线缠绕原点的圈数。为了满足Nyquist缠绕条件，需要利用下面的定理13.3对其进行转化，以便得到可实施的约束条件。

定理13.3[20] 若模型$G_m(\lambda)$可由控制器$C(\lambda)$镇定，且$\delta_{L_2}[G_m(\lambda),G_a(\lambda)]<\inf_{\omega\in[0,2\pi]}\underline{\sigma}[\boldsymbol{C}^l(e^{j\omega})\boldsymbol{G}_m^r(e^{j\omega})]$，则$\mathrm{wno}[(\boldsymbol{G}_a^r(\lambda))^*\boldsymbol{G}_m^r(\lambda)]=0$的充分条件是$\boldsymbol{C}^l(\lambda)\boldsymbol{G}_a^r(\lambda)$为$RH_\infty$中的单位函数，其中$\delta_{L_2}[\cdot,\cdot]$代表$L_2$-gap度量，$\inf_{\omega\in[0,2\pi]}\underline{\sigma}[\boldsymbol{C}^l(e^{j\omega})\boldsymbol{G}_m^r(e^{j\omega})]$为广义稳定裕度[62]。

证明 由于$\boldsymbol{C}^l(\boldsymbol{G}_m^l)^*\boldsymbol{G}_m^l(\boldsymbol{C}^l)^*+\boldsymbol{C}^l\boldsymbol{G}_m^r(\boldsymbol{G}_m^r)^*(\boldsymbol{C}^l)^*=1$（为了简约，证明过程中省去算子$\lambda$，如$\boldsymbol{G}_m^r(\lambda)$简写为$\boldsymbol{G}_m^r$），式中$\boldsymbol{G}_m^l$是$G_m$的正规左图符号，因此有

$$\underline{\sigma}^2[\boldsymbol{C}^l(e^{j\omega})\boldsymbol{G}_m^r(e^{j\omega})]=1-\bar{\sigma}^2[\boldsymbol{C}^l(e^{j\omega})\boldsymbol{G}_m^l(e^{j\omega})],\quad\forall\omega\in[0,2\pi]\tag{13.4.4}$$

根据$(\boldsymbol{G}_a^r)^*\boldsymbol{G}_m^r(\boldsymbol{G}_m^r)^*\boldsymbol{G}_a^r+(\boldsymbol{G}_a^r)^*(\boldsymbol{G}_m^l)^*\boldsymbol{G}_m^l\boldsymbol{G}_a^r=1$，可获得

$$\bar{\sigma}^2[\boldsymbol{G}_m^l(e^{j\omega})\boldsymbol{G}_a^r(e^{j\omega})]=1-\underline{\sigma}^2[(\boldsymbol{G}_m^r(e^{j\omega}))^*\boldsymbol{G}_a^r(e^{j\omega})],\quad\forall\omega\in[0,2\pi]\tag{13.4.5}$$

利用条件$\delta_{L_2}[G_a(\lambda),G_m(\lambda)]<\inf_{\omega\in[0,2\pi]}\underline{\sigma}[\boldsymbol{C}^l(e^{j\omega})\boldsymbol{G}_m^r(e^{j\omega})]$，对任意$\omega\in[0,2\pi]$，可推出

$$\bar{\sigma}[\boldsymbol{G}_m^l(e^{j\omega})\boldsymbol{G}_a^r(e^{j\omega})]<\underline{\sigma}[\boldsymbol{C}^l(e^{j\omega})\boldsymbol{G}_m^r(e^{j\omega})]\tag{13.4.6}$$

联合运用式(13.4.4)～式(13.4.6)，可得

$$\frac{\bar{\sigma}[\boldsymbol{G}_m^l(e^{j\omega})\boldsymbol{G}_a^r(e^{j\omega})]}{\underline{\sigma}[(\boldsymbol{G}_m^r(e^{j\omega}))^*\boldsymbol{G}_a^r(e^{j\omega})]}<\frac{\underline{\sigma}[\boldsymbol{C}^l(e^{j\omega})\boldsymbol{G}_m^r(e^{j\omega})]}{\bar{\sigma}[\boldsymbol{C}^l(e^{j\omega})(\boldsymbol{G}_m^l(e^{j\omega}))^*]},\quad\forall\omega\in[0,2\pi]\tag{13.4.7}$$

进而有

$$\begin{cases}\underline{\sigma}[\boldsymbol{C}^l(e^{j\omega})\boldsymbol{G}_m^r(e^{j\omega})(\boldsymbol{G}_m^r(e^{j\omega}))^*\boldsymbol{G}_a^r(e^{j\omega})]>\bar{\sigma}[\boldsymbol{C}^l(e^{j\omega})(\boldsymbol{G}_m^l(e^{j\omega}))^*\boldsymbol{G}_m^l(e^{j\omega})\boldsymbol{G}_a^r(e^{j\omega})],\\\forall\omega\in[0,2\pi]\end{cases}\tag{13.4.8}$$

此外，下面的恒等式成立

$$\boldsymbol{C}^l\boldsymbol{G}_a^r=\boldsymbol{C}^l\boldsymbol{G}_m^r(\boldsymbol{G}_m^r)^*\boldsymbol{G}_a^r+\boldsymbol{C}^l(\boldsymbol{G}_m^l)^*\boldsymbol{G}_m^l\boldsymbol{G}_a^r\tag{13.4.9}$$

另外,需要运用文献[62]所给的事实:对于 $\boldsymbol{A}(\lambda)$、$\boldsymbol{A}^{-1}(\lambda)$ 和 $\boldsymbol{B}(\lambda)\in \mathrm{RL}_{\infty}$,若 $\forall\omega\in[0,2\pi]$,不等式 $\underline{\sigma}[A(\mathrm{e}^{\mathrm{j}\omega})]>\bar{\sigma}[B(\mathrm{e}^{\mathrm{j}\omega})]$ 恒成立,则 $\mathrm{wno}[\det(\boldsymbol{A}(\lambda)+\boldsymbol{B}(\lambda))]=\mathrm{wno}[\det\boldsymbol{A}(\lambda)]$,其中 $\det(\cdot)$ 表示取行列式,wno 表示对应传递函数的 Nyquist 曲线缠绕原点的圈数。

考虑到式(13.4.8)和式(13.4.9),并运用上面所述的事实,可推导出 $\mathrm{wno}[\boldsymbol{C}^l\boldsymbol{G}_a^r]=\mathrm{wno}[\boldsymbol{C}^l\boldsymbol{G}_m^r]+\mathrm{wno}[(\boldsymbol{G}_m^r)^*\boldsymbol{G}_a^r]$。由于 $G_m(\lambda)$ 可被 $C(\lambda)$ 镇定,因此 $\boldsymbol{C}^l\boldsymbol{G}_m^r$ 是 RH_{∞} 中的单位函数,即 $\mathrm{wno}[\boldsymbol{C}^l\boldsymbol{G}_m^r]=0$,进而有 $\mathrm{wno}[\boldsymbol{C}^l\boldsymbol{G}_a^r]=\mathrm{wno}[(\boldsymbol{G}_m^r)^*\boldsymbol{G}_a^r]$。这意味着,若 $\boldsymbol{C}^l\boldsymbol{G}_a^r$ 是 RH_{∞} 中的单位函数,即 $\mathrm{wno}[\boldsymbol{C}^l\boldsymbol{G}_m^r]=0$,则 $\mathrm{wno}[(\boldsymbol{G}_a^r)^*\boldsymbol{G}_m^r]=-\mathrm{wno}[(\boldsymbol{G}_m^r)^*\boldsymbol{G}_a^r]=0$。

证毕。■

针对系统输入和输出为采样频域数据的情况,也就是在 $\lambda=\mathrm{e}^{\mathrm{j}\omega_k},k\in[1,2,\cdots,L]$ 变换关系下(L 为数据长度),根据定理 13.3,Nyquist 缠绕条件的充分条件可描述为:当下面的不等式成立时,$\boldsymbol{C}^l(\lambda)\boldsymbol{G}_a^r(\lambda)$ 为 RH_{∞} 中的单位函数,有

$$\max_{\omega_k\in\Omega}\boldsymbol{\kappa}[G_m(\mathrm{e}^{\mathrm{j}\omega_k}),G_a(\mathrm{e}^{\mathrm{j}\omega_k})]<\min_{\omega_k\in\Omega}\|\boldsymbol{C}^l(\mathrm{e}^{\mathrm{j}\omega_k})\boldsymbol{G}_m^r(\mathrm{e}^{\mathrm{j}\omega_k})\| \tag{13.4.10}$$

其中,$\Omega=\{\omega_1,\omega_2,\cdots,\omega_L\}$ 为采样角频率的集合。另外,$\boldsymbol{C}^l(\lambda)\boldsymbol{G}_a^r(\lambda)$ 是 RH_{∞} 中的单位函数,等价于 $\boldsymbol{C}^l(\lambda)\boldsymbol{F}(\lambda)$ 也是 RH_{∞} 中的单位函数。因为存在 $\boldsymbol{Q}(\lambda),\boldsymbol{Q}^{-1}(\lambda)\in\mathrm{RH}_{\infty}$,使得 $\boldsymbol{G}_a^r(\lambda)=\boldsymbol{F}(\lambda)\boldsymbol{Q}(\lambda)$ 成立。考虑到 $\boldsymbol{C}^l(\lambda)\boldsymbol{F}(\lambda)$ 属于 RH_{∞},$[\boldsymbol{C}^l(\lambda)\boldsymbol{F}(\lambda)]^{-1}\in\mathrm{RH}_{\infty}$ 的充要条件是 $\mathrm{wno}[\boldsymbol{C}^l(\lambda)F(\lambda)]=0$,即 $\boldsymbol{C}^l(\lambda)\boldsymbol{F}(\lambda)$ 的 Nyquist 曲线不能缠绕原点。根据 $\boldsymbol{C}^l(\mathrm{e}^{\mathrm{j}\omega_k})\boldsymbol{G}_m^r(\mathrm{e}^{\mathrm{j}\omega_k})$ 在 $\omega_k\in\Omega$ 处的信息,$\boldsymbol{C}^l(\lambda)\boldsymbol{F}(\lambda)$ 的 Nyquist 曲线覆盖复平面的情况有 3 种:①在开右半复平面;②在开左半复平面;③同时覆盖左右两个半复平面。这 3 种覆盖相应的约束条件为[23]:

(1) $\mathrm{Re}[\boldsymbol{C}^l(\mathrm{e}^{\mathrm{j}\omega_k})\boldsymbol{F}(\mathrm{e}^{\mathrm{j}\omega_k})]>0,\forall\omega_k\in\Omega$;

(2) $\mathrm{Re}[\boldsymbol{C}^l(\mathrm{e}^{\mathrm{j}\omega_k})\boldsymbol{F}(\mathrm{e}^{\mathrm{j}\omega_k})]<0,\forall\omega_k\in\Omega$;

(3) $\mathrm{Re}[\boldsymbol{C}^l(\mathrm{e}^{\mathrm{j}\pi})\boldsymbol{F}(\mathrm{e}^{\mathrm{j}\pi})]\mathrm{Re}[\boldsymbol{C}^l(\mathrm{e}^{\mathrm{j}0})\boldsymbol{F}(\mathrm{e}^{\mathrm{j}0})]>0$,且

$$\begin{gathered}\{\mathrm{Im}[\boldsymbol{C}^l(\mathrm{e}^{\mathrm{j}\omega_i})\boldsymbol{F}(\mathrm{e}^{\mathrm{j}\omega_i})]-\mathrm{Im}[\boldsymbol{C}^l(\mathrm{e}^{\mathrm{j}\omega_{i-1}})\boldsymbol{F}(\mathrm{e}^{\mathrm{j}\omega_{i-1}})]\}\\ \{\mathrm{Im}[\boldsymbol{C}^l(\mathrm{e}^{\mathrm{j}\omega_2})\boldsymbol{F}(\mathrm{e}^{\mathrm{j}\omega_2})]-\mathrm{Im}[\boldsymbol{C}^l(\mathrm{e}^{\mathrm{j}\omega_1})\boldsymbol{F}(\mathrm{e}^{\mathrm{j}\omega_1})]\}<0,\quad i\in[1,L]\end{gathered} \tag{13.4.11}$$

其中,$\mathrm{Re}[\cdot]$、$\mathrm{Im}[\cdot]$ 分别代表实部和虚部,i 是 $[1,L]$ 中的某一时刻点,且定义 $\omega_1=0$,$\omega_{i-1}=\pi$,ω_i 是 π 的下一个频率点。条件(1)和(2)分别把 $\boldsymbol{C}^l(\lambda)\boldsymbol{F}(\lambda)$ 的 Nyquist 曲线限制在开右半复平面和开左半复平面。下面分析如何获取条件(3),以使 $\boldsymbol{C}^l(\lambda)\boldsymbol{F}(\lambda)$ 的 Nyquist 曲线落在整个复平面上,且缠绕原点零圈[23]。

假设初始点 $\boldsymbol{C}^l(\mathrm{e}^{\mathrm{j}0})\boldsymbol{F}(\mathrm{e}^{\mathrm{j}0})$ 位于开右半实轴上,如果另一点 $\boldsymbol{C}^l(\mathrm{e}^{\mathrm{j}\pi})\boldsymbol{F}(\mathrm{e}^{\mathrm{j}\pi})$ 位于开左半实轴上,那么 $\boldsymbol{C}^l(\lambda)\boldsymbol{F}(\lambda)$ 的 Nyquist 曲线无疑会缠绕原点奇数圈,因此 $\boldsymbol{C}^l(\mathrm{e}^{\mathrm{j}\pi})\boldsymbol{F}(\mathrm{e}^{\mathrm{j}\pi})$ 需要被限制在开右半实轴上。尽管这样,$\boldsymbol{C}^l(\lambda)\boldsymbol{F}(\lambda)$ 的 Nyquist 曲线还有可能缠绕原点,这种可能出现在其 Nyquist 曲线缠绕原点偶数圈时。

上述分析可以用图 13.6 和图 13.7 说明,图中“x”表示原点。由图 13.6 知,当 $\boldsymbol{C}^l(\mathrm{e}^{\mathrm{j}0})\boldsymbol{F}(\mathrm{e}^{\mathrm{j}0})$ 和 $\boldsymbol{C}^l(\mathrm{e}^{\mathrm{j}\pi})\boldsymbol{F}(\mathrm{e}^{\mathrm{j}\pi})$ 都位于开右半实轴上时,Nyquist 曲线不围绕原点。图 13.7 描述的是在同样条件下遇到的例外情况,即 Nyquist 曲线逆时针缠绕原点两圈。这两种情况很容易根据它们在 $\boldsymbol{C}^l(\mathrm{e}^{\mathrm{j}0})\boldsymbol{F}(\mathrm{e}^{\mathrm{j}0})$ 和 $\boldsymbol{C}^l(\mathrm{e}^{\mathrm{j}\pi})\boldsymbol{F}(\mathrm{e}^{\mathrm{j}\pi})$ 两点具有不同的增

量方向而加以区分。根据图中标明的缠绕方向，在这两点上图 13.6 具有相反的增量方向，而在相同的两点上图 13.7 具有相同的增量方向。

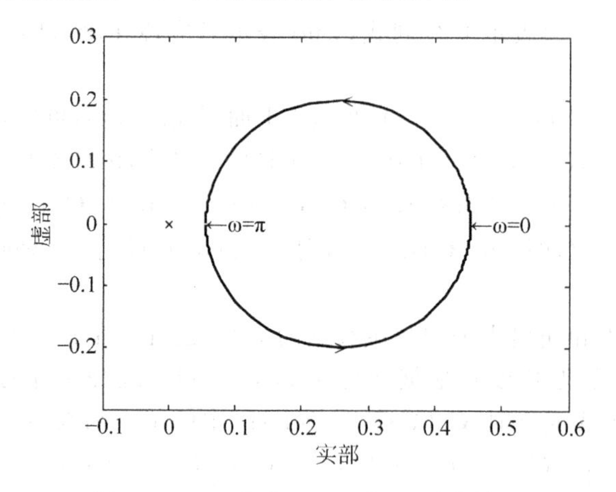

图 13.6 wno$[\boldsymbol{C}^l(\lambda)\boldsymbol{F}(\lambda)]=0$ 时的情形

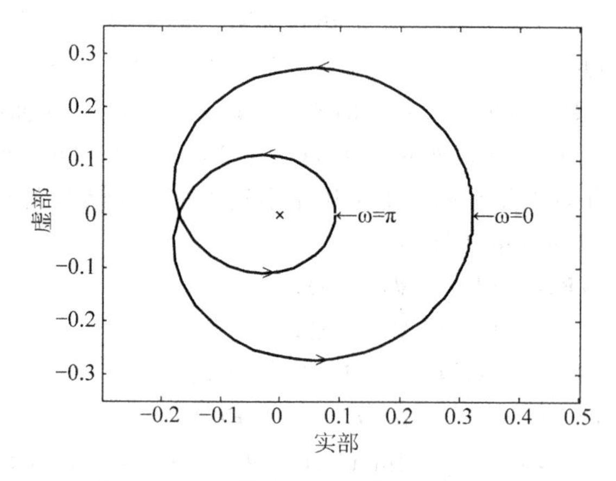

图 13.7 wno$[\boldsymbol{C}^l(\lambda)\boldsymbol{F}(\lambda)]=2$ 时的情形

同理，当 $\boldsymbol{C}^l(\mathrm{e}^{\mathrm{j}0})\boldsymbol{F}(\mathrm{e}^{\mathrm{j}0})$ 初始位于开左半实轴上时，与位于开右半实轴的情况类似。因此，缠绕原点偶数圈的情况，可以通过施加约束不等式(3)予以排除。

为了降低表征为正规右图符号系统模型参数优化的复杂度，采用一种两步策略来估计系统模型：首先利用式(13.4.3)第 3 等号，优化出互质因子模型 $\boldsymbol{F}(\lambda)$，然后再利用变换方法对其进行正规化处理。由式(13.4.3)第 3 等号知，为了计算 v-gap 度量，频率响应 $\boldsymbol{G}_m^r(\mathrm{e}^{\mathrm{j}\omega_k})$ 和 $\boldsymbol{F}(\mathrm{e}^{\mathrm{j}\omega_k})$ 在任意频率点 $\omega_k\in\Omega$ 处的赋值需要事先已知。

考虑图 13.5 所示的闭环控制系统，有如下关系式[23]

$$\begin{cases}G_{zr}(\mathrm{e}^{\mathrm{j}\omega_k})=G_m(\mathrm{e}^{\mathrm{j}\omega_k})[1+C(\mathrm{e}^{\mathrm{j}\omega_k})G_m(\mathrm{e}^{\mathrm{j}\omega_k})]^{-1}C(\mathrm{e}^{\mathrm{j}\omega_k})\\G_{xr}(\mathrm{e}^{\mathrm{j}\omega_k})=[1+C(\mathrm{e}^{\mathrm{j}\omega_k})G_m(\mathrm{e}^{\mathrm{j}\omega_k})]^{-1}C(\mathrm{e}^{\mathrm{j}\omega_k})\end{cases}\tag{13.4.12}$$

其中，$G_{zr}(\mathrm{e}^{\mathrm{j}\omega_k})$、$G_{xr}(\mathrm{e}^{\mathrm{j}\omega_k})$ 分别是 $G_{zr}(\lambda)$ 和 $G_{xr}(\lambda)$ 的频率响应；$G_{zr}(\lambda)$、$G_{xr}(\lambda)$ 分别是从 $r(k)$ 到 $z(k)$ 和从 $r(k)$ 到 $x(k)$ 的传递函数；$C(\lambda)$ 是可镇定 $G_m(\lambda)$ 的控制器；$G_m(\lambda)=$

$z(\lambda)/x(\lambda)$。

为了使 $G_{zr}(\lambda)$ 和 $G_{xr}(\lambda)$ 成为 $G_m(\lambda)$ 在 RH_∞ 空间下的互质因子分解，需要综合控制器 $C(\lambda)$，使 $C^{-1}(\lambda)\in\mathrm{RH}_\infty$，从而存在 $\boldsymbol{E}(\lambda)=[1,C^{-1}(\lambda)]\in\mathrm{RH}_\infty$，使得 $\boldsymbol{E}(\lambda)[G_{zr}(\lambda),G_{xr}(\lambda)]^{\mathrm{T}}=1$。因此，可获得 $\boldsymbol{G}_m^r(\lambda)$ 的频率响应为

$$\boldsymbol{G}_m^r(\mathrm{e}^{\mathrm{j}\omega_k})=\begin{bmatrix}N_m(\mathrm{e}^{\mathrm{j}\omega_k})\\D_m(\mathrm{e}^{\mathrm{j}\omega_k})\end{bmatrix}=\begin{bmatrix}\dfrac{G_{zr}(\mathrm{e}^{\mathrm{j}\omega_k})}{\sqrt{\|G_{zr}(\mathrm{e}^{\mathrm{j}\omega_k})\|^2+\|G_{xr}(\mathrm{e}^{\mathrm{j}\omega_k})\|^2}}\\\dfrac{G_{xr}(\mathrm{e}^{\mathrm{j}\omega_k})}{\sqrt{\|G_{zr}(\mathrm{e}^{\mathrm{j}\omega_k})\|^2+\|G_{xr}(\mathrm{e}^{\mathrm{j}\omega_k})\|^2}}\end{bmatrix}\tag{13.4.13}$$

另外，$\boldsymbol{F}(\lambda)$ 可参数化为如下的模型

$$\boldsymbol{F}(\lambda)=\begin{bmatrix}N_F(\lambda)\\D_F(\lambda)\end{bmatrix}=\begin{bmatrix}\boldsymbol{x}_N\\\boldsymbol{x}_D\end{bmatrix}\boldsymbol{V}(\lambda)\tag{13.4.14}$$

其中，$\boldsymbol{x}_N=[x_{N_1},x_{N_2},\cdots,x_{N_n}]\in\mathrm{R}^{1\times n}$、$\boldsymbol{x}_D=[x_{D_1},x_{D_2},\cdots,x_{D_n}]\in\mathrm{R}^{1\times n}$ 分别是 $N_F(\lambda)$ 和 $D_F(\lambda)$ 的实系数参数；$\boldsymbol{V}(\lambda)=[1,V_1(\lambda),\cdots,V_{n-1}(\lambda)]^{\mathrm{T}}\in\mathrm{RH}_2$ 是一组可以结合系统先验极点信息的广义正交基[30]。

综上分析，可以利用文献[8]所给出的优化准则

$$\min_{\boldsymbol{x}_n,\boldsymbol{x}_d\in\mathrm{R}^{1\times n},q_f^k\in\mathrm{C}}\max_{\omega_k\in\Omega}\left\{\max\bar{\sigma}[\boldsymbol{G}_m^r(\mathrm{e}^{\mathrm{j}\omega_k})-\boldsymbol{F}(\mathrm{e}^{\mathrm{j}\omega_k})q_f^k],k_w\|\dot{\boldsymbol{F}}(\lambda)\|_\infty\right\}\tag{13.4.15}$$

来估计互质因子模型 $\boldsymbol{F}(\lambda)$，其中 $k_w=\tilde{k}(\bar{\delta})^{r_1}$、$\tilde{k}\in(0,\infty)$ 和 $r_1\in(0.5,1)$ 是由使用者选择的变量，$\bar{\delta}$ 是 Ω 中相邻角频率之间的最大间距；q_f^k 是在 ω_k 处待优化的复变量；$\dot{\boldsymbol{F}}(\lambda)=\mathrm{d}\boldsymbol{F}(\lambda)/\mathrm{d}\lambda$；$\mathrm{C}$ 是复变量取值空间。对准则式(13.4.15)进行最小化操作，不仅最小化 $G_m(\lambda)$ 与 $G_a(\lambda)$ 之间的距离，还最小化 $\boldsymbol{F}(\lambda)$ 对 λ 的导数。利用 k_w 对 $\|\dot{\boldsymbol{F}}(\lambda)\|_\infty$ 加权，目的是为了降低参数化模型的阶次较高时，拟合有限扰动频率点可能引起的过拟合效应。

考虑到 $\boldsymbol{F}(\lambda)$ 的参数化形式式(13.4.14)，可将前面推导的约束条件(1)～(3) 改写成[23]

(1) $\mathrm{Re}[\boldsymbol{L}(\mathrm{e}^{\mathrm{j}\omega_k})]\boldsymbol{x}>0,\ \forall\omega_k\in\Omega$；

(2) $\mathrm{Re}[\boldsymbol{L}(\mathrm{e}^{\mathrm{j}\omega_k})]\boldsymbol{x}<0,\ \forall\omega_k\in\Omega$；

(3) $\begin{cases}\mathrm{Re}[\boldsymbol{L}(\mathrm{e}^{\mathrm{j}\pi})]\boldsymbol{x}\mathrm{Re}[\boldsymbol{L}(\mathrm{e}^{\mathrm{j}0})]\boldsymbol{x}>0,\\\mathrm{Im}[\boldsymbol{L}(\mathrm{e}^{\mathrm{j}\omega_i})-\boldsymbol{L}(\mathrm{e}^{\mathrm{j}\pi})]\boldsymbol{x}\mathrm{Im}[\boldsymbol{L}(\mathrm{e}^{\mathrm{j}\omega_i})-\boldsymbol{L}(\mathrm{e}^{\mathrm{j}0})]\boldsymbol{x}<0,i\in[1,L]。\end{cases}$

其中，$\boldsymbol{L}(\mathrm{e}^{\mathrm{j}\omega_i})=[-N_C(\mathrm{e}^{\mathrm{j}\omega_i})\boldsymbol{V}^{\mathrm{T}}(\mathrm{e}^{\mathrm{j}\omega_i}),D_C(\mathrm{e}^{\mathrm{j}\omega_i})\boldsymbol{V}^{\mathrm{T}}(\mathrm{e}^{\mathrm{j}\omega_i})]$，$\boldsymbol{x}=[\boldsymbol{x}_N,\boldsymbol{x}_D]^{\mathrm{T}}$；$i$ 是区间 $[1,L]$ 的某一点；$N_C(\mathrm{e}^{\mathrm{j}\omega_i})$ 和 $D_C(\mathrm{e}^{\mathrm{j}\omega_i})$ 在 $C(\lambda)$ 的正规左图符号 $\boldsymbol{C}^l(\lambda)=[-N_C(\lambda),D_C(\lambda)]$ 中定义。

根据优化准则式(13.4.15)和约束条件(1)，下面给出适用于情况①的互质因子模型 $\hat{\boldsymbol{F}}(\lambda)$ 优化辨识算法，即 $\boldsymbol{C}^l(\lambda)\boldsymbol{F}(\lambda)$ 的 Nyquist 曲线位于开右半复平面上的情况，其他情况的辨识算法容易通过对相应约束条件进行修改而获得。

适合情况①的互质因子模型 $\hat{\boldsymbol{F}}(\lambda)$ 优化辨识算法[20～21,23]：

步骤一，令迭代次数 $i=1$，对于任何 $k\in \mathrm{N}=\{1,2,\cdots,L\}$，置 $\hat{q}_{i-1}^{k}=1$，其中上标 k 代表在 ω_k 处，下标 $i-1$ 及下面用到的上标 (i) 和下标 i 代表迭代次数。

步骤二，优化如下最小化问题

$$\min_{\boldsymbol{x}_N^{(i)},\boldsymbol{x}_D^{(i)}\in \mathrm{R}^{1\times n}} \max\left\{\max_{k\in \mathrm{N}} \bar{\sigma}[(\boldsymbol{G}_m^r)^k-\boldsymbol{F}_i^k\hat{q}_{i-1}^k],k_w\|\dot{\boldsymbol{F}}_i(\lambda)\|_\infty\right\} \tag{13.4.16}$$

式中，$\boldsymbol{x}_N$ 和 $\boldsymbol{x}_D$ 为待优化变量，且定义 $(\boldsymbol{G}_m^r)^k=\boldsymbol{G}_m^r(\mathrm{e}^{\mathrm{j}\omega_k})$，$\boldsymbol{F}_i^k=\boldsymbol{F}_i(\mathrm{e}^{\mathrm{j}\omega_k})$ 和 $\hat{q}_{i-1}^k=\hat{q}_{i-1}^{\omega_k}$。该优化问题转化为下面广义特征值的求解

$$\begin{cases}\min\limits_{\boldsymbol{x}_N^{(i)},\boldsymbol{x}_D^{(i)}\in \mathrm{R}^{1\times n},\boldsymbol{X}^{(i)}\in \mathrm{R}^{(n-2)\times(n-2)}} \gamma_i \\ \text{s.t.}\quad \boldsymbol{X}^{(i)}>0,\boldsymbol{L}_1^{(i)}<0,\boldsymbol{L}_2^{(i)}>0,\boldsymbol{L}_3^{(i)}>0,L_4^{(i)}>0\end{cases} \tag{13.4.17}$$

其中，$\boldsymbol{x}_N$、$\boldsymbol{x}_D$ 和 $\boldsymbol{X}$ 为待优化变量，且

$$\boldsymbol{L}_1^{(i)}=\begin{bmatrix}\gamma_i(\boldsymbol{A}^{\mathrm{T}}\boldsymbol{X}^{(i)}\boldsymbol{A}-\boldsymbol{X}^{(i)}) & \gamma_i(\boldsymbol{A}^{\mathrm{T}}\boldsymbol{X}^{(i)}\boldsymbol{B}) & k_w(\boldsymbol{C}^{(i)})^{\mathrm{T}} \\ \gamma_i(\boldsymbol{B}^{\mathrm{T}}\boldsymbol{X}^{(i)}\boldsymbol{A}) & \gamma_i(\boldsymbol{B}^{\mathrm{T}}\boldsymbol{X}^{(i)}\boldsymbol{B}-1) & k_w(\boldsymbol{D}^{(i)})^{\mathrm{T}} \\ k_w\boldsymbol{C}^{(i)} & k_w\boldsymbol{D}^{(i)} & -\gamma_i\boldsymbol{I}_2\end{bmatrix} \tag{13.4.18}$$

式中

$$\begin{cases}\boldsymbol{A}=\begin{bmatrix}\boldsymbol{0}_{1\times(n-3)} & \boldsymbol{0} \\ \boldsymbol{I}_{n-3} & \boldsymbol{0}_{(n-3)\times 1}\end{bmatrix} \\ \boldsymbol{B}=\begin{bmatrix}1 \\ \boldsymbol{0}_{(n-3)\times 1}\end{bmatrix} \\ \boldsymbol{C}^{(i)}=\begin{bmatrix}2x_{N_3}^{(i)} & 3x_{N_4}^{(i)} & \cdots & (n-1)x_{N_n}^{(i)} \\ 2x_{D_3}^{(i)} & 3x_{D_4}^{(i)} & \cdots & (n-1)x_{D_n}^{(i)}\end{bmatrix} \\ \boldsymbol{D}^{(i)}=\begin{bmatrix}x_{N_2}^{(i)} \\ x_{D_2}^{(i)}\end{bmatrix}\end{cases} \tag{13.4.19}$$

$$\begin{cases}\boldsymbol{L}_2^{(i)}=\mathrm{diag}[\boldsymbol{L}_{2,1}^{(i)}\quad \boldsymbol{L}_{2,2}^{(i)}\quad\cdots\quad \boldsymbol{L}_{2,L}^{(i)}] \\ \boldsymbol{L}_{2,k}^{(i)}=\begin{bmatrix}\gamma_i & (\boldsymbol{Y}_i^k)^* \\ \boldsymbol{Y}_i^k & \gamma_i\boldsymbol{I}_2\end{bmatrix},\quad k=1,2,\cdots,L\end{cases} \tag{13.4.20}$$

且在任意 $\omega_k\in\Omega$ 处，$\boldsymbol{Y}_i^k=(\boldsymbol{G}_m^r)^k-[(\boldsymbol{x}_N^{(i)})^{\mathrm{T}},(\boldsymbol{x}_D^{(i)})^{\mathrm{T}}]^{\mathrm{T}}\boldsymbol{V}^k\hat{q}_{i-1}^k$

$$\begin{cases}\boldsymbol{L}_3^{(i)}=\mathrm{diag}[\boldsymbol{L}_{3,1}^{(i)}\quad \boldsymbol{L}_{3,2}^{(i)}\quad\cdots\quad \boldsymbol{L}_{3,L}^{(i)}] \\ \boldsymbol{L}_{3,k}^{(i)}=\mathrm{Re}[\boldsymbol{L}^k]\boldsymbol{x}^{(i)},\quad k=1,2,\cdots,L \\ \boldsymbol{x}^{(i)}=[\boldsymbol{x}_N^{(i)},\boldsymbol{x}_D^{(i)}]^{\mathrm{T}} \\ L_4^{(i)}=\rho-\gamma_i,\quad \rho=\min\limits_{\omega_k\in\Omega}\left\|(\boldsymbol{C}^l)^k(\boldsymbol{G}_m^r)^k\right\|\end{cases} \tag{13.4.21}$$

其中，不等式 $\boldsymbol{L}_1^{(i)}<0$、$\boldsymbol{L}_2^{(i)}>0$ 源于 $k_w\|\dot{\boldsymbol{F}}_i(\lambda)\|_\infty<\gamma_i$ 和 $\max\limits_{k\in\mathrm{N}}\bar{\sigma}[(\boldsymbol{G}_m^r)^k-\boldsymbol{F}_i^k\hat{q}_{i-1}^k]<\gamma_i$；不等式 $\boldsymbol{L}_3^{(i)}>0$、$L_4^{(i)}>0$ 是根据约束条件(1)和式(13.4.10)推导的，式中 $\boldsymbol{Y}_i^k=\boldsymbol{Y}_i(\mathrm{e}^{\mathrm{j}\omega_k})$ 和 $\boldsymbol{V}^k=\boldsymbol{V}(\mathrm{e}^{\mathrm{j}\omega_k})$。记优化问题式(13.4.17)的最优解为 $\dot{\boldsymbol{F}}_i(\lambda)$，它是优化变量 $\hat{\boldsymbol{x}}_N^{(i)}$ 和 $\hat{\boldsymbol{x}}_D^{(i)}$ 的函数。

步骤三,求解如下优化问题

$$\min_{q_i^k \in \mathrm{C}} \max_{k \in \mathrm{N}} \bar{\sigma}(\boldsymbol{G}_m^k - \hat{\boldsymbol{F}}_i^k q_i^k) \tag{13.4.22}$$

其中,C 是复数空间,其闭式解为

$$\hat{q}_i^k = \frac{(\hat{\boldsymbol{F}}_i^k)^* \boldsymbol{G}_m^k}{(\hat{\boldsymbol{F}}_i^k)^* \hat{\boldsymbol{F}}_i^k} \tag{13.4.23}$$

步骤四,如果 $\|\hat{\boldsymbol{q}}_i - \hat{\boldsymbol{q}}_{i-1}\|_\infty \leqslant \varepsilon$,结束辨识计算,其中 $\hat{\boldsymbol{q}}_l = [\hat{q}_l^1, \hat{q}_l^2, \cdots, \hat{q}_l^L]$, $l = i-1, i$; ε 是辨识精度阈值。否则, $i = i+1$,返回步骤二。

根据上面的互质因子模型 $\hat{\boldsymbol{F}}(\lambda)$ 优化辨识算法, L_2 最优辨识方法的步骤归纳为:

步骤一,利用式(13.4.13)和式(13.4.14),生成任何 $\omega_k \in \Omega$ 处的频域数据 $\boldsymbol{G}_m^r(\mathrm{e}^{\mathrm{j}\omega_k})$ 和 $\boldsymbol{V}(\mathrm{e}^{\mathrm{j}\omega_k})$。

步骤二,利用频域数据 $\boldsymbol{G}_m^r(\mathrm{e}^{\mathrm{j}\omega_k})$ 和 $\boldsymbol{V}(\mathrm{e}^{\mathrm{j}\omega_k})$,生成式(13.4.18)～式(13.4.21)中所需的数据矩阵,然后利用互质因子模型 $\hat{\boldsymbol{F}}(\lambda)$ 优化辨识算法估计模型参数 $\hat{\boldsymbol{x}}_N$ 和 $\hat{\boldsymbol{x}}_D$。

步骤三,根据辨识模型 $\hat{\boldsymbol{F}}(\lambda) = [\hat{N}_F(\lambda), \hat{D}_F(\lambda)]^{\mathrm{T}}$ 及文献[68]中的正规化程序,计算系统模型的正规右图符号 $\hat{\boldsymbol{G}}_a^r(\lambda) = [\hat{N}_a(\lambda), \hat{D}_a(\lambda)]^{\mathrm{T}}$ 和正规左图符号 $\hat{\boldsymbol{G}}_a^l(\lambda) = [-\hat{D}_a(\lambda), \hat{N}_a(\lambda)]$。

步骤四,通过对 $[\hat{\boldsymbol{G}}_a^l(\lambda)]^*$ 右乘内函数 $\hat{\Omega}(\lambda) = \lambda^{n-1}\hat{a}^*(\lambda)/\hat{a}(\lambda)$,获得噪声模型 $\hat{\boldsymbol{G}}_a^\perp(\lambda)$,其中 $\hat{\boldsymbol{G}}_a^l(\lambda)$ 是 $\hat{G}_a(\lambda)$ 取 $\hat{N}_F(\lambda)\hat{D}_F^{-1}(\lambda)$ 时的正规左图符号估计, $\hat{a}(\lambda)$ 是 $\hat{D}_a(\lambda)$ 的 $(n-1)$ 阶分母多项式。

例 13.3[23]　考虑图 13.5 所示的闭环状态下 EIV 模型辨识,设系统模型为

$$G(\lambda) = \frac{\lambda + 9/2}{\lambda + 1/9} \tag{13.4.24}$$

在控制器 $C(\lambda) = \dfrac{2\lambda + 20/9}{\lambda + 9/2}$ 作用下,参考输入信号 r 取服从复正态分布的随机变量

$$r(\mathrm{e}^{\mathrm{j}\omega_k}) = 6 + u_{\mathrm{R}}^k - \mathrm{j}(6 + u_{\mathrm{I}}^k), \quad k \in \mathrm{N} = \{1, 2, \cdots, L\} \tag{13.4.25}$$

其中, u_{R}^k 和 u_{I}^k 均为服从零均值、方差为 0.1、且相互独立的高斯正态分布随机变量。模型输入和输出侧扰动噪声 e_u 和 e_y 均为服从零均值、方差为 0.01 的复正态分布随机变量。参数模型 $\boldsymbol{F}(\lambda)$ 取为脉冲响应模型,阶次取 $n=2$。利用 $\omega_k \in \Omega$ 处的频率响应 $G_m(\mathrm{e}^{\mathrm{j}\omega_k})$ 和 $G(\mathrm{e}^{\mathrm{j}\omega_k})$,计算它们之间的 v-gap 度量为 0.0379,该值小于 $\inf\limits_{\omega_k \in [0, 2\pi]} \|\boldsymbol{C}^l(\mathrm{e}^{\mathrm{j}\omega_k}) \boldsymbol{G}_r(\mathrm{e}^{\mathrm{j}\omega_k})\| = 0.3071$,即满足 13.4.1 节假设(2)。在执行互质因子模型 $\hat{\boldsymbol{F}}(\lambda)$ 优化辨识算法过程中,取 $\tilde{k} = 0.3$, $r_1 = 0.6$。

执行互质因子模型 $\hat{\boldsymbol{F}}(\lambda)$ 优化辨识算法后,获得 $\hat{\boldsymbol{F}}(\lambda)$ 的最优解为 $\hat{\boldsymbol{x}}_N = [0.9027, 0.1385]$ 和 $\hat{\boldsymbol{x}}_D = [0.0222, 0.2051]$,相应的最优值 $\gamma_{\mathrm{opt}} = 0.0299$。利用文献[68]给出的正规化程序,可获得如下唯一的正规右图符号 $\hat{\boldsymbol{G}}_a^r(\lambda)$

$$\hat{\boldsymbol{G}}_a^r(\lambda)=\begin{bmatrix}\dfrac{0.2216\lambda+0.02399}{0.1512\lambda+1}\\[2mm]\dfrac{0.1496\lambda+0.9751}{0.1512\lambda+1}\end{bmatrix}\tag{13.4.26}$$

根据$\hat{\boldsymbol{G}}_a^r(\lambda)$，经过变换可获得相应的噪声模型为

$$\hat{\boldsymbol{G}}_a^{\perp}(\lambda)=\begin{bmatrix}\dfrac{-0.9751\lambda-0.1496}{0.1512\lambda+1}\\[2mm]\dfrac{0.02399\lambda+0.2216}{0.1512\lambda+1}\end{bmatrix}\tag{13.4.27}$$

图 13.8～图 13.10 是分子辨识模型、分母辨识模型和系统辨识模型与真实的相应模型频率响应的比较。通过这些频率响应曲线的比较可知，利用 L_2 最优辨识方法对闭环状态下 EIV 模型进行估计，辨识效果是满意的。

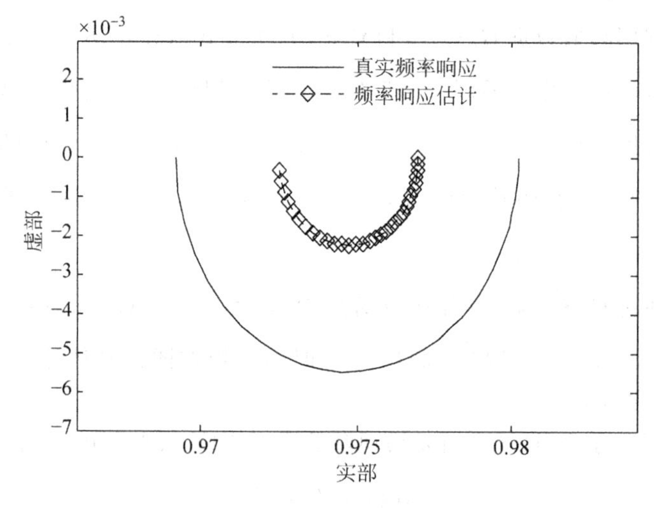

图 13.8　分子模型频率响应比较

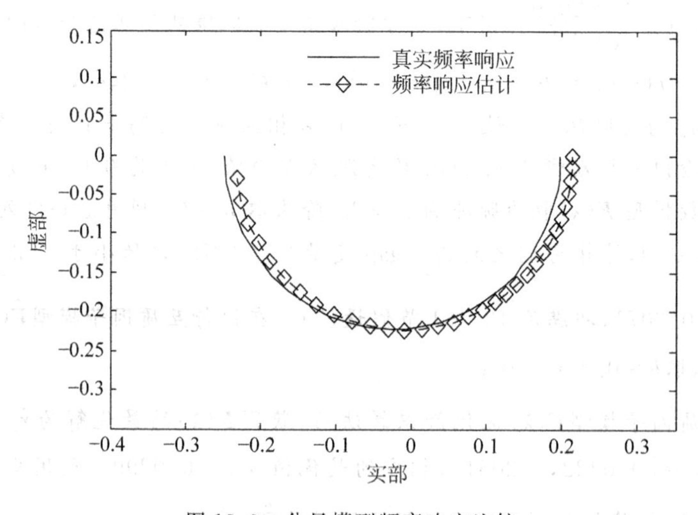

图 13.9　分母模型频率响应比较

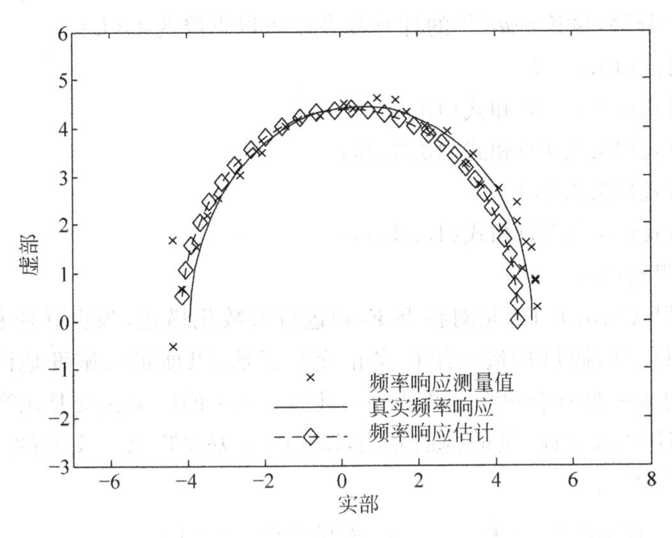

图 13.10 系统模型频率响应比较

13.5 小结

EIV 模型不同于传统的辨识模型，除了需要考虑输出噪声，还要考虑输入噪声的影响。从某种意义上说，EIV 模型也可以看作是对传统辨识模型的概括和推广。本章讨论了 3 种 EIV 模型辨识方法，第 1 种是极大似然法，它仅适用于输入和输出数据都受白噪声污染的情况；第 2 种是偏差消除最小二乘法，这种方法可用于输入数据受白噪声污染，而输出数据受有色噪声污染的情况；第 3 种是 L_2 最优辨识方法，它能处理输入和输出数据受有界的、统计特性未知的有色噪声污染的情况。在不同的模型结构和噪声假设条件下，这 3 种 EIV 模型辨识方法大相径庭。在实际工程应用之前，需要检验相应辨识方法所要求的假设条件，只有满足了假设条件才能获得无偏估计，否则辨识结果不一定能符合应用要求。另外，文献[1,58,59]对 EIV 模型辨识方法有更多的研究，有兴趣的读者可进一步参阅。

习题

(1) 证明式(13.2.9)和式(13.2.13)。

(2) 证明式(13.2.25)和式(13.2.27)。

(3) 13.2 节论述的辨识 EIV 模型参数算法式(13.2.28)～式(13.2.30)，如果第 i 次迭代得到的$\hat{\boldsymbol{\Theta}}^{(i)}$不满秩，可以置$\hat{\boldsymbol{\theta}}^{(i)}=(1-\delta)\hat{\boldsymbol{\theta}}^{(i-1)}+\delta\hat{\boldsymbol{\theta}}^{(i)}$，以恢复$\hat{\boldsymbol{\Theta}}^{(i)}$的列满秩性，其中 δ 为适宜的摄动值，满足 $0<\delta<1$。试阐述这么做之所以可以恢复$\hat{\boldsymbol{\Theta}}^{(i)}$列满秩性的理由。

(4) 利用式(13.2.28)计算$\hat{\boldsymbol{u}}_L^{*(i)}$ 的复杂度为 $O(L^3)$，若对 $(\hat{\boldsymbol{\Theta}}^{(i)})^{\mathrm{T}}\boldsymbol{W}_L^{-1}\hat{\boldsymbol{\Theta}}^{(i)}$ 进行

$\boldsymbol{QQ}^{\mathrm{T}}$ Cholesky 分解，试论证$\hat{\boldsymbol{u}}_L^{*(i)}$ 的计算复杂度可以下降为 $O(L)$。

(5) 证明式(13.3.8)。

(6) 证明式(13.3.16)和式(13.3.17)。

(7) 证明式(13.3.19)和式(13.3.20)。

(8) 证明式(13.3.27)。

(9) 证明式(13.3.33)和式(13.3.34)。

(10) 证明式(13.3.36)。

(11) 方程式(13.4.14)是对模型 $\boldsymbol{F}(\lambda)$进行参数化描述，为更好地利用待辨识系统的先验极点信息，通过构造一组广义正交基函数，以便最大限度地降低扰动噪声的影响。试构造一组具有单个实极点 p_1，且 $|p_1|<1$ 的广义正交基函数。

提示：利用 Laguerre 基的构造方法，Laguerre 基是广义正交基的一种特殊形式(可参考文献[30])。

(12) 根据不等式 $k_w \|\dot{\boldsymbol{F}}_i\|_\infty<\gamma_i$，推导式(13.4.21)。

提示：利用线性矩阵不等式中 Schur 补定理。

(13) 根据不等式$\max[\bar{\sigma}(\boldsymbol{G}_m^r(\mathrm{e}^{\mathrm{j}\omega_k})-\boldsymbol{F}_i(\mathrm{e}^{\mathrm{j}\omega_k})\hat{q}_{i-1}^k),k=1,2,\cdots,L]<\gamma_i$，试推导式(13.4.23)。

提示：利用线性矩阵不等式中 Schur 补定理。

第14章 非均匀采样系统辨识[①]

14.1 引言

采样间隔随时间变化的系统称为非均匀采样系统，这种系统的辨识通常会遇到模型描述上的困难，由于采样间隔不是等距的，难以用普通的离散模型描述。通常情况下，利用常规的模型结构和辨识方法无法解决非均匀采样系统的辨识问题。目前，非均匀采样系统辨识的方法主要有数据重构、拟合、提升、非均匀数据积分和微分重构等。本章将讨论非均匀采样系统的模型描述、数据处理与模型参数辨识，包括基于非均匀采样积分滤波器的子空间辨识方法和可变递推步长的高斯-牛顿辨识方法以及非均匀采样对辨识的影响、非均匀采样条件下模型辨识的收敛性质和非均匀采样辨识方法在某石油催化裂化装置(fluid catalytic cracking unit，FCCU)关键质量变量(柴油95%点)软测量中的应用等问题。

14.2 非均匀采样系统描述

14.2.1 基本假设

假设所研究的非均匀采样系统是线性时不变的连续多变量系统，引入连续时间变量 $t\in \mathrm{R}$ 和微分算子 σ，系统描述为

$$\boldsymbol{z}(t)=\boldsymbol{G}(\sigma)\boldsymbol{u}(t)+\boldsymbol{H}(\sigma)\boldsymbol{v}(t) \tag{14.2.1}$$

式中，$\boldsymbol{u}(t)\in \mathrm{R}^{r\times 1}$，$\boldsymbol{z}(t)\in \mathrm{R}^{m\times 1}$ 和 $\boldsymbol{e}(t)=\boldsymbol{H}(\sigma)\boldsymbol{v}(t)\in \mathrm{R}^{m\times 1}$ 分别是系统输入、输出和测量噪声变量；$\boldsymbol{G}(\sigma)\in \mathrm{R}^{m\times r}$ 为系统模型，$\boldsymbol{H}(\sigma)\in \mathrm{R}^{m\times q}$ 为噪声模型，$\boldsymbol{v}(t)\in \mathrm{R}^{q\times 1}$ 为零均值高斯白噪声；并且系统是完全可观可控的。简单情况下，直接考虑 $\boldsymbol{e}(t)$ 为零均值、高斯分布的白噪声，且与系统输入和状态均无关。

在此基础上，引入下面假设：

(1) 各子系统输入为均匀采样，采样周期 T_0，采样时间点 $\{t_u(1),t_u(2),\cdots,t_u(L_u)\}$，采样间隔 $T_u(k)=t_u(k)-t_u(k-1)\equiv T_0$。

① 本章由倪博溢博士执笔。

(2) 各子系统输出独立、非均匀采样，具有以下两个特点：①采样时刻为连续任意时间点，不必在以 T_0 整数倍构成的时间网格上；②采样间隔 $T_{zi}(k)=t_{zi}(k)-t_{zi}(k-1)$ 是不确定的随机变量。

非均匀采样就是将连续时间信号 $\xi(t)$ 非均匀地抽样成离散时间序列 $\{\xi(t(k))\}$，写成

$$\xi(t(k))=\xi(t)s(t)=\xi(t)\sum_{k=-\infty}^{\infty}\delta(t-t(k)) \tag{14.2.2}$$

其中，$s(t)=\sum_{k=-\infty}^{\infty}\delta(t-t(k))$ 是抽样信号，$\delta(t)$ 为冲激函数，采样时刻 $t(k),k=0,\pm1,\pm2,\cdots$ 为随机点过程

$$t(k)=\begin{cases} t(0)+\sum_{i=1}^{k}T(i), & k>0 \\ t(0)-\sum_{i=k}^{-1}T(i), & k<0 \end{cases} \tag{14.2.3}$$

式中，非均匀采样时间间隔 $T(i)$ 为有限正实数，由随机数产生。比如，如果取 $t(0)=0.00\text{s}$，并由随机数生成非均匀采样时间间隔序列

$$\begin{aligned}&\{T(i),i=1,2,\cdots,10\}\\ &=\{0.02,0.01,0.02,0.03,0.02,0.01,0.04,0.02,0.01,0.02\}\text{s}\end{aligned} \tag{14.2.4}$$

该序列的平均采样时间间隔为 0.02s，则由式(14.2.3)生成的随机采样时间序列为

$$\{0.00,0.02,0.03,0.05,0.08,0.10,0.11,0.15,0.17,0.18,0.20\}\text{s} \tag{14.2.5}$$

图 14.1 是一个 2×2 维系统、非均匀采样的示例，输入为均匀采样，采样时间 $T_0=1\text{s}$，输出为非均匀采样。

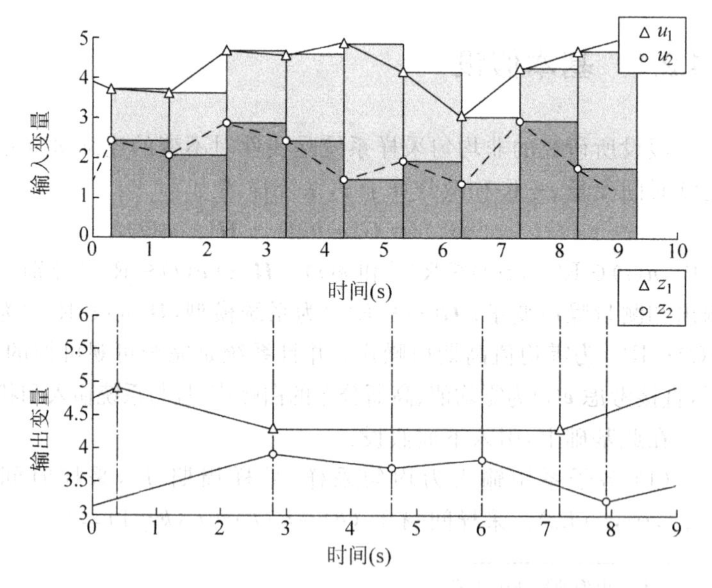

图 14.1 非均匀采样示例

14.2.2　状态空间模型描述

多变量线性系统式(14.2.1)的连续状态空间模型可描述为

$$\begin{cases}\dot{\boldsymbol{x}}(t)=\boldsymbol{A}\boldsymbol{x}(t)+\boldsymbol{B}\boldsymbol{u}(t)+\boldsymbol{\omega}(t)\\ \boldsymbol{z}(t)=\boldsymbol{C}\boldsymbol{x}(t)+\boldsymbol{D}\boldsymbol{u}(t)+\boldsymbol{w}(t)\end{cases}\tag{14.2.6}$$

式中，$\boldsymbol{x}(t)\in\mathrm{R}^{n\times 1}$ 为系统状态变量，$\boldsymbol{u}(t)$、$\boldsymbol{z}(t)$ 如前定义；$\boldsymbol{A}\in\mathrm{R}^{n\times n}$、$\boldsymbol{B}\in\mathrm{R}^{n\times r}$、$\boldsymbol{C}\in\mathrm{R}^{m\times n}$ 和 $\boldsymbol{D}\in\mathrm{R}^{m\times r}$ 为系统参数矩阵；$\boldsymbol{\omega}(t)\in R^{n\times 1}$ 和 $w(t)\in R^{m\times 1}$ 为过程噪声和测量噪声，其协方差阵分别为 $\boldsymbol{\Sigma}_\omega$ 和 $\boldsymbol{\Sigma}_w$，两者相互独立，且与 $\boldsymbol{u}(t)$、$\boldsymbol{z}(t)$ 和 $\boldsymbol{x}(0)$ 不相关。另外，设系统是 $\{\boldsymbol{A},\boldsymbol{C}\}$ 可观和 $\{\boldsymbol{A},[\boldsymbol{B},\boldsymbol{\Sigma}_\omega^{1/2}]\}$ 可控的，其输出、输入和状态变量维数是已知或给定的。

状态空间模型的参数集合 $\{\boldsymbol{A},\boldsymbol{B},\boldsymbol{C},\boldsymbol{D}\}$ 经过串行化转变成模型参数向量 $\boldsymbol{\theta}\in\mathrm{R}^{N\times 1}$ 为

$$\begin{aligned}\boldsymbol{\theta}=[&a_{11},\cdots,a_{1n},a_{21},\cdots,a_{2n},\cdots,a_{n1},\cdots,a_{nn},b_{11},\cdots,b_{1r},b_{21},\cdots,b_{2r},\cdots,b_{n1},\cdots,b_{nr},\\ &c_{11},\cdots,c_{1n},c_{21},\cdots,c_{2n},\cdots,c_{m1},\cdots,c_{mn},d_{11},\cdots,d_{1r},d_{21},\cdots,d_{2r},\cdots,d_{m1},\cdots,d_{mr}]^{\mathrm{T}}\end{aligned}\tag{14.2.7}$$

式中，模型参数向量 $\boldsymbol{\theta}$ 的个数 $N=n(n+r+m)+mr$。

14.2.3　子空间辨识模型

根据式(14.2.6)，有

$$\boldsymbol{z}^{(n)}(t)=\boldsymbol{C}\boldsymbol{A}^n\boldsymbol{x}(t)+\sum_{i=0}^{n-1}\boldsymbol{C}\boldsymbol{A}^{n-1-i}(\boldsymbol{B}\boldsymbol{u}^{(i)}(t)+\boldsymbol{\omega}^{(i)}(t))+\boldsymbol{D}\boldsymbol{u}^{(n)}(t)+\boldsymbol{w}^{(n)}(t)\tag{14.2.8}$$

式中，上标(·)表示变量的微分阶次。定义输出数据向量

$$\boldsymbol{z}_s(t)=[(\boldsymbol{z}^{(0)}(t))^{\mathrm{T}},(\boldsymbol{z}^{(1)}(t))^{\mathrm{T}},\cdots,(\boldsymbol{z}^{(s)}(t))^{\mathrm{T}}]^{\mathrm{T}}\in\mathrm{R}^{(s+1)m\times 1}\tag{14.2.9}$$

式中，$s\geqslant n-1$。类似地，定义输入数据向量 $\boldsymbol{u}_s(t)\in\mathrm{R}^{(s+1)r\times 1}$ 与噪声数据向量 $\boldsymbol{\omega}_s(t)\in\mathrm{R}^{(s+1)n\times 1}$ 和 $\boldsymbol{w}_s(t)\in\mathrm{R}^{(s+1)m\times 1}$，则式(14.2.8)可写成

$$\boldsymbol{z}_s(t)=\boldsymbol{\Gamma}_s\boldsymbol{x}(t)+\boldsymbol{H}_s\boldsymbol{u}_s(t)+\boldsymbol{G}_s\boldsymbol{\omega}_s(t)+\boldsymbol{w}_s(t)\tag{14.2.10}$$

式中

$$\begin{cases}\boldsymbol{\Gamma}_s=[\boldsymbol{C}^{\mathrm{T}}\quad(\boldsymbol{C}\boldsymbol{A})^{\mathrm{T}}\quad\cdots\quad(\boldsymbol{C}\boldsymbol{A}^s)^{\mathrm{T}}]^{\mathrm{T}}\in\mathrm{R}^{(s+1)m\times n}\\ \boldsymbol{H}_s=\begin{bmatrix}\boldsymbol{D}&&&\\ \boldsymbol{C}\boldsymbol{B}&\boldsymbol{D}&&\boldsymbol{0}\\ \boldsymbol{C}\boldsymbol{A}\boldsymbol{B}&\boldsymbol{C}\boldsymbol{B}&\boldsymbol{D}&\\ \vdots&\vdots&\ddots&\ddots\\ \boldsymbol{C}\boldsymbol{A}^{s-1}\boldsymbol{B}&\boldsymbol{C}\boldsymbol{A}^{s-2}\boldsymbol{B}&\cdots&\boldsymbol{C}\boldsymbol{B}&\boldsymbol{D}\end{bmatrix}\in\mathrm{R}^{(s+1)m\times(s+1)r}\\ \boldsymbol{G}_s=\boldsymbol{H}_s\big|_{\boldsymbol{D}=0_{m\times n},\boldsymbol{B}=\boldsymbol{I}_n}\in\mathrm{R}^{(s+1)m\times(s+1)n}\end{cases}\tag{14.2.11}$$

其中，矩阵 $\boldsymbol{\Gamma}_s$，$\boldsymbol{H}_s$ 和 $\boldsymbol{G}_s$ 为待辨识参数矩阵。

因为系统是$\{\boldsymbol{A},\boldsymbol{C}\}$可观的，为此只要式(14.2.9)的最高微分阶次不低于$(n-1)$阶，就有 rank $\boldsymbol{\Gamma}_s=n,(s\geqslant n-1)$，使得$\boldsymbol{\Gamma}_s$是列满秩的。因此，要求$s\geqslant n-1$是定义数据向量的基本要求，后面讨论的子空间辨识算法对数据向量的最高微分阶次会有具体的要求，如 MOESP 算法要求$s=n$，N4SID 算法要求$s=2n-1$。

由式(14.2.10)知，辨识参数矩阵$\boldsymbol{\Gamma}_s$，$\boldsymbol{H}_s$和$\boldsymbol{G}_s$将涉及最高s阶的微分计算。为了避免微分运算，对式(14.2.10)求积分

$$\phi_s(\boldsymbol{z}_s(t))=\boldsymbol{\Gamma}_s\phi_s(\boldsymbol{x}(t))+\boldsymbol{H}_s\phi_s(\boldsymbol{u}_s(t))+\boldsymbol{G}_n\phi_s(\boldsymbol{\omega}_s(t))+\phi_s(\boldsymbol{w}_s(t))\in\mathrm{R}^{(s+1)m\times 1} \tag{14.2.12}$$

式中，$\phi_s(\cdot)$为对应变量的s重积分函数，具体定义见式(14.2.26)。

对非均匀采样系统来说，式(14.2.12)的采样时刻点$\{t(k),t(k+1),\cdots,t(k+L-1)\}$是一组不重复、不等间隔的时间序列，其中$L$为数据长度。现定义输出数据矩阵

$$\boldsymbol{Z}_{k,L,s}=[\phi_s(\boldsymbol{z}_s(k)),\phi_s(\boldsymbol{z}_s(k+1)),\cdots,\phi_s(\boldsymbol{z}_s(k+L-1))]\in\mathrm{R}^{(s+1)m\times L} \tag{14.2.13}$$

为简单起见，式中将采样时刻点$t(k)$简记为k；采样点区间为$[k,(k+L-1)]$；下标中的s表示变量的积分重数和最高微分阶次。

由式(14.2.10)，可将模型式(14.2.6)写成如下的等价形式

$$\boldsymbol{Z}_{k,L,s}=\boldsymbol{\Gamma}_s\boldsymbol{X}_{k,L}+\boldsymbol{H}_s\boldsymbol{U}_{k,L,s}+\boldsymbol{G}_s\boldsymbol{\Omega}_{k,L,s}+\boldsymbol{W}_{k,L,s} \tag{14.2.14}$$

式中，输入数据矩阵$\boldsymbol{U}_{k,L,s}\in\mathrm{R}^{(s+1)r\times L}$与噪声数据矩阵$\boldsymbol{\Omega}_{k,L,s}\in\mathrm{R}^{(s+1)m\times L}$和$\boldsymbol{W}_{k,L,s}\in\mathrm{R}^{(s+1)m\times L}$的定义与$\boldsymbol{Z}_{k,L,s}$类似；状态数据矩阵$\boldsymbol{X}_{k,L}$定义为

$$\boldsymbol{X}_{k,L}=[\phi_s(\boldsymbol{x}(k)),\phi_s(\boldsymbol{x}(k+1)),\cdots,\phi_s(\boldsymbol{x}(k+L-1))]\in\mathrm{R}^{n\times L} \tag{14.2.15}$$

式(14.2.6)是描述非均匀采样系统所用的模型形式，式(14.2.14)是子空间辨识算法采用的模型结构，两者构成了非均匀采样系统连续子空间辨识方法的模型描述。根据输出和输入数据矩阵$\boldsymbol{Z}_{k,L,s}$和$\boldsymbol{U}_{k,L,s}$，利用辨识方法，获得模型参数矩阵$\boldsymbol{\Gamma}_s$，$\boldsymbol{H}_s$和$\boldsymbol{G}_s$估计值之后，还需进一步求得系统参数矩阵$\boldsymbol{A}$、$\boldsymbol{B}$、$\boldsymbol{C}$和$\boldsymbol{D}$的估计值(具体方法参阅文献[54])，这样便完成了辨识任务。

14.2.4 非均匀采样积分滤波器

式(14.2.14)是非均匀采样系统连续子空间辨识方法使用的模型结构，其数据矩阵涉及$0\sim s$阶微分项的多重积分运算，如式(14.2.13)所示。对此，Sagara 和 Zhao 提出一种采用积分滤波器(integration filter)的计算思想[57]，作者通过改进，构成一种非均匀采样积分滤波器(nonuniformly sampled integration filter)，用于式(14.2.14)模型辨识所需的输出、输入数据矩阵$\boldsymbol{Z}_{k,L,s}$和$\boldsymbol{U}_{k,L,s}$的计算。

首先，定义一个时间变量T，称之为框架周期(frame period)，把时间分割成$\{\cdots,t-2T,t-T,t,t+T,t+2T,\cdots\}$。设在框架周期$[t-T,t)$内，对信号$\xi(t)$进行非均匀采样，共有$l$个采样点，记作

$$t_i=\{t-T+T_i\},\quad i=1,2,\cdots,l \tag{14.2.16}$$

式中，$0 \leqslant T_1 \leqslant T_2 \cdots \leqslant T_l < T$。定义信号 $\xi(t)$ 在框架周期 $[t-T,t)$ 内的单重积分为

$$\phi_1(\xi(t)) = \int_{t-T}^{t} \xi(\tau)\mathrm{d}\tau \tag{14.2.17}$$

下面讨论利用曲线拟合法，计算积分函数 $\phi_1(\xi(t))$。给定信号 $\xi(t)$ 的曲线拟合多项式结构

$$\xi(t) = \alpha_0 + \alpha_1 t + \cdots + \alpha_d t^d \tag{14.2.18}$$

式中，d 为曲线拟合多项式阶次。为了确定曲线拟合多项式系数 $\alpha_i, i=0,1,2,\cdots,d$，需要 $(d+1)$ 个采样点数据 $\xi(t_i), t_i = t_1, t_2, \cdots, t_{d+1}$。根据曲线拟合多项式的结构，构成如下方程组

$$\underbrace{\begin{bmatrix} t_1^d & t_1^{d-1} & \cdots & t_1 & 1 \\ t_2^d & t_2^{d-1} & \cdots & t_2 & 1 \\ \vdots & \vdots & \cdots & \vdots & \vdots \\ t_{d+1}^d & t_{d+1}^{d-1} & \cdots & t_{d+1} & 1 \end{bmatrix}}_{\boldsymbol{T}_{1:d+1}} \underbrace{\begin{bmatrix} \alpha_d \\ \alpha_{d-1} \\ \vdots \\ \alpha_0 \end{bmatrix}}_{\boldsymbol{\alpha}} = \underbrace{\begin{bmatrix} \xi(t_1) \\ \xi(t_2) \\ \vdots \\ \xi(t_{d+1}) \end{bmatrix}}_{\xi_{1:d+1}} \tag{14.2.19}$$

上式亦可表示成 $\boldsymbol{T}_{1:d+1}\boldsymbol{\alpha} = \xi_{1:d+1}$，其中下标 $1:d+1$ 表示 $\boldsymbol{T}_{1:d+1}$ 和 $\boldsymbol{\xi}_{1:d+1}$ 的元素由采样时刻 $t_1, t_2, \cdots, t_{d+1}$ 和对应采样点上的采样值组成。若 $(d+1)$ 个采样时刻互不相同，$\boldsymbol{T}_{1:d+1}$ 为非奇异 Vandermonde 矩阵，则多项式系数可由 $\boldsymbol{\alpha} = \boldsymbol{T}_{1:d+1}^{-1}\xi_{1:d+1}$ 求得，这组多项式系数 $\boldsymbol{\alpha}$ 拟合了信号 $\xi(t)$ 的变化趋势。

信号 $\xi(t)$ 的单重积分，也就是对拟合曲线进行积分，积分结果为 $(d+1)$ 阶多项式，多项式系数为

$$\boldsymbol{\beta} = \boldsymbol{P}_{1:d+1}\boldsymbol{\alpha} = \boldsymbol{P}_{1:d+1}\boldsymbol{T}_{1:d+1}^{-1}\boldsymbol{\xi}_{1:d+1} \tag{14.2.20}$$

式中，权矩阵 $\boldsymbol{P}_{1:d+1} = \mathrm{diag}\left[\frac{1}{d+1}, \frac{1}{d}, \cdots, 1\right]$ 为对角矩阵。由此，信号 $\xi(t)$ 在时间区间 $[t_1, t_{d+1}]$ 内的积分可表示为

$$\int_{t_1}^{t_{d+1}} \xi(t)\mathrm{d}t = ([t_{d+1}^{d+1}, t_{d+1}^d, \cdots, t_{d+1}] - [t_1^{d+1}, t_1^d, \cdots, t_1])\boldsymbol{\beta} = \boldsymbol{f}_{1:d+1}^{\mathrm{T}}\boldsymbol{\xi}_{1:d+1} \tag{14.2.21}$$

式中

$$\boldsymbol{f}_{1:d+1}^{\mathrm{T}} \overset{\mathrm{def}}{=} \boldsymbol{f}(t_1, t_2, \cdots, t_{d+1}) = ([t_{d+1}^{d+1}, t_{d+1}^d, \cdots, t_{d+1}] - [t_1^{d+1}, t_1^d, \cdots, t_1])\boldsymbol{P}_{1:d+1}\boldsymbol{T}_{1:d+1}^{-1} \tag{14.2.22}$$

注意到积分函数 $\phi_1(\xi(t))$ 的积分时间区间为 $[t-T,t)$，因此积分函数 $\phi_1(\xi(t))$ 可分割成 $\kappa = \lfloor (l-1)/d \rfloor$（$\lfloor \cdot \rfloor$ 为取整操作）段和框架周期头尾两段的曲线拟合积分之和，写成

$$\phi_1(\xi(t)) = \int_{t-T}^{t_1} \xi(\tau)\mathrm{d}\tau + \int_{t_1}^{t_{d+1}} \xi(\tau)\mathrm{d}\tau + \int_{t_{d+1}}^{t_{2d+1}} \xi(\tau)\mathrm{d}\tau + \cdots + \int_{t_{(\kappa-1)d+1}}^{t_{\kappa d+1}} \xi(\tau)\mathrm{d}\tau + \int_{t_{\kappa d+1}}^{t} \xi(\tau)\mathrm{d}\tau \tag{14.2.23}$$

框架周期头尾两段的曲线拟合积分需要用到相邻框架周期中的采样点，即 $[t-2T, t-T)$ 中 $t_{-d+1}, t_{-d+2}, \cdots, t_0$ 时刻和 $[t, t+T)$ 中 $t_{\kappa d+1}, t_{\kappa d+2}, \cdots, t_{(\kappa+1)d+1}$ 时刻所对应的采样点。那么，利用式(14.2.21)，可将积分函数 $\phi_1(\xi(t))$ 的计算转换成

$$\phi_1(\xi(t)) = \boldsymbol{f}^{\mathrm{T}}_{(-d+1):(\kappa+1)d+1}\,\xi_{(-d+1):(\kappa+1)d+1}$$
$$= \boldsymbol{f}^{\mathrm{T}}_{\mathrm{begin}}\,\xi_{(-d+1):1} + \sum_{i=1}^{k}\boldsymbol{f}^{\mathrm{T}}_{(i-1)d+1:id+1}\,\boldsymbol{\xi}_{(i-1)d+1:id+1} + \boldsymbol{f}^{\mathrm{T}}_{\mathrm{end}}\,\boldsymbol{\xi}_{\kappa d+1:(\kappa+1)d+1} \tag{14.2.24}$$

式中

$$\begin{cases}\boldsymbol{f}^{\mathrm{T}}_{\mathrm{begin}} = ([t_1^{d+1},t_1^d,\cdots,t_1]-\boldsymbol{0})\boldsymbol{P}_{(-d+1):1}\boldsymbol{T}^{-1}_{(-d+1):1}\boldsymbol{\xi}_{(-d+1):1}\\ \boldsymbol{f}^{\mathrm{T}}_{(i-1)d+1:id+1} = ([t_{id+1}^{d+1},t_{id+1}^d,\cdots,t_{id+1}]\\ \qquad -[t_{(i-1)d+1}^{d+1},t_{(i-1)d+1}^d,\cdots,t_{(i-1)d+1}])\\ \qquad \boldsymbol{P}_{(i-1)d+1:id+1}\boldsymbol{T}^{-1}_{(i-1)d+1:id+1}\boldsymbol{\xi}_{(i-1)d+1:id+1},\quad i=1,2,\cdots,\kappa\\ \boldsymbol{f}^{\mathrm{T}}_{\mathrm{end}} = ([t^{d+1},t^d,\cdots,t]-[t_{\kappa d+1}^{d+1},t_{\kappa d+1}^d,\cdots,t_{\kappa d+1}])\\ \qquad \boldsymbol{P}_{\kappa d+1:(\kappa+1)d+1}\boldsymbol{T}^{-1}_{\kappa d+1:(\kappa+1)d+1}\boldsymbol{\xi}_{\kappa d+1:(\kappa+1)d+1}\end{cases} \tag{14.2.25}$$

其中，$\boldsymbol{f}_{(-d+1):(\kappa+1)d+1}$称作积分滤波器。显然，积分函数 $\phi_1(\xi(t))$的计算需要进行$(\kappa+2)$次多项式曲线拟合。

图 14.2 是利用式(14.2.24)求积分函数 $\phi_1(\xi(t))$的一个示例，例中前向拟合多项式阶次 $d=2$，采样起点 $t=1.55\mathrm{s}$，框架周期 $T=1\mathrm{s}$，框架周期内的采样点 $l=7$，积分段 $\kappa=\lfloor(l-1)/d\rfloor=3$。考虑框架周期头尾两段的积分，共使用 11 个采样点，经 5 次曲线拟合和多项式积分。

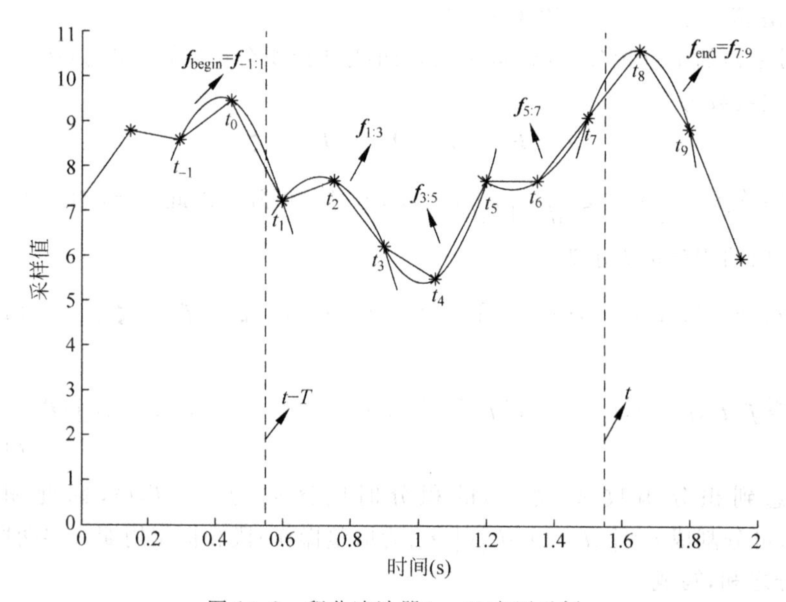

图 14.2　积分滤波器($s=2$)应用示例

上面讨论的是单重积分的计算，而生成式(14.2.14)的输出和输入数据矩阵 $\boldsymbol{Z}_{k,L,s}$和 $\boldsymbol{U}_{k,L,s}$需要 s 重积分。在框架周期$[t-T,t)$内，定义信号 $\xi(t)$的多重积分

$$\begin{cases}\phi_i(\xi(t)) = \int_{t-T}^{t}\int_{\tau_1-T}^{\tau_1}\cdots\int_{\tau_{i-2}-T}^{\tau_{i-2}}\int_{\tau_{i-1}-T}^{\tau_{i-1}}\xi(\tau_i)\,\mathrm{d}\tau_i\,\mathrm{d}\tau_{i-1}\,\mathrm{d}\tau_{i-2}\cdots\mathrm{d}\tau_1\\ i=1,2,\cdots,s\end{cases} \tag{14.2.26}$$

且$(i+1)$重和 i 重积分存在如下关系

$$\phi_{i+1}(\xi(t))=\int_{t-T}^{t}\phi_i(\xi(\tau))\mathrm{d}\tau,\quad i=0,1,2,\cdots,s-1 \tag{14.2.27}$$

由式(14.2.27)知，利用式(14.2.24)，计算一次积分滤波器 $\boldsymbol{f}_{(-d+1):(k+1)d+1}$，然后重复使用之，便可依积分重次递推计算至 s 重积分

$$\begin{cases}\phi_{i+1}(\xi(t))=\boldsymbol{f}^{\mathrm{T}}_{(-d+1):(\kappa+1)d+1}\phi_i(\boldsymbol{\xi}_{(-d+1):(\kappa+1)d+1})\\ \qquad\qquad\quad=\boldsymbol{f}^{\mathrm{T}}_{(-d+1):(\kappa+1)d+1}[\phi_i(\xi(t_{-d+1})),\phi_i(\xi(t_{-d+2})),\cdots,\\ \qquad\qquad\qquad\phi_i(\xi(t_{(\kappa+1)d+1}))]\\ i=1,2,\cdots,s-1\end{cases} \tag{14.2.28}$$

上式表明，当获得时间点 $t_{-d+1},t_{-d+2},\cdots,t_{(\kappa+1)d+1}$ 上的采样值后，即可计算所需的任意时刻的 s 重积分。

另外，通过推导可以得出，信号 $\xi(t)$ 的 j 阶微分 s 重积分有如下等价形式[57]

$$\begin{aligned}\phi_s(\xi^{(j)}(t))&=\phi_{s-j}(\phi_j(\xi^{(j)}(t)))\\&=(1-z^{-1})^j\phi_{s-j}(\xi(t)),\quad j=1,2,\cdots,s\end{aligned} \tag{14.2.29}$$

式中，z^{-1}为迟延算子，即 $z^{-j}\xi(t)=\xi(t-jT)$，T 为框架周期。

利用式(14.2.28)和式(14.2.29)，便可计算获得输出、输入数据矩阵 $\boldsymbol{Z}_{k,L,s}$ 和 $\boldsymbol{U}_{k,L,s}$ 的所有元素。在计算输出和输入数据矩阵中，非均匀采样积分滤波器 $\boldsymbol{f}_{(-d+1):(\kappa+1)d+1}$ 被多次重复使用，减少了计算量。图 14.3 是利用非均匀采样积分滤波器的数值计算效果，与原始数据相当吻合。

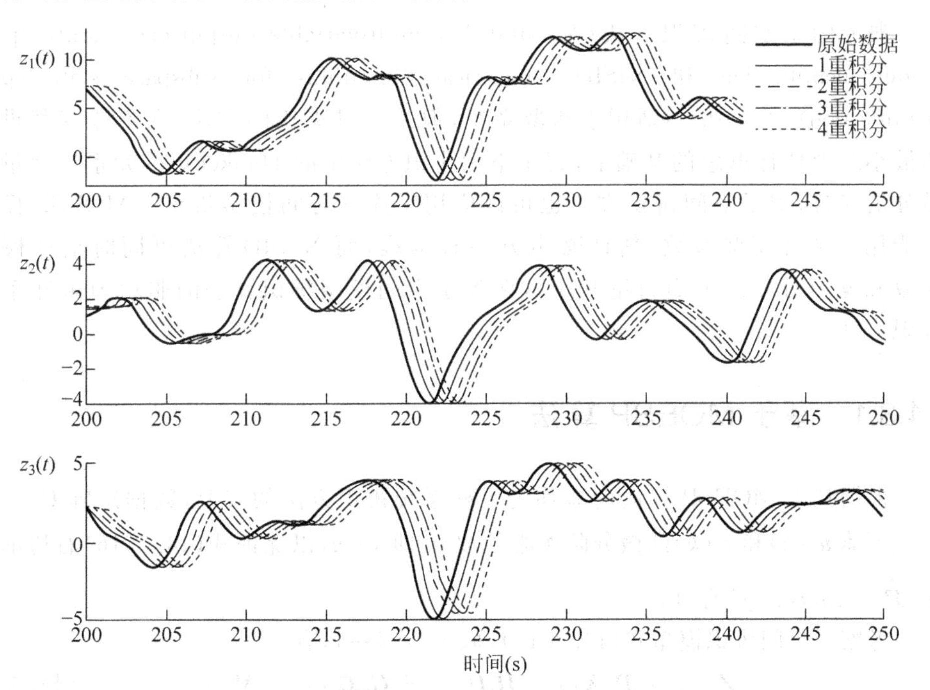

图 14.3　利用积分滤波器的数值计算效果(无噪声情况)

如果信号 $\xi(t)$ 含有噪声，记作

$$\xi(t)=\xi_0(t)+v(t) \tag{14.2.30}$$

其中，噪声 $v(t)$ 是服从高斯分布的白噪声，即 $v(t)\sim\mathbb{N}(0,\sigma_v^2)$，则根据式(14.2.29)，信号 $\xi(t)$ 的 j 阶微分 s 重积分可写成

$$\phi_s(\xi^{(j)}(t))=\phi_s(\xi_0^{(j)}(t))+\phi_s(v^{(j)}(t)) \tag{14.2.31}$$

由式(14.2.28)知，$\phi_s(v^{(j)}(t))$ 可写成

$$\begin{aligned}\phi_s(v^{(j)}(t))&=\boldsymbol{f}_{k_1:k_2}^{\mathrm{T}}\boldsymbol{v}_{k_1:k_2}\\&=[f_{k_1},f_{k_1+1},f_{k_1+2},\cdots,f_{k_2}][v(t(k_1)),v(t(k_1+1)),\cdots,v(t(k_2))]^{\mathrm{T}}\end{aligned} \tag{14.2.32}$$

式中，$t(k_1)$、$t(k_2)$ 是积分函数 $\phi_s(v^{(j)}(t))$ 的积分起点和终点；k_1、k_2 可由式(14.2.23)和式(14.2.28)决定。由式(14.2.32)知，$\phi_s(v^{(j)}(t))$ 不再是白噪声，但依然服从正态分布，即有

$$\begin{cases}\phi_s(v^{(j)}(t))\sim\mathbb{N}(0,K_{s,j}\sigma_v^2)\\K_{s,j}=\sum\limits_{i=k_1}^{k_2}f_i^2\end{cases} \tag{14.2.33}$$

14.3 非均匀采样积分滤波器子空间辨识方法

典型的子空间辨识方法(如 MOESP：multivariable output-error state space model identification 和 N4SID：numerical algorithms for subspace state space identification)[60,61]一般只适用于离散系统，但是通过类比的方法，在不改变其投影和最小二乘估计思想的基础上，若子空间辨识方法中的 Hankel 矩阵元素用变量的微分值代替，则子空间辨识方法也可以应用于连续时间模型辨识。MOESP 算法只能用于估计模型参数，估计噪声方差有困难，而 N4SID 算法可同时估计模型参数和噪声方差。下面讨论基于这两种子空间模型辨识算法的非均匀采样系统辨识方法。

14.3.1 基于 MOESP 算法

根据基于 MOESP 算法的非均匀采样系统辨识方法的需要，数据矩阵 $\boldsymbol{U}_{k,L,s}$ 和 $\boldsymbol{Z}_{k,L,s}$ 元素 $\boldsymbol{u}_s(k)$ 和 $\boldsymbol{z}_s(k)$ 的微分阶次必须取 n，即 $s=n$，以保证式(14.3.16)右边的伪逆 $[\hat{\boldsymbol{\Gamma}}_n(1:nm,:)]^+$ 存在。

考察子空间辨识模型式(14.2.14)，取 $s=n,k=1$，有

$$\boldsymbol{Z}_{1,L,n}=\boldsymbol{\Gamma}_n\boldsymbol{X}_{1,L}+\boldsymbol{H}_n\boldsymbol{U}_{1,L,n}+\boldsymbol{G}_n\boldsymbol{\Omega}_{1,L,n}+\boldsymbol{W}_{1,L,n} \tag{14.3.1}$$

上式两边同时右乘 $\frac{1}{L}[\boldsymbol{U}_{k,L,n}^{\mathrm{T}},\boldsymbol{Z}_{k,L,n}^{\mathrm{T}}]$，可得

$$\frac{1}{L}\boldsymbol{Z}_{1,L,n}[\boldsymbol{U}_{k,L,n}^{\mathrm{T}},\boldsymbol{Z}_{k,L,n}^{\mathrm{T}}]=\frac{1}{L}\boldsymbol{\Gamma}_n\boldsymbol{X}_{1,L}[\boldsymbol{U}_{k,L,n}^{\mathrm{T}},\boldsymbol{Z}_{k,L,n}^{\mathrm{T}}]+\frac{1}{L}\boldsymbol{H}_n\boldsymbol{U}_{1,L,n}[\boldsymbol{U}_{k,L,n}^{\mathrm{T}},\boldsymbol{Z}_{k,L,n}^{\mathrm{T}}]+\frac{1}{L}\boldsymbol{G}_n\boldsymbol{\Omega}_{1,L,n}[\boldsymbol{U}_{k,L,n}^{\mathrm{T}},\boldsymbol{Z}_{k,L,n}^{\mathrm{T}}]+\frac{1}{L}\boldsymbol{W}_{1,L,n}[\boldsymbol{U}_{k,L,n}^{\mathrm{T}},\boldsymbol{Z}_{k,L,n}^{\mathrm{T}}]\tag{14.3.2}$$

当 k 充分大，$L\to\infty$ 时，上式后两项因噪声的不相关性而趋于 0。利用 QR 分解，有

$$\begin{bmatrix}\boldsymbol{U}_{1,L,n}\\\boldsymbol{Z}_{1,L,n}\end{bmatrix}[\boldsymbol{U}_{k,L,n}^{\mathrm{T}},\boldsymbol{Z}_{k,L,n}^{\mathrm{T}}]=\begin{bmatrix}\boldsymbol{R}_{11}&0\\\boldsymbol{R}_{21}&\boldsymbol{R}_{22}\end{bmatrix}\begin{bmatrix}\boldsymbol{Q}_1\\\boldsymbol{Q}_2\end{bmatrix}\tag{14.3.3}$$

式中

$$\begin{bmatrix}\boldsymbol{Q}_1\\\boldsymbol{Q}_2\end{bmatrix}[\boldsymbol{Q}_1\quad\boldsymbol{Q}_2]^{\mathrm{T}}=I\tag{14.3.4}$$

也就是

$$\boldsymbol{Q}_1\boldsymbol{Q}_1^{\mathrm{T}}=\boldsymbol{I},\quad\boldsymbol{Q}_2\boldsymbol{Q}_2^{\mathrm{T}}=\boldsymbol{I},\quad\boldsymbol{Q}_1\boldsymbol{Q}_2^{\mathrm{T}}=0,\quad\boldsymbol{Q}_2\boldsymbol{Q}_1^{\mathrm{T}}=0\tag{14.3.5}$$

那么式(14.3.2)可写成

$$[\boldsymbol{I},-\boldsymbol{H}_n]\begin{bmatrix}\boldsymbol{R}_{21}\boldsymbol{Q}_1+\boldsymbol{R}_{22}\boldsymbol{Q}_2\\\boldsymbol{R}_{11}\boldsymbol{Q}_1\end{bmatrix}=\boldsymbol{\Gamma}_n\boldsymbol{X}_{1,L}[\boldsymbol{U}_{k,L,n}^{\mathrm{T}},\boldsymbol{Z}_{k,L,n}^{\mathrm{T}}]\tag{14.3.6}$$

上式两边同时右乘 $\boldsymbol{Q}_2^{\mathrm{T}}$，并利用式(14.3.5)的正交关系，有

$$\boldsymbol{R}_{22}=\boldsymbol{\Gamma}_n\boldsymbol{X}_{1,L}[\boldsymbol{U}_{k,L,n}^{\mathrm{T}},\boldsymbol{Z}_{k,L,n}^{\mathrm{T}}]\boldsymbol{Q}_2^{\mathrm{T}}\tag{14.3.7}$$

对 $\boldsymbol{R}_{22}$ 进行 SVD(singular value decomposition)分解，利用 MATLAB 语句 $[\boldsymbol{U}_{R_{22}},\boldsymbol{\Lambda}_{R_{22}},\boldsymbol{V}_{R_{22}}]=\mathrm{svd}(\boldsymbol{R}_{22})$，可求得 $\boldsymbol{R}_{22}=\boldsymbol{U}_{R_{22}}\boldsymbol{\Lambda}_{R_{22}}\boldsymbol{V}_{R_{22}}^{\mathrm{T}}$。再根据式(14.3.7)，可推演出参数矩阵 $\boldsymbol{\Gamma}_n$ 的估计值为

$$\hat{\boldsymbol{\Gamma}}_n=\boldsymbol{U}_{R_{22}}(:,1:n)\tag{14.3.8}$$

括号内的表达为 MATLAB 行列操作规则，“:,1:n”表示取矩阵所有行的 1～n 列。

为了估计参数矩阵 $\boldsymbol{H}_n$，构造辅助矩阵 $\boldsymbol{\Upsilon}_0$，使得 $\boldsymbol{\Upsilon}_0\hat{\boldsymbol{\Gamma}}_n=0$。设

$$\boldsymbol{G}=\begin{bmatrix}\hat{\boldsymbol{\Gamma}}_n^{\mathrm{T}}\\\boldsymbol{0}_{((n+1)m-n)\times(n+1)m}\end{bmatrix}\in\mathrm{R}^{(n+1)m\times(n+1)m}\tag{14.3.9}$$

求解特征值矩阵方程

$$\boldsymbol{G\Upsilon}=\boldsymbol{\Upsilon\Lambda}\tag{14.3.10}$$

式中，$\boldsymbol{\Lambda}$ 为对角矩阵，对角线元素为矩阵 $\boldsymbol{G}$ 的特征值 $\lambda_i,i=1,2,\cdots,(n+1)m$，矩阵 $\boldsymbol{\Upsilon}$ 的列为特征值 λ_i 对应的特征向量 $\boldsymbol{v}_i$。利用 MATLAB 语句 $[\boldsymbol{\Upsilon},\boldsymbol{\Lambda}]=\mathrm{eig}(\boldsymbol{G})$，可直接求得特征值矩阵 $\boldsymbol{\Lambda}$ 和特征向量矩阵 $\boldsymbol{\Upsilon}$，零和不为零的特征值个数分别为

$$\begin{cases}\lambda_i\neq0,\quad i=1,2,\cdots,n\\\lambda_i=0,\quad i=n+1,n+2,\cdots,(n+1)m\end{cases}\tag{14.3.11}$$

将所有对应于 $\lambda_i=0$ 的特征向量组成矩阵 $\boldsymbol{\Upsilon}_0$，即

$$\boldsymbol{\Upsilon}_0=[\boldsymbol{v}_{n+1},\boldsymbol{v}_{n+2},\cdots,\boldsymbol{v}_{m(n+1)}]^{\mathrm{T}}\in\mathrm{R}^{((n+1)m-n)\times m(n+1)}\tag{14.3.12}$$

以 $\boldsymbol{\Upsilon}_0$ 作为辅助矩阵，可满足 $\boldsymbol{\Upsilon}_0\hat{\boldsymbol{\Gamma}}_n=0$。然后，式(14.3.6)两边同时左乘 $\boldsymbol{\Upsilon}_0$，可得

$$[\boldsymbol{\Upsilon}_0,-\boldsymbol{\Upsilon}_0\boldsymbol{H}_n]\begin{bmatrix}\boldsymbol{R}_{21}\boldsymbol{Q}_1+\boldsymbol{R}_{22}\boldsymbol{Q}_2\\ \boldsymbol{R}_{11}\boldsymbol{Q}_1\end{bmatrix}=0\tag{14.3.13}$$

等式两边再同时右乘 $\boldsymbol{Q}_1^{\mathrm{T}}$，并利用式(14.3.5)的正交关系，有

$$\boldsymbol{\Upsilon}_0\boldsymbol{R}_{21}=\boldsymbol{\Upsilon}_0\boldsymbol{H}_n\boldsymbol{R}_{11}\tag{14.3.14}$$

于是，可以得到 $\boldsymbol{\Upsilon}_0\boldsymbol{H}_n$ 的组合估计为

$$\widehat{\boldsymbol{\Upsilon}_0\boldsymbol{H}_n}=\boldsymbol{\Upsilon}_0\boldsymbol{R}_{21}\boldsymbol{R}_{11}^{+}\in\mathrm{R}^{((n+1)m-n)\times(n+1)r}\tag{14.3.15}$$

式中，$\boldsymbol{R}_{11}^{+}$ 为 $\boldsymbol{R}_{11}$ 的伪逆。

利用参数矩阵估计值 $\hat{\boldsymbol{\Gamma}}_n$ 和组合估计 $\widehat{\boldsymbol{\Upsilon}_0\boldsymbol{H}_n}$，由式(14.2.11)可进一步求得系统参数矩阵 $\boldsymbol{A}$、$\boldsymbol{B}$、$\boldsymbol{C}$ 和 $\boldsymbol{D}$ 的估计值，具体作法为：

(1) 根据式(14.2.11)第 1 式，并利用 $[(\boldsymbol{CA})^{\mathrm{T}}\quad(\boldsymbol{CA}^2)^{\mathrm{T}}\quad\cdots\quad(\boldsymbol{CA}^n)^{\mathrm{T}}]^{\mathrm{T}}=\boldsymbol{\Gamma}_{n-1}\boldsymbol{A}$，可求得系统参数矩阵 $\boldsymbol{A}$ 和 $\boldsymbol{C}$ 的估计值为

$$\begin{cases}\hat{\boldsymbol{A}}=[\hat{\boldsymbol{\Gamma}}_n(1:nm,:)]^{+}\hat{\boldsymbol{\Gamma}}_n(m+1:(n+1)m,:)\\ \hat{\boldsymbol{C}}=\hat{\boldsymbol{\Gamma}}_n(1:m,:)\end{cases}\tag{14.3.16}$$

式中，$\hat{\boldsymbol{\Gamma}}_n(1:nm,:)=\hat{\boldsymbol{\Gamma}}_{n-1}$，$\hat{\boldsymbol{\Gamma}}_n(m+1:(n+1)m,:)=[(\boldsymbol{CA})^{\mathrm{T}}\quad(\boldsymbol{CA}^2)^{\mathrm{T}}\quad\cdots\quad(\boldsymbol{CA}^n)^{\mathrm{T}}]^{\mathrm{T}}$，括号内的表达为 MATLAB 行列操作规则，如“$1:nm,:$”表示取矩阵所有列的 $1\sim nm$ 行；$[\cdot]^{+}$ 表示伪逆。

(2) 根据式(14.2.11)第 2 式，$\boldsymbol{H}_n$ 的第 1 个 r 列块可表示成 $\boldsymbol{D}$ 和 $\boldsymbol{B}$ 的线性组合

$$\begin{bmatrix}\boldsymbol{D}\\ \boldsymbol{CB}\\ \boldsymbol{CAB}\\ \vdots\\ \boldsymbol{CA}^{n-1}\boldsymbol{B}\end{bmatrix}=\begin{bmatrix}\boldsymbol{I}_m & 0\\ 0 & \boldsymbol{\Gamma}_{n-1}\end{bmatrix}\begin{bmatrix}\boldsymbol{D}\\ \boldsymbol{B}\end{bmatrix}\tag{14.3.17}$$

同样，$\boldsymbol{H}_n$ 的其他列块也可表示成 $\boldsymbol{D}$ 和 $\boldsymbol{B}$ 的线性组合，并利用 $\widehat{\boldsymbol{\Upsilon}_0\boldsymbol{H}_n}=\boldsymbol{\Upsilon}_0\boldsymbol{H}_n$，有

$$\overline{\boldsymbol{H}}_i=\overline{\boldsymbol{\Gamma}}_i\begin{bmatrix}\boldsymbol{D}\\ \boldsymbol{B}\end{bmatrix},\quad i=0.1,2,\cdots,n\tag{14.3.18}$$

式中

$$\begin{cases}\overline{\boldsymbol{\Gamma}}_i=\boldsymbol{\Upsilon}_0(:,im+1:(n+1)m)\begin{bmatrix}\boldsymbol{I}_m & 0\\ 0 & \hat{\boldsymbol{\Gamma}}_n(1:(n-i)m,:)\end{bmatrix}\in\mathrm{R}^{((n+1)m-n)\times(m+n)}\\ \overline{\boldsymbol{H}}_i=\widehat{\boldsymbol{\Upsilon}_0\boldsymbol{H}_n}(:,ir+1:(i+1)r)\in\mathrm{R}^{((n+1)m-n)\times r}\end{cases}\tag{14.3.19}$$

括号内的表达为 MATLAB 行列操作规则。于是，利用最小二乘原理，系统参数矩阵

$\boldsymbol{B}$ 和 $\boldsymbol{D}$ 的估计值可表示为

$$\begin{bmatrix}\hat{\boldsymbol{D}}\\ \hat{\boldsymbol{B}}\end{bmatrix}=\left[\sum_{i=0}^{n}\overline{\boldsymbol{\Gamma}}_i^{\mathrm{T}}\overline{\boldsymbol{\Gamma}}_i\right]^{-1}\left[\sum_{i=0}^{n}\overline{\boldsymbol{\Gamma}}_i^{\mathrm{T}}\overline{\boldsymbol{H}}_i\right] \tag{14.3.20}$$

式(14.3.16)和式(14.3.20)给出的 $\hat{\boldsymbol{A}}$、$\hat{\boldsymbol{B}}$、$\hat{\boldsymbol{C}}$ 和 $\hat{\boldsymbol{D}}$ 是某子空间下的一种估计值，与原系统参数矩阵 $\boldsymbol{A}$、$\boldsymbol{B}$、$\boldsymbol{C}$ 和 $\boldsymbol{D}$ 不一定一致，它们存在如下关系

$$\begin{cases}\hat{\boldsymbol{A}}=\boldsymbol{T}^{-1}\boldsymbol{A}\boldsymbol{T}, & \hat{\boldsymbol{B}}=\boldsymbol{T}^{-1}\boldsymbol{B}\\ \hat{\boldsymbol{C}}=\boldsymbol{C}\boldsymbol{T}, & \hat{\boldsymbol{D}}=\boldsymbol{D}\end{cases} \tag{14.3.21}$$

其中，$\boldsymbol{T}$ 为非奇异子空间变换矩阵。

式(14.3.8)、式(14.3.15)、式(14.3.16)和式(14.3.20)构成基于 MOESP 算法的非均匀采样系统模型参数辨识方法，然而想进一步估计噪声协方差阵 $\boldsymbol{\Sigma}_{\omega}$ 和 $\boldsymbol{\Sigma}_{w}$ 却有困难，这需要借助 N4SID 算法。

14.3.2　基于 N4SID 算法

根据基于 N4SID 算法[61]的非均匀采样系统辨识方法的需要，数据矩阵 $\boldsymbol{U}_{k,L,s}$ 和 $\boldsymbol{Z}_{k,L,s}$ 元素 $\boldsymbol{u}_s(k)$ 和 $\boldsymbol{z}_s(k)$ 的微分阶次必须取 $(2n-1)$，即 $s=2n-1$，以便构造所需的等价模型式(14.3.32)。

考虑如下高阶状态空间模型

$$\begin{cases}\boldsymbol{x}^{(n+1)}(t)=\boldsymbol{A}\boldsymbol{x}^{(n)}(t)+\boldsymbol{B}\boldsymbol{u}^{(n)}(t)+\boldsymbol{\omega}^{(n)}(t)\\ \boldsymbol{z}^{(n)}(t)=\boldsymbol{C}\boldsymbol{x}^{(n)}(t)+\boldsymbol{D}\boldsymbol{u}^{(n)}(t)+\boldsymbol{w}^{(n)}(t)\end{cases} \tag{14.3.22}$$

式中，变量含义与式(14.2.6)相同，上角标(·)表示微分阶次。

为了得到高阶状态 $\boldsymbol{x}^{(n)}(t)$ 的估计，将数据矩阵 $\boldsymbol{U}_{k,L,2n-1}$ 和 $\boldsymbol{Z}_{k,L,2n-1}$ 分成由第 $1\sim n$ 和 $n+1\sim 2n$ 行块组成的两部分，记作

$$\begin{cases}\boldsymbol{U}\Big|_{1}^{n}=\boldsymbol{U}_{k,L,2n-1}(1:nr,:)\\ \boldsymbol{U}\Big|_{n+1}^{2n}=\boldsymbol{U}_{k,L,2n-1}(nr+1:2nr,:)\\ \boldsymbol{Z}\Big|_{1}^{n}=\boldsymbol{Z}_{k,L,2n-1}(1:nm,:)\\ \boldsymbol{Z}\Big|_{n+1}^{2n}=\boldsymbol{Z}_{k,L,2n-1}(nm+1:2nm,:)\end{cases} \tag{14.3.23}$$

如，矩阵 $\boldsymbol{Z}_{k,L,2n-1}$ 第 1 个行块为 $[\phi_{2n-1}(\boldsymbol{z}(k)),\phi_{2n-1}(\boldsymbol{z}(k+1)),\cdots,\phi_{2n-1}(\boldsymbol{z}(k+L-1))],\cdots$，第 n 个行块为 $[\phi_{2n-1}(\boldsymbol{z}^{(n-1)}(k)),\phi_{2n-1}(\boldsymbol{z}^{(n-1)}(k+1)),\cdots,\phi_{2n-1}(\boldsymbol{z}^{(n-1)}(k+L-1))],\cdots$，第 $2n$ 个行块为 $[\phi_{2n-1}(\boldsymbol{z}^{(2n-1)}(k)),\phi_{2n-1}(\boldsymbol{z}^{(2n-1)}(k+1)),\cdots,\phi_{2n-1}(\boldsymbol{z}^{(2n-1)}(k+L-1))]$。

再定义微分状态数据矩阵

$$\begin{cases}\boldsymbol{X}_{k,L}^{(j)}\overset{\mathrm{def}}{=}[\phi_{2n-1}(\boldsymbol{x}^{(j)}(k)),\phi_{2n-1}(\boldsymbol{x}^{(j)}(k+2)),\cdots,\phi_{2n-1}(\boldsymbol{x}^{(j)}(k+L-1))],\\ j=0,1,\cdots,2n-1\end{cases} \tag{14.3.24}$$

根据式(14.2.14)，有如下关系式

$$\boldsymbol{Z}|_{n+1}^{2n}=\boldsymbol{\Gamma}_{n-1}\boldsymbol{X}_{k,L}^{(n)}+\boldsymbol{H}_{n-1}\boldsymbol{U}|_{n+1}^{2n}+\boldsymbol{G}_{n-1}\boldsymbol{\Omega}|_{n+1}^{2n}+\boldsymbol{W}|_{n+1}^{2n}\tag{14.3.25}$$

式中，噪声数据矩阵$\boldsymbol{\Omega}|_{n+1}^{2n}$和$\boldsymbol{W}|_{n+1}^{2n}$的结构与$\boldsymbol{U}|_{n+1}^{2n}$相同。仿照式(14.2.8)式，由式(14.3.22)第1式，可得

$$\boldsymbol{X}_{k,L}^{(n)}=\boldsymbol{A}^n\boldsymbol{X}_{k,L}+[\boldsymbol{A}^{n-1}\boldsymbol{B},\boldsymbol{A}^{n-2}\boldsymbol{B},\cdots,\boldsymbol{B}]\boldsymbol{U}|_1^n+[\boldsymbol{A}^{n-1},\boldsymbol{A}^{n-2},\cdots,\boldsymbol{I}]\boldsymbol{\Omega}|_1^n\tag{14.3.26}$$

其中

$$\boldsymbol{X}_{k,L}=\boldsymbol{\Gamma}_{n-1}^{+}(\boldsymbol{Z}|_1^n-\boldsymbol{H}_{n-1}\boldsymbol{U}|_1^n-\boldsymbol{G}_{n-1}\boldsymbol{\Omega}|_1^n-\boldsymbol{W}|_1^n)\tag{14.3.27}$$

式中，噪声数据矩阵$\boldsymbol{\Omega}|_1^n$和$\boldsymbol{W}|_1^n$的结构与$\boldsymbol{U}|_1^n$相同，$\boldsymbol{\Gamma}_{n-1}^{+}$表示伪逆。由此，可将$\boldsymbol{Z}|_{n+1}^{2n}$表示为$\boldsymbol{Z}|_1^n$、$\boldsymbol{U}|_{n+1}^{2n}$和$\boldsymbol{U}|_1^n$的投影关系[61]

$$\begin{aligned}\overline{\boldsymbol{Z}}|_{n+1}^{2n}&=\boldsymbol{Z}|_{n+1}^{2n}\begin{bmatrix}\boldsymbol{U}|_1^n\\\boldsymbol{U}|_{n+1}^{2n}\\\boldsymbol{Z}|_1^n\end{bmatrix}^{+}\begin{bmatrix}\boldsymbol{U}|_1^n\\\boldsymbol{U}|_{n+1}^{2n}\\\boldsymbol{Z}|_1^n\end{bmatrix}\\&\triangleq\boldsymbol{L}_1\boldsymbol{U}|_1^n+\boldsymbol{L}_2\boldsymbol{U}|_{n+1}^{2n}+\boldsymbol{L}_3\boldsymbol{Z}|_1^n\end{aligned}\tag{14.3.28}$$

在一定条件下可以证明[61]，n阶微分状态矩阵的间接估计可表示为

$$\hat{\boldsymbol{X}}_{k,L}^{(n)}=\boldsymbol{\Gamma}_{n-1}^{+}[\boldsymbol{L}_1,\boldsymbol{L}_3]\begin{bmatrix}\boldsymbol{U}|_1^n\\\boldsymbol{Z}|_1^n\end{bmatrix}\tag{14.3.29}$$

类似地，为了得到$(n+1)$阶微分状态矩阵的估计$\hat{\boldsymbol{X}}_{k,L}^{(n+1)}$，又定义一组数据矩阵

$$\begin{cases}\boldsymbol{U}|_1^{n+1}=\boldsymbol{U}_{k,L,2n}(1:(n+1)r,:)\\\boldsymbol{U}|_{n+2}^{2n}=\boldsymbol{U}_{k,L,2n}((n+1)r+1:2nr,:)\\\boldsymbol{Z}|_1^{n+1}=\boldsymbol{Z}_{k,L,2n}(1:(n+1)m,:)\\\boldsymbol{Z}|_{n+2}^{2n}=\boldsymbol{Z}_{k,L,2n}((n+1)m+1:2nm,:)\end{cases}\tag{14.3.30}$$

同理有相应的投影关系$\overline{\boldsymbol{Z}}|_{n+2}^{2n}\triangleq\boldsymbol{J}_1\boldsymbol{U}|_1^{n+1}+\boldsymbol{J}_2\boldsymbol{U}_{n+2}^{2n}+\boldsymbol{J}_3\boldsymbol{Z}|_1^{n+1}$，且$(n+1)$阶微分状态矩阵的间接估计写成[61]

$$\hat{\boldsymbol{X}}_{k,L}^{(n+1)}=\boldsymbol{\Gamma}_{n-2}^{+}[\boldsymbol{J}_1,\boldsymbol{J}_3]\begin{bmatrix}\boldsymbol{U}|_1^{n+1}\\\boldsymbol{Z}|_1^{n+1}\end{bmatrix}\tag{14.3.31}$$

利用估计变量$\hat{\boldsymbol{X}}_{k,L}^{(n+1)}$和$\hat{\boldsymbol{X}}_{k,L}^{(n)}$，构造与式(14.3.22)等价的模型[61]

$$\begin{cases}\boldsymbol{\Gamma}_{n-2}^{+}\overline{\boldsymbol{Z}}|_{n+2}^{2n}=\boldsymbol{A}\boldsymbol{\Gamma}_{n-1}^{+}\overline{\boldsymbol{Z}}|_{n+1}^{2n}+\boldsymbol{K}_{12}\boldsymbol{U}|_{n+1}^{2n}+\boldsymbol{\Omega}|_{n+1}^{n+1}\\\boldsymbol{Z}|_{n+1}^{n+1}=\boldsymbol{C}\boldsymbol{\Gamma}_{n-1}^{+}\overline{\boldsymbol{Z}}|_{n+1}^{2n}+\boldsymbol{K}_{22}\boldsymbol{U}|_{n+1}^{2n}+\boldsymbol{W}|_{n+1}^{n+1}\end{cases}\tag{14.3.32}$$

式中，噪声数据矩阵$\boldsymbol{\Omega}|_{n+1}^{n+1}$和$\boldsymbol{W}|_{n+1}^{n+1}$的结构与$\boldsymbol{U}|_1^n$类似，且有[61]

$$\begin{bmatrix}\boldsymbol{K}_{12}\\\boldsymbol{K}_{22}\end{bmatrix}=\begin{bmatrix}\boldsymbol{B}-\boldsymbol{A}\boldsymbol{\Gamma}_{n-1}^{+}\begin{bmatrix}\boldsymbol{D}\\\boldsymbol{\Gamma}_{n-2}\boldsymbol{B}\end{bmatrix} & \boldsymbol{\Gamma}_{n-1}^{+}\boldsymbol{H}_{n-1}-\boldsymbol{A}\boldsymbol{\Gamma}_{n-1}^{+}\begin{bmatrix}0\\\boldsymbol{H}_{n-2}\end{bmatrix}\\\boldsymbol{D}-\boldsymbol{C}\boldsymbol{\Gamma}_{n-1}^{+}\begin{bmatrix}\boldsymbol{D}\\\boldsymbol{\Gamma}_{n-2}\boldsymbol{B}\end{bmatrix} & -\boldsymbol{C}\boldsymbol{\Gamma}_{n-1}^{+}\begin{bmatrix}0\\\boldsymbol{H}_{n-2}\end{bmatrix}\end{bmatrix}\tag{14.3.33}$$

式中，$\boldsymbol{\Gamma}_{n-2}^{+}$可由$\boldsymbol{\Gamma}_{n-1}$推演得到。定义$\boldsymbol{\Theta}=\begin{bmatrix}\boldsymbol{A}&\boldsymbol{K}_{12}\\\boldsymbol{C}&\boldsymbol{K}_{22}\end{bmatrix}$，利用最小二乘原理，参数矩阵$\boldsymbol{\Theta}$的估计值可通过求下面的优化问题解得到[61]

$$\arg\min_{\boldsymbol{\Theta}}\left\|\begin{bmatrix}\boldsymbol{\Gamma}_{n-2}^{+}\overline{\boldsymbol{Z}}\big|_{n+2}^{2n}\\ \boldsymbol{Z}\big|_{n+1}^{n+1}\end{bmatrix}-\boldsymbol{\Theta}\begin{bmatrix}\boldsymbol{\Gamma}_{n-1}^{+}\overline{\boldsymbol{Z}}\big|_{n+1}^{2n}\\ U\big|_{n+1}^{2n}\end{bmatrix}\right\|^{2} \tag{14.3.34}$$

设式(14.3.34)的优化解为$\hat{\boldsymbol{\Theta}}$,利用$\boldsymbol{\Theta}=\begin{bmatrix}\boldsymbol{A} & \boldsymbol{K}_{12}\\ \boldsymbol{C} & \boldsymbol{K}_{22}\end{bmatrix}$和式(14.3.33),建立$\hat{\boldsymbol{\Theta}}$与系统模型参数矩阵$\boldsymbol{A}$、$\boldsymbol{B}$、$\boldsymbol{C}$和$\boldsymbol{D}$的分块矩阵等式关系,再通过矩阵分块操作,即可求得系统模型参数矩阵估计值$\hat{\boldsymbol{A}}$、$\hat{\boldsymbol{B}}$、$\hat{\boldsymbol{C}}$和$\hat{\boldsymbol{D}}$。

另外,考虑到过程噪声$\boldsymbol{\omega}(k)$和输出测量噪声$w(k)$是互不相关的,其协方差阵可表示为

$$\begin{bmatrix}\boldsymbol{\Sigma}_{\boldsymbol{\omega}} & 0\\ 0 & \boldsymbol{\Sigma}_{w}\end{bmatrix}=\mathrm{E}\left\{\begin{bmatrix}\boldsymbol{\omega}(t)\\ w(t)\end{bmatrix}\begin{bmatrix}\boldsymbol{\omega}(t) & w(t)\end{bmatrix}\right\} \tag{14.3.35}$$

由于$\hat{\boldsymbol{\Theta}}$是式(14.3.34)的最小化解,则由式(14.3.32),有

$$\begin{aligned}\begin{bmatrix}\hat{\boldsymbol{\Sigma}}_{\varphi(\boldsymbol{\omega})} & \hat{\boldsymbol{\Sigma}}_{\varphi(\boldsymbol{\omega})\varphi(w)}\\ \hat{\boldsymbol{\Sigma}}_{\varphi(w)\varphi(\boldsymbol{\omega})}^{\mathrm{T}} & \hat{\boldsymbol{\Sigma}}_{\varphi(w)}\end{bmatrix}&=\lim_{L\to\infty}\frac{1}{L}\left(\begin{bmatrix}\boldsymbol{\Omega}\big|_{n+1}^{n+1}\\ \boldsymbol{W}\big|_{n+1}^{n+1}\end{bmatrix}\begin{bmatrix}\boldsymbol{\Omega}\big|_{n+1}^{n+1} & \boldsymbol{W}\big|_{n+1}^{n+1}\end{bmatrix}\right)\\ &=\mathrm{Cov}\left\{\begin{bmatrix}\boldsymbol{\Gamma}_{n-1}^{+}\overline{\boldsymbol{Z}}\big|_{n+2}^{2n}\\ \boldsymbol{Z}\big|_{n+1}^{n+1}\end{bmatrix}-\hat{\boldsymbol{\Theta}}\begin{bmatrix}\boldsymbol{\Gamma}_{n}^{+}\overline{\boldsymbol{Z}}\big|_{n+1}^{2n}\\ \boldsymbol{U}\big|_{n+1}^{2n}\end{bmatrix}\right\}\end{aligned} \tag{14.3.36}$$

式中,$\varphi(\boldsymbol{\omega})\overset{\text{def}}{=}\phi_{n-1}(\boldsymbol{\omega}^{(n)}(t))$,$\varphi(\boldsymbol{w})\overset{\text{def}}{=}\phi_{n-1}(\boldsymbol{w}^{(n)}(t))$,也就是对噪声的$n$阶微分进行$(n-1)$重积分。

前面假设过程噪声$\boldsymbol{\omega}(k)$和输出测量噪声$\boldsymbol{w}(k)$都是服从高斯分布的,因此系统状态和输出误差的积分也是服从高斯分布的。根据式(14.2.28),噪声数据矩阵$\boldsymbol{\Omega}\big|_{n+1}^{n+1}$、$\boldsymbol{W}\big|_{n+1}^{n+1}$做了$(n-1)$重积分和$n$次差分运算,因此过程噪声$\boldsymbol{\omega}(k)$和输出测量噪声$\boldsymbol{w}(k)$的协方差阵估计应修正为

$$\begin{bmatrix}\hat{\boldsymbol{\Sigma}}_{\boldsymbol{\omega}} & \hat{\boldsymbol{\Sigma}}_{\boldsymbol{\omega}w}\\ \hat{\boldsymbol{\Sigma}}_{\boldsymbol{\omega}w}^{\mathrm{T}} & \hat{\boldsymbol{\Sigma}}_{w}\end{bmatrix}=\frac{1}{K_{n-1,n}}\begin{bmatrix}\hat{\boldsymbol{\Sigma}}_{\varphi(\boldsymbol{\omega})} & \hat{\boldsymbol{\Sigma}}_{\varphi(\boldsymbol{\omega})\varphi(w)}\\ \hat{\boldsymbol{\Sigma}}_{\varphi(w)\varphi(\boldsymbol{\omega})}^{\mathrm{T}} & \hat{\boldsymbol{\Sigma}}_{\varphi(w)}\end{bmatrix} \tag{14.3.37}$$

式中,$K_{n-1,n}$定义见式(14.2.33)。

例 14.1 在 MATLAB-Simulink 环境下,考虑输入输出为 4×3,状态变量为 3 维的连续多变量线性系统,模型参数矩阵为

$$\begin{cases}\boldsymbol{A}=\begin{bmatrix}-0.2789 & -0.0009 & 0.0068\\ -0.0261 & -0.3566 & 0.0339\\ 0.0193 & 0.0177 & -0.4054\end{bmatrix}\\ \boldsymbol{B}=\begin{bmatrix}0.2109 & -0.0471 & -0.0449 & -0.0736\\ 0.1191 & 0.2177 & 0.1968 & 0.1566\\ -0.1619 & 0.2085 & -0.2211 & -0.2451\end{bmatrix}\\ \boldsymbol{C}=\begin{bmatrix}-0.7222 & 0.2076 & -0.9695\\ -0.5945 & -0.4556 & 0.4936\\ -0.6026 & -0.6024 & -0.1098\end{bmatrix}\\ \boldsymbol{D}=\begin{bmatrix}0.2159 & 0.1731 & 0.0861 & 0.0906\\ -0.0170 & 0.0126 & 0.1691 & -0.0603\\ -0.0407 & -0.1487 & -0.2402 & 0.1659\end{bmatrix}\end{cases} \tag{14.3.38}$$

过程噪声$\boldsymbol{\omega}(t)$和输出测量噪声 $w(t)$为零均值、方差阵分别为$\boldsymbol{\sigma}_{\omega}^2=0.03^2\boldsymbol{I}_3$ 和$\boldsymbol{\sigma}_{w}^2=0.03^2\boldsymbol{I}_3$、服从高斯分布的白噪声；系统输出变量的噪信比(NSR：noise to signal ratio)分别为 10.20%,13.20%和 9.12%。输入信号由一组频率为[0,5]rad/s 的正弦信号叠加组成，在 $t=100$s、200s 和 300s 处，频谱分别发生一次跳变。框架周期(积分区间长度)为 1s；数据长度为 400s。系统输入为均匀采样，采样间隔为 0.02s，即 $T_{\text{in}}=[0.02,0.02,0.02,0.02]$s；系统输出为非均匀采样，平均采样时间间隔分别为 0.02s、0.05s 和 0.04s，即 $T_{\text{out}}=[0.02,0.05,0.04]$s。

利用积分滤波器对非均匀采样数据进行数值积分，曲线拟合多项式阶次 $s=3$。采用 MOESP 算法，获得模型参数矩阵估计值为

$$\begin{cases}\hat{\boldsymbol{A}}=\begin{bmatrix}-0.3307 & 0.0651 & -0.1632\\ 0.0124 & -0.4578 & 0.0031\\ 0.0123 & 0.0214 & -0.4712\end{bmatrix}\\ \hat{\boldsymbol{B}}=\begin{bmatrix}-0.0125 & 0.0641 & -0.3365 & -0.3720\\ 0.4799 & 0.1090 & 0.3377 & 0.2619\\ -0.1708 & -0.0559 & -0.1203 & -0.0605\end{bmatrix}\\ \hat{\boldsymbol{C}}=\begin{bmatrix}-0.8985 & 0.1607 & 0.2183\\ -0.0174 & -0.6773 & 0.5234\\ -0.2886 & -0.5488 & -0.5539\end{bmatrix}\\ \hat{\boldsymbol{D}}=\begin{bmatrix}0.2175 & 0.0049 & 0.0078 & 0.0009\\ 0.1434 & 0.2839 & 0.3362 & -0.0187\\ -0.0305 & -0.2524 & -0.2828 & 0.1847\end{bmatrix}\end{cases}\tag{14.3.39}$$

采用 N4SID 算法，获得噪声协方差阵估计为

$$\begin{cases}\hat{\boldsymbol{\Sigma}}_{\omega}=\begin{bmatrix}0.0020 & 0.0000 & -0.0010\\ 0.0000 & 0.0086 & 0.0086\\ -0.0010 & 0.0086 & 0.0164\end{bmatrix}\\ \hat{\boldsymbol{\Sigma}}_{w}=\begin{bmatrix}0.0019 & 0.0003 & -0.0007\\ 0.0003 & 0.0006 & 0.0000\\ -0.0007 & 0.0000 & 0.0022\end{bmatrix}\end{cases}\tag{14.3.40}$$

图 14.4 是系统输出和辨识模型输出的比较。总体看来，输出误差比较小，辨识效果不错。

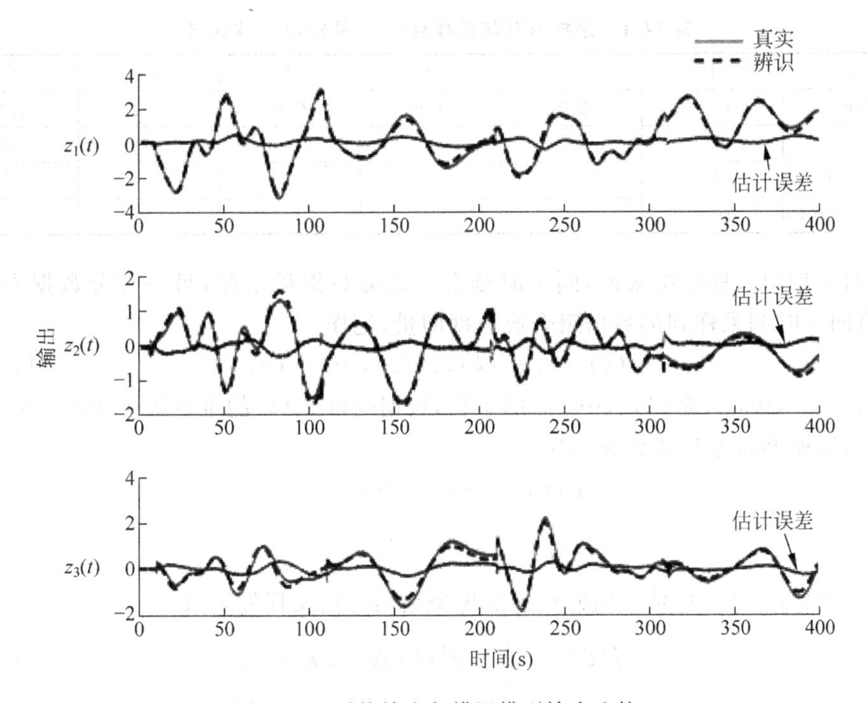

图 14.4　系统输出与辨识模型输出比较

14.4　高斯-牛顿辨识方法

14.4.1　算法基本形式

考虑类似于式(14.2.1)的一般模型形式

$$\boldsymbol{z}(t)=\boldsymbol{G}(\sigma,\boldsymbol{\theta})\boldsymbol{u}(t)+\boldsymbol{v}(t) \tag{14.4.1}$$

式中，$\boldsymbol{u}(t)\in \mathrm{R}^{r\times 1}$、$\boldsymbol{z}(t)\in \mathrm{R}^{m\times 1}$ 为模型输入和输出变量；$\boldsymbol{G}(\sigma,\boldsymbol{\theta})\in \mathrm{R}^{m\times r}$ 为系统模型；$\boldsymbol{\theta}\in \mathrm{R}^{N\times 1}$ 为模型参数向量；N 为模型独立参数个数；$\boldsymbol{v}(t)\in \mathrm{R}^{m\times 1}$ 为模型噪声。

对非均匀采样系统来说，辨识算法的递推时间间隔也是非均匀的。设第 i 子系统的递推时刻为 $t_i(k)$，$i=1,2,\cdots,m$；$k=1,2,\cdots,L_i$，其中 L_i 为第 i 子系统的数据长度。各子系统的递推时刻构成一组不重复的时刻序列

$$\{t(k)=t_i(k),\quad i=1,2,\cdots,m\},\quad k=1,2,\cdots,L \tag{14.4.2}$$

式中，L 为各子系统不重复采样数据长度之和，并记 $\Delta t(k)=t(k)-t(k-1)$ 为递推时刻间隔。

以图 14.1 为例，时间轴被点划线分成不均匀的区间，分隔的时间点组成递推时刻序列。表 14.1 是相应采样时刻序列及输入和输出采样点状况，并将 $z_i(t_i(k))$ 简记作 $z_i(k)$，$i=1,2,\cdots,m$。

表 14.1　采样时刻与采样点（√：采样，×：未采样）

k	1	2	3	4	5	6
$t(k)$	0.4	2.8	4.6	6.6	7.2	7.9
$z_1(k)$	√	√	×	×	√	×
$z_2(k)$	×	√	√	√	×	√
$u(t)$中的 $t(k)$	0.3	1.3	2.3	3.3	4.3	5.3

对非均匀采样系统来说，同一时刻有一部分数据被采样，另一部分数据未被采样，将同一时刻采样到的数据组合成数据向量，记作

$$\boldsymbol{z}_p(k)=[z_{i_1}(k),z_{i_2}(k),\cdots,z_{i_p}(k)]^{\mathrm{T}} \tag{14.4.3}$$

式中，$\{i_1,i_2,\cdots,i_p\}$是$\{1,2,\cdots,m\}$的子集，数据向量 $\boldsymbol{z}_p(k)$的维数等于 p，$0<p\leqslant m$。

系统模型残差和新息表示为

$$\begin{cases}\boldsymbol{\varepsilon}(k)=\boldsymbol{z}(k)-\hat{\boldsymbol{z}}(k)\mid_{\hat{\theta}(k)}\\ \tilde{\boldsymbol{z}}(k)=\boldsymbol{z}(k)-\hat{\boldsymbol{z}}(k)\mid_{\hat{\theta}(k-1)}\end{cases} \tag{14.4.4}$$

式中，$\hat{\boldsymbol{z}}(k)\mid_{\hat{\boldsymbol{\theta}}(\cdot)}$是参数估计值$\hat{\boldsymbol{\theta}}(\cdot)$下的模型输出。定义损失函数

$$J(\boldsymbol{\theta})=\frac{1}{2}\mathrm{E}\{\boldsymbol{\varepsilon}^{\mathrm{T}}(k)\boldsymbol{\Lambda}(k)\boldsymbol{\varepsilon}(k)\} \tag{14.4.5}$$

其中，$\boldsymbol{\Lambda}(k)$为加权矩阵。根据随机牛顿算法式(7.6.3)，模型参数向量$\boldsymbol{\theta}$的估计值可以写成

$$\hat{\boldsymbol{\theta}}(k)=\hat{\boldsymbol{\theta}}(k-1)-\rho(k)\left[\frac{\partial^2 J(\boldsymbol{\theta})}{\partial\boldsymbol{\theta}^2}\right]^{-1}\boldsymbol{q}(\boldsymbol{\theta})\Bigg|_{\hat{\theta}(k-1)} \tag{14.4.6}$$

式中，$\rho(k)$为收敛因子，满足第 7 章所给的条件式(7.5.4)；损失函数 $J(\boldsymbol{\theta})$关于模型参数向量$\boldsymbol{\theta}$的梯度$\boldsymbol{q}(\boldsymbol{\theta})$定义为

$$\begin{aligned}\mathrm{E}\{\boldsymbol{q}(\boldsymbol{\theta})\}&=\left[\frac{\partial J(k)}{\partial\boldsymbol{\theta}}\right]^{\mathrm{T}}=\mathrm{E}\left\{\left[\frac{\partial\boldsymbol{\varepsilon}(k)}{\partial\boldsymbol{\theta}}\right]^{\mathrm{T}}\boldsymbol{\Lambda}(k)\boldsymbol{\varepsilon}(k)\right\}\\&=-\mathrm{E}\left\{\left[\frac{\partial\hat{\boldsymbol{z}}(k)}{\partial\boldsymbol{\theta}}\right]^{\mathrm{T}}\boldsymbol{\Lambda}(k)\boldsymbol{\varepsilon}(k)\right\}\end{aligned} \tag{14.4.7}$$

其中，输出预报值$\hat{\boldsymbol{z}}(k)$关于参数向量$\boldsymbol{\theta}$的导数记作

$$\left[\frac{\partial\hat{\boldsymbol{z}}(k)}{\partial\boldsymbol{\theta}}\right]^{\mathrm{T}}\stackrel{\mathrm{def}}{=}\boldsymbol{\Psi}(k) \tag{14.4.8}$$

称$\boldsymbol{\Psi}(k)$为梯度数据矩阵。又记 Hessian 矩阵$\dfrac{\partial^2 J(\boldsymbol{\theta})}{\partial\boldsymbol{\theta}^2}$的近似值为$\boldsymbol{R}(k)$，根据随机逼近原理，矩阵$\boldsymbol{R}(k)$可按下式递推计算

$$\boldsymbol{R}(k)=\boldsymbol{R}(k-1)+\rho(k)[\boldsymbol{\Psi}(k)\boldsymbol{\Lambda}(k)\boldsymbol{\Psi}^{\mathrm{T}}(k)-\boldsymbol{R}(k-1)] \tag{14.4.9}$$

式中，$\rho(k)$为收敛因子，加权矩阵$\boldsymbol{\Lambda}(k)$可取残差$\boldsymbol{\varepsilon}(k)$协方差阵$\boldsymbol{S}(k)$的逆，即$\boldsymbol{\Lambda}(k)=\boldsymbol{S}^{-1}(k)$。同样，根据随机逼近原理，$\boldsymbol{S}(k)$又可按下式递推计算

$$\boldsymbol{S}(k)=\boldsymbol{S}(k-1)+\rho(k)[\boldsymbol{\varepsilon}(k)\boldsymbol{\varepsilon}^{\mathrm{T}}(k)-\boldsymbol{S}(k-1)] \tag{14.4.10}$$

于是，当取$\boldsymbol{\Lambda}(k)=\boldsymbol{S}^{-1}(k)$时，模型参数向量$\boldsymbol{\theta}$的估计值式(14.4.6)可重写成

$$\hat{\boldsymbol{\theta}}(k)=\hat{\boldsymbol{\theta}}(k-1)+\rho(k)\boldsymbol{R}(k)\boldsymbol{\Psi}(k)\boldsymbol{\Lambda}(k)\boldsymbol{\varepsilon}(k) \tag{14.4.11}$$

回顾式(14.4.3)，设 k 时刻有 p 个输出变量被采样，有 $\bar{p}=(m-p)$ 个输出变量未被采样，将被采样的数据排列在前，未被采样的数据排列在后，构成如下数据向量

$$\underline{z}(k)=\begin{bmatrix}z_p(k)\\ z_{\bar{p}}(k)\end{bmatrix}=\begin{bmatrix}[z_{i_1}(k),\cdots,z_{i_p}(k)]^{\mathrm{T}}\\ [z_{i_{p+1}}(k),\cdots,z_{i_m}(k)]^{\mathrm{T}}\end{bmatrix}\tag{14.4.12}$$

式中，数据向量 $\underline{z}(k)$ 前段维数为 p，后段维数为 $\bar{p}=(m-p)$，总维数为 m；$\{i_1,i_2,\cdots,i_p\}$ 和 $\{i_{p+1},i_{p+2},\cdots,i_m\}$ 分别为 $\{1,2,\cdots,m\}$ 的子集；未采样到的数据 $z_{\bar{p}}(k)$ 可用 $\hat{z}_{\bar{p}}(k-1)$ 代替。这时，系统模型残差表示为

$$\underline{\boldsymbol{\varepsilon}}(k)=\underline{z}(k)-\tilde{z}(k)\big|_{\hat{\boldsymbol{\theta}}(k)}=[\boldsymbol{\varepsilon}_p^{\mathrm{T}}(k),\boldsymbol{0}_{\bar{p}}^{\mathrm{T}}]^{\mathrm{T}}\tag{14.4.13}$$

其中，下脚标“p”和“$\bar{p}$”表示 k 时刻被采样与未被采样的变量维数。

记 $\boldsymbol{\Lambda}_p(k)$ 为 $\boldsymbol{\Lambda}(k)$ 对应于 $\boldsymbol{\varepsilon}_p(k)$ 的加权子矩阵，损失函数重写为

$$\begin{aligned}J(\boldsymbol{\theta})&=\frac{1}{2}\mathrm{E}\{\underline{\boldsymbol{\varepsilon}}^{\mathrm{T}}(k)\boldsymbol{\Lambda}(k)\underline{\boldsymbol{\varepsilon}}(k)\}\\&=\frac{1}{2}\mathrm{E}\{\boldsymbol{\varepsilon}_p^{\mathrm{T}}(k)\boldsymbol{\Lambda}_p(k)\boldsymbol{\varepsilon}_p(k)\}\triangleq J_p(\boldsymbol{\theta})\end{aligned}\tag{14.4.14}$$

以 $J_p(\boldsymbol{\theta})$ 代替 $J(\boldsymbol{\theta})$，并考虑到 k 时刻模型参数估计值还是未知的，式(14.4.11)和式(14.4.10)中的模型残差宜用新息替代，则式(14.4.11)改写成

$$\hat{\boldsymbol{\theta}}_p(k)=\hat{\boldsymbol{\theta}}_p(k-1)+\rho(k)\boldsymbol{R}_p(k)\boldsymbol{\Psi}_p(k)\boldsymbol{\Lambda}_p(k)\tilde{z}_p(k)\tag{14.4.15}$$

其中，$\boldsymbol{\Lambda}_p(k)=\boldsymbol{S}_p^{-1}(k)$，并模仿式(14.4.13)，将新息 $\tilde{z}_p(k)$ 表示成

$$\underline{\tilde{z}}(k)=\underline{z}(k)-\tilde{z}(k)\big|_{\hat{\boldsymbol{\theta}}(k-1)}=[\tilde{z}_p^{\mathrm{T}}(k),\boldsymbol{0}_{(m-p)}^{\mathrm{T}}]^{\mathrm{T}}\tag{14.4.16}$$

与此同时，式(14.4.9)和式(14.4.10)也改写成

$$\begin{cases}\boldsymbol{R}_p(k)=\boldsymbol{R}_p(k-1)+\rho(k)[\boldsymbol{\Psi}_p(k)\boldsymbol{\Lambda}_p(k)\boldsymbol{\Psi}_p^{\mathrm{T}}(k)-\boldsymbol{R}_p(k-1)]\\ \boldsymbol{S}_p(k)=\boldsymbol{S}_p(k-1)+\rho(k)[\tilde{z}_p(k)\tilde{z}_p^{\mathrm{T}}(k)-\boldsymbol{S}_p(k-1)]\end{cases}\tag{14.4.17}$$

其中，梯度数据矩阵 $\boldsymbol{\Psi}_p(k)$ 定义为

$$\begin{cases}\boldsymbol{\Psi}_p(k)=[\boldsymbol{\psi}_{i_1}(k),\boldsymbol{\psi}_{i_2}(k),\cdots,\boldsymbol{\psi}_{i_p}(k)]\\ \boldsymbol{\psi}_i(k)=-\left[\dfrac{\partial\hat{z}_i(k)}{\partial\boldsymbol{\theta}}\right]^{\mathrm{T}},\quad i=i_1,i_2,\cdots,i_p\end{cases}\tag{14.4.18}$$

上面论述的式(14.4.15)和式(14.4.17)便构成非均匀采样系统高斯-牛顿递推辨识算法。但是，必须注意到，式(14.4.15)和式(14.4.17)中的 $\hat{\boldsymbol{\theta}}_p(k-1)$ 和 $\hat{\boldsymbol{\theta}}_p(k)$、$\boldsymbol{S}_p(k-1)$ 和 $\boldsymbol{S}_p(k)$ 及 $\boldsymbol{R}_p(k-1)$ 和 $\boldsymbol{R}_p(k)$，因两个递推时刻的采样集合 $\{i_1,i_2,\cdots,i_p\}$ 可能是交错的，使得它们的组成元素不同。因此，在利用式(14.4.15)和式(14.4.17)递推计算 $\hat{\boldsymbol{\theta}}_p(k)$、$\boldsymbol{S}_p(k)$ 和 $\boldsymbol{R}_p(k)$ 之前，需要用 $\hat{\boldsymbol{\theta}}(k-1)$、$\boldsymbol{S}(k-1)$ 和 $\boldsymbol{R}(k-1)$ 更新 $\hat{\boldsymbol{\theta}}_p(k-1)$、$\boldsymbol{S}_p(k-1)$ 和 $\boldsymbol{R}_p(k-1)$，并在完成 $\hat{\boldsymbol{\theta}}_p(k)$、$\boldsymbol{S}_p(k)$ 和 $\boldsymbol{R}_p(k)$ 的递推计算之后，用 $\hat{\boldsymbol{\theta}}_p(k)$、$\boldsymbol{S}_p(k)$ 和 $\boldsymbol{R}_p(k)$ 刷新 $\hat{\boldsymbol{\theta}}(k)$、$\boldsymbol{S}(k)$ 和 $\boldsymbol{R}(k)$，以备作为下一个递推时刻的更新之用。

综上分析，非均匀采样系统高斯-牛顿递推辨识算法的递推步长是可变的，数据

向量结构及被更新的模型参数也是随时间变化的，取决于采样集合$\{i_1, i_2, \cdots, i_p\}$的不同。

14.4.2 递推辨识算法

1. 梯度数据矩阵$\boldsymbol{\Psi}(k)$

实现非均匀采样系统高斯-牛顿递推辨识算法式(14.4.15)和式(14.4.17)的关键在于梯度数据矩阵$\boldsymbol{\Psi}_p(k)$的构成，而$\boldsymbol{\Psi}_p(k)$是从式(14.4.8)定义的$\boldsymbol{\Psi}(k)$中选出被采样的点构成的。对单变量线性系统，文献[53]给出了一种构造梯度数据向量的方法，作者将该方法推广到多变量线性系统，以构造梯度数据矩阵$\boldsymbol{\Psi}(k)$，并从中选构$\boldsymbol{\Psi}_p(k)$，用于算法式(14.4.15)和式(14.4.17)。

考虑式(14.2.6)所示的多变量连续状态空间模型，按照文献[53]的思想，构造如下的增广辅助模型

$$\begin{cases}\dfrac{\mathrm{d}\,\bar{\boldsymbol{x}}(t)}{\mathrm{d}t} = \bar{\boldsymbol{A}}\,\bar{\boldsymbol{x}}(t) + \bar{\boldsymbol{B}}\boldsymbol{u}(t) \\ \bar{\boldsymbol{z}}(t) = \bar{\boldsymbol{C}}\,\bar{\boldsymbol{x}}(t) + \bar{\boldsymbol{D}}\boldsymbol{u}(t)\end{cases} \tag{14.4.19}$$

其中，$\bar{\boldsymbol{x}}(t) \in \mathbb{R}^{2nN\times 1}$为增广辅助模型的状态变量；$\bar{\boldsymbol{z}}(t) \in \mathbb{R}^{mN\times 1}$为增广辅助模型的输出变量；$\bar{\boldsymbol{A}} \in \mathbb{R}^{2nN\times 2nN}$、$\bar{\boldsymbol{B}} \in \mathbb{R}^{2nN\times r}$、$\bar{\boldsymbol{C}} \in \mathbb{R}^{nm\times 2nN}$和$\bar{\boldsymbol{D}} \in \mathbb{R}^{mN\times r}$为增广辅助模型的参数矩阵；$N=n(n+r+m)+mr$为式(14.2.7)定义的模型参数向量$\boldsymbol{\theta}$个数。

仿照文献[53]，增广辅助模型式(14.4.19)采样时刻$t(k)$的输出可写成

$$\bar{\boldsymbol{z}}(t(k)) = \bar{\boldsymbol{C}}\mathrm{e}^{\bar{\boldsymbol{A}}T(k)}\,\bar{\boldsymbol{x}}(t(k-1)) + \bar{\boldsymbol{C}}\int_{t(k-1)}^{t(k)} \mathrm{e}^{\bar{\boldsymbol{A}}(t(k)-\tau)}\bar{\boldsymbol{B}}\boldsymbol{u}(\tau)\mathrm{d}\tau + \bar{\boldsymbol{D}}\boldsymbol{u}(t(k)) \tag{14.4.20}$$

式中，增广参数矩阵$\bar{\boldsymbol{A}}$、$\bar{\boldsymbol{B}}$、$\bar{\boldsymbol{C}}$和$\bar{\boldsymbol{D}}$及增广状态变量$\bar{\boldsymbol{x}}(t)$定义为

$$\begin{cases}\bar{\boldsymbol{A}} = \mathrm{diag}[\bar{\boldsymbol{A}}_1, \bar{\boldsymbol{A}}_2, \cdots, \bar{\boldsymbol{A}}_N] \in \mathbb{R}^{2nN\times 2nN} \\ \bar{\boldsymbol{B}} = [\bar{\boldsymbol{B}}_1^{\mathrm{T}}, \bar{\boldsymbol{B}}_1^{\mathrm{T}}, \cdots, \bar{\boldsymbol{B}}_N^{\mathrm{T}}]^{\mathrm{T}} \in \mathbb{R}^{2nN\times r} \\ \bar{\boldsymbol{C}} = [\bar{\boldsymbol{C}}_1^{\mathrm{T}}, \bar{\boldsymbol{C}}_2^{\mathrm{T}}, \cdots, \bar{\boldsymbol{C}}_m^{\mathrm{T}}]^{\mathrm{T}} \in \mathbb{R}^{mN\times 2nN} \\ \bar{\boldsymbol{C}}_i = \mathrm{diag}[\bar{\boldsymbol{c}}_{i1}^{\mathrm{T}}, \bar{\boldsymbol{c}}_{i2}^{\mathrm{T}}, \cdots, \bar{\boldsymbol{c}}_{iN}^{\mathrm{T}}] \in \mathbb{R}^{N\times 2nN}, i = 1,2,\cdots,m \\ \bar{\boldsymbol{D}} = [\bar{\boldsymbol{D}}_1^{\mathrm{T}}, \bar{\boldsymbol{D}}_2^{\mathrm{T}}, \cdots, \bar{\boldsymbol{D}}_m^{\mathrm{T}}]^{\mathrm{T}} \in \mathbb{R}^{mN\times r} \\ \bar{\boldsymbol{D}}_i = [\bar{\boldsymbol{d}}_{i1}^{\mathrm{T}}, \bar{\boldsymbol{d}}_{i2}^{\mathrm{T}}, \cdots, \bar{\boldsymbol{d}}_{iN}^{\mathrm{T}}]^{\mathrm{T}} \in \mathbb{R}^{N\times r}, i = 1,2,\cdots,m \\ \bar{\boldsymbol{x}}(t(k)) = [\bar{\boldsymbol{x}}_1^{\mathrm{T}}(t(k)), \bar{\boldsymbol{x}}_2^{\mathrm{T}}(t(k)), \cdots, \bar{\boldsymbol{x}}_N^{\mathrm{T}}(t(k))]^{\mathrm{T}} \in \mathbb{R}^{2nN\times 1} \\ \bar{\boldsymbol{x}}_i(t(k)) = \left[\boldsymbol{x}^{\mathrm{T}}(t(k)), \dfrac{\partial\,\boldsymbol{x}^{\mathrm{T}}(t(k))}{\partial\theta_i}\right]^{\mathrm{T}} \in \mathbb{R}^{2n\times 1}\end{cases} \tag{14.4.21}$$

其中

$$\begin{cases} \bar{\boldsymbol{A}}_j = \begin{bmatrix} \boldsymbol{A} & 0 \\ \dfrac{\partial \boldsymbol{A}}{\partial \theta_j} & \boldsymbol{A} \end{bmatrix} \in \mathrm{R}^{2n\times 2n}, \bar{\boldsymbol{B}}_j = \begin{bmatrix} \boldsymbol{B} \\ \dfrac{\partial \boldsymbol{B}}{\partial \theta_j} \end{bmatrix} \in \mathrm{R}^{2n\times r}, \quad j=1,2,\cdots,N \\ \bar{\boldsymbol{c}}_{ij} = \begin{bmatrix} \dfrac{\partial \boldsymbol{c}_i}{\partial \theta_j} & \boldsymbol{c}_i \end{bmatrix}^{\mathrm{T}} \in \mathrm{R}^{2n\times 1}, \bar{\boldsymbol{d}}_{ij} = \dfrac{\partial \boldsymbol{d}_i^{\mathrm{T}}}{\partial \theta_j} \in \mathrm{R}^{r\times 1}, \quad j=1,2,\cdots,N \end{cases} \tag{14.4.22}$$

式中,$\boldsymbol{A}\in \mathrm{R}^{n\times n}$、$\boldsymbol{B}\in \mathrm{R}^{n\times r}$为模型式(14.2.6)的参数矩阵;$\boldsymbol{c}_i^{\mathrm{T}}$、$\boldsymbol{d}_i^{\mathrm{T}}$ 为模型式(14.2.6)的参数矩阵 $\boldsymbol{C}\in \mathrm{R}^{m\times n}$和$\boldsymbol{D}\in \mathrm{R}^{m\times r}$的第 i 行。

梯度数据矩阵$\boldsymbol{\Psi}(k)\in \mathrm{R}^{N\times m}$为 Jacobi 矩阵,将其排列成列向量

$$\mathrm{col}(\boldsymbol{\Psi}(k)) = [\boldsymbol{\psi}_1^{\mathrm{T}}(k), \boldsymbol{\psi}_2^{\mathrm{T}}(k), \cdots, \boldsymbol{\psi}_m^{\mathrm{T}}(k)]^{\mathrm{T}} \in \mathrm{R}^{mN\times 1} \tag{14.4.23}$$

根据文献[53]构造单变量系统梯度数据向量的方法,多变量系统的梯度数据矩阵可以写成

$$\mathrm{col}(\boldsymbol{\Psi}(k)) = -\bar{z}(t(k)) \stackrel{\mathrm{def}}{=} -\bar{z}(k) \tag{14.4.24}$$

其中,$\bar{z}(t(k))$是增广辅助模型式(14.4.19)初始状态全为零的情况下,$t(k)$时刻(简记 k)的输出。

根据式(14.4.23),通过反串行化处理,获得梯度数据矩阵$\boldsymbol{\Psi}(k)$。如果 k 时刻被采样的集合为$\{i_1, i_2, \cdots, i_p\}\subset\{1,2,\cdots,m\}$,则依据式(14.4.18)的定义,便可构成$\boldsymbol{\Psi}_p(k)$。

2. 模型参数和状态的递推估计

通过以上分析,非均匀采样系统高斯-牛顿辨识算法可以写成两部分,一部分是模型参数递推估计算法;另一部分是模型状态递推估计算法,分别为如下所示的(Ⅰ)和(Ⅱ)算法,即式(14.4.25)和式(14.4.26)。

$$(\mathrm{I})\begin{cases} \hat{\boldsymbol{\theta}}_p(k) = \hat{\boldsymbol{\theta}}_p(k-1) + \rho(k)\boldsymbol{R}_p(k)\boldsymbol{\Psi}_p(k)\boldsymbol{\Lambda}_p(k)\tilde{\boldsymbol{z}}_p(k) \\ \boldsymbol{\Lambda}_p(k) = \boldsymbol{S}_p^{-1}(k), \quad \tilde{\boldsymbol{z}}_p(k) = \boldsymbol{z}_p(k) - \hat{\boldsymbol{z}}_p(k) \\ \boldsymbol{S}_p(k) = \boldsymbol{S}_p(k-1) + \rho(k)[\tilde{\boldsymbol{z}}_p(k)\tilde{\boldsymbol{z}}_p^{\mathrm{T}}(k) - \boldsymbol{S}_p(k-1)] \\ \boldsymbol{R}_p(k) = \boldsymbol{R}_p(k-1) + \rho(k)[\boldsymbol{\Psi}_p(k)\boldsymbol{\Lambda}_p(k)\boldsymbol{\Psi}_p^{\mathrm{T}}(k) - \boldsymbol{R}_p(k-1)] \\ \hat{\boldsymbol{z}}_p(k) = \hat{\boldsymbol{z}}_p(t(k)) \\ \qquad = \boldsymbol{C}_p \mathrm{e}^{\boldsymbol{A}_p T(k)}\hat{\boldsymbol{x}}_p(t(k-1)) \\ \qquad\quad + \boldsymbol{C}_p\displaystyle\int_{t(k-1)}^{t(k)} \mathrm{e}^{\boldsymbol{A}_p(t(k)-\tau)}\boldsymbol{B}_p\boldsymbol{u}_p(\tau)\mathrm{d}\tau + \boldsymbol{D}_p\boldsymbol{u}_p(t(k))\Big|_{\hat{\boldsymbol{\theta}}(k-1)} \\ \boldsymbol{\Psi}_p(k) = -\hat{\bar{\boldsymbol{z}}}_p(k) = \hat{\bar{\boldsymbol{z}}}_p(t(k)) \\ \qquad = \bar{\boldsymbol{C}}_p \mathrm{e}^{\bar{\boldsymbol{A}}_p T(k)}\hat{\bar{\boldsymbol{x}}}_p(t(k-1)) \\ \qquad\quad + \bar{\boldsymbol{C}}_p\displaystyle\int_{t(k-1)}^{t(k)} \mathrm{e}^{\bar{\boldsymbol{A}}_p(t(k)-\tau)}\bar{\boldsymbol{B}}_p\boldsymbol{u}_p(\tau)\mathrm{d}\tau + \bar{\boldsymbol{D}}_p\boldsymbol{u}_p(t(k))\Big|_{\hat{\boldsymbol{\theta}}(k-1)} \end{cases} \tag{14.4.25}$$

式中,下脚标“p”表示 k 时刻被采样的对应变量;$\hat{z}_p(k)$、$\hat{\boldsymbol{x}}_p(t(k))$为模型式(14.2.6)的输出和状态估计值,$\boldsymbol{A}_p$、$\boldsymbol{B}_p$、$\boldsymbol{C}_p$ 和 $\boldsymbol{D}_p$ 是 $\boldsymbol{A}$、$\boldsymbol{B}$、$\boldsymbol{C}$ 和 $\boldsymbol{D}$ 中不含未被采样变量对应的参数矩阵;$\hat{\bar{z}}_p(k)$、$\hat{\bar{\boldsymbol{x}}}_p(t(k))$为增广辅助模型式(14.4.19)的输出和状态估计值,$\bar{\boldsymbol{A}}_p$、$\bar{\boldsymbol{B}}_p$、$\bar{\boldsymbol{C}}_p$ 和 $\bar{\boldsymbol{D}}_p$ 是 $\bar{\boldsymbol{A}}$、$\bar{\boldsymbol{B}}$、$\bar{\boldsymbol{C}}$ 和 $\bar{\boldsymbol{D}}$ 中不含未被采样变量对应的参数矩阵。

$$
(\mathrm{II})\begin{cases}
\widetilde{\boldsymbol{P}}_p(k) \overset{\text{def}}{=} \widetilde{\boldsymbol{P}}_p(t(k)) = \mathrm{e}^{\boldsymbol{A}_p T(k)} \boldsymbol{P}_p(t(k-1)) \mathrm{e}^{\boldsymbol{A}_p T(k)} \Big|_{\hat{\boldsymbol{\theta}}(k)} + \hat{\boldsymbol{\Sigma}}_{\boldsymbol{\omega}} \\
\boldsymbol{K}_p(k) = \widetilde{\boldsymbol{P}}_p(k)\boldsymbol{C}_p(k)\ (\boldsymbol{C}_p(k)\ \widetilde{\boldsymbol{P}}_p(k)\boldsymbol{C}_p(k) + \hat{\boldsymbol{\Sigma}}_w)^{-1} \Big|_{\hat{\boldsymbol{\theta}}(k)} \\
\boldsymbol{P}_p(k) = (\boldsymbol{I} - \boldsymbol{K}_p(k)\boldsymbol{C}_p(k))\widetilde{\boldsymbol{P}}_p(k) \Big|_{\hat{\boldsymbol{\theta}}(k)} \\
\hat{\boldsymbol{x}}_p(k) \overset{\text{def}}{=} \hat{\boldsymbol{x}}_p(t(k)) = \tilde{\boldsymbol{x}}_p(k) + K_p(k)\ \tilde{z}_p(k) \\
\tilde{\boldsymbol{x}}_p(k) \overset{\text{def}}{=} \tilde{\boldsymbol{x}}_p(t(k)) = \mathrm{e}^{A_p T(k)}\ \hat{\boldsymbol{x}}_p(t(k-1)) + \displaystyle\int_{t(k-1)}^{t(k)} \mathrm{e}^{\boldsymbol{A}_p(t(k)-s)} \boldsymbol{B}_p \boldsymbol{u}_p(\tau)\mathrm{d}\tau \Big|_{\hat{\boldsymbol{\theta}}(k)}
\end{cases}
\tag{14.4.26}
$$

式中,$\hat{\boldsymbol{\Sigma}}_\omega$、$\hat{\boldsymbol{\Sigma}}_w$ 为模型式(14.2.6)噪声$\boldsymbol{\omega}(k)$和 $\boldsymbol{w}(k)$的协方差阵估计值,可利用 N4SID 算法估计(见式(14.3.37));$\boldsymbol{P}_p(t(k)) \overset{\text{def}}{=} \boldsymbol{P}_p(k)$为模型式(14.2.6)状态变量$\boldsymbol{x}_p(t(k))$的协方差阵。

实际上,式(14.4.26)就是模型式(14.2.6)的 Kalman 滤波器,用于估计模型状态变量 $\boldsymbol{x}(t)$。类似地,同样可以构造另外一个 Kalman 滤波器,用于估计式(14.4.19)所示的增广辅助模型状态变量$\bar{\boldsymbol{x}}(t)$。注意,状态变量$\bar{\boldsymbol{x}}(t)$包含 $\boldsymbol{x}(t)$,因此只要构造估计状态变量$\bar{\boldsymbol{x}}(t)$的 Kalman 滤波器就足够了。

上面论述的非均匀采样系统高斯牛顿辨识算法式(14.4.25)和式(14.4.26)只对 k 时刻被采样到的变量操作,对不被采样的变量是不操作的。这种操作规则的前提是参数矩阵 $\boldsymbol{A}$ 必须是分块对角矩阵,否则可能会造成不能完全沿着梯度数据矩阵$\boldsymbol{\Psi}_p(k)$的方向修正模型参数向量$\boldsymbol{\theta}$。然而,如果参数矩阵 $\boldsymbol{A}$ 不是分块对角矩阵,辨识算法式(14.4.25)和式(14.4.26)还是可以用的,只不过模型参数估计值可能会出现些偏差。仿真例 14.2 证实了这一点,使用辨识算法式(14.4.25)和式(14.4.26)时需要注意这个问题。

例 14.2 考虑式(14.2.6)所示的连续多变量线性系统,输入、输出和状态变量各为 3 维,模型参数矩阵为

$$
\begin{cases}
\boldsymbol{A} = \begin{bmatrix} -0.5 & 0.003 & 0.003 \\ 0.003 & -0.8 & 0.003 \\ 0.003 & 0.003 & -1.2 \end{bmatrix}, \quad \boldsymbol{B} = \begin{bmatrix} 1 & 0 & 0 \\ 0 & 0.7 & 0 \\ 0 & 0 & 0.3 \end{bmatrix} \\
\boldsymbol{C} = \boldsymbol{I}_3, \boldsymbol{D} = 0_{3\times 3}
\end{cases}
\tag{14.4.27}
$$

过程噪声$\boldsymbol{\omega}(t)$和输出测量噪声 $\boldsymbol{w}(t)$的协方差阵$\boldsymbol{\Sigma}_\omega$ 和$\boldsymbol{\Sigma}_v$ 均为 $0.01^2\boldsymbol{I}_3$,数据长度为 300s,其他仿真实验条件与例 14.1 相同。子系统 1 和子系统 2 的输入和输出及子系

统 3 的输入为均匀采样，采样时间间隔为 0.1s，子系统 3 的输出为非均匀采样，平均采样时间为 0.2s，即

$$\begin{cases} T_{\text{in}} = [0.1 \quad 0.1 \quad 0.1]\text{s} \\ T_{\text{out}} = [0.1 \quad 0.1 \quad 0.2]\text{s} \end{cases} \tag{14.4.28}$$

3 个子系统分别采样 1501、1501 和 761 点。

因所选择的参数矩阵 $\boldsymbol{C}$ 和 $\boldsymbol{D}$ 已确定，故模型参数向量 $\boldsymbol{\theta}$ 由参数矩阵 $\boldsymbol{A}$ 和 $\boldsymbol{B}$ 元素组成，置为

$$\boldsymbol{\theta} = [a_{11}, a_{12}, a_{13}, a_{21}, a_{22}, a_{23}, a_{31}, a_{32}, a_{33}, b_{11}, b_{12}, b_{13}, b_{21}, b_{22}, b_{23}, b_{31}, b_{32}, b_{33}]^{\mathrm{T}} \tag{14.4.29}$$

参数向量 $\boldsymbol{\theta}$ 初始值取 0，辨识结果如表 14.2 所示。图 14.5 是模型参数估计的变化过程。

表 14.2 模型参数辨识结果

	a_{11}	a_{12}	a_{13}	a_{21}	a_{22}	a_{23}
真值	−0.5	0.003	0.003	0.003	−0.8	0.003
估计值	−0.502	0.012	0.162	−0.001	−0.810	−0.033
误差	−0.002	0.009	0.159	−0.004	−0.010	−0.036
	a_{31}	a_{32}	a_{33}	b_{11}	b_{12}	a_{13}
真值	0.003	0.003	−1.2	1	0	0
估计值	0.002	−0.002	−1.236	1.005	0.002	−0.029
误差	−0.001	−0.005	−0.036	0.005	0.002	−0.029
	b_{21}	b_{22}	b_{23}	b_{31}	b_{32}	a_{33}
真值	0	0.7	0	0	0	0.3
估计值	−0.001	0.700	0.009	−0.001	−0.001	0.306
误差	−0.001	0.000	0.009	−0.001	−0.001	0.006

参数矩阵 $\boldsymbol{A}$ 的特征值为 $\lambda_1 = -0.5$，$\lambda_2 = -0.8$ 和 $\lambda_3 = -1.2$，辨识模型对应的特征值为 $\hat{\lambda}_1 = -0.501$，$\hat{\lambda}_2 = -0.810$ 和 $\hat{\lambda}_3 = -1.237$，特征值估计的变化过程如图 14.6 所示。图 14.7 为系统输出与辨识模型输出的比较。从表 14.2 来看，参数矩阵 $\boldsymbol{A}$ 和 $\boldsymbol{B}$ 估计的平均误差分别为 0.029、0.006。注意到，因为子系统 3 输出是非均匀采样，采样点最少，因此参数估计精度最差，说明非均匀采样对辨识结果是有影响的。另外，由于各变量的采样频度不同，模型参数更新的几率也就不同。更新几率高的参数，辨识精度应该会高些。参数矩阵 $\boldsymbol{B}$ 的更新几率最高，所以辨识精度较其他参数要高些，这也在情理之中。

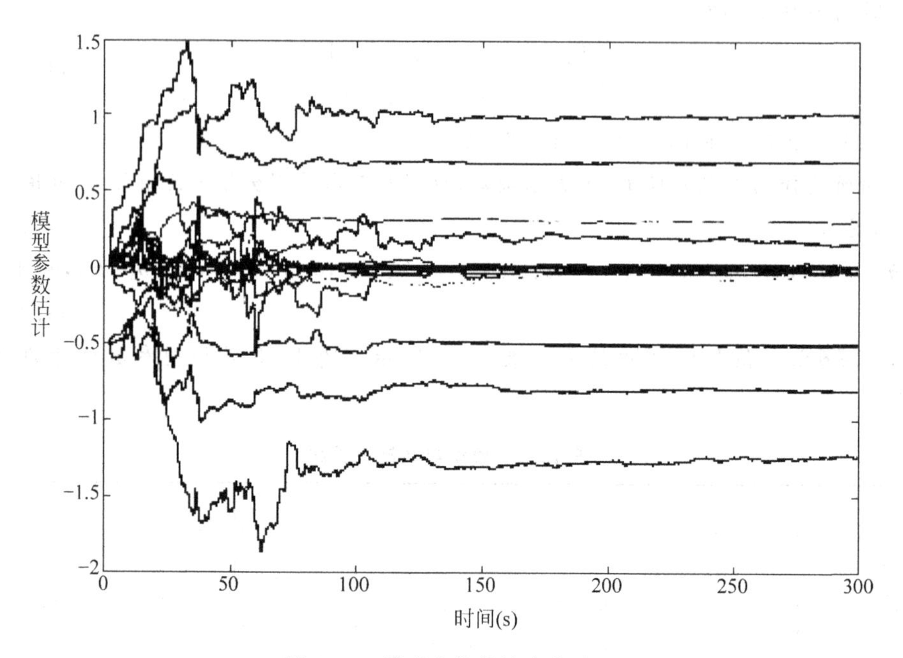

图 14.5 模型参数估计变化过程

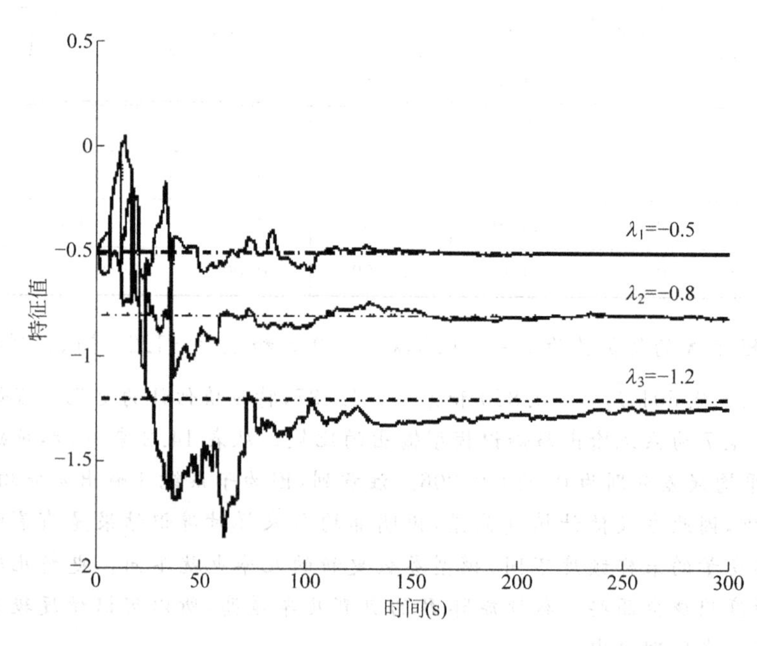

图 14.6 参数矩阵 **A** 的特征值比较

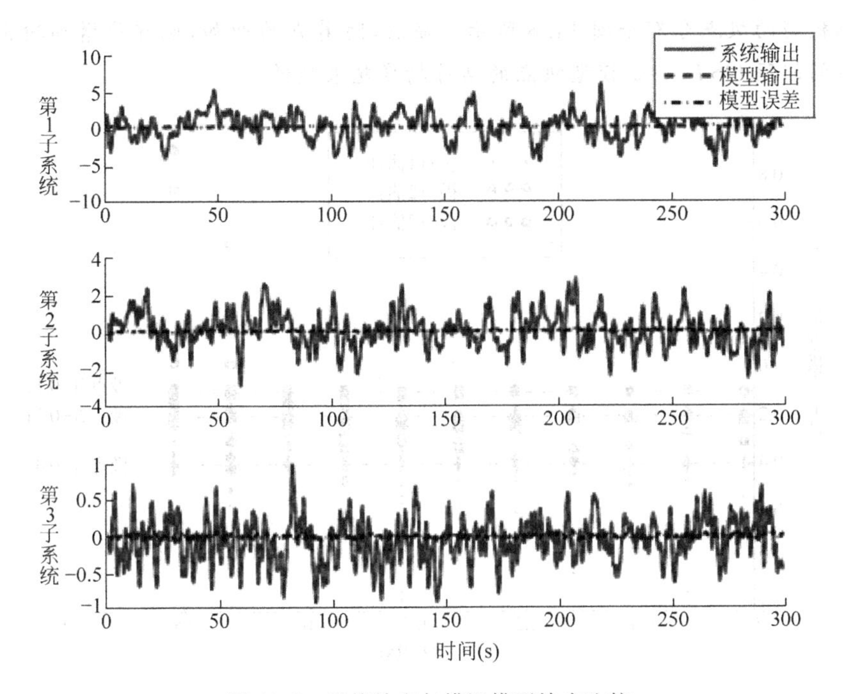

图 14.7　系统输出与辨识模型输出比较

14.5　问题讨论

14.5.1　非均匀采样对算法估计精度的影响

要想从理论的角度来分析非均匀采样对辨识算法的影响有一定的难度，下面仅用一个例子来说明非均匀采样对辨识的影响。

例 14.3　考虑输入输出为 4×3、状态变量为 3 维的连续多变量线性系统，模型参数矩阵为

$$\begin{cases} \boldsymbol{A} = \begin{bmatrix} -0.1 & 0.03 & 0.05 \\ 0 & -0.4 & 0.02 \\ 0 & 0 & -0.2 \end{bmatrix}, \boldsymbol{B} = \begin{bmatrix} 1 & 0 & 1 & 1 \\ 0 & 1 & 0 & 1 \\ 0 & 0 & 1 & 1 \end{bmatrix} \\ \boldsymbol{C} = \boldsymbol{I}_3, \boldsymbol{D} = 0_{3\times 4} \end{cases} \tag{14.5.1}$$

输入信号由多个(100)正弦信号叠加构成，满足持续激励条件；数据长度为 400s；输入和输出平均采样间隔分别为

$$\begin{cases} T_{\text{in}} = [0.01, 0.01, 0.01, 0.01]\text{s} \\ T_{\text{out}} = [0.01OST_1, 0.01OST_2, 0.01OST_3]\text{s} \\ OST = [OST_1, OST_2, OST_3]\text{s} \end{cases} \tag{14.5.2}$$

当取 $OST_i = 1+5k$；$k=1,2,\cdots,10, i=1,2,3$ 时，对每个 k 重复运行 30 次，获得

的辨识模型的极点分布如图 14.8 所示。显然，随着 k 的增加，也就是增加输出平均采样时间间隔 OST，辨识模型极点的估计精度越来越低。

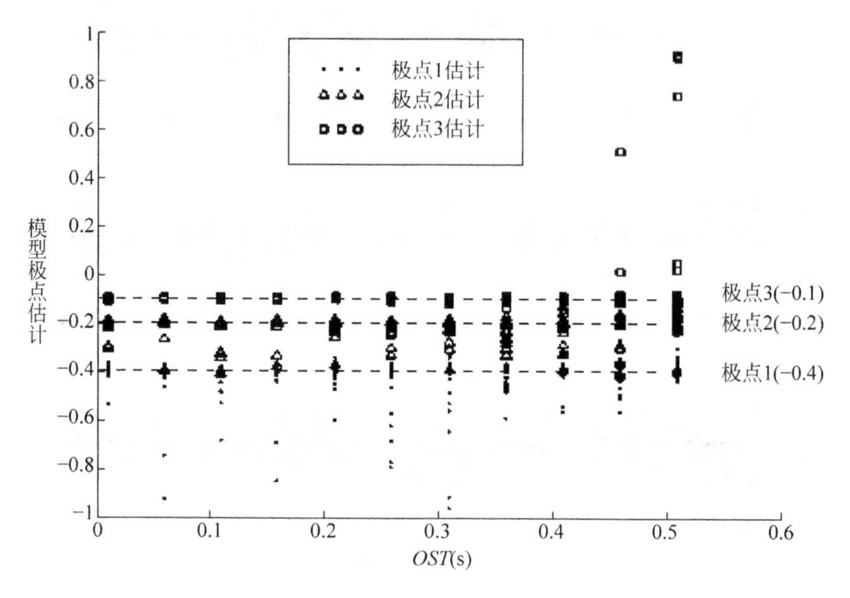

图 14.8 非均匀采样对模型极点估计的影响

14.5.2 非均匀采样对算法收敛性质的影响

设第 i 子系统的采样概率为 π_i，第 i 和 j 子系统同时被采样的概率为 π_{ij}，有

$$\pi_i \propto \frac{1}{T(i)}, \quad \pi_{ij} = \pi_{ji} \leqslant \pi_i \pi_j \tag{14.5.3}$$

式中，$T(i)$ 为式(14.2.3)定义的非均匀采样时间间隔。以 π_i 和 π_{ij} 构成采样概率矩阵为

$$\begin{cases} \boldsymbol{\Pi}(i,i) = \pi_i \\ \boldsymbol{\Pi}(i,j) = \pi_{ij} \end{cases} \tag{14.5.4}$$

由式(14.5.3)知，$\pi_i \in [0,1]$，因此采样概率矩阵 $\boldsymbol{\Pi}$ 是半正定的。

考虑采样概率矩阵 $\boldsymbol{\Pi}$ 的影响，将损失函数式(14.4.14)改写成

$$\bar{J}_p(k) = \frac{1}{2}\mathrm{E}[\boldsymbol{\varepsilon}_p^{\mathrm{T}}(k)\,\bar{\boldsymbol{\Lambda}}_p(k)\,\boldsymbol{\varepsilon}_p(k)] \tag{14.5.5}$$

式中，$\bar{\boldsymbol{\Lambda}}_p(k) = \boldsymbol{\Pi} \odot \boldsymbol{\Lambda}_p(k)$，符号“$\odot$”表示点乘操作，即两个矩阵的元素一一相乘。

损失函数式(14.5.5)可以理解为其加权矩阵变成了新的形式 $\bar{\boldsymbol{\Lambda}}_p(k) = \boldsymbol{\Pi} \odot \boldsymbol{\Lambda}_p(k)$。由于采样概率矩阵 $\boldsymbol{\Pi}$ 和加权矩阵 $\boldsymbol{\Lambda}_p(k)$ 都是正定或半正定的，根据 Schur 乘积定理，新的加权矩阵 $\bar{\boldsymbol{\Lambda}}_p(k)$ 仍然是正定或半正定的。这表明非均匀采样只改变了损失函数的权矩阵形式，因此不会影响算法的收敛性，但会因采样概率矩阵 $\boldsymbol{\Pi}$ 的作用，影响辨识算法的收敛性质。

以 2 维参数向量$\boldsymbol{\theta}=[\theta_1,\theta_2]^{\mathrm{T}}$为例，非均匀采样会“扭曲”损失函数的梯度方向，如图 14.9 所示。图中 D_C 是不变集，D_A 是吸收域；三条带箭头的曲线显示了模型参数$\boldsymbol{\theta}$典型的收敛路径。考察左上的收敛轨迹曲线，均匀采样情况下，损失函数的梯度分解到$\vec{\theta}_1$和$\vec{\theta}_2$两个正交方向，得

$$f(\boldsymbol{\theta})=f_1(\boldsymbol{\theta})+f_2(\boldsymbol{\theta}) \tag{14.5.6}$$

考虑非均匀采样的影响，损失函数的梯度被分解成

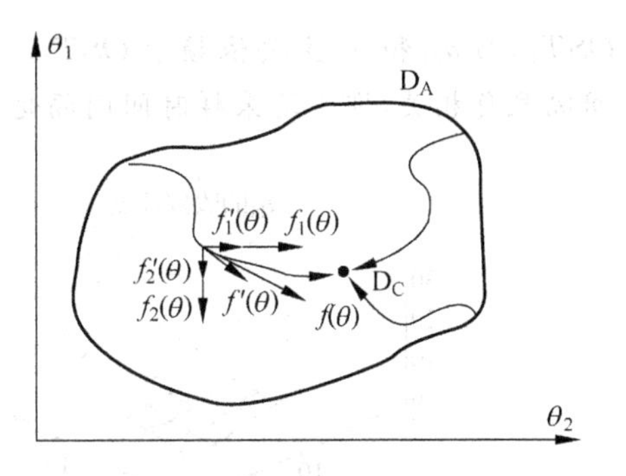

图 14.9　非均匀采样对损失函数梯度的影响

$$f'(\boldsymbol{\theta})=f'_1(\boldsymbol{\theta})+f'_2(\boldsymbol{\theta}) \tag{14.5.7}$$

式中，$f'_1(\boldsymbol{\theta})=p(\theta_1)f_1(\boldsymbol{\theta})$，$f'_2(\boldsymbol{\theta})=p(\theta_2)f_2(\boldsymbol{\theta})$，表明损失函数的梯度方向因非均匀采样而改变了方向，从而影响算法的收敛轨迹。

当然，为了获得与均匀采样相同的收敛轨迹，可以通过重新设计加权矩阵来达到，也就是设法恢复成原来的权矩阵。若令$\boldsymbol{\Lambda}_p^*(k)=\boldsymbol{\Lambda}(k)\oslash\boldsymbol{\Pi}$，符号“$\oslash$”表示点除操作，即两个矩阵的元素一一相除，是点乘操作$\odot$的反操作，则加权矩阵就恢复成原来的形式，相当于恢复了原来的梯度方向，也就恢复成原来的收敛轨迹。但是，如果$\pi_{ij}=0$，加权矩阵是不可复原的。这正是均匀采样和非均匀采样的根本区别，均匀采样π_{ij}恒为 1，而非均匀采样π_{ij}可能为零。

有关非均匀采样对算法收敛性的影响，更详细的分析可进一步参考文献[80]。下面用一个例子，说明非均匀采样对算法收敛速度的影响。

例 14.4　考虑输入输出为 2×2、状态变量为 2 维的连续多变量线性系统，模型参数矩阵为

$$\begin{cases}\boldsymbol{A}=\begin{bmatrix}-1.3 & 0\\ 0 & 0.9\end{bmatrix},\boldsymbol{B}=\begin{bmatrix}0.6 & 0\\ 0 & 0.32\end{bmatrix}\\ \boldsymbol{C}=\boldsymbol{I}_2,\boldsymbol{D}=\boldsymbol{0}_{2\times 2}\end{cases} \tag{14.5.8}$$

实验条件与例 14.3 相同。置模型参数向量为

$$\boldsymbol{\theta}=[a_{11},a_{12},a_{21},a_{22},b_{11},b_{12},b_{21},b_{22}]^{\mathrm{T}} \tag{14.5.9}$$

初始值取$\hat{\boldsymbol{\theta}}(0)=[-1.4,0,0,-1.0,0.5,0,0,0.22]^{\mathrm{T}}$，并定义

$$V_i=\frac{1}{\min\limits_k[\hat{\theta}_i(k)>0.5(\theta_i+\hat{\theta}_i(0))]} \tag{14.5.10}$$

作为参数估计值的收敛速度，即第 i 个参数估计值首次更新至 $0.5(\theta_i+\hat{\theta}_i(0))$，其倒数为收敛速度。

考察模型参数向量$\boldsymbol{\theta}$中的 4 个不为零的参数：a_{11}、a_{22}、b_{11}和 b_{22}，并记第 1 和 2 子系统输出的平均采样时间间隔为 OST_1 和 OST_2，从 0.3s～1.9s，以 0.2s 步长，递增调节 OST_1 和 OST_2。从图 14.10 看到，模型参数 a_{11} 和 b_{11} 的收敛速度主要依赖于

OST_1，而 a_{22} 和 b_{22} 主要依赖于 OST_2。模型参数估计值的收敛速度与平均采样时间间隔呈负相关，即平均采样时间间隔越小，收敛速度越快，反之收敛速度放慢。

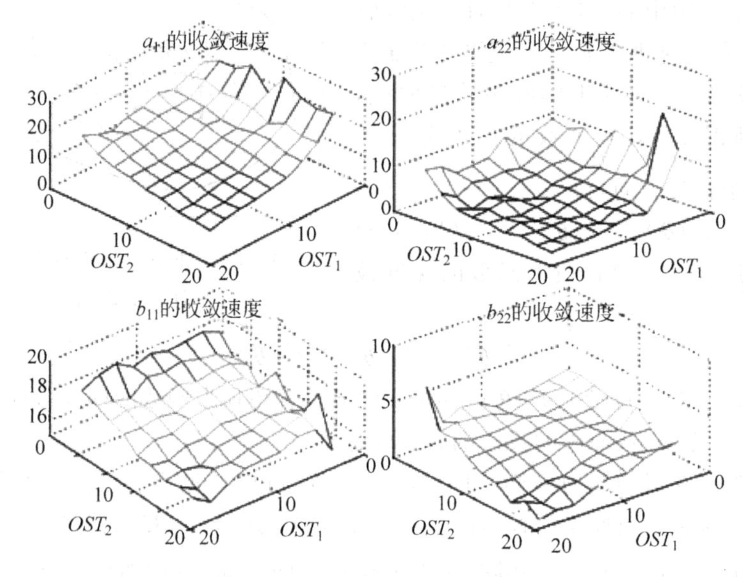

图 14.10 非均匀采样对算法收敛速度的影响

14.6 应用例

图 14.11 是某催化裂化新型串联提升管反应器的工艺流程。

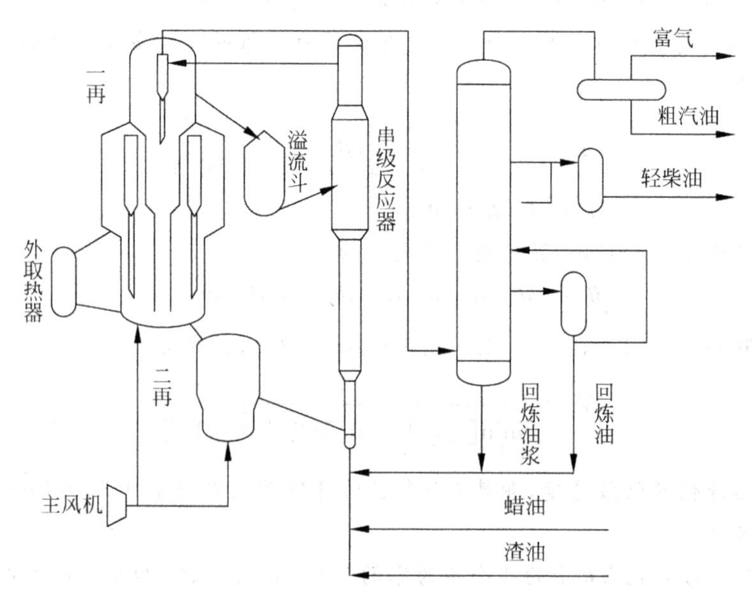

图 14.11 催化裂化(FCCU)工艺流程

为了获得更高的经济效益，需要对 FCCU 实施优化控制，通过优化运算，改变操作条件和参数，以提高产品收率，增加企业利润。实现 FCCU 优化控制的关键通常在于关键质量变量的测量，如汽油干点、柴油 95%点等。在传统工艺中，这些关键质量变量的测量值都是通过采集样本，在化验室里靠人工化验获得的，测量频度约每 4 小时一次，而且测量时间间隔是非均匀的，同时存在较大的测量滞后（约 4～24 小时不等），又不能实时在线利用测量值，直接影响 FCCU 优化控制的效果。因此，为了实现 FCCU 优化控制，如何利用软测量技术获得关键质量变量的测量值是问题的瓶颈。关键质量变量的软测量是一种典型的非均匀采样问题，而且存在采样间隔稀疏、反馈不及时等问题。本应用例给出利用非均匀采样辨识方法对关键质量变量实现软测量的应用情况，验证了本章讨论的非均匀采样辨识方法的有效性。

考虑模型式(14.2.6)，假设系统输出维数小于状态维数，即 $m<n$，系统输入 $\boldsymbol{u}(t)$ 为均匀采样，采样周期为 T_0，系统输出 $\boldsymbol{z}(t)$ 为非均匀采样，采样时间与输入采样间隔不同步，并设框架周期为 T。式(14.4.26)是一种连续时间非均匀采样 Kalman 滤波器，滤波器输出是系统的状态变量预测值 $\hat{\boldsymbol{x}}(t(k))$。实际上，该滤波器不仅可以给出采样点 $t(k)$ 的状态变量预测值，而且可以给出任意时刻 t 的状态变量估计 $\hat{\boldsymbol{x}}(t)$，$t>t(k-1)$。为此，在均方误差最小的意义下任意 t 时刻系统的输出预报值可写成

$$\begin{aligned}\hat{z}(t) &= \boldsymbol{C}\hat{\boldsymbol{x}}(t) + \boldsymbol{D}\boldsymbol{u}(t)\Big|_{\hat{\boldsymbol{\theta}}(k-1)} \\ &= \boldsymbol{C}\mathrm{e}^{\boldsymbol{A}(t-t(k-1))}\hat{\boldsymbol{x}}(t(k-1)) + \boldsymbol{C}\int_{t(k-1)}^{t}\mathrm{e}^{\boldsymbol{A}(t-\tau)}\boldsymbol{B}\boldsymbol{u}(\tau)\mathrm{d}\tau + \boldsymbol{D}\boldsymbol{u}(t)\Big|_{\hat{\boldsymbol{\theta}}(k-1)}\end{aligned} \tag{14.6.1}$$

式中，系统状态变量估计 $\hat{\boldsymbol{x}}(t(k-1))$ 由式(14.4.26)给出[2]。

系统的输出预报式(14.6.1)和系统状态变量估计式(14.4.26)所需要的模型参数估计值 $\hat{\boldsymbol{\theta}}(k)$，可利用 14.3 节讨论的基于子空间的非均匀采样辨识方法或 14.4 节讨论的高斯-牛顿辨识方法获得。

本应用例的数据来自某石油催化裂化装置(FCCU)，输入数据为分馏塔顶温度、塔顶总压力、冷回流流量等八个变量，输出数据为柴油 95%点的化验值。输入变量为均匀采样，采样间隔 15 分钟；输出变量为非均匀采样，采样间隔从 4～20 小时不等，平均采样时间间隔为 4.6 小时。利用一阶非均匀采样积分滤波器和 14.3 节讨论的非均匀采样子空间辨识方法，辨识获得系统二阶连续状态空间模型，模型参数矩阵的辨识结果如下

$$\left\{\begin{aligned}\hat{\boldsymbol{A}} &= \begin{bmatrix}-1.238 & 8.574\\ -0.8488 & -1.164\end{bmatrix}\\ \hat{\boldsymbol{B}} &= \begin{bmatrix}-36.63 & -19.68 & 222.3 & 95.79 & -1.896 & 202 & -286.9 & -22.53\\ 8.192 & -9.289 & -47.75 & -7.9 & 14.14 & -46.69 & 33.37 & 8.381\end{bmatrix}\\ \hat{\boldsymbol{C}} &= \begin{bmatrix}-0.07372 & 0.2763\end{bmatrix}\\ \hat{\boldsymbol{D}} &= \begin{bmatrix}-3.012 & -0.5128 & 11.36 & 4.365 & -0.4105 & 9.666 & -11.55 & -3.134\end{bmatrix}\end{aligned}\right. \tag{14.6.2}$$

利用获得的辨识模型来预估柴油 95 点的测量值，图 14.12 是利用辨识模型获得的柴油 95 点软测量值和化验得到的柴油 95 点数据以及基于经验模型[80]的柴油 95 点估计值的比较。从图中可以看出，利用非均匀采样辨识方法获得的柴油 95 点软测量值较基于有限冲激响应模型（经验模型[80]）获得的柴油 95 点估计值的偏差有所减小，而且不会像经验模型那样，出现那么大的估计误差，如第 34 采样点。这种估计误差对优化控制会造成很大的扰动，甚至造成错误的控制策略，影响优化目标。

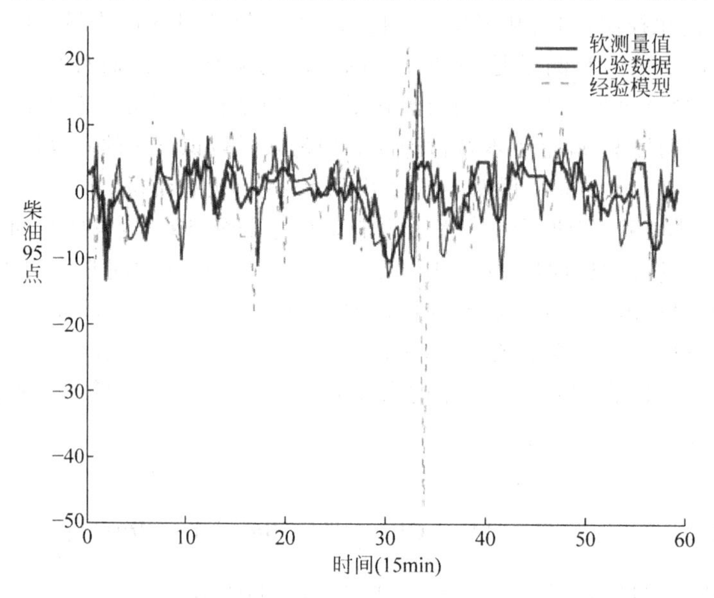

图 14.12 柴油 95 点软测量值、化验数据与经验模型估计值的比较

14.7 小结

本章讨论了非均匀采样系统辨识及其应用，包括非均匀采样系统的模型描述、辨识算法设计与分析及应用等问题。通过本章分析，清楚地看到非均匀采样系统辨识的困难在于模型结构和采样数据之间的匹配。针对这个难点，本章论述了基于连续状态空间模型的非均匀采样子空间辨识方法，通过改造子空间辨识算法的数据矩阵，利用非均匀积分滤波器，在非均匀采样条件下，计算获得模型的各阶微分项，并基于这些数据，借助 MOESP 和 N4SID 算法，辨识获得系统的连续状态空间模型。为了充分利用非均匀采样数据的信息，本章还讨论了高斯-牛顿递推辨识方法，在变递推步长的情况下，每步递推计算只更新与该步采样有关的模型参数，实现非均匀步长模型参数估计的交替更新。本章还分析了模型结构与非均匀采样的关系、非均匀采样对模型参数估计精度的影响以及非均匀采样辨识算法的收敛性质等问题，并通过实验证实了随着采样频度的下降，模型参数辨识收敛速度会逐渐减慢。

习题

(1) 举例说明应该如何处理非均匀采样数据？

(2) 本章讨论的非均匀采样系统辨识方法，模型结构选用的都是连续状态空间模型，为什么？有什么好处？

(3) 本章构造了一种非均匀采样积分滤波器，它在非均匀采样系统辨识中的作用是什么？应该如何选择积分滤波器的主要参数(如积分区间长度、积分重数等)？

(4) 举例说明如何利用式(14.2.3)生成非均匀采样时间间隔序列？

(5) 在构建子空间辨识模型时，为什么需要构造式(14.2.9)定义的输出数据向量？

(6) 证明式(14.2.8)。

(7) 证明式(14.2.10)，且待辨识参数矩阵为式(14.2.11)。

(8) 采用式(14.2.12)计算，为什么就可以避免微分操作？

(9) 证明式(14.2.14)，并说明它与式(14.2.10)的区别。

(10) 证明式(14.2.20)，其中权矩阵 $\boldsymbol{P}_{1:d+1}=\mathrm{diag}\left[\frac{1}{d+1},\frac{1}{d},\cdots,1\right]$。

(11) 为什么需要利用式(14.2.23)来计算信号 $\xi(t)$ 在时间区间 $[t-T,t)$ 内的积分？

(12) 试解释式(14.2.24)定义的积分滤波器 $\boldsymbol{f}_{(-d+1):(\kappa+1)d+1}$ 的物理意义。

(13) 利用式(14.2.26)，证明式(14.2.27)。

(14) 证明式(14.2.29)。

(15) 如式(14.2.30)所示信号 $\xi(t)=\xi_0(t)+v(t)$，$\xi(t)$ 的 j 阶微分 s 重积分写成

$$\phi_s(\xi^{(j)}(t))=\phi_s(\xi_0^{(j)}(t))+\phi_s(v^{(j)}(t))$$

其中，根据式(14.2.29)，噪声部分为 $\phi_s(v^{(j)}(t))$ 要做 $(s-j)$ 重积分和 j 次差分运算

$$\begin{aligned}\phi_s(v^{(j)}(t))&=\boldsymbol{f}_{k_1:k_2}^{\mathrm{T}}\boldsymbol{v}_{k_1:k_2}\\&=[f_{k_1},f_{k_1+1},f_{k_1+2},\cdots,f_{k_2}][v(t(k_1)),v(t(k_1+1)),\cdots,v(t(k_2))]^{\mathrm{T}}\end{aligned}$$

式中，$t(k_1)$、$t(k_2)$ 是积分函数 $\phi_s(v^{(j)}(t))$ 的积分起点和终点，k_1、k_2 为待定参数。上式表明，$\phi_s(v^{(j)}(t))$ 依然服从正态分布，即有 $\phi_s(v^{(j)}(t))\sim\mathbb{N}(0,K_{s,j}\sigma_v^2)$，其中 $K_{s,j}=\sum_{i=k_1}^{k_2}f_i^2$。试：①对信号 $\xi(t)$ 做 0 阶微分 1 重积分，即做 $\phi_1(\xi(t))$ 运算，求对应的参数 k_1 和 k_2；②对信号 $\xi(t)$ 做 0 阶微分 2 重积分，即做 $\phi_2(\xi(t))$ 运算，论述应该如何确定参数 k_1 和 k_2；③对信号 $\xi(t)$ 做 1 阶微分 2 重积分，即做 $\phi_2(\xi^{(1)}(t))$ 运算，论述应该如何确定参数 k_1 和 k_2；④对信号 $\xi(t)$ 做 j 阶微分 n 重积分，即做 $\phi_n(\xi^{(j)}(t))=(1-z^{-1})^j\phi_{n-j}(\xi(t))$ 运算，论述参数 k_1 和 k_2 可近似为 $k_2\approx-(n-1)\bar{\kappa}(d+1)$，$k_1\approx$

$\bar{\kappa}d+(n-1)d$,$\bar{\kappa}$ 是每个框架周期内平均拥有的插值多项式个数。

提示:①根据式(14.2.23),可以求得 $k_1=-d+1, k_2=(\kappa+1)d+1$,$\kappa$ 为积分时间的分段数。②根据 $\phi_2(\xi(t))=\phi_1(\phi_1(\xi(t)))=\boldsymbol{f}^{\mathrm{T}}_{(-d+1):(\kappa+1)d+1}[\phi_1(\xi(t))]_{(-d+1):(\kappa+1)d+1}$,其中涉及最早和最晚时刻的积分运算 $\phi_1(\xi(t(-d+1)))$ 和 $\phi_1(\xi(t((\kappa+1)d+1)))$,则参数 k_1 和 k_2 取决于相邻框架周期内采样时刻的分布。③根据 $\phi_2(\xi^{(1)}(t))=(1-z^{-1})\phi_1(\xi(t))=\phi_1(\xi(t))-\phi_1(\xi(t-T))$,式中 T 为框架周期,计算 $\phi_1(\xi(t))$ 所需的参数 k_1 和 k_2 可由①确定,计算 $\phi_1(\xi(t-T))$ 所需的参数 k_1 和 k_2 取决于上一个框架周期内采样时刻的分布。因此,要确定计算 $\phi_n(\xi^{(j)}(t))$ 所需的参数 k_1 和 k_2 是复杂的,最好的办法是在编程时考虑。

(16) 证明式(14.3.7)和式(14.3.8)。

(17) 证明式(14.3.14)和式(14.3.16)。

(18) 证明式(14.3.17)~式(14.3.20)。

(19) 设式(14.3.33)的优化解为 $\hat{\boldsymbol{\Theta}}$,利用 $\boldsymbol{\Theta}=\begin{bmatrix}\boldsymbol{A} & \boldsymbol{K}_{12}\\ \boldsymbol{C} & \boldsymbol{K}_{22}\end{bmatrix}$ 和式(14.3.33),通过矩阵分块操作,求系统模型参数矩阵 $\boldsymbol{A}$、$\boldsymbol{B}$、$\boldsymbol{C}$ 和 $\boldsymbol{D}$ 的估计值。

(20) 解释式(14.4.18)的含义。

(21) 定性说明非均匀采样速率对辨识精度及模型参数估计收敛性质的影响。

(22) 由式(14.2.10),将模型式(14.2.6)写成等价式(14.2.14),当取 $s=n$,$k=1$,有

$$\boldsymbol{Z}_{1,L,n}=\boldsymbol{\Gamma}_n\boldsymbol{X}_{1,L}+\boldsymbol{H}_n\boldsymbol{U}_{1,L,n}+\boldsymbol{G}_n\boldsymbol{\Omega}_{1,L,n}+\boldsymbol{W}_{1,L,n}$$

证明

$$\begin{cases}\lim\limits_{L\to\infty}\dfrac{1}{L}\boldsymbol{Z}_{1,L,n}[\boldsymbol{U}^{\mathrm{T}}_{k,L,n},\boldsymbol{Z}^{\mathrm{T}}_{k,L,n}]\boldsymbol{Q}^{\mathrm{T}}_2=\lim\limits_{L\to\infty}\dfrac{1}{L}\boldsymbol{\Gamma}_n\boldsymbol{X}_{1,L}[\boldsymbol{U}^{\mathrm{T}}_{k,L,n},\boldsymbol{Z}^{\mathrm{T}}_{k,L,n}]\boldsymbol{Q}^{\mathrm{T}}_2\\ \lim\limits_{L\to\infty}\dfrac{1}{L}\boldsymbol{\Gamma}^{+}_n\boldsymbol{R}_{22}=\lim\limits_{L\to\infty}\dfrac{1}{L}\boldsymbol{\Gamma}^{+}_n\boldsymbol{H}_n\boldsymbol{R}_{11}\end{cases}$$

式中,$\boldsymbol{\Gamma}^{+}_n$ 为 $\boldsymbol{\Gamma}_n$ 的伪逆,$\boldsymbol{Q}_2$、$\boldsymbol{R}_{22}$ 和 $\boldsymbol{R}_{11}$ 为数据矩阵 $\begin{bmatrix}\boldsymbol{U}_{1,L,n}\\ \boldsymbol{Z}_{1,L,n}\end{bmatrix}[\boldsymbol{U}^{\mathrm{T}}_{k,L,n},\boldsymbol{Z}^{\mathrm{T}}_{k,L,n}]$ QR 分解结果,如式(14.3.3)所示。并说明 $\boldsymbol{R}_{11}$ 为非奇异矩阵是系统可辨识性的必要条件,又因 $\boldsymbol{R}_{11}$ 是由系统输入数据组成的,为此要求系统输入数据必须是持续激励的。

提示:①等式 $\boldsymbol{Z}_{1,L,n}=\boldsymbol{\Gamma}_n\boldsymbol{X}_{1,L}+\boldsymbol{H}_n\boldsymbol{U}_{1,L,n}+\boldsymbol{G}_n\boldsymbol{\Omega}_{1,L,n}+\boldsymbol{W}_{1,L,n}$ 两边同时右乘 $\dfrac{1}{L}[\boldsymbol{U}^{\mathrm{T}}_{k,L,n},\boldsymbol{Z}^{\mathrm{T}}_{k,L,n}]$,得 $\dfrac{1}{L}\boldsymbol{Z}_{1,L,n}[\boldsymbol{U}^{\mathrm{T}}_{k,L,n},\boldsymbol{Z}^{\mathrm{T}}_{k,L,n}]=\dfrac{1}{L}\boldsymbol{\Gamma}_n\boldsymbol{X}_{1,L}[\boldsymbol{U}^{\mathrm{T}}_{k,L,n},\boldsymbol{Z}^{\mathrm{T}}_{k,L,n}]+\dfrac{1}{L}\boldsymbol{H}_n\boldsymbol{U}_{1,L,n}[\boldsymbol{U}^{\mathrm{T}}_{k,L,n},\boldsymbol{Z}^{\mathrm{T}}_{k,L,n}]+\boldsymbol{\Sigma}$,式中 $\boldsymbol{\Sigma}=\dfrac{1}{L}\boldsymbol{G}_n\boldsymbol{\Omega}_{1,L,n}[\boldsymbol{U}^{\mathrm{T}}_{k,L,n},\boldsymbol{Z}^{\mathrm{T}}_{k,L,n}]+\dfrac{1}{L}\boldsymbol{W}_{1,L,n}[\boldsymbol{U}^{\mathrm{T}}_{k,L,n},\boldsymbol{Z}^{\mathrm{T}}_{k,L,n}]$。根据式(14.3.3),有 $\boldsymbol{U}_{1,L,n}[\boldsymbol{U}^{\mathrm{T}}_{k,L,n},\boldsymbol{Z}^{\mathrm{T}}_{k,L,n}]=\boldsymbol{R}_{11}\boldsymbol{Q}_1$,故 $\dfrac{1}{L}\boldsymbol{Z}_{1,L,n}[\boldsymbol{U}^{\mathrm{T}}_{k,L,n},\boldsymbol{Z}^{\mathrm{T}}_{k,L,n}]=$

$\frac{1}{L}\boldsymbol{\Gamma}_n\boldsymbol{X}_{1,L}[\boldsymbol{U}_{k,L,n}^{\mathrm{T}},\boldsymbol{Z}_{k,L,n}^{\mathrm{T}}]+\frac{1}{L}\boldsymbol{H}_n\boldsymbol{R}_{11}\boldsymbol{Q}_1+\boldsymbol{\Sigma}$。等式两边同时右乘 $\boldsymbol{Q}_2^{\mathrm{T}}$，因 $\boldsymbol{Q}_1\boldsymbol{Q}_2^{\mathrm{T}}=0$，且 $\lim\limits_{L\to\infty}\boldsymbol{\Sigma}\boldsymbol{Q}_2^{\mathrm{T}}=0$，故第 1 式得证。②根据式(14.3.3)，有 $\boldsymbol{Z}_{1,L,n}[\boldsymbol{U}_{k,L,n}^{\mathrm{T}},\boldsymbol{Z}_{k,L,n}^{\mathrm{T}}]=\boldsymbol{R}_{21}\boldsymbol{Q}_1+\boldsymbol{R}_{22}\boldsymbol{Q}_2$，故 $\frac{1}{L}(\boldsymbol{R}_{21}\boldsymbol{Q}_1+\boldsymbol{R}_{22}\boldsymbol{Q}_2)=\frac{1}{L}\boldsymbol{\Gamma}_n\boldsymbol{X}_{1,L}[\boldsymbol{U}_{k,L,n}^{\mathrm{T}},\boldsymbol{Z}_{k,L,n}^{\mathrm{T}}]+\frac{1}{L}\boldsymbol{H}_n\boldsymbol{R}_{11}\boldsymbol{Q}_1+\boldsymbol{\Sigma}$。等式两边同时右乘 $\boldsymbol{Q}_1^{\mathrm{T}}$、左乘 $\boldsymbol{\Gamma}_n^{+}$，因 $\boldsymbol{Q}_1\boldsymbol{Q}_1^{\mathrm{T}}=\boldsymbol{I}$，$\boldsymbol{\Gamma}_n^{+}\boldsymbol{\Gamma}_n=0$，且 $\lim\limits_{L\to\infty}\boldsymbol{\Gamma}_n^{+}\boldsymbol{\Sigma}\boldsymbol{Q}_1^{\mathrm{T}}=0$，故第 2 式得证。

第15章 闭环系统辨识

15.1 引言

在许多实际问题中，辨识不一定都能在开环状态下进行。比如，一些实际运行着的工业过程，利用辨识方法研究它们的动态特性时，不能轻意切断过程的反馈回路，否则可能会造成过程失控，严重影响生产，这就要求辨识必须在闭环状态下进行；又如，研究参数自适应控制问题时，辨识和控制是有机结合的，这时辨识一定要在闭环状态下进行，以便实时修改控制规律。除此之外，有些系统本身就存在着内在的、固有的反馈，如经济系统、生物系统等，由于它们内部存在的反馈是客观的、无法解除的，因此辨识只能在有反馈的状态下进行。由此可见，研究闭环系统辨识完全是出于实际问题的需要。有两个问题必须引起注意：第一，当系统的反馈作用不显现时，即反馈是隐含的，首先必须判明系统到底存在不存在反馈作用，然后才能决定采用什么样的辨识方法。如果系统存在固有反馈而没有被发现，仍将具有反馈作用的系统视作开环过程进行辨识，其结果必然误差很大，甚至不可辨识。第二，必须弄清如何才能把开环方法用于闭环辨识，或者说开环辨识方法附加什么条件后才能用于闭环辨识。本章着重讨论两个问题：①闭环系统的可辨识性；②闭环系统辨识方法。

15.2 闭环辨识问题

闭环系统的框图描述如图 15.1 所示，图中 $u(k)$、$z(k)$是系统的输入和输出变量，$G(z^{-1})$是前向通道模型，$R(z^{-1})$是反馈通道模型；$H_v(z^{-1})$、$H_\omega(z^{-1})$是前向通道和反馈通道噪声模型，$v(k)$和 $\omega(k)$是前向通道和反馈通道噪声，它们都是零均值、方差分别为 σ_v^2 和 σ_ω^2、互不相关的白噪声，$r(k)$是控制给定信号(不失一般性，通常设之为零)；系统模型和噪声模型的结构为

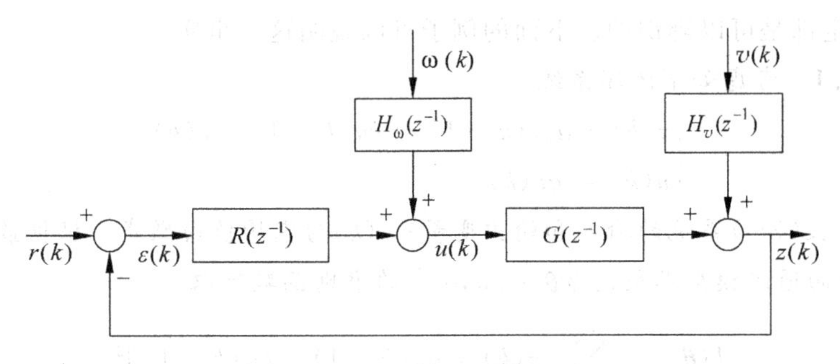

图15.1 闭环系统

$$\begin{cases} G(z^{-1}) = \dfrac{B(z^{-1})}{A(z^{-1})}z^{-d}, & R(z^{-1}) = \dfrac{Q(z^{-1})}{P(z^{-1})}z^{-c} \\ H_v(z^{-1}) = \dfrac{D(z^{-1})}{A(z^{-1})}, & H_\omega(z^{-1}) = \dfrac{S(z^{-1})}{P(z^{-1})} \end{cases} \tag{15.2.1}$$

式中，$d\geqslant 0$ 和 $c\geqslant 0$ 为前向通道和反馈通道迟延步数，各迟延因子多项式定义为

$$\begin{cases} A(z^{-1}) = 1 + a_1 z^{-1} + \cdots + a_{n_a} z^{-n_a} \\ B(z^{-1}) = b_0 + b_1 z^{-1} + \cdots + b_{n_b} z^{-n_b} \\ D(z^{-1}) = 1 + d_1 z^{-1} + \cdots + d_{n_d} z^{-n_d} \\ P(z^{-1}) = 1 + p_1 z^{-1} + \cdots + p_{n_p} z^{-n_p} \\ Q(z^{-1}) = q_0 + q_1 z^{-1} + \cdots + q_{n_q} z^{-n_q} \\ S(z^{-1}) = 1 + s_1 z^{-1} + \cdots + s_{n_s} z^{-n_s} \end{cases} \tag{15.2.2}$$

其中，n_a、n_b、n_d、n_p、n_q 和 n_s 为模型阶次，置前向通道和反馈通道的模型参数向量为

$$\begin{cases} \boldsymbol{\theta}_{\mathrm{F}} = [a_1, a_2, \cdots, a_{n_a}, b_0, b_1, \cdots, b_{n_b}, d_1, d_2, \cdots, d_{n_d}]^{\mathrm{T}} \\ \boldsymbol{\theta}_{\mathrm{B}} = [p_1, p_2, \cdots, p_{n_p}, q_0, q_1, \cdots, q_{n_q}, s_1, s_2, \cdots, s_{n_s}]^{\mathrm{T}} \end{cases} \tag{15.2.3}$$

所谓闭环辨识问题就是在闭环状态下，利用系统的输入和输出数据序列 $\{u(k)、z(k), k=1,2,\cdots,L\}$（$L$ 为数据长度），在一定的准则函数意义下，辨识前向通道或反馈通道的模型参数向量 $\boldsymbol{\theta}_{\mathrm{F}}$ 或 $\boldsymbol{\theta}_{\mathrm{B}}$。

15.3 闭环系统的可辨识性

15.3.1 可辨识性概念

一般说来，辨识结果的好坏与以下几个方面的考虑有关：①辨识系统，记作 $\mathbb{S}$，系统的模型参数真值为 $\boldsymbol{\theta}_0$；②模型结构，记作 $\mathbb{M}$，亦称模型类，其模型参数为 $\boldsymbol{\theta}$；③辨识方法，记作 $\mathbb{I}$；④辨识实验条件，记作 $\mathbb{X}$。

对闭环系统辨识来说，存在可辨识性问题，即在不同的 $\mathbb{S}$、$\mathbb{M}$、$\mathbb{I}$ 和 $\mathbb{X}$ 条件下，闭环

系统不一定都是可以辨识的。下面的例子可以说明这一事实。

例 15.1 考虑如下闭环系统

$$\begin{cases} z(k)+a_1 z(k-1)=bu(k-1)+v(k) \\ u(k)=qz(k) \end{cases} \tag{15.3.1}$$

其中,$u(k)$、$z(k)$为系统的输入和输出变量;$v(k)$为零均值白噪声。根据最小二乘原理,辨识前向通道模型参数向量$\boldsymbol{\theta}=[a,b]^{\mathrm{T}}$的准则函数可取

$$J(\boldsymbol{\theta})=\sum_{k=1}^{L}[z(k)+az(k-1)-bu(k-1)]^2 \tag{15.3.2}$$

因对所有的非零α都有$\alpha u(k)=\alpha qz(k)$,故上式准则函数可改写为

$$J(\boldsymbol{\theta}+\alpha)=\sum_{k=1}^{L}[z(k)+(a+\alpha)z(k-1)-(b+\alpha)u(k-1)]^2 \tag{15.3.3}$$

显然,由于α是任意的、不为零变量,故使$J(\hat{\boldsymbol{\theta}}+\alpha)=\min$的参数估计值$\hat{\boldsymbol{\theta}}$不可能是唯一的,这意味着前向通道模型参数是不可辨识的。如果反馈通道模型改成$u(k)=qz(k-1)$,则前向通道模型参数就变成可辨识的了。

若将满足$\hat{G}(z^{-1})\overset{\text{a. s.}}{=}G_0(z^{-1})$及$\hat{H}_v(z^{-1})\overset{\text{a. s.}}{=}H_{v0}(z^{-1})$或$\hat{R}(z^{-1})\overset{\text{a. s.}}{=}R_0(z^{-1})$及$\hat{H}_\omega(z^{-1})\overset{\text{a. s.}}{=}H_{\omega 0}(z^{-1})$的模型参数估计值$\hat{\boldsymbol{\theta}}$的集合记作

$$\mathrm{D_T}=\left\{\hat{\boldsymbol{\theta}}\left|\begin{array}{l}\hat{G}(z^{-1})=G_0(z^{-1}),\hat{H}_v(z^{-1})=H_{v0}(z^{-1}),\text{a. s.}\\ \text{或}\quad \hat{R}(z^{-1})=R_0(z^{-1}),\hat{H}_\omega(z^{-1})=H_{\omega 0}(z^{-1}),\text{a. s.}\end{array}\right.\right\} \tag{15.3.4}$$

式中,$G_0(z^{-1})$、$H_{v0}(z^{-1})$是前向通道的真实模型,$R_0(z^{-1})$、$H_{\omega 0}(z^{-1})$是反馈通道的真实模型,则可引出如下的可辨识性定义[29]。

定义 15.1 如果$\hat{\boldsymbol{\theta}}\xrightarrow[L\to\infty]{\text{W. P. 1}}\mathrm{D_T}$或$\inf\limits_{\hat{\boldsymbol{\theta}}\in \mathrm{D_T}}|\boldsymbol{\theta}_0-\hat{\boldsymbol{\theta}}|\xrightarrow[L\to\infty]{\text{W. P. 1}}0$,称系统$\mathbb{S}$在模型类$\mathbb{M}$、辨识方法$\mathbb{I}$及辨识实验条件$\mathbb{X}$下是系统可辨识的,记作 SI($\mathbb{M}$,$\mathbb{I}$,$\mathbb{X}$)。

定义 15.2 如果系统$\mathbb{S}$对一切使得$\mathrm{D_T}$非空的模型$\mathbb{M}$都是 SI($\mathbb{M}$,$\mathbb{I}$,$\mathbb{X}$)的,且皆有$\hat{\boldsymbol{\theta}}\xrightarrow[L\to\infty]{\text{W. P. 1}}\mathrm{D_T}$或$\inf\limits_{\hat{\boldsymbol{\theta}}\in \mathrm{D_T}}|\boldsymbol{\theta}_0-\hat{\boldsymbol{\theta}}|\xrightarrow[L\to\infty]{\text{W. P. 1}}0$,称系统$\mathbb{S}$在模型类$\mathbb{M}$、辨识方法$\mathbb{I}$及辨识实验条件$\mathbb{X}$下是强系统可辨识的,记作 SSI($\mathbb{M}$,$\mathbb{I}$,$\mathbb{X}$)。

定义 15.3 如果系统$\mathbb{S}$是强系统可辨识的,且$\mathrm{D_T}$仅含有一个元素,称系统$\mathbb{S}$在模型类$\mathbb{M}$、辨识方法$\mathbb{I}$及辨识实验条件$\mathbb{X}$下是参数可辨识的,记作 PI($\mathbb{M}$,$\mathbb{I}$,$\mathbb{X}$)。

显然,系统$\mathbb{S}$为 SI($\mathbb{M}$,$\mathbb{I}$,$\mathbb{X}$)的必要条件是$\mathrm{D_T}$非空,如果系统$\mathbb{S}$是 SSI($\mathbb{M}$,$\mathbb{I}$,$\mathbb{X}$)的,则$\mathrm{D_T}$非空,又是 SI($\mathbb{M}$,$\mathbb{I}$,$\mathbb{X}$)的充分条件。$\mathrm{D_T}$非空意味着系统$\mathbb{S}$是可以确定描述的。如果系统$\mathbb{S}$是可辨识的,那么可以说模型参数估计值$\hat{\boldsymbol{\theta}}$必将收敛于一个与系统$\mathbb{S}$外特性等价的模型,但并不意味着$\hat{\boldsymbol{\theta}}$一定收敛于系统$\mathbb{S}$的真实模型。

15.3.2　前向通道模型的可辨识性条件

考虑如图 15.1 所示的闭环系统，当反馈通道噪声 $\omega(k)=0$ 时，系统输出 $z(k)$ 相对于前向通道噪声 $v(k)$ 的模型可写成

$$\overline{A}(z^{-1})z(k) = \overline{B}(z^{-1})v(k) \tag{15.3.5}$$

其中

$$\begin{cases} \overline{A}(z^{-1}) = A(z^{-1})P(z^{-1}) + B(z^{-1})Q(z^{-1}) \\ \qquad\quad = 1 + \alpha_1 z^{-1} + \cdots + \alpha_{n_\alpha} z^{-n_\alpha} \\ \overline{B}(z^{-1}) = D(z^{-1})P(z^{-1}) \\ \qquad\quad = 1 + \beta_1 z^{-1} + \cdots + \beta_{n_\beta} z^{-n_\beta} \\ n_\alpha = \max(n_a + n_p, n_b + n_q + d + c), n_\beta = n_d + n_p \end{cases} \tag{15.3.6}$$

置模型参数向量

$$\boldsymbol{\theta}_{\mathrm{C}} = [\alpha_1, \alpha_2, \cdots, \alpha_{n_\alpha}, \beta_1, \beta_2, \cdots, \beta_{n_\beta}]^{\mathrm{T}} \tag{15.3.7}$$

只要模型式(15.3.5)是稳定的，且多项式 $D(z^{-1})$ 与 $\overline{A}(z^{-1})$ 无公因子，利用系统的输出数据序列 $\{z(k)\}$，采用增广最小二乘法或极大似然法等开环辨识方法，可获得式(15.3.5)的模型参数估计值，记作 $\hat{\boldsymbol{\theta}}_{\mathrm{C}}$。如果反馈通道的模型参数 $p_i, i=1,2,\cdots,n_p$ 和 $q_i, i=1,2,\cdots,n_q$ 已知，则在一定条件下，前向通道的模型参数估计值 $\hat{\boldsymbol{\theta}}_{\mathrm{F}}$ 可以由 $\hat{\boldsymbol{\theta}}_{\mathrm{C}}$ 唯一确定。根据 Isermann 在文献[31]和文献[32]中的论述，能由 $\hat{\boldsymbol{\theta}}_{\mathrm{C}}$ 唯一确定前向通道模型参数估计值 $\hat{\boldsymbol{\theta}}_{\mathrm{F}}$ 的条件可简约地说成：反馈通道的模型阶次必须高于前向通道的模型阶次。这是前向通道模型可辨识性的基本条件，下面论证这个结论。

由式(15.3.6)第 2 式，有

$$(1 + d_1 z^{-1} + \cdots + d_{n_d} z^{-n_d})(1 + p_1 z^{-1} + \cdots + p_{n_p} z^{-n_p}) = 1 + \beta_1 z^{-1} + \cdots + \beta_{n_\beta} z^{-n_\beta} \tag{15.3.8}$$

比较两边 z^{-1} 的同幂项系数，得

$$\underbrace{\begin{bmatrix} \beta_1 - p_1 \\ \vdots \\ \beta_{n_p} - p_{n_p} \\ \beta_{n_p+1} \\ \vdots \\ \beta_{n_p+n_d} \end{bmatrix}}_{\boldsymbol{\theta}_{\beta p} \in \mathbb{R}^{(n_p+n_d)\times 1}} = \underbrace{\begin{bmatrix} 1 & 0 & \cdots & 0 \\ p_1 & 1 & \ddots & \vdots \\ \vdots & p_1 & \ddots & 0 \\ p_{n_p-1} & \vdots & \ddots & 1 \\ p_{n_p} & p_{n_p-1} & \ddots & p_1 \\ 0 & p_{n_p} & \ddots & \vdots \\ \vdots & \ddots & \ddots & p_{n_p-1} \\ 0 & \cdots & 0 & p_{n_p} \end{bmatrix}}_{\boldsymbol{\theta}_p \in \mathbb{R}^{(n_p+n_d)\times n_d}} \underbrace{\begin{bmatrix} d_1 \\ d_2 \\ \vdots \\ d_{n_d} \end{bmatrix}}_{\boldsymbol{\theta}_d \in \mathbb{R}^{n_d \times 1}} \tag{15.3.9}$$

若将上式写成向量形式$\boldsymbol{\theta}_{\beta p}=\boldsymbol{\theta}_p\boldsymbol{\theta}_d$，因有$n_p+n_d>n_d$，所以前向通道噪声模型参数$\boldsymbol{\theta}_d$具有唯一解，其估计值为

$$\hat{\boldsymbol{\theta}}_d=(\boldsymbol{\theta}_p^{\mathrm{T}}\boldsymbol{\theta}_p)^{-1}\boldsymbol{\theta}_p^{\mathrm{T}}\hat{\boldsymbol{\theta}}_{\beta p} \tag{15.3.10}$$

其中，$\hat{\boldsymbol{\theta}}_{\beta p}$元素取自$\hat{\boldsymbol{\theta}}_{\mathrm{C}}$（$\hat{\beta}_i,i=1,2,\cdots,n_\beta$）和反馈通道模型参数$p_i,i=1,2,\cdots,n_p$；$\boldsymbol{\theta}_p$元素由反馈通道模型参数$p_i,i=1,2,\cdots,n_p$组成。

式（15.3.10）表明，由闭环模型参数估计值$\hat{\boldsymbol{\theta}}_{\mathrm{C}}$确定前向通道噪声模型参数$\boldsymbol{\theta}_d$不需要任何条件。也就是说，反馈通道的模型参数已知，利用系统的输出数据$\{z(k)\}$，辨识得到闭环模型参数估计值$\hat{\boldsymbol{\theta}}_{\mathrm{C}}$，无须任何条件就能唯一地确定前向通道噪声模型的参数估计值$\hat{\boldsymbol{\theta}}_d$。

又由式（15.3.6）第1式，有

$$\begin{aligned}&(1+a_1z^{-1}+\cdots+a_{n_a}z^{-n_a})(1+p_1z^{-1}+\cdots+p_{n_p}z^{-n_p})\\&+(b_0+b_1z^{-1}+\cdots+b_{n_b}z^{-n_b})(q_0+q_1z^{-1}+\cdots+q_{n_q}z^{-n_q})\\&=1+\alpha_1z^{-1}+\cdots+\alpha_{n_a}z^{-n_a}\end{aligned} \tag{15.3.11}$$

下面分两种情况讨论：

（1）当$n_a+n_p\geqslant n_b+n_q+d+c$，比较式（15.3.11）两边$z^{-1}$的同幂项系数，得

$$\underbrace{\begin{bmatrix}\alpha_1-p_1\\ \vdots\\ \alpha_{n_p}-p_{n_p}\\ \alpha_{n_p+1}\\ \vdots\\ \alpha_{n_p+n_a}\end{bmatrix}}_{\boldsymbol{\theta}_{\alpha p}\in\mathbb{R}^{(n_a+n_p)\times 1}}=\underbrace{\left[\begin{array}{cccc|cccc}\multicolumn{4}{c|}{\overbrace{\hphantom{xxxxxxxxxxxx}}^{n_a}} & \multicolumn{4}{c}{\overbrace{\hphantom{xxxxxxxxxxxx}}^{n_b+1}}\\ 1 & 0 & \cdots & 0 & \mathbf{0}_{n_0\times 1} & & & \\ p_1 & 1 & \ddots & \vdots & & \mathbf{0}_{(n_0+1)\times 1} & & \\ p_2 & p_1 & \ddots & 0 & q_0 & & \ddots & \\ \vdots & p_2 & \ddots & 1 & q_1 & q_0 & & \mathbf{0}_{(n_0+n_b)\times 1}\\ p_{n_p-1} & \vdots & \ddots & p_1 & \vdots & q_1 & \ddots & \\ p_{n_p} & p_{n_p-1} & \ddots & p_2 & q_{n_q} & \vdots & \ddots & q_0\\ 0 & p_{n_p} & \ddots & \vdots & 0 & q_{n_q} & \ddots & q_1\\ \vdots & \ddots & \ddots & p_{n_p-1} & \vdots & \ddots & \ddots & \vdots\\ 0 & \cdots & 0 & p_{n_p} & 0 & \cdots & 0 & q_{n_q}\end{array}\right]}_{\boldsymbol{\theta}_{pq}\in\mathbb{R}^{(n_a+n_p)\times(n_a+n_b+1)}}\underbrace{\begin{bmatrix}a_1\\ \vdots\\ a_{n_a}\\ b_0\\ b_1\\ \vdots\\ b_{n_b}\end{bmatrix}}_{\boldsymbol{\theta}_{ab}\in\mathbb{R}^{(n_a+n_b+1)\times 1}} \tag{15.3.12}$$

式中，$n_0=(n_a+n_p)-(n_b+n_q)$。若将上式写成向量形式$\boldsymbol{\theta}_{\alpha p}=\boldsymbol{\theta}_{pq}\boldsymbol{\theta}_{ab}$，前向通道模型参数$\boldsymbol{\theta}_{ab}$要有唯一解，必须$n_p\geqslant n_b+1$，这时$\boldsymbol{\theta}_{ab}$的估计值为

$$\hat{\boldsymbol{\theta}}_{ab}=(\boldsymbol{\theta}_{pq}^{\mathrm{T}}\boldsymbol{\theta}_{pq})^{-1}\boldsymbol{\theta}_{pq}^{\mathrm{T}}\hat{\boldsymbol{\theta}}_{\alpha p} \tag{15.3.13}$$

其中，$\hat{\boldsymbol{\theta}}_{\alpha p}$元素取自$\hat{\boldsymbol{\theta}}_{\mathrm{C}}$（$\hat{\alpha}_i,i=1,2,\cdots,n_a+n_p$）和反馈通道模型参数$p_i,i=1,2,\cdots,n_p$；$\boldsymbol{\theta}_{pq}$元素由反馈通道模型参数$p_i,i=1,2,\cdots,n_p$和$q_i,i=1,2,\cdots,n_q$组成。

(2) 当 $n_a+n_p<n_b+n_q+d+c$，比较式(15.3.11)两边 z^{-1} 的同幂项系数，得

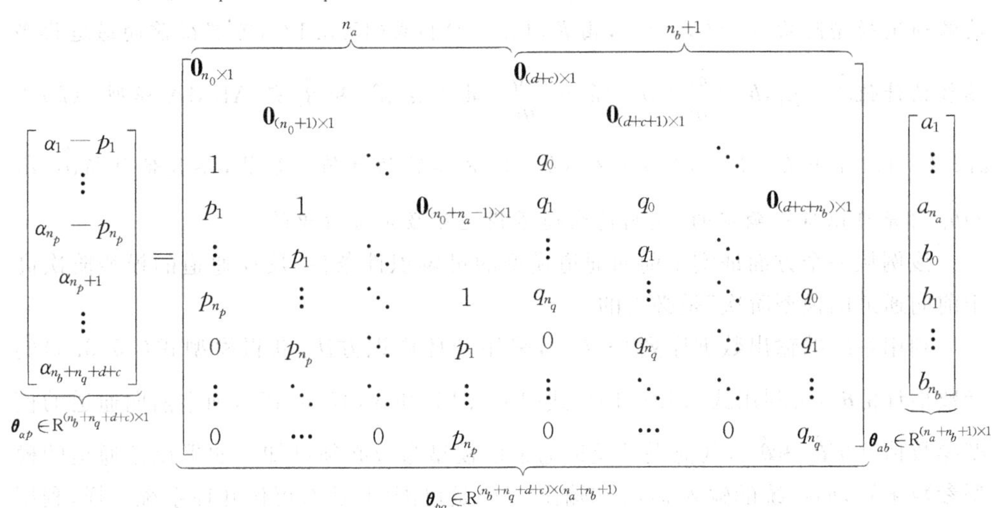

(15.3.14)

式中，$n_0=(n_b+n_q+d+c)-(n_a+n_p)$。若将上式写成向量形式$\boldsymbol{\theta}_{ap}=\boldsymbol{\theta}_{pq}\boldsymbol{\theta}_{ab}$，前向通道模型参数$\boldsymbol{\theta}_{ab}$要有唯一解，必须 $n_q+d+c\geqslant n_a+1$，这时$\boldsymbol{\theta}_{ab}$的估计值写成

$$\hat{\boldsymbol{\theta}}_{ab}=(\boldsymbol{\theta}_{pq}^{\mathrm{T}}\boldsymbol{\theta}_{pq})^{-1}\boldsymbol{\theta}_{pq}^{\mathrm{T}}\hat{\boldsymbol{\theta}}_{ap} \tag{15.3.15}$$

其中，$\hat{\boldsymbol{\theta}}_{ap}$元素取自$\hat{\boldsymbol{\theta}}_{\mathrm{C}}(\hat{\alpha}_i,i=1,2,\cdots,n_b+n_q+d+c)$和反馈通道模型参数 $p_i,i=1,2,\cdots,n_p$，$\boldsymbol{\theta}_{pq}$元素由反馈通道模型参数 $p_i,i=1,2,\cdots,n_p$ 和 $q_i,i=1,2,\cdots,n_q$ 组成。

式(15.3.13)和式(15.3.15)表明，由闭环模型参数估计值$\hat{\boldsymbol{\theta}}_{\mathrm{C}}$能唯一确定前向通道模型参数$\boldsymbol{\theta}_{ab}$的条件是：$n_p\geqslant n_b+1$ 或 $n_q\geqslant n_a+1-(d+c)$。也就是说，反馈通道的模型参数已知，利用系统的输出数据$\{z(k)\}$，辨识得到闭环模型参数估计值$\hat{\boldsymbol{\theta}}_{\mathrm{C}}$，当反馈通道的模型阶次高于前向通道的模型阶次时，前向通道模型参数估计值$\hat{\boldsymbol{\theta}}_{ab}$是唯一可以确定的。另外，条件 $n_q\geqslant n_a+1-(d+c)$还意味着，无论是前向通道或反馈通道存在迟延对可辨识性都是有利的。

例 15.2　考虑一个闭环系统，前向通道模型为

$$z(k)+a_1z(k-1)=b_1u(k-1)+v(k)+d_1v(k-1) \tag{15.3.16}$$

其中，$u(k)$、$z(k)$是模型的输入和输出变量，$v(k)$是零均值白噪声；前向通道模型的阶次 $n_a=n_b=n_d=1$，迟延 $d=0$。下面讨论反馈通道模型分别为“比例”与“比例＋微分”作用时，前向通道模型参数 a_1、b_1 和 d_1 的可辨识性问题。

(1) 当反馈通道模型 $u(k)=-q_0z(k)$，即为“比例”作用时，反馈通道模型阶次 $n_p=n_q=0$，由式(15.3.9)和式(15.3.14)，可解得前向通道的模型参数估计值$\hat{d}_1=\hat{\beta}_1$及$\hat{a}_1+\hat{b}_1q_0=\hat{\alpha}_1$，其中 $\hat{\alpha}_1$ 和 $\hat{\beta}_1$ 是 ARMA 模型 $z(k)+\alpha_1z(k-1)=v(k)+\beta_1v(k-1)$的参数估计值。显然，参数估计值$\hat{d}_1$ 是可以唯一确定的，但参数估计值$\hat{a}_1$ 和$\hat{b}_1$ 没有唯一解，说明前向通道模型参数是不可辨识的。

(2) 当反馈通道模型 $u(k)=-q_0z(k)-q_1z(k-1)$，即为"比例＋微分"作用时，反馈通道模型阶次 $n_p=0,n_q=1$，由式(15.3.9)和式(15.3.12)，可解得前向通道模型参数估计值 $\hat{d}_1=\hat{\beta}_1,\hat{b}_1=\dfrac{\hat{\alpha}_1}{q_1}$ 及 $\hat{a}_1=\hat{\alpha}_1-\dfrac{\hat{\alpha}_2q_0}{q_1}$，其中 $\hat{\alpha}_1$、$\hat{\alpha}_2$ 和 $\hat{\beta}_1$ 是 ARMA 模型 $z(k)+\alpha_1z(k-1)+\alpha_2z(k-2)=v(k)+\beta_1v(k-1)$ 的参数估计值。显然，参数估计值 $\hat{d}_1$、$\hat{a}_1$ 和 $\hat{b}_1$ 都是可以唯一确定的，说明前向通道模型参数是可辨识的。

该例从一个方面证实了前向通道模型的可辨识性条件"反馈通道的模型阶次高于前向通道的模型阶次"是必需的。

利用系统的输出数据序列 $\{z(k)\}$，采用开环辨识方法，获得模型式(15.3.5)的参数估计值 $\hat{\boldsymbol{\theta}}_C$，再利用式(15.3.10)，式(15.3.13)和式(15.3.15)，确定前向通道的模型参数估计值 $\hat{\boldsymbol{\theta}}_d$ 和 $\hat{\boldsymbol{\theta}}_{ab}$，其前提是反馈通道的模型参数必须已知。如果反馈通道的模型参数未知，而系统的输入 $u(k)$ 和输出 $z(k)$ 是可测的，那么可像开环系统一样，利用系统的输入输出数据序列 $\{u(k),z(k)\}$，直接辨识前向通道的模型参数，这种方法称为直接辨识法。

考虑图 15.1 所示的闭环系统，当反馈通道噪声 $\omega(k)=0$ 时，前向通道模型可写成

$$A(z^{-1})z(k)=z^{-d}B(z^{-1})u(k)+D(z^{-1})v(k) \tag{15.3.17}$$

置前向通道模型参数向量和数据向量为

$$\begin{cases}\boldsymbol{\theta}_F=[a_1,\cdots,a_{n_a},b_0,b_1,\cdots,b_{n_b},d_1,\cdots,d_{n_d}]^T\\ \boldsymbol{h}_F(k)=[-z(k-1),\cdots,-z(k-n_a),u(k-d),\\ \qquad u(k-d-1),\cdots,u(k-d-n_b),\\ \qquad \hat{v}(k-1),\cdots,\hat{v}(k-n_d)]^T\end{cases} \tag{15.3.18}$$

其中，前向通道噪声估计 $\hat{v}(k)=z(k)-\boldsymbol{h}_F^T(k)\hat{\boldsymbol{\theta}}_F(k-1)$。当采用某种开环辨识方法，直接估计式(15.3.17)的前向通道模型参数时，先决条件是数据向量 $\boldsymbol{h}_F(k)$ 的组成元素必须是线性独立的。在闭环状态下，数据向量 $\boldsymbol{h}_F(k)$ 可能出现相关的元素只有 $u(k-d)$。因为通过反馈通道，$u(k-d)$ 满足下列关系

$$\begin{aligned}u(k-d)=&-p_1u(k-d-1)-\cdots-p_{n_p}u(k-d-n_p)\\&-q_0z(k-d-c)-\cdots-q_{n_q}z(k-d-c-n_q)\end{aligned} \tag{15.3.19}$$

如果 $n_b\geqslant n_p$ 或 $n_a\geqslant n_q+(d+c)$，则 $u(k-d)$ 必是数据向量 $\boldsymbol{h}_F(k)$ 元素 $-z(k-1),\cdots,-z(k-n_a)$ 和 $u(k-d),u(k-d-1),\cdots,u(k-d-n_b)$ 的线性组合，破坏了数据向量 $\boldsymbol{h}_F(k)$ 元素的独立性，造成前向通道模型不可辨识。只有当 $n_p\geqslant n_b+1$ 或 $n_q\geqslant n_a+1-(d+c)$ 时，保证了数据向量 $\boldsymbol{h}_F(k)$ 的所有元素都是线性独立的，前向通道模型才是可辨识的。也就是说，$n_p\geqslant n_b+1$ 或 $n_q\geqslant n_a+1-(d+c)$ 是前向通道模型可辨识性的条件。

影响闭环系统可辨识性的因素很多，包括模型类选择、辨识实验条件、辨识准则、辨识方法及数据集的性质等。从工程应用的角度，前向通道模型的可辨识性条

件可简单归纳为：

(1) 反馈通道模型是线性、非时变的，不存在扰动或摄动信号，给定值是恒定的，反馈通道的模型结构不会导致闭环传递函数出现零极点相消，反馈通道的模型阶次高于前向通道的模型阶次，前向通道模型是可辨识的，且反馈通道或前向通道存在的迟延对前向通道模型的可辨识性是有利的。

(2) 反馈通道具有足够阶次的持续激励信号，并与前向通道的噪声不相关，前向通道模型是结构性可辨识的。

(3) 反馈通道模型是时变的或具有非线性特性，前向通道模型也是结构性可辨识的。

(4) 反馈通道在几种不同模型之间切换，前向通道模型是可辨识的。具体地说，对 MIMO 闭环系统（SISO 闭环系统是其特例），反馈通道具有 l 个不同参数或结构的模型，并在这些模型之间相互切换，当满足不等式条件 $l \geqslant 1+\frac{r}{m}$（$r$ 是系统输入维数，m 是系统输出维数）时，前向通道模型是可辨识的。

对于条件(1)，上面已经论述过了，是前向通道模型可辨识性的最基本条件；对于条件(2)～(4)，本质上说，都是为了使系统的输入和输出数据序列 $\{u(k), z(k)\}$ 是"信息充足"或"提供信息"的，或者说数据序列的谱密度矩阵对所有的频率 ω 是严格正定的。第 3 章定理 3.3 是这几条可辨识性条件的理论根据，也就是说如果反馈通道具有两个或两个以上的模型在切换工作，或反馈通道存在噪声干扰，数据序列是"信息充足"或"提供信息"的，前向通道模型是可辨识的。

例 15.3　考虑如下闭环系统，前向通道模型为

$$z(k)=1.45z(k-1)-0.65z(k-2)+1.10u(k-1)-0.70u(k-2)+\lambda_v v(k) \tag{15.3.20}$$

式中，$u(k)$、$z(k)$为模型输入和输出，噪声 $v(k)$是零均值、方差为 1 的白噪声，噪声标准差 $\lambda_v=0.3$；模型结构参数为 $n_a=2, n_b=1, d=1$。反馈通道模型分别为

$$\begin{cases}(2\text{ 阶反馈模型})u(k)=1.15u(k-1)-0.15u(k-2)\\ \qquad\qquad -0.65z(k)+0.45z(k-1)-0.10z(k-2)+\lambda_\omega\omega(k)\\ (1\text{ 阶反馈模型})u(k)=1.00u(k-1)-0.50z(k)+0.20z(k-1)+\lambda_\omega\omega(k)\\ (0\text{ 阶反馈模型})u(k)=-1.15z(k)+\lambda_\omega\omega(k)\end{cases} \tag{15.3.21}$$

其中，噪声 $\omega(k)$是零均值、方差为 1 的白噪声，噪声标准差 $\lambda_\omega=0.4$ 或 0.0。"2 阶反馈模型"结构参数为 $n_p=2, n_q=2, c=0$；"1 阶反馈模型"结构参数为 $n_p=1, n_q=1, c=0$；"0 阶反馈模型"结构参数为 $n_p=0, n_q=0, c=0$。在闭环状态下，利用系统输入输出数据 $u(k)$和 $z(k)$及第 5 章 RLS 算法式(5.3.7)，直接辨识前向通道模型参数。在不同反馈通道模型和反馈通道噪声作用下，递推至 3000 步后的辨识结果如表 15.1 所示。图 15.2～图 15.4 分别为不同条件下的模型参数估计值变化过程。仿真实验表明，当反馈通道存在噪声，前向通道模型总是可辨识的；当反馈通道不存在噪声，

只有“2阶反馈模型”满足前向通道模型可辨识性条件(1)，对应的前向通道模型是可辨识的；“1阶反馈模型”和“0阶反馈模型”都不满足前向通道模型可辨识性条件(1)，对应的前向通道模型不可辨识。

表 15.1 闭环系统辨识结果

反馈通道模型	反馈通道噪声	模型参数估计值(括号内为模型参数真值)				可辨识性
		a_1(−1.45)	a_2(0.65)	b_1(1.10)	b_2(−0.70)	
2阶模型	$\omega(k)\neq 0$	−1.4409	0.6363	1.1029	−0.6854	可辨识
	$\omega(k)=0$	−1.4700	0.6678	1.1263	−0.7239	可辨识
1阶模型	$\omega(k)\neq 0$	−1.4668	0.6656	1.1116	−0.7247	可辨识
	$\omega(k)=0$	(−0.8708)	(0.4225)	(−0.0573)	(0.4626)	不可辨识
0阶模型	$\omega(k)\neq 0$	−1.4504	0.6594	1.0928	−0.7201	可辨识
	$\omega(k)=0$	(−0.0754)	(−0.0627)	(−0.0868)	(−0.0721)	不可辨识

表15.1中，括号内的模型参数估计值严重偏离了参数真值，从图15.3(b)和图15.4(b)模型参数估计值变化趋势看，前向通道模型确实是不可辨识的。

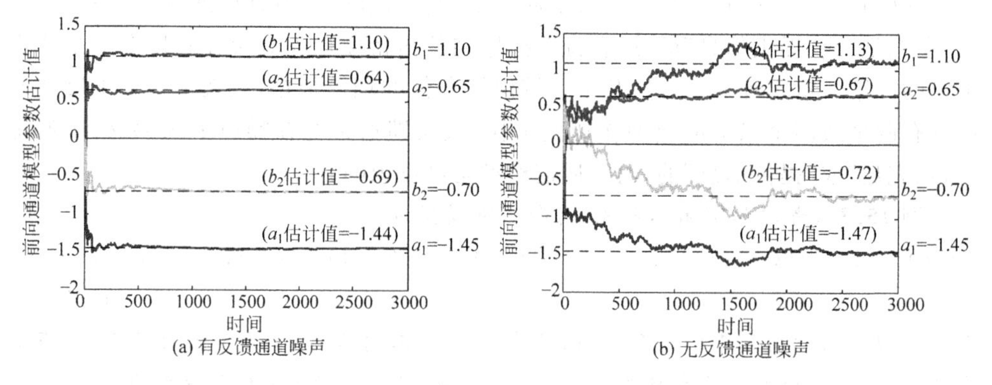

图 15.2 反馈通道为2阶模型

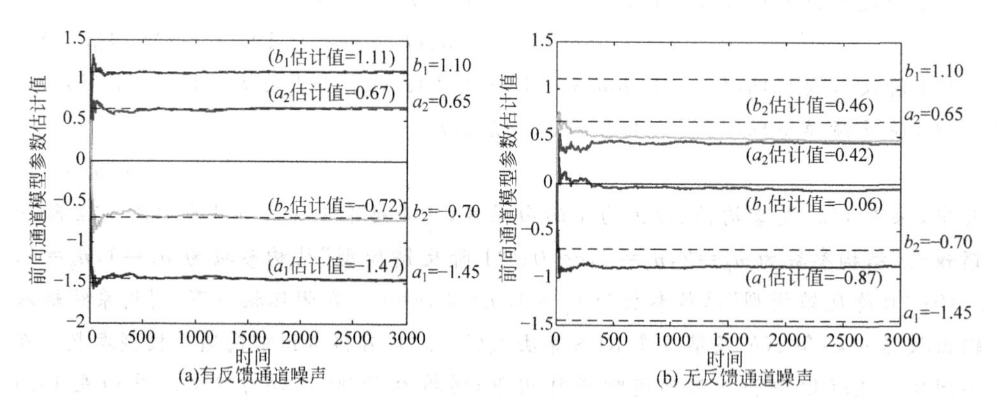

图 15.3 反馈通道为1阶模型

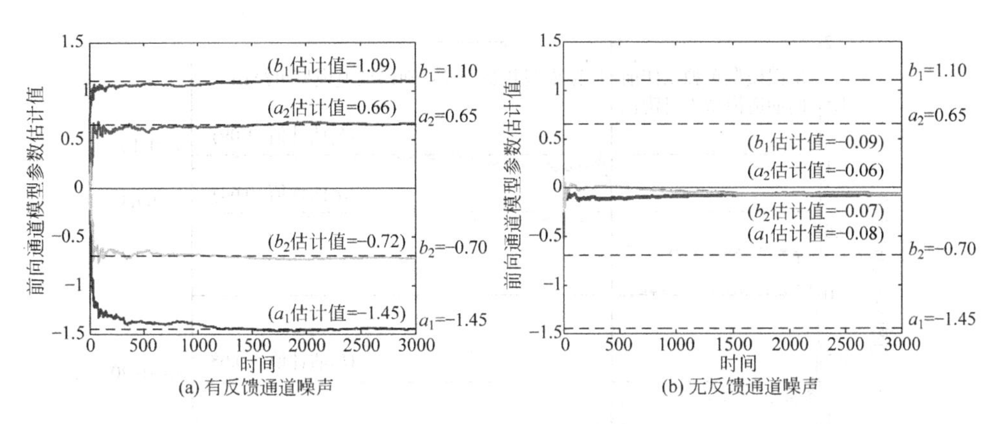

图 15.4　反馈通道为 0 阶模型

例 15.4　考虑如下闭环系统，前向通道模型为

$$z(k)=1.45z(k-1)-0.65z(k-2)+1.10u(k-1)-0.70u(k-2)+\lambda_v v(k) \tag{15.3.22}$$

式中，$u(k)$、$z(k)$为模型输入和输出，噪声 $v(k)$是零均值、方差为 1 的白噪声，标准差 $\lambda_v=0.3$；反馈通道在"反馈模型Ⅰ"和"反馈模型Ⅱ"之间切换工作（切换周期为 100）

$$\begin{cases}(\text{反馈模型 Ⅰ})u(k)=1.00u(k-1)-0.50z(k)+0.20z(k-1)\\(\text{反馈模型 Ⅱ})u(k)=-1.15z(k)\end{cases} \tag{15.3.23}$$

"反馈模型Ⅰ"结构参数为 $n_p=1,n_q=1,c=0$，"反馈模型Ⅱ"结构参数为 $n_p=0$，$n_q=0,c=0$，两个反馈模型都不满足前向通道模型可辨识性条件(1)。若两个反馈模型独自工作，前向通道模型是不可辨识的；只有两个反馈模型切换工作，前向通道模型才可辨识。在闭环状态下，利用系统输入输出数据 $u(k)$和 $z(k)$，及第 5 章 RLS 算法式(5.3.7)，直接辨识前向通道模型参数，辨识结果如图 15.5 所示。实验证实，当反馈通道不存在噪声，但能满足前向通道模型可辨识性条件(4)，即至少有两个反馈模型在切换工作，前向通道模型就可辨识，而且切换周期越小，模型参数估计收敛越快。

15.3.3　反馈通道模型的可辨识性条件

闭环系统的前向通道与反馈通道具有对等性，在一定条件下利用直接法可以辨识前向通道的模型参数，当然在一定条件下利用直接法也应该可以辨识反馈通道的模型参数。这种对等关系使反馈通道模型具有与前向通道相似的可辨识性条件，归纳为：

(1) 前向通道的模型阶次高于反馈通道的模型阶次，反馈通道模型是可辨识的，且反馈通道或前向通道存在的迟延对反馈通道模型的可辨识性也是有利的。

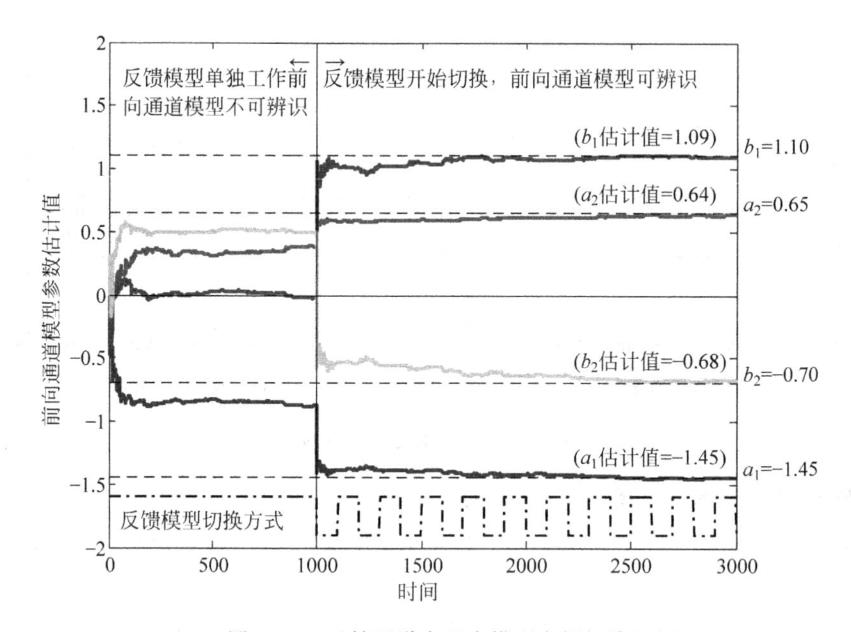

图 15.5 反馈通道在两个模型之间切换

考虑图 15.1 所示的闭环系统，当前向通道噪声 $v(k)=0$ 时，反馈通道模型可写成

$$P(z^{-1})u(k)=-z^{-c}Q(z^{-1})z(k)+S(z^{-1})\omega(k) \tag{15.3.24}$$

置反馈通道模型参数向量和数据向量为

$$\begin{cases}\boldsymbol{\theta}_{\mathrm{B}}=[p_1,\cdots,p_{n_p},q_0,q_1,\cdots,q_{n_q},s_1,\cdots,s_{n_s}]^{\mathrm{T}}\\ \boldsymbol{h}_{\mathrm{B}}(k)=[-u(k-1),\cdots,-u(k-n_p),\\ \qquad -z(k-c),\cdots,-z(k-c-n_q),\\ \qquad \hat{\omega}(k-1),\cdots,\hat{\omega}(k-n_s)]^{\mathrm{T}}\end{cases} \tag{15.3.25}$$

其中，反馈通道噪声估计 $\hat{\omega}(k)=u(k)-\boldsymbol{h}_{\mathrm{B}}^{\mathrm{T}}(k)\hat{\boldsymbol{\theta}}_{\mathrm{B}}(k-1)$。当采用某种开环辨识方法，直接辨识式(15.3.24)反馈通道的模型参数时，先决条件是数据向量 $\boldsymbol{h}_{\mathrm{B}}(k)$ 的组成元素必须是线性独立的。在闭环状态下，数据向量 $\boldsymbol{h}_{\mathrm{B}}(k)$ 可能出现相关的元素只有 $z(k-c)$。因为通过前向通道，$z(k-c)$ 满足下列关系

$$\begin{aligned}z(k-c)=&-a_1z(k-c-1)-\cdots-a_{n_a}z(k-c-n_a)\\&+b_0u(k-c-d)+b_1u(k-c-d-1)+\cdots\\&+b_{n_b}u(k-c-d-n_b)\end{aligned} \tag{15.3.26}$$

如果 $n_q\geqslant n_a$ 或 $n_p\geqslant n_b-(d+c)$，则 $z(k-c)$ 必是数据向量 $\boldsymbol{h}_{\mathrm{B}}(k)$ 元素 $-z(k-c),\cdots,-z(k-c-n_q)$ 和 $u(k-1),\cdots,u(k-n_p)$ 的线性组合，破坏了数据向量 $\boldsymbol{h}_{\mathrm{B}}(k)$ 元素的独立性，造成反馈通道模型不可辨识。只有当 $n_a\geqslant n_q+1$ 或 $n_b\geqslant n_p+1-(d+c)$ 时，保证了数据向量 $\boldsymbol{h}_{\mathrm{B}}(k)$ 的所有元素都是线性独立的，反馈通道模型才是可辨识的。

也就是说，$n_a \geqslant n_q+1$ 或 $n_p \geqslant n_b+1-(d+c)$ 是反馈通道模型可辨识性的条件。

(2) 前向通道具有足够阶次的持续激励信号，并与反馈通道的噪声不相关，反馈通道模型是结构性可辨识的。

(3) 前向通道模型是时变的或具有非线性特性，反馈通道模型也是结构性可辨识的。

下面将前向通道模型可辨识、反馈通道模型可辨识和前向通道与反馈通道模型同时可辨识的条件汇总如下：

(1) 前向通道模型可辨识的条件：

$$\omega(k) \neq 0 \text{ 或} \begin{cases} \omega(k)=0 \text{ 与} \\ n_p \geqslant n_b+1 \quad \text{或} \quad n_q \geqslant n_a+1-(d+c) \end{cases} \tag{15.3.27}$$

(2) 反馈通道模型可辨识的条件：

$$v(k) \neq 0 \text{ 或} \begin{cases} v(k)=0 \text{ 与} \\ n_a \geqslant n_q+1 \quad \text{或} \quad n_b \geqslant n_p+1-(d+c) \end{cases} \tag{15.3.28}$$

(3) 前向通道和反馈通道模型同时可辨识的条件：

$$v(k) \neq 0 \text{ 与 } \omega(k) \neq 0 \text{ 或} \begin{cases} v(k)=0, \quad \omega(k)=0 \text{ 与} \\ n_b+1 \leqslant n_p \leqslant n_b-1+(d+c) \\ \text{或} \quad n_a+1-(d+c) \leqslant n_q \leqslant n_a-1 \end{cases} \tag{15.3.29}$$

15.4 闭环系统辨识方法

15.4.1 最小二乘辨识方法

考虑图 15.1 所示的闭环系统，不失一般性，令回路控制给定信号 $r(k)=0$，并取前向通道、反馈通道的噪声模型为 $H_v(z^{-1})=\dfrac{1}{A(z^{-1})}$ 和 $H_\omega(z^{-1})=\dfrac{1}{P(z^{-1})}$，那么前向通道模型可写成

$$z(k)=-\sum_{i=1}^{n_a} a_i z(k-i)+\sum_{i=0}^{n_b} b_i u(k-i-d)+v(k) \tag{15.4.1}$$

反馈通道模型可写成

$$u(k)=-\sum_{i=1}^{n_p} p_i u(k-i)-\sum_{i=0}^{n_q} q_i z(k-i-c)+\omega(k) \tag{15.4.2}$$

其中，前向通道噪声 $v(k)$ 和反馈通道噪声 $\omega(k)$ 是零均值、方差为 σ_v^2 和 σ_ω^2，服从正态分布、互不相关的白噪声，即有 $v(k)\sim\mathbb{N}(0,\sigma_v^2)$，$\omega(k)\sim\mathbb{N}(0,\sigma_\omega^2)$ 和 $\mathrm{E}\{v(k)\omega(k)\}=0$；$d\geqslant 0$、$c\geqslant 0$ 是前向通道和反馈通道的迟延。

置前向通道、反馈通道模型参数向量和数据向量为

$$\begin{cases}\boldsymbol{\theta}_{\mathrm{F}}=[a_1,\cdots,a_{n_a},b_0,b_1,\cdots,b_{n_b}]^{\mathrm{T}}\\ \boldsymbol{h}_{\mathrm{F}}(k)=[-z(k-1),\cdots,-z(k-n_a),u(k-d),\\ \qquad\qquad u(k-d-1),\cdots,u(k-d-n_b)]^{\mathrm{T}}\\ \boldsymbol{\theta}_{\mathrm{B}}=[p_1,\cdots,p_{n_p},q_0,q_1,\cdots,q_{n_q}]^{\mathrm{T}}\\ \boldsymbol{h}_{\mathrm{B}}(k)=[-u(k-1),\cdots,-u(k-n_p),-z(k-c),\\ \qquad\qquad -z(k-c-1),\cdots,-z(k-c-n_q)]^{\mathrm{T}}\end{cases}\tag{15.4.3}$$

前向通道和反馈通道模型的最小二乘格式可写成

$$\begin{cases}z(k)=\boldsymbol{h}_{\mathrm{F}}^{\mathrm{T}}(k)\,\boldsymbol{\theta}_{\mathrm{F}}+v(k)\\ u(k)=\boldsymbol{h}_{\mathrm{B}}^{\mathrm{T}}(k)\,\boldsymbol{\theta}_{\mathrm{B}}+\omega(k)\end{cases}\tag{15.4.4}$$

由于前向通道、反馈通道噪声 $v(k)$ 和 $\omega(k)$ 都是白噪声，在满足闭环系统可辨识性条件前提下，可以利用最小二乘法直接辨识前向通道、反馈通道的模型参数 $\boldsymbol{\theta}_{\mathrm{F}}$ 和 $\boldsymbol{\theta}_{\mathrm{B}}$，前向通道模型参数辨识算法可写成（反馈通道模型参数辨识算法结构与之相同）

$$\begin{cases}\hat{\boldsymbol{\theta}}_{\mathrm{F}}(k)=\hat{\boldsymbol{\theta}}_{\mathrm{F}}(k-1)+\boldsymbol{K}_{\mathrm{F}}(k)[z(k)-\boldsymbol{h}_{\mathrm{F}}^{\mathrm{T}}(k)\,\hat{\boldsymbol{\theta}}_{\mathrm{F}}(k-1)]\\ \boldsymbol{K}_{\mathrm{F}}(k)=\boldsymbol{P}_{\mathrm{F}}(k-1)\boldsymbol{h}_{\mathrm{F}}(k)\,[\boldsymbol{h}_{\mathrm{F}}^{\mathrm{T}}(k)\boldsymbol{P}_{\mathrm{F}}(k-1)\boldsymbol{h}_{\mathrm{F}}(k)+1]^{-1}\\ \boldsymbol{P}_{\mathrm{F}}(k)=[\boldsymbol{I}-\boldsymbol{K}_{\mathrm{F}}(k)\boldsymbol{h}_{\mathrm{F}}^{\mathrm{T}}(k)]\boldsymbol{P}_{\mathrm{F}}(k-1)\end{cases}\tag{15.4.5}$$

上式是典型的最小二乘递推辨识算法，在开环状态下模型参数估计值是唯一、一致收敛的，在闭环状态下还能是唯一、一致收敛的吗？下面分别讨论算法式(15.4.5)参数估计向量 $\hat{\boldsymbol{\theta}}_{\mathrm{F}}(k)$ 的唯一性和收敛性问题。

1. 唯一性

保证算法式(15.4.5)参数估计向量 $\hat{\boldsymbol{\theta}}_{\mathrm{F}}(k)$ 具有唯一性的充分必要条件是数据协方差阵 $\boldsymbol{P}_{\mathrm{F}}(k)=\left(\sum_{i=1}^{k}\boldsymbol{h}_{\mathrm{F}}(i)\boldsymbol{h}_{\mathrm{F}}^{\mathrm{T}}(i)\right)^{-1}$ 对所有 k 都是非奇异的。显然，在满足前向通道模型可辨识性条件式(15.3.27)的情况下，数据向量 $\boldsymbol{h}_{\mathrm{F}}(k)$，$\forall k$ 元素是相互不相关的，矩阵 $\sum_{i=1}^{k}\boldsymbol{h}_{\mathrm{F}}(i)\,\boldsymbol{h}_{\mathrm{F}}^{\mathrm{T}}(i)$，$\forall k$ 总是满秩的，$\boldsymbol{P}_{\mathrm{F}}(k)$ 一定是非奇异的，$\hat{\boldsymbol{\theta}}_{\mathrm{F}}(k)$ 必定具有唯一性。

2. 收敛性

根据第 5 章式(5.3.34)，当算法初始值取 $\boldsymbol{P}(0)=a^2\boldsymbol{I}$（$a$ 为充分大的实数）和 $\hat{\boldsymbol{\theta}}_{\mathrm{F}}(0)=0$ 时，前向通道模型参数估计值偏差可表达成

$$\tilde{\boldsymbol{\theta}}_{\mathrm{F}}(k)=\boldsymbol{\theta}_{\mathrm{F0}}-\hat{\boldsymbol{\theta}}_{\mathrm{F}}(k)=\frac{1}{a^2}\boldsymbol{P}_{\mathrm{F}}(k)\,\tilde{\boldsymbol{\theta}}_{\mathrm{F}}(0)-\boldsymbol{P}_{\mathrm{F}}(k)\sum_{i=1}^{k}\boldsymbol{h}_{\mathrm{F}}(i)v(i)\tag{15.4.6}$$

其中，$\boldsymbol{\theta}_{\mathrm{F0}}$ 为前向通道真实模型。显然，由于 $\lim_{k\to\infty}\boldsymbol{P}_{\mathrm{F}}(k)=0$，W. P. 1，上式第 1 项趋于零。第 2 项可写成

$$\boldsymbol{P}_{\mathrm{F}}(k)\sum_{i=1}^{k}\boldsymbol{h}_{\mathrm{F}}(i)v(i)=\left(\frac{1}{k}\sum_{i=1}^{k}\boldsymbol{h}_{\mathrm{F}}(i)\boldsymbol{h}_{\mathrm{F}}^{\mathrm{T}}(i)\right)^{-1}\left(\frac{1}{k}\sum_{i=1}^{k}\boldsymbol{h}_{\mathrm{F}}(i)v(i)\right)$$

$$\xrightarrow{k\to\infty}\boldsymbol{C}^{-1}\mathrm{E}\{\boldsymbol{h}(k)v(k)\}\tag{15.4.7}$$

式中，$\boldsymbol{C}$ 为常数阵，根据数据向量 $\boldsymbol{h}_{\mathrm{F}}(k)$ 的定义，有

$$\begin{aligned}\mathrm{E}\{\boldsymbol{h}_{\mathrm{F}}(k)v(k)\}=[&-z(k-1)v(k),\cdots,-z(k-n_a)v(k),\\&u(k-d)v(k),u(k-d-1)v(k),\cdots,\\&u(k-d-n_b)v(k)]^{\mathrm{T}}\end{aligned}\tag{15.4.8}$$

考虑到前向通道和反馈通道噪声是零均值、相互独立的白噪声，且式(15.4.8)的元素 $z(k-1)$ 只可能包含 $(k-1)$ 之前的前向通道噪声和 $(k-d)$ 之前的反馈通道噪声以及元素 $u(k-d)$ 只可能包含 $(k-d-c)$ 之前的前向通道噪声和 $(k-d)$ 之前的反馈通道噪声，只要 $(d+c)\neq 0$ 或者 $d\neq 0$ or $c\neq 0$，便有 $\mathrm{E}\{z(k-1)v(k)\}=0$ 和 $\mathrm{E}\{u(k-d)v(k)\}=0$，为此 $\mathrm{E}\{\boldsymbol{h}_{\mathrm{F}}(k)v(k)\}=0$，所以 $\lim\limits_{k\to\infty}\tilde{\boldsymbol{\theta}}_{\mathrm{F}}(k)=0$，W. P. 1，$\hat{\boldsymbol{\theta}}_{\mathrm{F}}(k)$ 具有收敛性。

同理，在满足反馈通道模型可辨识性条件式(15.3.28)的情况下，只要前向通道或反馈通道迟延有一个不为 0，反馈通道模型参数估计值 $\hat{\boldsymbol{\theta}}_{\mathrm{B}}(k)$ 也具有唯一性和收敛性。

例 15.5　考虑如下闭环系统，前向通道模型为

$$z(k)=1.45z(k-1)-0.65z(k-2)+1.10u(k-1)-0.70u(k-2)+\lambda_v v(k)\tag{15.4.9}$$

式中，$u(k)$、$z(k)$ 为模型输入和输出，噪声 $v(k)$ 是零均值、方差为 1 的白噪声，噪声标准差 $\lambda_v=0.4$；结构参数为 $n_a=2,n_b=1,d=1$。反馈通道模型为

$$\begin{aligned}u(k)=&1.35u(k-1)-0.35u(k-2)-0.65z(k)\\&+0.45z(k-1)-0.10z(k-2)+\lambda_\omega\omega(k)\end{aligned}\tag{15.4.10}$$

其中，噪声 $\omega(k)$ 是零均值、方差为 1 的白噪声，噪声标准差 $\lambda_\omega=0.4$，结构参数为 $n_p=2,n_q=2,c=0$，满足前向通道和反馈通道模型同时可辨识的条件式(15.3.29)。在闭环状态下，利用系统输入输出数据 $u(k)$ 和 $z(k)$，构造数据向量 $\boldsymbol{h}_{\mathrm{F}}(k)$ 和 $\boldsymbol{h}_{\mathrm{B}}(k)$，并利用第 5 章 RLS 算法式(5.3.7)，直接辨识前向通道和反馈通道的模型参数，递推至 1500 步后的辨识结果如表 15.2 所示，图 15.6 和图 15.7 是前向通道和反馈通道的模型参数估计值变化过程。实验表明，只要能满足可辨识条件式(15.3.29)，前向和反馈通道模型都是可辨识的。

表 15.2　闭环系统辨识结果

	估计值(括号内为真值)					
前向通道	$a_1(-1.45)$	$a_2(0.65)$	$b_1(1.10)$	$b_2(-0.70)$		$\lambda_v(0.40)$
	−1.4520	0.6526	1.0845	−0.6836		0.3917
反馈通道	$p_1(-1.35)$	$p_2(0.35)$	$q_0(0.65)$	$q_1(-0.45)$	$q_2(0.10)$	$\lambda_\omega(0.40)$
	−1.3517	0.3884	0.6517	−0.4693	0.1066	0.4015

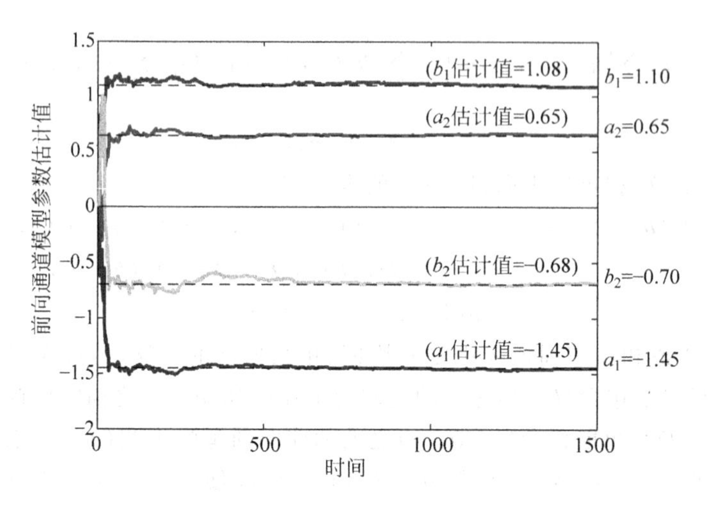

图 15.6　前向通道模型参数估计值变化过程

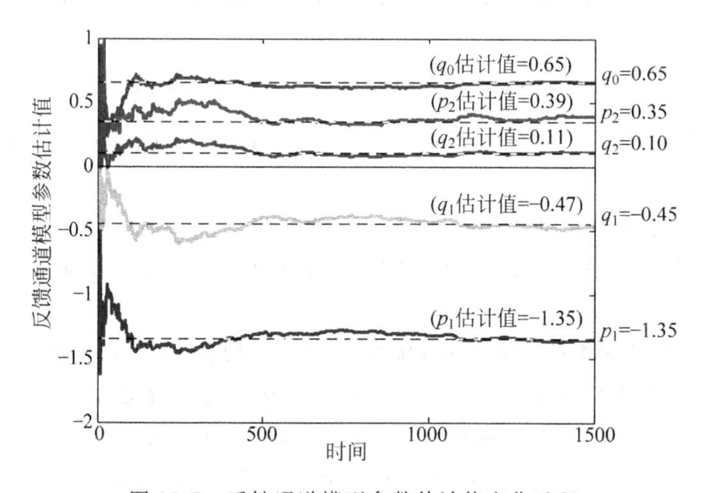

图 15.7　反馈通道模型参数估计值变化过程

表 15.2 中，前向通道和反馈通道噪声标准差估计值 $\hat{\lambda}_v=\mathrm{sqrt}(J_v(L)/L)$，$\hat{\lambda}_\omega=\mathrm{sqrt}(J_\omega(L)/L)$，其中 $J_v(L)$和 $J_\omega(L)$是递推至 L 步的损失函数值

$$\begin{cases}J_v(k)=J_v(k-1)+\dfrac{\tilde{z}^2(k)}{\boldsymbol{h}_{\mathrm{F}}^{\mathrm{T}}(k)\boldsymbol{P}_{\mathrm{F}}(k-1)\boldsymbol{h}_{\mathrm{F}}(k)+1}\\ \tilde{z}(k)=z(k)-\boldsymbol{h}_{\mathrm{F}}^{\mathrm{T}}(k)\hat{\boldsymbol{\theta}}_{\mathrm{F}}(k-1)\end{cases}\tag{15.4.11}$$

式中，$\hat{\boldsymbol{\theta}}_{\mathrm{F}}(k-1)$、$\boldsymbol{h}_{\mathrm{F}}(k)$、$\boldsymbol{P}_{\mathrm{F}}(k-1)$和$\tilde{z}(k)$分别为前向通道模型参数估计值向量、数据向量、数据协方差阵和模型新息。

$$\begin{cases}J_\omega(k)=J_\omega(k-1)+\dfrac{\tilde{u}^2(k)}{\boldsymbol{h}_{\mathrm{B}}^{\mathrm{T}}(k)\boldsymbol{P}_{\mathrm{B}}(k-1)\boldsymbol{h}_{\mathrm{B}}(k)+1}\\ \tilde{u}(k)=u(k)-\boldsymbol{h}_{\mathrm{B}}^{\mathrm{T}}(k)\hat{\boldsymbol{\theta}}_{\mathrm{B}}(k-1)\end{cases}\tag{15.4.12}$$

式中，$\hat{\boldsymbol{\theta}}_{\mathrm{B}}(k-1)$、$\boldsymbol{h}_{\mathrm{B}}(k)$、$\boldsymbol{P}_{\mathrm{B}}(k-1)$和$\tilde{u}(k)$分别为反馈通道模型参数估计值向量、数据

向量、数据协方差阵和模型新息。

15.4.2 增广最小二乘辨识方法

考虑图 15.1 所示的闭环系统，前向通道模型写成

$$z(k) = -\sum_{i=1}^{n_a} a_i z(k-i) + \sum_{i=0}^{n_b} b_i u(k-i-d) + \sum_{i=1}^{n_d} d_i v(k-i) + v(k) \tag{15.4.13}$$

反馈通道模型写成

$$u(k) = -\sum_{i=1}^{n_p} p_i u(k-i) - \sum_{i=0}^{n_q} q_i z(k-i-c) + \sum_{i=1}^{n_s} s_i \omega(k-i) + \omega(k) \tag{15.4.14}$$

其中，前向通道噪声 $v(k)$ 和反馈通道噪声 $\omega(k)$ 是零均值、方差为 σ_v^2 和 σ_ω^2，服从正态分布、互不相关的白噪声；$d \geqslant 0$、$c \geqslant 0$ 是前向通道和反馈通道迟延。

置前向通道、反馈通道模型参数向量和数据向量为

$$\begin{cases} \boldsymbol{\theta}_{\mathrm{F}} = [a_1, \cdots, a_{n_a}, b_0, b_1, \cdots, b_{n_b}, d_1, \cdots, d_{n_d}]^{\mathrm{T}} \\ \boldsymbol{h}_{\mathrm{F}}(k) = [-z(k-1), \cdots, -z(k-n_a), u(k-d), \\ \qquad u(k-d-1), \cdots, u(k-d-n_b), \\ \qquad v(k-1), \cdots, v(k-n_d)]^{\mathrm{T}} \\ \boldsymbol{\theta}_{\mathrm{B}} = [p_1, \cdots, p_{n_p}, q_0, q_1, \cdots, q_{n_q}]^{\mathrm{T}} \\ \boldsymbol{h}_{\mathrm{B}}(k) = [-u(k-1), \cdots, -u(k-n_p), -z(k-c), \\ \qquad -z(k-c-1), \cdots, -z(k-c-n_q), \\ \qquad \omega(k-1), \cdots, \omega(k-n_d)]^{\mathrm{T}} \end{cases} \tag{15.4.15}$$

前向通道和反馈通道模型的最小二乘格式可写成

$$\begin{cases} z(k) = \boldsymbol{h}_{\mathrm{F}}^{\mathrm{T}}(k)\,\boldsymbol{\theta}_{\mathrm{F}} + v(k) \\ u(k) = \boldsymbol{h}_{\mathrm{B}}^{\mathrm{T}}(k)\,\boldsymbol{\theta}_{\mathrm{B}} + \omega(k) \end{cases} \tag{15.4.16}$$

在满足闭环系统可辨识性条件前提下，利用增广最小二乘法直接辨识前向通道、反馈通道的模型参数$\boldsymbol{\theta}_{\mathrm{F}}$ 和$\boldsymbol{\theta}_{\mathrm{B}}$。前向通道的模型辨识算法如下(反馈通道的模型辨识算法结构与之雷同)

$$\begin{cases} \hat{\boldsymbol{\theta}}_{\mathrm{F}}(k) = \hat{\boldsymbol{\theta}}_{\mathrm{F}}(k-1) + \boldsymbol{K}_{\mathrm{F}}(k)[z(k) - \boldsymbol{h}_{\mathrm{F}}^{\mathrm{T}}(k)\,\hat{\boldsymbol{\theta}}_{\mathrm{F}}(k-1)] \\ \boldsymbol{K}_{\mathrm{F}}(k) = \boldsymbol{P}_{\mathrm{F}}(k-1)\,\boldsymbol{h}_{\mathrm{F}}(k)\,[\boldsymbol{h}_{\mathrm{F}}^{\mathrm{T}}(k)\boldsymbol{P}_{\mathrm{F}}(k-1)\boldsymbol{h}_{\mathrm{F}}(k) + 1]^{-1} \\ \boldsymbol{P}_{\mathrm{F}}(k) = [\boldsymbol{I} - \boldsymbol{K}_{\mathrm{F}}(k)\boldsymbol{h}_{\mathrm{F}}^{\mathrm{T}}(k)]\boldsymbol{P}_{\mathrm{F}}(k-1) \\ \hat{v}(k) = z(k) - \boldsymbol{h}_{\mathrm{F}}^{\mathrm{T}}(k)\,\hat{\boldsymbol{\theta}}_{\mathrm{F}}(k-1) \end{cases} \tag{15.4.17}$$

同样可以证明，在满足前向通道模型可辨识性条件式(15.3.27)的情况下，只要前向

通道或反馈通道迟延有一个不为 0，增广最小二乘模型参数估计值$\hat{\boldsymbol{\theta}}_{\mathrm{F}}(k)$是唯一且收敛的；反馈通道的模型参数估计值$\hat{\boldsymbol{\theta}}_{\mathrm{B}}(k)$也同样是唯一、收敛的。

例 15.6 考虑如下闭环系统，前向通道模型为

$$\begin{aligned} z(k) &= 1.45z(k-1) - 0.65z(k-2) + 1.10u(k-1) - 0.70u(k-2) \\ &\quad + v(k) + 0.90v(k-1) + 0.18v(k-2) \end{aligned} \tag{15.4.18}$$

式中，$u(k)$、$z(k)$为模型输入和输出，噪声 $v(k)$是零均值、标准差 $\lambda_v=0.5$ 的白噪声；模型结构参数为 $n_a=2, n_b=1, d=1$。反馈通道模型为

$$\begin{aligned} u(k) &= 1.35u(k-1) - 0.35u(k-2) - 0.65z(k) + 0.45z(k-1) \\ &\quad - 0.10z(k-2) + \omega(k) + 0.9\omega(k-1) \end{aligned} \tag{15.4.19}$$

其中，噪声 $\omega(k)$是零均值、标准差 $\lambda_\omega=0.5$ 的白噪声，结构参数为 $n_p=2, n_q=2, c=0$，满足前向通道和反馈通道模型同时可辨识的条件式(15.3.29)。在闭环状态下，利用系统输入输出数据 $u(k)$和 $z(k)$，构造数据向量 $\boldsymbol{h}_{\mathrm{F}}(k)$和 $\boldsymbol{h}_{\mathrm{B}}(k)$，数据向量中噪声变量用对应的估计值$\hat{v}(k)=z(k)-\boldsymbol{h}_{\mathrm{F}}^{\mathrm{T}}(k)\hat{\boldsymbol{\theta}}_{\mathrm{F}}(k)$和 $\hat{\omega}(k)=u(k)-\boldsymbol{h}_{\mathrm{B}}^{\mathrm{T}}(k)\hat{\boldsymbol{\theta}}_{\mathrm{B}}(k)$代替，采用第 6 章 RELS 算法式(6.2.12)，直接辨识前向通道和反馈通道的模型参数，递推至 1500 步后的辨识结果如表 15.3 所示。图 15.8 和图 15.9 是前向通道和反馈通道模型参数估计变化过程。实验表明，只要能满足可辨识条件式(15.3.29)，前向通道和反馈通道模型都是可辨识的。

表 15.3 闭环系统辨识结果

	估计值(括号内为参数真值)						
前向通道	a_1 (−1.45)	a_2 (0.65)	b_1 (1.10)	b_2 (−0.70)	d_1 (0.90)	d_2 (0.18)	λ_v (0.50)
	−1.4908	0.6831	1.1270	−0.7404	0.8864	0.1678	0.5266
反馈通道	p_1 (−1.35)	p_2 (0.35)	q_0 (0.65)	q_1 (−0.45)	q_2 (0.10)	s_1 (0.90)	λ_ω (0.50)
	−1.3706	0.3890	0.6464	−0.4590	0.1226	0.08732	0.5053

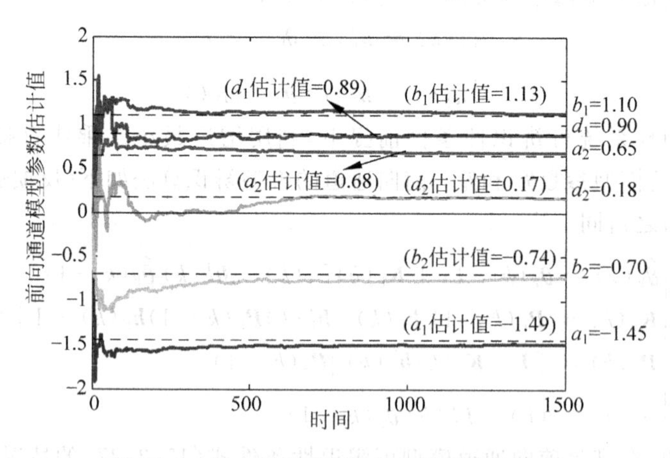

图 15.8 前向通道模型参数估计值变化过程

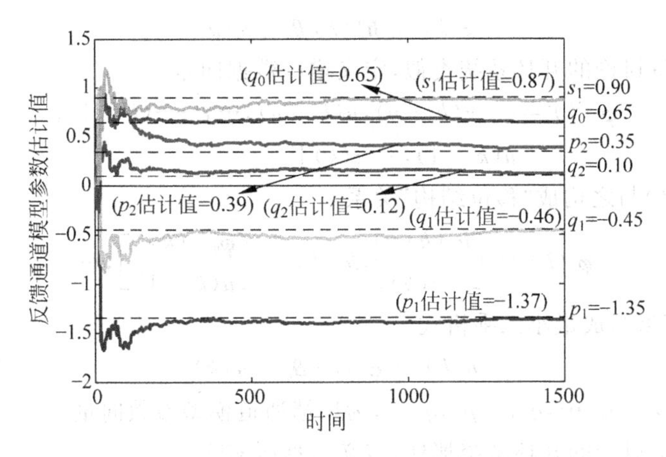

图 15.9 反馈通道模型参数估计值变化过程

表 15.3 中，前向通道和反馈通道噪声标准差估计值 $\hat{\lambda}_v=\text{sqrt}(J_v(L)/L)$，$\hat{\lambda}_\omega=\text{sqrt}(J_\omega(L)/L)$，其中 $J_v(L)$ 和 $J_\omega(L)$ 为递推至 L 时刻的损失函数值，损失函数的递推关系如同式(15.4.11)和式(15.4.12)。

15.4.3 AUDI 辨识方法

在第 11 章中，讨论了开环系统的 AUDI 辨识方法，本节将这种方法扩展应用到闭环系统[34]。像开环系统一样，需要人为指定(或依据先验知识)可能的最大模型阶次 n，在满足闭环系统可辨识性条件式(15.3.29)的情况下，利用增广数据向量，构造信息压缩阵，对信息压缩阵进行 UD 分解，同时获得从 1 到 n 阶前向通道和反馈通道的模型参数估计值及对应的损失函数，通过对不同阶次损失函数的显著性检验，确定前向通道和反馈通道模型的阶次，然后选定对应阶次的模型参数估计值作为辨识结果。

考虑图 15.1 所示的闭环系统，设前向通道模型为

$$z(k)=-\sum_{i=1}^{n_a}a_i z(k-i)+\sum_{i=1}^{n_b}b_i u(k-i)+v(k) \tag{15.4.20}$$

反馈通道模型为

$$u(k)=-\sum_{i=1}^{n_p}p_i u(k-i)-\sum_{i=0}^{n_q}q_i z(k-i)+\omega(k) \tag{15.4.21}$$

其中，$v(k)$、$\omega(k)$是前向通道和反馈通道均值为零、互不相关的白噪声。置前向通道模型参数向量和数据向量为

$$\begin{cases}\boldsymbol{\theta}_n=[a_n,b_n,\cdots,a_1,b_1]^{\mathrm{T}}\\ \boldsymbol{h}_n(k)=[-z(k-n),u(k-n),\cdots,-z(k-1),u(k-1)]^{\mathrm{T}}\end{cases} \tag{15.4.22}$$

式中，$n>\max(n_a,n_b,n_p,n_q)$(指定的可能最大模型阶次)，则前向通道模型的最小二乘格式写成

$$z(k) = \boldsymbol{h}_n^{\mathrm{T}}(k)\,\boldsymbol{\theta}_n + v(k) \tag{15.4.23}$$

与第 11 章讨论的开环系统类似,定义增广数据向量

$$\begin{aligned}\boldsymbol{\varphi}_n(k) = [&-z(k-n), u(k-n), \cdots, -z(k-1), \\ &u(k-1), -z(k)]^{\mathrm{T}}\end{aligned} \tag{15.4.24}$$

数据向量 $\boldsymbol{h}_n(k)$ 与之构成"移位结构"关系

$$\boldsymbol{\varphi}_n(k) = \begin{bmatrix}\boldsymbol{h}_n(k) \\ -z(k)\end{bmatrix}, \boldsymbol{h}_n(k) = \begin{bmatrix}\boldsymbol{\varphi}_{n-1}(k) \\ u(k-1)\end{bmatrix}, \cdots \tag{15.4.25}$$

将反馈通道模型写成最小二乘格式

$$u(k) = \boldsymbol{\varphi}_n^{\mathrm{T}}(k)\,\boldsymbol{\vartheta}_n + \omega(k) \tag{15.4.26}$$

式中,$\boldsymbol{\vartheta}_n = [q_n, -p_n, \cdots, q_1, -p_1, q_0]^{\mathrm{T}}$,为反馈通道模型参数向量。

像第 11 章讨论的开环系统那样,定义信息压缩阵

$$\boldsymbol{C}_n(k) = \left[\sum_{i=1}^{k} \boldsymbol{\varphi}_n(i)\,\boldsymbol{\varphi}_n^{\mathrm{T}}(i)\right]^{-1} \in \mathrm{R}^{(2n+1)\times(2n+1)} \tag{15.4.27}$$

并对其进行 UDU^{T} 分解,有

$$\boldsymbol{C}_n(k) = \boldsymbol{U}_n(k)\boldsymbol{D}_n(k)\boldsymbol{U}_n^{\mathrm{T}}(k) \tag{15.4.28}$$

其中,$\boldsymbol{U}_n(k)$ 是 $(2n+1)\times(2n+1)$ 维的单位上三角矩阵,称参数辨识矩阵,只要满足可辨识性条件,它就会包含前向通道和反馈通道从 1 到 n 阶所有的模型参数估计值 $\hat{\boldsymbol{\theta}}_l, l=1,2,\cdots,n$ 和 $\hat{\boldsymbol{\vartheta}}_l, l=0,2,\cdots,n-1$;$\boldsymbol{D}_n(k)$ 是 $(2n+1)\times(2n+1)$ 维的对角矩阵,称损失函数矩阵,包含前向通道和反馈通道从 1 到 n 阶所有模型的损失函数。

参数辨识矩阵 $\boldsymbol{U}_n(k)$ 的分解形式为

$$\underbrace{\boldsymbol{U}_n(k)}_{(2n+1)\times(2n+1)} = \begin{bmatrix} 1 & -\hat{\boldsymbol{\vartheta}}_0 & & & & & & & \\ & 1 & \hat{\boldsymbol{\theta}}_1 & & & & & & \\ & & 1 & -\hat{\boldsymbol{\vartheta}}_1 & & & & & \\ & & & 1 & \hat{\boldsymbol{\theta}}_2 & & & & \\ & & & & 1 & \ddots & & & \\ & & 0 & & & \ddots & -\hat{\boldsymbol{\vartheta}}_{n-1} & & \\ & & & & & & 1 & \hat{\boldsymbol{\theta}}_n \\ & & & & & & & 1 \end{bmatrix} \tag{15.4.29}$$

式中,$\hat{\boldsymbol{\theta}}_l, l=1,2,\cdots,n$ 和 $\hat{\boldsymbol{\vartheta}}_l, l=0,2,\cdots,n-1$ 分别为前向通道和反馈通道模型参数估计值。

损失函数矩阵 $\boldsymbol{D}_n(k)$ 的分解形式为

$$\underbrace{\boldsymbol{D}_n(k)}_{(2n+1)\times(2n+1)} = \mathrm{diag}[J_0^{-1}(k), V_0^{-1}(k), J_1^{-1}(k), V_1^{-1}(k), \cdots, J_{n-1}^{-1}(k), V_{n-1}^{-1}(k), J_n^{-1}(k)] \tag{15.4.30}$$

其中,下脚标 $l=0,1,\cdots,n$ 代表模型阶次,如 $J_l(k), l=1,2,\cdots,n$ 表示阶次为 l 的前向通道模型损失函数;$V_l(k), l=0,2,\cdots,n-1$ 表示阶次为 l 的反馈通道模型损失函

数。利用第10章的F-test定阶方法，根据 $J_l(k), l=1,2,\cdots,n$ 和 $V_l(k), l=0,2,\cdots,n-1$ 变化情况，可以确定前向通道和反馈通道的模型阶次，最后从参数辨识矩阵 $\boldsymbol{U}_n(k)$ 中取出对应阶的模型参数估计值作为辨识结果。

例15.7 本例仿真模型和实验条件与例15.5相同。假设模型可能的最高阶次 $n=4$，根据式(15.4.24)的定义，构造增广数据向量

$$\boldsymbol{\varphi}_4(k)=[-z(k-4),u(k-4),-z(k-3),u(k-3),-z(k-2),\\ u(k-2),-z(k-1),u(k-1),-z(k)]^{\mathrm{T}} \tag{15.4.31}$$

利用AUDI-RLS算法式(11.5.20)，递推计算参数辨识矩阵 $\boldsymbol{U}_4(k)$ 和损失函数矩阵 $\boldsymbol{D}_4(k)$。当递推到 $k=L=1500$ 时(L 为数据长度)，观察损失函数随阶次变化情况，如图15.10所示。显然，前向通道和反馈通道的模型阶次大于2后，损失函数变化都不显著，根据第10章的F-test定阶法，前向通道和反馈通道模型阶次都可确定为2。

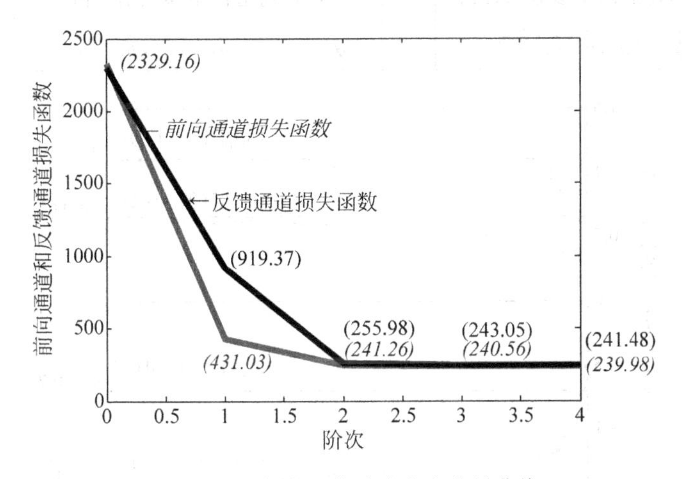

图15.10 损失函数随阶次变化的曲线

前向通道和反馈通道模型参数辨识结果如表15.4所示。模型参数估计值变化过程如图15.11和图15.12所示。仿真实验表明，只要满足可辨识条件式(15.3.28)，利用AUDI-RLS算法可同时辨识获得前向通道和反馈通道的模型参数估计值。

表15.4 闭环系统辨识结果

	估计值(括号内为真值)					
前向通道	$a_1(-1.45)$	$a_2(0.65)$	$b_1(1.10)$	$b_2(-0.70)$		$\lambda_v(0.40)$
	-1.4171	0.6216	1.0900	-0.6662		0.4010
反馈通道	$p_1(-1.35)$	$p_2(0.35)$	$q_0(0.65)$	$q_1(-0.45)$	$q_2(0.10)$	$\lambda_w(0.40)$
	-1.3612	0.3303	0.6676	-0.4330	0.0925	0.4131

表15.4中，模型参数估计值取自参数辨识矩阵 $\boldsymbol{U}_4(k)$ 最后5个估计值的平均值；噪声标准差估计值 $\hat{\lambda}_v=\mathrm{sqrt}\left(\dfrac{1}{D_4(5,5,k)L}\right)$，$\hat{\lambda}_w=\mathrm{sqrt}\left(\dfrac{1}{D_4(6,6,k)L}\right)$，其中 $D_4(5,5,k)$ 和 $D_4(6,6,k)$ 是最后时刻损失函数矩阵 $\boldsymbol{D}_4(k)$ 的元素。下面式(15.4.32)

是最后时刻的参数辨识矩阵

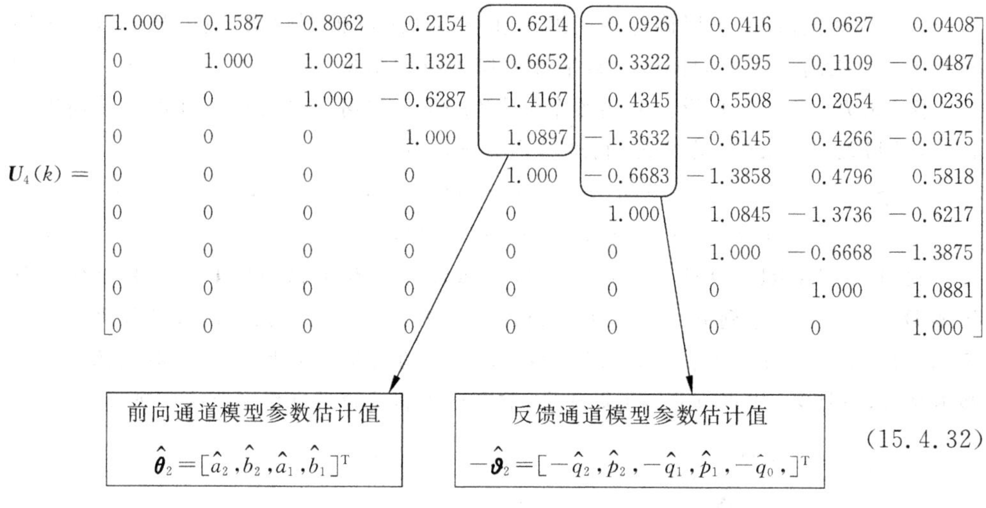

$$
\boldsymbol{U}_4(k)=\begin{bmatrix}
1.000 & -0.1587 & -0.8062 & 0.2154 & 0.6214 & -0.0926 & 0.0416 & 0.0627 & 0.0408\\
0 & 1.000 & 1.0021 & -1.1321 & -0.6652 & 0.3322 & -0.0595 & -0.1109 & -0.0487\\
0 & 0 & 1.000 & -0.6287 & -1.4167 & 0.4345 & 0.5508 & -0.2054 & -0.0236\\
0 & 0 & 0 & 1.000 & 1.0897 & -1.3632 & -0.6145 & 0.4266 & -0.0175\\
0 & 0 & 0 & 0 & 1.000 & -0.6683 & -1.3858 & 0.4796 & 0.5818\\
0 & 0 & 0 & 0 & 0 & 1.000 & 1.0845 & -1.3736 & -0.6217\\
0 & 0 & 0 & 0 & 0 & 0 & 1.000 & -0.6668 & -1.3875\\
0 & 0 & 0 & 0 & 0 & 0 & 0 & 1.000 & 1.0881\\
0 & 0 & 0 & 0 & 0 & 0 & 0 & 0 & 1.000
\end{bmatrix}
$$

(15.4.32)

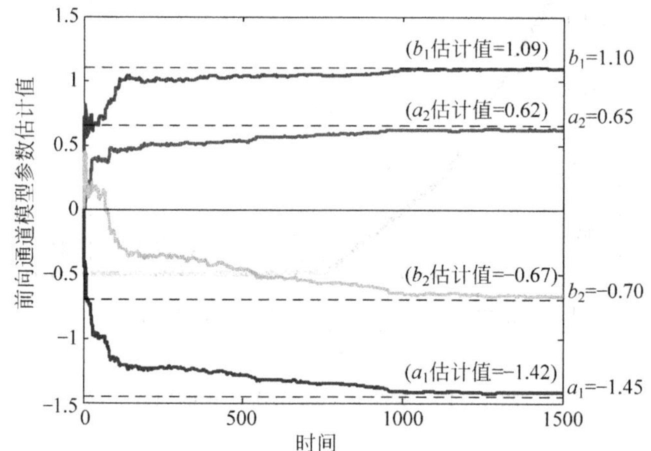

图 15.11　前向通道模型参数估计值变化过程

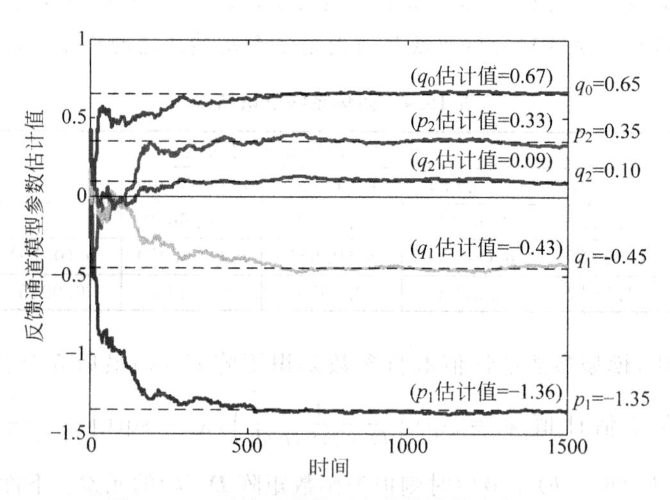

图 15.12　反馈通道模型参数估计值变化过程

15.5 小结

本章讨论了闭环系统的可辨识性概念及其条件，重要的结论是：如果前向通道和反馈通道噪声不为零，或者噪声为零，但前向通道和反馈通道模型阶次满足 $n_b+1 \leqslant n_p \leqslant n_b-1+(d+c)$ or $n_a+1-(d+c) \leqslant n_q \leqslant n_a-1$，前向通道和反馈通道模型参数是同时可辨识的。本章还讨论了闭环系统的辨识方法，包括最小二乘法、增广最小二乘法及基于 UD 分解的 AUDI 辨识方法，当然其他的开环辨识方法（如辅助变量法、极大似然法等）也是可以用于闭环系统辨识的。

习题

(1) 考虑图 15.1 所示的闭环系统，设前向通道模型为 $G(z^{-1})=\dfrac{b_1 z^{-1}}{1+a_1 z^{-1}+a_2 z^{-2}}$，噪声模型为 $H_v(z^{-1})=\dfrac{1+d_1 z^{-1}+d_2 z^{-2}}{1+a_1 z^{-1}+a_2 z^{-2}}$，当反馈通道模型分别取 $R(z^{-1})=q_0$ 和 $R(z^{-1})=\dfrac{q_0+q_1 z^{-1}}{1-z^{-1}}$（$q_0$ 和 q_1 已知）时，试给出前向通道模型参数 a_1、a_2、b_1、d_1 和 d_2 及前向通道噪声 $v(k)$ 方差的估计值表达式。

(2) 考虑图 15.1 所示的闭环系统，利用系统的输入和输出数据序列 $\{u(k), z(k)\}$，采用开环辨识方法，直接辨识闭环系统前向通道模型参数估计值 $\hat{\boldsymbol{\theta}}_{\mathrm{F}}$ 或反馈通道模型参数估计值 $\hat{\boldsymbol{\theta}}_{\mathrm{B}}$，试论证前向通道迟延 d 和反馈通道迟延 c 对闭环系统可辨识性是有利的。

(3) 考虑一个 r 维输入、m 维输出的 MIMO 闭环系统，反馈通道在 l 个不同模型 $\boldsymbol{R}_i(z^{-1}) \in \mathrm{R}^{r\times m}$，$i=1,2,\cdots,l$ 之间切换，其中 $l \geqslant 1+\dfrac{r}{m}$，证明前向通道模型可辨识性的充分条件是

$$\operatorname{rank}\begin{bmatrix} \boldsymbol{I}_m & \boldsymbol{I}_m & \cdots & \boldsymbol{I}_m \\ \boldsymbol{R}_1(z^{-1}) & \boldsymbol{R}_2(z^{-1}) & \cdots & \boldsymbol{R}_l(z^{-1}) \end{bmatrix} = r+m$$

必要条件是 $l \geqslant 1+\dfrac{r}{m}$；系统的输入维数等于输出维数时，前向通道模型的可辨识性条件为 $\det(\boldsymbol{R}_1(z^{-1})-\boldsymbol{R}_2(z^{-1})) \neq 0$；对于 SISO 闭环系统，前向通道模型可辨识性的必要条件为 $l=2$，即反馈通道在两个不同模型之间切换，前向通道模型是可辨识的。

(4) 利用第 3 章定理 3.3，定性解释本章 15.3.2 节归纳的前向通道模型可辨识性条件(2)～(4)。

(5) 对 SISO 闭环系统来说，反馈通道在两个不同模型之间切换，前向通道模型是可辨识的。试解释反馈通道模型切换的周期越短，模型参数估计值收敛越快。

(6) 考虑闭环系统式(15.4.1)和式(15.4.2),在满足反馈通道模型可辨识性条件式(15.3.28)的情况下,证明当$(d+c)\neq 0$或者$d\neq 0$ or $c\neq 0$(d和c为前向通道和反馈通道迟延)时,反馈通道的模型参数估计值$\hat{\boldsymbol{\theta}}_{\mathrm{B}}(k)$是收敛的,即有$\lim\limits_{k\to\infty}\tilde{\boldsymbol{\theta}}_{\mathrm{B}}(k)=\lim\limits_{k\to\infty}(\boldsymbol{\theta}_{\mathrm{B0}}-\hat{\boldsymbol{\theta}}_{\mathrm{B}}(k))=0$,W.P.1,其中$\boldsymbol{\theta}_{\mathrm{B0}}$为反馈通道真实模型。

(7) 证明在满足可辨识性条件式(15.3.27)或式(15.3.28)的情况下,只要前向通道或反馈通道迟延有一个不为0,前向通道和反馈通道的增广最小二乘模型参数估计值$\hat{\boldsymbol{\theta}}_{\mathrm{F}}(k)$、$\hat{\boldsymbol{\theta}}_{\mathrm{B}}(k)$具有唯一性和收敛性。

(8) 参照第11章的相关内容,证明式(15.4.29)和式(15.4.30),并解释不同阶次的反馈通道模型参数估计值和损失函数与参数辨识矩阵$\boldsymbol{U}_n(k)$和损失函数矩阵$\boldsymbol{D}_n(k)$的对应关系。

第16章 递推辨识算法性能分析

16.1 引言

对每种辨识算法来说，希望它是收敛的，即当观测数据不断增加时，参数估计值$\hat{\boldsymbol{\theta}}(k)$能逐渐收敛于真值$\boldsymbol{\theta}_0$。此外，还希望辨识算法具有较快的收敛速度和较高的辨识精度，即参数估计值偏差向量$\tilde{\boldsymbol{\theta}}(k)=\boldsymbol{\theta}_0-\hat{\boldsymbol{\theta}}(k)$各分量的方差都要尽可能地小。本章将讨论这些问题，不过论述时还是以尽量避免过多的数学推导为原则。

由于递推辨识算法在形式上表现为时变的非线性差分方程结构，因此直接解析地分析它的收敛性和收敛速度比较困难，通常需要借助仿真研究或稳定性分析方法来探讨。仿真研究（Monto-Carlo 法）需要针对某种辨识算法，以大量的具体例子，通过计算机仿真，根据仿真结果来分析算法的收敛性。这种方法相当直观，不失为一种基本的研究方法。但是，仿真结果往往与仿真所用的模型及噪声性质有关，不能对算法的收敛性做出普遍性结论。稳定性分析方法主要有如下三种：

(1) ODE 法（ordinary differential equation），瑞典 Ljung 教授于 1976 年提出[38]，基本思想是：导出与辨识算法相关联的伴随微分方程，再通过研究微分方程的稳定性来判断辨识算法的收敛性。

(2) 鞅理论（martingale theory）方法，引进一个随机 Lyapunov 函数，然后用鞅理论来分析算法的收敛性。

(3) 间接法，通过研究$\boldsymbol{R}(k)\tilde{\boldsymbol{\theta}}(k)$的收敛性，进而分析$\hat{\boldsymbol{\theta}}(k)$的收敛性质。

稳定性分析方法较 Monto-Carlo 法有明显的优越性，能给出普遍性结论，但通常会遇到更多的数学麻烦，而且需要设定某些假设条件，在实际应用中也是有局限性的。

本章准备讨论两个问题：Ljung 的 ODE 法和几种最小二乘类递推辨识算法的性能分析，包括误差界和收敛性等。

16.2 ODE法

ODE法是分析递推辨识算法收敛性问题的一般性方法，它把辨识算法的收敛性问题转化为微分方程的稳定性问题来研究。

考虑第9章讨论的递推辨识算法一般形式，即RGIA算法式(9.3.17)

$$\begin{cases}\tilde{z}(k)=z(k)-\hat{z}(k)\\ \hat{\boldsymbol{\theta}}(k)=\hat{\boldsymbol{\theta}}(k-1)+\rho(k)\boldsymbol{R}^{-1}(k)\boldsymbol{\Psi}(k)\hat{\boldsymbol{\Sigma}}^{-1}(k)\tilde{z}(k)\\ \hat{\boldsymbol{\Sigma}}(k)=\hat{\boldsymbol{\Sigma}}(k-1)+\rho(k)[\tilde{z}(k)\tilde{z}^{\mathrm{T}}(k)-\hat{\boldsymbol{\Sigma}}(k-1)]\\ \boldsymbol{R}(k)=\boldsymbol{R}(k-1)+\rho(k)[\boldsymbol{\Psi}(k)\hat{\boldsymbol{\Sigma}}^{-1}(k)\boldsymbol{\Psi}^{\mathrm{T}}(k)-\boldsymbol{R}(k-1)]\end{cases}\tag{16.2.1}$$

式中，$\tilde{z}(k)$为模型新息，$\hat{z}(k)$为输出预报值，$\boldsymbol{\Psi}(k)$为输出预报值关于参数的一阶梯度，它们均是$\hat{\boldsymbol{\theta}}(k)$的函数，$\rho(k)$为收敛因子。因为RGIA能概括多种不同类型的辨识算法，所以研究RGIA算法的收敛性具有普遍意义。

16.2.1 伴随微分方程

对RGIA算法来说，当$k\to\infty$时，收敛因子$\rho(k)\to 0$，算法中的$\hat{\boldsymbol{\theta}}(k)$、$\boldsymbol{R}(k)$和$\hat{\boldsymbol{\Sigma}}(k)$的变化将越来越小，不妨设$\hat{\boldsymbol{\theta}}(k)\to\bar{\boldsymbol{\theta}}$及$\boldsymbol{R}(k)\to\bar{\boldsymbol{R}}$，则RGIA算法近似写成

$$\begin{cases}\hat{\boldsymbol{\theta}}(k)\approx\hat{\boldsymbol{\theta}}(k-1)+\rho(k)\bar{\boldsymbol{R}}^{-1}\boldsymbol{\Psi}(k,\bar{\boldsymbol{\theta}})\hat{\boldsymbol{\Sigma}}^{-1}(k)\tilde{z}(k,\bar{\boldsymbol{\theta}})\\ \boldsymbol{R}(k)\approx\boldsymbol{R}(k-1)+\rho(k)[\boldsymbol{\Psi}(k,\bar{\boldsymbol{\theta}})\hat{\boldsymbol{\Sigma}}^{-1}(k)\boldsymbol{\Psi}^{\mathrm{T}}(k,\bar{\boldsymbol{\theta}})-\bar{\boldsymbol{R}}]\end{cases}\tag{16.2.2}$$

设

$$\begin{cases}\boldsymbol{f}(\bar{\boldsymbol{\theta}})=\mathrm{E}\{\boldsymbol{\Psi}(k,\bar{\boldsymbol{\theta}})\hat{\boldsymbol{\Sigma}}^{-1}(k)\tilde{z}(k,\bar{\boldsymbol{\theta}})\}\\ \boldsymbol{G}(\bar{\boldsymbol{\theta}})=\mathrm{E}\{\boldsymbol{\Psi}(k,\bar{\boldsymbol{\theta}})\hat{\boldsymbol{\Sigma}}^{-1}(k)\boldsymbol{\Psi}^{\mathrm{T}}(k,\bar{\boldsymbol{\theta}})\}\end{cases}\tag{16.2.3}$$

式(16.2.2)进一步写成

$$\begin{cases}\hat{\boldsymbol{\theta}}(k)\approx\hat{\boldsymbol{\theta}}(k-1)+\rho(k)\bar{\boldsymbol{R}}^{-1}\boldsymbol{f}(\bar{\boldsymbol{\theta}})+\rho(k)\eta(k)\\ \boldsymbol{R}(k)\approx\boldsymbol{R}(k-1)+\rho(k)[\boldsymbol{G}(\bar{\boldsymbol{\theta}})-\bar{\boldsymbol{R}}]+\rho(k)\omega(k)\end{cases}\tag{16.2.4}$$

其中，$\eta(k)$和$\omega(k)$为零均值随机变量，是算法近似过程中产生的误差项。当k取k_1至k_2，上式两边分别求和，可得

$$\begin{cases}\sum_{k=k_1}^{k_2}\hat{\boldsymbol{\theta}}(k)\approx\sum_{k=k_1}^{k_2}\hat{\boldsymbol{\theta}}(k-1)+\sum_{k=k_1}^{k_2}\rho(k)\bar{\boldsymbol{R}}^{-1}\boldsymbol{f}(\bar{\boldsymbol{\theta}})+\sum_{k=k_1}^{k_2}\rho(k)\eta(k)\\ \sum_{k=k_1}^{k_2}\boldsymbol{R}(k)\approx\sum_{k=k_1}^{k_2}\boldsymbol{R}(k-1)+\sum_{k=k_1}^{k_2}\rho(k)[\boldsymbol{G}(\bar{\boldsymbol{\theta}})-\bar{\boldsymbol{R}}]+\sum_{k=k_1}^{k_2}\rho(k)\omega(k)\end{cases}\tag{16.2.5}$$

整理后

$$\begin{cases}\hat{\boldsymbol{\theta}}(k_2) \approx \hat{\boldsymbol{\theta}}(k_1-1) + \Delta\tau\bar{\boldsymbol{R}}^{-1}\boldsymbol{f}(\bar{\boldsymbol{\theta}}) + \sum_{k=k_1}^{k_2}\rho(k)\eta(k) \\ \boldsymbol{R}(k_2) \approx \boldsymbol{R}(k_1-1) + \Delta\tau[\boldsymbol{G}(\bar{\boldsymbol{\theta}}) - \bar{\boldsymbol{R}}] + \sum_{k=k_1}^{k_2}\rho(k)\omega(k)\end{cases} \tag{16.2.6}$$

其中，$\Delta\tau = \sum_{k=k_1}^{k_2}\rho(k)$。当 k 很大时，$\Delta\tau$ 很小，且因 $\eta(k)$ 和 $\omega(k)$ 均值为零，所以 $\sum_{k=k_1}^{k_2}\rho(k)\eta(k)$ 和 $\sum_{k=k_1}^{k_2}\rho(k)\omega(k)$ 将趋于零，故有

$$\begin{cases}\hat{\boldsymbol{\theta}}(k_2) \approx \hat{\boldsymbol{\theta}}(k_1-1) + \Delta\tau\bar{\boldsymbol{R}}^{-1}\boldsymbol{f}(\bar{\boldsymbol{\theta}}) \\ \boldsymbol{R}(k_2) \approx \boldsymbol{R}(k_1-1) + \Delta\tau[\boldsymbol{G}(\bar{\boldsymbol{\theta}}) - \bar{\boldsymbol{R}}]\end{cases} \tag{16.2.7}$$

对很小的 $\Delta\tau$，经时间尺度变换：$k_1-1 \Rightarrow \tau$，也就是 $\tau = \sum_{k=1}^{k_1-1}\rho(k)$；$k_2 \Rightarrow \tau+\Delta\tau$，也就是 $\tau+\Delta\tau = \sum_{k=1}^{k_1-1}\rho(k) + \sum_{k=k_1}^{k_2}\rho(k) = \sum_{k=1}^{k_2}\rho(k)$，式(16.2.7)写成

$$\begin{cases}\hat{\boldsymbol{\theta}}(\tau+\Delta\tau) \approx \hat{\boldsymbol{\theta}}(\tau) + \Delta\tau\bar{\boldsymbol{R}}^{-1}\boldsymbol{f}(\bar{\boldsymbol{\theta}}) \\ \boldsymbol{R}(\tau+\Delta\tau) \approx \boldsymbol{R}(\tau) + \Delta\tau[\boldsymbol{G}(\bar{\boldsymbol{\theta}}) - \bar{\boldsymbol{R}}]\end{cases} \tag{16.2.8}$$

当 $\Delta\tau \to 0$ 时，把式(16.2.8)写成微分方程形式

$$\begin{cases}\dfrac{\mathrm{d}\,\boldsymbol{\theta}_D(\tau)}{\mathrm{d}\tau} = \boldsymbol{R}_D^{-1}(\tau)\boldsymbol{f}(\boldsymbol{\theta}_D(\tau)) \\ \dfrac{\mathrm{d}\,\boldsymbol{R}_D(\tau)}{\mathrm{d}\tau} = \boldsymbol{G}(\boldsymbol{\theta}_D(\tau)) - \boldsymbol{R}_D(\tau)\end{cases} \tag{16.2.9}$$

方程式(16.2.9)称作 RGIA 辨识算法的伴随微分方程，其渐近稳定性与辨识算法的收敛性相关，即 $\boldsymbol{\theta}_D(\tau)$ 和 $\boldsymbol{R}_D(\tau)$ 的运动轨迹渐近逼近于 $\hat{\boldsymbol{\theta}}(k)$ 和 $\boldsymbol{R}(k)$ 的运动轨迹，且有 $\hat{\boldsymbol{\theta}}(k) \xrightarrow{k\to\infty} \boldsymbol{\theta}_D(\tau)$，$\boldsymbol{R}(k) \xrightarrow{k\to\infty} \boldsymbol{R}_D(\tau)$，其中 $\tau = \sum_{j=1}^{k}\rho(j)$。

16.2.2　辨识算法与伴随微分方程的关系

考虑如下微分方程

$$\frac{\mathrm{d}\boldsymbol{x}(\tau)}{\mathrm{d}\tau} = \boldsymbol{f}(\boldsymbol{x}) \tag{16.2.10}$$

如果 $\boldsymbol{x}(0) \in \mathrm{D_C} \Rightarrow \boldsymbol{x}(\tau) \in \mathrm{D_C}$，$\forall\,\tau$，则称 $\mathrm{D_C}$ 为微分方程的不变集(invariant set)；如果 $\boldsymbol{f}(\boldsymbol{x}^*) = 0$，则称 $\boldsymbol{x}^*$ 为微分方程的平衡点，显然 $\boldsymbol{x}^* \subset \mathrm{D_C}$；如果 $\boldsymbol{x}(0) \in \mathrm{D_A} \Rightarrow \boldsymbol{x}(\tau) \xrightarrow{\tau\to\infty}$

D_C，则称 D_A 为微分方程的吸收域(domain of attraction)，显然 $D_A \supset D_C$。如果"D_A 严格大于 D_C"，则 D_C 是稳定不变集；如果"D_A 为全平面"，则微分方程是 D_C 的"整体渐近稳定"。如果存在函数 $V(\boldsymbol{x})>0, \forall \boldsymbol{x}$，且 $V(\boldsymbol{x})$ 是递减的，即

$$\frac{\mathrm{d}V(\boldsymbol{x})}{\mathrm{d}\tau} = \frac{\mathrm{d}V(\boldsymbol{x})}{\mathrm{d}x}\frac{\mathrm{d}\boldsymbol{x}(\tau)}{\mathrm{d}\tau} = \frac{\mathrm{d}V(\boldsymbol{x})}{\mathrm{d}\boldsymbol{x}}\boldsymbol{f}(\boldsymbol{x}) \leqslant 0, \quad \forall \boldsymbol{x} \in D_A \qquad (16.2.11)$$

及

$$\frac{\mathrm{d}V(\boldsymbol{x})}{\mathrm{d}\tau} = 0, \quad \forall \boldsymbol{x} \in D_C \qquad (16.2.12)$$

则称 $V(\boldsymbol{x})$ 为微分方程的 Lyapunov 函数。也就是说，如果存在满足式(16.2.11)和式(16.2.12)的函数 $V(\boldsymbol{x})$，则微分方程是稳定的。

基于上述微分方程的稳定性概念，Ljung 给出了关于辨识算法收敛性与伴随微分方程稳定性之间的联系[38]：

(1) 设 D_C 是伴随微分方程的不变集，且 D_A 为相应的吸收域，若辨识算法 $\hat{\boldsymbol{\theta}}(k) \in D_A$("充分经常，sufficiently often")，则模型参数估计值 $\hat{\boldsymbol{\theta}}(k) \xrightarrow[k\to\infty]{\text{W.P.1}} D_C$。

(2) 伴随微分方程的平衡点可能是辨识算法的收敛点。

(3) 伴随微分方程 $\boldsymbol{\theta}_D(\tau)$ 的运动轨迹是辨识算法 $\hat{\boldsymbol{\theta}}(k)$ 的渐近运动路径。

16.2.3 ODE 法步骤

利用 ODE 法分析辨识算法收敛性的步骤：

(1) 推导输出预报误差 $\tilde{z}(k,\bar{\boldsymbol{\theta}})$ 及预报值关于参数 $\boldsymbol{\theta}$ 一阶梯度 $\boldsymbol{\Psi}(k,\bar{\boldsymbol{\theta}})$ 的表达式；

(2) 根据式(16.2.3)的定义，确定 $\boldsymbol{f}(\bar{\boldsymbol{\theta}})$ 和 $\boldsymbol{G}(\bar{\boldsymbol{\theta}})$ 的表达式，其中加权矩阵 $\boldsymbol{\Lambda}(k) = \hat{\boldsymbol{\Sigma}}^{-1}(k)$ 可取单位阵；

(3) 依据式(16.2.9)，构造辨识算法对应的伴随微分方程；

(4) 寻找伴随微分方程的 Lyapunov 函数 $V(\boldsymbol{\theta}_D)$；

(5) 利用式(16.2.11)和式(16.2.12)，分析 Lyapunov 函数 $V(\boldsymbol{\theta}_D)$ 的渐近性质；

(6) 根据伴随微分方程的稳定性，分析辨识算法的收敛性。

例 16.1 考虑如下简单模型

$$z(k) + az(k-1) = v(k) \qquad (16.2.13)$$

其中，$z(k)$ 为模型输出变量；$v(k)$ 是均值为零、方差为 1、服从正态分布的白噪声。根据第 9 章 RGIA-SS 辨识算法式(9.4.11)，模型阶次取 $n_b = n_f = n_c = n_d = 0, n_a = 1$，模型参数 $\theta = a$ 的辨识算法可写成

$$\begin{cases} \tilde{z}(k) = z(k) - \hat{z}(k) = z(k) + a\big|_{\hat{\theta}(k-1)} z(k-1) \\ \hat{\theta}(k) = \hat{\theta}(k-1) + \rho(k)R^{-1}(k)\psi(k)\tilde{z}(k) \\ \psi(k) = -z(k-1) \\ R(k) = R(k-1) + \rho(k)[\psi^2(k) - R(k-1)] \end{cases} \qquad (16.2.14)$$

第(1)步，推导输出预报误差$\tilde{z}(k,\bar{d})$及预报值关于参数θ一阶梯度$\psi(k,\bar{d})$的表达式

$$\begin{cases}\tilde{z}(k,\bar{a}) = z(k) + \bar{a}z(k-1)\\ \psi(k,\bar{a}) = -z(k-1)\end{cases} \tag{16.2.15}$$

第(2)步，利用式(16.2.3)定义，确定$\boldsymbol{f}(\bar{\boldsymbol{\theta}})$和$\boldsymbol{G}(\bar{\boldsymbol{\theta}})$表达式。根据式(16.2.15)，有

$$\begin{cases}G(\bar{a}) = \mathrm{E}\{\psi^2(k,\bar{a})\} = \mathrm{E}\{z^2(k-1)\}\\ \quad = \mathrm{E}\{(v(k-1) - az(k-2))^2\} = \mathrm{E}\{1 + a^2 z^2(k-2)\}\\ \quad = \cdots = \mathrm{E}\{1 + a^2 + \cdots + a^{2(l-1)} z^2(k-l) + \cdots\}\\ \quad = \mathrm{E}\{1 + a^2 + a^4 + \cdots\} = \dfrac{1}{1-a^2}, \quad |a| < 1\\ f(\bar{a}) = \mathrm{E}\{\psi(k,\bar{a})\,\tilde{z}(k,\bar{a})\} = -\mathrm{E}\{(z(k) + \bar{a}z(k-1))z(k-1)\}\\ \quad = -\mathrm{E}\{(v(k) - az(k-1))z(k-1) + \bar{a}z^2(k-1)\}\\ \quad = \mathrm{E}\{az^2(k-1) - \bar{a}z^2(k-1)\}\\ \quad = (a-\bar{a})\mathrm{E}\{z^2(k-1)\} = \dfrac{a-\bar{a}}{1-a^2}, \quad |a| < 1\end{cases} \tag{16.2.16}$$

第(3)步，依据式(16.2.9)，构造伴随微分方程

$$\begin{cases}\dfrac{\mathrm{d}}{\mathrm{d}\tau}a_D(\tau) = \dfrac{1}{R_D(\tau)}f(a_D(\tau)) = \dfrac{a - a_D(\tau)}{(1-a^2)R_D(\tau)}\\ \dfrac{\mathrm{d}}{\mathrm{d}\tau}R_D(\tau) = G(a_D(\tau)) - R_D(\tau) = \dfrac{1}{1-a^2} - R_D(\tau)\end{cases} \tag{16.2.17}$$

当模型式(16.2.13)参数$a=0.6$时，伴随微分方程写成

$$\begin{cases}\dfrac{\mathrm{d}}{\mathrm{d}\tau}a_D(\tau) = \dfrac{1}{R_D(\tau)}f(a_D(\tau)) = \dfrac{0.6 - a_D(\tau)}{0.64R_D(\tau)}\\ \dfrac{\mathrm{d}}{\mathrm{d}\tau}R_D(\tau) = G(a_D(\tau)) - R_D(\tau) = -R_D(\tau) + \dfrac{1}{0.64}\end{cases} \tag{16.2.18}$$

第(4)步，构造 Lyapunov 函数

$$V(a_D(\tau)) = \frac{1}{2}(a_D(\tau) - 0.6)^2 \geqslant 0 \tag{16.2.19}$$

第(5)步，利用式(16.2.11)和式(16.2.12)，分析函数$V(a_D)$的渐近性质

$$\begin{cases}V(a_D(\tau)) \geqslant 0, \quad \forall a_D(\tau)\\ \dfrac{\mathrm{d}}{\mathrm{d}\tau}V(a_D(\tau)) = \dfrac{\mathrm{d}}{\mathrm{d}\tau}a_D(\tau)(a_D(\tau) - 0.6) = \dfrac{1}{R_D(\tau)}f(a_D(\tau))(a_D(\tau) - 0.6)\\ \qquad = -\dfrac{1}{R_D(\tau)}\dfrac{(a_D(\tau) - 0.6)^2}{0.64}\end{cases} \tag{16.2.20}$$

根据式(16.2.18)，利用如下的 MATLAB 一阶微分方程求解语句

$$\begin{cases}\text{syms } t\, au\, R\\ R = \text{dsolve}([\text{'}DR + R = \text{'}, \text{'}1/0.64\text{'}]);\end{cases} \tag{16.2.21}$$

可求得 $R_D(\tau)$ 的解析解为

$$R_D(\tau)=\frac{25}{16}(1+Ce^{-\tau}),\quad 0<C<1 \tag{16.2.22}$$

所以 $R_D(\tau)$ 总是大于零的，因此有 $\frac{\mathrm{d}}{\mathrm{d}\tau}V(\alpha_D(\tau))<0,\forall\alpha_D(\tau)$。

第(6)步，式(16.2.20)表明伴随微分方程式(16.2.18)是稳定的，不变集 $D_C=0.6$、吸收域 $D_A=(-\infty,\infty)$。也就是说，如果微分方程的初始值位于吸收域 $D_A=(-\infty,\infty)$ 内，则微分方程的解 $\alpha_D(\tau)$ 一定会收敛于不变集 $D_A=0.6$。因此，利用算法式(16.2.14)辨识得到的模型参数估计值是一致收敛的，即有 $\hat{\theta}(k)=\hat{a}(k)=0.6$，$k\to\infty$。图 16.1 是不同初始状态下伴随微分方程状态 $\alpha_D(\tau)$、$R_D(\tau)$ 和模型参数估计值 $\hat{a}(k)$ 的运动轨迹；图 16.2 是不同初始状态下伴随微分方程状态 $\alpha_D(\tau)$ 和 $R_D(\tau)$ 的

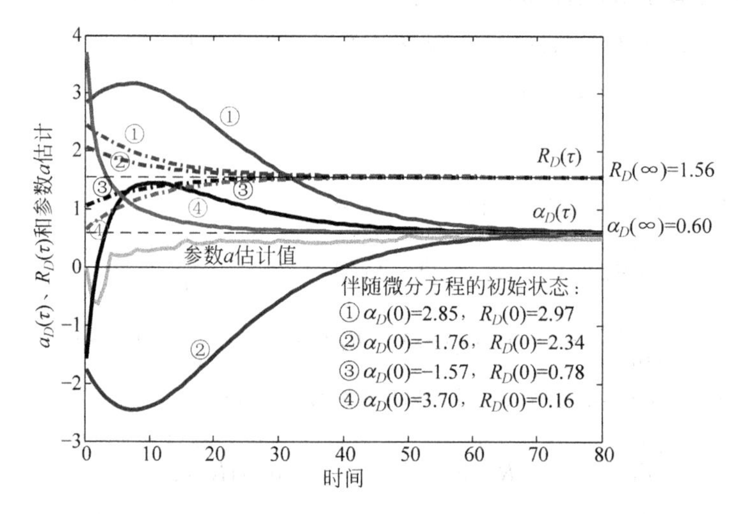

图 16.1　不同初始状态下伴随微分方程和模型参数估计值的运动轨迹

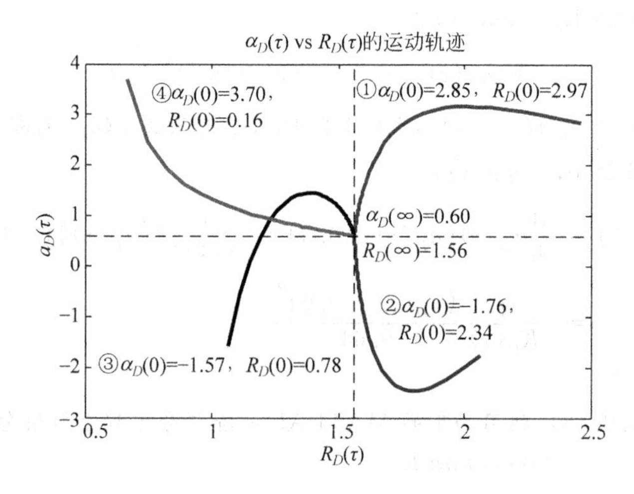

图 16.2　不同初始状态下伴随微分方程状态相对运动轨迹

相对运动轨迹；图 16.3 是不同初始状态下模型参数估计值$\hat{a}(k)$与伴随微分方程状态 $R_D(\tau)$的相对运动轨迹。这些运动轨迹表明了 16.2.2 节论述的辨识算法与伴随微分方程之间的关系是正确的。

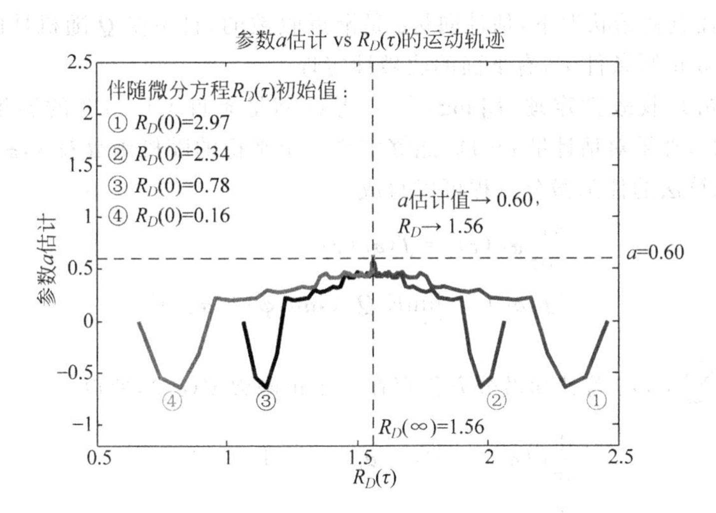

图 16.3　不同初始状态下伴随微分方程与模型参数估计值相对运动轨迹

16.2.4　收敛性定理

不失一般性，将辨识算法式(16.2.1)写成更一般的递推随机算法形式[38]

$$\begin{cases}\boldsymbol{\alpha}(k)=\boldsymbol{\alpha}(k-1)+\rho(k)\boldsymbol{Q}(k,\boldsymbol{\alpha}(k-1),\boldsymbol{\varphi}(k))\\ \boldsymbol{\varphi}(k)=\boldsymbol{A}(\boldsymbol{\alpha}(k-1))\boldsymbol{\varphi}(k-1)+\boldsymbol{B}(\boldsymbol{\alpha}(k-1))\boldsymbol{e}(k)\end{cases}\tag{16.2.23}$$

式中，$\boldsymbol{e}(k)$为随机向量，$\rho(k)$为收敛因子，$\boldsymbol{\alpha}(k)$为广义估计向量，比如可定义$\boldsymbol{\alpha}(k)=[\hat{\boldsymbol{\theta}}(k),\boldsymbol{R}^{\mathrm{T}}(k)]^{\mathrm{T}}$；$\boldsymbol{\varphi}(k)$为广义观测向量，一般情况下是$\boldsymbol{\alpha}(k-1)$和 $\boldsymbol{e}(k)$的函数；对具体的辨识算法来说，$\boldsymbol{Q}$、$\boldsymbol{A}$ 和 $\boldsymbol{B}$ 有确定的形式，通常也是$\boldsymbol{\alpha}(k-1)$的函数。

给定如下正则条件(regularity conditions)：

(1) C1：定义 $\mathrm{D}_S=\{\boldsymbol{\alpha}\mid \boldsymbol{A}(\boldsymbol{\alpha})$所有特征值严格在单位圆内$\}$，令 $\mathrm{D}_R\in\mathrm{D}_S$ 是 D_S 的连通开子集，函数 $\boldsymbol{Q}(k,\boldsymbol{\alpha},\boldsymbol{\varphi})$在$(\bar{\boldsymbol{\alpha}},\boldsymbol{\varphi})$附近关于$\boldsymbol{\alpha}$，$\boldsymbol{\varphi}$是 Lipschitz 连续、可微的，矩阵 $\boldsymbol{A}(\boldsymbol{\alpha})$和 $\boldsymbol{B}(\boldsymbol{\alpha})$关于$\boldsymbol{\alpha}$是 Lipschitz 连续的。

(2) C2：$\{\boldsymbol{e}(k)\}$是独立的随机向量序列，且使得

$$\lim_{k\to\infty}\mathrm{E}\{\boldsymbol{Q}(k,\bar{\boldsymbol{\alpha}},\boldsymbol{\varphi}(k,\bar{\boldsymbol{\alpha}}))\}=\boldsymbol{f}(\bar{\boldsymbol{\alpha}}),\quad\forall\ \bar{\boldsymbol{\alpha}}\in\mathrm{D}_R\tag{16.2.24}$$

其中，$\boldsymbol{\varphi}(k,\bar{\boldsymbol{\alpha}})$定义为

$$\begin{cases}\boldsymbol{\varphi}(k,\bar{\boldsymbol{\alpha}})=\boldsymbol{A}(\bar{\boldsymbol{\alpha}})\boldsymbol{\varphi}(k-1,\bar{\boldsymbol{\alpha}})+\boldsymbol{B}(\bar{\boldsymbol{\alpha}})\boldsymbol{e}(k)\\ \boldsymbol{\varphi}(0,\bar{\boldsymbol{\alpha}})=0\end{cases}\tag{16.2.25}$$

(3) C3：$\{\rho(k)\}$是正标量递减序列，满足$\lim\limits_{k\to\infty}\rho(k)=0$，$\limsup\limits_{k\to\infty}\left[\dfrac{1}{\rho(k)}-\dfrac{1}{\rho(k-1)}\right]<$

$\infty,\ \sum_{k=1}^{\infty}\rho(k)=\infty,\ \sum_{k=1}^{\infty}\rho^{p}(k)<\infty,\ \forall\, p<1$。

条件 C1 假设 $\boldsymbol{Q}$、$\boldsymbol{A}$ 和 $\boldsymbol{B}$ 是平滑的函数；条件 C2 假定随机向量 $\boldsymbol{e}(k)$的特性；条件 C3 保证任意初始状况下，估计向量$\boldsymbol{\alpha}$ 是渐近收敛的，且不受 $\boldsymbol{Q}$ 随机性的影响。在上述 C1～C3 正则条件下，有下面的收敛性定理。

定理 16.1（收敛性定理，Ljung）[38] 考虑满足条件 C1～C3 的递推随机算法式(16.2.23)，如果对估计量$\bar{\boldsymbol{\alpha}}\in D_R$ 能够定义一个平稳的随机函数 $\boldsymbol{Q}(k,\bar{\boldsymbol{\alpha}},\boldsymbol{\varphi}(k,\bar{\boldsymbol{\alpha}}))$，则递推随机算法的伴随微分方程可以写成

$$\begin{cases}\dfrac{\mathrm{d}}{\mathrm{d}\tau}\boldsymbol{\alpha}_D(\tau)=\boldsymbol{f}(\boldsymbol{\alpha}_D(\tau))\\ \boldsymbol{f}(\boldsymbol{\alpha}_D)=\lim\limits_{k\to\infty}\mathrm{E}\{\boldsymbol{Q}(k,\boldsymbol{\alpha}_D,\boldsymbol{\varphi}(k,\boldsymbol{\alpha}_D))\}\end{cases}\tag{16.2.26}$$

其中，$\tau=\sum_{j=1}^{k}\rho(j)$。若伴随微分方程存在一个正函数 $V(\boldsymbol{\alpha}_D)$，使得

$$\begin{cases}\dfrac{\mathrm{d}}{\mathrm{d}\tau}V(\boldsymbol{\alpha}_D)\leqslant 0, & \boldsymbol{\alpha}_D(\tau)\in \mathrm{D_A}\\ \dfrac{\mathrm{d}}{\mathrm{d}\tau}V(\boldsymbol{\alpha}_D)=0, & \boldsymbol{\alpha}_D(\tau)\in \mathrm{D_C},\mathrm{D_C}\in \mathrm{D_A}\end{cases}\tag{16.2.27}$$

则当 $k\to\infty$ 时，有$\boldsymbol{\alpha}(k)\xrightarrow[k\to\infty]{\text{W.P.1}}\mathrm{D_C}$；若$\boldsymbol{\alpha}^*$ 是伴随微分方程的渐近平衡点，也就是 $\boldsymbol{f}(\boldsymbol{\alpha}^*)=0$，则$\boldsymbol{\alpha}(k)\xrightarrow[k\to\infty]{\text{W.P.1}}\boldsymbol{\alpha}^*$。

16.2.5 RLS 算法收敛性分析

1. RLS 辨识算法

考虑如下最小二乘模型

$$A(z^{-1})z(k)=B(z^{-1})u(k)+v(k)\tag{16.2.28}$$

其中，$u(k)$、$z(k)$是模型输入和输出变量；$v(k)$是零均值白噪声；模型迟延算子多项式定义为

$$\begin{cases}A(z^{-1})=1+a_1z^{-1}+a_2z^{-2}+\cdots+a_{n_a}z^{-n_a}\\ B(z^{-1})=b_1z^{-1}+b_2z^{-2}+\cdots+b_{n_b}z^{-n_b}\end{cases}\tag{16.2.29}$$

将模型式(16.2.28)写成最小二乘格式

$$z(k)=\boldsymbol{h}^{\mathrm{T}}(k)\boldsymbol{\theta}+v(k)\tag{16.2.30}$$

其中

$$\begin{cases}\boldsymbol{\theta}=[a_1,\cdots,a_{n_a},b_1,\cdots,b_{n_b}]^{\mathrm{T}}\\ \boldsymbol{h}(k)=[-z(k-1),\cdots,-z(k-n_a),u(k-1),\cdots,u(k-n_b)]^{\mathrm{T}}\end{cases}\tag{16.2.31}$$

根据第 5 章的论述，RLS 辨识算法可写成

$$\begin{cases}\hat{\boldsymbol{\theta}}(k)=\hat{\boldsymbol{\theta}}(k-1)+\dfrac{1}{k}\boldsymbol{R}^{-1}(k)\boldsymbol{h}(k)[z(k)-\boldsymbol{h}^{\mathrm{T}}(k)\hat{\boldsymbol{\theta}}(k-1)]\\ \boldsymbol{R}(k)=\boldsymbol{R}(k-1)+\dfrac{1}{k}[\boldsymbol{h}(k)\boldsymbol{h}^{\mathrm{T}}(k)-\boldsymbol{R}(k-1)]\end{cases} \tag{16.2.32}$$

2. 递推随机算法形式

将 RLS 辨识算法式(16.2.32)转化成递推随机算法形式，其中“广义估计向量”定义为

$$\boldsymbol{\alpha}(k)=\begin{bmatrix}\hat{\boldsymbol{\theta}}^{\mathrm{T}}(k)\\ \boldsymbol{R}(k)\end{bmatrix} \tag{16.2.33}$$

则有

$$\boldsymbol{\alpha}(k)=\boldsymbol{\alpha}(k-1)+\frac{1}{k}\begin{bmatrix}\boldsymbol{R}^{-1}(k)\boldsymbol{h}(k)(z(k)-\boldsymbol{h}^{\mathrm{T}}(k)\hat{\boldsymbol{\theta}}(k-1))\\ \boldsymbol{h}(k)\boldsymbol{h}^{\mathrm{T}}(k)-\boldsymbol{R}(k-1)\end{bmatrix} \tag{16.2.34}$$

记作

$$\boldsymbol{\alpha}(k)=\boldsymbol{\alpha}(k-1)+\rho(k)\boldsymbol{Q}(k,\boldsymbol{\alpha}(k-1),\boldsymbol{\varphi}(k)) \tag{16.2.35}$$

其中，$\rho(k)=\dfrac{1}{k}$，且

$$\boldsymbol{Q}(k,\boldsymbol{\alpha}(k-1),\boldsymbol{\varphi}(k))=\begin{bmatrix}\boldsymbol{R}^{-1}(k)\boldsymbol{h}(k)(z(k)-\boldsymbol{h}^{\mathrm{T}}(k)\hat{\boldsymbol{\theta}}(k-1))\\ \boldsymbol{h}(k)\boldsymbol{h}^{\mathrm{T}}(k)-\boldsymbol{R}(k-1)\end{bmatrix} \tag{16.2.36}$$

设递推随机算法的“广义观测向量”为

$$\boldsymbol{\varphi}(k)=[-z(k),-z(k-1),\cdots,-z(k-n_a),u(k),u(k-1),\cdots,u(k-n_b)]^{\mathrm{T}} \tag{16.2.37}$$

则模型式(16.2.28)写成

$$\boldsymbol{\varphi}(k)=\boldsymbol{A}\boldsymbol{\varphi}(k-1)+\boldsymbol{B}\boldsymbol{e}(k) \tag{16.2.38}$$

其中

$$\begin{cases}\boldsymbol{e}(k)=[v(k),u(k)]^{\mathrm{T}}\\ \boldsymbol{A}=\begin{bmatrix}-a_1 & \cdots & -a_{n_a} & 0 & -b_1 & \cdots & -b_{n_b} & 0\\ 1 & 0 & \cdots & 0 & 0 & \cdots & 0 & 0\\ \vdots & \ddots & \ddots & \vdots & \vdots & \vdots & \vdots & \vdots\\ 0 & \cdots & 1 & 0 & 0 & \cdots & 0 & 0\\ 0 & \cdots & 0 & 0 & 0 & \cdots & 0 & 0\\ 0 & \cdots & 0 & 0 & 1 & \cdots & 0 & 0\\ \vdots & \vdots & \vdots & \vdots & \vdots & \ddots & \vdots & \vdots\\ 0 & \cdots & 0 & 0 & 0 & \cdots & 1 & 0\end{bmatrix}\in \mathrm{R}^{(n_a+n_b+2)\times(n_a+n_b+2)}\\ \boldsymbol{B}=\begin{bmatrix}-1 & 0\\ \vdots & \vdots\\ 0 & 0\\ 0 & 1\\ \vdots & \vdots\\ 0 & 0\end{bmatrix}\in R^{(n_a+n_b+2)\times 2}\end{cases} \tag{16.2.39}$$

那么 RLS 辨识算法对应的递推随机算法为

$$\begin{cases}\boldsymbol{\alpha}(k)=\boldsymbol{\alpha}(k-1)+\rho(k)\boldsymbol{Q}(k,\boldsymbol{\alpha}(k-1),\boldsymbol{\varphi}(k))\\ \boldsymbol{\varphi}(k)=\boldsymbol{A}\boldsymbol{\varphi}(k-1)+\boldsymbol{B}\boldsymbol{e}(k)\end{cases}\tag{16.2.40}$$

3. 正则条件分析

(1) 定义 $D_S=\{\boldsymbol{\alpha}\mid \boldsymbol{A}(\boldsymbol{\alpha})$所有特征值严格在单位圆内$\}$,由于

$$\det[\lambda\boldsymbol{I}-\boldsymbol{A}]=\lambda^{n_b+2}(\lambda^{n_a}+a_1\lambda^{n_a-1}+\cdots+a_{n_a})\tag{16.2.41}$$

且 $A(z^{-1})$是稳定多项式,故矩阵 $\boldsymbol{A}$ 的特征值均在单位圆内。因此,D_S 是全平面的,且 $D_S=D_R=R^n$。为此,条件 C1"函数 $\boldsymbol{Q}(k,\boldsymbol{\alpha},\boldsymbol{\varphi})$在$(\bar{\boldsymbol{\alpha}},\boldsymbol{\varphi})$附近关于$\boldsymbol{\alpha},\boldsymbol{\varphi}$是 Lipschitz 连续、可微的,矩阵 $\boldsymbol{A}(\boldsymbol{\alpha})$和 $\boldsymbol{B}(\boldsymbol{\alpha})$关于$\boldsymbol{\alpha}$是 Lipschitz 连续的"是可以满足的。

(2) 由于 $\boldsymbol{e}(k)=[v(k),u(k)]^{\mathrm{T}}$,故条件 C2 也能满足,且可使得

$$\lim_{k\to\infty}\mathrm{E}\{\boldsymbol{Q}(k,\bar{\boldsymbol{\alpha}},\boldsymbol{\varphi}(k,\bar{\boldsymbol{\alpha}}))\}=\boldsymbol{f}(\bar{\boldsymbol{\alpha}}),\quad \forall\ \bar{\boldsymbol{\alpha}}\in D_R\tag{16.2.42}$$

(3) 由于 $\rho(k)=\dfrac{1}{k}$,故 C3 一定能满足。

4. 伴随微分方程

经上述分析,且考虑

$$\boldsymbol{\alpha}_D(\tau)=\begin{bmatrix}\hat{\boldsymbol{\theta}}_D^{\mathrm{T}}(\tau)\\ \boldsymbol{R}_D(\tau)\end{bmatrix}\tag{16.2.43}$$

RLS 辨识算法等价的伴随微分方程为

$$\begin{cases}\dfrac{\mathrm{d}\,\boldsymbol{\theta}_D(\tau)}{\mathrm{d}\tau}=\boldsymbol{R}_D^{-1}(\tau)\boldsymbol{f}(\boldsymbol{\theta}_D(\tau))\\ \dfrac{\mathrm{d}\boldsymbol{R}_D(\tau)}{\mathrm{d}\tau}=\boldsymbol{G}(\boldsymbol{\theta}_D(\tau))-\boldsymbol{R}_D(\tau)\end{cases}\tag{16.2.44}$$

其中,$\tau=\sum\limits_{j=1}^{k}\rho(j)$,且

$$\begin{cases}\boldsymbol{f}(\boldsymbol{\theta}_D(\tau))=\lim\limits_{k\to\infty}\mathrm{E}\{\boldsymbol{h}(k)[z(k)-\boldsymbol{h}^{\mathrm{T}}(k)\boldsymbol{\theta}_D(\tau)]\}\\ \boldsymbol{G}(\boldsymbol{\theta}_D(\tau))=\lim\limits_{k\to\infty}\mathrm{E}\{\boldsymbol{h}(k)\boldsymbol{h}^{\mathrm{T}}(k)\}\end{cases}\tag{16.2.45}$$

5. 收敛性分析

因有 $z(k)=\boldsymbol{h}^{\mathrm{T}}(k)\boldsymbol{\theta}_0+v(k)$,以及 $v(k)$是零均值白噪声,故

$$\begin{aligned}\boldsymbol{f}(\boldsymbol{\theta}_D)&=\lim_{k\to\infty}\mathrm{E}\{\boldsymbol{h}(k)[z(k)-\boldsymbol{h}^{\mathrm{T}}(k)\boldsymbol{\theta}_D]\}\\&=\lim_{k\to\infty}\mathrm{E}\{\boldsymbol{h}(k)[\boldsymbol{h}^{\mathrm{T}}(k)\boldsymbol{\theta}_0+v(k)-\boldsymbol{h}^{\mathrm{T}}(k)\boldsymbol{\theta}_D]\}\\&=\lim_{k\to\infty}\mathrm{E}\{\boldsymbol{h}(k)\boldsymbol{h}^{\mathrm{T}}(k)(\boldsymbol{\theta}_0-\boldsymbol{\theta}_D)\}=\boldsymbol{G}(\boldsymbol{\theta}_D)(\boldsymbol{\theta}_0-\boldsymbol{\theta}_D)\end{aligned}\tag{16.2.46}$$

式中,$\boldsymbol{\theta}_0$ 为模型参数真值。设$\boldsymbol{\theta}_D^*$ 为伴随微分方程的平衡点,也就是

$$\begin{cases} \boldsymbol{R}_D^{-1}(\tau)\boldsymbol{f}(\boldsymbol{\theta}_D^*) = 0 \\ \boldsymbol{G}(\boldsymbol{\theta}_D^*) = \boldsymbol{R}_D(\tau) \end{cases} \tag{16.2.47}$$

其中

$$\begin{aligned} \boldsymbol{f}(\boldsymbol{\theta}_D^*) &= \lim_{k\to\infty}\mathrm{E}\{\boldsymbol{h}(k)[z(k) - \boldsymbol{h}^{\mathrm{T}}(k)\boldsymbol{\theta}_D^*]\} \\ &= \boldsymbol{G}(\boldsymbol{\theta}_D)(\boldsymbol{\theta}_0 - \boldsymbol{\theta}_D^*) \end{aligned} \tag{16.2.48}$$

可见伴随微分方程有唯一的平衡点$\boldsymbol{\theta}_D^* = \boldsymbol{\theta}_0$。构造 Lyapunov 函数

$$V(\boldsymbol{\theta}_D) = \frac{1}{2}\mathrm{E}\{\varepsilon^2(k,\boldsymbol{\theta}_D)\} = \frac{1}{2}\mathrm{E}\{[z(k) - \boldsymbol{h}^{\mathrm{T}}(k)\boldsymbol{\theta}_D]^2\} > 0 \tag{16.2.49}$$

进一步考察 Lyapunov 函数的一阶导数

$$\begin{aligned} \frac{\mathrm{d}}{\mathrm{d}\tau}V(\boldsymbol{\theta}_D) &= \mathrm{E}\{\varepsilon(k,\boldsymbol{\theta}_D)\frac{\mathrm{d}}{\mathrm{d}\tau}\varepsilon(k,\boldsymbol{\theta}_D)\frac{\mathrm{d}}{\mathrm{d}\tau}\boldsymbol{\theta}_D\} \\ &= \mathrm{E}\{[z(k) - \boldsymbol{h}^{\mathrm{T}}(k)\boldsymbol{\theta}_D][-\boldsymbol{h}^{\mathrm{T}}(k)]\boldsymbol{R}_D^{-1}(\tau)\boldsymbol{G}(\boldsymbol{\theta}_D)(\boldsymbol{\theta}_0 - \boldsymbol{\theta}_D)\} \end{aligned} \tag{16.2.50}$$

由式(16.2.44)知，$\boldsymbol{G}(\boldsymbol{\theta}_D)$与$\boldsymbol{\theta}_D$无关，则根据式(16.2.44)，可解得$\boldsymbol{R}(\boldsymbol{\theta}_D) = \beta\boldsymbol{G}(\boldsymbol{\theta}_D)$，$0<\beta<1$，因此有$\boldsymbol{R}_D^{-1}(\tau)\boldsymbol{G}(\boldsymbol{\theta}_D) = \frac{1}{\beta}\boldsymbol{I}$。再把$z(k) = \boldsymbol{h}^{\mathrm{T}}(k)\boldsymbol{\theta}_0 + v(k)$代入式(16.2.50)，整理后

$$\begin{aligned} \frac{\mathrm{d}}{\mathrm{d}\tau}V(\boldsymbol{\theta}_D) &= -\frac{1}{\beta}\mathrm{E}\{[z(k) - \boldsymbol{h}^{\mathrm{T}}(k)\boldsymbol{\theta}_D]\boldsymbol{h}^{\mathrm{T}}(k)(\boldsymbol{\theta}_0 - \boldsymbol{\theta}_D)\} \\ &= -\frac{1}{\beta}\mathrm{E}\{[\boldsymbol{h}^{\mathrm{T}}(k)(\boldsymbol{\theta}_0 - \boldsymbol{\theta}_D)]^2\} \leqslant 0, \quad \forall\, \boldsymbol{\theta}_D, 0<\beta<1 \end{aligned} \tag{16.2.51}$$

以上分析表明，伴随微分方程式(16.2.44)存在不变集$\mathrm{D_C} = \{\boldsymbol{\theta}_0\}$，且吸收域$\mathrm{D_A}$为全平面，因此$\boldsymbol{\theta}_D \xrightarrow{\text{W.P.1}} \mathrm{D_C} = \{\boldsymbol{\theta}_0\}$，也就是$\hat{\boldsymbol{\theta}}(k) \xrightarrow{k\to\infty} \boldsymbol{\theta}_0$。由此说明 RLS 辨识算法是一致收敛的。

16.3　最小二乘类递推辨识算法性能分析[①]

16.3.1　基本概念与引理

等价阶　给定函数$f(k)$和$g(k)$，如果存在常数N和L，使得$f(k) \leqslant Ng(k)$，$\forall k>L$，则$f(k)$与$g(k)$是等价阶的，记作$f(k) = \mathrm{O}(g(k))$，或者说$f(k)$和$g(k)$具有同等的衰减速度。

域(代数)　设有一以集为元素的非空类$\mathfrak{R}$，如果①$\Omega \in \mathfrak{R}$(Ω为样本空间)，②if E、$F \in \mathfrak{R}$，then $E \cup F \in \mathfrak{R}$(并封闭)，③if $E \in \mathfrak{R}$，then $E^c \in \mathfrak{R}$(补封闭)，则称$\mathfrak{R}$为域，或代数。

***σ*-域(*σ*-代数)**　设有一以集为元素的非空类$\mathfrak{I}$，如果①$\Omega \in \mathfrak{I}$(Ω为样本空间)，

① 本节内容及本章习题参考了文献[9～14,66,73～76]。

②if $E_i \in \mathfrak{I}_i, i=1,2,\cdots$, then $\bigcup_{i=1}^{\infty} E_i \in \mathfrak{I}$(并封闭)，③if $E \in \mathfrak{I}$, then $E^c \in \mathfrak{I}$(补封闭)，则称 $\mathfrak{I}$ 为 σ-域，或 σ-代数。

递增 σ-代数序列 设 $\{F_k, k \in T\}$ 是 σ-代数序列，如果① $F_k \in \mathfrak{I}$($\mathfrak{I}$ 是 σ-代数)，② $F_k \in F_l, k \leqslant l$(并封闭)，则称 $\{F_k, k \in T\}$ 为递增 σ-代数序列。

可测适应过程 设 $\{x_k, k \in T\}$ 是随机过程，如果 $\{x_k, k \in T\}$ 对 $\{F_k, k \in T\}$ 是可测的，或者说 $\{F_k, k \in T\}$ 中所含的信息足够完全可以确定 $\{x_k, k \in T\}$，即 $\mathrm{E}\{x_k | F_k\} = \hat{x}_k$，则称随机过程 $\{x_k, k \in T\}$ 和递增 σ-代数序列 $\{F_k, k \in T\}$ 相适应。

鞅过程 设 $\{x_k, k \in T\}$ 是可测适应随机过程，如果 $\mathrm{E}\{|x_k|\} < \infty, \forall k \in T$，并对一切的 $l \leqslant k$ 是可测的，且有 $\mathrm{E}\{x_k | F_l\} \xrightarrow{\text{a. s.}} x_l$，则称随机过程 $\{x_k, k \in T\}$ 是关于 σ-代数 $\mathfrak{I}$ 中递增 σ-代数序列 $\{F_k, k \in T\}$ 的鞅。

引理 16.1 设矩阵 $\boldsymbol{A} \in \mathrm{R}^{m \times n}$，$\boldsymbol{B} \in \mathrm{R}^{n \times m}$，则有

$$\det(\boldsymbol{I}_m + \boldsymbol{AB}) = \det(\boldsymbol{I}_n + \boldsymbol{BA}) \tag{16.3.1}$$

引理 16.2 设矩阵 $\boldsymbol{A} \in \mathrm{R}^{n \times n}$ 的特征值为 $\lambda_i, i=1,2,\cdots,n$，则有

$$\begin{cases} \boldsymbol{A}^{\mathrm{T}}\boldsymbol{A} \geqslant (\min|\lambda_i|)^2 \boldsymbol{I} \\ (\boldsymbol{A} + a\boldsymbol{I})^{\mathrm{T}}(\boldsymbol{A} + a\boldsymbol{I}) \geqslant (\min|\lambda_i| - a)^2 \boldsymbol{I} \end{cases} \tag{16.3.2}$$

其中，a 为常数，且 $0 < a < \min|\lambda_i|$。

引理 16.3 对于 RLS 算法式(16.3.9)和 RELS 算法式(16.3.50)，下列不等式成立

$$\begin{cases} \sum_{i=1}^{k} \boldsymbol{h}^{\mathrm{T}}(i)\boldsymbol{P}(i)\boldsymbol{h}(i) \leqslant \operatorname{logdet}\boldsymbol{P}^{-1}(k) - \operatorname{logdet}\boldsymbol{P}^{-1}(0) \\ \sum_{i=1}^{k} \dfrac{\boldsymbol{h}^{\mathrm{T}}(i)\boldsymbol{P}(i)\boldsymbol{h}(i)}{[\operatorname{logdet}\boldsymbol{P}^{-1}(i)]^c} < \infty, \quad c > 1 \\ \sum_{i=1}^{k} \dfrac{\boldsymbol{h}^{\mathrm{T}}(i)\boldsymbol{P}(i)\boldsymbol{h}(i)}{\operatorname{logdet}\boldsymbol{P}^{-1}(i)[\operatorname{loglogdet}\boldsymbol{P}^{-1}(i)]^c} < \infty, \quad c > 1 \\ \sum_{i=1}^{k} \dfrac{\boldsymbol{h}^{\mathrm{T}}(i)\boldsymbol{P}(i)\boldsymbol{h}(i)}{\operatorname{logdet}\boldsymbol{P}^{-1}(i)[\operatorname{loglogdet}\boldsymbol{P}^{-1}(i)][\operatorname{logloglogdet}\boldsymbol{P}^{-1}(i)]^c} < \infty, \quad c > 1 \end{cases} \tag{16.3.3}$$

引理 16.4 对于 RLS 算法式(16.3.9)和 RELS 算法式(16.3.50)，因

$$\begin{cases} \det\boldsymbol{P}^{-1}(k) = \lambda_{\min}(\boldsymbol{P}^{-1}(k))\cdots\lambda_{\max}(\boldsymbol{P}^{-1}(k)) \\ r(k) = \operatorname{Trace}\boldsymbol{P}^{-1}(k) = \lambda_{\min}(\boldsymbol{P}^{-1}(k)) + \cdots + \lambda_{\max}(\boldsymbol{P}^{-1}(k)) \end{cases} \tag{16.3.4}$$

式中，$\lambda_{\min}(\boldsymbol{P}^{-1}(k))$、$\lambda_{\max}(\boldsymbol{P}^{-1}(k))$ 为矩阵 $\boldsymbol{P}^{-1}(k)$ 最小和最大特征值，则有

$$\begin{cases} \det\boldsymbol{P}^{-1}(k) \leqslant N\lambda_{\max}(\boldsymbol{P}^{-1}(k)), \quad r(k) \leqslant N\lambda_{\max}(\boldsymbol{P}^{-1}(k)) \\ r(k) \geqslant (\det\boldsymbol{P}^{-1}(k))^{\frac{1}{N}} \text{ or } \operatorname{logdet}\boldsymbol{P}^{-1}(k) \leqslant N\log r(k) \end{cases} \tag{16.3.5}$$

其中，N 为矩阵 $\boldsymbol{P}^{-1}(k)$ 的维数，也意味着

$$
\begin{cases}
\det \boldsymbol{P}^{-1}(k) = \mathrm{O}(\lambda_{\max}(\boldsymbol{P}^{-1}(k))) \\
r(k) = \mathrm{O}(\lambda_{\max}(\boldsymbol{P}^{-1}(k))) \\
\log\det \boldsymbol{P}^{-1}(k) = \mathrm{O}(\log r(k))
\end{cases}
\tag{16.3.6}
$$

引理 16.5(鞅收敛引理)　设$\{T(k)\}$、$\{\alpha(k)\}$、$\{\beta(k)\}$均为非负随机变量序列，它们适应于递增 σ-代数序列$\{F_k, k\in T\}$，并使得 $\mathrm{E}\{T(k+1)\mid F_k\}\leqslant T(k)-\alpha(k)+\beta(k)$，若 $\sum_{k=1}^{\infty}\beta(k)<\infty$，则 $T(k)$几乎处处(a. s.)收敛于有限的随机变量 T_0，即 $T(k)\xrightarrow{\text{a.s.}}T_0<\infty$，并有 $\sum_{k=1}^{\infty}\alpha(k)<\infty$。

16.3.2　RLS 算法性能分析

根据第 5 章的讨论，考虑如下的最小二乘格式

$$
z(k) = \boldsymbol{h}^{\mathrm{T}}(k)\boldsymbol{\theta} + v(k) \text{ or } \boldsymbol{z}_k = \boldsymbol{H}_k\boldsymbol{\theta} + \boldsymbol{v}_k
\tag{16.3.7}
$$

其中，$z(k)$为模型输出，$\boldsymbol{\theta}$为模型参数向量，$\boldsymbol{h}(k)$为数据向量，$\boldsymbol{v}(k)$为零均值白噪声，$\boldsymbol{z}_k$为模型输出向量，$\boldsymbol{H}_k$ 为数据矩阵，$\boldsymbol{v}_k$ 为零均值白噪声向量，定义为

$$
\begin{cases}
\boldsymbol{\theta} = [a_1, a_2, \cdots, a_{n_a}, b_1, b_2, \cdots, b_{n_b}]^{\mathrm{T}} \\
\boldsymbol{h}(k) = [-z(k-1), \cdots, -z(k-n_a), u(k-1), \cdots, u(k-n_b)]^{\mathrm{T}} \\
\boldsymbol{H}_k = \begin{bmatrix} \boldsymbol{h}^{\mathrm{T}}(1) \\ \boldsymbol{h}^{\mathrm{T}}(2) \\ \vdots \\ \boldsymbol{h}^{\mathrm{T}}(k) \end{bmatrix} \\
\boldsymbol{z}_k = [z(1), z(2), \cdots, z(k)]^{\mathrm{T}} \\
\boldsymbol{v}_k = [v(1), v(2), \cdots, v(k)]^{\mathrm{T}}
\end{cases}
\tag{16.3.8}
$$

对应的最小二乘递推辨识算法

$$
\begin{cases}
\hat{\boldsymbol{\theta}}(k) = \hat{\boldsymbol{\theta}}(k-1) + \boldsymbol{P}(k)\boldsymbol{h}(k)[z(k) - \boldsymbol{h}^{\mathrm{T}}(k)\hat{\boldsymbol{\theta}}(k-1)] \\
\boldsymbol{P}^{-1}(k) = \boldsymbol{P}^{-1}(k-1) + \boldsymbol{h}(k)\boldsymbol{h}^{\mathrm{T}}(k)
\end{cases}
\tag{16.3.9}
$$

式中，$\hat{\boldsymbol{\theta}}(k)$为参数估计向量，$\boldsymbol{P}(k)$为数据协方差阵。

定理 16.2[10,76]　对于最小二乘递推辨识算法式(16.3.9)，当最小二乘格式(16.3.7)噪声 $v(k)$是零均值、方差为 $\sigma_v^2<\infty$的白噪声时，在弱持续激励条件(定义见第 3 章式(3.2.15))下，使得

$$
\alpha\boldsymbol{I} \leqslant \frac{1}{k}\sum_{i=1}^{k}\boldsymbol{h}(i)\boldsymbol{h}^{\mathrm{T}}(i) \leqslant \beta\boldsymbol{I},\quad 0<\alpha\leqslant\beta<\infty
\tag{16.3.10}
$$

并假设 $\mathrm{E}\{\|\boldsymbol{\theta}_0-\hat{\boldsymbol{\theta}}(0)\|^2\}\leqslant M_0<\infty$，且$\hat{\boldsymbol{\theta}}(0)$与 $v(k)$无关，那么最小二乘参数估计值偏差$\tilde{\boldsymbol{\theta}}(k)=\boldsymbol{\theta}_0-\hat{\boldsymbol{\theta}}(k)$范数的数学期望是有界的，满足

$$\mathrm{E}\{\|\tilde{\boldsymbol{\theta}}(k)\|^2\} \leqslant 2r_e \tag{16.3.11}$$

式中，误差界半径 $r_e = \dfrac{\|\boldsymbol{P}^{-1}(0)\|^2 M_0}{(\alpha k)^2} + \dfrac{N\sigma_v^2}{\alpha k}$，$N = \dim\boldsymbol{\theta}$ 为模型参数个数，$\boldsymbol{P}(0)$ 为数据协方差阵初始值。

证明 根据第5章式(5.3.34)，有

$$\tilde{\boldsymbol{\theta}}(k) = \boldsymbol{P}(k)\boldsymbol{P}^{-1}(0)\tilde{\boldsymbol{\theta}}(0) - \boldsymbol{P}(k)\sum_{i=1}^{k}\boldsymbol{h}(i)v(i) \tag{16.3.12}$$

或写成

$$\tilde{\boldsymbol{\theta}}(k) = \boldsymbol{P}(k)\boldsymbol{P}^{-1}(0)\tilde{\boldsymbol{\theta}}(0) - \boldsymbol{P}(k)\boldsymbol{H}_k^{\mathrm{T}}\boldsymbol{v}_k \tag{16.3.13}$$

由持续激励条件式(16.3.10)和数据协方差阵定义 $\boldsymbol{P}^{-1}(k) = \sum_{i=1}^{k}\boldsymbol{h}(k)\boldsymbol{h}^{\mathrm{T}}(k)$，有 $\boldsymbol{P}^{-1}(k) \geqslant k\alpha\boldsymbol{I}$，由此可得 $\boldsymbol{P}(k) \leqslant \dfrac{1}{k\alpha}\boldsymbol{I}$。

再根据参数估计值偏差表达式(16.3.13)，并利用 Schwarz 不等式和矩阵迹运算规则及 $v(k)$ 为零均值白噪声的性质，有

$$\begin{aligned}
\mathrm{E}\{\|\tilde{\boldsymbol{\theta}}(k)\|^2\} &= \mathrm{E}\{\|\boldsymbol{P}(k)\boldsymbol{P}^{-1}(0)\tilde{\boldsymbol{\theta}}(0) - \boldsymbol{P}(k)\boldsymbol{H}_k^{\mathrm{T}}\boldsymbol{v}_k\|^2\} \\
&\leqslant 2\mathrm{E}\{\|\boldsymbol{P}(k)\boldsymbol{P}^{-1}(0)\tilde{\boldsymbol{\theta}}(0)\|^2\} + 2\mathrm{E}\{\|\boldsymbol{P}(k)\boldsymbol{H}_k^{\mathrm{T}}\boldsymbol{v}_k\|^2\} \\
&= 2\mathrm{E}\{\tilde{\boldsymbol{\theta}}^{\mathrm{T}}(0)\boldsymbol{P}^{-\mathrm{T}}(0)\boldsymbol{P}^{\mathrm{T}}(k)P(k)\boldsymbol{P}^{-1}(0)\tilde{\boldsymbol{\theta}}(0)\} \\
&\quad + 2\mathrm{E}\{\mathrm{Trace}(\boldsymbol{P}(k)\boldsymbol{H}_k^{\mathrm{T}}\boldsymbol{v}_k\boldsymbol{v}_k^{\mathrm{T}}\boldsymbol{H}_k\boldsymbol{P}^{\mathrm{T}}(k))\} \\
&= 2\mathrm{E}\{\tilde{\boldsymbol{\theta}}^{\mathrm{T}}(0)\boldsymbol{P}^{-\mathrm{T}}(0)\boldsymbol{P}^{\mathrm{T}}(k)\boldsymbol{P}(k)\boldsymbol{P}^{-1}(0)\tilde{\boldsymbol{\theta}}(0)\} \\
&\quad + 2\sigma_v^2\mathrm{E}\{\mathrm{Trace}(\boldsymbol{P}(k)\boldsymbol{H}_k^{\mathrm{T}}\boldsymbol{H}_k\boldsymbol{P}^{\mathrm{T}}(k))\} \\
&\leqslant \frac{2\|\boldsymbol{P}^{-1}(0)\|^2\|\tilde{\boldsymbol{\theta}}(0)\|^2}{(\alpha k)^2} + \frac{2\sigma_v^2}{\alpha k}\mathrm{E}\{\mathrm{Trace}(\boldsymbol{P}(k)\boldsymbol{H}_k^{\mathrm{T}}\boldsymbol{H}_k)\} \\
&= \frac{2\|\boldsymbol{P}^{-1}(0)\|^2 M_0}{(\alpha k)^2} + \frac{2N\sigma_v^2}{\alpha k} = 2r_e
\end{aligned} \tag{16.3.14}$$

可见，参数估计值偏差范数的数学期望满足式(16.3.11)。 证毕。■

例 16.2 本例仿真模型和实验条件与第5章例5.3相同，参数估计值偏差范数的运动轨迹如图16.4所示，点划线为参数估计值偏差范数误差界。理论上说，当 $k=1100$ 之后，参数估计值偏差范数应该进入误差界，本例 $k=300$ 时，参数估计值偏差范数便进入了误差界，误差界半径为

$$r_e = \frac{\|\boldsymbol{P}^{-1}(0)\|^2 M_0}{(\alpha k)^2} + \frac{N\sigma_v^2}{\alpha k} = 0.0343 \tag{16.3.15}$$

其中，$\|\boldsymbol{P}^{-1}(0)\|^2 = 4\times10^{-24}$，$M_0 = 3.9900$，$\alpha = \lambda_{\min}(\boldsymbol{P}^{-1}(k)) = 0.9542$，$\sigma_v^2 = 9.0$，$k = 1100$，$N=4$。从实验曲线趋势看，当 k 较小时，参数估计值偏差范数在误差界外运动；当 k 较大时，偏差范数趋向误差界，最后运动进入误差界。

本实验从一个方面证实了定理16.2的正确性，k 时刻的参数估计值偏差范数确实会落入确定的误差界，然而是否以 $\dfrac{1}{k}$ 的速度收敛于零，或以怎么样的态势进入误

差界，无法用实验证实。

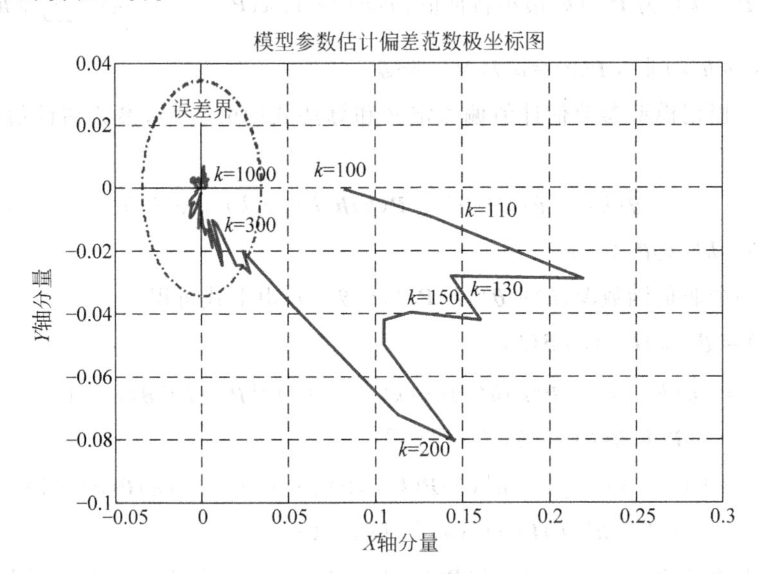

图 16.4 模型参数估计值偏差范数变化趋势

定理 16.2 表明，模型参数估计值偏差$\tilde{\boldsymbol{\theta}}(k)$是有界的，其范数的数学期望将收敛于有界域，域的大小与噪声方差 σ_v^2、算法初始值 $\boldsymbol{P}(0)$与$\hat{\boldsymbol{\theta}}(0)$、模型参数个数 N 和输入信号激励条件有关。参数估计值偏差范数的数学期望将以$\frac{1}{k}$的速度收敛于零，或者说模型参数估计值$\hat{\boldsymbol{\theta}}(k)$以$\frac{1}{\sqrt{k}}$的速度收敛于参数真值 $\boldsymbol{\theta}_0$。

定理 16.3[66] 对于最小二乘递推辨识算法式(16.3.9)，设最小二乘格式(16.3.7)噪声$\{v(k),F_k\}$是鞅差序列，其中$\{F_k\}$是 k 时刻以前观测数据生成的 σ-代数序列，即

$$F_k=\{z(k),u(k),z(k-1),u(k-1),\cdots,u(1),z(0),u(0)\} \tag{16.3.16}$$

且有 $\mathrm{E}\{v(k)\mid F_{k-1}\}=0$，$\mathrm{E}\{v^2(k)\mid F_{k-1}\}=\sigma_v^2$，那么最小二乘参数估计值偏差$\tilde{\boldsymbol{\theta}}(k)=\boldsymbol{\theta}_0-\hat{\boldsymbol{\theta}}(k)$范数的数学期望满足

$$\begin{cases}
① \ \mathrm{E}\{\|\tilde{\boldsymbol{\theta}}(k)\|^2\} \overset{\text{a.s.}}{=} \mathrm{O}\left(\dfrac{[\log r(k)]^c}{\lambda_{\min}(\boldsymbol{P}^{-1}(k))}\right) \overset{\text{def}}{=} \mathrm{O}(EOV_1), \quad c>1 \\
② \ \mathrm{E}\{\|\tilde{\boldsymbol{\theta}}(k)\|^2\} \overset{\text{a.s.}}{=} \mathrm{O}\left(\dfrac{\log r(k)[\log\log r(k)]^c}{\lambda_{\min}(\boldsymbol{P}^{-1}(k))}\right) \overset{\text{def}}{=} \mathrm{O}(EOV_2), \quad c>1 \\
③ \ \mathrm{E}\{\|\tilde{\boldsymbol{\theta}}(k)\|^2\} \overset{\text{a.s.}}{=} \mathrm{O}\left(\dfrac{\log r(k)\log\log r(k)[\log\log\log r(k)]^c}{\lambda_{\min}(\boldsymbol{P}^{-1}(k))}\right) \overset{\text{def}}{=} \mathrm{O}(EOV_3), \quad c>1 \\
④ \ \mathrm{E}\{\|\tilde{\boldsymbol{\theta}}(k)\|^2\} \overset{\text{a.s.}}{=} \mathrm{O}\left(\dfrac{\log r(k)\log\log r(k)\log\log\log r(k)[\log\log\log\log r(k)]^c}{\lambda_{\min}(\boldsymbol{P}^{-1}(k))}\right) \\
\qquad \overset{\text{def}}{=} \mathrm{O}(EOV_4), \quad c>1
\end{cases} \tag{16.3.17}$$

式中，$\lambda_{\min}(\boldsymbol{P}^{-1}(k))$为$\boldsymbol{P}^{-1}(k)$最小特征值，$r(k)=\mathrm{Trace}\boldsymbol{P}^{-1}(k)=\dfrac{N}{a^2}+\sum_{j=1}^{k}\|\boldsymbol{h}(j)\|^2=r(k-1)+\|\boldsymbol{h}(k)\|^2$，$\boldsymbol{P}(0)=a^2\boldsymbol{I}$，$N=\dim\boldsymbol{\theta}$

证明 根据模型参数估计值偏差定义和算法式(16.3.9)，参数估计值偏差可表示为

$$\tilde{\boldsymbol{\theta}}(k)=\tilde{\boldsymbol{\theta}}(k-1)-\boldsymbol{P}(k)\boldsymbol{h}(k)(\tilde{y}(k)+v(k)) \tag{16.3.18}$$

式中，$\tilde{y}(k)=\boldsymbol{h}^{\mathrm{T}}(k)\tilde{\boldsymbol{\theta}}(k-1)$。

定义一个非负函数$V(k)=\tilde{\boldsymbol{\theta}}^{\mathrm{T}}(k)\boldsymbol{P}^{-1}(k)\tilde{\boldsymbol{\theta}}(k)$，由上式可得

$$\begin{aligned}V(k)&=\tilde{\boldsymbol{\theta}}^{\mathrm{T}}(k)\boldsymbol{P}^{-1}(k)\tilde{\boldsymbol{\theta}}(k)\\&=[\tilde{\boldsymbol{\theta}}(k-1)+\boldsymbol{P}(k)\boldsymbol{h}(k)(\tilde{y}(k)+v(k))]^{\mathrm{T}}\boldsymbol{P}^{-1}(k)[\tilde{\boldsymbol{\theta}}(k-1)\\&\quad+\boldsymbol{P}(k)\boldsymbol{h}(k)(\tilde{y}(k)+v(k))]\\&=V(k-1)-[1-\boldsymbol{h}^{\mathrm{T}}(k)\boldsymbol{P}(k)\boldsymbol{h}(k)]\tilde{y}^2(k)+\boldsymbol{h}^{\mathrm{T}}(k)\boldsymbol{P}(k)\boldsymbol{h}(k)v^2(k)\\&\quad-2[1-\boldsymbol{h}^{\mathrm{T}}(k)\boldsymbol{P}(k)\boldsymbol{h}(k)]\tilde{y}(k)v(k)\end{aligned} \tag{16.3.19}$$

因$1-\boldsymbol{h}^{\mathrm{T}}(k)\boldsymbol{P}(k)\boldsymbol{h}(k)=[1+\boldsymbol{h}^{\mathrm{T}}(k)\boldsymbol{P}(k-1)\boldsymbol{h}(k)]^{-1}>0$，上式右边第2项大于零，故

$$V(k)\leqslant V(k-1)+\boldsymbol{h}^{\mathrm{T}}(k)\boldsymbol{P}(k)\boldsymbol{h}(k)v^2(k)-2[1-\boldsymbol{h}^{\mathrm{T}}(k)\boldsymbol{P}(k)\boldsymbol{h}(k)]\tilde{y}(k)v(k) \tag{16.3.20}$$

考虑$v(k)$是零均值白噪声，于是有

$$\begin{aligned}\mathrm{E}\{V(k)\mid F_{k-1}\}\leqslant&\mathrm{E}\{V(k-1)\mid F_{k-1}\}+\mathrm{E}\{\boldsymbol{h}^{\mathrm{T}}(k)\boldsymbol{P}(k)\boldsymbol{h}(k)v^2(k)\}\\&-2\mathrm{E}\{[1-\boldsymbol{h}^{\mathrm{T}}(k)\boldsymbol{P}(k)\boldsymbol{h}(k)]\tilde{y}(k)v(k)\}\end{aligned} \tag{16.3.21}$$

若$\{F_k,k\in T\}$是递增σ-代数序列$\{x_k,k\in T\}$的鞅，则$\mathrm{E}\{x_k|F_l\}\xrightarrow{\text{a. s.}}x_l$，as $l\geqslant k$，故有$\mathrm{E}\{V(k-1)|F_{k-1}\}\to V(k-1)$。又因$\tilde{y}(k)$和$\boldsymbol{h}^{\mathrm{T}}(k)\boldsymbol{P}(k)\boldsymbol{h}(k)$与$v(k)$不相关，且$\{F_{k-1}\}$是可测的，所以上式可写成

$$\mathrm{E}\{V(k)\mid F_{k-1}\}\leqslant V(k-1)+\boldsymbol{h}^{\mathrm{T}}(k)\boldsymbol{P}(k)\boldsymbol{h}(k)\sigma_v^2 \tag{16.3.22}$$

对$V(k)$做如下变换

$$J(k)=\frac{V(k)}{[\mathrm{logdet}\boldsymbol{P}^{-1}(k)]^c} \tag{16.3.23}$$

因$\mathrm{logdet}\boldsymbol{P}^{-1}(k)$是非降的，故有

$$\begin{aligned}\mathrm{E}\{J(k)\mid F_{k-1}\}&\leqslant\frac{V(k-1)}{[\mathrm{logdet}\boldsymbol{P}^{-1}(k)]^c}+\frac{\boldsymbol{h}^{\mathrm{T}}(k)\boldsymbol{P}(k)\boldsymbol{h}(k)}{[\mathrm{logdet}\boldsymbol{P}^{-1}(k)]^c}\sigma_v^2\\&=J(k-1)+\frac{\boldsymbol{h}^{\mathrm{T}}(k)\boldsymbol{P}(k)\boldsymbol{h}(k)}{[\mathrm{logdet}\boldsymbol{P}^{-1}(k)]^c}\sigma_v^2\end{aligned} \tag{16.3.24}$$

由引理16.3第2式知，当$c>1$时，上式第二项无限项和是有界的，即

$$\sum_{i=1}^{k}\frac{\boldsymbol{h}^{\mathrm{T}}(i)\boldsymbol{P}(i)\boldsymbol{h}(i)}{[\mathrm{logdet}\boldsymbol{P}^{-1}(i)]^c}\sigma_v^2<\infty \tag{16.3.25}$$

那么根据引理16.5(鞅收敛引理)，有

$$J(k)=\frac{V(k)}{[\log\det \boldsymbol{P}^{-1}(k)]^c}\rightarrow V_0<\infty \tag{16.3.26}$$

或写成等价阶关系

$$V(k)=\mathrm{O}([\log\det \boldsymbol{P}^{-1}(k)]^c) \tag{16.3.27}$$

根据 $V(k)$的定义,有

$$\|\tilde{\boldsymbol{\theta}}(k)\|^2\leqslant\frac{1}{\lambda_{\min}(\boldsymbol{P}^{-1}(k))}[\tilde{\boldsymbol{\theta}}^{\mathrm{T}}(k)\boldsymbol{P}^{-1}(k)\tilde{\boldsymbol{\theta}}(k)]=\frac{1}{\lambda_{\min}(\boldsymbol{P}^{-1}(k))}V(k) \tag{16.3.28}$$

也就是

$$\|\tilde{\boldsymbol{\theta}}(k)\|^2=\mathrm{O}\left(\frac{V(k)}{\lambda_{\min}(\boldsymbol{P}^{-1}(k))}\right) \tag{16.3.29}$$

再利用引理 16.3,因 $\log\det \boldsymbol{P}^{-1}(k)=\mathrm{O}(\log r(k))$,所以

$$\|\tilde{\boldsymbol{\theta}}(k)\|^2=\mathrm{O}\left(\frac{[\log\det \boldsymbol{P}^{-1}(k)]^c}{\lambda_{\min}(\boldsymbol{P}^{-1}(k))}\right)=\mathrm{O}\left(\frac{[\log r(k)]^c}{\lambda_{\min}(\boldsymbol{P}^{-1}(k))}\right)=\mathrm{O}(EOV_1),\quad c>1 \tag{16.3.30}$$

这就证明了定理的①式。若令

$$\begin{cases}J(k)=\dfrac{V(k)}{\log\det \boldsymbol{P}^{-1}(k)[\log\log\det \boldsymbol{P}^{-1}(k)]^c}, & c>1\\[2ex] J(k)=\dfrac{V(k)}{\log\det \boldsymbol{P}^{-1}(k)\log\log\det \boldsymbol{P}^{-1}(k)[\log\log\log\det \boldsymbol{P}^{-1}(k)]^c}, & c>1\\[2ex] J(k)=\dfrac{V(k)}{\log\det \boldsymbol{P}^{-1}(k)\log\log\det \boldsymbol{P}^{-1}(k)\log\log\log\det \boldsymbol{P}^{-1}(k)[\log\log\log\log\det \boldsymbol{P}^{-1}(k)]^c}, & c>1\end{cases} \tag{16.3.31}$$

同理可证定理的②～④式。 证毕。■

例 16.3 本例仿真模型和实验条件与第 5 章例 5.3 相同,实验证实了参数估计值偏差范数 $\|\tilde{\boldsymbol{\theta}}(k)\|^2$ 与变量 EOV_1、EOV_2、EOV_3 和 EOV_4 是等价阶的。图 16.5 曲线①、②、③、④和⑤分别为等价阶变量和参数估计值偏差范数的变化过程,参数估计值偏差范数均以等价阶变量为渐近收敛线。

定理 16.3 表明,当噪声 $v(k)$方差有界时,最小二乘参数估计值偏差范数的数学期望与 $\boldsymbol{P}^{-1}(k)$迹的对数相对于 $\boldsymbol{P}^{-1}(k)$最小特征值之比是等价阶的。又根据引理 16.6,因$r(k)=\mathrm{O}(\lambda_{\max}(\boldsymbol{P}^{-1}(k)))$,所以最小二乘参数估计值偏差范数的数学期望与 $\boldsymbol{P}^{-1}(k)$最大特征值的对数相对于 $\boldsymbol{P}^{-1}(k)$最小特征值之比也是等价阶的,即

$$\|\tilde{\boldsymbol{\theta}}(k)\|^2=\mathrm{O}\left(\frac{[\log\lambda_{\max}(\boldsymbol{P}^{-1}(k))]^c}{\lambda_{\min}(\boldsymbol{P}^{-1}(k))}\right),\quad c>1 \tag{16.3.32}$$

定理 16.3 给出了 $\mathrm{E}\{\|\tilde{\boldsymbol{\theta}}(k)\|^2\}$与变量 EOV_1、EOV_2、EOV_3 和 EOV_4 为等价阶关系,并没有给出 $\mathrm{E}\{\|\tilde{\boldsymbol{\theta}}(k)\|^2\}\xrightarrow{k\rightarrow\infty}0$ 的结论。如果当 $k\rightarrow\infty$时,等价阶变量

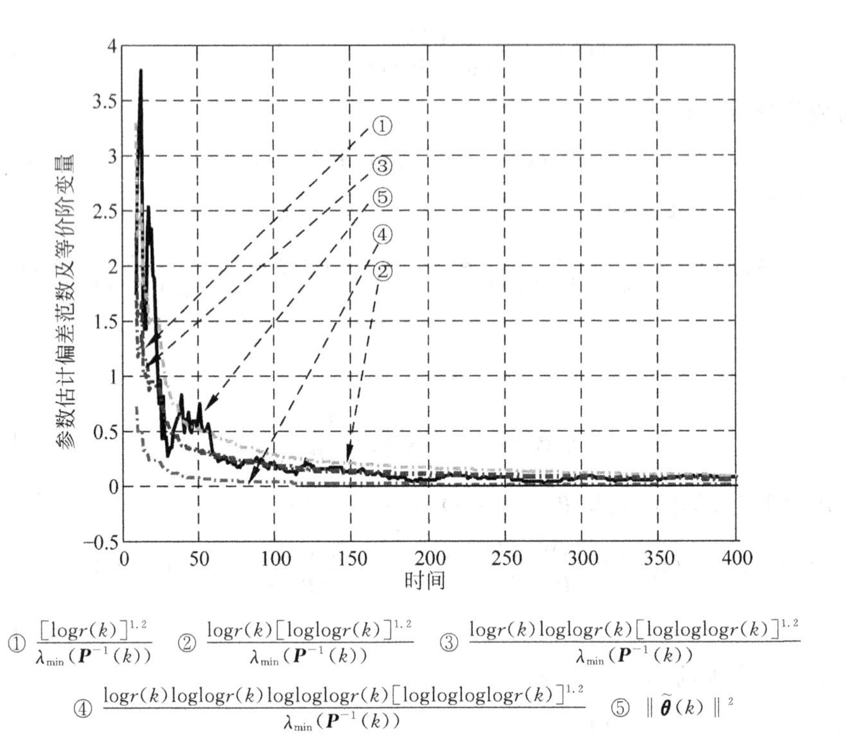

① $\dfrac{[\log r(k)]^{1.2}}{\lambda_{\min}(\boldsymbol{P}^{-1}(k))}$　② $\dfrac{\log r(k)[\log\log r(k)]^{1.2}}{\lambda_{\min}(\boldsymbol{P}^{-1}(k))}$　③ $\dfrac{\log r(k)\log\log r(k)[\log\log\log r(k)]^{1.2}}{\lambda_{\min}(\boldsymbol{P}^{-1}(k))}$

④ $\dfrac{\log r(k)\log\log r(k)\log\log\log r(k)[\log\log\log\log r(k)]^{1.2}}{\lambda_{\min}(\boldsymbol{P}^{-1}(k))}$　⑤ $\|\tilde{\boldsymbol{\theta}}(k)\|^2$

图 16.5　模型参数估计值偏差范数与收敛性等价阶变量比较

EOV_1、EOV_2、EOV_3 和 EOV_4 是趋于零的，则 $\mathrm{E}\left\{\|\tilde{\boldsymbol{\theta}}(k)\|^2\right\}\xrightarrow{k\to\infty}0$。

为简单起见，记 $\lambda_{\max}\triangleq\lambda_{\max}\left(\boldsymbol{P}^{-1}(k)\right)$，$\lambda_{\min}\triangleq\lambda_{\min}\left(\boldsymbol{P}^{-1}(k)\right)$，式(16.3.32)等价阶变量的一阶导数可写成

$$\begin{aligned}\frac{\mathrm{d}}{\mathrm{d}k}\left(\frac{[\log\lambda_{\max}]^c}{\lambda_{\min}}\right)&=\frac{1}{\lambda_{\min}}\frac{\mathrm{d}}{\mathrm{d}k}\left[(\log\lambda_{\max})^c\right]+(\log\lambda_{\max})^c\frac{\mathrm{d}}{\mathrm{d}k}\left(\frac{1}{\lambda_{\min}}\right)\\&=\frac{(\log\lambda_{\max})^{c-1}\lambda'_{\max}}{\lambda_{\max}\lambda_{\min}}\left(c-\log\lambda_{\max}\frac{\lambda_{\max}}{\lambda_{\min}}\frac{\lambda'_{\min}}{\lambda'_{\max}}\right)\end{aligned}\tag{16.3.33}$$

显然，如果 $\log\lambda_{\max}\dfrac{\lambda_{\max}}{\lambda_{\min}}\dfrac{\lambda'_{\min}}{\lambda'_{\max}}>c>1$，则 $\dfrac{\mathrm{d}}{\mathrm{d}k}\left(\dfrac{[\log\lambda_{\max}]^c}{\lambda_{\min}}\right)<0$，且因 $\dfrac{[\log\lambda_{\max}]^c}{\lambda_{\min}}>0$，所以 $\dfrac{[\log\lambda_{\max}]^c}{\lambda_{\min}}\xrightarrow{k\to\infty}0$，使得 $\|\tilde{\boldsymbol{\theta}}(k)\|^2\xrightarrow{k\to\infty}0$。这就是说，辨识算法是否收敛取决于 $\boldsymbol{P}^{-1}(k)$ 最大特征值与最小特征值及其变化率的比值。一般情况下，$0<\dfrac{\lambda'_{\min}}{\lambda'_{\max}}<1$，$\log\lambda_{\max}\dfrac{\lambda_{\max}}{\lambda_{\min}}>>1$，所以 $\log\lambda_{\max}\dfrac{\lambda_{\max}}{\lambda_{\min}}\dfrac{\lambda'_{\min}}{\lambda'_{\max}}>1$，可保证辨识算法是收敛的，而且最大与最小特征值相差越大收敛速度越快。

定理 16.3 中，变量 $\log\log\log\log r(k)$ 可能小于零，这时 $[\log\log\log\log r(k)]^c$ 是虚数，可取其模代替之。例 16.3 中，因为 $\log\log\log\log r(k)<0$，图 16.5 曲线④就是用

$[\log\log\log\log\log r(k)]^{1.2}$的模代替后的结果。

定理 16.2 和定理 16.3 表明，$\mathrm{E}\{\|\tilde{\boldsymbol{\theta}}(k)\|^2\}$以半径 r_e 的误差界为收敛区间，但不是等价阶的；以 EOV_1、EOV_2、EOV_3 和 EOV_4 为收敛渐近线，而且是等价阶的。图 16.6 曲线①、②和③(仿真模型和实验条件与第 5 章例 5.3 相同)分别为 $\mathrm{E}\{\|\tilde{\boldsymbol{\theta}}(k)\|^2\}$、等价阶变量 EOV_1 和误差界的变化趋势，显然 $\mathrm{E}\{\|\tilde{\boldsymbol{\theta}}(k)\|^2\}$相对于 EOV_1 是等速下降的，而相对于误差界半径 r_e 是不等速下降的，这正是定理 16.2 和定理 16.3 的区别所在。

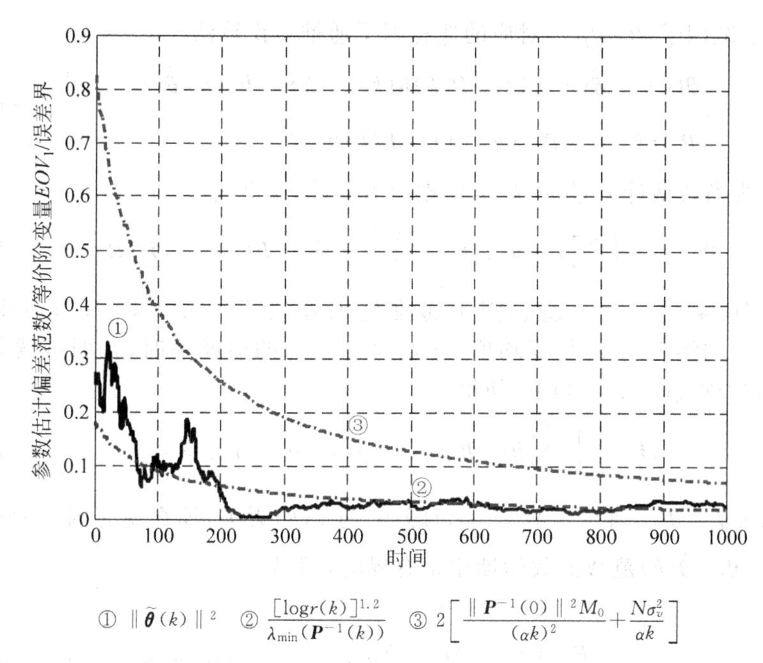

① $\|\tilde{\boldsymbol{\theta}}(k)\|^2$　② $\dfrac{[\log r(k)]^{1.2}}{\lambda_{\min}(\boldsymbol{P}^{-1}(k))}$　③ $2\left[\dfrac{\|\boldsymbol{P}^{-1}(0)\|^2 M_0}{(\alpha k)^2}+\dfrac{N\sigma_v^2}{\alpha k}\right]$

图 16.6　$\mathrm{E}\{\|\tilde{\boldsymbol{\theta}}(k)\|^2\}$、等价阶变量 EOV_1 和误差界的下降趋势

16.3.3 RFF 算法性能分析

根据第 5 章的讨论，考虑如下的最小二乘格式

$$z(k)=\boldsymbol{h}^{\mathrm{T}}(k)\,\boldsymbol{\theta}+v(k) \tag{16.3.34}$$

其中，$z(k)$为模型输出，$v(k)$为零均值白噪声，$\boldsymbol{\theta}$为模型参数向量，$\boldsymbol{h}(k)$为数据向量，定义为

$$\begin{cases}\boldsymbol{\theta}=[a_1,a_2,\cdots,a_{n_a},b_1,b_2,\cdots,b_{n_b}]^{\mathrm{T}}\\ \boldsymbol{h}(k)=[-z(k-1),\cdots,-z(k-n_a),u(k-1),\cdots,u(k-n_b)]^{\mathrm{T}}\end{cases}$$

引入遗忘因子 μ，最小二乘格式(16.3.34)写成

$$\bar{\boldsymbol{z}}_k=\overline{\boldsymbol{H}}_k\boldsymbol{\theta}+\bar{\boldsymbol{v}}_k \tag{16.3.35}$$

其中

$$\begin{cases}\bar{\boldsymbol{z}}_k = [\beta^{k-1}z(1),\beta^{k-2}z(2),\cdots,\beta z(k-1),z(k)]^{\mathrm{T}} \\ \bar{\boldsymbol{v}}_k = [\beta^{k-1}v(1),\beta^{k-2}v(2),\cdots,\beta v(k-1),v(k)]^{\mathrm{T}} \\ \overline{\boldsymbol{H}}_k = \begin{bmatrix}\beta^{k-1}\boldsymbol{h}^{\mathrm{T}}(1) \\ \beta^{k-2}\boldsymbol{h}^{\mathrm{T}}(2) \\ \vdots \\ \beta^{1}\boldsymbol{h}^{\mathrm{T}}(k-1) \\ \boldsymbol{h}^{\mathrm{T}}(k)\end{bmatrix}\end{cases} \tag{16.3.36}$$

式中，β为衰减因子，$\beta=\sqrt{\mu}$。对应的遗忘因子递推辨识算法

$$\begin{cases}\hat{\boldsymbol{\theta}}(k) = \hat{\boldsymbol{\theta}}(k-1) + \boldsymbol{P}(k)\boldsymbol{h}(k)[z(k) - \boldsymbol{h}^{\mathrm{T}}(k)\hat{\boldsymbol{\theta}}(k-1)] \\ \boldsymbol{P}^{-1}(k) = \mu\boldsymbol{P}^{-1}(k-1) + \boldsymbol{h}(k)\boldsymbol{h}^{\mathrm{T}}(k)\end{cases} \tag{16.3.37}$$

式中，$\hat{\boldsymbol{\theta}}(k)$为参数估计向量，$\boldsymbol{P}(k)$为数据协方差阵，定义为

$$\boldsymbol{P}(k) = \left(\sum_{i=1}^{k}\mu^{k-i}\boldsymbol{h}(i)\boldsymbol{h}^{\mathrm{T}}(i)\right)^{-1} \quad 或 \quad \boldsymbol{P}(k) = (\overline{\boldsymbol{H}}_k^{\mathrm{T}}\overline{\boldsymbol{H}}_k)^{-1} \tag{16.3.38}$$

定理 16.4[13] 对于遗忘因子递推辨识算法式(16.3.37)，当最小二乘格式(16.3.34)的噪声$v(k)$是零均值、方差为$\sigma_v^2<\infty$的白噪声时，在弱持续激励条件(定义见第3章式(3.2.15))下，使得

$$\alpha\boldsymbol{I} \leqslant \frac{1}{k}\sum_{i=1}^{k}\boldsymbol{h}(i)\boldsymbol{h}^{\mathrm{T}}(i) \leqslant \beta\boldsymbol{I}, \quad 0<\alpha\leqslant\beta<\infty \tag{16.3.39}$$

并假设$\mathrm{E}\{\|\boldsymbol{\theta}_0-\hat{\boldsymbol{\theta}}(0)\|^2\}\leqslant M_0<\infty$，且$\hat{\boldsymbol{\theta}}(0)$与$v(k)$无关，那么遗忘因子参数估计值偏差$\tilde{\boldsymbol{\theta}}(k)=\boldsymbol{\theta}_0-\hat{\boldsymbol{\theta}}(k)$范数的数学期望是有界的，满足

$$\mathrm{E}\{\|\tilde{\boldsymbol{\theta}}(k)\|^2\} \leqslant 2r_e \tag{16.3.40}$$

式中，误差界半径$r_e=\dfrac{\|\boldsymbol{P}^{-1}(0)\|^2M_0}{\mu^{2k}(k\alpha)^2}+\dfrac{N\sigma_v^2}{\mu^k k\alpha}$，$N=\dim\boldsymbol{\theta}$为模型参数个数，$\boldsymbol{P}(0)$为数据协方差阵初始值。

证明 根据遗忘因子算法式(16.3.37)和最小二乘格式(16.3.34)，可得

$$\begin{aligned}\tilde{\boldsymbol{\theta}}(k) &= \tilde{\boldsymbol{\theta}}(k-1) - \boldsymbol{P}(k)\boldsymbol{h}(k)[\boldsymbol{h}^{\mathrm{T}}(k)\tilde{\boldsymbol{\theta}}(k-1) + v(k)] \\ &= [\boldsymbol{I} - \boldsymbol{P}(k)\boldsymbol{h}(k)\boldsymbol{h}^{\mathrm{T}}(k)]\tilde{\boldsymbol{\theta}}(k-1) - \boldsymbol{P}(k)\boldsymbol{h}(k)v(k)\end{aligned} \tag{16.3.41}$$

又因有$\boldsymbol{I}-\boldsymbol{P}(k)\boldsymbol{h}(k)\boldsymbol{h}^{\mathrm{T}}(k)=\mu\boldsymbol{P}(k)\boldsymbol{P}^{-1}(k-1)$，所以

$$\begin{cases}\tilde{\boldsymbol{\theta}}(k) = \mu\boldsymbol{P}(k)\boldsymbol{P}^{-1}(k-1)\tilde{\boldsymbol{\theta}}(k-1) - \boldsymbol{P}(k)\boldsymbol{h}(k)v(k) \\ \tilde{\boldsymbol{\theta}}(k-1) = \mu\boldsymbol{P}(k-1)\boldsymbol{P}^{-1}(k-2)\tilde{\boldsymbol{\theta}}(k-2) - \boldsymbol{P}(k-1)\boldsymbol{h}(k-1)v(k-1) \\ \vdots \\ \tilde{\boldsymbol{\theta}}(1) = \mu\boldsymbol{P}(1)\boldsymbol{P}^{-1}(0)\tilde{\boldsymbol{\theta}}(0) - \boldsymbol{P}(1)\boldsymbol{h}(1)v(1)\end{cases} \tag{16.3.42}$$

迭代后

$$\tilde{\boldsymbol{\theta}}(k) = \mu^k\boldsymbol{P}(k)\boldsymbol{P}^{-1}(0)\tilde{\boldsymbol{\theta}}(0) - \boldsymbol{P}(k)\sum_{i=1}^{k}\mu^{k-i}\boldsymbol{h}(i)v(i) \tag{16.3.43}$$

或写成

$$\tilde{\boldsymbol{\theta}}(k)=\mu^k\boldsymbol{P}(k)\boldsymbol{P}^{-1}(0)\tilde{\boldsymbol{\theta}}(0)-\boldsymbol{P}(k)\overline{\boldsymbol{H}}_k^{\mathrm{T}}\ \overline{\boldsymbol{v}}_k \tag{16.3.44}$$

根据遗忘因子递推辨识算法式(16.3.37)第2式，又有

$$\begin{aligned}\boldsymbol{P}^{-1}(k)&=\mu^k\boldsymbol{P}^{-1}(0)+\sum_{i=1}^{k}\mu^{k-i}\boldsymbol{h}(i)\boldsymbol{h}^{\mathrm{T}}(i)=\mu^k\boldsymbol{P}^{-1}(0)+\mu^k\sum_{i=1}^{k}\frac{\boldsymbol{h}(i)\boldsymbol{h}^{\mathrm{T}}(i)}{\mu^i}\\&\geqslant\mu^k\boldsymbol{P}^{-1}(0)+k\mu^k\frac{1}{k}\sum_{i=1}^{k}\boldsymbol{h}(i)\boldsymbol{h}^{\mathrm{T}}(i)\geqslant\mu^k\boldsymbol{P}^{-1}(0)+k\mu^k\alpha\boldsymbol{I}\\&=\mu^k(\boldsymbol{P}^{-1}(0)+k\alpha\boldsymbol{I})\geqslant\mu^k k\alpha\boldsymbol{I}\end{aligned} \tag{16.3.45}$$

由此可得$\boldsymbol{P}(k)\leqslant\frac{1}{\mu^k k\alpha}\boldsymbol{I}$。

再根据参数估计值偏差表达式(16.3.44)，并利用Schwarz不等式和矩阵迹运算规则及$v(k)$为零均值白噪声的性质，有

$$\begin{aligned}\mathrm{E}\{\|\boldsymbol{\theta}_0-\hat{\boldsymbol{\theta}}(k)\|^2\}&=\mathrm{E}\{\|\tilde{\boldsymbol{\theta}}(k)\|^2\}\\&\leqslant2\mathrm{E}\{\|\boldsymbol{P}(k)\boldsymbol{P}^{-1}(0)\tilde{\boldsymbol{\theta}}(0)\|^2\}+2\mathrm{E}\{\|\boldsymbol{P}(k)\overline{\boldsymbol{H}}_k^{\mathrm{T}}\ \overline{\boldsymbol{v}}_k\|^2\}\\&=2\mathrm{E}\{\tilde{\boldsymbol{\theta}}^{\mathrm{T}}(0)\boldsymbol{P}^{-1}(0)\boldsymbol{P}(k)\boldsymbol{P}(k)\boldsymbol{P}^{-1}(0)\tilde{\boldsymbol{\theta}}(0)\}\\&\quad+2\mathrm{E}\{\mathrm{Trace}(\boldsymbol{P}(k)\overline{\boldsymbol{H}}_k^{\mathrm{T}}\ \overline{\boldsymbol{v}}_k\ \overline{\boldsymbol{v}}_k^{\mathrm{T}}\boldsymbol{P}(k)\overline{\boldsymbol{H}}_k^{\mathrm{T}}\boldsymbol{P}(k))\}\\&\leqslant\frac{2\|\boldsymbol{P}^{-1}(0)\|^2\|\tilde{\boldsymbol{\theta}}(0)\|^2}{\mu^{2k}(k\alpha)^2}+\frac{2}{\mu^k k\alpha}\mathrm{E}\{\overline{\boldsymbol{v}}_k^{\mathrm{T}}\overline{\boldsymbol{H}}_k\boldsymbol{P}(k)\overline{\boldsymbol{H}}_k^{\mathrm{T}}\ \overline{\boldsymbol{v}}_k\}\\&=\frac{2\|\boldsymbol{P}^{-1}(0)\|^2M_0}{\mu^{2k}(k\alpha)^2}+\frac{2}{\mu^k k\alpha}\mathrm{E}\{\mathrm{Trace}[\overline{\boldsymbol{H}}_k^{\mathrm{T}}\ \overline{\boldsymbol{v}}_k\ \overline{\boldsymbol{v}}_k^{\mathrm{T}}\overline{\boldsymbol{H}}_k\boldsymbol{P}(k)]\}\\&<\frac{2\|\boldsymbol{P}^{-1}(0)\|^2M_0}{\mu^{2k}(k\alpha)^2}+\frac{2\sigma_v^2}{\mu^k k\alpha}\mathrm{Trace}[\mathrm{E}\{\overline{\boldsymbol{H}}_k^{\mathrm{T}}\overline{\boldsymbol{H}}_k\boldsymbol{P}(k)\}]\\&=\frac{2\|\boldsymbol{P}^{-1}(0)\|^2M_0}{\mu^{2k}(k\alpha)^2}+\frac{2N\sigma_v^2}{\mu^k k\alpha}=2r\end{aligned} \tag{16.3.46}$$

可见，参数估计值偏差范数的数学期望满足式(16.3.40)。 证毕。■

例16.4 本例仿真模型和实验条件与第5章例5.3相同，遗忘因子取$\mu=0.99$，参数估计偏差范数的运动轨迹如图16.7所示，点划线为参数估计值偏差范数误差界。理论上说，当$k=100$之后，参数估计偏差范数应该进入误差界，本例$k=60$时，参数估计值偏差范数便进入了误差界，误差界半径为

$$r_e=\frac{\|\boldsymbol{P}^{-1}(0)\|^2M_0}{\mu^{2k}(k\alpha)^2}+\frac{N\sigma_v^2}{\mu^k k\alpha}=1.0404 \tag{16.3.47}$$

其中，$\|\boldsymbol{P}^{-1}(0)\|^2=4\times10^{-24}$，$M_0=3.9900$，$\alpha=\lambda_{\min}(\boldsymbol{P}^{-1}(k))=0.9453$，$\sigma_v^2=9.0$，$k=100$，$N=4$。从实验曲线趋势看，当$k$较小时，参数估计值偏差范数在误差界外运动；当$k$较大时，偏差范数趋向误差界，最后运动进入误差界。

定理16.4表明，遗忘因子法参数估计值偏差$\tilde{\boldsymbol{\theta}}(k)$是有界的，其范数的数学期望将收敛于有界域，域的大小与噪声方差σ_v^2、算法初始值$\boldsymbol{P}(0)$与$\hat{\boldsymbol{\theta}}(0)$、模型参数个数$N$和输入信号激励条件、遗忘因子$\mu$有关。模型参数估计值偏差范数的数学期望按$k\mu^k$的速度随机时间变化，$k<-\frac{1}{\log\mu}$时，误差界半径随时间变小，$k=-\frac{1}{\log\mu}$时，误差

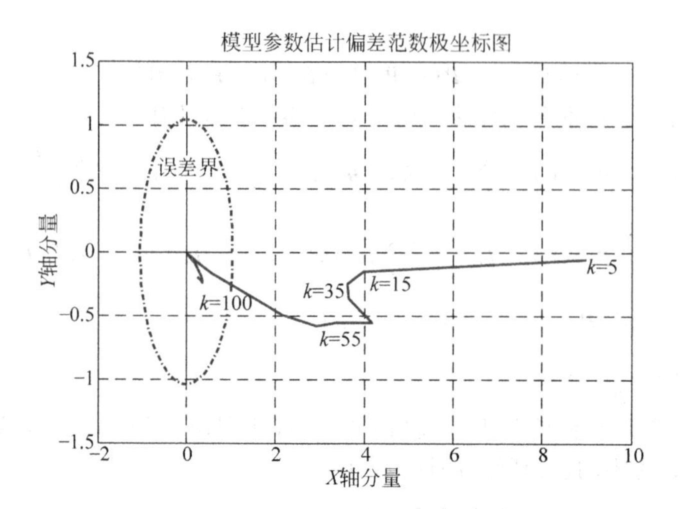

图 16.7 模型参数估计值偏差范数变化趋势

界半径最小，$k > -\frac{1}{\log\mu}$时，误差界半径随时间变大。如果数据越平稳（即 α 值越大，β 值越小，也就是 α 和 β 越接近），误差界半径也会相应变小。

16.3.4 RELS 算法性能分析

根据第 6 章的讨论，考虑如下最小二乘格式

$$z(k) = \boldsymbol{h}^{\mathrm{T}}(k)\,\boldsymbol{\theta} + v(k) \tag{16.3.48}$$

其中，$\boldsymbol{\theta}$ 为模型参数向量，$\boldsymbol{h}(k)$ 为数据向量，定义为

$$\begin{cases}\boldsymbol{\theta} = [a_1,\cdots,a_{n_a},b_1,\cdots,b_{n_b},d_1,\cdots,d_{n_d}]^{\mathrm{T}} \\ \boldsymbol{h}(k) = [-z(k-1),\cdots,-z(k-n_a),u(k-1),\cdots,u(k-n_b),\hat{v}(k-1),\cdots,\hat{v}(k-n_d)]^{\mathrm{T}}\end{cases} \tag{16.3.49}$$

式中，$\hat{v}(k)=z(k)-\boldsymbol{h}^{\mathrm{T}}(k)\hat{\boldsymbol{\theta}}(k)$为噪声估计，对应的增广最小二乘递推辨识算法

$$\begin{cases}\hat{\boldsymbol{\theta}}(k) = \hat{\boldsymbol{\theta}}(k-1) + \boldsymbol{P}(k)\boldsymbol{h}(k)[z(k) - \boldsymbol{h}^{\mathrm{T}}(k)\,\hat{\boldsymbol{\theta}}(k-1)] \\ \boldsymbol{P}^{-1}(k) = \boldsymbol{P}^{-1}(k-1) + \boldsymbol{h}(k)\boldsymbol{h}^{\mathrm{T}}(k)\end{cases} \tag{16.3.50}$$

式中，$\hat{\boldsymbol{\theta}}(k)$为参数向量估计值，$\boldsymbol{P}(k)$为数据协方差阵，算法初始值取$\hat{\boldsymbol{\theta}}(0)=0$，$\boldsymbol{P}(0)=a^2\boldsymbol{I}$。

定理 16.5[9] 对于增广最小二乘递推辨识算法式(16.3.50)，设最小二乘格式(16.3.48)的噪声$\{v(k),F_k\}$是鞅差序列，其中$\{F_k\}$是 k 时刻以前观测数据生成的 σ-代数序列，即

$$F_k = \{z(k),u(k),z(k-1),u(k-1),\cdots,u(1),z(0),u(0)\} \tag{16.3.51}$$

并有 $\mathrm{E}\{v(k)\mid F_{k-1}\}=0$，$\mathrm{E}\{v^2(k)\mid F_{k-1}\}=\sigma_v^2$，那么增广最小二乘参数估计值偏差

$\tilde{\boldsymbol{\theta}}(k)=\boldsymbol{\theta}_0-\hat{\boldsymbol{\theta}}(k)$范数的数学期望满足

$$\begin{cases}① \ \mathrm{E}\{\|\tilde{\boldsymbol{\theta}}(k)\|^2\} \overset{\text{a.s.}}{=} \mathrm{O}\left(\dfrac{[\log r(k)]^c}{\lambda_{\min}(\boldsymbol{P}^{-1}(k))}\right) \triangleq \mathrm{O}(EOV_1), \quad c>1 \\ ② \ \mathrm{E}\{\|\tilde{\boldsymbol{\theta}}(k)\|^2\} \overset{\text{a.s.}}{=} \mathrm{O}\left(\dfrac{\log r(k)[\log\log r(k)]^c}{\lambda_{\min}(\boldsymbol{P}^{-1}(k))}\right) \triangleq \mathrm{O}(EOV_2), \quad c>1 \\ ③ \ \mathrm{E}\{\|\tilde{\boldsymbol{\theta}}(k)\|^2\} \overset{\text{a.s.}}{=} \mathrm{O}\left(\dfrac{\log r(k)\log\log r(k)[\log\log\log r(k)]^c}{\lambda_{\min}(\boldsymbol{P}^{-1}(k))}\right) \triangleq \mathrm{O}(EOV_3), \quad c>1\end{cases} \tag{16.3.52}$$

式中，$\lambda_{\min}(\boldsymbol{P}^{-1}(k))$为$\boldsymbol{P}^{-1}(k)$最小特征值，$r(k)=\mathrm{Trace}\boldsymbol{P}^{-1}(k)=\dfrac{N}{a^2}+\sum_{j=1}^{k}\|\boldsymbol{h}(j)\|^2=r(k-1)+\|\boldsymbol{h}(k)\|^2$，$\boldsymbol{P}(0)=a^2\boldsymbol{I}$，$N=\dim\boldsymbol{\theta}$。

定理 16.5 的证明与定理 16.3 类似，只不过数据向量$\boldsymbol{h}(k)$的组成有所不同，证明过程会复杂些。

例 16.5　本例仿真模型和实验条件与第 6 章例 6.1 相同，图 16.8 曲线①、②、③和④分别为等价阶变量和参数估计值偏差范数的变化过程，参数估计值偏差范数均以等价阶变量为渐近收敛线。

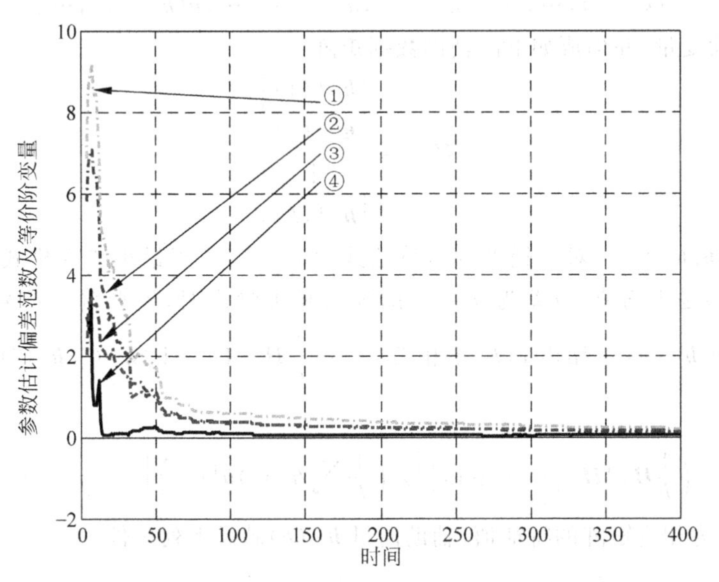

① $\dfrac{[\log r(k)]^{1.2}}{\lambda_{\min}(\boldsymbol{P}^{-1}(k))}$　② $\dfrac{\log r(k)[\log\log r(k)]^{1.2}}{\lambda_{\min}(\boldsymbol{P}^{-1}(k))}$　③ $\dfrac{\log r(k)\log\log r(k)[\log\log\log r(k)]^{1.2}}{\lambda_{\min}(\boldsymbol{P}^{-1}(k))}$　④ $\|\tilde{\boldsymbol{\theta}}(k)\|^2$

图 16.8　模型参数估计值偏差范数与收敛性等价阶变量比较

16.3.5　RIV 算法性能分析

根据第 6 章的讨论，考虑如下的最小二乘格式

$$z(k)=\boldsymbol{h}^{\mathrm{T}}(k)\boldsymbol{\theta}+e(k) \quad \text{或} \quad \boldsymbol{z}_k=\boldsymbol{H}_k\boldsymbol{\theta}+\boldsymbol{e}_k \tag{16.3.53}$$

其中，$z(k)$为模型输出，$\boldsymbol{\theta}$为模型参数向量，$\boldsymbol{h}(k)$为数据向量，$e(k)$为零均值有色噪声；$\boldsymbol{z}_k$为模型输出向量，$\boldsymbol{H}_k$为数据矩阵，$\boldsymbol{e}_k$为零均值有色噪声向量，定义为

$$\begin{cases}\boldsymbol{\theta}=[a_1,a_2,\cdots,a_{n_a},b_1,b_2,\cdots,b_{n_b}]^{\mathrm{T}}\\ \boldsymbol{h}(k)=[-z(k-1),\cdots,-z(k-n_a),u(k-1),\cdots,u(k-n_b)]^{\mathrm{T}}\\ \boldsymbol{H}_k=\begin{bmatrix}\boldsymbol{h}^{\mathrm{T}}(1)\\ \boldsymbol{h}^{\mathrm{T}}(2)\\ \vdots\\ \boldsymbol{h}^{\mathrm{T}}(k)\end{bmatrix}\\ \boldsymbol{z}_k=[z(1),z(2),\cdots,z(k)]^{\mathrm{T}}\\ \boldsymbol{e}_k=[e(1),e(2),\cdots,e(k)]^{\mathrm{T}}\end{cases}\tag{16.3.54}$$

对应的辅助变量递推辨识算法

$$\begin{cases}\hat{\boldsymbol{\theta}}(k)=\hat{\boldsymbol{\theta}}(k-1)+\boldsymbol{P}(k)\boldsymbol{h}^{*}(k)[z(k)-\boldsymbol{h}^{\mathrm{T}}(k)\hat{\boldsymbol{\theta}}(k-1)]\\ \boldsymbol{P}^{-1}(k)=\boldsymbol{P}^{-1}(k-1)+\boldsymbol{h}^{*}(k)\boldsymbol{h}^{\mathrm{T}}(k)\end{cases}\tag{16.3.55}$$

式中，$\hat{\boldsymbol{\theta}}(k)$为参数估计向量，$\boldsymbol{P}(k)$为数据协方差阵，$\boldsymbol{h}^{*}(k)$为辅助数据向量，定义为

$$\boldsymbol{h}^{*}(k)=[-x(k-1),\cdots,-x(k-n_a),u(k-1),\cdots,u(k-n_b),\cdots]^{\mathrm{T}}\tag{16.3.56}$$

$x(k)$为辅助变量，并构成如下的辅助数据矩阵

$$\boldsymbol{H}_k^{*}=\begin{bmatrix}\boldsymbol{h}^{*\mathrm{T}}(1)\\ \boldsymbol{h}^{*\mathrm{T}}(2)\\ \vdots\\ \boldsymbol{h}^{*\mathrm{T}}(k)\end{bmatrix}\tag{16.3.57}$$

定理 16.6[10,73]　对于辅助变量算法式(16.3.55)，当最小二乘格式(16.3.53)的噪声$e(k)$是零均值、方差为$\sigma_e^2<\infty$的随机相关噪声时，模型输入信号$u(k)$和辅助数据向量$\boldsymbol{h}^{*}(k)$与噪声$e(k)$不相关，矩阵$\frac{1}{k}\boldsymbol{H}_k^{*\mathrm{T}}\boldsymbol{H}_k=\mathrm{E}\{\boldsymbol{h}^{*}(i)\boldsymbol{h}^{\mathrm{T}}(i)\}$是非奇异的，即

$$\min\left\{\left|\lambda_i\left(\frac{1}{k}\boldsymbol{H}_k^{*\mathrm{T}}\boldsymbol{H}_k\right)\right|\right\}=\min\left\{\left|\lambda_i\left(\frac{1}{k}\sum_{i=1}^{k}\boldsymbol{h}^{*}(i)\boldsymbol{h}^{\mathrm{T}}(i)\right)\right|\right\}\geqslant\alpha>0\tag{16.3.58}$$

其中，$\lambda_i(\cdot)$为相应矩阵的特征值，辅助向量$\boldsymbol{h}^{*}(k)$满足下列条件

$$\frac{1}{k}\sum_{i=1}^{k}\boldsymbol{h}^{*}(i)\boldsymbol{h}^{*\mathrm{T}}(i)=\frac{1}{k}\boldsymbol{H}_k^{*\mathrm{T}}\boldsymbol{H}_k^{*}\leqslant\beta\boldsymbol{I}<\infty\tag{16.3.59}$$

并假设$\mathrm{E}\{\|\boldsymbol{\theta}_0-\hat{\boldsymbol{\theta}}(0)\|^2\}\leqslant M_0<\infty$，且$\hat{\boldsymbol{\theta}}(0)$与$e(k)$无关，那么辅助变量参数估计值偏差$\tilde{\boldsymbol{\theta}}(k)=\boldsymbol{\theta}_0-\hat{\boldsymbol{\theta}}(k)$范数的数学期望是有界的，满足

$$\mathrm{E}\{\|\tilde{\boldsymbol{\theta}}(k)\|^2\}\leqslant 2r_e\tag{16.3.60}$$

式中，误差界半径$r_e=\dfrac{NM_0}{(a^2\alpha k-1)^2}+\dfrac{Na^4\sigma_e^2\beta k}{(a^2\alpha k-1)^2}$，$N=\dim\boldsymbol{\theta}$为模型参数个数，$a^2$为数据协方差阵初始值对角线元素，即$\boldsymbol{P}(0)=a^2\boldsymbol{I}$，$a$为适当的实数。

证明　根据辅助变量算法式(16.3.55)和最小二乘格式(16.3.53)，参数估计偏差可表示为

$$\begin{aligned}\tilde{\boldsymbol{\theta}}(k) &= \tilde{\boldsymbol{\theta}}(k-1) - \boldsymbol{P}(k)\boldsymbol{h}^*(k)[\boldsymbol{h}^{\mathrm{T}}(k)\tilde{\boldsymbol{\theta}}(k-1) + e(k)] \\ &= [\boldsymbol{I} - \boldsymbol{P}(k)\boldsymbol{h}^*(k)\boldsymbol{h}^{\mathrm{T}}(k)]\tilde{\boldsymbol{\theta}}(k-1) - \boldsymbol{P}(k)\boldsymbol{h}^*(k)e(k)\end{aligned} \tag{16.3.61}$$

并由 $\boldsymbol{P}^{-1}(k)=\boldsymbol{P}^{-1}(k-1)+\boldsymbol{h}^*(k)\boldsymbol{h}^{\mathrm{T}}(k)$，可得

$$\boldsymbol{I} - \boldsymbol{P}(k)\boldsymbol{h}^*(k)\boldsymbol{h}^{\mathrm{T}}(k) = \boldsymbol{P}(k)\boldsymbol{P}^{-1}(k-1) \tag{16.3.62}$$

上式代入式(16.3.61)，取 $k=k,k-1,\cdots,1$，得

$$\begin{cases}\tilde{\boldsymbol{\theta}}(k) = \boldsymbol{P}(k)\boldsymbol{P}^{-1}(k-1)\tilde{\boldsymbol{\theta}}(k-1) - \boldsymbol{P}(k)\boldsymbol{h}^*(k)e(k) \\ \tilde{\boldsymbol{\theta}}(k-1) = \boldsymbol{P}(k-1)\boldsymbol{P}^{-1}(k-2)\tilde{\boldsymbol{\theta}}(k-2) - \boldsymbol{P}(k-1)\boldsymbol{h}^*(k-1)e(k-1) \\ \vdots \\ \tilde{\boldsymbol{\theta}}(1) = \boldsymbol{P}(1)\boldsymbol{P}^{-1}(0)\tilde{\boldsymbol{\theta}}(0) - \boldsymbol{P}(1)\boldsymbol{h}^*(1)e(1)\end{cases} \tag{16.3.63}$$

经迭代整理后，有

$$\tilde{\boldsymbol{\theta}}(k) = \boldsymbol{P}(k)\boldsymbol{P}^{-1}(0)\tilde{\boldsymbol{\theta}}(0) - \boldsymbol{P}(k)\sum_{i=1}^{k}\boldsymbol{h}^*(i)e(i) \tag{16.3.64}$$

或写成

$$\tilde{\boldsymbol{\theta}}(k) = \boldsymbol{P}(k)\boldsymbol{P}^{-1}(0)\tilde{\boldsymbol{\theta}}(0) - \boldsymbol{P}(k)\boldsymbol{H}_k^{*\mathrm{T}}\boldsymbol{e}_k \tag{16.3.65}$$

考虑 $\boldsymbol{P}^{-1}(k)=\boldsymbol{H}_k^{*\mathrm{T}}\boldsymbol{H}_k+\boldsymbol{P}^{-1}(0)$，初始值取 $\boldsymbol{P}(0)=a^2\boldsymbol{I}$，$a$ 为适当的实数，由引理 16.2，当 k 充分大时，下式成立

$$(\boldsymbol{H}_k^{*\mathrm{T}}\boldsymbol{H}_k + \boldsymbol{P}^{-1}(0))^{\mathrm{T}}(\boldsymbol{H}_k^{*\mathrm{T}}\boldsymbol{H}_k + \boldsymbol{P}^{-1}(0)) \leqslant \left(\min|\lambda_i(\boldsymbol{H}_k^{*\mathrm{T}}\boldsymbol{H})| - \frac{1}{a^2}\right)^2 \tag{16.3.66}$$

式中，$\lambda_i(\boldsymbol{H}_k^{*\mathrm{T}}\boldsymbol{H})$为矩阵 $\boldsymbol{H}_k^{*\mathrm{T}}\boldsymbol{H}$ 的第 i 个特征值，由此可得

$$\boldsymbol{P}^{\mathrm{T}}(k)\boldsymbol{P}(k) \leqslant \frac{a^4}{(a^2\alpha k - 1)^2} \tag{16.3.67}$$

再根据参数估计值偏差表达式式(16.3.65)，并利用 Schwarz 不等式和矩阵迹运算规则及辅助数据向量 $\boldsymbol{h}^*(k)$与噪声 $e(k)$不相关的性质，有

$$\begin{aligned}\mathrm{E}\{\|\tilde{\theta}(k)\|^2\} &= \mathrm{E}\|\boldsymbol{P}(k)\boldsymbol{P}^{-1}(0)\tilde{\boldsymbol{\theta}}(0) - \boldsymbol{P}(k)\boldsymbol{H}_k^{*\mathrm{T}}\boldsymbol{e}_k\|^2 \\ &\leqslant 2\mathrm{E}\{\|\boldsymbol{P}(k)\boldsymbol{P}^{-1}(0)\tilde{\boldsymbol{\theta}}(0)\|^2\} + \mathrm{E}\{\|\boldsymbol{P}(k)\boldsymbol{H}_k^{*\mathrm{T}}\boldsymbol{e}_k\|^2\} \\ &= 2\mathrm{E}\{\tilde{\boldsymbol{\theta}}^{\mathrm{T}}(0)\boldsymbol{P}^{-T}(0)\boldsymbol{P}^{\mathrm{T}}(k)\boldsymbol{P}(k)\boldsymbol{P}^{-1}(0)\tilde{\boldsymbol{\theta}}(0)\} \\ &\quad + \mathrm{E}\{\mathrm{Trace}(\boldsymbol{P}(k)\boldsymbol{H}_k^{*\mathrm{T}}\boldsymbol{e}_k\boldsymbol{e}_k^{\mathrm{T}}\boldsymbol{H}_k^*\boldsymbol{P}^{\mathrm{T}}(k))\} \\ &\leqslant \frac{2a^4}{(a^2\alpha k-1)^2}\|\boldsymbol{P}^{-1}(0)\|^2 M_0 + 2\sigma_e^2\mathrm{E}\{\mathrm{Trace}(\boldsymbol{P}(k)\boldsymbol{H}_k^{*\mathrm{T}}\boldsymbol{H}_k^*\boldsymbol{P}^{\mathrm{T}}(k))\} \\ &= \frac{2NM_0}{(a^2\alpha k-1)^2} + 2\sigma_e^2\mathrm{Trace}(\mathrm{E}\{\boldsymbol{P}^{\mathrm{T}}(k)\boldsymbol{P}(k)\boldsymbol{H}_k^{*\mathrm{T}}\boldsymbol{H}_k^*\}) \\ &\leqslant \frac{2NM_0}{(a^2\alpha k-1)^2} + \frac{2a^4\sigma_e^2}{(a^2\alpha k-1)^2}2\sigma_e^2\mathrm{Trace}(\mathrm{E}\{\boldsymbol{H}_k^{*\mathrm{T}}\boldsymbol{H}_k^*\}) \\ &\leqslant \frac{2NM_0}{(a^2\alpha k-1)^2} + \frac{2Na^4\sigma_e^2\beta k}{(a^2\alpha k-1)^2} = 2r_e\end{aligned} \tag{16.3.68}$$

可见，参数估计值偏差范数的数学期望满足式(16.3.61)。 证毕。■

例 16.6 本例仿真模型和实验条件与第 6 章例 6.3 相同，参数估计值偏差范数的运动轨迹如图 16.9 所示，点划线为参数估计值偏差范数误差界。理论上说，当 $k=1000$ 之后，参数估计值偏差范数应该进入误差界，本例 $k=100$ 时，参数估计值偏差范数便进入了误差界，误差界半径为

$$r_e=\frac{NM_0}{(a^2\alpha k-1)^2}+\frac{Na^4\sigma_e^2\beta k}{(a^2\alpha k-1)^2}=0.2646 \tag{16.3.69}$$

其中，$M_0=3.9900$，$\alpha=\lambda_{\min}\left(\frac{1}{k}\boldsymbol{P}^{-1}(k)\right)=0.5833$，$\beta=\lambda_{\max}\left(\frac{1}{k}\boldsymbol{H}_k^{*\mathrm{T}}\boldsymbol{H}_k^{*}\right)=29.3874$，$\sigma_e^2=0.7785$，$k=1020$，$N=4$，$a=1$。从实验曲线趋势看，当 k 较小时，参数估计值偏差范数在误差界外运动；当 k 较大时，偏差范数趋向误差界，最后运动进入误差界。

本实验从一个方面证实了定理 16.6 的正确性，k 时刻的参数估计值偏差范数确实会落入确定的误差界，然而是否以 $\frac{1}{k}$ 的速度收敛于零，或以怎么样的态势进入误差界，无法用实验证实。

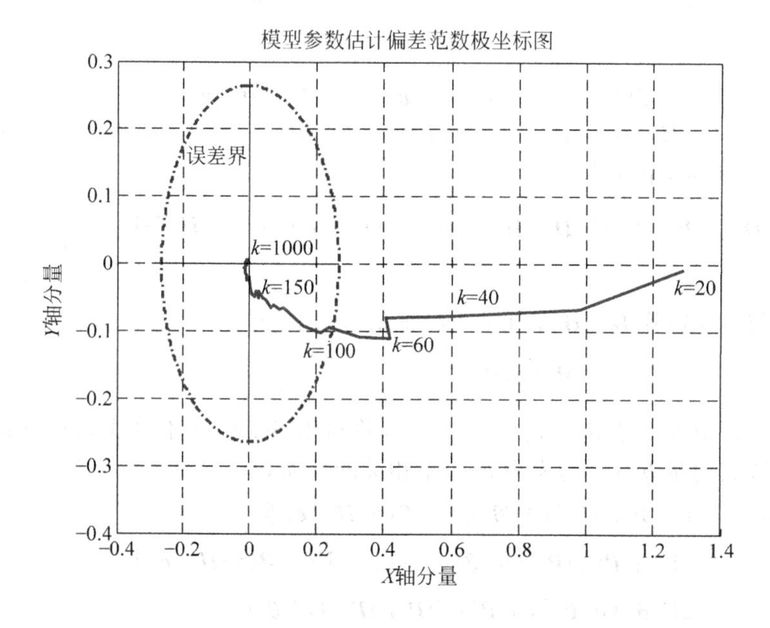

图 16.9 模型参数估计值偏差范数变化趋势

定理 16.6 表明，模型参数估计值偏差$\tilde{\boldsymbol{\theta}}(k)$是有界的，其范数的数学期望将收敛于有界域，域的大小与噪声方差 σ_e^2、算法初始值 $\boldsymbol{P}(0)$ 与$\hat{\boldsymbol{\theta}}(0)$、模型参数个数 N 和数据矩阵的性质有关。参数估计值偏差范数的数学期望将以 $\frac{1}{k}$ 的速度收敛于零，或者说模型参数估计值$\hat{\boldsymbol{\theta}}(k)$以 $\frac{1}{\sqrt{k}}$ 的速度收敛于参数真值 $\boldsymbol{\theta}_0$。

16.4 小结

本章概要讨论了 Ljung 教授提出的 ODE 法，该方法是分析递推辨识算法收敛性的一般性方法。运用 ODE 法的关键在于构建伴随微分方程和 Lyapunov 函数，并通过分析伴随微分方程的平衡点和 Lyapunov 函数的一阶导数，以确定辨识算法的不变集和吸收域，进而获得辨识算法的收敛性结论。但在构建伴随微分方程和分析 Lyapunov 函数一阶导数时往往会遇到一些数学麻烦，使得 ODE 法的应用受到一定的局限。比如，例 16.1 本来是个很简单的问题，但运用 ODE 法来分析收敛性时并不觉得简单。本章还简要讨论了递推辨识算法的性能，包括最小二乘类辨识算法在一定条件下参数估计值误差界与收敛性等。这些成果的研究思想有其独特和巧妙的地方，对深入理解辨识算法很有帮助。

习题

(1) 根据下面的关系式

$$\begin{cases}\boldsymbol{P}^{-1}(k)=\sum_{i=1}^{k}\boldsymbol{h}(i)\boldsymbol{h}^{\mathrm{T}}(i)=\boldsymbol{P}^{-1}(k-1)+\boldsymbol{h}(k)\boldsymbol{h}^{\mathrm{T}}(k), & \boldsymbol{P}(0)=\boldsymbol{I}\\ r(k)=\mathrm{Trace}\boldsymbol{P}^{-1}(k)=r(k-1)+\|\boldsymbol{h}(k)\|^{2},\ \|\boldsymbol{h}(k)\|^{2}\geqslant 0, & r(0)=1\end{cases}$$

其中，$\boldsymbol{P}(k)$为数据协方差阵，数据向量 $\boldsymbol{h}(k)\in\mathrm{R}^{N*1}$，$N$ 为 $\boldsymbol{P}(k)$的维数，也是模型参数个数，且定义向量的范数 $\|\boldsymbol{x}\|^{2}=\mathrm{Trace}(\boldsymbol{x}\boldsymbol{x}^{\mathrm{T}})$，证明

① $\sum_{k=1}^{\infty}\dfrac{\boldsymbol{h}^{\mathrm{T}}(k)\boldsymbol{P}(k)\boldsymbol{h}(k)}{[\det\boldsymbol{P}^{-1}(k)]^{c}}<\infty, c>0$　　② $\sum_{k=1}^{\infty}\dfrac{\boldsymbol{h}^{\mathrm{T}}(k)\boldsymbol{P}(k)\boldsymbol{h}(k)}{r(k)}<\infty$

③ $\sum_{k=1}^{\infty}\boldsymbol{h}^{\mathrm{T}}(k)\boldsymbol{P}(k-1)\boldsymbol{P}(k)\boldsymbol{h}(k)<\infty$　　④ $\sum_{k=1}^{\infty}\dfrac{\|\boldsymbol{P}(k-1)\boldsymbol{h}(k)\|^{2}}{1+\boldsymbol{h}^{\mathrm{T}}(k)\boldsymbol{P}(k-1)\boldsymbol{h}(k)}<\infty$

⑤ $\sum_{k=1}^{\infty}\dfrac{\|\boldsymbol{h}(k)\|^{2}}{r^{c}(k)}<\infty, c>1$　　⑥ $\sum_{k=1}^{\infty}\boldsymbol{h}^{\mathrm{T}}(k)\boldsymbol{P}^{2}(k)\boldsymbol{h}(k)<\infty$

⑦ $\sum_{k=1}^{\infty}\dfrac{\|\boldsymbol{h}(k)\|^{2}}{r^{c}(k-1)r(k)}<\infty, c>0$　　⑧ $\sum_{k=1}^{\infty}\boldsymbol{h}^{\mathrm{T}}(k)\boldsymbol{P}^{c}(k)\boldsymbol{h}(k)<\infty, c>2$

提示：

① 构造 $\boldsymbol{A}=\begin{bmatrix}1 & \boldsymbol{h}^{\mathrm{T}}(k)\boldsymbol{P}(k)\\ \boldsymbol{h}(k) & \boldsymbol{I}\end{bmatrix}$，由附录 E.5 分块矩阵行列式公式，有

$$\det(\boldsymbol{I}-\boldsymbol{h}(k)\boldsymbol{h}^{\mathrm{T}}(k)\boldsymbol{P}(k))=1-\boldsymbol{h}^{\mathrm{T}}(k)\boldsymbol{P}(k)\boldsymbol{h}(k)$$

因 $\boldsymbol{P}^{-1}(k)=\boldsymbol{P}^{-1}(k-1)+\boldsymbol{h}(k)\boldsymbol{h}^{\mathrm{T}}(k)$，则

$$\begin{aligned}\det\boldsymbol{P}^{-1}(k-1)&=\det([\boldsymbol{I}-\boldsymbol{h}(k)\boldsymbol{h}^{\mathrm{T}}(k)\boldsymbol{P}(k)]\boldsymbol{P}^{-1}(k))\\&=[1-\boldsymbol{h}^{\mathrm{T}}(k)\boldsymbol{P}(k)\boldsymbol{h}(k)]\det\boldsymbol{P}^{-1}(k)\end{aligned}$$

故

$$\boldsymbol{h}^{\mathrm{T}}(k)\boldsymbol{P}(k)\boldsymbol{h}(k)=\frac{\det\boldsymbol{P}^{-1}(k)-\det\boldsymbol{P}^{-1}(k-1)}{\det\boldsymbol{P}^{-1}(k)}$$

又因 $\boldsymbol{P}^{-1}(k)>\boldsymbol{P}^{-1}(k-1)>\cdots>\boldsymbol{P}^{-1}(0)=\boldsymbol{I}$，且 $\boldsymbol{P}^{-1}(k)\xrightarrow{k\to\infty}\infty$，所以

$$\det\boldsymbol{P}^{-1}(k)>\det\boldsymbol{P}^{-1}(k-1)>\cdots>\det\boldsymbol{P}^{-1}(0)=\det\boldsymbol{I}_N=1$$

且 $\det\boldsymbol{P}^{-1}(k)\xrightarrow{k\to\infty}\infty$。对 $c>0$，有

$$\begin{aligned}\sum_{k=1}^{\infty}\frac{\boldsymbol{h}^{\mathrm{T}}(k)\boldsymbol{P}(k)\boldsymbol{h}(k)}{[\det\boldsymbol{P}^{-1}(k)]^{c}}&=\sum_{k=1}^{\infty}\frac{\det\boldsymbol{P}^{-1}(k)-\det\boldsymbol{P}^{-1}(k-1)}{[\det\boldsymbol{P}^{-1}(k)]^{c+1}}\\&=\sum_{k=1}^{\infty}\int_{\det\boldsymbol{P}^{-1}(k-1)}^{\det\boldsymbol{P}^{-1}(k)}\frac{\mathrm{d}x}{[\det\boldsymbol{P}^{-1}(k)]^{c+1}}\\&\leqslant\sum_{k=1}^{\infty}\int_{\det\boldsymbol{P}^{-1}(k-1)}^{\det\boldsymbol{P}^{-1}(k)}\frac{\mathrm{d}x}{x^{c+1}}\quad(\because\det\boldsymbol{P}^{-1}(k-1)\leqslant x\leqslant\det\boldsymbol{P}^{-1}(k))\\&=\int_{\det\boldsymbol{P}^{-1}(0)}^{\det\boldsymbol{P}^{-1}(\infty)}\frac{\mathrm{d}x}{x^{c+1}}=\int_{1}^{\infty}\frac{\mathrm{d}x}{x^{c+1}}<\infty\end{aligned}$$

② 根据矩阵理论，有 $\mathrm{Trace}\boldsymbol{P}^{-1}(k)=\sum_{i=1}^{N}\lambda_i(\boldsymbol{P}^{-1}(k))$ 和 $\det\boldsymbol{P}^{-1}(k)=\prod_{i=1}^{N}\lambda_i(\boldsymbol{P}^{-1}(k))$，考虑 $\boldsymbol{P}^{-1}(k)$ 是对称正定阵，有 $\lambda_i>0$，则 $\sum_{i=1}^{N}\lambda_i(\boldsymbol{P}^{-1}(k))\geqslant\left[\prod_{i=1}^{N}\lambda_i(\boldsymbol{P}^{-1}(k))\right]^{\frac{1}{N}}$，即 $\frac{1}{\mathrm{Trace}\boldsymbol{P}^{-1}(k)}=\frac{1}{r(k)}\leqslant\frac{1}{[\det\boldsymbol{P}^{-1}(k)]\frac{1}{N}}$。由①，当 $c=1/N$ 时，有

$$\sum_{k=1}^{\infty}\frac{\boldsymbol{h}^{\mathrm{T}}(k)\boldsymbol{P}(k)\boldsymbol{h}(k)}{r(k)}\leqslant\sum_{k=1}^{\infty}\frac{\boldsymbol{h}^{\mathrm{T}}(k)\boldsymbol{P}(k)\boldsymbol{h}(k)}{[\det\boldsymbol{P}^{-1}(k)]^{\frac{1}{N}}}<\infty$$

③ 由 $\boldsymbol{P}^{-1}(k)=\boldsymbol{P}^{-1}(k-1)+\boldsymbol{h}(k)\boldsymbol{h}^{\mathrm{T}}(k)$，可得

$$\begin{aligned}&\sum_{k=1}^{\infty}\boldsymbol{h}^{\mathrm{T}}(k)\boldsymbol{P}(k-1)\boldsymbol{P}(k)\boldsymbol{h}(k)\\&=\sum_{k=1}^{\infty}\mathrm{Trace}(\boldsymbol{P}(k)\boldsymbol{h}(k)\boldsymbol{h}^{\mathrm{T}}(k)\boldsymbol{P}(k-1))\quad(\because\boldsymbol{y}^{\mathrm{T}}\boldsymbol{x}=\mathrm{Trace}(\boldsymbol{x}\boldsymbol{y}^{\mathrm{T}}))\\&=\sum_{k=1}^{\infty}\mathrm{Trace}(\boldsymbol{P}(k-1)-\boldsymbol{P}(k))\quad(\because\boldsymbol{h}(k)\boldsymbol{h}^{\mathrm{T}}(k)=\boldsymbol{P}^{-1}(k)-\boldsymbol{P}^{-1}(k-1))\\&=\mathrm{Trace}\boldsymbol{P}(0)-\mathrm{Trace}\boldsymbol{P}(\infty)=N-\mathrm{Trace}\boldsymbol{P}(\infty)<\infty\end{aligned}$$

④ 由③及 $\boldsymbol{P}(k)\boldsymbol{h}(k)=\frac{\boldsymbol{P}(k-1)\boldsymbol{h}(k)}{1+\boldsymbol{h}^{\mathrm{T}}(k)\boldsymbol{P}(k-1)\boldsymbol{h}(k)}$，可得

$$\begin{aligned}\sum_{k=1}^{\infty}\frac{\|\boldsymbol{P}(k-1)\boldsymbol{h}(k)\|^2}{1+\boldsymbol{h}^{\mathrm{T}}(k)\boldsymbol{P}(k-1)\boldsymbol{h}(k)}&=\sum_{k=1}^{\infty}\frac{\boldsymbol{h}^{\mathrm{T}}(k)\boldsymbol{P}(k-1)\boldsymbol{P}(k-1)\boldsymbol{h}(k)}{1+\boldsymbol{h}^{\mathrm{T}}(k)\boldsymbol{P}(k-1)\boldsymbol{h}(k)}\\&\leqslant\sum_{k=1}^{\infty}\boldsymbol{h}^{\mathrm{T}}(k)\boldsymbol{P}(k-1)\boldsymbol{P}(k)\boldsymbol{h}(k)<\infty\end{aligned}$$

⑤ 由 $r(k)=\text{Trace}\boldsymbol{P}^{-1}(k)=r(k-1)+\|\boldsymbol{h}(k)\|^2>0, r(0)=1$ 及 $c>1$ 知

$$\sum_{k=1}^{\infty}\frac{\|\boldsymbol{h}(k)\|^2}{r^c(k)}=\sum_{k=1}^{\infty}\frac{r(k)-r(k-1)}{r^c(k)}\leqslant\int_{r(0)}^{r(\infty)}\frac{\mathrm{d}x}{x^c}=\frac{1}{1-c}x^{1-c}\Big|_{r(0)}^{r(\infty)}$$

$$=\frac{1}{c-1}[1-r(\infty)^{1-c}]<\infty$$

⑥ 由③及 $\boldsymbol{P}(k)\boldsymbol{h}(k)=\dfrac{\boldsymbol{P}(k-1)\boldsymbol{h}(k)}{1+\boldsymbol{h}^{\mathrm{T}}(k)\boldsymbol{P}(k-1)\boldsymbol{h}(k)}$，即有

$$\begin{aligned}\sum_{k=1}^{\infty}\boldsymbol{h}^{\mathrm{T}}(k)\boldsymbol{P}^2(k)\boldsymbol{h}(k)&=\sum_{k=1}^{\infty}\frac{\boldsymbol{h}^{\mathrm{T}}(k)\boldsymbol{P}(k)\boldsymbol{P}(k-1)\boldsymbol{h}(k)}{1+\boldsymbol{h}^{\mathrm{T}}(k)\boldsymbol{P}(k-1)\boldsymbol{h}(k)}\\&\leqslant\sum_{k=1}^{\infty}\boldsymbol{h}^{\mathrm{T}}(k)\boldsymbol{P}(k)\boldsymbol{P}(k-1)\boldsymbol{h}(k)\\&=\sum_{k=1}^{\infty}\boldsymbol{h}^{\mathrm{T}}(k)\boldsymbol{P}(k-1)\boldsymbol{P}(k)\boldsymbol{h}(k)<\infty\\&(\because \boldsymbol{x}^{\mathrm{T}}\boldsymbol{A}\boldsymbol{y}=\boldsymbol{y}^{\mathrm{T}}\boldsymbol{A}^{\mathrm{T}}\boldsymbol{x},\boldsymbol{P}(k)=\boldsymbol{P}^{\mathrm{T}}(k))\end{aligned}$$

⑦ 由 $r(k)\geqslant r(k-1)\geqslant r(0)=1$，且 $c>1$，有

$$\sum_{k=1}^{\infty}\frac{\|\boldsymbol{h}(k)\|^2}{r^c(k-1)r(k)}\leqslant\sum_{k=1}^{\infty}\frac{r(k)-r(k-1)}{r(k-1)r(k)}=\sum_{k=1}^{\infty}\left[\frac{1}{r(k-1)}-\frac{1}{r(k)}\right]$$

$$=\frac{1}{r(0)}-\frac{1}{r(\infty)}=1-\frac{1}{r(\infty)}<\infty$$

⑧ 由⑥和 $c>2$ 及 $\boldsymbol{P}(k)\boldsymbol{h}(k)=\dfrac{\boldsymbol{P}(k-1)\boldsymbol{h}(k)}{1+\boldsymbol{h}^{\mathrm{T}}(k)\boldsymbol{P}(k-1)\boldsymbol{h}(k)}$，可得

$$\begin{aligned}\sum_{k=1}^{\infty}\boldsymbol{h}^{\mathrm{T}}(k)\boldsymbol{P}^c(k)\boldsymbol{h}(k)&=\sum_{k=1}^{\infty}\boldsymbol{h}^{\mathrm{T}}(k)\boldsymbol{P}^{c-2}(k)\boldsymbol{P}(k)\boldsymbol{P}(k)\boldsymbol{h}(k)\\&=\sum_{k=1}^{\infty}\frac{\boldsymbol{h}^{\mathrm{T}}(k)\boldsymbol{P}^{c-2}(k)\boldsymbol{P}(k)\boldsymbol{P}(k-1)\boldsymbol{h}(k)}{1+\boldsymbol{h}^{\mathrm{T}}(k)\boldsymbol{P}(k-1)\boldsymbol{h}(k)}\\&\leqslant\sum_{k=1}^{\infty}\boldsymbol{h}^{\mathrm{T}}(k)\boldsymbol{P}(k)\boldsymbol{P}(k-1)\boldsymbol{h}(k)<\infty\quad(\because \boldsymbol{P}(k)<\boldsymbol{I})\end{aligned}$$

(2) 证明引理 16.3。

提示：

① 由 $\boldsymbol{P}^{-1}(k-1)=\boldsymbol{P}^{-1}(k)[\boldsymbol{I}-\boldsymbol{P}(k)\boldsymbol{h}(k)\boldsymbol{h}^{\mathrm{T}}(k)]$，并根据引理 16.1，可得

$$\begin{aligned}\det\boldsymbol{P}^{-1}(k-1)&=\det\boldsymbol{P}^{-1}(k)\det(1-\boldsymbol{h}^{\mathrm{T}}(k)\boldsymbol{P}(k)\boldsymbol{h}(k))\\&=\det\boldsymbol{P}^{-1}(k)-\det\boldsymbol{P}^{-1}(k)(1-\boldsymbol{h}^{\mathrm{T}}(k)\boldsymbol{P}(k)\boldsymbol{h}(k))\end{aligned}$$

即

$$\boldsymbol{h}^{\mathrm{T}}(k)\boldsymbol{P}(k)\boldsymbol{h}(k)=\frac{\det\boldsymbol{P}^{-1}(k)-\det\boldsymbol{P}^{-1}(k-1)}{\det\boldsymbol{P}^{-1}(k)}$$

和

$$\sum_{i=1}^{k}\boldsymbol{h}^{\mathrm{T}}(i)\boldsymbol{P}(i)\boldsymbol{h}(i)=\sum_{i=1}^{k}\frac{\det\boldsymbol{P}^{-1}(i)-\det\boldsymbol{P}^{-1}(i-1)}{\det\boldsymbol{P}^{-1}(i)}=\sum_{i=1}^{k}\int_{\det\boldsymbol{P}^{-1}(i-1)}^{\det\boldsymbol{P}^{-1}(i)}\frac{\mathrm{d}x}{\det\boldsymbol{P}^{-1}(i)}$$

上式分母为各项积分上界，若分母均用变量 x 替代，各项积分值均变大，上式写成

$$\sum_{i=1}^{k}\boldsymbol{h}^{\mathrm{T}}(i)\boldsymbol{P}(i)\boldsymbol{h}(i)\leqslant\sum_{i=1}^{k}\int_{\det\boldsymbol{P}^{-1}(i-1)}^{\det\boldsymbol{P}^{-1}(i)}\frac{\mathrm{d}x}{x}=\int_{\det\boldsymbol{P}^{-1}(0)}^{\det\boldsymbol{P}^{-1}(k)}\frac{\mathrm{d}x}{x}$$
$$=\log\det\boldsymbol{P}^{-1}(k)-\log\det\boldsymbol{P}^{-1}(0)$$

② 因有

$$\sum_{i=1}^{k}\boldsymbol{h}^{\mathrm{T}}(i)\boldsymbol{P}(i)\boldsymbol{h}(i)=\sum_{i=1}^{k}\frac{\det\boldsymbol{P}^{-1}(i)-\det\boldsymbol{P}^{-1}(i-1)}{\det\boldsymbol{P}^{-1}(i)}$$

则

$$\sum_{i=1}^{\infty}\frac{\boldsymbol{h}^{\mathrm{T}}(i)\boldsymbol{P}(i)\boldsymbol{h}(i)}{[\log\det\boldsymbol{P}^{-1}(i)]^{c}}=\sum_{i=1}^{\infty}\frac{\det\boldsymbol{P}^{-1}(i)-\det\boldsymbol{P}^{-1}(i-1)}{\det\boldsymbol{P}^{-1}(i)[\log\det\boldsymbol{P}^{-1}(i)]^{c}}$$
$$=\sum_{i=1}^{\infty}\int_{\det\boldsymbol{P}^{-1}(i-1)}^{\det\boldsymbol{P}^{-1}(i)}\frac{\mathrm{d}x}{\det\boldsymbol{P}^{-1}(i)[\log\det\boldsymbol{P}^{-1}(i)]^{c}}\leqslant\sum_{i=1}^{\infty}\int_{\det\boldsymbol{P}^{-1}(i-1)}^{\det\boldsymbol{P}^{-1}(i)}\frac{\mathrm{d}x}{x(\log x)^{c}}$$
$$=\int_{\det\boldsymbol{P}^{-1}(0)}^{\det\boldsymbol{P}^{-1}(\infty)}\frac{\mathrm{d}x}{x(\log x)^{c}}=-\frac{1}{c-1}\frac{1}{(\log x)^{c-1}}\Bigg|_{\det\boldsymbol{P}^{-1}(0)}^{\det\boldsymbol{P}^{-1}(\infty)}<\infty,\quad c>1$$

引理的其他式子同理可证。

(3) 证明引理 16.4。

提示：因

$$\begin{cases}\det\boldsymbol{P}^{-1}(k)=\lambda_{\min}(\boldsymbol{P}^{-1}(k))\cdots\lambda_{\max}(\boldsymbol{P}^{-1}(k))\leqslant N\lambda_{\max}(\boldsymbol{P}^{-1}(k))\\ r(k)=\mathrm{Trace}\boldsymbol{P}^{-1}(k)=\lambda_{\min}(\boldsymbol{P}^{-1}(k))+\cdots+\lambda_{\max}(\boldsymbol{P}^{-1}(k))\leqslant N\lambda_{\max}(\boldsymbol{P}^{-1}(k))\end{cases}$$

根据不等式$(x_1+x_2+\cdots+x_n)^n\geqslant x_1x_2\cdots x_n$，又有 $\det\boldsymbol{P}^{-1}(k)\leqslant(r(k))^N$，两边取对数 $\log\det\boldsymbol{P}^{-1}(k)\leqslant N\log r(k)$，根据等价阶概念，有

$$\begin{cases}\det\boldsymbol{P}^{-1}(k)=\mathrm{O}(\lambda_{\max}(\boldsymbol{P}^{-1}(k)))\\ r(k)=\mathrm{O}(\lambda_{\max}(\boldsymbol{P}^{-1}(k)))\\ \log\det\boldsymbol{P}^{-1}(k)=\mathrm{O}(\log r(k))\end{cases}$$

(4) 在定理 16.2 条件下，论述最小二乘模型参数估计值偏差的数学期望按$\frac{1}{\sqrt{k}}$的速率趋近于零，k 为递推时间。

(5) 考虑如下多变量系统模型

$$\boldsymbol{A}(z^{-1})\boldsymbol{z}(k)=\boldsymbol{B}(z^{-1})\boldsymbol{u}(k)+\boldsymbol{v}(k)$$

式中，$\boldsymbol{u}(k)\in\mathrm{R}^{r\times1}$、$\boldsymbol{z}(k)\in\mathrm{R}^{m\times1}$为输入和输出向量；$\boldsymbol{v}(k)\in\mathrm{R}^{m\times1}$为零均值、不相关随机噪声向量，即有

$$\begin{cases}\mathrm{E}\{\boldsymbol{v}(k)\}=0,\mathrm{E}\{\boldsymbol{v}(i)\boldsymbol{v}^{\mathrm{T}}(j)\}=0,\quad\forall i\neq j\\ \mathrm{E}\{\|\boldsymbol{v}(i)\|^{2}\}=\sigma_{v}^{2}<\infty\end{cases}$$

模型迟延算子多项式矩阵 $\boldsymbol{A}(z^{-1})\in\mathrm{R}^{m\times m}$和 $\boldsymbol{B}(z^{-1})\in\mathrm{R}^{m\times r}$定义为

$$\begin{cases}\boldsymbol{A}(z^{-1})=\boldsymbol{I}+\boldsymbol{A}_1z^{-1}+\boldsymbol{A}_2z^{-2}+\cdots+\boldsymbol{A}_{n_a}z^{-n_a}\\ \boldsymbol{B}(z^{-1})=\boldsymbol{B}_1z^{-1}+\boldsymbol{B}_2z^{-2}+\cdots+\boldsymbol{B}_{n_b}z^{-n_b}\end{cases}$$

置模型参数矩阵$\boldsymbol{\Theta}$和数据向量$\boldsymbol{h}(k)$为

$$\begin{cases}\boldsymbol{\Theta}^{\mathrm{T}} = [\boldsymbol{A}_1,\cdots,\boldsymbol{A}_{n_a},\boldsymbol{B}_1,\cdots,\boldsymbol{B}_{n_b}] \in \mathrm{R}^{m\times(mn_a+rn_b)} \\ \boldsymbol{h}^{\mathrm{T}}(k) = [-\boldsymbol{z}^{\mathrm{T}}(k-1),\cdots,-\boldsymbol{z}^{\mathrm{T}}(k-n_a),\boldsymbol{u}^{\mathrm{T}}(k-1),\cdots,\boldsymbol{u}^{\mathrm{T}}(k-n_b)] \in \mathrm{R}^{1\times(mn_a+rn_b)}\end{cases}$$

模型的最小二乘格式写成$\boldsymbol{z}^{\mathrm{T}}(k)=\boldsymbol{h}^{\mathrm{T}}(k)\boldsymbol{\Theta}+\boldsymbol{v}^{\mathrm{T}}(k)$，对应的最小二乘递推辨识算法为

$$\begin{cases}\hat{\boldsymbol{\Theta}}(k) = \hat{\boldsymbol{\Theta}}(k-1) + \boldsymbol{P}(k)\boldsymbol{h}(k)[\boldsymbol{z}^{\mathrm{T}}(k) - \boldsymbol{h}^{\mathrm{T}}(k)\hat{\boldsymbol{\Theta}}(k-1)] \\ \boldsymbol{P}^{-1}(k) = \boldsymbol{P}^{-1}(k-1) + \boldsymbol{h}(k)\boldsymbol{h}^{\mathrm{T}}(k)\end{cases}$$

在弱持续激励条件下

$$\alpha\boldsymbol{I} \leqslant \sum_{j=1}^{k}\boldsymbol{h}(j)\boldsymbol{h}^{\mathrm{T}}(j) \leqslant \beta\boldsymbol{I},\quad 0<\alpha\leqslant\beta<\infty$$

并设$\mathrm{E}\{\|\boldsymbol{\Theta}_0-\hat{\boldsymbol{\Theta}}(0)\|^2\}\leqslant M_0<\infty$，其中$\boldsymbol{\Theta}_0$为模型参数真值，$M_0$为正实常数，且$\hat{\boldsymbol{\Theta}}(0)$与噪声$\boldsymbol{v}(k)$不相关。证明模型参数估计值偏差的数学期望不会超过确定的误差界

$$\mathrm{E}\{\|\boldsymbol{\Theta}_0-\hat{\boldsymbol{\Theta}}(k)\|^2\} \leqslant 2\left[\frac{\|\boldsymbol{P}^{-1}(0)\|^2 M_0}{(\alpha k)^2} + \frac{(mn_a+rn_b)\sigma_v^2}{\alpha k}\right]$$

式中，数据协方差阵初始值$\boldsymbol{P}(0)>0$；并论述模型参数估计值$\hat{\boldsymbol{\Theta}}(k)$将以$\frac{1}{\sqrt{k}}$的速度收敛于模型参数真值$\boldsymbol{\Theta}_0$。

提示：仿照定理 16.2 证明。

第17章 辨识的一些实际考虑及应用

17.1 引言

如前所述，辨识就是根据含有噪声的输入和输出数据，从一类模型中确定与系统特性等价的数学模型。在实际应用中，除了合理选择模型类、准则函数和辨识算法外，还需要做许多先期的准备工作，比如明确辨识的应用目的，了解待辨识系统的先验知识，包括系统的静态增益、积分特性、时间常数、最高截止频率、迟延时间、响应速度、过渡过程时间及线性或非线性、时变或非时变和噪声特性等方面的情况，也包括检测设备和执行机构的精度、响应速度及工作条件、操作工况等方面的状况。在这些先期准备工作的基础上，确定辨识实验方案，包括辨识输入信号、采样时间、辨识时间(即数据长度)的设计以及离线或在线、开环或闭环辨识的考虑，大样本与小样本、"坏数据"与缺失数据的处理，数据预处理、信号生成、数据存储的手段，操作顺序、检测设备和执行机构的选择等。

本章着重论述包括系统分析、辨识实验设计、数据预处理、准则函数的选择、模型结构的选择、算法初始值的选择、遗忘因子的选择、噪声特性分析、可辨识性、模型检验、模型转换及辨识应用等问题。阅读本章的时候，如果回头重温一下第1章，可能会有新的启示。

辨识的实际应用通常是非常耗时费力的，为了获得"好"的实验数据和"好"的辨识模型，必须小心地做好辨识各阶段的方案设计、实验操作、数据处理、程序计算和辨识计划的组织与实施等。

17.2 辨识的目标与计划

17.2.1 目标

辨识的目标决定模型类型、精度要求和辨识方式的选择，如表17.1所示。

表 17.1 辨识的目标考虑

辨识目标	模型类型	精度要求	辨识方式
验证理论模型	线性、连续、非参数模型、参数模型	中等/较高	离线辨识、非参数辨识
校正控制参数	线性、非参数模型、连续模型	中等	离线辨识、非参数辨识
在线实时控制	线性、参数模型、离散模型	中等	闭环辨识
控制辅助设计	线性、参数模型、离散模型	中等	离线辨识、在线辨识
自适应预报	线性、非线性、参数模型	较高	离线辨识、在线辨识
系统监控与诊断	线性、非线性、参数模型	较高	在线辨识

表 17.1 蕴含两个问题：①辨识需要的只是一个"合适的模型"，包括模型类型和辨识精度；②辨识需要考虑"合理的工作量"。从某种程度上说，这两个问题都具有主观性，如何把它们变成具有一定的客观性，以便操作呢？通常有两种做法：①在准则函数中引入频率加权，强调某频率段的重要性，以体现"合适的模型"要求；②把辨识条件包含进准则函数，以体现"合理的工作量"要求。

考虑如下系统模型

$$z(k)=G(z^{-1})u(k)+H(z^{-1})v(k) \tag{17.2.1}$$

其中，$u(k)$、$z(k)$是系统的输入和输出变量；$v(k)$是均值为零、方差为 σ_v^2 的不相关随机噪声；$G(z^{-1})$、$H(z^{-1})$是系统和噪声模型。记

$$\begin{cases}\boldsymbol{M}_0(z^{-1})=[G_0(z^{-1}),H_0(z^{-1})]^{\mathrm{T}}\\ \boldsymbol{M}(z^{-1},\mathbb{X})=[G(z^{-1},\mathbb{X}),H(z^{-1},\mathbb{X})]^{\mathrm{T}}\end{cases} \tag{17.2.2}$$

其中，$G_0(z^{-1})$、$H_0(z^{-1})$是系统和噪声的真实模型；$G(z^{-1},\mathbb{X})$、$H(z^{-1},\mathbb{X})$是系统和噪声的辨识模型；$\mathbb{X}$ 表示辨识条件，包括变量设计、数据采集方案、采样时间、数据长度、模型阶次的确定等。又记模型偏差为

$$\Delta\boldsymbol{M}(z^{-1},\mathbb{X})=\boldsymbol{M}(z^{-1},\mathbb{X})-\boldsymbol{M}_0(z^{-1}) \tag{17.2.3}$$

再定义度量模型偏差的准则函数

$$\begin{aligned}J(\boldsymbol{\theta},\mathbb{X})&=\int_{-\pi}^{\pi}\mathrm{E}\{\Delta\boldsymbol{M}^{\mathrm{T}}(\mathrm{e}^{-\mathrm{j}\omega},\mathbb{X})\boldsymbol{\Lambda}(\omega)\Delta\boldsymbol{M}(\mathrm{e}^{-\mathrm{j}\omega},\mathbb{X})\}\mathrm{d}\omega\\&=\int_{-\pi}^{\pi}\mathrm{Trace}(\mathrm{E}\{\Delta\boldsymbol{M}(\mathrm{e}^{-\mathrm{j}\omega},\mathbb{X})\Delta\boldsymbol{M}^{\mathrm{T}}(\mathrm{e}^{-\mathrm{j}\omega},\mathbb{X})\}\boldsymbol{\Lambda}(\omega))\mathrm{d}\omega\end{aligned} \tag{17.2.4}$$

式中，$\boldsymbol{\theta}$ 为模型参数向量；$\boldsymbol{\Lambda}(\omega)=\begin{bmatrix}\Lambda_{11}(\omega) & \Lambda_{12}(\omega)\\ \Lambda_{21}(\omega) & \Lambda_{22}(\omega)\end{bmatrix}$为频率加权矩阵，用于描述不同频率段上的拟合权重，也就是强调某频率段内的拟合需要，相当于考虑了"合适的模

型”要求；辨识条件$\mathbb{X}$包含辨识变量的设计、数据长度和输入信号的选择以及辨识算法复杂程度的考虑等，相当于考虑了“合理的工作量”要求。极小化准则函数$J(\boldsymbol{\theta},\mathbb{X})$，也就同时考虑了“合适的模型”和“合理的工作量”要求。一般情况下，加权矩阵$\boldsymbol{\Lambda}(\omega)$为 Hermitian 矩阵，即有$\boldsymbol{\Lambda}_{21}(\omega)=\boldsymbol{\Lambda}_{12}(-\omega)$，具体选择取决于辨识模型的用途。

当准则函数侧重于系统模型与辨识模型输出值的比较时，度量“合适的模型”的准则函数可写成[38]

$$\begin{cases} J(\boldsymbol{\theta},\mathbb{X})=\bar{\mathrm{E}}\{\varepsilon^2(k)\} \\ \varepsilon(k)=[G_0(z^{-1})-G(z^{-1})]u(k) \end{cases} \tag{17.2.5}$$

式中，$\varepsilon(k)$为模型残差，其谱密度函数为

$$S_{\varepsilon}(\omega,\mathbb{X})=\|G_0(\mathrm{e}^{-\mathrm{j}\omega})-G(\mathrm{e}^{-\mathrm{j}\omega},\mathbb{X})\|^2 S_u(\omega) \tag{17.2.6}$$

那么有

$$\begin{aligned} J(\boldsymbol{\theta},\mathbb{X}) &= \bar{\mathrm{E}}\{\varepsilon^2(k)\}=\frac{1}{2\pi}\int_{-\pi}^{\pi}S_{\varepsilon}(\omega,\mathbb{X})\mathrm{d}\omega \\ &= \frac{1}{2\pi}\int_{-\pi}^{\pi}\|G_0(\mathrm{e}^{-\mathrm{j}\omega})-G(\mathrm{e}^{-\mathrm{j}\omega},\mathbb{X})\|^2 S_u(\omega)\mathrm{d}\omega \\ &= \frac{1}{2\pi}\int_{-\pi}^{\pi}\mathrm{Trace}(\mathrm{E}\{\Delta\boldsymbol{M}(\mathrm{e}^{-\mathrm{j}\omega},\mathbb{X})\Delta\boldsymbol{M}^{\mathrm{T}}(\mathrm{e}^{-\mathrm{j}\omega},\mathbb{X})\}\boldsymbol{\Lambda}(\omega))\mathrm{d}\omega \end{aligned} \tag{17.2.7}$$

式中，加权矩阵$\boldsymbol{\Lambda}(\omega)=\begin{bmatrix} S_u(\omega) & 0 \\ 0 & 0 \end{bmatrix}$。

当准则函数侧重于系统模型和辨识模型输出预报值的比较时，度量“合适的模型”的准则函数应写成[38]

$$J(\boldsymbol{\theta},\mathbb{X})=\bar{\mathrm{E}}\{\tilde{z}^2(k\mid k-1)\} \tag{17.2.8}$$

其中

$$\begin{aligned} \tilde{z}(k\mid k-1) &= \hat{z}(k\mid k-1)\mid_{\boldsymbol{\theta}_0}-\hat{z}(k\mid k-1)\mid_{\boldsymbol{\theta}} \\ &= [H_0^{-1}(z^{-1})G_0(z^{-1})u(k)+(1-H_0^{-1}(z^{-1}))z(k)] \\ &\quad -[H^{-1}(z^{-1})G(z^{-1})u(k)+(1-H^{-1}(z^{-1}))z(k)] \\ &= H^{-1}(z^{-1})[G_0(z^{-1})-G(z^{-1})]u(k) \\ &\quad +H^{-1}(z^{-1})[H_0(z^{-1})-H(z^{-1})]v(k) \\ &= H^{-1}(z^{-1})\Delta\boldsymbol{M}^{\mathrm{T}}(z^{-1})\begin{bmatrix} u(k) \\ v(k) \end{bmatrix} \end{aligned} \tag{17.2.9}$$

其谱密度函数为

$$S_{\tilde{z}}(\omega,\mathbb{X})=\frac{1}{\|H(\mathrm{e}^{-\mathrm{j}\omega},\mathbb{X})\|^2}\Delta\boldsymbol{M}^{\mathrm{T}}(\mathrm{e}^{-\mathrm{j}\omega},\mathbb{X})\begin{bmatrix} S_u(\omega) & S_{uv}(\omega) \\ S_{vu}(-\omega) & \sigma_v^2 \end{bmatrix}\Delta\boldsymbol{M}(\mathrm{e}^{-\mathrm{j}\omega},\mathbb{X}) \tag{17.2.10}$$

那么有

$$J(\boldsymbol{\theta},\mathbb{X}) = \bar{\mathrm{E}}\{\tilde{z}^2(k \mid k-1)\} = \frac{1}{2\pi}\int_{-\pi}^{\pi} S_{\tilde{z}}(\omega,\mathbb{X})\mathrm{d}\omega$$

$$= \frac{1}{2\pi}\int_{-\pi}^{\pi} \mathrm{Trace}(\mathrm{E}\{\Delta\boldsymbol{M}(\mathrm{e}^{-\mathrm{j}\omega},\mathbb{X})\Delta\boldsymbol{M}^{\mathrm{T}}(\mathrm{e}^{-\mathrm{j}\omega},\mathbb{X})\}\boldsymbol{\Lambda}(\omega))\mathrm{d}\omega \quad (17.2.11)$$

其中,加权矩阵为

$$\boldsymbol{\Lambda}(\omega) = \frac{1}{\| H_0(\mathrm{e}^{-\mathrm{j}\omega}) \|^2}\begin{bmatrix} S_u(\omega) & S_{uv}(\omega) \\ S_{vu}(-\omega) & \sigma_v^2 \end{bmatrix} \quad (17.2.12)$$

式中,当误差较小时,用 $H_0(\mathrm{e}^{-\mathrm{j}\omega})$代替 $H(\mathrm{e}^{-\mathrm{j}\omega},\mathbb{X})$。

17.2.2 计划

辨识计划包括：

(1) 选择辨识系统的输入和输出变量；

(2) 选择辨识采样时间及数据长度；

(3) 选择辨识输入信号的自谱密度函数 $S_u(\omega)$和与噪声的互谱密度函数$S_{uv}(\omega)$,其中 $S_{uv}(\omega)$隐含存在输出反馈；

(4) 选择辨识模型结构,如线性或非线性及模型阶次和噪声模型等；

(5) 选择辨识准则函数、预滤波器等；

(6) 选择辨识算法；

(7) 选择模型检验方法；

(8) 规划人力投入,包括工艺工程师和仪表控制工程师；

(9) 选择计算机硬件和软件；

(10) 落实辨识实验组织工作。

以上计划构成了辨识条件$\mathbb{X}$,这些条件会影响到辨识的品质,但应与"合理的工作量"统筹考虑。

17.2.3 辨识软件包

辨识在实际应用中,除了目标明确,计划落实外,最好要有合适的辨识软件包支持,包括从辨识输入信号的生成到辨识模型的检验、交互式对话、操作者浏览数据、修改模型结构、改变输入信号参数、选择辨识算法、确定模型阶次和迟延、测试模型性能等软件功能。图 17.1 是辨识软件包的基本功能和交互式流程,特别是让操作者能干预软件的运行,这对辨识来说是非常必要的。

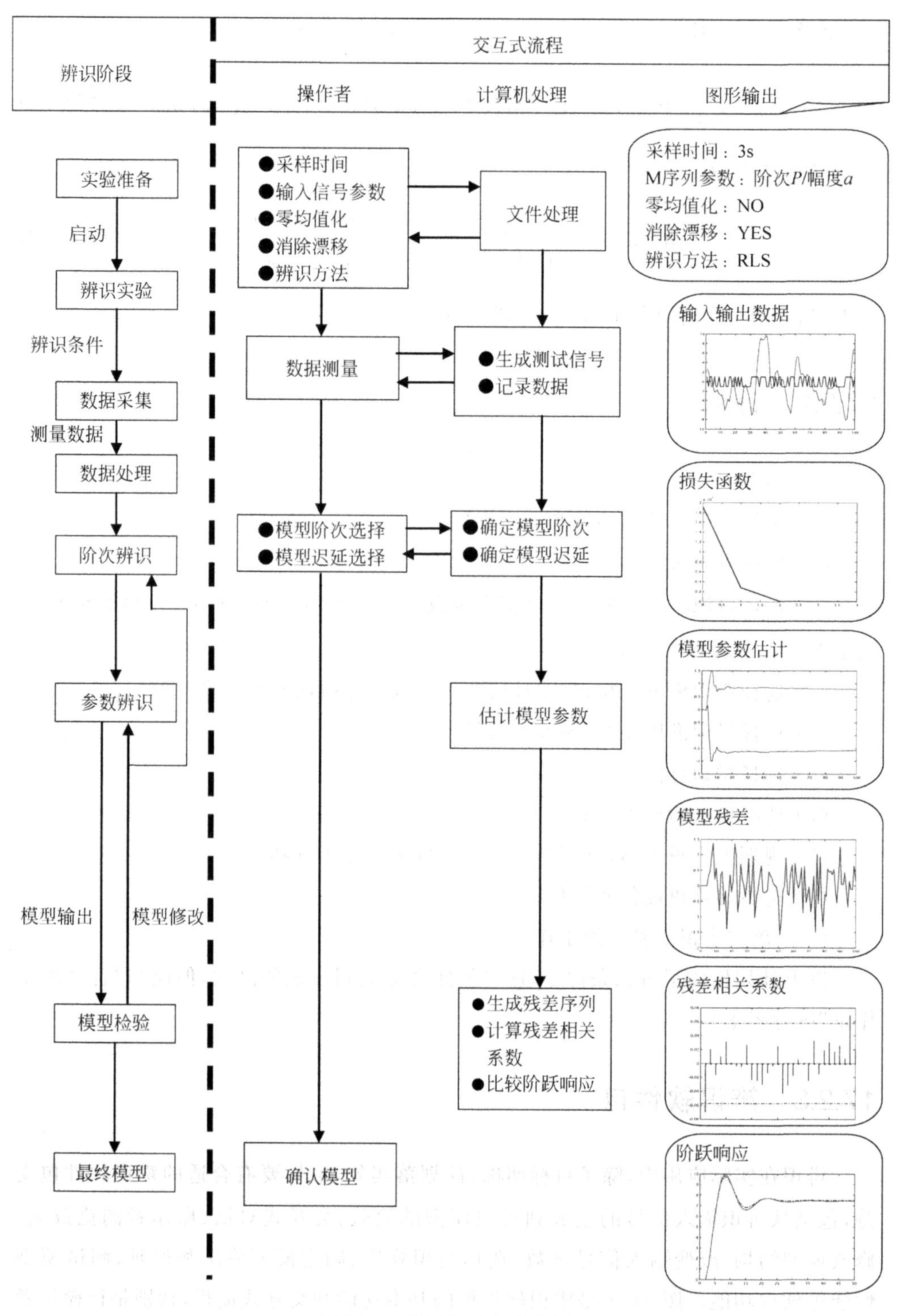

图 17.1 辨识软件包流程图

17.3 系统分析

系统分析是辨识建模的前奏工作，关系辨识的品质与成败，主要工作有：

(1) 分析辨识系统的输入和输出变量、干扰变量、反馈变量以及这些变量的操作约束及边界、系统约束及边界、设备约束及边界和稳态约束及边界等。

(2) 分析辅助和中间变量，即可能用于模型性能描述或对辨识有助的变量。

(3) 分析可能的干扰源，包括快速干扰、慢速干扰、干扰带宽、环境温度变化造成操作条件的偏移及操作条件变化造成系统动态特征的变化等。

(4) 分析系统的动态特性，包括积分特性、稳定性、非最小相位特性、主时间常数、主特性的变化范围、稳态时间或过渡过程时间、稳态增益、最大迟延时间、最高截止频率、最大可能的阶次等。

(5) 分析辨识模型的结构，包括模型参数或模型结构是否时变或非时变？模型是否线性或非线性？

(6) 分析系统输入与输出变量的耦合关系。

(7) 分析系统噪声特性，包括白噪声或有色噪声的均值、方差以及噪信比(即噪声强度)等。

例 17.1 图 17.2 是一套水蒸气发生器装置[17]，系统输入量为 Q_V、E_C、P_U、E_A、T 和 $CNIV$，输出量为 P_V 和 NIV，系统配置 4 个控制回路：水位控制回路、蒸气压力控制回路、水循环控制回路和排污控制回路，其中水位控制回路的方块图如图 17.3 所示。图中 G_{WL} 为给水-水位模型，G_{SL} 为蒸气-水位模型，G_{LP} 为水位-压力模型，G_{LS} 为水位-蒸气模型，G_V 为给水阀门模型，W 为给水扰动，LRC 为水位控制器，PRC 为蒸气压力控制器，FIC 为给水控制器，给水回路与水位回路构成串级控制，副回路增益 $G_W \cong 1$。

水箱水位受蒸气流量、蒸气压力、给水流量、给水扰动、水循环流量、排污量和炉内温度等变量影响，尤其是蒸气流量的变化，对水位影响最甚。本应蒸气流量增加，给水量随之增加，蒸气流量减少，给水量随之减少，但因蒸气流量变化造成的假水位特性，给水流量反而会反方向变化。为此，要控制好水位需要引入前馈作用，在蒸气流量变化对水位发生影响之前，提前让给水回路动作，以抵消假水位特性造成的影响。

综上所述，该系统分析和建模的任务可归纳为：

(1) 确定辨识目标——获得模型 G_{SL} 和 G_{WL}，以便计算前馈模型 $G_{FC}=\dfrac{G_{SL}}{G_{WL}}$。

(2) 明确辨识精度——为了实现完全补偿，前馈模型 G_{FC} 静态特性的精度要求高，动态特性的精度不一定要很高，因为水位控制的主回路可以补偿动态偏差。

(3) 可辨识性分析——设 $G_{SL}=-\dfrac{K_1}{s}+\dfrac{K_2}{T_2s+1}=\dfrac{K(T_1s+1)}{s(T_2s+1)}$ 及 $G_{LP}=\dfrac{K_3}{T_3s+1}$，若 $\mathrm{PRC}=K_P\left(1+\dfrac{1}{s}\right)$，则反馈通道模型为 $\dfrac{K_3(s+1)}{s(T_3s+1)}$，前向通道模型为 $\dfrac{K(T_1s+1)}{s(T_2s+1)}$，故

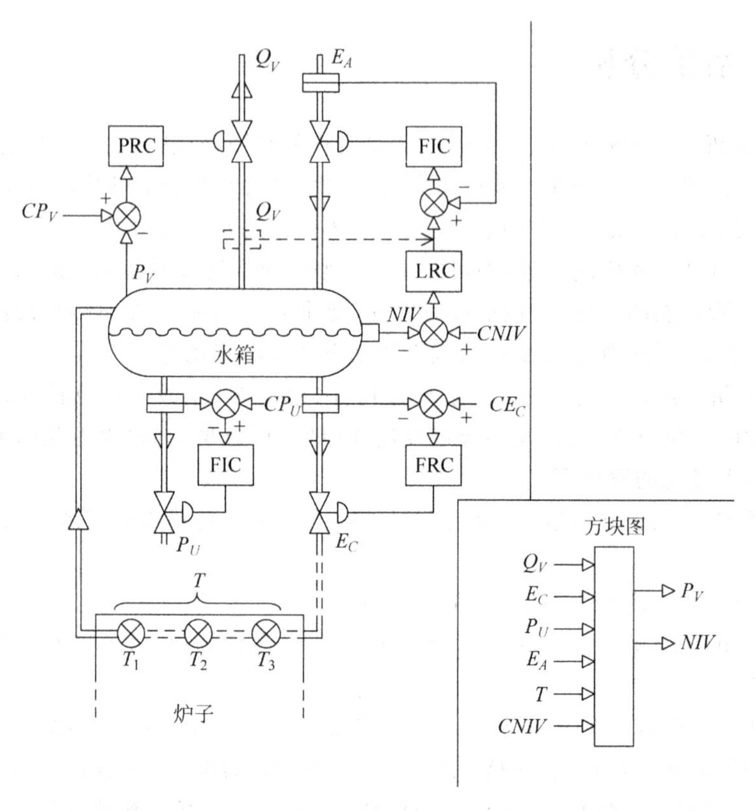

NIV 水位，Q_V 蒸气流量，E_A 给水流量，P_V 蒸气压力，E_C 水循环流量，P_U 排污量，*T* 炉内平均温度；LRC 水位回路控制器，FIC 给水回路或排污回路控制器，PRC 蒸气压力回路控制器，FRC 水循环回路控制器；*CNIV* 水位回路给定值，CP_V 蒸气压力回路给定值，CE_C 水循环回路给定值，CP_U 排污回路给定值

图 17.2 水蒸气发生器装置

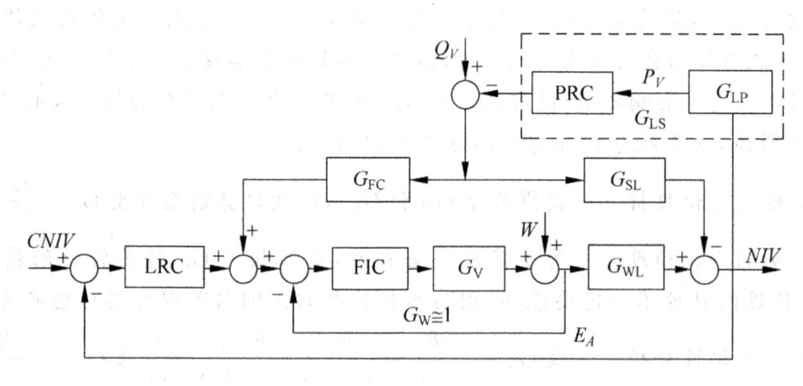

图 17.3 水位控制回路

G_{SL}是可辨识的。又设$G_{WL}=\frac{K_0}{s}e^{-\tau s}$，且$G_W\cong 1$，若$LRC=K_P\left(1+\frac{1}{s}\right)$，则反馈通道模型为$\frac{K(s+1)}{s}$，前向通道模型为$\frac{K_0}{s}e^{-\tau s}$，故$G_{WL}$也是可辨识的。

(4) 辨识实验设计——预估水位响应的最高截止频率f_{max}和时间常数T_s，用于设计M序列的参数和采样时间，并选好M序列的作用点，辨识实验过程中需要稳定FRC和FIC控制回路。

(5) 数据预处理——包括剔除“坏数据”、滤掉高频和零均值化处理等。

(6) 在线辨识——包括确定模型结构、选择辨识算法、模型检验和实际应用检验等。

系统分析通常是复杂的，会因系统不同而不同，但对辨识建模至关重要，辨识之前需要认真仔细做好这项工作，以免造成误辨识。系统分析需要综合的专业知识，包括系统工艺知识，最好能求助其他专业人员的协同与支持。

17.4　辨识实验设计

辨识实验设计包括：

(1) 辨识方案设计——在线或离线，开环或闭环。

(2) 先验知识利用——包括时间常数、截止频率、稳态特性、最终应用的采样时间等。

(3) 辨识输入信号设计——比如，可选择PRBS(pseudo-random binary sequence)码、随机二进制序列或“正常”运行数据等作为辨识输入信号；利用采样时间、时间常数、截止频率等设计辨识输入信号参数；根据稳态增益和噪声水平确定辨识输入信号幅度，保证输出信号具有一定的信噪比；对MIMO系统和闭环系统还需要考虑辨识输入信号的交叉作用与作用点。

(4) 确定辨识数据长度及数据储存、通信、传输方式。

(5) 设计抗假频滤波器的作用方式及数据预处理方法，包括去高频、去固定变化趋势、偏差和漂移等。

(6) 辨识硬件和软件系统设计——包括辨识输入信号发生器、数据采集器、数据存储设备、传感器、执行器及通信设备和数据采集软件、系统支持软件、辨识软件等。

(7) 辨识实验进行时——检查传感器仪表使用量程、灵敏度和执行器的作用行程；考虑实验进入稳态的物料平衡和能量平衡；记录操作条件和操作数据；确定实验过程中信息显示形式、打印格式；考察辨识模型结构，包括模型阶次、迟延，以决定是否修改模型结构；考虑是否固定某些模型参数及模型参数界限的选择；考虑辨识算法的初始值及相关的参数选择，如加权因子、遗忘因子和收敛因子等；考虑闭环系统可辨识性及与其他应用的切换时间等。

17.5 数据预处理

辨识数据可能存在：①高频扰动(扰动频率超过系统动态特性有意义的频率)；②偶然的异常值("坏数据")；③漂移、偏差、周期性低频扰动；④数据缺失。

辨识数据的预处理：

(1) 去高频扰动

高频扰动与采样时间和预滤波器的选择有关,可能需要调整预滤波器参数或缩短采样时间,或对原记录数据进行间隔挑选,重新构成数据序列,以抑制高频干扰。

(2) 去"坏数据"

由于特殊原因,比如传感器失灵、通信中断,造成个别数据突变或部分数据丢失,形成"坏数据"。"坏数据"对辨识影响较大,为了使辨识算法不受"坏数据"影响,可以选择具有鲁棒性的准则函数,也可以预先从原数据序列中检出"坏数据",用插值的方法替代"坏数据"。如果是输入数据丢失,可以把丢失的数据当作参数来估计；如果是输出数据丢失,可以用输出预报值代替。

(3) 去慢扰动

慢扰动包括漂移、偏差、趋势、周期性低频变化等,一般情况下慢扰动是有外在原因的。消除办法：①通过外加项消除慢扰动,如采用减法去偏差、漂移值,或设法去除趋势值、低频周期性变化等；②把慢扰动包括到噪声模型中去,如采用 ARIMA 模型、差分 ARMA 模型等；③采样数据减去均值估计或分离出常数项；④调整噪声结构,如令 $e(k)=a\delta(k)+v(k)-v(k-1)$；⑤增加模型阶次,也就是重构噪声模型；⑥利用高通滤波器,抑制低频信号。

17.6 准则函数的选择

在工程应用中,准则函数的选择不仅需要考虑辨识模型的精度,更需要考虑辨识算法的鲁棒性。如果以似然函数为准则函数,一般可保证模型参数估计值偏差的协方差阵达到 Cramèr-Rao 不等式下界。如果以模型输出残差的二次模作为准则函数,在系统噪声服从高斯分布、无"坏数据"情况下一般也能有满意的辨识精度。辨识算法的鲁棒性是指算法对一些反常数据或称"坏数据"(如变送器出故障或测量值偶然越界)有较强的适应能力。提高算法的鲁棒性通常有两种办法：①对数据序列进行预滤波处理和现实性检验,剔除数据序列中的"坏数据",减少"坏数据"对算法的扰动；②选择合适的准则函数,降低算法对"坏数据"的灵敏度。

设准则函数依赖于输出残差$\boldsymbol{\varepsilon}(k,\boldsymbol{\theta})\in \mathrm{R}^{m\times 1}$,记作

$$J(\boldsymbol{\theta})=\mathrm{E}\{f(\boldsymbol{\varepsilon}(k,\boldsymbol{\theta}))\} \tag{17.6.1}$$

式中,$f(\boldsymbol{\varepsilon}(k,\boldsymbol{\theta}))$不一定是纯二次型函数,类似于 RGIA 算法式(9.3.17)的推导,对应的模型参数辨识算法可写成

$$\begin{cases}\hat{\boldsymbol{\theta}}(k)=\hat{\boldsymbol{\theta}}(k-1)+\rho(k)\boldsymbol{R}^{-1}(k)\boldsymbol{\Psi}(k)f_{\varepsilon}(\boldsymbol{\varepsilon}(k,\boldsymbol{\theta}))\mid_{\hat{\boldsymbol{\theta}}(k-1)}\\ \boldsymbol{R}(k)=\boldsymbol{R}(k-1)+\rho(k)[\boldsymbol{\Psi}(k)f_{\varepsilon\varepsilon}(\boldsymbol{\varepsilon}(k,\boldsymbol{\theta}))\mid_{\hat{\boldsymbol{\theta}}(k-1)}\boldsymbol{\Psi}^{\mathrm{T}}(k)-\boldsymbol{R}(k-1)]\end{cases}\tag{17.6.2}$$

式中，$\hat{\boldsymbol{\theta}}(k)$为模型参数估计值，$\rho(k)$为收敛因子，$\boldsymbol{\Psi}(k)$为输出预报值关于参数的一阶梯度，$\boldsymbol{R}(k)$为 Hessian 矩阵的近似式；$f_{\varepsilon}(\boldsymbol{\varepsilon}(k,\boldsymbol{\theta}))$、$f_{\varepsilon\varepsilon}(\boldsymbol{\varepsilon}(k,\boldsymbol{\theta}))$为函数$f(\boldsymbol{\varepsilon}(k,\boldsymbol{\theta}))$关于$\boldsymbol{\varepsilon}(k,\boldsymbol{\theta})$的一阶导数和二阶导数。若$f(\boldsymbol{\varepsilon}(k,\boldsymbol{\theta}))$为纯二次型函数，即$f(\boldsymbol{\varepsilon}(k,\boldsymbol{\theta}))=\frac{1}{2}\boldsymbol{\varepsilon}^{\mathrm{T}}(k,\boldsymbol{\theta})\boldsymbol{\Lambda}(k)\boldsymbol{\varepsilon}(k,\boldsymbol{\theta})$，式(17.6.2)也就是第 9 章所论述的 RGIA 算法。

对 SISO 系统来说，模型参数估计值偏差的协方差阵可表示为[38]

$$\begin{cases}\mathrm{Cov}\{\boldsymbol{\theta}_0-\hat{\boldsymbol{\theta}}\}=\kappa(f)[\mathrm{E}\{\boldsymbol{\psi}(k)\boldsymbol{\psi}^{\mathrm{T}}(k)\}]^{-1}\\ \kappa(f)=\dfrac{\mathrm{E}\{[f_{\varepsilon}(\varepsilon(k,\boldsymbol{\theta}_0))]^2\}}{[\mathrm{E}\{f_{\varepsilon\varepsilon}(\varepsilon(k,\boldsymbol{\theta}_0))\}]^2}\end{cases}\tag{17.6.3}$$

其中，$\boldsymbol{\psi}(k)$为模型输出预报值关于参数的一阶导数，$f_{\varepsilon}(\varepsilon(k,\boldsymbol{\theta}_0))=\dfrac{\partial f(\varepsilon(k,\boldsymbol{\theta}_0))}{\partial\varepsilon}$，$f_{\varepsilon\varepsilon}(\varepsilon(k,\boldsymbol{\theta}_0))=\dfrac{\partial^2 f(\varepsilon(k,\boldsymbol{\theta}_0))}{\partial\varepsilon^2}$。为了提高辨识的精度，标量$\kappa(f)$应尽可能小，最好满足下列关系

$$f_{\mathrm{opt}}(\varepsilon(k,\boldsymbol{\theta}))=\min_f\kappa(f)\tag{17.6.4}$$

如果选择$f(\varepsilon(k,\boldsymbol{\theta}))=\frac{1}{2}\varepsilon^2(k,\boldsymbol{\theta})$，则有$f_{\varepsilon}(\varepsilon(k,\boldsymbol{\theta}_0))=\varepsilon(k,\boldsymbol{\theta}_0)$，$f_{\varepsilon\varepsilon}(\varepsilon(k,\boldsymbol{\theta}_0))=1$，$\kappa(f)=\sigma_{\varepsilon}^2$，表明$f(\varepsilon(k,\boldsymbol{\theta}))$为纯二次型函数时，参数估计值偏差的协方差阵达到了 Cramér-Rao 不等式下界，辨识精度是满意的。但是算法的鲁棒性未必很好，也就是算法对“坏数据”的扰动可能会过于敏感。比如，设$\varepsilon(k,\boldsymbol{\theta})$是均值为零、方差为 1、服从正态分布的随机误差，概率密度为

$$p(\varepsilon(k,\boldsymbol{\theta}))=\frac{1}{\sqrt{2\pi}}\mathrm{e}^{-\varepsilon^2(k,\boldsymbol{\theta})/2}\tag{17.6.5}$$

则式(17.6.4)可写成$f_{\mathrm{opt}}(\varepsilon(k,\boldsymbol{\theta}))=-\log p(\varepsilon(k,\boldsymbol{\theta}))=\frac{1}{2}\varepsilon^2(k,\boldsymbol{\theta})$(忽略常数项)，这时

$$\kappa(f)=\frac{\mathrm{E}\{[f_{\varepsilon}(\varepsilon(k,\boldsymbol{\theta}_0))]^2\}}{[\mathrm{E}\{f_{\varepsilon\varepsilon}(\varepsilon(k,\boldsymbol{\theta}_0))\}]^2}=\sigma_{\varepsilon}^2=1\tag{17.6.6}$$

若设$\varepsilon(k,\boldsymbol{\theta})$受异常值或“坏数据”(如突变到 100 或 -100)影响的概率为$\frac{1}{2}10^{-3}$，$\varepsilon(k,\boldsymbol{\theta})$的实际概率密度为

$$\begin{aligned}p(\varepsilon(k,\boldsymbol{\theta}))=&(1-10^{-3})\frac{1}{\sqrt{2\pi}}\mathrm{e}^{-\varepsilon^2(k,\boldsymbol{\theta})/2}\\&+10^{-3}\left[\frac{1}{2}\delta(\varepsilon(k,\boldsymbol{\theta})-100)+\frac{1}{2}\delta(\varepsilon(k,\boldsymbol{\theta})+100)\right]\end{aligned}\tag{17.6.7}$$

于是可求得$\kappa(-\log p(\varepsilon(k,\boldsymbol{\theta}_0)))=(1-10^{-3})+10^4\times10^{-3}=10.999$，也就是说$\varepsilon(k,\boldsymbol{\theta})$受到“坏数据”影响时，模型参数估计值的偏差会被放大约 11 倍。可见，当$f(\varepsilon(k,\boldsymbol{\theta}))$

为纯二次型函数时，辨识算法的鲁棒性不是很好。

以上分析表明，为了提高辨识算法的鲁棒性，$f(\varepsilon(k,\boldsymbol{\theta}))$不一定要选纯二次型函数。合理的选择应该是，所选的$f(\varepsilon(k,\boldsymbol{\theta}))$能降低关于残差的灵敏度。下面几种函数可供选择，其中函数$f(\varepsilon(k,\boldsymbol{\theta}))$必须是连续的，而且关于残差$\varepsilon(k,\boldsymbol{\theta})$是可导的。

① Huber 型

$$\begin{cases} f(\varepsilon(k,\boldsymbol{\theta}))=\begin{cases}\dfrac{1}{2}\varepsilon^2(k,\boldsymbol{\theta}), & |\varepsilon(k,\boldsymbol{\theta})|\leqslant\alpha\\ \alpha|\varepsilon(k,\boldsymbol{\theta})|-\dfrac{\alpha^2}{2}, & |\varepsilon(k,\boldsymbol{\theta})|>\alpha\end{cases}\\ \dfrac{\partial f(\varepsilon(k,\boldsymbol{\theta}))}{\partial\varepsilon(k,\boldsymbol{\theta})}=\begin{cases}\varepsilon(k,\boldsymbol{\theta}), & |\varepsilon(k,\boldsymbol{\theta})|\leqslant\alpha\\ \alpha\operatorname{sign}(\varepsilon(k,\boldsymbol{\theta})), & |\varepsilon(k,\boldsymbol{\theta})|>\alpha\end{cases}\\ \alpha>0\end{cases} \tag{17.6.8}$$

② Beatin-Tukey 型

$$\begin{cases} f(\varepsilon(k,\boldsymbol{\theta}))=\begin{cases}\dfrac{1}{2}\varepsilon^2(k,\boldsymbol{\theta})\left(1-\dfrac{\varepsilon^2(k,\boldsymbol{\theta})}{\alpha^2}+\dfrac{\varepsilon^4(k,\boldsymbol{\theta})}{3\alpha^4}\right), & |\varepsilon(k,\boldsymbol{\theta})|\leqslant\alpha\\ \dfrac{\alpha^2}{6}, & |\varepsilon(k,\boldsymbol{\theta})|>\alpha\end{cases}\\ \dfrac{\partial f(\varepsilon(k,\boldsymbol{\theta}))}{\partial\varepsilon(k,\boldsymbol{\theta})}=\begin{cases}\varepsilon(k,\boldsymbol{\theta})\left(1-\dfrac{\varepsilon^2(k,\boldsymbol{\theta})}{\alpha^2}\right)^2, & |\varepsilon(k,\boldsymbol{\theta})|\leqslant\alpha\\ 0, & |\varepsilon(k,\boldsymbol{\theta})|>\alpha\end{cases}\\ \alpha>0\end{cases} \tag{17.6.9}$$

③ Hampel 三参数衰减型

$$\begin{cases} f(\varepsilon,(k,\boldsymbol{\theta}))=\begin{cases}\dfrac{1}{2}\varepsilon^2(k,\boldsymbol{\theta}), & |\varepsilon(k,\boldsymbol{\theta})|\leqslant\alpha\\ \dfrac{\alpha|\varepsilon(k,\boldsymbol{\theta})|}{2}, & \alpha<|\varepsilon(k,\boldsymbol{\theta})|\leqslant\beta\\ \dfrac{\alpha(\varepsilon^2(k,\boldsymbol{\theta})-2\gamma|\varepsilon(k,\boldsymbol{\theta})|+\gamma\beta)}{2(\beta-\gamma)}, & \beta<|\varepsilon(k,\boldsymbol{\theta})|\leqslant\gamma\\ \dfrac{\alpha\gamma}{2}, & |\varepsilon(k,\boldsymbol{\theta})|\geqslant\gamma\end{cases}\\ \dfrac{\partial f(\varepsilon(k,\boldsymbol{\theta}))}{\partial\varepsilon(k,\boldsymbol{\theta})}=\begin{cases}\varepsilon(k,\boldsymbol{\theta}), & \alpha\geqslant|\varepsilon(k,\boldsymbol{\theta})|\\ \alpha\operatorname{sign}(\varepsilon(k,\boldsymbol{\theta})), & \alpha<|\varepsilon(k,\boldsymbol{\theta})|\leqslant\beta\\ \dfrac{\alpha(\varepsilon(k,\boldsymbol{\theta})-\gamma\operatorname{sign}(\varepsilon(k,\boldsymbol{\theta})))}{(\beta-\gamma)}, & \beta<|\varepsilon(k,\boldsymbol{\theta})|\leqslant\gamma\\ 0, & |\varepsilon(k,\boldsymbol{\theta})|\geqslant\gamma\end{cases}\\ \alpha>0,\beta>0,\gamma>0\end{cases} \tag{17.6.10}$$

图 17.4 表明，采用 Huber 型、Beatiu-Tukey 型或 Hampel 型函数，$f(\varepsilon(k,\boldsymbol{\theta}))$关于残差的导数将受到限制，不会随着残差增大而增长，通过调节α、β和γ值，可以控制准则函数对残差变化的灵敏度，以此来抑制“坏数据”的干扰，提高辨识算法的鲁棒性。

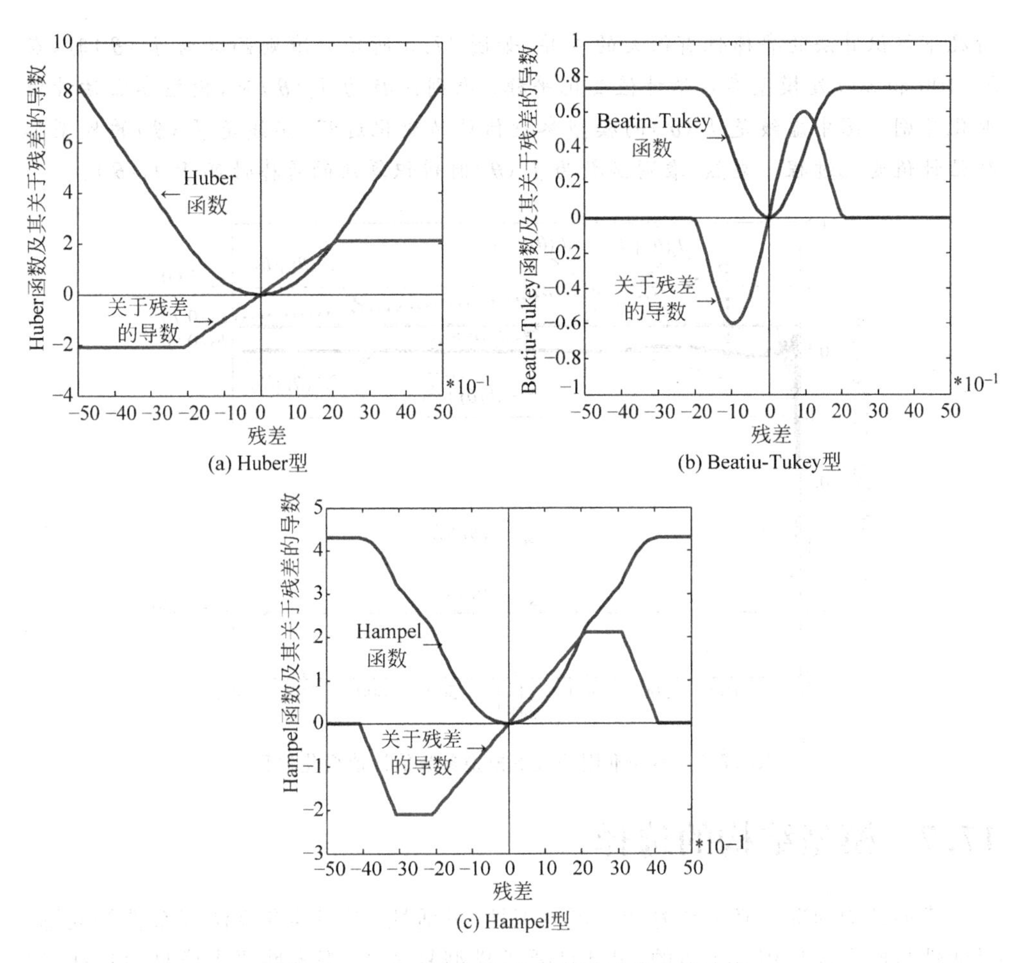

图 17.4 $f(\varepsilon(k,\boldsymbol{\theta}))$函数及其关于残差的导数

例 17.2 本例仿真模型和实验条件与第 5 章例 5.3 相同，而准则函数分别取

$$J_1(\boldsymbol{\theta})=\frac{1}{2}\mathrm{E}\{\varepsilon^2(k,\boldsymbol{\theta})\} \tag{17.6.11}$$

和

$$J_2(\boldsymbol{\theta})=\begin{cases}-\alpha\mathrm{E}\{\varepsilon(k,\boldsymbol{\theta})\}-\dfrac{\alpha^2}{2},\varepsilon(k,\boldsymbol{\theta})<-\alpha\\ \dfrac{1}{2}\mathrm{E}\{\varepsilon^2(k,\boldsymbol{\theta})\},\ |\varepsilon(k,\boldsymbol{\theta})|\leqslant\alpha\\ \alpha\mathrm{E}\{\varepsilon(k,\boldsymbol{\theta})\}-\dfrac{\alpha^2}{2},\varepsilon(k,\boldsymbol{\theta})>\alpha\\ \alpha>0,\text{本例 }\alpha=2.1\end{cases} \tag{17.6.12}$$

式中，$J_1(\boldsymbol{\theta})$是为纯二次型函数，采用第 5 章 RLS 辨识算法式(5.3.7)，$J_2(\boldsymbol{\theta})$为混合二次型函数，采用辨识算法式(17.6.2)。

为了比较不同准则函数下辨识算法的鲁棒性，假设在 $k=100$ 和 300 处出现幅值高于正常值 2～6 倍的“坏数据”(本例 $z(100)=20$，$z(300)=-20$)。实验表明，两种情况下辨识算法的鲁棒性有很大的差异，如图 17.5 所示。准则函数为 $J_2(\boldsymbol{\theta})$ 时，在 $k=100$ 和 300 处模型参数估计值变化平稳；准则函数为 $J_1(\boldsymbol{\theta})$ 时，模型参数估计值变化急剧。图中虚线是 $J_1(\boldsymbol{\theta})$ 的模型参数估计值变化过程，实线是 $J_2(\boldsymbol{\theta})$ 的模型参数估计值变化过程。显然，准则函数为 $J_2(\boldsymbol{\theta})$ 时辨识算法的鲁棒性高于 $J_1(\boldsymbol{\theta})$。

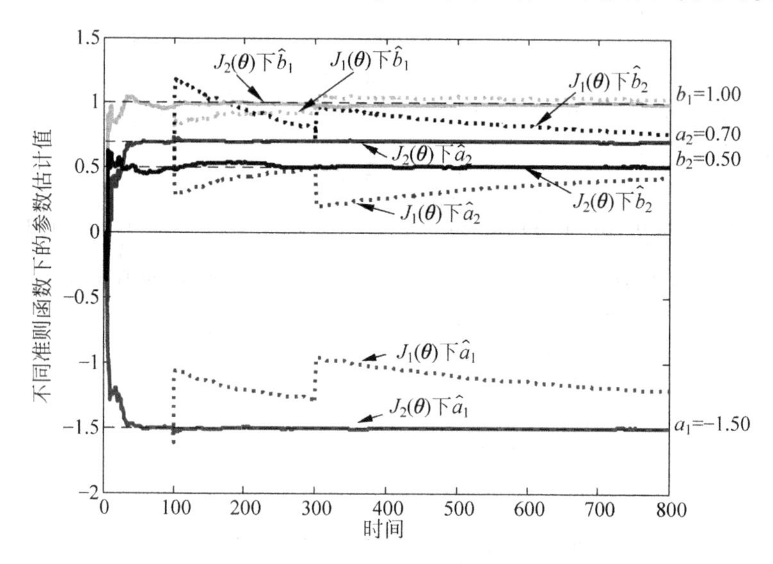

图 17.5 不同准则函数下模型参数估计值变化过程

17.7 模型结构的选择

模型结构的选择必须统筹考虑可辨识性、灵活性、悭吝性和算法复杂性等问题。灵活性与悭吝性是相互矛盾的，灵活性要求模型复杂些，悭吝性要求模型简单些，通常需要合理兼顾两者。算法复杂性与灵活性也是矛盾的，灵活性越高的模型，辨识算法会越复杂，应以尽可能简化辨识算法为主导。模型结构的选择还可能影响极小化准则函数的性质，如果辨识输入信号是持续激励的，模型结构合适，准则函数不会出现局部极小点。但是，如果系统噪信比较大或噪声特性较复杂，模型结构又不合适，准则函数可能会出现局部极小点。影响模型结构选择的因素很多，而且有些因素是相互矛盾的。就工程应用来说，一般情况下首先考虑的是 LS 模型 $A(z^{-1})z(k)=B(z^{-1})u(k)+v(k)$，可供选择的是输出误差模型 $z(k)=\dfrac{B(z^{-1})}{F(z^{-1})}u(k)+v(k)$，常用的模型是 $A(z^{-1})z(k)=B(z^{-1})u(k)+D(z^{-1})v(k)$。如果选用的模型不能满足实际需要，或者模型检验通不过，或者实际使用效果不好，就必须更换模型，直至满意为止。

17.8 算法初始值的选择

辨识算法在执行之前需要选择初始值，比如第 5 章 RLS 算法式(5.3.7)、第 6 章 RELS 算法式(6.2.12)、第 6 章 RIV 算法式(6.4.18)和第 8 章 RML 算法式(8.2.41)等都需要预先选定初始值 $\boldsymbol{P}(0)$ 和 $\hat{\boldsymbol{\theta}}(0)$。对 SISO 系统来说，无论是哪种辨识算法，如果有一些具体的关于模型参数的先验知识，比如可能位于某数值区间内，则应取该区间内的数值作为参数估计值的初始值 $\hat{\boldsymbol{\theta}}(0)$，数据协方差阵的初始值可取

$$\boldsymbol{P}(0) = \mathrm{Cov}\{\hat{\boldsymbol{\theta}}(0)\}/\mathrm{E}\{z^2(k)\} \tag{17.8.1}$$

其中，$z(k)$ 为系统输出。如果没有先验知识可利用，算法的初始值通常取

$$\begin{cases} \boldsymbol{P}(0) = a^2 \boldsymbol{I} \\ \hat{\boldsymbol{\theta}}(0) = \boldsymbol{\varepsilon} \text{（充分小的实向量）} \end{cases} \tag{17.8.2}$$

式中，对多数算法来说，a 可取充分大的常数，但有些算法 a 取值不能太大，比如 RIV 算法、RGLS 算法和 RML 算法，a 取值在 1～10 之间更为适宜。

如果辨识算法的吸收域不是全平面的，意味着初始值的选择可能会影响算法的收敛性，取值不当甚至会造成不收敛，尤其是 RIV 和 RML 算法，其收敛性与初始值的选择有密切关系。由于 RLS 算法的吸收域是全平面的，有比较可靠的收敛性，因此可以利用 RLS 算法先递推辨识几步，获得相应的 $\boldsymbol{P}(k)$ 和 $\hat{\boldsymbol{\theta}}(k)$，以此作为其他算法的初始值，一般情况下这么做可以保证收敛性。

辨识算法初始值的选择对算法性能的影响很大，而且是多方面的。如果初始值取值不当，对算法的收敛性和参数估计值的平稳性都会有影响。

例 17.3　本例仿真模型和实验条件与第 5 章例 5.3 相同。图 17.6 表明，不同的初始值条件对辨识算法的收敛速度有较大影响，初始值 $\boldsymbol{P}(0)$ 取值越小，收敛速度越慢，但参数估计值的平稳性会好些。

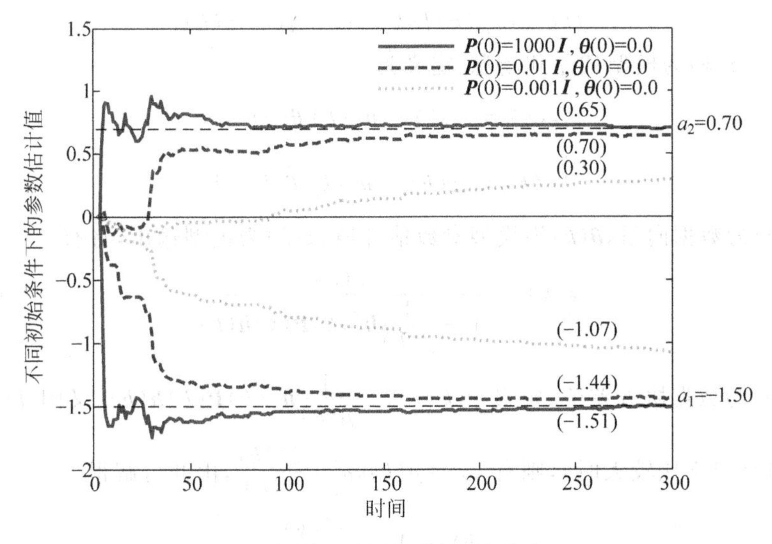

图 17.6　初始值对算法的影响

17.9 遗忘因子的选择

如同第 5 章 5.4.2 节的讨论，辨识算法引入遗忘因子的作用是为了适应时变系统辨识的需要，以提高辨识算法的跟踪能力。引入遗忘因子后的损失函数（或称准则函数）可写成

$$J(k) = \sum_{j=1}^{k} \Gamma(k,j)\varepsilon^2(k) \tag{17.9.1}$$

其中，$\varepsilon(k)$为模型残差，$\Gamma(k,j) = \prod_{i=j+1}^{k} \mu(i)$，$\mu(i)$为遗忘因子。

当遗忘因子取常数时，相隔 k_0 步的衰减率比等于 $\mu^{k_0} = e^{k_0 \log\mu} \cong e^{k_0(\mu-1)}$，表明 μ^{k_0} 的衰减时间常数为 $T_c = \frac{1}{\mu-1}$。由此可以求得相隔 T_c 步、数据衰减 36% 的遗忘因子等于 $\mu = 1-\frac{1}{T_c}$，其中 T_c 亦称数据存储时间。只要数据存储时间确定，遗忘因子就可以确定。

如果遗忘因子是时变的，则必须满足 $\mu(k)<1, \forall k$ 和 $\lim_{k\to\infty}\mu(k)=1$。满足这种条件的遗忘因子可表示成

$$\mu(k) = \mu_0\mu(k-1) + (1-\mu_0) \tag{17.9.2}$$

其中，μ_0 和 $\mu(0)$为设计量，通常取 $\mu_0=0.99$，$\mu(0)=0.95$，以兼顾辨识算法的收敛速度和辨识精度。

如果将损失函数与遗忘因子的关系写成

$$J(k) = \mu(k)J(k-1) + \varepsilon(k)\tilde{z}(k) \tag{17.9.3}$$

其中，$\varepsilon(k)$、$\tilde{z}(k)$为模型残差和新息，定义为

$$\begin{cases} \varepsilon(k) = z(k) - \boldsymbol{h}^{\mathrm{T}}(k)\hat{\boldsymbol{\theta}}(k) \\ \tilde{z}(k) = z(k) - \boldsymbol{h}^{\mathrm{T}}(k)\hat{\boldsymbol{\theta}}(k-1) \end{cases} \tag{17.9.4}$$

式中，$\boldsymbol{h}(k)$为数据向量，$\hat{\boldsymbol{\theta}}(k)$为模型参数估计值，$z(k)$为模型输出，且有

$$\varepsilon(k) = \frac{\tilde{z}(k)}{1+\frac{1}{\mu(k)}\boldsymbol{h}^{\mathrm{T}}(k)\boldsymbol{P}(k)\boldsymbol{h}(k)} \tag{17.9.5}$$

其中，$\boldsymbol{P}(k)$为数据协方差阵，定义 $\gamma(k)=1+\frac{1}{\mu(k)}\boldsymbol{h}^{\mathrm{T}}(k)\boldsymbol{P}(k)\boldsymbol{h}(k)$，又因 $J(k)=k\hat{\sigma}_v^2 \cong J(k-1)$（当 k 比较大时），则有 $k\sigma_v^2=\mu(k)k\sigma_v^2+\frac{\tilde{z}^2(k)}{\gamma(k)}$，由此可解得

$$\mu(k) = 1 - \frac{\tilde{z}^2(k)}{k\gamma(k)\hat{\sigma}_v^2} \tag{17.9.6}$$

上式可用于实时修改遗忘因子，以适应时变系统辨识的需要。

综上所述，遗忘因子的选择需要综合考虑对辨识算法收敛速度和辨识精度的影

响，通常两者是相互矛盾的，实际应用中只能做出折中选择。下列几条是选择遗忘因子的基本原则：

(1) 当 $k\leqslant 100$ 时，遗忘因子 $\mu(k)$ 的选择必须保证收敛因子 $\rho(k)>\frac{1}{k}$，且 $k\rho(k)=2\sim 5$，遗忘因子与收敛因子的关系为 $\mu(k)=\frac{\rho(k-1)}{\rho(k)}(1-\rho(k))$。

(2) 当 $k\to\infty$ 时，必须保证 $\mu(k)\to 1$，且 $k\rho(k)\to 1$。

(3) 遗忘因子 $\mu(k)$ 通常满足的关系为 $\mu(k)=0.99\mu(k-1)+0.01$，$\mu(0)=0.95$。

(4) 模型阶次较高时，需要放慢 $\mu(k)\to 1$ 的速度。

(5) 如果将遗忘因子引入 RELS 或 RML 算法，可以加快噪声模型的辨识收敛速度，增强抑制"坏数据"干扰的能力。

17.10 噪声特性分析

17.10.1 信噪比

考虑如下模型描述

$$z(k)=G(z^{-1})u(k)+H(z^{-1})v(k) \tag{17.10.1}$$

其中，$u(k)$、$z(k)$ 是系统的输入和输出变量；$v(k)$ 是均值为零、方差为 σ_v^2 的不相关随机噪声。信噪比定义为

$$SNR=\sqrt{\frac{\mathrm{Var}\{y(k)\}}{\mathrm{Var}\{e(k)\}}} \tag{17.10.2}$$

其中，$y(k)=G(z^{-1})u(k)$，$e(k)=H(z^{-1})v(k)$。噪声可表达为 $e(k)=H(z^{-1})v(k)\cong h_0v(k)+h_1v(k-1)+\cdots+h_mv(k-m)$，式中 m 为噪声模型阶次，则有 $\mathrm{Var}\{e(k)\}=(h_0^2+h_1^2+\cdots+h_m^2)\sigma_v^2$，且又近似有 $\mathrm{Var}\{y(k)\}\cong\mathrm{Var}\{z(k)\}-\mathrm{Var}\{e(k)\}$，因此信噪比可近似按下式计算

$$SNR=\sqrt{\frac{\mathrm{Var}\{y(k)\}}{\mathrm{Var}\{e(k)\}}}=\sqrt{\frac{\mathrm{Var}\{z(k)\}-\mathrm{Var}\{e(k)\}}{\mathrm{Var}\{e(k)\}}}=\sqrt{\frac{\mathrm{Var}\{z(k)\}}{\mathrm{Var}\{e(k)\}}-1} \tag{17.10.3}$$

其中，$\mathrm{Var}\{e(k)\}=\{\hat{h}_0^2+\hat{h}_1^2+\cdots+\hat{h}_m^2\}\hat{\sigma}_v^2$，$\hat{h}_i$，$i=0,1,\cdots,m$ 为噪声模型参数估计值，$\hat{\sigma}_v^2=\frac{\boldsymbol{\varepsilon}_L^{\mathrm{T}}\boldsymbol{\varepsilon}_L}{L-\dim\boldsymbol{\theta}}$ 为噪声方差估计，$\boldsymbol{\varepsilon}_L$ 为残差向量；$\mathrm{Var}\{z(k)\}=\frac{1}{k}\sum_{i=1}^{k}z^2(i)$。

另一种计算信噪比的方法更为实用。令

$$\begin{cases}G(z^{-1})=\dfrac{B(z^{-1})}{A(z^{-1})}=\dfrac{b_0+b_1z^{-1}+\cdots+b_nz^{-n}}{a_0+a_1z^{-1}+\cdots+a_nz^{-n}}\\[2ex] H(z^{-1})=\dfrac{D(z^{-1})}{C(z^{-1})}=\dfrac{d_0+d_1z^{-1}+\cdots+d_mz^{-m}}{c_0+c_1z^{-1}+\cdots+c_mz^{-m}}\end{cases} \tag{17.10.4}$$

由于 $y(k)=\dfrac{B(z^{-1})}{A(z^{-1})}u(k)$，$e(k)=\dfrac{D(z^{-1})}{C(z^{-1})}v(k)$，根据模型方差传递原理[33]，模型输入和输出数据序列的方差可表示成

$$\begin{cases}\mathrm{Var}\{y(k)\}=I_y\hat{\sigma}_u^2, & \hat{\sigma}_u^2=\dfrac{1}{k}\sum\limits_{i=1}^{k}u^2(i)\\[2ex] \mathrm{Var}\{e(k)\}=I_e\hat{\sigma}_v^2, & \hat{\sigma}_v^2=\dfrac{\boldsymbol{\varepsilon}_L^{\mathrm{T}}\ \boldsymbol{\varepsilon}_L}{L-\dim\boldsymbol{\theta}}\end{cases}\tag{17.10.5}$$

式中，$\hat{\sigma}_u^2$、$\hat{\sigma}_v^2$ 为模型 $\dfrac{B(z^{-1})}{A(z^{-1})}$ 和 $\dfrac{D(z^{-1})}{C(z^{-1})}$ 输入数据序列的方差；I_y、I_e 为复平面内的闭路积分值；利用 $\hat{\sigma}_u^2$、$\hat{\sigma}_v^2$、I_y 和 I_e，由式(17.10.2)可计算信噪比 SNR。

如果 $A(z)$ 和 $C(z)$ 是稳定的多项式，即 $A(z)$ 和 $C(z)$ 的所有零点都位于单位圆内，则可按下式迭代计算 I_y 和 I_e[33]

$$I_y=\frac{1}{2\pi\mathrm{j}}\oint_l\frac{B(z^{-1})B(z)}{A(z^{-1})A(z)}\frac{\mathrm{d}z}{z}=\frac{1}{a_0}\sum_{i=0}^{n}\frac{(b_i^{(i)})^2}{a_0^i}$$

$$\begin{cases}a_i^{(k)}=\dfrac{a_0^{(k+1)}a_i^{(k+1)}-a_{k+1}^{(k+1)}a_{k+1-i}^{(k+1)}}{a_0^{k+1}}, & a_i^{(n)}=a_i\\[2ex] b_i^{(k)}=\dfrac{a_0^{(k+1)}b_i^{(k+1)}-b_{k+1}^{(k+1)}a_{k+1-i}^{(k+1)}}{a_0^{k+1}}, & b_i^{(n)}=b_i\\[2ex] k=n-1,n-2,\cdots,1,0; & i=0,1,\cdots,k\end{cases}\tag{17.10.6}$$

$$I_e=\frac{1}{2\pi\mathrm{j}}\oint_l\frac{D(z^{-1})D(z)}{C(z^{-1})C(z)}\frac{\mathrm{d}z}{z}=\frac{1}{c_0}\sum_{i=0}^{m}\frac{(d_i^{(i)})^2}{c_0^i}$$

$$\begin{cases}c_i^{(k)}=\dfrac{c_0^{(k+1)}c_i^{(k+1)}-c_{k+1}^{(k+1)}c_{k+1-i}^{(k+1)}}{c_0^{k+1}}, & c_i^{(n)}=c_i\\[2ex] d_i^{(k)}=\dfrac{c_0^{(k+1)}d_i^{(k+1)}-d_{k+1}^{(k+1)}c_{k+1-i}^{(k+1)}}{c_0^{k+1}}, & d_i^{(n)}=d_i\\[2ex] k=m-1,m-2,\cdots,1,0; & i=0,1,\cdots,k\end{cases}\tag{17.10.7}$$

其中，积分围线 l 是复平面内沿逆时针方向的单位圆圆周；下脚标为模型参数序号，上角标表示迭代次数；参数 a_i、b_i，$i=0,1,\cdots,n$ 和 c_i、d_i，$i=0,1,\cdots,m$ 可用模型 $\hat{A}(z^{-1})$、$\hat{B}(z^{-1})$、$\hat{C}(z^{-1})$ 和 $\hat{D}(z^{-1})$ 的参数估计值代替。

另外，书中有些地方还用到噪信比的概念，噪信比是信噪比的倒数。

17.10.2 噪声标准差估计

在第 5 章～第 15 章中，通常采用 $\hat{\lambda}(k)=\sqrt{J(k)/k}$ 来估计噪声标准差，其中损失函数 $J(k)$ 按下式递推计算

$$J(k)=J(k-1)+\frac{\tilde{z}^2(k)}{1+\boldsymbol{h}^{\mathrm{T}}(k)\boldsymbol{P}(k-1)\boldsymbol{h}(k)}\tag{17.10.8}$$

式中，$\tilde{z}(k)$ 为模型新息，$\boldsymbol{P}(k-1)$ 为数据协方差阵，$\boldsymbol{h}(k)$ 为数据向量(会因算法不同而

不同)。如果算法引入了遗忘因子,则损失函数的递推公式为

$$J(k)=\mu(k)\left(J(k-1)+\frac{\tilde{z}^2(k)}{\mu(k)+\boldsymbol{h}^{\mathrm{T}}(k)\boldsymbol{P}(k-1)\boldsymbol{h}(k)}\right) \tag{17.10.9}$$

式中,$\mu(k)$为遗忘因子。

在遗忘因子取 1 的算法中,时间 k 比较大时,一般采用 $\hat{\lambda}(k)=\sqrt{\dfrac{J(k)}{k-\dim\boldsymbol{\theta}}}$ 来估计噪声标准差。在遗忘因子小于 1 的算法中,可以采用 $\hat{\lambda}(k)=\sqrt{(1-\mu(k))J(k)}$ 来估计噪声标准差。因为

$$\begin{aligned}\mathrm{E}\{J(k)\}&=\mathrm{E}\left\{\sum_{j=1}^{k}[\mu(k)]^{k-j}\varepsilon^2(k)\right\}=\sum_{j=1}^{k}[\mu(k)]^{k-j}\mathrm{E}\{\varepsilon^2(k)\}\\&=\sigma_\varepsilon^2\sum_{j=1}^{k}[\mu(k)]^{k-j}=\frac{1-[\mu(k)]^k}{1-\mu(k)}\sigma_\varepsilon^2\xrightarrow[k\to\infty]{}\frac{1}{1-\mu(k)}\sigma_v^2\end{aligned} \tag{17.10.10}$$

故有 $\hat{\sigma}_v^2=\lim\limits_{k\to\infty}(1-\mu(k))J(k)$。

17.11　可辨识性

模型参数辨识实际上是某种准则函数意义下的最优化问题,当给定输入和输出数据序列时,对假定的模型结构,是否能唯一地确定模型的参数,这就是所谓的可辨识性问题。在第 3 章和第 15 章先后讨论了开环可辨识性和闭环可辨识性问题,无论是开环系统还是闭环系统,其可辨识性都是有条件的。开环系统要求辨识输入必须是 $2n$ 阶持续激励信号,闭环系统要求数据向量元素必须是线性不相关的。

另外,可辨识性与系统的可控性和可观性也有密切的联系。因为辨识是利用系统外部可测的状态变量来估计系统模型的,它只能反映系统的外部特性,对系统内部的不可观或不可控的状态特性,辨识模型是无法描述的。因此,在选择辨识模型结构时,必须注意可控性和可观性对可辨识性的影响。

考虑如下状态空间模型

$$\begin{cases}\boldsymbol{x}(k+1)=\boldsymbol{A}\boldsymbol{x}(k)+\boldsymbol{B}\boldsymbol{u}(k)\\\boldsymbol{z}(k)=\boldsymbol{C}\boldsymbol{x}(k)+\boldsymbol{w}(k)\end{cases} \tag{17.11.1}$$

其中,$\boldsymbol{u}(k)\in\mathrm{R}^{r\times1}$和 $\boldsymbol{z}(k)\in\mathrm{R}^{m\times1}$是可测的输入输出变量;$\boldsymbol{x}(k)\in\mathrm{R}^{n\times1}$是状态变量;$\boldsymbol{A}$、$\boldsymbol{B}$ 和 $\boldsymbol{C}$ 是适当维数的参数矩阵。如果 $\mathrm{rank}\boldsymbol{T}_{\mathrm{C}}=\mathrm{rank}[\boldsymbol{B}\quad\boldsymbol{AB}\quad\boldsymbol{A}^2\boldsymbol{B}\quad\cdots\quad\boldsymbol{A}^{n-1}\boldsymbol{B}]=n$,系统是可控的;如果 $\mathrm{rank}\boldsymbol{T}_{\mathrm{O}}=\mathrm{rank}[\boldsymbol{C}^{\mathrm{T}}\quad\boldsymbol{A}^{\mathrm{T}}\boldsymbol{C}^{\mathrm{T}}\quad(\boldsymbol{A}^{\mathrm{T}})^2\boldsymbol{C}^{\mathrm{T}}\quad\cdots\quad(\boldsymbol{A}^{\mathrm{T}})^{n-1}\boldsymbol{C}^{\mathrm{T}}]^{\mathrm{T}}=n$,系统是可观的。不可控或不可观的系统是不可辨识的,因为这时可控性矩阵 $\boldsymbol{T}_{\mathrm{C}}$ 或可观性矩阵 $\boldsymbol{T}_{\mathrm{O}}$ 不满秩,系统的外部描述仅依存于那些可控可观的状态,所以参数矩阵 $\boldsymbol{A}$、$\boldsymbol{B}$ 和 $\boldsymbol{C}$ 中那些属于不可控或不可观状态的参数,利用系统外部可测信号是无法确定的。如果系统模型不是规范型的,即使是可控可观的系统也不一定是可辨识的。

例 17.4　考虑如下 SISO 模型

$$\begin{cases}\boldsymbol{x}(k+1)=\begin{bmatrix}a_{11}&a_{12}\\a_{21}&a_{22}\end{bmatrix}\boldsymbol{x}(k)+\begin{bmatrix}0\\b_2\end{bmatrix}u(k)\\z(k)=[0\quad1]\boldsymbol{x}(k)+w(k)\end{cases} \tag{17.11.2}$$

可控性矩阵 $\boldsymbol{T}_{\mathrm{C}}=\begin{bmatrix}0 & a_{12}b_2\\ b_2 & a_{22}b_2\end{bmatrix}$,可观性矩阵 $\boldsymbol{T}_{\mathrm{O}}=\begin{bmatrix}0 & a_{21}\\ 1 & a_{22}\end{bmatrix}$,如果 $a_{12}\neq 0, b_2\neq 0, a_{21}\neq 0$,系统既是可控的又是可观的,但模型参数不是都能辨识的。将状态空间模型式(17.11.2)写成差分方程模型

$$\begin{cases}z(k)-(a_{11}+a_{22})z(k-1)+(a_{11}a_{22}-a_{12}a_{21})z(k-2)=\\ \qquad b_2u(k-1)-a_{11}b_2u(k-2)+e(k)\\ e(k)=w(k)-(a_{11}+a_{22})w(k-1)+(a_{11}a_{22}-a_{12}a_{21})w(k-2)\end{cases}\tag{17.11.3}$$

利用系统输入和输出数据序列,通过辨识获得差分方程模型参数$(a_{11}+a_{22})$、$(a_{11}a_{22}-a_{12}a_{21})$、$a_{11}b_2$ 和 b_2 的估计值,由此可求得 a_{11}、a_{22} 和 b_2 的估计值,但不能求得 a_{12} 和 a_{21} 的估计值。可见,虽然模型式(17.11.2)是可控可观的,但模型参数不是都可辨识。

以上分析说明,系统的可辨识性依赖于可控性和可观性,同时与模型结构有关。为了避免系统不可辨识,辨识模型应该采用可控可观的规范型,否则由于系统外部描述仅依赖于系统的可控可观状态,可能会造成部分参数不可辨识。

此外,系统的可辨识性还取决于辨识输入信号的性质,其基本要求是,在整个数据观测期间,系统的所有模态必须被输入信号持续激励,否则系统是不可辨识的。

考虑如下自回归系统

$$\boldsymbol{x}(k+1)=\boldsymbol{A}\boldsymbol{x}(k)\tag{17.11.4}$$

如果根据状态变量 $\boldsymbol{x}(k)\in\mathrm{R}^{n\times 1}$ 的测量值能唯一确定参数矩阵 $\boldsymbol{A}$,则系统是可辨识的。由式(17.11.4)可得

$$\begin{cases}\boldsymbol{A}\boldsymbol{T}_{\mathrm{I}}=[\boldsymbol{x}(1)\quad \boldsymbol{x}(2)\quad \cdots\quad \boldsymbol{x}(n)]\\ \boldsymbol{T}_{\mathrm{I}}=[\boldsymbol{x}(0)\quad \boldsymbol{A}\boldsymbol{x}(0)\quad \cdots\quad \boldsymbol{A}^{n-1}\boldsymbol{x}(0)]\end{cases}\tag{17.11.5}$$

式中,$\boldsymbol{T}_{\mathrm{I}}$ 称为可辨识性矩阵。显然,如果可辨识性矩阵 $\boldsymbol{T}_{\mathrm{I}}$ 是非奇异的,参数矩阵 $\boldsymbol{A}$ 是可辨识的。为说明问题起见,设 $\boldsymbol{x}(k)=\begin{bmatrix}x_1(k)\\ x_2(k)\end{bmatrix}$,$\boldsymbol{A}=\begin{bmatrix}a_{11} & a_{12}\\ a_{21} & a_{22}\end{bmatrix}$,$\boldsymbol{r}_1$ 和 $\boldsymbol{r}_2$ 为参数矩阵 $\boldsymbol{A}$ 的特征值 λ_1 和 λ_2 对应的特征向量,如果取 $\boldsymbol{x}(0)=\boldsymbol{r}_1$ or $\boldsymbol{r}_2$,意味着

$$(\boldsymbol{A}-\lambda\boldsymbol{I})\boldsymbol{x}(0)=0,\quad \lambda=\lambda_1\text{ 或 }\lambda_2\tag{17.11.6}$$

可辨识性矩阵可写成

$$\boldsymbol{T}_{\mathrm{I}}=[\boldsymbol{x}(0)\quad \boldsymbol{A}\boldsymbol{x}(0)]=\begin{bmatrix}x_1(0) & \lambda x_1(0)\\ x_2(0) & \lambda x_2(0)\end{bmatrix},\quad \lambda=\lambda_1\text{ 或 }\lambda_2\tag{17.11.7}$$

显然,可辨识性矩阵 $\boldsymbol{T}_{\mathrm{I}}$ 是奇异的,系统是不可辨识的。因为取 $\boldsymbol{x}(0)=\boldsymbol{r}_1$ or $\boldsymbol{r}_2$,意味着只激励系统的一个模态,而系统可辨识性要求所有的模态都要被激励。对 SISO 系统来说,系统可辨识性的充分必要条件就是要求输入信号必须是 $2n$ 阶持续激励信号,n 是系统的模型阶次。

17.12　模型检验

根据系统输入和输出数据，利用辨识方法获得系统的估计模型，人们总希望它能真实地反映系统的基本特性，以便在控制、预报或其他研究领域得到正确的应用。当然，评价辨识模型的优劣最终要看实际应用效果，不过辨识模型应用于实际之前，最好能用数学的方法对模型进行评价，常用的评价方法是对模型残差序列进行白色性检验。设$\{\varepsilon(k)\}$是模型残差序列，如果能判断$\{\varepsilon(k)\}$是零均值白噪声序列，则认为辨识模型是“好”的。因此，模型检验就归结成“$\{\varepsilon(k)\}$是否是白噪声序列”的假设检验问题。下面讨论两种检验$\{\varepsilon(k)\}$是否是白噪声序列的方法。

17.12.1　自相关系数检验法

设$\{\varepsilon(k), k=1,2,\cdots,L\}$是残差$\varepsilon(k)$的样本序列，$L$为数据长度，定义$\varepsilon(k)$的自相关系数为

$$\rho_\varepsilon(l)=\frac{R_\varepsilon(l)}{R_\varepsilon(0)} \tag{17.12.1}$$

其中，$R_\varepsilon(l)$是$\varepsilon(k)$的自相关函数。在数据长度有限的情况下，可将$R_\varepsilon(l)$表示成

$$R_\varepsilon(l)=\frac{1}{L-l}\sum_{k=1}^{L-1}\varepsilon(k)\varepsilon(k+l) \tag{17.12.2}$$

当L较大时，$\sqrt{L}\rho_\varepsilon(1),\sqrt{L}\rho_\varepsilon(2),\cdots,\sqrt{L}\rho_\varepsilon(m)$是$m$个统计特性相近、互为独立、服从正态分布$\mathbb{N}(0,1)$的随机变量，根据附录 C 定理 C.4，有

$$t=\sum_{l=1}^{m}(\sqrt{L}\rho_\varepsilon(l))^2=L\sum_{l=1}^{m}\rho_\varepsilon^2(l)\sim\chi^2(m) \tag{17.12.3}$$

于是，检验“$\{\varepsilon(k)\}$是否是白噪声序列”就转化成检验统计量t是否是自由度为m的χ^2分布问题。假设

$$\begin{cases}H_0:\varepsilon(k)\ \text{是白噪声}\\ H_1:\varepsilon(k)\ \text{不是白噪声}\end{cases} \tag{17.12.4}$$

同时给定风险水平$\alpha=0.05$ or 0.01，意味着检验结果的可信度为$(1-\alpha)$。若统计量$t\leqslant\chi^2_{m,\alpha}$，则接受$H_0$假设，认为$\{\varepsilon(k)\}$是白噪声序列；若统计量$t>\chi^2_{m,\alpha}$，则接受$H_1$假设，认为$\{\varepsilon(k)\}$不是白噪声序列。$\chi^2_{m,\alpha}$为检验阈值，其值等于置信度为$(1-\alpha)$、自由度为$m$的$\chi^2$分布值（利用附录 G.2 的$\chi^2$分布值表可查到）。当$L$较大时，$m=20\sim30$就可满足工程要求。

上述通过统计量t的假设检验来判断“$\{\varepsilon(k)\}$是否是白噪声序列”，也可以利用下面两个不等式来判断残差序列$\{\varepsilon(k)\}$的白色性：① $L\sum_{l=1}^{m}\rho_\varepsilon^2(l)\leqslant m+1.65\sqrt{2m}$（白色性阈值），取$m=20\sim30$；② $|\rho_\varepsilon(l)|\leqslant1.98/\sqrt{L}$，置信度$\alpha$取$0.05$。如果$\mathrm{E}\{\varepsilon(k)\}=$

$\frac{1}{L}\sum_{k=1}^{L}\varepsilon(k)=0$，当有一个不等式成立或两个不等式都成立，则$\{\varepsilon(k)\}$是白噪声序列，可信度为95%。

以上分析的白色性检验方法在第5章～第8章中例5.3、例5.4、例6.1、例6.2、例6.5和例8.1等的模型检验中应用过。下面的例子也能说明这种检验方法的有效性。

例17.5　设某淬火锻模钢板的放电加工面光洁度可用ARMA模型描述

$$A(z^{-1})z(k)=D(z^{-1})v(k) \tag{17.12.5}$$

其中，$z(k)$表示光洁度，$v(k)$是均值为零、方差为1的不相关随机噪声，且设

$$\begin{cases}A(z^{-1})=1+a_1z^{-1}+\cdots+a_{n_a}z^{-n_a}\\D(z^{-1})=1+d_1z^{-1}+\cdots+d_{n_d}z^{-n_d}\end{cases} \tag{17.12.6}$$

利用加工面的光洁度测量数据$\{z(k),k=1,2,\cdots,1024\}$，经预处理去掉数据序列中的固定变化趋势，并采用极大似然法和AIC定阶法，估计模型参数a_i和d_i及模型阶次n_a和n_d，最后得到的辨识模型为

$$\begin{aligned}&z(k)-0.864z(k-1)-0.026z(k-2)+0.094z(k-3)\\&\quad=v(k)-0.557v(k-1)-0.420v(k-2)\end{aligned} \tag{17.12.7}$$

通过计算获得模型输出与实测数据的残差序列$\{\varepsilon(k)\}$，利用残差自相关系数检验法，计算得到残差$\{\varepsilon(k)\}$的均值约为零，且自相关系数满足不等式$|\rho_\varepsilon(l)|\leqslant1.98/\sqrt{L}$和$L\sum_{l=1}^{m}\rho_\varepsilon^2(l)=7.963<\chi_{m\alpha}^2=28.4$，其中阈值$\chi_{m,\alpha}^2$可从附录G.2的$\chi^2$分布值表查得，$\chi_{m,\alpha}^2=31.4$，$(\alpha=0.05,m=15)$或$\chi_{m,\alpha}^2=28.4$，$(\alpha=0.1,m=15)$。由此，可以判定残差$\{\varepsilon(k)\}$是白噪声序列，因此辨识得到的模型是合理、可用的。

17.12.2　周期图检验法

设$\{\varepsilon(k),k=1,2,\cdots,L\}$是残差$\varepsilon(k)$的样本序列，$L$为数据长度，根据附录C.2.6周期图的定义，$\varepsilon(k)$的周期图可表示为

$$\begin{cases}I_{\varepsilon,L}(\omega_i)=\frac{1}{L}\left\|\sum_{k=1}^{L}\varepsilon(k)\mathrm{e}^{-\mathrm{j}\omega_i}\right\|^2\\\omega_i=\frac{2\pi i}{L},\quad i=0,1,2,\cdots,[L/2]\end{cases} \tag{17.12.8}$$

引入积分周期图，记作

$$\mathfrak{I}_{\varepsilon,L}(\omega_i)=\int_0^{\omega_i}I_{\varepsilon,L}(\lambda)\mathrm{d}\lambda \tag{17.12.9}$$

可以证明[28]，$\mathfrak{I}_{\varepsilon,L}(\omega_i)$是谱密度积分函数的一致估计量，即

$$\lim_{L\to\infty}\mathfrak{I}_{\varepsilon,L}(\omega_i)=\int_0^{\omega_i}S_\varepsilon(\lambda)\mathrm{d}\lambda \tag{17.12.10}$$

式中，$S_\varepsilon(\cdot)$是残差$\varepsilon(k)$的谱密度函数。如果$\{\varepsilon(k)\}$是平稳、零均值、方差为σ_ε^2、服从正态分布的白噪声序列，则有

$$\lim_{L\to\infty}\mathfrak{I}_{\varepsilon,L}(\omega_i)/\sigma_\varepsilon^2=\omega_i \tag{17.12.11}$$

记

$$\Delta\mathfrak{I}_{\varepsilon,L}(\omega_i)=\max_{0\leqslant\omega_i\leqslant\pi}\left(\sqrt{L}\mid\mathfrak{I}_{\varepsilon,L}(\omega_i)/\sigma_\varepsilon^2-\omega_i\mid\right) \tag{17.12.12}$$

式中，$\Delta\mathfrak{I}_{\varepsilon,L}(\omega_i)$是最大误差随机变量，其分布收敛于$\max\limits_{0\leqslant\lambda\leqslant\pi}|\zeta(\lambda)|$的分布，$\zeta(\lambda)$是 Brown 运动随机变量，也就是

$$P\{\Delta\mathfrak{I}_{\varepsilon,L}(\omega_i)\leqslant x\}=P\{\max_{0\leqslant\lambda\leqslant\pi}|\zeta(\lambda)|\leqslant x\}=F_\zeta(x) \tag{17.12.13}$$

其中

$$F_\zeta(x)=\sum_{k=-\infty}^{\infty}(-1)^k\left[F(\sqrt{2}(2k+1)x)-F(\sqrt{2}(2k-1)x)\right] \tag{17.12.14}$$

式中，$F(\cdot)$为$\mathbb{N}(0,1)$正态分布函数。假设

$$\begin{cases}\mathrm{H}_0:\varepsilon(k)\ \text{是白噪声}\\ \mathrm{H}_1:\varepsilon(k)\ \text{不是白噪声}\end{cases} \tag{17.12.15}$$

同时给定风险水平$\alpha=1-F_\zeta(x)$，意味着检验结果的可信度为$(1-\alpha)$。若$\Delta\mathfrak{I}_{\varepsilon,L}(\omega_i)\leqslant x_\alpha$，则接受 H_0 假设，认为$\{\varepsilon(k)\}$是白噪声序列；若$\Delta\mathfrak{I}_{\varepsilon,L}(\omega_i)>x_\alpha$，则接受 H_1 假设，认为$\{\varepsilon(k)\}$不是白噪声序列。x_α为检验阈值，其值等于置信度为$(1-\alpha)$的$F_\zeta(x)$分布值，利用$F_\zeta(x)$分布值表可查到，如$\alpha=0.01, x_\alpha=1.99$；$\alpha=0.05, x_\alpha=1.58$；$\alpha=0.1, x_\alpha=1.38$。最大误差随机量$\Delta\mathfrak{I}_{\varepsilon,L}(\omega_i)$由式(17.12.12)计算，其中积分周期图$\mathfrak{I}_{\varepsilon,L}(\omega_i)$可用累积周期图$\hat{\mathfrak{I}}_{\varepsilon,L}(\omega_i)$代替[81]，累积周期图定义为$\hat{\mathfrak{I}}_{\varepsilon,L}(\omega_i)=\dfrac{1}{L}\sum\limits_{k}^{i}I_{\varepsilon,L}(\omega_k), \omega_k\in(0,\pi]$。

以上两种模型检验方法都是通过检验残差$\{\varepsilon(k)\}$是否是白噪声序列来实现的，如果模型检验通不过，则需要重新考虑辨识实验设计、模型结构和辨识算法选择、噪声特征描述及数据预处理等问题。

17.13　模型转换

用于描述系统的模型有离散的、连续的，有差分方程的、也有状态空间方程的，不同类型模型之间在一定条件下是可以相互转换的。这些转换关系将有利于不同情况下的应用，也是辨识问题必须解决的一个实际问题。

17.13.1　离散模型与连续模型之间的转换

1. 离散模型→连续模型

不失一般性，设离散模型为

$$H(z^{-1})=\frac{\beta_0+\beta_1z^{-1}+\cdots+\beta_{m-1}z^{-(m-1)}+\beta_mz^{-m}}{1+\alpha_1z^{-1}+\cdots+\alpha_{n-1}z^{-(n-1)}+\alpha_nz^{-n}}z^{-d},\quad n\geqslant m \tag{17.13.1}$$

连续模型为

$$G(s)=\frac{b_n s^n+b_{n-1}s^{n-1}+\cdots+b_1 s+b_0}{s^n+a_{n-1}s^{n-1}+\cdots+a_1 s+a_0}\mathrm{e}^{-\tau s},\quad \tau=dT_0 \tag{17.13.2}$$

式中，τ 为迟延时间，d 为迟延步数，T_0 为采样时间，利用双线性变换公式

$$z^{-1}=\mathrm{e}^{-sT_0}\underset{\text{Pade}}{\Rightarrow}\frac{1-sT_0/2}{1+sT_0/2}=\frac{2-sT_0}{2+sT_0} \tag{17.13.3}$$

在满足转换条件 $|P_iT_0|\leqslant 0.5$（$p_i,i=1,2,\cdots,n$ 为 $G(s)$ 极点）的情况下，两种模型可以进行等价转换，转换公式为

$$\begin{cases} b_j=\dfrac{1}{\bar{a}_n}\displaystyle\sum_{i=0}^{m}\beta_i W_{ij}2^{n-j}T_0^j, & j=1,1,2,\cdots,n \\ a_j=\dfrac{1}{\bar{a}_n}\displaystyle\sum_{i=0}^{m}\alpha_i W_{ij}2^{n-j}T_0^j, & j=0,1,2,\cdots,n;\ \alpha_0=1 \\ \bar{a}_n=\displaystyle\sum_{i=0}^{m}\alpha_i W_{in}T_0^n, & \alpha_0=1 \end{cases} \tag{17.13.4}$$

其中

$$\begin{cases} W_{ij}=\displaystyle\sum_{k=0}^{j}(-1)^{j-k}C_{n-i}^{k}C_i^{j-k}, & i,j=0,1,2,\cdots,n \\ C_P^Q=\begin{cases}0, & Q>P \\ \dfrac{P!}{Q!(P-Q)!}, & Q\leqslant P\end{cases} \end{cases} \tag{17.13.5}$$

2. 连续模型→离散模型

设连续模型为

$$G(s)=\frac{b_m s^m+b_{m-1}s^{m-1}+\cdots+b_1 s+b_0}{s^n+a_{n-1}s^{n-1}+\cdots+a_1 s+a_0}\mathrm{e}^{-\tau s},\quad (m\leqslant n) \tag{17.13.6}$$

离散模型为

$$H(z^{-1})=\frac{\beta_0+\beta_1 z^{-1}+\cdots+\beta_{n-1}z^{-(n-1)}+\beta_n z^{-n}}{1+\alpha_1 z^{-1}+\cdots+\alpha_{n-1}z^{-(n-1)}+\alpha_n z^{-n}}z^{-d} \tag{17.13.7}$$

式中，τ 为迟延时间，d 为迟延步数，T_0 为采样时间，利用双线性变换公式

$$s=\frac{2}{T_0}\frac{1-z^{-1}}{1+z^{-1}} \tag{17.13.8}$$

在满足转换条件 $|P_iT_0|\leqslant 0.5$（$p_i,i=1,2,\cdots,n$ 为 $G(s)$ 极点）的情况下，两种模型可以进行等价转换，转换公式为

$$\begin{cases} \beta_j=\dfrac{1}{\bar{\alpha}_0}\displaystyle\sum_{i=0}^{m}b_i W_{ij}(2/T_0)^i, & j=0,1,2,\cdots,n \\ \alpha_j=\dfrac{1}{\bar{\alpha}_0}\displaystyle\sum_{i=0}^{n}a_i W_{ij}(2/T_0)^i, & j=0,1,2,\cdots,n-1;\ a_n=1 \\ \bar{\alpha}_0=\displaystyle\sum_{i=0}^{n}a_i W_{in}(2/T_0)^i, & a_n=1 \end{cases} \tag{17.13.9}$$

其中

$$\begin{cases} W_{ij} = \sum_{k=0}^{j} (-1)^{j-k} C_{n-i}^{k} C_{i}^{j-k}, & i,j = 0,1,2,\cdots,n \\ C_P^Q = \begin{cases} 0, & Q > P \\ \dfrac{P!}{Q!(P-Q)!}, & Q \leqslant P \end{cases} \end{cases} \tag{17.13.10}$$

3. 转换系数 W_{ij} 的 MATLAB 实现程序

实现离散模型→连续模型或连续模型→离散模型转换的关键在于转换系数 $\{W_{ij}, i,j=0,1,\cdots,n\}$ 的构成。下面是转换系数 $\{W_{ij}, i,j=0,1,\cdots,n\}$ 的实现程序，其中 n 为模型阶次。

```
w = 0.0 * ones(n + 1, n + 1);
for i = 0:n
    for j = 0:n
        for k = 0:j
            if n - i - k >= 0 & i - j + k >= 0
              C1 = factorial(n - i)/factorial(k)/factorial(n - i - k);      (17.13.11)
              C2 = factorial(i)/factorial(j - k)/factorial(i - j + k);
              w(i + 1, j + 1) = w(i + 1, j + 1) + ( - 1)^(j - k) * C1 * C2;
           end
        end
      end
end
```

例 17.6　设离散模型

$$H(z^{-1}) = \frac{0.0950 + 0.0090z^{-1} - 0.0860z^{-2}}{1 - 1.8009z^{-1} + 0.8190z^{-2}} \tag{17.13.12}$$

采样时间 $T_0 = 0.1\text{s}$，利用式(17.13.4)、式(17.13.5)和式(17.13.11)进行模型转换，得到的连续模型为

$$G(s) = \frac{2.0000s^2 + 2.0000s + 0.4679 \times 10^{-9}}{s^2 + 2.0000s + 2.0005} \tag{17.13.13}$$

真实模型为

$$G_0(s) = \frac{2.00s^2 + 2.00s}{s^2 + 2.00s + 2.00} \tag{17.13.14}$$

两者相比知，模型转换精度是很高的。

例 17.7　设连续模型

$$G(s) = \frac{-0.1563s^2 - 6.2500s + 187.5000}{s^2 + 3.7500s + 25.0000} \tag{17.13.15}$$

采样时间 $T_0 = 0.1\text{s}$，利用式(17.13.9)、式(17.13.10)和式(17.13.11)进行模型转换，得到的离散模型为

$$H(z^{-1}) = \frac{1.4901 \times 10^{-8} + 1.0000z^{-1} + 0.5000z^{-2}}{1 - 1.5000z^{-1} + 0.7000z^{-2}} \tag{17.13.16}$$

真实模型为

$$H_0(z^{-1}) = \frac{1.00z^{-1} + 0.50z^{-2}}{1 - 1.50z^{-1} + 0.70z^{-2}} \tag{17.13.17}$$

两者相比可知，模型转换精度也是很高的。

17.13.2 差分方程模型与状态空间模型之间的转换

设状态空间模型为

$$\begin{cases} \boldsymbol{x}(k+1) = \boldsymbol{A}\boldsymbol{x}(k) + \boldsymbol{b}u(k) \\ y(k) = \boldsymbol{c}\boldsymbol{x}(k) \end{cases} \tag{17.13.18}$$

其中，状态变量 $\boldsymbol{x}(k) \in \mathrm{R}^{n\times 1}$，输入和输出变量为标量，对应的差分方程模型为

$$y(k) + \alpha_1 y(k-1) + \cdots + \alpha_n y(k-n) = \beta_1 u(k-1) + \cdots + \beta_n u(k-n) \tag{17.13.19}$$

式中，$\alpha_i, i=1,2,\cdots,n$ 为矩阵 $\boldsymbol{A}$ 的特征多项式系数，即

$$\det(z\boldsymbol{I} - \boldsymbol{A}) = z^n + \alpha_1 z^{n-1} + \cdots + \alpha_{n-1} z + \alpha_n \tag{17.13.20}$$

且

$$\begin{cases} [\beta_1, \beta_2, \cdots, \beta_n]^{\mathrm{T}} = \boldsymbol{P}\boldsymbol{T}_{\mathrm{O}}\boldsymbol{b} \\ \boldsymbol{P} = \begin{bmatrix} 1 & & & & \\ \alpha_1 & 1 & & 0 & \\ \vdots & \alpha_1 & 1 & & \\ \alpha_{n-2} & \vdots & \ddots & \ddots & \\ \alpha_{n-1} & \alpha_{n-2} & \cdots & \alpha_1 & 1 \end{bmatrix} \\ \boldsymbol{T}_{\mathrm{O}} = [\boldsymbol{c}^{\mathrm{T}} \quad \boldsymbol{A}^{\mathrm{T}}\boldsymbol{c}^{\mathrm{T}} \quad \cdots \quad (\boldsymbol{A}^{\mathrm{T}})^{n-1}\boldsymbol{c}^{\mathrm{T}}]^{\mathrm{T}} \end{cases} \tag{17.13.21}$$

$\boldsymbol{T}_{\mathrm{O}}$ 为状态空间模型式(17.13.18)的可观阵。

上述转换关系实际上是可以双向的，既可以实现状态空间模型到差分方程模型的变换，也可以实现差分方程模型到状态空间模型的变换。

17.14 辨识在预报中的应用

预报问题是社会或工程系统中大量存在、有着实际意义的课题，比如商品的销售、价格的涨落、日平均温度的升降、河水流量的预估、电力载荷的预报等；预报问题也是现代控制理论的重要组成部分。所谓预报就是基于系统现在和过去的输出及对应输入观测值来估计未来的输出值。辨识是解决预报问题的重要手段之一，其基本原理就是利用辨识模型预测系统的未来值，预测的准确度取决于辨识模型的精度。

考虑如下系统模型

$$A(z^{-1})z(k) = B(z^{-1})u(k) + D(z^{-1})v(k) \tag{17.14.1}$$

式中

$$
\begin{cases}
A(z^{-1}) = 1 + a_1 z^{-1} + \cdots + a_{n_a} z^{-n_a} \\
B(z^{-1}) = b_1 z^{-1} + \cdots + b_{n_b} z^{-n_b} \\
D(z^{-1}) = 1 + d_1 z^{-1} + \cdots + d_{n_d} z^{-n_d}
\end{cases}
\tag{17.14.2}
$$

其中，$u(k)$、$z(k)$是系统的输入和输出变量；$v(k)$是零均值、方差为 σ_v^2 的白噪声。预报问题就是根据观测数据$\{z(k),\cdots,z(k-n_a+1)\}$和$\{u(k+d-1),\cdots,u(k-n_b+1)\}$，估计未来时刻$(k+d)$，$d>0$ 的输出值，记作$\hat{z}(k+d|k)$，称作超前 d 步预报，它使

$$
J = \mathrm{E}\{[z(k+d) - \hat{z}(k+d \mid k)]^2\} = \min \tag{17.14.3}
$$

将模型式(17.14.1)写成

$$
z(k) = \frac{B(z^{-1})}{A(z^{-1})} u(k) + \left[F(z^{-1}) + \frac{z^{-d} G(z^{-1})}{A(z^{-1})} \right] v(k) \tag{17.14.4}
$$

其中

$$
\begin{cases}
F(z^{-1}) + \dfrac{z^{-d} G(z^{-1})}{A(z^{-1})} = \dfrac{D(z^{-1})}{A(z^{-1})} \\
F(z^{-1}) = 1 + f_1 z^{-1} + \cdots + f_{d-1} z^{-(d-1)} \\
G(z^{-1}) = g_0 + g_1 z^{-1} + \cdots + g_{n_a-1} z^{-(n_a-1)}
\end{cases}
\tag{17.14.5}
$$

且

$$
\begin{cases}
f_i = d_i - \sum\limits_{j=0}^{i-1} f_j a_{i-j}, \quad i = 1,2,\cdots,d-1 \\
g_i = d_{i+d} - \sum\limits_{j=0}^{d-1} f_j a_{i+d-j}, \quad i = 0,1,\cdots,n_a - 1 \\
f_0 = 1;\ a_i = 0 \quad (i < n_a);\ d_i = 0 (i < n_d)
\end{cases}
\tag{17.14.6}
$$

整理后，有

$$
z(k+d) = \frac{G(z^{-1})}{D(z^{-1})} z(k) + \frac{B(z^{-1})F(z^{-1})}{D(z^{-1})} u(k+d) + F(z^{-1}) v(k+d) \tag{17.14.7}
$$

上式表明，$F(z^{-1})v(k)$只包含$(k+1)$以后的噪声，第 1 项只可能包含 k 时刻以前的输出数据，鉴于 $v(k)$是白噪声，且与输入 $u(k)$独立，故上式第 3 项与第 1 项和第 2 项都是不相关的。为此，通过极小化式(17.14.3)，可获得 d 步预报表达式，写成

$$
\hat{z}(k+d \mid k) = \frac{G(z^{-1})}{D(z^{-1})} z(k) + \frac{B(z^{-1})F(z^{-1})}{D(z^{-1})} u(k+d) \tag{17.14.8}
$$

如果模型式(17.14.1)已知，则利用式(17.14.8)可实现 d 步预报。如果模型式(17.14.1)未知，则需要利用辨识方法先获得式(17.14.1)模型参数估计值，再实现 d 步预报。

式(17.14.8)是先辨识系统的模型，再利用辨识模型进行预报，故称作间接预报法。若将式(17.14.8)改写成

$$
D(z^{-1})\, \hat{z}(k \mid k-d) = G(z^{-1}) z(k-d) + P(z^{-1}) u(k) \tag{17.14.9}
$$

其中

$$P(z^{-1}) = B(z^{-1})F(z^{-1}) = p_1 z^{-1} + \cdots + p_{n_b+d-1} z^{-(n_b+d-1)} \tag{17.14.10}$$

置

$$\begin{cases} \boldsymbol{\theta} = [g_0, g_1, \cdots, g_{n_a-1}, p_1, \cdots, p_{n_b+d-1}, d_1, \cdots, d_{n_d}]^{\mathrm{T}} \\ \boldsymbol{h}(k) = [z(k-d), \cdots, z(k-d-n_a+1), u(k-1), \cdots, u(k-d-n_b+1), \\ \qquad -\hat{z}(k-1 \mid k-d-1), \cdots, -\hat{z}(k-n_d \mid k-d-n_d)]^{\mathrm{T}} \end{cases} \tag{17.14.11}$$

则 d 步预报式可表示成

$$\hat{z}(k \mid k-d) = \boldsymbol{h}^{\mathrm{T}}(k)\,\boldsymbol{\theta} \tag{17.14.12}$$

根据式(17.14.8)，可求得输出预报值关于模型参数$\boldsymbol{\theta}$的一阶梯度为

$$\boldsymbol{\psi}(k) = \left[\frac{\partial\, \hat{z}(k \mid k-d)}{\partial\, \boldsymbol{\theta}}\right]^{\mathrm{T}} = \frac{1}{D(z^{-1})}\boldsymbol{h}(k) \tag{17.14.13}$$

考虑到 $v(k)$是白噪声，利用第 9 章 RCKE 辨识算法式(9.6.5)，直接写出式(17.14.9)的模型参数辨识算法

$$\begin{cases} \hat{\boldsymbol{\theta}}(k) = \hat{\boldsymbol{\theta}}(k-1) + \boldsymbol{K}(k)\,\tilde{z}(k \mid k-d) \\ \tilde{z}(k \mid k-d) = z(k) - \boldsymbol{h}^{\mathrm{T}}(k)\,\hat{\boldsymbol{\theta}}(k-1) \\ \boldsymbol{K}(k) = \boldsymbol{P}(k-1)\boldsymbol{\psi}(k)/s(k) \\ \boldsymbol{P}(k) = \dfrac{1}{\mu(k)}[\boldsymbol{P}(k-1) - \boldsymbol{K}(k)\boldsymbol{K}^{\mathrm{T}}(k)s(k)] \\ s(k) = \boldsymbol{\psi}^{\mathrm{T}}(k)\boldsymbol{P}(k-1)\boldsymbol{\psi}(k) + \mu(k) \\ \boldsymbol{\psi}(k) = \dfrac{1}{\hat{D}(z^{-1})\mid_{\hat{\boldsymbol{\theta}}(k-1)}}\boldsymbol{h}(k) \end{cases} \tag{17.14.14}$$

其中，$\mu(k)$为遗忘因子，则输出 d 步预报可写成

$$\hat{z}(k+d \mid k) = \boldsymbol{h}^{\mathrm{T}}(k+d)\,\hat{\boldsymbol{\theta}}(k) \tag{17.14.15}$$

式中

$$\begin{aligned} \boldsymbol{h}(k+d) = [&z(k), \cdots, z(k-n_a+1), u(k+d-1), \cdots, u(k-n_b+1), \\ &-\hat{z}(k+d-1 \mid k-1), \cdots, -\hat{z}(k+d-n_d \mid k-n_d)]^{\mathrm{T}} \end{aligned} \tag{17.14.16}$$

包含 k 时刻以前的输出值和$(k-1)$以前输出预报值及$(k+d-1)$以前的输入值。这种预报方法是基于对预报模型进行辨识，直接利用预报模型实现 d 步预报，故称作直接预报法。

例 17.8[40] 图 17.7 所示的是蒸馏塔系统，输入变量：塔顶蒸气量 D=2000～3000(kg/h)，再沸器流量 Q=10～30(kg/h)；输出变量：塔顶压力 P=2700～2900(kPa)，塔底产品 X=250～1000(kg/h)。通过实验在线获得输入和输出数据：Input＃1 为再沸器流量，Input＃2 为塔顶蒸气量，Output＃1 为塔顶压力，Output＃2 为塔底产品(如图 17.8 所示)。利用第 12 章讨论的 MIMO 系统辨识方法，获得如下辨识模型

$$\begin{bmatrix} P(k) \\ X(k) \end{bmatrix} = \begin{bmatrix} 1-1.659z^{-1}+0.655z^{-2} & 0 \\ 0 & 1-1.867z^{-1}+0.870z^{-2} \end{bmatrix}^{-1}$$
$$\begin{bmatrix} -0.618z^{-1}+0.537z^{-2} & 0.105z^{-1}-0.103z^{-2} \\ -0.0086z^{-1}-0.0072z^{-2} & -0.0396z^{-1}+0.0376z^{-2} \end{bmatrix} \begin{bmatrix} Q(k) \\ D(k) \end{bmatrix} \tag{17.14.17}$$

依据该辨识模型，构造如下预报器

$$z(k+d \mid k) = \boldsymbol{G}(z^{-1})z(k) + \boldsymbol{B}(z^{-1})\boldsymbol{F}(z^{-1})\boldsymbol{\mu}(k+d) \tag{17.14.18}$$

其中

$$\begin{cases} z(k+d \mid k) = \begin{bmatrix} P(k+d \mid k) \\ X(k+d \mid k) \end{bmatrix}, \quad \boldsymbol{\mu}(k+d) = \begin{bmatrix} Q(k+d) \\ D(k+d) \end{bmatrix} \\ \boldsymbol{A}(z^{-1})\boldsymbol{F}(z^{-1}) + z^{-d}\boldsymbol{G}(z^{-1}) = \boldsymbol{I} \\ \boldsymbol{A}(z^{-1}) = \begin{bmatrix} 1-1.659z^{-1}+0.655z^{-2} & 0 \\ 0 & 1-1.867z^{-1}+0.870z^{-2} \end{bmatrix} \\ \boldsymbol{B}(z^{-1}) \begin{bmatrix} -0.618z^{-1}+0.537z^{-2} & 0.105z^{-1}-0.103z^{-2} \\ -0.0086z^{-1}-0.0072z^{-2} & -0.0396z^{-1}+0.0376z^{-2} \end{bmatrix} \end{cases} \tag{17.14.19}$$

多项式矩阵 $\boldsymbol{F}(z^{-1})$ 和 $\boldsymbol{G}(z^{-1})$ 的系数具有类似于式(17.14.6)的结构。以此对塔顶压力和塔底产品进行实时在线预报，如图 17.9 所示。从图中可以看到，对这种复杂的石化系统，塔顶压力和塔底产品受多种因素影响，能给出这样的预报效果已是不错的了。

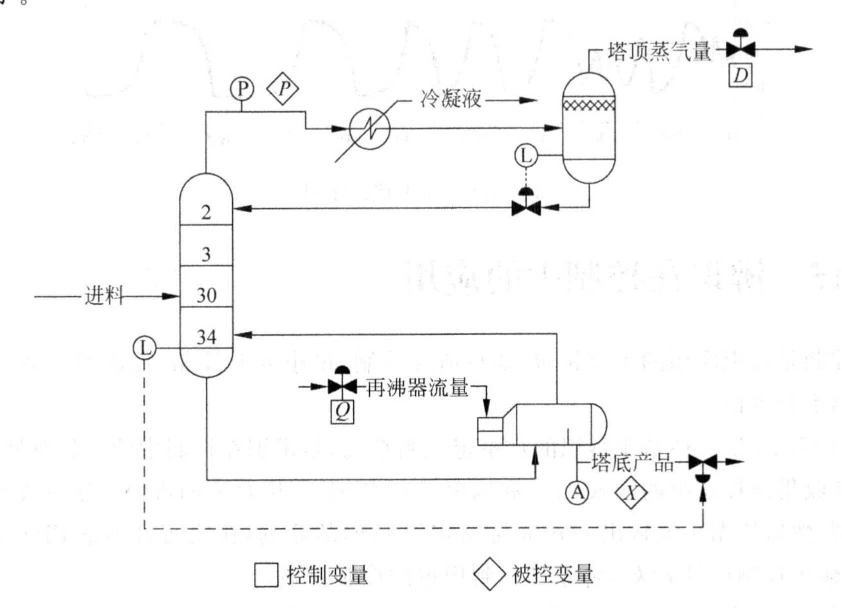

图 17.7　蒸馏塔系统

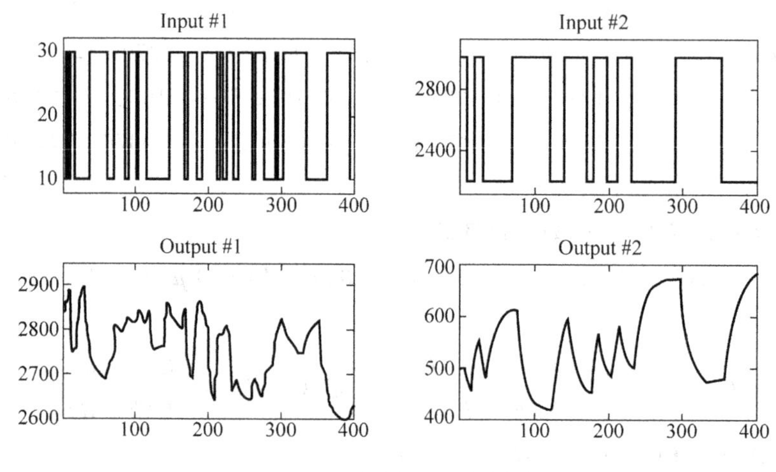

图 17.8 输入输出数据序列

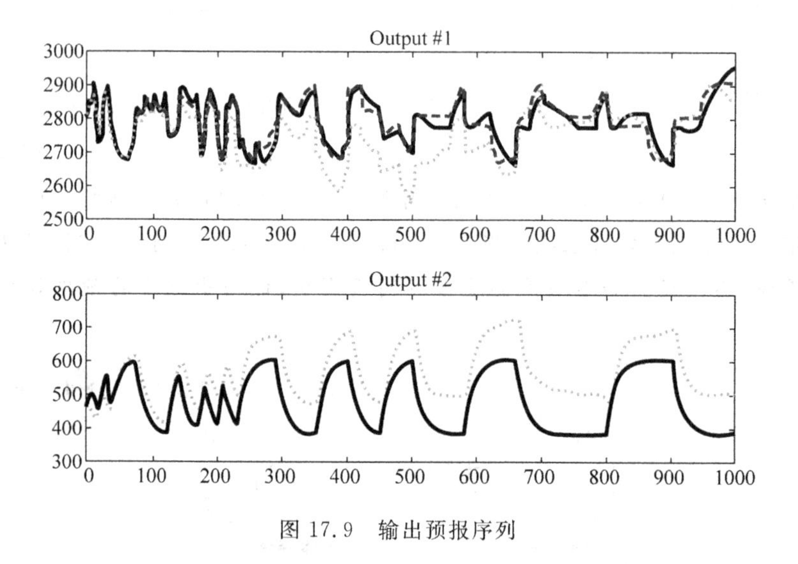

图 17.9 输出预报序列

17.15 辨识在控制中的应用

控制是辨识应用的主要领域，如自适应控制、最小方差控制、控制器参数自整定等都离不开辨识。

图 17.10 是一种基于辨识的自整定控制系统，是辨识在控制中的一种典型应用。辨识器收集被控系统的输入 $u(k)$ 和输出 $z(k)$ 数据，利用合适的辨识算法在线辨识系统模型，然后依据系统输出 $z(k)$ 紧随给定值 $r(k)$ 的原则，在线实时调整 PID 控制器参数，输出控制信号 $u(k)$，使系统达到理想的控制效果。

图 17.10 中，$u(k)$、$z(k)$ 是系统输入和输出变量，$r(k)$ 是控制给定值，$e(k)=r(k)-z(k)$ 是被控变量偏差，$v(k)$ 是系统噪声，设其为零均值、方差等于 σ_v^2、服从正态

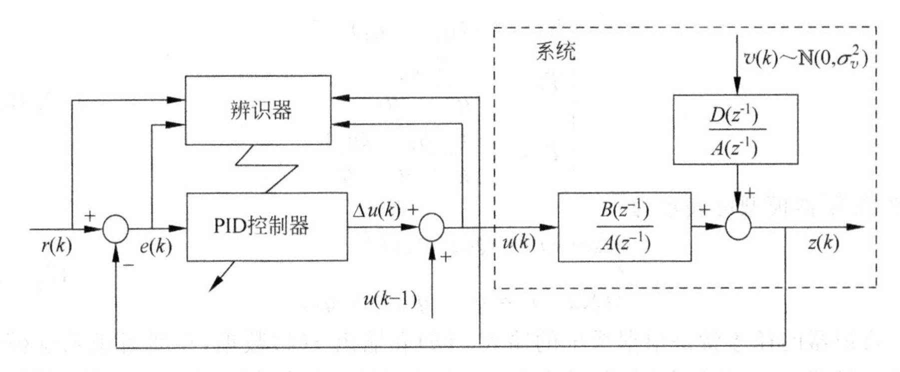

图 17.10 基于辨识的自整定控制系统

分布的白噪声。

图 17.10 所示的控制系统，其系统模型表示为

$$A(z^{-1})z(k)=B(z^{-1})u(k)+D(z^{-1})v(k) \tag{17.15.1}$$

其中

$$\begin{cases}A(z^{-1})=1+a_1z^{-1}+\cdots+a_{n_0}z^{-n_0}\\B(z^{-1})=b_1z^{-1}+b_2z^{-2}+\cdots+b_{n_0}z^{-n_0}\\D(z^{-1})=1+d_1z^{-1}+\cdots+d_{n_0}z^{-n_0}\end{cases} \tag{17.15.2}$$

式中，n_0 为系统模型阶次。控制器采用增量型的 PID 控制器，控制信号 $u(k)$ 的增量为

$$\Delta u(k)=K_{\mathrm{P}}[e(k)-e(k-1)]+K_{\mathrm{I}}e(k)+K_{\mathrm{D}}[e(k)-2e(k-1)+e(k-2)] \tag{17.15.3}$$

式中，$e(\cdot)$为不同时刻的被控变量偏差，$K_{\mathrm{P}}=\frac{1}{\delta}$为比例增益（$\delta$：比例带），$K_{\mathrm{I}}=K_{\mathrm{P}}\frac{T_0}{T_{\mathrm{I}}}$为积分系数（$T_{\mathrm{I}}$：积分时间，$T_0$：采样时间），$K_{\mathrm{D}}=K_{\mathrm{P}}\frac{T_{\mathrm{D}}}{T_0}$为微分系数（$T_{\mathrm{D}}$：微分时间，$T_0$：采样时间）。由于控制器的输出为增量型，所以 k 时刻实际的控制信号等于

$$u(k)=u(k-1)+\Delta u(k) \tag{17.15.4}$$

为方便起见，式(17.15.3)又可写成

$$\Delta u(k)=q_0e(k)+q_1e(k-1)+q_2e(k-2) \tag{17.15.5}$$

其中

$$\begin{aligned}q_0&=K_{\mathrm{P}}\left(1+\frac{T_0}{T_{\mathrm{I}}}+\frac{T_{\mathrm{D}}}{T_0}\right)\\q_1&=-K_{\mathrm{P}}\left(1+\frac{2T_{\mathrm{D}}}{T_0}\right)\\q_2&=K_{\mathrm{P}}\frac{T_{\mathrm{D}}}{T_0}\end{aligned} \tag{17.15.6}$$

或表示为

$$\begin{cases} K_{\mathrm{P}} = -(q_1 + 2q_2) \\ T_{\mathrm{D}} = -\dfrac{T_0 q_2}{q_1 + 2q_2} \\ T_{\mathrm{I}} = -\dfrac{T_0(q_1 + 2q_2)}{q_0 + q_1 + q_2} \end{cases} \tag{17.15.7}$$

为此，控制器模型可表示为

$$\begin{cases} \Delta u(k) = Q(z^{-1})e(k) \\ Q(z^{-1}) = q_0 + q_1 z^{-1} + q_2 z^{-2} \end{cases} \tag{17.15.8}$$

辨识器的任务就是根据系统的输入 $u(k)$和输出 $z(k)$数据，在线辨识系统模型，并基于辨识模型实时调整控制器参数，以求达到最好的控制效果。调整控制器的参数也是根据偏差信号 $e(k)$通过辨识来估计的。

图 17.10 的控制问题就是利用辨识器调整 PID 控制器参数，包括比例增益 K_{P}、积分时间 T_{I} 和微分时间 T_{D} 或控制器模型参数 q_0、q_1 和 q_2，使系统输出$z(k)$最好地跟踪给定值 $r(k)$，也就是使如下的控制目标函数达到最小

$$J(\boldsymbol{\vartheta}) = \frac{1}{2}\mathrm{E}\{[r(k) - z(k,\boldsymbol{\vartheta})]^2\} \tag{17.15.9}$$

式中，$\boldsymbol{\vartheta}$ 为控制器模型参数向量，$z(k,\boldsymbol{\vartheta})$表示被控变量 $z(k)$是控制器模型参数$\boldsymbol{\vartheta}$ 的函数。

定义控制器模型参数向量$\boldsymbol{\vartheta}$ 和数据向量$\boldsymbol{\phi}(k)$

$$\begin{cases} \boldsymbol{\vartheta} = [q_0, q_1, q_2]^{\mathrm{T}} \\ \boldsymbol{\phi}(k) = [e(k), e(k-1), e(k-2)]^{\mathrm{T}} \end{cases} \tag{17.15.10}$$

根据控制器模型式(17.15.8)，控制器输出信号可写成

$$\Delta u(k) = \boldsymbol{\phi}^{\mathrm{T}}(k)\boldsymbol{\vartheta} \tag{17.15.11}$$

为了使控制目标函数达到最小值，即 $J(\hat{\boldsymbol{\vartheta}})=\min$，应有

$$\left.\frac{\partial J(\boldsymbol{\vartheta})}{\partial \boldsymbol{\vartheta}}\right|_{\hat{\boldsymbol{\vartheta}}} = \mathrm{E}\left\{-\frac{\partial z(k,\boldsymbol{\vartheta})}{\partial \boldsymbol{\vartheta}}[r(k) - z(k,\boldsymbol{\vartheta})]\right\}_{\hat{\boldsymbol{\vartheta}}} = 0 \tag{17.15.12}$$

令输出梯度向量 $\boldsymbol{\psi}(k)=\left[\dfrac{\partial z(k,\boldsymbol{\vartheta})}{\partial \boldsymbol{\vartheta}}\right]^{\mathrm{T}}$，并且将控制目标函数 $J(\boldsymbol{\vartheta})$关于控制器参数$\boldsymbol{\vartheta}$ 的二阶导数记作$\boldsymbol{R}(k)$，类似于第 9 章式(9.3.10)的推导，有

$$\boldsymbol{R}(k) = \mathrm{E}\{\boldsymbol{\psi}(k)\boldsymbol{\psi}^{\mathrm{T}}(k)\} \tag{17.15.13}$$

于是，根据第 7 章 RSNA 辨识算法式(7.6.8)，控制器模型参数估计值算法可写成

$$\begin{cases} \hat{\boldsymbol{\vartheta}}(k) = \hat{\boldsymbol{\vartheta}}(k-1) + \rho(k)\boldsymbol{R}^{-1}(k)\boldsymbol{\psi}(k)[r(k) - z(k)] \\ \boldsymbol{R}(k) = \boldsymbol{R}(k-1) + \rho(k)[\boldsymbol{\psi}(k)\boldsymbol{\psi}^{\mathrm{T}}(k) - \boldsymbol{R}(k)] \end{cases} \tag{17.15.14}$$

式中，$\rho(k)$为收敛因子，满足第 7 章式(7.5.4)所给的条件，且定义输出梯度数据向量

$$\boldsymbol{\psi}(k) = \left[\frac{\partial z(k)}{\partial q_0}, \frac{\partial z(k)}{\partial q_1}, \frac{\partial z(k)}{\partial q_2}\right]^{\mathrm{T}} = [\psi_0(k), \psi_1(k), \psi_2(k)]^{\mathrm{T}} \tag{17.15.15}$$

式中，$\psi_i(k)=\dfrac{\partial z(k)}{\partial q_i}$，$i=0,1,2$ 的具体表达式如下

$$\psi_i(k)=\frac{\partial z(k)}{\partial q_i}=[A(z^{-1})+B(z^{-1})Q(z^{-1})]^{-1}B(z^{-1})e(k-i),\quad i=0,1,2 \tag{17.15.16}$$

上式是根据系统模型式(17.15.1)、控制器模型式(17.15.8)和被控变量偏差 $e(k)$ 及控制信号增量 $\Delta u(k)$ 定义推导出来的，因有

$$A(z^{-1})z(k)=B(z^{-1})[u(k-1)+Q(z^{-1})(r(k)-z(k))]+D(z^{-1})v(k) \tag{17.15.17}$$

整理后

$$\begin{aligned}&[A(z^{-1})+B(z^{-1})Q(z^{-1})]z(k)\\&=B(z^{-1})u(k-1)+B(z^{-1})Q(z^{-1})r(k)+D(z^{-1})v(k)\end{aligned} \tag{17.15.18}$$

上式两边同时对 $q_i, i=0,1,2$ 求导，得

$$[A(z^{-1})+B(z^{-1})Q(z^{-1})]\frac{\partial z(k)}{\partial q_i}+B(z^{-1})z(k-i)=B(z^{-1})r(k-i) \tag{17.15.19}$$

该式就是式(17.15.16)。

综合以上分析，图 17.10 控制器的控制律为

$$\Delta u(k)=\boldsymbol{\phi}^{\mathrm{T}}(k)\,\hat{\boldsymbol{\vartheta}}(k-1) \tag{17.15.20}$$

其中，控制器模型数据向量 $\boldsymbol{\phi}(k)$ 定义为

$$\begin{cases}\boldsymbol{\phi}(k)=[e(k),e(k-1),e(k-2)]^{\mathrm{T}}\\e(k)=r(k)-z(k)\end{cases} \tag{17.15.21}$$

利用第 9 章 RCKE-UD 辨识算法式(9.6.11)，当收敛因子 $\rho(k)=\dfrac{1}{k}$ 时，控制器模型参数向量 $\boldsymbol{\vartheta}$ 估计算法可写成

$$\begin{cases}\hat{\boldsymbol{\vartheta}}(k)=\hat{\boldsymbol{\vartheta}}(k-1)+\boldsymbol{K}(k)[r(k)-z(k)]\\\boldsymbol{K}(k)=\boldsymbol{U}(k-1)\boldsymbol{g}(k)s^{-1}(k)\\\boldsymbol{g}(k)=\boldsymbol{D}(k-1)\boldsymbol{f}(k),\quad \boldsymbol{f}(k)=\boldsymbol{U}^{\mathrm{T}}(k-1)\boldsymbol{\psi}(k)\\d_j(k)=\dfrac{d_j(k-1)s_{j-1}(k)}{s_j(k)}\\u_{ij}(k)=u_{ij}(k-1)+\displaystyle\sum_{l=i}^{j-1}u_{il}(k-1)\,\bar{u}_{lj}(k),\quad u_{ii}(k)=1\\\bar{u}_{ij}(k)=-\dfrac{f_j(k)g_i(k)}{s_{j-1}(k)},\quad \bar{u}_{jj}(k)=1\\s_j(k)=1+\displaystyle\sum_{i=1}^{j}f_i(k)g_i(k),\quad s(k)=s_3(k)\\i=1,2,3;\ j=1,2,3\end{cases} \tag{17.15.22}$$

根据式(17.15.16)，算法中输出梯度数据向量 $\boldsymbol{\psi}(k)$ 元素 $\psi_i(k), i=0,1,2$ 可表示成

$$\begin{cases} \psi_i(k) = -\hat{a}_1(k)\psi_i(k-1) - \cdots - \hat{a}_{n_0}(k)\psi_i(k-n_0) \\ \qquad + \hat{b}_1(k)(e(k-i-1) - \psi_i^*(k-1)) + \cdots \\ \qquad + \hat{b}_{n_0}(k)(e(k-i-n_0) - \psi_i^*(k-n_0)) \\ \psi_i^*(k) = \hat{q}_0(k-1)\psi_i(k) + \hat{q}_1(k-1)\psi_i(k-1) + \hat{q}_2(k-1)\psi_i(k-2) \\ i = 0,1,2 \end{cases} \tag{17.15.23}$$

式中，$\hat{q}_i(k-1)$，$i=0,1,2$ 为$(k-1)$时刻控制器模型参数向量$\boldsymbol{\vartheta}=[q_0,q_1,q_2]^{\mathrm{T}}$ 的元素估计值；$\hat{a}_i(k)$，$\hat{b}_i(k)$，$i=1,2,\cdots,n_0$ 为 k 时刻系统模型参数向量$\boldsymbol{\theta}=[a_1,\cdots,a_{n_0},b_1,\cdots,b_{n_0},d_1,\cdots,d_{n_0}]^{\mathrm{T}}$ 的元素估计值。

因为图 17.10 控制系统的反馈控制律是时变的，因此系统（前向通道）模型是可辨识的。根据系统模型的结构，利用第 11 章的 AUDI-RELS 辨识算法式(11.6.18)，系统模型参数$\boldsymbol{\theta}$辨识算法可写成

$$\begin{cases} \boldsymbol{\varphi}_n(k) = [-z(k-n),u(k-n),\hat{v}(k-n),\cdots, \\ \qquad -z(k-1),u(k-1),\hat{v}(k-1),-z(k)]^{\mathrm{T}} \\ \boldsymbol{f}_n(k) = \boldsymbol{U}_n^{\mathrm{T}}(k-1)\boldsymbol{\varphi}_n(k), \quad \boldsymbol{g}_n(k) = \boldsymbol{D}_n(k-1)\boldsymbol{f}_n(k) \\ \beta_j(k) = 1 + \sum_{i=1}^{j} f_i(k)g_i(k) \\ \bar{u}_{ij}(k) = -\dfrac{f_j(k)g_i(k)}{\beta_{j-1}(k)}, \quad \bar{u}_{jj}(k) = 1 \\ u_{ij}(k) = u_{ij}(k-1) + \sum_{l=i}^{j-1} u_{il}(k-1)\bar{u}_{lj}(k), \quad u_{ii}(k) = 1 \\ d_j(k) = \dfrac{d_j(k-1)\beta_{j-1}(k)}{\beta_j(k)} \\ \hat{v}(k) = -f_N(k) \text{ or } \hat{v}(k) = -\dfrac{f_N(k)}{\beta_{N-1}(k)} \\ i = 1,2,\cdots,N, j = 1,2,\cdots,N, N = 3n+1 \end{cases} \tag{17.15.24}$$

式中，n 是系统模型可能的最高阶次，参数辨识矩阵元素 $u_{i(3n_0+1)}(k)$，$i=1,2,\cdots,3n_0$ 即为系统模型参数估计值$\hat{\boldsymbol{\theta}}(k)$的元素。

上面的式(17.15.20)～式(17.15.24)即构成了基于辨识的自整定控制算法，其中利用式(17.15.22)辨识控制器模型参数估计值$\hat{\boldsymbol{\vartheta}}(k)$，并根据式(17.15.7)计算出"最好"的 PID 控制器参数，包括比例增益 K_P、积分时间 T_I 和微分时间，以此实现 PID 控制器参数在线实时自整定。在构造算法式(17.15.22)中输出梯度数据向量$\boldsymbol{\psi}(k)$时，需要事先给定系统模型阶次 n_0。如果通过算法式(17.15.24)损失函数矩阵$\boldsymbol{D}_n(k)$判断的系统模型阶次与给定的阶次 n_0 不符，那么需要利用估计的系统模型阶次重新构造输出梯度数据向量 $\boldsymbol{\psi}(k)$。

例 17.9 考虑如图 17.11 所示仿真闭环控制系统，图中系统模型为

$$\begin{aligned} z(k) &= 1.45z(k-1) - 0.65z(k-2) + 1.10u(k-1) - 0.70u(k-2) \\ &\quad + v(k) - 1.00v(k-1) + 0.20v(k-2) \end{aligned} \tag{17.15.25}$$

式中，$u(k)$、$z(k)$为系统模型输入和输出变量，噪声 $v(k)$是零均值、方差为 $\sigma_v^2=0.16$

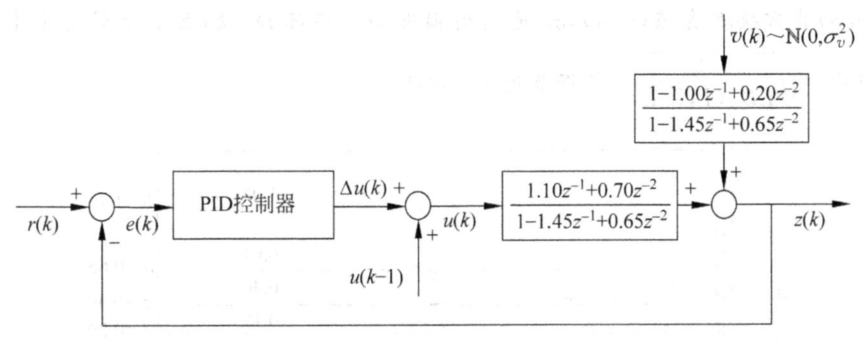

图 17.11 仿真闭环控制系统

的白噪声。

控制器采用增量型 PID 控制器，控制信号 $u(k)$ 增量如式(17.15.3)所示，k 时刻的控制信号为 $u(k)=u(k-1)+\Delta u(k)$。控制律 $u(k)$ 又可写成式(17.15.20)和式(17.15.21)，其中控制器模型参数估计向量 $\hat{\boldsymbol{\vartheta}}(k)$ 利用算法式(17.15.22)估计，算法的数据向量 $\boldsymbol{\psi}(k)$ 由下式构成

$$\begin{cases}\psi_i(k)=-\hat{a}_1(k)\psi_i(k-1)-\hat{a}_2(k)\psi_i(k-2)\\ \qquad\qquad +\hat{b}_1(k)(e(k-i-1)-\psi_i^*(k-1))+\hat{b}_2(k)(e(k-i-2)-\psi_i^*(k-n_0))\\ \psi_i^*(k)=\hat{q}_0(k-1)\psi_i(k)+\hat{q}_1(k-1)\psi_i(k-1)+\hat{q}_2(k-1)\psi_i(k-2)\\ i=0,1,2\end{cases} \tag{17.15.26}$$

式中，系统模型参数估计值 $\hat{a}_1(k)$、$\hat{a}_2(k)$、$\hat{b}_1(k)$ 和 $\hat{b}_2(k)$ 利用算法式(17.15.24)估计，算法的增广数据向量由下式构成

$$\begin{cases}\boldsymbol{\varphi}_n(k)=[-z(k-4),u(k-4),\hat{v}(k-4),\cdots,\\ \qquad\qquad -z(k-1),u(k-1),\hat{v}(k-1),-z(k)]^{\mathrm{T}}\\ \hat{v}(k)=-f_N(k)/\beta_{N-1}(k)\\ n=4,N=3n+1=13\end{cases} \tag{17.15.27}$$

其中，$n=4$ 为假设的最高模型阶次，$N=13$ 是参数辨识矩阵 $\boldsymbol{U}_4(k)$ 和损失函数矩阵 $\boldsymbol{D}_4(k)$ 的维数。利用损失函数矩阵 $\boldsymbol{D}_4(k)$ 判定系统模型阶次 $n_0=2$，与式(17.15.26)事先假定的系统模型阶次相符，无需调整系统模型阶次。

在闭环状态下，利用算法式(17.15.22)和式(17.15.24)辨识控制器模型参数和系统模型参数

$$\begin{cases}\hat{\boldsymbol{\vartheta}}(k)=[\hat{q}_0(k),\hat{q}_1(k),\hat{q}_2(k)]^{\mathrm{T}}\\ \hat{\boldsymbol{\theta}}(k)=[\hat{a}_1(k),\hat{a}_2(k),\hat{b}_1(k),\hat{b}_2(k),\hat{d}_1(k),\hat{d}_2(k)]^{\mathrm{T}}\end{cases} \tag{17.15.28}$$

式中，$\hat{\boldsymbol{\theta}}(k)$ 元素取自参数辨识矩阵 $\boldsymbol{U}_4(k)$ 第 7 列，模型参数辨识结果如图 17.12 和图 17.13 所示。

图 17.12 是系统模型参数估计值 $\hat{\boldsymbol{\theta}}(k)$ 的变化过程，右侧是系统模型参数真实值，可见辨识结果不错。图中还给出噪声 $v(k)$ 标准差估计值 $\hat{\sigma}_v$ 的变化过程，估计结果

(0.4028)非常接近真值(0.4)，$\hat{\sigma}_v$ 是利用损失函数矩阵 $\boldsymbol{D}_4(k)$ 第 7 个对角元素计算的，即 $\hat{\sigma}_v=\sqrt{\dfrac{1}{L\boldsymbol{D}_n(7,7,L)}}$，数据长度 $L=600$。

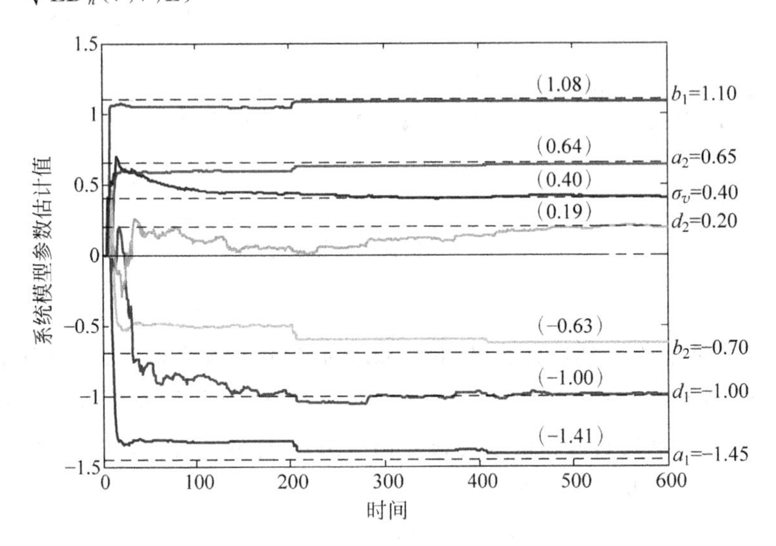

图 17.12 系统模型参数估计值$\hat{\boldsymbol{\theta}}(k)$变化过程

图 17.13 是控制器模型参数估计值$\hat{\boldsymbol{\vartheta}}(k)$的变化过程，右侧是 $k=L=600$ 时的控制器模型参数估计值。闭环控制过程中，为满足控制目标函数式(17.15.8)达到最小的要求，$\hat{\boldsymbol{\vartheta}}(k)$在不断实时调整变化。图 17.14 是按式(17.15.7)将控制器模型参数估计值$\hat{\boldsymbol{\vartheta}}(k)$换算为 PID 参数(比例增益 K_{P}、积分时间 T_{I} 和微分时间 T_{D})的变化情况。由于式(17.15.7)的特殊性，图 17.14 较图 17.13 变化更为敏感些，这也是控制

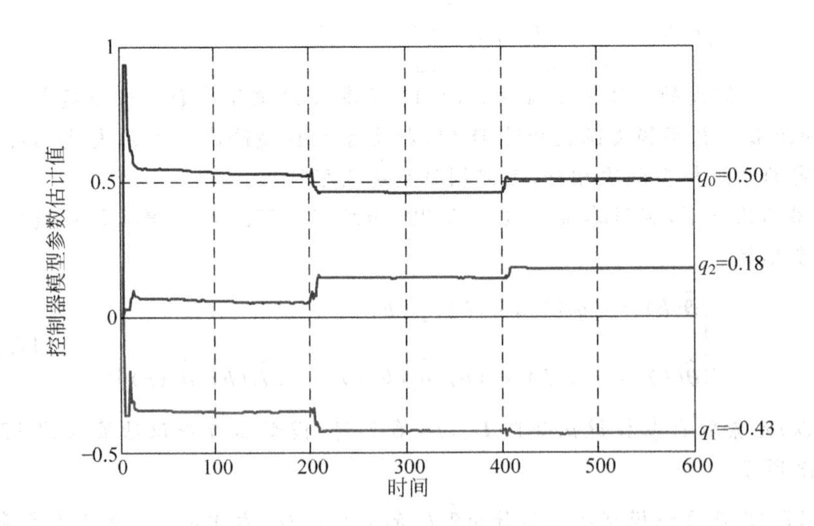

图 17.13 控制模型参数估计值$\hat{\boldsymbol{\vartheta}}(k)$变化过程

调整的需要。

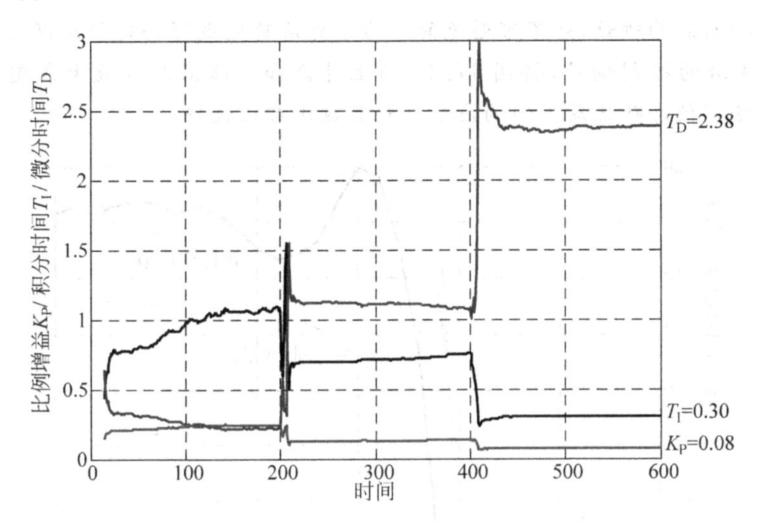

图 17.14　控制 PID 参数(K_P、T_I 和 T_D)估计值变化过程

利用算法式(17.15.22)辨识控制器模型参数向量$\boldsymbol{\vartheta}$时，需要设置初始值$\hat{\boldsymbol{\vartheta}}(0)$。由于控制器模型参数$\boldsymbol{\vartheta}$的物理意义不明确，可先设置 PID 参数(比例增益 K_P、积分时间 T_I 和微分时间 T_D)的初始值，再根据式(17.15.6)换算成$\hat{\boldsymbol{\vartheta}}(0)$。由于 PID 参数(比例增益 K_P、积分时间 T_I 和微分时间 T_D)的物理意义明确，比较好设置，只要选择一组 PID 参数，保证系统闭环是稳定的即可。本例选 $K_p=0.3$、$T_I=0.5$ 和 $T_D=0.1$，其他的选择也是可以的。

图 17.15 是控制给定值在 $k=200$ 和 $k=400$ 出现两次跳变时的闭环控制响应，

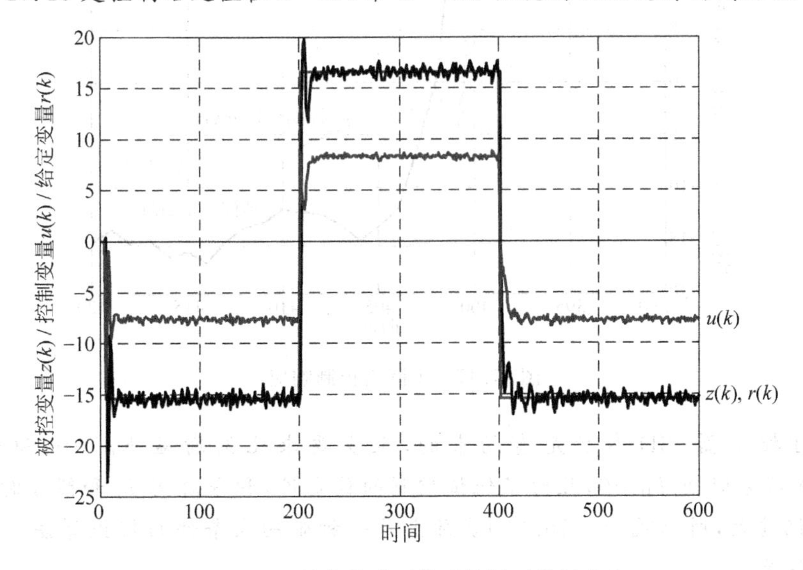

图 17.15　给定值阶跃扰动的闭环控制响应

从图中可以看到被控变量 $z(k)$ 总是紧随给定值 $r(k)$ 的变化，控制效果很好，其波动是噪声 $v(k)$ 的影响所致，是不可避免的。为了更清楚地观察给定值阶跃扰动下的上升沿和下降沿的控制响应，将图 17.15 的上升沿和下降沿局部放大成图 17.16 和图 17.17，给定值阶跃扰动下的响应速度和衰减比都比较好。

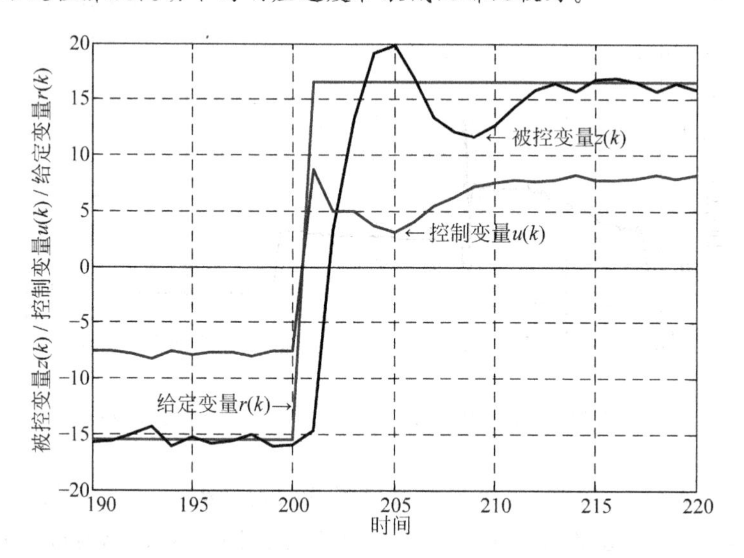

图 17.16 上升沿控制响应

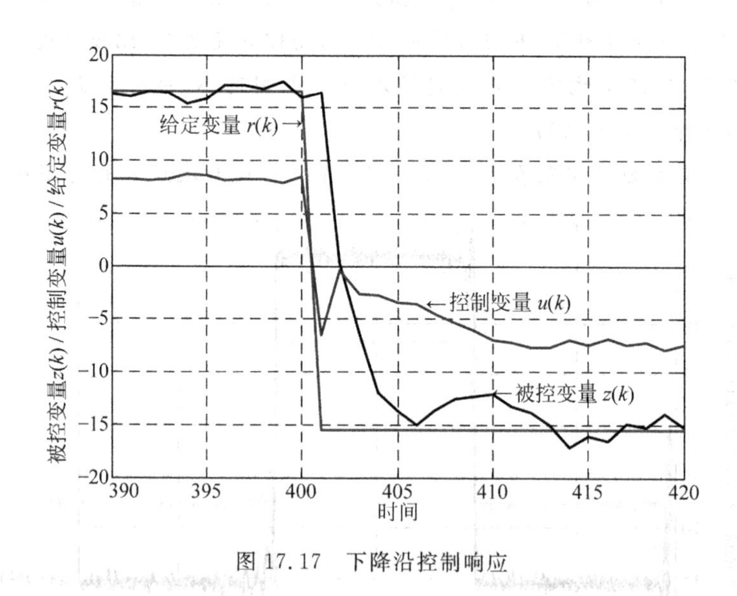

图 17.17 下降沿控制响应

由于控制器 PID 参数是有约束的，至少要求比例增益 $K_P>0$、积分时间 $T_I>0$ 和微分时间 $T_D>0$，且为了保证控制的稳定性，积分时间 T_I 和微分时间 T_D，不宜变化过大，所以式(17.15.22)实际上是一种带约束条件的辨识算法。本例的约束条件为

$$\begin{cases} K_P(k) > 0, T_I(k) > 0, T_D > 0, & \forall k \\ |T_I(k) - T_I(k-1)| < 3, & \forall k \\ |T_D(k) - T_D(k-1)| < 3, & \forall k \end{cases} \tag{17.15.29}$$

图 17.18 是给定值为斜坡扰动时的闭环控制响应，图 17.19 和图 17.20 是上斜坡和下斜坡扰动下的控制响应局部放大图，系统模型参数估计值与控制器模型参数估计值变化过程与图 17.12、图 17.13 和图 17.14 类似，为节省篇幅这里不再重复。

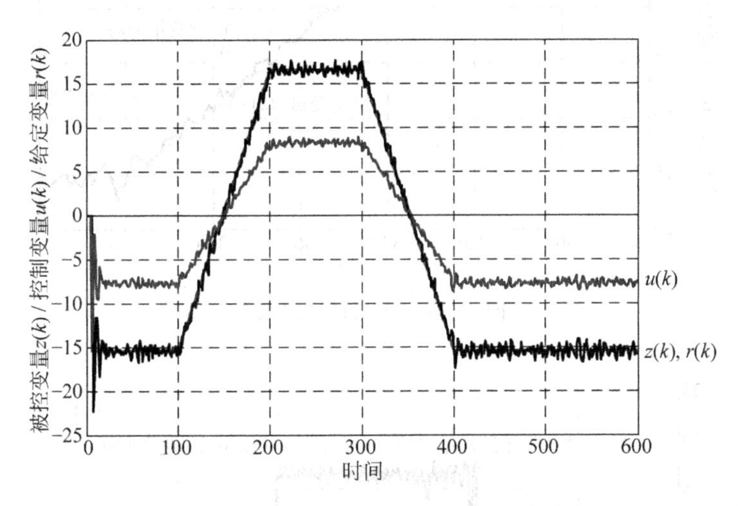

图 17.18 给定值斜坡扰动的闭环控制响应

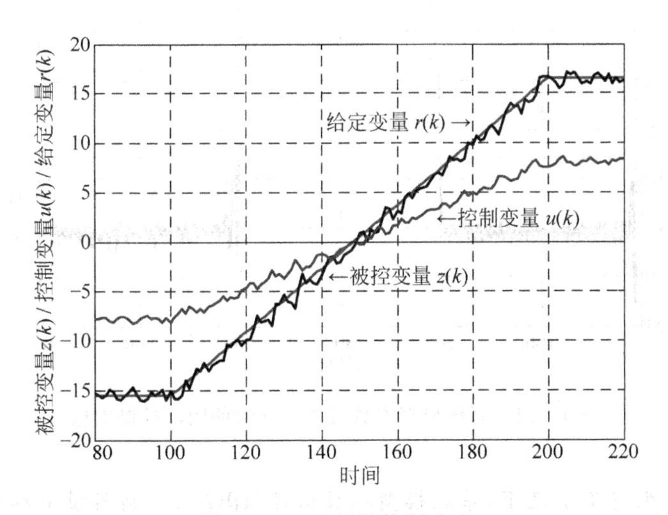

图 17.19 上斜坡控制响应

下面的仿真实验结果是系统模型参数在 $k=250$ 发生突变时的控制响应情况，图 17.21 是系统模型参数发生突变时的闭环控制响应。图 17.22 是模型参数突变时的控制响应局部放大图。从图中可以看到，系统模型参数突变对控制响应影响不大，闭环控制系统仍然稳定工作，被控变量 $z(k)$ 照常很好地跟随给定值 $r(k)$。在系

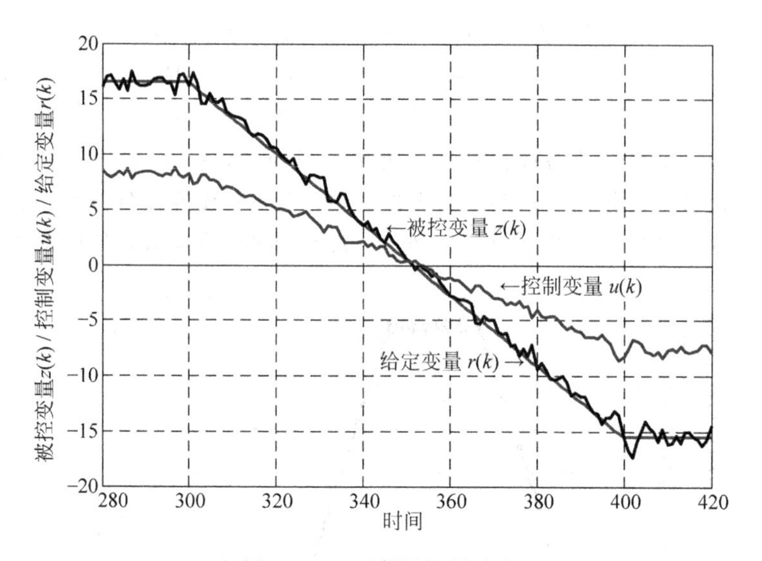

图 17.20　下斜坡控制响应

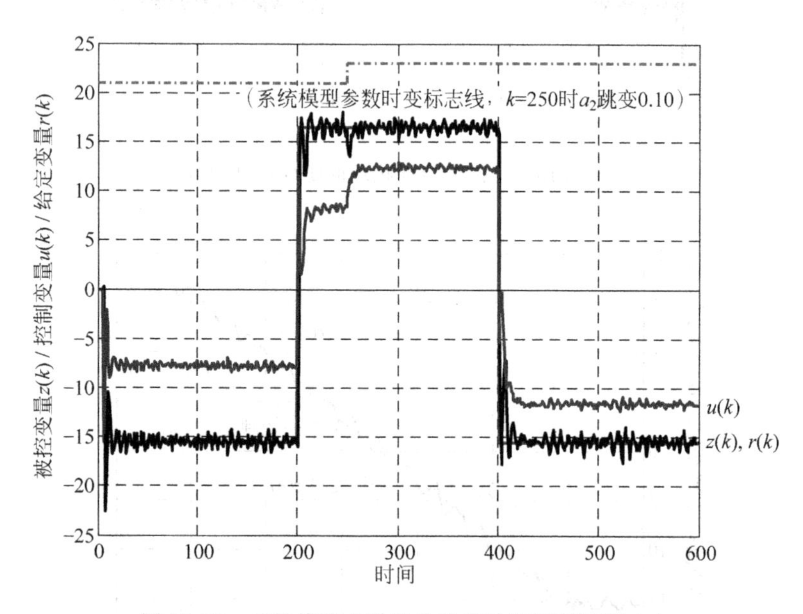

图 17.21　系统模型参数发生突变时的闭环控制响应

统模型参数发生突变情况下，系统模型参数估计值$\hat{\boldsymbol{\theta}}(k)$、控制器模型参数估计值$\hat{\boldsymbol{\vartheta}}(k)$和 PID 参数(比例增益 K_P、积分时间 T_I 和微分时间 T_D)估计值也在为适应参数突变不断调整，如图 17.23、图 17.24 和图 17.25 所示。当系统模型参数估计值收敛到新的参数值时，控制器模型参数和 PID 参数也重新组合出新的控制参数。为了适应参数时变的需要，算法式(17.15.24)还引入了遗忘因子(参见第 11 章 11.5.3 节 AUDI-RFF 算法，本例遗忘因子取 $\mu=0.98$)。

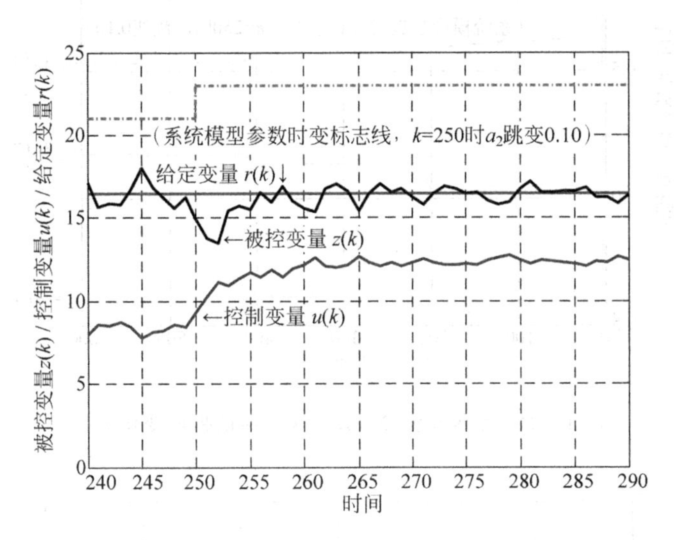

图 17.22　突变时刻控制响应局部放大图

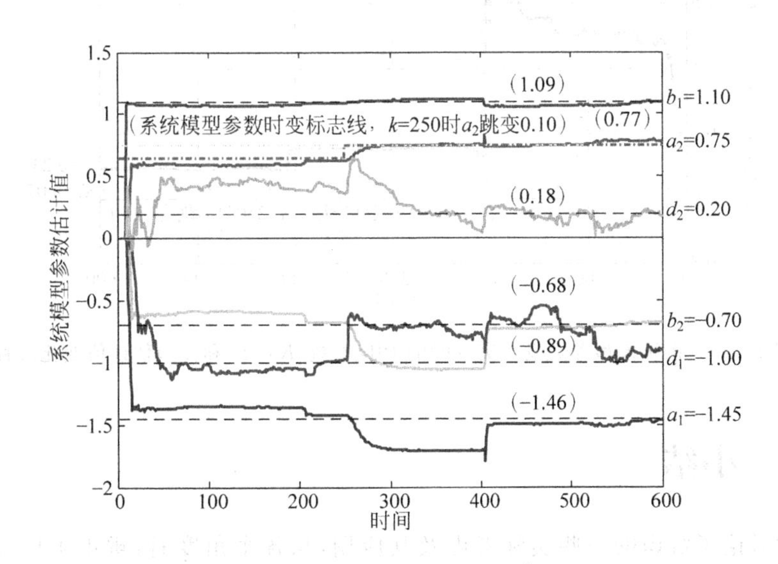

图 17.23　系统模型参数发生突变时的$\hat{\boldsymbol{\theta}}(k)$变化过程

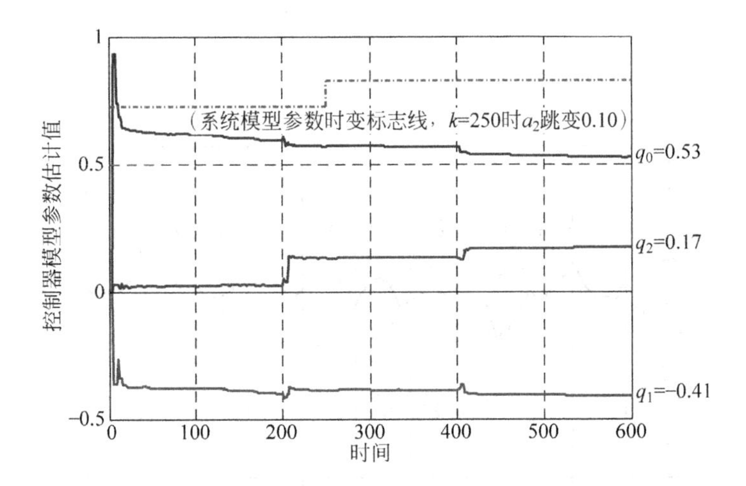

图 17.24　系统模型参数发生突变时的$\hat{\boldsymbol{\vartheta}}(k)$变化过程

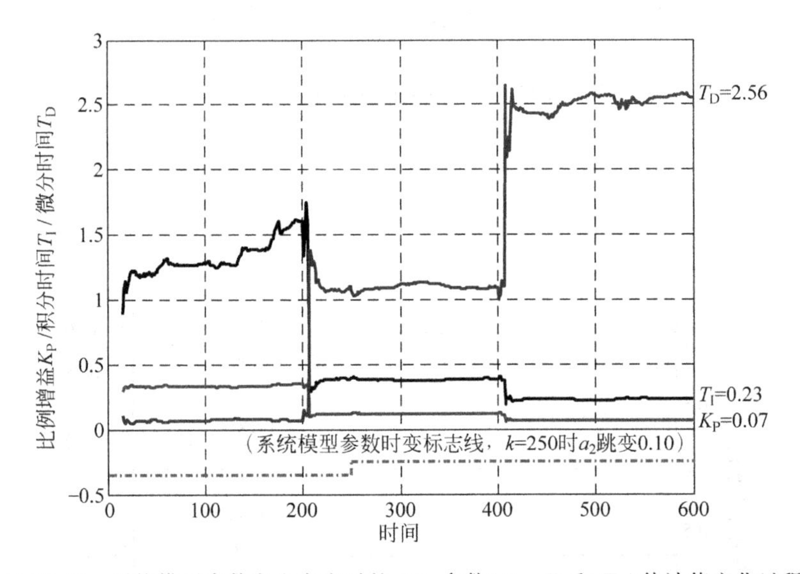

图 17.25　系统模型参数发生突变时的 PID 参数（K_P、T_I 和 T_D）估计值变化过程

17.16　小结

本章讨论了辨识的一些实际考虑及其应用，从各个角度看，辨识不应该只是数学问题，同时也不完全是信息处理问题。它不仅要求对辨识理论、辨识技术知识要有很好的了解，而且要求有使用计算机的能力和技巧。辨识除了在预报和控制中有很好的应用外，还能用于更为广泛的其他应用领域，比如医学工程、生物工程、生态系统，乃至社会经济系统等。

习题

(1) 回顾第1章例1.1太阳能双循环采暖系统,如下图所示。

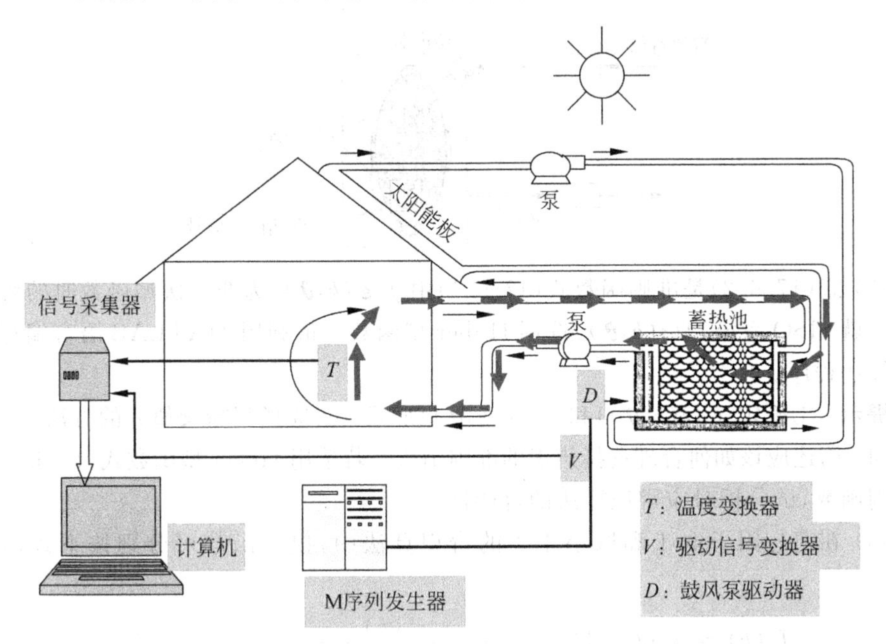

考虑图中箭头所示的热流向通道(蓄热池—暖房通道)模型辨识问题。设该通道模型结构为

$$z(k)=\frac{B(z^{-1})}{A(z^{-1})}u(k)$$

式中,$u(k)$为模型输入变量(蓄热池出口鼓风泵驱动信号 V),$z(k)$为输出变量(房间温度 T),且定义

$$\begin{cases}A(z^{-1})=1+a_1z^{-1}+a_2z^{-2}+a_3z^{-3}\\B(z^{-1})=b_1z^{-1}+b_2z^{-2}\end{cases}$$

并设输入变量 $u(k)$是可准确测量的(M 序列的电压信号 V),输出变量 $z(k)$受均值为零、方差未知、服从正态分布的白噪声污染。由M序列发生器生成M序列信号,作用于鼓风泵驱动器 D,驱动鼓风泵,改变流经房间的空气流量,使房间的温度发生变化。驱动信号 V 和房间温度信号 T 由信号采集器采集,并传送给计算机,完成辨识实验的数据收集。试设计蓄热池—暖房通道模型的辨识方案,包括必要的系统分析、实验设计、算法选择和结果分析等。

(2) 考虑下图所示的会议电话系统,远端语音信号传给扬声器,从扬声器发出的声音经环绕路径传到麦克风,形成声学回波。由于构成环绕路径的墙壁、地板、天花板、家具、装修等背景的反射及人员流动、门窗开闭、环境变化等因素的影响,扬声器与麦克风之间的声学响应特性会发生变化,影响声学回波,造成双方通话质量下降。

在会议电话系统中，通话双方同时讲话的情形也是经常出现的，这时回声和远端语音混杂在一起，更影响双方通话质量。为了提高电话会议的语音质量，需要抑制声学回波的影响。试以辨识方法为基础，设计一种自适应方案，在不影响近端讲话的前提下，消除远端语音信号的声学回波影响，提高通话质量。

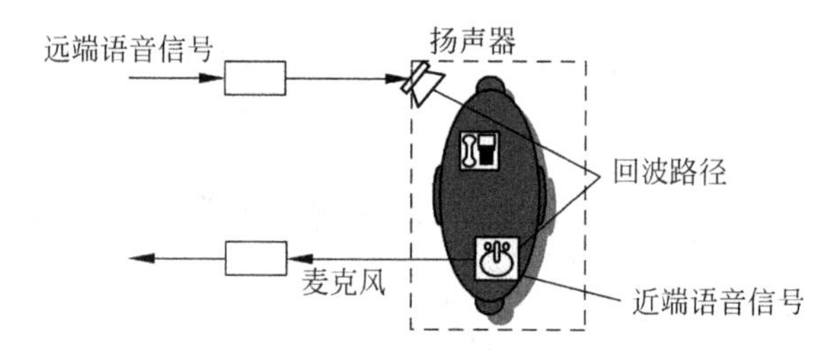

(3) 式(17.6.2)是准则函数式(17.6.1)中 $f(\boldsymbol{\varepsilon}(k,\boldsymbol{\theta}))$ 为非二次型函数时的辨识算法。就 SISO 系统，$f(\varepsilon(k,\boldsymbol{\theta}))$ 选用 Huber 型函数。请利用 MATLAB 语言编写该辨识算法程序。

提示：①确定 $f_\varepsilon(\varepsilon(k,\boldsymbol{\theta}))$ 和 $f_{\varepsilon\varepsilon}(\varepsilon(k,\boldsymbol{\theta}))$ 形式；②选择判断阈值 α 的方法。

(4) 简述应该如何合理选择辨识的准则函数？若选用 Huber 型函数式(17.6.8)作为准则函数，试分析对应辨识算法的鲁棒性。

(5) 在遗忘因子取 1 和取小于 1 的辨识算法中，损失函数可分别按下式递推计算

$$J_1(k) = J_1(k-1) + \frac{\tilde{z}^2(k)}{1+\boldsymbol{h}^{\mathrm{T}}(k)\boldsymbol{P}(k-1)\boldsymbol{h}(k)}$$

$$J_2(k) = \mu(k)\left(J_2(k-1) + \frac{\tilde{z}^2(k)}{\mu(k)+\boldsymbol{h}^{\mathrm{T}}(k)\boldsymbol{P}(k-1)\boldsymbol{h}(k)}\right)$$

式中，$\tilde{z}(k)$ 为模型新息，$\boldsymbol{P}(k-1)$ 为数据协方差阵，$\boldsymbol{h}(k)$ 为数据向量，$\mu(k)$ 为遗忘因子。证明当时间 k 很大时，$J_1(k)$ 随着 k 线性增长，斜率等于噪声方差估计；$J_2(k)$ 近似为常数，其值为噪声方差估计。

(6) 试解释辨识算法初始值为什么会产生如图 17.6 所示的影响？

(7) 证明式(17.10.6)。

(8) 考虑如下几个模型

$$\begin{cases} G_1(z^{-1}) = \dfrac{z^{-1}+0.5z^{-2}}{1-1.5z^{-1}+0.7z^{-2}} \\ G_2(z^{-1}) = \dfrac{1}{1-1.5z^{-1}+0.7z^{-2}} \\ G_3(z^{-1}) = \dfrac{1-z^{-1}+0.2z^{-2}}{1-1.5z^{-1}+0.7z^{-2}} \\ G_4(z^{-1}) = 1-z^{-1}+0.2z^{-2} \end{cases}$$

如果模型输入信号的方差为 1，试利用式(17.10.5)和式(17.10.6)计算模型输出数据序列的方差。

(9) 考虑 AR 模型 $A(z^{-1})z(k)=v(k)$，其中 $v(k)$ 是零均值白噪声，$A(z^{-1})=$

$1+a_1z^{-1}+\cdots+a_nz^{-n}$，证明该模型的可辨识性条件为：$A(z^{-1})=0$ 的根全部位于 z 平面的单位圆内。

(10) 证明式(17.13.4)和式(17.13.9)。

(11) 利用式(17.13.4)，将下列脉冲传递函数转换成连续传递函数

$$\begin{cases} G_1(z^{-1}) = \dfrac{7.157z^{-1}-6.488z^{-2}}{1-2.233z^{-1}+1.769z^{-2}-0.497z^{-3}}, & T_0 = 6\text{s} \\ G_2(z^{-1}) = \dfrac{0.004z^{-1}+0.015z^{-2}}{1-1.780z^{-1}+0.801z^{-2}}, & T_0 = 1\text{s} \end{cases}$$

(12) 将如下状态空间模型转化成等价的差分方程

$$\begin{cases} \boldsymbol{x}(k+1) = \begin{bmatrix} 0.1 & -0.1 & 1 \\ 0 & 0.1 & -1 \\ -1 & 1 & 0.2 \end{bmatrix}\boldsymbol{x}(k) + \begin{bmatrix} 1 \\ 0 \\ 1 \end{bmatrix}u(k) + \begin{bmatrix} 1 \\ 1 \\ 0 \end{bmatrix}\omega(k) \\ z(k) = [1 \quad 1 \quad 0]\boldsymbol{x}(k) + w(k) \end{cases}$$

其中，$\omega(k)$和 $w(k)$为零均值、互不相关的白噪声。

(13) 将如下脉冲传递函数模型转化成等价的状态空间模型

$$G(z^{-1}) = \frac{0.6z^{-1}}{1-1.6z^{-1}+z^{-2}}$$

(14) 考虑如下状态空间模型

$$\begin{cases} x(k+1) = ax(k) + \omega(k) \\ z(k) = cx(k) + w(k) \end{cases}$$

其中，$\omega(k)$和 $w(k)$为零均值、方差为 σ_ω^2 和 σ_w^2，且互不相关的白噪声。证明状态空间模型输出 $z(k)$可表示成 ARMA 模型

$$z(k)+a_1z(k-1)+\cdots+a_nz(k-n) = v(k)+d_1v(k-1)+\cdots+d_nv(k-n)$$

请确定 ARMA 模型阶次 n、模型参数 a_i 和 d_i 及噪声 $v(k)$方差与状态空间模型参数 a 和 c 及噪声 $\omega(k)$与 $w(k)$方差之间的关系，并写出噪声 $v(k)$与噪声 $\omega(k)$、$w(k)$的关系表达式。

(15) 证明式(17.14.6)和式(17.14.7)。

(16) 考虑图 17.10 所示的闭环控制系统，如果系统模型改成

$$A(z^{-1})z(k) = z^{-d}B(z^{-1})u(k) + D(z^{-1})v(k)$$

式中，$u(k)$、$z(k)$是系统输入和输出变量，$v(k)$是零均值、方差等于 σ_v^2、服从正态分布的白噪声，d 为系统模型前向通道迟延，模型多项式定义为

$$\begin{cases} A(z^{-1}) = 1 + a_1z^{-1} + \cdots + a_{n_a}z^{-n_a} \\ B(z^{-1}) = b_0 + b_1z^{-1} + b_2z^{-2} + \cdots + b_{n_b}z^{-n_b} \\ D(z^{-1}) = 1 + d_1z^{-1} + \cdots + d_{n_d}z^{-n_d} \end{cases}$$

证明利用算法式(17.15.20)～式(17.15.24)进行实时自整定控制时，输出 $z(k)$梯度向量

$$\boldsymbol{\psi}(k) = [\psi_0(k), \psi_1(k), \psi_2(k)]^{\mathrm{T}} = \left[\frac{\partial z(k)}{\partial \boldsymbol{\vartheta}}\right]^{\mathrm{T}} = \left[\frac{\partial z(k)}{\partial q_0}, \frac{\partial z(k)}{\partial q_1}, \frac{\partial z(k)}{\partial q_2}\right]^{\mathrm{T}}$$

的元素可表示为

$$\psi_i(k)=\frac{\partial z(k)}{\partial q_i}=[A(z^{-1})+z^{-d}B(z^{-1})Q(z^{-1})]^{-1}z^{-d}B(z^{-1})e(k-i),\quad i=0,1,2$$

被控变量偏差 $e(k)=r(k)-z(k)$ 的方差估计值满足

$$\sigma_e^2=(1+f_1^2+f_2^2+\cdots+f_{d-1}^2)\sigma_v^2$$

其中，$f_i=d_i-\sum_{j=0}^{i-1}f_j a_{i-j}, i=1,2,\cdots,d-1$。

（17）考虑如下的线性离散状态空间模型

$$\begin{cases}\boldsymbol{x}(k+1)=\boldsymbol{A}\boldsymbol{x}(k)+\boldsymbol{\Gamma}\boldsymbol{\omega}(k)\\ \boldsymbol{z}(k)=\boldsymbol{C}\boldsymbol{x}(k)+\boldsymbol{w}(k)\end{cases}$$

式中，$\boldsymbol{x}(k)\in\mathrm{R}^{n\times1}$ 为模型状态变量，$\boldsymbol{z}(k)\in\mathrm{R}^{m\times1}$ 为模型输出变量；$\boldsymbol{A}\in\mathrm{R}^{n\times n}$ 为非奇异的状态转移参数矩阵，$\boldsymbol{C}\in\mathrm{R}^{m\times n}$ 为测量参数矩阵，$\boldsymbol{\Gamma}\in\mathrm{R}^{n\times n}$ 为噪声参数矩阵；$\boldsymbol{\omega}(k)\in\mathrm{R}^{n\times1}$ 为系统噪声，$\boldsymbol{w}(k)\in\mathrm{R}^{m\times1}$ 为输出测量噪声，它们是互为独立的白噪声，其均值和协方差矩阵分别为

$$\begin{cases}\mathrm{E}\{\boldsymbol{\omega}(k)\}=0,\quad \mathrm{E}\{\boldsymbol{\omega}(k)\boldsymbol{\omega}^{\mathrm{T}}(j)\}=\boldsymbol{\Sigma}_{\boldsymbol{\omega}}\delta(k,j)\\ \mathrm{E}\{\boldsymbol{w}(k)\}=0,\quad \mathrm{E}\{\boldsymbol{w}(k)\boldsymbol{w}^{\mathrm{T}}(j)\}=\boldsymbol{\Sigma}_{w}\delta(k,j)\end{cases}$$

其中，$\delta(k,j)=\begin{cases}1, & k=j\\ 0, & k\neq j\end{cases}$。

上述离散线性空间模型的 Kalman 滤波器算法可写成

$$\begin{cases}\hat{\boldsymbol{x}}(k)=\hat{\boldsymbol{x}}(k\mid k-1)+\boldsymbol{K}(k)\tilde{\boldsymbol{z}}(k)\\ \tilde{\boldsymbol{z}}(k)=\boldsymbol{z}(k)-\boldsymbol{C}\hat{\boldsymbol{x}}(k\mid k-1)\\ \hat{\boldsymbol{x}}(k\mid k-1)=\boldsymbol{A}\hat{\boldsymbol{x}}(k-1)\\ \boldsymbol{K}(k)=\boldsymbol{P}(k-1)\boldsymbol{C}^{\mathrm{T}}[\boldsymbol{C}\boldsymbol{P}(k-1)\boldsymbol{C}^{\mathrm{T}}+\boldsymbol{\Sigma}_w]^{-1}\\ \boldsymbol{P}(k)=\boldsymbol{A}\boldsymbol{P}(k-1)\boldsymbol{A}^{\mathrm{T}}+\boldsymbol{\Gamma}\boldsymbol{\Sigma}_{\boldsymbol{\omega}}\boldsymbol{\Gamma}^{\mathrm{T}}\end{cases}$$

其中，$\hat{\boldsymbol{x}}(k)$ 为模型状态估计值，$\hat{\boldsymbol{x}}(k|k-1)$ 为模型状态一步预报值；$\tilde{\boldsymbol{z}}(k)$ 为模型新息；$\boldsymbol{K}(k)\in\mathrm{R}^{m\times n}$ 为 Kalman 滤波器增益矩阵，$\boldsymbol{P}(k)$ 为模型状态估计误差的协方差阵。

上面的 Kalman 滤波器算法表明，噪声协方差阵 $\boldsymbol{\Sigma}_\omega$ 和 $\boldsymbol{\Sigma}_w$ 通过滤波器增益矩阵 $\boldsymbol{K}(k)$ 影响模型状态估计值 $\hat{\boldsymbol{x}}(k)$。为了获得模型状态估计值 $\hat{\boldsymbol{x}}(k)$，噪声协方差阵 $\boldsymbol{\Sigma}_{\boldsymbol{\omega}}$ 和 $\boldsymbol{\Sigma}_w$ 必需已知，但是一般情况下，它们是未知的。邓自立教授提出一种利用辨识方法，避开噪声协方差阵 $\boldsymbol{\Sigma}_{\boldsymbol{\omega}}$ 和 $\boldsymbol{\Sigma}_w$ 的估计，通过直接估计滤波器增益矩阵 $\boldsymbol{K}(k)$，以实现模型状态估计的算法[72]。这也算是辨识在滤波中的一种应用。

定义滤波器增益矩阵 $\boldsymbol{K}(k)\stackrel{\text{def}}{=}[\boldsymbol{k}_1(k),\boldsymbol{k}_2(k),\cdots,\boldsymbol{k}_m(k)]$，其中 $\boldsymbol{k}_i(k), i=1,2,\cdots,m$，为滤波器增益矩阵 $\boldsymbol{K}(k)$ 的列向量，并设 $\boldsymbol{K}_P(k)\stackrel{\text{def}}{=}[\boldsymbol{k}_{p1}(k),\boldsymbol{k}_{p2}(k),\cdots,\boldsymbol{k}_{pm}(k)]$，$\boldsymbol{k}_{pi}(k), i=1,2,\cdots,m$ 为 $\boldsymbol{K}_P(k)$ 的列向量；记状态转移矩阵 $\boldsymbol{A}$ 的特征多项式和伴随矩阵多项式为

$$\begin{cases}\det(\boldsymbol{I}_n-z^{-1}\boldsymbol{A})=A(z^{-1})=1+a_1z^{-1}+\cdots+a_nz^{-n}\\ \mathrm{adj}(\boldsymbol{I}_n-z^{-1}\boldsymbol{A})=\boldsymbol{F}(z^{-1})=\boldsymbol{I}_n+\boldsymbol{F}_1z^{-1}+\cdots+\boldsymbol{F}_{n-1}z^{-(n-1)}\end{cases}$$

式中

$$\begin{cases} a_i = -\dfrac{1}{i}\mathrm{Trace}(\boldsymbol{A}\boldsymbol{F}_{i-1}), \quad i = 1,2,\cdots,n \\ \boldsymbol{F}_i = \boldsymbol{A}\boldsymbol{F}_{i-1} + a_i\boldsymbol{I}_n, \quad i = 1,2,\cdots,n-1 \end{cases}$$

并置

$$\begin{cases} \boldsymbol{a} = [a_1, a_2, \cdots, a_n]^{\mathrm{T}} \\ \boldsymbol{\Omega}_i = \begin{bmatrix} \boldsymbol{c}_i^{\mathrm{T}}\boldsymbol{F}_0 \\ \boldsymbol{c}_i^{\mathrm{T}}\boldsymbol{F}_1 \\ \vdots \\ \boldsymbol{c}_i^{\mathrm{T}}\boldsymbol{F}_{n-1} \end{bmatrix} \\ i = 1,2,\cdots,m \end{cases}$$

式中，$\boldsymbol{c}_i^{\mathrm{T}}, i=1,2,\cdots,m$ 为参数矩阵 $\boldsymbol{C}$ 的行向量。试证明 Kalman 滤波器增益矩阵 $\boldsymbol{K}(k)$的列向量可表示为

$$\begin{cases} \boldsymbol{k}_i(k) = \boldsymbol{A}^{-1}\boldsymbol{\Omega}_i^{-1}[\hat{\boldsymbol{\theta}}_{ii}(k) - \boldsymbol{a}] \\ i = 1,2,\cdots,m \end{cases}$$

式中，$\hat{\boldsymbol{\theta}}_{ii}(k)$是下列参数向量$\boldsymbol{\theta}_{ii}(k)$的估计值

$$\boldsymbol{\theta}_{ii}(k) = [d_1^{(ii)}(k), d_2^{(ii)}(k), \cdots, d_n^{(ii)}(k)]^{\mathrm{T}}$$

参数向量$\boldsymbol{\theta}_{ii}(k)$由下列新息模型的多项式 $D_{ii}(z^{-1})$系数组成

$$A(z^{-1})\boldsymbol{z}(k) = \boldsymbol{D}(z^{-1})\,\tilde{\boldsymbol{z}}(k)$$

其中

$$\begin{cases} \boldsymbol{D}(z^{-1}) = \boldsymbol{C}\boldsymbol{F}(z^{-1})\boldsymbol{K}_P(k)z^{-1} + A(z^{-1})\boldsymbol{I}_m \\ \qquad \stackrel{\mathrm{def}}{=} \begin{bmatrix} D_{11}(z^{-1}) & \cdots & D_{1m}(z^{-1}) \\ \vdots & \ddots & \vdots \\ D_{m1}(z^{-1}) & \cdots & D_{mm}(z^{-1}) \end{bmatrix} \\ D_{ii}(z^{-1}) = \boldsymbol{c}_i^{\mathrm{T}}\boldsymbol{F}(z^{-1})\boldsymbol{k}_{Pi}(k)z^{-1} + A(z^{-1}) \\ \qquad = 1 + [a_1 + \boldsymbol{c}_i^{\mathrm{T}}\boldsymbol{k}_{Pi}(k)]z^{-1} + [a_2 + \boldsymbol{c}_i^{\mathrm{T}}\boldsymbol{F}_1\boldsymbol{k}_{Pi}(k)]z^{-2} + \cdots \\ \qquad\quad + [a_n + \boldsymbol{c}_i^{\mathrm{T}}\boldsymbol{F}_{n-1}\boldsymbol{k}_{Pi}(k)]z^{-n} \\ \qquad = 1 + d_1^{(ii)}(k)z^{-1} + d_2^{(ii)}(k)z^{-2} + \cdots + d_n^{(ii)}(k)z^{-n} \\ D_{ij}(z^{-1}) = \boldsymbol{c}_i^{\mathrm{T}}\boldsymbol{F}(z^{-1})\boldsymbol{k}_{Pj}(k)z^{-1} \\ \qquad = \boldsymbol{c}_i^{\mathrm{T}}\boldsymbol{k}_{Pj}(k)z^{-1} + \boldsymbol{c}_i^{\mathrm{T}}\boldsymbol{F}_1\boldsymbol{k}_{Pj}(k)z^{-2} + \cdots + \boldsymbol{c}_i^{\mathrm{T}}\boldsymbol{F}_{n-1}\boldsymbol{k}_{Pj}(k)z^{-n} \\ \qquad = d_1^{(ij)}(k)z^{-1} + d_2^{(ij)}(k)z^{-2} + \cdots + d_n^{(ij)}(k)z^{-n}, \quad i \neq j \end{cases}$$

提示：① 模型状态一步预报值可写成

$$\begin{aligned} \hat{\boldsymbol{x}}(k \mid k-1) &= \boldsymbol{A}\hat{\boldsymbol{x}}(k-1) = \boldsymbol{A}[\hat{\boldsymbol{x}}(k-1 \mid k-2) + \boldsymbol{K}(k)\,\tilde{\boldsymbol{z}}(k-1)] \\ &= \boldsymbol{A}\hat{\boldsymbol{x}}(k-1 \mid k-2) + \boldsymbol{K}_P(k)\,\tilde{\boldsymbol{z}}(k-1) \\ &= [\boldsymbol{I}_n - z^{-1}\boldsymbol{A}]^{-1}\boldsymbol{K}_P(k)\,\tilde{\boldsymbol{z}}(k-1) \end{aligned}$$

式中，$\boldsymbol{K}_P(k)=\boldsymbol{AK}(k)\overset{\text{def}}{=}[\boldsymbol{k}_{p1}(k),\boldsymbol{k}_{p2}(k),\cdots,\boldsymbol{k}_{pm}(k)]$。

② 利用 Fadeeva 求逆公式，将$[\boldsymbol{I}_n-z^{-1}\boldsymbol{A}]^{-1}$写成

$$[\boldsymbol{I}_n-z^{-1}\boldsymbol{A}]^{-1}=\frac{\boldsymbol{F}(z^{-1})}{A(z^{-1})}$$

则有

$$A(z^{-1})\hat{\boldsymbol{x}}(k\mid k-1)=\boldsymbol{F}(z^{-1})\boldsymbol{K}_P(k)\tilde{\boldsymbol{z}}(k-1)$$

③ 利用$\tilde{\boldsymbol{z}}(k)=\boldsymbol{z}(k)-\boldsymbol{C}\hat{\boldsymbol{x}}(k|k-1)$，将上式写成如下模型

$$A(z^{-1})\boldsymbol{z}(k)=\boldsymbol{D}(z^{-1})\tilde{\boldsymbol{z}}(k)$$

④ 根据多项式 $D_{ii}(z^{-1})$的系数关系，可得$\boldsymbol{\Omega}_i\boldsymbol{k}_{Pi}(k)=\boldsymbol{\theta}_{ii}(k)-\boldsymbol{a}$，$i=1,2,\cdots,m$。

⑤ 由模型 $A(z^{-1})\boldsymbol{z}(k)=\boldsymbol{D}(z^{-1})\tilde{\boldsymbol{z}}(k)$，第 $i=1,2,\cdots,m$ 子系统的 ARMA 新息模型可表达为

$$A(z^{-1})z_i(k)=D_{i1}(z^{-1})\tilde{z}_1(k)+D_{i2}(z^{-1})\tilde{z}_2(k)+\cdots+D_{im}(z^{-1})\tilde{z}_m(k)$$

写成最小二乘格式

$$\bar{z}_i(k)=\boldsymbol{\varphi}_i^{\mathrm{T}}(k)\boldsymbol{\Theta}_i+\tilde{z}_i(k)$$

式中

$$\begin{cases}\boldsymbol{\Theta}_i^{\mathrm{T}}(k)=[\boldsymbol{\theta}_{i1}^{\mathrm{T}}(k),\boldsymbol{\theta}_{i2}^{\mathrm{T}}(k),\cdots,\boldsymbol{\theta}_{im}^{\mathrm{T}}(k)]\\ \boldsymbol{\theta}_{ij}(k)=[d_1^{(ij)}(k),d_2^{(ij)}(k),\cdots,d_n^{(ij)}(k)]^{\mathrm{T}}\\ \boldsymbol{\varphi}^{\mathrm{T}}(k)=[\tilde{\boldsymbol{z}}_1^{\mathrm{T}}(k),\tilde{\boldsymbol{z}}_2^{\mathrm{T}}(k),\cdots,\tilde{\boldsymbol{z}}_m^{\mathrm{T}}(k)]\\ \tilde{\boldsymbol{z}}_i^{\mathrm{T}}(k)=[\tilde{z}_i(k-1),\tilde{z}_i(k-2),\cdots,\tilde{z}_i(k-n)]\\ \bar{z}_i(k)=\boldsymbol{z}_i^{\mathrm{T}}(k)\boldsymbol{a}+z_i(k)\\ \boldsymbol{z}_i^{\mathrm{T}}(k)=[z_i(k-1),z_i(k-2),\cdots,z_i(k-n)]\end{cases}$$

⑥ 对最小二乘格式$\bar{z}_i(k)=\boldsymbol{\varphi}_i^{\mathrm{T}}(k)\boldsymbol{\Theta}_i(k)+\tilde{z}_i(k)$，$i=1,2,\cdots,m$，利用辨识方法，可获得参数向量估计值$\hat{\boldsymbol{\Theta}}_i(k)$估计值，进而得到参数向量估计值$\hat{\boldsymbol{\theta}}_{ii}(k)$。

⑦ 根据 $\boldsymbol{K}_P(k)=\boldsymbol{AK}(k)$，滤波器增益矩阵 $\boldsymbol{K}(k)$的列向量可写成

$$\begin{cases}\boldsymbol{k}_i(k)=\boldsymbol{A}^{-1}\boldsymbol{\Omega}_i^{-1}[\hat{\boldsymbol{\theta}}_{ii}(k)-\boldsymbol{a}]\\ i=1,2,\cdots,m\end{cases}$$

⑧ 若模型参数矩阵 $\boldsymbol{A}$、$\boldsymbol{C}$ 和$\boldsymbol{\Gamma}$ 未知，则需要利用辨识方法，对参数矩阵和滤波器增益矩阵进行迭代估计。

附录A 变量符号·记号约定·缩写

A.1 变量符号

a	常数,M序列幅度
a_i, b_i, c_i, d_i, f_i	迟延算子 z^{-1} 多项式系数
$A(z^{-1}), B(z^{-1}), C(z^{-1}), D(z^{-1}), F(z^{-1})$	迟延算子 z^{-1} 多项式
$\boldsymbol{A}, \boldsymbol{B}, \boldsymbol{C}, \boldsymbol{b}, \boldsymbol{c}$	模型参数矩阵
$\boldsymbol{C}_n, \boldsymbol{C}_n(k)$	信息压缩阵
$\mathrm{D}^L, \mathrm{D}^\infty; \boldsymbol{D}_n(k)$	数据集合;损失函数矩阵
$e(k), \boldsymbol{e}(k)$	有色噪声变量,有色噪声向量
$F_\alpha; F(s)$	F检验阈值;M序列特征多项式
$g(k), g(t); \boldsymbol{g}$	脉冲响应;脉冲响应向量
$G(j\omega)$	频率响应
$G(s)$	传递函数,M序列多项式
$G(z^{-1})$	脉冲传递函数
$\boldsymbol{h}(k); \boldsymbol{h}_f(k); \boldsymbol{h}^*(k)$	数据向量;滤波数据向量;辅助数据向量
$\boldsymbol{H}_k, \boldsymbol{H}(k); \boldsymbol{H}_g, \boldsymbol{H}_g(k,m)$	数据矩阵;Hankel矩阵
$\boldsymbol{I}, \boldsymbol{I}_n$	单位矩阵
$J(\boldsymbol{\theta})$	损失函数,准则函数
k, t	离散、连续时间
$\boldsymbol{K}(k)$	算法增益
L	数据长度
$\boldsymbol{M}, \boldsymbol{M}_{\boldsymbol{\theta}}$	Fisher信息矩阵
$n(k), \boldsymbol{n}(k)$	噪声变量,噪声向量,方程误差
n, m, p, q	模型阶次
n_a, n_b, n_c, n_d, n_f	迟延算子 z^{-1} 多项式阶次
$N=\dim\boldsymbol{\theta}$	模型参数个数
N_P	M序列循环周期
$N(z^{-1}), H(z^{-1})$	噪声模型
$p(\cdot)$	概率密度函数

$\boldsymbol{P}(k)=[k\boldsymbol{R}(k)]^{-1}$	数据协方差阵
$r(k),\boldsymbol{r}(k);r$	设定值变量、向量；输入变量维数
$R_z(\tau),R_{zu}(\tau)$	自相关函数，互相关函数
$\boldsymbol{R}(k)$	Hessian 矩阵的近似式
$S_y(\omega),\boldsymbol{S}_y(\omega),S_{uy}(\mathrm{j}\omega),\boldsymbol{S}_{uy}(\mathrm{j}\omega)$	自(互)谱密度函数，自(互)谱密度矩阵
T_0；T_M；T_{95}	采样周期；主时间常数；过渡过程时间
$u(k),\boldsymbol{u}(k),\boldsymbol{u};\boldsymbol{U}_n(k)$	输入变量，输入数据矩阵；参数辨识矩阵
$v(k),\boldsymbol{v}(k)$	白噪声变量，白噪声向量
V	Lyapunov 函数
$\boldsymbol{v},\boldsymbol{V}$	噪声数据向量、矩阵
$w(k),\boldsymbol{w}(k)$	系统测量噪声变量、向量
$\boldsymbol{y},\boldsymbol{Y}$	系统输出数据向量、矩阵
$z(k),\boldsymbol{z}(k),\boldsymbol{z}_L,\boldsymbol{Z}$	输出变量，输出数据向量、矩阵
$\hat{z}(k),\hat{\boldsymbol{z}}(k);\tilde{z}(k),\tilde{\boldsymbol{z}}(k)$	输出估计量；模型新息(输出预报误差)
α	置信度
χ_α^2	χ^2 检验阈值
δ_l	Kronecker 符号
$\delta(\tau)$	Dirac 函数
Δt	CP 移位节拍
$\varepsilon(k),\varepsilon(k,\boldsymbol{\theta}),\boldsymbol{\varepsilon}$	残差变量、向量
$\boldsymbol{\Sigma},\boldsymbol{\Sigma}_v,\boldsymbol{\Sigma}(k),\boldsymbol{\Sigma}_v(k)$	噪声协方差阵
$\Gamma(k,j)$	折息因子
λ	噪声标准差，矩阵特征值
$\Lambda(k);\boldsymbol{\Lambda},\boldsymbol{\Lambda}(k)$	加权因子；加权矩阵
$\mu,\mu_0,\mu(k)$	遗忘因子
$\boldsymbol{\theta},\hat{\boldsymbol{\theta}},\hat{\boldsymbol{\theta}}(k),\tilde{\boldsymbol{\theta}},\tilde{\boldsymbol{\theta}}(k),\boldsymbol{\theta}_0$	模型参数向量、估计量、估计偏差和真值
$\rho;\rho_\varepsilon(k)$	收敛因子；残差相关系数
σ_v^2,σ_e^2	噪声方差
$\boldsymbol{\psi},\boldsymbol{\Psi}$	梯度数据向量、矩阵
$\omega;\omega(k);\omega_N$	频率变量；系统噪声；Nyquist 频率

A.2 记号约定

adj(·)	伴随矩阵
a. s.	almost surely(几乎必然)
col$\boldsymbol{X}$	矩阵 $\boldsymbol{X}$ 排成列向量
Cov{·}	协方差，协方差阵

$\exp\{\cdot\}$	e 指数函数
$\mathrm{DFT}[\cdot]$，$\mathrm{IDFT}[\cdot]$	离散傅里叶变换、反变换
$\det(\cdot)$	行列式
$\mathrm{diag}[\cdot]$	对角矩阵
dim	维数
$\mathrm{E}\{\cdot\}$	数学期望
$\mathbb{F}$	F 分布
$\underset{\boldsymbol{\theta}}{\mathrm{grad}}[\cdot]$	关于$\boldsymbol{\theta}$的梯度
Inf	下确界(infimum)
Im	虚数
$\mathbb{I}$	辨识方法(可辨识性问题)
$\log[\cdot]$	以 e 为底的自然对数
$\mathbb{L}$	Laplace 变换或线性运算算子
map	映射
$\mathbb{M}$	模型类
$\mathbb{N}$	正态(高斯)分布
$O(\cdot)$	等价阶
$\underset{k\to\infty}{\mathrm{Plim}}[\cdot]$	概率极限
$\mathrm{rank}(\cdot)$	矩阵秩
Re	实部
R^n	n 维 Euclidean 空间
$\mathfrak{R}$	类空间
s	Laplace 算子
$\mathbb{S}$	系统(可辨识性问题)
$\mathrm{Trace}(\cdot)$	矩阵迹
$\mathrm{Var}\{\cdot\}$	方差
W. P. 1	With Probability One(依概率 1)
$\mathbb{X}$	辨识实验条件
z^{-1}	迟延算子，即有 $z^{-1}x(k)=x(k-1)$
$\chi^2(m)$	χ^2 分布
$[\cdot]^{\mathrm{T}}$	矩阵转置
$[\cdot]^{-1}$；$[\cdot]^{+}$	矩阵逆、反函数或倒数；矩阵伪逆
$\lvert\cdot\rvert$	绝对值
$\lVert\cdot\rVert$，$\lVert\cdot\rVert^2$	范数，模
$\triangleq$，$\stackrel{\mathrm{def}}{=}$	定义为

$\forall$	所有的
$\in$	属于
$\oplus$	模 2 和
$\odot$	点乘操作
$\oslash$	点除操作

A.3 缩写

AIC	Akaike Information Criterion(Alaike 信息准则)
AR	Auto Regressive(自回归)
ARMA	Auto Regressive Moving Average(自回归滑动平均)
AUDI	Augmented UD Identification(增广 UD 分解辨识算法)
AUDI-RFF	AUDI-Recursive Forgetting Factor method(增广 UD 分解递推遗忘因子法)
AUDI-RELS	AUDI- Recursive Extended Least Squares method(增广 UD 分解递推增广最小二乘法)
AUDI-RIV	AUDI-Recursive Instrumented Variables method(增广 UD 分解递推辅助变量法)
AUDI-RLS	AUDI-Recursive Least Squares method(增广 UD 分解递推最小二乘法)
BELS-II	Bias Eliminated Least Squares method-II(偏差消除最小二乘法-II)
DFT	Discrete Fourier Transform(离散傅里叶变换)
EIV	Errors In Variable model(变量带误差模型)
FCCU	Fluid Catalytic Cracking Unit(石油催化裂化装置)
FPF	Final Prediction Error(最终预报误差)
i. i. d	independent and identically distributed(独立同分布)
LS	Least Squares method (最小二乘法)
MFPE	Modified Final Prediction Error(修正最终预报误差)
MIMO	Multiple Input/Multiple Output(多输入多输出)
ML-EIV	Maximum Likelihood method for Errors-In-Variable model(EIV 模型极大似然法)
MOESP	Multivariable Output-Error State space model identification(多变量输出误差子空间辨识)
MV	Moving Average(滑动平均)
N4SID	Numerical algorithms for Subspace State Space Identification(子空间辨识数值算法)
NLGS	Normalized Left Graph Symbol(正规左图符号)

NRGS　Normalized Right Graph Symbol(正规右图符号)
ODE　Ordinary Differential Equation(常微分方程)
PI　Parameter Identifiable(参数可辨识)
PRBS　Pseudo-Random Binary Sequence(伪随机二进制序列)
RCKE　Recursive Conventional Kalman Equation(常规卡尔曼方程)
RCLS　Recursive Compensated Least Squares method(递推偏差补偿最小二乘法)
RCOR-LS　Recursive Correlation-Least Squares method(递推相关二步法)
RDM　Recursive method with Discounted Measurements(递推折息法)
RELS　Recursive Extended Least Squares method(递推增广最小二乘法)
RFF　Recursive Forgetting Factor method(递推遗忘因子法)
RGIA　Recursive General Identification Algorithm(一般递推辨识算法)
RGLS　Recursive Generalized Least Squares method(递推广义最小二乘法)
RIV　Recursive Instrumented Variable method(递推辅助变量法)
RLS　Recursive Least Squares method(递推最小二乘法)
RML　Recursive Maximum Likelihood method(递推极大似然法)
RSA　Recursive Stochastic Approximation approach(递推随机逼近法)
RSNA　Recursive Stochastic Newton Algorithm(递推随机牛顿法)
RWLS　Recursive Weighted Least Squares method(递推加权最小二乘法)
SI　System Identifiable(系统可辨识)
SISO　Single Input/Single Output(单输入单输出)
SSI　Strongly System Identifiable(强系统可辨识)
SVD　Singular Value Decomposition(奇异值分解)
WLS　Weighted Least Squares estimator(加权最小二乘估计器)

附录B 辨识实验指示书

实验一　利用相关分析法辨识脉冲响应

1. 实验目的

通过仿真实验掌握利用相关分析法辨识脉冲响应的原理和方法。

2. 实验内容

图 B.1 为实验原理图，图中 $G(s)$ 为系统传递函数模型，其中 $K=120$，$T_1=8.3$s，$T_2=6.2$s.；$u(k)$ 和 $z(k)$ 分别为系统的输入和输出变量；$v(k)$ 为系统测量白噪声，服从正态分布、均值为零、方差为 σ_v^2，记作 $v(k)\sim\mathbb{N}(0,\sigma_v^2)$；$g_0(k)$ 为系统脉冲响应理论值，$\hat{g}(k)$ 为系统脉冲响应估计值，$\tilde{g}(k)$ 为系统脉冲响应估计误差。系统输入驱动采用 M 序列，输出受到白噪声 $v(k)$ 污染，根据系统的输入和输出数据 $\{u(k),z(k)\}$，利用相关分析算法估计系统的脉冲响应值 $\hat{g}(k)$，并与系统脉冲响应理论值 $g_0(k)$ 比较，得到系统脉冲响应估计误差值 $\tilde{g}(k)$，当 $k\to\infty$ 时，应该有 $\tilde{g}(k)\to 0$。

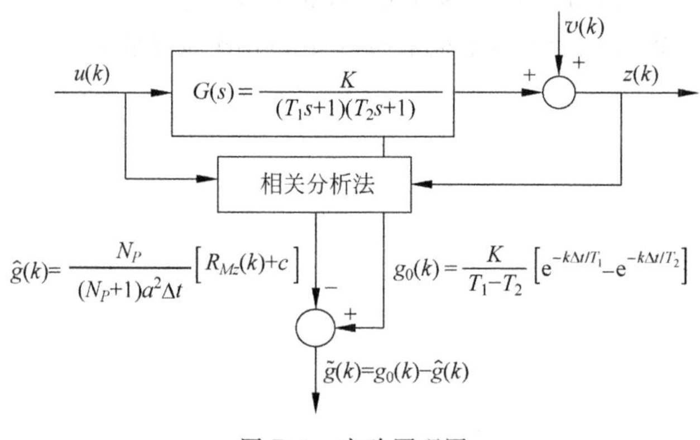

图 B.1　实验原理图

(1) 系统仿真

① 惯性环节 $\dfrac{K}{s+1/T}$，其中 T 为时间常数，K 为静态增益，若采样时间记作 T_0，则惯性环节的输出可写成

$$y(k)=\mathrm{e}^{-T_0/T}y(k-1)+TK(1-\mathrm{e}^{-T_0/T})u(k-1)$$
$$+TK[T(\mathrm{e}^{-T_0/T}-1)+T_0]\frac{u(k)-u(k-1)}{T_0}$$

② 传递函数 $G(s)$的串联表示

$$G(s)=\frac{K}{T_1T_2}\frac{1}{s+1/T_1}\frac{1}{s+1/T_2}$$

③ 传递函数 $G(s)$的并联表示

$$G(s)=\frac{K}{T_1-T_2}\left(\frac{1}{s+1/T_1}-\frac{1}{s+1/T_2}\right)$$

④ 传递函数 $G(s)$的双线性变换

因 $z=\mathrm{e}^{sT_0}\underset{\text{Pade}}{=}\frac{1+sT_0/2}{1-sT_0/2}=\frac{2+T_0s}{2-T_0s}$,若 $|P_kT_0|\leqslant 0.5$, $\forall k$,其中 P_k 为传递函数的极点,则有 $s=\frac{2}{T_0}\frac{1-z^{-1}}{1+z^{-1}}$,那么 $G(s)$可转换成如下的脉冲传递函数

$$G(z^{-1})=\frac{K_1(1+2z^{-1}+z^{-2})}{1+(T_5+T_6)z^{-1}+T_5T_6z^{-2}}$$

其中

$$\begin{cases}K_1=\dfrac{K}{(1+T_3)(1+T_4)}\\ T_5=\dfrac{1-T_3}{1+T_3},\quad T_6=\dfrac{1-T_4}{1+T_4}\\ T_3=\dfrac{2T_1}{T_0},\qquad T_4=\dfrac{2T_2}{T_0}\end{cases}$$

(2)白噪声生成

利用乘同余法生成 $U[0,1]$均匀分布的随机数

$$\begin{cases}x_{i+1}=Ax_i,(\mathrm{mod}\ M)\\ \xi_i=\dfrac{x_i}{M}\sim \mathrm{U}[0,1]\end{cases}$$

其中,$M=2^k=2^{15}=32768$,循环周期 2^{k-2},$A=179=3(\mathrm{mod}8)$,$x_0=11$(奇数),再利用 U[0,1]均匀分布的随机数生成正态分布的白噪声

$$v(k)=\sigma_v\left(\sum_{i=1}^{12}\xi_i-6\right)\sim N(0,\sigma_v^2)$$

其中,σ_v 为噪声标准差,本实验分别取 0.0,0.1 和 0.5。

(3) M 序列生成

辨识输入信号选用 M 序列,M 序列的循环周期取 $N_P=2^6-1=63$,移位节拍 $\Delta t=1\mathrm{s}$,幅度 $a=1$,逻辑“0”为 a,逻辑“1”为 $-a$,特征多项式可选 $F(s)=s^6\oplus s^5\oplus 1$。

(4) 互相关函数的计算

系统输入和输出的互相关函数按下式计算

$$R_{Mz}(k)=\frac{1}{rN_P}\sum_{i=N_P+1}^{(r+1)N_P}u(i-k)z(i)$$

其中，r 为周期数，$i=N_P+1$ 表示计算互相关函数所用的数据从第二个周期开始，以回避系统仿真初始的非平稳数据。

（5）脉冲响应估计

采用下列公式估计脉冲响应

$$\hat{g}(k)=\frac{N_P}{(N_P+1)a^2\Delta t}[R_{Mz}(k)+c]$$

其中，补偿量 c 取 $-R_{Mz}(N_P-1)$，并计算脉冲响应估计误差

$$\delta_g=\sqrt{\frac{\sum_{k=1}^{N_P}(g_0(k)-\hat{g}(k))^2}{\sum_{k=1}^{N_P}(g_0(k))^2}}$$

（6）程序流程（供参考）

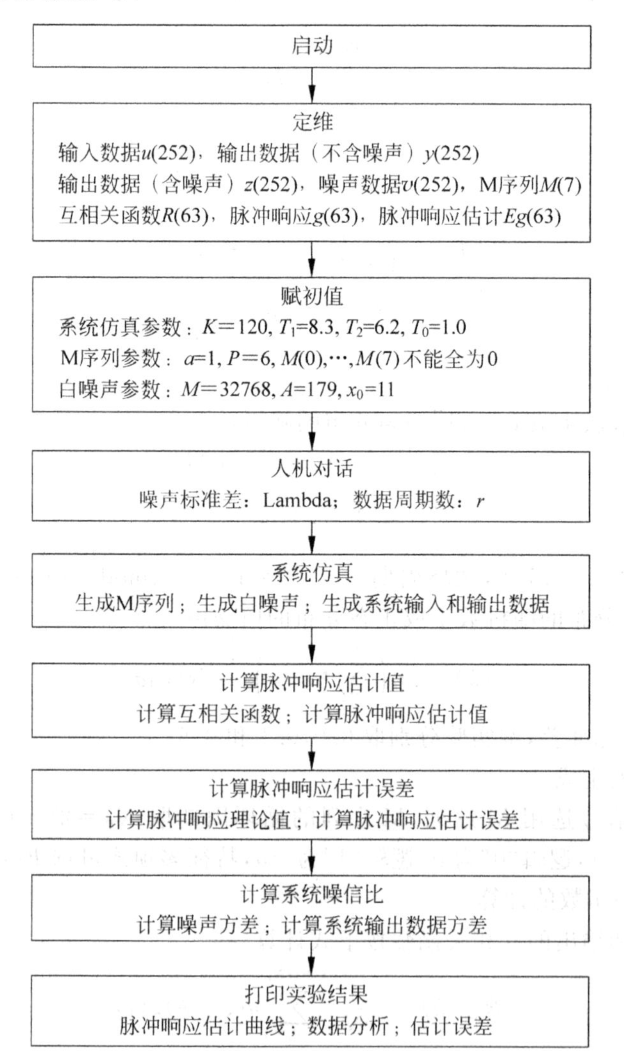

3. 实验步骤

（1）掌握相关分析辨识方法的基本原理。

（2）设计实验方案。

（3）编制实验程序。

（4）调试程序，记录数据。

（5）分析实验结果，完成实验报告。

4. 实验报告

实验报告包括实验方案设计、编程说明、源程序清单、数据记录、结果分析、误差计算、数据列表、曲线打印、实验体会等。

实验二　辨识算法实验比较研究

1. 实验目的

通过实验研究，熟悉各种辨识方法的原理，掌握辨识算法的编程要领，比较各种辨识方法的特点和适用范围，更加理性地认识各种辨识方法的内在实质。

2. 实验内容

（1）仿真模型

实验所用的仿真模型如图 B.2 所示，图中 $u(k)$、$z(k)$分别为模型的输入和输出变量，$v(k)$为零均值、方差为 σ_v^2、服从正态分布的白噪声，输入变量 $u(k)$采用 M 序列，根据系统的动态特性选择 M 序列的特征多项式和移位节拍等参数，M 序列的幅值取 1.0；仿真模型选如下 5 种中的任意两种。

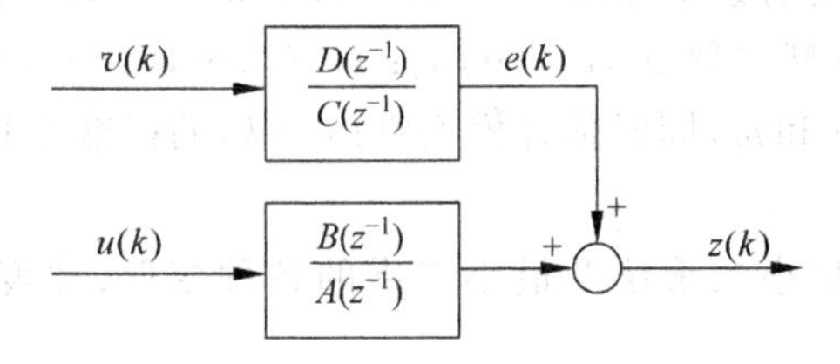

图 B.2　仿真模型结构

① $$\begin{cases} A(z^{-1})=1-1.5z^{-1}+0.7z^{-2} \\ B(z^{-1})=z^{-1}+0.5z^{-2} \\ C(z^{-1})=1-1.5z^{-1}+0.7z^{-2} \\ D(z^{-1})=1-z^{-1}+0.2z^{-2} \end{cases}$$

② $\begin{cases} A(z^{-1})=1-1.5z^{-1}+0.7z^{-2} \\ B(z^{-1})=z^{-1}+0.5z^{-2} \\ C(z^{-1})=1-1.027z^{-1}+0.264z^{-2} \\ D(z^{-1})=z^{-1}-0.189z^{-2} \end{cases}$

③ $\begin{cases} A(z^{-1})=1-1.425z^{-1}+0.496z^{-2} \\ B(z^{-1})=-0.102z^{-1}+0.173z^{-2} \\ C(z^{-1})=1-1.027z^{-1}+0.264z^{-2} \\ D(z^{-1})=z^{-1}-0.775z^{-2} \end{cases}$

④ $\begin{cases} A(z^{-1})=1-1.5z^{-1}+0.705z^{-2} \\ B(z^{-1})=0.065z^{-1}+0.048z^{-2}-0.008z^{-3} \\ C(z^{-1})=1-0.527z^{-1}+0.0695z^{-2} \\ D(z^{-1})=z^{-1}-0.826z^{-2} \end{cases}$

⑤ $\begin{cases} A(z^{-1})=1+0.9z^{-1}+0.95z^{-2} \\ B(z^{-1})=z^{-1} \\ C(z^{-1})=1+0.9z^{-1}+0.95z^{-2} \\ D(z^{-1})=1+1.5z^{-1}+0.75z^{-2} \end{cases}$

(2) 辨识模型

辨识模型结构取

$$A(z^{-1})z(k) = B(z^{-1})u(k) + \frac{D(z^{-1})}{C(z^{-1})}v(k)$$

为方便起见,可取 $n_a=n_b=n, n_c=n_d=m$,即

$$\begin{cases} A(z^{-1}) = 1 + a_1 z^{-1} + a_2 z^{-2} + \cdots + a_n z^{-n} \\ B(z^{-1}) = b_1 z^{-1} + b_2 z^{-2} + \cdots + b_n z^{-n} \\ C(z^{-1}) = 1 + c_1 z^{-1} + c_2 z^{-2} + \cdots + c_m z^{-m} \\ D(z^{-1}) = 1 + d_1 z^{-1} + d_2 z^{-2} + \cdots + d_m z^{-m} \end{cases}$$

根据仿真模型生成的数据$\{u(k),k=1,\cdots,L\}$和$\{z(k),k=1,\cdots,L\}$,选择一种或两种辨识算法,估计模型参数 $a_1,a_2,\cdots,a_n$; $b_1,b_2,\cdots,b_n$; $c_1,c_2,\cdots,c_m$; $d_1,d_2,\cdots,d_m$,并确定模型阶次 n 和 m,同时估计模型噪声 $v(k)$的标准差和模型静态增益。

(3) 辨识算法

辨识算法可选择最小二乘法及最小二乘的各种变形、梯度校正法、随机逼近法和极大似然法等。

(4) 确定模型阶次

利用 F-Test 定阶法或 AIC 定阶法确定模型阶次。

(5) 计算性能指标

① 参数估计平方相对偏差

$$\delta_1 = \sqrt{\sum_{i=1}^{n+m} \left(\frac{\tilde{\theta}_i}{\theta_i}\right)^2}, \quad \tilde{\theta}_i = \theta_i - \hat{\theta}_i$$

② 参数估计平方根偏差

$$\delta_2 = \sqrt{\frac{\sum_{i=1}^{n+m} \tilde{\theta}_i^2}{\sum_{i=1}^{n+m} \theta_i^2}}, \quad \tilde{\theta}_i = \theta_i - \hat{\theta}_i$$

③ 静态增益估计相对偏差

$$\delta_K = \sqrt{\frac{\tilde{K}}{K}}, \quad \tilde{K} = K - \hat{K}$$

$$K = \frac{\sum_{i=1}^{n} b_i}{1 + \sum_{i=1}^{n} a_i}, \quad \hat{K} = \frac{\sum_{i=1}^{n} \hat{b}_i}{1 + \sum_{i=1}^{n} \hat{a}_i}$$

3. 实验步骤

(1) 掌握辨识算法的基本原理。
(2) 设计实验方案。
(3) 编制实验程序。
(4) 调试程序,记录数据。
(5) 分析实验结果,完成实验报告。

4. 实验报告

实验报告包括实验方案设计、编程说明、源程序清单、数据记录、结果分析、误差计算、数据列表、曲线打印、实验体会等。

实验三　闭环系统可辨识性条件研究

1. 实验目的

通过实验研究,理解闭环系统的可辨识性概念,掌握闭环系统可辨识性条件及其实现方法。

2. 实验内容

(1) 闭环系统仿真模型

实验所用的闭环仿真模型如图 B.3 所示,图中 $u(k)$、$z(k)$为系统输入和输出变量,$G(z^{-1})$、$C(z^{-1})$为前向通道和反馈通道模型,$v(k)$、$\omega(k)$为前向通道和反馈通道噪声,都是零均值、方差分别为 σ_v^2 和 σ_ω^2、互不相关、服从正态分布的白噪声。前向通道模型为

$$G(z^{-1})=\frac{B(z^{-1})}{A(z^{-1})}=\frac{z^{-1}+0.7z^{-2}}{1+1.4z^{-1}+0.45z^{-2}}$$

前向通道噪声模型为

$$H(z^{-1})=\frac{D(z^{-1})}{C(z^{-1})}=\frac{1}{1+1.4z^{-1}+0.45z^{-2}}$$

反馈通道模型为

$$C(z^{-1})=\frac{Q(z^{-1})}{P(z^{-1})}$$

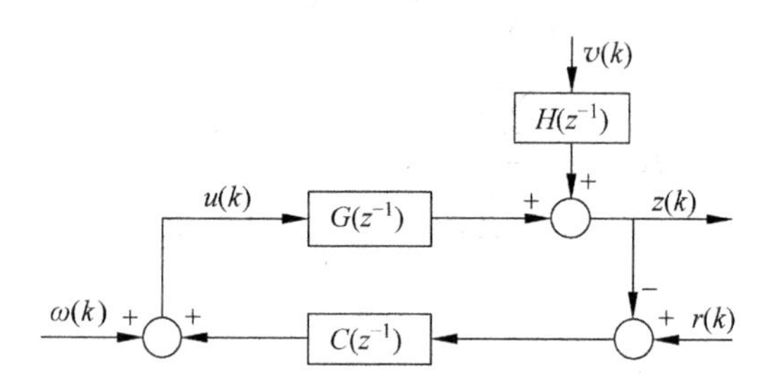

图 B.3 闭环系统

在以下 6 种情况下，研究闭环系统的可辨识性。

① $\begin{cases}Q(z^{-1})=-0.33-0.033z^{-1}+0.4z^{-2}\\P(z^{-1})=1\\\omega(k)\neq 0\end{cases}$

② $\begin{cases}Q(z^{-1})=-0.33-0.033z^{-1}+0.4z^{-2}\\P(z^{-1})=1\\\omega(k)=0\end{cases}$

③ $\begin{cases}Q(z^{-1})=-1-0.2z^{-1}\\P(z^{-1})=1\\\omega(k)\neq 0\end{cases}$

④ $\begin{cases}Q(z^{-1})=-1-0.2z^{-1}\\P(z^{-1})=1\\\omega(k)=0\end{cases}$

⑤ $\begin{cases}Q(z^{-1})=-1.2\\P(z^{-1})=1\\\omega(k)\neq 0\end{cases}$

⑥ $\begin{cases}Q(z^{-1})=-1.2\\P(z^{-1})=1\\\omega(k)=0\end{cases}$

(2) 辨识模型

辨识模型结构取

$$A(z^{-1})z(k) = B(z^{-1})u(k) + v(k)$$

其中

$$\begin{cases} A(z^{-1}) = 1 + a_1 z^{-1} + a_2 z^{-2} + \cdots + a_n z^{-n} \\ B(z^{-1}) = b_1 z^{-1} + b_2 z^{-2} + \cdots + b_n z^{-n} \end{cases}$$

根据闭环系统输入输出数据$\{u(k), k=1,2,\cdots,L\}$和$\{z(k), k=1,2,\cdots,L\}$，利用最小二乘法辨识前向通道模型参数，研究不同情况下闭环系统的可辨识条件。

3. 实验步骤

(1) 熟悉闭环系统的可辨识性概念及条件。

(2) 设计实验方案。

(3) 编制实验程序。

(4) 调试程序，记录数据。

(5) 分析实验结果，完成实验报告。

4. 实验报告

实验报告包括实验方案设计、编程说明、源程序清单、数据记录、结果分析、误差计算、数据列表、曲线打印、实验体会等。

附录C 随机变量与随机过程

C.1 随机变量

C.1.1 随机变量的数学描述

随机变量是一种不确定的事件变量，取值具有偶然性，只能从统计观点对取值的规律进行数学描述。

概率密度 $p(x)$是随机变量 x 的数学描述，$p(x_0)\mathrm{d}x$ 表示 x 在 x_0 附近的 $\mathrm{d}x$ 范围内取值的概率，如图 C.1 所示。概率密度的性质：$p(x)\geqslant 0$，且 $\int_{-\infty}^{\infty} p(x)\mathrm{d}x=1$。

随机变量的分布函数定义为

$$F(x) = P\{\Omega \in [-\infty, x]\} = \int_{-\infty}^{\infty} p(x)\mathrm{d}x \tag{C.1.1}$$

其中，Ω 为随机变量的取值空间。分布函数 $F(x)$是不减函数，且 $0\leqslant F(x)\leqslant 1$，如图 C.1 所示。

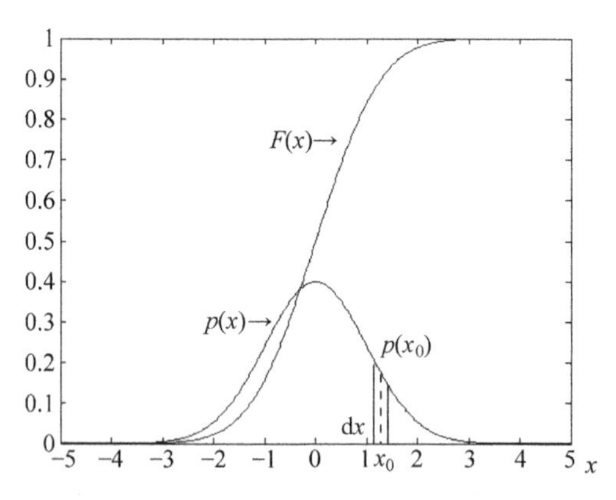

图 C.1 概率密度与分布函数

联合概率密度 $p(x,y)$是二维随机变量(x,y)的数学描述，$p(x_0,y_0)\mathrm{d}x\mathrm{d}y$ 表示 x 在 x_0 附近的 $\mathrm{d}x$ 范围内及 y 在 y_0 附近的 $\mathrm{d}y$ 范围内取值的概率，有 $p(x,y)\geqslant 0$ 和 $\int_{-\infty}^{\infty}\int_{-\infty}^{\infty} p(x,y)\mathrm{d}x\mathrm{d}y=1$。

边缘概率密度定义为

$$\begin{cases} p(x) = \int_{-\infty}^{\infty} p(x,y)\mathrm{d}y \\ p(y) = \int_{-\infty}^{\infty} p(x,y)\mathrm{d}x \end{cases} \tag{C.1.2}$$

边缘概率密度 $p(x)$和 $p(y)$可由联合概率密度 $p(x,y)$确定,反之不行。如果 x 和 y 是两个相互独立的随机变量,则有 $p(x,y)=p(x)p(y)$。

条件概率密度有 $p(x|y)$是指 y 取某固定值条件下 x 的取值概率。显然,$p(x,y)=p(x|y)p(y)$,该关系式称为 Bayes 公式。

如果 x 和 y 是互相独立的两个随机变量,那么 $p(x|y)=p(x)$。此时,Bayes 公式变为 $p(x,y)=p(x)p(y)$,该关系式是二维随机变量独立性的定义,而二维随机变量的相关性则需要用协方差来描述。

随机变量的相关性和独立性是两个极其相近但又不完全相同的概念。容易证明,x 和 y 互相独立⇒互不相关,但反过来不一定成立。对服从正态分布的二维随机变量来说,相关性与独立性是完全等价的。

联合概率密度 $p(\boldsymbol{x})=p(x_1,x_2,\cdots,x_n)$是 n 维随机向量 $\boldsymbol{x}=[x_1,x_2,\cdots,x_n]^{\mathrm{T}}$ 的数学描述。如果 $p(x_i,x_j)=p(x_i)p(x_j)$,$\forall i\neq j$,则称随机向量 $\boldsymbol{x}$ 是成对独立的。如果 $p(\boldsymbol{x})=p(x_1)p(x_2)\cdots p(x_n)$,则称随机向量 $\boldsymbol{x}$ 是整体独立的。成对独立并不意味着一定整体独立。

C.1.2　随机变量的数字特征

随机变量的数字特征包括均值、均方值、方差和协方差,分别定义为

$$\begin{cases} \mu_x = \mathrm{E}\{x\} = \int_{-\infty}^{\infty} xp(x)\mathrm{d}x \\ \psi_x^2 = \mathrm{E}\{x^2\} = \int_{-\infty}^{\infty} x^2 p(x)\mathrm{d}x \\ \sigma_x^2 = \mathrm{Var}\{x\} = \mathrm{E}\{(x-\mu_x)^2\} = \int_{-\infty}^{\infty} (x-\mu_x)^2 p(x)\mathrm{d}x \\ \mathrm{Cov}\{x,y\} = \mathrm{E}\{(x-\mu_x)(y-\mu_y)\} = \int_{-\infty}^{\infty} (x-\mu_x)(y-\mu_y)p(x,y)\mathrm{d}x\mathrm{d}y \end{cases} \tag{C.1.3}$$

其中,μ_x、σ_x^2 是两个最基本的数字特征,分别代表随机变量 x 的均值和在均值两侧分散的程度。

如果随机变量 x 是正态(高斯)分布的,其概率密度可用均值和方差表示

$$p(x) = \left(\frac{1}{2\pi\sigma_x^2}\right)^{\frac{1}{2}} \mathrm{e}^{-\frac{1}{2\sigma_x^2}(x-\mu_x)^2} \tag{C.1.4}$$

简记为 $x\sim\mathbb{N}(\mu_x,\sigma_x^2)$。

协方差 $\mathrm{Cov}\{x,y\}$可用于衡量随机变量 x 和 y 的相关性。如果 $\mathrm{Cov}\{x,y\}=0$,则称随机变量 x 和 y 互不相关。

n 维随机向量 $\boldsymbol{x}=[x_1,x_2,\cdots,x_n]^{\mathrm{T}}$ 的协方差阵定义为

$$\begin{aligned}\mathrm{Cov}\{\boldsymbol{x}\} &= \mathrm{E}\{(\boldsymbol{x}-\boldsymbol{\mu}_x)(\boldsymbol{x}-\boldsymbol{\mu}_x)^{\mathrm{T}}\} \\ &= \begin{bmatrix} \sigma_{x_1}^2 & \mathrm{Cov}\{x_1,x_2\} & \cdots & \mathrm{Cov}\{x_1,x_n\} \\ \mathrm{Cov}\{x_2,x_1\} & \sigma_{x_2}^2 & \cdots & \mathrm{Cov}\{x_2,x_n\} \\ \vdots & \vdots & \ddots & \vdots \\ \mathrm{Cov}\{x_n,x_1\} & \mathrm{Cov}\{x_n,x_2\} & \cdots & \sigma_{x_n}^2 \end{bmatrix}\end{aligned} \tag{C.1.5}$$

随机向量的协方差阵是对称阵，它代表各随机变量之间的相互关联程度。如果 $\mathrm{Cov}\{x_i,x_j\}=0,\forall i\neq j$，则随机向量 $\boldsymbol{x}$ 是互不相关的，此时 $\mathrm{Cov}\{\boldsymbol{x}\}$ 简化为对角阵。

如果 n 维随机向量 $\boldsymbol{x}$ 是正态（高斯）分布的，其联合概率密度可表示为

$$p(\boldsymbol{x}) = \left[\frac{1}{(2\pi)^n \det \boldsymbol{\Sigma}_x}\right]^{\frac{1}{2}} \exp\left\{-\frac{1}{2}(\boldsymbol{x}-\boldsymbol{\mu}_x)^{\mathrm{T}}\boldsymbol{\Sigma}_x^{-1}(\boldsymbol{x}-\boldsymbol{\mu}_x)\right\} \tag{C.1.6}$$

其中，$\boldsymbol{\Sigma}_x=\mathrm{Cov}\{\boldsymbol{x}\}$，记作 $\boldsymbol{x}\sim\mathbb{N}(\boldsymbol{\mu}_x,\boldsymbol{\Sigma}_x)$。

如果 n 维随机向量 $\boldsymbol{x}$ 是互不相关的，则 $\mathrm{Cov}\{\boldsymbol{x}\}=\boldsymbol{\Sigma}_x=\mathrm{diag}[\sigma_{x_1}^2,\sigma_{x_2}^2,\cdots,\sigma_{x_n}^2]$，且有 $\det\boldsymbol{\Sigma}_x=\sigma_{x_1}^2\sigma_{x_2}^2\cdots\sigma_{x_n}^2$，因而 $p(\boldsymbol{x})=p(x_1)p(x_2)\cdots p(x_n)$，则随机向量 $\boldsymbol{x}$ 的每一元素也都服从正态分布。这就是说，对于正态分布的随机向量 $\boldsymbol{x}$ 而言，互不相关与整体独立是等价的。

C.1.3 条件数学期望

关于 n 维随机向量 $\boldsymbol{x}$ 的条件数学期望定义为

$$\mathrm{E}\{\boldsymbol{x}\mid\boldsymbol{y}\} = \int_{-\infty}^{\infty}\boldsymbol{x}p(\boldsymbol{x}\mid\boldsymbol{y})\mathrm{d}\boldsymbol{x} \tag{C.1.7}$$

或

$$\mathrm{E}\{f(\boldsymbol{x})\mid\boldsymbol{y}\} = \int_{-\infty}^{\infty} f(\boldsymbol{x})p(\boldsymbol{x}\mid\boldsymbol{y})\mathrm{d}\boldsymbol{x} \tag{C.1.8}$$

其中，$f(\boldsymbol{x})$ 是 $\boldsymbol{x}$ 的函数。

从这定义出发，有如下结论

$$\begin{cases}\mathrm{E}\{f(\boldsymbol{x})\boldsymbol{y}\} = \mathrm{E}\{f(\boldsymbol{x})\mathrm{E}\{\boldsymbol{y}\mid\boldsymbol{x}\}\} \\ \mathrm{E}\{f(\boldsymbol{x})\boldsymbol{y}\} = \mathrm{E}\{\mathrm{E}\{f(\boldsymbol{x})\mid\boldsymbol{y}\}\boldsymbol{y}\}\end{cases} \tag{C.1.9}$$

如果 $\boldsymbol{x}$ 与 $\boldsymbol{y}$ 独立，则 $\mathrm{E}\{f(\boldsymbol{x})\boldsymbol{y}\}=\mathrm{E}\{f(\boldsymbol{x})\}\mathrm{E}\{\boldsymbol{y}\}$。

证明 从数学期望定义出发，可证得

$$\begin{aligned}\mathrm{E}\{f(\boldsymbol{x})\boldsymbol{y}\} &= \int_{-\infty}^{\infty} f(\boldsymbol{x})\boldsymbol{y}p(\boldsymbol{x},\boldsymbol{y})\mathrm{d}\boldsymbol{x}\mathrm{d}\boldsymbol{y} \\ &= \int_{-\infty}^{\infty} f(\boldsymbol{x})\boldsymbol{y}p(\boldsymbol{x}\mid\boldsymbol{y})p(\boldsymbol{y})\mathrm{d}\boldsymbol{x}\mathrm{d}\boldsymbol{y} \\ &= \int_{-\infty}^{\infty}\mathrm{E}\{f(\boldsymbol{x})\mid\boldsymbol{y}\}\boldsymbol{y}p(\boldsymbol{y})\mathrm{d}\boldsymbol{y} = \mathrm{E}\{\mathrm{E}\{f(\boldsymbol{x})\mid\boldsymbol{y}\}\boldsymbol{y}\}\end{aligned} \tag{C.1.10}$$

证毕。■

同理可证明式(C.1.9)中的另一个结论。

C.1.4 随机变量变换定理

定理 C.1 设随机向量 $\boldsymbol{x}=[x_1,x_2,\cdots,x_n]^{\mathrm{T}}$ 的概率密度为 $p(\boldsymbol{x})$,随机向量 $\boldsymbol{y}=f(\boldsymbol{x})=[f_1,f_2,\cdots,f_n]^{\mathrm{T}}$ 是 $\boldsymbol{x}$ 的函数。如果 $f(\boldsymbol{x})$ 处处可微,那么 y 的概率密度可由下式确定

$$\begin{cases} p(\boldsymbol{y}) = p(\boldsymbol{x}) \mid \det\boldsymbol{J} \mid^{-1} \\ \boldsymbol{x} = f^{-1}(\boldsymbol{y}) \end{cases} \tag{C.1.11}$$

式中,$\boldsymbol{J}=\left[\dfrac{\partial f_i}{\partial x_j}\right]$;$i,j=1,2,\cdots,n$ 为 Jacobi 矩阵。

证明 定义 $\boldsymbol{x}$ 的事件集合 $\mathrm{B}=\{\omega:\boldsymbol{x}<\boldsymbol{\beta}\}$ 及 $\boldsymbol{y}$ 的对应事件集合 $\mathrm{A}=\{\omega:f^{-1}(\boldsymbol{y})<\boldsymbol{\beta}\}=\{\omega:\boldsymbol{y}<f(\boldsymbol{\beta})\}$,事件 A 和 B 的概率关系为 $P_x(\mathrm{B})=P_y(\mathrm{A})$,那么 $\boldsymbol{x}$ 和 $\boldsymbol{y}$ 的概率分布可表示为 $F_x(\boldsymbol{\beta})=F_y(f(\boldsymbol{\beta}))$,即有

$$\int_{-\infty}^{\beta} p(\boldsymbol{x})\mathrm{d}\boldsymbol{x} = \int_{-\infty}^{\beta} p(\boldsymbol{y})\mathrm{d}\boldsymbol{y} \tag{C.1.12}$$

根据 $y=f(\boldsymbol{x})$,式中 $\mathrm{d}\boldsymbol{y}=\left|\det\dfrac{\partial f(\boldsymbol{x})}{\partial \boldsymbol{x}}\right|\mathrm{d}\boldsymbol{x}$,代入式(C.1.12),得

$$\int_{-\infty}^{\beta} p(\boldsymbol{x})\mathrm{d}\boldsymbol{x} = \int_{-\infty}^{\beta} p(\boldsymbol{y})\left|\det\frac{\partial f(\boldsymbol{x})}{\partial \boldsymbol{x}}\right|\mathrm{d}\boldsymbol{x} \tag{C.1.13}$$

于是有 $p(\boldsymbol{x})=p(\boldsymbol{y})\left|\det\dfrac{\partial f(\boldsymbol{x})}{\partial \boldsymbol{x}}\right|$,其中$\dfrac{\partial f(\boldsymbol{x})}{\partial \boldsymbol{x}}=\boldsymbol{J}=\left[\dfrac{\partial f_i}{\partial \boldsymbol{x}_j}\right]$;$i,j=1,2,\cdots,n$。 证毕。■

定理 C.2 如果 $\boldsymbol{y}$ 是随机向量 $\boldsymbol{x}$ 的线性组合 $\boldsymbol{y}=\boldsymbol{A}\boldsymbol{x}+\boldsymbol{b}$,其中 $\boldsymbol{A}$ 和 $\boldsymbol{b}$ 之元素均为常数,并已知 $\boldsymbol{x}$ 服从正态分布 $\boldsymbol{x}\sim\mathbb{N}(\boldsymbol{\mu}_x,\boldsymbol{\Sigma}_x)$,则 $\boldsymbol{y}\sim\mathbb{N}(\boldsymbol{A}\boldsymbol{\mu}_x+\boldsymbol{b},\boldsymbol{A}\boldsymbol{\Sigma}_x\boldsymbol{A}^{\mathrm{T}})$。

定理 C.3 **(中心极限定理)** 如果相互独立具有同分布的随机变量 x_i;$i=1,2,\cdots,L$,均值和方差存在,分别为 μ_{x_i} 和 $\sigma_{x_i}^2$,那么随机变量 $x=\lim\limits_{L\to\infty}\dfrac{\sum_{i=1}^{L}x_i-L\mu_{x_i}}{\sqrt{L\sigma_{x_i}^2}}$ 服从标准正态分布,即 $x\sim\mathbb{N}(0,1)$。

定理 C.4(Fisher-Cochrane 定理)[26] 设 n 维随机向量 $\boldsymbol{x}$ 服从正态分布,均值为零,协方差阵为单位阵,即 $\boldsymbol{x}\sim\mathbb{N}(0,\boldsymbol{I}_n)$;又设 $\boldsymbol{A}_1,\boldsymbol{A}_2,\cdots,\boldsymbol{A}_m$ 均为非负定对称阵,它们的秩分别为 $r_1,r_2,\cdots,r_m$。若使得 $\boldsymbol{A}_1+\boldsymbol{A}_2+\cdots+\boldsymbol{A}_m=\boldsymbol{I}_n$,则二次型随机变量 $y_i=\boldsymbol{x}^{\mathrm{T}}\boldsymbol{A}_i\boldsymbol{x}$,$i=1,2,\cdots,m$ 为独立 $\chi^2(r_i)$,$i=1,2,\cdots,m$ 分布的充分必要条件是 $r_1+r_2+\cdots+r_m=n$。

定理 C.5 如果两个互为独立的随机变量 x_1 和 x_2 服从自由度分别为 n_1 和 n_2 的 χ^2 分布,即 $x_1\sim\chi^2(n_1)$,$x_2\sim\chi^2(n_2)$,那么随机变量 $x=\dfrac{x_1/n_1}{x_2/n_2}$ 服从自由度为 n_1 和 n_2 的 F 分布,记作 $x\sim\mathbb{F}(n_1,n_2)$。

C.2 随机过程

C.2.1 随机过程的数学描述

随机过程是一种大样本 $x_1(t),x_2(t),\cdots,x_i(t),\cdots$ 所构成的总体，记作 $\{x(t)\}$，其中 $x_i(t)$ 是随机过程 $\{x(t)\}$ 的一个实现。随机过程的取值对时间和事件都具有偶然性，只能从统计观点对取值的规律进行数学描述。

一维概率密度 $p_1(x,t)$ 表示 $x(t)$ 在 t 时刻取值等于 x 的概率，二维概率密度 $p_2(x_1,x_2;t_1,t_2)$ 表示 $x(t)$ 在 t_1 时刻取值等于 x_1，且在 t_2 时刻取值等于 x_2 的概率。$p_2(x_1,x_2;t_1,t_2)\mathrm{d}x_1\mathrm{d}x_2$ 代表 $x(t)$ 相继通过 $\mathrm{d}x_1$ 和 $\mathrm{d}x_2$ 两个小窗口的概率，如图 C.2 所示。

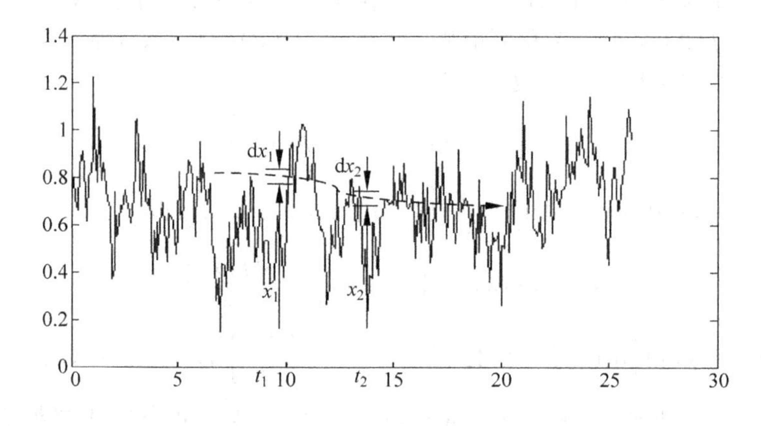

图 C.2 $p_2(x_1,x_2;t_1,t_2)\mathrm{d}x_1\mathrm{d}x_2$ 的含义

严格意义上说，要完整描述一个随机过程，除一维、二维概率密度外，还需要三维、四维……概率密度。但在实际应用中，人们不得不仅用一些低维的数字特征来近似刻划随机过程。

C.2.2 随机过程的数字特征

与一维概率密度 $p(x,t)$ 相关的数字特征包括均值 $\mu_x(t)$、均方值 $\psi_x^2(t)$ 和方差 $\sigma_x^2(t)$，定义为

$$\begin{cases}\mu_x(t)=\mathrm{E}\{x(t)\}=\int_{-\infty}^{\infty}xp_1(x,t)\mathrm{d}x\\ \psi_x^2(t)=\mathrm{E}\{x^2(t)\}=\int_{-\infty}^{\infty}x^2p_1(x,t)\mathrm{d}x\\ \sigma_x^2(t)=\mathrm{Var}\{x(t)\}=\mathrm{E}\{[x(t)-\mu_x(t)]^2\}=\int_{-\infty}^{\infty}[x-\mu_x(t)]^2p_1(x,t)\mathrm{d}x\end{cases}\tag{C.2.1}$$

式中，x 是 $x(t)$ 的简写。

与二维概率密度 $p_2(x_1,x_2;t_1,t_2)$ 相关的数字特征包括自相关函数 $R_x(t_1,t_2)$ 和自协方差函数 $C_x(t_1,t_2)$，定义为

$$\begin{aligned}R_x(t_1,t_2) &= \mathrm{E}\{x(t_1)x(t_2)\}\\&= \int_{-\infty}^{\infty}\int_{-\infty}^{\infty} x_1x_2p_2(x_1,x_2;t_1,t_2)\mathrm{d}x_1\mathrm{d}x_2\\C_x(t_1,t_2) &= \mathrm{Cov}\{x(t_1),x(t_2)\} = \mathrm{E}\{[x(t_1)-\mu_x(t_1)][x(t_2)-\mu_x(t_2)]\}\\&= \int_{-\infty}^{\infty}\int_{-\infty}^{\infty}[x_1-\mu_x(t_1)][x_2-\mu_x(t_2)]p_2(x_1,x_2;t_1,t_2)\mathrm{d}x_1\mathrm{d}x_2\end{aligned} \tag{C.2.2}$$

式中，x_1、x_2 分别是 $x_1(t)$ 和 $x_2(t)$ 的简写。容易证明，以上各数字特征存在以下关系

$$\begin{cases}\psi_x^2(t) = R_x(t,t)\\\sigma_x^2(t) = \psi_x^2(t) - \mu_x^2(t) = R_x(t,t) - \mu_x^2(t)\\C_x(t_1,t_2) = R_x(t_1,t_2) - \mu_x(t_1)\mu_x(t_2)\end{cases} \tag{C.2.3}$$

C.2.3　随机过程的平稳性与各态遍历性

如果随机过程的统计性质不随时间改变，称之为平稳随机过程。如果随机过程的均值 $\mu_x(t)$ 不随时间变化，且自相关函数 $R_x(t_1,t_2)$ 与 t_1 和 t_2 无关，只与时间差 $t_2-t_1=\tau$ 有关，称作宽平稳随机过程。平稳随机过程的数字特征存在以下关系

$$\begin{cases}R_x(\tau) = \mathrm{E}\{x(t)x(t+\tau)\}\\\psi_x^2 = R_x(0)\\\sigma_x^2 = \mathrm{Var}\{x(t)\} = R_x(0) - \mu_x^2\\C_x(\tau) = R_x(\tau) - \mu_x^2\end{cases} \tag{C.2.4}$$

如果随机过程的统计性质与时间有关，但在时间方向再做平均运算，数字特征就与时间无关，称作拟平稳随机过程。如对一阶矩和二阶矩来说，有

$$\begin{cases}\mathrm{E}\{x(t)\} = \mu_x(t),\ |\mu_x(t)| \leqslant c_1,\ \forall t\\\overline{\mathrm{E}}\{x(t)\} = \lim \dfrac{1}{2T}\displaystyle\int_{-T}^{T}\mu_x(t)\mathrm{d}t = \mu_x\\R_x(t,\tau) = \overline{\mathrm{E}}\{x(t)x(t+\tau)\},\ |R_x(t,\tau)| \leqslant c_2,\ \forall t,\tau\\\overline{\mathrm{E}}\{x(t)x(t+\tau)\} = \lim \dfrac{1}{2T}\displaystyle\int_{-T}^{T}R_x(t,\tau)\mathrm{d}t = R_x(\tau),\ \forall\tau\end{cases} \tag{C.2.5}$$

式中，$\mathrm{E}\{\cdot\}$ 表示"事件方向平均"，$\overline{\mathrm{E}}\{\cdot\}$ 表示先"各事件方向平均"，再"时间方向平均"。

各态遍历性是随机过程的另一个重要概念。对于平稳随机过程，数字特征是诸样本"集合方向平均"的结果。但就随机过程的一个实现来看，它在不同时刻的取值也是随机的，同样具有某种统计性质，表现为"时间方向平均"意义下的数字特征。如

① 时间均值 $\bar{x} = \lim\limits_{T\to\infty}\dfrac{1}{2T}\displaystyle\int_{-T}^{T}x(t)\mathrm{d}t$

② 时间自相关函数 $\overline{x(t)x(t+\tau)} = \lim\limits_{T\to\infty}\dfrac{1}{2T}\displaystyle\int_{-\infty}^{+\infty}x(t)x(t+\tau)\mathrm{d}t$

其中，$x(t)$为随机过程的一个实现，T为"时间方向平均"的时间长度。

如果平稳随机过程$\{x(t)\}$的"集合方向平均"等于"时间方向平均"，如

$$\begin{cases} \bar{x} = \mu_x \\ \overline{x(t)x(t+\tau)} = R_x(\tau) \end{cases} \tag{C.2.6}$$

则称$\{x(t)\}$为各态遍历随机过程。

对于各态遍历随机过程，两个基本的数字特征可以根据一个实现$x(t)$来计算

$$\begin{cases} \mu_x = \lim\limits_{T\to\infty} \dfrac{1}{2T}\displaystyle\int_{-T}^{T} x(t)\,\mathrm{d}t \\ R_x(\tau) = \lim\limits_{T\to\infty} \dfrac{1}{2T}\displaystyle\int_{-T}^{T} x(t)x(t+\tau)\,\mathrm{d}t \end{cases} \tag{C.2.7}$$

当T取有限值时，假定$T=LT_0$，$\tau=lT_0$，T_0为采样时间，则

$$\begin{cases} \mu_x \cong \dfrac{1}{L}\displaystyle\sum_{k=1}^{L} x(k) \\ R_x(\tau) = R_x(l) \cong \dfrac{1}{L-l}\displaystyle\sum_{k=1}^{L-l} x(k)x(k+l) \end{cases} \tag{C.2.8}$$

C.2.4 相关函数与协方差函数的性质

1. 自相关函数与自协方差函数的性质

① $R_x(0)=\mathrm{E}\{x(t)x(t+0)\}=\psi_x^2\geqslant 0$。

② $R_x(\tau)=\mathrm{E}\{x(t)x(t+\tau)\}$为偶函数，即有$R_x(\tau)=R_x(-\tau)$。

③ $|R_x(\tau)|\leqslant R_x(0)$。

④ 具有周期性的随机过程，其自相关函数也具有周期性，即若$x(t+T)=x(t)$，则有$R_x(t+T)=R_x(t)$。

⑤ 如果$x(t)$均值不为零，分解成$x(t)=y(t)+\mu_x$，其中$y(t)$是均值为零、自相关函数为$R_y(\tau)$的随机过程，那么$x(t)$的自相关函数可表示成$R_x(\tau)=\mathrm{E}\{[y(t)+\mu_x][y(t+\tau)+\mu_x]\}=R_y(\tau)+\mu_x^2$。换言之，$x(t)$的直流成分$\mu_x$使其自相关函数向上平移$\mu_x^2$。

⑥ 若$x(t)$均值为零，且不含周期性成分，则有$\lim\limits_{\tau\to\infty}R_x(\tau)=0$。因为当$\tau\to\infty$时，$x(t)$与$x(t+\tau)$互相独立。

⑦ 若$x(t)=x_1(t)+x_2(t)$，$x_1(t)$与$x_2(t)$互不相关，且至少有一个均值为零，则$R_x(\tau)=R_{x_1}(\tau)+R_{x_2}(\tau)$。

根据以上性质，可知$R_x(\tau)$以纵轴为对称，且在$\tau=0$处取极大值(但并不意味一定在该点$\dfrac{\mathrm{d}R_x(\tau)}{\mathrm{d}\tau}=0$)。此外，根据$\tau$很大时自相关函数的形态还可以判别$x(t)$的均值是否为零？是否含有周期性成分？

⑧ $C_x(\tau)=R_x(\tau)-\mu_x^2$，相当于$C_x(\tau)$向下平移$\mu_x^2$，形态与$R_x(\tau)$相同。

2. 互相关函数与互协方差函数的性质

对于两个随机过程$\{x(t)\}$和$\{y(t)\}$，可用互相关函数和互协方差函数来描述它们之间的联系，分别定义为

$$\begin{cases} R_{xy}(\tau) = \mathrm{E}\{x(t)y(t+\tau)\} \\ C_{xy}(\tau) = \mathrm{Cov}\{x(t),y(t+\tau)\} = \mathrm{E}\{[x(t)-\mu_x][y(t+\tau)-\mu_y]\} \end{cases} \tag{C.2.9}$$

① 互相关函数$R_{xy}(\tau)$既不是偶函数，也不是奇函数。换言之，互相关函数不具有对称性。

② $R_{yx}(\tau)\neq R_{xy}(\tau)$，但$R_{yx}(-\tau)=R_{xy}(\tau)$。

③ 因有$C_{xy}(\tau)=R_{xy}(\tau)-\mu_x\mu_y$，若$x(t)$和$y(t)$至少有一个均值为零，则有$C_{xy}(\tau)=R_{xy}(\tau)$。

④ 若$C_{xy}(\tau)=0$，$\forall -\infty<\tau<\infty$，则称随机过程$x(t)$和$y(t)$互不相关。

C.2.5　谱密度函数

1. Parseval 定理与功率谱

定理 C.6(Parseval 定理)　如果过程$x(t)$的傅里叶变换$X(\mathrm{j}\omega)$存在，则有

$$\int_{-\infty}^{\infty} x^2(t)\,\mathrm{d}t = \frac{1}{2\pi}\int_{-\infty}^{\infty} \|X(\mathrm{j}\omega)\|^2\,\mathrm{d}\omega \tag{C.2.10}$$

证明　由于$x(t)$与$X(\mathrm{j}\omega)$构成傅里叶变换对，因此

$$\begin{aligned}\int_{-\infty}^{\infty} x^2(t)\,\mathrm{d}t &= \int_{-\infty}^{\infty}\left\{x(t)\,\frac{1}{2\pi}\int_{-\infty}^{\infty} X(\mathrm{j}\omega)\mathrm{e}^{\mathrm{j}\omega t}\,\mathrm{d}\omega\right\}\mathrm{d}t \\ &= \frac{1}{2\pi}\int_{-\infty}^{\infty} X(\mathrm{j}\omega)\left\{\int_{-\infty}^{\infty} x(t)\mathrm{e}^{\mathrm{j}\omega t}\,\mathrm{d}t\right\}\mathrm{d}\omega \\ &= \frac{1}{2\pi}\int_{-\infty}^{\infty} X(\mathrm{j}\omega)X(-\mathrm{j}\omega)\,\mathrm{d}\omega = \frac{1}{2\pi}\int_{-\infty}^{\infty} \|X(\mathrm{j}\omega)\|^2\,\mathrm{d}\omega \end{aligned} \tag{C.2.11}$$

证毕。■

Parseval 定理表示过程的总能量可以用频谱的形式表达。但是，如果$x(t)$的傅里叶变换不存在，总能量也不是有限值，这时需要定义一个平均功率$\lim\limits_{T\to\infty}\frac{1}{2T}\int_{-T}^{T} x^2(t)\,\mathrm{d}t$。

设$x_T(t)$是$x(t)$的截尾函数

$$x_T(t) = \begin{cases} x(t), & -T\leqslant t\leqslant T \\ 0, & t<-T \text{ or } t>T \end{cases} \tag{C.2.12}$$

应用 Parseval 定理于$x_T(t)$，得

$$\int_{-\infty}^{\infty} x_T^2(t)\,\mathrm{d}t = \frac{1}{2\pi}\int_{-\infty}^{\infty} \|X_T(\mathrm{j}\omega)\|^2\,\mathrm{d}\omega \tag{C.2.13}$$

式(C.2.10)两边同除以 $2T$,并取极限,可得

$$\lim_{T\to\infty}\frac{1}{2T}\int_{-T}^{T}x^2(t)\mathrm{d}t=\frac{1}{2\pi}\int_{-\infty}^{\infty}S_x(\omega)\mathrm{d}\omega \tag{C.2.14}$$

其中,$S_x(\omega)=\lim\limits_{T\to\infty}\frac{1}{2T}\|X_T(\mathrm{j}\omega)\|^2$,称作 $x(t)$ 的谱密度函数,显然 $S_x(\omega)$ 是 ω 的实偶函数,用它来表达过程的平均能量。

2. 随机过程的谱密度函数

如果 $\{x(t)\}$ 是随机过程,对式(C.2.14)两边取数学期望,得

$$\psi_x^2=\frac{1}{2\pi}\int_{-\infty}^{\infty}S_x(\omega)\mathrm{d}\omega \tag{C.2.15}$$

式中,左边为随机过程 $\{x(t)\}$ 的均方值 ψ_x^2,代表 $\{x(t)\}$ 的平均功率;右边中 $S_x(\omega)=\lim\limits_{T\to\infty}\frac{1}{2T}\mathrm{E}\{\|X_T(\mathrm{j}\omega)\|^2\}$,称作随机过程 $\{x(t)\}$ 的平均功率或称谱密度函数。

3. Wiener-Khintchine 关系式

各态遍历随机过程 $\{x(t)\}$ 的自相关函数 $R_x(\tau)$ 与谱密度函数 $S_x(\omega)$ 正好构成傅里叶变换对,即

$$S_x(\omega)=\int_{-\infty}^{\infty}R_x(\tau)\mathrm{e}^{-\mathrm{j}\omega\tau}\mathrm{d}\tau$$

$$R_x(\tau)=\frac{1}{2\pi}\int_{-\infty}^{\infty}S_x(\omega)\mathrm{e}^{\mathrm{j}\omega\tau}\mathrm{d}\omega \tag{C.2.16}$$

上式称为 Wiener-Khintchine 关系式。

证明 因为

$$\begin{aligned}\|X_T(\mathrm{j}\omega)\|^2&=X_T(\mathrm{j}\omega)X_T(-\mathrm{j}\omega)\\&=\int_{-T}^{T}x_T(t_1)\mathrm{e}^{\mathrm{j}\omega t_1}\mathrm{d}t_1\int_{-T}^{T}x_T(t_2)\mathrm{e}^{-\mathrm{j}\omega t_2}\mathrm{d}t_2\end{aligned} \tag{C.2.17}$$

因而

$$\begin{aligned}\mathrm{E}\{\|X_T(\mathrm{j}\omega)\|^2\}&=\int_{-T}^{T}\int_{-T}^{T}R_x(t_2-t_1)\mathrm{e}^{-\mathrm{j}\omega(t_2-t_1)}\mathrm{d}t_1\mathrm{d}t_2\\&=2T\int_{-2T}^{2T}\left(1-\frac{|\tau|}{2T}\right)R_x(\tau)\mathrm{e}^{-\mathrm{j}\omega\tau}\mathrm{d}\tau,\quad \tau=t_2-t_1\end{aligned} \tag{C.2.18}$$

将式(C.2.18)代入式 $S_x(\omega)$ 定义式,即可得式(C.2.16)。 证毕。■

考虑到 $S_x(\omega)$ 和 $R_x(\tau)$ 均为实偶函数,式(C.2.16)可简化为

$$\begin{cases}S_x(\omega)=2\int_0^{\infty}R_x(\tau)\cos\omega\tau\mathrm{d}\tau\\R_x(\tau)=\frac{1}{\pi}\int_0^{\infty}S_x(\omega)\cos\omega\tau\mathrm{d}\omega\end{cases} \tag{C.2.19}$$

上式是 Wiener-Khintchine 关系式的余弦变换形式。

对两个随机过程 $\{x(t)\}$ 和 $\{y(t)\}$ 来说,Wiener-Khintchine 关系式为

$$\begin{cases} S_{xy}(\mathrm{j}\omega) = \int_{-\infty}^{\infty} R_{xy}(\tau)\mathrm{e}^{-\mathrm{j}\omega\tau}\mathrm{d}\tau \\ R_{xy}(\tau) = \frac{1}{2\pi}\int_{-\infty}^{\infty} S_{xy}(\omega)\mathrm{e}^{\mathrm{j}\omega\tau}\mathrm{d}\omega \end{cases} \tag{C.2.20}$$

C.2.6 相关函数和谱密度函数的估计

1. 相关函数的估计

设$\{x(k)\}$是宽平稳各态遍历、均值为零的离散随机过程(或称随机序列)，其离散自相关函数定义为

$$R_x(l) = \mathrm{E}\{x(k)x(k+l)\} \tag{C.2.21}$$

样本数据长度有限时，离散自相关函数的估计可以写成

$$\begin{cases} \hat{R}_{x,L}(l) = \frac{1}{L}\sum_{k=1}^{L-|l|} x(k)x(k+l) \\ l = 0, \pm 1, \pm 2, \cdots, \pm(L-l) \end{cases} \tag{C.2.22}$$

其中，L是样本数据长度。因为

$$\mathrm{E}\{\hat{R}_{x,L}(l)\} = \frac{1}{L}\sum_{k=1}^{L-|l|} R_x(l) = \left(1 - \frac{|l|}{L}\right)R_x(l) \tag{C.2.23}$$

所以$\hat{R}_{x,L}(l)$是离散自相关函数的渐近无偏估计，估计的偏差与$\frac{|l|}{L}$有关。当$|l|$比L小得多时，偏差会比较小；当$|l|$较大时，离散自相关函数$R_x(l)$本身已经很小，偏差也会很小。因此用$\hat{R}_{x,L}(l)$作为$R_x(l)$的估计完全可以满足工程的需要。

同样，设$\{x(k)\}$和$\{y(k)\}$是宽平稳各态遍历、均值为零的随机序列，离散互相关函数定义为

$$R_{xy}(l) = \mathrm{E}\{x(k)y(k+l)\} \tag{C.2.24}$$

样本数据长度有限时，离散互相关函数的估计为

$$\begin{cases} \hat{R}_{xy,L}(l) = \frac{1}{L}\sum_{k=1}^{L-|l|} x(k)y(k+l) \\ l = 0, \pm 1, \pm 2, \cdots, \pm(L-l) \end{cases} \tag{C.2.25}$$

2. 谱密度函数的估计

离散自相关函数$R_x(l)$与自谱密度函数是一对傅里叶变换

$$\begin{cases} S_x(\omega) = \sum_{l=-\infty}^{\infty} R_x(l)\mathrm{e}^{-\mathrm{j}\omega l} \\ R_x(l) = \frac{1}{2\pi}\int_{-\pi}^{\pi} S_x(\omega)\mathrm{e}^{\mathrm{j}\omega l}\mathrm{d}\omega \end{cases} \tag{C.2.26}$$

样本数据长度有限时，离散自相关函数与离散自谱密度函数也构成一对傅里叶变换

$$\begin{cases} S_{x,L}(\omega_i) = \sum_{l=1}^{L} R_{x,L}(l)\mathrm{e}^{-\mathrm{j}\omega_i l} \\ R_{x,L}(l) = \dfrac{1}{L}\sum_{i=1}^{L} S_{x,L}(\omega_i)\mathrm{e}^{\mathrm{j}\omega_i l}, \quad \omega_i = \dfrac{2\pi i}{L} \end{cases} \tag{C.2.27}$$

上面讨论过，样本数据长度有限时，离散相关函数的估计是渐近无偏的，即有

$$\begin{cases} \mathrm{E}\{\hat{R}_{x,L}(l)\} \xrightarrow[L\to\infty]{} R_x(l) \\ \mathrm{E}\{\hat{R}_{xy,L}(l)\} \xrightarrow[L\to\infty]{} R_{xy}(l) \end{cases} \tag{C.2.28}$$

但是，渐近无偏估计的傅里叶变换不一定还是渐近无偏的，因此离散谱密度函数估计不能简单地通过离散相关函数的傅里叶变换求得。下面介绍利用周期图估计离散谱密度函数的方法。

设$\{x(k)\}$，$k=1,2,\cdots,L$是宽平稳各态遍历、均值为零的随机序列，将$x(k)$写成如下的截尾函数

$$x_L(k) = \begin{cases} x(k), k = 1,2,\cdots,L \\ 0 \end{cases} \tag{C.2.29}$$

样本数据长度有限时的离散自相关函数可表示成

$$R_{x,L}(l) = \begin{cases} \dfrac{1}{L}\sum_{k=-\infty}^{\infty} x_L(k)x_L(k+l), & |l| \leqslant L-1 \\ 0, & |l| \geqslant L \end{cases} \tag{C.2.30}$$

对应的离散自谱密度函数为

$$\begin{aligned} S_{x,L}(\omega_i) &= \frac{1}{L}\sum_{l=-\infty}^{\infty}\sum_{k=-\infty}^{\infty} x_L(k)x_L(k+l)\mathrm{e}^{-\mathrm{j}\omega_i l} \\ &= \frac{1}{L}X_L(\mathrm{j}\omega_i)X_L^*(\mathrm{j}\omega_i) = \frac{1}{L}\|X_L(\mathrm{j}\omega_i)\|^2 \end{aligned} \tag{C.2.31}$$

其中，$X_L(\mathrm{j}\omega_i)$是$x_L(k)$的傅里叶变换，$\omega_i=\dfrac{2\pi i}{L}$。这时的离散谱密度函数称作周期图，记作

$$I_{x,L}(\omega_i) = \frac{1}{L}\|X_L(\mathrm{j}\omega_i)\|^2 \tag{C.2.32}$$

同理，随机序列$\{x(k)\}$和$\{y(k)\}$的互相关周期图为

$$I_{xy,L}(\mathrm{j}\omega_i) = \frac{1}{L}X_L(\mathrm{j}\omega_i)Y_L^*(\mathrm{j}\omega_i) \tag{C.2.33}$$

其中，$X_L(\mathrm{j}\omega_i)$和$Y_L(\mathrm{j}\omega_i)$分别为截尾函数$\{x_L(k)\}$和$\{y_L(k)\}$的傅里叶变换，$Y_L^*(\mathrm{j}\omega_i)$是$Y_L(\mathrm{j}\omega_i)$的共轭形式。

根据式(C.2.27)和式(C.2.23)，容易得到

$$\mathrm{E}\{I_{x,L}(\omega_i)\} = \sum_{l=1}^{L}\left(1-\frac{|l|}{L}\right)R_x(l)\mathrm{e}^{-\mathrm{j}\omega_i l} \tag{C.2.34}$$

同样有

$$\mathrm{E}\{I_{xy,L}(\omega_i)\} = \sum_{l=1}^{L}\left(1-\frac{|l|}{L}\right)R_{xy}(l)\mathrm{e}^{-\mathrm{j}\omega_i l} \tag{C.2.35}$$

可见，周期图是离散谱密度函数的渐近无偏估计。由于利用 FFT 很容易计算周期图，所以一般都采用周期图来估计离散谱密度函数，具体办法是：

（1）把观测到长度为 L 的数据序列 $\{x(k)\}, k=1,2,\cdots,L$ 分成长度为 L_1 的 N 个不交叠段，有 $L=NL_1$，第 n 段的数据记作

$$x_n(k) = x[k+(n-1)L_1], \quad 1\leqslant k\leqslant L_1, n=1,2,\cdots,N \tag{C.2.36}$$

（2）分别求各数据段的周期图

$$I_{x_n,L_1}(\omega_i) = \frac{1}{L_1}\| X_{i,L_1}(\mathrm{j}\omega_i)\|^2, \quad n=1,2,\cdots,N \tag{C.2.37}$$

其中，$X_{i,L_1}(\mathrm{j}\omega_i) = \sum_{k=1}^{L_1} x_n(k)w(k)\mathrm{e}^{-\mathrm{j}\omega_i k}$，$w(k)$ 为数据窗，如取 $w(k)=\begin{cases}1, & |k|\leqslant L_1\\ 0, & |k|> L_1\end{cases}$。引入数据窗的目的是为了减小周期图的方差。

（3）离散谱密度函数的估计值为

$$\hat{S}_{x,L}(\omega_i) = \frac{1}{N}\sum_{i=1}^{N} I_{x_i,L_1}(\omega_i), \quad \omega_i = \frac{2\pi i}{L} \tag{C.2.38}$$

离散互谱密度函数的估计也可以用同样方法进行。

附录D 伪随机码(M序列)及其性质

第1章已经提到过，如果系统的模型结构正确，辨识的精度通过Fisher信息矩阵依赖于辨识输入信号，因此合理选用辨识输入信号是保证能否获得好的辨识结果的关键之一。理论分析表明，选用白噪声作为辨识输入信号可以保证获得较好的辨识效果，但是工程上不易实现，因为工程设备(如阀门)不可能按白噪声的变化规律动作。本附录将阐明，选用伪随机码(或称最长线性移位寄存器序列，简称M序列)作为辨识输入信号是一种不错的选择，它具有近似白噪声的性质，可保证有好的辨识精度，而且工程上又易于实现。

M序列是二进制伪随机码序列(pseudo-random binary sequence，PRBS)的一种形式，它的自相关函数接近脉冲函数，即有

$$R_M(\tau)=\frac{1}{T}\int_0^T M(t)M(t+\tau)\mathrm{d}\tau\approx\begin{cases}\text{const}, & \tau=0\\ 0, & \tau\neq 0\end{cases}$$

且具有输入净扰动小，幅值、周期、时钟节拍容易控制等优点，目前已普遍被选择用作辨识输入信号。

D.1 M序列的产生

设有一无限长的二元序列 $x_1x_2\cdots x_Px_{P+1}\cdots$，各元素间存在下列关系

$$x_i=a_1x_{i-1}\oplus a_2x_{i-2}\oplus\cdots\oplus a_{P-1}x_{i-(P-1)}\oplus a_Px_{i-P}\tag{D.1.1}$$

其中，$i=P+1,P+2,\cdots$，系数 $a_1,a_2,\cdots,a_{P-1}$ 取值0或1，但系数 a_P 总为1，符号$\oplus$为模2和运算，遵循 $0\oplus0=0$，$1\oplus0=1$ 和 $1\oplus1=0$ 的运算规则。

只要适当选择系数 $a_1,a_2,\cdots,a_{P-1}$ 就可以使序列以 (2^P-1)bit的最长周期循环。这种具有最长循环周期的二元序列称作最长线性移位寄存器序列，简称M序列。

根据式(D.1.1)，M序列可以很容易用线性反馈移位寄存器来产生，其一般结构形式如图D.1所示。图中双稳触发器 $C_1,C_2,\cdots,C_P$ 构成 P 级移位寄存器，系数 $a_1,a_2,\cdots,a_{P-1}$ 决定反馈通道的选择。若系数 $a_i=0$，表示相应通道无反馈；若系数 $a_i=1$，表示相应通道存在反馈。$x_{i-1},x_{i-2},\cdots,x_{i-P}$ 经各自的反馈通道进行模2和运算后反馈至 x_i，以此产生不间断的逻辑序列。通过适当选择反馈通道，在移位脉冲CP的作用下，移位寄存器的任一级输出均可为M序列。为了防止移位寄存器各级输出永远是"0"状态，需要设置合适的初始状态，只要初始状态不全为"0"就不会影响M

序列的生成。

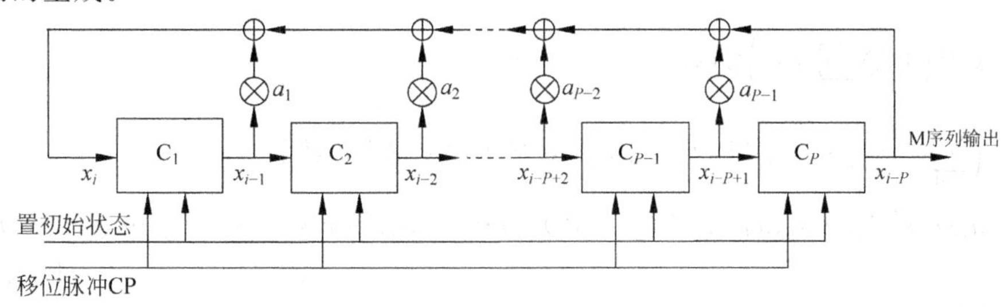

图 D.1　生产 M 序列的一般结构

例如，当 $P=4$，且取 $a_3=1$，即反馈通道取自 C_3 和 C_4，也就是序列生成多项式为 $x_i=x_{i-3}\oplus x_{i-4}$。若移位寄存器的初始状态为 1010，在移位脉冲 CP 的作用下，寄存器各级状态的变化均以 15bit 为循环周期，寄存器各级的输出都是 M 序列，如寄存器 C_4 的输出将是 $\underbrace{010111100010011}_{\text{第1周期15bit}}\underbrace{010111100010011}_{\text{第2周期15bit}}\cdots$。

该例说明只要适当选择反馈通道，便可生成最长循环周期的 M 序列，不过反馈通道的选择不是任意的，否则就不一定能生成 M 序列。究竟应该如何选择反馈通道，也就是如何确定系数 $a_1,a_2,\cdots,a_{P-1}$，才能保证生成 M 序列？这取决于 M 序列的特征多项式。

设二元序列 $x_0x_1x_2\cdots$是 M 序列，各元素之间的关系由式(D.1.1)确定，记作

$$x_i=\sum_{j=1}^{P}\!\oplus\, a_jx_{i-j} \tag{D.1.2}$$ [①]

其循环周期为 $N_P=(2^P-1)\text{bit}$，即有 $x_{N_P+k}=x_k,1\leqslant k\leqslant N_P$。

现用多项式 $G(s)$来描述 M 序列，写成

$$G(s)=\sum_{i=1}^{\infty}\!\oplus\, x_is^i \tag{D.1.3}$$

其中，x_i 为序列元素，s^i 表示元素所处的项位。比如，M 序列 111100010011010l⋯的多项式形式可写成 $G(s)=s\oplus s^2\oplus s^3\oplus s^4\oplus s^8\oplus s^{11}\oplus s^{12}\oplus s^{14}\oplus s^{16}\oplus\cdots$。可以证明，无限阶多项式 $G(s)$可以表示成有限阶多项式 $F(s)$的倒数，即有

$$G(s)=\frac{1}{F(s)} \tag{D.1.4}$$

其中，$F(s)=1\oplus\sum_{j=1}^{P}\!\oplus\, x_js^j$ 称作 M 序列的特征多项式。

证明　式(D.1.2)两边同乘 s^{P+1}，并代入式(D.1.3)，得

$$\begin{aligned}S^{P+1}G(s)&=\sum_{i=P+1}^{\infty}\!\oplus\left(\sum_{j=1}^{P}\!\oplus\, a_jx_{i-j}\right)s^i=\left(\sum_{j=1}^{P}\!\oplus\, a_js^j\right)\left(\sum_{i=P+1}^{\infty}\!\oplus\, x_{i-j}s^{i-j}\right)\\&=\left(\sum_{j=1}^{P}\!\oplus\, a_js^j\right)\left[x_{P+1-j}s^{P+1-j}\oplus x_{P+2-j}s^{P+2-j}\oplus\cdots\oplus x_Ps^P\oplus s^{P+1}G(s)\right]\end{aligned} \tag{D.1.5}$$

① $\sum\!\oplus$表示模 2 求和。

则有

$$
\begin{aligned}
& s^{P+1}\left(1 \oplus \sum_{j=1}^{P}{}^{\oplus} a_j s^j\right) G(s) \\
&= \left(\sum_{j=1}^{P}{}^{\oplus} a_j s^j\right)\left[x_{P+1-j} s^{P+1-j} \oplus x_{P+2-j} s^{P+2-j} \oplus \cdots \oplus x_P s^P\right] \\
&= a_1 s x_P s^P \oplus a_2 s^2 (x_{P-1} s^{P-1} \oplus x_P s^P) \oplus \cdots \oplus a_P s^P (x_1 s \oplus x_2 s^2 \oplus \cdots \oplus x_P s^P)
\end{aligned} \tag{D.1.6}
$$

[①]

当初始状态取 $x_1=1, x_2=0, \cdots, x_P=0$ 时，式(D.1.6)简化成

$$
\left(1 \oplus \sum_{j=1}^{P}{}^{\oplus} a_j s^j\right) G(s) = a_P \tag{D.1.7}
$$

因 a_P 总为1，故

$$
G(s) = \frac{1}{1 \oplus \sum_{j=1}^{P}{}^{\oplus} a_j s^j} = \frac{1}{F(s)} \tag{D.1.8}
$$

证毕。■

可见，只要确定了特征多项式 $F(s)$ 也就确定了对应的M序列，问题转变成如何确定特征多项式 $F(s)$。当然不是任何多项式都可当作生成M序列的特征多项式，必须满足下面给出的必要条件和充分必要条件。

(1) 必要条件——生成M序列的特征多项式 $F(s)$ 必须是既约的，但既约的多项式不一定都能生成M序列。

证明 假设相反，$F(s)$ 可分解成两个多项式 $F(s)=F_1(s)F_2(s)$，写成部分分式形式 $\frac{1}{F(s)}=\frac{A_1(s)}{F_1(s)}+\frac{A_2(s)}{F_2(s)}$，其中多项式 $F(s)$、$F_1(s)$ 和 $F_2(s)$ 的阶次分别记作 P、P_1 和 P_2，且 $P=P_1+P_2$。多项式 $\frac{1}{F(s)}$、$\frac{A_1(s)}{F_1(s)}$ 和 $\frac{A_2(s)}{F_2(s)}$ 生成的序列最大循环周期分别为 $N_{P_1}=(2^{P_1}-1)$、$N_{P_2}=(2^{P_2}-1)$ 和 $N_P=(2^P-1)$，N_P 不应该大于 $N_{P_1}\times N_{P_2}$。但因 $(2^{P_1}-1)(2^{P_2}-1)=2^{(P_1+P_2)}-2^{P_1}-2^{P_2}+1\leqslant 2^P-2-2+1=2^P-3$，显然小于 $N_P=(2^P-1)$。因此，$F(s)$ 一定是不可分解的既约多项式。 证毕。■

(2) 充分必要条件——$F(s)$ 必须是本原多项式，即 $F(s)$ 是多项式 $s^{N_P}\oplus 1$ 的一个因子，其中 $N_P=(2^P-1)$，P 是 $F(s)$ 的阶次。

证明 如果 $G(s)$ 是M序列，$F(s)$ 是对应的 P 阶特征多项式，则式(D.1.4)成立，由此可得

$$
\begin{aligned}
\frac{1}{F(s)} = G(s) &= s^{-(P+1)}\left(\sum_{i=P+1}^{\infty}{}^{\oplus} x_i s^i\right) = s^{-(P+1)}\left(\sum_{i=P+1}^{P+N_P}{}^{\oplus} x_i s^i (1 \oplus s^{N_P} \oplus s^{2N_P} \oplus \cdots)\right) \\
&= s^{-(P+1)}\left(\sum_{i=P+1}^{P+N_P}{}^{\oplus} x_i s^i (s^{N_P} \oplus 1)\right) = g(s)(s^{N_P} \oplus 1)
\end{aligned} \tag{D.1.9}
$$

---

① 模2和运算：从等式右边移到等式左边不变号。

其中，$g(s)=s^{-(P+1)}\sum_{i=P+1}^{P+N_P}{}^{\oplus}\, x_i s^i=\sum_{i=0}^{N_P-1}{}^{\oplus}\, x_i s^i$，于是有

$$\frac{s^{N_P}\oplus 1}{F(s)}=g(s) \tag{D.1.10}$$

证毕。■

可见，$F(s)$是本原多项式。反之，如果$F(s)$是本原多项式，则$F(s)$必是P阶的既约多项式，以此生成的序列周期必为2^P-1，故序列为M序列。

满足上述两个条件的特征多项式$F(s)$(9阶以内，包括部分10阶)汇集于表D.1，供选择使用。

表D.1　特征多项式$F(s)$

(P,n,k)	$(n_1,n_2,n_3,\cdots)$	(P,n,k)	$(n_1,n_2,n_3,\cdots)$	(P,n,k)	$(n_1,n_2,n_3,\cdots)$
(3,2,1)	(3,1,0)	(7,4,10)	(7,5,4,3,0)	(9,4,3)	(9,6,4,3,0)
(3,2,2)	(3,2,0)	(7,4,11)	(7,5,3,1,0)	(9,4,4)	(9,6,5,3,0)
		(7,4,12)	(7,6,4,2,0)	(9,4,5)	(9,6,5,4,0)
(4,2,1)	(4,1,0)	(7,4,13)	(7,6,3,1,0)	(9,4,6)	(9,5,4,1,0)
(4,2,2)	(4,3,0)	(7,4,14)	(7,6,4,1,0)	(9,4,7)	(9,8,4,1,0)
		(7,6,15)	(7,6,5,4,3,2,0)	(9,4,8)	(9,8,5,1,0)
(5,2,1)	(5,2,0)	(7,6,16)	(7,5,4,3,2,1,0)	(9,4,9)	(9,5,3,2,0)
(5,2,2)	(5,3,0)	(7,6,17)	(7,6,5,4,2,1,0)	(9,4,10)	(9,7,6,4,0)
(5,4,3)	(5,3,2,1,0)	(7,6,18)	(7,6,5,3,2,10)	(9,4,11)	(9,8,6,5,0)
(5,4,4)	(5,4,3,2,0)			(9,4,12)	(9,4,3,1,0)
(5,4,5)	(5,4,2,1,0)	(8,4,1)	(8,7,2,1,0)	(9,4,13)	(9,8,7,2,0)
(5,4,6)	(5,4,3,1,0)	(8,4,2)	(8,7,6,1,0)	(9,4,14)	(9,7,2,1,0)
		(8,4,3)	(8,5,3,1,0)	(9,4,15)	(9,7,4,2,0)
(6,2,1)	(6,1,0)	(8,4,4)	(8,7,5,3,0)	(9,4,16)	(9,7,5,2,0)
(6,2,2)	(6,5,0)	(8,4,5)	(8,4,3,2,0)	(9,4,17)	(9,8,4,2,0)
(6,4,3)	(6,5,2,1,0)	(8,4,6)	(8,6,5,4,0)	(9,4,18)	(9,7,5,1,0)
(6,4,4)	(6,5,4,1,0)	(8,4,7)	(8,5,3,2,0)	(9,6,19)	(9,6,5,4,2,1,0)
(6,4,5)	(6,4,3,1,0)	(8,4,8)	(8,6,5,3,0)	(9,6,20)	(9,8,7,5,4,3,0)
(6,4,6)	(6,5,3,2,0)	(8,4,9)	(8,6,3,2,0)	(9,6,21)	(9,7,6,4,3,1,0)
		(8,4,10)	(8,6,5,2,0)	(9,6,22)	(9,8,6,5,3,2,0)
(7,2,1)	(7,1,0)	(8,4,11)	(8,7,3,2,0)	(9,6,23)	(9,8,7,6,5,3,0)
(7,2,2)	(7,6,0)	(8,4,12)	(8,6,5,1,0)	(9,6,24)	(9,6,4,3,2,1,0)
(7,2,3)	(7,3,0)	(8,6,13)	(8,6,4,3,2,1,0)	(9,6,25)	(9,8,7,6,5,1,0)
(7,2,4)	(7,4,0)	(8,6,14)	(8,7,6,5,4,2,0)	(9,6,26)	(9,8,4,3,2,1,0)
(7,4,5)	(7,3,2,1,0)	(8,6,15)	(8,7,6,3,2,1,0)	(9,6,27)	(9,8,7,3,2,1,0)
(7,4,6)	(7,6,5,4,0)	(8,6,16)	(8,7,6,5,2,1,0)	(9,6,28)	(9,8,7,6,2,1,0)
(7,4,7)	(7,5,2,1,0)			(9,6,29)	(9,8,6,5,3,1,0)
(7,4,8)	(7,6,5,2,0)	(9,2,1)	(9,4,0)	(9,6,30)	(9,8,6,4,3,1,0)
(7,4,9)	(7,4,3,2,0)	(9,2,2)	(9,5,0)	(9,6,31)	(9,6,5,3,2,1,0)

续表

(P,n,k)	$(n_1,n_2,n_3,\cdots)$	(P,n,k)	$(n_1,n_2,n_3,\cdots)$	(P,n,k)	$(n_1,n_2,n_3,\cdots)$
(9,6,32)	(9,8,7,6,4,3,0)	(9,6,43)	(9,7,5,4,3,2,0)	(10,4,5)	(10,4,3,1,0)
(9,6,33)	(9,8,7,6,3,2,0)	(9,6,44)	(9,7,6,5,4,2,0)	(10,4,6)	(10,9,7,6,0)
(9,6,34)	(9,7,6,3,2,1,0)	(9,6,45)	(9,7,5,4,2,1,0)	(10,4,7)	(10,8,5,1,0)
(9,6,35)	(9,8,6,5,4,1,0)	(9,6,46)	(9,8,7,5,4,2,0)	(10,4,8)	(10,9,5,2,0)
(9,6,36)	(9,8,5,4,3,1,0)	(9,6,47)	(9,8,7,6,5,4,3,1,0)	(10,4,9)	(10,8,5,4,0)
(9,6,37)	(9,8,7,6,3,1,0)	(9,6,48)	(9,8,6,5,4,3,2,1,0)	(10,4,10)	(10,6,5,2,0)
(9,6,38)	(9,8,6,3,2,1,0)			(10,4,11)	(10,9,4,1,0)
(9,6,39)	(9,6,5,4,3,2,0)	(10,2,1)	(10,3,0)	(10,4,12)	(10,9,6,1,0)
(9,6,40)	(9,7,6,5,4,3,0)	(10,2,2)	(10,7,0)	⋮	⋮
(9,6,41)	(9,8,7,6,4,2,0)	(10,4,3)	(10,8,3,2,0)	⋮	⋮
(9,6,42)	(9,7,5,3,2,1,0)	(10,4,4)	(10,8,7,2,0)		

表 D.1 使用说明：

(1) (P,n,k)为编号——P 是特征多项式的阶次，n 是移位寄存器的反馈通道数，k 是循环周期为 2^P-1 的 M 序列号。

(2) $(n_1,n_2,n_3,\cdots)$表示特征多项式取 $F(s)=s^{n_1}\oplus s^{n_2}\oplus s^{n_3}\oplus\cdots\oplus 1$。

D.2 M 序列的性质

M 序列的统计特性与白噪声非常近似，下面是 M 序列的三个主要性质：

(1) 在 P 级 M 序列一个循环周期 $N_P=(2^P-1)$bit 内，逻辑"0"出现的次数为$(N_P-1)/2$，逻辑"1"出现的次数为$(N_P+1)/2$。逻辑"0"的个数总比逻辑"1"的个数少一个。当 N_P 较大时，逻辑"0"和逻辑"1"出现几乎是等概率的，概率近似为 0.5。

(2) M 序列某种逻辑状态连续出现的段称为"游程"。一个 P 级 M 序列的游程总数为 2^{P-1}，其中"0"游程与"1"游程各占一半。长度为 1bit 的游程占$\frac{1}{2}$，即有 2^{P-2} 个 1bit 游程，长度为 2bit 的游程占$\frac{1}{4}$，即有 2^{P-3} 个 2bit 游程。以此类推，长度为$(P-1)$bit 的游程只有一个，为逻辑"0"游程，长度为 Pbit 的游程也只有一个，为逻辑"1"游程。

(3) 所有 M 序列都具有移位可加性，即两个彼此移位等价的相异 M 序列按位模 2 和仍为 M 序列，并与原 M 序列是移位等价的。

D.3 M 序列的自相关函数

在实际应用中，总把 M 序列的逻辑"0"和逻辑"1"变换成幅度为 a 和 $-a$ 的序列。这种变换关系可以表示成 $M(i)=a(1-2x_i)$或 $M(i)=a\mathrm{e}^{\mathrm{j}\pi x_i}$，$\mathrm{j}=\sqrt{1}$，其中 x_i 为取

“0”或“1”的 M 序列元素，$M(i)$为幅度取 a 和$-a$ 的 M 序列元素。在这种变换下，序列$\{M(i)\}$的乘法群与序列$\{x_i\}$的加法群同构，如表 D.2 所示，求 M 序列的自相关函数要用到这种同构关系。

表 D.2 同构关系

x_1	x_2	$x_1 \oplus x_2$	$M(1)$	$M(2)$	$M(1)\times M(2)$
0	0	0	a	a	a^2
0	1	1	a	$-a$	$-a^2$
1	0	1	$-a$	a	$-a^2$
1	1	0	$-a$	$-a$	a^2

M 序列是以 $N_P\Delta t$ 为循环周期的函数，根据自相关函数的定义，M 序列的自相关函数可以按下式计算

$$R_M(\tau)=\frac{1}{N_P\Delta t}\int_0^{N_P\Delta t}M(t)M(t+\tau)\mathrm{d}t \tag{D.3.1}$$

其中，$M(t)$是幅度为 a 和$-a$ 的 M 序列，Δt 为移位脉冲周期(时钟节拍为 1bit)。上式的离散形式可写成

$$R_M(\tau)=\frac{1}{N_P}\sum_{k=0}^{N_P-1}M(k)M(k+\tau) \tag{D.3.2}$$

利用表 D.2 的同构关系，经分析计算，可得 M 序列的自相关函数为

$$R_M(\tau)=\begin{cases}a^2\left(1-\dfrac{(N_P+1)\mid\tau\mid}{N_P\Delta t}\right), & -\Delta t\leqslant\tau\leqslant\Delta t\\ -\dfrac{a^2}{N_P}, & \Delta t<\tau<(N_P-1)\Delta t\end{cases} \tag{D.3.3}$$

根据自相关函数的性质知，$R_M(\tau)$亦是以 $N_P\Delta t$ 为周期的偶函数，如图 D.2 所示。可见，M 序列的自相关函数(当 $N_P\to\infty$时)近似于 δ 函数，所以 M 序列是一种比较理想的辨识输入信号。然而，用 M 序列作为辨识的输入信号时，需要根据辨识对象的先验知识，适当选择 M 序列的循环周期 $N_P\Delta t$、移位脉冲周期(时钟节拍)Δt 和幅度 a，才能获得比较理想的辨识结果。

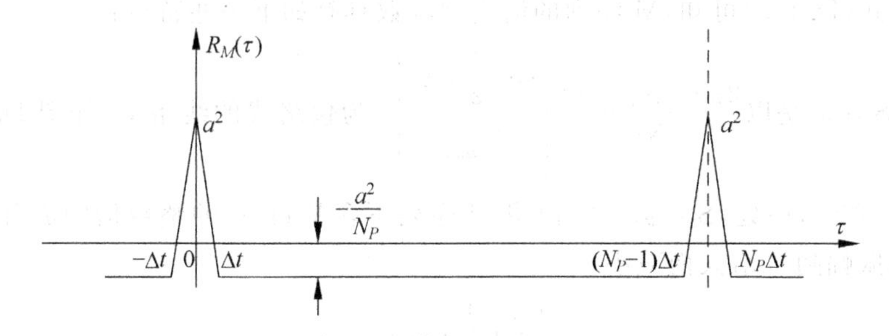

图 D.2 M 序列的自相关函数

D.4 M 序列的谱密度函数

了解 M 序列的谱密度函数对设计辨识输入信号有着重要的作用,根据待辨识系统的频带用于估计需要选择什么样的 M 序列。

将 M 序列的自相关函数式(D.3.3)分解成

$$\begin{aligned} R_M(\tau) &= R_M^{(1)}(\tau) + R_M^{(2)}(\tau) \\ &= \sum_{k=-\infty}^{\infty} R_M^{(1)}(\tau - kN_P\Delta t) + R_M^{(2)}(\tau) \end{aligned} \tag{D.4.1}$$

其中

$$\begin{cases} R_M^{(1)}(\tau) = \begin{cases} a^2\left(1+\dfrac{1}{N_P}\right)\left(1-\dfrac{|\tau|}{\Delta t}\right), & -\Delta t \leqslant \tau \leqslant \Delta t \\ 0, & \Delta t < \tau < (N_P - 1)\Delta t \end{cases} \\ R_M^{(2)}(\tau) = -\dfrac{a^2}{N_P} \end{cases} \tag{D.4.2}$$

那么 M 序列的谱密度函数可表示成

$$S_M(\omega) = S_M^{(1)}(\omega) + S_M^{(2)}(\omega) \tag{D.4.3}$$

其中,$S_M^{(1)}(\omega)$、$S_M^{(2)}(\omega)$分别为 $R_M^{(1)}(\tau)$和 $R_M^{(2)}(\tau)$的傅里叶变换

$$\begin{cases} S_M^{(1)}(\omega) = 2\pi\sum_{k=-\infty}^{\infty} c_k\delta(\omega - k\omega_0), \quad c_k = \dfrac{a^2}{N_P}\left(1+\dfrac{1}{N_P}\right)\left(\dfrac{\sin\frac{1}{2}k\omega_0\Delta t}{\frac{1}{2}k\omega_0\Delta t}\right)^2, \quad \omega_0 = \dfrac{2\pi}{N_P\Delta t} \\ S_M^{(2)}(\omega) = -\dfrac{2\pi a^2}{N_P}\delta(\omega) \end{cases} \tag{D.4.4}$$

于是,可将 M 序列的谱密度函数写成

$$S_M(\omega) = \frac{2\pi a^2(N_P+1)}{N_P^2}\left(\frac{\sin\frac{1}{2}k\omega_0\Delta t}{\frac{1}{2}k\omega_0\Delta t}\right)^2 \sum_{\substack{k=-\infty \\ k\neq 0}}^{\infty}\delta(\omega - k\omega_0) + \frac{2\pi a^2}{N_P^2}\delta(\omega) \tag{D.4.5}$$

分析式(D.4.5)可知,M 序列的谱密度函数具有如下一些特点:

(1) $S_M(\omega)$是以$\dfrac{2\pi a^2(N_P+1)}{N_P^2}\left(\dfrac{\sin\frac{1}{2}\omega\Delta t}{\frac{1}{2}\omega\Delta t}\right)^2$为包络线的线条谱,如图 D.3 所示。在 $k=N_P, 2N_P, \cdots$处,$S_M(\omega)=0$,说明 M 序列不含基频 ω_0 的整数倍频成分,其他各次谐波的振幅随 ω 增大而减小。

(2) $S_M(\omega)$下降 3dB 的点满足$\left(\dfrac{\sin\frac{1}{2}\omega\Delta t}{\frac{1}{2}\omega\Delta t}\right)^2 \approx \dfrac{1}{2}$,可解得 $\omega \simeq \dfrac{2\pi}{3\Delta t}$。因此,M 序列

的频带为 $B_M \cong \frac{1}{3\Delta t}$。

(3) 当 $\omega=0$ 时，$S_M(\omega)=\frac{2\pi a^2}{N_P^2}$，说明 M 序列的直流成分与 N_P^2 成反比，增加 N_P 可以减小 M 序列的直流成分。

(4) M 序列的谱密度与周期 $N_P\Delta t$ 成正比，增加周期，谱线加密。各频谱分量大致与 N_P 成反比。

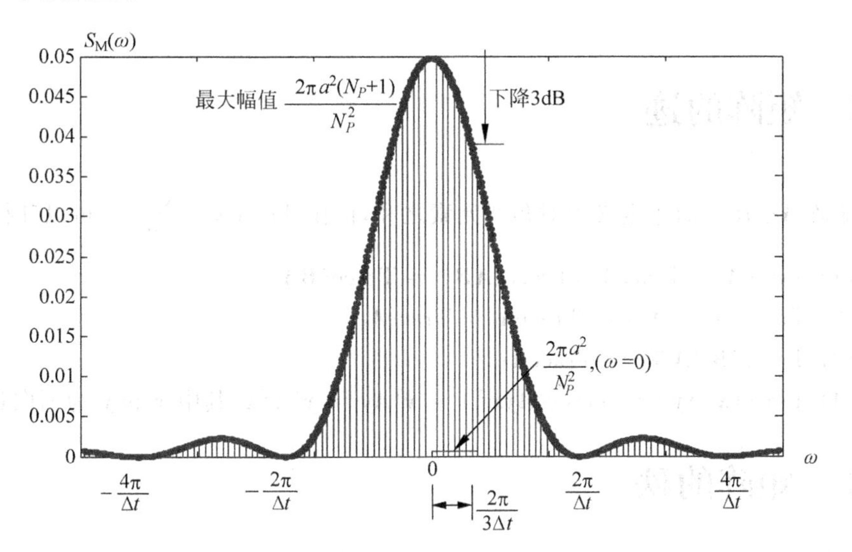

图 D.3　M 序列的谱密度

附录E 矩阵运算

E.1 矩阵的迹

矩阵 $\boldsymbol{A}\in R^{n\times n}$ 的迹定义为对角线元素之和，记作 $\mathrm{Trace}\boldsymbol{A}=\sum_{i=1}^{n}a_{ii}$。可以证得：

(1) $\mathrm{Trace}\boldsymbol{A}=\mathrm{Trace}\boldsymbol{A}^{\mathrm{T}}$，$\mathrm{Trace}(\boldsymbol{AB})=\mathrm{Trace}(\boldsymbol{BA})$；

(2) $\mathrm{Trace}(\boldsymbol{A}_1+\boldsymbol{A}_2)=\mathrm{Trace}\boldsymbol{A}_1+\mathrm{Trace}\boldsymbol{A}_2$；

(3) $\mathrm{Trace}(\boldsymbol{B}^{-1}\boldsymbol{AB})=\mathrm{Trace}\boldsymbol{A}$；

(4) $\mathrm{Trace}(\boldsymbol{x}^{\mathrm{T}}\boldsymbol{Ay})=\mathrm{Trace}(\boldsymbol{Ayx}^{\mathrm{T}})=\boldsymbol{x}^{\mathrm{T}}\boldsymbol{Ay}=\boldsymbol{y}^{\mathrm{T}}\boldsymbol{A}^{\mathrm{T}}\boldsymbol{x}$，其中 $\boldsymbol{x}$ 和 $\boldsymbol{y}$ 为列向量。

E.2 矩阵的秩

矩阵 $\boldsymbol{A}\in \mathrm{R}^{m\times n}$ 的秩定义为线性不相关的行向量数，或线性不相关的列向量数，记作 $\mathrm{rank}\boldsymbol{A}$，显然 $\mathrm{rank}\boldsymbol{A}\leqslant\min(m,n)$。若 $\mathrm{rank}\boldsymbol{A}=m$，$\boldsymbol{A}$ 为行满秩；若 $\mathrm{rank}\boldsymbol{A}=n$，$\boldsymbol{A}$ 为列满秩。可以证得：

(1) $\mathrm{rank}\boldsymbol{A}^{\mathrm{T}}=\mathrm{rank}\boldsymbol{A}$，$\mathrm{rank}\boldsymbol{A}^2=\mathrm{rank}\boldsymbol{A}$；

(2) $\mathrm{rank}(\boldsymbol{AA}^{\mathrm{T}})=\mathrm{rank}(\boldsymbol{A}^{\mathrm{T}}\boldsymbol{A})=\mathrm{rank}\boldsymbol{A}$；

(3) 设 $\boldsymbol{P}\in\mathrm{R}^{m\times m}$ 和 $\boldsymbol{Q}\in\mathrm{R}^{n\times n}$ 为非奇异阵，且 $\boldsymbol{A}\in\mathrm{R}^{m\times n}$，则 $\mathrm{rank}(\boldsymbol{PAQ})=\mathrm{rank}(\boldsymbol{PA})=\mathrm{rank}(\boldsymbol{AQ})=\mathrm{rank}\boldsymbol{A}$；

(4) 设 $\boldsymbol{A}\in\mathrm{R}^{l\times n}$，$\boldsymbol{B}\in\mathrm{R}^{m\times l}$，若 $\mathrm{rank}\boldsymbol{A}=l$，$\mathrm{rank}\boldsymbol{B}=m$，则 $\mathrm{rank}(\boldsymbol{BA})=m$；

(5) 设 $\boldsymbol{A}\in\mathrm{R}^{m\times n}$，$\boldsymbol{B}\in\mathrm{R}^{m\times n}$，那么 $\mathrm{rank}\boldsymbol{A}=\mathrm{rank}\boldsymbol{B}$，当且仅当存在非奇异矩阵 $\boldsymbol{P}\in\mathrm{R}^{m\times m}$ 和 $\boldsymbol{Q}\in\mathrm{R}^{n\times n}$，使得 $\boldsymbol{B}=\boldsymbol{PAQ}$；

(6) $\mathrm{rank}(\boldsymbol{A}+\boldsymbol{B})\leqslant\mathrm{rank}\boldsymbol{A}+\mathrm{rank}\boldsymbol{B}$，$\mathrm{rank}(\boldsymbol{AB})\leqslant\min(\mathrm{rank}\boldsymbol{A},\mathrm{rank}\boldsymbol{B})$；

(7) 若 $\mathrm{rank}(\boldsymbol{A}-\boldsymbol{I})=n$，$\mathrm{rank}(\boldsymbol{B}-\boldsymbol{I})=m$，则 $\mathrm{rank}(\boldsymbol{AB}-\boldsymbol{I})\leqslant n+m$；

(8) 设 $\boldsymbol{A}\in\mathrm{R}^{m\times n}$，$\boldsymbol{B}\in\mathrm{R}^{n\times l}$，有 $\mathrm{rank}\boldsymbol{A}+\mathrm{rank}\boldsymbol{B}-\boldsymbol{n}\leqslant\mathrm{rank}(\boldsymbol{AB})\leqslant\min(\mathrm{rank}\boldsymbol{A},\mathrm{rank}\boldsymbol{B})$（Sylvester 不等式）；

(9) $\mathrm{rank}(\boldsymbol{AB})+\mathrm{rank}(\boldsymbol{BC})\leqslant\mathrm{rank}\boldsymbol{B}+\mathrm{rank}(\boldsymbol{ABC})$（Frobenius 不等式）；

(10) 设 $\boldsymbol{A}=[\boldsymbol{A}_1\quad \boldsymbol{A}_2]=\begin{bmatrix}\boldsymbol{A}_1\\ \boldsymbol{A}_2\end{bmatrix}$，则 $\min(m,n,\mathrm{rank}\,\boldsymbol{A}_1+\mathrm{rank}\,\boldsymbol{A}_2)\geqslant\mathrm{rank}\,\boldsymbol{A}\geqslant\max(\mathrm{rank}\boldsymbol{A}_1,\mathrm{rank}\boldsymbol{A}_2)$。

E.3 矩阵的逆

若方阵 $\boldsymbol{A}\in\mathrm{R}^{n\times n}$ 的秩 $\mathrm{rank}\boldsymbol{A}=n$，则 $\boldsymbol{A}$ 为非奇异的，存在唯一的逆矩阵 $\boldsymbol{A}^{-1}$，使得 $\boldsymbol{A}^{-1}\boldsymbol{A}=\boldsymbol{A}\boldsymbol{A}^{-1}=\boldsymbol{I}$。当且仅当 $\det\boldsymbol{A}\neq 0$ 时，有 $\boldsymbol{A}^{-1}=\dfrac{\mathrm{adj}\boldsymbol{A}}{\det\boldsymbol{A}}$，其中 $\mathrm{adj}\boldsymbol{A}$ 为 $\boldsymbol{A}$ 的伴随矩阵，其第 i 行、第 j 列元素等于 $(-1)^{i+j}\det\boldsymbol{A}_{ji}$，$\boldsymbol{A}_{ji}$ 是去掉 $\boldsymbol{A}$ 第 j 行和第 i 列后的 $(n-1)$ 阶方阵。可以证得：

(1) $(\boldsymbol{AB})^{-1}=\boldsymbol{B}^{-1}\boldsymbol{A}^{-1}$，$(\boldsymbol{ABC})^{-1}=\boldsymbol{C}^{-1}\boldsymbol{B}^{-1}\boldsymbol{A}^{-1}$；

(2) $(\boldsymbol{A}^{\mathrm{T}})^{-1}=(\boldsymbol{A}^{-1})^{\mathrm{T}}$；

(3) 分块矩阵求逆：设 $\boldsymbol{A}=\begin{bmatrix}\boldsymbol{A}_{11} & \boldsymbol{A}_{12}\\ \boldsymbol{A}_{21} & \boldsymbol{A}_{22}\end{bmatrix}$，若 $\boldsymbol{A}$、$\boldsymbol{A}_{11}$ 和 $\boldsymbol{A}_{22}$ 为非奇异矩阵，则

$$\boldsymbol{A}^{-1}=\begin{bmatrix}\widetilde{\boldsymbol{A}}_{11}^{-1} & -\widetilde{\boldsymbol{A}}_{11}^{-1}\boldsymbol{A}_{12}\boldsymbol{A}_{22}^{-1}\\ -\boldsymbol{A}_{22}^{-1}\boldsymbol{A}_{21}\widetilde{\boldsymbol{A}}_{11}^{-1} & \boldsymbol{A}_{22}^{-1}+\boldsymbol{A}_{22}^{-1}\boldsymbol{A}_{21}\widetilde{\boldsymbol{A}}_{11}^{-1}\boldsymbol{A}_{12}\boldsymbol{A}_{22}^{-1}\end{bmatrix}$$

$$=\begin{bmatrix}\boldsymbol{A}_{11}^{-1}+\boldsymbol{A}_{11}^{-1}\boldsymbol{A}_{12}\widetilde{\boldsymbol{A}}_{22}^{-1}\boldsymbol{A}_{21}\boldsymbol{A}_{11}^{-1} & -\boldsymbol{A}_{11}^{-1}\boldsymbol{A}_{12}\widetilde{\boldsymbol{A}}_{22}^{-1}\\ -\widetilde{\boldsymbol{A}}_{22}^{-1}\boldsymbol{A}_{21}\boldsymbol{A}_{11}^{-1} & \widetilde{\boldsymbol{A}}_{22}^{-1}\end{bmatrix}$$

其中，$\widetilde{\boldsymbol{A}}_{11}=\boldsymbol{A}_{11}-\boldsymbol{A}_{12}\boldsymbol{A}_{22}^{-1}\boldsymbol{A}_{21}$，$\widetilde{\boldsymbol{A}}_{22}=\boldsymbol{A}_{22}-\boldsymbol{A}_{21}\boldsymbol{A}_{11}^{-1}\boldsymbol{A}_{12}$；

(4) $\boldsymbol{A}=\begin{bmatrix}\boldsymbol{A}_{11} & \boldsymbol{A}_{12}\\ 0 & \boldsymbol{A}_{22}\end{bmatrix}$，若 $\boldsymbol{A}$、$\boldsymbol{A}_{11}$ 和 $\boldsymbol{A}_{22}$ 为非奇异矩阵，则 $\boldsymbol{A}^{-1}=\begin{bmatrix}\boldsymbol{A}_{11}^{-1} & -\boldsymbol{A}_{11}^{-1}\boldsymbol{A}_{12}\boldsymbol{A}_{22}^{-1}\\ 0 & \boldsymbol{A}_{22}^{-1}\end{bmatrix}$；

(5) 矩阵反演公式：设 $\boldsymbol{A}\in\mathrm{R}^{n\times n}$ 和 $\boldsymbol{B}\in\mathrm{R}^{m\times m}$ 是非奇异矩阵，且 $\boldsymbol{C}\in\mathrm{R}^{n\times m}$ 和 $\boldsymbol{D}\in\mathrm{R}^{m\times n}$，则 $(\boldsymbol{A}+\boldsymbol{CBD})^{-1}=\boldsymbol{A}^{-1}-\boldsymbol{A}^{-1}\boldsymbol{C}(\boldsymbol{B}^{-1}+\boldsymbol{D}\boldsymbol{A}^{-1}\boldsymbol{C})^{-1}\boldsymbol{D}\boldsymbol{A}^{-1}$；

(6) 若 $\boldsymbol{x}^{\mathrm{T}}\boldsymbol{A}^{-1}\boldsymbol{y}+1\neq 0$，则 $(\boldsymbol{A}+\boldsymbol{x}\boldsymbol{y}^{\mathrm{T}})^{-1}=\boldsymbol{A}^{-1}-\dfrac{\boldsymbol{A}^{-1}\boldsymbol{x}\boldsymbol{y}^{\mathrm{T}}\boldsymbol{A}^{-1}}{\boldsymbol{x}^{\mathrm{T}}\boldsymbol{A}^{-1}\boldsymbol{y}+1}$，其中 $\boldsymbol{A}$ 是非奇异矩阵，$\boldsymbol{x}$ 和 $\boldsymbol{y}$ 是列向量。

E.4 矩阵的条件数

矩阵的条件数定义为 $\mathrm{cond}\boldsymbol{A}=\|\boldsymbol{A}\|\ \|\boldsymbol{A}^{-1}\|$，根据谱范数的定义 $\|\boldsymbol{A}\|=\sqrt{\lambda_{\max}(\boldsymbol{A}^{\mathrm{T}}\boldsymbol{A})}$，容易得到 $\mathrm{cond}\boldsymbol{A}=\lambda_{\max}(\boldsymbol{A}^{\mathrm{T}}\boldsymbol{A})/\lambda_{\min}(\boldsymbol{A}^{\mathrm{T}}\boldsymbol{A})$。

E.5 矩阵的行列式

矩阵行列式定义为 $\det\boldsymbol{A}=\sum\limits_{i=1}^{n}(-1)^{i+j}a_{ij}\det\boldsymbol{A}_{ij}$，$\boldsymbol{A}\in\mathrm{R}^{n\times n}$，其中 $\boldsymbol{A}_{ij}$ 是 $\boldsymbol{A}$ 去掉第 i 行和第 j 列后的子矩阵。可以证得：

(1) $\det \boldsymbol{A}=\det \boldsymbol{A}^{\mathrm{T}}, \det \boldsymbol{A}^{-1}=\dfrac{1}{\det \boldsymbol{A}}$;

(2) $\det(\boldsymbol{AB})=\det \boldsymbol{A} \det \boldsymbol{B}$;

(3) 当且仅当 $\operatorname{rank} \boldsymbol{A} \neq n$ 时,$\det \boldsymbol{A}=0$;

(4) 分块矩阵行列式　设 $\boldsymbol{A}=\begin{bmatrix} \boldsymbol{A}_{11} & \boldsymbol{A}_{12} \\ \boldsymbol{A}_{21} & \boldsymbol{A}_{22} \end{bmatrix}$,若 $\boldsymbol{A}_{11}$ 和 $\boldsymbol{A}_{22}$ 为非奇异矩阵,则 $\det \boldsymbol{A}=\det \boldsymbol{A}_{11} \det(\boldsymbol{A}_{22}-\boldsymbol{A}_{21}\boldsymbol{A}_{11}^{-1}\boldsymbol{A}_{12})$,或 $\det \boldsymbol{A}=\det \boldsymbol{A}_{22} \det(\boldsymbol{A}_{11}-\boldsymbol{A}_{12}\boldsymbol{A}_{22}^{-1}\boldsymbol{A}_{21})$。

E.6 向量范数与矩阵范数

(1) 向量范数定义：l_1 范数(和范数)定义为 $\|\boldsymbol{x}\|_1=\sum_{i=1}^{n}|x_i|$；$l_2$ 范数(Euclid 范数)定义为 $\|\boldsymbol{x}\|_2=(\boldsymbol{x}^{\mathrm{T}}\boldsymbol{x})^{\frac{1}{2}}$(通常简记为 $\|\boldsymbol{x}\|$)；l_p 范数定义为 $\|\boldsymbol{x}\|_p=\left(\sum_{i=1}^{n}|x_i|^p\right)^{\frac{1}{p}}$，$p\geqslant 1$；$l_\infty$ 范数(无穷范数)定义为 $\|\boldsymbol{x}\|_\infty=\max(|x_i|, \forall i)$；向量内积定义为 $\langle \boldsymbol{x},\boldsymbol{x}\rangle=\|\boldsymbol{x}\|^2=\boldsymbol{x}^{\mathrm{T}}\boldsymbol{x}$。

(2) 向量范数性质：$\|\boldsymbol{x}\|\geqslant 0$；$\|\boldsymbol{x}\|=0$,当且仅当 $\boldsymbol{x}=0$；$\|c\boldsymbol{x}\|=|c|\,\|\boldsymbol{x}\|$，$c$ 为常数；$\|\boldsymbol{x}+\boldsymbol{y}\|\leqslant\|\boldsymbol{x}\|+\|\boldsymbol{y}\|$；$|\,\|\boldsymbol{x}\|-\|\boldsymbol{y}\|\,|\leqslant\|\boldsymbol{x}-\boldsymbol{y}\|$。

(3) 矩阵范数定义：l_1 范数定义为 $\|\boldsymbol{A}\|_1=\sum_{i,j=1}^{n}|a_{ij}|$；$l_2$ 范数(Euclid 范数)定义为 $\|\boldsymbol{A}\|_2=\left(\sum_{i,j=1}^{n}a_{ij}{}^2\right)^{\frac{1}{2}}$(通常简记为 $\|\boldsymbol{A}\|$)；l_∞ 范数定义为 $\|\boldsymbol{A}\|_\infty=\max(|a_{ij}|, \forall i,j)$。

(4) 矩阵范数性质：$\|\boldsymbol{A}\|\geqslant 0$；$\|\boldsymbol{A}\|=0$,当且仅当 $\boldsymbol{A}=0$；$\|c\boldsymbol{A}\|=|c|\,\|\boldsymbol{A}\|$,$c$ 为常数；$\|\boldsymbol{A}+\boldsymbol{B}\|\leqslant\|\boldsymbol{A}\|+\|\boldsymbol{B}\|$,$\|\boldsymbol{AB}\|\leqslant\|\boldsymbol{A}\|\,\|\boldsymbol{B}\|$,$\|\boldsymbol{A}^k\|\leqslant\|\boldsymbol{A}\|^k, \forall k=1,2,\cdots$；$\|\boldsymbol{A}^{-1}\|\leqslant\dfrac{\|\boldsymbol{I}\|}{\|\boldsymbol{A}\|}$,$\|\boldsymbol{A}\|\geqslant\rho(\boldsymbol{A})$,其中 $\rho(\boldsymbol{A})$ 为谱半径；若 $\|\boldsymbol{A}\|<1$,则 $\lim\limits_{k\to\infty}\boldsymbol{A}^k=0$(称 $\boldsymbol{A}$ 是收敛矩阵),当且仅当 $\rho(\boldsymbol{A})<1$,必有 $\lim\limits_{k\to\infty}\boldsymbol{A}^k=0$；若 $\|\boldsymbol{I}-\boldsymbol{A}\|<1$,则 $\boldsymbol{A}^{-1}=\lim\limits_{k\to\infty}\sum_{i=0}^{k}(\boldsymbol{I}-\boldsymbol{A})^i$；$\|\boldsymbol{AB}\|^2\leqslant\|\boldsymbol{A}\|^2\,\|\boldsymbol{B}\|^2$(Cauchy-Schwarz 不等式)。

E.7 矩阵的非奇异性

判别矩阵 $\boldsymbol{A}=[a_{ij}]\in \mathrm{R}^{n\times n}$ 是否非奇异的方法：

(1) $\boldsymbol{A}^{-1}$ 存在,或 $\operatorname{rank}\boldsymbol{A}=n$,或 $\det\boldsymbol{A}\neq 0$;

(2) $\boldsymbol{A}$ 各行或各列线性不相关；

(3) $\boldsymbol{A}$ 特征值不为 0；

(4) $|a_{ii}| > \sum_{j=1,j\neq i}^{n} |a_{ij}|$；

(5) $\boldsymbol{Ax}=\boldsymbol{b}, \forall \boldsymbol{b}\in \mathrm{R}^n$ 有唯一解，或 $\boldsymbol{Ax}=0$ 的唯一解是 $\boldsymbol{x}=0$。

E.8 正定矩阵和半正定矩阵

对所有的非零向量 $\boldsymbol{x}\in \mathrm{R}^n$，若 $\boldsymbol{x}^{\mathrm{T}}\boldsymbol{Ax}>0, \boldsymbol{A}\in \mathrm{R}^{n\times n}$，则 $\boldsymbol{A}$ 为正定矩阵；若 $\boldsymbol{x}^{\mathrm{T}}\boldsymbol{Ax}\geqslant 0, \boldsymbol{A}\in \mathrm{R}^{n\times n}$，则 $\boldsymbol{A}$ 为半正定矩阵，或称非负定矩阵。可以证得：

(1) 正定矩阵的主对角元素都大于零；

(2) 半正定矩阵的非负线性组合仍为半正定矩阵；

(3) 正定矩阵的特征值、迹、行列式和所有主子式都大于零，半正定矩阵的特征值、迹、行列式和所有主子式都是非负的；

(4) 如果 $\boldsymbol{A}$ 是(半)正定矩阵，当且仅当 $\boldsymbol{C}$ 是非奇异矩阵时，$\boldsymbol{C}^{\mathrm{T}}\boldsymbol{AC}$ 是(半)正定矩阵；

(5) 如果 $\boldsymbol{A}$ 是正定矩阵，则 $\boldsymbol{A}^{-1}$存在，且 $\boldsymbol{A}^{-1}$ 和 $\boldsymbol{A}^{\mathrm{T}}$ 都是正定矩阵；

(6) 如果 $\boldsymbol{A}$ 是正定矩阵，当且仅当存在非奇异矩阵 $\boldsymbol{C}$，可使得 $\boldsymbol{A}=\boldsymbol{C}^{\mathrm{T}}\boldsymbol{C}, \boldsymbol{A}\in \mathrm{R}^{n\times n}, \boldsymbol{C}\in \mathrm{R}^{n\times n}$；

(7) 如果 $\boldsymbol{A}$ 是正定矩阵，当且仅当存在具有正对角元素的非奇异下三角矩阵 $\boldsymbol{L}$，可使得 $\boldsymbol{A}=\boldsymbol{LL}^{\mathrm{T}}, \boldsymbol{A}\in \mathrm{R}^{n\times n}, \boldsymbol{L}\in \mathrm{R}^{n\times n}$；

(8) 如果 $\boldsymbol{A}$ 是正定矩阵，则从矩阵 $\boldsymbol{A}$ 中去掉一行及其对应的列所得的矩阵仍为正定矩阵；

(9) 设 $\boldsymbol{A}=[a_{ij}]\in \mathrm{R}^{n\times n}$是正定矩阵，则 $\left|\dfrac{a_{ij}}{\sqrt{a_{ii}a_{jj}}}\right|<1, \forall i\neq j$。

E.9 正矩阵和非负矩阵

称矩阵 $\boldsymbol{A}=[a_{ij}], a_{ij}>0, \forall i,j$ 为正矩阵，记作 $\boldsymbol{A}>0$；称矩阵 $\boldsymbol{A}=[a_{ij}], a_{ij}\geqslant 0, \forall i,j$ 为非负矩阵，记作 $\boldsymbol{A}\geqslant 0$。可以证得：

(1) 若矩阵 $\boldsymbol{A}>0$，则矩阵 $\boldsymbol{A}$ 总有一个大于所有其他特征值模的正特征值$\lambda_{\max}$，并存在一个对应的正特征向量 $\boldsymbol{v}>0$，使得 $\boldsymbol{Av}=\lambda_{\max}\boldsymbol{v}$；

(2) 若矩阵 $\boldsymbol{A}\geqslant 0$，则矩阵 $\boldsymbol{A}$ 总有一个小于所有其他特征值模的非负特征值$\lambda_{\max}$，并存在一个对应的非负特征向量 $\boldsymbol{v}\geqslant 0$，使得 $\boldsymbol{Av}=\lambda_{\max}\boldsymbol{v}$。

E.10 矩阵特征值和特征向量

满足方程 $\boldsymbol{Av}=\lambda\boldsymbol{v}, \boldsymbol{A}\in \mathrm{R}^{n\times n}, \boldsymbol{v}\in \mathrm{R}^n, \boldsymbol{v}\neq 0$ 的标量 λ 称作矩阵 $\boldsymbol{A}$ 的特征值，向量 $\boldsymbol{v}$ 称作相应的特征向量；所有特征值 $\lambda_i, i=1,2,\cdots,n$ 的集合称作矩阵 $\boldsymbol{A}$ 的谱，记作

$\sigma(\boldsymbol{A})$；$\rho(\boldsymbol{A})=\max\limits_{1\leqslant i\leqslant n}|\lambda_i|$称作矩阵$\boldsymbol{A}$的谱半径。可以证得：

（1）λ是矩阵$\boldsymbol{A}$特征值的充分必要条件：λ是特征多项式$\det(\lambda\boldsymbol{I}-\boldsymbol{A})$的根；

（2）设$P(\cdot)$是给定的多项式，如果λ是矩阵$\boldsymbol{A}$的特征值，则$P(\lambda)$是矩阵$P(\boldsymbol{A})$的特征值；

（3）矩阵$\boldsymbol{A}\in\mathrm{R}^{n\times n}$是奇异的，当且仅当$0\in\sigma(\boldsymbol{A})$；

（4）设$\lambda_i(\boldsymbol{A}),i=1,2,\cdots,n$是实对称矩阵$\boldsymbol{A}$的特征值，有$\|\boldsymbol{A}\|=\max(\lambda_i(\boldsymbol{A}),\forall i)$和$\|\boldsymbol{A}\|=\dfrac{1}{\min(\lambda_i(\boldsymbol{A}^{-1}),\forall i)}$；

（5）交织特征值定理：若$\boldsymbol{P}\in\mathrm{R}^{N\times N}$是对称矩阵，其特征值满足$\lambda_1\geqslant\lambda_2\geqslant\cdots\geqslant\lambda_N$，$\boldsymbol{h}\in\mathrm{R}^{n\times 1}$是范数为1的向量，又假定$a$为实数，矩阵$\boldsymbol{P}+a\boldsymbol{h}\boldsymbol{h}^{\mathrm{T}}$的特征值$\xi_1\geqslant\xi_2\geqslant\cdots\geqslant\xi_N$，则

$$\begin{cases}\xi_1\geqslant\lambda_1\geqslant\xi_2\geqslant\lambda_2\geqslant\cdots\geqslant\xi_N\geqslant\lambda_N, & a>0\\ \xi_1\leqslant\lambda_1\leqslant\xi_2\leqslant\lambda_2\leqslant\cdots\leqslant\xi_N\leqslant\lambda_N, & a<0\end{cases}$$

且有$\sum\limits_{i=1}^{N}\xi_i-\lambda_i=a,\forall a$。

E.11 同幂矩阵

若$\boldsymbol{A}^2=\boldsymbol{A}\in\mathrm{R}^{n\times n}$，称$\boldsymbol{A}$为同幂矩阵。可以证得：

（1）$\mathrm{Trace}\boldsymbol{A}=\mathrm{rank}\boldsymbol{A}$；

（2）$\mathrm{rank}\boldsymbol{A}+\mathrm{rank}(\boldsymbol{I}-\boldsymbol{A})=n$；

（3）设$\boldsymbol{A}=\sum\limits_{i=1}^{n}\boldsymbol{A}_i\in\mathrm{R}^{m\times m}$，考虑以下4个断语：①$\boldsymbol{A}_i^2=\boldsymbol{A}_i,\forall i$，②$\boldsymbol{A}_i\boldsymbol{A}_j=0,\forall i\neq j$，且$\mathrm{rank}\boldsymbol{A}_i^2=\mathrm{rank}\boldsymbol{A}_i,\forall i$，③$\boldsymbol{A}^2=\boldsymbol{A}$，④$\mathrm{rank}\boldsymbol{A}=\sum\limits_{i=1}^{n}\mathrm{rank}\boldsymbol{A}_i$。以①、②和③任意两个断语为条件，可以推出4个断语中的另外2个断语；以③和④两个断语为条件，可以推出①和②断语。

E.12 矩阵求导

（1）标量对向量的求导定义为：$\dfrac{\partial J}{\partial\boldsymbol{\theta}}=\left[\dfrac{\partial J}{\partial\theta_1}\quad\dfrac{\partial J}{\partial\theta_2}\quad\cdots\quad\dfrac{\partial J}{\partial\theta_n}\right]$

（2）向量对向量的求导定义为：$\dfrac{\partial\boldsymbol{x}}{\partial\boldsymbol{\theta}}=\begin{bmatrix}\dfrac{\partial x_1}{\partial\theta_1} & \cdots & \dfrac{\partial x_1}{\partial\theta_n}\\ \vdots & \ddots & \vdots\\ \dfrac{\partial x_m}{\partial\theta_1} & \cdots & \dfrac{\partial x_m}{\partial\theta_n}\end{bmatrix}$

(3) 矩阵对向量的求导定义为：$\frac{\partial \boldsymbol{A}}{\partial \boldsymbol{\theta}}=\begin{bmatrix}\frac{\partial \boldsymbol{A}}{\partial \theta_1} & \frac{\partial \boldsymbol{A}}{\partial \theta_2} & \cdots & \frac{\partial \boldsymbol{A}}{\partial \theta_n}\end{bmatrix}$

(4) 标量对矩阵的求导定义为：$\frac{\partial J}{\partial \boldsymbol{A}}=\left[\frac{\partial J}{\partial a_{ij}}\right], \boldsymbol{A}\in \mathrm{R}^{n\times m}, i=1,2,\cdots,n, j=1,2,\cdots,m$

(5) 基本求导运算

① $\frac{\partial \boldsymbol{AB}}{\partial x}=\frac{\partial \boldsymbol{A}}{\partial x}\boldsymbol{B}+\boldsymbol{A}\frac{\partial \boldsymbol{B}}{\partial x}$

② $\frac{\partial \boldsymbol{A}^{-1}}{\partial x}=-\boldsymbol{A}^{-1}\frac{\partial \boldsymbol{A}}{\partial x}\boldsymbol{A}^{-1}$

③ $\frac{\partial}{\partial \boldsymbol{x}}(\boldsymbol{Ax})=\boldsymbol{A}$，　$\frac{\partial}{\partial \boldsymbol{x}}(\boldsymbol{a}^{\mathrm{T}}\boldsymbol{x})=\boldsymbol{a}^{\mathrm{T}}$

④ 当 $\boldsymbol{A}$ 为对称阵时，有$\frac{\partial}{\partial \boldsymbol{x}}(\boldsymbol{x}^{\mathrm{T}}\boldsymbol{Ax})=2\boldsymbol{x}^{\mathrm{T}}\boldsymbol{A}$，$\frac{\partial^2}{\partial \boldsymbol{x}^2}(\boldsymbol{x}^{\mathrm{T}}\boldsymbol{Ax})=2\boldsymbol{A}$

⑤ $\frac{\partial}{\partial \boldsymbol{X}}\operatorname{logdet}\boldsymbol{X}=\boldsymbol{X}^{-\mathrm{T}}$

⑥ $\frac{\partial}{\partial \boldsymbol{X}}(\boldsymbol{a}^{\mathrm{T}}\boldsymbol{Xb})=\boldsymbol{ab}^{\mathrm{T}}$

⑦ $\frac{\partial}{\partial \boldsymbol{X}}\det \boldsymbol{X}=(\operatorname{adj}\boldsymbol{X})^{\mathrm{T}}=\det(\boldsymbol{XX}^{-\mathrm{T}})$

⑧ $\frac{\partial}{\partial \boldsymbol{X}}\operatorname{Trace}(\boldsymbol{AX}^{-1})\boldsymbol{B}=-(\boldsymbol{X}^{-1}\boldsymbol{BAX}^{-1})^{\mathrm{T}}$

⑨ $\frac{\partial}{\partial \boldsymbol{X}}\operatorname{Trace}\boldsymbol{X}=\boldsymbol{I}$

附录F 估计理论

F.1 估计量的统计性质

估计量是数据集 D^L 的某个函数，在某种准则意义下最接近于真值。

(1) 无偏估计与渐近无偏估计

如果估计量 $\hat{\boldsymbol{\theta}}$ 的数学期望等于真值 $\boldsymbol{\theta}_0$，即有 $\mathrm{E}\{\hat{\boldsymbol{\theta}}\}=\boldsymbol{\theta}_0$，则称估计量 $\hat{\boldsymbol{\theta}}$ 为无偏估计。若仅当数据长度 $L\to\infty$ 时，估计量 $\hat{\boldsymbol{\theta}}_L$ 才是无偏估计，即 $\lim\limits_{L\to\infty}\mathrm{E}\{\hat{\boldsymbol{\theta}}_L\}=\boldsymbol{\theta}_0$，则称估计量 $\hat{\boldsymbol{\theta}}_L$ 为渐近无偏估计。

(2) 最小均方误差估计

如果估计量 $\hat{\boldsymbol{\theta}}$ 和任意另外的估计量 $\bar{\boldsymbol{\theta}}$ 满足如下关系

$$\mathrm{E}\{(\hat{\boldsymbol{\theta}}-\boldsymbol{\theta}_0)(\hat{\boldsymbol{\theta}}-\boldsymbol{\theta}_0)^{\mathrm{T}}\}\leqslant\mathrm{E}\{(\bar{\boldsymbol{\theta}}-\boldsymbol{\theta}_0)(\bar{\boldsymbol{\theta}}-\boldsymbol{\theta}_0)^{\mathrm{T}}\}\tag{F.1.1}$$

式中，$\boldsymbol{\theta}_0$ 为真值，则称估计量 $\hat{\boldsymbol{\theta}}$ 为最小均方误差估计。

(3) 最小方差无偏估计

如果估计量 $\hat{\boldsymbol{\theta}}$ 是最小均方误差估计，同时又是无偏的，则称估计量 $\hat{\boldsymbol{\theta}}$ 为最小方差无偏估计。

(4) 最优线性无偏估计

如果参数估计量 $\hat{\boldsymbol{\theta}}$ 是最小均方误差估计，同时又是无偏的，且可表示成数据的线性函数，则称估计量 $\hat{\boldsymbol{\theta}}$ 为最优线性无偏估计。

(5) 有效估计与渐近有效估计

如果估计量 $\hat{\boldsymbol{\theta}}$ 是无偏估计，且协方差阵达到 Cramér-Rao 不等式下界，即 $\mathrm{Cov}\{\hat{\boldsymbol{\theta}}\}=\boldsymbol{M}^{-1}$，$\boldsymbol{M}$ 为 Fisher 信息矩阵，则称估计量 $\hat{\boldsymbol{\theta}}$ 为有效估计。如果估计量 $\hat{\boldsymbol{\theta}}_L$ 是无偏估计，且仅当数据长度 $L\to\infty$ 时，协方差阵达到 Cramér-Rao 不等式下界，即 $\lim\limits_{L\to\infty}\mathrm{Cov}\{\hat{\boldsymbol{\theta}}_L\}=\boldsymbol{M}^{-1}$，$\boldsymbol{M}$ 为 Fisher 信息矩阵，则称估计量 $\hat{\boldsymbol{\theta}}_L$ 为渐近有效估计。

定理 F.1(Cramér-Rao 不等式) 考虑随机数据向量 $\boldsymbol{z}$，真值 $\boldsymbol{\theta}_0$ 条件下的条件概率密度函数记作 $p(\boldsymbol{z}|\boldsymbol{\theta}_0)$。在正则条件下，估计量 $\hat{\boldsymbol{\theta}}$ 的任何无偏估计都满足不等式

$$\mathrm{Cov}\{\hat{\boldsymbol{\theta}}\}=\mathrm{E}\{(\hat{\boldsymbol{\theta}}-\boldsymbol{\theta}_0)(\hat{\boldsymbol{\theta}}-\boldsymbol{\theta}_0)^{\mathrm{T}}\}\geqslant\boldsymbol{M}_{\boldsymbol{\theta}_0}^{-1}\tag{F.1.2}$$

其中，$\boldsymbol{M}_{\boldsymbol{\theta}_0}$ 为 Fisher 信息矩阵，定义为

$$\boldsymbol{M}_{\boldsymbol{\theta}_0}=\mathrm{E}\left\{\left(\frac{\partial\log p(\boldsymbol{z}\mid\boldsymbol{\theta})}{\partial\boldsymbol{\theta}}\right)^{\mathrm{T}}\left(\frac{\partial\log p(\boldsymbol{z}\mid\boldsymbol{\theta})}{\partial\boldsymbol{\theta}}\right)\right\}\bigg|_{\boldsymbol{\theta}_0} \tag{F.1.3}$$

证明[55]　由于估计量$\hat{\boldsymbol{\theta}}$是无偏估计，即有 $\mathrm{E}\{\hat{\boldsymbol{\theta}}\}=\boldsymbol{\theta}_0$，也就是$\int_{\Omega}\hat{\boldsymbol{\theta}}p(\boldsymbol{z}\mid\boldsymbol{\theta}_0)\mathrm{d}\boldsymbol{z}=\boldsymbol{\theta}_0$，其中 Ω 为样本空间，两边同时对$\boldsymbol{\theta}_0$ 求导，有

$$\frac{\partial}{\partial\boldsymbol{\theta}}\int_{\Omega}\hat{\boldsymbol{\theta}}p(\boldsymbol{z}\mid\boldsymbol{\theta})\mathrm{d}\boldsymbol{z}\bigg|_{\boldsymbol{\theta}_0}=\boldsymbol{I}\text{ 或写成 }\mathrm{E}\left\{\hat{\boldsymbol{\theta}}\frac{\partial\log p(\boldsymbol{z}\mid\boldsymbol{\theta})}{\partial\boldsymbol{\theta}}\right\}\bigg|_{\boldsymbol{\theta}_0}=\boldsymbol{I} \tag{F.1.4}$$

又因$\int_{\Omega}p(\boldsymbol{z}\mid\boldsymbol{\theta}_0)\mathrm{d}\boldsymbol{z}=1$，两边也同时对$\boldsymbol{\theta}_0$ 求导，有

$$\frac{\partial}{\partial\boldsymbol{\theta}}\int_{\Omega}p(\boldsymbol{z}\mid\boldsymbol{\theta})\mathrm{d}\boldsymbol{z}\bigg|_{\boldsymbol{\theta}_0}=0\text{ 或写成 }\mathrm{E}\left\{\frac{\partial\log p(\boldsymbol{z}\mid\boldsymbol{\theta})}{\partial\boldsymbol{\theta}}\right\}\bigg|_{\boldsymbol{\theta}_0}=0 \tag{F.1.5}$$

那么

$$\begin{aligned}&\mathrm{Cov}\left\{\begin{matrix}\hat{\boldsymbol{\theta}}\\ \left[\dfrac{\partial\log p(\boldsymbol{z}\mid\boldsymbol{\theta})}{\partial\boldsymbol{\theta}}\right]^{\mathrm{T}}\bigg|_{\boldsymbol{\theta}_0}\end{matrix}\right\}\\ &=\mathrm{E}\left\{\left[\begin{matrix}\hat{\boldsymbol{\theta}}-\boldsymbol{\theta}_0\\ \left[\dfrac{\partial\log p(\boldsymbol{z}\mid\boldsymbol{\theta})}{\partial\boldsymbol{\theta}}\right]^{\mathrm{T}}\bigg|_{\boldsymbol{\theta}_0}-0\end{matrix}\right]\left[\begin{matrix}\hat{\boldsymbol{\theta}}-\boldsymbol{\theta}_0\\ \left[\dfrac{\partial\log p(\boldsymbol{z}\mid\boldsymbol{\theta})}{\partial\boldsymbol{\theta}}\right]^{\mathrm{T}}\bigg|_{\boldsymbol{\theta}_0}-0\end{matrix}\right]^{\mathrm{T}}\right\}\\ &=\begin{bmatrix}\mathrm{Cov}\{\hat{\boldsymbol{\theta}}\} & \boldsymbol{I}\\ \boldsymbol{I} & \boldsymbol{M}_{\boldsymbol{\theta}_0}\end{bmatrix}\end{aligned} \tag{F.1.6}$$

因为$\begin{bmatrix}\mathrm{Cov}\{\hat{\boldsymbol{\theta}}\} & \boldsymbol{I}\\ \boldsymbol{I} & \boldsymbol{M}_{\boldsymbol{\theta}_0}\end{bmatrix}$是非负定矩阵，所以

$$[\boldsymbol{I}\quad -\boldsymbol{M}_{\boldsymbol{\theta}_0}^{-1}]\begin{bmatrix}\mathrm{Cov}\{\hat{\boldsymbol{\theta}}\} & \boldsymbol{I}\\ \boldsymbol{I} & \boldsymbol{M}_{\boldsymbol{\theta}_0}\end{bmatrix}[\boldsymbol{I}\quad -\boldsymbol{M}_{\boldsymbol{\theta}_0}^{-1}]^{\mathrm{T}}\geqslant 0 \tag{F.1.7}$$

也就是

$$[\mathrm{Cov}\{\hat{\boldsymbol{\theta}}\}-\boldsymbol{M}_{\boldsymbol{\theta}_0}^{-1}\quad 0]\begin{bmatrix}\boldsymbol{I}\\ -\boldsymbol{M}_{\boldsymbol{\theta}_0}^{-1}\end{bmatrix}\geqslant 0 \tag{F.1.8}$$

即

$$\mathrm{Cov}\{\hat{\boldsymbol{\theta}}\}\geqslant\boldsymbol{M}_{\boldsymbol{\theta}_0}^{-1} \tag{F.1.9}$$

证毕。■

式(F.1.2)称作 Cramér-Rao 不等式，对应的估计量$\hat{\boldsymbol{\theta}}$ 称作有效估计，其协方差阵达到最小值。

定理 F.2（有效估计存在定理）　在正则条件下，当且仅当把$\dfrac{\partial p(\boldsymbol{z}\mid\boldsymbol{\theta})}{\partial\boldsymbol{\theta}}\bigg|_{\boldsymbol{\theta}_0}$ 表示成

$$\left(\frac{\partial \log p(\boldsymbol{z} \mid \boldsymbol{\theta})}{\partial \boldsymbol{\theta}}\right)^{\mathrm{T}}\Bigg|_{\boldsymbol{\theta}_0} = \mathbf{A}(\boldsymbol{\theta}_0)(\hat{\boldsymbol{\theta}} - \boldsymbol{\theta}_0) \tag{F.1.10}$$

则有效估计值存在，式中 $\mathbf{A}(\boldsymbol{\theta}_0)$ 是与数据向量 $\boldsymbol{z}$ 无关的矩阵，实际上就是 Fisher 信息矩阵 $\mathbf{M}_{\boldsymbol{\theta}_0}$。

(6) 一致估计

设 $\{\hat{\boldsymbol{\theta}}(k)\}$ 是参数 $\boldsymbol{\theta}_0$ 的估计序列，如果 $\underset{k\to\infty}{\mathrm{Plim}}\hat{\boldsymbol{\theta}}(k)=\boldsymbol{\theta}_0$，或对任意小向量 $\boldsymbol{\varepsilon}>0$，有

$$\begin{cases}\lim\limits_{k\to\infty}\mathrm{Prob}\{\mid \hat{\boldsymbol{\theta}}(k)-\boldsymbol{\theta}_0 \mid < \boldsymbol{\varepsilon}\} = 1 \\ \text{or } \mathrm{Prob}\{\mid \hat{\boldsymbol{\theta}}(k)-\boldsymbol{\theta}_0 \mid < \boldsymbol{\varepsilon}, \forall k \geqslant k_0\} > 1-\delta\end{cases} \tag{F.1.11}$$

式中，δ 为任意小实数，或表示成

$$\begin{cases}\lim\limits_{k\to\infty}\mathrm{Prob}\{\mid \hat{\boldsymbol{\theta}}(k)-\boldsymbol{\theta}_0 \mid > \boldsymbol{\varepsilon}\} = 0 \\ \text{or } \mathrm{Prob}\{\mid \hat{\boldsymbol{\theta}}(k)-\boldsymbol{\theta}_0 \mid > \boldsymbol{\varepsilon}, \forall k \geqslant k_0\} < \delta\end{cases} \tag{F.1.12}$$

或写成

$$\begin{cases}\lim\limits_{k\to\infty}\mathrm{E}\{\hat{\boldsymbol{\theta}}(k)\} = \boldsymbol{\theta}_0 \\ \lim\limits_{k\to\infty}\mathrm{Var}\{\hat{\boldsymbol{\theta}}(k)-\boldsymbol{\theta}_0\} = 0\end{cases} \tag{F.1.13}$$

则称 $\hat{\boldsymbol{\theta}}(k)$ 为一致估计，记作

$$\lim_{k\to\infty}\hat{\boldsymbol{\theta}}(k) = \boldsymbol{\theta}_0, \quad \text{W. P. 1(依概率 1)} \tag{F.1.14}$$

或

$$\hat{\boldsymbol{\theta}}(k) \xrightarrow[k\to\infty]{\text{a. s.}} \boldsymbol{\theta}_0 \quad \text{(a. s. : almost surely)} \tag{F.1.15}$$

(7) 均方一致估计

设 $\{\hat{\boldsymbol{\theta}}(k)\}$ 是参数 $\boldsymbol{\theta}_0$ 的估计序列，如果 $\lim\limits_{k\to\infty}\mathrm{E}\{[\hat{\boldsymbol{\theta}}(k)-\boldsymbol{\theta}_0]^{\mathrm{T}}[\hat{\boldsymbol{\theta}}(k)-\boldsymbol{\theta}_0]\}=0$，则称 $\hat{\boldsymbol{\theta}}(k)$ 为均方一致估计值，记作 $\hat{\boldsymbol{\theta}}(k)\xrightarrow[k\to\infty]{\text{q. m.}}\boldsymbol{\theta}_0$(q. m. : quadratic mean)。

一致估计也称一致性、相容性或收敛性；均方一致估计不一定是依概率 1 收敛的；依概率 1 收敛也不一定是均方一致估计。

(8) 充分估计

设估计量 $\hat{\boldsymbol{\theta}}$ 是参数 $\boldsymbol{\theta}_0$ 的正则估计，其概率密度函数 $p(\hat{\boldsymbol{\theta}})$ 与 $\boldsymbol{\theta}_0$ 无关，则 $\hat{\boldsymbol{\theta}}$ 是参数 $\boldsymbol{\theta}_0$ 的充分估计。

设随机向量 $\boldsymbol{z}$ 的分布依赖于参数 $\boldsymbol{\theta}_0$，其概率密度函数为 $p(\boldsymbol{z}|\boldsymbol{\theta}_0)$，当且仅当能够把 $p(\boldsymbol{z}|\boldsymbol{\theta}_0)$ 分解成 $p(\boldsymbol{z}|\boldsymbol{\theta}_0)=f(\hat{\boldsymbol{\theta}},\boldsymbol{\theta}_0)g(\boldsymbol{z})$ 时，其中 $g(\boldsymbol{z})$ 与 $\boldsymbol{\theta}_0$ 无关，则 $\hat{\boldsymbol{\theta}}$ 是参数 $\boldsymbol{\theta}_0$ 的充分估计。

(9) 两个收敛定理

定理 F.3(Frecher 定理) 设 $\{z(k)\}$ 是依概率 1 收敛于常量 z_0 的随机变量序列，则有

$$f(\boldsymbol{z}(k)) \xrightarrow[k\to\infty]{\text{W.P.1}} f(\boldsymbol{z}_0) \text{ 或写成} \underset{k\to\infty}{\text{Plim}} f(\boldsymbol{z}(k)) = f(\boldsymbol{z}_0) \tag{F.1.16}$$

其中，$f(\cdot)$为连续标量函数。

定理 F.4 设矩阵 $\boldsymbol{A}_k$ 和 $\boldsymbol{B}_k$ 存在概率极限，且其维数不随 k 的增加而变化，应用 Frecher 定理，可得

$$\begin{cases} \underset{k\to\infty}{\text{Plim}}(\boldsymbol{A}_k\boldsymbol{B}_k) = \underset{k\to\infty}{\text{Plim}}(\boldsymbol{A}_k)\ \underset{k\to\infty}{\text{Plim}}(\boldsymbol{B}_k) \\ \underset{k\to\infty}{\text{Plim}}(\boldsymbol{A}_k^{-1}) = (\underset{k\to\infty}{\text{Plim}}(\boldsymbol{A}_k))^{-1} \end{cases} \tag{F.1.17}$$

F.2 Fisher 信息测度

1. Fisher 信息的定义

设 $\boldsymbol{z}$ 是随机向量，它关于模型参数 θ 的概率密度为 $p(\boldsymbol{z}|\theta)$，且关于 θ 是可微的，在样本空间 Ω 内，恒有

$$\frac{\mathrm{d}}{\mathrm{d}\theta}\int_{\Omega} p(\boldsymbol{z} \mid \theta)\mathrm{d}\boldsymbol{x} = \int_{\Omega}\frac{\mathrm{d}}{\mathrm{d}\theta}p(\boldsymbol{z} \mid \theta)\mathrm{d}\boldsymbol{x} \tag{F.2.1}$$

因 $\mathrm{E}\left\{\frac{\mathrm{d}\log p(\boldsymbol{z}|\theta)}{\mathrm{d}\theta}\right\}=0$，则关于模型参数 θ 的 Fisher 信息定义为

$$\begin{aligned} M(\theta) &= \mathrm{E}\left\{\left(\frac{\mathrm{d}\log p(\boldsymbol{z} \mid \theta)}{\mathrm{d}\theta}\right)^2\right\} = \mathrm{E}\left\{\left(\frac{p'(\boldsymbol{z} \mid \theta)}{p(\boldsymbol{z} \mid \theta)}\right)^2\right\} \\ &= \mathrm{Var}\left\{\frac{\mathrm{d}\log p(\boldsymbol{z} \mid \theta)}{\mathrm{d}\theta}\right\} \end{aligned} \tag{F.2.2}$$

如果模型参数是 N 维的，则 Fisher 信息写成矩阵形式

$$\boldsymbol{M}(\boldsymbol{\theta}) = [M_{ij}(\boldsymbol{\theta})] \tag{F.2.3}$$

其中，$M_{ij}(\boldsymbol{\theta})=\mathrm{E}\left\{\frac{\partial\log p(\boldsymbol{z}|\boldsymbol{\theta})}{\partial\theta_i}\frac{\partial\log p(\boldsymbol{z}|\boldsymbol{\theta})}{\partial\theta_j}\right\}$； $i,j=1,2,\cdots,N$，或写成

$$\boldsymbol{M}(\boldsymbol{\theta}) = \mathrm{E}\left\{\left(\frac{\partial\log p(\boldsymbol{z} \mid \boldsymbol{\theta})}{\partial\boldsymbol{\theta}}\right)^{\mathrm{T}}\left(\frac{\partial\log p(\boldsymbol{z} \mid \boldsymbol{\theta})}{\partial\boldsymbol{\theta}}\right)\right\} \tag{F.2.4}$$

2. Fisher 信息的性质

为简单起见，下面以单参数模型为例，讨论 Fisher 信息的三个主要性质。

(1) 设 $M_1(\theta)$和 $M_2(\theta)$分别是两个独立的随机向量 $\boldsymbol{z}_1$ 和 $\boldsymbol{z}_2$ 关于模型参数 θ 的 Fisher 信息，$M(\theta)$是联合随机向量$(\boldsymbol{z}_1,\boldsymbol{z}_2)$关于模型参数 θ 的 Fisher 信息，则有

$$M(\theta) = M_1(\theta) + M_2(\theta) \tag{F.2.5}$$

上式表明，两组数据的联合会使 Fisher 信息量增加。

证明：根据 Fisher 信息的定义，有

$$\begin{aligned} M(\theta) &= \mathrm{E}\left\{\left(\frac{\mathrm{d}}{\mathrm{d}\theta}\log(p(\boldsymbol{z}_1 \mid \theta)p(\boldsymbol{z}_2 \mid \theta))\right)^2\right\} \\ &= \mathrm{E}\left\{\left(\frac{\mathrm{d}}{\mathrm{d}\theta}\log p(\boldsymbol{z}_1 \mid \theta)\right)^2\right\} + \mathrm{E}\left\{\left(\frac{\mathrm{d}}{\mathrm{d}\theta}\log p(\boldsymbol{z}_2 \mid \theta)\right)^2\right\} \end{aligned}$$

$$+2\mathrm{E}\left\{\frac{\mathrm{d}}{\mathrm{d}\theta}\log p(\boldsymbol{z}_1 \mid \theta)\frac{\mathrm{d}}{\mathrm{d}\theta}\log p(\boldsymbol{z}_2 \mid \theta)\right\}$$

$$= M_1(\theta) + M_2(\theta) \tag{F.2.6}$$

其中，$2\mathrm{E}\left\{\frac{\mathrm{d}}{\mathrm{d}\theta}\log p(\boldsymbol{z}_1|\theta)\frac{\mathrm{d}}{\mathrm{d}\theta}\log p(\boldsymbol{z}_2|\theta)\right\}=0$ 证毕。■

(2) 设 $\boldsymbol{z}_1,\boldsymbol{z}_2,\cdots,\boldsymbol{z}_n$ 是独立同分布的随机向量组，$M_i(\theta)$ 是 $\boldsymbol{z}_i, i=1,2,\cdots,n$ 关于模型参数 θ 的 Fisher 信息，则联合随机向量 $(\boldsymbol{z}_1,\boldsymbol{z}_2,\cdots,\boldsymbol{z}_n)$ 的 Fisher 信息为 $\sum_{i=1}^{n} M_i(\theta)$。

(3) 设 $M(\theta)$ 是随机向量 $\boldsymbol{z}$ 关于模型参数 θ 的 Fisher 信息，f 是随机向量 $\boldsymbol{z}$ 的可测函数，且概率密度为 $\phi(f|\theta)$，则 f 关于模型参数 θ 的 Fisher 信息为

$$M_f(\theta) = \mathrm{E}\left\{\left(\frac{\phi'(f \mid \theta)}{\phi(f \mid \theta)}\right)^2\right\} = \mathrm{E}\left\{\left(\frac{\mathrm{d}}{\mathrm{d}\theta}\log\phi(f \mid \theta)\right)^2\right\} \leqslant M(\theta) \tag{F.2.7}$$

上式表明，经过处理的数据信息量可能下降。

证明[55]　设随机向量 $\boldsymbol{z}$ 的取值空间为 Z，函数 f 的取值空间为 F，因有

$$\begin{aligned}\mathrm{E}\left\{\frac{p'(\boldsymbol{z} \mid \theta)}{p(\boldsymbol{z} \mid \theta)}\right\} &= \int_{\mathrm{Z}} \frac{p'(\boldsymbol{z} \mid \theta)}{p(\boldsymbol{z} \mid \theta)} p(\boldsymbol{z} \| \theta)\mathrm{d}\boldsymbol{z} = \frac{\mathrm{d}}{\mathrm{d}\theta}\int_{\mathrm{Z}} p(\boldsymbol{z} \mid \theta)\mathrm{d}\boldsymbol{z} \\ &= \frac{\mathrm{d}}{\mathrm{d}\theta}\int_{\mathrm{F}}\phi(f \mid \theta)\mathrm{d}f = \int_{\mathrm{F}}\frac{\phi'(f \mid \theta)}{\phi(f \mid \theta)}\phi(f \mid \theta)\mathrm{d}f \\ &= \mathrm{E}\left\{\frac{\phi'(f \mid \theta)}{\phi(f \mid \theta)}\right\}\end{aligned} \tag{F.2.8}$$

则由式(F.2.8)和条件数学期望概念①，有 $\mathrm{E}\left\{\frac{p'(\boldsymbol{z}|\theta)}{p(\boldsymbol{z}|\theta)}\middle| f\right\} = \frac{\phi'(f|\theta)}{\phi(f|\theta)}$，那么

$$\begin{aligned}&\mathrm{E}\left\{\left(\frac{p'(\boldsymbol{z} \mid \theta)}{p(\boldsymbol{z} \mid \theta)} - \frac{\phi'(f \mid \theta)}{\phi(f \mid \theta)}\right)^2\right\} \\ &= \mathrm{E}\left\{\left(\frac{p'(\boldsymbol{z} \mid \theta)}{p(\boldsymbol{z} \mid \theta)}\right)^2\right\} + \mathrm{E}\left\{\left(\frac{\phi'(f \mid \theta)}{\phi(f \mid \theta)}\right)^2\right\} \\ &\quad - 2\mathrm{E}\left\{\frac{p'(\boldsymbol{z} \mid \theta)}{p(\boldsymbol{z} \mid \theta)}\frac{\phi'(f \mid \theta)}{\phi(f \mid \theta)}\right\} \\ &= M(\theta) + M_f(\theta) - 2\mathrm{E}\left\{\mathrm{E}\left\{\frac{p'(\boldsymbol{z} \mid \theta)}{p(\boldsymbol{z} \mid \theta)}\middle| f\right\}\frac{\phi'(f \mid \theta)}{\phi(f \mid \theta)}\right\} \\ &= M(\theta) + M_f(\theta) - 2\mathrm{E}\left\{\frac{\phi'(f \mid \theta)}{\phi(f \mid \theta)}\frac{\phi'(f \mid \theta)}{\phi(f \mid \theta)}\right\} \qquad \text{(F.2.9)②} \\ &= M(\theta) + M_f(\theta) - 2M_f(\theta) = M(\theta) - M_f(\theta) \geqslant 0\end{aligned}$$

证毕。■

(4) Fisher 信息矩阵等于负 Hessian 矩阵的数学期望，即

$$\begin{aligned}\boldsymbol{M}(\boldsymbol{\theta}) &= \mathrm{E}\left\{\left(\frac{\partial\log p(\boldsymbol{z} \mid \boldsymbol{\theta})}{\partial\boldsymbol{\theta}}\right)^{\mathrm{T}}\left(\frac{\partial\log p(\boldsymbol{z} \mid \boldsymbol{\theta})}{\partial\boldsymbol{\theta}}\right)\right\} \\ &= -\mathrm{E}\left\{\frac{\partial^2\log p(\boldsymbol{z} \mid \boldsymbol{\theta})}{\partial\boldsymbol{\theta}^2}\right\}\end{aligned} \tag{F.2.10}$$

---

① 若 $\mathrm{E}\{f_1(\boldsymbol{x})\}=\mathrm{E}\{f_2(\boldsymbol{y})\}$，则 $\mathrm{E}\{f_1(\boldsymbol{x})|\boldsymbol{y}\}=f_2(\boldsymbol{y})$

② 根据附录 C 中的式(C.1.9)，有 $\mathrm{E}\{f_1(\boldsymbol{x})f_2(\boldsymbol{y})\} = \mathrm{E}\{\mathrm{E}\{f_1(\boldsymbol{x}) \mid \boldsymbol{y}\}f_2(\boldsymbol{y})\}$

3. Fisher 信息是参数精确度的一种测度

(1) Fisher 信息是随机变量(或它的分布)中含有未知参数的信息。

(2) Fisher 信息描述根据随机变量的观测值,使未知参数的不确定性减少的程度。

(3) 对参数的每个值,若有唯一具有概率 1 的相应观测值存在,那么对应的 Fisher 信息最大。

(4) 如果对参数的一切数值而言,随机变量都有同样的分布,那么就不能用这种随机变量观测值来推断未知参数。

(5) 随机变量关于参数的敏感性可以根据参数的改变引起随机变量分布的改变程度来判定。比如[55],设 $p(\boldsymbol{z}|\theta_1)$ 和 $p(\boldsymbol{z}|\theta_2)$ 是随机数据向量 $\boldsymbol{z}$ 对应于参数 θ_1 和 θ_2 的概率密度函数,那么随机变量分布的变化可以用 Hellinger 距离函数来度量

$$\arccos\left[\int_{\Omega}\sqrt{p(\boldsymbol{z}\mid\theta_1)p(\boldsymbol{z}\mid\theta_2)}\,\mathrm{d}\boldsymbol{z}\right] \tag{F.2.11}$$

令 $\theta_2=\theta_1+\delta\theta$,并将 $p(\boldsymbol{z}|\theta_2)$ 进行 Taylor 展开,得(略去高次项)

$$\begin{aligned}&\arccos\left[\int_{\Omega}p(\boldsymbol{z}\mid\theta_1)\left\{1-\frac{1}{8}\left(\frac{p'(\boldsymbol{z}\mid\theta_1)}{p(\boldsymbol{z}\mid\theta_1)}\right)^2\delta\theta^2\right\}\mathrm{d}\boldsymbol{z}\right]\\&=\arccos\left[1-\frac{1}{8}M(\theta_1)\delta\theta^2\right]\end{aligned} \tag{F.2.12}$$

上式表明,Hellinger 距离将随着 $M(\theta_1)$ 和 $\delta\theta$ 的增加而增大,可见 Fisher 信息是可以用来度量随机变量关于参数变化敏感性的。

附录G 概率分布值

G.1 F分布值

$$\int_0^{F_\alpha} p_F(n_1, n_2)\mathrm{d}x = 1 - \alpha \quad (置信度\ \alpha = 0.05)$$

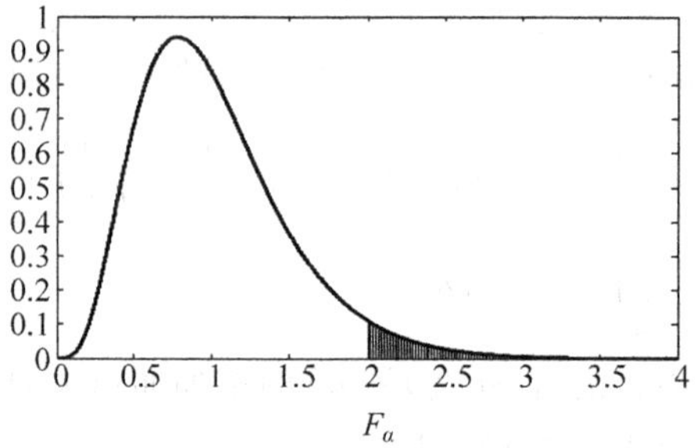

F_α n_2 \ n_1	1	2	3	4	5	6	7	8	9	10	11	12	13	14	15	16
10	4.96	4.10	3.71	3.48	3.33	3.22	3.14	3.07	3.02	2.98	2.94	2.91	2.89	2.86	2.85	2.83
20	4.35	3.49	3.10	2.87	2.71	2.60	2.51	2.45	2.39	2.35	2.31	2.28	2.25	2.22	2.20	2.18
30	4.17	3.32	2.92	2.69	2.53	2.42	2.33	2.27	2.21	2.16	2.13	2.09	2.06	2.04	2.01	1.99
40	4.08	3.23	2.84	2.61	2.45	2.34	2.25	2.18	2.12	2.08	2.04	2.00	1.97	1.95	1.92	1.90
50	4.03	3.18	2.79	2.56	2.40	2.29	2.20	2.13	2.07	2.03	1.99	1.95	1.92	1.89	1.87	1.85
60	4.00	3.15	2.76	2.53	2.37	2.25	2.17	2.10	2.04	1.99	1.95	1.92	1.89	1.86	1.84	1.82
70	3.98	3.13	2.74	2.50	2.35	2.23	2.14	2.07	2.02	1.97	1.93	1.89	1.86	1.84	1.81	1.79
80	3.96	3.11	2.72	2.49	2.33	2.21	2.13	2.06	2.00	1.95	1.91	1.88	1.84	1.82	1.79	1.77
90	3.95	3.10	2.71	2.47	2.32	2.20	2.11	2.04	1.99	1.94	1.90	1.86	1.83	1.80	1.78	1.76
100	3.94	3.09	2.70	2.46	2.31	2.19	2.10	2.03	1.97	1.93	1.89	1.85	1.82	1.79	1.77	1.75
110	3.93	3.08	2.69	2.45	2.30	2.18	2.09	2.02	1.97	1.92	1.88	1.84	1.81	1.78	1.76	1.74
120	3.92	3.07	2.68	2.45	2.29	2.18	2.09	2.02	1.96	1.91	1.87	1.83	1.80	1.78	1.75	1.73
130	3.91	3.07	2.67	2.44	2.28	2.17	2.08	2.01	1.95	1.90	1.86	1.83	1.80	1.77	1.74	1.72
140	3.91	3.06	2.67	2.44	2.28	2.16	2.08	2.01	1.95	1.90	1.86	1.82	1.79	1.76	1.74	1.72
150	3.90	3.06	2.66	2.43	2.27	2.16	2.07	2.00	1.94	1.89	1.85	1.82	1.79	1.76	1.73	1.71
200	3.89	3.04	2.65	2.42	2.26	2.14	2.06	1.98	1.93	1.88	1.84	1.80	1.77	1.74	1.72	1.69

续表

n_2 \ n_1 (F_α)	1	2	3	4	5	6	7	8	9	10	11	12	13	14	15	16
250	3.88	3.03	2.64	2.41	2.25	2.13	2.05	1.98	1.92	1.87	1.83	1.79	1.76	1.73	1.71	1.68
300	3.87	3.03	2.63	2.40	2.24	2.13	2.04	1.97	1.91	1.86	1.82	1.78	1.75	1.72	1.70	1.68
350	3.87	3.02	2.63	2.40	2.24	2.12	2.04	1.96	1.91	1.86	1.82	1.78	1.75	1.72	1.70	1.67
400	3.86	3.02	2.63	2.39	2.24	2.12	2.03	1.96	1.90	1.85	1.81	1.78	1.74	1.72	1.69	1.67
450	3.86	3.02	2.62	2.39	2.23	2.12	2.03	1.96	1.90	1.85	1.81	1.77	1.74	1.71	1.69	1.67
500	3.86	3.01	2.62	2.39	2.23	2.12	2.03	1.96	1.90	1.85	1.81	1.77	1.74	1.71	1.69	1.66
600	3.86	3.01	2.62	2.39	2.23	2.11	2.02	1.95	1.90	1.85	1.80	1.77	1.74	1.71	1.68	1.66
700	3.85	3.01	2.62	2.38	2.23	2.11	2.02	1.95	1.89	1.84	1.80	1.77	1.73	1.71	1.68	1.66
800	3.85	3.01	2.62	2.38	2.23	2.11	2.02	1.95	1.89	1.84	1.80	1.76	1.73	1.70	1.68	1.66
900	3.85	3.01	2.61	2.38	2.22	2.11	2.02	1.95	1.89	1.84	1.80	1.76	1.73	1.70	1.68	1.65
1000	3.85	3.00	2.61	2.38	2.22	2.11	2.02	1.95	1.89	1.84	1.80	1.76	1.73	1.70	1.68	1.65
1100	3.85	3.00	2.61	2.38	2.22	2.11	2.02	1.95	1.89	1.84	1.80	1.76	1.73	1.70	1.68	1.65

注：其他自由度 n_1 和 n_2 的阈值 F_α 可利用 MATLAB 函数 finv($1-\alpha, n_1, n_2$)求得。

$$\int_0^{F_\alpha} p_F(n_1, n_2)\,\mathrm{d}x = 1-\alpha \quad (置信度\ \alpha = 0.1)$$

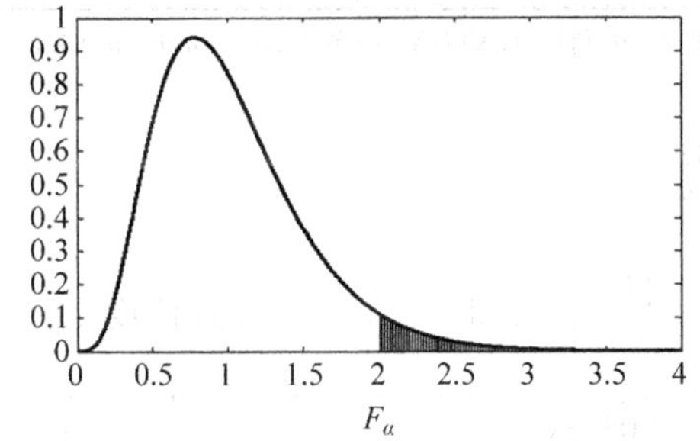

n_2 \ n_1 (F_α)	1	2	3	4	5	6	7	8	9	10	11	12	13	14	15	16
10	3.29	2.92	2.73	2.61	2.52	2.46	2.41	2.38	2.35	2.32	2.30	2.28	2.27	2.26	2.24	2.23
20	2.97	2.59	2.38	2.25	2.16	2.09	2.04	2.00	1.96	1.94	1.91	1.89	1.87	1.86	1.84	1.83
30	2.88	2.49	2.28	2.14	2.05	1.98	1.93	1.88	1.85	1.82	1.79	1.77	1.75	1.74	1.72	1.71
40	2.84	2.44	2.23	2.09	2.00	1.93	1.87	1.83	1.79	1.76	1.74	1.71	1.70	1.68	1.66	1.65
50	2.81	2.41	2.20	2.06	1.97	1.90	1.84	1.80	1.76	1.73	1.70	1.68	1.66	1.64	1.63	1.61
60	2.79	2.39	2.18	2.04	1.95	1.87	1.82	1.77	1.74	1.71	1.68	1.66	1.64	1.62	1.60	1.59
70	2.78	2.38	2.16	2.03	1.93	1.86	1.80	1.76	1.72	1.69	1.66	1.64	1.62	1.60	1.59	1.57
80	2.77	2.37	2.15	2.02	1.92	1.85	1.79	1.75	1.71	1.68	1.65	1.63	1.61	1.59	1.57	1.56
90	2.76	2.36	2.15	2.01	1.91	1.84	1.78	1.74	1.70	1.67	1.64	1.62	1.60	1.58	1.56	1.55
100	2.76	2.36	2.14	2.00	1.91	1.83	1.78	1.73	1.69	1.66	1.64	1.61	1.59	1.57	1.56	1.54
110	2.75	2.35	2.13	2.00	1.90	1.83	1.77	1.73	1.69	1.66	1.63	1.61	1.59	1.57	1.55	1.54
120	2.75	2.35	2.13	1.99	1.90	1.82	1.77	1.72	1.68	1.65	1.63	1.60	1.58	1.56	1.55	1.53

续表

n_2 \ F_α \ n_1	1	2	3	4	5	6	7	8	9	10	11	12	13	14	15	16
130	2.74	2.34	2.13	1.99	1.89	1.82	1.76	1.72	1.68	1.65	1.62	1.60	1.58	1.56	1.54	1.53
140	2.74	2.34	2.12	1.99	1.89	1.82	1.76	1.71	1.68	1.64	1.62	1.59	1.57	1.55	1.54	1.52
150	2.74	2.34	2.12	1.98	1.89	1.81	1.76	1.71	1.67	1.64	1.61	1.59	1.57	1.55	1.53	1.52
200	2.73	2.33	2.11	1.97	1.88	1.80	1.75	1.70	1.66	1.63	1.60	1.58	1.56	1.54	1.52	1.51
250	2.73	2.32	2.11	1.97	1.87	1.80	1.74	1.69	1.66	1.62	1.60	1.57	1.55	1.53	1.51	1.50
300	2.72	2.32	2.10	1.96	1.87	1.79	1.74	1.69	1.65	1.62	1.59	1.57	1.55	1.53	1.51	1.49
350	2.72	2.32	2.10	1.96	1.86	1.79	1.73	1.69	1.65	1.62	1.59	1.56	1.54	1.52	1.51	1.49
400	2.72	2.32	2.10	1.96	1.86	1.79	1.73	1.69	1.65	1.61	1.59	1.56	1.54	1.52	1.50	1.49
450	2.72	2.31	2.10	1.96	1.86	1.79	1.73	1.68	1.65	1.61	1.58	1.56	1.54	1.52	1.50	1.49
500	2.72	2.31	2.09	1.96	1.86	1.79	1.73	1.68	1.64	1.61	1.58	1.56	1.54	1.52	1.50	1.49
600	2.71	2.31	2.09	1.95	1.86	1.78	1.73	1.68	1.64	1.61	1.58	1.56	1.54	1.52	1.50	1.48
700	2.71	2.31	2.09	1.95	1.86	1.78	1.73	1.68	1.64	1.61	1.58	1.56	1.53	1.51	1.50	1.48
800	2.71	2.31	2.09	1.95	1.85	1.78	1.72	1.68	1.64	1.61	1.58	1.55	1.53	1.51	1.50	1.48
900	2.71	2.31	2.09	1.95	1.85	1.78	1.72	1.68	1.64	1.61	1.58	1.55	1.53	1.51	1.49	1.48
1000	2.71	2.31	2.09	1.95	1.85	1.78	1.72	1.68	1.64	1.61	1.58	1.55	1.53	1.51	1.49	1.48
1100	2.71	2.31	2.09	1.95	1.85	1.78	1.72	1.68	1.64	1.60	1.58	1.55	1.53	1.51	1.49	1.48

注：其他置信度 α 的阈值 F_α 可利用 MATLAB 函数 finv($1-\alpha, n_1, n_2$)求得。

G.2 χ^2 分布值

$$\int_0^{\chi_\alpha^2} p_{\chi^2}(n)\,\mathrm{d}x = 1-\alpha \quad (\text{置信度}\ \alpha)$$

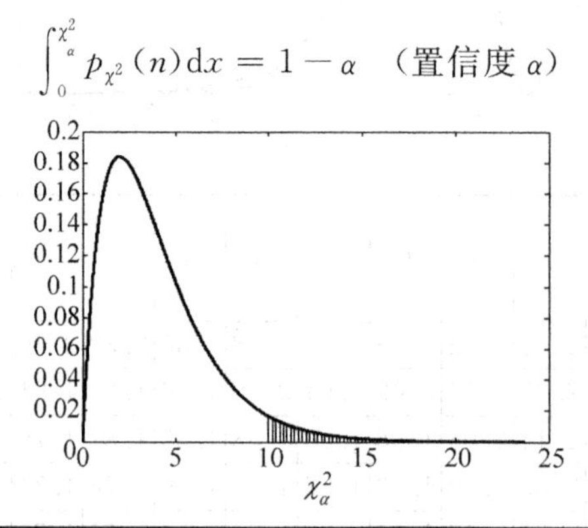

n \ χ_α^2 \ α	0.01	0.03	0.05	0.07	0.09	0.10	0.15	0.20	0.25	0.30
1	6.6349	4.7093	3.8415	3.2830	2.8744	2.7055	2.0723	1.6424	1.3233	1.0742
2	9.2103	7.0131	5.9915	5.3185	4.8159	4.6052	3.7942	3.2189	2.7726	2.4079
3	11.345	8.9473	7.8147	7.0603	6.4915	6.2514	5.3170	4.6416	4.1083	3.6649
4	13.277	10.712	9.4877	8.6664	8.0434	7.7794	6.7449	5.9886	5.3853	4.8784
5	15.086	12.375	11.070	10.191	9.5211	9.2364	8.1152	7.2893	6.6257	6.0644

续表

χ^2_α n \ α	0.01	0.03	0.05	0.07	0.09	0.10	0.15	0.20	0.25	0.30
6	16.812	13.968	12.592	11.660	10.948	10.645	9.4461	8.5581	7.8408	7.2311
7	18.475	15.509	14.067	13.088	12.337	12.017	10.748	9.8032	9.0371	8.3834
8	20.090	17.010	15.507	14.484	13.697	13.362	12.027	11.030	10.219	9.5245
9	21.666	18.480	16.919	15.854	15.034	14.684	13.288	12.242	11.389	10.656
10	23.209	19.922	18.307	17.203	16.352	15.987	14.534	13.442	12.549	11.781
11	24.725	21.342	19.675	18.533	17.653	17.275	15.767	14.631	13.701	12.899
12	26.217	22.742	21.026	19.849	18.939	18.549	16.989	15.812	14.845	14.011
13	27.688	24.125	22.362	21.151	20.214	19.812	18.202	16.985	15.984	15.119
14	29.141	25.493	23.685	22.441	21.478	21.064	19.406	18.151	17.117	16.222
15	30.578	26.848	24.996	23.720	22.732	22.307	20.603	19.311	18.245	17.322
16	32.000	28.191	26.296	24.990	23.977	23.542	21.793	20.465	19.369	18.418
17	33.409	29.523	27.587	26.251	25.215	24.769	22.977	21.615	20.489	19.511
18	34.805	30.845	28.869	27.505	26.445	25.989	24.155	22.760	21.605	20.601
19	36.191	32.158	30.144	28.751	27.669	27.204	25.329	23.900	22.718	21.689
20	37.566	33.462	31.410	29.991	28.887	28.412	26.498	25.038	23.828	22.775
30	50.892	46.160	43.773	42.113	40.816	40.256	37.990	36.250	34.800	33.530
40	63.691	58.428	55.758	53.895	52.436	51.805	49.244	47.269	45.616	44.165
50	76.154	70.423	67.505	65.463	63.861	63.167	60.346	58.164	56.334	54.723
60	88.379	82.225	79.082	76.879	75.148	74.397	71.341	68.972	66.981	65.227
70	100.43	93.881	90.531	88.179	86.330	85.527	82.255	79.715	77.577	75.689
80	112.33	105.42	101.88	99.389	97.429	96.578	93.106	90.405	88.130	86.120
90	124.12	116.87	113.15	110.53	108.46	107.57	103.90	101.05	98.650	96.524
100	135.81	128.24	124.34	121.60	119.44	118.50	114.66	111.67	109.14	106.91
110	147.41	139.54	135.48	132.62	130.37	129.39	125.38	122.25	119.61	117.27
120	158.95	150.78	146.57	143.60	141.25	140.23	136.06	132.81	130.05	127.62

注：其他自由度 n 和置信度 α 的阈值 χ^2_α 可利用 MATLAB 函数 chi2inv($1-\alpha$,n)求得。

附录H 辨识算法程序例

本书论述的辨识算法多数都配置了 MATLAB 程序，因篇幅所限，下面只给出极大似然递推辨识算法的程序原码。该程序包括参数设置、辨识模型结构、系统仿真、辨识算法、模型参数估计值、阶跃响应比较、模型参数估计变化曲线、噪声特性分析和主要辨识结果显示等功能模块，除了辨识算法模块外，其他功能模块具有一定的通用性。程序语句后面附有详细的说明，在 MATLAB 环境下可直接运行获得辨识结果，包括阶跃响应比较曲线、参数估计值变化过程曲线和噪声特性分析结果显示等。

```
%0、算法名称：RML 算法（递推极大似然法）
%1、辨识仿真模型              B0(q)              D0(q)
%        A0(q)z0(k) = ------- u0(k) + ------- v0(k),v0(k) = Lambda * randn()
%                           F0(q)              C0(q)
%    其中,(1)A0(q)、F0(q)、C0(q)、D0(q)为首 1 迟延多项式,B0(q)首项为零
%         (2)u0(k)和 z0(k)为仿真模型输入和输出变量,v0(k)为仿真模型噪声
%         (3)v0(k) = Lambda * randn(),randn()为均值为零,方差为 1 正态分布白噪声
%2、输入输出数据序列
%   (1)输入输出数据序列{u0(k)}和{z0(k)},从 k = nMax0 + 1 至 L0 + L,数据长度(L + L0)
%   (2)L0 为系统渡过非平稳期的数据,L0 大于 max(na0,nb0,nf0,nc0,n0)和 max(na,nb,nf,
%      nc,nd)
%   (3)输入输出数据从 k = L0 + 1 至 L0 + L 移到 k = nMax + 1 至 nMax + L,区间[nMax + 1,nMax
%      + L]内的数据为辨识所用数据,数据长度 L
%   (4)辨识使用区间[nMax + 1,nMax + L]内的数据(实际上是区间[L0 + 1,L0 + L]内的数
%      据),数据长度 L
%3、辨识模型结构                B(q)                   D(q)
%            A(q)z(k) = ------ u(k) + e(k),e(k) = ------ v(k)
%                          F(q)                   C(q)
%    其中,(1)A(q)、F(q)、C(q)、D(q)为首 1 迟延多项式,B(q)首项为零
%         (2)e(k)和 v(k)为方程误差或模型误差
%         (3)模型阶次 na,nb,nf,nc,nd
%4、辨识结果
%   (1)Theta 为模型参数估计值
%   (2)Theta_a,Theta_b,Theta_c,Theta_d 分别为 A(q)、B(q)、C(q)、D(q)最终模型参数估计
%      值(最后 5 个估计值平均)
%   (3)Lambda_J 为方程误差标准差估计值(利用递推损失函数 J(k)),方程误差定义为 z(k)
%      - h'(k)Theta(k)
%   (4)Lambda_v 为噪声 v(k)估计值标准差(利用噪声 v(k)估计值平方和),噪声 v(k)估计值
```

```
%       定义为 v(k) = C(q)e(k) - [1 - D(q)]v(k)
%    (5)Lambda_e 为噪声 e(k)估计值标准差(利用噪声 e(k)估计值平方和),噪声 e(k)估计值
%       定义为 e(k) = A(q)z(k) - B(q)/F(q)u(k)
%    (6)NtoS 为噪信比(系统模型输出 y0(k)和噪声模型输出 e0(k)方差比的算术根)
%5、曲线显示
%    阶跃响应比较曲线、模型参数估计值变化过程曲线和方程误差 v(k)及 e(k)估计序列相
%     关系数曲线
%6、主要辨识结果
%    模型参数估计值、静态增益、噪信比、噪声特性(均值、方差、标准差等)
%7、需要人工设置的变量
%    (1)噪声标准差 Lambda、数据长度 L、初始数据长度 L0
%    (2)仿真模型参数 a0、b0、f0、c0 和 d0
%    (3)辨识模型阶次 ba、nb、nf、nc 和 nd
%    (4)P 矩阵初始值,模型参数向量 Theta 初始值,损失函数 J 初始值
%8、程序模块:
%    【1】参数设置                 【2】辨识模型结构    【3】系统仿真
%    【4】辨识算法                 【5】模型参数估计值  【6】阶跃响应比较
%    【7】模型参数估计变化过程曲线 【8】噪声特性分析    【9】主要辨识结果显示
%【1】参数设置
%      【模块输入数据:噪声标准差 Lambda、数据长度 L、初始数据长度 L0;仿真模型参数 a0、
%       b0、f0、c0 和 d0】
clear;    % 清除数据区
Lambda = 0.6; %需要人工设定!!!
% 噪声 v(k)标准差,白噪声 v(k) = randn(),均值为零,方差为 1
L = 1200;L0 = 100; %需要人工设定!!!
% L 为数据长度; L0 为初始过渡数据长度,L0 之后数据用于辨识,L0 必须大于 nMax0 和 nMax
a0 = {-1.5,0.7};b0 = {1.0,0.5};f0 = {0.0,0.0};c0 = {0.0,0.0};d0 = {-1.0,0.2};
%需要人工设定!!!
% A0(q)、B0(q)、F0(q)、C0(q)、D0(q)参数
na0 = size(a0,2);nb0 = size(b0,2);nf0 = size(f0,2);nc0 = size(c0,2);nd0 = size(d0,2);
nMax0 = max([na0 nb0 nf0 nc0 nd0]);
% 仿真模型阶次 na0、nb0、nf0、nc0、nd0; nMax0 为 na0、nb0、nf0、nc0、nd0 最大值

%【2】辨识模型结构
%      【模块输入数据:辨识模型阶次 na、nb、nf、nc 和 nd】
%(1)辨识模型结构
%                        A(q)z(k) = B(q)u(k) +  e(k),e(k) = D(q)v(k)
%   其中,A(q)和 D(q)为首 1 迟延多项式,B(q)首项为零,e(k)和 v(k)为方程误差
%(2)辨识模型阶次
na = 2;nb = 2;nf = 0;nc = 0;nd = 2;nMax = max([na nb nf nc nd]);   %需要人工设定!!!
% 辨识模型阶次 na、nb、nf、nc、nd; nMax 为 na、nb、nf、nc、nd 最大值

%【3】系统仿真
%      【模块输入数据:仿真模型参数 a0、b0、f0、c0 和 d0,模型阶次 na0、nb0、nf0、nc0 和 nd0】
%(1)系统模型输出:
%                         1                       B0(q)
%             y0(k) =  -------  x0(k),x0(k) =  -------  u0(k)
%                       A0(q)                   F0(q)
```

```
% (2)噪声模型输出:
%                      1                                      D0(q)
% ;         e0(k) =  -------  w0(k),w0(k) =  -------  v0(k),v0(k) = Lambda * randn()
%                    A0(q)                                    C0(q)
% (3)系统输出测量值: z0(k) = y0(k) + e0(k)
%     其中,u0(k)为模型输入,x0(k)为模型输入中间变量,y0(k)为系统模型输出(不含噪声),
%     z0(k)为系统输出测量值(含噪声)
% e0(k)为仿噪声真模型输出,w0(k)为噪声中间变量,v0(k)是零均值白噪声.
% (4)本案: A(q) = [1 - 1.5z ^ - 1 + 0.7z ^ - 2],B(q) = [1.0z ^ - 1 + 0.5z ^ - 2],D(q) = [1 -
%     1.0z ^ - 1 + 0.2z ^ - 2],v0(k) = Lambda * randn()
%     F(q) = 1,C(q) = 1
% (5)输入输出数据序列:
%     k = 1 ------ nMax0 -- (nMax0 + 1) --------- L0  -- (L0 + 1) -------- L0 + L
%     k = 1 至 nMax0 为零数据; k = (nMax0 + 1)至 L0 为过渡数据; k = (L0 + 1)至(L0 + L)
%     为辨识数据
%     仿真数据总长度为(L + L0); L0 大于 nMax0; k = (L0 + 1)至(L0 + L)为辨识数据,数据
%     长度 L
Morder = 6;Mamp = 1.0;               % Morder 为 M 序列特征多项式阶次,Mamp 为 M 序列幅值
M = 1.0 * ones(Morder + 1,1);        % M 序列初始值
z0 = 0.0 * ones(L + L0,1);           % 仿真模型输出测量初始值
u0 = 0.0 * ones(L + L0,1);           % 仿真模型输入初始值
x0 = 0.0 * ones(L + L0,1);           % 仿真模型中间输入初始值
y0 = 0.0 * ones(L + L0,1);           % 仿真模型输出初始值
v0 = 0.0 * ones(L + L0,1);           % 仿真模型白色噪声初始值
w0 = 0.0 * ones(L + L0,1);           % 仿真模型中间噪声初始值
e0 = 0.0 * ones(L + L0,1);           % 仿真模型有色噪声初始值
% (6)生成输入输出数据,数据长度(L + L0)
for k = nMax0 + 1:L + L0
    % 模型输入(M 序列)
    M(1) = M(6) + M(7);
    if M(1) == 2
       M(1) = 0;
    end
    for i = Morder + 1: - 1:2
        M(i) = M(i - 1);                       % M 序列移位
    end
    if M(1) == 0
       u0(k) = Mamp;                           % 仿真输入 u0(k)幅度 1
    else
       u0(k) = - Mamp;                         % 仿真输入 u0(k)幅度 - 1
    end
    v0(k) = Lambda * randn();                  % 标准差为 Lambda 的白噪声
    vv = v0(k);
    for i = 1:nd0
        vv = vv + d0{i} * v0(k - i);           % MA 模型输出 D0(q)v0(k)
    end
    w0(k) = vv;
    for i = 1:nc0
        w0(k) = w0(k) - c0{i} * w0(k - i);    % AR 模型输出 w0(k) = [1/C(q)]v0(k)
```

```
    end
    e0(k) = w0(k);
    for i = 1:na0
        e0(k) = e0(k) - a0{i} * e0(k - i);    % AR 模型输出 e0(k) = [1/A(q)]w0(k)
    end
    %                          D(q)
    % 噪声模型输出 e0(k) =   ---------  v0(k)
    %                        A(q)C(q)
    uu = 0.0;
    for i = 1:nb0
        uu = uu + b0{i} * u0(k - i);            % MA 模型输出 B0(q)u0(k)
    end
    x0(k) = uu;
    for i = 1:nf0
        x0(k) = x0(k) - f0{i} * x0(k - i);    % AR 模型输出 x0(k) = [1/F(q)]uOut
    end
    y0(k) = x0(k);
    for i = 1:na0
        y0(k) = y0(k) - a0{i} * y0(k - i);    % AR 模型输出 y0(k) = [1/A(q)]x0(k)
    end
    %                          B(q)
    % 噪声模型输出 y0(k) =   ----------  u0(k)
    %                        A(q)F(q)
    z0(k) = y0(k) + e0(k);                    % 系统模型输出(测量值,含噪声)
end
% 数据迁移
z = 0.0 * ones(L + nMax,1);                  % z(k)初始值
u = 0.0 * ones(L + nMax,1);                  % u(k)初始值
for k = 1:L + nMax
% 输入输出数据从 k = (L0 + 1 - nMax)至(L0 + L)迁移到 k = 1 至(nMax + L).k = 1 至 nMax 数
% 据用于构造初始值数据向量 h(k)(保证初始数据向量不会出现零值,对辨识结果有好处).
% k = (nMax + 1)至(nMax + L)的数据为辨识数据,数据长度为 L
    z(k) = z0(k + L0 - nMax);
    u(k) = u0(k + L0 - nMax);
    zf(k) = z(k);
    uf(k) = u(k);
end

%【4】辨识算法
%     【模块输入数据：输入输出数据{z0(k),u0(k),k = (L0 + 1),...,(L + L0)};
%     辨识模型阶次 na、nb、nf、nc 和 nd】
%(1)初始化
v1 = 0.0 * ones(L + nMax,1);                 % 残差初始值
zf = 0.0 * ones(L + nMax,1);                 % z(k)滤波初始值
uf = 0.0 * ones(L + nMax,1);                 % u(k)滤波初始值
v1f = 0.0 * ones(L + nMax,1);                % 残差滤波初始值
J(nMax) = 0.0;                               % 损失函数初始值为零
```

```
N = na + nb + nf + nc + nd;                        % N为模型参数个数,也是P和Theta的维数
for i = 1:N
    P(i,i,nMax) = 1.0;                             % P初始值为单位阵
    Theta(i,nMax) = 0.0;                           % 参数向量初始值为零
end
%(2)按时刻递推
for k = nMax + 1:L + nMax
% 输入输出数据从k = (L0 + 1)至(L0 + L)移到k = (nMax + 1)至(nMax + L),区间[nMax + 1,
% nMax + L]内的数据有效
%(3)构造数据向量
% 构造数据向量h(k) = [ - z(k - 1),..., - z(k - na),u(k - 1),...,u(k - nb),v(k - 1),...,
% v(k - nd)]
% 构造滤波数据向量hf(k) = [ - zf(k - 1),..., - zf(k - na),uf(k - 1),...,uf(k - nb),
% vf(k - 1),...,vf(k - nd)]
   for i = 1:na
        h(i,k) = - z(k - i);
        hf(i,k) = - zf(k - i);
    end
    for i = 1:nb
        h(na + i,k) = u(k - i);
        hf(na + i,k) = uf(k - i);
    end
    for i = 1:nd
        h(na + nb + i,k) = v1(k - i);
        hf(na + nb + i,k) = v1f(k - i);
    end
%(4)RML算法
    s(k) = hf(:,k)' * P(:,:,k - 1) * hf(:,k) + 1.0;
    Inn(k) = z(k) - h(:,k)' * Theta(:,k - 1);          % 模型新息
    K(:,k) = P(:,:,k - 1) * hf(:,k)/s(k);
    P(:,:,k) = P(:,:,k - 1) - K(:,k) * K(:,k)' * s(k);
    Theta(:,k) = Theta(:,k - 1) + K(:,k) * Inn(k);
    J(k) = J(k - 1) + Inn(k)^2/s(k);                   % 损失函数
    v1(k) = z(k) - h(:,k)' * Theta(:,k);               % 模型残差
    zf(k) = z(k);uf(k) = u(k);v1f(k) = v1(k);          % 设置滤波值
    for i = 1:nd
        zf(k) = zf(k) - Theta(na + nb + i,k) * zf(k - i);      % z(k)滤波值
        uf(k) = uf(k) - Theta(na + nb + i,k) * uf(k - i);      % u(k)滤波值
        v1f(k) = v1f(k) - Theta(na + nb + i,k) * v1f(k - i);   % 模型残差滤波值
    end
end

%【5】模型参数估计值
%      【模块输入数据:辨识模型参数估计值Theta,模型阶次na、nb、nf、nc和nd】
% 说明:该模块以最后5个参数估计平均作为最终模型参数估计值,(nMax + L)为辨识终点
% 时刻
Theta_a = 0.0 * ones(na,1);                         % 模型A(q)参数估计初始值
```

```
Theta_b = 0.0 * ones(nb,1);                    % 模型B(q)参数估计初始值
Theta_f = 0.0 * ones(nf,1);                    % 模型F(q)参数估计初始值
Theta_c = 0.0 * ones(nc,1);                    % 模型C(q)参数估计初始值
Theta_d = 0.0 * ones(nd,1);                    % 模型D(q)参数估计初始值
for i = 1:na
    for j = 0:4
        Theta_a(i) = Theta_a(i) + Theta(i,L + nMax - j)/5;
    end
end
for i = 1:nb
    for j = 0:4
        Theta_b(i) = Theta_b(i) + Theta(na + i,L + nMax - j)/5;
    end
end
for i = 1:nf
    for j = 0:4
        Theta_f(i) = Theta_f(i) + Theta(na + nb + i,L + nMax - j)/5;
    end
end
for i = 1:nc
    for j = 0:4
        Theta_c(i) = Theta_c(i) + Theta(na + nb + nf + i,L + nMax - j)/5;
    end
end
for i = 1:nd
    for j = 0:4
        Theta_d(i) = Theta_d(i) + Theta(na + nb + nf + nc + i,L + 1 - j)/5;
    end
end

%【6】阶跃响应比较
%    【模块输入数据：仿真模型参数a0、b0和f0,模型阶次na0、nb0和nf0;
%     辨识模型参数估计值Theta_a、Theta_b和Theta_f,模型阶次na、nb和nf】
%(1)说明：该模块用于计算和显示阶跃响应曲线
Lstep = 50;                                   % 阶跃响应时间长度
Lstep0 = max(nMax0,nMax) + 1;                 % 阶跃响应起始步,以保证脚标大于零
uStep = 1.0;                                  % 阶跃响应输入值
yStepSys = 0.0 * ones(Lstep,1);               % 仿真模型阶跃响应中间变量初始值
zStepSys = 0.0 * ones(Lstep,1);               % 仿真模型阶跃响应输出初始值
yStepIden = 0.0 * ones(Lstep,1);              % 辨识模型阶跃响应中间变量初始值
zStepIden = 0.0 * ones(Lstep,1);              % 辨识模型阶跃响应输出初始值
%(2)仿真模型和辨识模型阶跃响应比较
for k = Lstep0:Lstep
    % 仿真模型阶跃响应
    xStep = 0.0;
    for i = 1:nb0
        xStep = xStep + b0{i} * uStep;        % MA模型输出xStep = B0(q)uStep
    end
```

```
        yStepSys(k) = xStep;
        for i = 1:nf0
            yStepSys(k) = yStepSys(k) - f0{i} * yStepSys(k - i);    % AR 模型输出 yStepSys(k) =
                                                                    % [1/F0(q)]xStepSy
        end
        zStepSys(k) = yStepSys(k);
        for i = 1:na0
            zStepSys(k) = zStepSys(k) - a0{i} * zStepSys(k - i);    % AR 模型输出 zStepSys(k))
                                                                    % = [1/A0(q)]yStepSys(k)
        end
        %                                     B0(q)
        % 仿真模型阶跃响应 z0(k) =  -----------  uStep
        %                                  A0(q)F0(q)
        % 辨识模型阶跃响应
        xStep = 0.0;
        for i = 1:nb
            xStep = xStep + Theta_b(i) * uStep;         % MA 模型输出 xStep = B(q)uStep
        end
        yStepIden(k) = xStep;
        for i = 1:nf
            yStepIden(k) = yStepIden(k) - Theta_f(i) * yStepIden(k - i);
                                      % AR 模型输出 yStepIden(k) = [1/F(q)]xStepIden
        end
        zStepIden(k) = yStepIden(k);
        for i = 1:na
            zStepIden(k) = zStepIden(k) - Theta_a(i) * zStepIden(k - i);
                                   % AR 模型输出 zStepIden(k)) = [1/A(q)]yStepIden(k)
        end
        %                                       B(q)
        % 辨识仿真模型阶跃响应 z(k) =  ---------  u(k)
        %                                     A(q)F(q)
    end
    %(3)仿真模型和辨识模型的静态增益
    Kb = 0.0;
    for i = 1:nb0
        Kb = Kb + b0{i};
    end
    Ka = 1.0;
    for i = 1:na0
        Ka = Ka + a0{i};
    end
    Kf = 1.0;
    for i = 1:nf0
        Kf = Kf + f0{i};
    end
    Ksys = Kb/(Ka * Kf);                             % 仿真模型静态增益
    Kb = 0.0;
    for i = 1:nb
```

```
    Kb = Kb + Theta_b(i);
end
Ka = 1.0;
for i = 1:na
    Ka = Ka + Theta_a(i);
end
Kf = 1.0;
for i = 1:nf
    Kf = Kf + Theta_f(i);
end
Kiden = Kb/(Ka * Kf);                              % 辨识模型静态增益
% (4)阶跃响应曲线【zStepSys(k)为仿真模型阶跃响应,zStepIden(k)为辨识模型阶跃响应】
k = [1:1:Lstep]';
plot(k,zStepSys(k),'-.k',k,zStepIden(k),'-r','LineWidth',2);
% 仿真模型阶跃响应为黑点划线,辨识模型阶跃响应为实红线,线宽 2
xlabel('时间');                                    % 横坐标名称
ylabel('阶跃响应');                                % 纵坐标名称
Yline = 0:0.005:1;                                 % 阶跃输入垂直方向坐标范围
Xline = 3 * ones(size(Yline));
line(Xline,Yline,'LineStyle','-','Color','k','LineWidth',2);     % 阶跃输入垂直线
Xline = 3:0.5:Lstep;                               % 阶跃输入水平方向坐标范围
Yline = 1.0 * ones(size(Xline));
line(Xline,Yline,'LineStyle','-','Color','k','LineWidth',2);     % 阶跃输入水平线
Xline = 0.60 * Lstep:0.05:0.70 * Lstep;            % 阶跃响应标识线范围
Ymax1 = max(zStepSys,zStepIden);                   % 仿真模型和辨识模型阶跃响应最大值
Ymax = max(Ymax1);                                 % 阶跃响应最大值
Yline = 0.92 * Ymax * ones(size(Xline));
line(Xline,Yline,'LineStyle','-.','Color','k','LineWidth',2);    % 仿真模型阶跃响应
                                                                 % 标识线
Yline = 0.97 * Ymax * ones(size(Xline));
line(Xline,Yline,'LineStyle','-','Color','r','LineWidth',2);     % 辨识模型阶跃响应
                                                                 % 标识线
text(0.70 * Lstep,0.92 * Ymax,'(仿真模型响应)','Color','k','FontSize',9);
                                                   % 仿真模型阶跃响应标识线标注
text(0.70 * Lstep,0.97 * Ymax,'(辨识模型响应)','Color','k','FontSize',9);
                                                   % 仿真模型阶跃响应标识线标注
text(0.70 * Lstep,1.3,'(阶跃响应输入)','Color','k','FontSize',9);    % 阶跃输入标注
if Ksys >= Kiden
    text(0.70 * Lstep,Ksys + 0.3,['(静态增益真值 = ',num2str(Ksys,'%3.2f'),')'],
'Color','k','FontSize',9);                         % 静态增益真值
    text(0.70 * Lstep,Kiden - 0.3,['(静态增益估计 = ',num2str(Kiden,'%3.2f'),')'],
'Color','k','FontSize',9);                         % 静态增益估计
else
    text(0.70 * Lstep,Ksys - 0.3,['(静态增益真值 = ',num2str(Ksys,'%3.2f'),')'],
'Color','k','FontSize',9);                         % 静态增益真值
    text(0.70 * Lstep,Kiden + 0.3,['(静态增益估计 = ',num2str(Kiden,'%3.2f'),')'],
'Color','k','FontSize',9);                         % 静态增益估计
end
```

```
pause; % 暂停,显示阶跃响应比较曲线,按 Enter 键,继续

%【7】模型参数估计变化过程曲线
%   【模块输入数据: 仿真模型参数 a0、b0、f0、c0 和 d0,模型阶次 na0、nb0、nf0、nc0 和 nd0;
%                    辨识模型参数估计值 Theta_a、Theta_b、Theta_f、Theta_c 和 Theta_d,
%                    模型阶次 na、nb、nf、nc 和 nd】
%(1)说明: 该模块用于显示参数估计值变化曲线【可根据需要修改语句 plot(,,,)】
StrTheta_a = {'a_1 = ','a_2 = ','a_3 = ','a_4 = '};        % A(q)系数字符串
StrTheta_b = {'b_1 = ','b_2 = ','b_3 = ','b_4 = '};        % B(q)系数字符串
StrTheta_f = {'f_1 = ','f_2 = ','f_3 = ','f_4 = '};        % F(q)系数字符串
StrTheta_c = {'c_1 = ','c_2 = ','c_3 = ','c_4 = '};        % C(q)系数字符串
StrTheta_d = {'d_1 = ','d_2 = ','d_3 = ','d_4 = '};        % D(q)系数字符串
k = [1:1:L]';
plot(k,Theta(1,k),k,Theta(2,k),k,Theta(3,k),k,Theta(4,k),k,Theta(5,k),k,Theta(6,k),
'LineWidth',2);
xlabel('时间');                                             % 横坐标名称
ylabel('参数估计值');                                       % 纵坐标名称
%(2)显示零坐标线
Xline = 1:0.5:L;                                            % 设置时间坐标范围
Yline = 0.0 * ones(size(Xline));
line(Xline,Yline,'Color','k');                              % 坐标零线
%(3)显示参数真值线、真值和估计值
if na~ = 0
   for i = 1:na0
       Yline = a0{i} * ones(size(Xline));
       line(Xline,Yline,'Color','k','LineStyle',':'); % 参数 ai 真值线
       text(L + 3,a0{i} + 0.05,[StrTheta_a{i},num2str(a0{i},'%3.2f')],'Color','k',
'FontSize',9);                                              % 参数 ai 真值
   end
   for i = 1:na
       text(0.8 * L,Theta_a(i) + 0.08,['(',num2str(Theta_a(i),'%3.2f'),')'],'Color',
'k','FontSize',9);                                          % 参数 ai 估计值
   end
end
if nb~ = 0
   for i = 1:nb0
       Yline = b0{i} * ones(size(Xline));
       line(Xline,Yline,'Color','k','LineStyle',':'); % 参数 bi 真值线
       text(L + 3,b0{i} + 0.05,[StrTheta_b{i},num2str(b0{i},'%3.2f')],'Color','k',
'FontSize',9);                                              % 参数 bi 真值
   end
   for i = 1:nb
       text(0.8 * L,Theta_b(i) + 0.08,['(',num2str(Theta_b(i),'%3.2f'),')'],'Color',
'k','FontSize',9);                                          % 参数 bi 估计值
   end
end
if nf~ = 0
   for i = 1:nf0
```

```
        Yline = f0{i} * ones(size(Xline));
        line(Xline,Yline,'Color','k','LineStyle',':'); % 参数 fi 真值线
        text(L + 3,f0{i} + 0.05,[StrTheta_f{i},num2str(f0{i},'%3.2f')],'Color','k',
'FontSize',9);                                      % 参数 fi 真值
    end
    for i = 1:nf
        text(0.8 * L,Theta_f(i) + 0.08,['(',num2str(Theta_f(i),'%3.2f'),')'],'Color',
'k','FontSize',9);                                  % 参数 fi 估计值
    end
end
if nc~ = 0
    for i = 1:nc0
        Yline = c0{i} * ones(size(Xline));
        line(Xline,Yline,'Color','k','LineStyle',':'); % 参数 ci 真值线
        text(L + 3,c0{i} + 0.05,[StrTheta_c{i},num2str(c0{i},'%3.2f')],'Color','k',
'FontSize',9);                                      % 参数 ci 真值
    end
    for i = 1:nc
        text(0.8 * L,Theta_c(i) + 0.08,['(',num2str(Theta_c(i),'%3.2f'),')'],'Color',
'k','FontSize',9);                                  % 参数 ci 估计值
    end
end
if nd~ = 0
    for i = 1:nd0
        Yline = d0{i} * ones(size(Xline));
        line(Xline,Yline,'Color','k','LineStyle',':'); % 参数 di 真值线
        text(L + 3,d0{i} + 0.05,[StrTheta_d{i},num2str(d0{i},'%3.2f')],'Color','k',
'FontSize',9);                                      % 参数 di 真值
    end
    for i = 1:nd
        text(0.8 * L,Theta_d(i) + 0.08,['(',num2str(Theta_d(i),'%3.2f'),')'],'Color',
'k','FontSize',9);                                  % 参数 di 估计值
    end
end
pause; % 暂停,显示参数估计值变化过程曲线,按 Enter 键,继续

%【8】噪声特性分析
%    【模块输入数据:仿真输入输出数据输入输出数据为{y0(k),e0(k),k = (nMax0 + 1),...,
%                   (L + L0)};
%                   仿真输入输出数据输入输出数据为{u(k),z(k),k = (2 * nMax + 1),...,
%                   (L + nMax)};
%                   损失函数 J;
%                   仿真模型参数 a0、b0、f0、c0 和 d0,模型阶次 na0、nb0、nf0、nc0 和 nd0;
%                   辨识模型参数估计值 Theta_a、Theta_b、Theta_f、Theta_c 和 Theta_d,
%                   模型阶次 na、nb、nf、nc 和 nd】
%(1)计算噪信比(系统仿真模型输出 y0(k)和噪声仿真模型输出 e0(k)方差比的算术根)
e0_2 = 0.0;y0_2 = 0.0;
for k = nMax0 + 1:L + L0
```

```
    e0_2 = e0_2 + e0(k)^2;     % 仿真噪声模型输出 e0(k)平方和;
    y0_2 = y0_2 + y0(k)^2;     % 仿真系统模型输出 y0(k)(不含噪声)平方和
end
NtoS = sqrt(e0_2/y0_2);        % 计算噪信比(噪声 e0(k)方差除以信号 y0(k)方差开平方)
%(2)计算方程误差标准差(利用递推损失函数)
Lambda_J = sqrt(J(L + nMax)/L);
% (3)计算方程误差 e(k)和 v(k)估计值(利用区间[2nMax + 1,nMax + L]数据,共(L - nMax)个
% 数据)
e = 0.0 * ones(L + nMax,1);    % 方程误差 e(k)估计初始值
eu = 0.0 * ones(L + nMax,1);   % e(k)中间变量初始值
v = 0.0 * ones(L + nMax,1);    % 方程误差 v(k)估计初始值
for k = 2 * nMax + 1:L + nMax  % 从 k = 2nMax 开始,辨识使用的数据从 k = (nMax + 1)至
                               % (nMax + L),以保证 z(k)和 u(k)都有数据
    ex = 0.0;
    for i = 1:nb
        ex = ex + Theta_b(i) * u(k - i);          % ex = B(q)u(k)
    end
    eu(k) = ex;
    for i = 1:nf
        eu(k) = eu(k) - Theta_f(i) * eu(k - i); % eu(k) = [1/F(q)]xe
    end
    ez = - eu(k);
    for i = 1:na
        ez = ez + Theta_a(i) * z(k - i);          % ez = - eu(k) + [A(q) - 1]z(k)
    end
    e(k) = ez + z(k);
    %                                B(q)
    % 方程误差 e(k) = A(q)z(k) -  -------- u(k)
    %                                F(q)
    % 理论上,噪声为零 e(k)应为零,但参数估计值不会真正等于真值,所以 e(k)不会绝对
    % 为零.如果 - ue(k)先加 z(k),再加 SUM[ai * z(k - i)]和值,会因与仿真计算 z(k)的
    % 顺序不同造成计算误差,e(k)也不会绝对为零.为了消除因计算顺序不同造成的计算
    % 误差, - ue(k)先加 SUM[ai * z(k - i)]和值,再加 z(k),就会消这种误差.
    vx = e(k);
    for i = 1:nc
        vx = vx + Theta_c(i) * e(k - i);          % vx = C(q)e(k)
    end
    v(k) = vx;
    for i = 1:nd
        v(k) = v(k) - Theta_d(i) * v(k - i);      % v(k) = C(q)e(k) + [1 - D(q)]v(k)
    end
    % 方程误差 v(k) = C(q)e(k) + [1 - D(q)]v(k)
end
%(4)计算噪声 e(k)和 v(k)估计值均值、方差、标准差
e_0 = 0.0;v_0 = 0.0;
for k = 2 * nMax + 1:L + nMax  % k = (2nMax + 1)至(nMax + L)有 v(k)估计值数据,从 k = 10 开
```

```
% 始为了统一数据起点
    e_0 = e_0 + e(k)/(L - nMax);                 % 噪声 e(k)估计值均值
    v_0 = v_0 + v(k)/(L - nMax);                 % 噪声 v(k)估计值均值
end
Re_0 = 0.0;e_2 = 0.0;Rv_0 = 0.0;v_2 = 0.0;
for k = 2 * nMax + 1:L + nMax
    Re_0 = Re_0 + e(k)^2/(L - nMax);             % 噪声 e(k)估计值相关函数
    e_2 = e_2 + (e(k) - e_0)^2/(L - nMax);       % 噪声 e(k)估计值方差
    Rv_0 = Rv_0 + v(k)^2/(L - nMax);             % 噪声 v(k)估计值相关函数
    v_2 = v_2 + (v(k) - v_0)^2/(L - nMax);       % 噪声 v(k)估计值方差
end
Lambda_e = sqrt(e_2);   % 噪声 e(k)估计值标准差(利用噪声 e(k)估计值平方和)
Lambda_v = sqrt(v_2);   % 噪声 v(k)估计值标准差(利用噪声 v(k)估计值平方和)
%(5)计算噪声 e(k)和 v(k)估计值相关系数
Lr = 30;                                         % 相关系数最大间隔时间
lou_e = 0.0 * ones(Lr,1);                        % 噪声 e(k)估计值相关系数初始值
lou_v = 0.0 * ones(Lr,1);                        % 噪声 v(k)估计值相关系数初始值
for r = 1:Lr
    for k = 2 * nMax + 1:L + nMax - r
        lou_e(r) = lou_e(r) + e(k) * e(k + r)/(L - nMax - r);   % 噪声 e(k)估计值相关函数
        lou_v(r) = lou_v(r) + v(k) * v(k + r)/(L - nMax - r);   % 噪声 v(k)估计值相关函数
   end
   lou_e(r) = lou_e(r)/Re_0;                 % 噪声 e(k)估计值相关系数
   lou_v(r) = lou_v(r)/Rv_0;                 % 噪声 v(k)估计值相关系数
end
%(6)计算噪声 e(k)和 v(k)估计值相关系数平方和
lou_e_2 = 0;lou_v_2 = 0;                     % 噪声 e(k)和 v(k)估计值相关系数平方和
for r = 1:Lr
    lou_e_2 = lou_e_2 + lou_e(r)^2;
    lou_v_2 = lou_v_2 + lou_v(r)^2;
end
    lou_e_2 = (L - nMax) * lou_e_2;          % 若 lou_e_2 < lou0;噪声 e(k)估计序列为白噪声
    lou_v_2 = (L - nMax) * lou_v_2;          % 若 lou_v_2 < lou0;噪声 v(k)估计序列为白噪声
%(7)显示噪声 v(k)估计值相关系数曲线
k = [1:1:Lr]';
plot(k,0.0,'-k','LineWidth',1);              % 残差相关系数曲线,线宽 2
xlabel('时间间隔');                           % 横坐标名称
ylabel('噪声 v(k)估计值相关系数');              % 纵坐标名称
for r = 1:Lr
    if lou_v(r)> 0
       Yline = 0:0.001:lou_v(r);             % 噪声 v(k)估计值相关系数垂线范围
    else
       Yline = lou_v(r):0.001:0;             % 噪声 v(k)估计值相关系数垂线范围
    end
    Xline = r * ones(size(Yline));
    line(Xline,Yline,'LineStyle','-','Color','b','LineWidth',2);
                                             % 噪声 v(k)估计值相关系数垂线
end
```

```
Xline = 0:0.5:Lr;                        % 相关系数阈值线
Yline = 0.0 * ones(size(Xline));         % 零坐标线
line(Xline,Yline,'LineStyle','-','Color','k','LineWidth',1);     % 零坐标线
Yline = 1.98/sqrt(L - nMax) * ones(size(Xline));
line(Xline,Yline,'LineStyle','-.','Color','r','LineWidth',2);    % 相关系数正阈值线
text(Lr + 0.5,1.98/sqrt(L - nMax),[num2str(1.98/sqrt(L - nMax),'%3.2f')],'Color','k',
'FontSize',9);                                                   % 相关系数正阈值
Yline = -1.98/sqrt(L - nMax) * ones(size(Xline));
line(Xline,Yline,'LineStyle','-.','Color','r','LineWidth',2);    % 相关系数负阈值线
text(Lr + 0.3, -1.98/sqrt(L - nMax),[num2str(-1.98/sqrt(L - nMax),'%3.2f')],'Color'
,'k','FontSize',9);                      % 相关系数负阈值
pause;                   % 暂停,显示噪声 v(k)估计值相关系数曲线,按 Enter 键,继续
%(8)噪声 e(k)估计值相关系数曲线
k = [1:1:Lr]';
plot(k,0.0,'-k','LineWidth',1);          % 残差相关系数曲线,线宽 2
xlabel('时间间隔');                      % 横坐标名称
ylabel('噪声 e(k)估计值相关系数');       % 纵坐标名称
for r = 1:Lr
    if lou_e(r)> 0
       Yline = 0:0.001:lou_e(r);         % 噪声 e(k)估计值相关系数垂线范围
    else
       Yline = lou_e(r):0.001:0;         % 噪声 e(k)估计值相关系数垂线范围
    end
    Xline = r * ones(size(Yline));
    line(Xline,Yline,'LineStyle','-','Color','b','LineWidth',2);
                                         % 噪声 e(k)估计值相关系数垂线
end
Xline = 0:0.5:Lr;                        % 相关系数阈值线
Yline = 0.0 * ones(size(Xline));         % 零坐标线
line(Xline,Yline,'LineStyle','-','Color','k','LineWidth',1);     % 零坐标线
Yline = 1.98/sqrt(L - nMax) * ones(size(Xline));
line(Xline,Yline,'LineStyle','-.','Color','r','LineWidth',2);
                                         % 相关系数正阈值线
text(Lr + 0.5,1.98/sqrt(L - nMax),[num2str(1.98/sqrt(L - nMax),'%3.2f')],'Color','k',
'FontSize',9);                           % 相关系数正阈值
Yline = -1.98/sqrt(L - nMax) * ones(size(Xline));
line(Xline,Yline,'LineStyle','-.','Color','r','LineWidth',2);    %相关系数负阈值线
text(Lr + 0.3, -1.98/sqrt(L - nMax),[num2str(-1.98/sqrt(L - nMax),'%3.2f')],'Color'
,'k','FontSize',9);                      % 相关系数负阈值
pause;   %暂停,显示噪声 e(k)估计值相关系数曲线,按 Enter 键,继续

%【9】主要辨识结果显示
%(1)说明: 该模块用于显示噪声特性和模型阶次不大于 4 的参数估计值,包括 A(q)、B(q)、
F(q)、C(q)、D(q)
StrTheta_a = {'a_1 = ','a_2 = ','a_3 = ','a_4 = '};        % A(q)系数字符串
StrTheta_b = {'b_1 = ','b_2 = ','b_3 = ','b_4 = '};        % B(q)系数字符串
StrTheta_f = {'f_1 = ','f_2 = ','f_3 = ','f_4 = '};        % F(q)系数字符串
StrTheta_c = {'c_1 = ','c_2 = ','c_3 = ','c_4 = '};        % C(q)系数字符串
StrTheta_d = {'d_1 = ','d_2 = ','d_3 = ','d_4 = '};        % D(q)系数字符串
k = [1:1:300]';
plot(k,10,'-w','LineWidth',1);
%(2)显示模型参数估计值
```

```
text(10,10.9,['模型参数估计值: '],'Color','k','FontSize',9);
for i=1:na
    text(10+(i-1)*70,10.76,[StrTheta_a{i},num2str(Theta_a(i),'%5.4f')],'Color','k',
'FontSize',9);                                          % ai参数估计值
end
for i=1:nb
    text(10+(i-1)*70,10.62,[StrTheta_b{i},num2str(Theta_b(i),'%5.4f')],'Color','k',
'FontSize',9);                                          % bi参数估计值
end
for i=1:nf
    text(10+(i-1)*70,10.48,[StrTheta_f{i},num2str(Theta_f(i),'%5.4f')],'Color','k',
'FontSize',9);                                          % fi参数估计值
end
for i=1:nc
    text(10+(i-1)*70,10.34,[StrTheta_c{i},num2str(Theta_c(i),'%5.4f')],'Color','k',
'FontSize',9);                                          % ci参数估计值
end
for i=1:nd
    text(10+(i-1)*70,10.20,[StrTheta_d{i},num2str(Theta_d(i),'%5.4f')],'Color','k',
'FontSize',9);                                          % di参数估计值
end
%(3)显示模型静态增益估计值
text(10,10.06,['静态增益估计: ',num2str(Kiden,'%5.4f')],'Color','k','FontSize',9);
                                                        % 静态增益估计值
%(4)显示噪声特性值
text(10,9.88,['方程误差标准差(利用损失函数):     ',num2str(Lambda_J,'%5.4f')],
'Color','k','FontSize',9);                              % 方程误差标准差
text(10,9.75,['利用序列平方和计算的噪声特性: '],'Color','k','FontSize',9);
text(150,9.75,['噪信比: ',num2str(NtoS,'%5.4f')],'Color','k','FontSize',9);
                                                        % 噪信比
text(10,9.62,['v(k)估计均值: ',num2str(v_0,'%5.4f')],'Color','k','FontSize',9);
                                                        % 噪声v(k)估计值均值
text(10,9.49,['v(k)估计方差: ',num2str(v_2,'%5.4f')],'Color','k','FontSize',9);
                                                        % 噪声v(k)估计值方差
text(10,9.36,['v(k)估计标准差: ',num2str(Lambda_v,'%5.4f')],'Color','k','FontSize',9);
                                                        % 噪声v(k)估计值标准差
text(10,9.23,['v(k)估计相关系数平方和: ',num2str(lou_v_2,'%5.4f')],'Color','k',
'FontSize',9);                                      % 噪声v(k)估计值相关系数平方和
text(150,9.62,['e(k)估计均值: ',num2str(e_0,'%5.4f')],'Color','k','FontSize',9);
                                                        % 噪声e(k)估计值均值
text(150,9.49,['e(k)估计方差: ',num2str(e_2,'%5.4f')],'Color','k','FontSize',9);
                                                        % 噪声e(k)估计值方差
text(150,9.36,['e(k)估计标准差: ',num2str(Lambda_e,'%5.4f')],'Color','k','FontSize',9);
                                                        % 噪声e(k)估计值标准差
text(150,9.23,['e(k)估计相关系数平方和: ',num2str(lou_e_2,'%5.4f')],'Color','k',
'FontSize',9);                                      % 噪声e(k)估计值相关系数平方和
text(10,9.10,['判别白噪声的相关系数阈值: ',num2str(Lr+1.65*sqrt(2*Lr),'%5.4f')],
'Color','k','FontSize',9);                              % 判断白噪声的相关系数阈值

% 程序结束
```

下面5个图是本程序直接运行的结果。第1个图为阶跃响应比较曲线，仿真模型和辨识模型的阶跃响应相当吻合；第2个图为模型参数估计值变化过程曲线，模型参数估计值都能逐渐趋于真值；第3个图和第4个图为噪声特性分析曲线，曲线数据表明噪声 $v(k)$ 估计值是白噪声序列，噪声 $e(k)$ 估计值不是白噪声向量；第5个图是一些主要的辨识结果，在噪信比为18.4%的情况下，最终的模型参数估计值(−1.5054，0.7033，0.9694，0.5109，−0.9744，0.1787)和模型静态增益估计值(7.4292)非常接近真值，噪声标准差的估计值(0.6365)也与真值相差不多，噪声 $v(k)$ 估计值的统计特性与白噪声特性相近($v(k)$ 本来应该为白噪声)，而噪声 $e(k)$ 估计值的统计特性与白噪声特性相差很远($e(k)$ 本来就不应该为白噪声)。一切都说明本程序运行的结果与理论分析是一致的。

程序所用的仿真模型和实验条件与第6章例6.1相同，噪声标准差 $\lambda=0.6$，算法初始值 $\boldsymbol{P}(0)=\boldsymbol{I}$，$\hat{\boldsymbol{\theta}}(0)=0.0$，数据长度 $L=1200$。

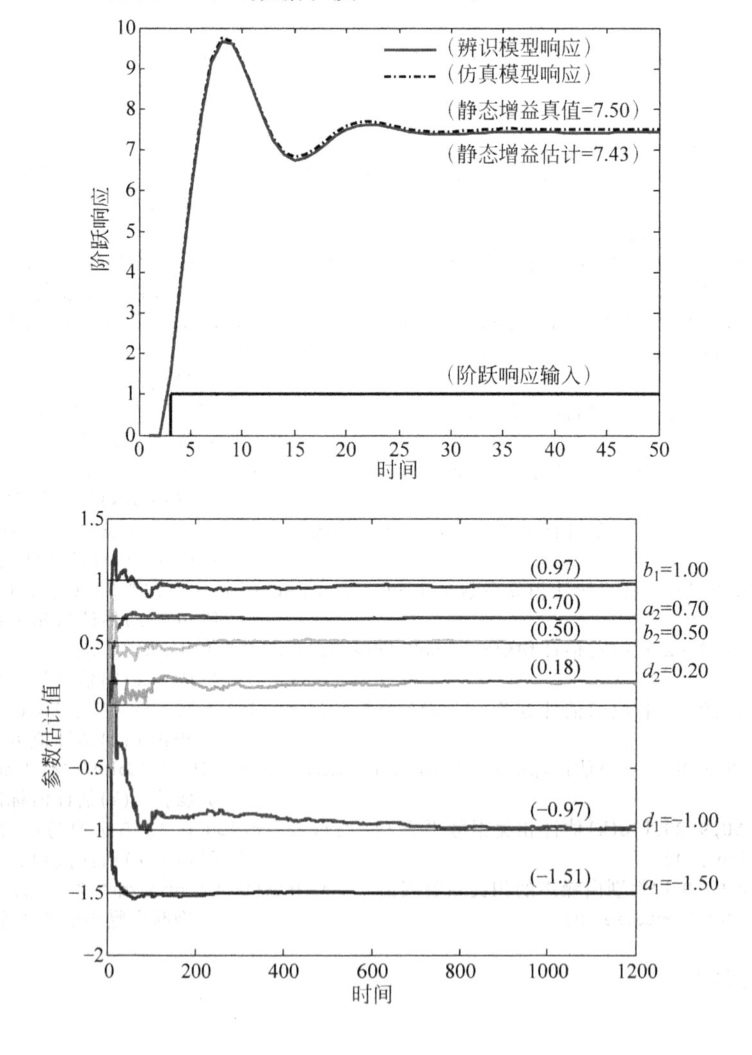

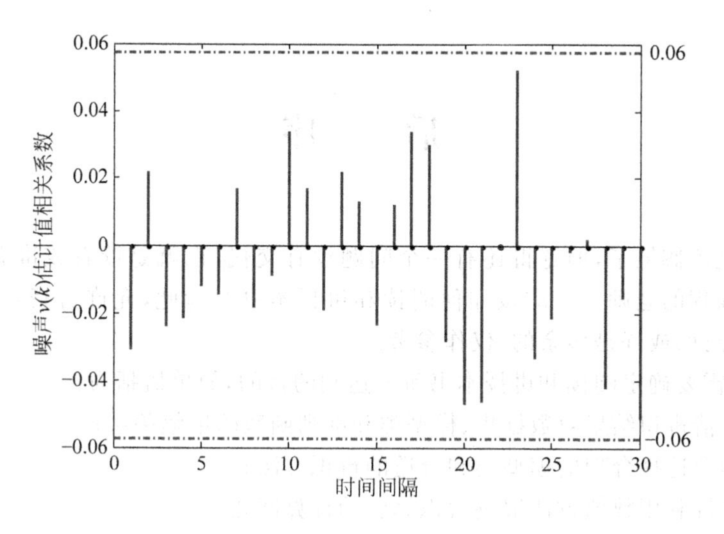

0.06
0.04
0.02
0
−0.02
−0.04
−0.06
0.06
−0.06
0 5 10 15 20 25 30
时间间隔
噪声$v(k)$估计值相关系数

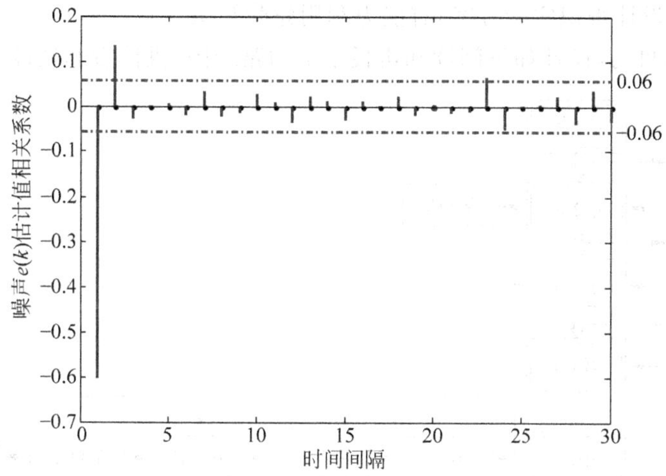

0.2
0.1
0
−0.1
−0.2
−0.3
−0.4
−0.5
−0.6
−0.7
0.06
−0.06
0 5 10 15 20 25 30
时间间隔
噪声$e(k)$估计值相关系数

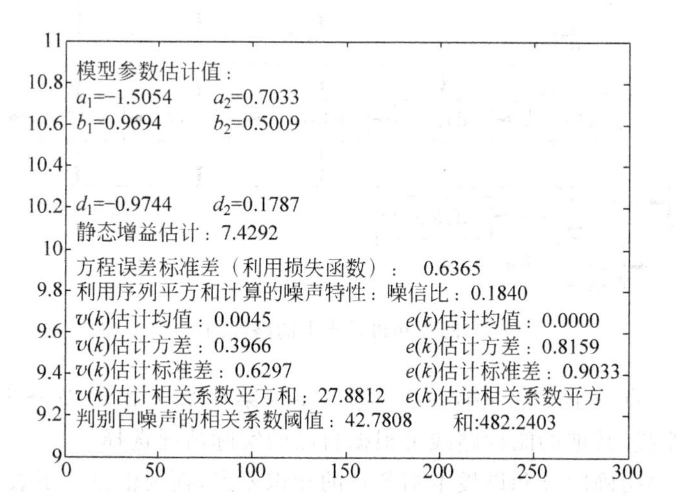

模型参数估计值：
a_1=−1.5054　a_2=0.7033
b_1=0.9694　b_2=0.5009
d_1=−0.9744　d_2=0.1787
静态增益估计：7.4292
方程误差标准差（利用损失函数）：0.6365
利用序列平方和计算的噪声特性：噪信比：0.1840
$v(k)$估计均值：0.0045　$e(k)$估计均值：0.0000
$v(k)$估计方差：0.3966　$e(k)$估计方差：0.8159
$v(k)$估计标准差：0.6297　$e(k)$估计标准差：0.9033
$v(k)$估计相关系数平方和：27.8812　$e(k)$估计相关系数平方和:482.2403
判别白噪声的相关系数阈值：42.7808
11
10.8
10.6
10.4
10.2
10
9.8
9.6
9.4
9.2
9
0 50 100 150 200 250 300

后　　序

本书就此搁笔了，但觉得还有一个问题没有交代，也就是读者或准备利用本书讲授辨识课程的老师——应该如何阅读和讲授本书？为此，允许再费点笔墨，写个后序作为导读，或许是多余的，仅作参考。

首先，需要确定阅读和讲授本书所要达到的目的，简单概括为：

(1) 弄清辨识结果对数据集、模型类和准则函数的依赖关系；

(2) 学会选择合理的模型类和合适的辨识方法；

(3) 掌握利用数值方法解决辨识算法的计算问题；

(4) 懂得设计辨识实验方案，有能力利用先验知识。

依据上述目的，设计如下阅读和讲授本书的路线图，供读者和授课老师选择。

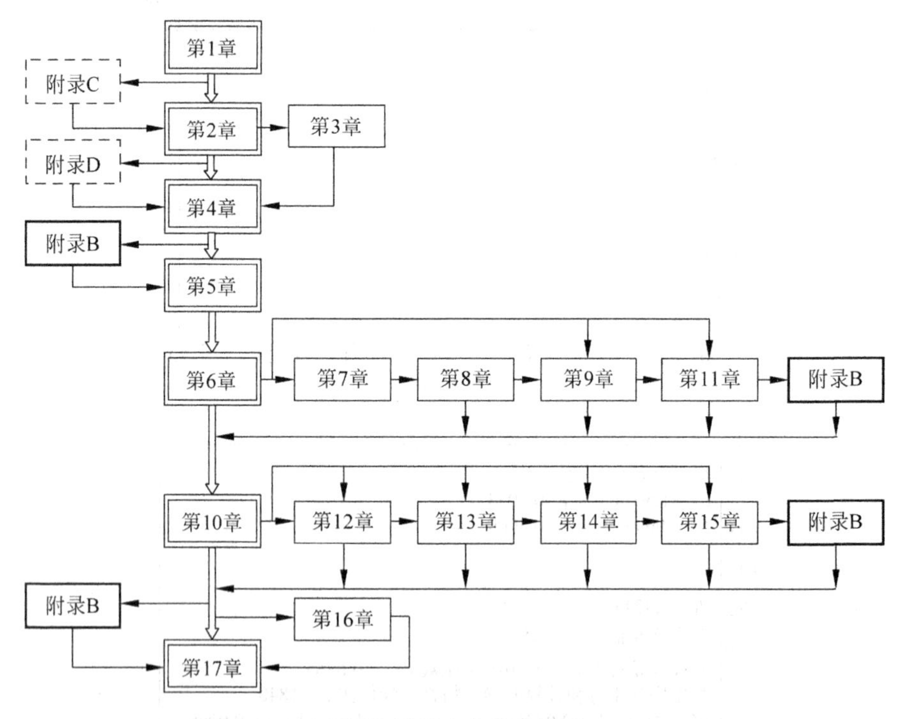

阅读和讲授本书的路线图

图中，第 1 章→第 2 章→第 4 章→第 5 章→第 6 章→第 10 章→第 17 章是本书的基本阅读路线，其他的阅读路线可根据自己的实际情况选择。

其次，需要明确阅读和讲授本书各章的知识要点，扼要汇总于下表。

章次	阅读和讲授的知识要点
第1章	系统及外特性等价概念，模型及模型表现形式，辨识模型的近似特性，建模方法；辨识定义及表达形式，最小二乘格式，辨识三要素，数据集条件，数据集信息含量，模型类，准则函数（损失函数）；辨识算法原理，新息与残差概念，误差准则；辨识内容与步骤，辨识模型的质量。
第2章	系统时域描述方法与时域模型，系统频域描述方法与频域模型；线性时不变/时变模型，包括ARX模型、ARMAX模型、Dynamic Adjustment模型、ARARMAX模型、测量误差模型、Box-Jenkins模型、一般结构模型；非线性模型，包括Volterra级数模型、非线性差分方程模型、Wiener组合模型、Hammerstein组合模型、Wiener非线性映射模型。
第3章	开环与闭环信息实验，“信息充足”与“提供信息”概念；持续激励信号，开环与闭环可辨识性条件；辨识输入信号设计，Fisher信息矩阵及其性质，Cramér-Rao不等式，模型参数估计精度测度，D-最优输入信号设计；采样时间与数据长度的选择。
第4章	相关分析频率响应辨识，相关分析脉冲响应辨识，Wiener-Hopf方程，脉冲响应估计的统计特性；脉冲响应辨识步骤及M序列参数的选择；周期图法，平滑法；Hankel矩阵法，Bode图法，Levy法。
第5章	最小二乘原理，最小二乘辨识的假设条件，最小二乘辨识的解，最小二乘可辨识条件，最小二乘估计的几何意义，最小二乘估计的统计性质；最小二乘递推辨识算法，数据协方差矩阵的性质，新息与残差的关系，损失函数的递推计算；最小二乘递推辨识算法的性质及误差传递，最小二乘递推辨识算法的几何解释，最小二乘递推辨识算法的收敛性；加权最小二乘辨识算法及其变形；遗忘因子算法，遗忘因子的作用及对辨识算法的影响。
第6章	增广最小二乘辨识算法，广义最小二乘辨识算法，辅助变量辨识算法与辅助变量的选择，相关二步法及与辅助变量法的关系，最小二乘偏差补偿原理及其算法。
第7章	梯度搜索原理，确定性和随机性系统的梯度校正辨识算法，权矩阵的选择，梯度校正补偿原理；随机逼近原理，Robbins-Monro算法，Kiefer-Wolfowitz算法，随机牛顿算法。
第8章	极大似然原理，极大似然辨识算法，极大似然估计的统计性质；预报误差模型与准则，预报误差辨识算法，预报误差估计的统计性质。
第9章	辨识算法的一般结构，RGIA算法及其近似形式，SISO一般结构模型辨识算法，RGIA算法的实现。
第10章	Hankel定阶法，F-Test定阶法，AIC定阶法，预报误差定阶法，Guidorzi模型结构辨识方法。
第11章	信息压缩阵及其作用，UD分解原理，数据移位结构，增广UD分解辨识算法，AUDI-RLS算法，AUDI-RFF算法，AUDI-RELS算法，AUDI-RIV算法。
第12章	多变量系统脉冲传递函数矩阵模型、Markov模型、输入输出差分方程模型的辨识方法，多变量系统AUDI辨识算法。

续表

章次	阅读和讲授的知识要点
第13章	开环(闭环)EIV模型结构,ML-EIV辨识方法与操作步骤,BELS-II辨识方法及操作步骤,L2最优辨识方法及其约束条件,正规右(左)图符号,补内因子,互质因子,v-gap度量,Nyquist缠绕条件,开右(左)半复平面。
第14章	非均匀采样系统,非均匀采样系统描述,非均匀采样积分滤波器,框架周期,曲线拟合多项式,曲线拟合积分,MOESP子空间辨识方法,N4SID子空间辨识方法,非均匀采样子空间辨识方法,非均匀采样高斯-牛顿法,可变递推步长,模型参数递推更新,非均匀采样对辨识的影响,非均匀采样辨识收敛轨迹。
第15章	闭环系统可辨识性概念及条件,闭环系统辨识方法。
第16章	ODE收敛性分析方法,ODE收敛性定理,RLS辨识算法的ODE收敛性分析;RLS算法误差界及收敛性分析,RFF算法误差界分析,RELS算法收敛性分析,RIV算法误差界分析。
第17章	辨识目标,系统分析,辨识实验设计,数据预处理;准则函数、模型结构、算法初始值及遗忘因子的选择;信噪比计算,噪声标准差估计;模型检验,模型转换;辨识在预报和控制中的应用。

最后,谈谈阅读和讲授本书的方法,可行的方法应该是围绕上述所列的知识点由浅渐深地进行。

阅读本书除了要有微分方程、差分方程、概率论、线性代数和控制理论的基本知识外,对随机过程和估计理论也要有一定的了解。如果读者没有这方面的知识,可先阅读本书的附录C和F,掌握一些关于相关函数、协方差函数、谱密度函数、表示定理、谱密度定理、估计量统计性质及Fisher信息测度等方面的知识。对伪随机码(M序列)的生成、性质及主要参数选择等知识也要有所了解(附录D)。第1章是必须读的,以掌握辨识的基本概念和基本知识为主,比如辨识的三要素、最小二乘格式、新息与残差、数据集性质等。第2章初读时可以粗读而过,结合后面的章节回来细读也不迟。第3章的重点是持续激励信号及可辨识性对输入信号的依赖关系,比如2n阶持续激励是一定要掌握的知识。第4章实用性强,阅读不会有困难。学习第5章,需要细嚼慢咽,掌握牢最小二乘原理、最小二乘算法等知识,它是全书的基础。第6章～第8章是不同原理的辨识方法,套用第5章的知识,学习起来不会有困难。第9章揭示各种辨识方法之间的统一性,要求阅读者也要站在高处来看问题,其中预报值关于模型参数一阶梯度的概念及其作用非常重要,需要认真理解。第10章实用性强,比较好学。第11章的奇妙在于构造具有“移位结构”性质的数据向量,阅读本章的诀窍是深刻理解“移位结构”的功效。第12章～第15章讨论各类不同系统的辨识方法,如果能善于利用第5章的知识,学起来就会轻松自如。第16章理论性强,不感兴趣的话可以跳过。第17章读起来不难,但比较琐碎,要与前面所学的知识结合起来,收效就会比较大。总之,最小二乘原理是全书的灵魂,犹如一条看不见的红线贯穿全书,Hold住这个脉搏,就会有事半功倍的功效。

本书在编排上强调系统性，但讲授本书的方法可以灵活多样。对不同的读者，教师可以打破章节的界限去设计一个合理的路线。比如，对初学者（本科生）来说，只需讲授前 6 章，另加第 10 章和第 17 章的部分内容；对深造者（研究生）来说，要强调系统性和理论性，但并不需要照本讲授所有的章节，教师可以将部分章节的内容设计成课外自学或课堂讨论的提纲，组织学生自我探究、集体讨论。实践证明，这种教学方式不仅效果好、效率高，而且能调动学生的学习积极性，对培养学生的创造能力和表达能力也都有好处。另外，根据这门课程的特点，必须要求学生完成附录 B 中的一两个辨识实验研究，以加深对辨识理论知识的理解。比如，本科生的实验可安排“相关分析法”和“最小二乘法”；研究生的实验可安排“各种辨识方法的比较”和“闭环可辨识性条件研究”等。

参考文献

[1] Agüero J C and Goodwin G C. Identifiability of errors in variables dynamic systems. Automatica, 2008, 44(2): 371-382

[2] Anderson B. and Moore J. Mathematical systems theory: The influence of R E Kalman. Springer-Verlag, New York, 1991, 41-54

[3] Åström K J. Lectures on the identification problem-the least squares method. Report 6806, Division of Automatic Control, Lund Institute of Technology, Lund, Sweden, 1968

[4] Åström K J. Recursive formula for the evaluation of certain complex integrals. Report 6804, Division of Automatic Control, Lund Institute of Technology, Lund, Sweden, 1968; or Quarterly of Applied Mathematics, 1970

[5] Åström K J and Bohlin. Numerical identification of linear dynamic systems form normal operating records. Theory of Self-Adaptive Control Systems, Hammond P ed., Plenum Press, New York, 1966

[6] Åström K J and Eykhoff P. System identification—A survey. Automatica, 1971, 7(2): 123-162

[7] Chan C W, Harris C J and Wellstead P E. An Order testing criterion for mixed autoregressive moving average process. Int. J. of Control, 1974, 20(5): 817-834

[8] Date P and Vinnicombe G. Algorithms for worst case identification in H_∞ and in the v-gap metric. Automatica, 2004, 40(6): 995-1002

[9] Ding F, Chen T. Identification of Hammerstein nonlinear ARMAX systems. Automatica, 2005, 41(9): 1479-1489

[10] Ding F and Chen T. Identification estimation for dual-rate systems with finite measurement data. Dynamics of Continuous, Discrete and Impulsive Systems, Series B: Application & Algorithms, 2004, 11 (1): 101-121

[11] Ding F and Chen T. Performance bounds of forgetting factor least squares algorithm for time-varying systems with finite measurement data. IEEE Trans. On Circuit and Systems-I, 2005, 52(3): 555-566

[12] Ding F and Ding D. Convergence of forgetting factor least square algorithms. 2001 IEEE Pacific Rim Conference on Communications, Computers and Signal Processing (PACRIM'01), University of Victoria, B. C., Canada, Aug. 2001, August: 26-28; University of Victoria, Victoria, B. C., Canada, 2001, 433-436

[13] Ding F, Xiao D Y and Ding D. Bounded convergence of forgetting factor least square algorithm for time-varying systems. Control Theory and Applications, 2002, 19 (3): 423-427

[14] Ding F, Xie X M and Fang C Z. Convergence of the forgetting factor algorithm for identifying time-varying systems. Control Theory and Applications, 1994, 11(5): 634-638

[15] Diversi R, Guidorzi R and Soverini U. Maximum likelihood identification of noisy input-output models. Automatica, 2007, 43(3): 464-472

[16] Diversi R, Guidorzi R and Soverini U. Frisch scheme-based algorithms for EIV identification. Proceedings of the 12th IEEE Mediterranean Conference on Control and Automation, Kusadasi, Turkey, 2004, Paper number 1091

[17] Eykhoff P ed. Trends and progress in system identification. Pergamon Press, 1981

[18] Eykhoff P. System identification-parameter and state estimation. John Wiley & Sons, INC, 1974

[19] Feng C B and Zheng W X. Robust identification of stochastic linear systems with correlated noise. IEE PROCEEDINGS-D, 1991, 138(5): 484-492

[20] Geng L H, Xiao D Y and Wang Q et al. Attitude-control model identification of on-orbit satellites actuated by reaction wheels. Acta Astronautica, 2010, 66(5-6): 714-721

[21] Geng L H, Xiao D Y and Zhang T et al. L_2-optimal identification of errors in variables models based on normalized coprime factors. IET Control Theory and Applications, 2011, 5(11): 1235-1242

[22] Geng L H, Xiao D Y and Zhang T et al. L-two-optimal identification of errors-in-variables models: a frequency-domain approach. Journal of Control Theory and Applications, 2011, 9(4): 553-558

[23] Geng L H, Xiao D Y and Zhang T et al. Worst-case identification of errors-in-variables models in closed loop. IEEE Transactions on Automatic Control, 2011, 56(4): 762-771

[24] Golub G H and Van Loan C F. Matrix computations. 3rd ed. Baltimore, MD, Johns Hopkins University Press, 1996

[25] Goodwin G C and Sin K S. Adaptive filtering, prediction and control, Prentice Hall PTR, Inc., Englewood Cliffs, New Jersey 07632, 1984

[26] Goodwin G C and Payne R L. Dynamic system identification—Experiment design and data analysis. Academic Press, New York, 1977

[27] Grenander U and Rosenblatt M(郑绍谦等译). 平稳时间序列的统计分析. 上海：上海科学技术出版社，1962

[28] Guidorzi R. Canonical structures in the identification of multivariable systems. Automatica, 1975, 11(4): 361-374

[29] Gustavsson I, Ljung L and Söderström T. Identification of processes in closed loop-identifiability and accuracy aspects. Proc. of 4th IFAC Symposium on Identification and System Parameter Estimation, 1976, 39-77

[30] Heuberger P S C, Van den Hof P M J and Bosgra O H. A generalized orthonormal basis for linear dynamical systems. IEEE Transactions on Automatic Control, 1995, 40(3): 451-465

[31] Isermann R. Digital control system, Springer-Verlag, Berlin Heidelberg, 1981

[32] Isermann R and Münchhof M. Identification of dynamic systems, An Introduction with Application. Springer-Verlag, Berlin Heidelberg, 2011

[33] Jury E I. Theory and Application of the Z-transform method. New York, Wiley, 1964

[34] Jiang B B, Yang F, Jiang Y H and Huang D X. An extended AUDI algorithm for simultaneous identification of forward and backward paths in closed-loop systems. IFAC Proceedings Volumes (IFAC-Papers On line), V 8, Part 1, 2012, 396-401; or 8th International Symposium on Advanced Control of Chemical Processes, ADCHEM 2012, Paper number ThAT2.3

[35] Keesman K J. System identification—An introduction, Springer-Verlag, Berlin Heidelberg,

2011

[36] Kiefer H and Wolfowitz J. Stochastic estimation of the maximum of a regression function. Ann. Math. Stat., 1952, Vol. 23: 462-466

[37] Ljung L. System Identification-Theory for the user, Second Edition, Upper Saddle River, NJ: Prentice Hall PTR, 1999

[38] Ljung L and Söderström T. Theory and practice of recursive identification. Cambridge, Massachusetts, England: MIT Press, 1983

[39] Mendel J M. Discrete Techniques of parameter estimation—The equation error formulation. Marcel Dekker, New York, 1973

[40] Niu S H. Augmented UD identification for process control. Ph. D. thesis, Department of Chemical Engineering, University of Alberta, Edmonton, Canada T6G 2G6, 1994

[41] Niu S H and Fisher D G. MIMO system identification using augmented UD factorization. In Proceedings 1991 American Control Conference, volume 1, Boston, U. S. A., 1991, pages 699-703

[42] Niu S H and Fisher D G. Recursive information forgetting with augmented UD identification. International Journal of Control, 1996, 63(3): 623-637

[43] Niu S H and Fisher D G. Simultaneous structure identification and parameter estimation of multivariable systems. International Journal of Control, 1994, 59(5): 1127-1141

[44] Niu S H, Fisher D G, Ljung L and Shah S L. A tutorial on multiple model least-squares and augmented UD identification. Technical Report LiTH-ISY-R-1710, Department of Electrical Engineering, Linköping University, Linköping, S58183, Sweden, 1994

[45] Niu S H, Fisher D G and Xiao D Y. A factored form of the instrumental variable identification algorithm. International Journal of Adaptive Control and Signal Processing, 1993, 7(4): 261-273

[46] Niu S H, Fisher D G and Xiao D Y. An augmented UD identification algorithm. International Journal of Control, 1992, 56(1): 193-211

[47] Niu S H, Ljung L, and Bjock A K. Decomposition methods for least-squares parameter estimation. IEEE Transactions on Signal Processing, 1996, 44 (11): 2847-2852

[48] Niu S H and Xiao D Y. A new approach to structure identification and parameter estimation of multivariable system. Journal of Tsinghua University, 1989, 29(4): 53-59

[49] Niu S H and Xiao D Y. A recursive algorithm for parameter identification and order estimation for SISO models. Journal of Tsinghua University, 1988, 28(1): 24-31

[50] Niu S H and Xiao D Y. The UD factorization form of IV algorithm. Proc. of 8th IFAC Symposium on Identification and System Parameter Estimation, Beijing, 1988, 1060-1063

[51] Niu S H and Xiao D Y. Simultaneous identification of model order and parameters. Acta Automatica, 1989, 15(5): 423-427

[52] Niu S H, Xiao D Y and Fisher D G. A recursive algorithm for simultaneous identification of model order and parameters. IEEE Transactions on Acoustics, Speech, and Signal Processing, 1991, 38(5): 884-886

[53] Ober R J. The Fisher information matrix for linear systems. Systems & Control Letters, 2002, 47(2): 221-226

[54] Qin S. An overview of subspace identification. Computers and Chemical Engineering, 2006, 30(10-12): 1502-1513

[55] Rao C R. Linear Statistical Inference and its applications. Second Edition, John Wiley & Sons, Inc., 1973

[56] Robbins H and Monro S. A stochastic approximation method. Ann. Math. Stat., 1951, Vol. 22: 400-407

[57] Sagara S and Zhao Z. Numeric integration approach to on-line identification of continuous-time systems. Automatica, 1990, 26(1): 63-79

[58] Söderström T, Soverini U and Mahata M. Perspectives on errors-in-variables estimation for dynamic systems. Signal Processing, 2002, 82(8): 1139-1154

[59] Söderström T. Errors-in-variables methods in system identification. Automatica, 2007, 43(6): 929-958

[60] Van Over Schee P and De Moor B. N4SID: Subspace algorithm for the identification of combined deterministic-stochastic system. Automatica, 1994, 30(1): 75-93

[61] Van Over Schee P and De Moor B. Subspace identification for linear systems. Kluwer Academic Publishers, Boston/London/Dordrecht, 1996

[62] Vinnicombe G. Frequency domain uncertainty and the graph topology. IEEE Transactions on Automatic Control, 1993, 38(9): 1371-1383

[63] Xiao D Y and Niu S H. A recursive algorithm for the simultaneous identification of model order and parameters. Chinese Journal of Automation, Allerton Press, Inc., New York, 1989, 1(3): 257-264

[64] Xiao D Y and Niu S H. An implementation of the instrumental variable method for simultaneous identification of model orders and parameters. Journal of Control Theory and Applications, 1988, 5(2): 69-77

[65] Xiao Y S, Ding F, Zhou Yi, Li M, Dai JY. On consistency of recursive least squares identification algorithms for controlled auto-regression models. Applied Mathematical Modelling, 2008, 32(11): 2207-2215

[66] Zadeh L A. From circuit theory to system theory. Proc., IRE, 1962, 50(5): 856-865

[67] Zheng W X. A bias correction method for identification of linear dynamic errors-in-variables models. IEEE Transactions on Automatic Control, 2002, 47(7): 1142-1147

[68] Zhou K, Doyle J C and Glover K. Robust and optimal control. Upper Saddle River, New Jersey: Prentice-Hall, 1996

[69] (台湾经济建设委员会)Council for economic planning and development. Taiwan Statistical Data Book 2003. Taipei, 2003

[70] (台湾经济建设委员会)Council for economic planning and development. Taiwan Statistical Data Book 2005. Taipei, 2005

[71] 陈伯成. 最小二乘类离散辨识方法的探讨. 清华大学工学硕士学位论文(导师: 谢新民教授). 北京: 清华大学自动化系, 1984

[72] 邓自立, 李北新. 自适应 Kalman 滤波器及其应用. 自动化学报, 1992, 18(4): 408-413

[73] 丁锋, 丁韬, 杨家本. 辅助变量最小二乘辨识的均方收敛性. 控制与决策(增刊), 2001, 16(S): 741-744

[74] 丁锋, 谢新民. 多变量系统递推增广最小二乘法收敛性分析. 控制与决策, 1992, 7(6): 443-447

[75] 丁锋. 杨家本. 关于鞅超收敛定理与遗忘因子最小二乘算法的收敛性分析. 控制理论与应用, 1999, 16(4): 569-572

[76] 丁韬，丁锋．最小二乘参数估计误差上界及收敛速率．基础自动化(增刊)，2001，8(S)：31-33
[77] 耿立辉．在轨小卫星姿态模型辨识研究．清华大学工学博士学位论文(导师：萧德云教授)．北京：清华大学自动化系，2010
[78] 经济部能源局．中华民国九十三年能源统计手册．台北：经济部能源局，2005
[79] 经济部能源局．中华民国九十六年能源统计手册．台北：经济部能源局，2008
[80] 倪博溢．非均匀采样系统辨识方法及应用研究．清华大学工学博士学位论文(导师：萧德云教授)．北京：清华大学自动化系，2010
[81] 相良節夫等．システム同定．东京：计测自动制御学会，1983(中译本：萧德云等．系统辨识．北京：化学工业出版社，1988)
[82] 萧德云，牛绍华．UD分解在辨识算法中的应用，控制与决策，1990，5(4)：12-18

索　　引

（先按英文字母顺序，后按汉语拼音音序排列）

A

B

C

D

E

F

G

H

J

K

L

M

N

O

P

R

S

T

U

V

W

X

Y

Z